최신개정판 | MASTER CRAFTSMAN PLUMBING

배관기능장

필기·실기 기출문제

권오수·문덕인·가종철 저

MASTER
CRAFTSMAN
PLUMBING

예문사

머리말

본인은 1974년부터 보일러, 고압가스, 공조냉동, 열관리 기술학원에서 현재까지 학원 강사 및 사단법인체 전문강사, 직업훈련교사로 재직하면서 수많은 수강생을 가르쳤습니다.

이를 기화로 국가기술자격증 취득에 일조하고자 여러 분야의 기술서적을 저술하는 가운데 십수 년 전 에너지관리 기능장 필기 · 실기 교재를 집필하여 독자들에게 선보이게 된 후 전국의 독자들로부터 고압가스, 에너지관리, 배관, 용접분야의 기능장에 대한 교재도 출간하여 달라는 요청을 많이 받아왔던 고로 이번에 우리나라에서는 가장 먼저 배관기능장, 가스기능장을 출간하게 되었습니다.

아무쪼록 설비분야인 전국의 냉난방, 위생, 소방, 가스분야에서 배관업에 종사하시는 시공인들 중 배관기능장 시험을 준비하는 분들의 필기 · 실기 시험 공부에 많은 도움이 되기를 기대합니다. 이 교재가 여러 수검자들에게 채택되어 자격증취득을 하시게 된다면 이보다 더 큰 보람이 없겠습니다. 그리고 나머지 원고도 시간이 허락하는 한 빠른 시일 내에 준비하여 출간토록 하겠습니다.

최선을 다해 준비했으나 오류가 있을 줄 압니다. 독자들께서 널리 이해하여 주시고 격려해 주시면 판이 거듭될수록 더 좋은 교재로 선보일 것을 기약합니다.

저자일동

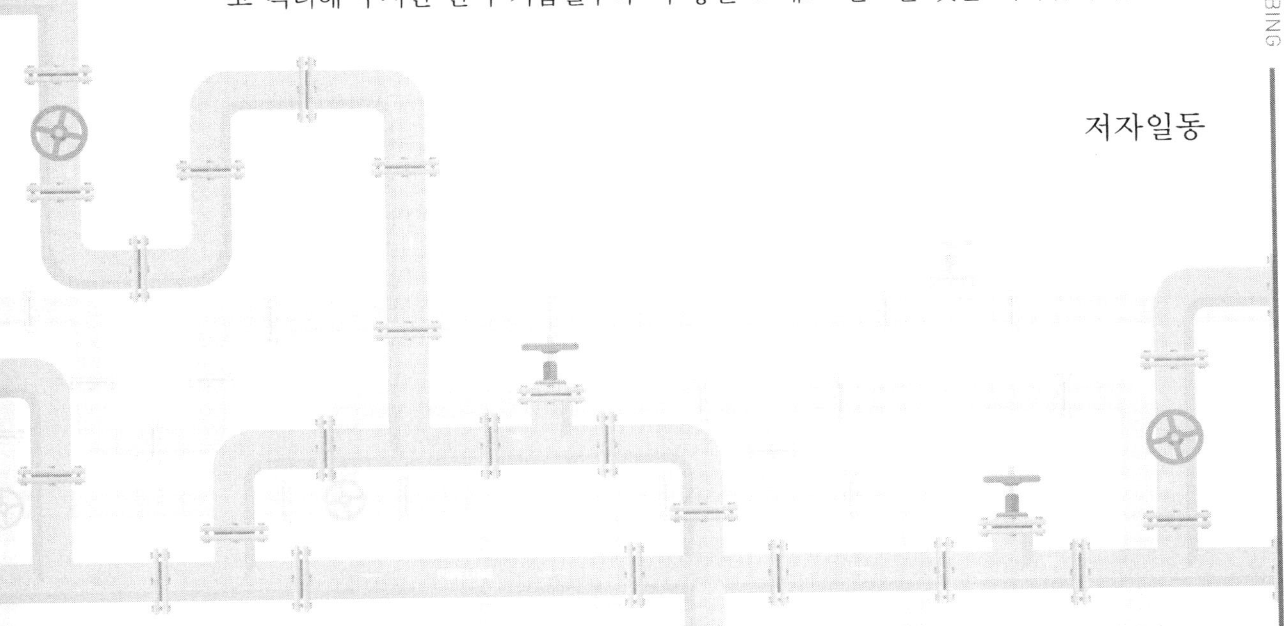

출제기준(필기)

○ 직무분야 : 건설

○ 자격종목 : 배관기능장

○ 적용기간 : 2023. 1. 1. ~ 2025. 12. 31.

○ 직무내용 : 건축배관 설비(급배수, 통기, 급탕, 냉난방 및 공기조화설비, 소화설비, 가스설비 등)와 플랜트설비(프로세스 배관, 유틸리티 배관 등)의 설계도서 검토, 적산, 시공, 검사 및 사업관리를 하는 직무이다.

○ 필기검정방법(문제수) : 객관식(60문제)

○ 시험시간 : 1시간

필기 과목명	문제수	주요항목	세부항목	세세항목
배관공작, 배관재료, 배관설비제도, 용접, 배관시공, 안전관리 및 배관작업, 설비자동화시스템, CAD, 공업경영에 관한 사항	60	1. 배관공작	1. 배관공학의 기초	1. 유체 역학의 기초 2. 열과 증기 및 전열 3. 배관의 열응력과 진동
			2. 배관용 공구 및 기계	1. 수가공 및 측정공구 2. 배관용공구 및 기계
			3. 관의 이음 및 성형	1. 강관의 이음 및 성형 2. 주철관의 이음 3. 비철금속관의 이음 4. 비금속관의 이음
			4. 용접의 종류 및 특성	1. 가스용접 2. 아크용접 3. 특수용접 4. 기타 용접
			5. 가스절단 및 용접검사	1. 가스절단 2. 용접검사
		2. 배관재료	1. 관의 종류 및 특성	1. 관의 시방 및 제조방법 2. 강관 3. 주철관 4. 비철금속관 5. 비금속관
			2. 관이음재료	1. 강관 이음쇠 2. 주철관 이음쇠 3. 비철 및 비금속관 이음쇠 4. 신축 이음쇠
			3. 배관 부속재료	1. 밸브 2. 트랩 및 여과기 3. 패킹, 피복 및 방청 4. 지지장치 5. 배관설비 계측기기 6. 기타 부속재료

필기 과목명	문제수	주요항목	세부항목	세세항목
배관공작, 배관재료, 배관설비제도, 용접, 배관시공, 안전관리 및 배관작업, 설비자동화시스템, CAD, 공업경영에 관한 사항	60	3. 기계제도	1. 제도 통칙	1. 제도의 기본(도면크기, 문자와 선, 도면관리 등) 2. 투상법 3. 도형의 표시방법 4. 치수 기입법
			2. 배관 CAD	1. 배관도시 기호 및 용어 2. 플랜트 배관도 3. 용접 기호 및 용어
		4. 배관시공	1. 위생설비 및 소화설비	1. 급수설비 2. 오 · 배수, 통기설비 3. 급탕설비 4. 소화설비 5. 정화조설비
			2. 냉난방 및 공조설비	1. 냉난방설비 2. 공기조화설비 3. 열원 및 열교환기설비
			3. 신재생에너지설비	1. 태양열설비 2. 지열설비
			4. 플랜트 배관설비	1. 가스배관 2. 석유화학배관설비 3. 기타 플랜트배관설비
			5. 배관설비 검사	1. 배관의 검사방법 2. 배관의 점검 및 보수방법
			6. 안전관리	1. 안전일반 2. 배관작업 안전 3. 용접작업 안전
			7. 설비자동화	1. 제어요소의 특성과 제어장치의 구성 2. 자동제어의 종류 3. 자동제어의 응용
		5. 공업경영	1. 품질관리	1. 통계적 방법의 기초 2. 샘플링 검사 3. 관리도
			2. 생산관리	1. 생산계획 2. 생산통계
			3. 작업관리	1. 작업방법 연구 2. 작업시간 연구
			4. 기타 공업경영 관련 사항	1. 기타 공업경영 관련 사항

출제기준(실기)

○ 직무분야 : 건설

○ 자격종목 : 배관기능장

○ 적용기간 : 2023. 1. 1. ~ 2025. 12. 31.

○ 직무내용 : 건축배관 설비(급배수, 통기, 급탕, 냉난방 및 공기조화설비, 소화설비, 가스설비 등)와 플랜트설비(프로세스 배관, 유틸리티 배관 등)의 설계도서 검토, 적산, 시공, 검사 및 사업관리를 하는 직무이다.

○ 수행준거 : 1. 배관설비도면을 보고 CAD 작업을 할 수 있다.
2. 배관설비도면을 해독하고 재료산출 및 적산 후 공사비를 산출할 수 있다.
3. 배관용 공구 및 장비를 이용하여 절단, 성형가공 및 이음을 할 수 있다.
4. 배관 치수검사와 허용압력기준으로 제작할 수 있다.
5. 배관 안전수칙을 준수하여 사고를 예방할 수 있다.
6. 배관에 관한 관리감독 및 사업관리를 할 수 있다.

○ 필기검정방법(문제수) : 복합형

○ 시험시간 : 7시간 정도
(필답형 : 2시간, 작업형 : 5시간 정도)

실기 과목명	주요항목	세부항목	세세항목
배관실무	1. 설계도서 작성	1. 설계도면 작성 및 CAD 작업하기	1. 공조설비의 계통도, 장비도면, 덕트와 배관 도면을 작성할 수 있다. 2. 열원설비의 열흐름도, 장비도면을 작성할 수 있다. 3. 환기설비의 계통도, 장비도면, 덕트 · 배관, 도면을 작성할 수 있다. 4. 위생설비의 계통도, 장비도면, 배관도면을 작성할 수 있다. 5. 부속품과 이해가 곤란한 부분은 도면해석을 위하여 시공 상세도를 작성할 수 있다. 6. 설비설계 도면과 건축부문을 검토하여 중복 배치의 간섭을 방지하여 작성할 수 있다. 7. 장치 설치 후 시공상태를 반영한 준공도서를 작성할 수 있다.
	2. 설비설계	1. 급수시스템 설계하기	1. 상수도 직결방식으로 설계할 수 있다. 2. 옥상 또는 별도의 장소에 설치하는 고가탱크 방식으로 설계할 수 있다. 3. 급수가압펌프를 이용하여 필요한 곳에 급수할 수 있는 압력탱크방식으로 설계할 수 있다. 4. 지하저수조가 설치된 경우 펌프직송방식으로 설계할 수 있다.

실기 과목명	주요항목	세부항목	세세항목
배관실무	2. 설비설계	2. 급탕시스템 설계하기	1. 온수 사용방법을 결정할 수 있다. 2. 피크 지속시간을 산출하여 급탕설계를 할 수 있다. 3. 냉·온수 압력차에 의한 온도변화가 일어나지 않도록 설계할 수 있다. 4. 급탕설비시스템에서 팽창탱크장치를 설계할 수 있다. 5. 균일한 온수온도 유지를 위한 배관방식을 설계할 수 있다.
		3. 오·배수시스템 설계하기	1. 오·배수배관에 대한 수평과 수직배관, 분기시스템을 설계할 수 있다. 2. 우수배관에 대한 수평과 수직배관, 분기시스템을 설계할 수 있다. 3. 특수배수로서 기름, 방사성 물질 등을 함유한 배수배관에 대한 수평과 수직배관, 분기시스템을 설계할 수 있다. 4. 간접배수로서 음식물기기, 의료기구와 같이 역류방지를 필요로하는 배관에 대한 수평과 수직배관, 분기시스템을 설계할 수 있다. 5. 오·배수배관에서 배관의 악취의 유입을 방지하기 위한 트랩과 통기방식을 설계할 수 있다.
		4. 특수설비시스템 설계하기	1. 관련법, 시행령과 규칙, 안전을 고려한 설비시스템을 선정할 수 있다. 2. 안전성, 이용성과 내구성을 고려하여 가스공급방식을 선정할 수 있다. 3. 오물의 종류에 따른 적합한 오물 처리방법을 선정할 수 있다. 4. 중수도, 우수시스템의 적용기술 분석과 처리방법을 검토하여 선정할 수 있다.
		5. 위생기구 선정하기	1. 급수와 급탕을 필요로 하는 곳에 설치하는 위생기기를 선정할 수 있다. 2. 소변기와 대변기의 종류별 기기를 선정할 수 있다. 3. 식기세정기의 종류별 기기를 선정할 수 있다. 4. 샤워기의 종류별 압력을 검토하여 기기를 선정할 수 있다. 5. 역류 방지를 위한 기기를 선정할 수 있다.

출제기준(실기)

실기 과목명	주요항목	세부항목	세세항목
배관실무	3. 설비적산	1. 공조 · 열원 · 환기설비 적산하기	1. 열원설비와 부속기기의 장비와 재료비의 산출과 노무비를 계산할 수 있다. 2. 공기조화기기용 설비의 장비와 재료비의 산출과 노무비를 계산할 수 있다. 3. 환기설비의 장비와 재료비의 산출과 노무비를 계산할 수 있다.
		2. 위생설비 적산하기	1. 급수설비의 장비와 재료비의 산출과 노무비를 계산할 수 있다. 2. 급탕설비의 장비와 재료비의 산출과 노무비를 계산할 수 있다. 3. 배수 · 통기설비의 장비와 재료비의 산출과 노무비를 계산할 수 있다.
	4. 설비배관공사	1. 배관시공하기	1. 배관재료와 부속품 및 공구 등을 준비할 수 있다. 2. 배관 및 용접이음 등을 할 수 있다.
		2. 압력시험 및 검사하기	1. 조립형상 접합상태 및 치수검사를 할 수 있어야 한다. 2. 압력시험기준에 따라 시험압력과 압력 유지 여부를 파악하고 시험압력(수압) 변동 상태와 배관의 각 이음부의 압력누출 여부를 세부적으로 확인할 수 있어야 한다.
		3. 작업안전 준수하기	1. 복장상태 및 보호구 착용상태를 점검할 수 있어야 한다. 2. 작업안전을 준수할 수 있어야 한다.

CBT 전면시행에 따른

CBT PREVIEW

한국산업인력공단(www.q-net.or.kr)에서는 실제 컴퓨터 필기시험 환경과 동일하게 구성된 자격검정 CBT 웹 체험을 제공하고 있습니다. 또한, 주경야독(http://www.yadoc.co.kr)에서는 회원가입 후 CBT 형태의 모의고사를 풀어볼 수 있으니 참고하여 활용하시기 바랍니다.

수험자 정보 확인

시험장 감독위원이 컴퓨터에 나온 수험자 정보와 신분증이 일치하는지를 확인하는 단계입니다. 수험번호, 성명, 주민등록번호, 응시종목, 좌석번호를 확인합니다.

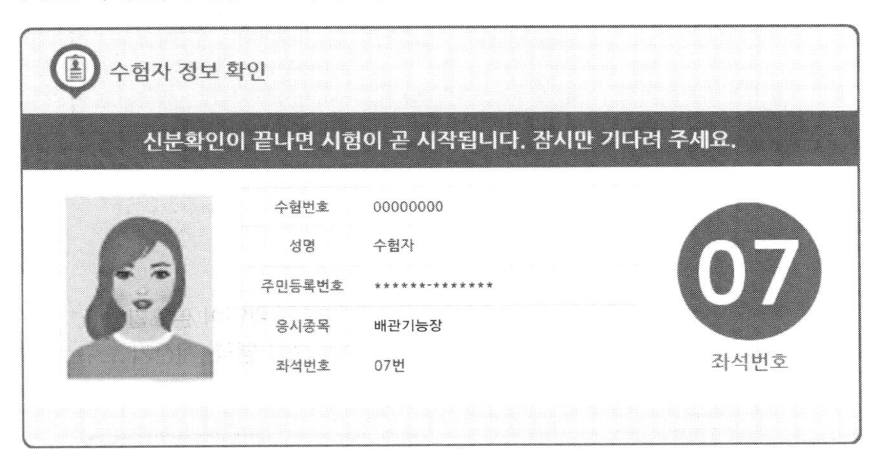

안내사항

시험에 관련된 안내사항이므로 꼼꼼히 읽어보시기 바랍니다.

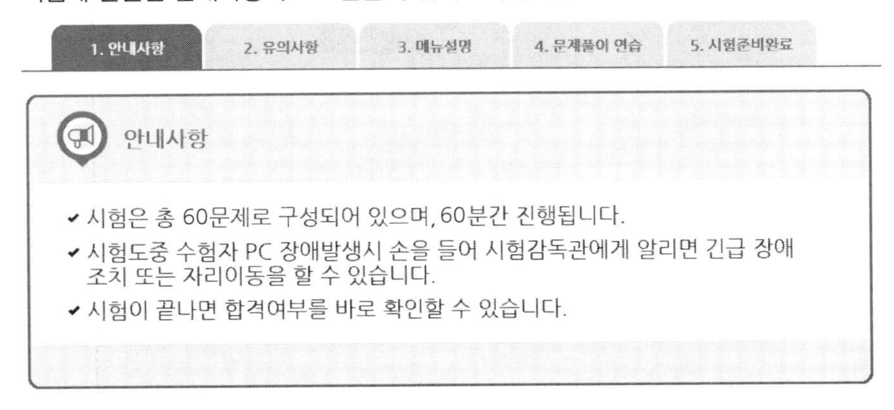

CBT 안내

유의사항

부정행위는 절대 안 된다는 점, 잊지 마세요!

유의사항 - [1/3]

- **다음과 같은 부정행위가 발각될 경우 감독관의 지시에 따라 퇴실 조치되고, 시험은 무효로 처리되며, 3년간 국가기술자격검정에 응시할 자격이 정지됩니다.**

✔ 시험 중 다른 수험자와 시험에 관련한 대화를 하는 행위
✔ 시험 중에 다른 수험자의 문제 및 답안을 엿보고 답안지를 작성하는 행위
✔ 다른 수험자를 위하여 답안을 알려주거나, 엿보게 하는 행위
✔ 시험 중 시험문제 내용과 관련된 물건을 휴대하여 사용하거나 이를 주고받는 행위

다음 유의사항 보기 ▶

문제풀이 메뉴 설명

문제풀이 메뉴에 대한 주요 설명입니다. CBT에 익숙하지 않다면 꼼꼼한 확인이 필요합니다. (글자크기/화면배치, 전체/안 푼 문제 수 조회, 남은 시간 표시, 답안 표기 영역, 계산기 도구, 페이지 이동, 안 푼 문제 번호 보기/답안 제출)

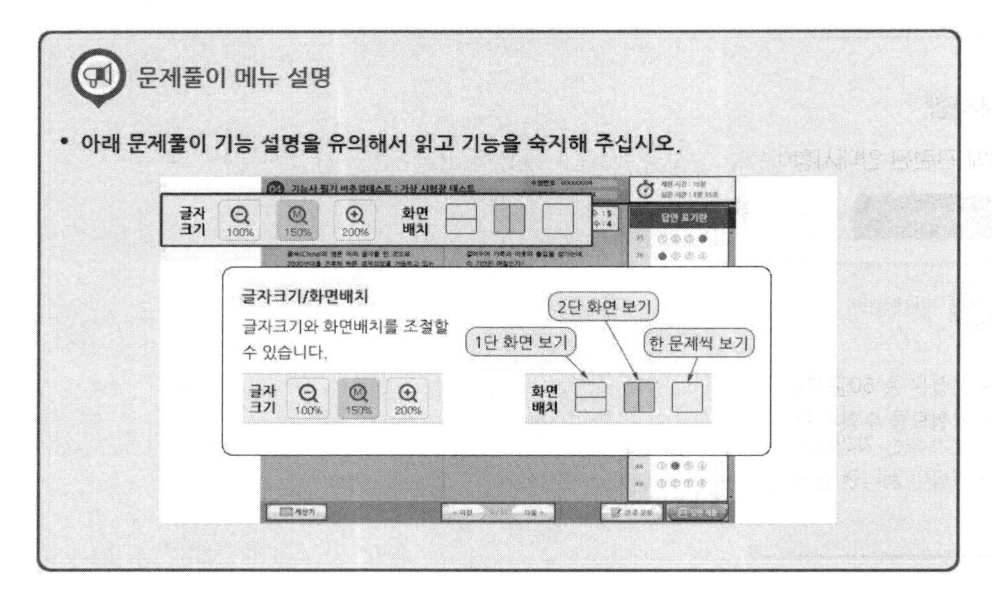

시험준비 완료!

이제 시험에 응시할 준비를 완료합니다.

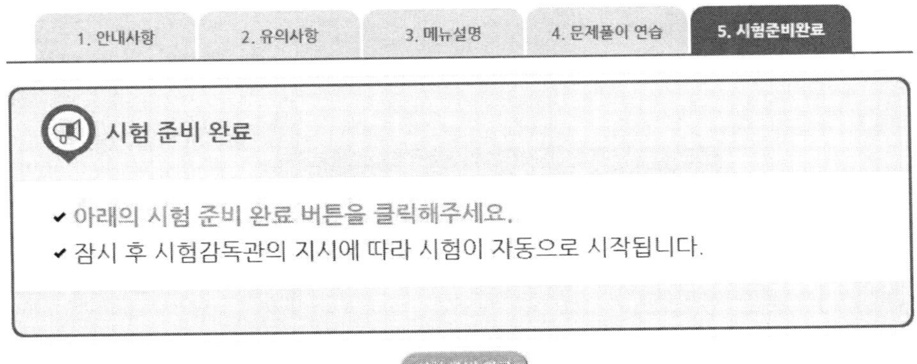

시험화면

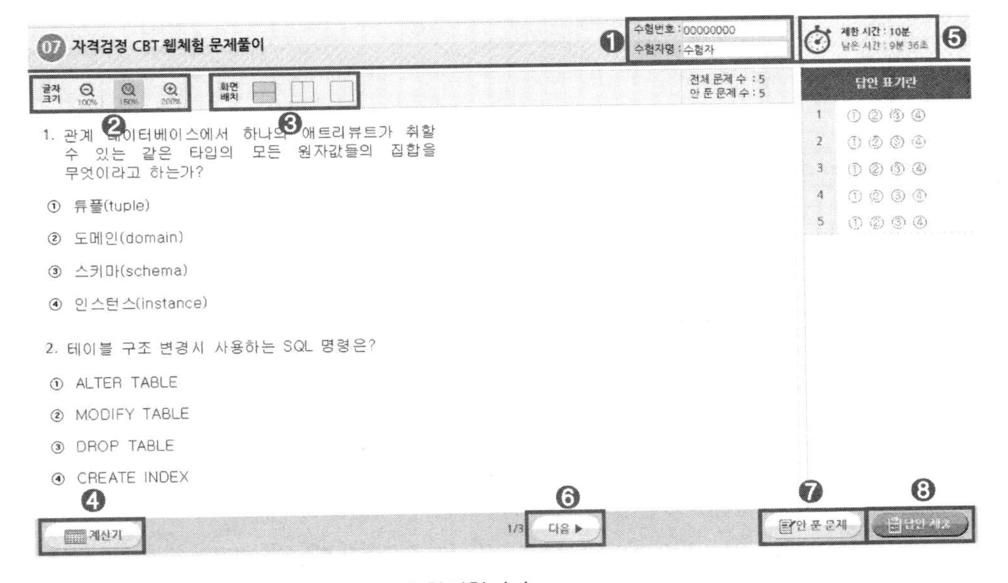

❶ 수험번호, 수험자명 : 본인이 맞는지 확인합니다.
❷ 글자크기 : 100%, 150%, 200%로 조정 가능합니다.
❸ 화면배치 : 2단 구성, 1단 구성으로 변경합니다.
❹ 계산기 : 계산이 필요할 경우 사용합니다.
❺ 제한 시간, 남은 시간 : 시험시간을 표시합니다.
❻ 다음 : 다음 페이지로 넘어갑니다.
❼ 안 푼 문제 : 답안 표기가 되지 않은 문제를 확인합니다.
❽ 답안 제출 : 최종답안을 제출합니다.

CBT 안내

답안 제출

문제를 다 푼 후 답안 제출을 클릭하면 다음과 같은 메시지가 출력됩니다.
여기서 '예'를 누르면 답안 제출이 완료되며 시험을 마칩니다.

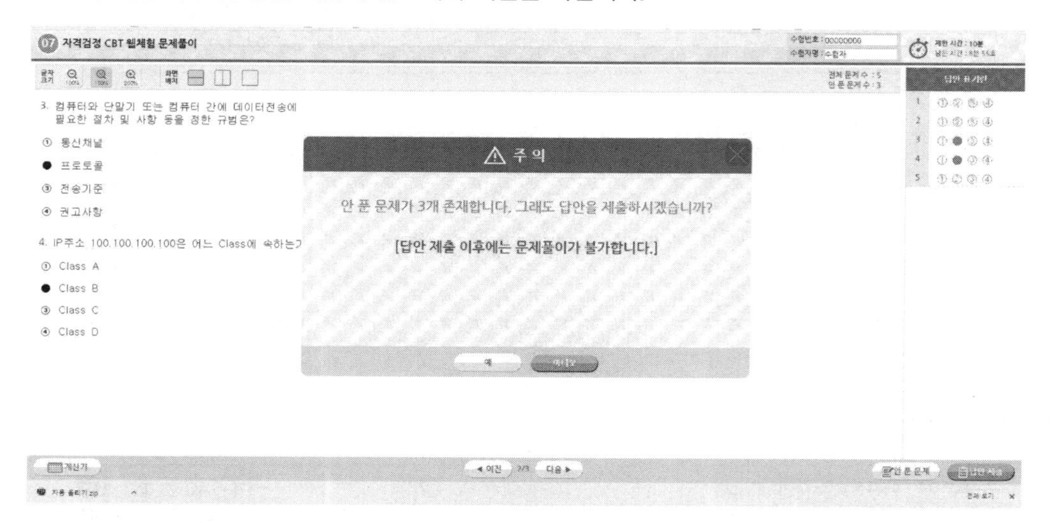

알고 가면 쉬운 CBT 4가지 팁

1. 시험에 집중하자.
기존 시험과 달리 CBT 시험에서는 같은 고사장이라도 각기 다른 시험에 응시할 수 있습니다. 옆 사람은 다른 시험을 응시하고 있으니, 자신의 시험에 집중하면 됩니다.

2. 필요하면 연습지를 요청하자.
응시자의 요청에 한해 시험장에서는 연습지를 제공하고 있습니다. 연습지는 시험이 종료되면 회수되므로 필요에 따라 요청하시기 바랍니다.

3. 이상이 있으면 주저하지 말고 손을 들자.
갑작스럽게 프로그램 문제가 발생할 수 있습니다. 이때는 주저하며 시간을 허비하지 말고, 즉시 손을 들어 감독관에게 문제점을 알려주시기 바랍니다.

4. 제출 전에 한 번 더 확인하자.
시험 종료 이전에는 언제든지 제출할 수 있지만, 한 번 제출하고 나면 수정할 수 없습니다. 맞게 표기하였는지 다시 확인해보시기 바랍니다.

CONTENTS

CONTENTS

배관시공 출제예상문제

공업경영 출제예상문제

과년도 기출문제 해설

CONTENTS

부록[배관도면 작업하기, 배관적산]

- 제64회 기능장(2018년 7월 14일, 7월 15일) 시험부터는 컴퓨터 CBT 필기시험으로 시행되므로 시험문제지가 공개되지 않습니다. (단, 여러 종목의 필기시험 응시는 가능합니다.)
- 필기시험 당일 합격, 불합격이 판정됩니다.
- 배관기능장 실기시험 준비 시 저자의 네이버 카페 '가냉보열(https://cafe.naver.com/kos6370)'을 이용하면 많은 자료를 참고하실 수 있습니다.

PART 01

배관공작 출제예상문제

01 배관공학의 기초

CHAPTER

1. 수격작용은 플러시 밸브나 기타 수전류를 급격히 열고 닫을 때 일어난다. 이때 생기는 수격작용의 수압은 수류(유속)를 m/sec로 표시한 값의 몇 배로 하는가?

㉮ 10배　　㉯ 12배
㉰ 14배　　㉱ 16배

해설 수격작용(워터 해머)의 발생 시 수압은 수류를 m/sec로 표시한 값의 14배가 된다.

2. 유량과 관의 지름과의 관계에서 관의 지름을 구하는 식은?(단, Q : 유량, V : 유속, d : 지름)

㉮ $d=\sqrt{\frac{4Q}{\pi V}}$　　㉯ $d=\sqrt{\frac{\pi V}{Q}}$
㉰ $d=\sqrt{\frac{2Q}{\pi V}}$　　㉱ $d=\sqrt{\frac{\pi V}{4Q}}$

해설 원통의 지름 $d=\sqrt{\frac{4Q}{\pi V}}$

3. 수압과 수두에 관한 다음 설명 중 잘못된 것은?

㉮ 수압은 수두에 비례한다.
㉯ 물의 압력은 담겨져 있는 탱크의 임의의 벽면에 직각 방향으로 작용한다.
㉰ 수압이 1kg/cm^{2}일 경우에 이론적인 수두는 200mm이다.
㉱ 수압에 관한 이론은 급수 배관설비를 시공함에 매우 중요한 자료이다.

해설 수압이 1kg/cm^{2}일 때 수두는 10mH$_2$O로서 10,000mmH$_2$O이다.

4. 안지름이 20cm인 수평관에 물이 가득 차 있다. 물이 흐르지 않을 때의 압력은 4kg/cm^{2}이고, 물이 흐를 때의 압력은 3.4kg/cm^{2}이다. 물이 흐를 때의 유량(m^3/sec)은?

㉮ 0.16　　㉯ 0.22
㉰ 0.28　　㉱ 0.34

해설 단면적$=\frac{3.14}{4}\times(0.2)^2=0.0314\text{m}^2$, $(4-3.4)\times10\text{mH}_2\text{O}=6\text{mH}_2\text{O}$
유량＝단면적×유속 : $0.0314\times\sqrt{2\times9.8\times6}=0.34\text{m}^3/\text{s}$
유속(V)$=\sqrt{2gh}$

정답 1. ㉰ 2. ㉮ 3. ㉰ 4. ㉱

5. 안지름 100mm인 관속을 매초 2.5m의 속도로 물이 흐르고 있을 때 단위 시간당 흐르는 물의 유량은 약 몇 m^3/hr인가?

㉮ 70.69 ㉯ 78.54 ㉰ 706.9 ㉱ 485.4

해설 $Q=A\times V=\frac{3.14}{4}\times(0.1)^2\times 2.5\times 3{,}600=70.69\text{m}^3/\text{h}$

6. 지름 25cm 되는 파이프 속을 흐르는 유량이 0.4m^3/sec이었다면 유속은 약 몇 m/sec인가?

㉮ 2.74 ㉯ 5.68 ㉰ 7.45 ㉱ 8.15

해설 $V=\frac{Q}{A}=\frac{0.4}{\frac{3.14}{4}\times(0.25)^2}=8.15\text{m/s}$

7. "밀폐 용기 중에 정지 유체의 일부에 가해진 압력은 유체 중의 모든 부분에 일정하게 전달된다"라는 원리는?

㉮ 베르누이(Bernoulli)의 정리 ㉯ 파스칼(Pascal)의 원리
㉰ 오일러(Euler)의 원리 ㉱ 연속의 법칙

해설 밀폐 용기 중에 정지 유체의 일부에 가해진 압력은 유체 중의 모든 부분에 일정하게 전달된다는 이론은 파스칼의 원리라 한다.

8. 순수한 물의 물리적 성질에 관한 설명으로 올바른 것은?

㉮ 비중량은 1kg/cm^2이다.
㉯ 물의 비중은 0℃일 때 1이다.
㉰ 점성계수는 온도가 높을수록 작아진다.
㉱ 해수(바다 물)보다 비중이 약 1.2배 크다.

해설 ① 물의 비중량 : 1g/cm^3
② 물의 비중은 4℃에서 1이다.
③ 점성계수는 온도가 높을수록 작아진다.
④ 해수의 비중은 1.025이므로 순수보다 무겁다.

9. 냉난방 설비의 전열(傳熱)과 관련된 설명 중 틀린 것은?

㉮ 일반적으로 전기 전도도가 좋은 물체가 열의 전도도(傳導度)가 높다.
㉯ 복사열량은 피사체에 따라 흡수 또는 반사된다.
㉰ 동일한 기체에서도 온도 차이에 따라 비중차이가 생기며 기체의 일부에 열을 가하면 비중차이에 의해 자연대류가 발생하며 이 때 열방사 현상이 발생한다.
㉱ 방열기의 방열량이 방열기 설치조건 등에 따라 다른 것은 전달조건에 따라 열전달률이 다르기 때문이다.

해설 동일한 기체에서도 온도 차이에 따라 대류작용이 생긴다. 열방사는 고체벽에서 발생된다.

 정답 5. ㉮ 6. ㉱ 7. ㉯ 8. ㉰ 9. ㉰

10. "밀폐 용기 중에 정지 유체의 일부에 가해진 압력은 유체 중의 모든 부분에 일정하게 전달된다"라는 원리는?

㉮ 베르누이(Bernoulli)의 정리　　㉯ 파스칼(Pascal)의 원리
㉰ 오일러(Euler)의 원리　　㉱ 연속의 법칙

해설 파스칼의 원리 : 밀폐 용기 중에 정지 유체의 일부에 가해진 압력은 유체 중의 모든 부분에 일정하게 전달된다.

11. 공기의 기본적 성질에서 건구온도, 습구온도, 노점온도가 모두 동일한 습도로 올바른 것은?

㉮ 절대습도 100%　　㉯ 절대습도 50%
㉰ 상대습도 100%　　㉱ 상대습도 50%

해설 상대습도 100%에서는 건구온도, 습구온도, 노점온도가 동일하다.

12. 밑면적이 $3m^2$, 자유 표면으로부터 깊이가 20m 되는 원통 용기에 물이 들어있을 경우 용기의 밑면에 작용하는 전압력은 몇 톤(ton)인가?

㉮ 2　　㉯ 6　　㉰ 60　　㉱ 90

해설 $20 \times 3 = 60m^3 = 60,000kg = 60ton$

13. 고온측 고체물질 분자의 활발한 움직임에 의하여 인접한 저온측의 분자로 열이 이동하는 것을 의미하는 용어는?

㉮ 복사　　㉯ 대류　　㉰ 전도　　㉱ 방사

해설 전도 : 고체에서 열의 이동
열전도율 : kcal/mh°c

14. 그림에서 A점인 a_1이 단면적이 $2m^2$일 때 평균 유속이 1m/sec이면 단면적이 $b = 0.4m^2$인 B점의 평균유속은 약 몇 m/sec인가?

㉮ 1
㉯ 2
㉰ 4
㉱ 5

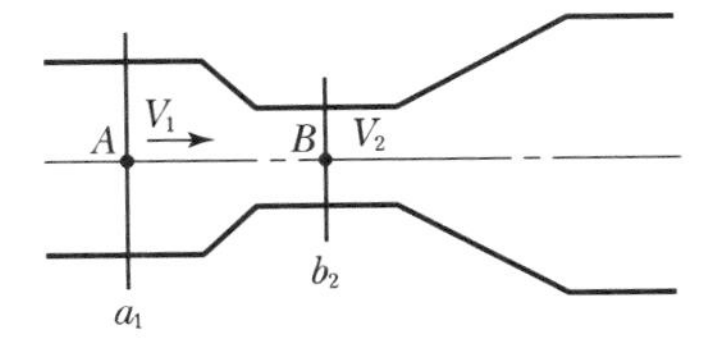

해설 $2m^2 : 1m/sec = 0.4m^2 : x$

$$x = 1 \times \frac{2}{0.4} = 5m/s$$

정답 10. ㉯ 11. ㉰ 12. ㉰ 13. ㉰ 14. ㉱

15. 보기 그림과 같은 배관에서 단면 지름이 각각 D_{I} =50cm, D_{II} =30cm이고 I 부분의 유속이 4m/s이면 II부분의 유량은 몇 m³/s인가?

㉮ 0.785
㉯ 1.067
㉰ 1.785
㉱ 0.15

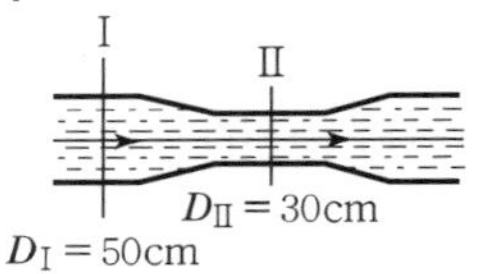

해설 $D_{\text{II}}\ V=4\times\frac{50^2}{30^2}=11.12\text{m/s}$

$D_{\text{II}}\ Q=\frac{3.14}{4}\times(0.3)^2\times 11.12=0.785\text{m}^3/\text{s}$

16. 비중이 0.95인 기름 속에 있는 물체가 깊이 20m일 때 받는 압력은 몇 kgf/cm²인가?

㉮ 2.95　㉯ 1.9　㉰ 2.11　㉱ 0.97

해설 $10\text{mAq}=1\text{kg/cm}^2$
$20\text{mAq}=2\text{kg/cm}^2$
$\therefore\ 2\times 0.95=1.9\text{kg/cm}^2$

17. 배관 내 유체의 마찰손실에 대한 설명으로 틀린 것은?

㉮ 배관의 길이에 정비례한다.
㉯ 마찰손실계수에 정비례한다.
㉰ 관의 직경에 반비례한다.
㉱ 관내 수압에 반비례한다.

해설 배관 내 유체의 마찰손실은

$h=\frac{1}{r}(P_1-P_2)=\lambda\times\frac{l}{d}\times\frac{V^2}{2g}$

18. 절대온도 303K는 화씨온도로 몇 도인가?

㉮ 30°F　㉯ 68°F　㉰ 73°F　㉱ 86°F

해설 303－273＝30℃
°F＝1.8×℃+32＝30×1.8+32＝86

19. 관로를 흐르는 유체에 관한 설명 중 올바른 것은?

㉮ 마찰손실은 관경에 비례한다.
㉯ 유량은 관경의 2승에 비례한다.
㉰ 마찰손실은 속도의 2승에 반비례한다.
㉱ 유량은 속도에 반비례한다.

해설 관로에서 흐르는 유량은 관경의 2승에 비례한다.

 정답 15. ㉮ 16. ㉯ 17. ㉱ 18. ㉱ 19. ㉯

02 CHAPTER 관 공작용 공구 및 기계

1. 링크형 파이프 커터는 주로 어떤 관의 절단에 사용하는가?

㉮ 강관 ㉯ 동관
㉰ 주철관 ㉱ 연관

해설 링크형 파이프 커터는 주철관의 절단에 사용되는 공구이다.

2. 파이프 바이스와 호칭 번호에 속하지 않는 것은?

㉮ 0번 ㉯ 0.5번
㉰ 1번 ㉱ 2번

해설 파이프 바이스 : 관의 절단, 나사 절삭, 조립 시에 관을 고정한다. 종류는 고정식(일반 작업대용)과 가반식(현장용)이 있다. 관 고정 시 관의 조임부가 체인으로 되어 있는 것을 특히 체인 파이프 바이스(Chain Pipe Vise)라 일컫는다. 크기는 고정 가능한 관경의 치수로 표시한다.

〈파이프 바이스의 크기 표시〉

호칭치수	호칭번호	사용관경
50	#0	6A~50A
80	#1	6A~65A
105	#2	6A~115A
130	#3	6A~115A
170	#4	15A~150A

3. 관을 절단한 후 관 안쪽에 생기는 거스러미를 제거하는 공구는?

㉮ 파이프 커터 ㉯ 파이프 리머
㉰ 파이프 렌치 ㉱ 파이프 벤더

해설 파이프 리머(Pipe Reamer) : 관 절단 후 생기는 거스러미(버, Burr)를 제거한다.

4. 강관 밴딩용 기계에 관한 설명 중 맞는 것은?

㉮ 동일 모양의 관 굽힘을 생산하는데 적당한 것은 램식(Ram Type)이다.
㉯ 로터리식(Rotary Type)은 이동식이므로 현장용으로 적당하다.
㉰ 램식(Ram Type)은 관에 모래를 채우는 대신 심봉을 넣고 구부린다.
㉱ 로터리식(Rotary Type)은 두께에 관계없이 강관뿐만 아니라 동관, 스테인리스관 등도 구부릴 수 있다.

정답 1. ㉰ 2. ㉯ 3. ㉯ 4. ㉱

해설 파이프 밴딩 머신(Pipe Bending Machine)

① 램식(Ram Type) : 현장용으로 많이 쓰이며 수동식(작키식)은 50A, 모터를 부착한 동력식은 100A 이하의 관을 상온 밴딩할 수 있다.

② 로터리식(Rotary Type) : 공장에서 동일 모양의 밴딩된 제품을 다량 생산할 때 적합하며 관에 심봉을 넣고 구부린다. 이 방식은 상온에서도 관의 단면 변형이 없고 두께에 관계없이 강관, 스테인리스 강관, 동관, 황동관 등 어느 것이나 쉽게 밴딩할 수 있는 장점이 있다. 관의 구부림 반경은 관경의 2.5배 이상이어야 한다.

5. 납땜 접합용 공구에서 주관에 분기관을 접합하기 위하여 구멍을 뚫을 때 사용하는 공구는?

㉮ 드레서　　㉯ 봄볼

㉰ 턴핀　　㉱ 마아레트

해설 봄볼 : 연관의 납땜 접합용 공구에서 주관에 분기관을 접합하기 위해 구멍을 뚫을 때 사용하는 공구이다.

6. 납관을 굽히거나 굽은 관을 펼 때 납관에 끼워 사용하는 공구는?

㉮ 드레서(Dresser)　　㉯ 턴핀(Turn Pin)

㉰ 맬릿(Mallet)　　㉱ 밴드벤(Bend Ben)

해설 연관용 공구

① 봄볼 : 분기관 따내기 작업 시 주관에 구멍을 뚫어낸다.
② 드레서 : 연관 표면의 산화물을 깎아낸다.
③ 밴드벤 : 연관을 굽힐 때나 펼 때 사용한다.
④ 턴핀 : 접합하려는 연관의 끝부분을 소정의 관경으로 넓힌다.
⑤ 맬릿 : 턴핀을 때려 박든가 접합부 주위를 오므리는 데 사용한다.

7. 파이프 절단용 기계에 속하지 않는 것은?

㉮ 포터블 소잉 머신　　㉯ 고정식 기계톱

㉰ 동력용 나사 절삭기　　㉱ 커팅 휠 절단기

해설 파이프 절단용 기계

① 포터블 소싱 머신
② 고정식 기계톱
③ 커팅 휠 절단기
④ 링크형 파이프 커터

8. 동력용 나사 절삭기의 종류에 해당되지 않는 것은?

㉮ 호브식　　㉯ 오스터식

㉰ 다이헤드식　　㉱ 익스팬더식

 정답 5. ㉯ 6. ㉱ 7. ㉰ 8. ㉱

해설 동력 나사 절삭기

① 오스터식 : 동력으로 관을 저속으로 회전시키면서 나사 절삭기를 밀어 넣는 방법으로 나사가 절삭되며, 나사 절삭기는 지지로드에 의해 자동 이송되어 나사를 깎는다. 가장 간단하여 운반이 쉽고 관경이 적은 것에 주로 사용한다.

② 호브식 : 나사 절삭용 전용 기계로서 호브를 100~180rev/min의 저속도로 회전시키면 관은 어미 나사와 척의 연결에 의해 1회전할 때마다 1피치만큼 이동, 나사가 절삭된다. 이 기계에 호브와 사이드 커터를 함께 장치하면 관의 나사 절삭과 절단을 동시에 할 수 있다.

③ 다이헤드식 : 체이서 4개가 1조로 되어 있으며 절단도 가능하다.

9. 다음 중 파이프 바이스의 크기는 어떻게 나타내는가?

㉮ 조의 폭
㉯ 바이스의 길이
㉰ 조의 길이
㉱ 물릴 수 있는 관의 지름

해설 ① 파이프 바이스의 크기 : 물릴 수 있는 관의 최대 지름

② 수평 바이스 : 강관 등의 조립, 열간 밴딩 등의 작업을 쉽게 하기 위해 관을 고정할 때 사용하며 크기는 조의 폭으로 표시한다.

10. 납관의 주관에서 가지관을 잇기 위하여 구멍을 뚫을 때 사용하는 공구는?

㉮ 밴드벤
㉯ 봄볼
㉰ 맬릿
㉱ 턴핀

해설 **봄볼** : 연관의 분기관 따내기 작업 시 주관에 구멍을 뚫는다.

11. 다음 사항 중 배관용 공구를 알맞게 설명한 것은?

㉮ 체인 파이프 바이스는 지름이 큰 관을 죄거나 회전시킬 때 사용한다.
㉯ 강관 절단 시 사용하는 활톱날의 산수는 1″당 14~18산이 적당하다.
㉰ 파이프 리머는 관절 단면 안쪽에 생기는 거스름을 제거하는 데 사용한다.
㉱ 파이프 렌치의 크기는 조(Jaw)를 맞대었을 때의 전 길이를 표시한다.

해설 ① 체인 파이프 렌치 : 200A 이상의 강관용 파이프 렌치이다.

② 강관 절단 시 사용하는 활톱날의 산수는 1인치당 14산이다.

③ 얇은 철판의 절단 시 사용하는 활톱날의 산수는 1인치당 18산이다.

④ 파이프 리머는 관절 단면 안쪽에 생기는 거스름을 제거한다.

⑤ 파이프 렌치의 크기는 입을 최대로 벌려 놓은 전장 길이로 표시한다.

12. 파이프 렌치의 크기는?

㉮ 몸체의 폭
㉯ 웃턱의 크기
㉰ 최대 사용관경의 관을 물렸을 때의 전장
㉱ 최대 사용관경의 크기

정답 9. ㉱ 10. ㉯ 11. ㉰ 12. ㉰

해설 파이프 렌치(Pipe Wrench) : 관 접속부의 부속류의 분해 · 조립 시에 사용하며 보통형과 강력형, 체인형 등이 있다. 특히 체인형 200A 이상 강관용 대형 렌치이다. 크기 표시는 입을 최대로 벌려 놓은 전장으로 표시한다.

〈파이프 렌치의 치수와 사용관경〉

치수(mm)	사용관경	치수(mm)	사용관경
150(6″) 200(8″) 250(10″) 300(12″) 350(14″)	6A~15A 6A~20A 6A~25A 6A~32A 8A~40A	450(18″) 600(24″) 900(36″) 1,200(48″)	8A~50A 8A~65A 15A~90A 25A~125A

13. 다음 공구 중 강관의 절단공구가 아닌 것은?

㉮ 파이프 커터
㉯ 쇠톱
㉰ 가스 절단기
㉱ 링커터

해설 ① 강관의 절단공구
㉮ 파이프 커터(1개날, 3개날)
㉯ 가스 절단기
㉰ 톱
② 주철관의 절단공구 : 링커터

14. 다음 관의 절단공구가 아닌 것은?

㉮ 체인 파이프 커터
㉯ 링크형 파이프 커터
㉰ 쇠톱
㉱ 3개날 파이프 커터

해설 관의 절단공구
① 쇠톱
② 링크형 파이프 커터
③ 1개날 파이프 커터
④ 3개날 파이프 커터

15. 파이프 벤더(Bender)에 의한 구부림 작업 시 관에 주름이 생기는 원인으로 가장 적당한 것은?

㉮ 받침쇠가 너무 나와 있다.
㉯ 굽힘 반지름이 너무 작다.
㉰ 재료에 결함이 있다.
㉱ 바깥지름에 비하여 두께가 얇다.

해설 관에 주름이 발생한다.
① 관이 미끄러진다.
② 받침쇠가 너무 들어간다.
③ 굽힘형의 홈이 관경보다 크거나 작다.
④ 외경에 비해 두께가 작다.
⑤ 굽힘형이 주축에서 빗나가 있다.

 정답 13. ㉱ 14. ㉮ 15. ㉱

16. 다음 중 구리관 이음 시 사용되지 않는 공구는?

㉮ 익스팬더
㉯ 사이징 툴
㉰ 커터
㉱ 밴드벤

해설 ① 구리관의 이음 시 사용되는 공구
㉮ 익스팬더(확관기)
㉯ 사이징 툴
㉰ 파이프 커터
㉱ 플레어링 툴
② 밴드벤은 연관용 공구이다.

17. 동관의 끝부분을 정확한 치수의 원형으로 교정하기 위하여 사용되는 공구는?

㉮ 익스팬더
㉯ 턴핀
㉰ 플랜지
㉱ 사이징 툴

해설 동관용 공구
① 토치 램프 : 납땜 이음, 구부리기 등의 부분적 가열용으로 쓰이며 가솔린용과 경유용이 있다.
② 사이징 툴 : 동관의 끝부분을 원으로 정형한다.
③ 플레어링 툴 셋 : 동관의 압축 접합용에 사용한다.
④ 튜브 벤더 : 동관 밴딩용 공구이다.
⑤ 익스팬더 : 동관의 관 끝 확관용 공구이다.
⑥ 튜브 커터 : 동관(소구경) 절단용 공구이다.
⑦ 리머 : 동관 절단 후 관의 내외면에 생긴 거스러미를 제거한다.

18. 나사를 절삭할 때 사용하는 공구 형식에 속하지 않는 것은?

㉮ 오스터형
㉯ 래치식 오스터형
㉰ 커팅휠 절단기형
㉱ 베이비 리드형

해설 ① 나사절삭용 공구
㉮ 오스터형
㉯ 래치식 오스터형
㉰ 베이비 리드형
② 커팅휠 절단기형은 관의 절단에 사용한다.

19. 체이서 2개조가 되어 파이프 나사를 절삭하는 것은?

㉮ 오스터형
㉯ 래치트형
㉰ 리드형
㉱ 비버형

해설 수동용 나사 절삭기(Pipe Threader) : 관끝에 나사를 절삭하는 수공구로 리드형(Reed Type)과 오스터형(Oster Type)의 두 종류가 있다.
※ 리드형 : 2개의 다이스와 4개조의 조(Jaw)로 되어 있고, 좁은 공간에서의 작업이 가능하다.

정답 16. ㉱ 17. ㉱ 18. ㉰ 19. ㉰

20. 강관용 파이프 리머(Pipe Reamer)의 역할을 바르게 설명한 글은?

㉮ 관 절단 후 생기는 관내 거스러미를 제거한다.
㉯ 관을 절단한다.
㉰ 관 끝에 나사 절삭을 한다.
㉱ 관의 굽힘 가공 시 사용된다.

해설 파이프 리머 : 관의 절단 후 생기는 거스러미를 제거한다.(관용 리머)

21. 오스터로 파이프 나사 절삭을 한 나사산의 각도는 몇 도인가?

㉮ 80°　　㉯ 60°
㉰ 55°　　㉱ 29°

해설 오스터의 나사 절삭 시 나사산의 각도는 55°이다.

22. 다음의 강관 밴딩용 기계에 관한 설명 중 틀린 것은?

㉮ 유압식은 현장용으로 수동식은 50A까지 상온에서 구부릴 수 있다.
㉯ 로터리식은 강관, 동관, 스테인리스관 등도 구부릴 수 있다.
㉰ 유압식은 관에 모래를 채우는 대신 심봉을 넣고 구부린다.
㉱ 로터리식은 단면의 변형이 없으며, 관의 구부림 반경은 관 지름의 2.5배 이상이 적합하다.

해설 ① 유압식은 램식 파이프 벤더로서 관 지름이 작고 얇은 관을 구부릴 때 사용하며 심봉 대신 모래를 넣고 구부린다.
② 심봉이 필요한 것은 로터리식이다.

23. 파이프 밴딩 머신(Pipe Bending Machine)에 관한 다음 설명 중 틀린 것은?

㉮ 램식은 이동식이므로 배관 공사 현장에서 지름이 비교적 적은 관에 적당하다.
㉯ 로터리식은 관에 모래를 채우는 대신 심봉을 넣고 구부린다.
㉰ 로터리식은 두께에 관계없이 강관 및 스테인리스 관, 동관까지도 밴딩이 가능하다.
㉱ 동일 모양의 굽힘을 다량 생산하는 데 적합한 것은 램식이다.

해설 ㉱는 로터리식의 설명이다. 즉 동일모양의 굽힘을 다량 생산하는 데 적합한 것은 로터리식이다.

24. 다음은 유압식 수동 파이프 벤더기의 밴딩할 수 있는 한계를 설명한 것이다. 옳은 것은?

㉮ 상온에서 100A까지 구부릴 수 있다.
㉯ 상온에서 150A까지 구부릴 수 있다.
㉰ 상온에서 25A까지 구부릴 수 있다.
㉱ 상온에서 50A까지 구부릴 수 있다.

해설 상온에서 수동은 50A까지, 동력식은 100A까지 밴딩이 가능하다. 구조는 굽힘형, 압력형, 클램형 등이 사용된다.

 정답 20. ㉮ 21. ㉰ 22. ㉰ 23. ㉱ 24. ㉱

25. 만능 나사 절삭기에 관한 설명 중 틀린 것은?

㉮ 15A~150A의 직관, 곡관, 니플의 나사내기 및 절단에 사용되는 전용 기계이다.
㉯ 체이서는 4~5매를 1조로 하며 다이헤드에 설치되어 있다.
㉰ 호브와 사이드 커터를 함께 설치하면 관의 나사절삭과 절단을 동시에 할 수 있다.
㉱ 나사가 소정 길이로 절삭되면 체이서는 외부로 열려 작업이 끝난다.

26. 래치식 오스터형 나사 절삭기에 속하지 않는 것은?

㉮ 107R ㉯ 112R ㉰ 114R ㉱ 115R

해설 오스터형 : 다이스 4개로 나사를 절삭하며 현장용으로 많이 쓰인다.

〈오스터의 종류별 사용관경〉

형식	No.	사용관경
오스터형 (래치식)	112R(102) 114R(104) 115R(115) 117R(107)	8A~32A 15A~50A 40A~80A 65A~100A
리드형	2R4 2R5 2R6 4R	15A~32A 8A~25A 8A~32A 15A~50A

27. 다음 중 연관의 이음용 공구와 가장 관계가 적은 것은?

㉮ 밴드벤 ㉯ 봄볼 ㉰ 사이징툴 ㉱ 턴핀

해설 사이징툴은 동관용 공구로서 동관의 끝부분을 원으로 정형할 때 사용하는 동관용 공구이다.

28. 쇠톱의 종류에 해당되지 않는 것은?

㉮ 200mm ㉯ 250mm ㉰ 300mm ㉱ 350mm

해설 쇠톱(Iron Saw) : 관 절단용 공구로서 톱날 끼우는 구멍(Fitting Hole)의 간격에 따라 크기를 나타내며, 200mm(8″), 250mm(10″), 300mm(12″)의 세 종류가 있다.
공작물의 재질에 따라 톱날의 잇수가 결정되는데 다음 표는 1인치(25.4mm)당 톱날의 잇수를 표시한 것이다.

〈톱날의 잇수와 공작물의 재질〉

잇수 (25.4mm당)	공작물의 종류	잇수 (25.4mm당)	공작물의 종류
14	탄소강(연강), 주철, 동합금, 경합금	24	강관, 합금강
18	탄소강(경강), 고속도강	32	얇은 철판, 작은 지름의 합금강판

정답 25. ㉰ 26. ㉮ 27. ㉰ 28. ㉱

29. 오스터형 오스터 102번이 나사를 깎을 수 있는 사용 관경으로 가장 적당한 것은?

㉮ 8~32A　　㉯ 15~50A
㉰ 40~80A　　㉱ 65~100A

해설 오스터형 오스터의 호칭 번호별 사용 관경은 다음과 같다.
① No. 102 : 8~32A
② No. 104 : 15~50A
③ No. 105 : 40~80A
④ No. 107 : 65~100A

30. 나사를 절삭하는 관용 나사의 치형을 가진 체이서 4개가 1조로 되어 있는 나사 전용기계로 파이프 커터를 사용, 관을 절단할 수도 있는 것은?

㉮ 오스터형 나사 절삭기　　㉯ 리드형 나사 절삭기
㉰ 다이헤드형 나사 절삭기　　㉱ 리드형 다이스토크

해설 다이헤드형은 나사 절삭, 리밍, 절단이 가능한 나사 절삭기이다.

31. 래칫장치 오스터형에서 115R로 나사절삭할 수 있는 관의 호칭지름은?

㉮ 8~32A　　㉯ 15~50A
㉰ 40~80A　　㉱ 65~100A

해설 ㉮는 112R ㉯는 114R ㉰는 115R ㉱는 117R

32. 체인 파이프 렌치(Chain Pipe Wrenches) 중 호칭치수 650은 몇 mm 이하의 파이프에 사용하는 것이 가장 좋은가?

㉮ 100mm　　㉯ 150mm
㉰ 175mm　　㉱ 200mm

33. 3개의 날을 가지고 있는 파이프 커터 호칭 번호 4번으로 사용할 수 있는 관의 지름으로 가장 적당한 것은?

㉮ 15A(1/2B)~50A(2B)　　㉯ 65A(1/2B)~100A(3B)
㉰ 100A(4B)~150A(6B)　　㉱ 150A(6B)~200A(8B)

해설 ㉮는 호칭 번호의 2번, ㉯는 호칭 번호의 4번, ㉰는 호칭 번호의 5번에 해당한다.

34. 강관을 구부릴 때 사용하는 램식 벤더의 주요 구조 명칭을 나타낸 것 중 맞지 않는 것은?

㉮ 센터 포머　　㉯ 심봉
㉰ 유압 펌프　　㉱ 램 실린더

해설 ㉯는 로터리식 밴딩 기계 부속품이다. 밴딩을 하기 위해서는 2개의 심봉이 필요하다. ㉮, ㉰, ㉱의 구조는 램식 벤더의 주요 구조 명칭이다.

정답 29. ㉮ 30. ㉰ 31. ㉰ 32. ㉱ 33. ㉯ 34. ㉯

35. 다음 공구 중에서 동일한 지름의 동관을 이음쇠 없이 납땜이음할 때 한쪽 관끝에 소켓을 만드는 동관용 공구는?

㉮ 익스팬더
㉯ 사이징 툴
㉰ 플랜저
㉱ 플레어 툴

해설 ㉮는 한쪽 관의 동관 끝에 소켓을 만드는 확관기
㉯는 동관의 끝 부분을 원형으로 정형
㉱는 플레어 이음에서 관 끝을 나팔 모양으로 만들 때 사용

36. 동관의 끝을 나팔모양으로 만드는 데 사용하는 공구는?

㉮ 사이징 툴
㉯ 익스팬더
㉰ 플레어링 툴
㉱ 리머

해설 플레어링 툴 : 동관의 끝을 나팔모양으로 만드는 데 사용하는 공구이다.

37. 바이스에 표면이 거친 일감을 고정시킬 때 가장 확실히 고정할 수 있는 방법은?

㉮ 바이스에 천을 대고 고정한다.
㉯ 바이스 핸들을 해머로 때려 고정한다.
㉰ 바이스에 깊이 물리도록 한다.
㉱ 평행봉을 사용한다.

해설 바이스에 표면이 거친 일감을 고정시키려면 바이스에 천을 대고 고정한다.

38. 호브식 동력 나사 절삭기에 관한 설명으로 틀린 것은?

㉮ 호브를 100~180rev/min의 저속으로 회전시키면서 나사를 절삭한다.
㉯ 나사 절삭 시 관은 어미나사와 척의 연결에 의해 1회전하면서 1피치만큼 이동, 나사가 절삭된다.
㉰ 이 기계에 호브와 사이드 커터를 함께 부착하면 관의 나사 절삭과 절단을 동시에 할 수 있다.
㉱ 관의 절단, 나사 절삭, 거스러미 제거 등의 일을 연속적으로 해내므로 현장용으로 가장 많이 쓰인다.

해설 ㉱의 설명은 다이헤드형 나사 절삭기의 설명이다.

39. 다음 중 손톱날의 크기를 나타내는 것으로 가장 적당한 것은?

㉮ 전체 길이
㉯ 톱날의 폭
㉰ 톱날의 두께
㉱ 양단 구멍 간의 거리

해설 손톱날의 크기는 걸게 구멍의 간격(양단 구멍 간의 거리)으로 나타낸다.

정답 35. ㉮ 36. ㉰ 37. ㉮ 38. ㉱ 39. ㉱

40. 오스터형 104번 나사 절삭기로서 절삭할 수 있는 최대 관 지름은?

㉮ 32A ㉯ 50A ㉰ 65A ㉱ 80A

해설 오스터형 104번은 관 15~50A까지 절삭이 가능하다.

41. 나사깎기 기계의 종류 중 오스터형은 102, 104, 105, 107의 호칭 번호가 있다. 이 중 104번의 사용관경은 얼마인가?

㉮ 8~32A ㉯ 15~50A ㉰ 40~80A ㉱ 65~100A

해설 오스터형 나사깎기 104번(114R)은 15~50A까지의 관의 나사가 절삭된다.

42. 파이프 나사 절삭기의 종류가 아닌 것은?

㉮ 오스터형 ㉯ 리드형 ㉰ 파이버형 ㉱ 라쳇형

해설 오스터형, 리드형, 라쳇형, 호브식 다이헤드식은 나사절삭기이다.

43. 호칭 번호 4번인 파이프 바이스에 고정시킬 수 있는 파이프의 호칭지름 범위로 가장 적합한 것은?

㉮ 6~65A ㉯ 6~90A ㉰ 6~115A ㉱ 15~150A

해설 파이프 바이스 호칭 번호 4번은 15A~150A의 파이프를 고정시킬 수 있다.

44. 활 모양의 프레임(Frame)에 톱날을 끼워 크랭크 작용에 의한 왕복운동으로 강관을 절단하는 것은?

㉮ 핵소잉 머신(Hack Sawing Machine)
㉯ 고속 연삭절단기(Abrasive Cut Off)
㉰ 띠톱 기계(Band Sawing Machine)
㉱ 강관 절단기(Pipe Cut Off)

해설 핵소잉 머신 : 활 모양의 프레임에 톱날을 끼워 크랭크 작용에 의한 왕복운동으로 강관을 절단한다.

45. 연관작업 시 사용하지 않는 공구는 어느 것인가?

㉮ 토치 램프 ㉯ 드레서
㉰ 오스터 ㉱ 마아레트

해설 오스터형은 강관식 나사 절삭기로서 연관과는 관계없는 공구이다.

46. 다이헤드형(Die Head Type) 나사절삭기로 할 수 없는 작업은?

㉮ 절단 ㉯ 리밍
㉰ 나사 절삭 ㉱ 밴딩

 정답 40. ㉯ 41. ㉯ 42. ㉰ 43. ㉱ 44. ㉮ 45. ㉰ 46. ㉱

해설 다이헤드식 : 관의 절단, 나사 절삭, 거스러미(Burr) 제거 등의 일을 연속적으로 해내기 때문에 근래 현장에서 가장 많이 사용되고 있다.
관을 물린 척(Chuck)을 저속 회전시키면서 다이헤드를 관에 밀어 넣어 나사를 절삭한다.

47. 배관공작용으로 많이 쓰이는 측정 공구를 열거한 것 중에 속하지 않는 것은?

㉮ 철자(Iron Scale)
㉯ 버니어 캘리퍼스(Vernier Calipers)
㉰ 줄자(Convex Rule)
㉱ 다이얼 게이지(Dial Gauge)

해설 관공작용 측정공구 : 자(Rule), 디바이더(Divider), 캘리퍼스(Calipers), 직각자(Square), 조합자, 버니어 캘리퍼스, 수준기

48. 배관 수리공사 중 좁은 공간에 매설되어 있는 강관을 절단하고자 한다. 어떤 공구를 사용하는 것이 가장 좋은가?

㉮ 고속 숫돌 절단기 ㉯ 링크형 커터
㉰ 쇠톱 ㉱ 파이프 커터

해설 배관 작업 시 좁은 공간에 매설되어 있는 강관의 절단 시에 쇠톱이 사용된다.

49. 굽힘형, 압력형, 클램프형, 심봉 등으로 구성되어 있는 벤더는 어느 것인가?

㉮ 로터리식 벤더 ㉯ 램식 벤더
㉰ 수동 벤더 ㉱ 유압식 수동 벤더

해설 로터리식 벤더는 굽힘형, 압력형, 클램프형, 심봉 등으로 구성된다.

50. 파이프 스레딩 머신(Pipe Threading Machine)으로 할 수 없는 작업은?

㉮ 나사내기 작업 ㉯ 절단 작업
㉰ 접합 작업 ㉱ 리머 작업

해설 파이프 스레딩 머신은 나사내기, 관의 절단, 리머 작업 등을 할 수 있다.

51. 파이프 밴딩 머신에 관한 다음 설명 중 맞는 것은?

㉮ 램식은 공장에서 동일 모양의 밴딩 제품을 다량 생산할 때 쓰인다.
㉯ 현장용으로 쓰이기 좋은 형식은 로터리식이다.
㉰ 로터리식 밴딩 머신으로 관을 구부릴 경우에는 관에 심봉을 넣을 필요가 없다.
㉱ 램식은 수동식일 때 50A이고, 동력식일 때는 100A까지 사용한다.

해설 램식의 파이프 밴딩 머신은 수동식일 때는 50A까지이고 동력식은 100A까지이다.

정답 47. ㉱ 48. ㉰ 49. ㉮ 50. ㉰ 51. ㉱

52. 동력 나사 절삭기의 이점이 아닌 것은?

㉮ 나사산이 매끄럽다.　　㉯ 대량생산이 가능하다.
㉰ 작업속도가 느리다.　　㉱ 작업성이 좋다.

해설 동력용 나사 절삭기의 이점 : ㉮ 나사산이 매끄럽다.

53. 파이프 바이스의 호칭 번호가 3번이면 작업에 알맞은 파이프와 치수 중 맞는 것은 다음 중 어느 것인가?

㉮ 6~50A　　㉯ 6~65A
㉰ 6~90A　　㉱ 6~115A

해설 ㉮ 0번, ㉯ 1번, ㉰ 2번, ㉱ 3번

54. 다음 중 연관의 이음용 공구와 가장 관계가 적은 것은?

㉮ 밴드벤　　㉯ 봄볼
㉰ 사이징 툴　　㉱ 턴핀

해설 사이징 툴은 동관용의 공구이다.

55. 다음은 유압식 수동 파이프 벤더기의 밴딩할 수 있는 한계를 설명한 것이다.

㉮ 상온에서 100A까지 구부릴 수 있다.
㉯ 상온에서 150A까지 구부릴 수 있다.
㉰ 상온에서 25A까지 구부릴 수 있다.
㉱ 상온에서 50A까지 구부릴 수 있다.

해설 유압식 수동 파이프 벤더기의 밴딩 한계는 상온에서 50A까지 구부릴 수 있다.

56. 공장 등에 설치하여 동일 치수의 모양을 다량으로 구부릴 때 편리하며, 기계식과 유압식으로 구부리는 벤더는?

㉮ 램식 벤더　　㉯ 로터리식 벤더
㉰ 오프식 벤더　　㉱ 다이헤드식 벤더

해설 로터리식 밴딩 기계는 동일 모양의 굽힘을 다량으로 생산하는 데 알맞고 굽힘형, 압력형, 클램프형, 심봉 등으로 구성되어 있으며, 200A까지는 상온 가공이 가능하다.

57. 다음 중 수동용 나사절삭기의 형식이 아닌 것은?

㉮ 리드형　　㉯ 오스터형
㉰ 비버형　　㉱ 라쳇형

해설 수동용 나사절삭기의 형식은 리드형, 오스터형, 비버형 3가지가 있다.

정답 52. ㉰ 53. ㉱ 54. ㉰ 55. ㉱ 56. ㉯ 57. ㉱

58. 다음은 배관용 공구로 작업할 때의 안전사항이다. 옳은 것은?

㉮ 파이프 바이스에는 파이프 크기에 관계없이 물려 사용한다.
㉯ 파이프 커터는 파이프 중심선에 직각이 되게 회전시킨다.
㉰ 파이프 렌치는 자루에 파이프를 끼워 사용하여도 좋다.
㉱ 오스터로 나사를 낼 때 기름을 공급하지 않아도 된다.

해설 파이프 커터기의 사용 시에는 파이프 중심선에 직각이 되게 회전시킨다.

59. 다음 중 날이 고정된 프레임에 크랭크의 왕복 운동으로 파이프를 절단하는 것으로 무게가 가볍고 구조가 간단하여 현장 휴대용에 주로 이용되는 절단기는?

㉮ 관상용 절단기 ㉯ 커팅휠 절단기
㉰ 포터블 소잉 머신 ㉱ 고정식 소잉 머신

해설 포터블 소잉 머신은 쇠톱을 전동화한 것으로써 일정한 장소에 이동시켜 주로 현장용으로 이용된다.

60. 구리관의 나팔관 접합 시 관 끝을 나팔관 모양으로 넓혀 주는 공구는?

㉮ 사이징 툴 ㉯ 플래어링 툴
㉰ 익스팬더 ㉱ 봄볼

해설 **플래어링 툴셋** : 동관의 압축 접합용에 사용되며 동관의 나팔관 접합 시 관 끝을 나팔관 모양으로 넓혀 주는 공구이다.

61. 다음은 강관을 구부릴 때 쓰는 공구의 종류이다. 틀린 것은?

㉮ 파이프 벤더 ㉯ 유압식 벤더
㉰ 롤러식 벤더 ㉱ 앵글 벤더

해설 강관 벤더기에는 앵글 벤더란 공구는 사용하지 않는다.

62. 로터리 벤더에 의하여 관을 구부릴 때의 결함 중 관이 파손되는 원인이 아닌 것은?

㉮ 압력형의 조정이 세고 저항이 클 때 ㉯ 받침쇠가 너무 나와 있을 때
㉰ 곡률 반지름이 너무 작을 때 ㉱ 클램프 또는 관에 기름이 묻었을 때

해설 ㉱항의 내용은 관이 파손되는 원인이 아니고 관이 구부러질 때 관이 미끄러지는 현상에 해당한다.

63. 관을 벤더에 의해 관 굽히기를 할 때 관이 타원으로 되는 원인으로 틀린 것은?

㉮ 받침쇠가 너무 들어가 있다. ㉯ 받침쇠와 관 내경의 간격이 크다.
㉰ 받침쇠의 모양이 나쁘다. ㉱ 받침쇠의 재질이 단단하다.

해설 타원이 되는 원인으로는 ㉮, ㉯, ㉰ 외에 재질이 무르고 두께가 얇다.

정답 58. ㉯ 59. ㉰ 60. ㉯ 61. ㉱ 62. ㉱ 63. ㉱

64. 토치램프에 관한 다음 사항 중 틀린 것은?

㉮ 토치램프 탱크에는 질이 좋은 가솔린을 2/3 정도 넣는다.
㉯ 작업을 편리하게 하기 위해 작업 장소에서 손쉬운 곳이면 어느 곳에 두어도 좋다.
㉰ 토치램프를 사용할 때에는 장갑을 벗고 작업한다.
㉱ 토치램프를 사용할 때에는 깨끗한 작업복을 단정히 착용한다.

해설 토치램프는 인화물질이 없는 곳에 보관하여야 한다.

65. 로터리 벤더에 의한 관 구부리기 작업에서 관이 미끄러지는 결함의 원인이 아닌 것은?

㉮ 파이프의 고정이 잘못 되었다.
㉯ 클램프나 파이프에 기름이 묻었다.
㉰ 압력형의 조정이 너무 빡빡하다.
㉱ 받침쇠의 모양이 나쁘다.

해설 ㉱의 받침쇠의 모양이 나쁜 것은 관이 타원형으로 되는 결함의 원인이다.

66. 유압 파이프 로터리 벤더로 구부리기 작업을 할 때, 관이 미끄러지는 결함의 원인으로 틀린 것은?

㉮ 관의 고정이 잘못 되었다.
㉯ 압력형의 조정이 너무 빡빡하다.
㉰ 곡률 반지름이 너무 작다.
㉱ 벤더 또는 관에 기름이 묻었다.

해설 ㉰항의 내용은 로터리 벤더로 구부리기 작업 시에 관이 파손되는 원인이 된다.

67. 관을 가열하여 구부릴 때의 작업 요령으로 잘못된 것은?

㉮ 파이프 속에 젖은 모래를 채우고 양끝을 막는다.
㉯ 모래의 크기는 1~10mm의 것을 사용한다.
㉰ 강관의 경우 800~900℃로 가열한다.
㉱ 구부릴 부분을 여러 등분하여 석필로 표시한다.

해설 관을 가열하여 구부릴 때의 작업요청
① 파이프 속에 젖은 모래를 쓰지 않고 건조모래를 사용한다.
② 모래의 크기는 1~10mm의 것을 사용한다.
③ 강관의 경우 800~900℃로 가열한다.
④ 구부릴 부분을 여러 등분하여 석필로 표시한다.

68. 로터리 파이프 벤더를 사용한 관 굽힘 시 관이 미끄러지는 원인이 아닌 것은?

㉮ 압력조정이 너무 빡빡하다.
㉯ 클램프나 관에 기름이 묻었다.
㉰ 받침쇠가 너무 나와 있다.
㉱ 관의 고정이 잘못 되어 있다.

해설 ㉰항의 내용은 관이 미끄러지는 원인이 아니고 관이 파손되는 원인에 해당된다.

정답 64. ㉯ 65. ㉱ 66. ㉰ 67. ㉮ 68. ㉰

69. 다음은 고속 숫돌 절단기 사용 시 주의사항이다. 틀린 내용은?

㉮ 두께는 0.5~3mm 원판의 숫돌을 사용하여야 한다.
㉯ 숫돌차의 회전을 규정 이상으로 빠르게 하지 말아야 한다.
㉰ 절단 시 제품에 너무 과중한 힘을 가하지 않는다.
㉱ 관 지름이 적은 관은 여러 개 겹쳐 고정하여 절단한다.

해설 고속 숫돌 절단기의 사용 시에는 관을 1개씩 절단한다.

70. 20A관의 곡률 반지름이 120mm일 때 형판(R 게이지)의 곡률 반지름은 얼마인가?(단, 20A관이 외경 27.2mm)

㉮ 147.2mm
㉯ 132.8mm
㉰ 106.4mm
㉱ 87.2mm

해설 27.2÷2=13.6mm
∴ 120－13.6=106.4mm

71. 강관의 굽힘(Bending) 가공에 속하지 않는 것은?

㉮ 수동 롤러에 의해 굽힘
㉯ 해머로 타격하여 굽힘
㉰ 가열 후 수작업에 의한 굽힘
㉱ 밴딩 머신에 의한 굽힘

해설 강관은 해머로 굽힘 가공을 하지 못한다.

72. 로터리 벤더에 의하여 관을 구부릴 때의 결함 중 관이 파손되는 원인이 아닌 것은?

㉮ 압력형의 조정이 세고 저항이 클 때
㉯ 받침쇠가 너무 나와 있을 때
㉰ 곡률 반지름이 너무 작을 때
㉱ 압력 조정이 너무 빡빡할 때

해설 압력 조정이 너무 빡빡하면 관이 미끄러지는 원인이 된다.

73. 판이나 봉 등을 자르는 정의 날 끝 각도가 올바르게 짝지어진 것은?

㉮ 납, 구리 : 45~50°
㉯ 연강 : 50°
㉰ 주철, 청동 : 25~30°
㉱ 경강 : 80~90°

해설 정(Chisel) : 정은 탄소함량 0.8~1.0%의 점성이 강한 강을 열처리 단조해서 만들며 평정, 평홈정, 홈정으로 나눈다. 정의 날끝 각도는 일반적으로 60°이지만 공작물의 재질에 따라 표와 같이 선택한다.

〈정의 종류〉

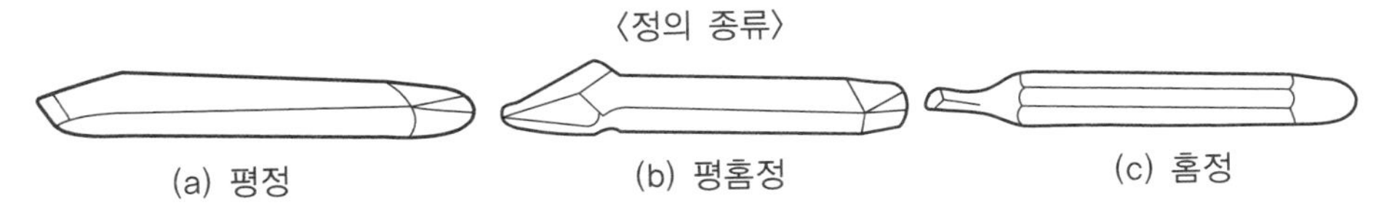

(a) 평정　(b) 평홈정　(c) 홈정

정답 69. ㉱ 70. ㉰ 71. ㉯ 72. ㉱ 73. ㉯

〈평정의 날끝 각도〉

공작물의 재질	날끝 각도($\theta°$)
동. 아연. 화이트 메탈	25~35
황동. 청동	40~50
연 강	45~55
주 철	55~60
경 강	60~70

74. 땜납 접합용 공구에 대하여 그 사용을 열거하였다. 잘못 설명한 것은?

㉮ 토치램프 : 땜납 접합 또는 관의 국부 가열에 사용한다.
㉯ 봄볼 : 주관에서 분기할 때 주관에 구멍을 뚫는 공구다.
㉰ 밴드벤 : 연관에 삽입해서 관을 굽히거나 관을 똑바로 할 때 사용한다.
㉱ 드레서 : 연관의 치수를 정확히 하기 위한 공구다.

해설 ㉱ 드레서는 연관 표면의 산화물 제거에 사용된다.

75. 호칭지름 20A의 강관을 곡률 반지름 200mm로서 120°의 각도로 구부릴 때 곡선의 길이는?

㉮ 약 315mm ㉯ 약 560mm ㉰ 약 420mm ㉱ 약 840mm

해설 $2\pi R \times \frac{Q}{360}$

$\therefore\ 2 \times 3.14 \times 200 \times \frac{120}{360} = 418.6666\text{mm}$

76. 파이프 가스절단기를 사용한 관절단시 윗가장자리가 둥글게 되며, 슬래그가 견고하게 부착되는 경우로 가장 적당한 것은?

㉮ 절단속도가 느릴 때
㉯ 절단속도가 빠를 때
㉰ 고압산소의 압력이 아세틸렌 압력보다 높을 때
㉱ 절단 팁과 파이프의 간격이 적을 때

해설 ① 절단속도가 느리면 절단면이 거칠다.
② 절단속도는 가스 절단의 좋고 나쁨을 판정하는 주요한 요소이다.
③ 절단속도는 절단 산소의 압력이 높고, 산소 소비량이 많을수록 거의 정비례한다. 파이프 절단기는 수동식, 자동식이 있다.

77. 배관 지지장치의 용도에 관한 설명 중 잘못된 것은?

㉮ 파이프 슈(Pipe Shoe) : 관의 수평부 곡관부 지지
㉯ 앵커(Anchor) : 배관계에서 발생한 충격을 완화
㉰ 가이드(Guide) : 관의 회전제한, 축방향의 이동 안내
㉱ 콘스탄트 행거 : 배관의 상하 이동을 허용하면서 관 지지력을 일정하게 유지

 정답 74. ㉱ 75. ㉰ 76. ㉮ 77. ㉯

해설 앵커 : 볼트를 콘크리트에 매설하여 관을 완전히 고정시키는 장치로 진동이 심한 곳에 사용하는 Restraint 이다.

78. 그림과 같이 배관에 직접 접합하는 배관 지지대로서 주로 배관의 수평부나 곡관부에 사용되는 지지장치 명칭은?

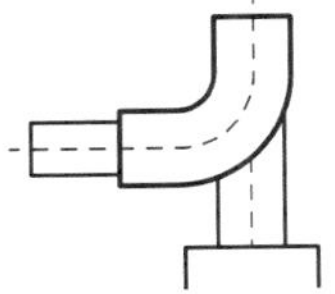

㉮ 파이프 슈(Pipe Shoe)
㉯ 앵커(Anchor)
㉰ 리지드 서포트(Rigid Support)
㉱ 콘스탄트 행거(Constant Hanger)

해설 파이프 슈(서포트의 종류)

79. 일반적으로 배관계에 발생하는 진동을 억제하는 경우에 사용하는 배관 지지 장치로 가장 적합한 것은?

㉮ 스토퍼
㉯ 리지드 행거
㉰ 앵커
㉱ 브레이스

해설 브레이스 : 배관계의 진동을 억제하는 지지 장치이다.

80. 빔(Beam)에 턴 버클을 연결하여 파이프 아래 부분을 받쳐 달아 올리는 행거로 수직 방향의 변위가 없는 곳에 사용하는 것은?

㉮ 리스트레인트
㉯ 리지드 행거
㉰ 스프링 행거
㉱ 콘스탄트 행거

해설 리지드 행거 : 빔에 턴 버클을 연결하여 파이프 아래 부분을 받쳐 달아 올리는 행거로 수직방향의 변위가 없는 곳에 사용한다.

81. 배관계의 축방향 이동을 안내하는 역할을 하여 축과 직각 방향의 이동을 구속하는 데 사용하며 파이프 랙 위의 배관의 곡관부분과 신축 이음쇠부분에 설치하는 것은?

㉮ 가이드(Guide)
㉯ 롤러 서포트(Roller Support)
㉰ 리지드 서포트(Rigid Support)
㉱ 파이프 슈(Pipe Shoe)

해설 가이드 : 배관계 축과 직각방향의 이동을 구속하는 데 사용하며 파이프 랙 위의 배관의 곡관부분과 신축이음쇠 부분에 설치한다.

82. 파이프(기계) 바이스 호칭치수 105, 호칭 번호 #2에서의 사용범위로 가장 적합한 파이프의 호칭 치수 범위는?

㉮ 6A~50A
㉯ 6A~65A
㉰ 6A~90A
㉱ 6A~115A

정답 78. ㉮ 79. ㉱ 80. ㉯ 81. ㉮ 82. ㉰

해설 파이프 바이스
#0(호칭치수 50) : 6A~50A
#1(호칭치수 80) : 6A~65A
#2(호칭치수 105) : 6A~90A
#3(호칭치수 130) : 6A~115A
#4(호칭치수 170) : 15A~150A

83. 토치램프의 취급에 관한 안전사항으로 틀린 것은?

㉮ 사용 시 부근에 인화 물질이 없는지 확인한다.
㉯ 가솔린 누설 여부를 확인한 후 점화한다.
㉰ 작업 전에 소화기, 모래 등을 준비한다.
㉱ 가솔린의 주입 시에는 램프의 불만 꺼져 있는지 확인한 후 주입한다.

해설 토치램프에 가솔린 주입 시 램프의 불을 끄고 주위에 소화전 설치 및 인화성 물질을 취급하지 않는다.

84. 토치램프에 사용할 휘발유를 저장한 곳에 비치하는 것으로 가장 적당한 것은?

㉮ 모래 ㉯ 석회
㉰ 시멘트 ㉱ 물

해설 토치램프 사용 시 화재예방을 위하여 모래를 비치한다.

85. 배관 및 용접 작업 시 지켜야 할 안전사항으로 틀린 것은?

㉮ 커팅 휠(Cutting Wheel)로 관 절단 시 휠이 편심되지 않도록 정확히 고정한다.
㉯ 파이프 밴딩 머신으로 관을 구부릴 경우에는 반드시 2개의 관을 한꺼번에 구부린다.
㉰ 동력나사 절삭기로 나사 절삭 시에는 반드시 접지선 및 전원 연결 상태가 양호한지를 확인한다.
㉱ 관의 열간 가공 시 사용되는 토치램프의 불길은 타인의 얼굴 쪽으로 향하지 않도록 한다.

해설 파이프 밴딩 머신으로 관을 구부릴 경우 반드시 1개의 관을 사용하여 구부린다.

86. 다음 동력나사 절삭기의 종류 중 관을 물린 척(Chuck)을 저속 회전시키면서 관의 절단, 거스머리 제거 등의 일을 연속적으로 할 수 있는 것은?

㉮ 오스터형 ㉯ 호브형
㉰ 리머형 ㉱ 다이헤드형

해설 다이헤드형 동력용 나사 절삭기 : 관의 절단, 나사내기, 거스러미 제거를 연속적으로 할 수 있는 동력용 나사 절삭기이다.

 정답 83. ㉱ 84. ㉮ 85. ㉯ 86. ㉱

87. 스트랩 파이프 렌치에 관한 설명으로 올바른 것은?

㉮ 긴 핸들과 다른 조(Jaw)의 끝에 연결된 체인으로 연결되어 있다.
㉯ 업셋 파이프 렌치라고도 하며 크기는 몸체의 길이로 표시한다.
㉰ 스트랩으로 파이프를 돌려야 하는 반대방향으로 파이프를 감아서 스트랩의 끝을 새클로 조이므로 상처가 남지 않는 것이 특징이다.
㉱ 강력급과 보통급의 2가지가 있으며 조(Jaw)에는 톱니가 있어 모서리가 둥글게 되어 보통의 렌치를 사용할 수 없는 볼트, 너트에 적합하다.

해설 **스트랩 파이프 렌치** : 스트랩으로 파이프를 돌려야 하는 반대 방향으로 파이프를 감아서 스트랩의 끝을 새클로 조이므로 상처가 남지 않는 것이 특징이다.

88. 다음 동관용 공구 중 관의 끝을 확관하는 데 사용하는 주 공구는?

㉮ 사이징 툴(Sizing Tool)
㉯ 플레어링 툴(Flaring Tool)
㉰ 튜브 벤더(Tube Bender)
㉱ 익스펜더(Expender)

해설 **익스펜더** : 동관의 확관용 공구

89. 링크형 파이프 커터의 사용 용도로 가장 적합한 것은?

㉮ 주철관 절단용
㉯ 강관 절단용
㉰ 비금속관 절단용
㉱ 도관 절단용

해설 **링크형 파이프 커터** : 주철관 전용절단공구

90. 정과 해머로 재료에 홈을 파내려고 할 때 해머의 안전작업이 아닌 것은?

㉮ 손을 보호하기 위하여 장갑을 낀다.
㉯ 인접 작업자에게 파편이 날지 않도록 칸막이를 한다.
㉰ 해머를 끼운 부분의 자루에 쐐기를 한다.
㉱ 해머 끝부분의 변형을 그라인딩하여 사용한다.

해설 정과 해머작업 시 장갑을 끼고 작업하지 않는다.

91. 주철관 절단 시 사용되며 특히 구조상 매설된 주철관의 절단에 다음 중 가장 적합한 공구는?

㉮ 파이프 커터
㉯ 연삭 절삭기
㉰ 기계 톱
㉱ 링크형 파이프 커터

해설 **링크형 파이프 커터** : 주철관 절단시 주로 사용된다.

정답 87. ㉰ 88. ㉱ 89. ㉮ 90. ㉮ 91. ㉱

92. 합성 수지관 접합용 공구가 아닌 것은?

㉮ 드레서
㉯ 열풍 용접기
㉰ 가열기
㉱ 비닐용 파이프 커터

해설 드레서 : 연관 표면의 산화물 제거

93. 구리관의 끝부분을 정확한 지름의 원형으로 만들 때 사용하는 주된 공구는?

㉮ 가열기(Heater)
㉯ 커터(Cutter)
㉰ 사이징 툴
㉱ 익스펜더(Expender)

해설 사이징 툴 공구는 구리관의 끝부분을 정확한 지름의 원형으로 교정시킨다.

94. 다음 중 T자 모양으로 연결하기 위하여 직관에서 구멍을 내고 관을 분기할 때 사용하는 동관용 주 공구는?

㉮ 사이징 툴(Sizing Tool)
㉯ 플레어링 툴(Flaring Tool)
㉰ 익스펜더(Expender)
㉱ 익스트렉터(Extractor)

해설 익스트렉터는 T자 모양으로 연결하기 위하여 직관에서 구멍을 내고 관을 분기할 때 사용하는 동관용 공구이다.

95. 다음 중 파이프 바이스의 크기를 나타내는 것은?

㉮ 최대로 물릴 수 있는 관의 지름 치수
㉯ 조의 폭
㉰ 조의 길이
㉱ 바이스의 전장

해설 ① 파이프 바이스의 크기 : 최대로 물릴 수 있는 관의 지름 치수
② 평바이스(기계바이스) : 물릴 수 있는 관의 최대 지름으로 표시

96. 다음 동관용 공구 중에 동관의 끝부분을 진원으로 교정하는 공구는?

㉮ 플레어링 툴 세트(Flaring Tool Set)
㉯ 파이프 리머(Reamer)
㉰ 사이징 툴(Sizing Tool)
㉱ 익스펜더(Expender)

해설 사이징 툴 : 동관의 끝부분을 진원으로 교정하는 공구이다.

97. 수공구 사용에 대한 안전 유의사항 중 잘못된 것은?

㉮ 사용 전에 모든 부분에 기름을 칠하고 사용할 것
㉯ 결함이 있는 것은 절대로 사용하지 말 것
㉰ 공구의 성능을 충분히 알고 사용할 것
㉱ 사용 후에는 반드시 점검하고 고장 난 부분은 즉시 수리 의뢰할 것

해설 공구에는 가급적 기름칠을 하지 않고 사용하여야 한다.

 정답 92. ㉮ 93. ㉰ 94. ㉱ 95. ㉮ 96. ㉰ 97. ㉮

98. 구리관의 끝 부분을 정확한 지름의 원형으로 만들 때 사용하는 공구는?

㉮ 가열기(Heater)
㉯ 커터(Cutter)
㉰ 사이징 툴(Sizing Tool)
㉱ 익스펜더(Expender)

해설 **사이징 툴** : 구리관의 끝부분을 정확한 지름의 원형으로 만들 때 사용한다.

99. 합성수지관 접합용 공구가 아닌 것은?

㉮ 드레서
㉯ 열풍 용접기
㉰ 가열기
㉱ 비닐용 파이프 커터

해설 드레서는 연관 표면의 산화물 제거용 공구이다.

100. 다음 중 스테인리스 관 몰코 접합 시 사용하는 공구는?

㉮ 사이징 툴(Sizing Tool)
㉯ 확관기(Expender)
㉰ 플레어링 툴(Flaring Tool)
㉱ 전용 압착공구

해설 **전용 압착공구** : 스테인리스 관 몰코 접합 시 사용하는 공구이다.

정답 98. ㉰ 99. ㉮ 100. ㉱

03 관의 접합 및 성형

CHAPTER

1. 동관을 배관할 때 접합하는 방법으로 기계의 점검, 보수를 위해 고려하여 사용하는 것은?

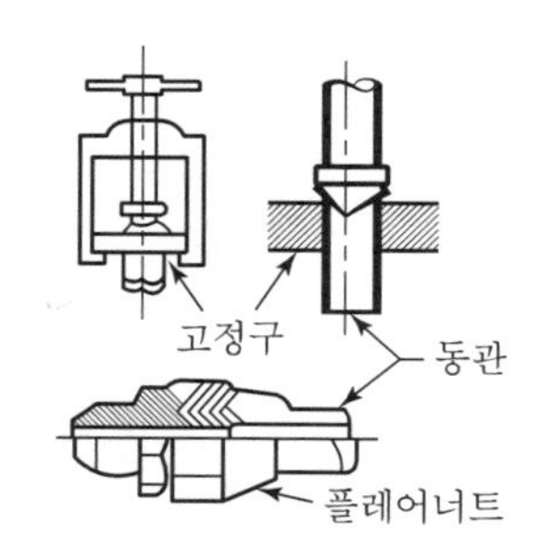

㉮ 납땜 이음
㉯ 플라스턴 이음
㉰ 압축 이음(플레어 이음)
㉱ 소켓 이음

해설 플레어 접합(Flare Joint : 압축 접합) 기계의 점검, 보수 또는 관을 분해할 경우를 대비한 접합 방법이다. 관의 절단 시에는 동관 커터(Tube Cutter : 관경이 20mm 미만일 때) 또는 쇠톱(20mm 이상일 때)을 사용한다.

2. 강관의 접합과 성형에 관한 설명 중 틀린 것은?

㉮ 관 연결 작업 시 신축작용은 고려할 필요가 없다.
㉯ 나사 접합 시 관용 나사의 종류는 PF, PT 등이 있다.
㉰ 플랜지 고정 시 볼트의 길이는 1~2산 나사산이 남게 한다.
㉱ 밴딩(Bending) 작업 시 관에 주름이 생기는 것은 관이 파열되었을 경우 일어난다.

해설 배관의 연결 작업 시 신축작용은 당연히 고려할 필요가 있다.

3. 대구경관의 접합 및 관 분해 조립의 필요성이 요구될 때 이용되는 경질 염화 비닐관의 이음방법은?

㉮ 나사 접합
㉯ 용접법
㉰ 플랜지 접합
㉱ 열간삽입 접합

해설 경질 염화비닐관의 이음방법에서 대구경관의 접합 및 분해 조립의 필요성이 요구될 때 이용되는 방법은 열간삽입 접합법이 있고 그 종류는 슬리브 이음과 용접법이 있다.

 정답 1. ㉰ 2. ㉮ 3. ㉱

4. 동관을 플라스턴(Plastann) 접합할 때 관을 삽입시키는 길이는 다음 중에서 관 지름의 몇 배 정도가 가장 적당한가?

㉮ 0.3~0.5배 ㉯ 0.6~0.7배 ㉰ 1~1.5배 ㉱ 2~3배

해설 동관의 플라스턴(납땜 접합) 접합 시에는 접합부의 길이는 파이프 지름의 1.5배 정도로 하고 삽입시킨다.

5. 연관의 플라스턴 이음 시 사용되는 플라스턴 합금의 Pb : Sn의 비율은?

㉮ Pb 30%, Sn 70%
㉯ Pb 60%, Sn 40%
㉰ Pb 50%, Sn 50%
㉱ Pb 40%, Sn 60%

해설 연관의 플라스턴 접합 시에 합금은 Pb(납)가 60%, Sn(주석)이 40%, 용융점이 232℃이다.

6. 동관의 납땜 접합에 필요하지 않은 것은?

㉮ 얀(Yarn)
㉯ 사이징 툴(Sizing Tool)
㉰ 플라스턴(Plastann)
㉱ 익스팬더(Expander)

해설 얀은 강관의 이음 시 사용되는 패킹제이다.

7. 지진 등 진동이 일어나는 배관의 접합에 적합하고, 외압에 잘 견디는 이음방법은?

㉮ 소켓 접합
㉯ 플랜지 접합
㉰ 메커니컬 조인트
㉱ 기볼트 이음

해설 메커니컬 조인트는 주철관의 기계적 접합법에 해당하며 지진 등 진동이 일어나는 배관의 접합에 적합하고 외압에 잘 견디는 이음이다.

8. 강관의 접합방법 중 분해 조립 검사를 필요로 하는 곳에는 부적합하나 누설에 대해서는 안전한 방법은?

㉮ 나사 접합
㉯ 플랜지 접합
㉰ 기계적 접합
㉱ 용접 접합

해설 용접이음은 누설에 대해서 가장 완전하므로 이 방법이 널리 사용되고 있다. 그러나 분해 조립 검사를 필요로 하는 부분에 적합하지 않다. 분해나 조립이 필요한 때에는 나사 접합이나 플랜지 접합이 용이하다.

9. 다음은 플랜지의 규정 중 플랜지면의 종류이다. 틀린 것은?

㉮ 평면좌(Flat Face)
㉯ 끼워넣기형(Male & Female)
㉰ 홈형(Tongue & Groove)
㉱ 맞대기 용접용(Weld Neck)

해설 플랜지 종류에는 ㉮, ㉯, ㉰ 외에 대평면좌, 소평면좌가 있다.
맞대기 용접용은 플랜지의 관 부착법이다.

정답 4. ㉰ 5. ㉯ 6. ㉮ 7. ㉰ 8. ㉱ 9. ㉱

10. 강관의 나사 접합에 대한 설명이다. 틀린 것은?

㉮ 나사부의 길이는 규정 이상으로 크게 하지 않는다.
㉯ 나사는 가능한 한 깊게 나사가 나게 한다.
㉰ 나사용 패킹을 바를 때는 나사의 끝에서 2/3 정도까지만 바른다.
㉱ 불완전 나사부만 남을 때까지 파이프렌치로 조인다.

해설 나사의 깊이는 나사이음의 조인트가 들어갈 수 있을 정도로 알맞게 절삭한다.

11. 플랜지를 관과 이음하는 방법에 따른 분류 중 맞지 않는 것은?

㉮ 슬립온형(Slip On) ㉯ 웰드넥형(Weld Neck)
㉰ 나사결합형(Screwed) ㉱ 하프캡형(Half Cap)

해설 ㉮, ㉯, ㉰는 플랜지를 관과 이음하는 방법이다.

12. 그림과 같이 중심 간의 길이를 250mm로 하고자 한다. 파이프의 호칭지름이 15A일 때 실제 파이프의 절단길이를 구하면?(A=27mm, a=11mm)

㉮ 210mm
㉯ 215mm
㉰ 218mm
㉱ 220mm

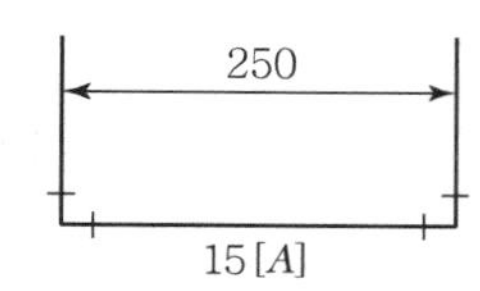

해설 $I = L - 2(A - a)$
$I = 250 - 2(27 - 11) = 218\text{mm}$

13. 강관을 가열하여 구부릴 때 적당한 가열온도는?

㉮ 400~500℃ ㉯ 500~600℃ ㉰ 600~700℃ ㉱ 800~900℃

해설 ① 강관의 구부림 작업 시 가열온도 : 800~900℃
② 동관의 구부림 작업 시 가열온도 : 600~700℃
③ 연관의 구부림 작업 시 가열온도 : 100℃ 전후

14. 동관의 굽힘 작업 시 적당한 가열온도는?

㉮ 400~500℃ ㉯ 500~600℃ ㉰ 600~700℃ ㉱ 800~900℃

해설 동관의 굽힘 작업 시 적당한 가열온도는 600~700℃이다.

15. 연관 작업에서 사용하는 몰스킨(Mole Skin)에 대한 설명 중 맞지 않는 것은?

㉮ 양질의 모직포이다.
㉯ 납물을 접합 부위에 부어준 후 몰스킨은 보통 왼손에 들고 사용한다.
㉰ 연관의 살붙임 납땜 접합 시 사용한다.
㉱ 열전도율이 크고 내구성이 강하다.

 정답 10. ㉯ 11. ㉱ 12. ㉰ 13. ㉱ 14. ㉰ 15. ㉱

해설 몰스킨
① 양질의 모직포이다.
② 몰스킨을 보통 왼손으로 들고 납물을 접합부위에 부어준다.
③ 연관의 살붙임 납땜 접합 시 사용한다.
④ 열전도율이 적고 내구성이 크다.

16. 다음은 용접접합과 나사접합을 비교한 것이다. 나사접합의 특징이 아닌 것은?

㉮ 살 두께가 불균일하다.
㉯ 준비가 간단하다.
㉰ 접합부의 강도가 크다.
㉱ 피복 시공이 어렵다.

해설 나사접합의 특징
① 살 두께가 불균일하다.
② 준비가 간단하다.
③ 접합부의 강도가 약하다.
④ 피복시공이 어렵다.

17. 호칭지름 15A의 강관을 반경(R) 80mm로 90° 의 각도로 구부릴 때 곡선의 길이는?

㉮ 약 80mm
㉯ 약 126mm
㉰ 약 315mm
㉱ 약 160mm

해설 $l = 2\pi R \times \frac{\theta}{360}$

$= 2 \times 3.14 \times 80 \times \frac{90}{360} = 126\text{mm}$

18. 다음 중 동관의 이음방식 종류가 아닌 것은?

㉮ 플레어 이음
㉯ 납땜 이음
㉰ 플랜지 이음
㉱ 플라스턴 이음

해설 ① 동관의 이음방식
㉮ 플레어 이음
㉯ 납땜 이음
㉰ 플랜지 이음
② 플라스턴 이음
㉮ 납 60%, 주석 40%의 합금이다.
㉯ 용융온도가 232℃이다.
㉰ 연관의 이음방식이다.
㉱ 직선 접합, 맞대기 접합, 수전소켓 접합, 분기관 접합, 만다린 접합이 있다.

19. 다음 중 동관의 이음방법이 아닌 것은?

㉮ 플레어 이음
㉯ 용접 이음
㉰ 플랜지 이음
㉱ 플라스턴 이음

정답 16. ㉰ 17. ㉯ 18. ㉱ 19. ㉱

해설 ① 동관의 이음방법
㉮ 플레어 이음 ㉯ 용접 이음
㉰ 플랜지 이음 ㉱ 납땜접합
② 플라스턴 이음 : 연관(납관)의 이음방법

20. 다음 중 강관의 용접 접합법으로 적합하지 않은 것은?

㉮ 맞대기 용접 ㉯ 슬리브 용접
㉰ 플랜지 용접 ㉱ 플라스턴 용접

해설 플라스턴 접합은 연관의 접합방법이다.

21. 관을 가열 굽힘할 때 관의 종류에 따라 가열온도가 적절하게 짝지어진 것은?(단, ① 강관, ② 동관, ③ PVC관, ④ 연관으로 함)

㉮ ① 1,000℃ 이상 ② 200℃ 이상 ③ 800℃ 이상 ④ 150℃ 이상
㉯ ① 800~900℃ 이상 ② 600~700℃ 이상 ③ 130℃ ④ 100℃
㉰ ① 700~750℃ ② 100℃ ③ 500~550℃ ④ 80℃
㉱ ① 500~600℃ ② 80℃ ③ 400~350℃ ④ 100℃

해설 ① 강관 800~900℃
② 동관 600~700℃
③ PVC 130℃
④ 연관 100℃

22. 관 접합 중 플라스턴(Plastan) 접합은 작업 시 온도에 세심한 주의를 요구한다. 플라스턴 합금의 용융점은 얼마인가?

㉮ 232℃ ㉯ 327℃ ㉰ 400℃ ㉱ 528℃

해설 연관의 접합방법인 플라스턴 접합의 용융점은 232℃이다.

23. 지름 20mm 이하의 동관접합 시공 시 또는 기계의 점검, 보수, 기타 관의 착탈을 쉽게 하기 위하여 이용되는 동관의 접합방법은?

㉮ 플레어 이음(Flaring Joint) ㉯ 유니온 이음(Union Joint)
㉰ 플랜지 이음(Flange Joint) ㉱ 사이징 이음(Sizing Joint)

해설 플레어 이음 : 지름 20mm 이하의 동관접합 시공 시 또는 기계의 점검, 보수 기타 관의 착탈을 쉽게 하기 위하여 이용되는 동관의 접합방법

24. 연납땜과 경납땜을 구별하는 용가재의 융점온도는?

㉮ 200℃ ㉯ 300℃ ㉰ 450℃ ㉱ 500℃

해설 납땜법에서 납땜의 용융온도가 450℃보다 높은 경우를 경납이라고 하며, 450℃보다 낮은 것을 연납이라 한다.

정답 20. ㉱ 21. ㉯ 22. ㉮ 23. ㉮ 24. ㉰

25. 그림과 같이 중심 간의 거리를 300mm로 하고자 한다. 파이프의 호칭지름이 20A일 때 파이프의 절단길이를 구하면?

㉮ 267mm
㉯ 268mm
㉰ 269mm
㉱ 279mm

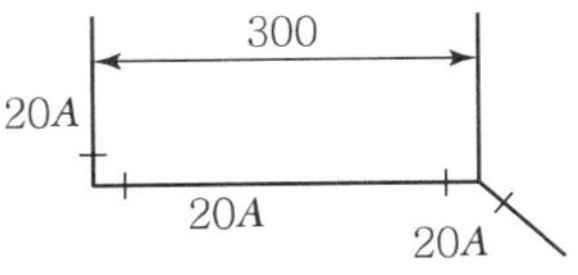

해설 20A 90° 엘보＝32－13＝19mm(공간여유치수)
20A 45° 엘보＝25－13＝12mm(공간여유치수)
l ＝300－(19＋12)＝269mm
∴ 20A관은 나사의 물리는 길이가 13mm이다.

26. 슬리브 용접 접합 시 슬리브의 길이는 관 지름의 몇 배로 하는가?(단, 강관의 접합임)

㉮ 1.2～1.7　㉯ 1.8～2　㉰ 2.2～2.7　㉱ 2.8～3

해설 가스용접에 의한 방법과 전기용접에 의한 방법이 있다. 용접 가공방법에 따라 맞대기 이음과 슬리브 이음이 있는데 슬리브 이음은 누수의 염려도 없고 관경의 변화도 없다. 슬리브의 길이는 관경의 1.2～1.7배로 하는 것이 좋다.

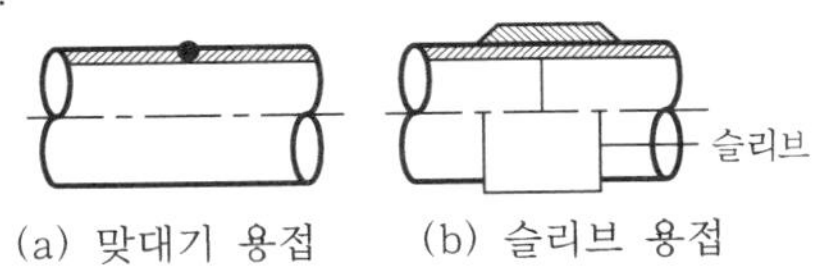

(a) 맞대기 용접　(b) 슬리브 용접

27. 강관을 굽힐 때, 굽힘 반지름은 강관지름(d)의 몇 배 정도로 하는 것이 효율적인가?

㉮ 10～12배　㉯ 6～8배　㉰ 3～4배　㉱ 1～2배

해설 강관을 굽힐 때 굽힘 반지름은 강관지름의 6～8배 정도이다.

28. 플랜지 접합 시 패킹 양면에 그리스를 바르는 이유로 가장 적합한 것은?

㉮ 관의 부식을 방지하기 위함이다.
㉯ 관과 플랜지의 밀착을 위한 방법이다.
㉰ 보수 작업 시 관과 패킹을 쉽게 분리하기 위한 방법이다.
㉱ 그리스의 부식으로 인한 방청효과를 갖기 위함이다.

해설 플랜지 작업 시 패킹 양면에 그리스를 바르면 보수 점검 시에 패킹이 플랜지에 달라붙어 잘 떨어지지 않는 것을 방지해 준다.

29. 강관 접합방법 중 슬리브 용접 접합을 설명한 것으로 틀린 것은?

㉮ 분해할 경우가 많은 경우에 사용한다.
㉯ 상향 용접은 공장에서, 하향 용접은 현장에서 하는 것이 능률적이다.
㉰ 슬리브의 길이는 파이프경의 1.2～1.7배가 적당하다.
㉱ 특수 배관용 삽입 용접식 이음쇠를 사용하며, 스테인리스강 배관이음에 사용한다.

정답 25. ㉰ 26. ㉮ 27. ㉯ 28. ㉰ 29. ㉮

해설 강관 접합 시 분해가 필요한 경우에는 유니온이나 플랜지 접합이 용이하다.

30. 관의 접합 시공 불량에 의하여 다름과 같은 장해가 생긴다. 옳지 않는 것은 어느 것인가?

㉮ 누수 개소 부근의 관을 부식하여 수명을 짧게 한다.
㉯ 관내 유속에 지속이 생기거나 유량이 감퇴된다.
㉰ 누수에 의하여 건물이나 비품을 오손한다.
㉱ 누수에 의하여 모세관 현상을 일으킨다.

해설 관의 접합 시공 불량에 의한 장해
① 누수 개소 부근의 관을 부식하여 수명을 짧게 한다.
② 관내 유속에 지속이 생기거나 유량이 감퇴된다.
③ 누수에 의하여 건물이나 비품을 오손한다.

31. 플라스턴 이음방법에 속하지 않는 것은?

㉮ 맞대기 이음 ㉯ 플레어 이음
㉰ 분기관 이음 ㉱ 직선 이음

해설 플라스턴 합금(Pb 60%+Sn 40%, 용융점 232℃)에 의한 접합방법이다.
① 직선 접합 : 연관의 직선 배관 연결 시 사용되며 암관의 입구를 넓혀 숫관을 끼우는 접합방법이다.
② 맞대기 접합 : 관 절단면을 서로 맞대어 접합하는 방법이며, 시공 시 연관의 용융 온도가 327℃로 플라스턴과 별 차이가 없으므로 가열 온도에 세심한 주의를 요한다.
③ 수전 소켓 접합 : 급수 전, 지수전 및 계량기의 소켓을 연관에 접합하는 방법이다.
④ 분기관 접합 : 대구경 연관에 T자형 또는 Y자형 지관을 따내어 접합하는 방법이다.
⑤ 만다린 접합 : 수전 기둥 속이나 판자벽 속을 입상하여 그 끝에 수전을 달거나 수전 소켓을 접합할 때 이용한다. 관 끝을 90°로 구부려 시공하므로 숙련을 요한다.

32. 방사 난방시 온수관 접합 및 진동이 심한 곳에서 이용되며 동관과 동관끼리 산, 수소 용접 또는 산소, 아세틸렌 용접으로 접합 시공하는 접합방법은?

㉮ 연납 용접(Soldering) ㉯ 경납 용접(Brazing)
㉰ 플레어 접합(Flaring Joint) ㉱ 기계적 적합(Mechanical Joint)

해설 경납 용접(Brazing)
- 방사난방 시 온수관 접합 및 진동이 심한 곳에 사용된다. 동관끼리 산·수소용접 또는 산소·아세틸렌 용접으로 접합 시공한다. 접합부 간에 발생하는 전해 작용에 의한 부식현상을 방지할 수 있다.
- 용접방법 및 용접재의 종류에 따라 용접온도 범위가 다르므로 주의하여야 한다. 과열하거나 미가열 시에는 용접 부위의 강도가 저하되어 수명을 단축시키는 결과를 초래하므로 알맞은 온도로 가열하여야 한다.

33. 다음 접합방법 중에서 주철관의 접합에 적당치 못한 것은?

㉮ 소켓 접합 ㉯ 기계적 접합
㉰ 빅토리 접합 ㉱ 플라스턴 접합

정답 30. ㉱ 31. ㉯ 32. ㉯ 33. ㉱

해설 ㉣의 플라스턴 접합은 연관의 접합방법이다. 그리고 주철관의 접합법에는 소켓, 기계적, 빅토리 등이 있다.

34. 주철관 빅토릭 접합(Victoric Joint)에 관한 설명이다. 틀린 것은?

㉮ 고무링과 금속제 컬러를 죄어서 접합하는 방법이다.
㉯ 컬러는 관경 350mm 이하이면 만원형의 부분을 짝지어 2개의 볼트로 죄어준다.
㉰ 관경이 400mm 이상인 경우에는 칼라를 4등분하여 볼트로 조이게 되어 있다.
㉱ 압력의 증가에 따라 누수가 심해지는 결점을 지니고 있다.

해설 빅토릭 접합의 특징
㉮ 고무링과 금속제 컬러를 죄어서 접합하는 방법이다.

35. 플랜지의 규격 중 관과의 부착방법에 따라 분류한 것이 아닌 것은?

㉮ 소켓 용접형　㉯ 맞대기 용접형
㉰ 삽입 용접형　㉱ 편심형

해설 플랜지의 관 부착법에 따른 분류
① 소켓 용접형(슬립온 타입)　② 맞대기 용접형(웰드넥)
③ 나사 결합형　④ 삽입 용접형
⑤ 블라인드형　⑥ 랩 조인트

36. 주철관의 접합방법 중 옳은 것은?

㉮ 관의 삽입구를 수구에 맞대어 놓는다.
㉯ 얀은 급수관이면 틈새의 1/3, 배수관이면 2/3 정도로 한다.
㉰ 접합부에 클립을 달고 2차에 걸쳐 납을 녹여 부어 넣는다.
㉱ 코킹시 끌의 끝이 무딘 것부터 차례로 사용한다.

해설 소켓 접합(Socket Joint) : 관의 소켓부에 납과 얀(Yarn)을 넣는 접합 방식이다.
시공상 주의사항
① 접합부 주위는 깨끗하게 유지한다.
만일 물이 있으면 납이 비산해 작업자에게 해를 준다.
② 얀(누수 방지용)과 납(얀의 이탈 방지용)의 양은 다음과 같다.
㉮ 급수관일 때 : 깊이의 약 1/3을 얀, 2/3을 납으로 한다.
㉯ 배수관일 때 : 깊이의 약 2/3를 얀, 1/3을 납으로 한다.
③ 납은 충분히 가열한 후 산화납을 제거하고 접합부 1개소에 필요한 양을 단 한 번에 부어준다.
④ 납이 굳은 후 코킹(다지기) 작업을 정성껏 해준다.

37. 동관의 직선 이음을 하기 위해 소켓을 만들어 관을 끼우려고 한다. 이때 관의 삽입길이는 관경의 몇 배 정도가 적당한가?

㉮ 0.5배　㉯ 1.0배　㉰ 1.5배　㉱ 3배

해설 동관의 직선 이음을 하기 위해 확관기를 가지고 소켓을 만들어 관을 끼울 때 관의 삽입길이는 관경의 1.5배 정도가 적당하다.

정답 34. ㉱ 35. ㉱ 36. ㉯ 37. ㉰

38. 플랜지 이음에 대한 설명 중 틀린 것은?

㉮ 플랜지 접촉면에는 기밀을 유지하기 위해 패킹을 사용한다.
㉯ 플랜지 이음은 영구적인 이음이다.
㉰ 일반적으로 관경이 큰 경우와 압력이 많이 걸리는 경우에 사용한다.
㉱ 패킹 양면에 그리스 같은 기름을 발라 두면 분해 시 편리하다.

해설 영구적인 이음이란 용접, 납땜 등을 말한다. 플랜지 이음은 관의 해체 등 영구적인 이음이 아니다.

39. 다음은 강관 용접접합의 특성을 열거한 것이다. 잘못된 것은?

㉮ 관내 유체의 저항 손실이 적다.
㉯ 접합부의 강도가 강하며 누수의 염려도 없다.
㉰ 중량이 가볍다.
㉱ 보온 피복 시공이 어렵다.

해설 용접접합의 이점
① 유체의 저항 손실이 적다.
② 접합부의 강도가 강하며 누수의 염려도 없다.
③ 보온 피복 시공이 용이하다.
④ 중량이 가볍다.
⑤ 시설의 유지, 보수비가 절감된다.

40. 강관의 나사접합 시 보기에 나타낸 바와 같이 배관이 중심선 길이를 L, 관의 실제길이를 l, 부속의 끝단면에서 중심선까지의 치수를 A, 나사가 물리는 길이를 a라 하면 관의 실제길이 l을 구하는 공식은?

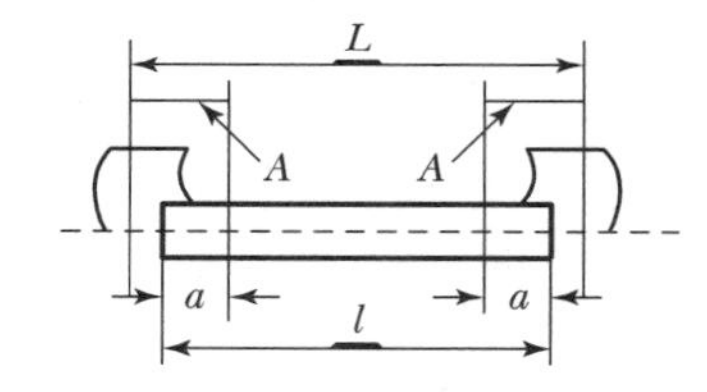

㉮ $l=L+2A-a$
㉯ $l=A-2(L-a)$
㉰ $l=L+2(A-a)$
㉱ $l=L-2(A-a)$

해설 $l=L-2(A-a)$

41. 다음 배관의 가접에 대하여 설명한 것이다. 잘못된 것은?

㉮ 가능한 한 중요부분을 피해 가접한다.
㉯ 가접은 본 용접 못지않게 중요하므로 최대한 튼튼하게 한다.
㉰ 가접은 본 용접 시 제거함이 좋다.
㉱ 가접은 될 수 있는 한 적게 하는 것이 좋다.

해설 가능한 한 중요한 부분을 가접해서 변형을 막도록 한다.

 정답 38. ㉯ 39. ㉱ 40. ㉱ 41. ㉮

42. 다음 중 주철관의 이음방법에 해당되지 않는 것은?

㉮ 컬러 이음　　㉯ 소켓 이음
㉰ 빅토리 이음　　㉱ 플랜지 이음

해설 컬러 이음, 기볼트 이음, 심플렉스 이음은 석면시멘트관(애터니트관)의 접합이기 때문에 주철관의 접합은 아니다.

43. 주철관의 이음방법이 아닌 것은?

㉮ 소켓 이음　　㉯ 플랜지 이음
㉰ 기계식 이음　　㉱ 플레어 이음

해설 ① 주철관의 이음방법
㉮ 소켓 이음　　㉯ 플랜지 이음
㉰ 기계식 이음　　㉱ 빅토리 이음
② 플레어 이음은 동관의 이음방법이다.

44. 구부림에 의한 균열을 방지하기 위하여 판재의 압연 방향과 구부림 선은 일반적으로 어떤 방향으로 하는 것이 적당한가?

㉮ 30° 방향　　㉯ 60° 방향
㉰ 90° 방향　　㉱ 같은 방향

해설 구부림에 의한 균열방지를 위하여 판재의 압연 방향과 구부림 선은 직각 방향으로 하는 것이 좋다.

45. 다음 중 동관의 접합방법이 아닌 것은?

㉮ 납땜접합　　㉯ 경납땜
㉰ 삽입접합　　㉱ 플레어 접합

해설 동관의 접합은 납땜접합, 용접접합(연납땜, 경납땜), 플레어 접합, 플랜지 접합 등이 있다.

46. 관용나사의 테이퍼와 나사산의 각도는?

㉮ $\frac{1}{32}$, 60°　　㉯ $\frac{1}{2}$, 55°　　㉰ $\frac{1}{16}$, 55°　　㉱ $\frac{1}{16}$, 60°

해설 관용나사
① 테이퍼 : $\frac{1}{16}$
② 나사산의 각도 : 55°

47. 주철관의 이음방식과 거리가 먼 것은?

㉮ 소켓 이음　　㉯ 플랜지 이음
㉰ 용접 이음　　㉱ 빅토릭 이음

정답 42. ㉮ 43. ㉱ 44. ㉰ 45. ㉰ 46. ㉰ 47. ㉰

해설 주철관의 이음방식
① 소켓접합
② 플랜지 접합

48. 파이프와 플랜지를 접합하는 방법이 아닌 것은?

㉮ 맞대기 용접 이음 ㉯ 나사 이음
㉰ 슬리브 용접 이음 ㉱ 볼트 이음

해설 파이프와 플랜지를 접합하는 방법
① 맞대기 용접 이음
② 나사 이음
③ 슬리브 용접 이음

49. 연관의 접합법에는 플라스턴 접합과 살붙임 납땜 접합의 두 가지가 있다. 연관의 용융 온도는?

㉮ 232℃ ㉯ 327℃ ㉰ 368℃ ㉱ 400℃

해설 ① 연관의 용융온도 : 327℃
② 연관의 가열 밴딩온도 : 100℃

50. 지진 등 진동이 많은 곳의 배관 접합에 적합하고 외압에 견디는 이음방법으로 가장 적당한 것은?

㉮ 소켓 접합 ㉯ 플랜지 접합
㉰ 메커니컬 조인트 ㉱ 키볼트 이음

해설 150mm 이하의 수도관에도 사용이 가능한 접합방법으로 가요성이 풍부하며 다소 굴곡에도 새지 않는 장점이 있다. 지진 기타 외압에 대한 가요성이 풍부하다. 이것이 메커니컬 조인트이다.

51. 다음 중 동관의 플랜지 접합법에 속하지 않는 것은?

㉮ 끼워 맞춤형법 ㉯ 홈형법
㉰ 유합 플랜지형법 ㉱ 플레어 접합형법

52. 다음은 연관 접합에 대하여 쓴 것이다. 틀린 것은?

㉮ 네오타니시가 부착된 곳에는 플라스턴을 접합할 수 없다.
㉯ 연관에는 턴핀을 사용하지 않는다.
㉰ 플라스턴 용융온도는 183~232℃이다.
㉱ 연관의 용융온도는 327℃이다.

해설 턴핀은 연관의 접합 시에 사용되는 공구이다.

 정답 48. ㉱ 49. ㉯ 50. ㉰ 51. ㉱ 52. ㉯

53. 다음은 동관 접합방법의 종류를 열거한 것이다. 잘못된 것은?

㉮ 용접접합
㉯ 빅토릭 접합(Victoric Joint)
㉰ 플레어 접합(Flare Joint)
㉱ 납땜접합

해설 ① 동관의 접합방법
㉮ 플레어 접합(압축접합)
㉯ 용접접합(연납용접, 경납용접)
㉰ 분기관 접합
㉱ 납땜접합
② 빅토릭 접합은 주철관의 접합이다.

54. 다음 도면의 구조는 강관의 접합방법 중 어떤 접합에 속하는가?

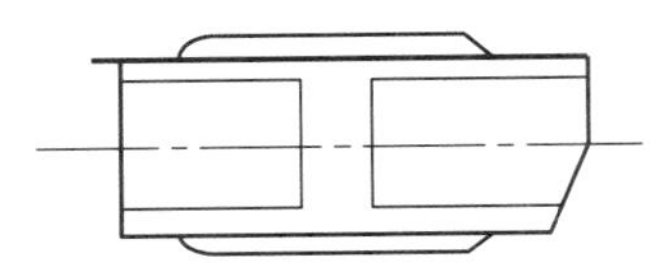

㉮ 나사접합
㉯ 맞대기 접합
㉰ 플랜지 접합
㉱ 슬리브 용접접합

해설 위의 그림은 슬리브 용접이음이다.

55. 강관을 용접 이음할 때의 주의사항으로 틀린 것은?

㉮ 과열되었을 때 역화에 주의해야 한다.
㉯ 간단한 작업 시는 보안경이 필요 없다.
㉰ 부근에 가스 축적이나 가연물 유무 확인 후 작업한다.
㉱ 작업 후 화기나 가스 누설 여부를 확인한다.

해설 용접 이음 시에는 안전을 위하여 보안경을 착용하여야 한다. 종류는 눈을 보호할 수 있는 것과 피부를 보호하는 것으로 보안경은 규격에 맞아야 하고, 자외선, 적외선 양에 따라 잘 선택한다.

56. 플랜지 용접접합 방법의 유의사항 중 적당치 못한 것은?

㉮ 볼트의 길이는 고정 후 나사산이 1~2산 남게 한다.
㉯ 플랜지의 나사를 죌 때에는 균일하게 순차적으로 죈다.
㉰ 곡관부분은 현장에서 직관부분은 공장에서 용접한다.
㉱ 플랜지는 볼트를 결합하기 쉬운 위치를 정한다.

해설 플랜지로 나사를 죌 때에는 균일하게 순차적으로 하지 않고 대칭 상태로 나사를 죈다.

57. 플랜지 이음에 대한 설명 중 틀린 것은?

㉮ 플랜지 접촉면에는 기밀을 유지하기 위해 패킹을 사용한다.
㉯ 플랜지 이음은 영구적인 이음이다.
㉰ 일반적으로 관경이 큰 경우와 압력이 많이 걸리는 경우에 사용한다.
㉱ 패킹 양면에 그리스 같은 기름을 발라두면 분해 시 편리하다.

해설 플랜지 이음은 관의 해체가 필요할 때 사용하며 일시적인 배관 이음방식이다.

정답 53. ㉯ 54. ㉱ 55. ㉯ 56. ㉯ 57. ㉯

58. 소켓 접합 시 배수 파이프에서 얀(마)의 깊이는 소켓 깊이의 얼마로 하는 것이 가장 적합한가?

㉮ 1/5　　㉯ 1/2　　㉰ 1/3　　㉱ 2/3

해설 소켓 접합 시 배수 파이프에서 얀을 사용할 때에는 소켓 깊이의 2/3 정도 깊이로 시공한다.

59. 관끝의 소켓에 따른 한끝을 넣어 맞추고 그사이에 대마사, 무명사 등을 넣고 납이나 시멘트로 밀폐시키는 이음은?

㉮ 가스 이음　　㉯ 턱걸이 이음
㉰ 신축 이음　　㉱ 플랜지 이음

해설 ㉯ 소켓 이음이라고도 한다.

60. 다음은 경질염화비닐관의 열간 공법에 대한 설명이다. 틀린 것은?

㉮ 삽입접합에 가장 적당한 연화정도는 가열부를 손끝으로 가볍게 접었을 때 곧 우묵해지는 정도가 좋다.
㉯ 가열부족이면 삽입하기 힘들지만 점차 온도를 높여 관이 흐늘거리면 삽입하기 쉽다.
㉰ 가열할 때는 될수록 직접 화염(토치램프)을 이용하지 않는 것이 좋다.
㉱ 가열할 때 70~80℃가 되면 연화되기 시작하여 경질고무처럼 되는데 이것은 가열부족이다.

해설 ① 가열온도가 너무 높으면 용융되어 오히려 삽입이 불가능하다.
② 경질염화비닐관은 일반용, 수도용, 배수용이 있다.(플라스틱)
③ 장점은 내식성, 내산성, 내알카리성이 크다. 그러나 단점은 열팽창률이 심하고 충격강도가 작다.

61. 주철관 이음방법 중 기계식 이음(Mechanical Joint)의 특징을 나열한 것이다. 다음 중 틀린 것은?

㉮ 기밀성이 좋다.
㉯ 이음부가 다소 구부러져도 물이 샌다.
㉰ 물속에서도 작업이 가능하다.
㉱ 고압에 대한 저항이 크다.

해설 ① 이음부가 다소 구부러져도 새지 않는 장점이 있다.
② 작업이 간단하며 수중작업도 용이하다.
③ 150mm 이하의 수도관용으로 소켓 접합과 플랜지 접합의 장점이 있다.

62. 다음은 각종 관과 접합방법을 짝지은 것이다. 맞지 않는 것은?

㉮ 주철관 – 빅토리 접합　　㉯ 동관 – 압축 접합
㉰ 연관 – 플라스턴 접합　　㉱ 석면시멘트관 – 타이튼 접합

해설 타이튼 접합은 주철관의 접합방법이며 석면시멘트관은 기볼트 접합이나 컬러 접합, 심플랙스 접합을 한다.

정답 58. ㉱ 59. ㉯ 60. ㉯ 61. ㉯ 62. ㉱

63. 리벳 조임에서 기밀을 요하는 부분의 기밀방지를 의하여 철판과 접촉한 부분의 머리를 때리는 작업은?

㉮ 패킹(Packing)
㉯ 코킹(Caulking)
㉰ 태핑(Tapping)
㉱ 래핑(Lapping)

64. 플랜지 접합 시 주의사항이다. 틀린 것은?

㉮ 고무 아스베스트 등을 패킹으로 넣는다.
㉯ 플랜지를 조이는 볼트 전부를 처음과 똑같은 힘으로 가볍게 조인다.
㉰ 스패너로 대각선 방향으로 조금씩 조인다.
㉱ 패킹의 양면에 그리스 같은 기름을 발라두면 관을 떼어낼 때 불편하다.

해설 ① ㉱ 패킹의 양면에 그리스 같은 기름을 발라 두면 관을 떼어낼 때 편리하다.
② ㉮, ㉯, ㉰는 플랜지 접합 시 주의사항이다.

65. 다음 중 코킹(Caulking)을 하는 목적은?

㉮ 기밀유지
㉯ 리벳이음의 보강
㉰ 인장력 증가
㉱ 압축력 증가

해설 배관에서 코킹을 하는 목적은 기밀을 유지하기 위해서이다.

66. 주철관의 소켓 이음(Socket Joint)할 때 누수의 원인으로 가장 적합한 것은?

㉮ 얀(Yarn)의 양이 너무 많고 납이 적은 경우
㉯ 코킹하기 전에 관에 붙어 있는 납을 떼어낸 경우
㉰ 코킹 세트를 순서대로 차례로 사용한 경우
㉱ 코킹이 완전한 경우

해설 소켓 이음에서 얀(마사)의 양이 많고 납이 적은 경우 누수의 원인이 된다.
납은 얀을 눌러주고 물이 새는 것을 방지한다.
① 급수관 : 얀 $\frac{1}{3}$, 납 $\frac{2}{3}$ 채운다.
② 배수관 : 얀 $\frac{2}{3}$, 납 $\frac{1}{3}$ 채운다.

67. 주철관의 소켓 접합 시 급수관에서 얀의 삽입 길이를 소켓 깊이의 얼마만큼 삽입하여야 하는가?

㉮ 소켓의 1/2
㉯ 소켓의 1/3
㉰ 소켓의 2/3
㉱ 소켓의 3/4

해설 주철관의 소켓 접합 얀 길이
① 급수관의 경우 : 소켓의 깊이의 $\frac{1}{3}$
② 배수관의 경우 : 소켓의 깊이의 $\frac{2}{3}$

정답 63. ㉯ 64. ㉱ 65. ㉮ 66. ㉮ 67. ㉯

68. 주철관 이용 시 스테인리스 커플링과 고무링만으로 쉽게 이용할 수 있는 접합법은?

㉮ 노허브 이음(No-hub-Joint)
㉯ 빅토릭 이음(Victoric Joint)
㉰ 타이튼 이음(Tyton Joint)
㉱ 기볼트 이음(Gibault Joint)

해설 노-허브 이음 : 종래 사용하여 오던 소켓 이음을 혁신적으로 개량한 것으로 스테인리스 커플링과 고무링만으로 쉽게 이음이 가능하다.

69. 메커니컬 이음과 비교한 빅토릭 이음의 특징 설명으로 올바른 것은?

㉮ 접합 작업이 간단하다.
㉯ 수중에서 용이하게 작업할 수 있다.
㉰ 가요성이 풍부하여 다소 굴곡하여도 누수하지 않는다.
㉱ 관내의 압력이 증가하면 고무링이 관벽에 밀착되어 누수가 방지된다.

해설 빅토리 이음은 관내의 압력이 증가하면 고무링이 관벽에 밀착되어 누수가 방지된다.

70. 주철 파이프 접합 시 녹은 납이 비산하여 몸에 화상을 입히는 주원인은?

㉮ 접합부에 수분이 있기 때문에
㉯ 녹은 납의 온도가 낮기 때문에
㉰ 녹은 납의 온도가 높기 때문에
㉱ 인납 성분에 Pb 함량이 너무 많기 때문에

해설 주철관 접합 시 접합부에 수분이 있으면 녹은 납이 비산하여 몸에 화상을 입는다.

71. 주철관 이음에서 종래 사용하여 오던 소켓 이음을 개량한 것으로 스테인리스강 커플링과 고무링만으로 쉽게 이음할 수 있는 방법은?

㉮ 플랜지 이음
㉯ 타이튼 이음
㉰ 스크루 이음
㉱ 노-허브 이음

해설 노허브 이음 : 주철관 이음에서 스테인리스강 커플링과 고무링만으로 쉽게 이음할 수 있는 방법으로 소켓이음을 개량한 이음이다.

72. 폴리에틸렌관의 용착슬리브 이음 시 가열 지그를 이용한 용착(가열)온도로 다음 중 가장 적합한 온도는 약 몇 ℃ 정도인가?

㉮ 100
㉯ 150
㉰ 200
㉱ 300

해설 지그의 가열에는 전열기가 많이 사용되며 용착 가능한 온도는 180~240℃로 가열한다.

 정답 68. ㉮ 69. ㉱ 70. ㉮ 71. ㉱ 72. ㉰

73. 칼라 속에 2개의 고무링을 넣고 이음하는 방법으로 고무 개스킷 이음이라고도 하며 사용 압력 10.5기압 이상이고 굽힘성, 수밀성이 우수한 석면시멘트관 접합방법은?

㉮ 기볼트 접합 ㉯ 슬리브 접합
㉰ 칼라 이음 ㉱ 심플렉스 이음

해설 심플렉스 이음(Simplex Joint)은 칼라 속에 2개의 고무링을 넣고 이음한다. 석면 시멘트관의 이음방법이다. 사용압력은 10.5kg/cm^2 이상, 75~500mm 지름이 작은 관의 이음법이다.

74. 고무링과 칼라를 사용하여 접합하며 압력이 증가할수록 고무링이 더욱 관벽에 밀착되어 누수를 방지하는 주철관 접합법은?

㉮ 기계적 접합 ㉯ 빅토릭 접합
㉰ 칼라 접합 ㉱ 타이튼 접합

해설 빅토릭 접합 : 고무링과 칼라를 사용하여 접합하며 압력이 증가할수록 고무링이 더욱 관벽에 밀착되어 누수를 방지한다.

75. 일반적으로 호칭지름 50mm 이하의 폴리에틸렌관의 이음방법으로 관 지름이나 관 두께가 커질수록 클립의 체결력이 약하며 접합강도가 불충분한 이음인 것은?

㉮ 인서트 이음 ㉯ 열간 이음
㉰ 플랜지 이음 ㉱ 테이퍼 코어 이음

해설 인서트 이음(Insert Joint)은 호칭지름 50mm 이하의 폴리에틸렌관을 이음 하는 방법이다. 관 두께가 커질수록 스테인리스제의 클립의 체결력이 약하며 접합강도가 불충분한 이음이다.

76. 도관의 접합방법에 관한 설명 중 틀린 것은?

㉮ 도관의 접합에는 얀(Yarn)을 삽입하고 모르타르를 바르는 방법과 모르타르만 바르는 접합법이 있다.
㉯ 접합할 때 허브(Hub)쪽을 상류로 향하게 하여 관이 이동되지 않도록 한다.
㉰ 허브와 소켓을 일직선으로 맞춘 다음 수평자로 구배를 맞추고 모르타르를 접합한다.
㉱ 도간은 매설 배관이므로 접합부 윗부분에만 모르타르를 채우면 모르타르가 턱 속으로 흘러 아래까지 들어간다.

해설 도관의 이음
① 관과 소켓 사이에 얀을 넣어 모르타르를 채우는 방법
② 모르타르만 채우는 방법
③ 모르타르는 접합부 전체에 채워야 한다.

정답 73. ㉱ 74. ㉯ 75. ㉮ 76. ㉱

77. 배수용 주철관의 소켓 이음 작업 시 주의사항 설명 중 틀린 것은?

㉮ 납은 1회에 넣는다.
㉯ 접합부에 소량의 물을 적시면 좋다.
㉰ 마(Yarn)는 관의 원주위에 고르게 감아 압입한다.
㉱ 납을 충분히 가열하여 표면의 산화납을 제거한다.

해설 접합부에 수분이 있으면 용융납이 비산하여 위험하므로 완전히 건조한 후 용해된 납을 붓는다.

78. 일반적인 폴리에틸렌관의 이음방법인 것은?

㉮ 인서트 이음
㉯ 콤포 이음
㉰ 테이퍼 코어 이음
㉱ 소켓 이음

해설 폴리에틸렌관의 이음
① 용착 슬리브 접합
② 고무링 접합
③ 인서트 접합

79. 폴리에틸렌관을 접합할 때 관 끝의 외면(外面)과 이음관의 내면(內面)을 동시에 가열용융하며 접합하는 방법은?

㉮ 열간 삽입 접합법
㉯ T.S식 삽입 접합법
㉰ H.S식 삽입 접합법
㉱ 용착 슬리브 접합법

해설 용착 슬리브 접합법 : 폴레에틸렌 관을 접합할 때 관끝의 외면과 이음관의 내면을 동시에 가열 용융하며 접합하는 방법이다.(합성수지관의 접합)

80. 다음 중 폴리부틸렌관만의 이음방법인 것은?

㉮ 압축 이음(Compressed Joint)
㉯ 플라스턴 이음(Plastann Joint)
㉰ 에이콘 이음(Acorn Joint)
㉱ 몰코 이음(Molco Joint)

해설 에이콘 이음 : 폴리부틸렌관만의 이음방식

81. 다음 중 폴리에틸렌관의 접합법이 아닌 것은?

㉮ 나사 접합
㉯ 인서트 접합
㉰ 소켓 접합
㉱ 맞대기 용착 접합

해설 폴리에틸렌관의 접합
① 용착 슬리브 접합
② 테이퍼 조인트 접합
③ 인서트 접합

정답 77. ㉯ 78. ㉮ 79. ㉱ 80. ㉰ 81. ㉰

82. 동관의 압축 이음(Flare Joint)에 대한 설명으로 틀린 것은?

㉮ 관 지름 20mm 이하의 동관을 이음할 때 사용한다.
㉯ 기계의 점검, 보수 기타 분해할 필요가 있는 곳에 사용한다.
㉰ 한쪽 동관 끝을 나팔형으로 넓히고 슬리브 너트로 이음쇠에 고정한 후 풀림을 방지하기 위하여 더블너트를 체결한다.
㉱ 강관에서의 플랜지 이음과 같은 플랜지를 사용한다.

해설 동관의 압축 이음은 한쪽 동관의 끝을 나팔형으로 넓힌다. 관지름 20mm 이하의 동관 이음용이나 플런저(Plunger) 또는 플레어 공구를 사용하여 나팔 모양을 만든다.

83. 다음 중 일반적인 주철관 접합법이 아닌 것은?

㉮ 플랜지 접합
㉯ 타이튼 접합
㉰ 빅토릭 접합
㉱ 심플렉스 접합

해설 석면시멘트관의 접합 : 심플렉스 접합

84. 콘크리트관의 콤포 이음 시 시멘트와 모래의 배합인 콤포의 배합비와 수분의 양으로 가장 적합한 것은?

㉮ 1 : 2이고 수분의 양은 약 17%
㉯ 1 : 1이고 수분의 양은 약 17%
㉰ 1 : 2이고 수분의 양은 약 50%
㉱ 1 : 1이고 수분의 양은 약 50%

해설 Compo Joint
① 시멘트와 모래의 배합비 1 : 1
② 수분의 양 : 17%
③ 호칭지름 75~1800mm 전관에 적용되는 이음

85. 칼라 속에 2개의 고무링을 넣고 이음하는 방식으로 일명 고무 개스킷 이음이라고도 하며 75~500mm의 지름이 작은 석면시멘트관에 사용되는 이음방식인 것은?

㉮ 심플렉스 이음
㉯ 콤포 이음
㉰ 노 허브 신축 이음
㉱ 철근콘크리트 이음

해설 심플렉스 이음은 75~500mm의 석면시멘트관이음이며 칼라 속에 2개의 고무링을 넣고 이음한다.

86. 스테인리스강관의 몰코 이음(Molco Joint) 작업방법으로 틀린 것은?

㉮ 무리한 힘을 주어 관이 찌그러지지 않도록 주의 한다.
㉯ 관 부속에 들어있는 고무링(원형)이 상하지 않도록 한다.
㉰ 관 이음쇠에 삽입 시 관을 수평으로 삽입한다.
㉱ 관의 중심이 일치하지 않아도 고무링이 있어서 프레스 작업 시 자동적으로 맞추어진다.

해설 몰코 이음 : 몰코 조인트 이음쇠를 스테인리스 강관에 삽입하고 전용 압착공구를 사용하여 접합한다.

정답 82. ㉱ 83. ㉱ 84. ㉯ 85. ㉮ 86. ㉱

87. 스테인리스강관 MR 조인트에 관한 설명으로 맞는 것은?

㉮ 프레스 가공 등이 필요하고 관의 강도는 100% 활용할 수 있다.
㉯ 스패너 이외의 특수한 접속 공구가 필요하다.
㉰ 청동제 이음쇠를 사용하여도 다른 강관과는 자연 전위차가 있어 부식의 문제가 있다.
㉱ 화기를 사용하지 않기 때문에 기존 건물 등의 배관 공사에 적합하다.

해설 스테인리스 강관 MR 조인트 : 화기를 사용하지 않기 때문에 기존 건물 등의 배관 공사에 적합하다.

88. 2개의 플랜지와 2개의 고무링 및 1개의 슬리브를 사용하는 석면시멘트관의 이음은?

㉮ 칼라 이음(Collar Joint)
㉯ 심플렉스 이음(Simplex Joint)
㉰ 기볼트 이음(Gibault Joint)
㉱ 슬리브 이음(Sleeve Joint)

해설 기볼트 이음(석면시멘트관 즉 에터니트 관이음) : 2개의 플랜지와 2개의 고무링 1개의 슬리브로 이루어져 있으며 에터니트 관 접합법이다.

89. 일반적인 콘크리트관의 이음에 사용하는 방법은?

㉮ 콤포 조인트
㉯ 리벳 조인트
㉰ 나사 조인트
㉱ 용접 접합

해설 콤포 조인트 : 일반적인 콘크리트관의 이음법 Compo Joint(칼라 이음) 시멘트와 모래의 배합비가 1 : 1이다.

90. 주철관의 타이톤 이음(Tyton Joint)에 관한 설명 중 틀린 것은?

㉮ 이음에 필요한 부품은 고무링 하나뿐이다.
㉯ 매설할 경우 특수공구가 작업할 공간으로 이음부를 넓게 팔 필요가 있다.
㉰ 비가 올 때나 물기가 있는 곳에서도 이음이 가능하다.
㉱ 이음 과정이 간단하며 관 부설을 신속히 할 수 있다.

해설 주철관의 타이톤 이음(기계적 접합)
① 고무링이 필요하다.
② 물속에서도 작업이 가능하다.
③ 접합작업이 간단하다.
④ 소켓 접합과 플랜지 접합의 장점을 채택

91. 고무링을 압륜으로 죄서 볼트로 체결한 것으로 굽힘성이 풍부하여 다수의 굴곡에도 누수가 없고, 작업이 간편하며 수중에서도 용이하게 적합할 수 있는 주철관의 접합법인 것은?

㉮ 소켓 접합
㉯ 기계적 접합
㉰ 빅토릭 접합
㉱ 플랜지 접합

해설 주철관 기계적 접합(Mechanical Joint) : 고무링을 압륜으로 죄서 볼트로 체결한 것으로 소켓 이음과 플랜지 이음의 장점을 채택한 것이다. 또한 수중작업이 가능하다.

정답 87. ㉱ 88. ㉰ 89. ㉮ 90. ㉯ 91. ㉯

92. 다음은 비금속 배관재료에 대한 일반적인 이음방법이다. 올바르게 짝지어진 것은?

㉮ 경질염화비닐관 – 기볼트 이음
㉯ 석면시멘트관 – 고무링 이음
㉰ 폴리에틸렌관 – 용착 슬리브 이음
㉱ 흄관 – 압축이음

해설 폴리에틸렌관의 접합
① 용착 슬리브 접합
② 테이퍼 접합
③ 인서트 접합

93. 스테인리스강관 MR 조인트에 관한 설명으로 올바른 것은?

㉮ 프레스 공구가 필요하나 관의 강도는 100% 활용할 수 있다.
㉯ 스패너 이외의 특수한 접속 공구가 필요하다.
㉰ 청동제 이음쇠를 사용하여도 다른 강관과는 자연 전위차가 있어 부식의 문제가 있다.
㉱ 청동제 이음쇠를 사용하므로 관내 수온 변화에 의한 이완이 없다.

해설 스테인리스강관 MR 조인트는 청동제 이음쇠를 사용하므로 관내 수온변화에 의한 이음이 없다.

94. 주철관의 타이튼 이음(Tyton Joint)에 관한 설명 중 틀린 것은?

㉮ 이음에 필요한 부품은 고무링 하나뿐이다.
㉯ 매설할 경우 특수공구가 작업할 공간으로 이음부를 넓게 팔 필요가 있다.
㉰ 비가 올 때나 물기가 있는 곳에서도 이음이 가능하다.
㉱ 이음 과정이 간단하면 관 부설을 신속히 할 수 있다.

해설 타이튼 이음 : 고무링 하나만으로 이음하며 온도변화에 따른 신축이 자유롭다. 소켓 내부의 홈은 고무링을 고정시키고 돌기부는 고무링이 있는 홈 속에 들어맞게 되어 있으며 삽입구는 테이퍼로 되어 있다.

95. 다음 중 소켓 이음 시 누수의 주요 원인으로 가장 적합한 것은?

㉮ 얀의 양이 너무 많고 납이 적은 경우
㉯ 코킹 세트를 순서대로 사용한 경우
㉰ 용해된 납물을 1회에 부어 넣은 경우
㉱ 코킹이 끝난 후 콜타르를 납 표면에 칠한 경우

해설 주철관 소켓 이음에서 얀(마)의 양은 많으나 납이 적은 경우 누수의 원인이 된다.

96. 배관 종류별 주요 접합방법이 올바르게 짝지어진 것은?

㉮ 플레어 이음 – 연관 이음법
㉯ 플라스턴 이음 – 스테인리스 강관 이음법
㉰ TS식 이음 – PVC관 이음법
㉱ 몰코 이음 – 주철관 이음

해설 TS 접합(Taper Sized Fittings) : 염화비닐관(PVC관 이음)이며 관을 $\frac{1}{25} \sim \frac{1}{37}$ 테이퍼로 절삭하여 삽입한다.

정답 92. ㉰ 93. ㉱ 94. ㉯ 95. ㉮ 96. ㉰

97. 폴리에틸렌관의 이음방법 중 슬리브 너트와 캡 너트가 사용되는 것은?

㉮ 용착 슬리브 이음 ㉯ 테이퍼 조인트 이음
㉰ 인서트 조인트 이음 ㉱ 기볼트 조인트 이음

해설 테이퍼 조인트 이음 : 폴리에틸렌 합성수지관의 이음방법이며 슬리브 너트와 캡 너트가 사용된다.

98. 다음 주철관의 이음방법 중 다소의 굴곡에서도 누수가 없고 수중에서도 이음이 가능한 이음방법은?

㉮ 소켓 이음 ㉯ 플랜지 이음
㉰ 매커니컬 이음 ㉱ 빅토릭 이음

해설 매커니컬 이음 : 다소의 굴곡에도 누수가 없고 수중에서도 이음이 가능하다. 삽입관에 푸시링과 고무링을 끼운다.

99. 일반적인 폴리에틸렌관의 이음방법인 것은?

㉮ 인서트 이음 ㉯ 콤포 이음
㉰ 테이퍼 코어 이음 ㉱ 소켓 이음

해설 폴리에틸렌관의 접합
① 나사 접합
② 인서트 접합

100. 폴리에틸렌관의 이음방법 중 관끝의 바깥쪽과 이음관의 안쪽을 동시에 가열 용융하여 이음하는 방법인 것은?

㉮ 코어 플랜지 이음 ㉯ 인서트 이음
㉰ 용착 슬리브 이음 ㉱ 테이퍼 조인트 이음

해설 용착 슬리브 이음 : 관끝의 외경과 이음관의 안쪽을 동시에 가열 용융하여 이음한다.

101. 일반적인 염화비닐관의 냉간 이음방식이 아닌 것은?

㉮ TS식 ㉯ 편수칼라식
㉰ PC식 ㉱ H식

해설 염화비닐관의 냉간 이음
① TS식
② 편수칼라식
③ H식

 정답 97. ㉯ 98. ㉰ 99. ㉮ 100. ㉰ 101. ㉰

102. 주철관의 소켓 이음에 대한 설명으로 틀린 것은?

㉮ 납은 얀의 이탈을 방지한다.
㉯ 납은 접합부의 굽힘성을 부여하여 준다.
㉰ 얀은 납과 물이 접촉하는 것을 방지한다.
㉱ 얀은 수도관일 경우 2/3정도 채워 누수를 막아준다.

해설 수도관 : 얀을 $\frac{1}{3}$ 채운다.
배수관 : 얀을 $\frac{2}{3}$ 채운다.

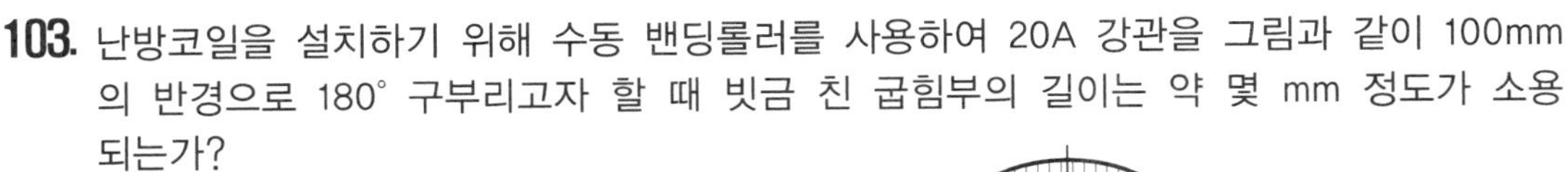

103. 난방코일을 설치하기 위해 수동 밴딩롤러를 사용하여 20A 강관을 그림과 같이 100mm의 반경으로 180° 구부리고자 할 때 빗금 친 굽힘부의 길이는 약 몇 mm 정도가 소용되는가?

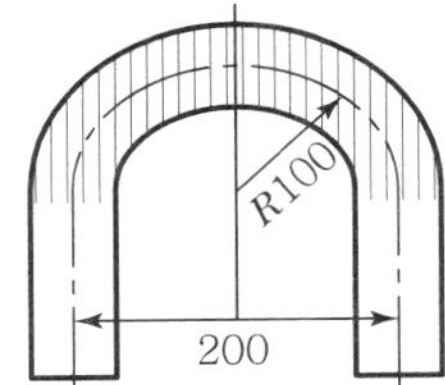

㉮ 79
㉯ 157.5
㉰ 315
㉱ 630

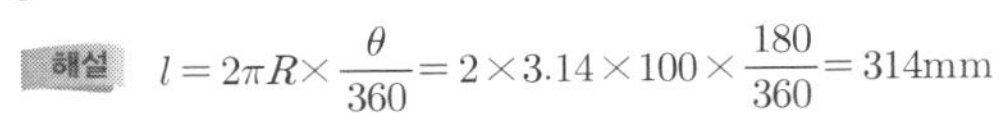

해설 $l = 2\pi R \times \frac{\theta}{360} = 2 \times 3.14 \times 100 \times \frac{180}{360} = 314\text{mm}$

104. 가열 굽힘에 사용하는 모래의 조건으로 틀린 것은?

㉮ 모래 입자가 클수록 좋다.
㉯ 입자 크기가 일정해야 한다.
㉰ 습기가 없어야 한다.
㉱ 점성이 없어야 한다.

해설 관의 가열 굽힘에 사용하는 모래의 크기는 모래입자가 가늘수록 좋다.

105. 강관을 가열 굽힘할 때의 가열 온도로 다음 중 가장 적합한 것은?

㉮ 500~600℃
㉯ 1,200℃ 정도
㉰ 800~900℃
㉱ 1,350℃ 정도

해설 가열온도
① 강관 : 800~900℃
② 동관 : 600~700℃

106. 파이프 나사부의 길이를 필요 이상 길게 만들어서는 안 되는 중요한 이유가 아닌 것은?

㉮ 관 재료를 절약하기 위하여
㉯ 관 두께가 얇아지기 때문에
㉰ 나사부의 강도가 감소되기 때문에
㉱ 아연 도금한 부분이 깎여 부식되기 쉬운 부분이 많아지기 때문에

해설 파이프의 나사부의 길이를 필요이상 길게 만들어서 안 되는 이유는 "㉯, ㉰, ㉱"항의 사유 때문이다.

정답 102. ㉱ 103. ㉰ 104. ㉮ 105. ㉰ 106. ㉮

107. 강관 열간 구부림 가공에 대한 설명이다. 틀린 것은?

㉮ 곡률 반경이 작은 경우에 열간 작업을 한다.
㉯ 강관의 경우 800~900℃로 가열한다.
㉰ 구부림 작업 전에 모래를 채우고 적당한 온도까지 가열한 다음 구부린다.
㉱ 가열하여 가공할 때 곡률 반지름은 일반적으로 관 지름의 2배 이하로 한다.

해설 가열하여 가공할 때 곡률 반지름은 일반적으로 관 지름의 6~8배이다.

108. 동관 이음쇠의 한쪽은 안쪽으로 동관이 삽입접합되고, 다른 쪽은 암나사를 내어, 강관에는 수나사를 내어 나사이음하게 되는 경우에 필요한 동합금 이음쇠는?

㉮ C×F 어댑터
㉯ Ftg×F 어댑터
㉰ C×M 어댑터
㉱ Ftg×M 어댑터

해설 C : 연결부속 내에 동관이 들어가는 형태로서 이음이 되도록 만들어진 용접용 부속의 끝부분
F : 나사가 안으로 만들어진 용접용 부속의 끝부분
M : 나사가 밖으로 난 나사 이음용 끝부분

109. 경질의 동관을 열간 굽힘 하고자 한다. 굽힘 시 가열온도로 적당한 것은?

㉮ 200~300℃
㉯ 400~500℃
㉰ 600~700℃
㉱ 800℃ 이상

해설 경질 동관의 열간 굽힘 시 가열온도는 600~700℃이다.

110. 배관 시공시의 일반적인 유의사항으로 잘못된 것은?

㉮ 배관은 가급적 그룹화 되게 한다.
㉯ 배관은 가급적 최단거리로 하고 굴곡은 적게 한다.
㉰ 고온·고압라인인 경우에는 기기와의 접속용 플랜지 이외에는 가급적 플랜지 접합을 피한다.
㉱ 유속이 빠른 배관에는 분기관과 굴곡부 곡률 반경을 최소가 되게 한다.

해설 유속이 빠른 배관에는 분기관과 굴곡부 곡률 반경을 크게 한다.

111. 부식, 마모 등으로 작은 구멍이 생겨 유체가 누설될 경우 고무제품의 각종 크기로 된 볼을 일정량 넣고 유체를 채운 후 펌프를 작동시켜 누설부분을 통과하려는 볼이 누설부분에 정착, 누설을 미량이 되게 하거나 정지시키는 응급조치법은?

㉮ 코킹법
㉯ 스토핑 박스법
㉰ 호트 패킹법
㉱ 인젝션법

해설 **인젝션법** : 부식이나 마모에 의해 작은 구멍이 생겨 유체가 누설될 경우 고무제품의 볼을 넣고 누설량을 줄이거나 정지시키는 응급 조치법

정답 107. ㉱ 108. ㉮ 109. ㉰ 110. ㉱ 111. ㉱

04 용접의 종류 및 특성

CHAPTER

1. 연강용 가스용접봉 "GA 43"에서 43이 나타내는 뜻은?

㉮ 연신율
㉯ 인장강도
㉰ 전단강도
㉱ 용접봉의 건조온도

해설 GA 46, GA 43, GA 35, GB 32는 가스 용접봉의 인장강도 최소치(그 단위는) kg/mm^2

2. 산소 아세틸렌 불꽃의 속불꽃의 최고 온도는 몇 도 정도나 되는가?

㉮ 약 2,000~2,500℃
㉯ 약 3,200~3,500℃
㉰ 약 3,500~4,000℃
㉱ 약 4,100~4,600℃

해설 ① 산소 아세틸렌 불꽃의 속불꽃의 최고 온도는 3,000~3,500℃
② 겉불꽃은 1,200~2,000℃이다.

3. 다음 플랜트 배관의 용접 부위에 대한 비파괴검사의 종류를 열거한 것 중 잘못된 것은?

㉮ X-ray 검사
㉯ 육안검사
㉰ 자기탐상검사
㉱ 연신률검사

해설 용접부위의 비파괴검사는 주로 X-ray 검사, 육안검사, 자기탐상검사 등이다.

4. 다음은 강관의 가스 절단에 관하여 쓴 것이다. 틀린 것은?

㉮ 불구멍의 끝면은 절단하는 강관의 표면에서 2mm 정도 떨어지게 한다.
㉯ 예열하는 화염은 표준 화염을 사용한다.
㉰ 예열한 곳이 녹기 시작하면 고압의 절단 밸브를 열고 산소를 풀어준다.
㉱ 연강재 이외에는 가스 절단이 곤란하다.

해설 ① 가스 절단이 가능한 것은 연강, 순철, 주강 등이 있다.
② 팁 끝에서 모재 표면까지의 간격은 1.5~2.0mm이다.

정답 1. ㉯ 2. ㉯ 3. ㉱ 4. ㉱

5. 다음 중 용접부의 잔류 응력 완화법이 아닌 것은?

㉮ 기계적 응력 완화법　　㉯ 저온 응력 완화법
㉰ 침탄 응력 완화법　　㉱ 노내 풀림 완화법

해설 용접부의 잔류 응력 완화법
① 기계적 응력 완화법
② 저온 응력 완화법
③ 노내 풀림 완화법

6. AW-300인 교류아크 용접기의 정격 2차 전류는 얼마인가?

㉮ 100[A]　㉯ 220[A]　㉰ 150[A]　㉱ 300[A]

해설 AW200 : 200A(정격 2차 전류)　AW300 : 300A(정격 2차 전류)
AW400 : 400A(정격 2차 전류)　AW500 : 500A(정격 2차 전류)

7. 정격 2차 전류 200A, 정격사용률이 50%인 아크 용접기로 150A의 용접전류를 사용 시 허용사용률은 약 몇 %인가?

㉮ 53　㉯ 65　㉰ 71　㉱ 89

해설 $허용사용률=\frac{(정격2차전류)^2}{(실제의용접전류)^2}\times 정격사용률(\%)=\frac{(200)^2}{(150)^2}\times 50=88.85\%$

8. 용접법의 분류에서 압접에 속하지 않는 것은?

㉮ 저항 용접　　㉯ 유도가열 용접
㉰ 초음파 용접　　㉱ 스터드 용접

해설 압접
① 전기저항 용접(점용접, 심용접, 프로젝션 용접, 맞대기 용접)
② 가스 압접(가열 압접) : 가스 압접, 유도가열 압접
③ 비가열 압접 : 냉간 압접, 초음파 용접, 마찰 용접
※ 스터드 용접 : 비피복 아크 용접

9. 다음은 용접의 극성을 설명한 것이다. 올바른 것은?

㉮ 직류 정극성(DCSP)은 용접봉을 양극(+), 모재를 음극(-)측에 연결한 것이다.
㉯ 직류 역극성(DCRP)은 용접봉의 용융속도가 빠르나 모재의 용입이 얕아지는 경향이 있다.
㉰ 직류 정극성은 비드 폭이 넓다.
㉱ 교류 용접기의 극성은 용접봉측에 양극(+), 모재측에 음극(-)만 연결된다.

해설 역극성
① 용융속도가 빠르다.
② 용입이 얕다.
③ 비드 폭이 넓다.

 정답 5. ㉰ 6. ㉱ 7. ㉱ 8. ㉱ 9. ㉯

10. 산소와 아세틸렌가스의 다음 혼합비 중에서 가장 위험성이 큰 것은?

㉮ 산소 85%+아세틸렌 15%
㉯ 산소 50%+아세틸렌 50%
㉰ 산소 15%+아세틸렌 85%
㉱ 산소 65%+아세틸렌 40%

해설 C_2H_2가스 연소범위 : 2.5%~81%, 산소는 18%~21%가 공기 중에 내재된다. 산소가 많으면 폭발범위가 증가한다.

11. 땜납은 사용하는 납재의 융점에 의해 연납과 경납으로 구분되는데 일반적인 구분 용융온도(℃)는?

㉮ 250　㉯ 350　㉰ 450　㉱ 550

해설 연납땜 경납땜의 구분은 납재의 용융온도 450℃(이하 연납 그 이상은 경납)로 구분한다.

12. 용접봉에 (−)극을, 모재에 (+)극을 연결하는 극성을 무엇이라 하는가?

㉮ 역극성　㉯ 정극성　㉰ 반극성　㉱ 교류

해설 직류용접
① 정극성 : ⊕측 : 모재 ⊖측 : 용접봉
② 역극성 : ⊕측 : 용접봉 ⊖측 : 모재

13. 가스용접용 산소병에서 압력 5kg/cm²의 산소가스 온도가 0℃에서 70℃로 상승했을 때 압력은 약 몇 kg/cm²인가?

㉮ 4.2　㉯ 5.5　㉰ 6.0　㉱ 6.3

해설 $P_2 = P_1 \times \frac{T_2}{T_1} = 5 \times \frac{273+70}{273} = 6.282\text{kg/cm}^2$

14. 다음 용접의 종류 중 가스용접에 속하지 않는 것은?

㉮ 산소 아세틸렌 용접
㉯ 공기 아세틸렌 용접
㉰ 산소 수소 용접
㉱ CO_2(탄산가스) 아크 용접

해설 탄산가스 아크 용접 : 아크 용접

15. KS 배관 도시기호로 배관 끝면에 그림과 같이 표시한 것은?

㉮ 나사 박음식 캡
㉯ 나사 박음식 플러그
㉰ 용접식 캡
㉱ 용접식 플랜지

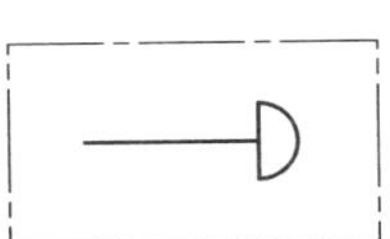

해설 용접식 캡 : ──D

정답 10. ㉮ 11. ㉰ 12. ㉯ 13. ㉱ 14. ㉱ 15. ㉰

16. 정격 2차 전류가 200A, 정격사용률은 40%인 아크용접기로 175A의 용접전류로 용접할 경우 허용사용률은?

㉮ 30.62% ㉯ 49.38% ㉰ 52.24% ㉱ 55.13%

해설 허용사용률 $= \frac{(200)^2}{(175)^2} \times 40 = \frac{40,000}{30,625} \times 40 = 52.24\%$

17. 후판을 다층 용접할 때 회전변형(Rotational Distortion)이 가장 크게 나타나는 층은?

㉮ 제1층
㉯ 전 층에서 일정하다.
㉰ 제2층
㉱ 맨 마지막 층

해설 ① 후판 : 두께 6mm 이상
② 제1층 : 용접 시 회전변형이 크게 나타나는 층

18. 용접 케이블 결선 시 모재를 양극(+)에, 용접봉을 음극(−)에 연결하는 직류아크 용접의 극성은?

㉮ 정극성 ㉯ 역극성 ㉰ 단극성 ㉱ 양극성

해설 직류아크 용접 정극성
⊕측 : 모재 연결
⊖측 : 용접봉 연결

19. 다음 용접법 중 아크 용접으로 분류되는 것은?

㉮ TIG 용접 및 MIG 용접
㉯ 일렉트로 슬래그 용접
㉰ 프로젝션 용접
㉱ 초음파 용접

해설 ① 프로젝션 용접 : 압접
② 불활성 특수아크(Arc) 용접
㉠ TIG 용접 : 텅스텐 전극을 사용
㉡ MIG 용접 : 금속비피복봉을 사용

20. 다음 중 용접부 비파괴시험에 해당하는 것은?

㉮ 화학분석시험
㉯ 마이크로조직시험
㉰ 형광침투시험
㉱ 크리프시험

해설 형광침투시험 : 용접부 비파괴시험

21. 다음 배관 시공시의 안전에 대한 설명 중 틀린 것은?

㉮ 시공 공구들의 정리 정돈을 철저히 한다.
㉯ 작업 중 타인과의 잡담 및 장난을 금한다.
㉰ 용접 헬멧의 차광 유리의 차광도 번호가 높은 것일수록 좋다
㉱ 물건을 고정시킬 때 중심이 한 쪽으로 쏠리지 않도록 주의한다.

정답 16. ㉰ 17. ㉮ 18. ㉮ 19. ㉮ 20. ㉰ 21. ㉰

해설 아크 용접 차광유리는 No. 10~11번 정도에서 사용하며 피복아크 용접의 차광유리는 차광도 번호 6번 ~14번까지가 있다.

22. 가스용접 시작 전에 점검해야 할 사항 중 안전 관리상 가장 중요한 사항은?

㉮ 아세틸렌가스 순도를 점검한다.
㉯ 안전기의 수위를 점검한다.
㉰ 재료와 비교하여 토치를 점검한다.
㉱ 산소 용기의 잔류 압력을 점검한다.

해설 가스용접 시작 전에 역화방지를 위해 안전기의 수위를 점검한다.
안전기의 수주 : ① 저압식(25mm 이상)
② 중압식(50mm 이상)

23. 정격 2차 전류가 200A, 실제 사용전류가 150A일 때 정격사용률 40%인 용접기의 실제 허용사용률은 몇 %인가?

㉮ 71 ㉯ 65 ㉰ 58 ㉱ 54

해설 실제 허용사용률 $= \frac{(200)^2}{(150)^2} \times 40 = 71\%$

24. 다음 용접의 이음부에 발생하는 결함 중에서 이음 강도에 영향이 가장 큰 결함은?

㉮ 언더컷 ㉯ 기공
㉰ 오버랩 ㉱ 균열

해설 균열(크랙) : 용접 이음부에 발생하는 결함이며 이음 강도에 영향이 매우 큰 결함이다.

25. 탄산가스 아크용접(CO_2)의 특징 중 틀린 것은?

㉮ 용착 금속의 성질이 양호하다.
㉯ 보통 아크 용접보다 속도가 느리다.
㉰ 용접부에 슬래그 섞임이 없고 용접 후 처리가 간단하다.
㉱ 가시 아크이므로 시공이 편리하다.

해설 탄산가스 아크 용접은 용접전류의 밀도가 100~300Amm²이므로 용입이 깊고 용접속도를 매우 빠르게 할 수 있다.

26. 용접부의 다듬질 방법을 나타내는 보조기호 중 "다듬질 방법을 특별히 지정하지 않을 경우" 사용되는 기호는?

㉮ C ㉯ G ㉰ M ㉱ F

해설 용접부 다듬질
① 치핑 : C ② 연삭 : G
③ 절삭 : M ④ 지정하지 않을 경우 : F

27. 불활성 가스 텅스텐 아크 용접(TIG 용접)에서 펄스(Pulse) 장치를 사용할 때 얻어지는 장점이 아닌 것은?

㉮ 우수한 품질의 용접이 얻어진다.
㉯ 박판 용접에서 용락이 잘 된다.
㉰ 전극봉의 소모가 적고, 수명이 길다.
㉱ 좁은 홈 용접에서 안정된 상태의 용융지가 형성된다.

해설 Pulse(충격파)는 직류를 단속한 경우에 생기는 전압, 전류가 매우 짧은 시간 동안만 존재하는 파형

28. 피복 용접봉에 사용하는 피복제의 역할이 아닌 것은?

㉮ 용융점이 낮은 적당한 점성의 가벼운 슬래그를 만든다.
㉯ 용적을 미세화하고 용착효율을 높인다.
㉰ 용착 금속의 냉각 속도를 느리게 한다.
㉱ 슬래그 제거를 어렵게 한다.

해설 피복 용접봉에 사용하는 피복제의 역할은 ㉮, ㉯, ㉰ 외에 슬래그 제거를 용이하게 한다.

29. 다음 중 잔류응력 경감법이 아닌 것은?

㉮ 용착 금속량의 감소
㉯ 용착법의 적절한 선정
㉰ 용접 흠의 증가
㉱ 적당한 예열

해설 잔류응력 경감법
① 적당한 예열
② 용착법의 적절한 선정
③ 용착 금속량의 감소

30. 이음하려고 하는 금속을 용융시키지 않고 모재보다 용융점이 낮은 용가재를 금속 사이에 용융 첨가하여 용접 접합하는 방법은?

㉮ 가스압접 ㉯ 경납땜 ㉰ 마찰용접 ㉱ 냉간압접

해설 ① 경납땜은 450℃ 이상에서 모재보다 용융점이 낮은 용가재를 금속 사이에 용융 첨가하여 용접 접합한다.
② 경납 : 은납, 황동납, 양은납, 인동납, Al납
③ 용제 : 붕사($Na_2B_4O_7$) 및 불화물, 염화물이 있다.

31. 용접작업 시 적합한 용접지그(JIG)를 사용할 때 얻을 수 있는 효과가 아닌 것은?

㉮ 용접작업을 용이하게 한다.
㉯ 작업능률이 향상된다.
㉰ 용접변형을 억제한다.
㉱ 잔류응력이 제거된다.

해설 용접지그의 역할
① 용접작업을 용이하게 한다.
② 작업능률이 향상된다.
③ 용접변형을 억제한다.

 정답 27. ㉯ 28. ㉱ 29. ㉰ 30. ㉯ 31. ㉱

32. 용접이음부에 발생하는 용접결함 중 모서리 이음, T 이음 등에서 볼 수 있는 것으로 강의 내부에 모재의 표면과 평행하게 층상으로 발생되는 것은?

㉮ 크레이터 균열(Crater Crack)
㉯ 라미네이션 균열(lamination Crack)
㉰ 심과 랩(Seam and Lap)
㉱ 라멜라 티어 균열(Lamellar Tear Crack)

해설 **라멜라 티어 균열** : 용접 이음부에 발생하는 용접결합 중 모서리 이음, T 이음 등에서 발생. 즉 강의 내부에 모재의 표면과 평행하게 층상으로 발생한다.

33. 접합하려는 2개의 부재 중 한쪽의 부재에 둥근 구멍을 뚫고 뚫은 구멍을 용접하여 두 부재를 이용하는 것은?

㉮ 플러그 용접
㉯ 심 용접
㉰ 플레어 용접
㉱ 점 용접

해설 **용접의 종류**
① 맞대기 용접
② 필릿 용접
③ 플러그 용접(구멍을 뚫는다.)

34. 지름이 350A 이상의 큰 지름의 강관을 만들 때 띠강판의 측면을 용접에 적합하도록 베벨(Bevel) 가공하여 프레스 또는 밴딩롤러로 원통형으로 만든 다음 자동용접을 하여 만든다. 이 용접에 다음 중 가장 적합한 것은?

㉮ CO_2 용접
㉯ 서브머지드 아크 용접
㉰ TIG 용접
㉱ 피복아크 용접

해설 Submerged Arc Welding 용접 유니온멜트 용접이며 금속자동 아크 용접 지름 350A 이상의 큰 지름의 강관에 용접

35. 필릿 용접의 루트부에 생기는 저온 균열로 모재의 열팽창 및 수축에 의한 비틀림이 중요 원인이 되는 균열은?

㉮ 토 균열(Toe Crack)
㉯ 힐 균열(Hill Crack)
㉰ 설퍼 균열(Sulfur Crack)
㉱ 크레이터 균열(Crater Crack)

해설 **힐 균열** : 필릿 용접부 루트부에 생기는 저온 균열로 모재의 열팽창 및 수축에 의한 비틀림이 주요 원인이 되는 균열

36. 길이 30cm 되는 65A 강관의 중앙을 가스 절단한 후 절단부위를 다루는 방법으로 가장 안전한 방법은?

㉮ 손가락을 끼워서 둔다.
㉯ 장갑을 끼고 손으로 잡는다.

정답 32. ㉱ 33. ㉮ 34. ㉯ 35. ㉯ 36. ㉰

㉰ 단조용 집게나 플라이어로 찝는다.
㉱ 절단부위에서 가장 먼 곳을 손으로 잡는다.

해설 가스절단 후 절단부위는 화상방지를 위하여 단조용 집게나 플라이어로 찝는다.

37. 가스 절단에서 예열 불꽃이 약할 때의 영향으로 다음 중 가장 중요한 것은?

㉮ 절단면이 거칠어진다.
㉯ 변두리가 용융되어 둥글게 된다.
㉰ 슬래그 중 철 성분의 박리가 어려워진다.
㉱ 드래그가 증가하고 역화를 일으키기 쉽다.

해설 가스 절단 시 예열 불꽃이 약하면 드래그가 증가하고 역화를 일으키기가 용이하다.

38. 다음 중 맞대기 이음 및 필릿용접 이음 등에서 비드(Bead) 표면과 모재와의 경계부에 발생되는 균열의 형태로 가장 적합한 것은?

㉮ 토 균열(Toe Crack)
㉯ 루트 균열(Root Crack)
㉰ 힐 균열(Heel Crack)
㉱ 비드 밑 균열(Under Bead Crack)

해설 **토 균열** : 용접 맞대기 이음에서 비드의 표면과 모재와의 경계부에 발생되는 균열(금)

39. 용접부 비파괴시험 기호가 RT로 표기되어 있으면 다음 중 어느 시험인가?

㉮ 초음파시험
㉯ 육안검사
㉰ 내압시험
㉱ 방사선투과시험

해설 비파괴시험 RT : 방사선투과시험

40. MIG 용접에 대한 장·단점 설명으로 틀린 것은?

㉮ 3mm 이하의 박판 용접에 적합하다.
㉯ 비교적 아름답고 깨끗한 비드를 얻을 수 있다.
㉰ 바람의 영향을 받기 쉬우므로 방풍대책이 필요하다.
㉱ 수동 피복 아크용접에 비해 용착효율이 높아 고능률적이다.

해설 MIG (미그 용접에서는) 주로 두께 3~4mm 이상의 Al, Cu 합금, 스테인리스강 연강 용접에 사용한다.

41. 다음 중 탄산가스 아크 용접의 장점이 아닌 것은?

㉮ 풍속 2m/sec 이상의 바람에도 방풍대책이 필요 없다.
㉯ 용접 중 수소 발생이 적어 기계적 성질이 양호하다.
㉰ 아크의 집중성이 양호하기 때문에 용입이 깊다.
㉱ 심선의 직경에 대하여 전류밀도가 높기 때문에 용착 속도가 크다.

해설 탄산가스 아크 용접은 연강제에 사용하며 풍속이 2m/s 이상이면 CO_2의 흐름이 원활하지 못하므로 방풍대책이 필요하다.

정답 37. ㉱ 38. ㉮ 39. ㉱ 40. ㉮ 41. ㉮

42. 가스용접 작업 시 역화 현상이 일어났을 때의 조치사항 설명으로 틀린 것은?

㉮ 아세틸렌을 차단한다.
㉯ 팁을 가열시킨다.
㉰ 토치의 기능을 점검한다.
㉱ 안전기에 물을 넣고 사용한다.

해설 팁이 가열되면 역화가 발생한다.

43. TIG 용접 직류 정극성(DCSP)의 설명 중 잘못된 것은?

㉮ 가스이온은 전극에서 모재 쪽으로 흐른다.
㉯ 역극성보다 용입이 깊어진다.
㉰ 전극에서 모재 쪽으로 전자가 흐른다.
㉱ 비드 폭이 좁아진다.

해설 TIG(불활성 아크용접)에서 가스체는 가스팁에서 모재 쪽으로 흐른다.

44. 토치램프의 취급에 관한 안전사항 설명으로 틀린 것은?

㉮ 사용 시 부근에 인화 물질이 없는지 확인한다.
㉯ 가솔린 누설여부를 확인 후 점화한다.
㉰ 작업 전에 소화기, 모래 등을 준비한다.
㉱ 가솔린의 주입 시에는 램프의 불만 꺼져 있는지 확인한 후 주입한다.

해설 토치램프에 가솔린의 주입 시에는 램프의 불이 꺼지고 완전히 냉각된 후 기름을 주입시킨다.

45. 용접에서 잔류응력의 완화법이 아닌 것은?

㉮ 기계적 응력 완화법
㉯ 저온 응력 완화법
㉰ 담금질법
㉱ 피닝법

해설 담금질 : 금속의 열처리방법

46. 자동 금속 아크용접법으로 모재 이음 표면에 미세한 입상 모양의 용제를 공급하고, 용제 속에 연속적으로 전극 와이어를 송급하여 모재 및 전극 와이어를 용융시켜 용접부를 대기로부터 보호하면서 용접하는 방법인 것은?

㉮ 일렉트로 슬래그 용접
㉯ 불활성 가스 용접
㉰ 이산화탄소 아크 용접
㉱ 서브머지드 아크 용접

해설 서브머지드 아크 용접(특수 아크 용접)은 모재 이음 표면에 미세한 입상 모양의 용제를 공급하고 용제 속에 연속적으로 전극 와이어를 송급하여 모재 및 전극와이어를 용융시켜 용접한다.

47. 끝이 구면인 특수한 용접부를 연속적으로 때려 용접 표면에 소성 변형을 주어 잔류응력을 완화시키는 것은?

㉮ 저온응력 완화법
㉯ 기계적 응력 완화법
㉰ 피닝법
㉱ 응력제거 풀림법

정답 42. ㉯ 43. ㉮ 44. ㉱ 45. ㉰ 46. ㉱ 47. ㉰

해설 피닝법 : 끝이 둥근 특수한 해머로서 용접부를 연속적으로 때려 용접 표면에 소성변형을 주어 잔류응력을 제거한다.

48. 150kgf/cm² 30l 용기 내에 아세틸렌가스가 4,500l 충전되어 있다면, 300번 팁을 사용하면 몇 시간 사용할 수 있는가?(단, 표준불꽃으로 용접한다.)

㉮ 10시간 ㉯ 12시간 ㉰ 15시간 ㉱ 17시간

해설 300번 팁 = 300l/h

$\therefore H = \frac{4,500}{300} = 15$시간

49. 강관의 전기용접 작업 시 안전수칙으로 올바른 것은?

㉮ 용접선 코드는 되도록 길게 하여 사용한다.
㉯ 접지선을 사용하고 접촉은 확실하게 접촉시킨다.
㉰ 홀더가 과열되었을 때는 물속에 넣어 냉각시킨다.
㉱ 용접작업은 용접용 앞치마만 착용하면 된다.

해설 강관의 전기 용접 시에 접지선을 사용하고 접촉은 확실하게 접촉시킨다.

50. 산소와 프로판 가스 절단 시 혼합비로 프로판 가스 1에 대하여 산소는 다음 중 어느 정도가 가장 적합한가?

㉮ 1.0 ㉯ 2.0 ㉰ 3.0 ㉱ 4.5

해설 $C_3H_8 + 5O_2 \rightarrow 3CO_2 + 4H_2O$
1 : 5 → 3 : 4

51. 배관 용접부에 방사선 투과시험을 하려고 할 경우에 표시하는 기호는?

㉮ VT ㉯ UT ㉰ CT ㉱ RT

해설 RT : 용접부 방사선 투과시험 기호

52. 용해 아세틸렌을 충전하였을 때 용기 전체 무게가 55kgf이고, 충전하기 전의 빈병 무게가 50kgf였다면 15℃, 1kgf/cm²에서 기화하는 아세틸렌의 양은 몇 l인가?

㉮ 2,715 ㉯ 3,620 ㉰ 4,525 ㉱ 5,430

해설 55 − 50 = 5kg

$C_2H_2 + 2.5O_2 \rightarrow 2CO_2 + H_2O$

C_2H_2 1몰 = 22.4l

$\left(5 \times \frac{22.4}{26} \times 1,000\right) \times \frac{288}{273} = 4,544l$

53. 다음 중 불활성가스 아크 용접은?

㉮ TIG 용접 ㉯ CO_2 ㉰ MIG 용접 ㉱ 플라즈마 용접

 정답 48. ㉰ 49. ㉯ 50. ㉱ 51. ㉱ 52. ㉰ 53. ㉰

해설 ① MIG 용접 : 불활성가스 금속 아크 용접
② TIG 용접 : 불활성가스 텅스텐 아크 용접
③ 불활성가스 : Ar, He 등

54. 잔류응력 제거방법 중 주로 용접부의 용접선 방향에 생긴 인장잔류응력을 저온가열하여 제거하는 방법인 것은?

㉮ 노내 풀림법
㉯ 저온응력 완화법
㉰ 피닝법
㉱ 기계적 응력 완화법

해설 저온응력 완화법 : 용접부의 용접선 방향에 생긴 잔류응력을 저온가열하여 제거하는 방법

55. 아크절단에 압축 공기를 병용한 방법으로 용접 현장에서 용접결함부의 제거, 용접 홈의 준비 등에 이용되는 아크 절단은?

㉮ 탄소 아크 절단
㉯ 금속 아크 절단
㉰ 플라즈마 아크 절단
㉱ 아크 에어가우징

해설 아크 절단에서 가스가공 중 아크 에어가우징은 탄소 아크 절단에 압축공기를 병용한 방법으로 용접부의 가우징 용접결함부의 제거 절단 및 구멍 뚫기 등에 적합하다.

56. 점 용접의 3대 요소가 아닌 것은?

㉮ 통전시간
㉯ 가압력
㉰ 용접전류
㉱ 도전율

해설 ① 압점 • 전기저항 용접 - 점 용접, 심 용접, 프로젝션 용접, 맞대기 용접
• 가스압점
② 점 용접의 3대 요소 : 용접전류, 통전시간, 전극의 가압력

57. 교류아크 용접기로 용접 시 6분 동안 용접을 하고 4분간은 휴식을 하였다. 이때 용접기의 사용률은 몇 %인가?

㉮ 50
㉯ 60
㉰ 67
㉱ 40

해설 $100 \times \frac{6}{6+4} = 60\%$

58. 용접에서 피복제의 중요한 작용이 아닌 것은?

㉮ 용착 금속을 보호한다.
㉯ 아크를 안정하게 한다.
㉰ 스패터링을 적게 한다.
㉱ 용착 금속을 급랭시킨다.

해설 피복제(SiO_2, TiO_2, Al_2O_2, CuO, Mn, Fe, Na_2O 등)는 용착 금속의 냉각속도를 지연시켜 준다.

정답 54. ㉯ 55. ㉱ 56. ㉱ 57. ㉯ 58. ㉱

59. 피복 아크 용접에서 직류 정극성(DCSP)에 관한 특성으로 틀린 것은?

㉮ 모재의 용입이 깊다.
㉯ 봉의 용융이 높다.
㉰ 비드 폭이 넓다.
㉱ 일반적으로 널리 많이 쓰인다.

해설 ① 정극성(DCSP)에서는 비드 폭이 좁다.
② 역극성(DCRP)에서는 비드 폭이 넓다.

60. 용접 후 용접변형을 교정하는 방법에 속하지 않는 것은?

㉮ 역변형법
㉯ 박판에 대한 점 수축법
㉰ 가열 후 해머질하는 방법
㉱ 가열 후 압력을 주어 수랭하는 법

해설 용접 후 용접변형을 교정하는 방법
① 박판에 대한 점 수축법
② 가열 후 해머질하는 방법
③ 가열 후 압력을 주어 수랭하는 법

61. 배관 용접부의 비파괴 시험 검사법이 아닌 것은?

㉮ 외관검사 ㉯ 초음파 탐상법
㉰ 인장시험 ㉱ X선 투과시험법

해설 인장시험은 파괴시험이다.

62. 보기와 같은 용접기호의 설명으로 틀린 것은?

(보기)

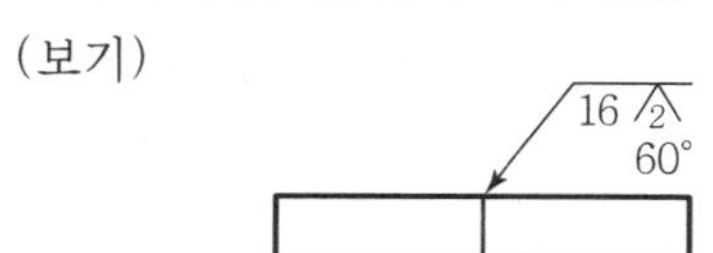

㉮ 홈 깊이 16mm ㉯ 홈 각도 60°
㉰ 루트 간격이 2mm ㉱ 화살표 반대방향 용접

해설

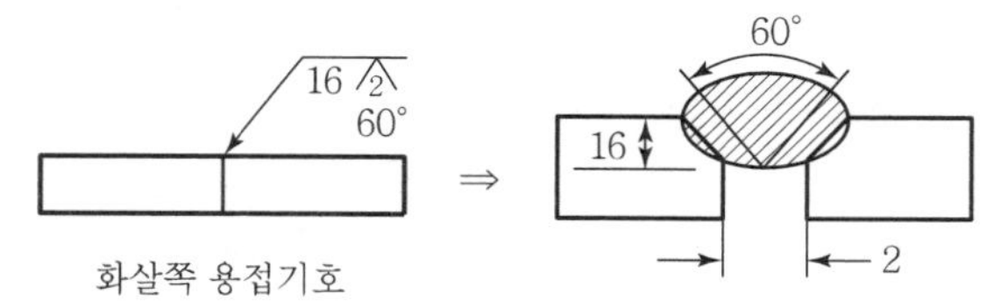

 정답 59. ㉰ 60. ㉮ 61. ㉰ 62. ㉱

63. 보기 용접도시기호에서 n의 숫자가 의미하는 것은?

(보기)

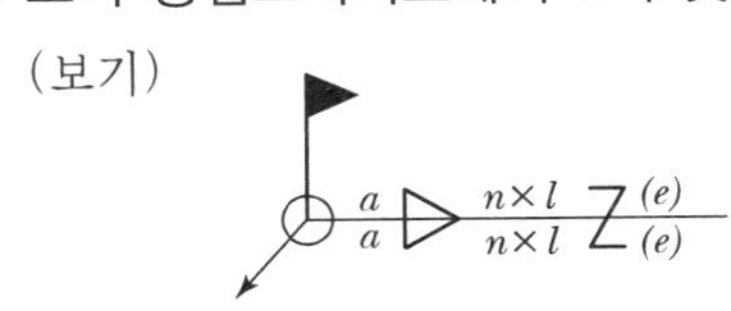

㉮ 용접 목 두께
㉯ 용접부 길이(크레이트 제외)
㉰ 용접부의 개수(용접 수)
㉱ 인접한 용접부 간의 간격(피치)

해설 n : 용접수

64. 보기와 같은 필렛 용접기호의 설명으로 올바른 것은?

(보기)

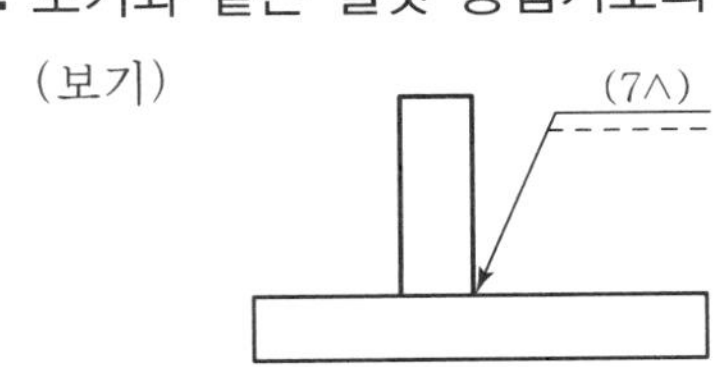

㉮ 용접부의 표면이 평탄하다.
㉯ 용접부의 표면이 오목하다.
㉰ 목 길이 7mm로 용접부한다.
㉱ 목 두께 7mm로 용접부한다.

해설 목 길이 7mm로 용접부한다.

65. 보기 용접기호의 설명으로 틀린 것은?

(보기)

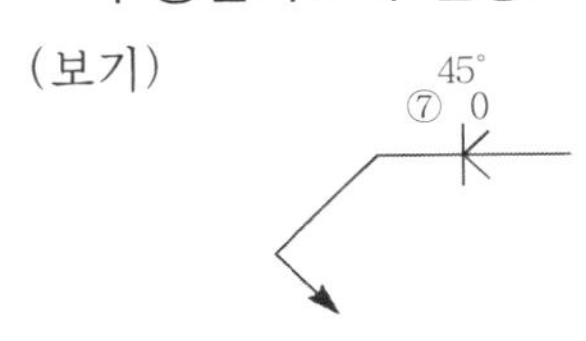

㉮ 완전 맞대기 용접
㉯ 그루브 깊이 7mm
㉰ 그루브 각도 45°
㉱ 루트 간격은 0mm

해설 ① 45° : 그루브 각도
② ⑦ : 그루브 깊이
③ 0 : 루트 간격
④ ↘ : 지시선
⑤ K— : T이음 45°

66. 탄산가스 아크 용접의 운봉법에서 전진법과 비교한 후진법의 특징으로 올바른 것은?

㉮ 용접선이 잘 보이므로 운봉을 정확하게 할 수 있다.
㉯ 용착금속이 아크보다 앞서기 쉬워 용입이 얕아진다.
㉰ 표면비드가 낮고 평탄한 비드 형상이 된다.
㉱ 스패터 발생이 전진법보다 적다.

해설 탄산가스 아크 용접은 비싼 Ar 대신에 CO_2 가스 사용

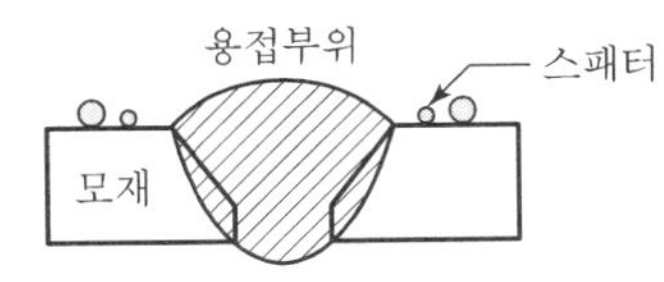

67. 보기 그림과 같은 순서로 용접하는 용착법은 무엇인가?

㉮ 빌드업법
㉯ 단속용접법
㉰ 스킨법
㉱ 케스케이드법

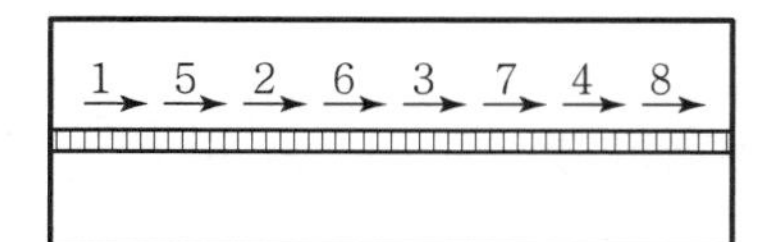

해설 비드 만들기 순서

① → 전진법
② 5 4 3 2 1 후진법
③ 4 2 1 3 대칭법
④ 1 4 2 5 3 스킨법

68. 보기와 같은 용접 기호의 설명으로 올바른 것은?

(보기)

Z6 3×50 (20)
Z6 2×50 (20)

㉮ ○ : 현장용접
㉯ Z6 : 목 두께 6mm
㉰ 2×50 : 루트간격과 용접부 길이
㉱ (20) : 인접한 용접부 간의 거리(피치)

해설 ▶ : 현장용접 기호 —▷— : 필릿용접 병렬
ㄱ,∠(20) : 인접한 용접부 간의 거리

69. 다음 용접부 비파괴 시험방법 기호의 해독으로 올바른 것은?

㉮ 누설탐상시험이다.
㉯ 형광자분탐상이다.
㉰ 250mm씩 10개소를 시험한다.
㉱ 화살표 반대쪽에서 시험한다.

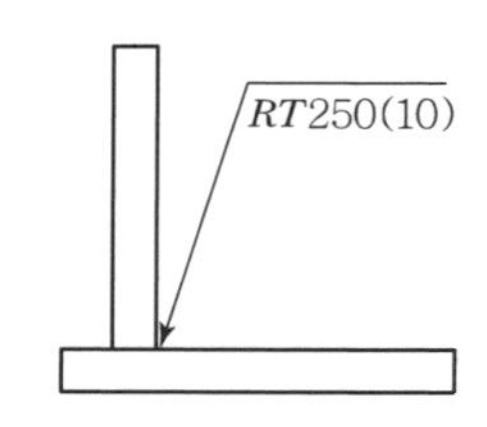

해설 RT250(10) : 용접부 비파괴 시험방법에서 250mm씩 10개소를 시험한다.

70. 다음 용접결함 중 내부결함에 속하지 않는 것은?

㉮ 기공
㉯ 언더컷
㉰ 은점
㉱ 슬래그 혼입

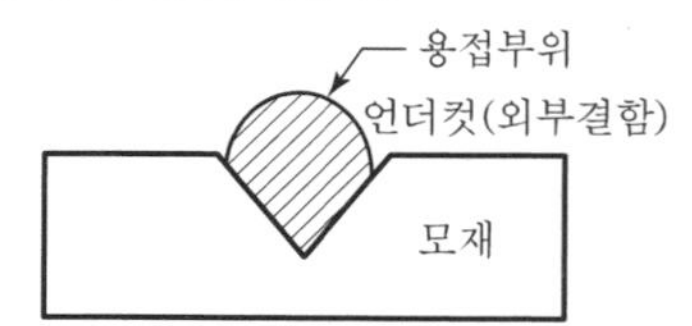

 정답 67. ㉰ 68. ㉱ 69. ㉰ 70. ㉯

71. 다음 용접기호 중 필렛용접의 병렬단속 용접을 나타내는 기호로 적합한 것은?

㉮ 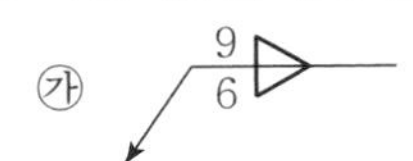

㉯ 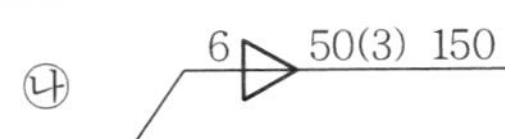

㉰ 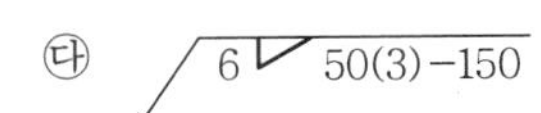

㉱ 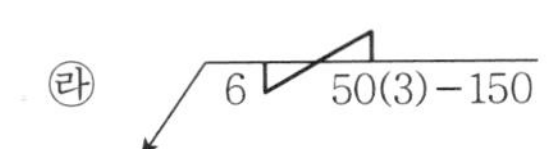

해설 ─▷ : 필렛용접(병렬)

72. 강관을 절단작업 시 사용되는 산소, 아세틸렌가스 용접기에 사용하는 산소 용기의 규정 표시색은?

㉮ 흰색
㉯ 녹색
㉰ 회색
㉱ 청색

해설 공업용 산소 : 녹색, 공업용 아세틸렌 : 황색

73. 방사선 투과시험(RT)의 장점 중 틀린 것은?

㉮ 두께의 크기에 관계없이 검사할 수 있다.
㉯ 자성의 유무에 관계없이 검사할 수 있다.
㉰ 표면상태의 양부에 관계없이 검사할 수 있다.
㉱ 미소균열(Micro Crack)에 관계없이 검사할 수 있다.

해설 방사선 투과시험(RT)에서는 미소균열에 주의하여 검사가 이루어져야 한다.

74. 내용적 $40l$의 용기에 $140kgf/cm^2$의 산소가 들어 있을 때 B형 350번 팁으로 혼합비 1 : 1의 표준 불꽃을 사용한다면 작업 시간은 얼마인가?

㉮ 30시간
㉯ 25시간
㉰ 20시간
㉱ 16시간

해설 $140kgf/cm^2 \times 40 = 5,600l$

$\therefore\ H = \frac{5,600}{350} = 16$시간

PART 02

배관재료 출제예상문제

01 CHAPTER 관의 종류 및 특성

1. 다음 강관의 종류 중 고온배관용 탄소강관의 표준규격의 영문약자 기호는 어느 것인가?

㉮ SPLT　　㉯ SPHT
㉰ SPPS　　㉱ SPPY

해설 SPP : 배관용 탄소강관
SPPS : 압력배관용 탄소강관(350℃ 이하 사용)
SPPH : 고압배관용 탄소강관
SPHT : 고온배관용 탄소강관(350℃ 초과 사용)
SPA : 배관용 합금강 강관(고온도용)
STS : 배관용 스테인리스 강관
SPLT : 저온배관용 강관
SPW : 배관용 아크 용접 탄소강 강관
STLT : 저온 열교환기용 강관
STH : 보일러, 열교환기용 탄소강 강관
SPPW : 수도용 아연도금 강관
STS×TB : 보일러, 열교환기용 스텐강관

2. 다음 중 강관의 종류에 따른 KS규격 기호를 짝지은 것 중 잘못된 것은?

㉮ SPP : 배관용 탄소강관
㉯ SPPS : 압력배관용 탄소강관
㉰ SPPH : 고온배관용 탄소강관
㉱ SPA : 배관용 합금강관

해설 ㉰항의 SPPH는 고압배관용 탄소강관이고, SPHT가 고온배관용 탄소강관이다.

3. 보일러의 증기관, 유압관, 수압관(10~100kgf/cm^2)에 사용하는 강관은?

㉮ 배관용 탄소강관
㉯ 압력배관용 탄소강관
㉰ 고압배관용 탄소강관
㉱ 고온배관용 탄소강관

해설 압력배관용 탄소강관 : 유압관 수압관으로 사용하며 10kg/cm^2 이상 100kg/cm^2 압력 이하에 사용한다.

정답 1. ㉯　2. ㉰　3. ㉯

4. 온수온돌 배관에 쓰이는 배관 코일용 관재료를 열전도도(熱傳導度)가 큰 순서대로 옳게 나열한 것은?

㉮ 동관 > 강관 > 폴리에틸렌관
㉯ 동관 > 폴리에틸렌관 > 강관
㉰ 강관 > 동관 > 폴리에틸렌관
㉱ 폴리에틸렌관 > 강관 > 동관

해설 ① 열전도율이 큰 순서는 동관, 강관, 폴리에틸렌관이다.
② 동관 : 열교환기용관, 급수관, 압력계관, 급유관, 냉매관, 급탕관, 기타 화학공업용에 쓰인다.
㉮ 장점
㉠ 유연성이 커서 가공하기 쉽다.
㉡ 내식성, 열전도율이 크다.
㉢ 마찰저항 손실이 적다.
㉣ 무게가 가볍다.
㉤ 가공성이 매우 좋다.
㉥ 매우 위생적이다.
㉯ 단점
㉠ 외부 충격에 약하다.
㉡ 값이 비싸다.

5. 다음 중 압력배관용 탄소강관 표시기호는?

㉮ SPP
㉯ SPPS
㉰ SPPH
㉱ SPHT

해설 SPPH(고압배관용), SPHT(고온배관용), SPPS(압력배관용), SPP(배관용 탄소강 강관)

6. 크리프 강도가 문제되는 온도 범위까지 사용 가능하며, 기호로는 SPHT로 표시되는 관은?

㉮ 고압배관용 탄소강 강관
㉯ 고온배관용 탄소강 강관
㉰ 배관용 스테인리스 강관
㉱ 배관용 특수강 강관

해설 SPHT(고온배관용 탄소강 강관)
① 350℃ 이상의 온도에서 사용된다.
② 호칭지름은 6~500A까지 있다.
③ 350~450℃ 사이에서 사용된다.

7. 다음 KS 규격기호와 강관의 종류를 짝지은 것 중 옳은 것은?

㉮ SPHT : 고온배관용 탄소강관
㉯ SPPH : 압력배관용 탄소강관
㉰ STHA : 저온배관용 탄소강관
㉱ STBH : 수도용 도복장 강관

해설 SPHT : 고온배관용 탄소강관
SPPH : 고압배관용 탄소강관
SPLT : 저온배관용 탄소강관
STPW : 수도용 도복장 강관

 정답 4. ㉮ 5. ㉯ 6. ㉯ 7. ㉮

8. 강관의 장점을 설명한 것 중 해당되지 않는 것은?

㉮ 주철관에 비하여 인장강도가 크다.
㉯ 충격에 대하여 강인하며 굴요성이 풍부하다.
㉰ 파이프의 접합도 비교적 쉽다.
㉱ 조인트의 제작이 아주 쉬워 그 종류가 많다.

해설 강관 : 연관이나 주철관에 비하여 인장강도가 크다.(조인트 제작은 어렵다.)

9. 수도용 아연도금 강관의 영문표기 중 맞는 것은?

㉮ SPPW ㉯ SPA ㉰ SPLT ㉱ SPPS

해설 SPPW : 수도용 아연도금 강관
① 정수두 100m 이하의 급수배관용
② SPP관에 아연을 도금하여 내구성, 내식성을 증가시켰다.

10. 동관에 관한 설명으로 잘못된 것은?

㉮ 전기 및 열전도율이 좋다.
㉯ 가볍고 가공이 용이하여 시공이 쉽다.
㉰ 산에 대하여 내식성이 강하다.
㉱ 전성, 연성이 풍부하다.

해설 동관 : 타프피치동, 인탈산동, 무산소동의 3가지가 있다.
① 전기전도도가 높고 열전도율이 높다.
② 가볍과 가공이 용이하여 시공, 가공성이 좋다.
③ 산에 대하여 내식성이 약하다.
④ 전성, 연성이 풍부하다.

11. 다음 중 보일러, 열교환기용 탄소용 강관을 나타내는 KS기호는?

㉮ SPP ㉯ SPPH ㉰ STH ㉱ SPA

해설 STH : 보일러, 열교환기용 탄소용 강관
STHA : 보일러, 열교환기용 합금강 강관
STS×TB : 보일러, 열교환기용 스테인리스 강관

12. 다음은 강관의 KS 규격기호에 대한 설명을 짝지은 것이다. 잘못 짝지어진 것은?

㉮ SPP – 배관용 탄소강 강관
㉯ SPPS – 압력배관용 탄소강 강관
㉰ STA – 배관용 합금강 강관
㉱ STH – 보일러, 열교환기용 탄소강 강관

해설 SPA : 배관용 합금강 강관
STA : 구조용 합금강 강관

정답 8. ㉱ 9. ㉮ 10. ㉰ 11. ㉰ 12. ㉰

13. 다음은 주철관에 대한 설명이다. 틀린 것은?

㉮ 내식성, 내마모성이 우수하다.
㉯ 내구성이 뛰어나다.
㉰ 수도용 급수관, 가스 공급관 등 매설용으로 사용된다.
㉱ 절연성이 풍부하다.

해설 ① 주철관
㉮ 내식성, 내마모성이 우수하다.
㉯ 내구성이 뛰어나다.
㉰ 수도용, 급수관, 가스공급관 등 땅속 매설용이다.
㉱ 강도가 매우 크다.
㉲ 절연성이 풍부하지 못하다.
② 분류
㉮ 재질별 분류
㉠ 일반 보통 주철관 : 외압 및 충격에는 약하나 내구성, 내식성이 있다.
㉡ 고급 주철관 : 흑연의 함량을 적게 하고 강성을 첨가하여 기계적 성질이 좋고 강도가 크다.
㉢ 구상흑연 주철관 : 선철을 강에 배합한 것으로 질이 균일하고 강도가 크다.(덕타일 주철관)
㉯ 용도별 분류
㉠ 수도용 ㉡ 배수용
㉢ 가스용 ㉣ 광산용

14. 흄관을 다른 말로 무엇이라 하는가?

㉮ 석면시멘트관
㉯ 원심력 철근콘크리트관
㉰ 폴리에틸렌관
㉱ 도관

해설 흄관(Hume)
① 원심력 철근콘크리트관이다.
② 상하수도 배수로 등에 사용

15. 다음 강관의 KS규격기호 중 열전달용 강관의 기호가 아닌 것은?

㉮ STH ㉯ SPPS ㉰ STLT ㉱ STHA

해설 ㉮는 보일러열교환기용 탄소강관
㉰는 저온열교환기용 탄소강관
㉱는 보일러열교환기용 합금강 강관은 열전달용
㉯는 압력배관용 탄소강관으로 열전달용이 아니다.

16. 동관의 용도로 적당치 못한 것은?

㉮ 냉매관
㉯ 급유관
㉰ 열교환기용관
㉱ 배수관

해설 동관의 용도는 냉매관, 급유관, 열교환기용관, 급수관, 압력계관, 급탕관, 기타 화학공업용이다.

 정답 13. ㉱ 14. ㉯ 15. ㉯ 16. ㉱

17. 화학공장, 화학실험식 등에서의 내식용, 내열용, 고온용 및 저온용 배관에 사용하는 강관은?

㉮ 압력배관용 탄소강관
㉯ 고압배관용 탄소강 배관
㉰ 배관용 합금강 강관
㉱ 배관용 스테인리스 강관

해설 배관용 스테인리스 강관은, 내식용, 내열용, 고온용, 저온용에 사용한다.

18. 최고 사용압력이 $P=50\text{kg/cm}^2$인 배관에서 압력배관용 탄소강관 SPPS－38을 사용할 경우 안전율을 5로 하면 관의 두께를 산정하는 기준이 되는 스케줄 번호로 가장 적당한 것은?(단, SPPS－38의 스케줄 번호는 10, 20, 40, 60, 80 등이 있다.)

㉮ 20
㉯ 40
㉰ 60
㉱ 80

해설 Sch. No$=\dfrac{10\times P}{S}=\dfrac{10\times 50}{\left(\dfrac{38}{5}\right)}=65.78$

허용치가 조금 큰 번호를 사용하므로 ㉱가 답이다.

19. 연관의 특징이 아닌 것은?

㉮ 내산성이 좋으며 굴곡도 쉽고 신축에도 잘 견딘다.
㉯ 전성이 많아서 두들겨 늘이기가 용이하다.
㉰ 굴곡을 만들기 쉬운 것으로 가공성이 좋다.
㉱ 알칼리에 부식되지 않으며 중량이 가볍다.

해설 ① 연관은 알칼리에 부식되며 중량이 무겁다.
② 초산이나 진한 염산에 침식된다.
③ 중량이 크다. 즉, 비중이 11.3이다.

20. 주로 350℃ 이하에서 사용압력이 10kg/cm^2 이하의 증기, 물, 가스, 공기, 기름 등의 각종 유체를 수송하는 배관이며, 일명 가스관이라고 하는 관은?

㉮ 배관용 탄소강관
㉯ 압력배관용 탄소강관
㉰ 고압배관용 탄소강관
㉱ 고온배관용 탄소강관

해설 배관용 탄소강 강관은 증기, 물, 기름, 가스관

21. 사용압력이 40kg/cm^2, 관의 인장강도가 20kg/mm^2일 때의 스케줄 번호(Sch. No)는?(단, 안전율은 4로 한다.)

㉮ 60
㉯ 80
㉰ 120
㉱ 160

해설 Sch.No$=10\times\dfrac{P}{S}=10\times\dfrac{40}{5}=80$

$S=\dfrac{20}{4}=5$

정답 17. ㉱ 18. ㉱ 19. ㉱ 20. ㉮ 21. ㉯

22. 다음 연관의 성질을 설명한 것 중 틀린 것은?

㉮ 산에 강하지만 알칼리에 약하며 부식성이 적다.
㉯ 전연성이 풍부하며 굴곡이 용이하나 가로 배관에는 휘기 쉽다.
㉰ 중량이 큰 반면 신축에 잘 견딘다.
㉱ 초산, 진한 염산에 침식되지 않으나 극연수에는 다소 침식된다.

해설 초산, 진한 염산에 침식되며, 극연수에는 다소 침식된다.

23. 다음은 관의 특성을 기술한 것이다. 틀린 것은?

㉮ 동관은 초산, 황산 등에 심하게 침식된다.
㉯ 연관은 전연성이 풍부하고 특히 다른 금속관에 비해 내식성이 풍부하다.
㉰ 알루미늄관은 알칼리에 강하고 특히 해수에 강하다.
㉱ 주철관은 내식성, 내마모성이 우수하고 다른 금속관에 비해 특히 내구성이 뛰어나다.

해설 알칼리에 강한 것은 동관이다.

24. 강관의 스케쥴 번호에 대한 다음 설명 중 틀린 것은?

㉮ 관의 두께를 나타내는 번호이다.
㉯ 스케줄 번호 5란 강관의 허용응력의 5배라는 말이다.
㉰ 사용압력을 허용응력으로 나눈 값이다.
㉱ 스케줄 번호 계산에 쓰이는 허용응력은 안전율을 고려하여야 한다.

해설 ㉮, ㉰, ㉱는 스케줄 번호에 대한 설명이다.(스케줄번호 : 관의 두께)

25. 스케줄 번호를 바르게 나타낸 공식은?(단, 사용압력 : P(kg/cm²), 허용응력 : S(kg/cm²)]

㉮ $100 \times \dfrac{P}{S}$
㉯ $10 \times \dfrac{S}{P}$
㉰ $\dfrac{P}{10 \times S}$
㉱ $10 \times \dfrac{P}{S}$

해설 스케줄 번호(Schedule No) : 관의 두께를 나타내는 번호

$10 \times \dfrac{P}{S}$

여기서, P : 사용압력(kg/cm²)
S : 허용응력(kg/cm²)(인장강도/안전율)

26. 다음 중 용접관(Welded Pipe)이 아닌 것은?

㉮ 아크 용접관
㉯ 이음매 없는 관
㉰ 전기저항 용접관
㉱ 단접관

해설 ① 단접관이란 성형단조 롤러 머신에 통과시키면 감압부가 압착되어 관이 제조된다.
② 이음매 없는 관(심리스관) : 고압 고온용으로 사용되는 관이며, 열간가공으로 완성한다.

 정답 22. ㉱ 23. ㉰ 24. ㉯ 25. ㉱ 26. ㉯

27. 금속재료 중 이음매 없는 인탈산 동관의 기호는 어느 것인가?

㉮ DCuPS　　㉯ TCuPS
㉰ BsSTS　　㉱ RBsPS

해설 ㉮는 이음매 없는 인탈산동관(DCuPS)

28. 다음 중 보일러용 압연강재의 기호는?

㉮ SM　　㉯ BMC
㉰ SBB　　㉱ SWS

해설 ㉮는 기계구조용 탄소강재
㉯는 흑심가단주철
㉰는 보일러용 압연강재
㉱는 용접구조용 압연강재

29. SPHT 42에 관한 설명 중 옳은 것은?

㉮ 저온배관용 탄소강 강관이며 탄소의 함유량이 평균 0.42%이다.
㉯ 저온배관용 탄소강 강관이며 탄소의 함유량이 평균 4.2%이다.
㉰ 고온배관용 탄소강 강관이며 인장강도가 42kg/cm^2 이상이다.
㉱ 고온배관용 탄소강 강관이며 인장강도가 42kg/cm^2 이상이다.

해설 SPHT 42는 고온배관용 탄소강 강관이며 인장강도가 42kg/cm^{2}이다.

30. 다음은 배관용 파이프를 재질별로 구별한 것이다. 급배수 및 증기배관용으로 적당하지 않은 관은?

㉮ 동관　　㉯ PVC관
㉰ 주철관　　㉱ 강관

해설 ① PVC관은 물, 유리, 공기 등의 배관에 사용된다.
② PVC관은 경질염화비닐관과 폴리에틸렌관이 있다.

31. 다음은 최근 난방코일(Heating Coil) 재료로 많이 사용되고 있는 동관에 관한 특성을 열거한 것이다. 잘못된 것은?

㉮ 전기 및 열전도율(熱傳導率)이 좋다.
㉯ 전성, 연성이 풍부하고 유체에 대한 관내 마찰저항이 크다.
㉰ 알칼리성에는 강하나 진한 황산에는 심하게 침식된다.
㉱ 동일 호칭경은 강관이나 연관에 비해 가볍고 가공이 용이하다.

해설 ① 동관은 유체에 대한 마찰저항이 적다. 고로 ㉯는 동관의 특성이 아니다.
② ㉮, ㉰, ㉱는 동관의 특성이다.

정답 27. ㉮ 28. ㉰ 29. ㉱ 30. ㉯ 31. ㉯

32. SB41에서 S는 무엇을 뜻하는가?

㉮ 강관　　㉯ 탄소강
㉰ 피아노선재　　㉱ 강재

해설 강에서 S는 강재를 표시한다.

33. 주철관에 대하여 쓴 것이다. 관계가 가장 먼 것은?

㉮ 내식성, 내압성이 우수하다.
㉯ 재질면으로 보면 보통 주철관, 고급 주철관으로 분류한다.
㉰ 제조법으로는 원심력법과 천공법이 있다.
㉱ 오수관으로도 많이 사용한다.

해설 ㉮, ㉯, ㉱는 주철관의 특징이다.

34. 다음 중 배관용 스테인리스 강관의 KS기호는 어느 것인가?

㉮ STA　　㉯ SUS
㉰ STS　　㉱ SPA

해설 STS는 배관용 스테인리스 강관이다.

35. 석유정제용 배관에 널리 사용되는 강관은?

㉮ 배관용 아크용접 탄소강관　　㉯ 고온배관용 탄소강관
㉰ 고압배관용 탄소강관　　㉱ 배관용 합금강 강관

해설 SPA(배관용 합금강 강관)는 석유정제용 배관에 널리 사용되는 강관이다.

36. 다음 재료 중 전성과 연성이 가장 풍부한 재료는?

㉮ 주철관　　㉯ 연관
㉰ 강관　　㉱ PVC

해설 연관
① 전성, 연성이 풍부하다.
② 산에는 강하지만 알칼리에는 약하다.
③ 신축성이 매우 좋다.
④ 중량이 크다.
⑤ 부식성이 적다.

37. 강관의 호칭지름이 20A일 때, 실제 강관의 외경은 몇 mm인가?

㉮ 21.7mm　　㉯ 27.2mm
㉰ 34.0mm　　㉱ 42.7mm

정답 32. ㉱ 33. ㉰ 34. ㉰ 35. ㉱ 36. ㉯ 37. ㉯

해설 배관용 탄소강 강관의 호칭별 외경

관의 호칭		외경	관의 호칭		외경
(A)	(B)	(mm)	(A)	(B)	(mm)
6	1/8	10.5	80	3	89.1
8	1/4	13.8	90	3 1/2	101.6
10	3/8	17.3	100	4	114.3
15	1/2	21.7	125	5	139.8
20	3/4	27.2	150	6	165.2
25	1	34.0	175	7	190.7
32	1 1/4	42.7	200	8	216.3
40	1 1/2	48.6	225	9	241.8
50	2	60.5	250	10	267.4
65	2 1/2	76.3	300	12	318.5

38. 주철관의 특징에 해당되는 것은?

㉮ 화학공장용 배관에 쓰이고 내열성이 크다.
㉯ 내구력이 풍부하여 부식이 작으나 무겁다.
㉰ 가스, 공기배관에 쓰이며 단접관, 용접관, 인발관의 3종으로 분류된다.
㉱ 열전도율이 커서 열교환기에 사용된다.

해설 주철관의 특징
① 내식성, 내마모성이 우수하고 압축강도가 크다.
② 용도는 수도용, 배수용, 가스용, 광산용이다.
③ 지중매설시 부식이 적다.

39. 관의 재질은 킬드강으로 만들며, 온도 350℃ 이하, 압력 100kg/cm^2 이상의 배관용에 쓰이는 관의 KS재료 기호는?

㉮ SPPH(고압배관용)
㉯ SPPS(압력배관용)
㉰ SPHT(고온배관용)
㉱ SPPW(수도용 아연도금)

해설 ① ㉯는 350℃ 이하, 압력은 10~100kg/cm^{2}의 증기관, 유압관, 수압관에 사용
② ㉰는 350℃ 이상의 과열 증기관에 사용
③ ㉱는 10kg/cm^2 이하에서 사용되는 수도용관
④ SPPH는 킬드강에 의해 제조되며 심리스 관이다.
⑤ 100kg/cm^2 이상의 배관에 사용하는 것은 SPPH이다.

40. 다음 중 배관용 탄소강관(SPP)의 설명으로 잘못된 것은?

㉮ 사용압력이 비교적 낮은(10kg/cm^2 이하) 배관에 사용한다.
㉯ 관 1개의 길이는 KS 규격이 6m이다.
㉰ 관은 제조 후 15kg/cm^{2}의 수압시험을 실시하여 결함이 없어야 한다.
㉱ 아연도금을 실시한 배관과 도금을 하지 않은 흑관이 있다.

정답 38. ㉯ 39. ㉮ 40. ㉰

해설 SPP의 특징
① 사용압력이 비교적 10kg/cm² 이하의 배관에 사용된다.
② 관 1개의 길이는 KS 규격이 6m이다.
③ 아연도금관은 백관 도금을 하지 않으면 흑관이다.
④ 호칭지름 15~650A까지 있다.
⑤ 가스관이라 한다.

41. 건물의 급수배관 시공시 주로 쓰이는 강관은 어느 것인가?

㉮ 내식용 아연도금 강관 ㉯ 내식용 주석도금 강관
㉰ 합금강 강관 ㉱ 일반 가스관

해설 급수배관은 내식용 아연도금 강관을 많이 사용한다.

42. 다음 중 관 재료를 선택할 때 고려해야 할 사항과 가장 관계가 없는 것은?

㉮ 유체의 온도 ㉯ 유체의 질량, 비중
㉰ 관의 진동 또는 충격, 내압, 외압 ㉱ 접합, 굽힘, 용접 등의 가공성

해설 관의 재료를 선택할 때 고려해야 할 사항으로 가장 관계가 없는 것은 유체의 질량, 비중이고 ㉮, ㉰, ㉱항은 관계가 있다

43. 스테인리스 강관의 특성 설명으로 가장 적합한 것은?

㉮ 내식성이 우수하며 저항증대 현상이 없다.
㉯ 담수에 대한 내식성은 크나 연수에 잘 부식된다.
㉰ 압축가공으로 만든 관이며 경량이고 전기 부도체이다.
㉱ 한랭지 배관의 경우 동결에 대한 저항이 작다.

해설 스테인리스 강관은 내식성이 우수하며 저항 증대 현상이 없다.

44. 다음 파이프(Pipe)와 튜브(Tube)에 관한 설명 중 틀린 것은?

㉮ 파이프는 호칭경이 일정한 등분으로 나뉘어 있고 그 호칭경은 대략 외경을 의미한다.
㉯ 파이프의 관 끝은 나사이음 하는 것이 많다.
㉰ 튜브는 주로 비철금속이나 비금속이 많이 사용된다.
㉱ 튜브는 호칭경이 없이 외경으로 관경을 표시한다.

해설 ① 파이프 : 물체를 수송하는 것이 목적. 호칭치수를 사용한다.(관의 내경)
② 튜브 : 관의 내외면에서 열교환하는 것이 목적. 외경으로 호칭

45. 일반적으로 수도용 주철관의 종류가 아닌 것은?

㉮ 수도용 수직형 주철직관 ㉯ 수도용 원심력 사형직관
㉰ 수도용 원심력 금형직관 ㉱ 수도용 인발형 주철직관

 정답 41. ㉮ 42. ㉯ 43. ㉮ 44. ㉮ 45. ㉱

해설 수도용 주철관
① 수도용 원심력 금형관
② 수도용 원심력 사형 주철관
③ 수도용 수직형 주철관

46. 애터니트관이라고 불리는 석면시멘트관에서 1종관의 사용 정수두로 적합한 것은?

㉮ 45m 이하
㉯ 75m 이하
㉰ 100m 이하
㉱ 125m 이하

해설 1종 : 사용정수두 표준 75m 이하
2종 : 사용정수두 표준 45m 이하

47. 강관에 비해서 동관에 대한 일반적인 특징 설명으로 틀린 것은?

㉮ 가공이 쉽고 동파의 염려가 적다.
㉯ 마찰손실이 적다.
㉰ 가공성이 좋다.
㉱ 내식성이 약하다.

해설 동관은 : ① 담수에 내식성은 크나 연수에는 부식된다.
② 알칼리성에는 내식성이 강하다.
③ 초산, 진한 황산에는 심하게 침식된다.

48. 인탈산 동관에 관한 설명으로 틀린 것은?

㉮ 연수(軟水)에는 부식된다.
㉯ 담수(淡水)에는 내식성이 강하다.
㉰ 고온에서 수소 취화 현상이 발생한다.
㉱ 탄산가스를 포함한 공기 중에서는 푸른 녹이 생긴다.

해설 인탈산 동관 : 산소량이 많은 전기동을 인(P)으로 탈산하여 냉간인발하여 제조한다.
(강관은 고온에서 수소 취성 발생)

49. 다음은 동관에 대한 설명이다. 틀린 것은?

㉮ 전기 및 열전도율이 좋다.
㉯ 산성에는 내식성이 강하고 알칼리성에는 심하게 침식된다.
㉰ 기계적 가공이 용이하며 동파되지 않는다.
㉱ 전연성이 풍부하고 마찰저항이 적다.

해설 ① 동관은 담수에는 내식성이 크나 연수에는 부식된다.
② 동관은 알칼리성에는 내식성이 강하다.
③ 동관은 초산이나 진한 황산, 암모니아수에는 심하게 침식된다.

정답 46. ㉯ 47. ㉱ 48. ㉰ 49. ㉯

50. 폴리에틸렌관에 대한 설명이다. 틀린 것은?

㉮ 유백색의 폴리에틸렌관은 직사 일광을 쐬면 표면이 산화하여 황색으로 변한다.
㉯ 인장강도는 경질 염화비닐관에 비하여 작지만 파괴 압력은 크다.
㉰ 유연성 때문에 충격에 강하지만 외부에 상처를 받기 쉽다.
㉱ 제조방법은 에틸렌가스와 산소를 촉매로 한 중합체이다.

해설 폴리에틸렌관(합성수지 열가소성 수지)
① 내충격성이 크며 −60℃에서도 사용이 가능하다.
② 가볍고 유연성이 풍부하다. 그러나 고온에 약하다.
③ 인장강도가 약하다.

51. 폴리부틸렌관에 관한 설명으로 가장 적합한 것은?

㉮ 일명 엑셀 온돌 파이프라고도 한다.
㉯ 곡률 반경을 관경의 2배까지 굽힐 수 있다.
㉰ 일반적인 관보다 작업성이 우수하나 결빙에 의한 파손이 많다.
㉱ 관을 연결구에 삽입하여 그라프링과 O링에 의한 접합을 할 수 있다.

해설 폴리부틸렌관은 관을 연결구에 삽입하여 그라프링과 O링에 의한 접합을 할 수 있다.

52. 맞대기 용접식 강관이음쇠 중 일반 배관용 이음쇠의 바깥지름, 안지름 및 두께는 다음 중 어떤 관의 치수와 동일한가?

㉮ 배관용 탄소강관 ㉯ 압력배관용 탄소강관
㉰ 고압배관용 탄소강관 ㉱ 저온배관용 탄소강관

해설 맞대기 용접식 관 조인트 : 엘보, 리듀서, 티, 캡, 밴드 등은 배관용 탄소강관(SPP)용이다.

53. 최고사용압력이 65kgf/cm²의 배관에서 SPPS을 사용하는 경우, 인장강도가 38kgf/cm² 일 때 안전율을 4로 하면 다음 스케줄 번호 중 가장 적합한 것은?

㉮ 40 ㉯ 80 ㉰ 100 ㉱ 120

해설 $\text{SCH} = 10 \times \frac{P}{S} = 10 \times \frac{65}{38 \times \frac{1}{4}} = 80$

54. 석면과 시멘트를 중량비 1 : 5정도의 비율로 배합하고 적당한 양의 물로 혼합하여 윤전기에 의해서 얇은 층을 만들어 롤러로 압력을 가하면서 성형한 관은?

㉮ 흄관 ㉯ 콘크리트관
㉰ 애터니트관 ㉱ 경질염화비닐관

해설 애터니트관(석면시멘트관 Eternitpipe) 석면섬유와 시멘트의 혼합비가 1 : 5이다. 내식성, 내알칼리성이 우수하고 강하다.

 정답 50. ㉯ 51. ㉱ 52. ㉮ 53. ㉯ 54. ㉰ 55. ㉰

55. 과열증기관 등과 같이 사용온도가 350~450℃ 배관에 사용되며 킬드강을 사용 이음매 없이 제조되기도 하는 관은?

㉮ 배관용 스테인리스 강관
㉯ 고압 배관용 탄소강관
㉰ 고온 배관용 탄소강관
㉱ 배관용 합금강관

해설 SPHT(고온배관용 탄소강관) : 350~450℃ 배관에 사용되는 관이다.

56. 관의 내외에서 열교환을 목적으로 하는 장소에 사용되는 보일러 열교환기용 합금강 강관의 KS 재료 기호는?

㉮ STH
㉯ STHA
㉰ SPA
㉱ STS×TB

해설 ① STHA : 보일러 열교환기용 합금강 강관
② STH : 보일러 열교환기용 탄소강 강관
③ SPA : 배관용 합금강 강관
④ STS×TB : 배관용 스테인리스 강관

57. 다음 중 고압 배관용 탄소 강관의 표시 기호는?

㉮ SPPS
㉯ SPPH
㉰ SPP
㉱ SPHT

해설 ① SPPS : 압력배관용
② SPPH : 고압배관용
③ SPP : 일반배관용
④ SPHT : 고온배관용

58. 알루미늄 관에 대한 설명 중 틀린 것은?

㉮ 열교환기의 배관용으로 쓰인다.
㉯ 고압탱크의 배관용으로 적합하다.
㉰ 내식성이 비교적 우수하다.
㉱ 가공이 비교적 쉽다.

해설 알루미늄은 활성금속이어서 내식성이 뛰어나다. 그리고 공기, 증기, 물에는 강하다. 아세톤, 아세틸렌, 유류에는 침식되지 않으나 알칼리에는 약하다. 특히 해수, 염산, 황산, 가성소다에 약하다. 연성, 전성이 풍부하여 고압용에는 사용이 어렵다.

59. 주철관 중 일명 구상 흑연 주철관이라고 하는 것은?

㉮ 수도용 입형 주철관
㉯ 수도용 원심력 금형 주철관
㉰ 수도용 원심력 사형 주철관
㉱ 수도용 원심력 덕타일 주철관

해설 구상 흑연 주철관 : 수도용 원심력 덕타일 주철관이다.

60. 다음 중 구리관의 설명으로 잘못된 것은?

㉮ 내식성이 좋아 담수에는 부식의 염려가 없다.
㉯ 난방효과가 우수하며 스케일 생성에 의한 열효율의 저하가 적다.
㉰ K.L.M형 중에서 두께가 가장 두꺼운 것은 K형이다.
㉱ M형은 주로 의료배관용으로만 쓰인다.

정답 56. ㉯ 57. ㉯ 58. ㉯ 59. ㉱ 60. ㉱

해설 K, L 타입 : 의료배관용
L, M 타입 : 급배수, 급탕, 냉난방, 도시가스용

61. 강관 제조방법 표시에서 냉간완성 이음매 없는 강관은?

㉮ -S-C ㉯ -E-C ㉰ -A-C ㉱ -S-H

해설 ① -S-C : 냉간완성 이음매 없는 관
② -E-C : 냉간완성 전기저항 용접관
③ -A-C : 냉간완성 아크 용접관
④ -B-C : 냉간완성 단접관

62. 사용압이 비교적 낮은 증기, 물, 기름 및 공기 등의 배관용에 적합한 배관용 탄소강관의 KS 재료기호는?

㉮ SPP ㉯ SPPS ㉰ SPPH ㉱ SPH

해설 SPP(일반배관용 탄소강관) : 사용압이 비교적 낮은 증기, 물, 기름 및 공기 등의 배관용에 적합한 배관용 재료(10kg/cm^2 이하용)

63. 일반적인 수도용 주철관 보통압관의 최대사용 정수두 압력은 몇 kg/cm^{2}인가?

㉮ 5 ㉯ 7.5 ㉰ 9 ㉱ 12

해설 수도용 수직형 주철관
① 최대사용 정수두 75mAq 보통압관
② 최대사용 정수두 45mAq 저압관

64. 인장강도 50kgf/mm^{2}이고, 사용압력이 60kgf/cm^{2}이라면 스케줄번호로 가장 적합한 것은?(단, 허용응력은 인장강도에 대하여 안전율이 5이다.)

㉮ 30 ㉯ 40 ㉰ 60 ㉱ 80

해설 $\mathrm{SCH} = 10 \times \frac{P}{S} = 10 \times \frac{60}{50 \times \frac{1}{5}} = 60$

65. 동관의 두께별 분류 중 두께가 가장 두꺼운 것은?

㉮ P형 ㉯ L형 ㉰ M형 ㉱ K형

해설 동관의 두께 1인치용
K형 : 1.65mm, L형 : 1.27mm, M형 : 0.89mm

66. 동일한 재질과 호칭경인 동관 표준규격의 종류 중 가장 관 두께가 크기 때문에 가장 큰 상용압력에 사용될 수 있는 형은?

㉮ K ㉯ L ㉰ M ㉱ P

 정답 61. ㉮ 62. ㉮ 63. ㉯ 64. ㉰ 65. ㉱ 66. ㉮

해설 동관 1인치 두께(살두께)
K 타입 : 1.65mm, L 타입 : 1.27mm, M 타입 : 0.89mm

67. 동 및 동합금관의 특징이 아닌 것은?

㉮ 알카리성에 내식성이 강하다.
㉯ 연수에 내식성이 강하다.
㉰ 유기약품에 침식되지 않는다.
㉱ 암모니아, 초산 등에 심하게 침식한다.

해설 동관
① 담수에 대하여 부식성이 크다.
② 연수에도 부식이 된다.
③ 가성소다 등에는 내식성이 크다.
④ 초산, 진한 황산에는 부식된다.

68. 다음 인탈산 동관에 관한 설명 중 올바른 것은?

㉮ 연수에는 부식되지 않는다.
㉯ 경수에는 보호 피막이 생성되지 않는다.
㉰ 휘발유 등 유기 약품에 심하게 침식된다.
㉱ 탄산가스를 포함한 공기 중에는 푸른 녹이 생긴다.

해설 인탈산 동관
① 고온에서 수소 취화현상이 발생하지 않는다.
② 비교적 산소 함유량이 많은 전기동을 인(P)으로 탈산한다.

69. 폴리부틸렌관(Poly Butylene Pipe : PB)의 특징 설명으로 틀린 것은?

㉮ 온돌 난방 배관 시 시공성이 우수하다.
㉯ 부분 파손 시 시공이 어렵다.
㉰ 결빙에 의한 파손이 적다.
㉱ 신축성이 좋으나 열에 약하다.

해설 폴리부틸렌관 파이프는 부분파손 시 시공이 용이한 PB관이다.

70. 다음 중 경질염화비닐관이 강관보다 우수한 점은?

㉮ 열팽창률이 적다.
㉯ 충격강도가 크다.
㉰ 관내 마찰손실이 적다.
㉱ 저온 및 고온에서의 강도가 크다.

해설 경질염화비닐관은 강관보다 관내 마찰손실이 적다.

71. 경질염화비닐관의 특징을 설명한 것으로 틀린 것은?

㉮ 열팽창률이 크다.
㉯ 전기 절연성이 작다.
㉰ 열의 불양도체이다.
㉱ 내산, 내알칼리성이다.

해설 경질염화비닐관
① 전기 절연성이 크다.
② 열의 불양도체이다.
③ 관의 절단, 구부림, 접합용접 가공이 용이하다.

정답 67. ㉯ 68. ㉱ 69. ㉯ 70. ㉰ 71. ㉯

72. 원심력 철근콘트리트관에 대한 설명 중 틀린 것은?

㉮ 용도에 따라 보통압관과 압력관이 있다.
㉯ 일반적으로 애터니트관이라고 한다.
㉰ 관끝 형상에 따라 A형, B형, C형의 3종류로 나눈다.
㉱ 원형으로 조립된 철근을 형틀에 넣고 회전하며 콘크리트를 주입한 것으로 송수관용과 배수관용이 있다.

해설 애터니트관 : 석면시멘트 하수관

73. 일반적으로 애터니트관이라고 하는 관은?

㉮ 석면시멘트관
㉯ 철근콘크리트관
㉰ 프리스트레스 콘크리트관
㉱ 원심력 철근콘크리트관

해설 애터니트관 : 석면시멘트 하수관

74. 강관의 종류와 KS규격 기호를 짝지은 것 중 올바른 것은?

㉮ SPP : 수도용 도복장 강관
㉯ SPPS : 압력 배관용 탄소강관
㉰ STPW : 배관용 스테인리스 강관
㉱ SPPH : 보일러 열교환기용 탄소강관

해설 SPP : 배관용 탄소강 강관
STPW : 수도용 도복장 강관
SPPH : 고압배관용 탄소강 강관

75. 다음 주 구리관의 설명으로 잘못된 것은?

㉮ 내식성이 좋아 담수에는 부식의 염려가 없다.
㉯ 난방효과가 우수하며 스케일 생성에 의한 열효율의 저하가 적다.
㉰ K. L. M형 중에서 두께가 가장 두꺼운 것은 K형이다.
㉱ M형은 주로 의료 배관용으로 만 쓰인다.

해설 M형 : 의료용, 급배수용, 냉난방용, 급탕용, 가스관용

76. 강관의 슬리브 용접 시 슬리브의 길이는 관경의 몇 배로 하는 것이 가장 적당한가?

㉮ 1.2~1.7배
㉯ 4배
㉰ 2.0~2.5배
㉱ 7배 이상

해설 슬리브 용접 시 슬리브의 길이는 관경의 1.2~1.7배이다.

77. 프리스트레스 콘크리트관의 설명으로 올바른 것은?

㉮ 일반적으로 애터니트관이라고 부르며 고압으로 가압하여 성형한 것이다.
㉯ 보통 흄관이라 하며 철근을 형틀에 넣고 원심력으로 성형한 것이다.
㉰ PS 선으로 압축응력을 부과하여 인장응력과 상쇄할 수 있게 한 것이다.
㉱ 내측은 흄관, 외측은 애터니트관으로 이중으로 만든 특수관이다.

 정답 72. ㉯ 73. ㉮ 74. ㉯ 75. ㉱ 76. ㉮ 77. ㉰

해설 프리스트레스 콘크리트관은 PS 강선으로 압축응력을 부과하여 인장응력과 상쇄할 수 있게 한 것이다.

78. 프리스트레스(Pre-stress) 콘크리트관의 특징 설명으로 가장 적합한 것은?

㉮ 강선을 인장해서 붙인 뒤 원주방향으로 압축응력을 부여한 관이다.
㉯ 강재형틀에 원심력을 주어 콘크리트를 투입하여 콘크리트를 균일하게 다져준 관이다.
㉰ 철근을 보강한 콘크리트관으로 전동기나 다짐기계를 사용한다.
㉱ 석면과 시멘트를 1 : 5, 1 : 6 비율로 배합하여 만든 관이다.

해설 프리스트레스 콘크리트관은 강선을 인장해서 붙인 뒤 원주방향으로 압축응력을 부여한 관이다.

79. 관의 두께를 표시하는 스케줄 번호를 구하는 데 사용하는 공식은?

㉮ $\text{Sch No} = 10 \times \dfrac{S}{P}$
㉯ $\text{Sch No} = \dfrac{P}{10 \times S}$
㉰ $\text{Sch No} = 10 \times \dfrac{P}{S}$
㉱ $\text{Sch No} = 10 \times \dfrac{P^2}{S}$

해설 관의 스케줄 번호 $\text{Sch No} = 10 \times \dfrac{P}{S}$

80. 고온 고압용 관 재료로서 갖추어야 할 조건 중 틀린 것은?

㉮ 유체에 대한 내식성이 클 것
㉯ 고온도에서도 기계적 강도를 유지하고 저온에서도 재질의 여림화를 일으키지 않을 것
㉰ 가공이 용이하고 값이 쌀 것
㉱ 크리프 강도가 작을 것

해설 고온 고압용 재료는 크리프 강도가 커야 된다.

81. 프리스트레스드 콘크리트관에 대한 설명으로 틀린 것은?

㉮ 일반적으로 PS관이라 한다.
㉯ 메이커에 따라 PS 흄관이라고도 한다.
㉰ 내압이 작용하는 경우에는 압력관이 적합하다.
㉱ 호칭지름은 100~1,000mm 까지이다.

해설 B형 : 150~2,000mm, C형 : 900~3,000mm

82. 일반적으로 PS관이라고 불리는 관은?

㉮ 규소 청동관
㉯ 폴리부틸렌관
㉰ 석면시멘트관
㉱ 프리스트레스 콘크리트관

해설 프리스트레스 콘크리트관 : PS관이다.

정답 78. ㉮ 79. ㉰ 80. ㉱ 81. ㉱ 82. ㉱

02 관 이음 재료

CHAPTER

1. 다음 중 유체의 흐름 방향을 바꾸는 데 사용되는 배관 부속품은?

㉮ 유니언　　㉯ 니플
㉰ 엘보　　㉱ 글로브 밸브

해설 엘보 : 유체의 흐름 방향을 바꾸는 데 사용되는 배관의 부속품이다. 90°와 45° 엘보, 이경 엘보가 있다.

2. 다음 설명 중 배관이음쇠의 설명으로 적합하지 않은 것은?

㉮ 부싱은 이경 소켓에 비하여 강도가 약하다.
㉯ 유니온은 플랜지와 같은 용도에 쓰인다.
㉰ 유니온은 플랜지보다 기계적 강도가 강하다.
㉱ 소구경관에 유니온을 사용하고, 대구경관에는 플랜지를 사용한다.

해설 ① 부싱은 이경 소켓에 비하여 강도가 약하다.
② 유니온은 플랜지와 같은 용도에 쓰인다.
③ 유니온은 플랜지보다 기계적 강도가 약하다.
④ 소구경관에 유니온을 사용하고, 대구경관에는 플랜지를 사용한다.

3. 배관에는 열신축에 대응하여 신축이음쇠를 설치한다. 동관의 경우 배관길이 몇 m당 1개의 신축이음쇠를 설치하는 것이 좋은가?

㉮ 10m　　㉯ 20m
㉰ 30m　　㉱ 50m

해설 동관은 배관길이 20m 마다 열신축에 대응하여 신축이음쇠를 설치한다.

4. 파이프 축에 대해서 직각방향으로 개폐되는 밸브로 유체의 흐름에 따른 마찰저항 손실이 적으며 난방배관 등에 주로 사용되나 유량조절용으로 부적합한 밸브는?

㉮ 앵글 밸브　　㉯ 다이어프램 밸브
㉰ 슬루스 밸브　　㉱ 글로브 밸브

해설 슬루스 밸브는 파이프 축에 대해서 직각방향으로 개폐되는 밸브로서 마찰저항 손실이 적으며 난방, 배관 등에 주로 사용되나, 유량의 조절에는 부적합하다.

정답 1. ㉰ 2. ㉰ 3. ㉯ 4. ㉰

5. 다음 파이프의 신축팽창에 의한 파열을 방지하기 위해서 파이프를 연결하는 방법이다. 옳지 못한 것은?

㉮ 슬리브형
㉯ 탭형
㉰ 루프형
㉱ 벨로스형

해설 파이프의 신축이음
① 슬리브형(미끄럼형)
② 루프형(곡관형)
③ 벨로스형(팩리스 이음)
④ 스위블 이음(2개 이상의 엘보 사용)

6. 다음은 신축이음에 대한 설명이다. 루프형 이음에 대한 설명으로 맞지 않는 것은?

㉮ 신축곡관이라고도 한다.
㉯ 고압에 사용하기 적당하다.
㉰ 굽힘 반경은 관경의 6배이다.
㉱ 2개 이상의 엘보를 사용한 신축이음이다.

해설 2개 이상의 엘보를 사용한 신축이음은 스위블 이음에 속한다.

7. 열팽창에 대한 신축이 방열기에 미치지 않도록 어떤 이음을 하는가?

㉮ 벨로스 이음
㉯ 슬리브 이음
㉰ 루프형 이음
㉱ 스위블 이음

해설 열팽창에 대한 신축이 방열기에 미치지 않도록 스위블 이음을 설치한다.

8. 다음 중 관 끝을 막을 때 사용되는 부속은?

㉮ 플러그
㉯ 부싱
㉰ 크로스
㉱ 록너트

해설 플러그, 캡 : 관 끝을 막는다.

9. 다음 신축이음 중 신축량 흡수가 가장 큰 것은?

㉮ 루프형
㉯ 벨로스형
㉰ 슬리브형
㉱ 미끄럼형

해설 루프형 신축이음쇠
① 곡관형이라고 하며 신축이음 중 신축량 흡수가 가장 크다.
② 응력이 생기는 결점이 있다.
③ 옥외배관용이라 대형이다.
④ 설치장소가 많이 필요하다.
⑤ 고압배관용의 신축이음이다.

정답 5. ㉯ 6. ㉱ 7. ㉱ 8. ㉮ 9. ㉮

10. 다음 난방배관 중 주관에서 분기관을 낼 때 분기점에 이용하는 신축이음은?

㉮ 스위블 이음 ㉯ 슬리브 신축이음
㉰ 루프형 신축이음 ㉱ 벨로스형 신축이음

해설 스위블 이음 : 난방배관의 주관에서 분기관을 낼 때 분기점에 사용한다.

11. 관을 4방향으로 분기하는 부속재료는?

㉮ 크로스 ㉯ 밴드
㉰ 플러그 ㉱ 니플

해설 크로스는 4방향으로 관을 분기한다.

12. 유체의 흐름을 360°로 바꾸는 관 이음쇠는?

㉮ 리턴 ㉯ 엘보
㉰ 니플 ㉱ 유니언

해설 ①엘보는 45°, 90°로 주로 흐름을 바꾼다.
② 니플은 동경관 직선이음
③ 유니언은 소구경에서 배관도중에 보수, 수리 증설시 사용

13. 배관 신축이음의 허용길이가 가장 큰 것은?

㉮ 루프형 ㉯ 슬리브형
㉰ 벨로스형 ㉱ 스위블형

해설 신축이음에서 허용길이가 가장 큰 것은 루프형(곡관형)이다.

14. 같은 지름의 관을 직선으로 이을 때 사용하는 부속품이 아닌 것은?

㉮ 소켓(Socket) ㉯ 유니온(Union)
㉰ 니플(Nipple) ㉱ 부싱(Bushing)

해설 부싱은 이경관을 연결할 때 사용한다.

15. 신축이음쇠 중 물 또는 압력 $8kg/cm^2$ 이하의 포화증기, 그 밖에 공기, 가스, 기름 등의 배관에 사용되며, 일명 미끄럼형 이음쇠라고도 하는 것은?

㉮ 슬리브형 신축이음쇠 ㉯ 벨로스형 신축이음쇠
㉰ 루프형 신축이음쇠 ㉱ 스위블형 신축이음쇠

해설 ① 슬리브형 신축이음쇠의 최고압력은 $10kg/cm^2$정도로 구조상 과열증기 배관에는 적합하지 않다.
② 슬리브형은 단식과 복식이 있다.
③ $8kg/cm^2$ 이하의 압력에 사용된다. 그리고 50A 이하용은 나사결합형이며, 대형은 플랜지 접합용이다.

정답 10. ㉮ 11. ㉮ 12. ㉮ 13. ㉮ 14. ㉱ 15. ㉮

16. 주철관 이형관에 사용개소와 부속이 옳게 연결된 것은?

㉮ 분기점에 : 이경관
㉯ 관로의 종말에 : 캡
㉰ 관로를 굴곡할 때 : +자관
㉱ 저수지의 유입구 : 단관

해설 ① ㉮는 +자관, ㉰는 엘보, 밴드. ㉱는 나팔관을 사용한다.
② 관로의 종말(끝부분)에 연결하는 부속은 캡이나 플러그이다.

17. 관이음 중 수축과 팽창에 의한 신축을 조절하기 위하여 설치한 것은?

㉮ 스위블형 이음
㉯ 플랜지
㉰ 유니온
㉱ 리듀서

해설 ① 스위블형은 신축 조인트이다.(스윙타입)
② 누수의 결점이 있다.
③ 신축의 크기는 직관길이 30m에 대하여 회전관 1.5m로 조립한다.

18. 신축이음에서 온수 또는 저압증기 배관의 경우 가느다란 분기관 등에 가장 적합한 것은?

㉮ 슬리브형 이음
㉯ 벨로스형 이음
㉰ 신축곡관 이음
㉱ 스위블 이음

해설 스위블 이음은 온수난방이나 저압의 증기난방에 사용되는 신축이음이다.

19. 양단이 고정된 파이프에 온도변화가 생기면 관의 신축에 의하여 파이프 및 설치부의 부속까지 파손될 우려가 있다. 이런 경우는 신축이음을 쓰는데 신축차가 크지 않고 저압의 증기, 물, 공기, 가스 등 비교적 짧은 관로에 이용되는 가장 적합한 신축이음은?

㉮ 루프형 신축조인트
㉯ 벨로스형 단식 신축조인트
㉰ 슬리브형 복식 신축조인트
㉱ 소켓 파이프 조인트

해설 밸로스형은 Packless 이음이다. 온도변화에 의해 관의 신축에 따라 사용하며 비교적 짧은 관로에 이용된다.

20. 다음 중 루프형 신축 조인트에 관한 설명으로 틀린 것은?

㉮ 설치장소를 차지하고 응력을 수반한다.
㉯ 고압에 잘 견디고 고장이 적다.
㉰ 고압증기의 옥외 배관 공장의 플랜트 배관 등에 사용된다.
㉱ 굽힘 반경은 관 지름의 4배 이하로 한다.

해설 굽힘 반경은 관 지름의 6배 이상으로 하는 것이 루프형 신축조인트이다.

정답 16. ㉯ 17. ㉮ 18. ㉱ 19. ㉯ 20. ㉱

21. 다음 중에서 사용압력이 작은 경우 만드는 캡이며, 오렌지 필(Orange Peel)이라고도 하는 것은?

㉮ 블노즈 파이프캡　　㉯ 다이프엔드 파이프캡
㉰ 앵글 브래킷　　㉱ 동경 레터럴

해설 **블노즈 파이프캡** : 사용압력이 작은 경우 만드는 캡이며 오렌지 필이다.

22. 강관과 PVC관은 직선으로 연결할 때 사용되는 이음 재료는?

㉮ 밸브용 소켓(Valve Socket)　　㉯ 동관용 유니언(Union)
㉰ 캡(Cap)　　㉱ 엘보(Elbow)

해설 강관과 PVC관을 직선으로 연결할 때 사용되는 이음재료는 밸브용 소켓이다.

23. 고온, 고압용 증기관 등의 옥외 배관에 많이 쓰이는 신축이음은?

㉮ 슬리브형　　㉯ 벨로스형
㉰ 루프형　　㉱ 스위블형

해설 **루프형 신축이음** : 곡관형으로서 고온 고압용 증기배관의 옥외 배관에 많이 사용된다.

24. 스위블형(Swivel Type)의 신축 이음쇠에 관한 다음 설명 중 잘못된 것은?

㉮ 스윙식(Swing Type)이라고도 하며 주로 증기 및 온수난방용 배관에 쓰인다.
㉯ 2개 이상의 엘보를 사용, 이음부의 나사회전을 이용해서 배관의 신축을 흡수한다.
㉰ 단식과 복식이 있다.
㉱ 설비비가 싸고 쉽게 조립해서 만들 수 있다.

해설 **스위블형 신축이음**
① 스윙식이다.
② 저압의 증기배관이나 온수난방 배관용이다.
③ 신축량이 큰 배관에서는 나사접합부가 헐거워져 누수의 원인이 된다.
④ 2개 이상의 엘보를 사용하여 만들며 설비비가 싸고 쉽게 조절이 가능하다.

25. 다음 중 신축이음의 종류에 해당하지 않는 것은?

㉮ 루프형　　㉯ 슬리브형
㉰ 벨로스형　　㉱ 리드형

해설 ① 신축이음
㉮ 증기배관용 : 루프형, 슬리브형, 벨로스형
㉯ 온수배관용 : 스위블이음
② 리드형 : 수동용 나사 절삭기로서 2개의 다이스와 4개의 조(Jaw)로 되어 있고 좁은 공간에서의 작업이 가능하다.

 정답 21. ㉮ 22. ㉮ 23. ㉰ 24. ㉰ 25. ㉱

26. 팩리스(Packless) 신축이음쇠라고 하는 것은 다음 중 어느 것인가?

㉮ 슬리브형 ㉯ 벨로스형
㉰ 루프형 ㉱ 스위블형

해설 벨로스형 신축이음쇠
① 팩리스 신축이음쇠라고도 한다.
② 온도변화에 따른 관의 신축을 벨로스의 변형에 의해 흡수시키는 신축이음이다.

27. 신축곡관이라고 부르는 신축이음은 다음 중 어는 것인가?

㉮ 루프형(Roof Type) ㉯ 스위블형(Swivel Type)
㉰ 슬리브형(Sleeve Type) ㉱ 벨로스형(Bellows Type)

해설 루프형
① 신축곡관으로 만든다.
② 고압에 잘 견디며 고장이 적고 옥외용이다.
③ 관의 곡률반경은 보통 관경의 6배 이상이다.

28. 직선 길이 20m인 강관으로 된 배관의 온도가 15℃에서 85℃로 변화되었다면 신축량은 얼마인가?(단, 강의 선팽창계수는 0.000012이다.)

㉮ 0.24mm ㉯ 3.6mm ㉰ 16.8mm ㉱ 20.4mm

해설 강관은 온도 1℃ 상승 시마다 1m당 0.012mm가 신장
$20 \times 0.012 \times (85-15) = 16.8\text{mm}$

29. 지름이 같은 관을 직선으로 이을 때 사용하는 것은?

㉮ 크로스 ㉯ 니플 ㉰ 부싱 ㉱ 와이

해설 지름이 같은 관을 직선으로 이을 때 사용하는 관의 이음쇠는 니플, 유니언 등이다.

30. 배관용 관이음쇠 중 엘보나 티 등을 폐쇄할 필요가 있을 때 사용되는 이음쇠는?

㉮ 캡(Cap) ㉯ 니플(Nipple) ㉰ 소켓(Socket) ㉱ 플러그(Plug)

해설 ① 캡 : 배관용 관이음쇠로서 엘보나 티 등을 폐쇄할 때 사용되는 이음쇠이다.
② 플러그 : 엘보나 티(T)는 암나사이기 때문에 플러그로 폐쇄하여야 한다.

31. 다음은 신축이음에 대한 설명이다. 루프형 이음에 대한 설명으로 맞지 않는 것은?

㉮ 신축곡관이라 한다.
㉯ 고압에 사용하기 적당하다.
㉰ 굽힘 반경은 관경의 6배이다.
㉱ 2개 이상의 엘보를 사용한 신축이음이다.

해설 ㉱는 스위블형의 설명이다.(온수난방이나 저압의 증기난방용이다.)

정답 26. ㉯ 27. ㉮ 28. ㉰ 29. ㉯ 30. ㉱ 31. ㉱

32. 증기용 신축파이프 이음에 사용되는 종류가 아닌 것은?

㉮ 슬리브형 신축이음 ㉯ 벨로스형 신축이음
㉰ 스위블형 신축이음 ㉱ 루프형 신축이음

해설 스위블형 신축이음은 주로 온수난방배관에서 사용되는 신축이음이며, ㉮, ㉯, ㉱항은 증기배관이다.

33. 강관 신축이음은 배관 직선길이 몇 m마다 1개소씩 설치하는 것이 좋은가?

㉮ 10m ㉯ 20m ㉰ 30m ㉱ 40m

해설 강관의 신축이음은 직관 30m마다 설치해주는 것이 이상적이며, 염화비닐관은 10~20m마다 1개소씩 사용이 편리하다.

34. 저압 증기의 분기점을 2개 이상의 엘보로 연결하여 한쪽이 팽창하면 비틀림을 일으켜서 팽창을 흡수시키며, 스위블조인트라고 하는 신축이음은?

㉮ 루프형 조인트 ㉯ 벨로스형 조인트
㉰ 슬리브형 조인트 ㉱ 스윙 조인트

해설 ① 스윙 조인트는 지불이음, 지웰이음이라고도 한다. 직관길이 30m에 대하여 회전관은 1.5m 정도 조립한다.
② 저압증기나 온수난방용이다.
③ 스윙 타입이라고도 한다.

35. 설치에 큰 장소를 필요로 하지 않으며, 패킹이 필요 없고, 신축에 의한 응력을 일으키지 않는 신축조인트는?

㉮ 벨로스형 ㉯ 루프형
㉰ 스위블형 ㉱ 슬리브형

해설 벨로스형을 팩리스 이음쇠라고 한다.

36. 온도변화에 따라 일어나는 관의 신축을 파형관의 변형에 의해 흡수하는 신축이음은?

㉮ 슬리브형 ㉯ 벨로스형
㉰ 스위블형 ㉱ 루프형

해설 벨로스형 신축이음 : 벨로스형 파형관의 변형에 의해 배관을 흡수하는 신축이음이다.

37. 콕(Cock)은 몇 회전을 돌려야 완전히 열렸다 닫혔다 하는가?

㉮ 1/4회전 ㉯ 1/2회전
㉰ 1회전 ㉱ 2회전

해설 콕의 회전각도는 90°이므로 1/4회전이다.

정답 32. ㉰ 33. ㉰ 34. ㉱ 35. ㉮ 36. ㉯ 37. ㉮

38. 다음은 신축이음에 관한 설명이다. 틀린 것은?

㉮ 슬리브형 신축이음은 보통 호칭지름 50A 이하는 청동제의 나사형 이음이다.
㉯ 벨로스형 신축이음은 설치면적은 크지 않으나, 응력이 생기는 결점이 있다.
㉰ 루프형은 고압에서 잘 견디며 옥외 배관에 사용된다.
㉱ 스위블형 신축이음은 주로 증기 및 온수난방용 배관에 사용된다.

해설 ① 벨로스형은 응력이 생기지 않는다.
② 벨로스형은 응축수가 괴면 부식되기 쉽다.
③ 벨로스형은 청동이나 스테인리스강을 가지고 만든다.

39. 동관이음쇠 중 순동이음쇠의 특징 설명으로 잘못된 것은?

㉮ 용접 시 가열시간이 짧다.
㉯ 외형이 크지 않은 구조이므로 배관 공간이 적어도 된다.
㉰ 관 두께가 불균일하며 취약부분이 많다.
㉱ 내면이 동관과 같아 압력손실이 적다.

해설 순동이음쇠의 특징
① 땜납 시 가열시간이 짧아 공수절감이 된다.
② 벽 두께가 균일하여 취약부분이 적다.

40. 배관작업 연결부속 중 분해 조립이 가능하도록 설치하는 부속류는 어느 것인가?

㉮ 티　　㉯ 엘보
㉰ 플랜지　　㉱ 리듀서

해설 플랜지 : 50A 이상의 대형 배관에서 작업 연결부속 중 분해 조립이 가능하도록 설치하는 부속이다.

41. 배관이음 도중 고장이 생겼을 때 쉽게 분해하기 위해 사용하는 배관이음쇠는?

㉮ 엘보　　㉯ 티
㉰ 소켓　　㉱ 유니온

해설 유니온 : 50A 이하의 배관에 고장이 생겼을 때 쉽게 분해하기 위해 사용되는 배관이음쇠는 유니온이다.

42. 리듀서(Reducer)와 부싱(Bushing)을 사용하는 방법을 올바르게 나타낸 것은?

㉮ 직선 배관에서 90° 혹은 45° 방향으로 따라갈 때의 연결
㉯ 지름이 다른 관을 연결시킬 때
㉰ 배관의 끝 부분에
㉱ 주철관을 납으로 연결시킬 수 없는 장소에

해설 ㉮는 엘보를 이용한다.
㉯는 리듀서나 부싱을 이용한다.
㉰는 플러그나 캡을 이용한다.
㉱는 기계적 이음이나 플랜지 이음을 이용한다.

정답 38. ㉯ 39. ㉰ 40. ㉰ 41. ㉱ 42. ㉯

43. 신축이음의 종류 중 일명 팩리스(Packless) 신축이음쇠라고 부르며 스테인리스제 또는 인청동제로 제작된 것은?

㉮ 루프형(Loop Type) 신축이음
㉯ 슬리브형(Sleeve Type) 신축이음
㉰ 스위블형(Swivel Type) 신축이음
㉱ 벨로스형(Bellows Type) 신축이음

해설 팩리스 신축이음쇠 : 벨로스형 신축이음

44. 맞대기 용접이음용 롱엘보(Long Elbow)의 곡률 반지름은 강관 호칭지름의 몇 배인가?

㉮ 1배 ㉯ 1.2배 ㉰ 1.5배 ㉱ 2배

해설 맞대기 용접이용 롱엘보의 곡률반지름은 강관 호칭지름의 1.5배이다.

45. 배관 조립 시 막히거나 고장이 생겼을 때 쉽게 분해, 조립하기 위해 사용하는 배관 부속은?

㉮ 티 ㉯ 유니온 ㉰ 소켓 ㉱ 엘보

해설 유니온은 배관 조립 시 막히거나 고장이 생겼을 때 쉽게 분해 조립하기 위한 배관 부속이다.

46. 관의 팽창과 충격으로부터 보호해주기 위해 간 테이퍼의 목(Hub)이 있으며 20kg/cm^2 이상의 고온, 고압 배관에 사용하는 플랜지는?

㉮ 나사 플랜지(Thread Flange)
㉯ 차입 용접 플랜지(Sock Weld Flange)
㉰ 슬립－온 플랜지(Slip－on Flange)
㉱ 웰드 넥 플랜지(Weld Neck Flange)

해설 **웰드 넥 플랜지** : 관의 팽창과 충격으로부터 보호해 주기 위해 긴 테이퍼의 목이 있으며 2MPa 이상의 고온, 고압 배관에 사용하는 플랜지이다.

47. 배관의 유입구를 포함하여 네 방향으로 분기하는 부속재료명은?

㉮ 크로스 ㉯ 밴드 ㉰ 플러그 ㉱ 니플

해설 크로스는 십자형 부속으로 배관의 유입구가 네 방향이다.

48. 다음 배관용 연결 부속 중에서 분해 조립이 가능하도록 할 때 쓰이는 것으로 되어 있는 항은?

㉮ 엘보, 티 ㉯ 리듀서, 부싱
㉰ 캡, 플러그 ㉱ 유니온, 플랜지

해설 분해나 조립이 가능한 부속 : 유니온, 플랜지

 정답 43. ㉱ 44. ㉰ 45. ㉯ 46. ㉱ 47. ㉮ 48. ㉱

49. 배관 도면에서 부속에 EOC, RED로 표시된 부분이 뜻하는 것으로 가장 적합한 것은?

㉮ 신축이음
㉯ 열교환기
㉰ 동심 리듀서
㉱ 편심 리듀서

해설 R : 편심(감압, 조절)

50. 가요관이라고도 하며 스테인리스강 또는 인청동의 가늘고 긴 벨로스의 바깥을 탄력성이 풍부한 구리망, 철망 등으로 피복하여 보강한 신축 이음쇠로 방진용으로도 사용이 가능한 것은?

㉮ 플랙시블 튜브
㉯ 플랙시블 커넥터
㉰ 슬리브형 복식 신축이음쇠
㉱ 벨로스형 단식 신축이음쇠

해설 가요관 : 플랙시블 튜브

51. 배관의 방향을 바꿀 때 사용되는 관 이음쇠는?

㉮ 소켓
㉯ 캡
㉰ 니플
㉱ 밴드

해설 방향전환 이음쇠 : 엘보, 밴드

52. 스테인리스 강관의 이음쇠 중 동합금제 링을 캡너트로 죄어서 고정시켜 결합하는 이음쇠는?

㉮ MR 조인트 이음쇠
㉯ 몰코 조인트 이음쇠
㉰ 랩 조인트 이음쇠
㉱ 팩리스 조인트 이음쇠

해설 MR 조인트 이음쇠 : 스테인리스 강관의 이음쇠 중 동합금제 링을 캡너트로 죄어서 고정시켜 결합하는 이음쇠

53. 일명 팩리스 신축 조인트라고도 하며 관의 신축에 따라 슬리브와 함께 신축하는 것으로 미끄럼면에서 유체가 새는 것을 방지하는 것은?

㉮ 루프형 신축조인트
㉯ 슬리브형 신축조인트
㉰ 벨로스형 신축조인트
㉱ 스위블형 신축조인트

해설 팩리스 신축조인트 : 벨로스형 신축조인트

54. 스위블형 신축이음쇠에 관한 설명으로 가장 적합한 것은?

㉮ 회전이음, 지블이음, 지웰이음 등으로도 불린다.
㉯ 신축량이 큰 배관에서도 나사부가 헐거워지지 않는다.
㉰ 설치비가 비싸 쉽게 조립해서 만들기 힘들다.
㉱ 굴곡부에서 압력강하가 없다.

해설 스위블형 신축 이음쇠 : 회전이음, 지블이음, 지웰이음 등으로 불린다.

정답 49. ㉱ 50. ㉮ 51. ㉱ 52. ㉮ 53. ㉰ 54. ㉮

55. 다음 중 한쪽은 나사 이음용 니플(Nipple)과 연결하고 다른 한쪽은 이음쇠의 내부에 관을 삽입하여 용접하는 동관 이음쇠의 형식은?

㉮ Ftg×F　　㉯ Ftg×M
㉰ C×M　　㉱ C×F

해설 2004년 4월 4일 18번 해설 참조

56. 다음 중 경질 염화비닐관 냉간용 이음쇠의 형식에 속하지 않는 것은?

㉮ TS식　　㉯ HI식
㉰ H식　　㉱ 편수 칼라식

해설 경질 염화비닐관 냉간용 이음쇠
① H 접합
② TS 접합
③ 편수 칼라식

 정답 55. ㉱ 56. ㉯

03 CHAPTER 밸브 및 배관 부속재료

1. 고압증기와 저압증기의 배관 속이나 온수난방의 밀폐식 팽창탱크에 사용되는 조정밸브는 다음 중 어느 것인가?

㉮ 플로트밸브
㉯ 안전밸브
㉰ 감압밸브
㉱ 온도조절밸브

해설 안전밸브는 증기난방, 온수난방 등의 보일러 등에 사용되고 밀폐식 팽창탱크에도 사용

2. 감압밸브의 종류가 아닌 것은?

㉮ 플랜지형
㉯ 벨로스형
㉰ 피스톤형
㉱ 다이어프램형

해설 감압밸브(감압변)
① 작동방법에 따른 종류 : 피스톤식, 다이어프램식, 벨로스식
② 구조에 따른 종류 : 스프링식, 추식

3. 다음 중 감압밸브의 작동방법에 따라 구분된 것이 아닌 것은?

㉮ 피스톤형 밸브
㉯ 다이어프램형 밸브
㉰ 벨로스형 밸브
㉱ 플러그형 밸브

해설 ① 감압밸브의 작동방법에 따른 구분
㉮ 피스톤형 밸브
㉯ 다이어프램형 밸브
㉰ 벨로스형 밸브
② 플러그형은 관의 끝을 막아주는 나사이음쇠이다.

4. 다음 중 배관용 밸브의 일종인 감압밸브에 관한 설명으로 틀린 것은?

㉮ 고압 배관과 저압 배관 사이에 설치되어 저압축의 압력을 항상 일정하게 유지시키는 밸브이다.
㉯ 이 밸브를 압력조정 밸브라고도 한다.
㉰ 작동방법에 따라 벨로스형, 다이어프램형, 피스톤형으로 구분한다.
㉱ 고압측과 저압측의 압력비는 1/5이 적당하고, 1/10 이상은 2단 감압시킨다.

해설 고압측과 저압측의 압력비는 2 : 1이다.

정답 1. ㉯ 2. ㉮ 3. ㉱ 4. ㉱

5. 유체의 흐름방향을 90도로 바꾸어 주는 밸브는?

㉮ 압력조정밸브　　㉯ 체크밸브
㉰ 글로브밸브　　㉱ 앵글밸브

해설 ① 앵글밸브 : 유체의 흐름방향을 90°로 바꾸어 주는 밸브이다.
② 주증기 밸브의 역할을 한다.

6. 다음 중 산 등의 화학약품을 차단하는 경우에도 사용되며, 유체의 흐름에 저항이 작고 패킹도 불필요하고 금속부분이 부식할 염려도 없는 밸브로 가장 적합한 것은?

㉮ 플랩밸브(Flap Valve)　　㉯ 플러그밸브(Plug Valve)
㉰ 다이어프램밸브(Diaphram Valve)　　㉱ 체크밸브(Check Valve)

해설 다이어프램밸브(Diaphram Valve) : 내약품, 내열, 고무 등의 가소성 재료를 사용한 격막에 의해서 유체의 흐름을 단속하는 구조로서 유체의 압력손실도 적고, 패킹도 필요 없으며 금속부분도 부식될 염려도 없다.

7. 글로브밸브와 엘보를 조합시켜야 할 경우 가장 적합한 밸브는?

㉮ 앵글밸브　　㉯ 슬루스밸브
㉰ 니들밸브　　㉱ 게이트밸브

해설 앵글밸브 : 유체의 흐름 방향을 90°로 변환시켜 주는 밸브로서 글로브밸브와 엘보를 조합시킬 수 있다.

8. 다음은 체크밸브에 관한 설명이다. 옳은 것은?

㉮ 리프트식은 수직 배관에만 쓰인다.
㉯ 스윙식은 주위를 회전운동하며 닫히도록 되어 있다.
㉰ 체크밸브는 유체의 역류를 방지한다.
㉱ 펌프배관에 사용되는 풋밸브도 체크밸브와 기능이 다르다.

해설 ㉮의 리프트식은 수평배관에만 사용한다.
㉯는 핀을 축으로 회전하여 개폐한다.
㉰의 체크밸브는 유체의 역류를 방지한다.
㉱의 풋밸브도 체크밸브의 일종이다.

9. 수평 및 수직관에 설치하여도 좋은 역류방지 밸브는?

㉮ 스윙식 체크밸브　　㉯ 리프트식 체크밸브
㉰ 추식 체크밸브　　㉱ 지렛대 체크밸브

해설 역류방지밸브에는 리프트식과 스윙식이 있는데 리프트식은 수평배관에, 스윙식은 수평, 수직 배관에 사용한다.

 정답 5. ㉱ 6. ㉰ 7. ㉮ 8. ㉰ 9. ㉮

10. 수평 및 수직관에 설치하여도 좋은 역류방지 밸브는?

㉮ 스윙식 체크밸브
㉯ 리프트식 체크밸브
㉰ 다이어프램밸브
㉱ 풋 밸브

해설 ① 스윙식 체크밸브 : 수평관, 수직관에 사용
② 리프트식 체크밸브 : 수평관에만 사용

11. 감압밸브를 취부할 때 안전밸브의 설치위치는?

㉮ 배관의 상부에다 달아준다.
㉯ 배관의 최하부에 달아준다.
㉰ 감압밸브 주위에는 안전밸브를 설치할 필요가 없다.
㉱ 감압밸브 다음의 저압측 출구, 압력계전에 설치한다.

해설 감압밸브의 안전밸브 설치위치는 감압밸브 다음의 저압측 출구 압력계전에 설치한다.

12. 감압밸브를 사용하여 일단 감압을 할 경우 고·저압의 압력비는 얼마가 적당한가?

㉮ 2 : 1
㉯ 3 : 1
㉰ 4 : 1
㉱ 5 : 1

해설 감압밸브의 일단 감압의 비는 2 : 1이 좋다.

13. 밸브가 유체의 흐름에 직각으로 미끄러져 개폐되며, 완전히 열렸을 때 마찰 저항이 적은 밸브는?

㉮ 콕밸브
㉯ 게이트밸브
㉰ 글로브밸브
㉱ 체크밸브

해설 게이트밸브
① 마찰저항이 적다.
② 찌꺼기가 체류해서는 안 되는 배관용이다.
③ 유량조절용으로는 부적당하다.

14. 밸브를 여닫이 할 때 유체의 방향이 바뀌지 않고 저항이 적어 큰 관에서 완전히 열거나 막고 사용할 때 적합한 밸브는?

㉮ 슬루스밸브
㉯ 글로브밸브
㉰ 안전밸브
㉱ 콕

해설 슬루스밸브는 여닫이 할 때 유체의 방향이 바뀌지 않고 저항이 적어서 큰 관에서의 사용이 편리하다.

15. 다음 중 증기트랩을 바르게 설명한 것은?

㉮ 응축수는 통과시키지 않고 증기만을 통과시킨다.
㉯ 벨로스형 열동식 트랩은 다량의 응축수를 처리하는 데 사용한다.
㉰ 버킷트랩을 사용하면 환수관을 트랩보다 높은 위치로 할 수 있다.
㉱ 플루트 트랩은 증기의 증발로 인한 부피의 증가를 한 디스크 트랩이라고도 한다.

정답 10. ㉮ 11. ㉱ 12. ㉮ 13. ㉯ 14. ㉮ 15. ㉰

해설 트랩

① 증기트랩은 증기를 통과시키지 않고 응축수만 통과시켜야 한다.
② 플루트 트랩은 다량의 응축수를 처리한다.
③ 버킷트랩은 환수관을 트랩보다 높은 위치로 할 수 있다.
④ 디스크 트랩은 높은 온도의 응축수가 압력이 낮아지면 증발하며 이때 증기에 의한 부피의 증가를 이용한 충격식(임펄스 트랩) 트랩이라 한다.

16. 트랩이나 스트레이너 등의 고장, 수리, 교환 등에 대비하여 설치해야 하는 것은?

㉮ 리프트 피팅
㉯ 굴링 레그
㉰ 팽창탱크
㉱ 바이패스관

해설 트랩이나 온수순환펌프 여과기의 고장이나 수리교환 등에 대비하여 바이패스관을 설치한다.

17. 증기관 및 환수관의 압력차가 있어야 응축수를 배출하고 고압, 중압의 증기관에 적합하며, 상향식 및 하향식이 있고 환수관을 트랩보다 위쪽에 배관할 수도 있는 트랩은?

㉮ 플로트 트랩(Float Trap)
㉯ 벨로스 트랩(Bellows Trap)
㉰ 그리스 트랩(Grease Trap)
㉱ 버킷 트랩(Bucket Trap)

해설 ① 버킷 트랩은 환수관을 트랩보다 높은 위치로 배관이 가능하다.
② 버킷 트랩에는 상향식과 하향식이 있다.

18. 트랩 봉수가 감압으로 파괴되었다면 이를 방지할 수 있는 방법으로 가장 적당한 것은?

㉮ 머리칼이나 긴 섬유를 제거한다.
㉯ 점성이 큰 액체를 흘린다.
㉰ 통기관을 세운다.
㉱ 배수구에 격자를 설치한다.

19. 다음 트랩 중 구조는 소형이나 저압, 중압, 고압 어느 곳에나 사용할 수 있으며, 처리하는 응축수의 양도 많으나 구조상 증기가 다소 새는 결점이 있는 트랩은?

㉮ 방열기 트랩
㉯ 플로트 트랩
㉰ 버킷 트랩
㉱ 임펄스 증기 트랩

해설 ① 임펄스 증기 트랩(충동 트랩)은 온도 변화에 따라 연속적으로 밸브가 개폐하는 구조로서 고·중·저압에도 사용이 가능하다. 구조상 증기가 새는 결점도 있지만 공기도 함께 배출할 수 있는 장점도 있다.
② 구조가 간단하다.
③ 취급하는 드레인의 양에 비하여 소형이다.

20. 요리장의 배수에 섞여 있는 지방분이 배수관에 부착되어 관이 막히는 것을 방지하기 위하여 설치하는 배수 트랩은?

㉮ 그리스 트랩
㉯ 플루트 트랩
㉰ 가솔린 트랩
㉱ 사이펀 트랩

 정답 16. ㉱ 17. ㉱ 18. ㉰ 19. ㉱ 20. ㉮

해설 ① ㉯는 다량 트랩이라고도 하며 사용압력은 4kg/cm² 정도 이하에 사용
② ㉰는 휘발성 기름, 휘발유 등을 취급하는 차고나 주유소 등 배수관에 설치
③ 배수 트랩에는 ① 관 트랩 ② 박스 트랩이 있고, 그리스 트랩은 박스 트랩이고 배수 중의 지방질 제거에 사용된다.

21. 다음 패킹 중 기름에 녹지 않는 것은?

㉮ 고무 ㉯ 네오프렌 ㉰ 석면 조인트 ㉱ 테프론

해설 테프론은 기름에 녹지 않고 내열범위가 −260~260℃까지 쓰는 합성수지 패킹으로서 플랜지 패킹이다.

22. 글랜드 패킹에 속하지 않는 것은?

㉮ 몰드 패킹 ㉯ 석면 얀 ㉰ 합성수지 팽킹 ㉱ 석면 각형 패킹

해설 ① 글랜드 패킹의 종류는 ㉮, ㉯, ㉱외에 아마존 패킹이 있다.
② 합성수지 패킹은 플랜지 패킹이다.

23. 다음 중 밸브의 회전부에 사용하여 누수를 막아주는 글랜드 패킹은?

㉮ 금속 패킹 ㉯ 합성수지 패킹 ㉰ 고무 패킹 ㉱ 석면 각형 패킹

해설 ① ㉮, ㉯, ㉰는 플랜지 패킹
② ㉱는 글랜드 패킹(밸브 회전부에 사용하여 누수방지)

24. 다음 중 천연고무 패킹의 특성이 아닌 것은?

㉮ 탄성이 우수하고 흡수성이 없다.
㉯ 내산, 내알칼리성이다.
㉰ 기름에 강하다.
㉱ 100℃의 고온에서는 사용이 불가능하다.

해설 플랜지 패킹인 천연고무 패킹은 ㉮, ㉯, ㉱에 해당되는 특징이 있고, 기름에나 열에도 약하다.

25. 최근 난방배관에 가장 많이 쓰이는 합성수지 패킹(Packing)으로 기름에 침해되지 않고 내열범위가 −260~260℃인 것은?

㉮ 네오프렌 ㉯ 석면 ㉰ 테플론 ㉱ 액화합성수지

해설 ① 합성수지 패킹 : 가장 많이 쓰이는 테플론은 기름에도 침해되지 않고 내열 범위도 −260~260℃이다.
② 금속 패킹 : ㉮ 구리, 납, 연관, 스테인리스강제 금속이 많이 사용된다.
㉯ 탄성이 적어 관의 팽창, 수축, 진동 등으로 누설할 염려가 있다.

26. 다음 중 패킹재에 관한 설명으로 옳은 것은?

㉮ 천연고무 패킹은 내산, 내알칼리성이 작다.
㉯ 섬유가 가늘고 강한 광물질로 된 패킹재료 450℃까지 견딜 수 있는 것은 테프론이다.
㉰ −260~260℃까지의 넓은 내열범위를 지니고 있는 것은 일산화연이다.
㉱ 소형 밸브, 수면계의 콕, 기타 소형 글랜드용 패킹은 석면 얀 패킹이다.

정답 21. ㉱ 22. ㉰ 23. ㉱ 24. ㉰ 25. ㉰ 26. ㉱

해설 ① 천연고무
㉮ 탄성은 우수하나 흡수성이 없다.
㉯ 내산, 내알칼리성은 크지만 열과 기름에 약하다.
㉰ 100℃ 이상의 고온 배관용으로는 사용 불가능하며, 주로 급·배수, 공기의 밀폐용으로 사용된다.
② 테프론의 사용온도범위는 −260~260℃

27. 밸브, 펌프 기타의 글랜드에 사용되지 않는 패킹은?

㉮ 오일실 패킹　㉯ 석면 얀 패킹
㉰ 아마존 패킹　㉱ 모드 패킹

해설 ① 오일실 패킹은 플랜지 패킹의 종류 중 식물성 패킹으로서 나무 수피로 만든 것으로서, 내유 가공하며 내유성은 있으나 내열도는 낮다.
② 플랜지 패킹은 오일실 패킹으로서 글랜드 패킹이 아니다.

28. 내유성이 크고 화학약품에 강하며 내열범위가 −30~130℃인 패킹은?

㉮ 일산화연　㉯ 네오프렌
㉰ 액상합성수지　㉱ 석면

해설 나사용 패킹
① 페인트 : 광명단을 섞어 사용하며 고온의 기름배관을 제외한 모든 배관에 사용된다.
② 일산화연 : 페인트에 소량 타서 사용하며 냉매 배관용으로 많이 쓰인다.
③ 액상합성수지
㉮ 화학약품에 강하며 내유성이 크다.
㉯ −30~130℃의 내열범위를 지니고 있다.
㉰ 증기, 기름, 약품수송 배관에 많이 쓰인다.

29. 합성고무 제품으로 내유, 내후, 내산화성이 우수하고 내열도 −46~121℃까지 안정되어 있는 플랜지 패킹은?

㉮ 테플론　㉯ 네오프렌
㉰ 코르크　㉱ 멜라민

해설 ① 네오프렌은 합성고무로서 천연고무보다 내유, 기름, 냉매 배관용에 적당하나 증기배관에는 제외된다.
② 네오프렌은 기계적인 성질이 우수하다.(내열범위가 −46~121℃까지)

30. 광물성 천연섬유로 된 것을 합성고무 등을 섞어 판 모양으로 가공한 것으로 450℃ 이하의 증기, 온수, 고온의 기름 등에 쓰이는 패킹은?

㉮ 합성수지 패킹　㉯ 고무 패킹
㉰ 석면조인트 시트　㉱ 금속 패킹

해설 ① 석면 조인트 패킹은 450℃ 이하의 증기, 온수, 고온의 기름 등에 쓰인다.
② 플랜지용 패킹이다.
③ 섬유가 가늘고 강한 광물질로 된다.

 정답 27. ㉮ 28. ㉰ 29. ㉯ 30. ㉰

31. 다음 중 글랜드 패킹(GlandPacking)재에 속하지 않는 것은?

㉮ 석면 각형 패킹
㉯ 아마존 패킹
㉰ 몰드 킹
㉱ 액상합성수지 패킹

해설 ① 석면 각형 패킹 : 내열성, 내산성이 좋아 대형의 밸브 글랜드용에 쓰인다.
② 석면 얀 : 소형 밸브, 수면계의 콕, 기타 소형 글랜드용으로 사용된다.
③ 아마존 패킹 : 면포와 내열 고무 컴파운드를 가공 성형한 것으로 압축기의 글랜드용에 쓰인다.
④ 몰드 패킹 : 석면, 흑연수지 등을 배합 성형한 것으로 밸브, 펌프 등의 글랜드용에 쓰인다.
* 액상합성수지 패킹은 나사용 패킹이다.

32. 내약품성, 내유성, 내산성 등이 우수하여 금속의 방식도료로 가장 적당한 도료는?

㉮ 염화비닐계 도료
㉯ 광명단 도료
㉰ 산화철 도료
㉱ 알루미늄 도료

해설 염화비닐계 도료는 내약품성, 내유성, 내산성이 우수하다. 그러나 부착력과 내후성이 나쁘며 내열성이 약하다.

33. 배관 또는 기기의 이음부에서 유체의 누설을 방지하기 위하여 사용하는 것은?

㉮ 패킹
㉯ 스트레이너
㉰ 트랩
㉱ 콕

해설 패킹제 : 배관이나 기기의 이음부에서 유체의 누설을 방지하기 위하여 사용되며 나사용, 플랜지용, 글랜드형이 있다.

34. 석면사를 각형으로 짜서 흑연과 윤활유를 침투시킨 것으로 내열성, 내산성이 좋아 대형 밸브의 글랜드 패킹으로 사용하는 것은?

㉮ 아마존 패킹
㉯ 석면 각형 패킹
㉰ 석면 얀
㉱ 석면 조인트 시트

해설 석면 각형 패킹은 내열성, 내산성이 좋아서 대형 밸브에 글랜드 패킹으로 사용된다.

35. 밸브의 회전부분에 사용하는 글랜드 패킹의 종류와 가장 관계가 적은 것은?

㉮ 석면 각형 패킹
㉯ 오일 실 패킹
㉰ 석면 아연 패킹
㉱ 몰드 패킹

해설 ㉮, ㉯, ㉱는 글랜드 패킹의 종류이다.

36. 나사용 패킹재료로서 부적당한 것은?

㉮ 페인트
㉯ 고무
㉰ 리서지
㉱ 액상합성수지

해설 페인트, 고무, 액상합성수지는 패킹재료이다.

정답 31. ㉱ 32. ㉮ 33. ㉮ 34. ㉯ 35. ㉰ 36. ㉰

37. 강관의 부식을 방지하기 위해 페인트 밑칠에 사용하는 도료는?

㉮ 알루미늄 도료 ㉯ 산화철 도료
㉰ 광명단 도료 ㉱ 합성수지 도료

해설 광명단 도료 : 강관의 부식을 방지하기 위해 페인트 밑칠에 사용하는 도료이다.

38. 다음 중 피복재료로서 적당하지 않은 것은?

㉮ 코르크와 기포성 수지 ㉯ 석면과 암면
㉰ 광명단 ㉱ 규조토

해설 광명단은 피복보온재가 아니고 방청용 도료이다.

39. 난방용 방열기 등의 외면에 도장하는 도료로서 열을 잘 반사하고 확산하는 것은?

㉮ 산화철 도료 ㉯ 콜타르
㉰ 알루미늄 도료 ㉱ 합성수지 도료

해설 Al 도료는 현장에서 보통 은분이라고 하며, 금속 광택이 나며 열의 복사가 좋아 난방용 도료로 많이 사용된다.

40. 노벽, 탱크, 파이프 등의 보온재에 쓰이는 무기질 보온재가 아닌 것은?

㉮ 석면 ㉯ 규조토
㉰ 암면 ㉱ 알루미늄 도료

해설 ① 알루미늄 도료는 보온재가 아니라 방청용 페인트이다.
② 알루미늄 분말에 유성 바니쉬를 섞은 도료이다.

41. 은분이라고 불리는 방청 도료는 어느 것인가?

㉮ 광명단 도료 ㉯ 산화철 도료
㉰ 알루미늄 도료 ㉱ 조합 페인트

해설 알루미늄 은분도료는 400~500℃의 내열성을 가지고 있는 방청용 도료(페인트)이다.

42. 녹을 방지하기 위해 페인트 밑칠용에 사용하며 밀착력이 강하고 풍화에 강한 도료는?

㉮ 광명단 도료 ㉯ 산화철 도료
㉰ 알루미늄 도료 ㉱ 합성수지 도료

해설 방청용, 도료(Paint) : ㉮ 광명단 도료(연단)
① 밀착력이 강하고 도막도 단단하여 풍화에 강하다.
② 다른 착색도료의 초벽(Under Coating)으로 우수하다.
③ 연단에 아마인유(Linseed Oil)를 배합한 것이다.

정답 37. ㉰ 38. ㉰ 39. ㉰ 40. ㉱ 41. ㉰ 42. ㉮

43. 다음 합성수지 도료 중 내열도료 및 베이킹 도료로 사용되며, 내열도가 200~350℃인 것은?

㉮ 프탈산계 ㉯ 염화비닐계 ㉰ 멜라닌계 ㉱ 실리콘 수지계

해설 실리콘 수지계 합성수지 도료는 200~350℃정도이며, 내열 도료 및 베이킹 도료이다.

44. 스트레이너(여과기)를 모양에 따라 분류한 것이 아닌 것은?

㉮ U형 ㉯ V형 ㉰ X형 ㉱ Y형

해설 여과기 : 증기, 물, 유류 배관 등에 설치되는 밸브, 기기 등의 앞에 설치하여 관내의 불순물을 제거하며 여과기의 형상에 따라 U형, V형, Y형이 있다.

45. 다음은 Y형 스트레이너의 특징을 설명한 것이다. 틀린 것은?

㉮ 45°경사진 Y형의 본체에 원통형 금속 망을 넣은 것이다.
㉯ 밑부분에 플러그를 달아 불순물을 제거하게 되어 있다.
㉰ 주철제이고 플랜지 이음으로만 되어 있다.
㉱ 금속망의 개구면적은 호칭지름 단면적의 약 3배이다.

46. 다음 그림은 트랩에 대한 설명이다. 잘못된 것은?

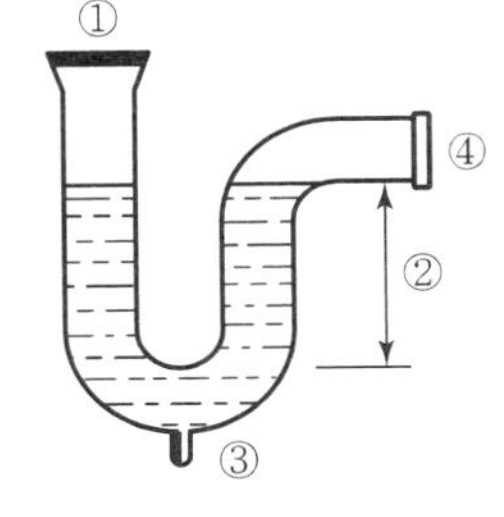

㉮ 유입구 : ①
㉯ 봉수 깊이(50~100mm) : ②
㉰ 통기관 연결부 : ③
㉱ 유출구 : ④

해설 ③ : 드레인 배출구

47. 다음 증기트랩 중 응축수의 부력을 이용하여 밸브를 개폐하며 하향식과 상향식으로 구분되는 트랩은?

㉮ 버킷 트랩 ㉯ 디스크형 트랩
㉰ 온도조절 트랩 ㉱ 바이패스형 트랩

해설 버킷 트랩 : ① 상향식 ② 하향식이 있으며 기계식으로서 증기와 응축수의 비중차에 의한 트랩이다.

48. 감압밸브를 작동방법에 따라 분류한 것이 아닌 것은?

㉮ 자력식 ㉯ 다이어프램식
㉰ 벨로스식 ㉱ 피스톤식

해설 감압밸브의 작동방법
① 다이어프램식, ② 벨로스식, ③ 피스톤식

정답 43. ㉱ 44. ㉰ 45. ㉰ 46. ㉰ 47. ㉮ 48. ㉮

49. 다음 밸브류 중 전개시(全開時 : 밸브를 모두 열었을 때) 유체의 저항이 가장 적은 것은?

㉮ 앵글밸브(Angle Valve)　　㉯ 글로브밸브(Glove Valve)
㉰ 슬루스밸브(Sluice Valve)　　㉱ 체크밸브(Check Valve)

해설 슬루스밸브는 전개 시 유체의 저항이 가장 적다.

50. 다음의 밸브에 관한 설명 중 올바른 것은?

㉮ 글로브밸브는 완전 개폐용에 가장 적합하다.
㉯ 슬루스밸브는 유량 조절용에 가장 적합하다.
㉰ 리프트식 체크밸브는 일반적으로 대구경에 사용된다.
㉱ 콕은 유량을 조절할 수 있고 개폐가 빠르다.

해설 콕은 유량조절이 가능하고 개폐가 빠르다.

51. 역류를 방지하여 유체를 일정한 방향으로만 흐르게 하는 밸브는?

㉮ 안전밸브　　㉯ 니들밸브
㉰ 슬루스밸브　　㉱ 체크밸브

해설 체크밸브는 유체의 역류방지용 밸브(리브트형, 스윙형, 스모렌스키형)

52. 증기, 물, 유류 배관 등에 설치하여 관내의 불순물을 제거하는 데 사용되는 배관설비용 부품을 무성이라 하는가?

㉮ 스트레이너　　㉯ 게이트밸브
㉰ 버킷 트랩　　㉱ 전자변

해설 스트레이너 : 관내의 불순물를 제거하는 데 사용되는 배관설비용 부품이다.

53. 배수관에 트랩을 설치하는 가장 주된 이유는?

㉮ 배수의 역류를 막기 위함이다.
㉯ 유해 가스의 역류를 방지하기 위함이다.
㉰ 증기와 물의 혼합을 막기 위함이다.
㉱ 배수를 원활히 하기 위함이다.

해설 배수관에 트랩을 설치하는 이유는 유해가스의 역류방지용이다.(봉수의 깊이는 50~100mm)

54. 밸브관이 밸브시트에 대해 직선적으로 미끄럼운동을 하여 움직이기 때문에 전개시 저항이 거의 없고 고압에 견디는 구조이므로 간선 관로의 차단용으로 다음 중 가장 적합한 것은?

㉮ 슬루스밸브　　㉯ 글로브밸브　　㉰ 앵글밸브　　㉱ 다이어프램밸브

해설 슬루스밸브 : 전개 시 저항이 거의 없고 고압에 견디는 구조이다. 간선관로의 차단용으로 사용

 정답 49. ㉰ 50. ㉱ 51. ㉱ 52. ㉮ 53. ㉯ 54. ㉮

55. 증기의 공급압력과 응축수의 압력차가 0.35kgf/cm^2 이상일 때에 한하여 사용할 수 있으며, 용도가 유닛 히터나 가열 코일인 특수 트랩은?

㉮ 플로트 트랩　　㉯ 벨로스 트랩
㉰ 버킷 트랩　　㉱ 플러시 트랩

해설 플러시 트랩 : 증기 공급압력과 응축수의 압력차가 0.35kgf/cm^2 이상일 때에 한하여 사용할 수 있으며 용도는 유닛히터나 가열코일인 곳에 사용하는 특수트랩이다.

56. 일반적인 파일럿식 감압밸브에 대한 설명 중 틀린 것은?

㉮ 최대 감압비는 3 : 1 정도이다.
㉯ 1차측 적용압력은 10kgf/cm^2 이하이다.
㉰ 2차측 조정압력은 0.35~8kgf/cm^2 정도이다.
㉱ 1차측 압력의 변동과 2차측 소비 유량변화에 관계없이 2차측 압력은 일정하게 유지된다.

해설 파일럿 작동식 감압밸브(자력식)는 일반적으로 감압비는 2 : 1이다.

57. 다음 트랩의 종류 중 배수용 트랩인 것은?

㉮ 플로트 트랩(Float Trap)　　㉯ 벨로스 트랩(Bellows Trap)
㉰ 열역학적 트랩(Disc Trap)　　㉱ 드럼 트랩(Drum Trap)

해설 배수 트랩
① 관 트랩 : P형, S형, U형
② 박스 트랩 : ⓐ 드럼 트랩, ⓑ 그리스 트랩, ⓒ 벨 트랩

58. 다음 중 요리장의 개숫물 속의 찌꺼기를 거르는 경우 가장 적합한 것은?

㉮ 드럼 트랩　　㉯ 그리스 트랩
㉰ 리프트 트랩　　㉱ 플러시 트랩

해설 드럼 트랩은 박스 트랩(Box Trap)이며 요리장의 개숫물 속의 찌꺼기를 거르는 경우에 가장 적합하다.

59. 밸브판이 밸브시트에 대해 직선적으로 미끄러움운동을 하여 유체운동 방향으로 움직이기 때문에 전개 시 저항이 거의 없고 고압에 견디는 구조이므로 간선관로의 차단용으로 다음 중 가장 적합한 것은?

㉮ 슬루스밸브　　㉯ 글로브밸브
㉰ 앵글밸브　　㉱ 다이어프램밸브

해설 슬루스밸브 : 저항이 거의 없다. 고압에 견디는 구조이고 간선관로의 차단용 게이트밸브이다.

60. 다음 중 증기 트랩의 종류가 아닌 것은?

㉮ 드럼 트랩　　㉯ 플로트 트랩　　㉰ 충격 트랩　　㉱ 열동식 트랩

해설 배수 박스 트랩 : ① 드럼 트랩, ② 그리스 트랩, ③ 벨 트랩

정답 55. ㉱ 56. ㉮ 57. ㉱ 58. ㉮ 59. ㉮ 60. ㉮

61. 다음 중 배수관의 트랩 목적으로 가장 적합한 것은?

㉮ 배수량의 조절
㉯ 배수관 내의 소음제거
㉰ 배수관 내의 누수방지
㉱ 유해가스의 실내 침입방지

해설 배수관의 트랩 설치 목적은 유해가스의 실내 침입방지용이다.

62. 다음 증기 트랩의 종류 중 응축수의 부력을 이용, 밸브를 개폐하여 간헐적으로 응축수를 배출하며, 하향식과 상향식으로 구분되는 트랩은?

㉮ 버킷 트랩
㉯ 디스크형 트랩
㉰ 온도조절 트랩
㉱ 바이패스형 트랩

해설 버킷 트랩(기계식) : 하향식, 상향식이 있다.

63. 양수펌프의 양수관에서 수격작용을 방지하기 위해 글로브밸브 아래에 설치하는 밸브로 워터 해머리스 체크밸브라고도 하는 것은?

㉮ 스윙테크 밸브
㉯ 리프트형 체크밸브
㉰ 스톱밸브
㉱ 스모렌스키 체크밸브

해설 스모렌스키 체크밸브 : 양수펌프 양수관의 해머리스 체크밸브

64. 밸브 내부는 버퍼(Buffer)와 스프링(Spring)으로 구성되어 있고 바이패스밸브 기능도 하는 체크밸브는?

㉮ 리프트형(Lift Type) 체크밸브
㉯ 스윙형(Swing Type) 체크밸브
㉰ 푸트형(Foot Type) 체크밸브
㉱ 해머리스형(Hammerless Type) 체크밸브

해설 해머리스형 체크밸브는 버퍼와 스프링으로 구성되어 있고 바이패스밸브 기능도 하는 체크밸브이다.

65. 다음 배수 트랩 중 박스 트랩이 아닌 것은?

㉮ 벨 트랩
㉯ 드럼 트랩
㉰ 메인 트랩
㉱ 그리스 트랩

해설 박스 트랩(배수트랩) : ① 벨 트랩, ② 드럼 트랩, ③ 그리스 트랩

66. 전개 시에 저항이 거의 없고 고압에 견디는 구조이므로 간선관로(幹線管路)의 차단용으로 유체의 흐름을 단속하는 대표적인 밸브로서 가장 많이 사용하는 것은?

㉮ 다이어프램밸브(Diaphragm Valve)
㉯ 글로브밸브(Globe Valve)
㉰ 슬루스밸브(Sluice Valve)
㉱ 플랩밸브(Flap Valve)

해설 슬루스밸브 : 전개 시에 저항이 거의 없고 고압에 견디는 구조이다. 간선관로의 차단용으로 유체의 흐름은 단속한다.

 정답 61. ㉱ 62. ㉮ 63. ㉱ 64. ㉱ 65. ㉰ 66. ㉰

67. 낮은 곳에 있는 응축수를 높은 곳에 올리거나 환수관에 응축수를 저장하는 일 없이 중력으로 저압 보일러에 환수할 때 리턴 트랩으로 사용하는 것은?

㉮ 버킷형 트랩(Bucket Type Trap)
㉯ 부자형 트랩(Float Type Trap)
㉰ 리프트 트랩(Lift Type Trap)
㉱ 임펄스형 트랩(Impulse Type Trap)

해설 리프트 트랩 : 낮은 곳에 있는 응축수를 높은 곳에 올리거나 환수관에 응축수를 저장하는 일 없이 중력으로 저압 보일러에 환수할 때 리턴 트랩으로 사용한다.

68. 구조상 유체의 흐름방향과 평행하게 밸브가 개폐되는 것으로 유량조절에 다음 중 가장 적합한 밸브는?

㉮ 글로브밸브 ㉯ 체크밸브 ㉰ 슬루스밸브 ㉱ 플러그밸브

해설 글로브밸브 : 구조상 유체의 흐름방향과 평행하게 밸브가 개폐되는 것으로 유량조절이 원만하다.

69. 글로브밸브에서 니들밸브에 대한 설명으로 가장 적합한 것은?

㉮ 디스크의 형상은 원뿔 모양이며, 극히 유량이 적거나 고압일 때 사용된다.
㉯ 유체의 저항을 감소시킬 목적으로 밸브 통을 중심선에 대해 45~60° 경사시킨 것이다.
㉰ 유체의 흐름을 직각 방향으로 바꾸기 위해 사용된다.
㉱ 밸브를 완전히 열면 밸브 본체 속은 지름과 같은 단면으로 유체의 저항이 적다.

해설 ㉮는 글로브 니들밸브
㉯는 Y형 글로브밸브
㉰는 앵글밸브
㉱는 게이트밸브

70. 배관 내의 불순물을 제거하는 것을 주 목적으로 사용하는 배관 부속은?

㉮ 스트레이너 ㉯ 체크밸브 ㉰ 글랜드 패킹 ㉱ 리스트레인트

해설 스트레이너 : Y자형, U자형, V자형의 여과기이다.

71. 다음 밸브 중 유체 흐름방향의 표시가 없는 밸브는?

㉮ 글로브밸브 ㉯ 니들밸브 ㉰ 슬루스밸브 ㉱ 체크밸브

해설 슬루스밸브는 게이트밸브(사절변)로서 리프트가 커서 개폐에 시간이 걸린다. 유량조절이 불가능한 흐름방향 표시가 없는 밸브이다.

72. 은분이라고도 하며 방청효과가 크고, 내구성이 풍부한 도막을 형성하며, 400~500℃의 내열성을 지니고 있어 난방용 방열기 등의 외면에 도장하는 것은?

㉮ 광명단 도료
㉯ 알루미늄 도료
㉰ 산화철 도료
㉱ 고농도 아연 도료

해설 알루미늄 도료 : 은분이라 하며 방청효과가 크고 내구성이 풍부한 도막을 형성한다. 내열성이 있고 난방용 방열기 외면에 도장하여 사용한다.

정답 67. ㉰ 68. ㉮ 69. ㉮ 70. ㉮ 71. ㉰ 72. ㉯

73. 다음 합성수지 도료에 관한 설명 중 틀린 것은?

㉮ 프탈산계 : 상온에서 건조하며, 방식도료로 많이 쓰인다.
㉯ 요소멜라민계 : 열처리 도료로서 내열성, 내수성이 좋다.
㉰ 염화비닐계 : 상온에서 건조하며, 내약품성, 내유성이 우수하여 금속의 방식도료로 적합하다.
㉱ 글래스울계 : 도막이 부드럽고 녹 방지에는 완벽하지 않으나, 값이 싼 장점이 있다.

해설 합성수지 도료 : ① 프탈산계, ② 요소 멜라민계, ③ 염화비닐계
㉱의 도료는 산화철 도료의 설명이다.

74. 연단에 아마인유를 배합하여 사용하는 페인트는?

㉮ 광명단 도료　㉯ 산화철 도료　㉰ 알미늄 도료　㉱ 합성수지 도료

해설 광명단 도료는 연단에 아마인유를 배합하여 사용하는 도료로서 페인트 밑칠에 사용한다.

75. 다음 합성수지 도료에 관한 설명 중 틀린 것은?

㉮ 프탈산계 : 상온에서 건조하며, 방식도료로 쓰인다.
㉯ 요소멜라민계 : 열처리 도료로서 내열성, 내수성이 좋다.
㉰ 염화비닐계 : 상온에서 건조하며, 내약품성, 내유성이 우수하여 금속의 방식도료로 적합하다.
㉱ 글래스울계 : 도막이 부드럽고 녹 방지에는 완벽하지 않으나, 값이 싼 장점이 있다.

해설 합성수지 도료 : ① 염화비닐계 수지　② 프탈산계 수지
③ 페놀계 수지　④ 요소멜라민계
⑤ 실리콘수지계

76. 화학약품에 강하고 내유성이 크며 내열범위가 −30∼130℃까지 사용 가능한 나사용 패킹으로 가장 적합한 것은?

㉮ 천연고무　㉯ 액상합성수지　㉰ 메커니컬 실　㉱ 네오프렌

해설 액상합성수지(나사용 패킹) : 내열범위가 −30∼130℃까지.

77. 플라스틱 패킹에 관한 설명으로 가장 적합하지 않은 것은?

㉮ 편조 패킹과는 달리 구조는 일정한 조직을 가지고 있지 않다.
㉯ 기밀효과가 좋고 저마찰성, 치수의 융통성 등의 장점이 있다.
㉰ 석면섬유에 바인더와 윤활제를 가해 끈 또는 링 모양으로 성형한 가소성 패킹이다.
㉱ 구조상 단단하므로 고온, 고압의 증기배관에 가장 적합하다.

해설 플라스틱 패킹은 내수성 및 내약품성에 좋다. 고온 고압의 증기배관에는 사용이 부적당하다.

78. 고온 고압용 패킹으로 양질의 석면섬유와 순수한 흑연을 균일하게 혼합하고, 소량의 내열성 바인더로 굳힌 것을 심으로 하여 사용조건에 따라 스테인리스강선이나 인코넬선을 넣어 석면사로 편조한 패킹은?

 정답 73. ㉱ 74. ㉮ 75. ㉱ 76. ㉯ 77. ㉱ 78. ㉱

㉮ 합성수지 패킹　　㉯ 테프론 편조 패킹
㉰ 일산화연 패킹　　㉱ 플라스틱 코어형 메탈 패킹

해설 **플라스틱 코어형 메탈 패킹** : 고온 고압용이다. 석면섬유와 순수한 흑연을 혼합하였다. 사용조건에 따라 스테인리스강선이나 인코넬선을 넣어 석면사로 편조한 패킹이다.

79. 다음 중 합성수지 패킹 재료인 것은?

㉮ 메커니컬 실　㉯ 모넬메탈　㉰ 하스텔로이　㉱ 테프론

해설 테프론(합성수지 제품)은 내열범위가 −260~260℃이나 탄성이 부족하여 석면, 고무와 같이 사용한다.

80. 다음 패킹에 대한 설명 중 틀린 것은?

㉮ 일산화연은 냉매배관에 사용하는 나사용 패킹이다.
㉯ 석면 얀 패킹은 소형의 글랜드 패킹에 사용한다.
㉰ 테프론 패킹은 천연고무와 성질이 비슷한 합성고무 패킹이다.
㉱ 화학약품에 강하고 내유성이 커서 기름 및 약품배관에 사용한다.

해설 테프론 패킹(합성수지 제품)은 ±260℃의 내열범위의 플랜지 패킹이다.

81. 패킹재를 개스킷, 나사용 패킹, 글랜드 패킹으로 분류할 때 나사용 패킹으로 분류되는 것은?

㉮ 모넬메탈　㉯ 액상합성수지　㉰ 메탈 패킹　㉱ 플라스틱 패킹

해설 ① 나사용 패킹 : 페이트, 일산화연, 액상합성수지
② 모넬메탈 : 플랜지 금속패킹

82. 배관재료 중 스트레이너(Straniner)를 설명한 것으로 틀린 것은?

㉮ 밸브나 기기 앞에 설치한다.
㉯ 호칭지름 50A 이하는 일반적으로 나사 이음형이다.
㉰ U형은 Y형에 비해 저항은 크나 보수점검에 편리하다.
㉱ V형은 유체가 직각으로 흐르므로 유체저항이 가장 크다.

해설 V형 여과기는 주철제 본체 안에 V형의 여과망을 끼운 것이다. 유체가 직선으로 흐르게 되므로 유체의 저항이 적어지며 여과망의 교환, 점검, 보수가 편리하다.

83. 배관설비에서 스팀 트랩(Steam Trap)의 설치목적이 아닌 것은?

㉮ 증기의 통과방지　　㉯ 배관 내의 응축수 배출
㉰ 배관 내의 공기제거　　㉱ 배관 내의 잡물제거

해설 ㉮, ㉯, ㉰의 내용은 배관설비에서 스팀 트랩의 설치목적이다.

정답 79. ㉱ 80. ㉰ 81. ㉯ 82. ㉱ 83. ㉱

04 관의 지지 기구

CHAPTER

1. 관의 하중을 위에서 끌어당겨 고정시키는 것이 행거이다. 수직 방향에 변위가 없는 곳에 사용되는 행거는 어느 것인가?

㉮ 스프링 행거　　㉯ 리지드 행거
㉰ 콘스탄트 행거　　㉱ 파이프 슈

해설 리지드 행거는 수직 방향에 변위가 없는 곳에 사용되는 배관의 지지쇠이다.

2. 열팽창에 의한 관의 이동을 구속 또는 제한하는 역할을 하는 것이 리스트레인트이다. 그 종류로서 맞지 않는 것은?

㉮ 파이프 슈　　㉯ 앵커
㉰ 스톱　　㉱ 가이드

해설 리스트레인트는 앵커, 스톱, 가이드가 있다.

3. 배관계의 중량을 천정이나 기타 위에서 매다는 방법으로 하는 배관지지 장치는?

㉮ 서포트(Support)　　㉯ 행거(Hanger)
㉰ 브레이스(Brace)　　㉱ 앵커(Anchor)

해설 행거는 배관의 지지대로서 배관의 중량을 천장이나 기타 위에서 매다는 지지기구이다.

4. 펌프, 컴프레서 등의 수격작용, 진동 등에 의해 배관의 진동 및 충격을 완화하는 완충작용에 사용되는 지지물은?

㉮ 서포트　　㉯ 행거
㉰ 브레이스　　㉱ 리스트레인트

해설 브레이스는 펌프나 컴프레서 등의 수격작용 진동 등에 의해 배관의 진동 및 충격을 완화하는 완충작용에 사용된다. 브레이스는 방진기와 완충기가 있고 그 구조에 따라 스프링식과 유압식이 있다.

5. 배관 지지물이 갖추어야 할 조건으로서 틀린 것은?

㉮ 관의 신축이 자유로울 것
㉯ 배관 구배의 조절을 간단하게 할 수 있을 것
㉰ 진동과 충격에 견딜 것
㉱ 재료는 반드시 탄소공구강을 사용할 것

해설 ㉮, ㉯, ㉰의 내용은 배관 지지물의 조건이다.

정답 1. ㉯ 2. ㉮ 3. ㉯ 4. ㉰ 5. ㉱

6. 배관 지지쇠를 열거한 것이다. 다음 중 2군데의 회전을 구속할 수 있는 구조로 되어 있는 것은?

㉮ 리지드　　㉯ 브레이스　　㉰ 스톱　　㉱ 가이드

해설 리스트레인트인 스톱(Stop)은 일정한 방향의 이동을 구속하며, 관이 회전하는 것을 구속하는(2군데의 회전을 구속하는) 구조로 되어 있다.

7. 그림과 같은 지지장치는 무엇인가?

㉮ 앵커
㉯ 행거
㉰ 파이프 슈
㉱ 가이드

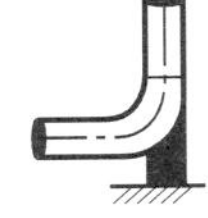

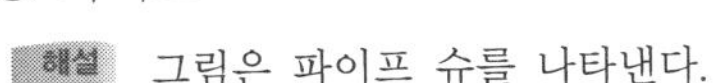

해설 그림은 파이프 슈를 나타낸다.

8. 배관의 수평부와 곡관부를 지지하는 데 사용하는 서포트(Support)로써 파이프로 엘보(Elbow) 등에 접속시키는 것을 무엇이라 하는가?

㉮ 파이프 슈(Pipe Shoe)
㉯ 리지드 서포트(Rigid Support)
㉰ 롤러 서포트(Roller Support)
㉱ 스프링 서포트(Spring Support)

해설 파이프 슈는 배관의 수평부와 곡관부를 지지하는 데 사용하는 서포트로써 파이프로 엘보 등에 직접 접속시킨다.

9. 다음은 관 지지물에 대한 설명이다. 리스트레인트에 대한 설명으로 맞지 않는 것은?

㉮ 앵커 : 배관을 지지점 위치에 완전히 고정하는 지지구이다.
㉯ 스톱 : 배관을 일정한 방향의 이동과 회전만 구속하고 다른 방향은 자유롭게 이동하게 한 것이다.
㉰ 가이드 : 축과 직각 방향의 이동을 구속하고 곡관 부분이나 신축 이음 부분에 설치한다.
㉱ 서포트 : 배관의 하중을 위에서 지지한다.

10. 다음은 배관지지 목적에 대하여 열거한 것이다. 가장 관계가 적은 것은?

㉮ 배관의 중량을 지지하는 데 사용된다.
㉯ 열팽창에 의한 측면 이동을 제한하는 데 사용된다.
㉰ 진동하는 제어장치이다.
㉱ 관의 부식을 방지한다.

해설 ㉮, ㉯, ㉰의 내용은 배관지지 목적에 대한 설명이다. ㉱는 관계가 없고 변형을 방지한다.

정답 6. ㉰　7. ㉰　8. ㉮　9. ㉱　10. ㉱

11. 앵커, 스톱, 가이드 등으로 분류되며, 열팽창에 의한 배관의 측면 이동을 구속 또는 제한하는 역할을 하는 지지구를 무엇이라 하는가?

㉮ 행거(Hanger)
㉯ 턴버클(Turn Buckle)
㉰ 리스트레인트(Restraint)
㉱ 서포트(Support)

해설 리스트레인트는 앵커, 스톱, 가이드가 있다.

12. 펌프, 압축기 등이 설치되어 있는 배관계에 진동을 억제하기 위해 지지구를 장치할 경우 가장 알맞은 지지구는?

㉮ 콘스탄트 서포트
㉯ 브레이스
㉰ 행거
㉱ 턴버클

해설 브레이스는 스프링식과 유압식이 있으며, 스프링식은 온도가 높지 않은 배관에 사용하고, 유압식은 구조상 배관의 이동에 대하여 저항이 없고 방지효과도 크다. 그 종류는 방진기와 완충기가 있다. 그리고 그 구조에 따라 스프링식과 유압식이 있다.

13. 행거(Hanger)는 배관의 중량을 지지하는 목적에 사용된다. 다음 중 행거의 종류에 속하지 않는 것은?

㉮ 리지드 행거(Rigid Hanger)
㉯ 스프링 행거(Spring Hanger)
㉰ 콘스탄트 행거(Constant Hanger)
㉱ 서포트 행거(Support Hanger)

해설 행거란 배관의 하중을 위에서 끌어당겨서 받치는 지지구이다.

14. 열 팽창에 의한 배관의 이동을 구속 또는 제한하는 역할을 하는 리스트레인트의 종류 중 배관의 일정한 이동과 회전만 구속하는 것은?

㉮ 스톱
㉯ 앵커
㉰ 행거
㉱ 가이드

해설 ㉮ 일정한 방향의 이동과 관이 회전하는 것을 구속하고 나머지 방향은 자유롭게 이동할 수 있는 구조이다.
㉯ 배관을 지지점 위치에 완전히 고정하는 지지구
㉰ 배관의 하중을 위에서 걸어 당겨 받치는 지지구
㉱ 축과 직각방향의 이동을 구속하는 리스트레인트의 일종

15. 다음 배관 지지물 중 열팽창에 의한 배관의 이동을 구속 또는 제한하는 역할을 하는 것은 어느 것인가?

㉮ 서포트(Support)
㉯ 행거(Hanger)
㉰ 리스트레인트(Restraint)
㉱ 브레이스(Brace)

해설 리스트레인트란 배관 지지대 중 열팽창에 의한 배관의 이동을 구속 또는 제한하는 역할을 한다.

 정답 11. ㉰ 12. ㉯ 13. ㉱ 14. ㉮ 15. ㉰

16. 열팽창에 의한 배관의 이동을 구속 또는 제한하는 역할을 하는 리스트레인트(Restraint) 지지 장치의 종류를 열거한 것 중 맞지 않는 것은?

㉮ 앵커(Anchor)
㉯ 스톱(Stop)
㉰ 파이프 슈(Pipe Shoe)
㉱ 가이드(Guide)

해설 파이프 슈는 아래에서 위로 떠받쳐 배관을 지지하는 서포트의 일종이다. 즉, 배관의 밴딩부분과 수평부분에 관으로 영구히 고정시켜 배관의 이동을 구속시킨다.

17. 배관의 상하 이동을 허용하면서 관 지지력을 일정하게 하는 것으로 추를 이용한 중추식과 스프링을 이용하는 방법의 행거는?

㉮ 리지드 행거
㉯ 턴버클 행거
㉰ 콘스탄트 행거
㉱ 롤러 행거

해설 중추식은 설치장소가 넓어야 하고, 추 자체가 무겁고 높은 곳에 설치하므로 위험성이 있어 거의 사용하지 않는다.(콘스탄트 행거)

18. 파이프 지지의 구조와 위치를 정하는 데 꼭 고려하여야 할 것은 다음 중 어느 것인가?

㉮ 중량과 지지간격
㉯ 유속 및 온도
㉰ 압력 및 유속
㉱ 배출구

해설 파이프 지지의 구조와 위치를 정하는 데 꼭 고려하여야 할 것은 중량과 지지간격이다.

19. 배관 라인에 설치된 각종 펌프류, 컴프레서 등에서 발생하는 진동, 수격작용 등이 심할 때 쓰이는 관 지지 금속은 다음 중 어느 것인가?

㉮ 브레이스
㉯ 리스트레인트
㉰ 스커트
㉱ 콘스탄트 행거

해설 브레이스 : 배관 라인에 설치된 각종 펌프류 컴프레서 등에서 발생하는 진동, 수격작용 등이 심할 때 쓰이는 관지지 금속기구이며, 방진기와 완충기가 있고, 그 구조에 따라 스프링식과 유압식이 있다.

20. 1개의 축에 연하는 변위를 제한하기 위한 장치로서 기기 노즐부의 보호, 신축계수 사용 시 내압을 받는 곳 등에 사용하는 것은 다음 중 어느 것인가?

㉮ 스토퍼(Stopper)
㉯ 앵커(Anchor)
㉰ 가이드(Guide)
㉱ 리지드 행거(Rigid Hanger)

해설 ① 앵커 : 배관의 지지점에서의 이동 및 회전을 방지하기 위해 지지점 위치에 완전히 고정하는 것
② 가이드 : 배관의 축방향의 이동을 허용하는 안내역할을 하며 축과 직각 방향의 이동을 구속하는 것
③ 리지드 행거 : I빔에 턴버클을 연결하여 파이프를 달아 올리는 것이며, 수직 방향에 변위가 없는 곳에 사용하는 지지물
④ 스토퍼 : 기기노즐 보호, 신축 조인트와 내압에 의한 축방향의 힘을 받는 곳에 사용한다.

정답 16. ㉰ 17. ㉰ 18. ㉮ 19. ㉮ 20. ㉮

21. 앵커(Anchor)는 어느 배관 지지물의 종류에 속하는가?

㉮ 행거(Hanger) ㉯ 서포트(Support)
㉰ 브레이스(Brace) ㉱ 리스트레인트(Restraint)

해설 ① 리스트레인트의 종류에는 앵커, 스톱, 가이드가 있다.
② 리스트레인트란 배관의 신축으로 인한 배관의 좌, 우, 상, 하 이동을 구속하고 제한하는 목적에 사용된다.

22. 배관 지지점 설정 시 고려해야 할 것을 열거하였다. 다음 중 옳지 않은 것은?

㉮ 집중하중이 작용하는 곳을 피한다.
㉯ 관의 세정 및 보수를 위해서 행거의 착탈이 빈번하게 되는 곳을 피한다.
㉰ 가급적 건물이나 기기 및 이미 설치된 보 등을 이용한다.
㉱ 배관방향이 변하는 밴드, 엘보에 가깝게 설치한다.

해설 지지점은 집중하중이 작용하는 곳, 진동이 심한 곳 등에 설치한다.

23. 열 팽창에 의한 배관의 이동을 구속 또는 제한하는 역할을 하는 리스트레인트의 종류 중 배관의 일정방향의 이동과 회전만 구속하는 것으로 신축 이음쇠와 대압에 의해서 발생하는 축방향의 힘을 받는 곳에 사용하는 것은?

㉮ 스토퍼 ㉯ 앵커
㉰ 스커트 ㉱ 러그

해설 **스토퍼** : 배관의 일정방향의 이동과 회전만 구속하는 리스트레인트이다.
리스트레인트로서 배관의 일정방향의 이동과 회전만 구속하며 신축이음쇠와 대압에 의해서 발생하는 축방향의 힘을 받는 곳에 사용

24. 기계의 진동 및 수격작용 등에 의한 진동을 완화시키기 위하여 다음 중 가장 적합한 것은?

㉮ 브레이스(Brace) ㉯ 앵커(Anchor)
㉰ 서포트(Support) ㉱ 콘스탄트 행거(Constant Hanger)

해설 브레이스는 기계의 진동 및 수격작용 등에 의한 진동을 완화시키기 위하여 사용된다.

25. 강성이 큰 I 빔으로 만든 배관 지지대로 정유시설의 송수관에 가장 많이 쓰이는 지지금속인 것은?

㉮ 롤러 슈 ㉯ 리지드 서포트
㉰ 파이프 슈 ㉱ 스프링 서포트

해설 **리지드 서포트** : 강성 큰 I 빔으로 만든 배관 지지대로 정유시설의 송수관에 가장 많이 쓰이는 지지대이다.

 정답 21. ㉱ 22. ㉮ 23. ㉮ 24. ㉮ 25. ㉯

26. 배관의 이동 구속 제한을 하고자 할 때 사용되는 리스트레인트(Restraint)의 종류에 해당되지 않는 것은?

㉮ 앵커(Anchor) ㉯ 스토퍼(Stopper)
㉰ 가이드(Guide) ㉱ 클램프(Clamp)

해설 리스트레인트 : 앵커, 스토퍼, 가이드

27. 열팽창에 의한 배관의 이동을 구속하거나 제한하는 장치 중 배관의 지지점에서 이동 및 회전을 방지하기 위하여 배관계의 일부를 완전히 고정하는 지지 장치는?

㉮ 스톱(Stop) ㉯ 가이드(Guide)
㉰ 앵커(Anchor) ㉱ 행거(Hanger)

해설 앵커 : 배관 지지점에서 이동 및 회전을 방지하기 위하여 배관계의 일부를 완전히 고정시킨다.

28. 다음 그림 중 가이드(Guide)는 어느 것인가?

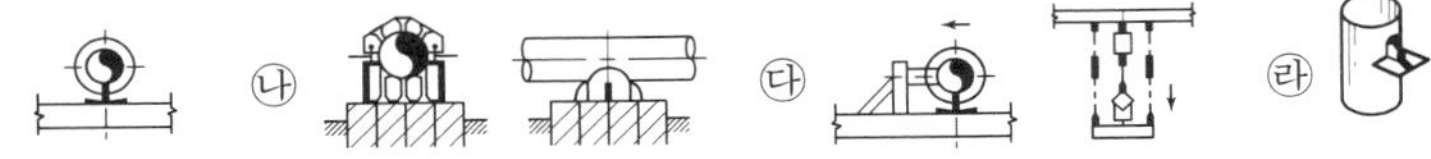

㉮ 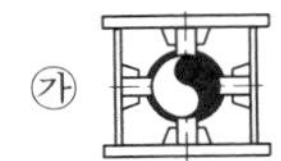 
㉯ 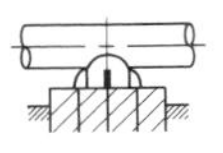 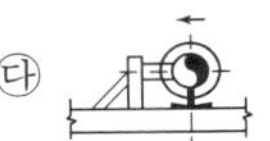
㉰ 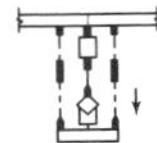 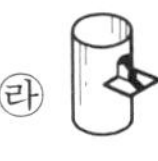
㉱ 

해설 ㉮ : 가이드, ㉯ : 앵커, ㉰ : 스톱, ㉱ : 러그

29. 다음 중 배관의 구배 조정에 가장 적합한 것은?

㉮ 바닥밴드 ㉯ 턴 버클 ㉰ 새들밴드 ㉱ 롤러밴드

해설 턴 버클 : 배관의 구배 조정에 가장 적합하다.

30. 수압시험의 방법으로 물을 채우기 전의 준비와 주의사항에 대한 설명이다. 틀린 것은?

㉮ 물을 채우는 중 테스트 중앙을 표시하는 표를 밸브 등에 부착한다.
㉯ 안전밸브, 신축조인트에 수압이 걸리도록 처치한다.
㉰ 급수밸브, 배기밸브를 필요한 개소에 장치한다.
㉱ 테스트 펌프, 압력계(테스트압의 1.5배 이상)의 점검을 한다.

해설 안전밸브나 신축조인트에는 증기압력이 부가된다.

31. 배관계의 지지 장치 설치 시 유의해야 할 사항의 설명으로 틀린 것은?

㉮ 가급적 건물 등의 기존 보를 이용한다.
㉯ 집중하중이 걸리는 곳에 지지점을 정한다.
㉰ 밸브나 수직관 근처를 가급적 피한다.
㉱ 과대 응력의 발생이나 드레인(Drain) 배출에 지장이 없게 한다.

해설 지지장치는 입상관이나 이음재 밸브 등의 중량으로 인한 하향으로 작용하는 곳에는 설치하여야 한다.

정답 26. ㉱ 27. ㉰ 28. ㉮ 29. ㉯ 30. ㉯ 31. ㉰

05 보온 단열재

CHAPTER

1. 단열재와 보온재, 보냉재는 무엇을 기준으로 하여 구분하는가?

㉮ 내화도
㉯ 압축강도
㉰ 열전도도
㉱ 안전 사용온도

해설 내화물, 단열재, 보온재, 보냉재의 구분은 최고 안전 사용온도로 구분한다.

2. 다음 무기질 보온재 중 안전 사용 온도가 가장 낮은 것은?

㉮ 탄산마그네슘
㉯ 글라스울
㉰ 펄라이트
㉱ 석면

해설 안전 사용온도는 다음과 같다.
① 탄산마그네슘 : 250℃
② 글라스울 : 300℃
③ 펄라이트 : 650℃
④ 석면 : 550℃

3. 다음 보온재 중 고온용 재료는 어느 것인가?

㉮ 우모펠트
㉯ 탄화코르크
㉰ 규산칼슘
㉱ 고무폼

해설 **규산칼슘 보온재** : 규산질 재료, 석회질 재료, 암면 등을 혼합하여 수열 반응시켜 규산칼슘을 주원료로 한 결정체 보온재이다.
① 열전도율 : 0.053~0.065kcal/mh℃
② 안전 사용온도 : 650℃
③ 특징
㉮ 압축강도가 크다.
㉯ 곡강도가 높고 반영구적이다.
㉰ 내수성이 크다.
㉱ 내구성이 우수하다.
㉲ 시공이 편리하다.

4. 알루미늄박 보온재는 어떤 특성을 이용한 것인가?

㉮ 복사열에 대한 반사 특성
㉯ 대류열에 대한 반사 특성
㉰ 전도열에 대한 반사 특성
㉱ 대류열에 대한 흡수 특성

해설 ① 금속질 보온재인 알루미늄박은 금속특유의 복사열에 의한 반사 특성을 이용한다.
② 금속질 보온재 : 금속 특유의 복사열에 대한 반사 특성을 이용하여 보온 효과를 얻는 것으로 대표적인 것은 알루미늄 박(泊)을 들 수 있다.

 정답 1. ㉱ 2. ㉮ 3. ㉰ 4. ㉮

㉮ 알루미늄 박(泊) : 알루미늄 박 보온재는 판 또는 박(泊)을 사용하여 공기층을 중첩시킨 것으로 그 표면은 열복사에 대한 방사능을 이용한 것이다.
㉯ 알루미늄 박(泊)의 공기층 두께 : 10mm 이하일 때 효과가 제일 좋다.

5. 광물섬유로 된 석면이 주로 사용되고 있으며, 400℃ 이상에서는 천천히 분해하고, 800℃ 부근에서는 결정수를 잃고 강도와 보온성이 상실되는 보온재료는?

㉮ 무기질 보온재료
㉯ 다공질 보온재료
㉰ 유기질 보온재료
㉱ 금속질 보온재료

해설 석면 : 광물섬유로 된 석면이 400℃ 이상에서는 천천히 분해하고 800℃ 부근에서는 결정수를 잃고 강도와 보온성이 상실되는 보온재로서 무기질 보온재이다. 균열이나 부서지는 일이 없어서 선박 등과 같이 진동이 심하게 발생되는 곳의 배관에 널리 이용된다.

6. 탄산마그네슘 보온재에 관한 다음 설명 중 잘못된 것은?

㉮ 무기질 보온재이다.
㉯ 염기성 탄산마그네슘 15%, 석면 85%로 구성되어 있다.
㉰ 열전도율이 적다.
㉱ 250℃ 이하 온도의 배관, 탱크 등의 보온용으로 쓰인다.

해설 탄산마그네슘 보온재의 특징
① 무기질 보온재이다.
② 염기성 탄산마그네슘이 85%, 석면이 15%로 혼합
③ 열전도율이 적다.
④ 250℃ 이하 온도의 배관 탱크 등의 보온용으로 쓰인다.

7. 나관 $1m^2$에서 방열손실이 420kcal/h인 것을 규조토 보온재를 시공한 후의 방열 손실을 $120kcal/m^2h$이었다. 보온재로부터 보온효율은 얼마인가?

㉮ 68%
㉯ 71%
㉰ 78%
㉱ 82%

해설 $\text{보온효율} = \dfrac{\text{나관의 손실열량} - \text{보온 후 손실열량}}{\text{나관의 방열손실}} \times 100 = \dfrac{420-120}{420} \times 100 = 71\%$

∴ 나관이란 보온재를 덮지 않는 배관이다.

8. 다음 중 유기질 보온재가 아닌 것은?

㉮ 펠트
㉯ 탄산마그네슘
㉰ 코르크
㉱ 기포성 수지

해설 ① 유기질 보온재 : 우모, 양모, 닭털, 플라스틱폼, 고무폼, 염화비닐폼, 폴리스티렌폼, 폴리우레탄폼
② 무기질 보온재 : 석면, 규조토, 펄라이트, 암면, 규산칼슘, 탄산마그네슘, 글라스울, 폼글라스, 실리카 파이버, 세라믹 파이버

정답 5. ㉮ 6. ㉯ 7. ㉯ 8. ㉯

9. 다음 중 유기질 보온재가 아닌 것은?

㉮ 규산칼슘 보온재　　㉯ 양모펠트 보온재
㉰ 탄화코르크 보온재　　㉱ 폴리스티렌 보온재

해설 규산칼슘 보온재(무기질)
① 규산질, 석회질, 암면 등의 혼합보온재이다.
② 내수성이 크다.
③ 내구성이 우수하다.
④ 시공이 편리하다.
⑤ 고온배관용이다.
⑥ 안전 사용온도가 650℃이다.

10. 단열 재료에 기공이 크다면 열전도율은 어떻게 되겠는가?

㉮ 작아진다.　　㉯ 커진다.
㉰ 똑같다.　　㉱ 작아질 수도 있고 커질 수도 있다.

해설 ① 단열 재료에 기공이 크면 열전도율이 커진다.
② 단열조건
　㉮ 열전도율이 적을 것
　㉯ 다공질이며 세포조직일 것
③ 단열효과
　㉮ 축열용량이 작아진다.
　㉯ 노내의 온도가 균일해진다.
　㉰ 온도상승이 빨라진다.
　㉱ 노내의 온도구배가 낮아져서 스폴링 현상(박락현상)이 방지된다.

11. 다음 중 유기질 보온재가 아닌 것은?

㉮ 펠트　　㉯ 코르크
㉰ 규조토　　㉱ 기포성 수지

해설 규조토
① 무기질 보온재이다.
② 규조토의 분말에 석면이나 삼여물 등을 혼합
③ 안전 사용온도 500℃ 이하 사용
④ 열전도율이 커서 두껍게 시공해야 한다.
⑤ 시공 시 철사 망이나 보강재를 사용한다.
⑥ 500℃ 이하의 파이프, 탱크, 노벽 등에 쓰인다.

12. 400℃ 이하의 관탱크의 보온에 사용하며 진동이 있는 장치의 보온재로 쓰이는 것은?

㉮ 석면　　㉯ 펠트
㉰ 규조토　　㉱ 탄산마그네슘

해설 석면 : 400℃ 이하의 관 탱크의 보온에 사용하며 진동이 있는 장치의 보온재이다.

 정답 9. ㉮ 10. ㉯ 11. ㉰ 12. ㉮

13. 400℃ 이하의 파이프, 탱크, 노벽 등의 보온재로 적합한 것은?(단, 아스베스트 섬유질로 되어 있다.)

㉮ 석면　　㉯ 암면　　㉰ 규조토　　㉱ 탄산마그네슘

해설 ① 석면(아스베스토스 Asbestos)은 400℃ 이하의 관, 탱크, 노벽 등의 보온재로서 이상적이다.
② 석면 보온재(아스베스토스) : 사교암의 클리소 타일(백색)이나 각섬암계의 아모사이트 석면(갈색)을 보온재로 사용, 석면사로 주로 제조되며 패킹, 석면판, 슬래트 등에 사용된다. 보온재로서는 관, 통, 매트, 끈 등이 있다.
㉮ 열전도율 : 0.048~0.065kcal/mh℃
㉯ 안전 사용온도 : 350~550℃
㉰ 특징
㉠ 진동을 받는 부분에 사용된다.
㉡ 800℃ 정도의 강도, 보온성이 감소된다.
㉢ 곡관부, 플랜지부 등에 많이 사용한다.
㉣ 천연품으로 제조한다.

14. 다음 중 보온재의 가장 중요한 역할에 속하는 것은?

㉮ 보온재를 가로 지른 열 이동을 작게 한다.
㉯ 보온재를 가로 지른 물질 이동을 작게 한다.
㉰ 재료의 부식을 작게 한다.
㉱ 재료의 강도를 크게 한다.

해설 보온재의 가장 중요한 역할은 보온재를 가로 지른 열 이동을 작게 한다.

15. 무기질 보온재 중 광물섬유로 된 것은?

㉮ 탄산마그네슘 보온재　　㉯ 규조토 보온재
㉰ 규산칼슘 보온재　　㉱ 슬랙울

해설 무기질 광물섬유 보온재는 슬랙울이다.

16. 안전 사용온도 범위가 가장 큰 보온재는?

㉮ 톱밥　　㉯ 페놀수지 발포제
㉰ 규조토　　㉱ 세라믹 파이버

해설 ① 규조토 : 500℃
② 세라믹 파이버 : 1,000~1,300℃

17. 다음 중 보일러 본체의 보온재로 가장 많이 사용하는 것은?

㉮ 유리면 보온재　　㉯ 질석 보온재
㉰ 석고 플라스터　　㉱ 발포 폴리스티렌(스티로폴)

정답 13. ㉮ 14. ㉮ 15. ㉱ 16. ㉱ 17. ㉮

해설 ① 보일러 본체의 보온재 : 유리면 보온재(글라스울) 글라스를 용해하고 이것을 취부법, 원심력법, 로드법, 포트법 및 이들을 조합하여 제조한다.
㉮ 안전 사용온도는 350℃
㉯ 열전도율이 0.036~0.057kcal/mh℃

18. 두께 100mm, 면적 10m^2, 고온측 온도 300℃, 저온측 온도 20℃, 평판의 수직 방향에 3,000kcal/h의 열량이 흐르고 있을 때의 보온재의 열전도율 kcal/mh℃은?

㉮ 0.11 ㉯ 0.22 ㉰ 0.33 ㉱ 0.44

해설 $3,000 = \frac{x \times 10(300-20)}{0.1}$ $x = \frac{3,000 \times 0.1}{10(300-20)} = 0.1071$
* 100mm = 0.1m이다.

19. 보온재의 구비조건 중 적당치 않은 것은?

㉮ 열전도율이 커야 한다.
㉯ 가벼워야 한다.
㉰ 흡습성이나 흡수성이 있어서는 안 된다.
㉱ 시공이 쉽고 기계적 강도가 있어야 한다.

해설 보온재의 구비조건
① 열전도율이 적어야 한다.
② 가벼워야 한다.(비중이 적을 것)
③ 흡수성이나 흡습성이 없을 것
④ 시공이 쉽고 기계적 강도가 있을 것

20. 다음 중 고온용 보온 재료인 것을 고르면?

㉮ 탄화(炭化)코르크 ㉯ 규산(硅酸)칼슘
㉰ 우모(牛毛)펠트(Felt) ㉱ 플라스틱 폼(Plastic Foam)

해설 ① 탄화코르크 : 130℃
② 규산칼슘 : 650℃
③ 우모펠트 : 100℃
④ 플라스틱 폼 : 100~150℃

21. 다음 중 안전 사용온도가 가장 낮은 것은?

㉮ 규산칼슘 보온재 ㉯ 유리면
㉰ 폴리스티렌 폼 ㉱ 암면

해설 ① 규산칼슘 보온재 : 650℃
② 유리면 : 350℃
③ 암면 : 400~600℃
④ 폴리스티렌 폼 : 100℃ 이하

 정답 18. ㉮ 19. ㉮ 20. ㉯ 21. ㉰

22. 우주선의 외표피에 사용될 수 있는 고온용 보온재는?

㉮ 규산칼슘 보온재
㉯ 코르크 보온재
㉰ 양모 보온재
㉱ 폴리스티렌 보온재

해설 ① ㉮, ㉯, ㉰, ㉱ 보온재 중 ㉮는 무기질이고, 나머지는 전부 유기질 보온재이다.
② 무기질 보온재는 고온용이고, 유기질 보온재는 저온용 보온재이다.

23. 우주선의 외표피에 사용될 수 있는 고온용 보온재는?

㉮ 규산칼슘 보온재
㉯ 글라스파이버
㉰ 알루미나보드
㉱ 세라믹파이버

해설 세라믹파이버
① 우주선의 외표피에 사용된다.
② 안전사용온도가 1,000~1,300℃
③ 열전도율이 0.035~0.06kcal/mh℃

24. 다음 중 보온재의 보온 효과를 크게 하는 것은?

㉮ 작은 기공률
㉯ 작은 열전도율
㉰ 낮은 융점
㉱ 큰 부피 비중

해설 보온재의 보온효과를 크게 한 것은 작은 열전도율 kcal/mh℃이다.

25. 보냉재(保冷材)의 구비조건에 합당치 않은 것은?

㉮ 재질 자체의 모세관 현상이 커야 함
㉯ 보냉 효율이 커야 함
㉰ 표면 시공성이 좋아야 함
㉱ 난연성이거나 불연성이어야 함

해설 보냉재의 구비조건
① 재질 자체의 모세관 현상이 적을 것
② 보냉 효율이 클 것
③ 표면 시공성이 좋을 것
④ 난연성이거나 불연성일 것

26. 다음 중 보온재가 갖추어야 할 성질에 속하지 않는 것은?

㉮ 열전도율이 클 것
㉯ 비중이 작을 것
㉰ 어느 정도의 강도를 가질 것
㉱ 장시간 사용하여도 사용 온도에 견디며 변질되지 않을 것

해설 보온재의 구비조건
① 열전도율이 적을 것
② 비중이 작을 것
③ 어느 정도의 강도가 있을 것
④ 장시간 사용하여도 사용온도에 견디며 변질되지 말 것

정답 22. ㉮ 23. ㉱ 24. ㉯ 25. ㉮ 26. ㉮

27. 보온재의 열전도율과 온도와의 관계를 옳게 표시한 것은?

㉮ 온도에 관계없이 열전도율은 일정하다.
㉯ 온도가 높아질수록 열전도율은 커진다.
㉰ 온도가 낮아질수록 열전도율은 커진다.
㉱ 온도가 높아질수록 열전도율은 작아진다.

해설 ① 온도가 높아질수록 열전도율은 커진다.
② 다공질이 많으면 열전도율이 낮아진다.
③ 기공이 적으면 열전도율이 낮아진다.
④ 흡수성이 없으면 열전도율이 적어진다.

28. 안전 사용온도가 300℃ 정도인 보온재는 어느 것인가?

㉮ 세라믹울 ㉯ 글라스울 ㉰ 캐스라이트 ㉱ 로크울

해설 ① 글라스울은 안전 사용온도가 300~350℃이다.
② 로크울(암면)은 400~600℃
③ 세라믹울은 1,300℃

29. 다음 중 보온시공에서 가장 잘 된 것은?

㉮ 열전도율이 적은 보온재를 얇게 한다.
㉯ 열전도율이 큰 보온재를 얇게 한다.
㉰ 열전도율이 적은 보온재를 두껍게 한다.
㉱ 열전도율이 큰 보온재를 두껍게 한다.

해설 보온시공에서 가장 잘 된 것은 열전도율이 적은 보온재를 얇게 한다.(경제성이 좋다.)

30. 다음 보온재 중 저온용으로 사용되는 것은?

㉮ 글라스울 ㉯ 규산칼슘 ㉰ 우모펠트 ㉱ 세라믹파이버

해설 ① 글라스울 : 350℃
② 규산칼슘 : 650℃
③ 세라믹파이버 : 1,300℃
④ 우모펠트 : 100℃

31. 보온재와 열전도율 관계를 설명한 것으로 가장 올바른 것은?

㉮ 독립기포로 된 다공질인 보온재는 열전도율이 낮다.
㉯ 온도가 상승하면 보온재의 열전도율은 작아진다.
㉰ 습도가 증가하면 열전도율은 작아진다.
㉱ 보온재는 열전도율이 클수록 좋다.

해설 독립기포로 된 다공질인 보온재는 열전도율이 매우 낮다.

 정답 27. ㉯ 28. ㉯ 29. ㉮ 30. ㉰ 31. ㉮

32. 금속 보온재는 복사열에 대한 반사 특성을 이용한 것이다. 대표적인 것은?

㉮ 주철관 ㉯ 알루미늄박

㉰ 동박 ㉱ 함석

해설 ① 알루미늄박(泊) 보온재이며 금속 특유의 복사열에 대한 반사 특성을 이용한다.
② 알루미늄박(泊) 보온재의 두께가 10mm 이하일 때가 가장 이상적이다.

33. 다음 중 보온재의 구비조건이 아닌 것은?

㉮ 어느 정도 무게가 있고 밀도가 클 것

㉯ 열전도율이 작을 것

㉰ 장시간 사용해도 사용온도에 견디고 변형이 없을 것

㉱ 시공이 용이할 것

해설 보온재의 구비조건
① 밀도가 가벼울 것
② 열전도율이 작을 것
③ 장시간 사용해도 사용온도에 견디며 변형이 없을 것
④ 시공성이 양호할 것

34. 보온재의 재질이 어떤 구조로 되어 있을 때 열전도를 지연시키는 효과가 있는가?

㉮ 다공질 구조 ㉯ 결정질 구조

㉰ 무정형 구조 ㉱ 글라스 구조

해설 ① 보온재의 재질이 다공질 구조일 때 열전도가 지연되는 효과가 있다.
② 보온재는 독립기포로 된 다공질이어야 한다.

35. 다음 보온재 중 최고 사용온도가 제일 큰 것은?

㉮ 유리섬유 보온재 ㉯ 탄산마그네슘 보온재

㉰ 규조토 보온재 ㉱ 염화비닐피상 보온재

해설 ① 유리섬유 보온재 : 350℃
② 탄산마그네슘 보온재 : 250℃
③ 규조토 보온재 : 500℃
④ 염화비닐피상 보온재 : 100~150℃

36. 보온재 또는 단열재는 재질 내부에 될 수 있는 한 ( )로 된 다공질 또는 세포질을 많이 형성시켜 열전도를 지연시키는 효과를 나타내게 한 것이다. ( ) 안에 알맞은 것은?

㉮ 치밀질 ㉯ 연속기포

㉰ 독립기포 ㉱ 독립기포와 연속기포

해설 독립기포로 된 다공질이 많이 형성되면 열전도를 지연시켜 보온재나 단열재의 효과를 높인다.

정답 32. ㉯ 33. ㉮ 34. ㉮ 35. ㉰ 36. ㉰

37. 일정한 두께를 가진 재질에 있어서 가장 보냉효율(保冷效率)이 우수한 것은?

㉮ 양모
㉯ 기포 시멘트
㉰ 석면
㉱ 경질폴리우레탄 발포체

해설 ① 양모 130℃
② 석면 250~550℃(석면은 아스베스트이다.)
③ 폴리우레탄 발포체 130~−200℃

38. 보온재료로 사용되는 규조토의 최고 안전 사용온도 중 옳은 것은?

㉮ 300℃
㉯ 500℃
㉰ 200℃
㉱ 100℃

해설 규조토 무기질 보온재의 특성
① 규조토의 최고 사용온도는 500℃
② 규조토에 1.5% 이상의 석면섬유 또는 삼여물을 혼합하여 만든다.
③ 열전도율이 0.08~0.095kcal/mh℃이다.
④ 석면을 혼합하면 500℃까지 삼여물 혼합시는 350℃까지 최고 안전사용온도에 사용한다.

39. 보온공사 시공 시 적합하지 않은 점은?

㉮ 설비의 팽창, 보온재의 수축을 고려한다.
㉯ 진동에 의한 보온재가 파괴되는 것을 피한다.
㉰ 내수성을 고려한다.
㉱ 밸브, 플랜지 등 복잡한 부분은 피한다.

해설 보온공사 시공 시 주의사항
① 설비의 팽창 보온재의 수축을 고려한다.
② 진동에 의한 보온재가 파괴되는 것을 피한다.
③ 흡수성을 고려한다.

40. 보온재가 구비하여야 할 조건 중 틀린 것은 어느 것인가?

㉮ 보온 능력이 클 것
㉯ 어느 정도의 기계적 강도를 가질 것
㉰ 비중이 클 것
㉱ 시공성이 용이할 것

해설 보온재의 구비조건
① 보온능력이 클 것
② 어느 정도의 기계적 강도를 가질 것
③ 비중이 적을 것
④ 시공성이 용이할 것

 정답 37. ㉱ 38. ㉯ 39. ㉰ 40. ㉰

41. 다음 중 고온용 보온 재료인 것을 고르면?

㉮ 탄화코르크　　㉯ 규산칼슘
㉰ 우모(牛毛)펠트　　㉱ 플라스틱 폼

해설 ① 130～－200℃(탄화코르크)　② 650℃(규산칼슘)
③ 130℃(우모펠트)　④ 100～140℃(플라스틱 폼)

42. 보온재로서의 구비조건에 합당치 않은 것은?

㉮ 열전도율이 작아야 한다.
㉯ 부피, 비중이 커야 한다.
㉰ 흡습성이나 흡수성이 없어야 한다.
㉱ 안전 사용온도가 높을수록 좋다.

해설 보온재의 구비조건
① 열전도율이 작아야 한다.
② 부피, 비중이 작아야 한다.
③ 흡습성이나 흡수성이 없어야 한다.
④ 안전 사용온도는 높을수록 좋다.

43. 연료 사용기기의 단열재 종류에 속하지 않는 것은?

㉮ 유리면 보온재
㉯ 팽창질석 보온재
㉰ 석고판
㉱ 발포폴리스티렌 보온재(자기소화성은 제외)

해설 에너지 법규상의 단열재
① 유리면 보온재　② 암면 보온재
③ 경질우레탄 보온재　④ 질석 보온재
⑤ 요소발포 보온재　⑥ 페놀 발포 보온재
⑦ 발포폴리에틸렌 보온재　⑧ 펄라이트 보온재
⑨ 규산칼슘 보온재　⑩ 셀룰로오스 보온재

44. 일정 두께를 가진 재질에 있어서 보냉효율이 가장 우수한 것은?

㉮ 경질폴리우레탄 발포체　　㉯ 양모
㉰ 세라믹파이버　　㉱ 석면

해설 ① 경질폴리우레탄 발포체 : －200～300℃
② 양모 : 130℃
③ 석면 : 350～550℃

정답 41. ㉯ 42. ㉯ 43. ㉰ 44. ㉮

45. 단열벽돌을 사용하여 얻을 수 있는 단열효과에 해당되지 않는 것은?

㉮ 열전도가 낮아진다.
㉯ 축열용량이 작아진다.
㉰ 노내의 온도구배가 급격히 높아지므로 내화물의 내구력을 증가시킨다.
㉱ 노의 온도분포가 균일하게 된다.

해설 단열벽돌의 단열효과
① 열전도가 낮아진다.
② 축열용량이 작아진다.
③ 노내의 온도구배가 급격히 낮아져서 내화물의 내구력을 증가시킨다.
④ 노의 온도분포가 균일하게 된다.
⑤ 노의 온도상승 시간이 단축된다.

46. 다음 중 유기질 보온재에 속하는 것은?

㉮ 암면 보온재
㉯ 유리섬유 보온재
㉰ 염화비닐 보온재
㉱ 규조토 보온재

해설 ① 염화비닐 보온재는 유기질 저온용 보온재
② ㉮, ㉯, ㉱의 보온재는 무기질 고온용 보온재

47. 보온 효율을 올바르게 표현한 것은?(단, Q_0는 보온이 안 된 상태의 표면으로부터의 방산열량이고, Q는 보온시공이 된 상태에서 표면으로부터의 방산열량)

㉮ $\eta = \dfrac{Q}{Q_0}$
㉯ $\eta = \dfrac{Q_0 - Q}{Q_0}$
㉰ $\eta = \dfrac{Q_0 + Q}{Q_0}$
㉱ $\eta = \dfrac{Q_0}{Q_0 - Q}$

해설 $\text{보온효율} = \dfrac{\text{보온이 안 된 상태 방산열량} - \text{보온시공 후 방산열량}}{\text{보온이 안 된 상태의 방산열량}} \times 100$

48. 다음 중 고온용 보온재로 쓰이는 것은?

㉮ 유리섬유
㉯ 규산칼슘
㉰ 암면
㉱ 관제면

해설 ㉮ 300℃, ㉯ 650℃, ㉰ 400℃, ㉱ 400℃

49. 커버링의 보온재와 관계가 먼 것은?

㉮ 석면
㉯ 염류
㉰ 시멘트
㉱ 탄산마그네슘

해설 커버링의 보온재 : 석면, 시멘트, 탄산마그네슘

정답 45. ㉰ 46. ㉰ 47. ㉯ 48. ㉯ 49. ㉯

50. 다음 보온재 중 열에 강하고 절연효과가 뛰어나지만 폐암 등을 일으키는 원인이 되므로 선진국에서 철거하고 있는 것은?

㉮ 석면　　㉯ 펠트
㉰ 우레탄폼　　㉱ 글라스울

해설 석면
① 열에 강하다.
② 절연효과가 뛰어나다.
③ 폐암 등을 일으킨다.

51. 다음에 열거한 보온재 중 배관의 곡면 시공에 사용할 수 없는 것은?

㉮ 펠트(Felt)　　㉯ 기포성수지
㉰ 암면　　㉱ 코르크(Cork)

해설 ① 코르크는 가요성이 없고 시공면에 틈이 생긴다.
② 보냉용으로 사용된다.

52. 기포성 수지에 대한 설명 중 맞지 않는 것은?

㉮ 열전도율이 극히 적다.　　㉯ 가볍고 흡수성이 적다.
㉰ 부드럽고 거의 불연성이다.　　㉱ 열전도율이 극히 많다.

해설 기포성수지
① 폼류로 보온재이다.
② 경질우레탄폼, 폴리스티렌폼, 염화비닐폼이 있다.
③ 열전도율이 낮고 가볍다.
④ 불연성이며 부드럽다.
⑤ 흡수성이 적고 굽힘성은 풍부하다.

53. 다음 보온재 중 매우 가볍고 물에 녹여 쓰는 보온재로서 250℃ 이하의 파이프, 탱크 등에 쓰이는 것은?

㉮ 규조토　　㉯ 석면
㉰ 합성수지　　㉱ 탄산마그네슘

해설 ① 탄산마그네슘 보온재는 염기성 탄산마그네슘이 85%, 석면 15%를 배합한 것으로서 물에 개서 사용하는 보온재로서 경량이고, 방습 가공한 것은 옥외 배관에 적당하다. 안전 사용온도는 230~250℃이다.
② 석면 혼합 비율에 따라 열전도율이 좌우된다.
③ 300℃ 정도에서 탄산분 결정수가 없어진다.

54. 다음 중 유기질 보온재가 아닌 것은?

㉮ 기포성 수지　　㉯ 석면
㉰ 코르크(Cork)　　㉱ 펠트(Felt)

정답 50. ㉮ 51. ㉱ 52. ㉱ 53. ㉱ 54. ㉯

해설 ① 유기질 보온재 : 기포성 수지, 코르크, 펠트
② 무기질 보온재 : 석면, 암면, 글라스울 등

55. 다음 중 유기질 보온재가 아닌 것은?

㉮ 코르크(Cork)
㉯ 탄산마그네슘
㉰ 기포성 수지
㉱ 펠트(Felt)

해설 탄산마그네슘 보온재는 무기질 보온재다.

56. 다음은 보온재와 보냉재가 갖추어야 할 성질이다. 가장 관계가 먼 것은?

㉮ 열전도율이 좋을 것
㉯ 경량일 것
㉰ 불연성일 것
㉱ 가격이 저렴할 것

해설 보온재
① 열전도율이 작아야 한다.
② 경량일 것(가벼울 것)
③ 불연성일 것

57. 피복 및 단열재로서 갖추어야 할 성질로 맞지 않는 것은?

㉮ 흡수성이나 흡습성이 작을 것
㉯ 다공질일 것
㉰ 열전도율이 양호할 것
㉱ 내구력이 뛰어날 것

해설 보온재의 가장 중요한 성질은 열전도율이다. 따라서 열전도율이 적어야 한다.
㉮, ㉯, ㉱는 단열재의 구비조건이다.

58. 500℃ 이하의 파이프, 탱크, 노벽 등에 사용하는 보온재로 진동이 있는 곳에는 사용이 곤란하며 두께가 다른 것에 비해 두껍게 사용해야 하는 것은?

㉮ 석면
㉯ 암면
㉰ 탄산마그네슘
㉱ 규조토

해설 규조토 무기질 보온재는 진동이 있는 곳에서는 사용이 불가능하다.

59. 용융상태인 유리에 압축공기 또는 증기를 분사시켜 짧은 섬유 모양으로 만든 것으로 단열, 내열, 내구성이 좋은 보온재는?

㉮ 규산칼슘
㉯ 폴리우레탄 폼
㉰ 유리섬유
㉱ 탄산마그네슘

해설 유리섬유 글라스울 보온재는 유리에 압축공기를 분사시켜 섬유모양으로 만들어 단열성, 내열성, 내구성이 좋다.

정답 55. ㉯ 56. ㉮ 57. ㉰ 58. ㉱ 59. ㉰

60. 다른 보온재에 비하여 단열효과가 낮아 다소 두껍게 시공하며, 500℃ 이하의 파이프나 탱크, 노벽 등에 물을 가하여 반죽하여 칠하는 대표적인 수결재(水結材) 보온재는?

㉮ 석면 ㉯ 규조토
㉰ 암면 ㉱ 탄산마그네슘

해설 규조토 무기질 보온재 : 단열효과가 낮아서 다소 두껍게 시공하며 500℃ 이하의 파이프나 탱크, 노벽 등에 사용하는 수결재 보온재

61. 광물성 섬유류로 미세하고 강인하며 450℃까지의 고온에 견디는 패킹은?

㉮ 석면 ㉯ 네오프론
㉰ 테프론 ㉱ 모넬 메탈

해설 석면조인트시트 플랜지 패킹은 내열성이 450℃로 높아 고온, 고압증기용으로 사용한다.

62. 다음 피복 재료 중 무기질 보온 재료가 아닌 것은?

㉮ 펠트 ㉯ 석면 ㉰ 양면 ㉱ 규조토

해설 펠트(유기질 보온재)
① 재료는 양모, 우모 등의 동물성 섬유로 만든 것과 삼베, 면 그 밖의 식물성 섬유를 혼합하여 만든 것이 있다.
② 동물성 펠트는 100℃ 이하의 배관에 사용한다.
③ 아스팔트와 아스팔트 천을 이용하여 방습가공한 것은 −60℃ 정도까지 보냉용에 사용한다.

63. 광물성 섬유류로 미세하고 강인하며 450℃까지의 고온에 견디는 패킹은?

㉮ 석면 ㉯ 네오프론 ㉰ 테프론 ㉱ 모넬 메탈

해설 석면 : 아스베스토스가 주원료이며 400 이하의 보온재이며 패킹제는 석면 각형 패킹, 석면 얀 패킹이 있다.

64. 다음 보온재 중 진동이 있는 곳에의 사용에 가장 부적합한 것은?

㉮ 펠트 ㉯ 규조토
㉰ 석면 ㉱ 글라스울

해설 규조토 : 광물질의 잔해 퇴적물이며 진동이 있는 곳에의 사용은 부적당한 보온재이다.

65. 다음 급수설비 배관에서 급수배관의 방로(防露) 피복을 하지 않아도 좋은 곳은?

㉮ 땅 속과 콘크리트 바닥 속의 배관
㉯ 옥내 노출 배관
㉰ 욕탕, 주방 등 습기가 많은 곳의 배관
㉱ 목조벽 내, 천정 내 또는 암거 속의 배관

해설 땅 속과 콘크리트 바닥 속의 배관은 급수설비 배관에서 방로 피복을 할 수 없다.

정답 60. ㉯ 61. ㉮ 62. ㉮ 63. ㉮ 64. ㉯ 65. ㉮

66. 탄력있는 두루마리 형태의 매트(mat)로 만든 제품도 있으며 보온 단열 효과도 우수하며, 복원력이 뛰어난 운반 및 보관이 용이하게 포장되어 있어 건물의 보온 단열재와 산업용 흡음재로도 사용이 가능한 보온재는?

㉮ 규산칼슘　　㉯ 폴리우레탄 폼
㉰ 글라스울　　㉱ 탄산마그네슘

해설 글라스울 : 탄력 있는 두루마리 형태의 매트로 만든 보온재이다. 일명 유리솜이다.

67. 다음 보온재 중 액체, 기체의 침투를 방지하는 작용이 있는 유기질 보온재는?

㉮ 석면　　㉯ 규조토
㉰ 코르크(Cork)　　㉱ 암면

해설 코르크는 유기질 보온재로서 액체, 기체의 침투를 방지하는 작용이 있다.

68. 냉동배관의 보온공사를 보기와 같이 6가지로 분류할 때 시공순서로 다음 중 가장 적합한 것은?

(보기) 1. 보온재를 단단히 감는다.
2. 철사로 동여맨다.
3. 비닐테이프 또는 면 테이프로 외장 한다.
4. 방수지를 감아준다.
5. 페인트를 칠한다.
6. 아스팔트 루핑을 감은 후 아스팔트를 바른다.

㉮ ③→④→⑥→①→⑤→②　　㉯ ⑥→①→②→④→③→⑤
㉰ ⑥→④→③→⑤→①→②　　㉱ ⑥→④→⑤→①→②→③

해설 냉동배관의 보온공사순서
⑥→①→②→④→③→⑤

 정답 66. ㉰ 67. ㉰ 68. ㉯

PART 03

배관설비제도 출제예상문제

CHAPTER

01 배관설비도면

1. 다음 밸브(Valve)에 관한 KS 도시기호 중 유체의 역류를 방지하는 용도로 사용되는 밸브의 도시기호는?

㉮ 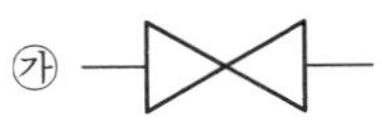

㉯ ㉱ 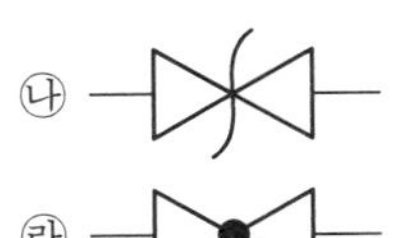

㉰ 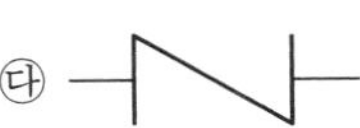

해설 ㉮는 슬루스밸브 나사이음
㉯는 스프링식 안전밸브
㉰는 체크밸브 나사이음
㉱는 글로브밸브 나사이음

2. 관 A가 앞쪽에서 도면직각으로 구부러져 관 B에 접속할 때 도시기호는?

㉮ 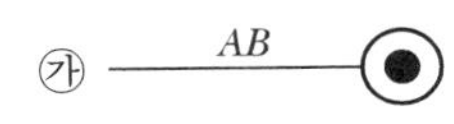

㉯ 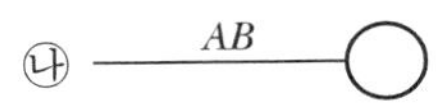

㉰ 

㉱ 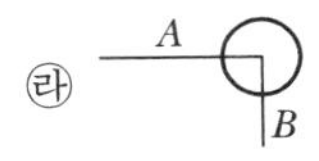

해설 ① ㉮는 관이 도면에 직각으로 앞쪽을 향해 구부러져 있을 때
② ㉯는 관이 앞쪽에서 도면 직각으로 구부러져 있을 때
③ ㉰는 관 A가 앞쪽에서 도면 직각으로 구부러져 관 B에 접속할 때

3. 다음 그림과 같은 밸브는?

㉮ 다이어프램 플랜지용 밸브
㉯ 다이어프램 나사용 밸브
㉰ 슬루스 플랜지용 밸브
㉱ 슬루스 나사용 밸브

해설 다이어프램 플랜지이음이다.

정답 1. ㉰ 2. ㉰ 3. ㉮

4. 다음 중 KS 배관 도시기호가 바르게 짝지어진 것은?

㉮ : 슬루스밸브

㉯ : 부싱

㉰ : 팽창조인트

㉱ : 오는 엘보

해설 ㉮는 글로브 밸브, ㉯는 리듀서, ㉰는 팽창조인트, ㉱는 가는 엘보

5. 관의 나사이음 중 유니언의 도시 기호는?

㉮ 

㉯ 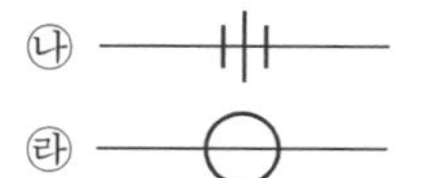

㉰

㉱

해설 ㉮는 플랜지이음, ㉯는 유니언, ㉰는 용접이음, ㉱는 땜납이음

6. 다음은 배관도면상의 치수표시법에 관한 설명이다. 잘못된 것은?

㉮ 관은 일반적으로 한 개의 선으로 그린다.
㉯ 치수는 mm를 단위로 하여 표시한다.
㉰ 배관높이를 관의 중심을 기준으로 하여 표시할 때는 GL로 나타낸다.
㉱ 지름이 서로 다른 관의 높이를 표시할 때는 관 외경의 아래면까지를 기준으로 하여 표시하는 EL법을 BOP라 한다.

해설 ① ㉮, ㉯, ㉱는 배관도면상의 치수표시법에 관한 설명이다.
② 배관 높이를 관의 중심으로 기준하여 표시할 때는 EL로 표시한다.

7. 파이프 이음의 표시 중 턱걸이 이음을 나타내는 기호는?

㉮ ㉯

㉰ ㉱

해설 ㉮는 용접이음, ㉯는 턱걸이이음, ㉰는 플랜지이음, ㉱는 납땜이음

8. 캡의 배관 도시기호는?

㉮ 

㉯

㉰

㉱ 

해설 ㉮는 오리피스 플랜지이음, ㉯는 캡, ㉰는 증기관, ㉱는 줄임 플랜지

9. 그림의 밸브 기호에 대한 이름을 옳게 나열한 것은?

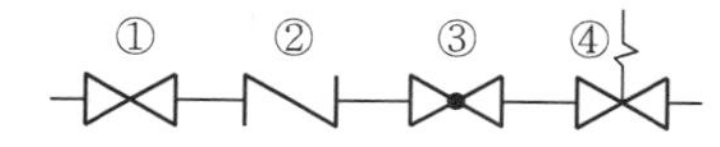

 정답 4. ㉰ 5. ㉯ 6. ㉰ 7. ㉯ 8. ㉯ 9. ㉮

㉮ ① 슬루스밸브, ② 체크밸브, ③ 글로브밸브, ④ 스프링식 안전밸브
㉯ ① 글로브밸브, ② 체크밸브, ③ 슬루스밸브, ④ 스프링식 안전밸브
㉰ ① 슬루스밸브, ② 체크밸브, ③ 글로브밸브, ④ 체크밸브
㉱ ① 글로브밸브, ② 체크밸브, ③ 슬루스밸브, ④ 공기빼기밸브

해설 ① 슬루스밸브
② 체크밸브
③ 글로브밸브
④ 스프링식 안전밸브

10. 다음의 KS밸브 도시기호 중 관이 접속할 때를 나타내는 것은?

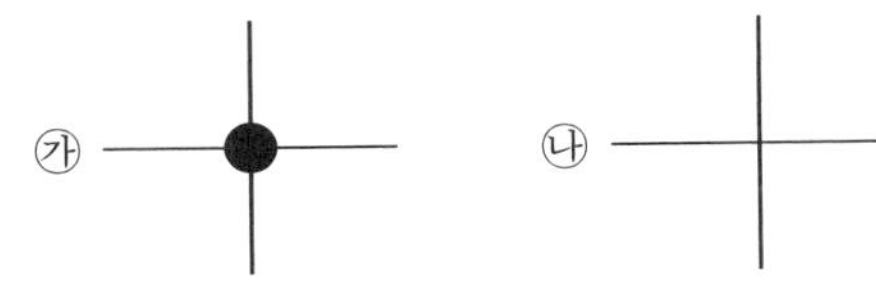

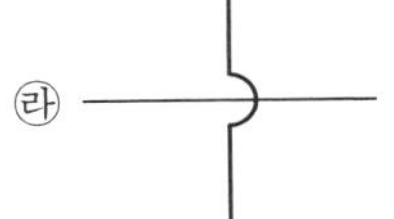

해설 ① ㉮는 관이 접속할 때이다.
② 나머지는 접속하지 않을 때이다.

11. 용접이음의 플로트밸브는?

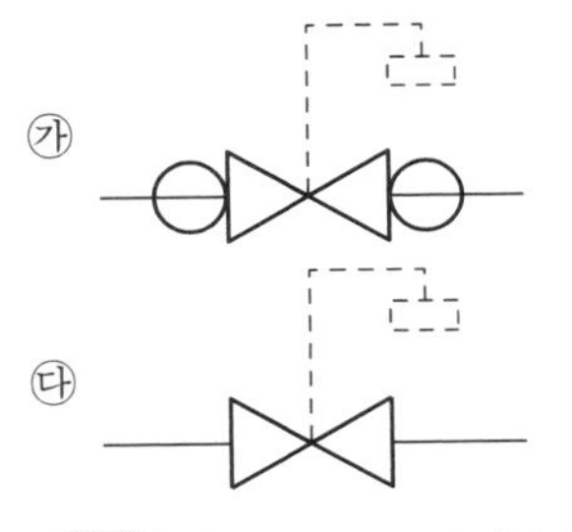

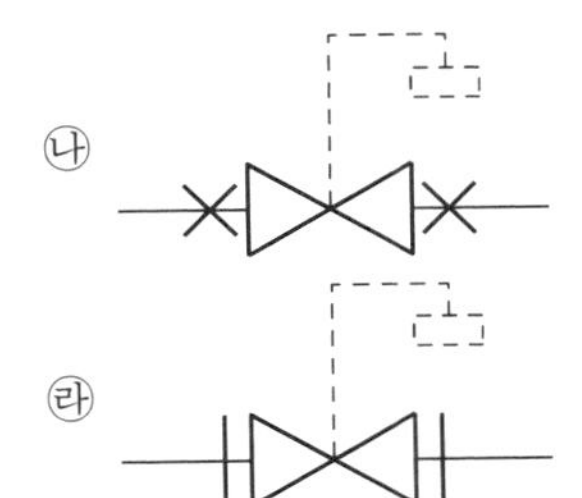

해설 ㉮는 플로트 납땜이음
㉯는 플로트 용접이음
㉰는 플로트 나사이음
㉱는 플로트 플랜지이음

12. 파이프이음의 표시 중 땜납이음을 나타내는 기호는?

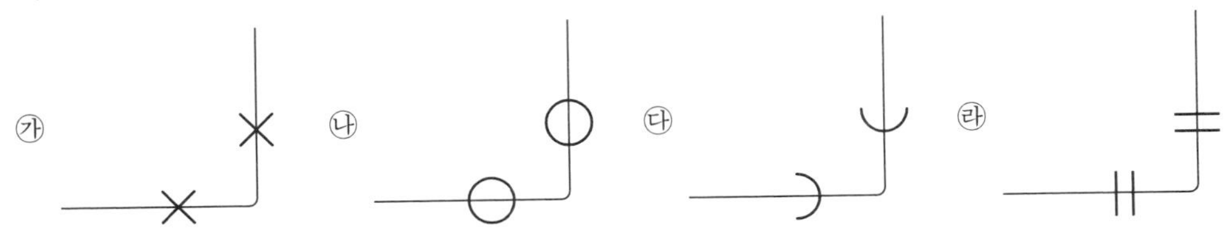

해설 ㉮는 용접이음, ㉯는 땜납이음, ㉰는 턱걸이이음, ㉱는 플랜지이음

정답 10. ㉮ 11. ㉯ 12. ㉯

13. 다음 도시기호 중 슬루스밸브 나사이음을 표시한 것은?

㉮ ㉯ ㉰ ㉱

해설 ㉮는 슬루스밸브 나사이음
㉯는 글로브밸브 나사이음
㉰는 슬루스밸브 플랜지이음
㉱는 글로브밸브 플랜지이음

14. 다음 제품 형상의 기호 중 파이프를 나타내는 것은?

㉮ ⊏ ㉯ P ㉰ ● ㉱ ◎

해설 ㉮ 채널, ㉯ 강판, ㉰ 둥근강, ㉱ 파이프

15. 다음 도시기호 중에서 가는 T의 기호는?

㉮ 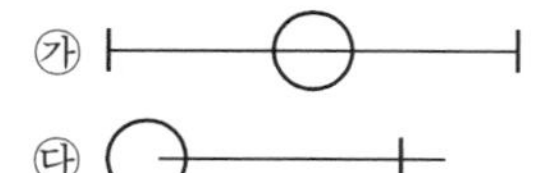

㉯ 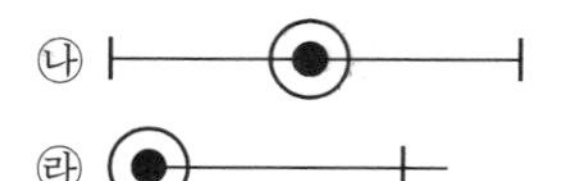

㉰

㉱

해설 ㉮는 가는 T, ㉯는 오는 T, ㉰는 가는 엘보, ㉱는 오는 엘보

16. 다음 중 오리피스 플랜지의 도면 기호는?

㉮ 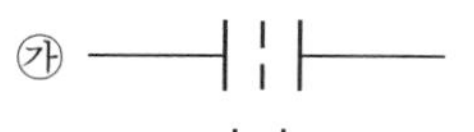

㉯ 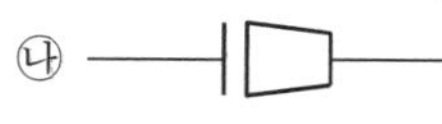

㉰

㉱ 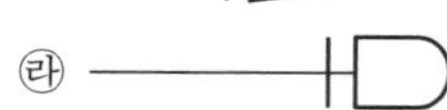

해설 ㉮는 오리피스 플랜지, ㉯는 줄임 플랜지, ㉰는 플랜지, ㉱는 플러그

17. 다음 KS배관 도시기호 중 글로브밸브 플랜지이음을 표시한 것은?

㉮ 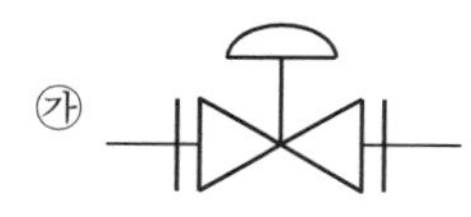

㉯ 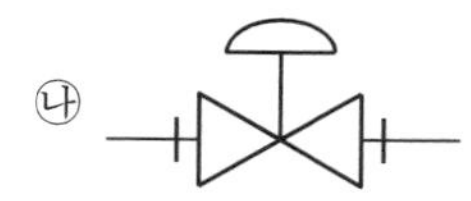

㉰ 

㉱ 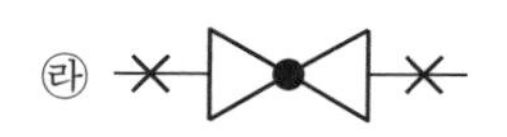

해설 ㉮는 다이어프램밸브 플랜지 이음
㉯는 다이어프램밸브 나사이음
㉰는 글로브밸브 플랜지이음
㉱는 글로브밸브 용접이음

18. 방열기의 도시기호를 열거한 것이다. 잘못된 것은?

㉮ 

㉯

㉰ 

㉱

 정답 13. ㉮ 14. ㉱ 15. ㉮ 16. ㉮ 17. ㉰ 18. ㉱

해설 ㉮, ㉯, ㉰의 도시기호는 방열기의 도시기호이다.
㉮는 주형방열기, ㉯는 핀방열기, ㉰는 대류방열기, ㉱ 배기구

19. 파이프 이음의 표시 중 플랜지이음의 도시기호는?

해설 ㉮ 플래지이음, ㉯ 나사이음, ㉰ 턱걸이이음, ㉱ 용접이음

20. 다음은 배관의 도시기호이다. 콕을 나타낸 기호는?

해설 ㉮는 플랜지이음 콕
㉯는 글로브밸브 플랜지 이음
㉰는 안전밸브 플랜지이음
㉱는 봉합밸브 플랜지이음

21. 다음은 온수 난방배관 시공시 주관에서 지관을 분기할 때의 배관도이다. 잘못된 것은?

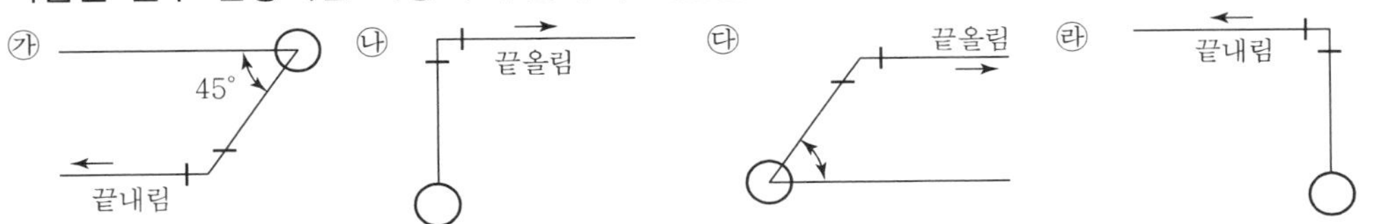

해설 주관에서 지관을 따낼 때 그 지관이 주관보다 아래로 분기될 때는 ㉮와 같이 45° 이상 지관을 끝내림 구배로 배관하고, 지관이 주관보다 위로 분기될 때에는 ㉯, ㉰와 같이 주관에서 45° 이상 지관을 끝올림 구배로 배관한다.

22. 다음 KS배관 도시기호에서 줄임 플랜지의 표시방법은?

해설 ㉮는 줄임 플랜지이음, ㉯는 유니온, ㉰는 플러그 플랜지이음, ㉱는 부싱나사이음

23. 배관 도시기호 중 오는 엘보를 나사이음으로 표시한 것은?

해설 ㉮ 오는 엘보 나사이음
㉯ 가는 엘보 나사이음
㉰ 가는 엘보 플랜지이음
㉱ 오는 엘보 용접이음

24. 연관을 구부릴 때 정확히 하기 위해 굽힘 작업을 하기 전에 무엇을 작성하는가?

㉮ 측면도 ㉯ 원도 ㉰ 분해도 ㉱ 현도

해설 원도 : 연관을 구부릴 때 정확히 하기 위해 굽힘 작업을 하기 전에 원도를 작성한다.

정답 19. ㉮ 20. ㉮ 21. ㉱ 22. ㉮ 23. ㉮ 24. ㉯

25. 다음 도면에서 티를 사용 분기한 후 A부분에 어떤 밸브를 연결시키라는 것인가?

㉮ 체크밸브
㉯ 콕
㉰ 다이어프램밸브
㉱ 플로트밸브

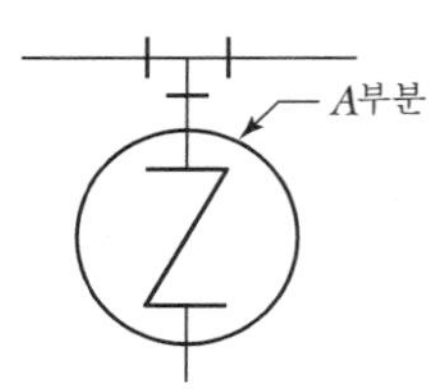

해설 N : 체크밸브

26. KS 규격에서 관경의 크기가 20A로 표기되었다면 여기서 표기된 A는 어떤 단위를 뜻하는 것인가?

㉮ inch ㉯ cm ㉰ feet ㉱ mm

해설 B : 인치(inch)
A : 밀리미터(mm)

27. 다음 중 체크밸브의 기호는?

㉮ 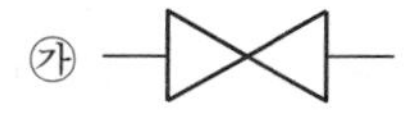 ㉯ 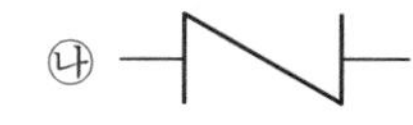 ㉰ 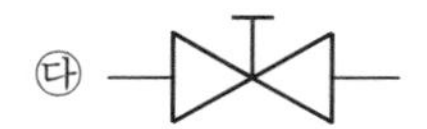 ㉱ 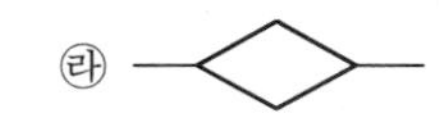

해설 ㉮ 슬루스밸브 나사이음, ㉯ 체크밸브(역지밸브)
㉰ 봉합밸브, ㉱ 콕(일반콕)

28. 다음 도면에서 SPP25A티를 사용, A부분으로 배관을 연결시키고자 한다. 이때 A부분의 배관을 연결시킬 수 없는 것은?

㉮ 20A
㉯ 32A
㉰ 15A
㉱ 20A 이하 관

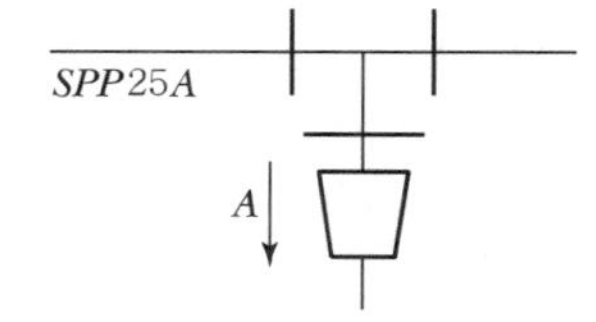

해설 주관이 25A이니까 가지관은 25A 이하가 되어야 한다.(20A, 15A, 20A)

29. 플랜지이음 슬루스밸브의 표시 기호는 어느 것인가?

㉮  ㉯ 
㉰ 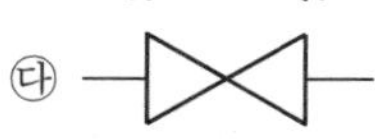 ㉱ 

해설 ㉮는 슬루스밸브의 플랜지이음
㉯는 글로브밸브의 플랜지이음
㉰는 슬루스밸브의 나사이음
㉱는 글로브밸브의 나사이음

 정답 25. ㉮ 26. ㉱ 27. ㉯ 28. ㉯ 29. ㉮

30. 다음의 배관 도시기호 중 지름이 같은 관의 이음쇠 도시기호가 아닌 것은?

해설 ㉰번의 리듀서(줄임쇠)는 관의 직경이 다른 관을 연결할 때 사용된다.

31. 그림과 같은 티(Tee)를 표시할 때 다음 중 맞는 것은?

㉮ 15×20×25
㉯ 25×20×15
㉰ 25×15×20
㉱ 20×15×25

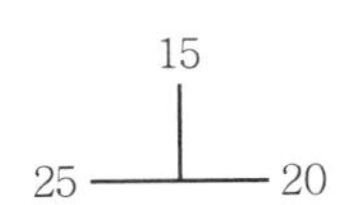

32. 부싱의 배관용 나사이음 도시기호는?

해설 ㉮ 플러그, ㉯ 유니온, ㉰ 줄임 플랜지, ㉱ 부싱

33. 이 밸브는 리프트(Lift)가 커서 개폐에 시간이 걸리며, 더욱이 절반 정도만 열고 사용하면 와류(渦流)가 생겨 유체의 저항이 커지기 때문에 유량조절에는 적당하지 않은 밸브의 도시기호는?

해설 유량조절에 적당하지 않은 밸브는 슬루스밸브(게이트밸브)이다.
㉮는 슬루스밸브, ㉯는 글로브밸브(유량 조절밸브), ㉰는 체크밸브, ㉱는 안전밸브

34. 다음의 KS 배관 도시기호 중에서 앵글밸브는 어느 것인가?

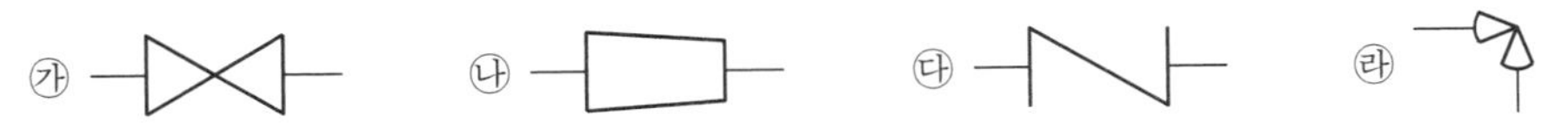

해설 ① ㉮는 슬루스 나사이음
② ㉯는 부싱
③ ㉰는 체크밸브
④ ㉱는 앵글밸브

35. 배관 도면에서 (M) 의 기호는 무엇을 표시하는가?

㉮ 체크밸브　　㉯ 봉함밸브　　㉰ 전동기 구동밸브　　㉱ 감압밸브

해설 상기 기호는 전동기 구동밸브이다.

정답 30. ㉰ 31. ㉯ 32. ㉱ 33. ㉮ 34. ㉱ 35. ㉰

36. 다음 도시기호로서 나열된 부품 ①, ②, ③, ④의 순서에 대한 명칭이 올바르게 나열된 것은?

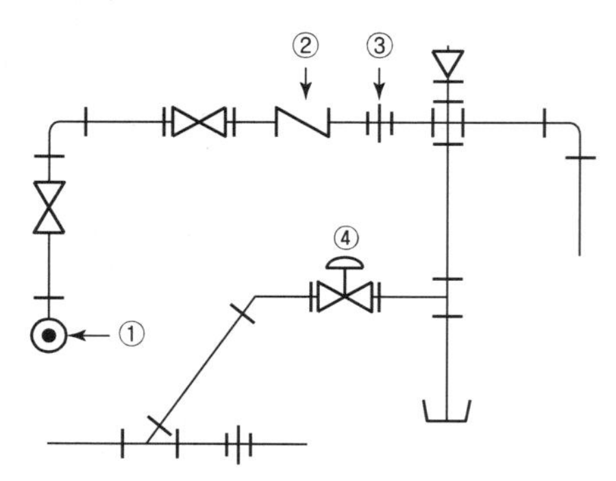

㉮ ①오는 엘보－②유니온－③체크밸브－④글로브밸브
㉯ ①가는 엘보－②유니온－③체크밸브－④슬루스밸브
㉰ ①가는 엘보－②체크밸브－③유니온－④앵글밸브
㉱ ①오는 엘보－②체크밸브－③유니온－④슬루스밸브

해설 ① 오는 엘보, ② 체크밸브, ③ 유니온, ④ 다이어프램 슬루스밸브

37. 다음은 신축이음쇠에 관한 도시기호를 열거한 것이다. 슬리브식 신축이음쇠를 나타내는 기호는?

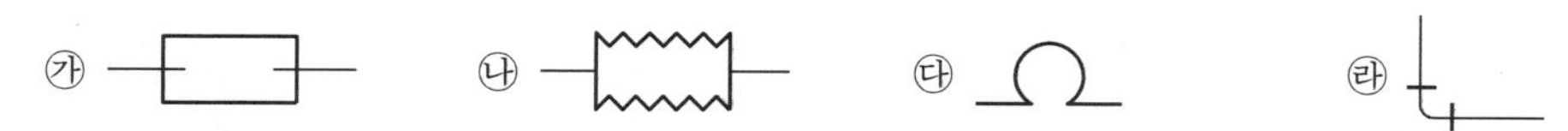

해설 ㉮는 슬리브형, ㉯는 벨로스형, ㉰는 루프형, ㉱는 스위블형

38. 다음은 도형표시 방법이다. 틀린 것은?

㉮ 물체의 특징을 가장 잘 나타내는 면을 평면도로 선택한다.
㉯ 가급적 자연스런 위치로 나타낸다.
㉰ 물체의 주요면이 투상면에 평행하거나, 수직하게 나타낸다.
㉱ 은선은 이해하는데 지장이 없는 한 생략해도 좋다.

해설 ㉮ 물체의 특징을 가장 잘 나타내는 면을 정면도로 선택한다.

39. 다음의 도면에서 유니온은 몇 개인가?

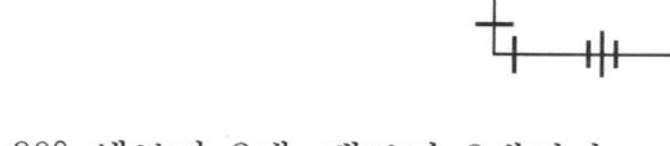

㉮ 1개
㉯ 2개
㉰ 3개
㉱ 4개

해설 유니온은 3개, 티가 2개, 90° 엘보가 2개, 밸브가 2개이다.

 정답 36. ㉱ 37. ㉮ 38. ㉮ 39. ㉰

40. 다음 KS 배관 도시기호 중 유니온의 기호는?

㉮ 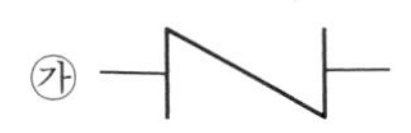 ㉯   ㉰ ㉱ 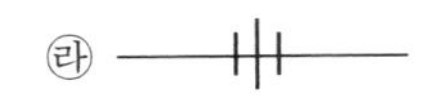

해설 ㉮는 체크밸브 도시기호
㉯는 소켓이음
㉰는 크로스이음

41. 한 도면 내에 사용한 다음 선들 중에서 선의 굵기만 다른 선은 어느 것인가?

㉮ 지시선 ㉯ 중심선 ㉰ 외형선 ㉱ 피치선

해설 ㉮는 가는 실선
㉯는 가는 일점쇄선 또는 가는 실선
㉰는 굵은 실선
㉱는 일점쇄선을 이용

42. 다음 도시기호 중 공기도출 밸브의 기호는?

㉮ 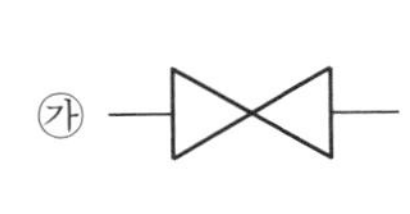 ㉯ 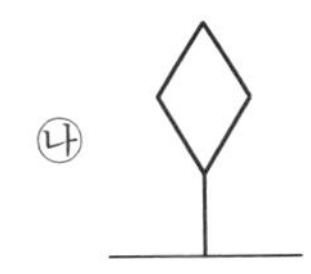 ㉰ 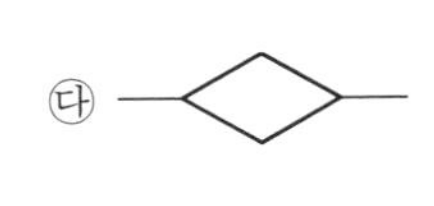 ㉱ 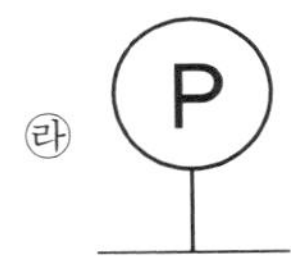

해설 ㉮는 일반밸브, ㉯는 공기빼기 밸브, ㉰는 일반 콕, ㉱는 압력계

43. 다음 밸브 표시기호 중에서 다이어프램 밸브 기호는 어느 것인가?

㉮ 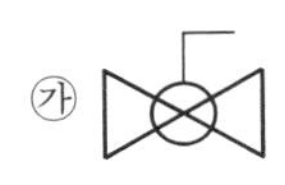 ㉯ 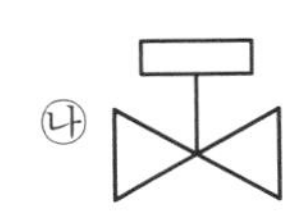 ㉰ 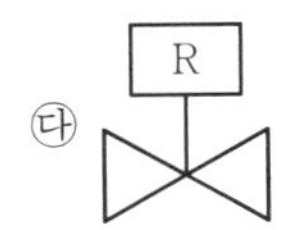

㉱ 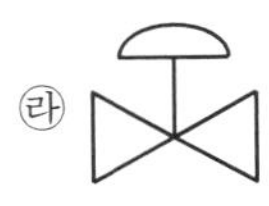

해설 ㉮는 콕
㉯는 전자밸브
㉰는 압력감소밸브
㉱는 다이어프램밸브이다.

44. 다음 그림은 무엇을 나타내는 KS 배관 도시기호인가?

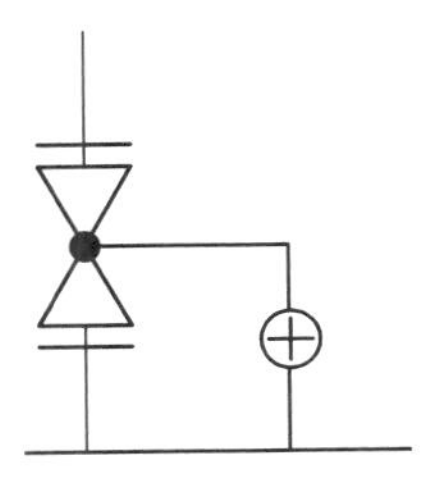

㉮ 바이패스 자동밸브
㉯ 온도 기록 조절계
㉰ 유량 지시계
㉱ pH 기록 조절계

해설 ㉯는 TRC, ㉰는 FI, ㉱는 PHRC

정답 40. ㉱ 41. ㉰ 42. ㉯ 43. ㉱ 44. ㉮

45. 그림과 같은 배관도에서 번호로 표시된 것의 명칭은?

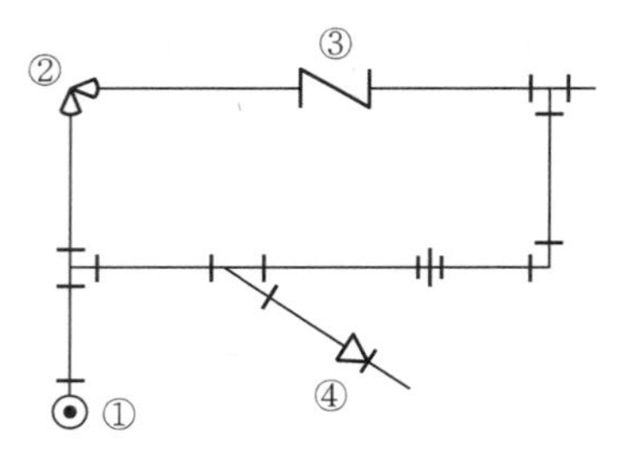

㉮ ① 가는 엘보, ② 커플링, ③ 콕, ④ 앵글밸브
㉯ ① 오는 엘보, ② 앵글밸브, ③ 체크밸브, ④ 줄이개
㉰ ① 가는 티, ② 앵글밸브, ③ 체크밸브, ④ 콕
㉱ ① 오는 티, ② 커플링, ③ 체크밸브, ④ 줄이개

해설 ① 오는 엘보, ② 앵글밸브, ③ 체크밸브, ④ 줄이개

46. KS 배관 도시기호 중 ─┼Ⓢ┼─ 는 무엇을 나타내는가?

㉮ 여과기 ㉯ 가열기 ㉰ 증발기 ㉱ 분리기

해설 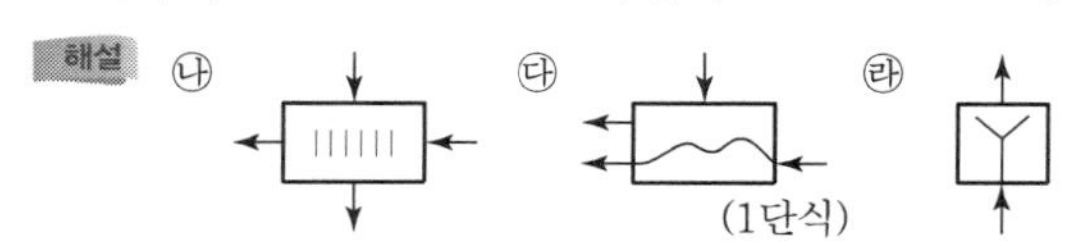

47. 다음 중 오는 티 플랜지이음을 표시하는 기호는?

㉮ ㉯ ㉰ ㉱

해설 ㉮는 오는 티 플랜지, ㉯는 가는 티 플랜지, ㉰는 오는 엘보, ㉱는 크로스이다.

48. KS 배관표시 기호에서 다음의 그림이 도시하는 것은?

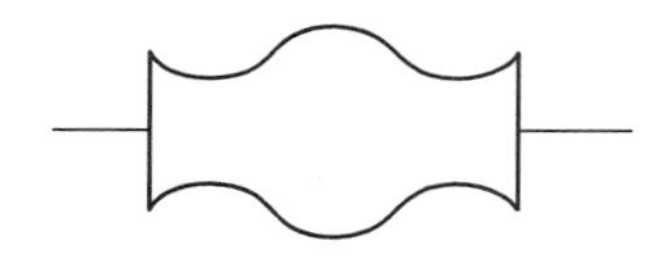

㉮ 진동흡수장치
㉯ 냉각기
㉰ 응축기
㉱ 압력조절기

해설 ㉯ 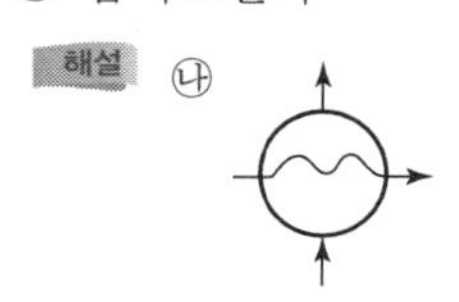 ㉰ 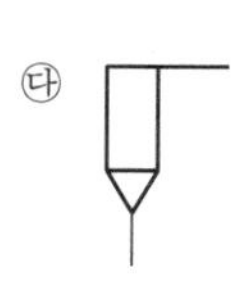 ㉱ 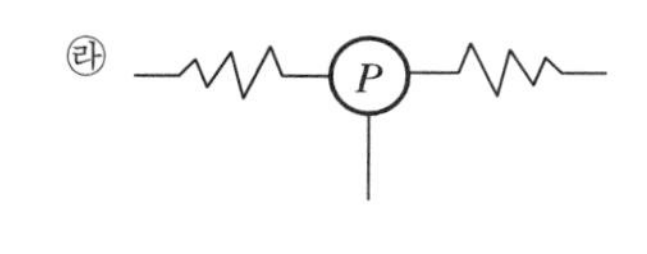

49. 다음 보기와 같이 치수 숫자 위의 기호가 뜻하는 것은?

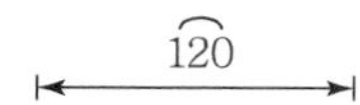

㉮ 호(弧)
㉯ 현(弦)
㉰ 참고 치수
㉱ 비례척이 아님

 정답 45. ㉯ 46. ㉮ 47. ㉮ 48. ㉮ 49. ㉮

50. 배관도면 작성 시 사용하는 높이 표시 기호로서 관 외경의 아래면까지를 기준으로 하여 표시하는 기호는?

㉮ TOP　　㉯ BOP　　㉰ EL　　㉱ AL

해설 ㉮는 관의 윗면, ㉰는 관의 중심, ㉯는 관 높이의 표시중 관 외경의 아래면까지의 기준표시이다.

51. 관의 이음방법에서 이음의 종류와 기호의 연결이 잘못된 것은?

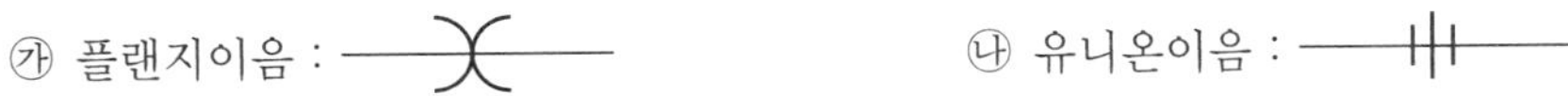

㉮ 플랜지이음 :　　㉯ 유니온이음 :

㉰ 용접이음 :　　㉱ 나사이음 :

해설 ㉮ 플랜지이음은 ——||—— 이렇게 하여야 하며, ㉮의 현재 기호는 플랜지이음이 아니다.

52. 일반 배관 도면에 필요하거나 많이 사용되는 기호를 요약 설명한 것 중 틀린 것은?

㉮ : 중심기호

㉯ : 참고자료용 중심축 기호(단면표시 좌표)

㉰ : 척도대로 표시된 치수선

㉱ : A－A 단면표시

53. 다음 배관 도시기호가 표시하는 것은?

㉮ 응축기
㉯ 냉각기 또는 열교환기
㉰ 증발기
㉱ 축출기

해설 배관의 도시기호는 냉각기 또는 열교환기이다.

54. 다음 KS 배관 도시기호를 설명한 것으로 틀린 것은?

㉮ : 체크밸브　　㉯ : 다이어프램밸브

㉰ : 슬루스밸브　　㉱ : 감압밸브

해설 ㉯는 글로브밸브이며, 다이어프램밸브는 이다.

55. 파이프 이음을 단선으로 표시하여 그린 것이다. 다음 ( ) 속의 부속수량이 맞는 것은 어느 것인가?

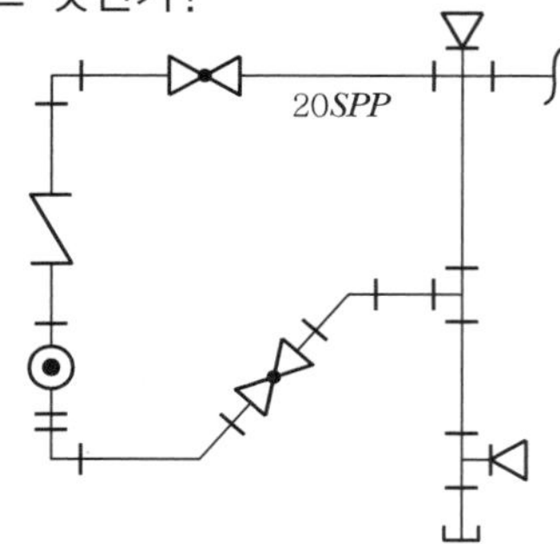

㉮ 체크밸브(2), 글로브밸브(1), 티(3), 플러그(1)
㉯ 체크밸브(1), 글로브밸브(2), 티(3), 플러그(2)
㉰ 체크밸브(2), 슬루스밸브(1), 티(2), 플러그(1)
㉱ 체크밸브(1), 글로브밸브(2), 티(2), 플러그(2)

56. 다음 그림과 같은 밸브의 도시로서 맞는 것은?

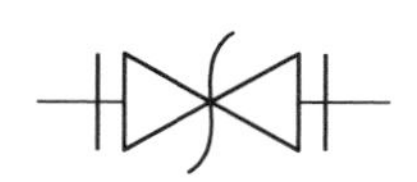

㉮ 체크밸브
㉯ 앵글밸브
㉰ 수동밸브
㉱ 안전밸브

57. 다음의 KS 배관 도시기호는 무엇을 나타내는가?

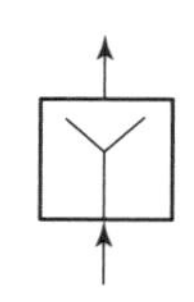

㉮ 분리기
㉯ 여과기
㉰ 증기발생기
㉱ 축출기

58. 도면 내에 참고치수를 나타내려고 한다. 옳은 것은?

㉮ 치수에 괄호를 한다.
㉯ 치수 밑에 밑줄을 긋는다.
㉰ 치수에 ○표를 한다.
㉱ 치수 위에 ※표를 한다.

59. 다음 중 파이프와 온도계의 접속상태를 도시한 것은 어느 것인가?

㉮ 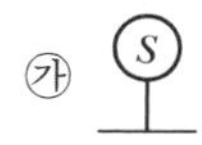

㉯ 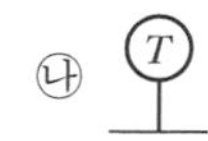

㉰ P
㉱ 

해설 ㉯는 온도계, ㉰는 압력계

60. 다음 덕트의 기호 중 천정배기구를 나타내는 것은?

㉮ 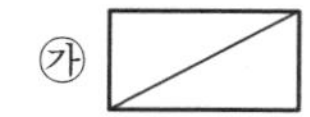
㉯ 
㉰ 
㉱ 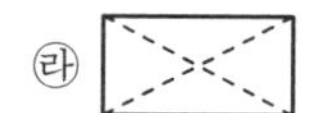

 정답 55. ㉱ 56. ㉱ 57. ㉮ 58. ㉰ 59. ㉯ 60. ㉱

61. 일반적인 경우 도면을 접을 때의 크기로 가장 적당한 것은?

㉮ A_1 ㉯ A_2 ㉰ A_3 ㉱ A_4

해설 도면을 접었을 때는 표제란이 겉으로 나오게 하며 크기로는 A_4가 원칙이다.
A_4는 210×297mm이다.

62. 배관제도에서 관의 바깥지름의 윗면을 기준으로 표시하는 방법으로 지하매설 배관을 할 때, 관의 윗면의 높이를 명확히 밝힐 필요가 있을 때 사용하는 방법은?

㉮ EL(Elevation Line)
㉯ FL(Floor Line)
㉰ B.O.P(Bottom of Pipe)
㉱ T.O.P(Top of Pipe)

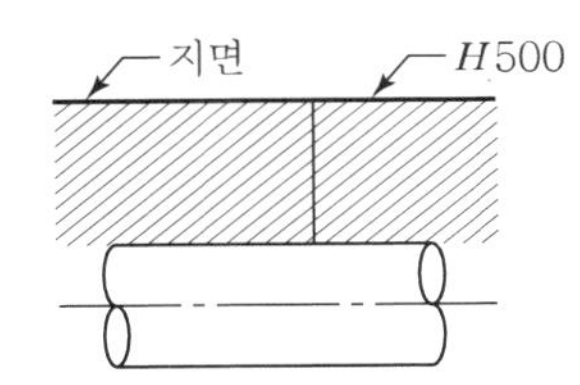

해설 관의 윗면의 높이를 명확히 밝힐 필요가 있을 때 사용하는 방법은 TOP이다.

63. 도면을 작성할 때 내용으로 올바른 것은?

㉮ 표제란은 도면의 오른쪽이나 왼쪽 아래에 기입한다.
㉯ 부품표는 도면의 오른쪽 위나 오른쪽 아래에 기입한다.
㉰ 지시선은 수직방향이나 수평방향으로 긋는다.
㉱ 부품번호의 숫자는 물품의 크기에 따라 크기가 달라진다.

해설 ① 표제란은 도면의 오른쪽 아래에 설정한다.
② 지시선은 치수선이나 중심선과 혼동하지 않도록 수직방향이나 수평방향으로 긋는 것을 피한다.
③ 부품번호의 숫자는 5~8mm 정도의 크기로 하고 도형의 크기에 따라 알맞게 크기가 결정된다.

64. 다음의 측정공구 중 작은 원을 그릴 때 사용되는 것은?

㉮ 스프링 컴퍼스 ㉯ 빔 컴퍼스
㉰ 조합자 ㉱ 외경퍼스

해설 제도공구 중 작은 원을 그릴 때에는 스프링 컴퍼스를 사용한다.

65. 다음 도면에서 A부분 온수배관 부속품명은 어느 것인가?

㉮ 체크밸브
㉯ 콕
㉰ 공기빼기밸브
㉱ 다이어프램밸브

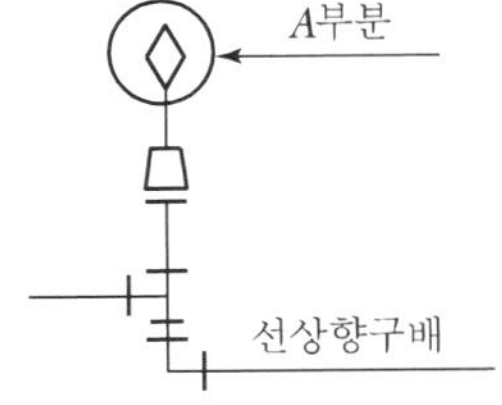

해설 공기빼기밸브

정답 61. ㉱ 62. ㉱ 63. ㉯ 64. ㉮ 65. ㉰

66. 도면에서 증기 트랩은 어떻게 표시되는가?

㉮ 

㉯ 

㉰ 

㉱ 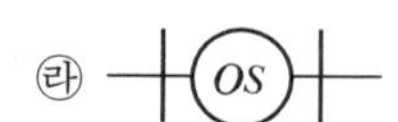

해설 ㉮ 그리스 트랩, ㉯ 바닥상자 표시, ㉰ 증기트랩, ㉱ 기름분리기

67. 관 내부에 기름이 흐를 때 어떤 문자를 사용하여 표시하는가?

㉮ G
㉯ P
㉰ W
㉱ O

해설 G : 가스, P : 압력계, W : 물, O : 기름

68. 금속재료의 기호로서 SS41의 명칭은 무엇인가?

㉮ 기계구조용 탄소강
㉯ 일반구조용 압연강재
㉰ 용접구조용 압연강재
㉱ 보일러용 압연강재

해설 ㉮는 S, ㉯는 SS, ㉰는 SM, ㉱는 SB

69. 유체의 종류별로 도시기호에서 온수에 속하는 것은?

㉮
㉯
㉰
㉱

해설 ㉮ 공기, ㉯ 가스, ㉰ 온수, ㉱ 냉매

70. 다음 도면에서 B부분은 어떻게 시공하라는 지시인가?

㉮ 옆가지 엘보를 사용 시공할 것
㉯ 팽창 조인트를 사용 시공할 것
㉰ 줄임 플랜지를 사용 시공할 것
㉱ 줄임 엘보를 사용 시공할 것

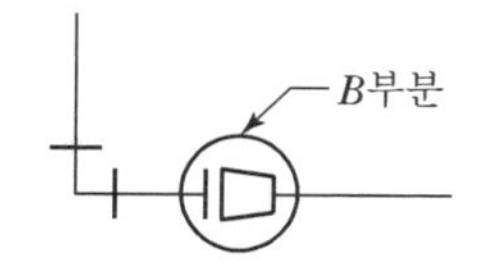

해설 : 줄임 플랜지

71. 배관도에서 관내에 흐르는 유체가 수증기인 경우 도면상에 표시하는 기호는?

㉮ W
㉯ O
㉰ S
㉱ A

해설 W(물), O(오일), S(수증기), A(공기)

 정답 66. ㉰ 67. ㉱ 68. ㉯ 69. ㉰ 70. ㉰ 71. ㉰

72. 관내에 흐르는 유체의 종류에 따라 배관표면에 식별색을 칠해준다. 유체의 종류와 식별색의 관계가 잘못 짝지어진 것은?

㉮ 청색 – 물　　㉯ 백색 – 공기
㉰ 노랑 – 가스　　㉱ 진한 적색 – 기름

해설 • 기름 : 어두운 주황
• 진한 적색 : 증기

73. 기기장치의 모양을 배관기호로 도시하고 주요밸브, 온도, 유량, 압력 등을 기입한 대표적인 배관도면을 무엇이라 하는가?

㉮ 계통도　　㉯ 입면도
㉰ 장치도　　㉱ 배치도

해설 계통도란 기기장치의 모양을 배관기호로 도시하고 주요밸브, 온도, 유량, 압력 등을 기입한 대표적인 배관도면

74. 배관제도의 높이표시기호 중 관 윗면을 기준으로 하여 표시하는 방법은?

㉮ BOP　　㉯ TOP
㉰ GL　　㉱ FL

해설 배관제도의 높이표시기호 중 관 윗면을 기준하여 표시하는 방법은 TOP로 표시한다.

75. 다음의 강관 조인트의 크기를 표시하는 방법 중 틀린 것은?

㉮ 지름이 같은 경우에는 호칭지름으로 표시한다.
㉯ 구경이 2개인 경우 지름이 큰 것을 ①, 작은 것을 ②의 순으로 표시한다.
㉰ 구경이 3개인 경우 동일하거나 평행한 중심선상에 있는 지름 중 큰 것을 ①, 작은 것을 ②, 나머지를 ③의 순으로 표시한다.
㉱ 구경이 4개인 경우 큰 것부터 차례로 표시한다.

해설 구경이 4개인 경우에는 지름이 큰 것이 첫 번째이고, 이것과 동일 또는 평행선 중심선 위에 있는 것이 두 번째, 나머지 2개 중에서 지름이 큰 것이 세 번째, 작은 것이 네 번째이다.

76. 표준화를 CAD에 적용 시 자동화에 적합한 설계기준 업무와 도면작성 업무로 분류할 때 도면작성 업무 분야인 것은?

㉮ 단순한 도형의 배열이나 원, 곡선 등이 많은 분야
㉯ 설계 이론이 정식화되어 있으나 계산이 복잡한 분야
㉰ 극히 많은 기술정보 중 가장 적합한 것을 구하는 경우
㉱ 여러 개의 설계조건 중 가장 적합한 것을 골라내는 경우

해설 도면작성 업무 : 설계 이론이 정식화되어 있으나 계산이 복잡한 분야

정답 72. ㉱ 73. ㉮ 74. ㉯ 75. ㉱ 76. ㉯

77. 배관도면에서 각 장치와 배관을 번호에 부여되면 배관라인의 성격과 위치를 명확히 구별하고 재료의 집계 등에 정확을 기할 수 있게 하기 위하여 작성하는 것은?

㉮ 프로세스(Process) P & I.D
㉯ 유틸리티(Utility) P & I.D
㉰ 라인 인덱스(Line Index)
㉱ 스풀 드로잉(Spool Drawing)

해설 라인 인덱스 : 배관도면에서 각 장치와 배관을 번호에 부여되면 배관라인의 성격과 위치를 명확히 구별이 가능하다.

78. 보기와 같은 라인 인덱스(Line Index)의 기재순서와 기호의 설명으로 올바른 것은?

(보기) 3－5B－P 15－39 CINS
① ② ③ ④

㉮ ①은 유체기호를 나타낸다.
㉯ ②는 장치번호를 나타낸다.
㉰ ③은 배관길이를 나타낸다.
㉱ ④는 장치명칭을 나타낸다.

해설 3 : 장치번호
5B : 배관의 호칭지름
P : 유체의 기호
15 : 배관번호
39 : 배관재료 종류별 기호

79. 관의 끝부분에 나사 박음식 캡 및 나사 박음식 플러그가 결합되어 있을 때 해당부분의 배관 길이 치수가 표시하는 위치에 관한 설명으로 가장 적합한 것은?

㉮ 나사 박음식 캡은 캡의 끝면까지 치수, 나사 박음식 플러그는 관의 끝면까지 치수로 표시한다.
㉯ 나사 박음식 캡은 관의 끝면까지 치수, 나사 박음식 플러그는 플러그의 끝면까지 치수로 표시한다.
㉰ 나사 박음식 캡 및 나사 박음식 플러그는 모두 캡 및 플러그의 끝면까지 치수로 표시한다.
㉱ 나사 박음식 캡 및 나사 박음식 플러그 모두 관의 끝면까지 치수로 표시한다.

해설 나사 박음식 캡 및 나사 박음식 플러그 모두 관의 끝면까지 치수로 표시한다.

80. 다음은 파이프 랙 상의 배관 배열방법을 설명한 것이다. 틀린 것은?

㉮ 규모가 작은 프로세스 장치는 파이프 랙의 한쪽만 프로세스 기기축으로 한다.
㉯ 파이프 루프(Pipe Loop)는 파이프 랙의 다른 배관보다 500~700mm 정도 높게 배관한다.
㉰ 관 지름이 클수록 온도가 높을수록 파이프 랙 상의 중앙에 배열한다.
㉱ 파이프 랙의 폭은 파이프에 보온, 보냉하는 경우는 보온, 보냉하는 두께를 가산하여 결정한다.

해설 관의 지름이 클수록 온도가 낮을수록 파이프 랙 상의 가장자리에 배열한다.

 정답 77. ㉰ 78. ㉮ 79. ㉱ 80. ㉰

81. 라인 인덱스(Line Index)에서 보냉, 보온, 화상방지 등을 필요로 할 때의 사용기호 중 보냉을 표시하는 기호는?

㉮ CPP ㉯ INS ㉰ PP ㉱ CINS

해설 라인 인덱스 보기
3 - 2B - 9 20 - 40 - CINS
(A) (B) (C) (D) (E) (F)
① CINS : 보온 보냉기호

82. 그림은 급수펌프가 설치된 배관도에서 주위부품이 생략되어 있다. 펌프를 2대 병렬 배관한 것 중 1조를 별도로 표기한 것으로 필요한 부품에서 번호로만 표기된 1→2→3→4의 명칭을 순서대로 가장 적합하게 구성한 것은?

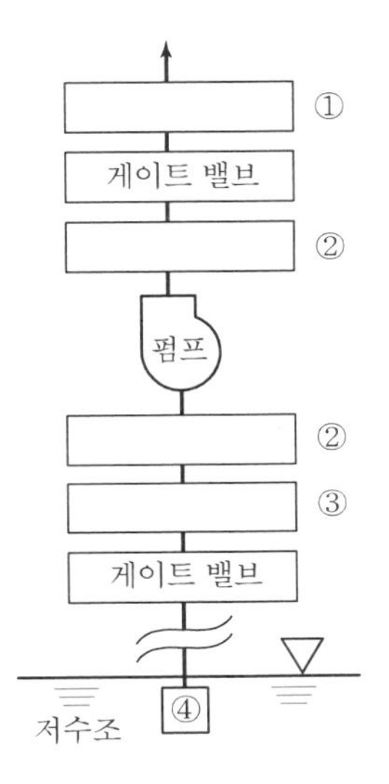

㉮ 플렉시블 조인트→체크밸브→푸트밸브→스트레이너
㉯ 체크밸브→플렉시블 조인트→푸트밸브→스트레이너
㉰ 플렉시블 조인트→체크밸브→스트레이너→푸트밸브
㉱ 체크밸브→플렉시블 조인트→스트레이너→푸트밸브

해설 ① 체크밸브, ② 플렉시블(가요관), ③ 여과기, ④ 푸트밸브

83. 배관의 높이 치수 앞에 EL만 표시되어 있는 높이는?

㉮ 관 외경의 아랫면까지 높이
㉯ 관 외경의 윗면까지 높이
㉰ 관 내경의 윗면까지 높이
㉱ 관의 중심까지 높이

해설 ① EL : 관의 중심까지 높이
② ㉮는 BOP 표시
③ ㉯는 TOP 표시

84. 다음과 같이 표시된 유압, 공기압 도면기호의 명칭은?

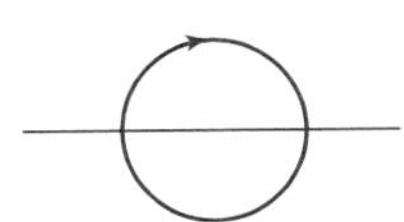

㉮ 공기압 전용 배기구
㉯ 접속구 없는 배기구
㉰ 회전이음(스위블 조인트)
㉱ 체크밸브 없는 금속이음

정답 81. ㉱ 82. ㉱ 83. ㉱ 84. ㉰

85. 라인 인덱스(Line Index)에 4－2B－N－15－39－CINS로 기재되어 있는 경우 배관의 관경을 표시한 것은?

㉮ 4 ㉯ 2B ㉰ 15 ㉱ 39

해설 ① 4 : 장치번호
② 2B : 관의 호칭지름
③ N : 유체의 기호
④ 15 : 배관번호
⑤ 39 : 배관재료기호
⑥ CINS : 보온, 보냉기호

86. 배관도면의 식별표시에서 관내에 흐르는 유체가 기름인 경우의 식별색으로 적합한 것은?

㉮ 파랑
㉯ 어두운 주황
㉰ 연한 주황
㉱ 어두운 빨강

해설 오일 : 어두운 주황

87. 보기와 같은 배관 라인 인덱스에서 관에 흐르는 유체의 종류는?

(보기) 2－80A－PA－16－39－HINS ⓐ ⓑ ⓒ ⓓ ⓔ ⓕ

㉮ 작업용 공기
㉯ 프로세스 유체
㉰ 계기용 공기
㉱ 연료가스

해설 ⓐ : 장치번호
ⓑ : 배관 호칭지름
ⓒ : 유체의 기호
ⓓ : 배관번호
ⓔ : 배관재료 종류별 기호
ⓕ : 보온, 보냉기호
PA : 작업용 공기, P : 프로세스 유체

88. 제1각법과 제3각법에서 눈과 물체의 위치 설명 중 옳은 것은?

㉮ 제1각법 : 눈 → 물체 → 투상면
㉯ 제1각법 : 눈 → 투상면 → 물체
㉰ 제3각법 : 눈 → 물체 → 투상면
㉱ 제3각법 : 투상면 → 눈 → 물체

해설 투상도법
① 제3각법 : 기계제도에서 가장 많이 사용한다.
② 제1각법 : 눈 → 물체 → 투상법
③ 제3각법 : 눈 → 투상면 → 물체

 정답 85. ㉯ 86. ㉯ 87. ㉮ 88. ㉮

89. 파이프 표면에 파란색이 칠해져 있는 경우 파이프 내의 유체는?

㉮ 물　　㉯ 증기　　㉰ 공기　　㉱ 가스

해설 ① 물 : 파란색, ② 증기 : 적색, ③ 공기 : 흰색, ④ 가스 : 황색

90. 보기와 같은 배관의 간략 도시방법의 의미로 가장 적합한 것은?

(보기)

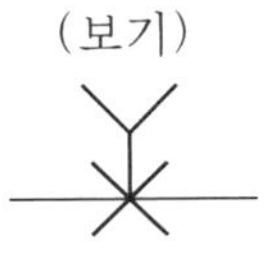

㉮ 팽창 이음쇠
㉯ 고정식 지지 장치
㉰ 수동 조작식 체크밸브
㉱ 수동 조작식 배관설비 청소구

해설

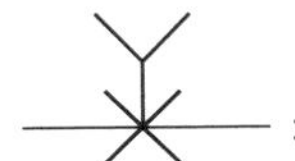
: 고정식 지지장치

91. 그림과 같은 파이프 랙(Pipe Rack)이 있다. 연료유 라인, 연료가스 라인, 보일러 급수라인 등의 유틸리티(Utility) 배관은 어디에 배열하는 것이 적합한가?

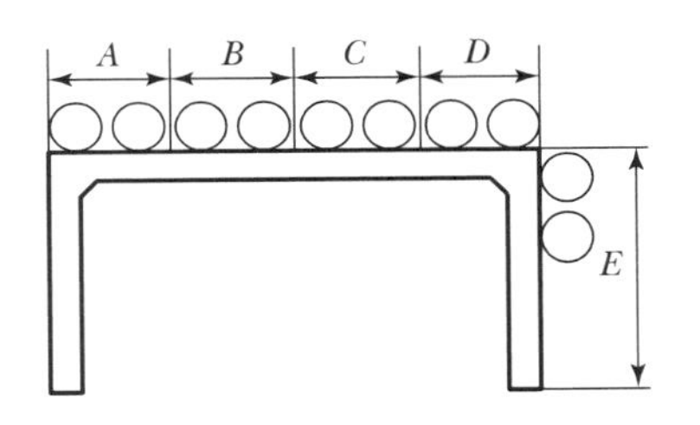

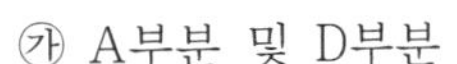
㉮ A부분 및 D부분
㉯ B부분 및 C부분
㉰ C부분 및 D부분
㉱ D부분 및 E부분

해설 파이프 랙 : 배관열을 지지하기 위한 받침틀이며, 연료유 라인, 연료가스 라인, 보일러 급수라인은 가장 중요한 유틸리티 배관이기 때문에 가장 안전한 B 또는 C 부군에 배열하여야 한다.

92. 90° 엘보 4개를 사용한 보기와 같은 입체도의 평면도로 가장 적합한 것은?

(보기)

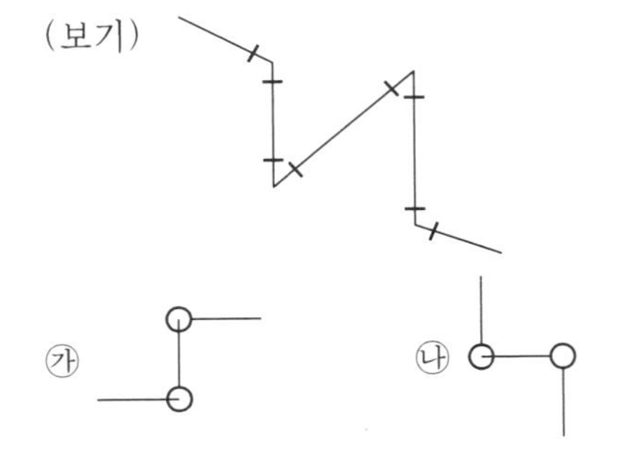

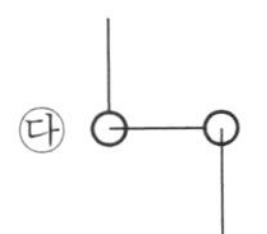

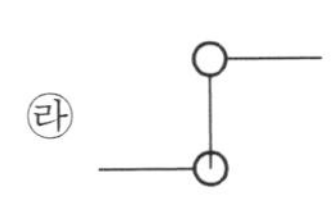

93. 계장용 도시기호에서 "FRC"는 무엇인가?

㉮ 유량 지시 조절　　㉯ 유량 경보 조절
㉰ 유량 조절 경보　　㉱ 유량 경보 지시

정답 89. ㉮　90. ㉯　91. ㉯　92. ㉮　93. ㉮

해설 ① FRC : 유량 지시 조절
② FIC : 유량 지시 조절
③ PRC : 압력 지시 조절
④ TRC : 온도 지시 조절

94. 다음 유체의 종류 기호 연결 중 잘못된 것은?

㉮ 기름 – O ㉯ 증기 – W ㉰ 가스 – G ㉱ 공기 – A

해설 ① 증기 : S, ② 기름 : O, ③ 가스 : G, ④ 공기 : A, ⑤ 물 : W

95. 60°×30°직각 삼각형 모양의 앵글 브래킷의 C부 길이는 약 몇 mm인가?

㉮ 1,800 ㉯ 1,040
㉰ 1,200 ㉱ 1,800

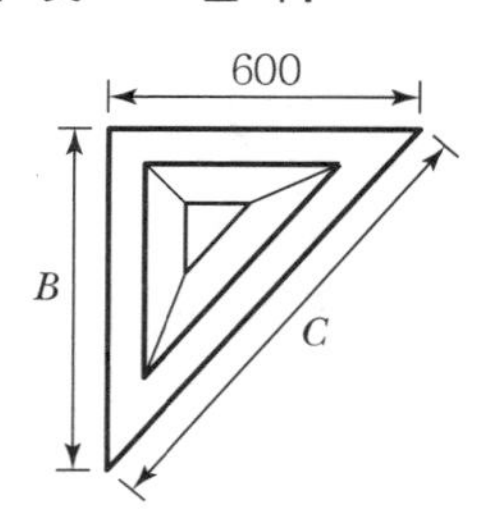

해설 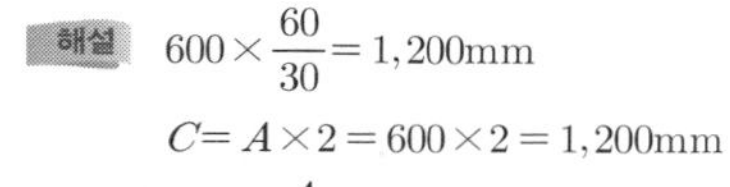
$600 \times \frac{60}{30} = 1,200\text{mm}$

$C = A \times 2 = 600 \times 2 = 1,200\text{mm}$

$B = \frac{A}{\tan 30}$

96. 배관설비의 부분조립도를 의미하는 영문 표기인 것은?

㉮ U.F.D. ㉯ Plot Plan ㉰ P.I.D. ㉱ Spool Drawing

해설 Spool Drawing : 배관설비의 부분조립도를 의미하는 영문 표기법

97. 일반적인 배관도면에서 치수나 기호, 문자의 표시법에 대한 설명 중 잘못된 것은?

㉮ 길이치수는 mm로 나타내며 단위 기호는 생략한다.
㉯ 관내를 통하는 유체의 종류가 수증기의 경우 영문자 S를 사용한다.
㉰ 고온 배관용 탄소강관의 기호 표시는 SPPA로 한다.
㉱ 배관의 호칭지름은 호칭치수 다음에 밀리 단위는 A를, 인치 단위는 B를 붙여서 표시한다.

해설 APHT : 고온배관용 탄소강관

98. 배관의 간략 도시방법에서 배수계의 끝부분 장치에서 악취방지장치 및 콕이 붙은 배수구를 평면도에 도시하는 기호인 것은?

㉮ 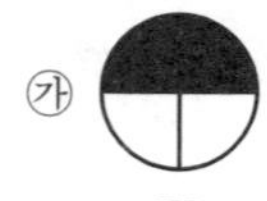 ㉯

㉰  ㉱ 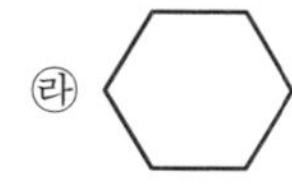

해설 : 악취방지장치 및 콕이 붙은 배수구

 정답 94. ㉯ 95. ㉰ 96. ㉱ 97. ㉰ 98. ㉰

99. 배관도에 각 장치와 유체를 구분해서 번호를 부여하는데 번호를 붙인 라인 인덱스 중에서 관내 유체기호 IA는?

㉮ 고압 증기
㉯ 작업용 공기
㉰ 계기용 공기
㉱ 프로세스 유체

해설 I : 지시
A : 공기

100. 배관 도시기호 중 밸브가 닫혀 있는 상태를 표시한 것이 아닌 것은?

㉮ 
㉯
㉰
㉱

해설 ① : 밸브일반
② : 게이트밸브
③ : 글로브밸브
④ : 콕
⑤ : 체크밸브
⑥ : 볼밸브
⑦ : 버터플라이밸브

101. 기준선(그 지방 해수면으로부터) 설치 파이프 바깥지름의 밑부분까지 높이가 3.5m일 때 나타내는 기호로 적합한 것은?

㉮ GL+3500BOP
㉯ EL+3500BOP
㉰ GL−3500BOP
㉱ EL+3500TOP

해설 BOP : EL에서 관 외경의 밑면까지를 높이로 표시할 때(기준선 : 그 지방 해수면으로부터)

102. 일반적으로 입체도와 같은 등각투영법으로 제도하며 스풀 드로잉(Spool Drawing)라고도 하는 것은?

㉮ 계통도(Flow Diagram)
㉯ 배치도(Plot Plan)
㉰ 부분조립도(Isometrical Piping Drawing)
㉱ U.F.D(Utility Flow Diagram)

해설 부분조립도 : 입체조립도에서 발췌하여 상세히 그린 그림으로써 각부의 치수와 높이를 기입하며 입체 부분도 또는 스풀 드로잉이라 부른다.

정답 99. ㉰ 100. ㉰ 101. ㉯ 102. ㉰

103. 배관도면에서의 약어 표시에 관한 설명으로 틀린 것은?

㉮ 배관 높이를 관의 중심을 기준으로 할 때는 BOP로 표시한다.
㉯ 1층의 바닥면을 기준으로 한 높이로 표시한 약어는 FL이다.
㉰ 배관의 높이를 윗면을 기준으로 하여 표시할 때의 약어는 TOP이다.
㉱ 포장된 지표면을 기준으로 하여 배관설비의 높이를 표시할 때의 약어는 GL이다.

해설 ① 배관의 높이를 관의 중심을 기준으로 할 때는 EL로 표시한다.
② BOP는 EL에서 관 외경의 밑면까지를 높이로 표시한다.

104. 보기의 배관도에서 ①~③의 명칭이 올바르게 나열된 것은?

(보기)

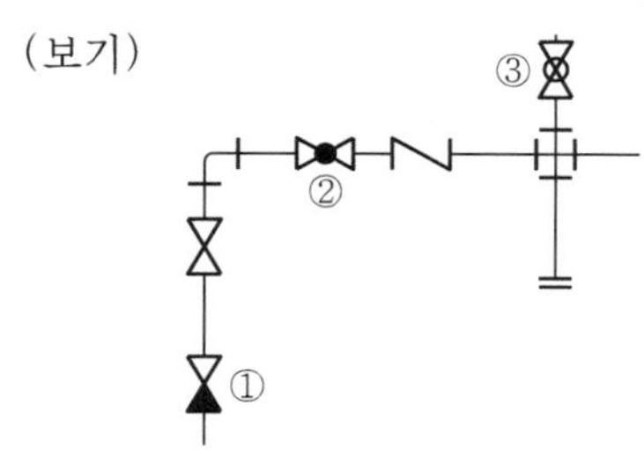

㉮ ① 체크밸브, ② 글로브밸브, ③ 콕 일반
㉯ ① 체크밸브, ② 글로브밸브, ③ 볼밸브
㉰ ① 앵글밸브, ② 슬루스밸브, ③ 콕 일반
㉱ ① 앵글밸브, ② 슬루스밸브, ③ 볼밸브

해설 : 체크밸브, : 글로브밸브, : 볼밸브

105. 배관도시방법 중 높이표시법이 올바르게 설명된 것은?

㉮ FL 표시 : 가장 아래에 있는 관의 중심을 기준으로 한 배관장치의 높이
㉯ TOP 표시 : 가장 위에 있는 관의 중심을 기준으로 한 관 중심까지의 높이
㉰ EL 표시 : 1층의 바닥면을 기준으로 한 높이
㉱ GL 표시 : 지면을 기준으로 한 높이

해설 GL 표시 : 지표면을 기준으로 한 높이
EL 표시 : 관의 중심기준
BOP 표시 : 관의 바깥지름의 아랫면 기준
TOP 표시 : 관의 바깥지름의 윗면 기준
FL 표시 : 1층의 바닥면 기준

106. 다음은 무엇을 나타내는 도시기호인가?

㉮ 응축기
㉯ 열교환기
㉰ 냉각탑
㉱ 분사식 응축기

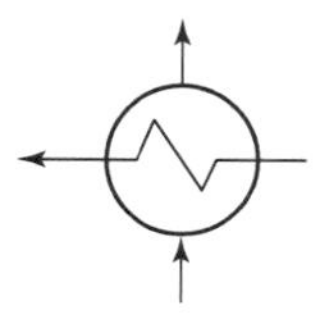

 정답 103. ㉮ 104. ㉯ 105. ㉱ 106. ㉯

107. 보기와 같은 배관 도시기호로 배관 끝면에 그림과 같이 표시한 것은?

(보기) ———D

㉮ 나사 박음식 캡
㉯ 나사 박음식 플러그
㉰ 용접식 캡
㉱ 용접식 플랜지

해설 용접식 캡 : ———D

108. 라인 인덱스(Line Index)의 기재에서 LS는 무엇을 나타내는가?

㉮ 계기용 공기
㉯ 고압공기
㉰ 저압증기
㉱ 작업용 공기

해설 라인 인덱스에서 기호
① 계기용 공기 : A
② 고압공기 : HPA
③ 작업용 공기 : PA
④ 저압증기 : LS

109. 배관도면에서 라인 인덱스에 관한 설명으로 가장 적합한 것은?

㉮ 프로세스 인덱스만을 표시한다.
㉯ 제작에 필요한 제작 공정도를 의미한다.
㉰ 배관계통과 운전조작에 필요한 상세작업 계통도이다.
㉱ 배관에서 장치와 관에 번호를 부여, 공사와 관리를 편리하게 한 것이다.

해설 라인 인덱스란 배관에서 장치와 관에 번호를 부여 공사와 관리를 편리하게 한 것이다.

110. 관의 높이 표시기호 중 관 윗면까지의 높이를 나타내는 기호는?

㉮ BOP · EL
㉯ EL
㉰ TOP · EL
㉱ FL · EL

해설 EL : 관의 중심 기준선
TOP : EL에서 관 외경의 윗면까지의 높이

111. 설비 배관도면에서 전체도 또는 옥외 배관도라고도 하며 건축물과 부지 및 도로 등의 관계, 상·하수도와 가스배관의 위치를 표시하는 도면의 명칭으로 가장 적합한 것은?

㉮ 배치도
㉯ 계통도
㉰ 입체도
㉱ 평면도

해설 배치도 : 건축물과 부지 및 도로 등의 관계, 상 · 하수도와 가스배관의 위치를 표시하는 옥외 배관도이다.

정답 107. ㉰ 108. ㉰ 109. ㉱ 110. ㉰ 111. ㉮

112. 입체배관도로 작도하는 도면으로써 배관의 일부분만을 작도한 도면으로 부분제작을 목적으로 하는 도면은?

㉮ 입면배관도 ㉯ 입체배관도
㉰ 부분배관도 ㉱ 평면배관도

해설 부분배관도 : 입체배관도로 작도하는 도면으로써 배관의 일부분만을 작도한 도면이다.

113. 보기의 도시기호는 밸브 및 콕 몸체의 표시방법 중 어느 밸브의 기호인가?

(보기) ▷|◁

㉮ 밸브 일반 ㉯ 글로브밸브
㉰ 슬루스밸브 ㉱ 체크밸브

해설 슬루스밸브 기호 : ▷|◁

114. 다음 중 평면도 악취방지장치 및 콕이 붙은 배수구를 표시하는 기호로 가장 적합한 것은?

㉮ ㉯ ㉰ ㉱

해설 악취방지 및 콕이 붙은 배수구 :

115. 표준화의 CAD에 적용 시 자동화에 적합한 설계기술 업무와 도면작성에 관한 분야 중 설계기술 업무 분야인 것은?

㉮ 정밀한 도형, 유사한 도형이 반복되는 분야
㉯ 설계이론이 정식화되어 있어 계산이 복잡한 분야
㉰ 단순한 도형의 배열이나 원, 곡선 등이 많은 분야
㉱ 도면작성이 숙련된 전문기능에 의해 작성되는 분야

해설 표준화의 CAD 적용시 자동화에 적합한 분야
① 설계기술 업무 분야
② 도면작성에 관한 분야

116. 1층 바닥면을 기준면에서 관 밑면까지 높이를 3,000mm라 할 때 치수기입법으로 적합한 것은?

㉮ BOP FL 3000 ㉯ TOP EL 3000
㉰ BOP GL 3000 ㉱ TOP GL 3000

해설 BOP : EL에서 관 외경의 밑면까지 높이 표시
FL : 건물의 바닥면을 기준으로 높이 표시

정답 112. ㉰ 113. ㉰ 114. ㉯ 115. ㉯ 116. ㉮

117. 다음 중 슬리브형 신축 조인트를 표시한 것은?

㉮ ㉯ ㉰ ㉱

해설 벨로스 : , 슬리브형 : , 루프형 :

118. 배관도면을 작성할 때 그 지방의 해수면에 기준선(Base Line)을 설정하여 이 기준선으로부터의 높이를 표시하는 표시법을 무엇이라고 하는가?

㉮ GL(Ground Line) 표시법
㉯ FL(Floor Line) 표시법
㉰ EL(Elevation) 표시법
㉱ CL(Center Line) 표시법

해설 EL : 배관도면 작성시 그 지방의 해수면에 기준선을 설정하여 이 기준선으로부터의 높이를 표시한다.

119. 배관도면을 작성할 때 건물의 바닥면을 기준선으로 하여 높이를 표시하는 기호는?

㉮ EL　㉯ GL　㉰ FL　㉱ CL

해설 FL : 건물의 바닥면을 기준선으로 하는 높이 표시

120. 보기와 같은 입체도의 평면도로 가장 적합한 것은?

(보기)

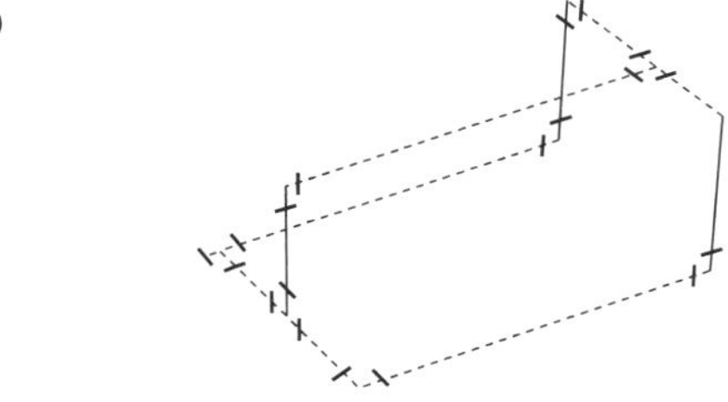

㉮

㉯

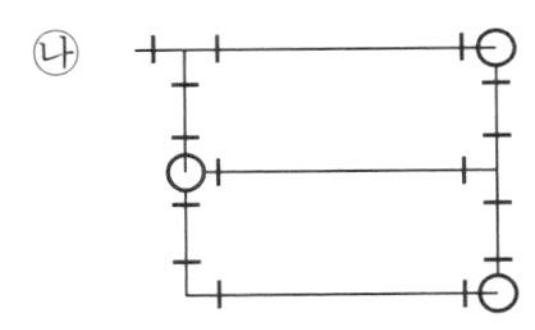

㉰

㉱

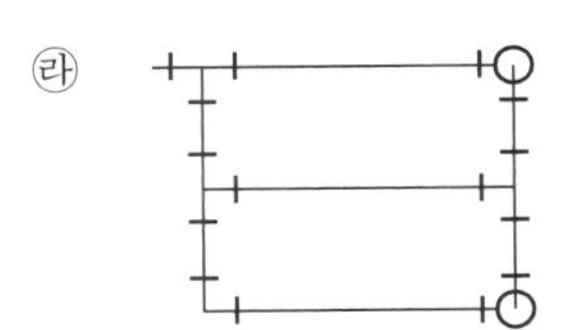

해설

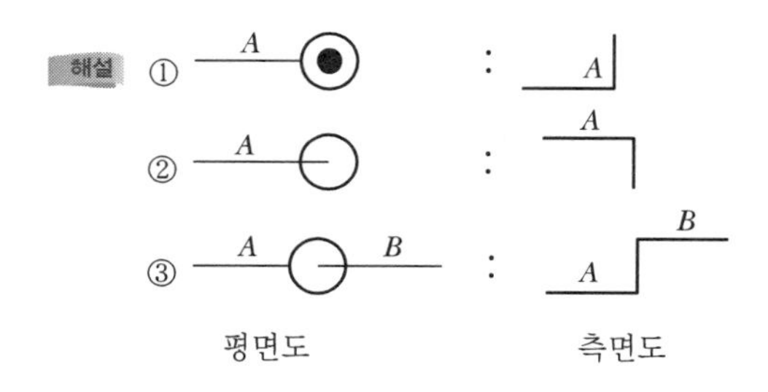

121. 보기와 같은 크로스 이음쇠의 호칭방법으로 가장 적합한 것은?

(보기)

4B
3B
$2\frac{1}{2}B$
2B

㉮ $4B \times 2B \times 3B \times 2\frac{1}{2}B$

㉯ $3B \times 4B \times 2\frac{1}{2}B \times 2B$

㉰ $2\frac{1}{2}B \times 2B \times 3B \times 4B$

㉱ $4B \times 3B \times 2\frac{1}{2}B \times 2B$

해설 $4B \times 2B \times 3B \times 2\frac{1}{2}B$

122. 보기 배관도에서 ①~③의 명칭이 옳게 나열된 것은?

(보기)

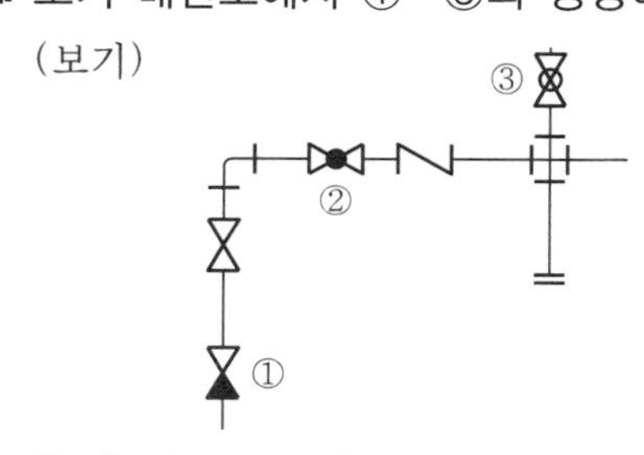

㉮ ① 체크밸브, ② 글로브밸브, ③ 콕 일반
㉯ ① 체크밸브, ② 글로브밸브, ③ 볼밸브
㉰ ① 앵글밸브, ② 슬루스밸브, ③ 콕 일반
㉱ ① 앵글밸브, ② 슬수스밸브, ③ 볼밸브

해설 ① 체크밸브, ② 글로브 밸브, ③ 콕 일반

123. 배관도에서 관 높이 표시에 대한 설명으로 올바른 것은?

㉮ TOP : 보의 윗면을 이용해 관 높이를 표시할 때
㉯ BOP : 관 내경의 아랫면을 기준으로 높이를 정할 때
㉰ EL : 기준면에서 관의 중심까지 높이를 나타낼 때
㉱ GL : 1층 바닥면을 기준으로 한 높이를 표시할 때

 정답 121. ㉮ 122. ㉯ 123. ㉰

해설 ① EL : 배관의 높이를 관의 중심으로 기준
② BOP : 관 바깥지름의 아랫면 기준
③ TOP : 관 바깥지름의 윗면 기준
④ GL : 지면을 기준
⑤ FL : 1층 바닥면 기준

124. 배관에 식별색, 기호 그 밖의 표시를 함으로 안전을 도모하고 관계통의 취급을 용이하게 하여 배관의 보수 관리를 능률적으로 한다. 다음 식별색 중 기름을 나타내는 식별색은?

㉮ 흰색
㉯ 연한 노랑
㉰ 파랑
㉱ 어두운 주황

해설 오일 : 어두운 주황

125. 배관의 간략 도시방법에서 환기계 및 배수계의 끝부분 장치 기호 중 악취방지 및 콕이 붙은 배수구를 표시하는 정면도 기호는?

㉮ 
㉯ 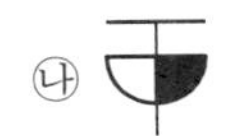
㉰ 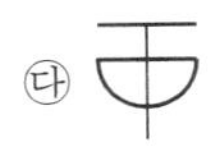
㉱ 

해설 악취방지 장치 및 콕이 붙은 배수구 정면도 기호 :

126. P&I 플로시트의 작성에 관한 설명 중 틀린 것은?

㉮ 장치 조작의 전기능이 구체적으로 요약되어야 한다.
㉯ 계기류에는 계기 기호, 계기 번호를 반드시 명시할 필요가 없다.
㉰ 배관의 라인번호는 정확하게 기입한다.
㉱ 프로세스용과 유틸리티용으로 대별된다.

해설 P&I 플로시트 작성 시 계기류에는 계기기호, 계기번호를 반드시 명시하여야 한다.

127. 2개 이상의 관을 동일한 지지대 위에 나란히 배관할 경우 지면의 높이를 기준면으로 하고 관 밑면까지 높이를 3,000mm라 할 때 치수 기입법으로 적합한 것은?

㉮ BOP EL 3000
㉯ TOP EL 3000
㉰ BOP GL 3000
㉱ TOP GL 3000

해설 GL+BOP 3000

128. 파이프 속을 흐르는 유체가 기름임을 표시하는 기호는?

㉮ W ㉯ G ㉰ O ㉱ A

해설 ① W : 물, ② G : 가스, ③ O : 오일, ④ A : 공기, ⑤ S : 스팀

정답 124. ㉱ 125. ㉯ 126. ㉯ 127. ㉰ 128. ㉰

129. 다음 도시기호 중 접속된 계기가 온도계인 것을 나타낸 것은?

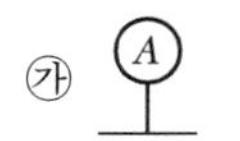

㉮ (A) ㉯ (T) ㉰ (P) ㉱ (I)

해설 온도계 : (T), 압력계 : (P)

130. 다음 중 벨로스형 신축 조인트를 표시한 것은?

㉮ 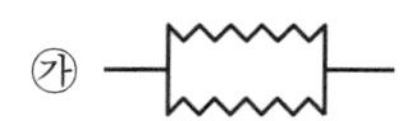

㉯
㉰ 
㉱ 

해설 ㉮ 벨로스형, ㉯ 슬리브형, ㉱ 루프형

131. 입체 배관도로 작도한 도면으로 배관의 일부분만을 등각투영법으로 표시한 배관도 명칭으로 가장 적합한 것은?

㉮ 평면배관도
㉯ 입면배관도
㉰ 매치배관도
㉱ 부분배관도

해설 부분배관도 : 입체배관도로 작도한 도면으로 배관의 일부분만을 등각투영법으로 표시한 배관도 명칭

132. CNC 파이프 밴딩 머신으로 그림과 같이 관을 굽히고자 한다. 프로그램을 작성하는 데 1점의 X, Y 좌표가 (0, 0)일 때 5점의 절대좌표는?

㉮ (250, 300)
㉯ (300, −250)
㉰ (400, −250)
㉱ (400, 250)

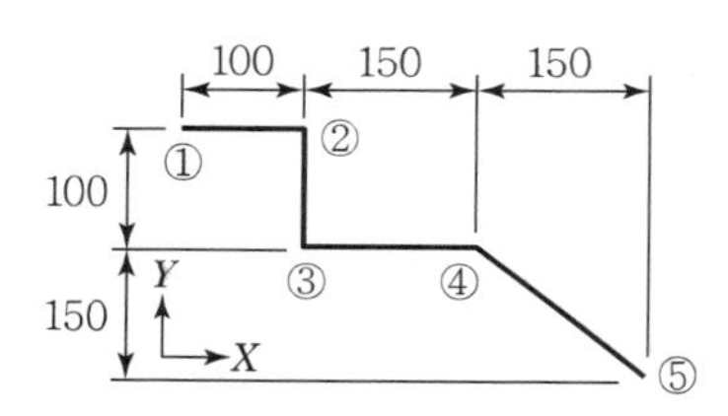

해설 $100+150+150=400\text{mm}$
$100+150=250\text{mm}$
$\therefore (400-250)=150\text{mm}$

133. 가동식 관 이음 도시기호 중 플랙시블 커플링 도시기호는?

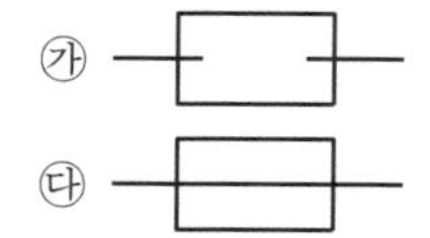
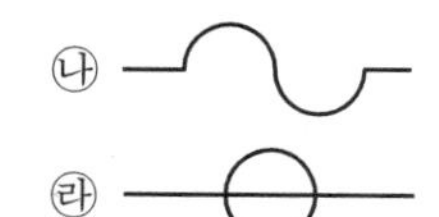

㉮ ㉯ ㉰ ㉱

해설 플랙시블 커플링 도시기호 :

정답 129. ㉯ 130. ㉮ 131. ㉱ 132. ㉰ 133. ㉯

134. 보기와 같이 도시된 평면도를 입체도로 올바르게 표시한 것은?

(보기)

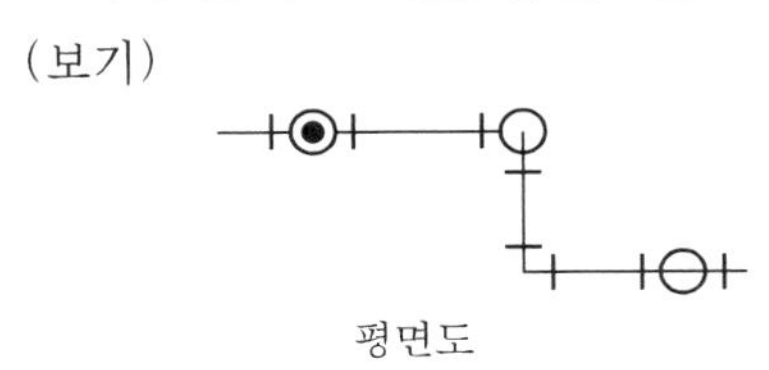

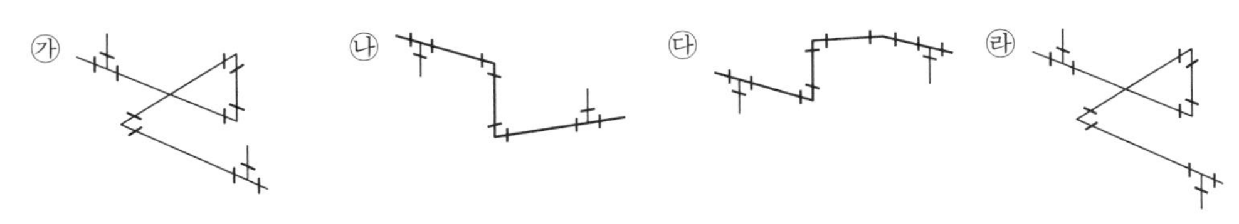

135. 표준화를 CAD에 적용 시 자동화에 적합한 설계기술 업무와 도면작성에 관한 분야로 분류 시에 다음 중 설계기술 업무 분야인 것은?

㉮ 단순한 도형의 배열이나 원, 곡선 등이 많은 분야
㉯ 도면작성이 숙련된 기능에 의해 작성되는 분야
㉰ 여러 개의 설계조건 중 가장 적합한 것을 골라내는 경우
㉱ 정밀한 도형이나 도형이 반복되는 작업인 경우

해설 표준화를 CAD에 적용 시
① 자동화에 적합한 설계기술 업무분야
② 도면작성에 관한 분야

136. 보기와 같은 배관지지 도시기호의 의미로 가장 적합한 것은?

(보기) G

㉮ 스프링 지지 ㉯ 행거 ㉰ 앵커 ㉱ 가이드

해설

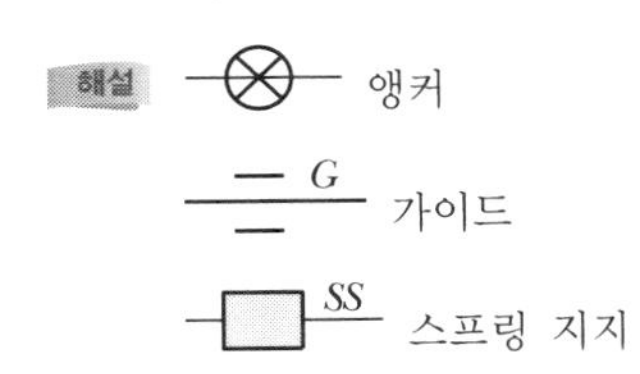

137. 다음 중 공기조화 배관설비에서의 풍량조절 댐퍼로 가장 적합한 기호는?

㉮
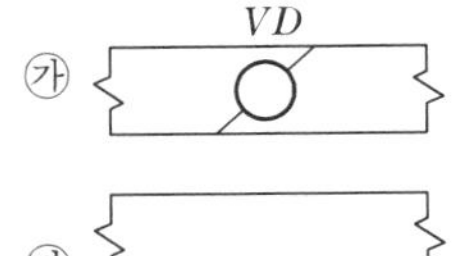

㉯
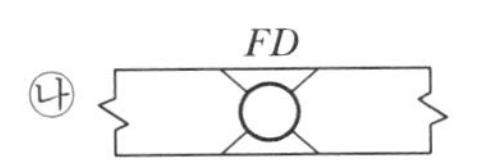

㉰
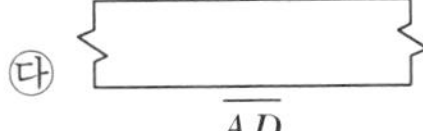

㉱

정답 134. ㉱ 135. ㉰ 136. ㉱ 137. ㉮

해설 VD : 풍량조절 댐퍼
※ FD : 방화댐퍼, MD : 전동댐퍼, SD : 방연댐퍼

138. 파이프 표면에 연한 노란색이 칠해져 있는 경우 파이프 내의 물질의 종류는?

㉮ 기름 ㉯ 증기 ㉰ 전기 ㉱ 가스

해설 증기 : 어두운 적색
기름 : 어두운 황적색
가스 : 황색 배관
전기 : 연한 황적색

139. 다음 유체의 종류 기호 연결 중 잘못된 것은?

㉮ 기름 – O ㉯ 증기 – W ㉰ 가스 – G ㉱ 공기 – A

해설 증기 : S

140. 다음 중 볼밸브의 KS 배관 도시기호인 것은?

㉮ 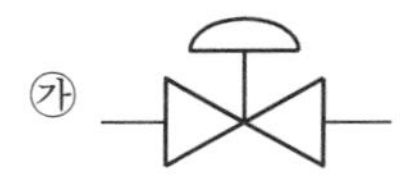

㉯ 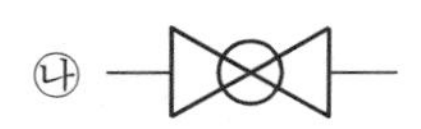

㉰ 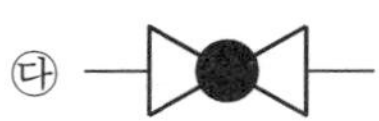

㉱ 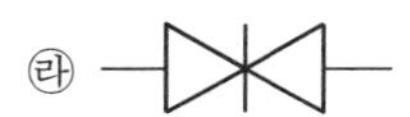

해설 : 볼밸브

141. KS 배관 도시기호 중 유체의 역류 방지용 체크밸브에 대한 기호로 맞는 것은?

㉮ 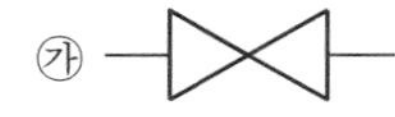

㉯ 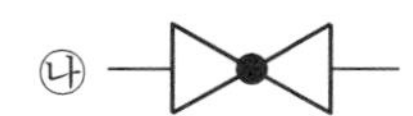

㉰ 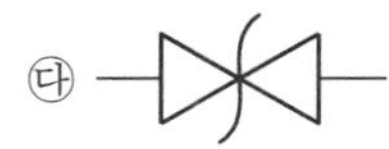

㉱ 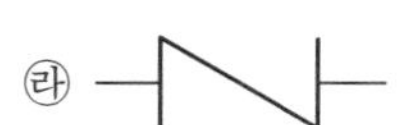

해설 ㉮ 게이트밸브, ㉯ 글로브밸브, ㉰ 스프링 안전밸브, ㉱ 체크밸브

142. 배관설비와 관련된 계장도시기호 중 잘못 설명된 것은?

㉮ A – 경보 ㉯ M – 기타 변량
㉰ F – 유량 ㉱ D – 밀도

해설 A : 경보, I : 지시, V : 밸브
C : 조절, R : 기록, E : 검출기, S : 적산

143. 관의 말단부의 표시방법에서 폐지 플랜지 도시기호인 것은?

해설 ‖—— : 폐지 플랜지 도시기호

144. 다음 그림 중 가이드(Guide)는 어느 것인가?

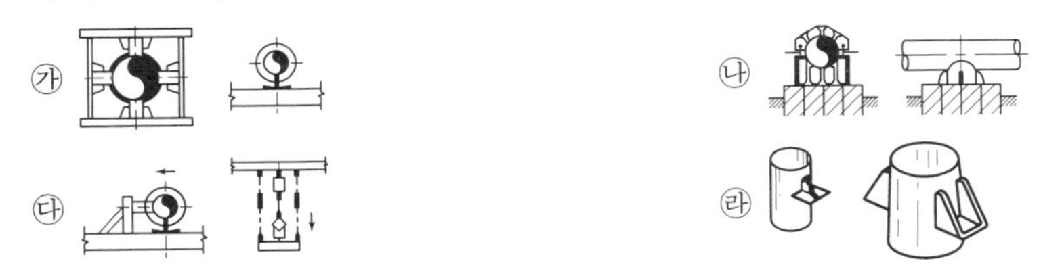

해설 ㉮는 가이드, ㉯는 앵커, ㉰는 스톱, ㉱는 러그

145. 배관설비의 부분조립도를 의미하는 영문 표기인 것은?

㉮ U.F.D.　　　㉯ Plot Plan
㉰ P.I.D.　　　㉱ Spool Drawing

해설 부분조립도는 입체부분도 또는 스풀 드로잉(Spool Drawing)이라 한다.

146. 보기 등각도는 관 "A"가 아래쪽으로 비스듬히 내려가 있는 B와 접합되어 있는 경우 올바르게 된 정투영도는?(단, 화면에서 직각 이외의 각도로 배관된 경우이다.)

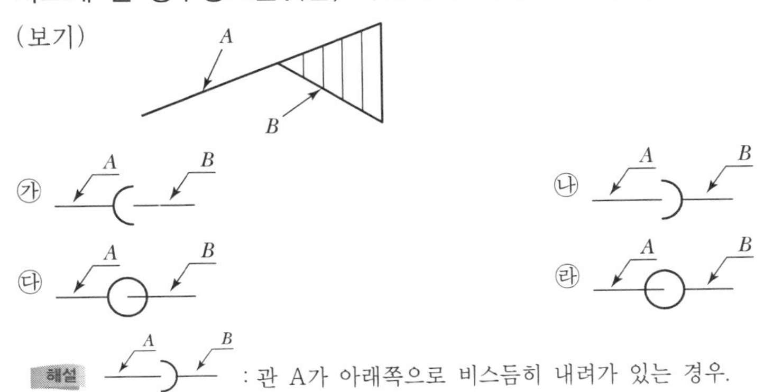

해설 : 관 A가 아래쪽으로 비스듬히 내려가 있는 경우.

정답 143. ㉮ 144. ㉮ 145. ㉱ 146. ㉯

정투영도		등각도
관 A가 위쪽으로 비스듬히 일어서 있는 경우	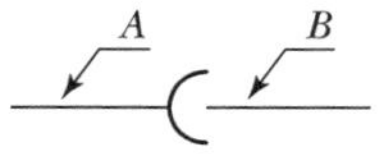 A B	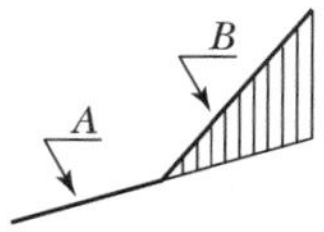 B A
관 A가 아래쪽으로 비스듬히 내려가 있는 경우	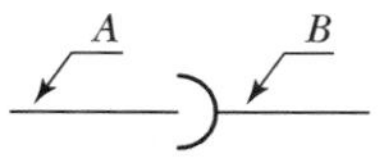 A B	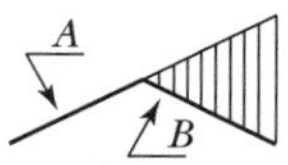 A B
관 A가 수평 방향에서 바로 앞쪽으로 비스듬히 구부러져 있는 경우	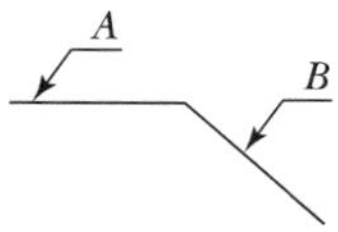 A B	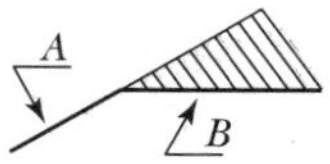 A B
관 A가 수평 방향으로 화면에 비스듬히 반대쪽 윗방향으로 일어서 있는 경우	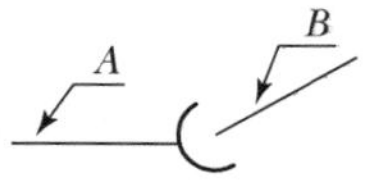 B A	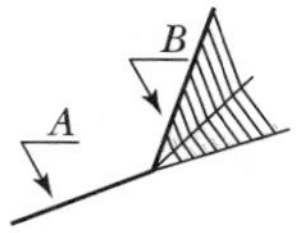 B A
관 A가 수평 방향으로 화면에 비스듬히 바로 앞쪽 윗방향으로 일어서 있는 경우	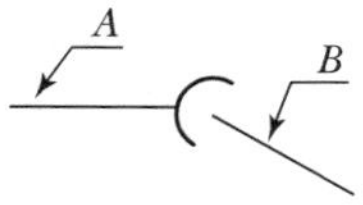 A B	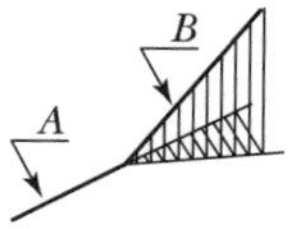 B A

[비고] 등각도의 관의 방향을 표시하는 가는 실선의 평행선 군을 그리는 방법에 대하여는 KS A0111 (제도에 사용하는 투상법) 참조

CHAPTER 02 판금

1. 직관을 이용하여 중심각이 90°인 3편 마이터를 만들려고 한다. 절단각은 얼마인가?

㉮ 45° ㉯ 22.5° ㉰ 15° ㉱ 30°

해설 절단각$= \dfrac{\theta}{(\text{편수}-1)\times 2} = \dfrac{90}{(3-1)\times 2} = 22.5°$

2. 100A 강관으로 반지름이 R=800mm의 6편 마이터(Miter) 배관을 제작하고자 한다. 절단각은 얼마인가?

㉮ 7.5° ㉯ 9° ㉰ 15° ㉱ 22.5°

해설 절단각$= \dfrac{\text{중심각}}{(\text{편수}-1)\times 2} = \dfrac{90}{(6-1)\times 2} = 9°$

※ R 800mm = 90°

3. 90곡관을 3편 마이터(3 Pieces Miter)로 만들려고 할 때 1편의 절단각 θ는 몇 도인가?

㉮ 45°
㉯ 30°
㉰ 22.5°
㉱ 15°

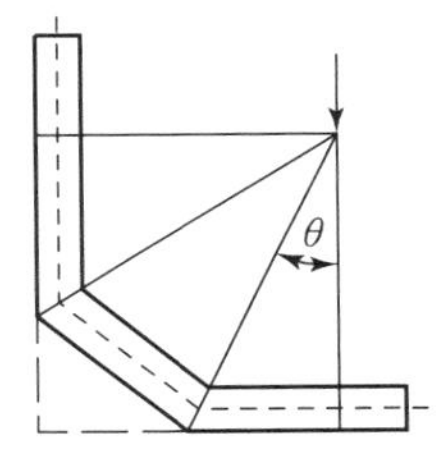

해설 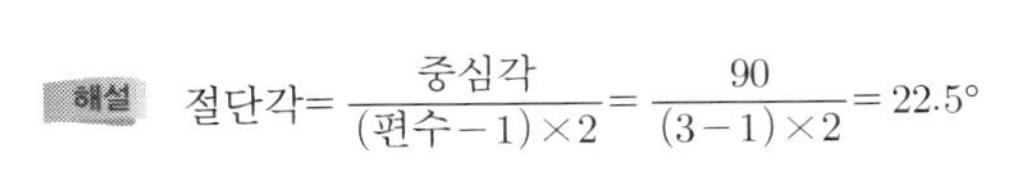
절단각$= \dfrac{\text{중심각}}{(\text{편수}-1)\times 2} = \dfrac{90}{(3-1)\times 2} = 22.5°$

4. 오른쪽 그림은 등각입체 배관도를 나타낸 것이다. 수평선과 X, Z축이 이루는 각도 θ는 몇 도인가?

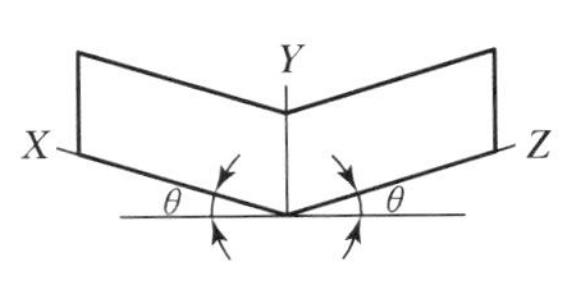

㉮ 15°
㉯ 30°
㉰ 45°
㉱ 60°

해설

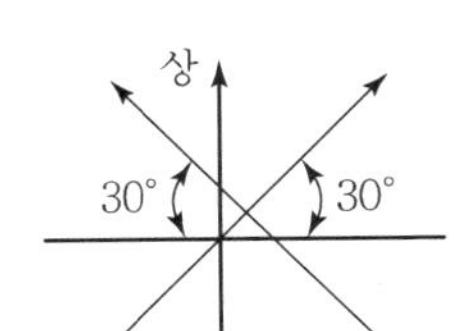

[입체투상배관]

5. 강관을 4조각 내어 90° 마이터관을 만들려할 때 절단각은 얼마인가?

㉮ 7.5° ㉯ 11.25°
㉰ 15° ㉱ 22.5°

해설 $\text{절단각}=\frac{\text{중심각}}{(\text{편수}-1)\times 2}=\frac{90}{(4-1)\times 2}=15°$

6. 플랜트 배관 성형가공작업과 관련한 일반적인 판금 전개방법이 아닌 것은?

㉮ 방사선 전개법 ㉯ 삼각형 전개법
㉰ 평행선 전개법 ㉱ 투영선 전개법

해설 플랜트 배관 성형가공작업 시 일반적인 판금 전개방법
① 방사선 전개법
② 삼각형 전개법
③ 평행선 전개법

 정답 5. ㉰ 6. ㉱

PART 04

배관시공 출제예상문제

01 급수설비

CHAPTER

1. 관지름 20mm, 배관 연장길이 19m, 압력탱크에서 높이가 10m인 3층 주방 싱크대에 급수배관을 할 경우 압력탱크의 최저수압은 약 몇 kgf/cm^2인가?(단, 총 마찰손실수두는 5mAq, 주방 싱크에서의 최저수압은 $0.3kgf/cm^2$임)

㉮ 1.8 ㉯ 2.5
㉰ 3.2 ㉱ 3.7

해설 $P = P_1 + P_2 + P_3$

$10mH_2O = 1kg/cm^2$

$5mH_2O = 0.5kg/cm^2$

$\therefore\ P = 1 + 0.5 + 0.3 = 1.8kgf/cm^2$

2. 펌프의 종류 중 고양정, 대유량용으로 유체를 이송시키는 데 가장 적당한 펌프는?

㉮ 왕복식 펌프 ㉯ 원심 펌프
㉰ 로터리 펌프 ㉱ 축류 펌프

해설 원심식 터빈 펌프 : 고양정(20m 이상) 대유량용 급수펌프이다.

3. 옥상 탱크식 급수법의 양수관이 25A일 때 옥상탱크의 오버플로관(Over Flow Pipe)의 구경으로 가장 적당한 것은?

㉮ 25A ㉯ 50A
㉰ 75A ㉱ 100A

해설 오버플로관의 크기 = 양수관×2배 = 25×2 = 50A 이상

4. 급수펌프 설치 시 캐비테이션(Cavitation) 발생 방지법에 대한 설명으로 틀린 것은?

㉮ 흡입 관경을 크게 하고 길이를 짧게 한다.
㉯ 단흡입을 양흡입으로 한다.
㉰ 굴곡부를 최소로 줄인다.
㉱ 회전수를 빠르게 한다.

해설 캐비테이션(공동현상)을 방지하려면 회전수를 느리게 한다.

정답 1. ㉮ 2. ㉯ 3. ㉯ 4. ㉱

5. 물탱크의 자유표면에서 깊이가 25m인 지점에 있는 밸브의 게이지 압력은 몇 kgf/cm^2인가?

㉮ 0.25 ㉯ 2.5 ㉰ 25 ㉱ 250

해설 $10mAq = 1kgf/cm^2$
$\therefore\ 25mAq = 2.5kgf/cm^2$

6. 항상 일정한 수압으로 급수할 수 있는 급수방식은?

㉮ 고가탱크식 ㉯ 수도직결식 ㉰ 압력탱크식 ㉱ 상향배관식

해설 급수고가탱크식 : 항상 일정한 수압으로 급수하는 방식이다.

7. 급수펌프 배관 시공에 관한 설명으로 틀린 것은?

㉮ 흡입관은 되도록 짧고 굴곡이 적게 한다.
㉯ 토출 수평관은 공기가 차지 않도록 올림구배를 한다.
㉰ 토출쪽 수직 상부에 수격작용 방지시설을 한다.
㉱ 토출양정이 18m 이상이면 토출구와 토출밸브 사이에 체크밸브를 설치하지 않는다.

해설 토출양정이 10m 이상이면 수격작용 또는 역류방지를 위하여 체크밸브를 설치한다.

8. 급수설비에서 수질오염 방지대책에 관한 설명으로 틀린 것은?

㉮ 빗물이 침입할 수 없는 구조로 하여야 한다.
㉯ 급수 탱크 내부에 급수 이외의 배관이 통해서는 안 된다.
㉰ 지하탱크나 옥상탱크는 건물 골조를 공용으로 이용하여 만들어야 한다.
㉱ 역사이펀 작용을 막기 위해서 급수관이 부압으로 되었을 때, 물이 역류되어 빨려 들어가지 않는 구조로 시공해야 한다.

해설 지하탱크나 옥상탱크는 건물 골조를 개별로 이용하여 만든다.

9. 급수펌프 시공 시 25mm 흡입관을 설치하려 한다. 흡입구는 흡수면에서 다음 중 몇 mm 이상 물속에 넣어 공기흡입을 방지해야 하는가?

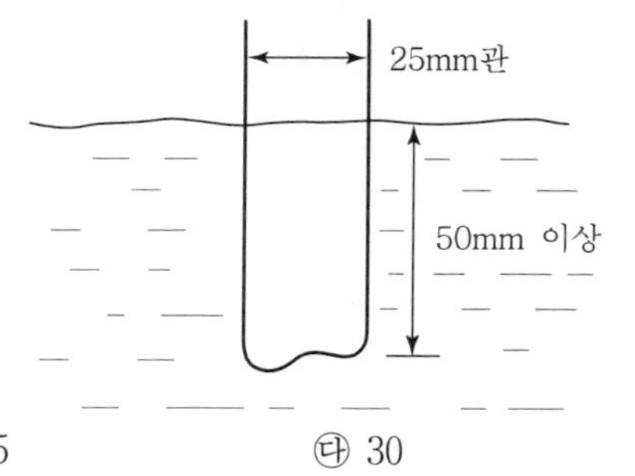

㉮ 5 ㉯ 15 ㉰ 30 ㉱ 50

 정답 5. ㉯ 6. ㉮ 7. ㉱ 8. ㉰ 9. ㉱

10. 압력탱크 급수방식의 특징을 설명한 것으로 올바른 것은?

㉮ 건물의 구조를 강화시킬 필요가 있다.
㉯ 고가 수조를 설치할 필요가 있다.
㉰ 취급이 쉽고 고장이 적어 대규모 건축에 적합하다.
㉱ 유효사용 수량이 적을 때, 수량의 변화가 압력에 영향을 준다.

해설 압력탱크 급수방식은 탱크를 지상에 설치하며 유효사용량이 적을 때 수량의 변화가 압력에 영향을 준다.

11. 옥상탱크식 급수설비로 3층에 급수하는 경우 수도본관에서 3층 수전의 수전까지 높이가 10m라면 수도본관에서 옥상탱크까지의 최소 높이는 얼마가 되어야 하는가?(단, 수전의 최소압력이 $0.3kg/cm^2$, 옥상탱크까지 배관의 마찰손실수두가 $0.2kg/cm^2$로 가정한다.)

㉮ 11m ㉯ 15m
㉰ 20m ㉱ 26m

해설 $0.3+0.2=0.5kg/cm^2=5mAq$
$\therefore\ 5+10=15mAq$

12. 위생배관시공에 관한 설명으로 올바른 것은?

㉮ 가옥 배수관이 공공 배수관에 연결되는 곳에는 이물질을 제거하도록 여과기를 설치한다.
㉯ 위생기구의 통기관은 기구 배수구 근처 통기 수직관으로 바로 연결할 수 있다.
㉰ 간접배수 수직관의 신정 통기관과 일반배수 수직관의 신정 통기관은 함께 사용할 수 없다.
㉱ 통기가 불량한 위치에서 배수를 원활하게 할 수 있도록 하는 방법이 간접배수이다.

해설 배수관 시공법에서 간접배수관의 신정 통기는 일반배수 수직관의 신정 통기 또는 통기 수직관에 연결하지 않고 단독으로 옥상에 세워 대기 중에 개구해야 한다.
(배수통기관=신정 통기관)

13. 비중 1.2의 유체를 $7.5m^3/min$ 유량으로 높이 12m까지 올리려면 펌프의 동력은 약 몇 kW가 필요한가?

㉮ 17.64 ㉯ 10.14
㉰ 11.2 ㉱ 15.01

해설 $kW=\frac{1,000\times r\times Q\times H}{102\times 60\times \eta}=\frac{1,000\times 1.2\times 7.5\times 12}{102\times 60\times 1}=17.64kW$

14. 표준대기압에서 일반적인 원심펌프의 실용적인 흡입양정으로 가장 적합한 것은?

㉮ 7m ㉯ 10m
㉰ 13m ㉱ 15m

해설 표준대기압(1atm)=10.33mAq에서 실용적인 흡입양정은 7mAq

정답 10. ㉱ 11. ㉯ 12. ㉰ 13. ㉮ 14. ㉮

15. 비중 1.2의 유체를 4m³/min 유량으로 높이 12m까지 올리려면 펌프의 동력은 약 몇 kW가 필요한가?

㉮ 9.41　　㉯ 10.14
㉰ 11.2　　㉱ 15.01

해설 $kW=\dfrac{1,000\times r\times Q\times H}{102\times 60\times \eta}=\dfrac{1,000\times 1.2\times 4\times 12}{102\times 60\times 1}=9.41kW$

16. 관 속을 흐르는 물을 갑자기 정지시키거나 용기에 차 있는 물을 갑자기 흐르게 하면 관로에 수격작용이 생기므로 이를 방지하기 위해 공기실을 설치해야 한다. 다음 중에서 공기실 설치위치로 가장 적합한 것은?

㉮ 펌프의 흡입구　　㉯ 급속 개폐식 수전 가까운 곳
㉰ 펌프의 출구　　㉱ 급속 개폐식 수전에서 먼 곳

해설 공기실 설치위치 : 급속 개폐식 수전 가까운 곳

17. 건축배관에서 가장 높은 급수밸브에서의 필요 최저압력이 0.3kgf/cm², 1층 주관에서 가장 높은 급수밸브까지 수직높이가 8m, 급수밸브까지의 관 마찰손실수두가 3m이면, 1층 주관에서 옥상탱크까지의 최저높이는 얼마인가?

㉮ 5m　　㉯ 7m
㉰ 9m　　㉱ 14m

해설 $0.3kgf/cm^2=3mAq$
$\therefore\ 3+8+3=14mAq$

18. 급수설비 시공 시 용도가 다른 배관과 잘못 연결되지 않도록 하고, 상수계통 배관의 공급단에는 송출구와 수수용기 사이에 송수구의 공간을 확보하고, 확보할 수 없을 때는 역류 방지용 수전 또는 무엇을 설치해야 하는가?

㉮ 진공차단기(Vacuum Breaker)
㉯ 볼이음(Balt Joint)
㉰ 푸트밸브(Foot Valve)
㉱ TS 이음

해설 진공차단기 : 상수계통 배관의 공급단에 송출구와 수수용기 사이에 송수구의 공간 확보가 어려우면 역류방지용 또는 수전이나 진공차단기 등을 설치한다.

 정답 15. ㉮ 16. ㉯ 17. ㉱ 18. ㉮

02 배수 및 통기배관

CHAPTER

1. 배관용 공기기구 사용 시 안전수칙 중 틀린 것은?

㉮ 처음에는 천천히 열고 일시에 전부 열지 않는다.
㉯ 기구 등의 변동으로 인한 재해에 항상 대비한다.
㉰ 공기 기구를 사용할 때는 방진 안경을 사용한다.
㉱ 활동부에는 항상 기름 또는 그리스가 없도록 깨끗이 닦아 준다.

해설 배관용 공기 기구 활동부에는 항상 그리스 등의 살포가 필요하다.

2. 배수 거리가 짧은 아파트 등에 별도의 통기관이 필요 없이 배수를 회전시켜 공기 코어를 형성시켜서 배수와 통기를 실시하며 신정 통기관이 필요한 배수 통기방식으로 디플렉터와 브레이크실이 있는 배수 통기방식은?

㉮ 소벤트 방식(Sovent System)
㉯ 섹스티아 방식(Sextia System)
㉰ 구보타 방식(Kubota System)
㉱ 코지마 방식(Kohima System)

해설 섹스티아 방식 : 배수거리가 짧은 아파트 등에 별도의 통기관이 필요없이 배수를 회전시켜 공기 코어를 형성시켜서 배수와 통기를 실시하며 신정 통기관이 필요한 배수 통기방식이다.

3. 다음 중 통기관을 설치하는 가장 중요한 이유는?

㉮ 실내 환기를 위하여
㉯ 배수량 조절을 위하여
㉰ 유독가스를 제거하기 위하여
㉱ 트랩 내 봉수를 보호하기 위하여

해설 통기관의 설치 이유는 트랩 내 봉수를 보호하기 위함이다.

4. 배수 통기배관의 시공상 주의사항을 바르게 설명한 것은?

㉮ 배수 트랩은 반드시 2중으로 한다.
㉯ 냉장고의 배수는 반드시 간접배수로 한다.
㉰ 배수 입관의 최하단에는 트랩을 설치한다.
㉱ 통기관은 기구의 오버플로선 이하에서 통기입관에 연결한다.

해설 냉장고의 증발기에서 수증기가 응축되면 반드시 간접배수를 실시하여 제거한다. 즉 물을 루트에 모아 하류 배수관을 이용하여 배출한다.

정답 1. ㉱ 2. ㉯ 3. ㉱ 4. ㉯

5. 정화조의 입구에서 출구까지 순서대로 가장 적합한 것은?

㉮ 부패조 → 산화조 → 소독조 → 예비여과조
㉯ 부패조 → 예비여과조 → 산화조 → 소독조
㉰ 산화조 → 소독조 → 부패조 → 예비여과조
㉱ 산화조 → 예비여과조 → 부패조 → 소독조

해설 정화조의 설비순서
부패조 → 예비여과조 → 산화조 → 소독조

6. 통기관의 루프 통기방법에 관한 설명으로 틀린 것은?

㉮ 배수관 내의 압력 변동이 적게 발생된다고 예상되는 경우에 사용된다.
㉯ 자기 사이펀 작용이 발생되기 쉬운 기구와 배관이 연결되어 있을 때 적합하다.
㉰ 배수 수평 분기관이나 기구 배수관을 거쳐 각 트랩의 봉수를 간접적으로 보호하는 것이다.
㉱ 일반적으로 많이 사용되어 있는 방식으로 각개 통기관이 생략되는 방식이다.

해설 루프 통기관은 접속 시에 배수 수평분기관의 최상류기구 배수관이 접속된 하류측에서 직접 분기한다.

7. 특수 통기 배관법 중 소벤트(Sovent) 방법에 관한 설명으로 틀린 것은?

㉮ 섹스티아(Sextia) 이음쇠를 이용하여 배수를 선회운동시켜 소음을 감소시킨다.
㉯ 공기분리 이음쇠는 공기와 물을 분리시켜 배수수직관 내부에 공기 코어를 연속적으로 유지시킨다.
㉰ 공기혼합 이음쇠는 배수 수평 분기관으로부터 들어오는 배수와 공기를 수직관 안에서 혼합하는 역할을 한다.
㉱ 공기분리 이음쇠는 내부 돌기, 공기 분리실, 유입구, 통기구, 배출구 등으로 구성되어 있다.

8. 다음 배관에서 일반적으로 방로, 방동피복을 하지 않는 관은?

㉮ 통기관　　㉯ 급수관
㉰ 증기관　　㉱ 배수관

해설 통기관에는 방로, 방동피복을 하지 않는다.

9. 배수 수직관과 수평 분기관이 합류되는 지점의 수직관에서 내려온 배수의 수류에 선회력을 만들어 공기 코어가 지속되도록 만든 배수 통기방식은?

㉮ 섹스티아 방법　　㉯ 결합 통기방법
㉰ 신정 통기방법　　㉱ 소벤트 방법

해설 섹스티아 방법 : 배수 수직관과 수평 분기관이 합류되는 지점의 수직관에서 내려온 배수의 수류에 선회력을 만들어 공기 코어가 지속되도록 만든 배수 통기방식이다.

 정답 5. ㉯ 6. ㉯ 7. ㉮ 8. ㉮ 9. ㉮

10. 통기관의 루프 통기방법에 관한 설명으로 틀린 것은?

㉮ 배수관 내의 압력 변동이 적게 발생된다고 예상되는 경우에 사용된다.
㉯ 자기 사이펀 작용이 발생되기 쉬운 기구와 배관이 연결되어 있을 때 적합하다.
㉰ 배수 수평 분기관이나 기구 배수관을 거쳐 각 트랩의 봉수를 간접적으로 보호하는 것이다.
㉱ 일반적으로 많이 사용되는 방식으로 각개 통기관이 생략되는 방식이다.

해설 급수배관시공법에서 사이펀 작용을 일으키기 쉬운 배관은 피해야 한다.

11. 다음 중 통기관을 설치하는 가장 중요한 이유는?

㉮ 산소량의 풍부한 공급확보를 위해
㉯ 정화조를 정화하기 위해
㉰ 유독가스를 보관하기 위하여
㉱ 트랩 내 봉수를 보호하기 위하여

해설 통기관의 설치 목적은 트랩 내 봉수를 보호하기 위해 설치한다.

12. 배수설비에서 통기관을 사용하는 가장 중요한 목적은?

㉮ 변소의 오기를 방지하기 위하여
㉯ 트랩의 봉수를 보호하기 위하여
㉰ 급수의 역류를 방지하기 위하여
㉱ 독성가스를 배출하기 위해

해설 **배수 통기관** : 봉수가 사이펀 작용이나 역압작용으로 파괴되는 것을 방지하고 배수의 흐름을 정상화하기 위해 관내의 공기나 가스를 유통시키는 장치이다. 봉수의 깊이는 최소 50mm이다.

13. 배수배관에서 청소구 설치장소를 나타내었다. 잘못된 것은?

㉮ 배수관이 45° 이상의 각도로 방향을 전환하는 곳
㉯ 배수 수평 주관과 배수 수평 분기관의 분기점
㉰ 배수 수직관의 제일 윗부분 또는 그 근처
㉱ 길이가 긴 수평 배수관 중간(관경이 100A 이하일 때 15m 마다, 100A 이상일 때에는 30m 마다)

해설 **배수배관의 청소구 설치장소** : 배수 수직관의 최하부 또는 그 부근에 설치한다.

정답 **10.** ㉯ **11.** ㉱ **12.** ㉯ **13.** ㉰

03 급탕설비

CHAPTER

1. 급탕법 중 보일러에서 나온 증기를 물탱크 속에 불어 넣어 물을 가열하는 것으로 소음을 방지하기 위하여 스팀 사일런스를 사용하는 급탕방식은?

㉮ 기수 혼합식 ㉯ 보일러 간접 가열식
㉰ 가스 직접식 ㉱ 석탄 가열 증기 분무식

해설 **기수 혼합식** : 급탕법에서 보일러 증기를 물탱크 속에 불어넣어 물을 가열하는 것으로 소음을 방지하기 위하여 스팀 사일런스를 사용한다.

2. 급탕법 중 보일러에서 나온 증기를 물탱크 속에 불어 넣어 물을 가열하는 일명 스팀 사일런스 방식은?

㉮ 기수 혼합식 ㉯ 보일러 간접 가열식
㉰ 가스 직접식 ㉱ 석탄 가열 증기 분무식

해설 **기수 혼합식** : 급탕법이며 보일러 증기를 물탱크 속에 불어 넣어 물을 가열하는 방법

3. 스토리지(Storage)탱크 또는 탱크 히터(Tank Heater)라고 하는 증기를 공급하는 저탕조를 사용하는 급탕법은?

㉮ 직접 가열법 ㉯ 간접 가열법
㉰ 기수 혼합법 ㉱ 복사법

해설 **간접 가열식 급탕법** : 저탕탱크 속에 가열코일을 설치하여 증기를 공급하여 탱크 내의 물을 간접적으로 가열하는 급탕법이다. 증기의 압력은 0.3~1kgf/cm^2이다.

4. 간접 가열식 중앙 급탕법에 대한 설명 중 잘못된 것은?

㉮ 가열용 코일이 필요하다.
㉯ 고압 보일러가 필요하다.
㉰ 대규모 급탕설비에 적당하다.
㉱ 저탕조 내부에 스케일이 잘 생기지 않는다.

해설 **중앙식 급탕법** : ① 직접 가열식
② 간접 가열식(0.3~1kgf/cm^2 저압)
③ 기수 혼합식(1~4kg/cm^2)

 정답 1. ㉮ 2. ㉮ 3. ㉯ 4. ㉯

5. 간접 가열식에 비교한 직접 가열식 급탕설비의 특징이 아닌 것은?

㉮ 열효율 면에서 경제적이다.
㉯ 건물 높이에 해당하는 수압이 보일러에 생긴다.
㉰ 보일러 내부에 물때가 적어 수명이 길다.
㉱ 고층 건물보다는 주로 소규모 건물에 적합하다.

해설 직접 가열식과 보일러 내부의 물때와는 직접적인 관련이 없다.

6. 1시간 당 급탕 동시 사용량이 3,000l인 급탕주관의 관경으로 가장 적합한 것은?(단, 유속은 1m/sec이고, 순환탕량은 동시 사용량의 약 2.5배 정도로 한다.)

㉮ 25A ㉯ 42A
㉰ 50A ㉱ 80A

해설 $3{,}000 \times 2.5 = 7{,}500l = 7.5\text{m}^3$

$$d = \sqrt{\frac{4Q}{\pi V}} = \sqrt{\frac{4 \times 7.5}{3.14 \times 1 \times 3{,}600}} = 0.051\text{m} = 51\text{mm}$$

정답 5. ㉰ 6. ㉰

04 소화설비

CHAPTER

1. 건물의 외벽, 추녀 밑, 창, 지붕 등에 일정한 간격으로 배열하여 인접건물 화재 시 수막을 만드는 장치는?

㉮ 방화전　　㉯ 스프링클러
㉰ 드렌처　　㉱ 사이어미즈 커넥션

해설 드렌처 : 건물의 외벽, 추녀 및 창, 지붕 등에 일정한 간격으로 배열하여 인접 건물 화재 시 수막을 만드는 장치이다.

2. 창이나 벽, 처마, 지붕에 물을 뿌려 수막을 형성함으로써 인접 건물에 화재가 발생될 때 본 건물의 화재발생을 예방하는 설비는?

㉮ 스프링클러　　㉯ 서지 업서버
㉰ 프리액션설비　　㉱ 드렌처

해설 드렌처 : 창이나 벽, 처마, 지붕에 물을 뿌려 수막을 형성함으로써 인접건물에 화재가 발생될 때 건물의 화재발생을 예방하는 설비

3. 스프링클러설비에 설치하며 신축성이 없는 배관 내부에서 발생되는 수격작용을 방지 또는 완화시키기 위하여 설치하는 것은?

㉮ 시험밸브　　㉯ 유수 작동밸브
㉰ 서지 업서버　　㉱ 리터링 챔버

해설 서지 업서버 : 스프링클러설비에 설치하며 신축성이 없는 배관 내부에서 발생되는 수격작용을 방지 또는 완화시킨다.

4. 옥내 및 옥외 소화전 소화설비 배관에 관한 주의사항으로 틀린 것은?

㉮ 소화전 배관은 가능한 한 굴곡배관이 아닌 직선배관으로 시공한다.
㉯ 배관을 매설할 경우에는 중량물 통과와 동결에 대한 문제를 반드시 고려해야 한다.
㉰ 펌프가 작동하지 않을 경우 수온 상승에 의한 팽창을 억제하기 위하여 순환 배관을 하지 말아야 한다.
㉱ 옥내 배관 시에는 방습 및 보온에 주의해야 한다.

해설 소화설비에서 펌프가 작동하지 않을 경우 수온상승을 하여 팽창하는 것을 방지하기 위해 순환배관을 하여야 한다.

 정답 1. ㉰ 2. ㉱ 3. ㉰ 4. ㉰

5. 인접 건물에서 화재가 발생했을 때 인화를 방지하기 위해 창문, 출입구, 처마 끝에 노즐을 설치한 것은?

㉮ 스프링클러 ㉯ 드렌처 ㉰ 소화전 ㉱ 방화전

해설 드렌처 : 인접 건물에서 화재가 발생시 인화를 방지하기 위해 창문, 출입구, 처마 끝에 노즐을 설치한 것이다.

6. 드렌처 헤드의 설치 시 방호할 면의 길이에 대한 외벽용 간격의 수직거리로 다음 중 가장 적합한 것은?

㉮ 14m ㉯ 10m ㉰ 8m ㉱ 4m 이하

해설 Drencher(방화설비)는 방호할 면의 길이에 대한 외벽용 간격의 수직거리로 4m 이하에 설치한다.

7. 소화설비장치 중 연결 송수관의 송수구 설치에 관한 설명으로 틀린 것은?

㉮ 송수구는 쌍구형으로 하고, 소방차가 쉽게 접근할 수 있는 위치에 설치한다.
㉯ 송수구는 연결 송수관의 배관마다 1개 이상을 지면으로부터 높이 0.5m~1m 이하의 위치에 설치한다.
㉰ 건식 송수구 부근에는 반드시 체크밸브를 설치한다.
㉱ 송수구의 결합 금속구는 구경 65mm의 것을 설치한다.

해설 송수구의 지름은 65mm 암나사로 되어 있고 수직관에는 체크밸브를 설치한다.

정답 5. ㉯ 6. ㉱ 7. ㉰

05 온수난방설비

CHAPTER

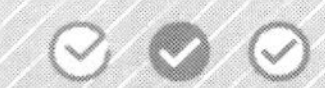

1. 밀폐식 탱크에 설치하지 않아도 되는 것은?

㉮ 압력계 ㉯ 배기관
㉰ 압축공기관 ㉱ 안전밸브

해설 배기관은 개방식 팽창탱크에 부착된다.

2. 15℃의 물 400kg에 85℃의 온수 몇 kg을 혼합하면 50℃의 온수를 얻을 수 있는가?

㉮ 450kg ㉯ 400kg ㉰ 250kg ㉱ 200kg

해설 $400\times1\times(50-15)=G\times1\times(85-50)$

$G=\dfrac{400\times1\times35}{1\times35}=400\text{kg}$

3. 온수 보일러 주위 배관 시공에 관한 내용이 틀린 것은?

㉮ 순환펌프는 온수의 온도가 낮은 곳에 설치한다.
㉯ 중력순환식의 경우 보일러 입구나 출구 쪽에 팽창관을 설치한다.
㉰ 강제순환식에서는 되도록 순환펌프 가까이 팽창관을 설치한다.
㉱ 펌프의 출구측에 충분히 압력을 줄 수 없는 곳에 팽창관을 설치한다.

해설 팽창관을 펌프의 출구측에 충분히 압력을 줄 수 있는 곳에 팽창관을 설치한다.

4. 5ℓ 의 물을 0℃에서 30℃로 가열하는 데 필요한 열량은 몇 kcal 인가?

㉮ 15 ㉯ 25 ㉰ 150 ㉱ 200

해설 $Q=G\times C_p\times\Delta t=5\times1\times(30-0)=150\text{kcal}$

5. 증기난방에 비해 온수난방의 특징을 설명한 것이 잘못된 것은?

㉮ 예열에 시간이 걸린다.
㉯ 난방부하의 변동에 따른 온도 조절이 곤란하다.
㉰ 동일 발열량에 비해 방열 면적이 많이 필요하다.
㉱ 보일러 취급이 용이하며 비교적 안전하다.

해설 온수난방은 온도조절밸브에 의해 난방부하 변동에 따른 온도조절이 용이하다.

정답 1. ㉯ 2. ㉯ 3. ㉱ 4. ㉰ 5. ㉯

6. 15℃의 물 400kg에 85℃의 온수 몇 kg을 혼합하면 50℃의 온수를 얻을 수 있는가?

㉮ 450kg ㉯ 400kg ㉰ 250kg ㉱ 200kg

해설 $400 \times 1 \times (50-15) = G \times 1 \times (85-50)$

$G = \frac{400 \times 1 \times (50-15)}{1 \times (85-50)} = 400\text{kg}$

7. 다음 중 온수난방 배관법인 역귀환방식인 것은?

㉮ 리프트 피팅(Lift Fitting) ㉯ 리버스 리턴(Reverse Return)

㉰ 하트포드 배관(Hartford Connection) ㉱ 냉각 레그(Cooling Leg)

해설 온수난방에서 리버스 리턴방식은 역귀환방식으로 온수의 흐름을 균등하게 한다.

8. 온수 난방의 장점 설명 중 잘못된 것은?

㉮ 유량을 제어하여 방열량을 조절할 수 있다.

㉯ 온수 보일러는 증기 보일러보다 취급이 용이하다.

㉰ 증기 트랩을 사용하지 않아서 고장이 적다.

㉱ 예열시간이 짧아서 단시간에 사용하기 편리하다.

해설 온수난방은 예열부하가 커서 단시간에 사용하기가 불편하다.

9. 온수 난방의 장점 설명 중 잘못된 것은?

㉮ 유량을 제어하여 방열량을 조절할 수 있다.

㉯ 온수 보일러는 증기 보일러보다 취급이 용이하다.

㉰ 증기 트랩을 사용하지 않아서 고장이 적다.

㉱ 가열시간이 짧아서 순간적인 난방공급에 사용하기 편리하다.

해설 온수난방은 열용량이 커서 예열시간이 길어서 단시간에 사용하기는 어렵다.

10. 16℃의 물 180kg에 85℃의 열수 몇 kg을 혼합하면 42℃의 온수를 얻을 수 있는가?

㉮ 약 243kg ㉯ 약 330kg ㉰ 약 270kg ㉱ 약 109kg

해설 $180 \times 1 \times (42-16) = G \times 1 \times (85-42)$

$G = \frac{180 \times (42-16)}{1 \times (85-42)} = 108.837\text{kg}$

11. 20℃의 유체 10kg을 80℃로 만드는 데 필요한 열량은 몇 kcal인가?(단, 이 유체의 비열은 0.5kcal/kg℃이다.)

㉮ 300 ㉯ 400 ㉰ 1,200 ㉱ 600

해설 $Q = G \times C_p(t_2 - t_1) = 10 \times 0.5 \times (80-20) = 300\text{kcal}$

정답 6. ㉯ 7. ㉯ 8. ㉱ 9. ㉱ 10. ㉱ 11. ㉮

CHAPTER

06 증기난방설비

1. 배기가스의 여열을 이용하여 급수를 가열하는 보일러 부속 장치는?

㉮ 증기 예열기
㉯ 공기 예열기
㉰ 재열기(Reheater)
㉱ 절탄기(Economizer)

해설 절탄기는 배기가스의 여열을 이용하여 급수를 가열하는 부속장치이다.

2. 증기의 성질에 관한 다음 설명 중 올바른 것은?

㉮ 온도가 낮을수록 증발잠열이 크다.
㉯ 건도 $x=1$일 때 포화수라고 한다.
㉰ 과열도가 낮을수록 이상 기체의 상태 방정식을 가장 잘 만족시킨다.
㉱ 엔탈피는 순수한 물 100℃를 기준으로 정해진다.

해설 포화수 온도가 낮을수록 물의
증발잠열은 크고 건조도 x가 1이면 건조포화증기이다. x값이 1 미만이면 습증기이다.

3. 증기난방법에서 일반적인 응축수의 환수방법이 아닌 것은?

㉮ 압력환수식
㉯ 중력환수식
㉰ 기계환수식
㉱ 진공환수식

해설 응축수 환수방법
① 중력환수식
② 기계환수식
③ 진공환수식

4. 진공환수식 증기난방법에서 저압증기 환수관이 진공펌프의 흡입구보다 낮은 위치에 있을 때 응축수를 끌어올리기 위해 관로에 설치하는 것을 무엇이라고 하는가?

㉮ 리프트 피팅(Lift Fitting)
㉯ 냉각관(Cooling Leg)
㉰ 아담슨 조인트(Adamson Joint)
㉱ 베큐엄 브레이커(Vacuum Breaker)

해설 리프트 피팅은 진공환수식 증기난방법에서 저압증기 환수관이 진공펌프의 흡입구보다 낮은 위치에 있을 때 응축수를 끌어올리기 위해 관로에 설치하며 1단 높이가 1.5m이다.

정답 1. ㉱ 2. ㉮ 3. ㉮ 4. ㉮

5. 보일러 응축수 회수기 및 배관에 관한 설명으로 틀린 것은?

㉮ 회수기 본체는 반드시 수평으로 설치한다.
㉯ 압력계는 사이펀관에 물을 주입한 후 설치한다.
㉰ 집수탱크는 본체 상부보다 낮게 설치한다.
㉱ 집수탱크와 보조탱크의 중간 흡입관과 응축수 송출구에는 체크밸브를 설치한다.

해설 집수탱크는 보일러 상부에 있는 것이 사용하기가 편리하다.

6. 난방시설에서 전열에 의한 손실열량이 10,000kcal/h이고, 환기손실열량이 2,700kcal/h인 곳에 증기난방을 할 경우 소요되는 주철제 방열기는 몇 절이 필요한가?(단, 방열기 1절의 방열 표면적은 0.28m²이고, 방열량은 650kcal/m²h이다.)

㉮ 20절 ㉯ 35절 ㉰ 50절 ㉱ 70절

해설 $E=\dfrac{10,000+2,700}{650\times0.28}=69.78$절

7. 저압증기난방에서 환수관이 고장 난 경우 보일러의 물이 유출되는 것을 방지하기 위한 배관 연결법인 것은?

㉮ 리프트피팅 연결법 ㉯ 하드포드 연결법
㉰ 역환수식 배관법 ㉱ 직접리턴방식

해설 하드포드 연결법이란 저압증기난방에서 환수관이 고장 난 경우 보일러 물이 유출되는 것을 방지하기 위한 배관 연결법이다.

8. 다음 보일러 내 부속장치의 역할에 관한 설명 중 올바르게 설명된 것은?

㉮ 과열기 : 과열증기를 사용함에 따라 포화증기가 된 것을 재가열한다.
㉯ 절탄기 : 연도 가스에서의 여열로 급수를 가열한다.
㉰ 공기 예열기 : 연도 가스에서의 여열로 전열 면적을 더욱 뜨겁게 한다.
㉱ 탈기기 : 물에 다량 함유된 염화물을 제거하기 위한 증류수를 만든다.

해설 ① 과열기 : 포화증기의 온도상승
② 절탄기 : 급수 가열기
③ 공기 예열기 : 연소용 공기 예열
④ 탈기기 : 물속의 용존산소 제거

9. 난방용 방열기 기호에서 W-V가 의미하는 뜻으로 다음 중에서 가장 적합한 것은?

㉮ 벽걸이 세로형 ㉯ 2주형 세로형
㉰ 벽걸이 가로형 ㉱ 2주형 가로형

해설 ① W : 벽걸이 방열기
② V : 수직형
③ H : 수평형

정답 5. ㉰ 6. ㉱ 7. ㉯ 8. ㉯ 9. ㉮

10. 1보일러 마력을 설명한 것으로 가장 올바른 것은?

㉮ 50℃의 물 10kg을 1시간에 전부 증기로 변화시키는 증발능력
㉯ 100℃의 물 15.65kg을 1시간 동안 같은 온도의 증기로 변화시키는 증발능력
㉰ 1시간에 1,565kcal의 증발량을 발생시키는 증발능력
㉱ 1시간에 약 6,280kcal의 증발량을 발생시키는 증발능력

해설 보일러 1마력
100℃의 물 15.65kg을 1시간 동안 같은 온도의 증기로 변화시킬 수 있는 능력(15.65×539=8,435kcal)

11. 보기와 같은 관말트랩장치의 위치별 치수로 다음 중 가장 적합한 것은?

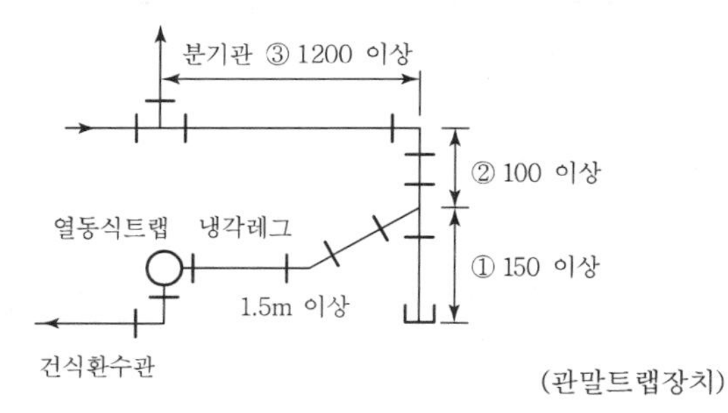

㉮ ① 150mm 이상, ② 100mm 이상, ③ 1,200mm 이상
㉯ ① 100mm 이상, ② 150mm 이상, ③ 250mm 이상
㉰ ① 100mm 이상, ② 250mm 이상, ③ 200mm 이상
㉱ ① 100mm 이상, ② 100mm 이상, ③ 100mm 이상

12. 1시간에 100℃의 물 15.65kg을 전부 증기로 만들려면 약 몇 kcal/h 필요한가?

㉮ 3,320 ㉯ 6,683 ㉰ 8,434 ㉱ 8,515

해설 100℃의 포화수 증발잠열은 539kcal/kg
539×15.65 = 8,435.35kcal/h

13. 0℃의 물 1kgf을 100℃의 포화증기로 만드는 데 필요한 열량은 몇 kcal인가?

㉮ 100 ㉯ 180 ㉰ 539 ㉱ 639

해설 물의 현열=1×1×(100－0)=100kcal
물의 증발열=1×539=539kcal
∴ Q=100+539=639kcal

14. 다음 중 응축된 유체를 재가열하여 증발시킬 목적으로 사용하는 열교환기는?

㉮ 예열기(Preheater) ㉯ 과열기(Super Heater)
㉰ 재비기(Reboiler) ㉱ 응축기(Condenser)

해설 재비기 : 응축된 유체를 재가열하여 증발시킬 목적으로 사용하는 열교환기이다.

 정답 10. ㉯ 11. ㉮ 12. ㉰ 13. ㉱ 14. ㉰

15. 저압증기 난방에서 환수관이 고장 난 경우 보일러의 물이 응축되는 것을 방지하기 위한 배관 연결법인 것은?

㉮ 리프트피팅 연결법 ㉯ 하드포드 연결법
㉰ 열환수식 배관법 ㉱ 직접리턴방식

해설 **하드포드 연결법** : 저압증기 난방에서 환수관이 고장 난 경우 보일러의 물이 유출되는 것을 방지하기 위한 배관 연결법

16. 진공환수식 증기난방에서 방열기보다 높은 곳에 환수관을 배관할 경우에 사용하는 것은?

㉮ 하드포드(Hardford) 배관법 ㉯ 리프트 피팅(Lift Fitting)
㉰ 파일럿 라인(Pilot Line) ㉱ 동층난방식

해설 **리프트 피팅** : 진공환수식 증기난방(100~250mmHg)에서 방열기보다 높은 곳에 환수관을 배관할 경우 1.5m 마다 펌프를 설치하여 환수시킨다.

17. 배기가스의 여열을 이용하여 급수를 가열하는 보일러 부속장치는?

㉮ 증기 예열기 ㉯ 공기 예열기
㉰ 재열기(Reheater) ㉱ 절탄기(Economizer)

해설 **절탄기** : 보일러에서 배기가스의 여열로 급수를 예열시켜 보일러 효율을 높인다.

18. 여러 가지 배관 분야에서 많이 쓰이는 바이패스(By-pass)관을 설치한 다음 예 중 가장 적합한 것은?

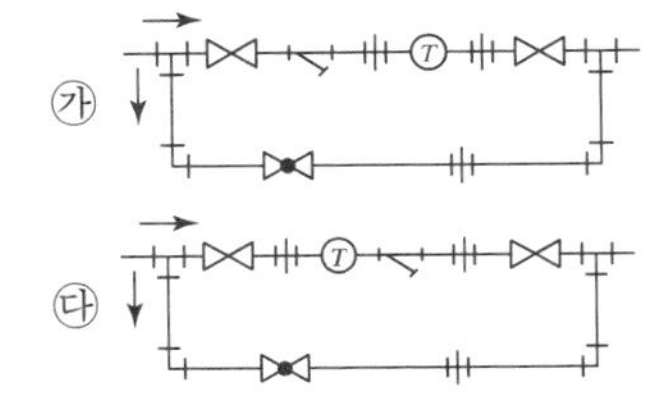

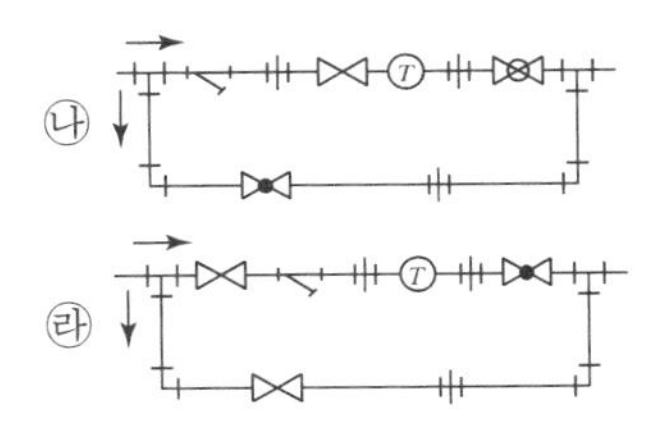

해설 트랩의 바이패스 배관은 ㉮이다.

19. 보일러의 과열로 인한 파열의 원인이 아닌 것은?

㉮ 화염이 국부적으로 집중 연소될 경우
㉯ 보일러수에 유지분이 함유되어 있는 경우
㉰ 스케일 부착으로 열전도율이 저하될 경우
㉱ 물 순환이 양호하여 증기의 온도가 상승될 경우

해설 보일러에서 물 순환이 양호하면 보일러 과열이 방지된다.

정답 15. ㉯ 16. ㉯ 17. ㉱ 18. ㉮ 19. ㉱

20. 배기가스의 현열을 이용하여 급수를 예열하는 보일러 부속 장치는?

㉮ 증기 예열기　　㉯ 공기 예열기
㉰ 재열기(Reheater)　　㉱ 절탄기(Economizer)

해설 절탄기 : 배기가스의 현열을 이용하여 급수를 예열하는 폐열회수장치 (열효율을 높이는 부속장치)

21. 보기와 같은 방열기를 나타낸 기호를 올바르게 설명할 것은?

㉮ 두 기둥이며, 지름은 18mm
㉯ 두 기둥형이며 높이는 650mm
㉰ 지름은 18mm이며 절수는 2개
㉱ 절수는 2개이며 크기는 25×25

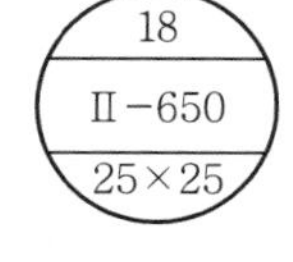

해설 ① 쪽수 : 18EA　　② Ⅱ : 2주형
③ 650 : 기둥형 높이(mm)　　④ 입구관 출구관 : 25×25mm

냉방 및 공기조화설비

1. 공기조화장치에서 응축기의 냉각용수를 다시 냉각시키는 장치를 무엇이라 하는가?

㉮ 냉각탑
㉯ 냉동실
㉰ 증발기
㉱ 팽창밸브

해설 냉각탑(쿨링타워)은 냉동기나 공기조화장치에서 응축기의 냉각온수를 다시 냉각시키는 장치로서 1RT는 3,900kcal/h이고 병류형, 향류형, 직교류형이 있다.

2. 설비자동화 유압시스템 결함 중 압력이 저하하는 원인이 아닌 것은?

㉮ 펌프의 흡입이 불량하다.
㉯ 구동동력이 부족하다.
㉰ 내부, 외부 누설이 증가한다.
㉱ 탱크 내의 유면이 너무 높다.

해설 탱크 내의 유면이 높아지면 압력이 증가하게 된다.
$10mAq = 1kgf/cm^2$
$100mAq = 10kgf/cm^2$가 된다.

3. 압축공기 배관에서 공기탱크를 설치하는 목적과 가장 관계가 적은 것은?

㉮ 맥동완화
㉯ 압축공기의 저장
㉰ 드레인 분리
㉱ 공기 냉각

해설 압축공기 배관의 공기탱크 설치 목적
① 맥동완화
② 압축공기의 저장
③ 드레인 분리

4. 공기조화 설비의 닥트 주요 요소인 가이드 베인의 용도로 다음 중 가장 적합한 설명은?

㉮ 대형 닥트의 풍량조절용이다.
㉯ 소형 닥트의 풍량조절용이다.
㉰ 닥트 분기 부분의 풍량조절을 한다.
㉱ 굽은(회전) 부분의 기류를 안정시킨다.

해설 닥트의 가이드 베인의 용도는 회전부분의 기류를 안정시킨다.

정답 1. ㉮ 2. ㉱ 3. ㉱ 4. ㉱

5. 배관용 공기기구 사용 시 안전수칙 중 틀린 것은?

㉮ 처음에는 천천히 열고 일시에 전부 열지 않는다.
㉯ 기구 등의 반동으로 인한 재해에 항상 대비한다.
㉰ 공기기구를 사용할 때는 방진 안경을 사용한다.
㉱ 활동부에는 항상 기름 또는 그리스가 없도록 깨끗이 닦아 준다.

해설 배관용 공기기구 사용 시 활동부에는 항상 그리스 등을 주입하여 사용이 편리하게 한다.

6. 유닛으로 들어가서 열 교환기, 노(爐) 등의 기기에 접속되는 원료 운반배관을 일반적으로 무엇이라고 하는가?

㉮ 파이프 랙 배관
㉯ 프로세스 배관
㉰ 유틸리티 배관
㉱ 라인 인덱스 배관

해설 프로세스 배관 : 유닛으로 들어가서 열 교환기 노 등의 기기에 접속되는 원료 운반배관을 말한다.

7. 공기조화설비에서 덕트 그릴에 댐퍼를 부착하여 풍량을 조절할 수 있으며, 벽면이나 천정에 부착하여 급기구로 사용하는 것은?

㉮ 가이드 베인
㉯ 디퓨저
㉰ 레지스터
㉱ 스플라인

해설 레지스터 : 덕트 그릴에 댐퍼를 부착하여 풍량을 조절할 수 있으며 벽면이나 천정에 부착하여 급기구로 사용한다.

8. 압축공기배관에서 토출관에 접속해 고온에서 증기를 함유한 압축공기를 냉각시키고 분리기에 의해 수분을 제거하도록 돕는 장치는?

㉮ 냉각탑
㉯ 중간 냉각기
㉰ 후부 냉각기
㉱ 공기탱크

해설 후부 냉각기 : 고온에서 증기를 함유한 압축가스를 냉각시키고 분리기에 의해 수분을 제거하도록 돕는 장치이다.

9. 공기수송 배관에서 분리기(Separator)의 설치 위치는?

㉮ 공기수송기의 맨 끝
㉯ 혼입기(Feeder)의 바로 앞
㉰ 수송관의 도중
㉱ 송풍기와 병용

해설 공기수송 배관의 분리기의 설치위치 : 공기 수송기의 맨 끝

정답 5. ㉱ 6. ㉯ 7. ㉰ 8. ㉰ 9. ㉮

CHAPTER 08

집진설비 및 세정설비

1. 안개 모양으로 흘러내리는 미세한 물방울로 공기와 직접 접촉시킴으로써 여과기를 통과할 때 제거되지 않는 먼지, 매연 등을 제거하는 장치는?

㉮ 습제기　　㉯ 공기세정기
㉰ 공기냉각기　　㉱ 공기가연기

해설 공기세정기 : 안개 모양의 미세한 물방울로 먼지나 매연 등을 제거하는 집진장치이다.

2. 다음 중 백 필터(Bag Filter)를 사용하는 집진장치는?

㉮ 원심력식　　㉯ 중력식
㉰ 전기식　　㉱ 여과식

해설 여과식 집진장치 : 건식이며 백 필터를 사용한다.

3. 다음 중 일반적인 집진장치의 종류가 아닌 것은?

㉮ 관성력식　　㉯ 원심력식
㉰ 여과식　　㉱ 압송식

해설 집진장치 : 관성식, 중력식, 원심력식, 여과식, 전기식, 가압수식

4. 다음 집진장치 중 일반적으로 가장 효율이 좋은 것은?

㉮ 중력 분리식 집진장치
㉯ 여과식 집진장치
㉰ 원심력 분리식 집진장치
㉱ 전기 집진장치

해설 전기식 집진장치는 효율이 99.5%까지이다.

5. 다음 중 일반적인 집진법의 종류가 아닌 것은?

㉮ 원심력식 집진법　　㉯ 세정식 집진법
㉰ 여과식 집진법　　㉱ 진공식 집진법

해설 집진장치
① 습식(세정식)
② 건식(원심력식, 여과식 등)
③ 전기식(코트렐식)

정답 1. ㉯ 2. ㉱ 3. ㉱ 4. ㉱ 5. ㉱

6. 유기용제의 세정제로서 난연성 불수용성의 액체이며 석유계 유기물의 용해 세정에 적합한 것은?

㉮ 황산　　　　㉯ 수산화나트륨
㉰ 암모니아　　㉱ 트리클로로 에틸렌

해설 **트리클로로 에틸렌** : 유기용제의 세정제이며 난연성 불수용성 액체이나 사용처는 석유계 유기물의 용해 세정

7. 기계적(물리적) 세정방법에 대한 설명 중 틀린 것은?

㉮ 물 분사기(Water Jet) 세정법 : 고압펌프를 설치 압송하는 제트차를 사용해 고압의 가스 상태로 분사하여 스케일을 제거하는 방법
㉯ 피그(Pig) 세정법 : 탑조류, 열교환기, 가열로 보일러 배관에 사용하는 방법으로 세정액을 순환시켜 세정하는 방법
㉰ 샌드 블라스트(Sand Blast) 세정법 : 공기압송장치 등으로 모래를 분사하여 스케일을 제거하는 방법
㉱ 숏 블라스트(Shot Blast) 세정법 : 공기압송장치 등으로 강구(Steel Ball)를 분사하여 스케일을 제거하는 방법

해설 **피그 세정법** : 불결한 금속 주괴형 금속의 불결한 곳의 스케일을 제거한다.

8. 백색 분말이며 다른 약품에 비해 취급이 간단하며 칼슘, 마그네슘 등을 용해하는 능력이 뛰어난 화학세정용 약제인 산은?

㉮ 염산　㉯ 불산　㉰ 구론산　㉱ 술파민산

해설 **술파민산** : 백색 분말로 취급이 간단하며 Ca, Mg 등을 용해하는 화학세정용이다.

9. 샌드 블라스트 세정법에 관한 설명 중 틀린 것은?

㉮ 공기 압송장치가 필요하다.
㉯ 모래를 분사하여 스케일을 제거한다.
㉰ 100A 이상의 대구경관이나 탱크에 사용한다.
㉱ 공기, 질소, 물 등의 압력과 화학 세정액을 병행 사용한다.

해설 **샌드 블라스트 세정법** : 공기압송장치 등으로 모래를 분사하여 스케일을 제거한다.

10. 화학 세정작업에서 성상이 분말이므로 취급이 용이하고 비교적 저온(40℃)에서도 물의 경도 성분을 제거할 수 있는 능력이 있으므로 수도설비 세정에 적합한 것은?

㉮ 염산　　㉯ 술파민산
㉰ 알코올　㉱ 트리클로로에틸렌

해설 **술파민산** : 분말이며 40℃ 이하에서도 물의 경도 성분을 제거할 수 있는 능력이 있다.

 정답 6. ㉱ 7. ㉯ 8. ㉱ 9. ㉱ 10. ㉯

11. 화학 세정작업에서 스케일이 경질일 때, 실리카 등이 많을 때, 산세정 단독으로는 용해가 곤란한 경우에 산세정 전처리로 실시하는 것은?

㉮ 유화처리
㉯ 중화 세정
㉰ 소다(Soda) 세정
㉱ 유기용제 세정

해설 유화처리 : 화학 세정작업에서 산세정 단독으로 경질 스케일을 제거하기 어려울 때 전처리로 하는 세정이다.

12. 배관설비 화학 세정 시 고무 또는 합성수지를 용해시키는 약품은?

㉮ 암모니아
㉯ 인히비터 첨가 염산
㉰ 유기용제
㉱ 가성 소다

해설 유기용제 : 배관설비 화학 세정 시 고무 또는 합성수지를 용해시킨다.

정답 11. ㉮ 12. ㉰

09 플랜트 배관설비

CHAPTER

1. 수송원과 수송선이 여러 개소인 경우나 수송 계통이 많고 원거리인 경우에 가장 적합한 기송배관방식은?

㉮ 진공압송식 ㉯ 공기식
㉰ 압력배관식 ㉱ 수송식

해설 기송배관
① 진공식 배관
② 압송식 배관
③ 진공압송식 배관(수송원과 수송선이 여러 개인 경우, 수송계통이 많고 원거리에 사용)

2. 가스홀더에서 직접 홀더압을 이용해서 공급하는 가스공급 방법으로 대구경관이 필요하며 비용도 상승하게 되어 공급 범위가 한정된 가스공급방식인 것은?

㉮ 중앙 공급방식
㉯ 고압 공급방식
㉰ 혼합 공급방식
㉱ 저압 공급방식

해설 가스홀더 중 저압 공급방식은 유수식, 무수식이 있다. 직접 홀더압을 이용해서 가스를 공급하고 큰 지름의 관이 필요하다.

3. 제조공정에서 정제된 가스를 저장하여 가스의 품질을 균일하게 유지하면서 제조량과 수용량을 조절하는 것은?

㉮ 정압기(Governor)
㉯ 가스홀더(Gas Holder)
㉰ 분리기(Separator)
㉱ 송급기(Feeder)

해설 가스홀더 : 정제된 가스를 저장하여 가스의 품질을 균일하게 유지하면서 제조량과 수요량을 조절한다.

4. 제조공정에서 정제된 가스를 저장하여 가스의 품질을 균일하게 유지하며 제조량과 수요량을 조절하는 저장탱크를 무엇이라 하는가?

㉮ 정제기 ㉯ 가스홀더
㉰ 정압기 ㉱ 스토브

해설 가스홀더 : 가스의 제조량과 수요량을 조절하는 가스 저장탱크

 정답 1. ㉮ 2. ㉱ 3. ㉯ 4. ㉯

5. 다음 가스 공급시설에서 공급가스가 항상 소요공급압력이 되도록 조정하는 것은?

㉮ 가스홀더 ㉯ 정압기
㉰ 집진장치 ㉱ 공급관

해설 정압기(가버너) : 공급가스가 항상 소요설정압력으로 공급한다.

6. 도시가스 배관 시 유의할 사항의 설명 중 잘못된 것은?

㉮ 내식성이 있는 공급관은 하중에 견딜 수 있도록 지면으로부터 충분한 깊이로 매설한다.
㉯ 유지 관리상 가능한 경우 콘크리트 내 매설을 해주는 것이 좋다.
㉰ 가능하면 곡선 배관은 적게 시공한다.
㉱ 옥내 배관은 유지관리 측면에서 건물지하에는 배관하지 않는다.

해설 도시가스 배관은 유지관리상으로는 노출배관이 가장 이상적이다.

7. 가스 공급시설 중 가스 공급압력을 수요압력으로 조정하기 위한 기구는?

㉮ 유수식 가스홀더 ㉯ 거버너
㉰ 가스 미터 ㉱ 무수식 가스홀더

해설 거버너 : 가스 공급압력을 수요압력으로 조정하기 위한 기구

8. 기구 정압기 방식과 전용 정압기 방식 및 병용 공급방식으로 분류되는 도시가스 공급 방식은?

㉮ 저압 공급방식 ㉯ 중압 공급방식
㉰ 정압 공급방식 ㉱ 고압 공급방식

해설 중압 공급방식 : 기구 정압기와 전용 정압기 방식의 병용 공급방식($1.0 \sim 10\,kg/cm^2$)

9. 가스배관의 보수 또는 연장작업 시 배관 내에서 가스를 차단할 경우 다음 중 가장 적합한 것은?

㉮ 모래 ㉯ 가스 팩(Gas Pack)
㉰ 코르크(Cork) ㉱ 슈링크 튜브(Shrink Tube)

해설 가스 팩 : 가스 배관의 보수 또는 연장 작업 시 배관 내에서 가스를 차단할 경우에 사용된다.

10. 다음 중 기송배관의 분류방식이 아닌 것은?

㉮ 진공식(Vacuum Type) ㉯ 압송식(Pressure Type)
㉰ 실린더식(Cylinder Type) ㉱ 진공 압송식(Vacuum and Pressure Type)

해설 기송배관의 용도 : 분말이나 입자 등의 수송에 효과적이다.
① 진공식 배관
② 압송식 배관
③ 진공압송식 배관

정답 5. ㉯ 6. ㉯ 7. ㉯ 8. ㉯ 9. ㉯ 10. ㉰

11. 가스배관 시 하천, 수로를 횡단하는 매설배관의 경우 독성가스 누출의 방지를 위해 이중관으로 시공해야할 가스만으로 짝지은 것이 아닌 것은?

㉮ 암모니아, 염소
㉯ 포스겐, 산화에틸렌
㉰ 질소, 수소
㉱ 시안화수소, 황화수소

해설 질소는 불연성 가스, 수소는 가연성 가스이다. 2중관에 해당되는 가스는 독성가스이다.

 정답 11. ㉰

10 위생설비 및 소화설비

CHAPTER

1. 관의 세척에서 기계적인 세척보다 화학적인 세척의 이점을 열거한 것 중 틀린 것은?

㉮ 복잡한 내부 구조라도 평균된 세척효과를 얻을 수 있다.
㉯ 짧은 기간으로 공사를 완료할 수 있다.
㉰ 부식억제제 사용으로 모재의 손상이 적다.
㉱ 부분적으로 세척을 실시할 수 있다.

해설 ① ㉮, ㉯, ㉰는 화학적인 세척의 이점이다.
② 부분적인 세척은 기계적인 세척이 용이하다.

2. 배수 배관에서 청소구를 설치하지 않아도 좋은 곳은?

㉮ 가옥 배수관과 부지 하수관이 접속되는 곳
㉯ 수평지관의 최상단부
㉰ 배관이 45° 이상으로 구부러지는 곳
㉱ 배수 수직관의 직선거리 15m 이내마다

해설 청소구는 100mm 미만은 직선거리(수평관 직선거리) 15m 마다. 100mm 이상은 30m 마다 1개씩 설치한다.

3. 급수배관 시공 중 수격작용의 방지법으로 가장 적당한 것은?

㉮ 배관구배를 강제순환식의 경우에는 1/200의 구배로 한다.
㉯ 공기실을 설치한다.
㉰ 슬리브형 신축이음을 한다.
㉱ 중력 탱크를 사용한다.

해설 급수배관에서 수격작용을 방지하려면 급속 개폐식 수전근방에 공기실(에어 체임버)을 설치한다.

4. 파이프나 밸브의 수압시험방법으로 가장 옳은 것은?

㉮ 내부공기를 빼고 급격히 압력을 높인다.
㉯ 내부공기를 빼고 서서히 압력을 높인다.
㉰ 내부공기를 넣고 급격히 압력을 높인다.
㉱ 내부공기를 넣고 서서히 압력을 높인다.

해설 파이프의 밸브나 관의 수압시험 시에는 내부의 공기를 빼고 불연성 가스로 서서히 압력을 높인다.

정답 1. ㉱ 2. ㉱ 3. ㉯ 4. ㉯

11 CHAPTER 배관설비 검사 및 계측

1. 배관시설의 시험방법으로 가장 부적당한 것은?

㉮ 연기시험 ㉯ 인장시험 ㉰ 수압시험 ㉱ 통수시험

해설 배관시설은 시험은 주로 연기시험, 수압시험, 통수시험을 실시한다.

2. 일반적인 배수 및 통기배관 시험방법이 아닌 것은?

㉮ 수압시험 ㉯ 기압시험 ㉰ 박하시험 ㉱ 연기시험

해설 수압시험은 보일러나 압력용기 등에서의 시험방법이다.

3. 배수관 및 통기관의 배관 완료 후 또는 일부 종료 후 각 기구 접속구 등을 밀폐하고, 배관 최상부에서 배관 내에 물을 가득 채운 상태에서 누수의 유무를 시험하는 것은?

㉮ 수압시험 ㉯ 통수시험
㉰ 연기시험 ㉱ 만수시험

해설 만수시험 : 배수관 및 통기관의 배관 완료 후 또는 일부 종료 후 각 기구 접속구 등을 밀폐하고 배관 최상부에서 배관 내에 물을 가득 채운 상태에서 누수의 유무시험

4. 안전상 유류배관 설비의 기밀시험을 할 때 사용해서는 안 되는 가스는?

㉮ 질소 ㉯ 산소
㉰ 탄산가스 ㉱ 암모니아

해설 유류배관에는 조연성 가스인 산소로서는 기밀시험을 할 수 없다.

5. 일반적인 급·배수배관 라인의 시험방법 설명으로 잘못된 것은?

㉮ 수압시험 : 1차 시험방법으로 많이 쓰이며 관 접합부의 누수 및 수압에 견디는지 여부를 조사한다.
㉯ 기압시험 : 물 대신 암모니아가스를 관 속에 압입하여 이음매에서 가스가 새는 것을 후각으로 조사한다.
㉰ 만수시험 : 물을 배관계의 최고부에서 규정 높이만큼 만수시켜 일정시간 경과 후 누수 여부를 확인한다.
㉱ 연기시험 : 위생기구 설치 후 각 트랩에 봉수한 후 전계통에 자극성 연기를 통과시켜 연기의 누기여부를 확인한다.

해설 기압시험은 물대신 불연성가스로 압입하여 이음매에서 가스가 새는 것을 확인하는 시험이다.

 정답 1. ㉯ 2. ㉮ 3. ㉱ 4. ㉯ 5. ㉯

6. 어떤 측정법으로 동일 시료를 무한 횟수 측정하였을 때 데이터 분포의 평균치와 참값과의 차를 무엇이라 하는가?

㉮ 신뢰성 ㉯ 정확성
㉰ 정밀도 ㉱ 오차

해설 **정확성** : 동일 시료를 무한 횟수 측정시 데이터 분포의 평균치와 참값과의 차이다.

7. 압력차에 의해 유량을 측정하는 것은?

㉮ 벤투리관 ㉯ 오벌유량계
㉰ 로터미터 ㉱ 습식가스미터

해설 벤투리관, 플로 노즐, 오리피스 등은 압력차 유량계이다.

8. 압력계 배관시공 시 유체에 맥동이 있는 경우에 다음 중 어느 것을 설치하여 압력계에 맥동이 전파되지 않게 하는가?

㉮ 사이펀관 ㉯ 펠세이션 댐퍼
㉰ 실포드 ㉱ 벨로스

해설 펠세이션 댐퍼는 압력계 배관시공 시 유체에 맥동이 전파되지 않게 한다.

정답 6. ㉯ 7. ㉮ 8. ㉯

12 CHAPTER 설비자동화

1. 자동화 시스템에서 공정처리 상태에 대한 정보를 만들고, 수집하며 이 정보를 프로세서에 전달하는 제어부분인 자동화의 5대 요소 중 하나인 것은?

㉮ 센서(Sensor)　　㉯ 네트워크(Network)
㉰ 액츄에이터(Actuator)　　㉱ 하드웨어(Hardware)

해설 센서란 자동화 시스템에서 공정처리 상태에 대한 정보를 만들고 수집하며 이 정보를 프로세서에 전달하는 제어부분인 자동화의 5대 요소 중 하나이다.

2. 자동제어에 있어서 미리 정해놓은 시간적 순서에 따라 작업을 순차적으로 진행하는 제어방법은?

㉮ 시퀀스제어(Sequence Control)　　㉯ 피드백제어(Feed Back Control)
㉰ 폐루프제어(Closed Loop Control)　　㉱ 궤환제어

해설 시퀀스제어란 자동제어에 있어서 미리 정해놓은 시간적 순서에 따라 작업을 순차적으로 진행하는 제어이다.

3. 자동제어장치의 유압식 전송기에 대해 설명한 것으로 틀린 것은?

㉮ 압력의 증폭이 쉽다.　　㉯ 속도 위치 등의 제어가 정확하다.
㉰ 전송지연이 적고 구조가 간단하다.　　㉱ 전송거리는 최고 100m이다.

해설 유압식 신호 전송기의 전송거리는 약 300m 이내이다.(공기식은 100m 이내)

4. 보일러의 압력이나 온도를 일정하게 유지하는 압력제어, 온도제어와 같이 목표값이 시간에 관계없이 항상 일정한 값을 가지는 자동제어는 다음 중 어느 것인가?

㉮ 시퀀스제어　　㉯ 추치제어　　㉰ 수동제어　　㉱ 정치제어

해설 정치제어 : 목표값이 시간에 관계없이 항상 일정한 값을 가지는 자동제어

5. 자동화시스템에서 입력신호를 받아 중앙처리장치를 거쳐 작업요소에 전달되어지는 프로그램장치, 프로그램 메모리를 포함하는 자동화의 5대 요소 중 하나인 것은?

㉮ 센서(Sensor)　　㉯ 네트워크(Network)
㉰ 프로세서(Processor)　　㉱ 소프트웨어(Software)

해설 소프트웨어는 자동화의 5대 요소 중 하나이며 프로그램장치, 프로그램 메모리를 포함하는 자동화이다.

 정답 1. ㉮ 2. ㉮ 3. ㉱ 4. ㉱ 5. ㉱

6. 다음 중 자동제어에서 시퀀스제어(Sequence Control)를 설명한 것으로 가장 적합한 것은?

㉮ 미리 정해놓은 순서에 따라 제어의 각 단계를 순차적으로 행하는 제어
㉯ 미리 정해놓은 순서에 관계없이 불규칙적으로 제어의 각 단계를 행하는 제어
㉰ 출력신호를 입력신호로 되돌아오게 하는 되먹임에 의하여 목표값에 따라 자동적으로 제어
㉱ 입력신호를 출력신호로 되돌아오게 하는 피드백에 의하여 목표값에 따라 자동적으로 제어

해설 시퀀스제어란 미리 정해놓은 순서에 따라 제어의 각 단계를 순차적으로 행하는 제어이다.

7. 자동화 시스템에서 제어 데이터를 처리하는 요소로 제어정보를 분석 처리하여 필요한 제어 명령을 내려주는 장치인 자동화의 5대 요소 중 하나인 것은?

㉮ 센서(Sensor) ㉯ 네트워크(Network)
㉰ 프로세서(Processor) ㉱ 소프트웨어(Software)

해설 프로세서 : 자동화 시스템의 5대 요소이며 제어 정보를 분석처리하여 필요한 제어 명령을 내려주는 장치

8. 목표값이 시간의 변화, 외부조건의 영향을 받지 않고 일정한 값으로 제어되는 방식으로 보일러, 냉난방장치의 입력제어, 급수탱크의 액면제어 등에 사용되는 제어는?

㉮ 추치제어 ㉯ 정치제어 ㉰ 프로세스제어 ㉱ 비율제어

해설 정치제어 : 목표값이 시간의 변화 외부조건의 영향을 받지 않고 일정한 값으로 제어된다.

9. 설비자동화 유압시스템의 결함 중 토출유량이 감소하는 원인이 아닌 것은?

㉮ 어큐뮬레이터의 압력변화가 없다. ㉯ 작동유의 점성이 너무 높다.
㉰ 작동유의 점성이 너무 낮다. ㉱ 탱크 내의 유면이 너무 낮다.

해설 어큐뮬레이터의 압력변화가 심할 경우 설비자동화 유압시스템의 토출유량이 감소할 수 있다.

10. 자동화 시스템에서 중앙컴퓨터와 여러 개의 컨트롤러 간에 시스템 구성기기들과 통신회선을 연결된 배치형태에 따라 성형, 환형 등으로 구분하는 자동화의 5대 요소인 것은?

㉮ 센서(Sensor) ㉯ 네트워크(Network)
㉰ 프로세서(Processor) ㉱ 하드웨어(Hardware)

해설 네트워크란 자동화의 5대 요소이며 자동화 시스템에서 중앙컴퓨터와 여러 개의 컨트롤러 간에 시스템 구성기기들과 통신회선을 연결된 배치형태에 따라 성형, 환형 등으로 구분한다.

11. 자동화 시스템에서 인간의 두뇌에 해당하는 부분으로 제어정보를 분석처리하여 필요한 제어 명령을 내려주는 제어신호 처리장치로 자동화의 5대 요소 중 하나인 것은?

㉮ 센서(Sensor) ㉯ 네트워크(Network)
㉰ 프로세서(Processor) ㉱ 소프트웨어(Software)

해설 프로세서 : 제어정보를 분석처리하여 필요한 제어명령을 내려주는 제어신호 처리장치로 자동화의 5대 요소 중 하나이다.

정답 6. ㉮ 7. ㉰ 8. ㉯ 9. ㉮ 10. ㉯ 11. ㉰

13 안전관리

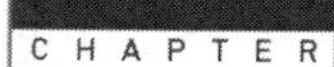

1. 정과 해머로 재료에 홈을 따 내려고 할 때 해머의 안전수칙 설명으로 틀린 것은?

㉮ 손을 보호하기 위하여 장갑을 낀다.
㉯ 인접 작업자에게 파편이 튀지 않도록 칸막이를 한다.
㉰ 해머를 끼운 부분의 자루에 쐐기를 한다.
㉱ 해머 끝 부분의 변형을 그라인딩하여 사용한다.

해설 정과 해머사용 시 손장갑은 사용하지 않는다.

2. 다음 와이어로프를 사용하여 동일한 물건을 들어 올릴 때 로프에 걸리는 힘이 가장 작게 사용하는 것은?

㉮ 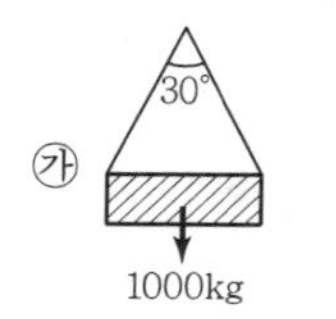

㉯ 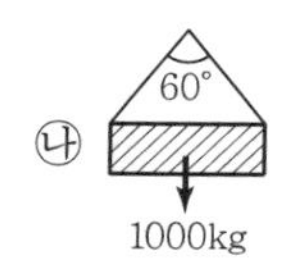

㉰ 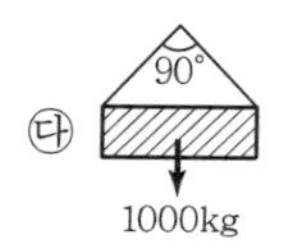

㉱ 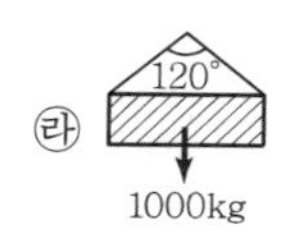

해설 와이어로프를 사용하는 경우 로프 각이 30°일 때 힘이 가장 적게 사용된다.

3. 안전색채 중 적색 표시에 해당되지 않는 것은?

㉮ 위험
㉯ 정지
㉰ 통로
㉱ 화재 경보함

해설 ① 적색 : 방화, 금지, 방향표시
② 황색 : 주의표시
③ 오렌지색 : 위험표시
④ 녹색 : 안전 위생지도 표시
⑤ 흑색 : 방향표시

4. 연삭작업 시 안전 수칙으로 올바른 것은?

㉮ 작업 기간 단축을 위해 숫돌의 측면을 사용한다.
㉯ 보안경은 작업기간이 짧은 때는 쓰지 않아도 좋다.
㉰ 숫돌 커버는 공작물의 형상에 따라 장착하지 않을 수 있다.
㉱ 연마면의 먼지나 쇳가루는 반드시 청소한 후 작업해야 한다.

해설 연마 작업 시 연마면의 먼지나 쇳가루를 반드시 청소한 후 작업한다.

 정답 1. ㉮ 2. ㉮ 3. ㉰ 4. ㉱

5. 보온, 방로, 도장 작업 시 주의사항으로 틀린 것은?

㉮ 아스팔트 용해로 밑에는 내화벽돌이나 모래를 깐다.
㉯ 화력 조절이 즉시 되지 않는 연료는 사용하지 않는다.
㉰ 용해된 아스팔트를 운반할 때는 장갑을 끼고 보행에 주의한다.
㉱ 밀폐된 용기 내의 도장 작업 시는 자연 통풍만을 해야 한다.

해설 밀폐된 용기 내의 도장 작업 시는 강제통풍을 이용한다.

6. 배관 배열의 기본 사항 설명으로 틀린 것은?

㉮ 배관은 가급적 그룹화 되게 한다.
㉯ 배관은 가급적 최단거리로 하고 굴곡부를 적게 한다.
㉰ 고압라인, 고유속라인은 굴곡부와 T 브랜치를 최소로 한다.
㉱ 고온, 고압라인은 가급적 플랜지를 많이 사용한다.

해설 고온이나 고압라인은 가급적 용접이음을 많이 사용하는 것이 좋다. 또한 될 수록 플랜지를 적게 이음한다.

정답 5. ㉱ 6. ㉱

PART 05

공업경영 출제예상문제

01 CHAPTER 공업경영

1. 생산의 3요소에 해당하지 않는 것은?

㉮ 사람 ㉯ 자재
㉰ 방법 ㉱ 기계

해설 ① 3요소 : 사람, 자재, 기계
② 4요소 : 사람, 자재, 기계, 방법
③ 5요소 : 사람, 자재, 기계, 방법, 정보
④ 7요소 : 사람, 자재, 기계, 방법, 정보, 판매, 자본

2. 생산합리화의 기본 목표에 해당하지 않는 것은?

㉮ 품질관리 ㉯ 인격관리
㉰ 원가관리 ㉱ 공정관리

해설 기본 목표 : 품질관리, 원가관리, 공정관리

3. 생산관리의 일반적인 3S 원칙이 아닌 것은?

㉮ 단순화 ㉯ 표준화
㉰ 신속화 ㉱ 전문화

해설 3S의 원칙 : 단순화, 표준화, 전문화

4. 계획 공정도 작성원칙에 해당되지 않는 것은?

㉮ 공정원칙 ㉯ 단계원칙
㉰ 활동원칙 ㉱ 작업원칙

해설 계획 공정도 작성원칙 4가지 : 공정원칙, 단계원칙, 활동원칙, 연결원칙

5. 품질관리의 기능이 아닌 것은?

㉮ 품질설계 ㉯ 신제품관리
㉰ 공정관리 ㉱ 품질보증

해설 품질관리의 기능 : 품질설계, 공정관리, 품질보증, 품질조사

정답 1. ㉰ 2. ㉯ 3. ㉰ 4. ㉱ 5. ㉯

6. 품질관리의 업무에 속하지 않는 것은?

㉮ 특별공정조사 ㉯ 신제품관리
㉰ 수입자재관리 ㉱ 원가관리

해설 품질관리 업무 : 특별공정조사, 신제품관리, 수입자재관리, 제품관리

7. 품질 코스트의 종류가 아닌 것은?

㉮ 예방 코스트 ㉯ 실패 코스트
㉰ 불량 코스트 ㉱ 평가 코스트

해설 품질 코스트 : 예방 코스트, 실패 코스트, 평가 코스트

8. 도수 분포의 수량적 표시법이 아닌 것은?

㉮ 중심적 경향 ㉯ 흩어짐 (산포)
㉰ 분포의 종류 ㉱ 분포의 모양

해설 도수 분포의 수량적 표시법 : 중심적 경향, 흩어짐 또는 산포, 분포의 모양

9. 검사가 행해지는 장소에 의한 분류가 아닌 것은?

㉮ 정위치검사 ㉯ 정기검사
㉰ 순회검사 ㉱ 출장검사

해설 검사가 행해지는 장소에 의한 분류 : 정위치검사, 순회검사, 출장검사

10. 검사가 행해지는 공정에 의한 분류가 아닌 것은?

㉮ 정위치검사 ㉯ 수입검사
㉰ 최종검사 ㉱ 출하검사

해설 검사가 행해지는 공정에 의한 분류 : 수입검사, 최종검사, 공정검사, 출하검사, 기타 검사

11. 검사성질에 의한 분류가 아닌 것은?

㉮ 전수검사 ㉯ 파괴검사
㉰ 비파괴검사 ㉱ 관능검사

해설 검사의 성질에 의한 분류 : 파괴검사, 비파괴검사, 관능검사

12. 판정의 대상에 의한 분류에 해당하지 않는 것은?

㉮ 전수검사 ㉯ 코트별 샘플링 검사
㉰ 관리 샘플링 검사 ㉱ 치수검사

 정답 6. ㉱ 7. ㉰ 8. ㉰ 9. ㉯ 10. ㉮ 11. ㉮ 12. ㉱

해설 판정의 대상에 의한 분류
① 전수검사
② 코트별 샘플링 검사
③ 관리 샘플링 검사
④ 무검사
⑤ 자주검사

13. 검사 항목에 의한 분류에 해당되지 않는 것은?

㉮ 수량검사
㉯ 중량검사
㉰ 치수검사
㉱ 비파괴검사

해설 검사항목에 의한 분류 : 수량검사, 외관검사, 중량검사, 치수검사, 성능검사

14. 샘플링 검사의 목적에 따른 분류에 해당되지 않는 것은?

㉮ 기본형
㉯ 표준형
㉰ 조정형
㉱ 연속 생산형

해설 샘플링 검사의 목적에 다른 분류 : 표준형, 선별형, 조정형, 연속 생산형

15. 샘플검사의 계획수립 시 고려사항이 아닌 것은?

㉮ 검사 품목
㉯ 검사 항목
㉰ 검사 방식
㉱ 검사 순서

해설 샘플검사의 계획수립 시 고려사항 : 검사 품목, 검사 항목, 검사 방식, 검사 시기와 장소

16. 설비투자안의 선택법이 아닌 것은?

㉮ 투자법
㉯ 연가법
㉰ 종가법
㉱ 현가법

해설 설비투자안의 선택법 : 연가법, 종가법, 현가법

17. 작업 분배의 방법이 아닌 것은?

㉮ 분산식 작업 분배
㉯ 집중식 작업 분배
㉰ 작업 분배판 작업 분배
㉱ 적중식 작업 분배

해설 작업 분배방법 : ㉮, ㉯, ㉰의 방법이다.

18. 설비 보전의 내용에 해당되지 않는 것은?

㉮ 보전 예방
㉯ 수선 보전
㉰ 예방 보전
㉱ 개량 보존

해설 설비 보존의 내용 : 보전 예방, 예방 보전, 개량 보존, 사후 보존

정답 **13.** ㉱ **14.** ㉮ **15.** ㉱ **16.** ㉮ **17.** ㉱ **18.** ㉯

19. 생산 보전에 관한 내용에 해당되지 않는 것은?

㉮ 신뢰성 향상
㉯ 보존성 향상
㉰ 저장성 향상
㉱ 경제성 향상

해설 생산보전 3대 원칙 : 신뢰성 향상, 보전성 향상, 경제성 향상

20. 설비열화의 종류에 해당되지 않는 것은?

㉮ 물리적 열화
㉯ 기능적 열화
㉰ 화학적 열화
㉱ 화폐적 열화

해설 설비열화 : 물리적 열화, 기능적 열화, 기술적 열화, 화폐적 열화

21. 계획 공정도 작성원칙 4가지에 해당되지 않는 것은?

㉮ 공정 원칙
㉯ 단계 원칙
㉰ 활동 원칙
㉱ 계획 원칙

해설 계획 공정도 4원칙 : 공정 원칙, 단계 원칙, 활동 원칙, 연결 원칙

22. 품질관리의 기능에 해당되지 않는 것은?

㉮ 품질확보
㉯ 품질설계
㉰ 공정관리
㉱ 품질보증

해설 품질관리의 기능 : ㉯, ㉰, ㉱의 내용

23. 품질관리의 업무가 아닌 것은?

㉮ 특별공정조사
㉯ 신제품관리
㉰ 수입단가관리
㉱ 제품관리

해설 품질관리 업무 : 특별공정조사, 신제품관리, 수입자재관리, 제품관리

24. 시간측정수법과 구성에 맞지 않은 것은?

㉮ 공정 : 10분
㉯ 단위작업 : 1분
㉰ 요소작업 : 0.1분
㉱ 동작 : 0.1초

해설 동작 : 0.01분, 동소(Therblig) : 0.001분

25. 작업측정의 목적이 아닌 것은?

㉮ 작업시스템의 개선
㉯ 작업시스템의 설계
㉰ 정밀도 개선
㉱ 과업관리

해설 작업측정의 목적 : ㉮, ㉯, ㉱ 항이다.

정답 19. ㉰ 20. ㉰ 21. ㉱ 22. ㉮ 23. ㉰ 24. ㉱ 25. ㉰

26. 작업 평정의 종류가 아닌 것은?

㉮ 속도 평정
㉯ 노력 평정
㉰ 근무 평정
㉱ 평준화법

해설 ㉮, ㉯, ㉱ 외에 오브젝트 평정, 페이스 평정이 있다.

27. 평준계수 즉 작업속도와 변동요인에 해당되지 않는 것은?

㉮ 숙련도
㉯ 노력도
㉰ 환경조건
㉱ 기능도

해설 작업속도와 변동요인에는 ㉮, ㉯, ㉰ 외에 일치성이 있다.

28. 여유시간의 특수여유에 해당되는 구성요인이 아닌 것은?

㉮ 관리 여유
㉯ 여가 여유
㉰ 조 여유
㉱ 소로트 여유 또는 기계간섭 여유

해설 여유시간 특수여유 구성요인은 ㉮, ㉰, ㉱ 이다.

29. 표준자료의 결정단위가 아닌 것은?

㉮ 요소작업단위
㉯ 단위작업단위
㉰ 제품단위
㉱ 원가단위

해설 표준자료의 결정단위 : ㉮, ㉯, ㉰ 외에도 공정단위가 있다.

30. 공정 분석도의 공정 분석 기호로서 옳지 않은 것은?

㉮ 작업(가공, 조작) : ⌒
㉯ 운반 : ⇒
㉰ 검사 : □
㉱ 저장(보관) : D

해설
① D : 지연(정체)
② □ : 양의 검사
③ ◇ : 질의 검사
④ ◇가 들어간 □ : 양과 질의 검사
⑤ ▽ : 공정 간의 대기
⑥ ✡ : 작업 중의 일시 대기
⑦ 〰┼〰 : 소관 구분
⑧ ┿ : 공정도 생략
⑨ ✱ : 폐기
⑩ ○ : 작업
⑪ ⇒ : 운반
⑫ ▽ : 저장

정답 26. ㉰ 27. ㉱ 28. ㉯ 29. ㉱ 30. ㉱

31. Therblig(미동작분석) 기호에 맞지 않는 것은?

㉮ 찾는다(SH) : 　　　　　㉯ 잡는다(G) :
㉰ 조사하다(I) : 　　　　　㉱ 생각하다(PN) :

해설
① 생각하다 (PN) : 　　　② 휴식 (R) :
③ 피할 수 있는 지연 (AD) : 　　　④ 피할 수 없는 지연(UD) :
⑤ 사용하다(U) : 　　　⑥ 분해 (DA) :
⑦ 조합 (A) : 　　　⑧ 조사하다 (I) :
⑨ 전치 (PP) : 　　　⑩ 정치 (P) :
⑪ 놓는다 (RL) : 　　　⑫ 쥐고 있다 (H) :
⑬ 운반하다 (TL) : 　　　⑭ 빈손 이동 (TE) :
⑮ 잡는다 (G) : 　　　⑯ 선택하다 (ST) : ⟶
⑰ 찾는다 (SH) :

32. Q. C의 기능이 아닌 것은?

㉮ 품질설계 　　　㉯ 공정관리
㉰ 품질만족 　　　㉱ 품질조사

해설 Q. C의 기능 : 조사, 설계, 보증, 관리

33. Q. C의 4대 업무가 아닌 것은?

㉮ 신제품관리 　　　㉯ 자재구입
㉰ 제품관리 　　　㉱ 특별공정검사

해설 Q. C의 4대 업무는 ㉮, ㉰, ㉱ 외에 수입자재관리가 있다.

34. 결점에 해당되지 않는 것은?

㉮ 치명적 결점 　　　㉯ 중 결점
㉰ 경 결점 　　　㉱ 대 결점

해설 결점의 종류 : ㉮, ㉯, ㉰ 항목

 정답 31. ㉱ 32. ㉰ 33. ㉯ 34. ㉱

35. 샘플링의 종류에 해당되지 않는 것은?

㉮ 단순 샘플링　　㉯ 2단 샘플링
㉰ 계단 샘플링　　㉱ 취락 샘플링

해설 샘플링의 종류 : 단순 샘플링, 2단 샘플링, 층별 샘플링, 취락 샘플링

36. 단순 샘플링에 해당되지 않는 것은?

㉮ 단순 랜덤 샘플링　　㉯ 계통 샘플링
㉰ 층별 샘플링　　㉱ 지그재그 샘플링

해설 층별 샘플링은 샘플링의 종류이다.

37. 관리도에 쓰이는 용도가 아닌 것은?

㉮ X-R 관리도 : 평균치와 범위　　㉯ C 관리도 : 불량품
㉰ Pn 관리도 : 불량 개수　　㉱ $\overline{X}$-R 관리도 : 메디안 범위

해설 (계량치) ① X-R 관리도 : 평균치와 범위
② X 관리도 : 개개의 측정치
③ $\overline{X}$-R 관리도 : 메디안 범위
(계수치) ① Pn 관리도 : 불량 개수
② P 관리도 : 불량률
③ C 관리도 : 결점 수
④ U 관리도 : 단위당 결점 수

※ $\tilde{X}$-P 관리도
$\tilde{X}$: 엑스틸드(tilde)

38. 사내 표준화의 추진 순서는?

㉮ 계획 → 운영 → 평가 → 조치
㉯ 운영 → 계획 → 평가 → 조치
㉰ 조치 → 평가 → 운영 → 계획
㉱ 평가 → 계획 → 조치 → 운영

해설 사내 표준화의 추진 순서
계획 → 운영 → 평가 → 조치

39. KS 제정의 4가지 원칙이 아닌 것은?

㉮ 공업규격의 통일성 유지
㉯ 공업표준 조사심의 과정의 민주적 운영
㉰ 공업표준의 공중성 유지
㉱ 공업표준의 주관적 타당성 및 합리성 유지

해설 ㉱의 경우는 객관적 타당성 및 합리성 유지이다.

정답 35. ㉰ 36. ㉰ 37. ㉯ 38. ㉮ 39. ㉱

40. 도수 분포의 제작 목적이 아닌 것은?

㉮ 데이터의 흩어진 모양을 알고 싶을 때
㉯ 데이터 성질 및 통계적 취급의 차이에 관하여 알고 싶을 때
㉰ 원 데이터를 규격과 대조하고 싶을 때
㉱ 많은 데이터로부터 평균치와 표준차를 구할 때

해설 ㉮, ㉰, ㉱의 내용은 도수 분포의 제작 목적이다.

41. 신뢰성 있는 데이터의 확보를 위한 필요사항이 아닌 것은?

㉮ 검사원의 정확도가 높을 것
㉯ 측정기기의 정확도가 높을 것
㉰ 측정량의 종류가 많을 것
㉱ 샘플의 조사나 측정이 합리적일 것

해설 신뢰성 있는 데이터의 확보를 위하여 ㉮, ㉯, ㉱ 외에도 샘플링이 랜덤하고 합리적일 것
〈참고〉 • 품질 향상 시 나타나는 효과
① 품질 검사비와 시험비가 적게 든다.
② 제조 시 손실이 적어진다.
③ 불만 처리비가 적어진다.
• 품질관리를 하였을 때 나타나는 효과
① 제품의 품질이 균일해진다.
② 회사 및 각 조직사이의 관계가 좋아진다.
③ 사내의 평판이 좋아지고 신용이 두터워진다.

42. 품질관리의 4대 기능 사이클에 해당되는 것은 어느 것인가?

㉮ 품질의 설계 → 표준설정 → 공정관리 → 품질보증
㉯ 품질의 설계 → 공정의 관리 → 품질의 보증 → 품질의 조사
㉰ 품질조사 → 공정관리 → 품질조사 → 표준설정
㉱ 표준설정 → 품질의 설계 → 공정관리 → 품질조사

해설 품질관리 4대 기능 사이클
품질의 설계 → 공정관리 → 품질보증 → 품질조사

43. 다음 중에서 샘플링 검사의 형태가 옳게 된 것은?

㉮ 규준형, 선별형, 조정형, 연속생산형
㉯ 축자형, 규준형, 선별형, 연속생산형
㉰ 선별형, 연속생산형, 축자형, 조정형
㉱ 선별형, 부분생산형, 조립생산형, 조정형

해설 샘플링 검사의 형태
규준형, 선별형, 연속생산형, 조정형

 정답 40. ㉯ 41. ㉰ 42. ㉯ 43. ㉮

44. 관리도란 내용의 설명으로 옳은 것은?

㉮ 공정의 안정상태를 판단하기 위한 그림이다.
㉯ 공정하게 품질을 조사하기 위하여 쓰이는 그림이다.
㉰ 공정의 안정상태로 유지하기 위해서 사용되는 그림이다.
㉱ 공정을 안전상태로 유지하기 위해서 만든 그림이다.

해설 관리도의 내용으로 ㉰ 항이 가장 옳은 내용이다.

45. 다음 중 공정 관리용 관리도의 효과가 아닌 것은?

㉮ 공정을 안정시켜 불량품이 감소된다.
㉯ 경험에 의한 잘못된 판단을 방지할 수 있다.
㉰ 관리 한계를 벗어난 상태를 차단한다.
㉱ 공정상 발생하는 문제점을 조기에 발견이 가능하다.

해설 공정관리용의 관리도 효과로서는 ㉮, ㉯, ㉱ 항이다.

46. 용접작업 시 4M에서 틀린 것은 어느 것인가?

㉮ 사람(Man) ㉯ 원자재(Material)
㉰ 방법(Method) ㉱ 기계

해설 4M : 사람, 설비(Machine), 원자재, 방법

47. 작업, 검사, 이동, 지연 등을 나타내는 것으로 옳은 것은?

㉮ 공정 분석도 ㉯ 공업표준 분석도
㉰ 특별공정조사 ㉱ 공정에 대한 관리항목

해설 작업, 검사, 이동, 지연 등을 나타내는 것은 공정 분석도이다.

48. 모집단을 몇 개의 층으로 나누고 각층으로부터 각각 랜덤하게 시료를 뽑는 샘플링 방법으로 맞는 것은?

㉮ 2단계 샘플링 ㉯ 층별 샘플링
㉰ 랜덤 샘플링 ㉱ 취락 샘플링

해설 층별 샘플링은 모집단을 몇 개의 층으로 나누고 각층으로부터 각각 랜덤하게 시료를 뽑는 샘플링이다.

49. 모집단의 특성에 일정 간격마다 주기적으로 변동이 있고 이것이 샘플링 간격과 일치할 때는 치우침이 생기는데 이때 해야 하는 샘플링으로 올바른 것은 어느 것인가?

㉮ 지그재그 샘플링 ㉯ 계통 샘플링
㉰ 네이만 샘플링 ㉱ 취락 샘플링

해설 지그재그 샘플링(단순 샘플링)은 계통 샘플링에서 주기성에 의한 편기가 들어갈 위험성을 방지하도록 한 샘플링이다.

정답 44. ㉰ 45. ㉰ 46. ㉱ 47. ㉮ 48. ㉯ 49. ㉮

50. 모집단으로부터 시간적 공간적으로 일정한 간격으로 시료를 뽑는 것은 어떤 샘플링인가?

㉮ 취락 샘플링　　㉯ 계통 샘플링
㉰ 2단계 샘플링　　㉱ 단순 랜덤 샘플링

해설 계통 샘플링은 시료를 일정한 간격으로 채취하는 샘플링이다.

51. 샘플링 검사의 목적에 따른 분류에 해당하지 않는 것은?

㉮ 규준형　　㉯ 선별법
㉰ 조정형　　㉱ 단순 생산형

해설 ㉮, ㉯, ㉰ 외에도 연속 생산형, 축차형이 있다.

52. 생산의 3요소가 아닌 것은 어느 것인가?

㉮ 기계　　㉯ 사람
㉰ 재료　　㉱ 공급

해설 생산의 3요소 : 기계, 사람, 재료

53. 생산합리화의 기본원칙이 아닌 것은?

㉮ 싸게 만들 것　　㉯ 좋은 물건을 만들 것
㉰ 빨리 만들 것　　㉱ 불량품을 줄일 것

해설 생산합리화의 기본원칙은 ㉮, ㉯, ㉰이다.

54. 생산관리의 일반적인 원칙이 아닌 것은?

㉮ 단순화　　㉯ 표준화
㉰ 신속화　　㉱ 전문화

해설 생산관리의 일반적인 원칙 : 단순화, 표준화, 전문화

55. 다음 중 표준화가 아닌 것은 어느 것인가?

㉮ 물적 표준화　　㉯ 방법 표준화
㉰ 관리 표준화　　㉱ 능률 표준화

해설 표준화 : 물적, 관리, 방법 표준화가 있다.

56. 시스템(System)의 공통적 성질이 아닌 것은?

㉮ 집합성　　㉯ 관련성
㉰ 환경 적응성　　㉱ 목적 달성

해설 시스템에서는 목적 추구성이 있다.

 정답 50. ㉯ 51. ㉱ 52. ㉱ 53. ㉱ 54. ㉰ 55. ㉱ 56. ㉱

57. 다음 중 생산계획의 단계로서 적절하지 못한 것은?

㉮ 불량품 방지계획
㉯ 기본계획
㉰ 소일정계획
㉱ 실행계획

해설 생산계획 단계는 ㉯, ㉰, ㉱이다.

58. 공수계획의 기본방침이 아닌 것은 어느 것인가?

㉮ 가동률의 향상
㉯ 적성 배치와 단순화의 촉진
㉰ 부하와 능력의 균형화
㉱ 여유성

해설 공수계획의 기본방침은 ㉮, ㉰, ㉱ 외에도 적성 배치와 전문화의 촉진, 일정별 부하의 변동방지 등이 있다.

59. 공장 자동화 및 간이 자동화의 필요성에 해당되지 않는 것은?

㉮ 생산량 증대
㉯ 원가절감
㉰ 품질수준저하
㉱ 인건비절감

해설 공장 자동화의 필요성은 ㉮, ㉯, ㉱ 외에도 품질수준향상, 인간성회복 등이 있다.

60. 시스템의 구조에 적절치 않은 것은 어느 것인가?

㉮ 블랙박스(미지상자)
㉯ 호환성
㉰ 시스템의 경계
㉱ 시스템의 구성

해설 호환성이 아닌 상관관계이다.

61. 시스템의 구성이 아닌 것은?

㉮ 미지상자
㉯ 투입
㉰ 변환과정
㉱ 산출

해설 미지상자는 시스템의 구조이다.

62. 시스템의 공통적 성질이 아닌 것은?

㉮ 집합성
㉯ 관련성
㉰ 로트
㉱ 환경 적응성

해설 56번 해설 참조

63. 로트의 크기(Lot Size)로서 맞는 것은 어느 것인가?

㉮ $\dfrac{\text{예정생산목표량}}{\text{로트수}}$
㉯ $\dfrac{\text{로트넘버}}{\text{예정생산목표량}}$
㉰ $\dfrac{\text{로트수}}{\text{실제생산목표량}}$
㉱ 예정생산목표량×로트수(Lot Number)

해설 로트의 크기(Lot Size) = $\dfrac{\text{예정생산목표량}}{\text{Lot Nmber}}$

정답 57. ㉮ 58. ㉯ 59. ㉰ 60. ㉯ 61. ㉮ 62. ㉰ 63. ㉮

64. 수요예측방법의 분류에 해당하지 않는 것은 어느 것인가?

㉮ 구조 분석
㉯ 최소 자승법
㉰ 의견 분석
㉱ 회귀 분석

해설 최소 자승법은 수요예측기법이다.

65. 수요예측기법에 적절치 못한 내용은 어느 것인가?

㉮ 이동 평균법
㉯ 지수 평활법
㉰ 최소 자승법
㉱ 소비 예측

해설 ㉮, ㉯, ㉰는 수요예측법이다.

66. 로트의 종류가 아닌 것은 어느 것인가?

㉮ 생산 로트
㉯ 가공 로트
㉰ 이동 로트
㉱ 제조명령 로트

해설 **로트의 종류** : 제조명령 로트, 가공 로트, 이동 로트

67. 다음 중 절차계획의 목적이 아닌 것은 어느 것인가?

㉮ 작업 활동을 적정화한다.
㉯ 작업방법의 표준화를 도모한다.
㉰ 최적의 작업방법을 결정한다.
㉱ 신속히 처리하는 작업방법을 꾀한다.

해설 절차계획의 목적은 ㉮, ㉯, ㉰이다.

68. 절차계획상의 중점 파악 요소가 아닌 것은 어느 것인가?

㉮ 원가
㉯ 품질
㉰ 납기
㉱ 자재

해설 자재가 아닌 기타 요소이다.

69. 생산관리에서 인공수의 종류에 해당되지 않는 것은?

㉮ 인일(개략적)
㉯ 인시(보편적)
㉰ 인분(세부적)
㉱ 인달(각론적)

해설 **생산관리 인공수** : 인일(Man Day), 인시(Man Hour), 인분(Man Minute)

70. 생산관리에서 일정계획에서 일정의 구성으로 옳지 않은 것은 어느 것인가?

㉮ 가공
㉯ 가공 인부
㉰ 검사
㉱ 로트 대기

해설 일정의 구성 : 가동, 운반, 검사, 정체, 로트 대기가 있다.

 정답 64. ㉯ 65. ㉱ 66. ㉮ 67. ㉱ 68. ㉱ 69. ㉱ 70. ㉯

71. 생산관리에서 일정계획의 방침으로 적당하지 못한 것은?

㉮ 생산활동의 동기화　　㉯ 휴가계획의 단축

㉰ 생산기간의 단축　　㉱ 납기의 확실화

해설 생산관리의 일정계획 방침은 ㉮, ㉰, ㉱ 외에도 작업량의 안정화와 가동률의 향상이 있다.

72. 자재 원단위의 산정으로 맞는 것은 어느 것인가?

㉮ $\frac{\text{제품생산량}}{\text{원자재투입량}} \times 100$　　㉯ $\frac{\text{원자재투입량}}{\text{제품생산량}} \times 100$

㉰ $\frac{\text{원자재단가}}{\text{제품손실량}} \times 100$　　㉱ $\frac{\text{불량품총계}}{\text{제품생산량}} \times 100$

해설 자재의 원단위 $= \frac{\text{원자재투입량}}{\text{제품생산량}} \times 100$

73. 생산관리에서 설비투자안의 선택법이 아닌 것은?

㉮ 연가법　　㉯ 종가법

㉰ 현가법　　㉱ 구매법

해설 선택법 : 연가법, 현가법, 종가법

74. 생산관리에서 생산통제의 기능으로 적당치 않은 것은?

㉮ 사전계획　　㉯ 절차계획

㉰ 공수계획　　㉱ 일정계획

해설 생산통제 기능은 ㉯, ㉰, ㉱ 항이다.

75. 생산관리의 발주방식이 아닌 것은 어느 것인가?

㉮ 정량발주방식　　㉯ 수시발주방식

㉰ 정기발주방식　　㉱ 매일발주방식

해설 생산관리의 발주방식은 ㉮, ㉯, ㉰ 항이다.

76. 생산보전으로 틀린 것은 어느 것인가?

㉮ 신뢰성 향상　　㉯ 능률 향상

㉰ 보전성 향상　　㉱ 경제성 향상

해설 생산보전 : 신뢰성 향상, 보전성 향상, 경제성 향상

77. 감가상가의 종류에서 옳지 않은 항은 어느 것인가?

㉮ 정액법　　㉯ 비례법

㉰ 연수합계법　　㉱ 비자금법

정답 71. ㉯ 72. ㉯ 73. ㉱ 74. ㉮ 75. ㉱ 76. ㉯ 77. ㉱

해설 감가상가의 종류 : 정액법, 정률법, 비례법, 연수합계법, 감채기금법이 있다.

78. 생산관리에서 보전 조직의 종류가 아닌 것은 어느 것인가?

㉮ 집중 보전　　㉯ 생산 보전
㉰ 절충 보전　　㉱ 지역 보전

해설 생산관리의 보전 조직에는 ㉮, ㉰, ㉱ 외에도 부문 보전이 있다.

79. 자원배당의 목적으로 옳지 않은 것은?

㉮ 자원의 고정수준 유지　　㉯ 인력의 변동방지
㉰ 자원의 효과적 일정계획 수립　　㉱ 소속된 자원의 선용

해설 ㉱ 한정된 자원의 선용이다.

80. 품질관리의 추진순서로 맞는 것은 어느 것인가?

㉮ 방침 → 조직 → 제도설명 → 교육 → 감사
㉯ 방침 → 감사 → 조직 → 제도설명 → 교육
㉰ 제도설명 → 조직 → 방침 → 교육 → 감사
㉱ 교육 → 방침 → 조직 → 감사 → 제도설명

해설 순서 : 방침 → 조직 → 제도설명 → 교육 → 감사

81. 생산관리에서 작업 측정의 목적에 옳지 않은 내용은?

㉮ 작업 시스템의 개선　　㉯ 작업 시스템의 설계
㉰ 작업 시스템의 방법　　㉱ 과업관리

해설 ㉮, ㉯, ㉱ 항은 작업 측정의 목적이다.

82. 관측대상의 결정으로 옳지 않은 것은 어느 것인가?

㉮ 기계　　㉯ 설비
㉰ 사람　　㉱ 제품

해설 관측대상 : 기계, 사람, 제품

83. 공정관리 절차와 관계가 없는 내용은 어느 것인가?

㉮ 공정계획　　㉯ 작업분배
㉰ 직무평정　　㉱ 일정계획

해설 ㉰의 직무평정은 인사관리의 분야에 해당된다.

 정답 78. ㉯ 79. ㉱ 80. ㉮ 81. ㉰ 82. ㉯ 83. ㉰

84. 공정분석 기호에서 ○ → □ → D → ▽의 순서로서 올바른 것은 어느 것인가?

㉮ 운반 → 작업 → 지연 → 저장
㉯ 작업 → 검사 → 지연 → 저장
㉰ 지연 → 저장 → 운반 → 검사
㉱ 작업 → 지연 → 저장 → 운반

해설 ○ : 작업, □ : 검사, D : 지연(정체), ▽ : 저장(보관)

85. 스톱워치에 의한 표준시간 결정의 단계로서 옳은 것은?

㉮ 측정시간 → 평준화 → 정상시간 → 여유시간 → 표준시간
㉯ 측정시간 → 정상시간 → 여유시간 → 표준시간
㉰ 표준시간 → 측정시간 → 정상시간
㉱ 여유시간 → 표준시간 → 평준화 → 측정시간

해설 스톱워치 표준시간 결정 : 측정시간 → 평준화 → 정상시간 → 여유시간 → 표준시간

86. QC의 설명으로 가장 합리적인 사항은?

㉮ 자재관리
㉯ 품질관리
㉰ 원가관리
㉱ 통제관리

해설 QC : 품질관리(Quality Control)

87. 품질관리란 어디에 가장 합당한 내용인지 관계가 있는 내용을 찾으시오.

㉮ 생산통제
㉯ 작업통제
㉰ 실행계획
㉱ 제품관리

해설 품질관리 : 생산통제

88. 다음 중 활동 여유의 종류가 아닌 것은 어느 것인가?

㉮ 자유 여유
㉯ 간섭 여유
㉰ 한가한 여유
㉱ 총 여유

해설 활동 여유 : 자유 여유, 총 여유, 간섭 여유

89. 다음 중 공정대기란 어떤 것을 말하는가?

㉮ 정체
㉯ 신속
㉰ 검사
㉱ 일정

해설 공정대기 : 정체

90. 다음 중 정체의 내용으로 합당하지 않은 것은?

㉮ 재공품의 정체 현상
㉯ 공정별 작업시간의 불균형
㉰ 불량제품의 증가
㉱ 작업분할의 비합리성

해설 정체란 ㉮, ㉯, ㉱를 말한다.

정답 84. ㉯ 85. ㉮ 86. ㉯ 87. ㉮ 88. ㉰ 89. ㉮ 90. ㉰

91. 부하란 무엇인가?

㉮ 최소량 작업량 ㉯ 최대의 작업량
㉰ 할당된 작업량 ㉱ 소량 생산량

해설 부하 : 할당된 작업량

92. 일정 계획수립에 필요하지 않은 내용은?

㉮ 요일별 작성하는 것 ㉯ 생산기간을 아는 것
㉰ 일정표를 작성하는 것 ㉱ 납기일을 고려하는 것

해설 ㉯, ㉰, ㉱ 내용은 일정계획 수립에 필요한 사항

93. 제조 로트(Lot)란 어떤 것인가?

㉮ 시간당 제조수량 ㉯ 1회 제조수량
㉰ 한정범위의 제조수량 ㉱ 제조일수 통계

해설 제조 로트 : 1회 제조수량

94. 생산관리에서 고객이 요구하는 3가지 조건 중 아닌 것은 어느 것인가?

㉮ 납기 ㉯ 가격
㉰ 신속 ㉱ 품질

해설 고객의 3가지 요구사항 : 납기, 가격, 품질

95. 설비의 성능 열화원인과 관계가 먼 것은?

㉮ 자연적인 열화 ㉯ 재해에 의한 열화
㉰ 사용상의 열화 ㉱ 단기 사용에 의한 열화

해설 설비의 성능 열화원인은 ㉮, ㉯, ㉰의 내용이다.

96. 고장이 없는 설비나 조기 수리가 가능한 설비의 설계 및 선택 시 적용하는 설비의 보존방식으로 맞는 것은?

㉮ 보전 예방 ㉯ 사후 보전
㉰ 수리 한계 ㉱ 개량 보전

해설 보전 예방은 고장이 없는 설비나 조기 수리가 가능한 설비의 설계 및 선택 시 적용하는 설비 보존방식이다.

97. 설비의 열화 시 부품교체의 교체방식으로 결정할 때 비용과 관계가 가장 먼 것은 어느 것인가?

㉮ 휴지 손실비 ㉯ 교체시의 비용
㉰ 상품가치 ㉱ 부품의 비용

해설 설비의 열화 시에는 상품가치의 능력은 이미 상실한다.

 정답 91. ㉰ 92. ㉮ 93. ㉯ 94. ㉰ 95. ㉱ 96. ㉮ 97. ㉰

98. 생산관리 보전에 관한 경제성을 고려한 설비관리방식으로 가장 적당한 것은 어느 것인가?

㉮ 개량 보전
㉯ 생산 보전
㉰ 예방 보전
㉱ 사후 보전

해설 경제성의 보전에 관한 설비관리방식은 생산 보전이다.

99. 로트(Lot) 산출시 필요로 하지 않는 것은 어느 것인가?

㉮ 재고유지 비율
㉯ 예측 소비량
㉰ 연간 구매비
㉱ 구입단가 가격

해설 로트 산출시 필요한 내용은 ㉮, ㉯, ㉱이다.

100. 생산관리에서 수요·예측방법의 종류와 관계가 먼 것은?

㉮ 의견 분석
㉯ 시계열 분석
㉰ 희귀 분석
㉱ 생산 분석

해설 수요 · 예측방법 : 의견 분석, 희귀 분석, 시계열 분석

101. 네트워크(Network) 작성상의 기본원칙이 아닌 것은 어느 것인가?

㉮ 공정원칙
㉯ 연결원칙
㉰ 단계원칙
㉱ 결합원칙

해설 ㉮, ㉯, ㉰의 내용은 네트워크 작성상의 기본원칙이다.

102. 다음 네트워크(Network)에서 E 작업을 시작하려면 어떤 작업들이 완료되어야 하는가?

㉮ A
㉯ B
㉰ A, B, C, D
㉱ A, B, C

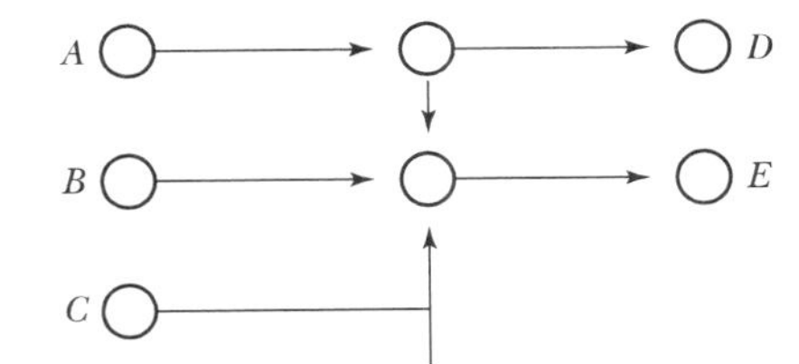

103. 설비가 노후하여 갱신이 요구되는 열화로서 맞는 것은?

㉮ 절대적 열화
㉯ 물리적 열화
㉰ 기능적 열화
㉱ 화학적 열화

해설 절대적 열화는 설비가 노후하여 갱신이 요구되는 열화이다.

정답 98. ㉯ 99. ㉰ 100. ㉱ 101. ㉱ 102. ㉱ 103. ㉮

104. 같은 샘플링방법으로 같은 모집단의 동일 시료를 측정한 데이터의 분포크기는 어떤 것을 말하는가?

㉮ 정밀도
㉯ 정확도
㉰ 계통도
㉱ 샘플링 검사

105. 동일인이 다른 날 측정한 경우의 정밀도를 무슨 정밀도라 하는가?

㉮ 정확도
㉯ 재현 정밀도
㉰ 정밀도
㉱ 가상 정밀도

해설 동일인이 다른 날 측정한 경우의 정밀도는 재현 정밀도이다.

106. 공급자에 대한 보호와 구입자에 대한 보증의 정도를 규정해 두고 공급자의 요구와 구입자의 요구 양쪽을 만족하도록 하는 샘플링 검사방식은?

㉮ 규준형 샘플링 검사
㉯ 조정형 샘플링 검사
㉰ 선별형 샘플링 검사
㉱ 연속생산형 샘플링 검사

107. 품질에 대한 요건들을 충족시키기 위하여 사용되는 운용기법이나 활동을 무엇이라 하는가?

㉮ 공정관리
㉯ 품질관리
㉰ 생산관리
㉱ 저장관리

108. 제품 또는 서비스가 갖추어야 할 요건을 기술한 문서를 무엇이라 하는가?

㉮ 시방서
㉯ 계획서
㉰ 통계서
㉱ 지침서

109. 제품 납품직전 불량품이 발견되어 이것을 재가공한 경우 이때 소요되는 비용을 무엇이라 하는가?

㉮ 생산 코스트
㉯ PM 코스트
㉰ 실패 코스트
㉱ 평가 코스트

110. 수입검사비, 정기검사비, 검정시험비, 보전비 등 평가 코스트를 세분하였을 때 이것을 무슨 코스트라 하는가?

㉮ 예방 코스트
㉯ 평가 코스트
㉰ 실패 코스트
㉱ PM 코스트

111. 데이터를 군으로 나누지 않고 하나하나의 측정치를 그대로 사용하여 공정을 관리하는데 사용되는 관리도는 어떤 관리도인가?

정답 104. ㉮ 105. ㉯ 106. ㉮ 107. ㉯ 108. ㉮ 109. ㉰ 110. ㉱ 111. ㉮

㉮ X 관리도
㉯ 단위당 결점수 관리도
㉰ C 관리도
㉱ P 관리도

112. 코스트(Cost) 3가지 중 옳은 것은 어느 것인가?

㉮ 예방 코스트 5%, 평가 코스트 25%, 실패 코스트 70%
㉯ 예방 코스트 10%, 평가 코스트 10%, 실패 코스트 80%
㉰ 예방 코스트 15%, 평가 코스트 15%, 실패 코스트 70%
㉱ 예방 코스트 30%, 평가 코스트 30%, 실패 코스트 60%

113. 다음 샘플링 검사의 형식이 아닌 것은 어느 것인가?

㉮ 1회 샘플링 검사
㉯ 2회 샘플링 검사
㉰ 다회 샘플링 검사
㉱ 다수 샘플링 검사

해설 ㉮, ㉯, ㉰ 외에도 축차 샘플링 검사가 있다.

114. 다음 중 샘플링 검사의 정의로서 옳은 것은?

㉮ 전수검사가 좋은가 무 검사가 좋은가 의논을 거친 후의 검사
㉯ 전수검사가 좋은가 무 검사가 좋은가 분명하지 않을 때 사용되는 검사방법
㉰ Lot에서 몇 회 시료를 샘플링 할 수 있는가 하는 조사
㉱ 생산 불량품을 줄이고자 할 때 하는 검사

115. 아래의 표를 보고서 5개월 단순이동 평균법으로 6월달의 수요를 예측하시오.

월 별	1 월	2 월	3 월	4 월	5 월	6 월
실적 금액	500,000	520,000	610,000	650,000	670,000	

㉮ 500,000
㉯ 520,000
㉰ 590,000
㉱ 650,000

해설 $\frac{500,000+520,000+610,000+650,000+670,000}{5}=590,000$ 원

116. 어느 회사의 판매실적이다. 지수평활법에 의하여 2월의 예측치를 산출하시오. (단, a=0.2 이다)

월 별	실적치	예측치
1	40,000	35,000
2	45,000	?

㉮ 30,000
㉯ 35,000
㉰ 36,000
㉱ 45,000

해설 $45,000-40,000=5,000$
$5,000\times0.2=1,000$
$\therefore\ 35,000+1,000=36,000$

정답 112. ㉮ 113. ㉱ 114. ㉯ 115. ㉰ 116. ㉰

117. 제품의 원단위를 100%라 할 때 원료 80kg과 원료 85kg을 투입하여 제품 90kg을 만들었다면 원료 80kg의 제품에 대한 원단위는 몇 %인가?

㉮ 80% ㉯ 85%
㉰ 86% ㉱ 89%

해설 (80/90)×100=88.88%≒89%

118. 고장난 후 그 부품만을 새 것으로 교체하는 방식은 어떤 방식에 속하는가?

㉮ 개별 교체 ㉯ 완전 교체
㉰ 사전 교체 ㉱ 부분 교체

119. 인원 능력 계산식 중 맞는 것은 어느 것인가?

㉮ 인원능력=실제가동시간 × 인원수 × 결근율
㉯ 인원능력=취업시간 × 환산인원 × 가동률
㉰ 인원능력=환산인원 × 인원수 × 취업시간
㉱ 인원능력=가동률 × 결근율 × 인원수 × 환산인원

해설 인원능력=취업시간 × 환산인원 × 가동률

120. 동작연구 표준법(M·T·S)과 관계되는 것은?

㉮ 작업요소법 ㉯ 촬영법
㉰ 개요공정법 ㉱ 가치분석법

121. 통계적 품질관리에 있어서 P관리도는 주로 어떠한 관리도인가?

㉮ 불량개수에 의한 관리도이다. ㉯ 손익분배에 관한 관리도이다.
㉰ 불량률에 대한 관리도이다. ㉱ 평균치에 대한 관리도이다.

해설 P관리도란 제품의 속성검사나 합격 또는 불합격과 같은 판정검사의 경우에 사용되는 품질관리도로서 불량률 즉 불량 개수의 백분율로 하고 있다.

122. 품질의 특성 중 계량치를 통제 대상으로 하는 관리도는 어느 것인가?

㉮ C 관리도 ㉯ $\overline{X}-R$ 관리도
㉰ P 관리도 ㉱ U 관리도

123. 품질 관리에 있어 허용한계($\overline{X}\pm 3r$) 중 이 r은 무엇을 나타내고 있는가?

㉮ 표준화 운동 ㉯ 표준 편차
㉰ 표준 단위 ㉱ 평균 표본

 정답 117. ㉱ 118. ㉮ 119. ㉯ 120. ㉮ 121. ㉰ 122. ㉮ 123. ㉯

124. 일명 2D 운동이란?

㉮ 저축운동
㉯ 소비자 보호운동
㉰ 소액주주 보호운동
㉱ 무결점운동

125. 다음 중 K · S와 관계가 없는 것은?

㉮ 대량생산
㉯ 규격품
㉰ 표준화운동
㉱ 제품의 다원화

126. 불합격으로 된 로트는 전수 검사를 해서 불량품을 양호품과 대체하여 검사 후의 평균 품질을 일정한 수준 이하로 억제하고자 할 때 어떤 샘플링 검사를 사용해야 하는가?

㉮ 네이만 샘플링 검사
㉯ 선별형 샘플링 검사
㉰ 층별 샘플링 검사
㉱ 취락 샘플링 검사

127. 생산 라인 A에서 제품 500개, 생산라인 B에서 제품 400개, 생산라인 C에서 제품 100개로 이루어진 로트가 있다. 이 로트에서 시료 100개를 채취할 때 B생산라인에서 시료 몇 개를 채취해야 하는가?

㉮ 25개 ㉯ 30개 ㉰ 40개 ㉱ 100개

해설 총계 = 500 + 400 + 100 = 1,000개

$100 \times \frac{400}{1,000} = 40$개

128. 샘플링 검사의 형태 중 생산자와 소비자의 요구를 동시에 만족하도록 짜여진 검사는 어느 것인가?

㉮ 규준형 축자 샘플링
㉯ 규준형 샘플링
㉰ 층별 샘플링
㉱ 선별형 샘플링

129. 공차가 A부품의 경우 5±0.5, B부품의 경우 4±0.4, C부품의 경우 3±0.3이라 하면 A, B, C 3개 부품으로 조립되는 조립품의 공차는 몇 mm인가?

㉮ 0.707 ㉯ 0.807 ㉰ 1.00 ㉱ 1.500

해설 공차 = $\sqrt{(0.5)^2 + (0.4)^2 + (0.3)^2} = 0.707$mm

130. 연간 생산예정 목표량이 2,000개일 때 1회에 40개씩 생산하는 것이 가장 경제적이라면 경제적 로트 수는?

㉮ 100개 ㉯ 200개 ㉰ 50개 ㉱ 30개

해설 2,000/40 = 50개

정답 124. ㉱ 125. ㉱ 126. ㉯ 127. ㉰ 128. ㉯ 129. ㉮ 130. ㉰

131. 어떤 작업 중 준비시간이 100분이고 정미작업시간이 25분이며 로트수가 500이라면 총 작업시간과 1로트당 작업시간으로 맞는 것은?

㉮ 12,600, 25.2　　㉯ 13,000, 30
㉰ 13,500, 25.2　　㉱ 15,000, 30

해설 총 작업시간=25분 × 500로트+100분=12,600분
1로트당 시간=12,600/500=25.2분

132. 다음은 어느 회사의 각 연도별 판매량이 아래 표와 같다고 할 때 최소자승법을 사용하여 차년도 수요를 예측하고 표준편차 S는 얼마인가?

연도	1999	2000	2001	2002	2003	2004
판매량	55만개	60만개	65만개	70만개	75만개	?

㉮ 50만개　　㉯ 60만개
㉰ 75만개　　㉱ 80만개

해설 해마다 5만개가 판매 증가하였으므로 80만개가 된다.

133. 불합격으로 된 로트는 전수 검사를 해서 불량품은 양호품과 대체하여 검사 후의 평균 품질을 일정한 수준 이하로 억제하고자 할 때 어떤 샘플링 검사가 필요하겠는가?

㉮ 층별 샘플링 검사　　㉯ 네이만 샘플링 검사
㉰ 선별형 샘플링 검사　　㉱ 규준형 샘프링 검사

134. 공정의 상태를 나타내는 특성치의 산포를 관리하기 위하여 합리적으로 정한 선이 있는 그래프로서 공정을 안정상태로 관리해 나가는 데 그 목적이 있는 Shewhart(슈하르트)가 고안한 그래프를 무엇이라 하는가?

㉮ 계통도　　㉯ 샘플링
㉰ 우연 원인　　㉱ 관리도

135. 생산조건이 엄격하게 관리된 상태에서 발생되는 어느 정도의 불가피한 변동을 주는 원인으로 맞는 것은 어느 것인가?

㉮ 우연 원인　　㉯ 직접 원인
㉰ 이상원인　　㉱ 우발적 원인

해설
- 우연 원인 : 불가피 원인, 만성적 원인
- 이상원인 : 우발적 원인, 가피 원인

136. 다음 중 데이터를 군으로 나누지 않고 하나하나의 측정치를 그대로 사용하여 공정을 관리하는 데 사용되는 관리도는 어떤 관리도인가?

㉮ C 관리도　　㉯ $\overline{X}-R$ 관리도
㉰ X 관리도　　㉱ C 관리도

 정답 131. ㉮ 132. ㉱ 133. ㉰ 134. ㉱ 135. ㉮ 136. ㉰

137. 관리도의 중심선의 어느 한 쪽에 연속해서 나타나는 점의 군을 무엇이라 하는가?

㉮ RUN(런)
㉯ 런의 길이
㉰ 제2종 과오
㉱ 관리도

138. 품질 특성이 정규분포를 한다고 가정할 때 평균치와 표준 편차를 관리하는 관리도구로서 길이나 무게 등 연속적인 계량치의 경우 기어축의 지름, 인장강도, 전구의 소비 전력 등의 특성치를 관리하는데 이상적인 관리도는 어느 것인가?

㉮ R 관리도
㉯ C 관리도
㉰ P 관리도
㉱ $\overline{X}-R$ 관리도

139. 자재의 공정별 원단위 산출 공식으로 맞는 것은?

㉮ $X의\ 원단위=\dfrac{X의\ 소비량}{Y의\ 생산량}\times Y의\ 원단위$
㉯ $X의\ 원단위=\dfrac{Y의\ 생산량}{X의\ 소비량}\times X의\ 원단위$
㉰ $X의\ 원단위=\dfrac{X의\ 생산량}{X의\ 소비량}\times Y의\ 원단위$
㉱ $X의\ 원단위=\dfrac{Y의\ 소비량}{Y의\ 생산량}\times Y의\ 원단위$

140. 어느 회사의 8월의 판매예측치가 10,000개이고 판매실적이 11,000개이다. 지수평활계수 a=0.2이라면 9월의 판매예측량은 몇 개인가?

㉮ 10,200개
㉯ 10,500개
㉰ 11,000개
㉱ 15,000개

해설 $t=a\times D+(1-a)\ F$
$\therefore\ t=0.2\times 11{,}000+(1-0.2)\times 10{,}000=10{,}200$개

141. 작업분석 Therbling 기호 등 조립하다의 기호는 어느 것인가?

㉮ # A
㉯ # B
㉰ # C
㉱ # E

142. 기계소유대수가 10대 제품 1개당 기계가공시간 6시간, 원생산량이 200개일 때 소요기계 대수를 구하시오.(단, 월간 유효가동시간은 대당 50시간이다.)

㉮ 4대
㉯ 5대
㉰ 6대
㉱ 10대

해설 총 가동시간=6시간×200=1,200시간
소요대수=1,200시간/200개=6대

143. 모집단(공정이나 로트)을 몇 개의 층으로 나누고, 각 층으로부터 각각 랜덤하게 시료를 뽑는 방법의 샘플링은?

㉮ 층별 샘플링
㉯ 랜덤 샘플링
㉰ 계통 샘플링
㉱ 지그재그 샘플링

정답 137. ㉮ 138. ㉱ 139. ㉮ 140. ㉮ 141. ㉮ 142. ㉰ 143. ㉮

144. MTM에 있어서 단위시간은 TMU를 사용한다. 이때 1TMU는 몇 초인가?(단, MTM=Methods−Time Measurement이고 TMU=Time Measurement Unit이다.)

㉮ 0.016초　　㉯ 0.017초
㉰ 0.031초　　㉱ 0.036초

해설 1 TMU $= \frac{1}{10만}$ 시간 × 3,600초

$\therefore \frac{1}{10} \times 3{,}600 = 0.036$초

145. 소재가 제품화되는 과정을 분석 기록하기 위하여 가공, 운반, 검사, 정체 등 4 종류의 기호를 사용하여 표시하는 분석표로서 맞는 것은?

㉮ 개요 공정표　　㉯ 유동 공정표
㉰ 공정 분석표　　㉱ 간트도표

146. 다음 중 Man−hour의 일반적인 표현방법을 무엇이라 하는가?

㉮ 기계수　　㉯ 계단수
㉰ 인공수　　㉱ 구역수

147. RTS 법에서 시간관측법이 아닌 것은?

㉮ MTM법　　㉯ WF법
㉰ MODAPTS법　　㉱ 통계법

해설 RTS 시간관측법 : 양수법, 신체부위별 운동시간표, MTA, WF, DMT, BMT, MODAPTS 등

148. 난수표, 주사위, 숫자를 써 넣은 룰렛, 제비뽑기식 칩 등을 써서 크기 N의 모집단으로부터 크기 n의 시효를 램덤하게 뽑는 방법은 어떤 것인가?

㉮ 데밍 샘플링　　㉯ 단순 랜덤 샘플링
㉰ 네이만 샘플링　　㉱ 층별 비례 샘플링

149. 다음은 품질관리 분임조활동의 활동순서이다. (　) 안에 보기에서 옳은 항을 고르시오.

〈보기〉 ① 효과파악, ② 원인분석, ③ 사후관리, ④ 표준화
과제 및 테마선정 → 현상파악 → (㉮) → 목표수립 → (㉯) → 실시 → (㉰) → (㉱) → 대책방안설정 → 반성 및 향후 계획

㉮ ㉮ ②, ㉯ ④, ㉰ ①, ㉱ ③　　㉯ ㉮ ①, ㉯ ②, ㉰ ③, ㉱ ④
㉰ ㉮ ②, ㉯ ③, ㉰ ④, ㉱ ①　　㉱ ㉮ ④, ㉯ ③, ㉰ ②, ㉱ ①

 정답 144. ㉱ 145. ㉰ 146. ㉰ 147. ㉱ 148. ㉯ 149. ㉮

150. OC(Operating Characteristic Curves)란 무엇인지 다음 설명 중 올바른 내용을 고르시오.

㉮ 불량률이 커지면 로트가 합격할 확률이 커진다.
㉯ 불량률이 커지면 로트가 합격할 확률이 적어진다.
㉰ 불량률이 커지면 로트의 합격률이 증가 또는 감소된다.
㉱ 불량률이 커지면 로트의 합격률이 감소된 다음 차츰 커진다.

151. 다음 중에서 표준 중 주로 물건에 직접 또는 간접으로 관계되는 기술적 사항에 관하여 규정된 기준을 무엇이라 하는가?

㉮ 규격
㉯ 품질
㉰ 관리
㉱ 통계

152. 수입 검사비, 정기 검사비, 검정 검사비, 보전비 등을 평가 코스트를 세분하였을 때는 무엇이라 하는가?

㉮ 평가 코스트
㉯ 예방 코스트
㉰ PM 코스트
㉱ 실패 코스트

153. 품질 코스트에서 품질수준을 유지하기 위하여 소요되는 비용의 코스트를 무엇이라 하는가?

㉮ 선별형 샘플링 검사
㉯ 예방 코스트
㉰ 평가 코스트
㉱ PM 코스트

154. MTM 법에서 1 Time Measurement Unit은 어떤 시간을 말하는가?

㉮ $\frac{1}{10,000}$ 시간
㉯ $\frac{1}{1,000}$ 시간
㉰ $\frac{1}{100,000}$ 시간
㉱ $\frac{1}{10}$ 시간

155. 다음 중 관측시간+Rating 계수+여유시간을 적절하게 표현한 것은 어느 것인가?

㉮ 작업시간
㉯ 정미시간
㉰ 준비시간
㉱ 표준시간

정답 150. ㉯ 151. ㉮ 152. ㉰ 153. ㉰ 154. ㉰ 155. ㉱

156. 다음 도표에서 불량률은 몇 %인가?

〈도표〉

Lot	Sample 수	불량 개수
100	150	2
150	100	4
400	300	6
800	50	1
500	150	3
800	50	1

㉮ 2.13%　㉯ 2.5%　㉰ 3.5%　㉱ 4.0%

해설 총 샘플수=150+100+300+50+150+50=800개
불량 총수=2+4+6+1+3+1=17개
∴ (17/800)×100=2.125%

157. 상시 500명의 근로자를 두고 있는 사업장에서 1년간 25건의 재해가 발생하였다. 도수율은 얼마인가?(1일 8시간 300일 근무)

㉮ 10.62　㉯ 15.43　㉰ 20.83　㉱ 30.25

해설 $\text{도수율} = \frac{\text{재해발생건수}}{\text{근로총시간수}} \times 10^6$

$\frac{25}{500\text{명} \times 8\text{시간} \times 300\text{일}} \times 10^6 = 20.83$

PART 06

과년도 기출문제 해설

2007.04.01. 과년도 기출문제

MASTER CRAFTSMAN PLUMBING

1. 간접 가열식 급탕설비에 관한 설명 중 틀린 것은?

㉮ 고압증기를 필요로 한다.
㉯ 저장과 가열을 동시에 하는 탱크 히터 또는 스토리지(Storage) 탱크가 필요하다.
㉰ 급탕용 보일러를 따로 설치할 필요가 없다.
㉱ 저탕조 내부에 스케일이 잘 생기지는 않는다.

해설 간접 가열식 급탕은 0.3~1.0kg/cm² 저압이면 충분하다.

2. 증기난방법에서 일반적인 응축수의 환수방법이 아닌 것은?

㉮ 팽창 환수식
㉯ 중력 환수식
㉰ 기계 환수식
㉱ 진공 환수식

해설 증기난방 응축수 환수법
㉠ 중력 환수식
㉡ 기계 환수식
㉢ 진공 환수식

3. 자동화시스템에서 회전운동과 선형운동으로 구분되며, 사용하는 에너지에 따라 공압식, 유압식, 전기식으로 세분하는 자동화의 5대 요소 중 하나인 것은?

㉮ 센서(Sensor)
㉯ 액츄에이터(Actuator)
㉰ 네트워크(Network)
㉱ 소프트웨어(Software)

해설 액츄에이터 : 공압식, 유압식, 전기식의 에너지 사용별로 구분하며 회전운동과 선형운동을 하는 자동밸브 구동기이고 자동화 5대 요소 중 하나

4. 목표 값이 시간의 변화, 외부 조건의 영향을 받지 않고 일정한 값으로 제어되는 방식으로 보일러, 냉난방장치의 압력제어, 급수탱크의 액면제어 등에 사용되는 제어는?

㉮ 추치제어
㉯ 정치제어
㉰ 프로세스 제어
㉱ 비율제어

해설 정치제어 : 목표값이 시간의 변화, 외부조건의 영향을 받지 않는 일정한 값이다. 냉난방 압력, 급수, 액면제어에 사용

정답 1. ㉮ 2. ㉮ 3. ㉯ 4. ㉯

5. 항상 일정한 풍량을 공급하는 공조방식으로 부하 변동이 심하지 않은 경우에 적합하며, 부분적으로 부하 변동이 있는 공간에 적용이 곤란한 덕트방식으로 전공기 방식으로 분류되는 공기조화방식은?

㉮ 정풍량 단일덕트방식　　㉯ 유인유닛방식
㉰ 덕트 병용 팬코일유닛방식　　㉱ 패키지덕트방식

해설 정풍량 단일덕트방식(AHU)은 부하변동이 심하지 않은 경우에 적합하며 부분적으로 부하 변동이 있는 공간에는 사용이 곤란한 방식의 전공기방식이다.

6. 화학세정 작업에서 성상이 분말이므로 취급이 용이하고 비교적 저온(40℃)에서도 물의 경도 성분을 제거할 수 있는 능력이 있으므로 수도설비 세정에 가장 적합한 것은?

㉮ 염산　　㉯ 설퍼민산
㉰ 알코올　　㉱ 트리클로로 에틸렌

해설 설퍼민산 : 40℃ 이하에서도 물의 경도 성분을 제거할 수 있는 능력이 있는 화학수도 세정제

7. 가스배관의 보수 또는 연장작업 시 배관 내에서 가스를 차단할 경우 다음 중 가장 적합한 것은?

㉮ 모래　　㉯ 가스 팩
㉰ 코르크　　㉱ 슈링크 튜브

해설 가스 팩 : 가스배관의 보수나 또는 연장작업 시 배관 내에서 가스를 차단시킨다.

8. 유류배관설비의 기밀시험을 할 때 사용할 수 없는 것은?

㉮ 질소　　㉯ 산소
㉰ 탄산가스　　㉱ 알르곤가스

해설 유류는 가연성이므로 조연성인 산소는 기밀시험 시 금물이다.

9. 소화설비장치 중 연결 송수관의 송수구 설치에 관한 설명 중 틀린 것은?

㉮ 소방차가 쉽게 접근할 수 있는 노출된 장소에 설치
㉯ 지면으로부터 높이 0.5~1m 이하의 위치에 설치
㉰ 송수구는 구경 65mm의 것을 설치
㉱ 송수구로부터 연결 주배관에 이르는 연결배관에는 반드시 개폐밸브를 설치

해설 송수구 수직관에는 체크밸브를 설치한다.

10. 고층 건물의 급수방법에 사용하는 일반적인 급수 조닝(Zoning)방식이 아닌 것은?

㉮ 층별식　　㉯ 조압펌프식
㉰ 중계식　　㉱ 압력탱크식

 정답 5. ㉮ 6. ㉯ 7. ㉯ 8. ㉯ 9. ㉱ 10. ㉱

해설 고층 건물의 급수배관법
㉠ 층별식
㉡ 중계식
㉢ 압력조정펌프식(조압펌프식)
㉣ 압력탱크식(각 존마다 압력탱크를 설치하여 주로 상향 급수하는 방식)

11. 보일러 내 부속장치의 역할에 관한 설명 중 올바르게 설명된 것은?

㉮ 과열기 : 과열증기를 사용함에 따라 포화증기가 된 것을 재가열한다.
㉯ 절탄기 : 연도 가스에서의 여열로 급수를 가열한다.
㉰ 공기예열기 : 연도 가스에서의 여열로 전열 면적을 더욱 뜨겁게 한다.
㉱ 탈기기 : 물에 다량 함유된 염화물을 제거하기 위한 증류수를 만든다.

해설 ㉮ 내용은 재열기
㉰ 내용은 접촉과열기
㉱ 내용은 경수연화장치나 청관제 주입과 비슷한 내용

12. 냉동배관의 보온공사를 보기와 같이 6가지로 분류할 때 시공순서로 다음 중 가장 적합한 것은?

(보기) ① 보온재를 단단히 감는다.
② 철사로 동여맨다.
③ 비닐테이프 또는 면 테이프로 외장한다.
④ 방수지를 감아준다.
⑤ 페인트를 칠한다.
⑥ 아스팔트 루핑을 감은 후 아스팔트를 바른다.

㉮ ③→④→⑥→①→⑤→②
㉯ ⑥→①→②→④→③→⑤
㉰ ⑥→④→③→⑤→①→②
㉱ ⑥→④→⑤→①→②→③

해설 냉동배관 보온공사 시공순서
⑥→①→②→④→③→⑤

13. 높은 곳에서 배관작업을 할 때 주의사항으로 틀린 것은?

㉮ 될 수 있는 대로 안전성이 있는 발판을 사용한다.
㉯ 복장은 가벼운 차림으로 한다.
㉰ 발판은 가해지는 하중에 견딜 수 있는 것을 한다.
㉱ 높은 곳에서의 작업은 미숙련자라도 젊은 사람이 작업한다.

해설 높은 곳에서의 배관작업은 경험이 풍부한 숙련자의 고도 기술이 필요하다.

정답 11. ㉯ 12. ㉯ 13. ㉱

14. 기송 배관의 일반적인 형식이 아닌 것은?

㉮ 진공식 배관　　　㉯ 압송식 배관
㉰ 수송식 배관　　　㉱ 진공압송식 배관

해설 기송 배관 형식
㉠ 진공식 배관
㉡ 압송식 배관
㉢ 진공압송식 배관

15. 정(Chisel) 머리의 거스러미에 관한 올바른 설명은?

㉮ 타격 면적이 커지므로 클수록 좋다.
㉯ 해머가 미끄러져서 손을 상하기 쉽다.
㉰ 금 긋기 선에 따라서 쉽게 정 작업을 할 수 있다.
㉱ 해머로 타격할 때 정에 많은 힘이 작용한다.

해설 정 머리의 거스러미는 해머가 미끄러져서 손을 상하기 쉽다.

16. 보일러 자동제어 중 보일러로부터 발생되는 증기의 압력을 일정하게 유지하기 위하여 연료 및 공기 유량을 조절하고, 굴뚝으로 배출되는 연소가스의 유량을 제어하여 발생되는 열을 조정하는 제어는?

㉮ 증기온도제어　　　㉯ 급수제어
㉰ 재열온도제어　　　㉱ 연소제어

해설 연소제어 : 연소가스의 유량을 제어하여 증기압력을 일정하게 유지하도록 연료와 공기량을 조정한다.

17. 장치의 운전을 정치시키지 않고 유체가 흐르는 상태에서 고장을 수리하는 것으로 바이패스를 시키거나 분기하여 유체를 우회 통과시키는 응급조치방법인 것은?

㉮ 핫태핑법과 플러깅법　　　㉯ 스토핑 박스법과 박스설치법
㉰ 코킹법과 밴드보강법　　　㉱ 인젝션법과 밴드보강법

해설 핫태핑법과 플러깅법 : 장치의 운전을 정치시키지 않고 유체가 흐르는 상태에서 고장을 수리한다.(바이패스시키거나 분기하여 우회 통과시키는 응급조치방법)

18. 화학공업 배관에서 사용되는 열교환기에 관한 다음 설명 중 잘못된 것은?

㉮ 유체에 대한 냉각, 응축, 가열, 증발 및 폐열 회수 등에 사용된다.
㉯ 용량, 압력, 용도 등 광범위한 사용조건에 따라 여러 가지 형식으로 나뉜다.
㉰ 다관식 원통형 열교환기에는 고정관판형, 유동두형, 케틀형 등이 있다.
㉱ 단관식 열교환기에는 트롬본형, 스파이럴형, U자관형 등이 있다.

해설 단관식 열교환기 : 트롬본형, 탱크형, 코일형

 정답 14. ㉰ 15. ㉯ 16. ㉱ 17. ㉮ 18. ㉱

19. 특수 통기방법 중 섹스티아(Sextia)를 이용할 때 배관에 관한 설명으로 틀린 것은?

㉮ 배수 수평주관은 가능한 한 길게 해야 한다.
㉯ 수평주관의 방향 전환은 가능한 한 없도록 한다.
㉰ 배수 수평분기관이 수평주관의 수위에 잠기면 안 된다.
㉱ 배수관의 끝 부분은 항상 대기 중에 개방되도록 한다.

해설 섹스티아 방식에서 배수 수평주관은 가능한 한 짧게 한다. 길면 역압이 걸리기 때문이다.

20. 가스용접 시작 전에 점검해야 할 사항 중 안전관리상 가장 중요한 사항은?

㉮ 아세틸렌가스 순도를 점검한다.
㉯ 안전기의 수위를 점검한다.
㉰ 재료와 비교하여 토치를 점검한다.
㉱ 산소 용기의 잔류 압력을 점검한다.

해설 가스용접 시작 전에 반드시 안전기의 수위를 점검하여야 한다. 안전기는 토치로부터 발생되는 역류, 역화, 인화 시에 가스 및 불꽃이 발생기에 미치지 않게 중간에서 차단하여 발생기의 폭발을 방지

21. 강관의 종류와 KS 규격기호를 짝지은 것으로 틀린 것은?

㉮ 수도용 아연도금 강관－SPPW
㉯ 고압 배관용 탄소강관－SPPH
㉰ 압력 배관용 탄소강관－SPPS
㉱ 고온 배관용 탄소강관－STS×TP

해설 ㉠ STS×TP : 보일러 열교환기용 스테인리스 강관
㉡ SPHT : 고온배관용 탄소강관

22. 유체를 일정한 방향으로만 흐르게 하여 역류방지 및 워터해머방지 기능과 바이패스 밸브의 기능도 하는 것은?

㉮ 팩리스 밸브
㉯ 다이어프램 밸브
㉰ 팽창밸브
㉱ 해머리스 체크밸브

해설 해머리스 체크밸브 기능
㉠ 역류방지
㉡ 워터해머방지(수격작용방지)
㉢ 바이패스 밸브(우회 기능) 기능

23. 다음 중 일반적인 폴리부틸렌관 이음인 것은?

㉮ MR 이음
㉯ 에이콘 이음
㉰ 몰코 이음
㉱ TS식 냉간이음

해설 폴리부틸렌관 이음 방식 : 에이콘 이음

24. 플랜지 관 이음쇠의 종류 중 관 끝을 막으려고 할 때만 사용되는 플랜지는?

㉮ 랩 조인트 플랜지
㉯ 블라인드 플랜지
㉰ 소켓 용접 플랜지
㉱ 나사 이음 플랜지

정답 19. ㉮ 20. ㉯ 21. ㉱ 22. ㉱ 23. ㉯ 24. ㉯

해설 관 끝을 막으려고 사용되는 플랜지는 블라인드형 플랜지이다.

25. ①가교화 폴리에틸렌관, ②주철관, ③에터니트관, ④배관용 탄소강관과 보기 A, B, C, D의 설명에서 가장 적합한 것 한 가지씩만 올바르게 조합된 것은?

(보기) A : 사용압력이 비교적 낮은 가스, 수도, 증기용으로 사용 B : 엑셀 온돌파이프라고도 하며 온수온돌 코일용으로 사용 C : 내압, 내구성, 내마모성이 있고 수도와 가스용, 본관용으로 사용 D : 시멘트와 석면을 혼합시켜 섬유상으로 말아 굳히고 수도용으로 사용

㉮ ①－B, ②－C, ③－D, ④－A
㉯ ①－A, ②－B, ③－C, ④－D
㉰ ①－D, ②－C, ③－B, ④－A
㉱ ①－A, ②－C, ③－B, ④－D

해설 ㉠ 가교화 폴리에틸렌관 : 엑셀 온돌파이프, 온수온돌 코일용
㉡ 주철관 : 수도와 가스용 본관용
㉢ 에터니트관 : 시멘트＋석면 혼합용의 수도용
㉣ 배관용 탄소강관＋가스, 수도, 증기, 공기 저압용 배관

26. 관 신축이음쇠 중 단식과 복식이 있고, 일명 팩리스형 신축이음쇠라고도 하는 것은?

㉮ 슬리브형 신축쇠
㉯ 벨로스형 신축쇠
㉰ 루프형 신축쇠
㉱ 스위블형 신축쇠

해설 벨로스형 신축 이음쇠 : 팩리스형

27. 호칭압력 16kg/cm^2 이상에 사용되며 위험성이 있는 유체 배관이나 매우 기밀을 요하는 배관에 사용되는 플랜지 패킹 시트의 모양으로 가장 적합한 것은?

㉮ 소평면 시트
㉯ 전면 시트
㉰ 대평면 시트
㉱ 홈 시트

해설 홈 시트(채널형) : 호칭압력 16kgf/cm^2 이상에 사용되는 플랜지 위험성이 있는 유체배관, 매우 기밀을 요하는 배관용

28. 일반용 경질염화비닐관에 대한 설명으로 틀린 것은?

㉮ KS에서 관의 길이는 4,000±10[mm]를 표준으로 하고 있다.
㉯ 폴리에틸렌관보다 단단하며 영하의 저온에 적합하다.
㉰ 경질비닐전선관과 수도용 경질비닐관을 제외한 일반 유체 수소용에 사용한다.
㉱ 관의 호칭지름과 두께에 따라 일반관(VG_1)과 얇은 관(VG_2)의 2종이 있다.

해설 경질염화비닐관은 저온이나 고온에서 강도가 약하다.

 정답 25. ㉮ 26. ㉯ 27. ㉱ 28. ㉯

29. 수도용 입형 주철관 중 저압관의 최대 사용 정수두로 다음 중 가장 적합한 것은?

㉮ 75m 이하
㉯ 65m 이하
㉰ 55m 이하
㉱ 45m 이하

해설 수도용 입형 주철관(수직용)은 정수두가 ㉠ 보통 압관 : 75m 이하
㉡ 저압관 : 45m

30. 배관재료 중 스트레이너를 설명한 것으로 틀린 것은?

㉮ 밸브나 기기 앞에 설치하여 이물질을 제거하여 기기 성능을 보호한다.
㉯ 여과망을 자주 꺼내어 청소하지 않으면 여과망이 막혀 저항이 커지므로 큰 장애가 발생한다.
㉰ U형은 Y형에 비해 저항은 크나 보수, 점검에 편리하며 기름배관에 사용한다.
㉱ V형은 유체가 직각으로 흐르므로 유체저항이 가장 크고 보수, 점검이 어렵다.

해설 V형 : 유체가 금속망(여과망)을 통과하면서 유체가 직선으로 흐르고 유체의 저항이 작아지며 여과망의 교환, 점검, 보수가 편리하다.

31. 무기질 보온재로 홈매트, 블랭킷, 파이프커버, 하이울 등의 종류가 있는 보온재는?

㉮ 기포성 수지
㉯ 석면
㉰ 규조토
㉱ 암면

해설 암면 : ㉠ 무기질이다.
㉡ 홈매트, 블랭킷, 파이프커버, 하이울 등의 종류가 있다.

32. 내식성, 특히 내해수성이 좋으며 화학공업용이나 석유공업용의 열교환기, 해수, 담수화 장치에 사용되며 이음매 없는 관과 용접관으로 구분하며, 관의 내·외면에서 열을 전달할 목적으로 사용하는 관은?

㉮ 가교화폴리에틸렌관
㉯ 열교환기용 티탄관
㉰ 폴리프로필렌관
㉱ 프리스트레스트관

해설 열교환기용 티탄관
㉠ 내식성이 우수하다.
㉡ 내외면에서 열을 전달하는 장소용이다.
㉢ 열교환기 콘덴서 등에 사용된다.

33. 보기와 같은 배관의 간략 도시방법의 지지장치 표시 설명으로 올바른 것은?

(보기)

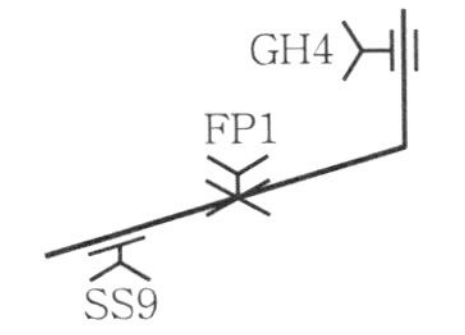

㉮ GH4 : 콘스탄트 행어 No.4
㉯ FP1 : 스프링의 수량과 형상 및 설치법
㉰ SS9 : 슬라이드식 지지장치 No.9
㉱ GH4 : 사이즈 호칭번호 4(Size No.4)

해설 SS9 : 슬라이드식 지지장치 No.9

정답 29. ㉱ 30. ㉱ 31. ㉱ 32. ㉯ 33. ㉰

34. 다음 중 측정할 수 있는 압력이 가장 높은 압력계는?

㉮ 벨로스(Bellows) 압력계
㉯ 다이어프램(Diaphagm) 압력계
㉰ 부르동관(Bourdon Tube) 압력계
㉱ U자관 압력계

해설 ㉠ 벨로스 : 0.01~10kg/cm²
㉡ 다이어프램 : 0.01~20kg/cm²
㉢ 부르동관 : 2.5~1,000(3,000)kg/cm²
㉣ U자관 : 저압용

35. 급수설비에서 수질오염 방지대책에 관한 설명으로 틀린 것은?

㉮ 빗물이 침입할 수 없는 구조로 하여야 한다.
㉯ 급수탱크 내부에 급수 이외의 배관이 통해서는 안 된다.
㉰ 지하탱크나 옥상탱크는 건물 공조를 공용으로 이용하여 만들어야 한다.
㉱ 역사이펀 작용을 막기 위해서 급수관이 부압으로 되었을 때, 물이 역류되어 빨려 들어가지 않는 구조로 시공해야 한다.

해설 지하탱크나 옥상탱크는 건물 골조를 공용으로 이용하지 말고 개별적으로 시공한다.

36. 증기의 성질에 관한 설명으로 올바른 것은?

㉮ 대기압하에서 포화온도를 임계온도라 한다.
㉯ 건도 $x=1$일 때 포화수라고 한다.
㉰ 과열도가 낮을수록 이상기체의 상태방정식을 가장 잘 만족시킨다.
㉱ 건포화증기를 더 가열하면 포화온도 이상으로 상승하게 되며 이 증기를 과열증기라고 한다.

해설 ㉠ 대기압 : 포화온도
㉡ 건도 $x=1$: 건포화 증기
㉢ 과열도가 높으면 이상기체에 가깝다.
㉣ 건포화증기 → 온도상승 → 과열증기

37. 구리관의 끝 부분을 정확한 지름의 원형으로 만들 때 사용하는 주된 공구는?

㉮ 가열기
㉯ 커터
㉰ 사이징 툴
㉱ 익스팬더

해설 사이징 툴 : 구리관의 끝 부분을 정확한 지름의 원형으로 만들 때 사용

38. 다음 중 폴리에틸렌관 이음의 종류가 아닌 것은?

㉮ 인서트 이음
㉯ 테이퍼 조인트 이음
㉰ 몰코 이음
㉱ 용착 슬리브 이음

해설 몰코 이음 : 스테인리스관의 이음

정답 34. ㉰ 35. ㉰ 36. ㉱ 37. ㉰ 38. ㉰

39. 강관 접합에서 슬리브 용접접합 시 슬리브의 길이는 파이프 지름의 몇 배 정도가 가장 적합한가?

㉮ 0.5~1배　　㉯ 1.2~1.7배
㉰ 2.0~2.5배　　㉱ 2.5~3.2배

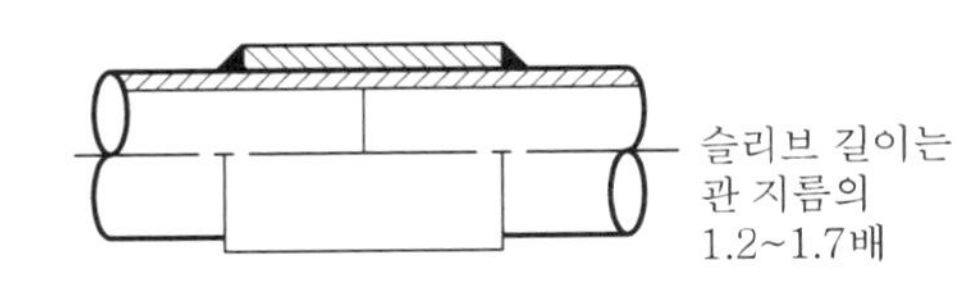

40. 관 종류별 일반적인 이음의 종류를 연결한 것으로 틀린 것은?

㉮ 주철관-심플렉스 이음　　㉯ 동관-플레어 이음
㉰ 연관-플라스턴 이음　　㉱ 경질염화비닐관-테이퍼 코어 플랜지 이음

해설 심플렉스 이음 : 석면시멘트관(에터니트관의 접합)

41. 5℃의 물 10kg을 100℃의 증기로 바꾸는 데 필요한 열량은 약 몇 MJ인가?(단, 물의 비열은 4.187kJ/kg-K이고, 물의 증발잠열은 2256.7kJ/kg이다.)

㉮ 2.65　　㉯ 3.98
㉰ 23.01　　㉱ 26.54

해설 $10 \times 4.187 \times (100-5) = 3{,}977.65\text{kJ}$
$2{,}256.7 \times 10 = 22{,}567\text{kJ}$
$\therefore 22{,}567 + 3{,}977.65 = 26{,}544.65\text{kJ}(26.54\text{MJ})$

42. 100A 강관으로 반지름이 R=800mm의 6편 마이터(Miter) 배관을 제작하고자 한다. 절단각은 얼마인가?(단, 각도는 90° 이다.)

㉮ 7.5°　　㉯ 9°
㉰ 15°　　㉱ 19°

해설 $\dfrac{90}{(6-1) \times 2} = 9°$

43. 용접이음부에 발생하는 용접결함 중 모서리 이음, T 이음 등에서 볼 수 있는 것으로 강의 내부에 모재의 표면과 평행하게 층상으로 발생되는 것으로 층상균열이라고도 하는 것은?

㉮ 크레이터 균열　　㉯ 라미네이션 균열
㉰ 델라미네이션　　㉱ 라멜라티어 균열

해설 라멜라티어 균열 : 층상 용접 균열(모서리 이음, T 이음에서 발생)

정답 39. ㉯ 40. ㉮ 41. ㉱ 42. ㉯ 43. ㉱

44. 동관을 열간 벤딩 시 가열온도는 몇 ℃ 정도가 적당한가?

㉮ 200~300
㉯ 400~500
㉰ 600~700
㉱ 800~900

해설 동관의 열간 벤딩 가열온도 : 600~700℃

45. 탄산가스 아크용접의 특징 설명으로 틀린 것은?

㉮ 솔리드 와이어를 이용한 용접에서는 용제를 사용할 필요가 없으므로 용접부에 슬래그 섞임이 없다.
㉯ 전류밀도가 낮으므로 용입이 얕고, 용접속도가 느리다.
㉰ 가시 아크이므로 아크 및 용융지의 상태를 보면서 용접할 수 있어 시공이 편리하다.
㉱ 일반적으로 용접할 수 있는 재질이 강종(鋼種)으로 한정되어 있다.

해설 CO_2 Gas Arc Welding은 아르곤 대신에 CO_2를 사용한다. 반자동 장치로 연강재의 용접에 활용

46. 직류아크용접에서 직류정극성(DCSP)의 특징을 가장 올바르게 설명한 것은?

㉮ 모재의 용입이 깊고, 비드의 폭이 넓다.
㉯ 모재의 용입이 깊고, 용접봉의 녹음이 느리다.
㉰ 모재의 용입이 얕으며 비드의 폭이 좁다.
㉱ 모재의 용입이 얕으며 용접봉의 녹음이 느리다.

해설 직류 정극성 아크 용접
㉠ 모재의 용입이 깊다.
㉡ 봉의 녹음이 느리다.
㉢ 비드폭이 좁다.
㉣ 많이 사용된다.

47. 보기와 같은 배관도에서 +3,200의 치수가 의미하는 것은?

(보기)

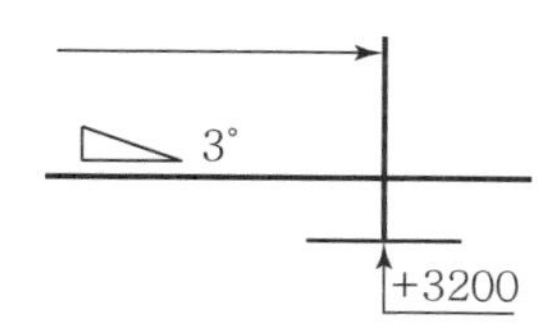

㉮ 관의 윗면까지 높이 3,200mm
㉯ 관의 중심까지 높이 3,200mm
㉰ 관의 아랫면까지 높이 3,200mm
㉱ 관의 3° 구배진 길이 3,200mm

해설 관의 아랫면까지 높이가 3,200mm(BOP+3,200)

48. 보기와 같은 배관계의 시방 및 유체의 종류·상태의 표시방법 기호에서 H20이 의미하는 것은?

(보기) 2B－S115－A10－H20

㉮ 유체의 종류 · 상태
㉯ 배관계의 상태(배관번호)
㉰ 배관계의 시방(도면에 붙이는 명세표에 기재한 기호)
㉱ 관의 바깥면에 시행하는 설비 · 재료(보온재료)

해설 ㉠ 2B : 배관호칭지름
㉡ S115 : 유체 배관번호
㉢ A10 : 배관재료 종류
㉣ H20 : 보랭, 보온 화상방지(설비재료)

49. 다음 KS배관의 간략도시방법 기호 중 밸브가 닫혀 있는 상태를 표시한 것은?

㉮ ㉯ ㉰ ㉱

해설 : 폐쇄밸브

50. 각기둥과 원기둥을 경사지게 절단된 제품을 전개하는 데 가장 적합한 전개도법은?

㉮ 평행선 전개법 ㉯ 방사선 전개법
㉰ 삼각형 전개법 ㉱ 타출 전개법

해설 **평행선 전개법** : 각 기둥과 원기둥을 경사지게 전달된 제품을 전개하는 데 적합한 전개도법

51. 보기와 같은 배관설비용 구조물 도면에서 경사부 L의 길이는?

(보기)

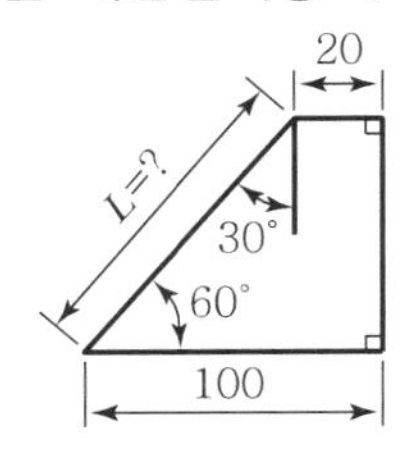

㉮ 120
㉯ 140
㉰ 160
㉱ 180

해설 ① 100－20＝80
∴ $\sqrt{4}\times80=160$
② 90°＝100mm, C＝A×2＝(100－20)×2＝160

52. 보기의 KS 용접기호 설명으로 올바른 것은?

(보기)

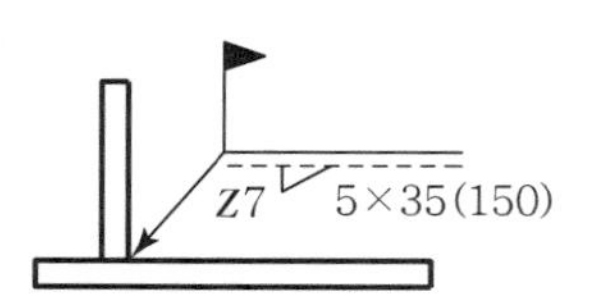

㉮ 전 둘레 현장용접이다.
㉯ 단속용접 수가 7개이다.
㉰ 인접한 용접부의 거리(피치)가 35mm이다.
㉱ 화살표 반대쪽 단속 필릿 용접부이다.

해설 ㉠ 용접목 두께 5, 길이 35mm
㉡ ▶ : 현장용접
㉢ Z7 : 직각 7mm
㉣ 화살표 반대쪽
㉤ (150) : 인접한 용접부 간의 간격

53. KS 배관의 간략 도시방법에서 '악취방지장치 및 콕이 붙은 배수구'의 평면도에서 간략 도시기호인 것은?

㉮ 
㉯ 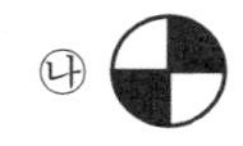
㉰ 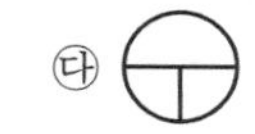
㉱ 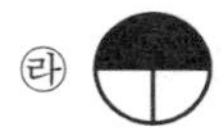

해설 : 악취방지장치 및 콕이 붙은 배수구 간략 도시기호

54. KS 배관계의 식별표시의 안전표시에서 위험표시방법 및 표시장소 설명으로 올바른 것은?

㉮ 관내 물질의 식별색이 표시되어 있는 곳의 부근에 주황색의 양쪽에 검정 테두리를 붙인다.
㉯ 관내 물질의 식별색이 표시되어 있는 곳의 부근에 빨간색의 양쪽에 흰색 테두리를 붙인다.
㉰ 관내 물질의 식별색이 표시되어 있는 곳의 부근에 빨간색의 양쪽에 검정 테두리를 붙인다.
㉱ 관내 물질의 식별색이 표시되어 있는 곳의 부근에 자주색의 양쪽에 노란 테두리를 붙인다.

해설 KS 배관계의 식별표시 안전표시(위험표시방법 및 표시장소) : 주황색의 양쪽에 검정 테두리를 붙인다.

55. 다음 중 절차계획에서 다루어지는 주요한 내용으로 가장 관계가 먼 것은?

㉮ 각 작업의 소요시간
㉯ 각 작업의 실시 순서
㉰ 각 작업에 필요한 기계와 공구
㉱ 각 작업의 부하와 능력의 조정

해설 절차계획(순서계획)은 ㉮, ㉯, ㉰항 외에도 각 공정에 필요한 인원수, 사용자재, 기타 조건 등이 있다.

56. 그림과 같은 계획공정도(Network)에서 주공정으로 옳은 것은?(단, 화살표 밑의 숫자는 활동시간[단위 : 주]을 나타낸다.)

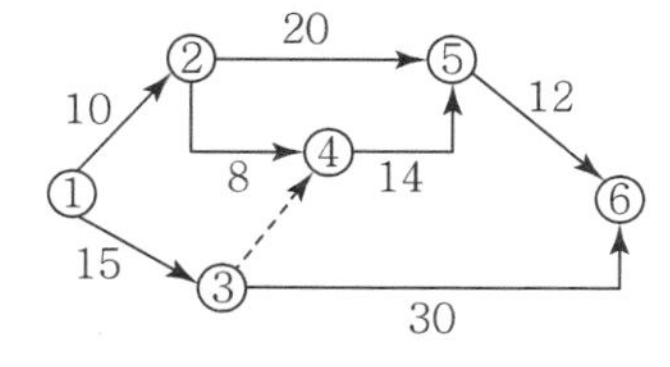

㉮ ①－②－⑤－⑥
㉯ ①－②－④－⑤－⑥
㉰ ①－③－④－⑤－⑥
㉱ ①－③－⑥

 정답 52. ㉱ 53. ㉮ 54. ㉮ 55. ㉱ 56. ㉱

해설 주공정 : 활동시간이 가장 많은 ①-③-⑥이 해당된다.

57. 작업자가 장소를 이동하면서 작업을 수행하는 경우에 그 과정을 가공, 검사, 운반, 저장 등의 기호를 사용하여 분석하는 것을 무엇이라 하는가?

㉮ 작업자 연합작업분석
㉯ 작업자 동작분석
㉰ 작업자 미세분석
㉱ 작업자 공정분석

해설 공정분석
㉠ 단순 공정분석
㉡ 세밀 공정분석
- 제품공정분석 : 단일형, 조립형, 분해형
- 작업자 공정분석 : 가공, 검사, 운반, 저장기호 사용
- 연합공정분석

58. u 관리도의 관리상한선과 관리하한선을 구하는 식으로 옳은 것은?

㉮ $\bar{u} \pm 3\sqrt{\bar{u}}$
㉯ $\bar{u} \pm \sqrt{\bar{u}}$
㉰ $\bar{u} \pm 3\sqrt{\frac{\bar{u}}{n}}$
㉱ $\bar{u} \pm \sqrt{n} \cdot \bar{u}$

해설 u 관리도는 관리항목으로 직물의 얼룩, 에나멜 동선의 핀홀 등과 같은 결점수를 취급할 때 검사하는 시료의 길이나 면적 등이 일정하지 않은 경우에 사용한다.
$\left(UCL = \bar{u} \pm 3\sqrt{\frac{\bar{u}}{n}}\right)$

59. 모집단을 몇 개의 층으로 나누고 각 층으로부터 각각 랜덤하게 시료를 뽑는 샘플링 방법은?

㉮ 층별 샘플링
㉯ 2단계 샘플링
㉰ 계통 샘플링
㉱ 단순 샘플링

해설 층별 샘플링 : 모집단을 몇 개의 층으로 나누고 각 층으로부터 각각 랜덤하게 시료를 뽑는 샘플링 방법이다.

60. 다음 중 관리의 사이클을 가장 올바르게 표시한 것은?(단, A : 조처, C : 검토, D : 실행, P : 계획)

㉮ P→C→A→D
㉯ P→A→C→D
㉰ A→D→C→P
㉱ P→D→C→A

해설 관리사이클
계획→실행→검토→조처

정답 57. ㉱ 58. ㉰ 59. ㉮ 60. ㉱

2007.07.15. 과년도 기출문제

MASTER CRAFTSMAN PLUMBING

1. 배수통기배관의 시공상 주의사항을 바르게 설명한 것은?

㉮ 배수 트랩은 반드시 2중으로 한다.
㉯ 냉장고의 배수는 반드시 간접배수로 한다.
㉰ 배수 입관의 최하단에는 트랩을 설치한다.
㉱ 통기관은 기구의 오버플로선 이하에서 통기 입관에 연결한다.

해설 ㉠ 배수통기배관방식에는 1관식, 2관식이 있다.
㉡ 냉장고의 배수는 반드시 간접배수로 한다.
㉢ 배수관의 도중에 트랩을 설치한다.

2. 옥내 소화전설비에 관한 설명 중 틀린 것은?

㉮ 1개 층에 5개를 초과하여 설치 된 경우 5개로 한다.
㉯ 가압 송수장치의 필요 방수량은 130L/min, 방수압력은 1.7kg/cm^2 이상으로 규정되어 있다.
㉰ 옥내 소화전의 개폐밸브는 바닥으로부터 높이 1.5m 이하의 위치에 설치한다.
㉱ 옥내 소화전은 하나의 옥내 소화전으로부터 그 층 각 부분에 이르는 수평거리가 50m 이내가 되도록 설치한다.

해설 옥내 소화전의 설치간격은 각 층마다 소화전을 중심으로 반지름 25m 이내에 대상물이 있어야 한다.

3. 펌프의 설치 및 주변 배관 시 주의사항이다. 틀린 것은?

㉮ 펌프는 일반적으로 기초 콘크리트 위에 설치한다.
㉯ 흡입관은 되도록 길게 하고 직관으로 배관한다.
㉰ 효율을 좋게 하기 위해서 펌프의 설치 위치를 되도록 낮춰서 흡입 양정을 되도록 작게 한다.
㉱ 흡입관의 중량이 펌프에 미치지 않도록 관을 지지하여야 한다.

해설 펌프의 흡입관은 되도록 짧게 한다. 굴곡배관은 피하고 직선배관이 좋다.

4. 증기난방 배관 시 주의하여야 할 사항으로서 바르게 설명한 것은?

㉮ 역구배 수평 증기관에서 관경 축소 시에는 동심 리듀서를 사용한다.
㉯ 순구배 증기관 도중에 글로브 밸브를 설치할 때에는 핸들이 옆으로 오도록 설치한다.
㉰ 분기하는 곳은 이음 개소를 적게 하도록 하기 위해 관의 상단을 따내어 배관한다.
㉱ 플랜지 패킹은 두께 3.2mm인 고무를 사용한다.

해설 ㉠ 역구배 관경 축소 시 편심 리듀서 사용
㉡ 순구배 도중 글로브 밸브 설치 시 핸들이 옆으로 오게 한다.

정답 1. ㉯ 2. ㉱ 3. ㉯ 4. ㉯

5. 1시간당 급탕 동시 사용량이 3m³인 배관용 스테인리스 강관 스케줄 10S인 급탕주관의 관경으로 다음 중 가장 적합한 것은?(단, 유속은 1m/s이고, 순환탕량은 동시 사용량의 약 2.5배 정도로 한다.)

〈배관용 스테인리스 강관 규격 스케줄 10S(KS D 5301)〉

호칭지름	25A	40A	50A	65A
바깥지름(mm)	34.0	48.6	60.5	76.3
두께(mm)	2.8	2.8	2.8	3.0

㉮ 25A ㉯ 40A ㉰ 50A ㉱ 65A

해설 10S : 스케줄 번호(25A 두께 2.8mm)

50A = 50mm = 0.05m

$A = \frac{3.14}{4} \times (0.05)^2 = 0.0019625m^2$

$Q = 0.0019625 \times 1 = 0.0019625m^3$

$0.0019625 \times 3{,}600sec/h = 7m^3$

$3 \times 2.5 = 7.5$, 7.5와 7은 비슷한 양이다.

∴ 50A가 이상적

6. 자동제어계의 요소 특성에 따른 분류가 아닌 것은?

㉮ 비례요소 ㉯ 적분요소
㉰ 일차지연요소 ㉱ 과도응답요소

해설 자동제어계 요소 특성

㉠ 비례요소
㉡ 일차지연요소
㉢ 적분요소

7. 냉각탑의 공기 출구에 물방울이 공기와 함께 유출하지 못하도록 설치하는 것은?

㉮ 일리미네이터 ㉯ 디스크 시트
㉰ 플래시 가스 ㉱ 진동 브레이크

해설 일리미네이터 : 냉각탑의 공기 출구에 물방울이 공기와 함께 유출하지 못하게 하는 기기이다.

8. 집진장치 덕트 시공에 대한 설명으로 잘못된 것은?

㉮ 냉난방용보다 두꺼운 판을 사용한다.
㉯ 곡선부는 직선부보다 두꺼운 판을 사용한다.
㉰ 메인 덕트에서 분기할 때는 최저 45° 이상 경사지게 대칭으로 분기한다.
㉱ 먼지 등이 통과하면서 마찰이 심한 부분에는 강관을 사용한다.

해설 분기관을 주덕트에 연결하는 경우 최저 30° 이상으로 한다.

정답 5. ㉰ 6. ㉱ 7. ㉮ 8. ㉰

9. 급수주관에서 가지관이 15A가 15개, 20A는 8개이고, 동시 사용률이 40%, 조건일 때 급수주관의 관경을 아래 균등표 값을 이용하여 결정한 호칭 치수로 가장 적합한 것은?

균등표 값은 15A=1일 때, 20A=2.2, 32A=4.1, 40A=12.1, 50A=22.8, 65A=44이다.

㉮ 65A　　㉯ 50A　　㉰ 40A　　㉱ 32A

해설 $15\times1=15$, $2.2\times8=17.6$, $4.1\times1=4.1$, $12.1\times1=12.1$, $22.8\times1=22.8$, $44\times1=44$
$(15+17.6+4.1+12.1+22.8+44=115.6)$
$\therefore\ 115.6\times0.4=46.24\fallingdotseq50A$

10. 배수관 및 통기관의 배관완료 후 또는 일부 종료 후 각 기구 접속구 등을 밀폐하고, 배관 최상부에서 배관 내에 물을 가득 채운 상태에서 누수의 유무를 시험하는 것은?

㉮ 수압시험　　㉯ 통수시험
㉰ 연기시험　　㉱ 만수시험

해설 만수시험 : 물을 가득 채운 상태에서 배수관 및 통기관의 누수 유무를 시험한다.

11. 보일러의 수면이 낮아지는 경우로 다음 중 가장 적합한 것은?

㉮ 전열면에 스케일이 많이 생기는 경우　　㉯ 버너의 능력이 부족한 경우
㉰ 연료의 발열량이 낮은 경우　　㉱ 자동급수장치가 고장인 경우

해설 보일러 수면이 낮아지는 저수위 사고는 자동급수장치(FWC)가 고장인 경우이다.

12. 공기 수송배관에서 가루나 알맹이를 수송관 속으로 혼입시키는 장치는?

㉮ 송급기(Feeder)　　㉯ 분리기(Separator)
㉰ 배출기(Discharger)　　㉱ 이송관(Delivery Pipe)

해설 송급기 : 공기 수송배관에서 가루나 알맹이를 수송관 속으로 혼입시키는 장치이다.

13. 배관용 공기기구 사용 시 안전수칙 중 틀린 것은?

㉮ 처음에는 천천히 열고 일시에 전부 열지 않는다.
㉯ 기구 등의 반동으로 인한 재해에 항상 대비한다.
㉰ 공기기구를 사용할 때는 방진 안경을 사용한다.
㉱ 활동부에는 항상 기름 또는 그리스가 없도록 깨끗이 닦아준다.

해설 배관용 공기기구 사용 시 활동부에는 기름 등의 윤활이 필요하다.

14. 다음 중 일반적인 스퀀스 제어 분류에 속하지 않는 것은?

㉮ 시한제어　　㉯ 순서제어
㉰ 조건제어　　㉱ 비율제어

해설 비율제어는 피드백 제어에서 많이 사용되는 추치제어이다.

 정답 9. ㉯ 10. ㉱ 11. ㉱ 12. ㉮ 13. ㉱ 14. ㉱

15. 공기 중에 누설될 때 낮은 곳으로 흘러 고이는 가스로만 조합되어 있는 항은?

㉮ 프로판, 산소, 아세틸렌
㉯ 프로판, 포스겐, 염소
㉰ 아세틸렌, 암모니아, 염소
㉱ 아세틸렌, 암모니아, 포스겐

해설 공기의 분자량(29)보다 무거운 가스
㉠ 프로판 C_3H_8 : 44
㉡ 포스겐 $COCl_2$: 98
㉢ 염소 Cl_2 : 70

16. 푸시버튼 스위치를 사용하여 설비제어를 구성 중 보기와 같은 도시기호의 배선회로의 접점은?

(보기)

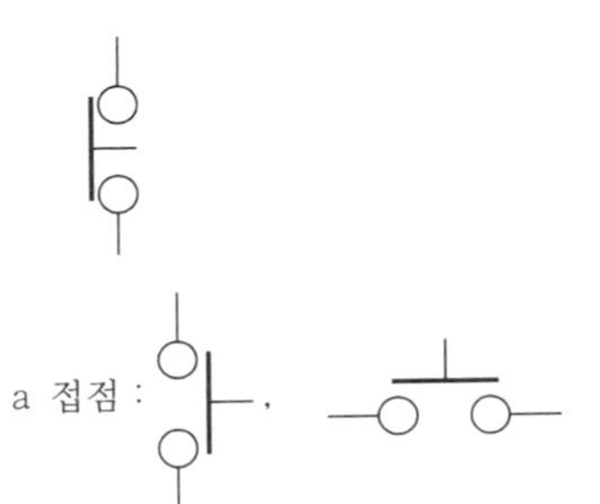

㉮ a접점
㉯ b접점
㉰ c접점
㉱ d접점

해설 a 접점 : , b 접점 :

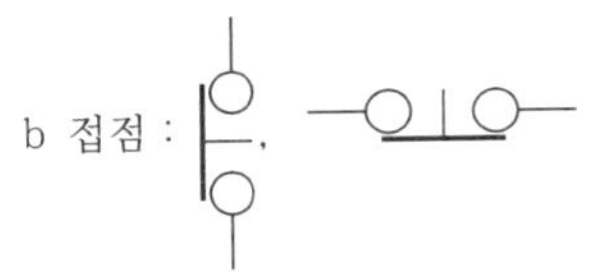

17. 정(Chisel) 머리의 거스머리에 관한 올바른 설명은?

㉮ 타격 면적이 커지므로 클수록 좋다.
㉯ 해머가 미끄러져서 손을 상하기 쉽다.
㉰ 금긋기 선에 따라서 쉽게 정 작업을 할 수 있다.
㉱ 해머로 타격할 때 정에 많은 힘이 작용한다.

해설 정 머리의 거스러미는 해머가 미끄러져서 손을 상하기 쉽다.

18. 장치의 운전을 정지시키지 않고 유체가 흐르는 상태에서 고장을 수리하는 것으로 바이패스를 시키거나 분기하여 유체를 우회 통과시키는 응급조치방법인 것은?

㉮ 핫태핑(Hot Tapping)법과 플러깅(Plugging)법
㉯ 스토핑박스(Stopping Box)법과 박스(Box-in)설치법
㉰ 코킹(Caulking)법과 밴드보강법
㉱ 인젝션(Injection)법과 밴드보강법

해설 핫태핑법과 플러깅법이란 장치의 운전을 정지시키지 않고 유체가 흐르는 상태에서 고장을 수리하는 것으로 바이패스, 분기시켜 우회 통과시킨다.

정답 15. ㉯ 16. ㉯ 17. ㉯ 18. ㉮

19. 다음 중 유틸리티(Utility) 배관이라고 할 수 없는 것은?

㉮ 각종 압력의 증기 및 응축수 배관
㉯ 냉각세정용 유체 공급관
㉰ 연료유 및 연료가스 공급관
㉱ 유닛 내 열교환기 등의 기기에 접속되는 원료운반 배관

해설 ㉮, ㉯, ㉰배관은 유틸리티 배관이다.

20. 전기용접에서 감전의 방지대책으로 잘못된 것은?

㉮ 용접기에는 반드시 전격 방지기를 설치한다.
㉯ 개로전압은 가능한 한 높은 용접기를 사용한다.
㉰ 용접기 내부에 함부로 손을 대지 않는다.
㉱ 절연이 완전한 홀더를 사용한다.

해설 감전방지로 개로전압은 가능한 낮은 용접기를 사용한다.

21. 최고 사용압력 80MPa, 사용온도 200℃인 열매체를 압력 배관용 탄소강관 50A로 배관하고자 할 때 가장 적합한 규격(스케줄 번호)은?(단, 관의 인장강도는 42MPa이고 안전율은 4이다.)

㉮ Sch. No60
㉯ Sch. No80
㉰ Sch. No100
㉱ Sch. No120

해설 $Sch = 10 \times \frac{P}{S} = 10 \times \frac{80}{42 \times \frac{1}{4}} = 76.19 \fallingdotseq 80$

22. 인탈산 동관에 관한 설명으로 틀린 것은?

㉮ 연수(軟水)에는 부식된다.
㉯ 담수(淡水)에는 내식성이 강하다.
㉰ 고온에서 수소 취화 현상이 발생한다.
㉱ 탄산가스를 포함한 공기 중에서는 푸른 녹이 생긴다.

해설 인탈산 동관은 고온의 환원성 분위기 중에서도 수소 취성이 없고 또 대신 인이 잔류하게 된다.

23. 온수 온돌 난방 코일용으로 많이 사용되며, 엑셀 온돌 파이프라고도 하는 관은?

㉮ 염화비닐관
㉯ 폴리에틸렌관
㉰ 폴리부틸렌관
㉱ 가교화 폴리에틸렌관

해설 가교화 폴리에틸렌관은 엑셀 온돌 파이프이다.

24. 보일러에서 연소에 이상이 있을 때 신호전류를 받아 전자 코일의 전자력을 이용하여 자동적으로 밸브를 개폐시키는 연료차단 밸브는?

 정답 19. ㉱ 20. ㉯ 21. ㉯ 22. ㉰ 23. ㉱ 24. ㉱

㉮ 리프트 밸브
㉯ 다이어프램 밸브
㉰ 체크 밸브
㉱ 솔레노이드 밸브

해설 솔레노이드 밸브는 연료차단 밸브이다.

25. 유리섬유(Glass Wool) 보온재의 설명으로 틀린 것은?

㉮ 용융 상태의 유리를 이용하여 만든 것이다.
㉯ 무기질 보온재이다.
㉰ 흡습하면 보온성능이 떨어진다.
㉱ 안전 사용온도는 500℃ 이하이다.

해설 유리섬유는 300℃ 이하에서 사용한다.

26. 맞대기 용접 이음용 롱엘보(Long Elbow)의 곡률 반지름은 강관 호칭지름의 몇 배인가?

㉮ 1배
㉯ 1.2배
㉰ 1.5배
㉱ 2배

해설 롱 엘보의 곡률 반지름은 강관 호칭지름의 1.5배이다.

27. 수도용 원심력 덕타일 주철관을 보통 회주철관과 비교 설명한 것으로 가장 적합한 것은?

㉮ 강도는 있으나 관의 수명이 짧다.
㉯ 내식성이 있으나 인성이 없다.
㉰ 인성은 좋으나 내식성이 없다.
㉱ 변형에 대한 높은 가요성이 있다.

해설 수도용 원심력 덕타일 주철관(구상 흑연 주철관)은 강도와 인성이 있으며 내식성, 가요성, 충격에 대한 연성 가공성이 우수하다.

28. 동관의 각종 이음형태에서 ANSI 규격에 규정된 이음쇠의 기호 중 F_{tg}의 설명으로 올바른 것은?

㉮ 이음쇠 내경 쪽으로 관이 들어가 접합되는 형태
㉯ 이음쇠 외경 쪽으로 관이 들어가 접합되는 형태
㉰ ANSI 규격 관형나사가 안으로 난 나사 이음용 이음쇠
㉱ ANSI 규격 관형나사가 밖으로 난 나사 이음용 이음쇠

해설 F_{tg} : 연결부속의 외경이 동관의 내경 치수에 맞게 만들어진 부속의 끝부분

29. 스위블형 신축이음쇠에 관한 설명으로 가장 적합한 것은?

㉮ 회전이음, 지웰이음 등으로도 불린다.
㉯ 신축량이 큰 배관에서도 나사부가 헐거워지지 않는다.
㉰ 설치비가 비싸 쉽게 조립해서 만들기 힘들다.
㉱ 굴곡부에서 압력강하가 없다.

해설 스위블형 신축이음쇠(회전이음, 지웰이음)는 저압증기나 온수배관용이다.

정답 25. ㉱ 26. ㉰ 27. ㉱ 28. ㉯ 29. ㉮

30. 증기와 응축수의 열역학적 특성에 따라 작동되는 증기트랩이 아닌 것은?

㉮ 디스크형(Disc Type) 증기트랩
㉯ 오리피스형(Orifice Type) 증기트랩
㉯ 바이패스형(BY-pass Type) 증기트랩
㉱ 헤비듀티형(Heavy Duty Type) 증기트랩

해설 열역학적 증기트랩
㉠ 디스크형, ㉡ 오리피스형, ㉢ 바이패스형

31. 일반적으로 에터니트관이라고 하는 관은?

㉮ 석면 시멘트관
㉯ 철근콘크리트관
㉰ 프리스트레스 콘크리트관
㉱ 원심력 철근콘크리트관

해설 석면 시멘트관 : 에터니트관

32. 고온 고압용 패킹으로 양질의 석면 섬유와 순수한 흑연을 균일하게 혼합하고, 소량의 내열성 바인더로 굳힌 것을 심으로 하여 사용조건에 따라 스테인리스강선이나 인코넬선을 넣어 석면사로 편조한 패킹은?

㉮ 합성수지 패킹
㉯ 테프론 편조패킹
㉰ 일산화연 패킹
㉱ 플라스틱 코어형 메탈패킹

해설 플라스틱 코어형 메탈패킹 : 고온 고압용 패킹이다. 사용조건에 따라 스테인리스강선이나 인코넬선을 넣어 석면사로 편조한 패킹

33. 배관설비에 사용되는 압력식 온도계의 3대 구성요소가 아닌 것은?

㉮ 감온부
㉯ 감압부
㉰ 도압부
㉱ 보호관부

해설 압력식 온도계
㉠ 감온부, ㉡ 감압부, ㉢ 도압부

34. 배관 지지 3가지 요소 중 아닌 것은?

㉮ 배관계의 중량 지지와 고정
㉯ 진동, 충격에 대한 지지
㉰ 열팽창에 의한 배관계의 신축제한 지지
㉱ 배관 시공상 환수관의 수평 지지

해설 배관 지지 3가지 요소
㉠ 배관계의 중량 지지와 고정
㉡ 진동, 충격에 대한 지지
㉢ 열팽창에 의한 배관계의 신축제한 지지

 정답 30. ㉱ 31. ㉮ 32. ㉱ 33. ㉱ 34. ㉱

35. 밑면적이 $2m^2$인 탱크 속에 물이 가득 채워져 있다. 탱크 밑면에 밸브가 있을 때 물이 흘러 나가는 속도는?(단, 밑면 밸브 구멍에서 자유 수면까지의 높이는 15m이다.)

㉮ 10.12m/s ㉯ 12.15m/s
㉰ 15.15m/s ㉱ 17.15m/s

해설 $v = k\sqrt{2gh} = \sqrt{2 \times 9.8 \times 15} = 17.15\text{m/s}$

36. 강관을 4조각 내어 90° 마이터관을 만들려 할 때 절단각은 얼마인가?

㉮ 7.5° ㉯ 11.25°
㉰ 15° ㉱ 22.5°

해설 $\text{절단각} = \dfrac{\text{중심각}}{(\text{편수}-1)\times 2} = \dfrac{90°}{(4-1)\times 2} = 15°$

37. 배관 종류별 주요 접합방법이 올바르게 짝지어진 것은?

㉮ 플레어 이음 - 연관 이음법 ㉯ 플라스탄 이음 - 스테인리스강관 이음법
㉰ TS식 이음 - PVC관 이음법 ㉱ 몰코 이음 - 주철관 이음법

해설 PVC 관 이음 냉간접합 : ㉠ 나사접합, ㉡ 냉간삽입접합(T.S Joint)

38. 호칭지름 25A(바깥지름 34mm)의 관을 곡률반경 150mm로 90° 구부릴 때 구부림한 안쪽의 곡선부 길이는 약 몇 mm인가?

㉮ 133 ㉯ 284 ㉰ 209 ㉱ 259

해설 $L = 2\pi R \times \dfrac{\theta}{360} = 2 \times 3.14 \times 150 \times \dfrac{90}{360} = 235.5\text{mm}$

$\therefore\ 235.5 - 25 = 210.5\text{mm}$

39. 주철관의 타이튼 이음(Tyton Joint)에 관한 설명 중 틀린 것은?

㉮ 이음에 필요한 부품은 고무링 하나뿐이다.
㉯ 매설할 경우 특수공구가 작업할 공간으로 이음부를 넓게 팔 필요가 있다.
㉰ 비가 올 때 물기가 있는 곳에서도 이음이 가능하다.
㉱ 이음 과정이 간단하면 관 부설을 신속히 할 수 있다.

해설 주철관 타이튼 이음은 고무링 하나만으로 이음이 가능하다.

40. 관 접속부의 부속류의 분해 조립 시 사용되며 보통형과 강력형 및 체인형 등이 있는 공구는?

㉮ 파이프 커터 ㉯ 나사 절삭기
㉰ 파이프 렌치 ㉱ 커팅 휠 절단기

해설 파이프 렌치
㉠ 보통형, ㉡ 강력형, ㉢ 체인형(20A 이상 강관용 대형 렌치이다.)

정답 35. ㉱ 36. ㉰ 37. ㉰ 38. ㉰ 39. ㉯ 40. ㉰

41. 다음 중 석면시멘트관의 이음방법이 아닌 것은?

㉮ 기볼트 이음
㉯ 나사이음
㉰ 칼라 이음
㉱ 심플렉스 이음

해설 석면시멘트관(에터니트관의 접합)
㉠ 기볼트 접합
㉡ 칼라 접합
㉢ 심플렉스 접합

42. 절대온도 303k는 섭씨온도로 몇 도인가?

㉮ 30℃
㉯ 68℃
㉰ 73℃
㉱ 86℃

해설 ℃ = K − 273 = 303 − 273 = 30℃

43. 다음은 용접의 극성을 설명한 것이다. 올바른 것은?

㉮ 직류 정극성(DCSP)은 용접봉을 양극(+), 모재를 음극(−) 측에 연결한 것이다.
㉯ 직류 역극성(DCRP)은 용접봉의 용융속도가 빠르나 모재의 용입이 얕아지는 경향이 있다.
㉰ 직류 정극성은 비드 폭이 넓다.
㉱ 교류 용접기의 극성은 용접봉 측에 양극(+), 모재 측에 음극(−)만 연결된다.

해설 정극성 = 모재가 (+), 용접봉(−)
정극성 = 비드 폭이 좁다.
역극성 = 모재가(−), 용접봉이 (+)
역극성 = 비드 폭이 넓다.

44. 후판을 용접하고자 할 때에는 다층용접을 해야 한다. 다층용접을 하는 방법에 해당하는 것은?

㉮ 대칭법과 스킵법
㉯ 전진 블록법과 덧살 올림법
㉰ 전진 블록법과 스킵법
㉱ 대칭법과 덧살 올림법

해설 후판 다층용접
㉠ 전진 블록법
㉡ 덧살 올림법

45. 0℃의 물 1kg을 100℃의 포화증기로 만드는 데 필요한 열량은 몇 kJ인가?(단, 물의 비열은 4.19kJ/kg·k이고, 물의 증발잠열은 2,256.7kJ/kg이다.)

㉮ 418.5kJ
㉯ 753.2kJ
㉰ 2,255.5kJ
㉱ 2,675.7kJ

해설 $H_1 = 1 \times 4.19 \times (100 - 0) = 419$
$H_2 = 1 \times 2{,}256.7 = 2{,}356.7$
$\therefore\ Q = 419 + 2{,}256.7 = 2{,}675.7\text{kJ}$

 정답 41. ㉯ 42. ㉮ 43. ㉯ 44. ㉯ 45. ㉱

46. 다음 중 탄산가스 아크용접의 장점이 아닌 것은?

㉮ 풍속 2m/sec 이상의 바람에도 방풍대책이 필요 없다.
㉯ 용접 중 수소 발생이 적어 기계적 성질이 양호하다.
㉰ 아크의 집중성이 양호하기 때문에 용입이 깊다.
㉱ 심선의 직경에 대하여 전류밀도가 높기 때문에 용착 속도가 크다.

해설 CO_2 75%+산소 25% 혼합가스
갑비싼 아르곤이나 헬륨 대신에 탄산가스를 사용한다. 풍속이 센 곳에서 용접하는 경우 방풍대책이 필요하다.

47. 보기와 같은 배관설비 정면도에 대한 평면도로 가장 적합한 것은?

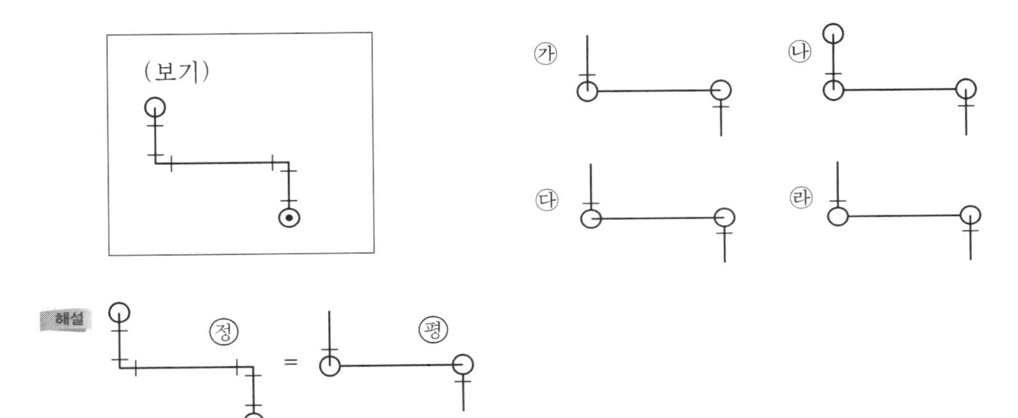

48. 보기와 같은 배관설비의 치수 해독에 관한 설명으로 올바른 것은?

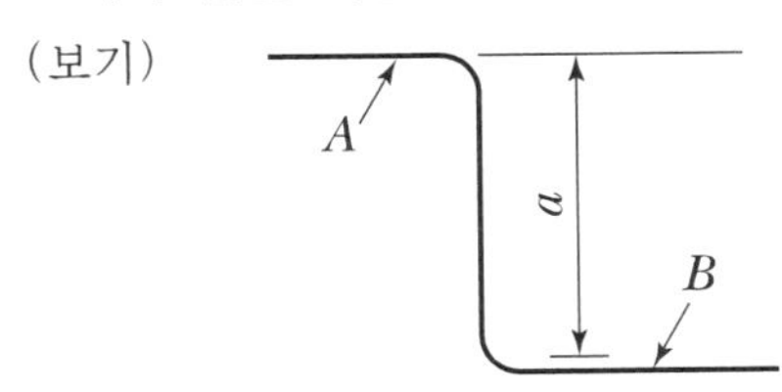

㉮ A관의 중심에서 B관의 중심까지 치수가 a이다.
㉯ A관의 외경 위쪽에서 B관의 외경 위쪽까지 치수가 a이다.
㉰ A관의 외경 위쪽에서 B부 관의 외경 아래쪽까지 치수가 a이다.
㉱ A부 관의 외경 아래쪽에서 B부 관의 외경 아래쪽까지 치수가 a이다.

해설 A관의 외경 위쪽에서 B관의 외경 위쪽까지 치수는 a가 된다.

정답 46. ㉮ 47. ㉮ 48. ㉯

49. 파이프 표면에 연한 노란색이 칠해져 있는 경우 파이프 내의 물질의 종류는?

㉮ 기름　　㉯ 증기
㉰ 전기　　㉱ 가스

50. 보기와 같은 용접기호의 설명으로 올바른 것은?

(보기)

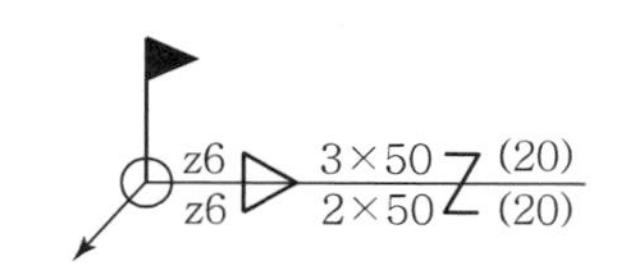

㉮ O : 현장 용접
㉯ z6 : 목 두께 6mm
㉰ 3×50 : 단속용접 개수와 용접부 길이
㉱ (20) : 용접부 길이

해설 ㉠ O : 온 둘레 용접
㉡ zL : 직각길이(20) : 인접한 용접부 간격

51. 기준선(그 지방 해수면)으로부터 설치 파이프 바깥지름의 밑부분까지 높이가 3.5m일 때 나타내는 기호로 적합한 것은?

㉮ GL＋3,500 TOP 　　㉯ EL＋3,500 BOP 

㉰ GL＋3,500 BOP 　　㉱ EL＋3,500 TOP 

해설 BOP : 관 외경의 아랫면까지의 높이 표시
EL : 기준선은 그 지방의 해수면

52. 그림과 같은 원뿔을 방사선 전개법으로 전개하려고 한다. 부채꼴의 중심각은?(단, 밑면 원의 반지름(R)=180mm이고, 면소의 실제길이(L)=200mm이다.)

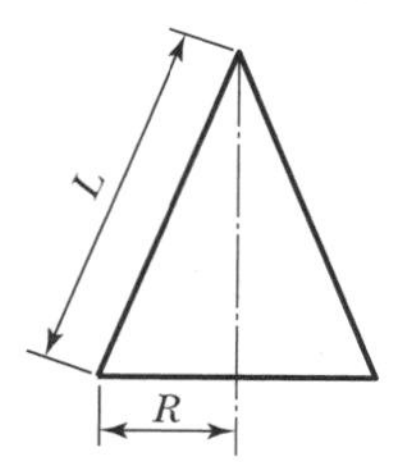

㉮ 162도
㉯ 262도
㉰ 314도
㉱ 324도

해설 원은 360°, $\therefore 360\times\frac{180}{200}=324°$

53. 다음 중 배관의 간략도시방법에서 평면도에 악취방지장치 및 콕이 붙은 배수구를 표시하는 기호는?

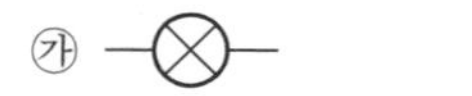　　

해설 : 악취방지장치 및 콕이 붙은 배수구

 정답 49. ㉱ 50. ㉰ 51. ㉯ 52. ㉱ 53. ㉯

54. 배관 도시기호 중 밸브가 닫혀있는 상태를 표시한 것이 아닌 것은?

㉮ 

㉯ 

㉰ 

㉱

해설 : 글로브 밸브

55. "무결점 운동"이라고 불리는 것으로 품질개선을 위한 동기부여 프로그램은 어느 것인가?

㉮ TQC
㉯ ZD
㉰ MIL-STD
㉱ ISO

해설 ㉠ ZD : 무결점 운동
㉡ TQC : 전사적인 품질관리

56. 연간 소요량 4,000개인 어떤 부품의 발주비용은 매회 200원이며 부품단가는 100원, 연간 재고유지비율이 10%일 때 F.W.Harris식에 의한 경제적 주문량은 얼마인가?

㉮ 40개/회
㉯ 400개/회
㉰ 1,000개/회
㉱ 1,300개/회

해설 $\text{EDQ} = \sqrt{\frac{2DC_p}{C_u}} = \sqrt{\frac{2 \times 4,000 \times 200}{0.1 \times 100}} = 400$개

57. 이항분포(Binomial Distribution)의 특징으로 가장 옳은 것은?

㉮ P=0일 때는 평균치에 대하여 좌·우 대칭이다.
㉯ $P \leq 0.1$이고, $nP = 0.1 \sim 10$일 때는 푸아송 분포에 근사한다.
㉰ 부적합품의 출현 개수에 대한 표준편차는 $D(x) = np$이다.
㉱ $P \leq 0.5$이고, $nP \geq 5$일 때는 푸아송 분포에 근사한다.

해설 ㉠ 확률(P) = $P \leq 0.1$이고, nP(횟수와 확률) = $0.1 \sim 10$일 때는 푸아송 분포에 근사하다.
㉡ 이항분포에서 nP를 일정하게 높고 $n \to \infty$, $P \to 0$로 하면 푸아송 분포(Poisson Distribution)

58. 다음 검사 중 판정의 대상에 의한 분류가 아닌 것은?

㉮ 관리 샘플링 검사
㉯ 로트별 샘플링 검사
㉰ 전수검사
㉱ 출하검사

해설 판정의 대상
㉠ 전수검사(100% 검사)
㉡ 로트별 검사(로트별 샘플링 검사)
㉢ 관리 샘플링 검사
㉣ 무검사
㉤ 자주검사

정답 54. ㉰ 55. ㉯ 56. ㉯ 57. ㉯ 58. ㉱

59. 제품공정 분석표(Product Process Chart) 작성 시 가공시간 기입법으로 가장 올바른 것은?

㉮ $\frac{1개당 가공시간 \times 1로트의 수량}{1로트의 총가공시간}$

㉯ $\frac{1로트의 가공시간}{1로트의 총가공시간 \times 1로트의 수량}$

㉰ $\frac{1개당 가공시간 \times 1로트의 총가공시간}{1로트의 수량}$

㉱ $\frac{1로트의 총가공시간}{1개당 가공시간 \times 1로트의 수량}$

해설 가공시간 기입법

$$\frac{1개당 가공시간 \times 1로트의 수량}{1로트의 총가공시간}$$

60. M타입의 자동차 또는 LCD TV를 조립, 완성한 후 부적합 수(결점수)를 점검한 데이터에는 어떤 관리도를 사용하는가?

㉮ P관리도

㉯ nP관리도

㉰ c관리도

㉱ $\bar{x}$ −R관리도

해설 ㉠ P관리도 : 불량률의 관리도
㉡ nP관리도 : 불량개수의 관리도
㉢ c관리도 : 결점수의 관리도
㉣ $\bar{x}$ −R관리도 : 평균치와 범위의 관리도
㉤ $\tilde{x}$ −R관리도 : 메디안과 범위의 관리도

 정답 59. ㉮ 60. ㉰

2008.03.30. 과년도 기출문제

MASTER CRAFTSMAN PLUMBING

1. 진공환수식 증기난방에서 방열기보다 높은 곳에 환수관을 배관할 경우에 사용하는 것은?

㉮ 하드포드 배관법
㉯ 리프트 피팅
㉰ 파일럿 라인
㉱ 동층 난방식

해설 리프트 피팅
진공환수식 증기난방에서 방열기보다 높은 곳에 환수관을 배관할 경우에 사용

2. 보일러의 수위제어방식 중 3요소가 아닌 것은?

㉮ 온도
㉯ 수위
㉰ 증기유량
㉱ 급수유량

해설 수위제어(FWC)
① 단요소식 : 수위
② 2요소식 : 수위, 증기량
③ 3요소식 : 수위, 증기량, 급수량

3. 용해 아세틸렌 취급 시 주의사항으로 틀린 것은?

㉮ 저장 장소에는 화기를 가까이 하지 말아야 한다.
㉯ 용기는 안전하게 뉘어서 보관한다.
㉰ 저장장소는 통풍이 잘 되어야 한다.
㉱ 저장실의 전기스위치, 전등 등은 방폭구조여야 한다.

해설 C_2H_2 용기는 세워서 보관한다.

4. 압축기의 분류에서 용적식(체적식) 압축기에 해당하지 않는 것은?

㉮ 왕복식
㉯ 회전식
㉰ 원심식
㉱ 나사식

해설 비용적식 압축기 : 원심식(터보식)

정답 1. ㉯ 2. ㉮ 3. ㉯ 4. ㉰

5. 다음 배관시공 시의 안전에 대한 설명 중 틀린 것은?

㉮ 시공 공구들의 정리 정돈을 철저히 한다.
㉯ 작업 중 타인과의 잡담 및 장난을 금지한다.
㉰ 용접 헬멧은 차광 유리의 차광도 번호가 높은 것일수록 좋다
㉱ 물건을 고정시킬 때 중심이 한쪽으로 쏠리지 않도록 주의한다.

해설 ① 차광도 6~7번 : 가스용접, 30A 미만 아크 및 절단용
② 차광도 8~9번 : 고도의 가스용접, 절단 및 30A 이상 100A 미만의 아크 용접, 절단용
③ 차광도 10~12번 : 100A 이상~300A 미만의 아크용접 및 절단
④ 차광도 13~14번 : 300A 이상의 아크 및 절단용

6. 원심펌프의 임펠러 주위에 안내 날개차를 달아 20m 이상의 높은 양정 펌프로 사용되는 펌프는?

㉮ 디프웰펌프　㉯ 기어펌프
㉰ 워싱턴펌프　㉱ 터빈펌프

해설 원심펌프
① 고양정 펌프 : 터빈펌프
② 저양정 펌프 : 볼류트펌프

7. 조절계의 출력과 제어량이 목표값보다 커질 때 출력이 증가하는 방향으로 움직이게 하는 동작은?

㉮ 정작동　㉯ 역작동
㉰ 비례작동　㉱ 비례미분작동

해설 정작동
조절계의 출력과 제어량이 목표값보다 커질 때 출력이 증가하는 방향으로 움직이게 하는 동작

8. 함진가스를 방해판 등에 충돌시켜 기류의 급격한 방향전환을 행하게 함으로써 매진이 기류에서 떨어져 나가는 현상을 이용한 집진장치는?

㉮ 관성분리식 집진장치　㉯ 중력침강식 집진장치
㉰ 원심력 집진장치　㉱ 백필터 집진장치

해설 관성분리식 집진장치 : 방해판 사용

9. 조건의 충족 여부 등 제어결과에 따라 현재 진행 중인 제어동작을 다음 단계로 옮겨가지 못하도록 차단하는 제어는?

㉮ 피드백 제어　㉯ 시퀀스 제어
㉰ 인터록 제어　㉱ 프로세스 제어

해설 인터록 제어 : 조건의 충족 여부 등 제어결과에 따라 현재 진행 중인 제어동작을 다음 단계로 옮겨가지 못하도록 차단하는 제어

 정답 5. ㉰ 6. ㉱ 7. ㉮ 8. ㉮ 9. ㉰

10. 방식(防蝕)이라는 견지에서 배관시공상 주의해야 할 사항으로 틀린 것은?

㉮ 이온화 경향이 낮은 금속을 사용한다.
㉯ 지하 매설관, 피트 내 배관 등은 청소하기 쉽게 한다.
㉰ 이음부 등이 부식하기 쉬우므로 방식도료를 칠한다.
㉱ 탱크의 배출구, 펌프 등에서 공기흡입을 원활히 한다.

해설 공기가 흡입이 되면 점식이라는 부식이 발생하며 방식과의 거리가 멀다.

11. 다음 화학 세정용 약제 중 알칼리 약제에 속하는 것은?

㉮ 염산
㉯ 인산
㉰ 암모니아
㉱ 설퍼민산

해설 ① 황산, 염산, 인산, 설퍼민산 : 산성 약제
② 구연산, 옥살산 : 중성약제
③ 암모니아, 가성소다, 탄산소다, 인산소다 : 알칼리 약제

12. 자동화설비에서 출력신호를 입력 측에 되돌려 동작을 결정하는 것을 의미하는 용어는?

㉮ 피드백 제어
㉯ 페루프 제어
㉰ 시퀀스 제어
㉱ 비례적분동작

해설 피드백 제어 : 자동화설비에서 출력신호를 입력 측에 되돌려 동작을 결정하는 제어

13. 다음은 줄 작업 시 안전수칙이다. 틀린 것은?

㉮ 줄은 작업 전에 반드시 자루 부분을 점검할 것
㉯ 줄 작업 시 절삭분은 입으로 불어서 깨끗하게 처리할 것
㉰ 줄은 다른 용도로 사용하지 말 것
㉱ 줄 작업 시 줄의 균열 유무를 확인하고 사용할 것

해설 줄 작업 시 절삭분은 와이어 브러시로 처리한다.

14. 연소의 이상 현상 중 선화를 설명하고 있는 것은?

㉮ 가스의 연소속도가 유출속도에 비해 크게 되었을 때 불꽃이 염공에서 연소기 내부로 침입하는 현상
㉯ 가스의 연소 유출속도가 연소속도에 비해 크게 되었을 때 불꽃이 염공에 접하여 연소되지 않고 염공을 떠나 공중에서 연소하는 현상
㉰ 불꽃의 저부에 대한 공기의 움직임이 강해지면 불꽃이 노즐에서 정착하지 않고 떨어져 꺼져 버리는 현상
㉱ 연소생성물 중의 가연성분이 산화반응을 완전히 완료 하지 않으므로 일산화탄소, 그을음 등이 생기는 현상

해설 ㉮ 설명은 역화, ㉯ 설명은 선화

정답 **10.** ㉱ **11.** ㉰ **12.** ㉮ **13.** ㉯ **14.** ㉯

15. 백 필터(Bag Filter)를 사용하는 집진방식인 것은?

㉮ 원심력식 ㉯ 중력식
㉰ 전기식 ㉱ 여과식

해설 여과식 집진장치 : 백 필터 사용

16. 창이나 벽, 처마, 지붕에 물을 뿌려 수막을 형성함으로써 인접 건물에 화재가 발생될 때 본 건물의 화재발생을 예방하는 설비는?

㉮ 스프링클러 ㉯ 서지업서버
㉰ 프리액션설비 ㉱ 드렌처

해설 드렌처
창이나 벽, 처마, 지붕에 물을 뿌려 수막을 형성함으로써 인접 건물에 화재가 발생될 때 본 건물의 화재발생을 예방하는 설비

17. 급탕설비 중 저장탱크에 서모스탯을 장치한 가장 주된 이유는?

㉮ 증기압을 측정하기 위해서 ㉯ 수량을 조절하기 위해서
㉰ 온도를 조절하기 위해서 ㉱ 수질을 조절하기 위해서

해설 서모스탯 : 온도조절기

18. 배수트랩의 구비조건 중 틀린 것은?

㉮ 봉수가 안정성을 유지할 수 있는 구조일 것
㉯ 흐르는 물로 트랩의 내면을 세정하는 자기세정작용을 할 것
㉰ 봉수가 확실하고 유효하게 유지되면서 유해 가스를 완전하게 차단할 것
㉱ 구조가 복잡하고 트랩의 내면이 거칠어 오물이 잘 부착될 수 있는 구조일 것

해설 배수트랩은 오물이 잘 배출될 수 있는 구조이어야 한다.

19. 다음 중 보일러의 제어장치에 포함되지 않는 것은?

㉮ 급수제어 ㉯ 연소제어
㉰ 증기온도제어 ㉱ 푸트밸브제어

해설 푸트밸브 : 원심식 펌프의 역류방지밸브

20. 다음 중 통기관을 설치하는 가장 중요한 이유인 것은?

㉮ 실내의 환기를 위하여 ㉯ 배수량의 조절을 위하여
㉰ 유독가스를 보관하기 위하여 ㉱ 트랩 내 봉수를 보호하기 위하여

해설 통기관의 설치 목적 : 배수트랩 내 봉수 보호

 정답 15. ㉱ 16. ㉱ 17. ㉰ 18. ㉱ 19. ㉱ 20. ㉱

21. 패킹재를 가스킷, 나사용 패킹, 글랜드 패킹으로 분류할 때 나사용 패킹으로 분류되는 것은?

㉮ 모넬메탈
㉯ 액상 합성수지
㉰ 메탈 패킹
㉱ 플라스틱 패킹

해설 나사용 패킹
① 페인트, ② 일산화연, ③ 액상 합성수지

22. 무기질 보온재로 홈패트, 블랭킷, 파이프커버, 하이울 등의 종류가 있는 보온재는?

㉮ 기포성 수지
㉯ 석면
㉰ 규조토
㉱ 암면

해설 암면
① 400℃ 이하 관, 덕트, 탱크용 보온재
② 알칼리에는 강하나 강산에는 약하다.
③ 풍화의 염려가 없다.
④ 무기질 분자구조로만 형성하여 섬유로 만든다.

23. 다음 중 증기트랩의 사용 목적이 아닌 것은?

㉮ 증기관 내의 응축수 제거
㉯ 증기관 내의 공기제거
㉰ 증기관 내의 찌꺼기 제거
㉱ 환수관으로 증기통과 억제

해설 증기트랩의 사용목적
① 증기관 내의 응축수 제거
② 증기관 내의 공기 제거
③ 환수관으로 증기통과 억제

24. 수도용 입형 주철관에 "200A 93, 11 (주) 한국"이라는 표시가 있을 경우 이 표시에서 알 수 없는 것은?

㉮ 제조연월
㉯ 제조회사명
㉰ 호칭지름
㉱ 관의 길이

해설 ① 제조연월 : 1993. 11
② 제조회사명 : (주) 한국
③ 호칭지름 : 200A

25. 설비장치에 가장 적합한 계측기를 설치하기 위해서 고려해야 할 사항 중 틀린 것은?

㉮ 설치 및 유지방법이 어려운 것을 선택한다.
㉯ 측정 목적에 가장 적당한 것을 선택한다.
㉰ 최대눈금, 상용눈금, 최소눈금 등을 고려하여 선택한다.
㉱ 구조가 간단하고 견고한 것을 선택한다.

해설 계측기는 설치 및 유지방법이 용이한 것을 선택한다.

정답 21. ㉯ 22. ㉱ 23. ㉰ 24. ㉱ 25. ㉮

26. 가요관이라고도 하며 스테인리스강 또는 인청동의 가늘고 긴 벨로스의 바깥을 탄력성이 풍부한 구리망, 철망 등으로 피복하여 보강한 신축 이음쇠로 방진용으로도 사용이 가능한 것은?

㉮ 플랙시블 튜브 ㉯ 루프형 신축 이음쇠
㉰ 슬리브형 신축 이음쇠 ㉱ 벨로스형 신축 이음쇠

해설 플랙시블 튜브 : 가요관 이음

27. 동관 이음쇠의 한쪽은 안쪽으로 동관이 삽입 접합되고, 다른 쪽은 암나사를 내고 강관에는 수나사를 내어 나사이음하게 되는 경우에 필요한 동합금 이음쇠는?

㉮ C×F 어댑터 ㉯ F_{tg}×F 어댑터
㉰ C×M 어댑터 ㉱ F_{tg}×M 어댑터

해설 C×F 어댑터

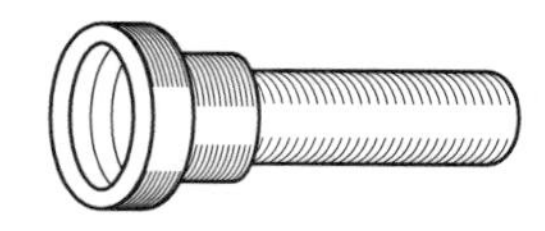

28. 게이트밸브 또는 사절변이라 하며 밸브를 완전히 열었을 때 유체 흐름의 저항이 다른 밸브에 비하여 아주 적은 밸브는?

㉮ 앵글밸브 ㉯ 글로브밸브
㉰ 슬루스밸브 ㉱ 체크밸브

해설 게이트밸브 : 슬루스밸브

29. 배관을 지지할 때의 유의사항으로 잘못된 시공방법은?

㉮ 중량밸브나 계전기 등이 있는 경우에는 그 기기 가까이 설치한다.
㉯ 배관의 곡부가 있는 경우는 지지가 곤란하므로 굽힘부에서 멀리 떨어져 지지한다.
㉰ 분기관이 있는 경우는 신축을 고려하여 지지한다.
㉱ 지지는 되도록 기존보를 이용하며 지지간격을 적당히 잡아 휨이 생기지 않도록 한다.

해설 배관의 곡부에서 지지하는 경우 굽힘부에서 가까운 곳에 지지를 한다.

30. 과열 증기관 등과 같이 사용온도가 350~450℃인 배관에 사용되며 킬드강을 사용해 이음매 없이 제조되기도 하는 관은?

㉮ 저온배관용 강관 ㉯ 고압배관용 탄소강관
㉰ 고온배관용 탄소강관 ㉱ 배관용 합금강관

해설 고온배관용 탄소강관(SPHT) : 과열 증기관이나 사용온도 350~450℃인 배관에 사용된다.

 정답 26. ㉮ 27. ㉮ 28. ㉰ 29. ㉯ 30. ㉰

31. 순동이음쇠의 특징 설명으로 틀린 것은?

㉮ 용접 시 가열시간이 짧아 공수 절감을 가져온다.
㉯ 벽 두께가 균일하므로 취약 부분이 적다.
㉰ 외형이 크지 않은 구조이므로 배관공간이 적어도 된다.
㉱ 내면이 동관과 같아 압력손실이 많다.

해설 순동이음쇠는 내면이 동관과 같아서 압력손실이 적다.

32. 합성수지 중 열경화성 수지에 속하지 않는 것은?

㉮ 페놀　　㉯ 요소
㉰ 멜라민　　㉱ 폴리에틸렌

해설 (1) 열경화성 합성수지
① 페놀
② 요소
③ 멜라민
(2) 폴리에틸렌관 : P.V.C관

33. 플랜지로 강관을 접합할 때 시트 모양에 따른 용도의 설명으로 틀린 것은?

㉮ 전면 시트 : 주철제 및 구리 합금제 플랜지
㉯ 소평면 시트 : 부드러운 패킹을 사용하는 플랜지
㉰ 삽입형 시트 : 기밀을 요구하는 경우
㉱ 홈꼴형 시트 : 위험성 유체 배관 및 기밀 유지

해설 소평면 시트 : 경질 패킹용으로 적당하다.(1.6MPa 이상 압력에 사용)

34. 압력배관에서 관의 선정기준이 되는 중요한 요소인 스케줄 번호는 다음 중 무엇을 계열화하여 작업성이나 경제적으로 도움을 주기 위한 것인가?

㉮ 관의 두께　　㉯ 관의 굵기
㉰ 관 끝의 가공정도　　㉱ 관의 제조방법

해설 스케줄 번호 : 관의 두께 표시

35. 비중 1.2인 유체를 0.067m^3/s 유량으로 높이 12m를 올리려면 펌프의 동력은 약 몇 kW가 필요한가?(단, 펌프의 효율은 100%로 가정한다.)

㉮ 9.46　　㉯ 10.14
㉰ 11.2　　㉱ 15.01

해설 $P = \frac{1,000 \times Q \times H}{102 \times 60 \times \eta} = (\text{kW})$

$\therefore \frac{1.2 \times 1,000 \times 0.067 \times 12}{102 \times 1} = 9.458\text{kW}$

정답 31. ㉱ 32. ㉱ 33. ㉯ 34. ㉮ 35. ㉮

36. 그림과 같이 90° 벤딩하고자 할 때 파이프의 총 길이는 몇 mm인가?

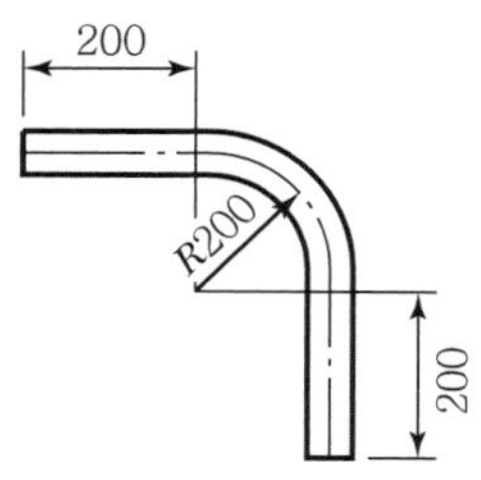

㉮ 714　　㉯ 739　　㉰ 857　　㉱ 557

해설 $l = 2\pi R \times \frac{\theta}{360} = 2 \times 3.14 \times 200 \times \frac{90}{360} = 314\text{mm}$

$\therefore\ L = 314 + (200 \times 2) = 714\text{mm}$

37. 배관 용접부의 비파괴시험 검사법이 아닌 것은?

㉮ 외관검사　　㉯ 초음파탐상법
㉰ 충격시험　　㉱ X선 투과시험법

해설 충격시험 : 파괴시험

38. 용접이음을 나사이음과 비교한 특징 설명 중 틀린 것은?

㉮ 나사이음처럼 관 두께에 불균일한 부분이 생기지 않고 유체의 압력손실이 적다.
㉯ 용접이음은 나사이음보다 이음의 강도가 크고 누수의 우려가 적다.
㉰ 돌기부가 없으므로 배관상의 공간효율이 좋다.
㉱ 용접이음은 나사이음보다 이음부의 강도가 작고 누수의 우려가 크다.

해설 용접이음은 나사이음보다 강도가 크고 누수의 염려가 없다.

39. 다음 재료 중 가스절단이 가장 잘되는 것은?

㉮ 주철　　㉯ 비철금속
㉰ 연강　　㉱ 스테인리스

해설 연강 : 탄소함량이 적어서 용접이 매우 용이하다.

40. 주철관 이음 시 스테인리스 커플링과 고무링만으로 쉽게 이음할 수 있는 접합법은?

㉮ 노허브 이음　　㉯ 빅토릭 이음
㉰ 타이톤 이음　　㉱ 플랜지 이용

해설 노허브 이음 : 주철관 이음 시 스테인리스 커플링과 고무링만으로 쉽게 이음이 가능한 접합법이다.

 정답 36. ㉮ 37. ㉰ 38. ㉱ 39. ㉰ 40. ㉮

41. 동관용 공구 중에서 동관 끝의 확관용 공구로 맞는 것은?

㉮ 익스팬터 ㉯ 사이징 툴
㉰ 튜브벤더 ㉱ 튜브커터

해설 익스팬더 : 동관의 확관용 공구

42. 다음 동관의 저온용접에 관한 설명 중 올바른 것은?

㉮ 용접되는 재료의 변질이 없다.
㉯ 용접 시 열에 의한 변형이 적으나 균열발생은 많다.
㉰ 공정조직으로 하면 결정이 조대화된다.
㉱ 공정조직으로 하면 취약한 이음이 된다.

해설 동관의 저온용접 : 용접되는 재료의 변질이 없다.

43. 순수한 물의 물리적 성질에 관한 설명으로 올바른 것은?

㉮ 밀도는 $1kg/cm^3$이다.
㉯ 물의 비중은 0℃일 때 1이다.
㉰ 점성계수는 온도가 높을수록 작아진다.
㉱ 해수(바다 물)보다 비중이 약 1.2배 크다.

해설 순수의 물리적 성질
① 밀도($1g/cm^3$)
② 물의 비중은 4℃가 기준이다.
③ 해수가 순수보다 비중이 크다.
④ 온도가 높으면 점성계수가 작아진다.

44. 서브머지드 아크용접에서 시·종단부의 용접결함을 막기 위하여 사용하는 것은?

㉮ 배킹 ㉯ 후럭스
㉰ 레일 ㉱ 앤드탭

해설 앤드탭 : 서브머지드는 아크 용접에서 시작, 끝마침의 용접결함을 막기 위한 것이다.

45. 0℃의 얼음 1kg을 100℃의 포화증기로 만드는 데 필요한 열량은 약 얼마인가?(단, 얼음의 융해열은 333.6kJ/kg, 물의 비열은 4.19kJ/kg－k, 물의 증발잠열은 2,256.7kJ/kg이다.)

㉮ 2,255kJ ㉯ 2,590kJ
㉰ 2,674kJ ㉱ 3,009kJ

해설 $1\times333.6=333.6kJ/kg$
$1\times4.19\times(100-0)=419kJ/kg$
$1\times2{,}256.7=2{,}256.7kJ/kg$
$\therefore\ Q=333.6+419+2{,}256.7=3{,}009.3kJ$

정답 41. ㉮ 42. ㉮ 43. ㉰ 44. ㉱ 45. ㉱

46. 염화비닐관 이음에서 고무링 이음의 특징으로 틀린 것은?

㉮ 시공작업이 간단하며 특별한 숙련이 없어도 시공할 수 있다.
㉯ 외부의 기후조건이 나빠도 이음이 가능하다.
㉰ 신축 및 휨에 대하여 완전하며 신축관을 따로 설치할 필요가 있다.
㉱ 시공속도가 느리며 수압에 견디는 강도가 작다.

해설 고무링은 시공속도가 빠르며 수압에 견디는 강도가 크다.

47. 치수기입방법의 일반원칙으로 틀린 것은?

㉮ 단품이나 구성품을 명확하고도 완전하게 정의하는 데 필요한 치수정보는 관련문서에서 명시하지 않더라도 도면에 모두 표시해야 한다.
㉯ 각 형체의 치수는 하나의 도면에서 여러 번 기입한다.
㉰ 치수는 해당되는 형체를 가장 명확하게 보여 줄 수 있는 투상도나 단면도에 가입한다.
㉱ 각 도면은 모든 치수에 대해 동일한 단위(mm 등)를 사용한다.

해설 각 형체는 치수의 경우 하나의 도면에서는 한 번만 기입한다.

48. 배관 설비 라인 인덱스의 장점이 아닌 것은?

㉮ 배관 시공 시 배관재료를 정확히 선정할 수 있다.
㉯ 배관공사의 관리 및 자재관리에 편리하다.
㉰ 배관 내의 유체마찰이 감소된다.
㉱ 배관 기기장치의 운전계획, 운전교육에 편리하다.

해설 Line Index
배관도면의 각 장치와 관에 번호를 부여하는데, 이것이 라인 인덱스이다.
㉮, ㉯, ㉱는 라인 인덱스의 장점이다.

49. 배관의 높이표시법에서 관 외경의 윗면을 기준으로 할 경우 도면에 표시하는 기호로 맞는 것은?

㉮ TOP ㉯ BOP ㉰ EL ㉱ GL

해설 TOP(Top Of Pipe) : BOP와 같은 목적으로 이용되나 관의 윗면을 기준으로 하여 표시한다.

50. 다음과 같은 입체도의 평면도로 가장 적합한 것은?

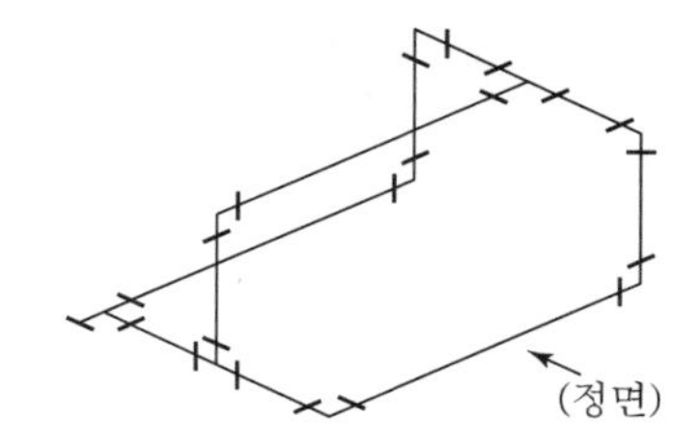

㉮ ㉰
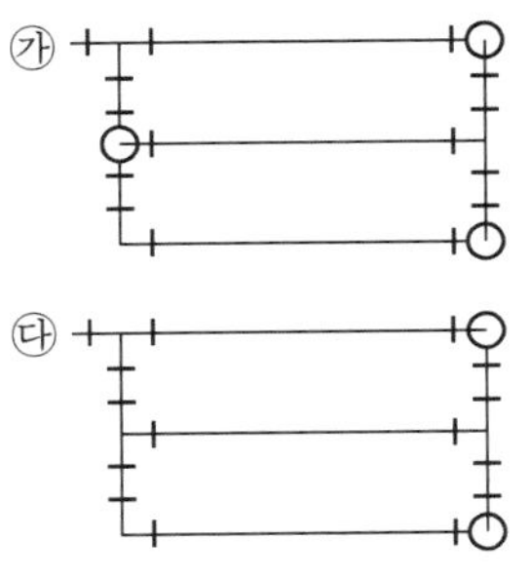

㉯ ㉱
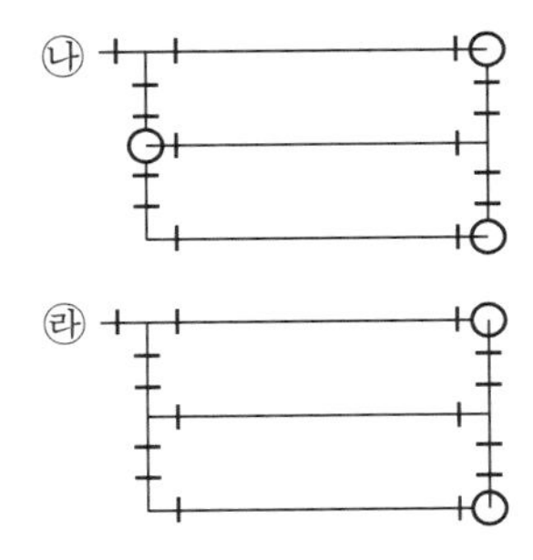

해설 평면도 : 배관장치를 위에서 아래로 내려다보고 그린 그림이다.
㉮는 보기의 평면도이다.

51. 관 A가 화면에 직각으로 바로 앞쪽으로 올라가 있고 관 B와 접속하고 있는 경우의 평면도로 바른 것은?

㉮ 

㉯ 

㉰ 

㉱ 

해설
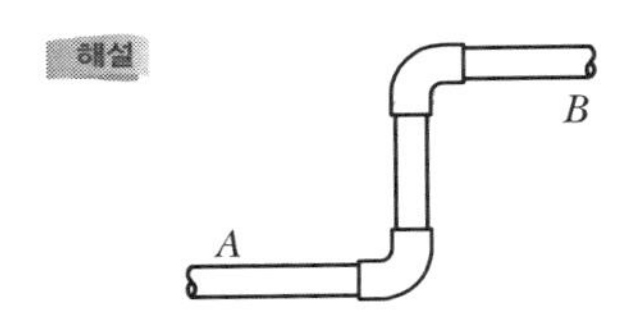

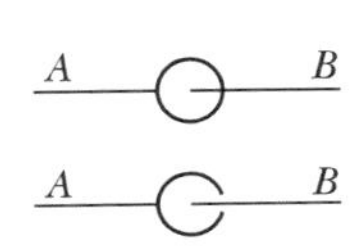

52. KS '배관의 간략도시방법'에서 사용하는 선의 종류별 호칭방법에 따른 선의 적용 설명으로 틀린 것은?

㉮ 가는 1점 쇄선 → 바닥, 벽, 천장
㉯ 굵은 파선 → 다른 도면에 명시된 유선
㉰ 가는 실선 → 해칭, 인출선, 치수선
㉱ 굵은 실선 → 유선 및 결합부품

해설 가는 1점 쇄선 : 도형의 중심을 표시하는 선(중심선)

53. 보기와 같은 용접기호의 설명으로 올바른 것은?

(보기)
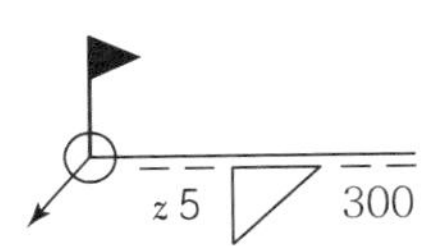

㉮ 현장 점용접
㉯ 용접부 목 두께 5mm
㉰ 플러그 용접
㉱ 화살표 반대쪽의 용접

해설 전둘레 현장용접

54. 관의 말단부 표시방법에서 나사식 캡을 나타내는 도시기호로 맞는 것은?

㉮ ‖—— ㉯ ⊏——
㉰ ◁—— ㉱ ✕——

해설 ㉮ 막힘 플랜지 ㉯ 나사식 캡
㉰ 용접식 캡 ㉱ 용접이음

55. C관리도에서 k=20인 군의 총부적합(결점)수 합계는 58이었다. 이 관리도의 UCL, LCL을 구하면 약 얼마인가?

㉮ UCL=6.92, LCL=0
㉯ UCL=4.90, LCL=고려하지 않음
㉰ UCL=6.92, LCL=고려하지 않음
㉱ UCL=8.01, LCL=고려하지 않음

해설 C관리도(결점수의 관리도)
UCL & LCL $= \bar{\bar{x}} \pm E_2 \bar{R}$
① $UCL = C + 3\sqrt{C} = \frac{58}{20} + 3\sqrt{\frac{58}{20}} = 8.01$
② $LCL = C - 3\sqrt{C} = \frac{58}{20} - 3\sqrt{\frac{58}{20}} = -2.21$

56. 일정통제를 할 때 1일당 그 작업을 단축하는 데 소요되는 비용의 증가를 의미하는 것은?

㉮ 비용구배(Cost Slope)
㉯ 정상소요시간(Normal Duration Time)
㉰ 비용견적(Cost Estimation)
㉱ 총비용(Total Cost)

해설 비용구배 : 일정통제를 할 때 1일당 그 작업을 단축하는 데 소요되는 비용의 증가

57. 일반적으로 품질코스트 가운데 가장 큰 비율을 차지하는 코스트는?

㉮ 평가코스트 ㉯ 실패코스트
㉰ 예방코스트 ㉱ 검사코스트

해설 품질코스트
① 예방코스트
② 평가코스트
③ 실패코스트(불량제품, 불량 원료에 의한 손실비용)

58. 모든 작업을 기본동작으로 분해하고, 각 기본동작에 대하여 성질과 조건에 따라 미리 정해 놓은 시간치를 적용하여 정미시간을 산정하는 방법은?

㉮ PTS법 ㉯ WS법
㉰ 스톱워치법 ㉱ 실적자료법

해설 PTS법
모든 작업을 기본동작으로 분해하고, 각 기본동작에 대하여 성질과 조건에 따라 미리 정해 놓은 시간치를 작용하여 정미시간을 산정하는 방법이다.

 정답 54. ㉯ 55. ㉱ 56. ㉮ 57. ㉯ 58. ㉮

59. 로트로부터 시료를 샘플링해서 조사하고, 그 결과를 로트의 판정기준과 대조하여 그 로트의 합격, 불합격을 판정하는 검사를 무엇이라 하는가?

㉮ 샘플링검사　　㉯ 전수검사
㉰ 공정검사　　㉱ 품질검사

해설 샘플링검사
로트로부터 시료를 샘플링해서 조사하고, 그 결과를 로트의 판정기준과 대조하여 그 로트의 합격, 불합격을 판정하는 검사이다.

60. 다음 중 데이터를 그 내용이나 원인 등 분류 항목별로 나누어 크기의 순서대로 나열하여 나타낸 그림을 무엇이라 하는가?

㉮ 히스토그램(Histogram)
㉯ 파레토도(Pareto Diagram)
㉰ 특성요인도(Causes and Effects Diagram)
㉱ 체크시트(Check Sheet)

해설 파레토도
데이터를 그 내용이나 원인 등 분류 항목별로 나누어 크기의 순서대로 나열하여 나타낸 그림

정답 59. ㉮ 60. ㉯

2008.07.13. 과년도 기출문제

MASTER CRAFTSMAN PLUMBING

1. 난방시설에서 팽창탱크의 설치목적이 아닌 것은?

㉮ 보일러 운전 중 장치 내의 온도상승에 의한 체적 팽창이나 이상 팽창의 압력을 흡수한다.
㉯ 팽창한 물을 배출하여 장치 내의 열손실을 방지한다.
㉰ 운전 중 장치 내를 일정한 압력으로 유지하고 온수온도를 유지한다.
㉱ 공기를 배출하고 운전정지 후에도 일정압력이 유지된다.

해설 팽창탱크는 팽창한 물을 저장하여 부족 시 보충시키며 압력을 정상화시킨다.

2. 중앙식 급탕설비 중 간접가열식에 비교한 직접가열식 급탕설비의 특징이 아닌 것은?

㉮ 열효율 면에서 경제적이다.
㉯ 건물 높이에 해당하는 수압이 보일러에 생긴다.
㉰ 보일러 내부에 물때가 생기지 않아 수명이 길다.
㉱ 고층 건물보다는 주로 소규모 건물에 적합하다.

해설 직접가열식은 부식이 생길 우려가 크며 스케일 생성이 촉진되어 수명이 간접가열에 비해 짧아진다.

3. 집진장치 중 일반적으로 집진효율이 가장 좋은 것은?

㉮ 중력식 집진장치
㉯ 관성력식 집진장치
㉰ 원심력식 집진장치
㉱ 전기식 집진장치

해설 전기식 집진장치(코트렐식)는 집진효율이 매우 높다.

4. 일반적인 기송배관의 형식이 아닌 것은?

㉮ 진공식
㉯ 압송식
㉰ 진공압송식
㉱ 분리기식

해설 기송배관
① 진공식
② 압송식
③ 진공압송식

정답 1. ㉯ 2. ㉰ 3. ㉱ 4. ㉱

5. 증기난방에 비교한 온수난방의 특징 설명으로 틀린 것은?

㉮ 실내의 쾌감도가 높다.
㉯ 난방부하의 변동에 따른 온도조절이 곤란하다.
㉰ 방열기의 표면온도가 낮아서 화상의 염려가 없다.
㉱ 보일러 취급이 용이하고 소규모 주택에 적당하다.

해설 온수난방은 난방부하의 변동에 따른 온도조절이 용이하다.

6. 25A용 2개, 20A용 3개, 15A용 2개의 급수전을 사용할 때 급수 주관의 호칭규격을 급수관의 균등표를 이용하여 계산하시오.(단, 동시 사용률은 무시한다.)

〈 급수관의 균등표 〉

관지름(mm)	6	8	10	15	20	25	32	40	50	65	80
6	1										
8	2.1	1									
10	4.5	2.1	1								
15	8.2	3.8	1.8	1							
20	16	7.7	3.6	2	1						
25	30	14	6.6	3.7	1.8	1					
32	60	28	13	7.2	3.6	2	1				
40	88	41	19	11	5.3	2.9	1.5	1			
50	164	77	36	20	10.0	5.5	2.8	1.9	1		
65	255	120	56	31	15.5	8.5	4.3	2.9	1.6	1	
80	439	206	97	54	27	15	7	5	2.7	1.7	1

㉮ 32A ㉯ 40A ㉰ 50A ㉱ 65A

해설 $\frac{25\times2+20\times3+15\times2}{3}=46.666$ 또는 $\frac{3.7\times15+20\times1.8}{2}=50.25$

7. 인접 건물의 화재로부터 해당 건물을 보호 예방하기 위하여 창이나 벽, 지붕 등에 물을 뿌려 수막을 형성하기 위하여 사용하는 것은?

㉮ 송수구 ㉯ 드렌처
㉰ 스프링클러 ㉱ 옥내 소화전

해설 드렌처 : 인접 건물의 화재예방

8. 공조설비의 냉각탑에 관한 설명으로 가장 적합한 것은?

㉮ 오염된 공기를 세정하며 동시에 공기를 냉각하는 장치
㉯ 찬 우물물을 분사시켜 공기를 냉각하는 장치
㉰ 냉매를 통과시켜 주위의 공기를 냉각하는 장치
㉱ 응축기의 냉각용수를 재냉각시키는 장치

해설 냉각탑은 응축기의 냉각용수를 재냉각시킨다.(1RT=3,900kcal/h)

정답 5. ㉯ 6. ㉰ 7. ㉯ 8. ㉱

9. 수관식 보일러의 특징 설명으로 틀린 것은?

㉮ 보일러수의 순환이 빠르고 효율이 높다.
㉯ 전열면적이 커서 증기발생량이 빠르다.
㉰ 구조가 단순하여 제작이 쉽다.
㉱ 급수의 순도가 나쁘면 스케일이 발생하기 쉽다.

해설 수관식 보일러는 구조가 복잡하고 제작이 어려우며 가격이 비싸다.

10. 화학배관설비에서 화학장치용 재료의 구비조건으로 틀린 것은?

㉮ 접촉 유체에 대해 내식성이 클 것
㉯ 고온 고압에 대한 기계적 강도가 클 것
㉰ 저온에서 재질의 열화가 클 것
㉱ 크리프(Creep)강도가 클 것

해설 화학배관설비는 저온에서 열화되지 않는 것이 좋다.

11. 가스 배관의 보냉공사 시공 시 주의사항으로 틀리는 것은?

㉮ 진동으로 인해 보온재가 탈락되지 않도록 견고하게 고정한다.
㉯ 배관 지지부의 보냉은 보냉재를 충분히 밀착시키고 방습 시공을 완전하게 해준다.
㉰ 배관을 보냉할 때는 2~3개의 관을 함께 보냉재로 싼다.
㉱ 배관의 말단의 플랜지부 등에는 저온용 매스틱을 발라주고 아스팔트 루핑을 사용해서 방습한다.

해설 배관의 보냉 시 개별로 보냉재를 사용하여야 효과적이다.

12. 무기산 화학세정 약품 중 성상이 분말이므로 취급이 용이하고, 비교적 저온(40℃ 이하)에서도 물의 경도 성분을 제거할 수 있는 능력이 있어 수도설비 등의 세정에 적당한 산은?

㉮ 염산　　㉯ 불산　　㉰ 인산　　㉱ 설퍼민산

해설 설퍼민산
분말이며 비교적 저온에서 물의 경도성분이 제거된다.

13. 순환법에 의한 화학세정의 공정을 순서대로 열거한 것 중 가장 적합한 것은?

㉮ 물세척 → 중화방청 → 탈지세정 → 물세척 → 건조 → 물세척 → 산세척
㉯ 물세척 → 탈지세정 → 산세척 → 물세척 → 중화방청 → 건조 → 물세척
㉰ 물세척 → 탈지세정 → 물세척 → 산세척 → 중화방청 → 물세척 → 건조
㉱ 물세척 → 산세척 → 물세척 → 중화방청 → 탈지세정 → 물세척 → 건조

해설 순환법 화학세정순서
물세척 → 탈지세정 → 물세척 → 산세척 → 중화방청 → 물세척 → 건조

정답 9. ㉰ 10. ㉰ 11. ㉰ 12. ㉱ 13. ㉰

14. 피드백 제어방식에서 연속동작에 해당되는 것은?

㉮ ON-OFF 동작
㉯ 다위치동작
㉰ 불연속 속도동작
㉱ 적분동작

해설 연속동작
① 비례동작, ② 적분동작, ③ 미분동작

15. 보일러의 수면계 기능시험의 시기로 틀린 것은?

㉮ 보일러를 가동하기 전
㉯ 보일러를 가동하여 압력이 상승하기 시작했을 때
㉰ 2개 수면계의 수위에 차이가 없을 때
㉱ 수면계 유리의 교체, 그 외의 보수를 했을 때

해설 수면계는 2개의 수면계에서 수위의 차가 나타났을 때 반드시 시험을 점검해야 한다.

16. 화재설명에 대해 틀린 것은?

㉮ A급 화재 : 일반화재
㉯ B급 화재 : 유류화재
㉰ C급 화재 : 종합화재
㉱ D급 화재 : 금속화재

해설 C급 화재 : 전기화재

17. 산소-아세틸렌 가스 용접에 사용하는 산소 용기의 색은?

㉮ 흰색
㉯ 녹색
㉰ 회색
㉱ 청색

해설 공업용 산소 용기 : 녹색

18. 자동세탁기, 자동판매기, 교통신호기, 엘리베이터, 네온사인 등과 같이 각 장치가 유기적인 관계를 유지하면서 미리 정해 놓은 시간적 순서에 따라 작업을 순차 진행하는 제어방식은?

㉮ 시퀀스제어
㉯ 피드백제어
㉰ 정치제어
㉱ 추치제어

해설 시퀀스제어기
자동세탁기, 교통신호기, 엘리베이터, 네온사인, 보일러버너

19. 기기 및 배관 라인의 점검 설명으로 틀린 것은?

㉮ 도면과 시방서의 기준에 맞도록 설비되었는지 확인한다.
㉯ 각종 기기 및 자재와 부속품은 시방서에 명시된 규격품인지 확인한다.
㉰ 각 배관의 구배는 완만하고 에어포켓부는 없는지 확인한다.
㉱ 드레인 배출은 점검하지 않는다.

해설 기기 및 배관 라인에서 드레인 배출은 반드시 점검해야 한다.

정답 14. ㉱ 15. ㉰ 16. ㉰ 17. ㉯ 18. ㉮ 19. ㉱

20. 자동제어장치의 구성에서 목표값과 제어량과의 차로서 기준입력과 주피드백 양을 비교하여 얻은 편차량의 신호는?

㉮ 목표값신호 ㉯ 기준입력신호
㉰ 비례부신호 ㉱ 동작신호

해설 동작신호 : 편차량의 신호

21. 강관의 기호에서 고압배관용 탄소강관은?

㉮ SPPS ㉯ SPPH
㉰ STWW ㉱ SPW

해설 ① SPPS : 압력배관용
② SPPH : 고압배관용

22. 일명 팩레스 신축조인트라고도 하며, 관의 신축에 따라 슬리브와 함께 신축하는 것으로 미끄럼 면에서 유체가 새는 것을 방지하는 것은?

㉮ 루프형 신축조인트 ㉯ 슬리브형 신축조인트
㉰ 벨로스형 신축조인트 ㉱ 스위블형 신축조인트

해설 벨로스형 신축조인트 : 팩레스 신축조인트

23. 밸브에 관한 설명으로 바르게 나타낸 것은?

㉮ 감압밸브는 자동적으로 유량을 조정하여 고압 측의 압력을 일정하게 유지한다.
㉯ 스윙형 체크밸브는 수평, 수직 어느 배관에도 사용할 수 있다.
㉰ 안전밸브에는 벨로스형, 다이어프램형 등이 있다.
㉱ 버터플라이밸브는 글로브밸브의 일종으로 유량조절에 사용한다.

해설 체크밸브
① 리프트식 : 수평용
② 스윙식 : 수직, 수평 겸용

24. 다음 중 나사용 패킹에 속하지 않는 것은?

㉮ 페인트 ㉯ 일산화 연
㉰ 액상합성수지 ㉱ 네오프렌

해설 네오프렌(합성고무제) : 플랜지 패킹

25. 주철관 중 일명 구상 흑연 주철관이라고도 하는 것은?

㉮ 수도용 입형 주철 직관 ㉯ 수도용 원심력 금형 주철관
㉰ 수도용 원심력 사형 주철관 ㉱ 덕타일 주철관

해설 구상 흑연 주철관 : 덕타일 주철관

정답 20. ㉱ 21. ㉯ 22. ㉰ 23. ㉯ 24. ㉱ 25. ㉱

26. 맞대기 용접식 관이음쇠 중 일반배관용은 어떤 관을 맞대기 용접할 때 가장 적합한가?

㉮ 배관용 탄소강관　　㉯ 압력배관용 탄소강관
㉰ 고압배관용 탄소강관　　㉱ 저온배관용 탄소강관

해설 배관용 탄소강관 : 맞대기 용접식 관이음쇠가 사용된다.

27. 스테인리스 강관의 이음쇠 중 동합금재 링을 캡 너트로 고정시켜 결합하는 이음쇠는?

㉮ MR 조인트 이음쇠　　㉯ 몰코 조인트 이음쇠
㉰ 랩 조인트 이음쇠　　㉱ 팩레스 조인트 이음쇠

해설 MR 조인트 이음쇠 : 스테인리스 강관의 이음쇠 중 동합금재 링을 캡너트로 사용

28. 호칭 20A 동관의 실제 외경은 몇 mm인가?

㉮ 19.05　　㉯ 22.22　　㉰ 23.15　　㉱ 25.20

해설 호칭 20A 동관 외경 : 22.22mm

29. 스테인리스강관의 특성 설명으로 틀린 것은?

㉮ 위생적이어서 적수, 백수, 청수의 염려가 없다.
㉯ 강관에 비해 기계적 성질이 우수하다.
㉰ 두께가 얇고 가벼워 운반 및 시공이 쉽다.
㉱ 저온 충격성이 작고 동결에 대한 저항이 작다.

해설 스테인리스 강관 : 저온 충격성에 강하고 동결에 대한 저항이 크다.

30. 합성수지관의 특징 설명으로 틀린 것은?

㉮ 가소성이 크고 가공이 용이하다.
㉯ 금속관에 비해 열에 약하다.
㉰ 내수, 내유, 내약품성이 크며 산 알칼리에 강하다.
㉱ 비중이 크고 강인하며 투명 또는 착색이 자유롭지 않다.

해설 합성수지관
① 경질염화비닐관
② 폴리에틸렌관
※ 원료 : 에틸렌, 프로필렌, 아세틸렌, 벤젠 등이며 합성수지관은 비중이 작고 강인하며 투명 또는 착색이 자유롭다.

31. 주로 방로 피복에 사용되며 아스팔트로 방온한 것은 영하 60℃ 정도까지 유지할 수 있어 보냉용에 사용하며 동물성은 100℃ 이하의 배관에 사용하는 보온재는?

㉮ 석면　　㉯ 탄산마그네슘
㉰ 기포성 수지　　㉱ 펠트

해설 펠트 : 방로피복용(보냉용)

정답 26. ㉮ 27. ㉮ 28. ㉯ 29. ㉱ 30. ㉱ 31. ㉱

32. 여과기라고도 하며 배관에 설치되는 밸브, 트랩, 기기 등의 앞에 설치하여 관 속의 유체에 섞여 있는 모래, 쇠부스러기 등의 이물질을 제거하여 기기의 성능을 보호하는 것은?

㉮ 스트레이너　　㉯ 게이트밸브
㉰ 버킷 트랩　　㉱ 전자변

해설 스트레이너 : 여과기

33. 배관의 지지에 필요한 조건 설명으로 틀린 것은?

㉮ 관과 관내의 유체 및 피복제의 합계 중량을 지지하는 데 충분한 재료일 것
㉯ 외부에서의 진동과 충격에 대해서도 견고할 것
㉰ 온도 변화에 따른 관의 신축에 대하여 적합할 것
㉱ 배관시공에 있어서 구배의 조정이 쉽지 않은 구조일 것

해설 배관의 지지대는 배관시공에서 구배의 조정이 용이한 구조일 것

34. 다음 중 체크밸브에 속하지 않는 것은?

㉮ 리프트형　　㉯ 스윙형
㉰ 풋형　　㉱ 글로브형

해설 글로브밸브 : 유량조절밸브

35. 유체에서 한 물체가 배제한 유체의 중량과 같은 힘을 수직상방으로 받게 되는 것을 의미하는 용어는?

㉮ 압력　　㉯ 복원력
㉰ 마찰력　　㉱ 부력

해설 부력 : 유체에서 한 물체가 배제한 유체의 중량과 같은 힘을 수직상방으로 받게 되는 것

36. 고온 측 고체물질 분자의 활발한 움직임에 의하여 인접한 저온 측의 분자로 열이 이동하는 것을 의미하는 용어는?

㉮ 복사　　㉯ 대류
㉰ 열전도　　㉱ 방사

해설 열전도 : 고체 물질에서 고온에서 저온으로 열이동

37. 관용나사의 테이퍼 값으로 가장 적합한 것은?

㉮ 1/5　　㉯ 1/10
㉰ 1/16　　㉱ 1/30

해설 배관용 나사의 테이퍼 값 : $\frac{1}{16}$

 정답 32. ㉮ 33. ㉱ 34. ㉱ 35. ㉱ 36. ㉰ 37. ㉰

38. 다음 중 일반적인 주철관 접합법이 아닌 것은?

㉮ 플랜지 접합
㉯ 타이톤 접합
㉰ 빅토릭 접합
㉱ 심플렉스 접합

해설 심플렉스 접합 : 석면시멘트관 이음

39. 대형 강관이나 대형 주철관용 바이스로 다음 중 가장 적합한 명칭은?

㉮ 오프셋 바이스
㉯ 수평 바이스
㉰ 수직 바이스
㉱ 체인 바이스

해설 체인 바이스 : 대형 강관이나 대형 주철관용 바이스로 사용

40. 연납이음이라고도 하며 주철관의 허브 쪽에 스피킷이 있는 쪽을 넣어 맞춘 다음 얀을 단단히 꼬아 감고 정으로 박아 넣은 것으로 주로 건축물의 배수배관 등에 많이 사용되는 이음은?

㉮ 가스이음
㉯ 소켓이음
㉰ 신축이음
㉱ 플랜지이음

해설 소켓이음 : 연납이음(주로 건축물의 배수배관 등에 많이 사용)

41. 스테인리스 강관의 플랜지 이음 시 주의사항으로 틀린 것은?

㉮ 플랜지에 사용되는 개스킷은 스테인리스 강관 전용의 지정품을 사용하여야 한다.
㉯ 수도용 강관에 보통강의 루스플랜지로 접합할 경우에는 볼트에 절연 슬리브가 끼워져 있는 것을 사용해야 한다.
㉰ 절연 플랜지 사용 시 볼트용 절연 슬리브 및 절연 와셔는 한쪽 머리 쪽으로만 사용하여야 한다.
㉱ 수직관에 절연 플랜지를 사용할 경우 볼트용 절연 슬리브 및 절연 와셔는 상측 플랜지 쪽에 오도록 조립한다.

해설 스테인리스 강관의 경우 플랜지 이음 시 수직관에 절연 플랜지 사용의 경우 볼트용 절연 슬리브 및 절연 와셔는 하측 플랜지 쪽에 오도록 한다.

42. 폴리부틸렌(PB)관 이음에서 PB 배관재의 특성에 대한 설명으로 틀린 것은?

㉮ 시공이 간편하며 재사용이 가능하다.
㉯ 재질의 굽힘성은 관경의 3배 이하까지 가능하다.
㉰ 강한 충격, 강도, 유연성, 온도, 화학작용 등에 대한 저항성이 크다.
㉱ PB관의 사용가능 온도로는 −30~110℃ 정도로 내한성과 내열성이 강하다.

정답 38. ㉱ 39. ㉱ 40. ㉯ 41. ㉱ 42. ㉯

43. 순수한 물 1kg을 섭씨 20℃에서 100℃로 온도를 올리는 데 필요한 열량은 약 몇 kJ인가?(단, 물의 비열은 4.187kJ/kg·K이다.)

㉮ 134
㉯ 335
㉰ 1,360
㉱ 2,590

해설 $Q=1\times 4.187\times (100-20)=334.96$kJ/kg

44. 구면상의 선단을 갖는 특수한 해머로 용접부를 연속적으로 타격하여 표면층에 소성변형을 주는 조작으로 용접금속의 인장응력을 완화하는 데 효과가 있는 잔류응력제거법은?

㉮ 노내 풀림법
㉯ 국부 풀림법
㉰ 피닝법
㉱ 저온응력완화법

해설 피닝법 : 잔류응력제거법

45. 불활성 가스 텅스텐 아크용접에서 펄스(Pulse)장치를 사용할 때 얻어지는 장점이 아닌 것은?

㉮ 우수한 품질의 용접이 얻어진다.
㉯ 박판 용접에서 용락이 잘 된다.
㉰ 전극봉의 소모가 적고, 수명이 길다.
㉱ 좁은 홈 용접에서 안정된 상태의 용융지가 형성된다.

해설 불활성 가스 텅스텐 아크용접(티그용접)

46. 전기적 전류조정으로 소음이 없고 기계의 수명이 길며 가변저항을 사용하므로 원격조정이 가능한 교류 아크용접기는?

㉮ 가동철심형 교류 아크용접기
㉯ 가동코일형 교류 아크용접기
㉰ 탭전환형 교류 아크용접기
㉱ 가포화 리액터형 교류 아크용접기

해설 가포화 리액터형 교류 아크용접기
① 원격조정이 가능하다.
② 소음이 없다.
③ 기계의 수명이 길다.

47. KS '배관의 간략도시방법'에서 사용하는 선의 종류별 호칭방법에 따른 선의 적용 설명으로 틀린 것은?

㉮ 가는 1점 쇄선 → 중심선
㉯ 가는 실선 → 해칭, 인출선, 치수선, 치수보조선
㉰ 굵은 파선 → 바닥, 벽, 천장, 구멍
㉱ 매우 굵은 1점 쇄선 → 도급 계약의 경계

 정답 43. ㉯ 44. ㉰ 45. ㉯ 46. ㉱ 47. ㉰

48. 배관 내에 흐르는 유체의 종류와 문자기호를 올바르게 표기한 것은?

㉮ 공기-G　　㉯ 2차 냉매-N
㉰ 증기-S　　㉱ 물-M

해설 • 공기 : A
• 2차 냉매 : B
• 증기 : S
• 물 : W

49. 배관도면에서 ─▶◀─의 기호가 나타내는 것은?

㉮ 열려 있는 체크밸브상태
㉯ 열려 있는 앵글밸브상태
㉰ 위험 표시의 밸브상태
㉱ 닫혀 있는 밸브상태

해설 ─▶◀─ : 닫혀 있는 밸브

50. 그림 중 동관이음쇠 $F_{tg} \times F$ 어댑터인 것은?

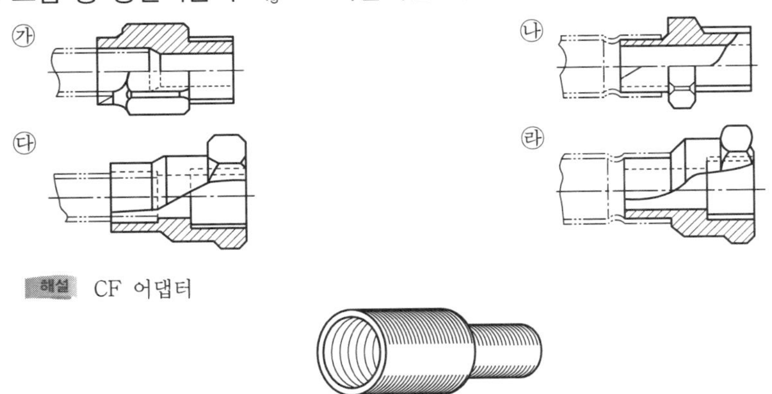

해설 CF 어댑터

51. 보기 용접기호에서 인접한 용접부 간의 간격(피치)을 나타내는 것은?

(보기)

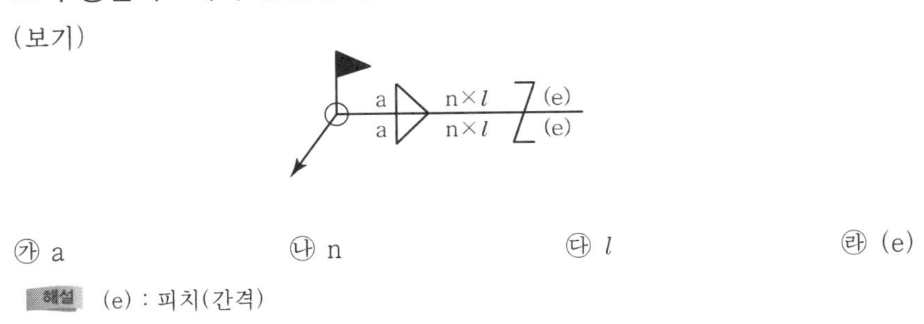

㉮ a　　㉯ n　　㉰ l　　㉱ (e)

해설 (e) : 피치(간격)

정답 48. ㉰ 49. ㉱ 50. ㉱ 51. ㉱

52. 그림과 같은 입체도의 평면도로 가장 적합한 것은?

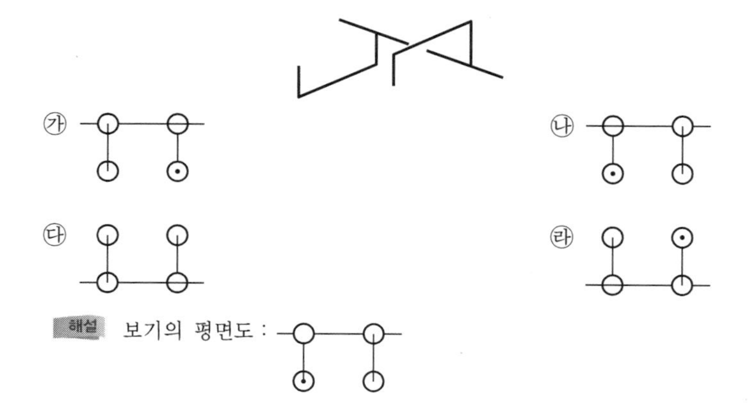

해설 보기의 평면도 :

53. 다음 기호는 KS 배관의 간략도시방법 중 환기계 및 배수계 끝부분 장치의 하나이다. 평면도로 표시된 보기의 간략도시기호의 명칭은?

(보기)

㉮ 콕이 붙은 배수구
㉯ 벽붙이 환기삿갓
㉰ 회전식 환기삿갓
㉱ 고정식 환기삿갓

해설 ⊕ : 콕이 붙은 배수구

54. 그림과 같은 도면의 지시기호에 '13－20드릴'이라고 구멍을 지시한 경우에 대한 설명으로 옳은 것은?

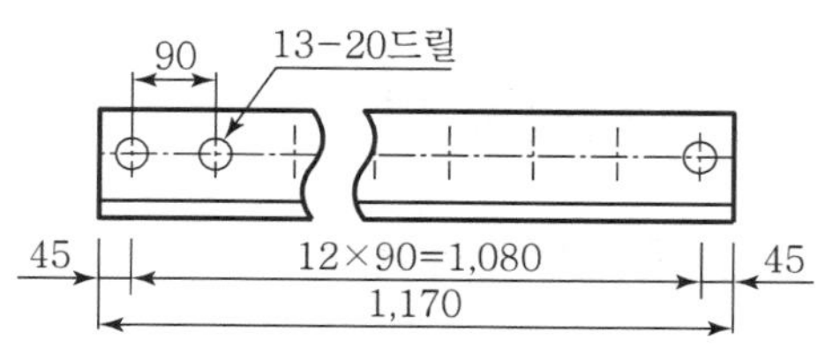

㉮ 드릴 구멍의 지름은 13mm이다.
㉯ 드릴 구멍의 피치는 45mm이다.
㉰ 드릴 구멍은 13개이다.
㉱ 드릴 구멍의 깊이는 20mm이다.

해설 13 : 드릴구멍 13개
20 : 드릴 구멍의 직경

 정답 52. ㉯ 53. ㉮ 54. ㉰

55. 공정에서 만성적으로 존재하는 것은 아니고 산발적으로 발생하며, 품질의 변동에 크게 영향을 끼치는 요주의 원인으로 우발적 원인인 것을 무엇이라 하는가?

㉮ 우연원인
㉯ 이상원인
㉰ 불가피 원인
㉱ 억제할 수 없는 원인

해설 이상원인 : 우발적 원인

56. 계수 규준형 1회 샘플링 검사(KS A3102)에 관한 설명 중 가장 거리가 먼 내용은?

㉮ 검사에 제출된 로트의 제조공정에 관한 사전 정보가 없어도 샘플링 검사를 적용할 수 있다.
㉯ 생산자 측과 구매자 측이 요구하는 품질보호를 동시에 만족시키도록 샘플링 검사방식을 선정한다.
㉰ 파괴검사의 경우와 같이 전수검사가 불가능한 때에는 사용할 수 없다.
㉱ 1회만의 거래 시에도 사용할 수 있다.

해설 계수 규준형 1회 샘플링 검사 내용은 "㉮, ㉯, ㉱" 항의 내용이다.

57. 어떤 공장에서 작업을 하는 데 있어서 소요되는 기간과 비용이 다음 [표]와 같을 때 비용구배는 얼마인가?(단, 활동시간의 단위는 일(日)로 계산한다.)

정상 작업		특급 작업	
기간	비용	기간	비용
15일	150만 원	10일	200만 원

㉮ 50,000원
㉯ 100,000원
㉰ 200,000원
㉱ 300,000원

해설 $\frac{1,500,000\text{원}}{15\text{일}} = 100,000\text{원/일}$

58. 방법시간측정법(MTM ; Method Time Measurement)에서 사용되는 1TMU(Time Measurement Unit)는 몇 시간인가?

㉮ $\frac{1}{100,000}$시간
㉯ $\frac{1}{10,000}$시간
㉰ $\frac{6}{10,000}$시간
㉱ $\frac{36}{1,000}$시간

해설 MTM에서 1TMU시간

$\frac{1}{100,000}$시간

정답 55. ㉯ 56. ㉰ 57. ㉯ 58. ㉮

59. 품질특성을 나타내는 데이터 중 계수치 데이터에 속하는 것은?

㉮ 무게 ㉯ 길이

㉰ 인장강도 ㉱ 부적합품의 수

해설 품질특성 데이터 계수치 데이터 : 부적합품의 수

60. 다음 중 품질관리시스템에 있어서 4M에 해당하지 않는 것은?

㉮ Man ㉯ Machine

㉰ Materia ㉱ Money

해설 4M

① 사람 : Man
② 방법 : Method
③ 자재 : Material
④ 기계 : Machine
※ 자본 : Money는 7M에 해당

정답 59. ㉱ 60. ㉱

2009.03.29. 과년도 기출문제

MASTER CRAFTSMAN PLUMBING

1. 구조가 간단하고 취급이 용이하며 부식성 유체, 괴상물질(덩어리)을 함유한 유체에 적합하여 주로 압력용기에 사용하는 안전밸브는?

㉮ 스프링식　　㉯ 가용전식
㉰ 파열판식　　㉱ 중추식

해설 파열판식 안전밸브는 부식성이나 괴상물질을 함유한 유체 압력용기에 사용된다.

2. 배관시공 시 안전수칙으로 틀린 것은?

㉮ 가열된 관에 의한 화상에 주의한다.
㉯ 점화된 토치를 가지고 장난을 금한다.
㉰ 와이어로프는 손상된 것을 사용해서는 안 된다.
㉱ 배관 이송 시 로프가 훅(Hook)에서 잘 빠지도록 한다.

해설 배관 이송 시 로프가 훅에서 빠지지 않도록 한다.

3. 건물의 종류별 급탕량이 다음의 표와 같을 때 5인 가족의 주택에서 중앙급탕방식 1일간의 급탕량은 몇 m^3/d인가?

구분	1일 1인분의 급탕량 (l/(인 · d))
	qd
주택, 아파트	150
사무실	11
공장	20
호텔	100

㉮ 0.055　　㉯ 0.75　　㉰ 0.10　　㉱ 0.50

해설 $150l$/인 · d×5인 $= 750l = 0.75m^3/d$

정답 1. ㉰ 2. ㉱ 3. ㉯

4. 사용목적에 따라 열교환기를 분류할 때 이에 대한 설명으로 틀린 것은?

㉮ 응축기 : 응축성 기체를 사용하여 현열을 제거해 기화시키는 열교환기
㉯ 예열기 : 유체에 미리 열을 주어 다음 공정의 효율을 증대시키는 열교환기
㉰ 재비기 : 장치 중에서 응축된 유체를 재가열 증발시킬 목적으로 사용하는 열교환기
㉱ 과열기 : 유체의 온도를 높이는 데 사용하며 유체를 재가열하여 과열상태로 하기 위한 열교환기

해설 응축기란 응축성 기체를 냉각수나 공기로 액화시킨다.

5. 공정제어의 순서로 맞는 것은?

㉮ 검출기 → 전송기 → 조절계(비교부) → 조작부
㉯ 검출기 → 조절계(비교부) → 전송기 → 조작부
㉰ 검출기 → 전송기 → 조작부 → 조절계(비교부)
㉱ 검출기 → 조절계(비교부) → 조작부 → 전송기

해설 공정제어 순서
검출기 → 전송기 → 조절계(비교부) → 조작부

6. 급수배관 시공에서 수격작용(Water Hammering)을 방지하기 위해서 설치하는 것은?

㉮ 스톱밸브 ㉯ 코크 밸브
㉰ 공기실 ㉱ 신축이음

해설 공기실 : 급수배관에서 수격작용 방지

7. 자동화시스템에서 크게 회전운동과 선형운동으로 구분되며 사용하는 에너지에 따라 공압식, 유압식, 전기식 등으로 세분하는 자동화의 5대 요소 중 하나인 것은?

㉮ 센서(Sensor) ㉯ 액추에이터(Actuator)
㉰ 네트워크(Network) ㉱ 소프트웨어(Software)

해설 엑추에이터 : 공압식, 유압식, 전기식이 있으며 자동화 5대 요소이다.

8. 화학배관에 사용된 강관의 직선길이 20m를 배관 작업하였을 때 온도가 20℃이었다. 이 관의 사용온도가 50℃이었다면 강관의 신축길이는 이론상 몇 mm인가?(단, 강관의 선팽창계수는 0.000012[1/℃]이다.)

㉮ 0.72 ㉯ 7.2
㉰ 72 ㉱ 720

해설 $L = 20 \times 0.000012 \times [50-20]$
$= 0.0072\text{m}$
$= 7.2\text{mm}$

 정답 4. ㉮ 5. ㉮ 6. ㉰ 7. ㉯ 8. ㉯

9. 배수트랩에서 봉수가 파괴되는 원인으로 거리가 먼 것은?

㉮ 자기 사이펀 작용
㉯ 감압에 의한 흡인작용
㉰ 모세관 작용
㉱ 수격작용

해설 배수트랩에서 봉수의 파괴원인
① 자기 사이펀 작용
② 감압에 의한 흡인작용
③ 모세관 작용

10. 공정제어에 있어서 마치 인간의 두뇌와 같은 작용을 하는 것으로 오차의 신호를 받아 어떤 동작을 하면 되는가를 판단한 후 처리하는 부분은?

㉮ 검출기
㉯ 전송기
㉰ 조절기
㉱ 조작부

해설 조절기 : 공정제어에서 인간의 두뇌와 같은 작용을 한다.

11. 자동제어 시스템에서 시퀀스 제어(Sequence Control)를 분류한 것으로 옳은 것은?

㉮ 시한제어, 순서제어, 조건제어
㉯ 정치제어, 추치제어, 프로세스제어
㉰ 비율제어, 정치제어, 서보제어
㉱ 프로그램제어, 추치제어, 서보기구

해설 시퀀스 제어 : ① 시한제어
② 순서제어
③ 조건제어

12. 집진장치에서 양모, 면, 유리섬유 등을 용기에 넣고 이곳에 함진가스를 통과시켜 분진 입자를 분리·포착시키는 집진법은?

㉮ 중력식 집진법
㉯ 원심력식 집진법
㉰ 여과식 집진법
㉱ 전기 집진법

해설 여과식 집진법 : 양모, 면, 유리섬유를 넣고 함진가스를 통과시켜 분진을 분리시킨다.

13. 플랜트, 배관에서 관내의 압력과 온도가 비교적 낮고 누설부분이 작은 경우 정을 대고 때려서 기밀을 유지하는 응급조치법은?

㉮ 인젝션법
㉯ 코킹법
㉰ 박스설치법
㉱ 스토핑 박스법

해설 코킹법 : 정을 대고 때려서 기밀을 유지하는 응급조치법이다.

정답 9. ㉱ 10. ㉰ 11. ㉮ 12. ㉰ 13. ㉯

14. 기송배관의 일반적인 분류방식이 아닌 것은?

㉮ 진공식(Vacuum Type)
㉯ 압송식(Pressure Type)
㉰ 실린더식(Cylinder Type)
㉱ 진공 압송식(Vacuum And Pressure Type)

해설 기송배관 : ① 진공식
② 압송식
③ 진공 압송식

15. 아세틸렌가스의 폭발 하한계[V%]와 폭발 상한계[V%] 값은?

㉮ 폭발 하한계 : 4.0%, 폭발 상한계 : 74.5%
㉯ 폭발 하한계 : 2.1%, 폭발 상한계 : 9.5%
㉰ 폭발 하한계 : 2.5%, 폭발 상한계 : 81.0%
㉱ 폭발 하한계 : 1.8%, 폭발 상한계 : 8.4%

해설 C_2H_2 가스
① 폭발 하한계 : 2.5%
② 폭발 상한계 : 81.0%

16. 화학설비 장치 배관 재료의 구비조건으로 틀린 것은?

㉮ 접촉 유체에 대해 내식성이 클 것
㉯ 크리프 강도가 클 것
㉰ 고온고압에 대하여 기계적 강도가 있을 것
㉱ 저온에서 재질의 열화(劣化)가 있을 것

해설 화학설비 배관은 저온에서 재질의 열화가 없어야 한다.

17. 배관설비의 기계적(물리적) 세정방법이 아닌 것은?

㉮ 물분사 세정법
㉯ 숏 블라스트 세정법
㉰ 피그 세정법
㉱ 스프레이 세정법

해설 물리적 세정법 : ① 물 분사 세정법
② 피그 세정법
③ 숏 블라스트 세정법

18. 고층건물에 사용하는 일반적인 급수 조닝(Zoning)방식이 아닌 것은?

㉮ 층별식
㉯ 조압 펌프식
㉰ 중계식
㉱ 압력탱크식

해설 급수조닝방식 : ① 층별식, ② 중계식, ③ 조압펌프식

 정답 14. ㉰ 15. ㉰ 16. ㉱ 17. ㉱ 18. ㉱

19. 프랑스에서 1967년경 개발된 특수 이음쇠로서 배수의 수류에 선회력을 만들어 관내 통기 홀을 만들도록 되어 있고, 특수 곡관은 수직관에서 내려온 배수의 수류의 선회력을 만들어 공기 홀이 지속되도록 만든 배수 통기방식은?

㉮ 섹스티아 방법
㉯ 결합 통기방법
㉰ 신정 통기방법
㉱ 소벤트 방법

해설 섹스티아 방법 : 1967년 개발된 특수 이음쇠이며 배수통기방식이다.

20. 파이프 래크상의 배관의 종류 중 병렬로 배치된 기기의 간격이 6m 이상이며, 그 사이에 또 다른 기기를 설치하여 노즐을 접속시키는 배관으로 열교환기, 펌프, 용기(Vessel) 등에서 단위 기기(Unit) 경계까지의 생산(Product)배관은?

㉮ 급수 배관
㉯ 프로세스 배관
㉰ 유틸리티 배관
㉱ 라인 인덕스 배관

해설 프로세스 배관 : 열교환기, 펌프, 용기 등에서 단위 기기 경계까지의 생산배관

21. 감압밸브를 작동방법에 따라 분류할 때 여기에 해당하지 않는 것은?

㉮ 스트레이너형
㉯ 벨로스형
㉰ 다이어프램형
㉱ 피스톤형

해설 감압밸브 작동방법에 따른 분류
① 벨로스형
② 다이어프램형
③ 피스톤형

22. 원심력 모르타르 라이닝 주철관에 대해 일반적인 특징 설명으로 올바른 것은?

㉮ 삽입구를 포함한 관의 내면 모두를 라이닝한다.
㉯ 라이닝을 실시한 관은 모르타르를 통하여 물이 관속으로 침투하기 쉽다.
㉰ 원심력 덕타일 주철관은 라이닝할 수 없다.
㉱ 라이닝을 실시한 관은 마찰저항이 적으며 수질의 변화가 적다.

해설 원심력 모르타르 라이닝 주철관은 라이닝을 실시한 관은 마찰저항이 적으며 수질의 변화가 적다.

23. 구조상 디스크와 시트가 원추상으로 접촉되어 폐쇄하는 밸브로서 유체는 디스크 부근에서 상하방향으로 평행하게 흐르므로 근소한 디스크의 리프트라도 예민하게 유량에 관계되므로 좀 밸브로서 유량조절에 사용되는 밸브는?

㉮ 글로브 밸브
㉯ 체크 밸브
㉰ 슬루스 밸브
㉱ 플러그 밸브

해설 글로브 밸브 : 유량조절밸브

정답 19. ㉮ 20. ㉯ 21. ㉮ 22. ㉱ 23. ㉮

24. 배관용 타이타늄관에 관한 설명으로 틀린 것은?

㉮ 내식성, 특히 내해수성이 좋다.
㉯ 제조방법에 따라 이음매 없는 관과 용접관으로 나눈다.
㉰ 화학장치, 석유정제장치, 펄프제지공업장치 등에 사용된다.
㉱ 관은 안지름이 최소 200mm부터 1,000mm까지 있고 두께는 20mm 이상이다.

해설 Titan Pipe
① 내식성 우수
② 열교환기 사용
③ 화학공업용, 석유공업용 열교환기용 콘덴서에 사용

25. 열전도율이 적고 300~320℃에서 열분해하는 보온재로 방습 가공한 것은 습기가 많은 곳의 옥외 배관에 적합하며 250℃ 이하의 파이프, 탱크의 보냉재로 사용되는 것은?

㉮ 규조토 ㉯ 탄산마그네슘
㉰ 석면 ㉱ 코르크

해설 탄산마그네슘 무기질 보온재 : 250°C 이하의 파이프, 탱크의 보냉재로 사용

26. 플랜지 시트 종류 중 전면 시트(Seat) 플랜지를 사용할 때 사용 가능한 호칭압력으로 가장 적합한 것은?

㉮ 1kgf/cm² 이하 ㉯ 16kgf/cm² 이하
㉰ 40kgf/cm² 이하 ㉱ 63kgf/cm² 이하

해설 전면 시트 플랜지 : 1.6MPa 이하

27. 스위블형 신축이음쇠를 사용할 경우 흡수할 수 있는 신축이음의 크기는 직관 길이 30mm에 대해 회전관을 보통 몇 m 정도로 하여 조립하는가?

㉮ 0.3 ㉯ 0.5
㉰ 1.5 ㉱ 3

해설 스위블형 신축이음쇠는 직관길이 30m당 1.5m 회전관을 조립한다.

28. 위생(배수) 트랩의 구비조건이 아닌 것은?

㉮ 봉수깊이는 20mm 이하이어야 한다.
㉯ 봉수가 확실해야 한다.
㉰ 구조가 간단해야 한다.
㉱ 스스로 세척작용을 하는 것이어야 한다.

해설 배수트랩의 봉수깊이는 50~100mm

 정답 24. ㉱ 25. ㉯ 26. ㉯ 27. ㉰ 28. ㉮

29. 비중이 0.92~0.96 정도로 염화비닐관보다 가볍고 −60℃에서도 취화하지 않아 한랭지 배관에 적절한 관은?

㉮ 폴리에틸렌관
㉯ 경질 염화비닐관
㉰ 염관
㉱ 동관

해설 Polyethylene Pipe는 비중이 염화비닐관의 약 $\frac{2}{3}$배(0.92~0.96), 90°C에서 연화, 한랭지에서 −60°C에서도 취화하지 않는다.

30. 양조공장, 화학공장에서의 알코올, 맥주 등의 수송관 재료로 가장 적합한 것은?

㉮ 주석관
㉯ 수도용 주철관
㉰ 배관용 탄소강관
㉱ 일반 구조용 강관

해설 주석관 : 양조공장, 화학공장의 알코올, 맥주 등의 수송관 재료

31. 본래 배관의 회전을 제한하기 위하여 사용되어 왔으나 근래에는 배관계의 축 방향의 이동을 허용하는 안내역할을 하며 축과 직각방향의 이동을 구속하는 데 사용되는 것은?

㉮ 리지드 행거(Rigid Hanger)
㉯ 앵커(Anchor)
㉰ 가이드(Guide)
㉱ 브레이스(Brace)

해설 가이드 : 배관계의 축 방향의 이동을 허용하는 안내역할 및 축과 직각방향의 이동구속

32. 납관(연관)이음에 사용되는 용융온도가 232℃인 플라스턴 합금의 주요 성분 비율로 맞는 것은?

㉮ Pb 60%+Sn 40%
㉯ Pb 40%+Sn 60%
㉰ Pb 50%+Sn 50%
㉱ Pb 30%+Sn 70%

해설 플라스턴 합금 성분 : ① 납 60%
② 주석 40%

33. 합성고무 패킹으로 내열 범위가 −46~121℃인 것은?

㉮ 테프론
㉯ 네오프랜
㉰ 석면
㉱ 코르크

해설 네오프랜 : ① 합성고무 패킹
② 내열범위 −46~121°C

34. 관의 내외에서 열교환을 목적으로 하는 장소에 사용되는 보일러 열교환기용 합금강 강관의 KS 재료 기호는?

㉮ STH
㉯ STHA
㉰ SPA
㉱ STS×TB

정답 29. ㉮ 30. ㉮ 31. ㉰ 32. ㉮ 33. ㉯ 34. ㉯

해설 ① STH(STBH) : 보일러 열교환기용 탄소강관
② STHA : 열교환기용 합금강 강관
③ SPA : 배관용 합금강 강관
④ STS×TB : 보일러 열교환기용 스테인리스 강관

35. 관지름 20mm 이하의 구리관에 주로 사용되며, 끝을 나팔모양으로 넓혀 설비의 점검, 보수 등을 위해 분해할 필요가 있는 배관부에 연결하는 이음은?

㉮ 플랜지 이음 ㉯ 납땜 이음
㉰ 압축 이음 ㉱ 나사 이음

해설 압축 플레어 이음 : 관지름 20mm 이하의 구리관의 분해나 점검, 보수 시에 사용

36. 주철관 절단 시 주로 사용되며 특히 구조상 매설된 주철관의 절단에 가장 적합한 공구는?

㉮ 파이프 커터 ㉯ 연삭 절단기
㉰ 기계 톱 ㉱ 링크형 파이프 커터

해설 매설된 주철관 절단공구 : 링크형 파이프 커터 사용

37. 배관 내의 가스압력이 196kPa일 때 체적이 $0.01m^3$, 온도가 27℃이었다. 이 가스가 동일 압력에서 체적이 $0.015m^3$으로 변하였다면 이때 온도는 몇 ℃가 되는가?(단, 이 가스는 이상기체라고 가정한다.)

㉮ 27 ㉯ 127 ㉰ 177 ㉱ 400

해설 $T_2 = (27+273) \times \frac{0.015}{0.01} = 400K$ $\therefore 400-273=177°C$

38. 아크 에어 가우징에 대한 설명으로 틀린 것은?

㉮ 충분한 용량의 과부하 방지 장치가 부착된 직류역극성(DCRP)의 전원에 정전류(Constant Current) 특성의 용접기가 활용도가 높다.
㉯ 개로 전압이 최소 60[V] 이상이어야 작업에 지장이 없다.
㉰ 그라인딩이나 치핑 또는 가스 가우징보다 작업능률이 2~3배 높다.
㉱ 스테인리스강, 알루미늄, 동합금 등 비철금속에는 작용할 수 없다.

해설 아크 에어 가우징(Arc Air Gouging)은 탄소아크 절단에 압축공기 병용, 용융금속을 순간적으로 불어내는 이송속도가 빠르다.

39. 특수한 형상을 가지고 있는 주철관 끝에 고무링을 삽입하고 가단 주철제 칼라를 죄어 이음하는 접합방식은?

㉮ 소켓 접합 ㉯ 기계적 접합
㉰ 빅토릭 접합 ㉱ 플랜지 접합

해설 빅토릭 접합 : 주철관 끝에 고무링을 삽입한다. 칼라를 죄어 이음한다.

정답 35. ㉰ 36. ㉱ 37. ㉰ 38. ㉱ 39. ㉰

40. CO_2 아크 용접법 중에서 비용극식 용접에 해당하는 것은?

㉮ 순 CO_2법　　㉯ 혼합 가스법
㉰ 탄소 아크법　　㉱ 아코스 아크법

해설 탄소 아크법(CO_2 Gas Arc Welding)은 비용극식 용접식이다.

41. 산소, 프로판 가스 절단 시 가스혼합비는 프로판 가스 1에 대하여 산소는 어느 정도가 가장 적합한가?

㉮ 1.0　　㉯ 2.0　　㉰ 3.0　　㉱ 4.5

해설 $C_3H_8 + 5O_2 \rightarrow 3CO_2 + 4H_2O$

$1 + 5 \rightarrow 3 + 4$

42. 폴리에틸렌관에 가열지그를 사용하여 관 끝의 바깥쪽과 이음관의 안쪽을 동시에 가열하여 용융이음하는 것은?

㉮ 턴 앤드 그루브 이음　　㉯ 인서트 이음
㉰ 용착 슬리브 이음　　㉱ 용접 이음

해설 용착 슬리브 이음 : 폴리에틸렌관에 가열 지그를 사용하여 관 끝의 바깥쪽과 이음관의 안쪽을 동시에 가열하여 용융하는 이음이다.

43. 강관의 호칭 지름에 따른 나사 조임형 가단 주철제 엘보에서 나사가 물리는 최소길이를 나타낸 것으로 틀린 것은?

㉮ 20A : 13mm　　㉯ 25A : 15mm
㉰ 32A : 17mm　　㉱ 40A : 23mm

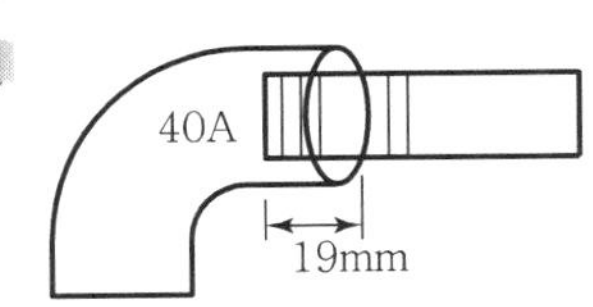

44. 다음 그림과 같이 밑면이 30° 경사진 수조의 경사면의 길이 L=20m일 때 수조의 제일 낮은 바닥 P점의 수압(게이지 압력)은 약 몇 kPa인가?

㉮ 147kPa
㉯ 176kPa
㉰ 196kPa
㉱ 250kPa

해설 Si30°×20=10m

H=10+5=15mAq

1at=98kPa(10mAq)　　$\therefore \frac{15}{10} \times 98 = 147$kPa

H₁=5m
H₂
30°
L
p

정답 40. ㉰ 41. ㉱ 42. ㉰ 43. ㉱ 44. ㉮

45. 관의 절단, 나사절삭, Burr 제거 등의 일을 연속적으로 할 수 있고, 관을 물린 척을 저속 회전시키면서 다이헤드를 관에 밀어 넣어 나사를 가공하는 동력나사 절삭기의 종류는?

㉮ 오스터형　　㉯ 호브형
㉰ 리머형　　㉱ 다이헤드형

해설 다이헤드형 나사절삭기 : 관의 절단, 나사절삭, 버 제거가 가능한 자동나사절삭기

46. 배관설비의 유량측정에 일반적으로 응용되는 원리(정리)인 것은?

㉮ 상대성 원리　　㉯ 베르누이 정리
㉰ 프랭크의 정리　　㉱ 아르키메데스 원리

해설 배관설비의 유량측정에 일반적으로 응용되는 원리는 베르누이 정리를 응용한다.

47. 치수 수치의 표시방법 중 맞지 않은 것은?

㉮ 길이의 치수는 원칙적으로 mm의 단위로 기입하고 단위기호는 생략한다.
㉯ 각도의 치수 수치를 라디안의 단위로 기입하는 경우 그 단위기호 rad을 기입한다.
㉰ 치수 수치의 소수점은 아래쪽 점으로 하고 숫자 사이를 적당히 띄워 그 중간에 약간 크게 찍는다.
㉱ 치수 수치의 자리수가 많은 경우 3자리마다 숫자의 사이를 적당히 띄우고 콤마를 찍는다.

해설 치수 수치의 배관제도 치수기입법을 ㉮, ㉯, ㉰항에 따른다.

48. 도면과 같은 배관도로 시공하기 위해 부품을 산출한 소요부품 수가 올바른 것은?

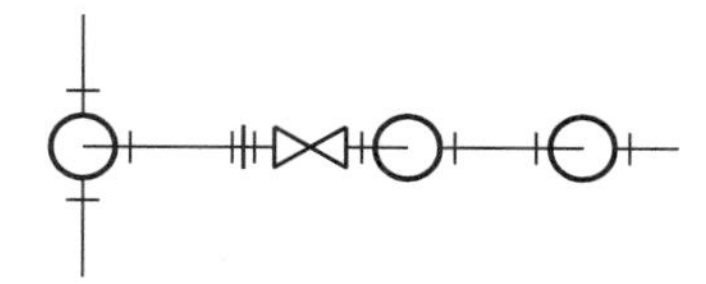

㉮ 티(Tee) : 2개　　㉯ 엘보(Elbow) : 5개
㉰ 밸브(Valve) : 2개　　㉱ 유니언(Union) : 3개

해설 ① 티(Tee) : 1개　　② 밸브(Valve) : 1개
③ 유니언(Union) : 1개　　④ 엘보(Elbow) : 5개

49. 건축배관설비의 제도에서 위생설비도를 작도할 때 사용하는 도면으로 가장 거리가 먼 것은?

㉮ 계통도　　㉯ 평면도
㉰ 상세도　　㉱ 투시도

해설 건축배관설비 위생설비 작도도면
① 계통도, ② 평면도, ③ 상세도

 정답 45. ㉱ 46. ㉯ 47. ㉱ 48. ㉯ 49. ㉱

50. 그림과 같은 용접기호를 설명한 것으로 옳은 것은?

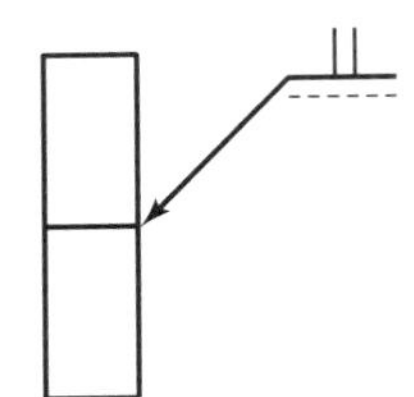

㉮ I형 맞대기 용접 : 화살표 쪽에 용접
㉯ I형 맞대기 용접 : 화살표 반대쪽에 용접
㉰ H형 맞대기 용접 : 화살표 쪽에 용접
㉱ H형 맞대기 용접 : 화살표 반대쪽에 용접

해설 I형 : 기호 II

51. 아래 입체도의 제3각법 투상이 틀린 것은?

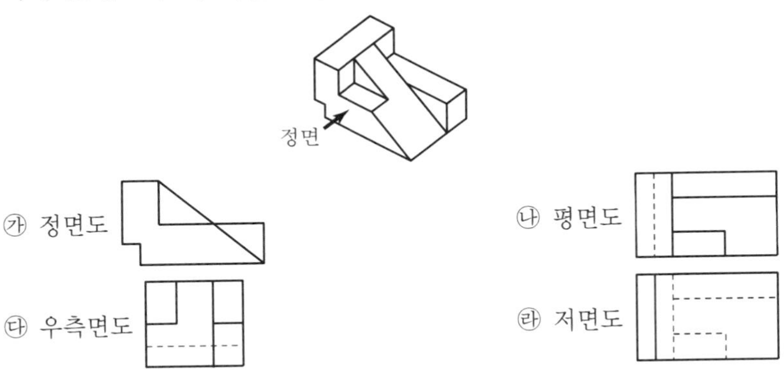

해설 ① 입체 배관도 : 입체공간을 X축, Y축, Z축으로 나누어 입체적인 형상을 평면에 나타낸 그림이다.

52. 계장형 도시가스 중 노즐타입의 유량검출기는?

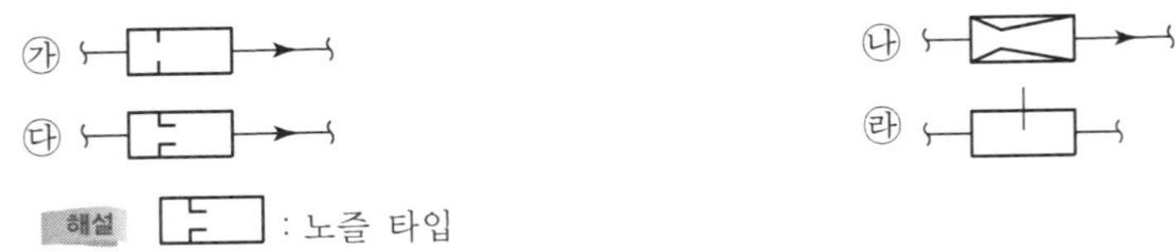

해설 (기호) : 노즐 타입

53. 관의 끝부분 표시방법에서 블라인더 플랜지 또는 스냅 커버 플랜지를 나타내는 기호는?

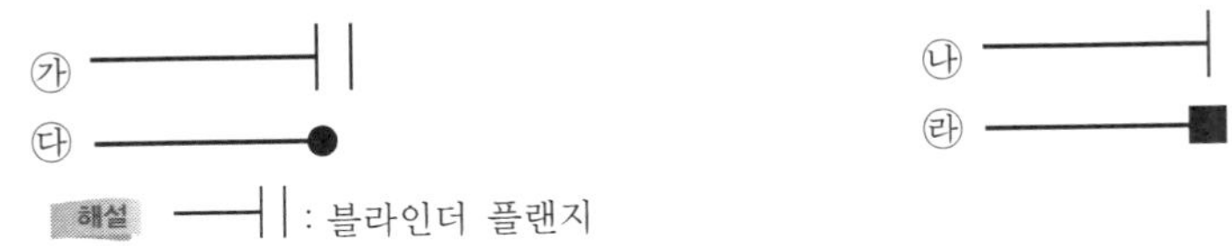

해설 —|| : 블라인더 플랜지

정답 50. ㉮ 51. ㉱ 52. ㉰ 53. ㉮

54. 보기와 같은 90°, 60°, 30°로 이루어진 직각 삼각형 모양의 앵글 브래킷의 C부 길이는 몇 mm인가?

(보기)

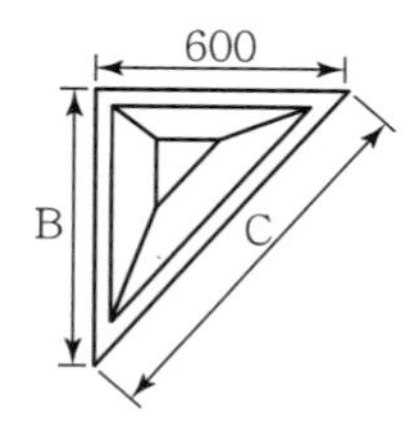

㉮ 1,000
㉯ 1,040
㉰ 1,200
㉱ 1,800

해설 90° = 600mm, C = A×2
∴ 600×2 = 1,200mm

55. 다음 중 계수치 관리도가 아닌 것은?

㉮ c관리도
㉯ p관리도
㉰ u관리도
㉱ x관리도

해설 계수치 관리도 : c관리도, p관리도, u관리도

56. 부적합품률이 1%인 모집단에서 5개의 시료를 랜덤하게 샘플링할 때 부적합품수가 1개일 확률은 약 얼마인가?(단, 이항분포를 이용하여 계산한다.)

㉮ 0.048
㉯ 0.058
㉰ 0.48
㉱ 0.58

해설 이항분포(P)×nC×P×$(1-P)^{n-x}$
불량률 1% = 0.01, (1 − P) = 0.09, x = 0
∴ $\frac{5}{0(5-0)}(0.01)^0(0.09)^5 = 0.048$, 즉 $5C_1 \times 0.01^1 \times (1-0.01)^{5-1} = 0.048$

57. 다음 [표]는 A자동차 영업소의 월별 판매실적을 나타낸 것이다. 5개월 단순이동평균법으로 6월의 수요를 예측하면 몇 대인가?

(단위 : 대)

월	1	2	3	4	5
판매량	100	110	120	130	140

㉮ 120
㉯ 130
㉰ 140
㉱ 150

해설 $\frac{100+110+120+130+140}{5} = 120$

58. 다음 중 반즈(Ralph M. Barnes)가 제시한 동작경제의 원칙에 해당되지 않는 것은?

㉮ 표준작업의 원칙
㉯ 신체의 사용에 관한 원칙
㉰ 작업장의 배치에 관한 원칙
㉱ 공구 및 설비의 디자인에 관한 원칙

 정답 54. ㉰ 55. ㉱ 56. ㉮ 57. ㉮ 58. ㉮

해설 반즈의 동작경제원칙
① 신체의 사용에 관한 원칙
② 작업장의 배치에 관한 원칙
③ 공구 및 설비의 디자인에 관한 원칙

59. 다음 검사의 종류 중 검사공정에 의한 분류에 해당되지 않는 것은?

㉮ 수입검사
㉯ 출하검사
㉰ 출장검사
㉱ 공정검사

해설 검사공정분류 : ① 수입검사
② 출하검사
③ 공정검사

60. 품질관리 기능의 사이클을 표현한 것으로 옳은 것은?

㉮ 품질개선 – 품질설계 – 품질보증 – 공정관리
㉯ 품질설계 – 공정관리 – 품질보증 – 품질개선
㉰ 품질개선 – 품질보증 – 품질설계 – 공정관리
㉱ 품질설계 – 품질개선 – 공정관리 – 품질보증

해설 품질관리 기능 사이클
품질설계 – 공정관리 – 품질보증 – 품질개선

정답 59. ㉰ 60. ㉯

2009.07.13. 과년도 기출문제

MASTER CRAFTSMAN PLUMBING

1. 수도본관에서 옥상 탱크까지 수직 높이가 20m이고 관마찰손실률이 20%일 때 옥상 탱크로 수도를 보내기 위하여 수도본관에서 필요한 최소 수압은 몇 MPa 이상인가?

㉮ 0.024 ㉯ 0.24 ㉰ 0.34 ㉱ 2.40

해설 $20 \times 0.2 = 4m(0.4kg/cm^2)$

$10m = 1kg/cm^2 = 20 + 4 = 24mH_2O = 2.4kg/cm^2$

$\therefore\ 2.4kgf/cm^2 = 0.24MPa$

2. 인접 건물에서 화재가 발생했을 때 인화를 방지하기 위해 창문, 출입구, 처마 끝에 물을 뿌려 수막을 형성함으로써 본 건물의 화재 발생을 예방하는 설비는?

㉮ 스프링클러 ㉯ 드렌처

㉰ 소화전 ㉱ 방화전

해설 드렌처

인접 건물에서 화재발생시 인화를 방지하기 위해 창문, 출입구, 처마 끝에 물을 뿌려 수막을 형성하여 건물의 화재를 예방한다.

3. 증기난방과 비교하여 온수난방의 특징 설명 중 잘못된 것은?

㉮ 난방부하의 변동에 따라서 열량 조절이 용이하다.

㉯ 온수 보일러는 증기 보일러보다 취급이 용이하다.

㉰ 설비비가 많이 드는 편이나 비교적 안전하여 주택 등에 적합하다.

㉱ 예열시간이 짧아서 단시간에 사용하기 편리하다.

해설 온수난방은 예열시간이 길어서 단시간에 사용하기에는 불편하다.

4. 부식, 마모 등으로 작은 구멍이 생겨 유체가 누설될 경우 고무제품의 각종 크기로 된 볼을 일정량 넣고, 유체를 채운 후 펌프를 작동시켜 누설부분을 통과하려는 볼이 누설부분에 정착, 누설을 미량이 되게 하거나 정지시키는 응급조치법은?

㉮ 코킹법 ㉯ 스토핑 박스법

㉰ 호트 패킹법 ㉱ 인젝션법

해설 인젝션법

작은 구멍에 의해 유체누설을 방지하기 위해 고무제품의 볼을 일정량 넣고 누설을 방지하는 법

 정답 1. ㉯ 2. ㉯ 3. ㉱ 4. ㉱

5. 파이프 래크상의 배관 배열방법을 설명한 것으로 거리가 먼 것은?

㉮ 인접하는 파이프 외측과 외측의 간격을 75mm 이상으로 한다.

㉯ 고온 배관에서 주로 사용하는 루프형 신축관은 파이프 래크 상의 다른 배관보다 500~700mm 정도 높게 배관한다.

㉰ 관 지름이 클수록, 온도가 높을수록 파이프 래크상의 중앙에 배열한다.

㉱ 파이프 래크의 폭은 파이프에 보온·보냉하는 경우는 보온·보냉하는 두께를 가산하여 결정한다.

해설 파이프 랙(Pipe Rack)
파이프 선반 관의 지름이 클수록 하중이 많이 나가므로 파이프 래크상의 가장자리에 설치한다.

6. 공기 여과기의 종류 중 담배 연기나 5μm 이하의 입자에 가장 효과가 있는 여과기는?

㉮ 유닛형 건식 여과기
㉯ 점성식 여과기
㉰ 전자식 여과기
㉱ 일반 건식 여과기

해설 전자식 여과기
5μm 이하의 적은 입자 여과에 효과가 크다.

7. 가스홀더에서 직접 홀더압을 이용해서 공급하는 가스공급방법으로 대구경관이 필요하며 비용도 상승하게 되어 공급범위가 한정된 가스공급방식인 것은?

㉮ 중압 공급방식
㉯ 고압 공급방식
㉰ 혼합 공급방식
㉱ 저압 공급방식

해설 저압 가스 홀더
홀더 내 가스압을 이용하여 가스를 공급하는 방법으로 대구경관이 필요하다.

8. 기계적(물리적) 세정방법에 대한 설명 중 틀린 것은?

㉮ 물 분사기(Water Jet) 세정법 : 고압펌프를 설치 압송하는 제트차를 사용해 고압의 가스 상태로 분사하여 스케일을 제거하는 방법

㉯ 피그(Pig) 세정법 : 탑조류, 열교환기, 가열로, 보일러 배관에 사용하는 방법으로 세정액을 순환시켜 세정하는 방법

㉰ 샌드 블라스트(Sand Blast) 세정법 : 공기압송장치 등으로 모래를 분사하여 스케일을 제거하는 방법

㉱ 숏 블라스트(Shot Blast) 세정법 : 공기압송장치 등으로 강구(Steel Ball)를 분사하여 스케일을 제거하는 방법

해설 세정액을 순환시켜 세정하는 순환법은 화학적 세정방법이다.

정답 5. ㉰ 6. ㉰ 7. ㉱ 8. ㉯

9. 시퀀스 제어(Sequence Control)를 설명한 것으로 가장 적절한 것은?

㉮ 미리 정해 놓은 순서에 따라 제어의 각 단계를 순차적으로 행하는 제어
㉯ 미리 정해놓은 순서에 관계없이 불규칙적으로 제어의 각 단계를 행하는 제어
㉰ 출력신호를 입력신호로 되돌아오게 하는 되먹임에 의하여 목표값에 따라 자동적으로 제어
㉱ 입력신호를 출력신호로 되돌아오게 하는 피드백에 의하여 목표값에 따라 자동적으로 제어

해설 시퀀스 제어(정성적 제어)
미리 정해 놓은 순서에 따라 제어의 각 단계를 순차적으로 하는 제어

10. 설정한 목표값을 경계로 가동(開), 정지(閉)의 2가지 동작 중 하나를 취하여 동작시키는 제어는?

㉮ 2위치 동작
㉯ 다위치 동작
㉰ 비례 동작
㉱ PID 동작

해설 2위치 동작
불연속 동작으로 온-오프 동작

11. 용접 중 일산화탄소에 의한 중독 위험성이 가장 많은 것은?

㉮ 서브머지드 용접
㉯ 수동교류 용접
㉰ CO_2 용접
㉱ 불활성 가스 아크 용접

해설 탄산가스 아크 용접
MIG 용접장치에 불활성 가스 대신 탄산가스를 사용한 용접법이나 CO 가스 중독에 주의가 필요한 용접이다.

12. 동력 나사절삭기 사용 시 안전수칙에 관한 설명으로 틀린 것은?

㉮ 관을 척에 확실히 고정시킨다.
㉯ 절삭된 나사부는 나사산이 잘 성형되었는지 맨손으로 만지면서 확인해 본다.
㉰ 나사 절삭 시에는 주유구에 의해 계속 절삭유를 공급되도록 한다.
㉱ 나사 절삭기의 정비 수리 등은 절삭기를 정지시킨 다음 행한다.

해설 절삭된 나사부는 맨손으로 만지지 않고 육안으로 나사산 형성을 살핀다.

13. 교류용접기는 무부하 전압이 70~80V 정도로 비교적 높아 감전의 위험이 있으므로 이를 방지하기 위한 장치로 사용하는 것은?

㉮ 리미트 스위치
㉯ 2차 권선 장치
㉰ 전격 방지 장치
㉱ 중성점 접지 장치

해설 전격방지
교류용접기에서 감전을 방지하기 위한 장치이다.

정답 9. ㉮ 10. ㉮ 11. ㉰ 12. ㉯ 13. ㉰

14. LPG 집단공급시설(배관 포함)의 기밀시험의 기준압력은 몇 MPa인가?(단, 프로판 가스를 기준으로 한다.)

㉮ 1.6
㉯ 1.8
㉰ 16
㉱ 18

해설 LPG 집단공급시설의 기밀시험 기준압력은 1.8MPa(18kg/cm²)이다.

15. 제어요소 중 입력 변화와 동시에 출력이 시간지연 없이 목표치에 동시에 변화하며, 시간지연이 없다는 의미에서 0차 요소라고도 하는 것은?

㉮ 적분요소
㉯ 일차지연요소
㉰ 고차지연요소
㉱ 비례요소

해설 비례요소
0차요소(시간지연이 없다.)

16. 압축 공기 배관의 부품에 들어가지 않는 것은?

㉮ 세퍼레이터(Separator)
㉯ 공기 여과기(Air Filters)
㉰ 애프터 쿨러(After Cooler)
㉱ 사이어미즈 커넥션(Siamese Connection)

해설 압축공기배관 부품
① 세퍼레이터
② 공기 여과기
③ 애프터 쿨러

17. 전기집진장치의 특성에 관한 설명 중 틀린 것은?

㉮ 집진효율이 99.9% 이상이다.
㉯ 압력손실이 적어 송풍기에 따른 동력비가 적게 된다.
㉰ 함진가스의 처리 가스량이 적어 소용량 집진시설에 적합하다.
㉱ 각종 공기조화장치나 병원의 수술실 등에서 많이 사용된다.

해설 전기식집진장치는 가장 미세한 입자의 집진에 적합하다. 사용전압은 3,000~100,000V의 직류가 필요하고 집진효율이 좋다.

18. 수격작용(Water Hammering)의 방지책이 아닌 것은?

㉮ 관로에 조압수조를 설치한다.
㉯ 관경을 작게 하고 관내 유속을 낮춘다.
㉰ 플라이휠을 설치하여 펌프 속도의 급변을 막는다.
㉱ 밸브는 펌프 송출구 가까이에 설치하고, 밸브를 적당히 제어한다.

해설 수격작용 방지를 위해서는 관경을 크게 한다.

정답 14. ㉯ 15. ㉱ 16. ㉱ 17. ㉰ 18. ㉯

19. 설비 자동화 제어장치의 신호전송방법에서 최대 전송거리를 비교한 것으로 맞는 것은?

㉮ 공압식 < 유압식 < 전기식　　㉯ 전기식 < 유압식 < 공압식
㉰ 공압식 < 전기식 < 유압식　　㉱ 유압식 < 전기식 < 공압식

해설 신호전달 전송거리
① 전기식 : 수 km
② 공압식 : 100m 이내
③ 유압식 : 300m 이내

20. 풍량은 $8m^3/min$이고 풍속은 10m/min일 때 집진용 덕트의 크기(단면적)는 몇 m^2인가?

㉮ 8　　㉯ 80
㉰ 0.8　　㉱ 1

해설 $단면적 = \frac{풍량(m^3/min)}{풍속(m/min)}$

$\therefore \frac{8}{10} = 0.8m^2$

21. 그림과 같이 배관에 직접 접합하는 배관 지지대로서 주로 배관의 수평부나 곡관부에 사용되는 지지장치 명칭은?

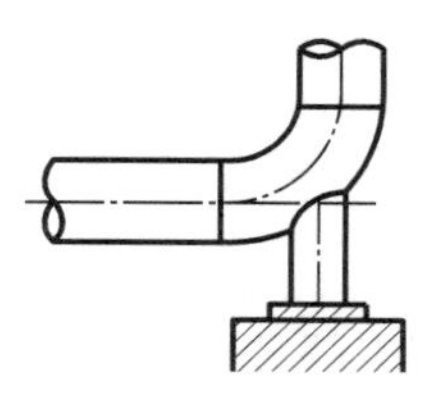

㉮ 파이프 슈(Pipe Shoe)　　㉯ 앵커(Anchor)
㉰ 리지드 서포트(Rigid Support)　　㉱ 콘스탄트 행거(Constant Hanger)

해설 파이프 슈
배관의 수평부 및 곡관부에 사용하는 지지대

22. 최고 사용압력이 6.5MPa의 배관에서 SPPS을 사용하는 경우, 인장강도가 380MPa일 때 안전율을 4로 하면 다음 스케줄 번호 중 가장 적합한 것은?

㉮ 40　　㉯ 80
㉰ 100　　㉱ 120

해설 $Sch = 10 \times \frac{P}{S} = 10 \times \frac{6.5 \times 10}{\left(\frac{380 \times 10}{100}\right) \times \left(\frac{1}{4}\right)} = 68$

※ $1MPa = 10kg/cm^2$, S(허용응력) $= kg/mm^2$

 정답 19. ㉮ 20. ㉰ 21. ㉮ 22. ㉯

23. 일반적으로 PS관이라고 불리며, PS 강선을 긴장해서 감아 붙인 뒤 관의 원주방향으로 압축응력을 부여하여 내외압에 의해서 일어나는 인장응력과 상쇄할 수 있게 제작된 특수관은?

㉮ 규소 청동관　　㉯ 폴리부틸렌관
㉰ 석면 시멘트관　　㉱ 프리스트레스트 콘크리트관

해설 PS관
프리스트레스트 콘크리트관

24. 비중이 작고 열 및 전기의 전도도가 높으며 용접이 잘 되고 고순도의 것일수록 내식성 및 가공성이 좋아지므로 이음매 없는 관과 용접관이 있고 화학공업용 배관, 열교환기 등에 적합한 관은?

㉮ 석면 시멘트관　　㉯ 염화 비닐관
㉰ 강관　　㉱ 알루미늄관

해설 알루미늄관
① 비중이 작다.　　② 열 및 전기 전도도가 높다.
③ 용접이 잘된다. 화학공업용, 열교환기 등에 적합하다.

25. 신축이음에서 고압에 견디며 고장도 적으나, 설치공간을 많이 차지하며 고압증기의 옥외 배관에 많이 쓰이는 것은?

㉮ 루프형　　㉯ 슬리브형
㉰ 벨로스형　　㉱ 볼조인트형

해설 루프형 신축이음
고압용, 옥외배관용, 설치공간을 많이 차지함. 응력발생

26. 천연고무와 비슷한 성질을 가진 합성고무로서 천연고무보다 더 우수한 성질을 가지고 있으며, 내열도는 약 −40~121℃ 사이의 값을 가지고 있는 패킹 재료는?

㉮ 펠트　　㉯ 석면
㉰ 네오프렌　　㉱ 테프론

해설 네오프렌 패킹
천연고무와 비슷하다. 내열도는 −40~121℃이다.

27. 유리면 벌크를 입상(Granule)화시킨 제품으로 주택의 천장, 마룻바닥의 보온 단열 등에 사용되며 사용온도가 500℃인 보온재는?

㉮ 산면(Loose Wool)　　㉯ 블로 울(Blow wool)
㉰ 펠트(Felt)　　㉱ 탄산마그네슘(MCO_3)

해설 블로 울
유리면 벌크를 입상화시킨 보온재로서 천장, 마룻바닥의 보온 단열용. 사용온도는 500℃ 정도

정답 23. ㉱ 24. ㉱ 25. ㉮ 26. ㉰ 27. ㉯

28. 폴리부틸렌(PB)관 이음쇠에 관한 설명으로 올바른 것은?

㉮ PB관에 PB관을 연결 시 나사이음이나 용접이음이 필요하다.
㉯ 이음쇠 안쪽에 내장된 그래브링과 O링을 이용한 용접 접합이다.
㉰ 이종관과의 접합 시는 커넥터 및 어댑터를 사용, 나사이음을 한다.
㉱ 스터드 앤드를 이용한 플랜지이음 하는 것이 일반적이다.

해설 PB관 이음쇠
이종관과의 접합 시는 커넥터 및 어댑터를 사용, 나사이음을 한다.

29. 증기트랩(Steam Trap)을 그 작동원리에 따라 분류하면 온도 조절식 트랩, 열역학적 트랩, 그리고 기계적 트랩으로 분류한다. 이 중 열역학적 트랩에 해당하는 것은?

㉮ 벨로우즈 형　　㉯ 디스크형
㉰ 버킷형　　㉱ 바이메탈형

해설 디스크형 증기트랩 : 열역학적 트랩

30. 밸브 내부는 버퍼(Buffer)와 스프링(Spring)이 설치되어 있고 바이패스 밸브 기능도 하는 체크밸브는?

㉮ 리프트형(Lift Type) 체크밸브　　㉯ 스윙형(Swing Type) 체크밸브
㉰ 푸트형(Foot Type) 체크밸브　　㉱ 해머리스형(Hammerless Type) 체크밸브

해설 해머리스형 체크밸브
버퍼(완충기)와 스프링이 설치되어 있고 바이패스 밸브 기능이 가능하다.

31. 플랜지를 관과 이음하는 방법에 따라 분류할 때 이에 해당하지 않는 것은?

㉮ 소켓 용접형　　㉯ 랩 조인트 형
㉰ 나사 이음형　　㉱ 바이패스형

해설 플랜지 이음에 바이패스(우회배관)는 불필요하다.

32. 배관계획에 있어 관 종류의 선택시 고려해야 할 조건 중 가장 거리가 먼 것은?

㉮ 관내 유체의 화학적 성질　　㉯ 관내 유체의 온도
㉰ 관내 유체의 압력　　㉱ 관내 유체의 경도

해설 관내 유체의 경도가 크면 스케일 생성 우려가 크다.

33. 일반적으로 배관계에 발생하는 진동을 억제하는 경우에 사용하는 배관 지지장치로 가장 적합한 것은?

㉮ 스토퍼　　㉯ 리지드 행거
㉰ 앵커　　㉱ 브레이스

 정답 28. ㉰ 29. ㉯ 30. ㉱ 31. ㉱ 32. ㉱ 33. ㉱

해설 브레이스
배관계에 발생하는 진동을 억제하는 배관 지지장치이다. 대표적으로 방진기가 있고 충격완화용 완충기가 있다.

34. 강관의 종류와 KS 규격기호가 맞는 것은?

㉮ SPHT : 고압 배관용 탄소강관
㉯ SPPH : 고온 배관용 탄소강관
㉰ STHA : 저온 배관용 탄소강관
㉱ SPPS : 압력 배관용 탄소강관

해설 ① SPHT : 고온 배관용 탄소강
② SPPH : 고압 배관용 탄소강
③ STHA : 보일러 열교환기용 합금강

35. 펌프의 배관에 관한 설명으로 틀린 것은?

㉮ 토출 쪽은 압력계를 설치한다.
㉯ 흡입 쪽은 진공계나 연성계를 설치한다.
㉰ 흡입 쪽 수평관은 펌프 쪽으로 올림구배한다.
㉱ 스트레이너는 펌프 토출 쪽 끝에 설치한다.

해설 스트레이너 여과기는 펌프 입구에 설치한다.

36. 강관을 4조각 내어 중심각이 90° 마이터관을 만들려 할 때 절단각은 몇 도(°)인가?

㉮ 7.5 ㉯ 11.25
㉰ 15 ㉱ 22.5

해설 $\text{절단각} = \dfrac{\text{중심각}}{(\text{편수}-1)\times 2} = \dfrac{90}{(4-1)\times 2} = 15°$

37. 비금속 배관재료에 대한 일반적인 이음방법이 올바르게 짝지어진 것은?

㉮ 경질염화비닐관 - 기볼트 이용
㉯ 석면시멘트관 - 고무링 이음
㉰ 폴리에틸렌관 - 용착 슬리브 이음
㉱ 콘크리트관 - 심플렉스 이음

해설 ① 경질염화비닐관 : 테이퍼 코어 접합법
② 석면시멘트관 : 기볼트 이음
③ 콘크리트관 : 접합
④ 폴리에틸렌관 : 콤포 융착 슬리브 접합
⑤ 석면시멘트관 : 심플렉스 접합

정답 34. ㉱ 35. ㉱ 36. ㉰ 37. ㉰

38. 동관의 납땜 이음 시 사용하는 공구로서 절단된 관 끝 부분의 단면을 정확한 원으로 만들기 위하여 사용하는 공구는?

㉮ 플레어링 툴 ㉯ 사이징 툴
㉰ 봄블 ㉱ 턴핀

해설 사이징 툴
동관의 절단된 관 끝부분의 단면을 정확한 원으로 만든다.

39. 동력나사 절삭기에 관한 설명 중 옳은 것은?

㉮ 다이 헤드식은 관의 절단, 나사절삭은 가능하나 거스러미 제거작업을 못한다.
㉯ 오스터식은 지지로드를 이용하여 절삭기를 수동으로 이송하며 구조가 복잡하고 관경이 큰 것에 주로 사용된다.
㉰ 오스터식, 호브식, 램식, 다이헤드식의 네 가지 종류가 있다.
㉱ 호브식은 나사절삭용 전용 기계이지만 호브와 파이프 커터를 함께 장치하면 관의 나사절삭과 절단을 동시에 할 수 있다.

해설 호브식 동력 나사절삭기는 호브와 파이프 커터를 함께 장치하면 나사절삭과 절단을 동시에 할 수 있다.

40. 콘크리트관의 콤포 이용 시 시멘트와 모래의 배합비인 콤포 배합비(시멘트 : 모래)와 수분의 양으로 가장 적합한 것은?

㉮ 1 : 2이고 수분의 양은 약 17% ㉯ 1 : 1이고 수분의 양은 약 17%
㉰ 1 : 2이고 수분의 양은 약 45% ㉱ 1 : 1이고 수분의 양은 약 45%

해설 콘크리트관 콤포이음
① 시멘트 : 1
② 모래 : 1
③ 수분의 양 : 17%

41. 주철 파이프 접합 시 녹은 납이 비산하여 몸에 화상을 입게 되는 주원인은?

㉮ 접합부에 수분이 있기 때문에 ㉯ 녹은 납의 온도가 낮기 때문에
㉰ 녹은 납의 온도가 높기 때문에 ㉱ 인납 성분에 Pb 함량이 너무 많기 때문에

해설 주철관 접합 시 녹은 납이 비산하는 이유는 접합부에 수분이 존재하였다.

42. 열량의 단위인 1[J]의 설명으로 가장 정확한 것은?

㉮ 1N의 힘을 작용시켜 1m 이동시켰을 때 일에 상당하는 열량이다.
㉯ 1Pa의 힘을 작용시켜 1m 이동시켰을 때 일에 상당하는 열량이다.
㉰ 매초 1W의 공률을 발생하는 힘이다.
㉱ 매초 1Pa의 압력을 발생하는 힘이다.

해설 1J : 1뉴턴(N)의 힘을 작용시켜 1m 이동시켰을 때 일에 상당하는 열량이다.

 정답 38. ㉯ 39. ㉱ 40. ㉯ 41. ㉮ 42. ㉮

43. 용접에서 피복제의 중요한 작용이 아닌 것은?

㉮ 용착금속에 필요한 합금 원소를 첨가시킨다.
㉯ 아크를 안정하게 한다.
㉰ 스패터의 발생을 적게 한다.
㉱ 용착 금속을 급랭시킨다.

해설 피복제는 용착금속의 급랭을 방지한다.

44. 정격2차 전류 200A, 정격 사용률이 50%인 아크용접기로 150A의 용접전류를 사용 시 허용 사용률은 약 몇 %인가?

㉮ 53　　㉯ 65
㉰ 71　　㉱ 89

해설 $\text{허용사용률} = \dfrac{(\text{정격 2차전류})^2}{(\text{실제의 용접전류})^2} \times \text{정격사용률} = \dfrac{(200)^2}{(150)^2} \times 50 = 88.888\%$

45. 토치 대신 가늘고 긴 강관(안지름 3.2~6mm, 길이 1.5~3m)을 사용하여 이 강관에 산소를 공급하여 그 강관이 산화 연소할 때의 반응열로 금속을 절단하는 방법은?

㉮ 가스 가우징(Gas Gouging)
㉯ 스카핑(Scarfing)
㉰ 산소창 절단(Oxygen Lance Cutting)
㉱ 산소 아크 절단(Oxygen Arc Cutting)

해설 산소창 절단
긴 광관에 산소를 공급하여 그 강관이 산화 연소할 때 반응열로 금속을 절단한다.

46. 수냉 동판을 용접부의 양편에 부착하고 용융된 슬래그 속에서 전극와이어를 연속적으로 송급하여 용융 슬래그 내를 흐르는 저항열에 의하여 전극와이어 및 모재를 용융 접합 시키는 용접법은?

㉮ 일렉트로 슬래그 용접
㉯ 서브머지드 아크 용접
㉰ 테르밋 용접
㉱ 전자빔 용접

해설 일렉트로 슬래그 용접
수냉 동판을 용접부 양편에 부착하고 용융된 슬래그 속에서 전극와이어를 연속적으로 공급하여 용융 슬래그 내 저항열에 의해 용접한다.

47. 그림과 같은 입체배관도에 대한 평면도로 맞는 것은?

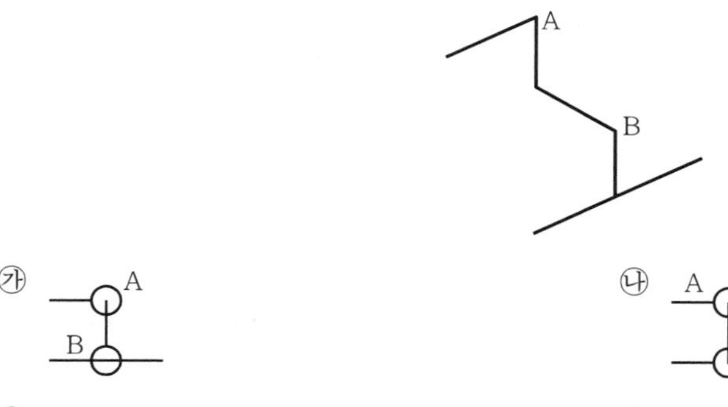

㉮ A B　　㉯ A B

㉰ A B　　㉱ A B

해설 A : , A B :

48. 다음의 계장계통 도면에서 FRC가 의미하는 것은?

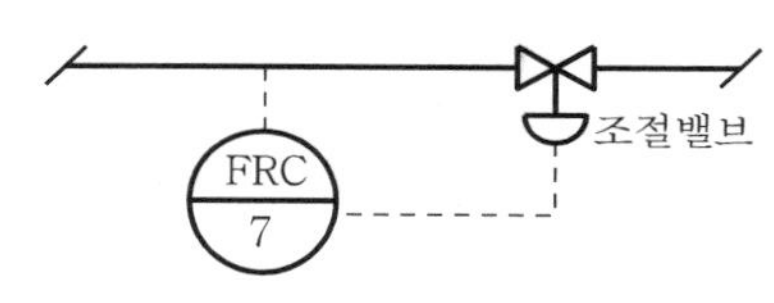

㉮ 수위 기록 조절계　　㉯ 유량 기록 조절계
㉰ 압력 기록 조절계　　㉱ 온도 기록 조절계

해설
(LC) : 수위조절기　　(PRC) : 압력기록조절기
(FRC) : 유량기록조절기　　(TRC) : 온도기록조절기

49. 입체 배관도로 작도하는 도면으로서 배관의 일부분만을 작도한 도면으로 부분제작을 목적으로 하는 도면은?

㉮ 입면 배관도　　㉯ 입체 배관도
㉰ 부분 배관도　　㉱ 평면 배관도

해설 부분배관도
입체 배관도로 배관의 일부분만 작도한 도면이다.

 정답 47. ㉱ 48. ㉯ 49. ㉰

50. 용접기호 중 현장용접기호 표시기호는?

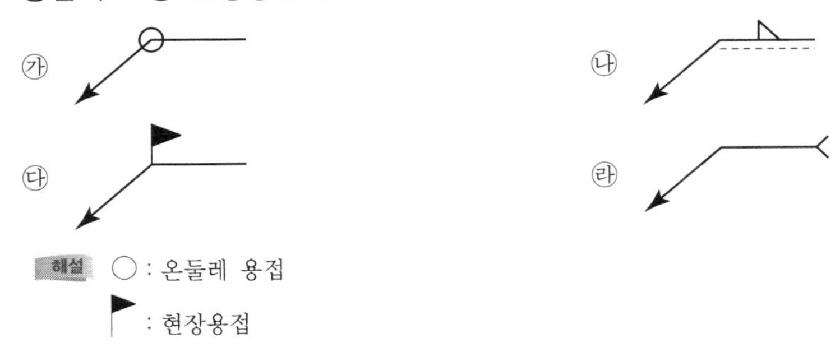

해설 ○ : 온둘레 용접
: 현장용접

51. 배관의 라인번호 결정은 배관도의 작도와 재료의 집계나 현장조립 및 보전에 효과적이므로 일괄성을 갖는 것이 중요하다. 아래의 라인번호에서 틀리게 설명된 것은?

2B－S115－A10－H20

㉮ 2B : 관의 호칭지름
㉯ S115 : 유체의 종류 · 상태, 배관계의 식별(배관번호)
㉰ A10 : 배관계의 시방
㉱ H20 : 관의 종류

해설 H20 : 보온, 보냉의 기호

52. 가상선의 용도로 틀린 것은?

㉮ 인접 부분의 참고로 표시하는 데 사용한다.
㉯ 가공 전 또는 가공 후의 모양을 표시하는 데 사용한다.
㉰ 도시된 단면의 앞쪽에 있는 부분을 표시하는 데 사용한다.
㉱ 대상물의 보이지 않는 부분의 모양을 표시하는 데 사용한다.

해설 가상선
도시된 단면의 앞면에 있는 부분을 나타내는 선 또는 인접부분을 참고로 나타낸다.

53. 아래와 같은 배관 도시기호의 종류는?

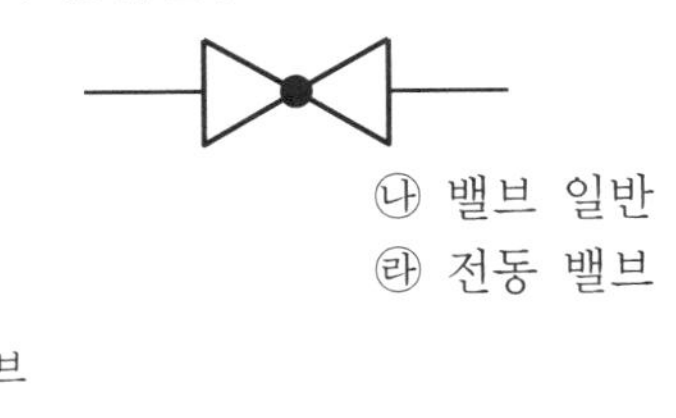

㉮ 글로브 밸브　　㉯ 밸브 일반
㉰ 게이트 밸브　　㉱ 전동 밸브

해설
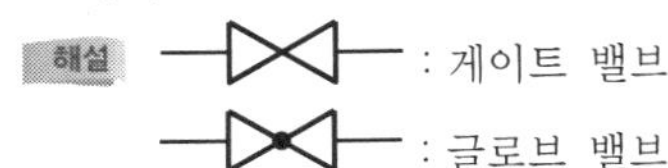

정답 **50.** ㉰ **51.** ㉱ **52.** ㉱ **53.** ㉮

54. 파이프 내에 흐르는 유체의 종류별 표시기호 설명으로 틀린 것은?

㉮ 공기 : A　　㉯ 연료 가스 : K
㉰ 연료유 : O　　㉱ 증기 : S

해설 ① 연료가스 : G　　② 물 : W
③ 연료유 : O　　④ 공기 : A
⑤ 스팀 : S

55. $\bar{x}$ 관리도에서 관리상한이 22.15, 관리하한이 6.85, $\bar{R}=7.5$일 때 시료군의 크기(n)는 얼마인가?(단, n=2일 때 $A_2=1.88$, n=3일 때 $A_2=1.02$, n=4일 때 $A_2=0.73$, n=5일 때 $A_2=0.58$이다.)

㉮ 2　　㉯ 3　　㉰ 4　　㉱ 5

해설 $\bar{x}$: 시료군의 평균치　　$22.15+6.85=29$, $2\bar{x}=29$
$\bar{R}$: 시료군의 범위　　$\frac{29}{2}=14.5$, $14.5+1.02\times7.5=22.15$, $A_2=1.02$
$\therefore\ n=3$

56. 200개들이 상자가 15개 있다. 각 상자로부터 제품을 랜덤하게 10개씩 샘플링할 경우, 이러한 샘플링 방법을 무엇이라 하는가?

㉮ 계통 샘플링　　㉯ 취락 샘플링
㉰ 층별 샘플링　　㉱ 2단계 샘플링

해설 층별 샘플링
모집단을 몇 개의 층으로 나누고 각 층으로부터 각각 랜덤하게 시료를 뽑는 방법의 샘플링이다.

57. 어떤 측정법으로 동일 시료를 무한횟수 측정하였을 때 데이터 분포의 평균치와 모집단 참값과의 차를 무엇이라 하는가?

㉮ 편차　　㉯ 신뢰성
㉰ 정확성　　㉱ 정밀도

해설 정확성
어떤 측정법으로 동일 시료를 무한횟수로 측정하였을 때 데이터 분포의 평균치와 모집단 참값과의 차이다.

58. 다음 중 신제품에 대한 수요예측방법으로 가장 적절한 것은?

㉮ 시장조사법　　㉯ 이동평균법
㉰ 지수평활법　　㉱ 최소자승법

해설 시장조사법
신제품에 대한 수요예측방법으로 가장 적절하다.

정답 54. ㉯ 55. ㉯ 56. ㉰ 57. ㉰ 58. ㉮

59. ASME(American Society of Mechanical Engineers)에서 정의하고 있는 제품공정 분석표에 사용되는 기호 중 "저장(Storage)"을 표현한 것은?

㉮ ○
㉯ D
㉰ □
㉱ ▽

해설 ① ○ : 작업
② □ : 검사
③ ⇨ : 운반
④ D : 대기
⑤ ▽ : 보관

60. 다음 중 사내표준을 작성할 때 갖추어야 할 요건으로 옳지 않은 것은?

㉮ 내용이 구체적이고 주관적일 것
㉯ 장기적 방침 및 체계하에서 추진할 것
㉰ 작업표준에는 수단 및 행동을 직접 제시할 것
㉱ 당사자에게 의견을 말하는 기회를 부여하는 절차로 정할 것

해설 사내표준요건은 기록내용이 구체적이고 객관적일 것

정답 59. ㉱ 60. ㉮

2010.03.29. 과년도 기출문제

MASTER CRAFTSMAN PLUMBING

1. 옥내 소화전에 대한 내용으로 잘못된 것은?

㉮ 방수압력은 노즐의 끝을 기준으로 1.7kg/cm² 이상 3kg/cm² 이하로 한다.
㉯ 입상관의 내경은 50mm 이상으로 한다.
㉰ 소화전은 바닥면을 기준으로 1.5m 이내의 높이에 설치한다.
㉱ 소화펌프 가까이에 게이트밸브와 체크밸브를 설치한다.

해설 옥내 소화전
방수압력은 1.7~7kg/cm² 이하

2. 가스용접 작업에 대한 안전사항으로 틀린 것은?

㉮ 산소병은 40℃ 이하 온도에서 보관한다.
㉯ 가스집중장치는 화기를 사용하는 설비에서 5m 이상 떨어진 곳에 설치한다.
㉰ 산소병은 충전 후 12시간 뒤에 사용한다.
㉱ 아세틸렌 용기의 취급 시 동결부분은 35℃ 이하의 온수로 녹여야 한다.

해설 산소용기는 40℃ 이하만 유지하면 사용이 가능하다.(산소병은 충전 후 24시간 뒤에 사용한다.)

3. 가장 미세한 먼지를 집진할 수 있으므로 병원의 수술실 및 제약공장 등에서 많이 사용하는 집진법은?

㉮ 전기집진법 ㉯ 원심분리법
㉰ 여과집진법 ㉱ 중력분리법

해설 전기집진법은 가장 미세한 먼지를 처리할 수 있다.

4. 오물정화조의 구비조건이 아닌 것은?

㉮ 정화조의 순서는 부패조, 예비 여과조, 산화조, 소독조의 구조로 한다.
㉯ 정화조의 바닥, 벽, 천장, 칸막이 벽 등은 방수재료로 시공해야 한다.
㉰ 부패조, 예비 여과조, 산화조에는 내경이 40cm 이상의 맨홀을 설치한다.
㉱ 부패조는 침전 분리에 적합한 구조로 하고 오수를 담고 있는 깊이는 2m 이상으로 한다.

해설 오수저유조 깊이는 1.2m 이상

 정답 1. ㉮ 2. ㉰ 3. ㉮ 4. ㉱

5. 가스배관에서 가스공급시설 중 하나인 정압기의 설명으로 맞는 것은?

㉮ 제조공장과 공급지역이 비교적 가깝고 공급면적이 좁아 저압의 가스를 보낼 때 사용
㉯ 제조공장에서 생산, 정제된 가스를 저장하여 가스의 품질을 균일하게 하고 제조량 및 소요량을 조절하는 것
㉰ 사용량이 서로 다른 시간별 또는 특정 시기에 소요공급압력을 일정하게 유지하는 역할
㉱ 원거리 지역에 대량의 가스를 수송하기 위해 공업 압축기로 가스를 압축하는 역할

해설 정압기는 항상 일정압력을 유지시킨다.

6. 수공구 사용에 대한 안전 유의사항 중 잘못된 것은?

㉮ 사용 전에 모든 부분에 기름을 칠하고 사용할 것
㉯ 결함이 있는 것은 절대로 사용하지 말 것
㉰ 공구의 성능을 충분히 알고 사용할 것
㉱ 사용 후에는 반드시 점검하고 고장 난 부분은 즉시 수리 의뢰할 것

해설 수공구에는 될수록 사용 전에 기름을 칠하지 말 것

7. 공조시스템에서 차압검출스위치가 설치되는 곳은?

㉮ 송풍기 출구의 덕트
㉯ A.H.U의 증기코일 입구
㉰ A.H.U의 냉각코일 입구
㉱ 덕트 내부의 에어 필터

해설 덕트 내부의 에어 필터에서는 전 후부에 차압검출스위치를 부착시킨다.

8. 자동제어의 피드백 제어계에서 조절부에 대하여 옳게 설명한 것은?

㉮ 목표치를 기준입력신호로 조절해준다.
㉯ 제어동작 신호를 받아 조작량을 조절한다.
㉰ 동작신호에 따라 2위치, 비례 등 이에 대응하는 연산출력을 만드는 곳으로 조작신호를 출력한다.
㉱ 조작량 만큼의 제어결과 즉, 제어량을 발생한다.

해설 조절부
조작신호 출력부

9. 개별식 급탕법의 장점을 중앙식 급탕법과 비교 설명한 것으로 옳은 것은?

㉮ 탕비장치가 크므로 열효율이 좋다.
㉯ 대규모 급탕에는 경제적이다.
㉰ 배관 중의 열손실이 적다.
㉱ 열원으로 값싼 연료를 쓰기가 쉽다.

해설 개별식 급탕법은 중앙식에 비하여 열손실이 적다.

정답 5. ㉰ 6. ㉮ 7. ㉱ 8. ㉰ 9. ㉰

10. 배관공작용 공구에서 화상의 위험이 있는 것은?

㉮ 봄볼 ㉯ 드레서
㉰ 토치램프 ㉱ 맬릿

해설 토치램프 사용 시에는 항상 화상의 위험이 따른다.

11. 시퀀스 제어(Sequence Control)란 무엇인가?

㉮ 결과가 원인이 되어 진행하는 제어로서 출력측의 신호를 입력측으로 되돌리는 제어이다.
㉯ 미리 정해진 순서에 따라 제어의 각 단계를 순차적으로 진행하는 제어이다.
㉰ 목표치가 다른 양과 일정한 비율관계에서 변화되는 제어이다.
㉱ 전압이나 주파수 전동기의 회전수 등을 제어량으로 하고 이것을 일정하게 유지하는 것을 목적으로 하는 제어이다.

해설 시퀀스 제어는 "㉯"항의 진행 제어이고 "㉮"항의 제어는 피드백 제어이다.

12. 자동화 시스템에서 공정처리 상태에 대한 정보를 받아서, 제한된 공간 내에서 기계구조에 의해 일을 하는 부분으로 인간의 손, 발의 기능을 하는 자동화의 5대 요소인 것은?

㉮ 센서(Sensor) ㉯ 네트워크(Network)
㉰ 액추에이터(Actuator) ㉱ 소프트웨어(Software)

해설 엑추에이터
자동화시스템에서 자동화 5대요소이다.

13. 150A 관의 내경은 155mm이다. 이 관을 이용하여 매초 1.5m의 속도로 물을 수송하고 있다. 2시간 동안 수송된 물의 양은 약 몇 m^3정도인가?

㉮ 102 ㉯ 136
㉰ 155 ㉱ 204

해설 155mm = 0.155m

단면적 $= \frac{\pi}{4}d^2 = \frac{2.14}{4} \times (0.155)^2 = 0.01885m^2$

1시간 = 3,600sec

$\therefore$ (0.01885×1.5)×3,600×2시간 = $204m^3$

14. 암모니아 가스의 누설위치를 찾기 위해서는 무엇을 쓰는 것이 가장 좋은가?

㉮ 비눗물 ㉯ 알코올
㉰ 냉각수 ㉱ 페놀프타렌

해설 암모니아 가스의 누설위치를 찾기 위해 페놀프타렌을 사용한다.

 정답 10. ㉰ 11. ㉯ 12. ㉰ 13. ㉱ 14. ㉱

15. 어느 방의 전난방부하가 1.16kW일 때 복사 난방을 하려면 DN15인 코일을 약 몇 m나 시설해야 하는가?(단, DN15인 코일의 m당 표면적은 $0.047m^2$이고, 관 $1m^2$당 방열량은 $0.26kW/m^2$라고 한다.)

㉮ 85 ㉯ 95
㉰ 100 ㉱ 110

해설 $A = \frac{1.16}{0.26} = 4.4615m^2$

$L = \frac{4.4615}{0.047} \fallingdotseq 95m$

16. 보일러의 과열로 인한 파열의 원인이 아닌 것은?

㉮ 화염이 국부적으로 집중 연소될 경우
㉯ 보일러수에 유지분이 함유되어 있는 경우
㉰ 스케일 부착으로 열전도율이 저하될 경우
㉱ 물순환이 양호하여 증기의 온도가 상승될 경우

해설 물순환이 양호하면 보일러 과열이 방지된다.

17. 샌드 블라스트 세정법에 관한 설명 중 틀린 것은?

㉮ 공기 압송장치가 필요하다.
㉯ 모래를 분사하여 스케일을 제거한다.
㉰ 100A 이상의 대구경관이나 탱크 등에 사용한다.
㉱ 공기, 질소, 물 등의 압력과 화학세정액을 병행 사용한다.

해설 화학세정법은 샌드블라스트법이 아닌 염산 등을 사용한다.

18. 배관설비의 진공시험에 관한 설명으로 틀린 것은?

㉮ 기밀시험에서 누설 개소가 발견되지 않을 때 하는 시험이다.
㉯ 주위 온도의 변화에 대한 영향이 없는 시험이다.
㉰ 관 속을 진공으로 만든 후 일정 시간 후의 진공강하상태를 검사한다.
㉱ 진공펌프나 추기회수장치를 이용하여 시험한다.

해설 배관설비의 진공시험 시 주위 온도의 변화에 대한 영향이 있는 시험이다.

19. 기송배관의 부속설비 중 공기수송기에서 분말이나 알갱이를 수송관 쪽으로 공급하는 장치는?

㉮ 송급기 ㉯ 분리기
㉰ 수송관 ㉱ 동력원

해설 송급기 : 기송배관의 부속설비 중 공기수송기에서 분말이나 알갱이를 수송관 쪽으로 공급한다.

정답 15. ㉯ 16. ㉱ 17. ㉱ 18. ㉯ 19. ㉮

20. 가스가 누설될 경우 초기에 발견하여 중독 및 폭발사고를 미연에 방지하기 위해 누설을 감지할 수 있도록 하는 설비는?

㉮ 가스 저장설비
㉯ 가스 공급설비
㉰ 부취설비
㉱ 부스터(Booster)설비

해설 부취설비 : 가스 누설시 냄새로 초기에 발견이 가능하다.

21. 다음 피복재료 중 무기질 보온재료가 아닌 것은?

㉮ 기포성 수지
㉯ 석면
㉰ 암면
㉱ 규조토

해설 기포성 수지 : 유기질 저온용 보온재

22. 강관의 종류와 KS 규격기호를 짝지은 것으로 틀린 것은?

㉮ 수도용 아연도금 강관－SPPW
㉯ 고압 배관용 탄소강관－SPPH
㉰ 압력 배관용 탄소강관－SPPS
㉱ 고온 배관용 탄소강관－STHS

해설 SPTH : 고온배관용 탄소강관(SPHT)

23. 액면 측정장치가 아닌 것은?

㉮ 전자유량계
㉯ 초음파 액면계
㉰ 방사선 액면계
㉱ 압력식 액면계

해설 전자유량계 : 패러데이의 유도법칙을 이용한 유체공급량 측정 유량계이다.

24. 스위블형 신축 이음쇠에 관한 설명으로 적합한 것은?

㉮ 회전이음, 지웰이음 등으로도 불린다.
㉯ 신축량이 큰 배관에서도 나사부가 헐거워지지 않는다.
㉰ 설치비가 비싸 쉽게 조립해서 만들기 힘들다.
㉱ 굴곡부에서 압력강하가 없다.

해설 스위블형 신축 이음쇠 : 회전이음, 지웰이음으로 온수난방 또는 저압의 증기난방용의 신축 이음쇠

25. 양질의 선철에 강을 배합하여 원심력을 이용하여 주조한 후, 노속에서 730℃ 이상 고르게 가열하여 풀림처리한 주철관은?

㉮ 수도용 원심력 사형주철관
㉯ 수도용 원심력 금형주철관
㉰ 수도용 원심력 덕타일 주철관
㉱ 수도용 입형주철관

해설 수도용 원심력 덕타일 주철관(수도용 원심력 구상 흑연 주철관)은 보통 회주철관보다 관의 수명이 길고 강관과 같은 높은 강도와 인성이 있다.

 정답 20. ㉰ 21. ㉮ 22. ㉱ 23. ㉮ 24. ㉮ 25. ㉰

26. 제어방식에 따라 감압밸브 분류 시 자력식 밸브는?

㉮ 파일럿 작동식과 직동식 밸브
㉯ 피스톤식과 다이어프램식 밸브
㉰ 리프트식과 스윙식 밸브
㉱ 볼식과 해머리스식 밸브

해설 자력식 감압밸브
① 파일럿식
② 직동식

27. 배관재료에 대한 설명 중 부적당한 것은?

㉮ 연관 : 초산, 농염산 등에 내식성이 뛰어나다.
㉯ 동관 : 콘크리트 속에서 잘 부식되지 않는다.
㉰ 주철관 : 강관에 비해 내구성, 내식성이 풍부하다.
㉱ 흄관 : 원심력 철근 콘크리트관이다.

해설 연관
① 초산, 농염산, 농초산 등에 잘 침식된다.
② 증류수에도 다소 침식된다.
③ 전성, 연성이 풍부하고 급수관용이다.

28. 증기의 공급압력과 응축수의 압력차가 0.35kgf/cm^2 이상일 때 한하여 유닛 히터나 가열코일 등에 사용하는 특수트랩은?

㉮ 박스 트랩
㉯ 플러시 트랩
㉰ 버킷 트랩
㉱ 리프트 트랩

해설 플러시 트랩
증기공급압력과 응축수의 압력차가 0.35kg/cm^2 이상일 때 한하여 유닛히터나 가열코일 등에 사용하는 특수트랩이다.

29. 450℃까지의 고온에 견디며 증기, 온수, 고온의 기름배관에 가장 적합한 패킹은?

㉮ 합성수지 패킹
㉯ 금속 패킹
㉰ 석면 개스킷
㉱ 몰드 패킹

해설 석면 개스킷
450℃까지 고온에 견디며 증기나 온수, 고온의 기름배관에 적합한 패킹이다.

30. 열팽창에 의한 배관의 이동을 구속하거나 제한하기 위한 지지장치는?

㉮ 브레이스(Brace)
㉯ 파이프 슈(Pipe Shoe)
㉰ 행거(Hanger)
㉱ 레스트레인트(Restraint)

해설 레스트레인트
앵커, 스톱, 가이드가 있으며 열팽창에 의한 배관의 이동을 구속하거나 제한하기 위한 지지장치이다.

정답 26. ㉮ 27. ㉮ 28. ㉯ 29. ㉰ 30. ㉱

31. 내식, 내열 및 고온용 관으로서 특히 내식성을 필요로 하는 화학공업 배관에 가장 적합한 강관은?

㉮ 배관용 아크용접 탄소강 강관
㉯ 고압 배관용 탄소강 강관
㉰ 배관용 스테인리스 강관
㉱ 알루미늄 도금 강관

해설 배관용 스테인리스 강관
내식성, 내열 및 고온용 관으로서 특히 내식성을 필요로 하는 화학공업 배관에 가장 적합하다.

32. 경질염화비닐관과 연결이 가능하지 않은 이종관은?

㉮ 동관
㉯ 연관
㉰ 강관
㉱ 콘크리트관

해설 콘크리트관과 경질염화비닐관과는 연결이 불가능한 이종관이다.

33. 강관 이음재료를 설명한 것으로 맞는 것은?

㉮ 나사조임형 강관제 이음재료에는 소켓, 니플, 30° 벤드 등이 있다.
㉯ 고온, 고압에 사용되는 강제 용접이음쇠는 삽입 용접식만 사용된다.
㉰ 플랜지 이음 중 플랜지면의 형상에 따라 가장 압력이 낮은 것은 전면 시트이다.
㉱ 유체의 성질은 플랜지 선택조건에 해당되지 않는다.

해설 ① 전면 시트 : 16kg/cm² 이하
② 대평면 시트 : 63kg/cm² 이하
③ 소평면 시트 : 16kg/cm² 이상
④ 삽입형 시트 : 16kg/cm² 이상
⑤ 홈꼴형 시트 : 16kg/cm² 이상

34. 내산성 및 내알칼리성이 우수하며 전기절연성이 가장 큰 관은?

㉮ 동관
㉯ 연관
㉰ 염화비닐관
㉱ 알루미늄관

해설 염화비닐관
내산성 및 내알칼리성이 우수하고 전기절연성이 가장 크다.

35. 연관 접합에 대한 설명으로 틀린 것은?

㉮ 연관을 접합할 때 와이어 플라스턴을 사용하나 턴핀은 사용하지 않는다.
㉯ 플라스턴 이음의 종류에는 직선 이음, 맞대기 이음, 맨더린 이음 등이 있다.
㉰ 플라스턴의 용융온도는 232℃이다.
㉱ 플라스턴은 주석과 납의 합금이다.

해설 턴핀 : 연관의 끝부분을 원뿔형으로 넓히는 데 사용하는 공구이다.

 정답 31. ㉰ 32. ㉱ 33. ㉰ 34. ㉰ 35. ㉮

36. 증기난방에 사용되는 증기의 건조도가 0인 것은?

㉮ 포화수
㉯ 습포화증기
㉰ 과열증기
㉱ 포화증기

해설 ① 포화수 : 건조도가 0이다.
② 습포화증기 : 건조도가 1 이하이다.
③ 포화증기, 과열증기 : 건조도가 1이다.

37. 동관의 플레어 접합(Flare Joint)에 대한 설명으로 틀린 것은?

㉮ 관지름 20mm 이하의 동관을 이음할 때 사용한다.
㉯ 동관을 필요한 길이로 절단할 때 관축에 대하여 약간 경사지게 한다.
㉰ 진동 등으로 인한 풀림을 방지하기 위하여 더블너트로 체결한다.
㉱ 플레어 이음용 공구에는 플레어링 툴 세트가 있다.

해설 플레어 접합(압축이음)에서는 관을 관축에 대하여 직각으로 절단한 다음 슬리브 너트를 관에 끼우고 플레어 공구를 사용하여 나팔모양으로 만든다.

38. 15 A에서 50A까지 나사를 낼 수 있는 오스터형 나사 절삭기의 번호는?

㉮ 102(112R)
㉯ 104(114R)
㉰ 105(115R)
㉱ 107(117R)

해설 ① 102 : 8A~32A
② 104 : 15A~50A
③ 105 : 40A~80A
④ 107 : 65A~100A

39. 스테인리스 강관 MR 조인트에 관한 설명으로 맞는 것은?

㉮ 프레스 가공 등이 필요하고, 관의 강도를 100% 활용할 수 있다.
㉯ 스패너 이외의 특수한 접속공구가 필요하다.
㉰ 청동제 이음쇠를 사용하여도 다른 강관과는 자연 전위차가 있어 부식의 문제가 있다.
㉱ 화기를 사용하지 않기 때문에 기존건물 등의 배관공사에 적합하다.

해설 스테인리스 강관 MR 조인트는 화기를 사용하지 않기 때문에 기존건물 등의 배관 공사에 적합하다.

40. 표준 대기압에서 50℃의 물 1kg을 100℃의 포화수증기로 만드는 데 필요한 열량은 약 몇 kJ인가?(단, 물의 비열은 4.19kJ/kg·K이고 물의 증발잠열은 2,256.7kJ/kg이다.)

㉮ 2,255.5
㉯ 2,466.2
㉰ 2,674.0
㉱ 2,883.2

해설 ① 현열 $= 1 \times 4.19 \times (100-50) = 209.5$kJ/kg
② 잠열 $= 1 \times 2{,}256.7 = 2{,}256.7$kJ/kg
∴ $Q = 209.5 + 2{,}256.7 = 2{,}466.2$kJ/kg

정답 36. ㉮ 37. ㉯ 38. ㉯ 39. ㉱ 40. ㉯

41. 용접 잔류응력을 경감하는 방법으로 틀린 것은?

㉮ 용착금속의 양을 적게 한다.
㉯ 적당한 용착법과 용접순서를 선택한다.
㉰ 용착금속의 양을 많게 한다.
㉱ 예열을 한다.

해설 용착금속의 양을 많게 하면 강도가 커진다. 단, 응력이 증가된다.(잔류응력 증가)

42. 가스용접 토치에 관한 설명 중 틀린 것은?

㉮ 저압식 토치에는 가변압식과 불변압식 토치가 있다.
㉯ 불변압식 토치는 프랑스식이다.
㉰ 독일식 토치는 팁의 머리에 인젝터와 혼합실이 있다.
㉱ A형 팁의 번호는 사용하는 연강판 모재의 두께를 표시한다.

해설 가스용접토치(저압식)
① 가변압식 토치(B형) : 프랑스식
② 불변압식 토치(A형) : 독일식

43. 수가공용 공구 중 줄의 종류를 눈금의 크기에 따라 분류한 것으로 잘못된 것은?

㉮ 세목　　㉯ 중목
㉰ 황목　　㉱ 초목

해설 줄의 종류(눈금 크기별)
① 세목, ② 중목, ③ 황목

44. 일반적으로 수격작용이 발생하는 경우가 아닌 것은?

㉮ 펌프를 기동하기 직전
㉯ 송수과정에서 급수밸브를 급격히 폐쇄하는 경우
㉰ 급수압력이 높은 심야시간에 급수관로를 열어 사용하다가 닫는 경우
㉱ 펌프를 사용하여 양수하다가 펌프를 정지시키는 경우

해설 수격작용은 펌프를 가동한 후에 또는 가동 후 정시 시 발생된다.

45. 주철관의 소켓이음(Socket Joint)할 때 누수의 원인으로 가장 적당한 것은?

㉮ 얀(Yarn)의 양이 너무 많고 납이 적은 경우
㉯ 코킹하기 전에 관에 붙어 있는 납을 떼어낸 경우
㉰ 코킹 세트를 순서대로 차례로 사용한 경우
㉱ 코킹이 완전한 경우

해설 주철관에서 소켓이음 시 누수원인은 얀의 양이 너무 많고 납이 적으면 틈새가 벌어져서 누수가 발생

 정답 41. ㉰ 42. ㉯ 43. ㉱ 44. ㉮ 45. ㉮

46. MIG용접에서 200A 이상의 전류를 사용하였을 때 얻을 수 있는 용적이행은?

㉮ 단락형 이행
㉯ 스프레이 이행
㉰ 글로뷸러 이행
㉱ 핀치효과형 이행

해설 미그용접은 와이어(용가전극)의 공급을 자동적으로 일정한 속도로 토치에 공급하여 모재와 와이어 사이에서 아크를 발생시키고 그 주위에 아르곤, 헬륨 등을 공급시켜 용접하는 불활성 가스아크용접이다. 200A에서는 매초 100개 정도의 입자가 고속으로 전극에서 이행하는 Spray Transfer가 된다.

47. 그림의 배관도에서 ①~③의 명칭이 올바르게 나열된 것은?

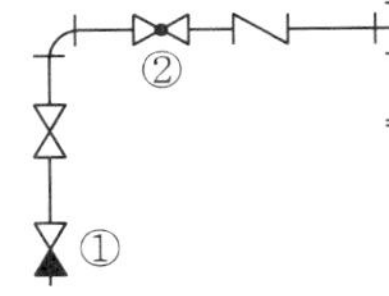

㉮ ① 체크밸브, ② 글로브 밸브, ③ 콕 일반
㉯ ① 체크밸브, ② 글로브 밸브, ③ 볼 밸브
㉰ ① 앵글밸브, ② 슬루스 밸브, ③ 콕 일반
㉱ ① 앵글밸브, ② 슬루스 밸브, ③ 볼 밸브

해설 ① 체크밸브
② 글로브 밸브
③ 볼 밸브

48. 그림과 같은 도시기호의 계기 명칭인 것은?

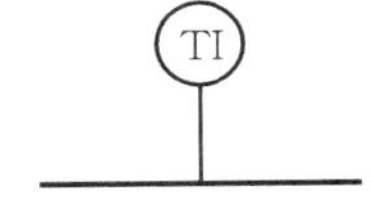

㉮ 압력지시계
㉯ 온도지시계
㉰ 진동지시계
㉱ 소음지시계

해설 ① FI : 지시유량계
② TI : 지시온도계
③ PI : 지시압력계
④ TP : 온도측정계
⑤ PR : 기록압력계
⑥ LI : 레벨계

49. 이음쇠 끝부분의 접합부 형상을 나타내는 기호 중에서 수나사가 있는 접합부를 의미하는 기호는?

㉮ M
㉯ F
㉰ C
㉱ P

해설 ① M : 나사가 밖으로 난 나사이음용 부속 끝부분
② F : 나사가 안으로 난 나사이음용 부속 끝부분
③ C : 연결부속 내에 동관이 들어가는 형태용접용 부속 끝부분
④ FTG : 연결부속 외경이 동관의 내경 치수에 맞는 부속 끝부분

정답 46. ㉯ 47. ㉯ 48. ㉯ 49. ㉮

50. 그림과 같은 필릿 용접기호에서 a는 무엇을 뜻하는가?

㉮ 용접부 수
㉯ 목두께
㉰ 목길이
㉱ 용접길이

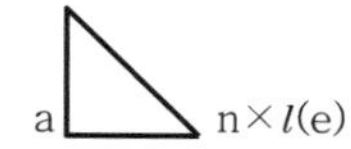

해설
① : 필릿용접(한면용접)
② : 목두께

51. 도면에 사용되는 배관도시 약어가 잘못 연결된 것은?

㉮ PC－압력 조절계
㉯ TC－온도 조절계
㉰ FI－유량 지시계
㉱ FM－유속계

해설 FR : 유량 기록계
S : 속도

52. 판 두께를 고려한 원통 굽힘의 판뜨기 전개 시에 외경이 D_0, 내경이 D_1일 때, 두께가 t인 강판을 굽힐 경우 원통 중심선의 원주길이 L을 옳게 나타낸 것은?

㉮ $L=(D_0-t)\times\pi$
㉯ $L=(D_0+t)\times\pi$
㉰ $L=(D_1-t)\times\pi$
㉱ $L=(D_1\times\pi)/t$

해설 ① 원통구부림 L 계산
(바깥지름－판재의 두께)×π
② 원통의 지름이 안지름으로 표시된 경우
(안지름＋판재의 두께)×π

53. 대상물의 보이지 않는 부분의 모양을 표시하는 데 쓰이는 선은?

㉮ 굵은 실선
㉯ 가는 1점 쇄선
㉰ 파선
㉱ 가는 2점 쇄선

해설 파선
대상물이 보이지 않는 부분의 모양을 표시하는 선이다.

54. 관의 지름, 부속품, 흐름 방향 등을 명시하고 장치기기 등의 접속계통을 간단하고 알기 쉽게 평면적으로 배치해 놓은 도면은?

㉮ 계통도
㉯ 장치도
㉰ 평면배관도
㉱ 입면배관도

해설 **계통도** : 관의 지름, 부속품, 흐름방향 등을 명시하고 장치, 기기 등의 접속계통을 간단하고 알기 쉽게 평면적으로 배치해 놓은 도면이다.

 정답 50. ㉯ 51. ㉱ 52. ㉮ 53. ㉰ 54. ㉮

55. 다음 중 통계량의 기호에 속하지 않는 것은?

㉮ σ　　㉯ R

㉰ s　　㉱ $\overline{x}$

해설 σ : 로트의 표준편차

56. 계수 규준형 샘플링 검사의 OC 곡선에서 좋은 로트를 합격시키는 확률을 뜻하는 것은?(단, α는 제1종과오, β는 제2종과오이다.)

㉮ α　　㉯ β

㉰ $1-\alpha$　　㉱ $1-\beta$

해설 $1-\alpha$
계수규준형 샘플링 검사의 OC곡선에서 좋은 로트를 합격시키는 확률

57. u관리도의 관리한계선을 구하는 식으로 옳은 것은?

㉮ $\overline{u}\pm\sqrt{\overline{u}}$　　㉯ $\overline{u}\pm 3\sqrt{\overline{u}}$

㉰ $\overline{u}\pm 3\sqrt{n\overline{u}}$　　㉱ $\overline{u}\pm 3\sqrt{\frac{\overline{u}}{n}}$

해설 $\mathrm{UCL\&LCL}=\overline{u}\pm 3\sqrt{\frac{\overline{u}}{n}}$
※ 관리도
① CL : 한 개의 중심선
② UCL, LCL : 두 개의 관리한계선

58. 다음 중 인위적 조절이 필요한 상황에 사용될 수 있는 워크팩터(Work Factor)의 기호가 아닌 것은?

㉮ D　　㉯ K

㉰ P　　㉱ S

해설 ① D : 일정한 정지
② S : 방향의 조절
③ P : 주의
④ U : 방향변경

정답 55. ㉮ 56. ㉰ 57. ㉱ 58. ㉯

59. 예방보전(Preventive Maintenance)의 효과로 보기에 가장 거리가 먼 것은?

㉮ 기계의 수리비용이 감소한다.
㉯ 생산시스템의 신뢰도가 향상된다.
㉰ 고장으로 인한 중단시간이 감소한다.
㉱ 예비기계를 보유해야 할 필요성이 증가한다.

해설 예방보전을 하면 예비기계를 보유해야 할 필요성이 감소한다.

60. 어떤 회사의 매출액이 80,000원, 고정비가 15,000원, 변동비가 40,000원일 때 손익분기점 매출액은 얼마인가?

㉮ 25,000원 ㉯ 30,000원
㉰ 40,000원 ㉱ 55,000원

해설 $\text{손익분기점} = \dfrac{\text{고정비}}{\text{한계이익률}} = \dfrac{\text{고정비}}{1-\left(\dfrac{\text{변동비}}{\text{매상고}}\right)}$

$\therefore \dfrac{15,000}{1-\left(\dfrac{40,000}{80,000}\right)} = 3,0000(\text{원})$

 정답 59. ㉱ 60. ㉯

2010.07.10. 과년도 기출문제

MASTER CRAFTSMAN PLUMBING

1. 옥상 탱크식 급수법의 양수관이 25A일 때 옥상탱크의 오버 플로관의 관경으로 가장 적당한 것은?

㉮ 25A　　㉯ 50A
㉰ 75A　　㉱ 100A

해설 Overflow Pipe의 크기 : 양수관의 2배 $=25\times2=50$A

2. 배수관 및 통기관의 배관 완료 후 또는 일부 종료 후 각 기구 접속구 등을 밀폐하고, 배관 최상부에서 배관 내에 물을 가득 채운 상태에서 누수의 유무를 시험하는 것은?

㉮ 수압시험　　㉯ 통수시험
㉰ 연기시험　　㉱ 만수시험

해설 만수시험
물을 가득 채운 상태의 누수 유무시험

3. 시퀀스제어의 분류에 속하지 않는 것은?

㉮ 시한제어　　㉯ 순서제어
㉰ 조건제어　　㉱ 비율제어

해설 제어방법
① 정치제어
② 추종제어, 비율제어, 프로그램제어(추치제어)
③ 캐스케이드제어

4. 집진장치 덕트 시공에 대한 설명으로 잘못된 것은?

㉮ 냉난방용보다 두꺼운 판을 사용한다.
㉯ 곡선부는 직선부보다 두꺼운 판을 사용한다.
㉰ 메인덕트에서 분기할 때는 최저 45° 이상 경사지게 대칭으로 분기한다.
㉱ 먼지 등이 통과하면서 마찰이 심한 부분에는 강관을 사용한다.

해설 메인덕트에서 분기할 때는 최저 30° 이상으로 한다.

정답 1. ㉯ 2. ㉱ 3. ㉱ 4. ㉰

5. 길이 30cm 되는 65A 강관의 중앙을 가스절단을 한 후 절단부위를 다루는 방법으로 가장 안전한 방법은?

㉮ 손가락을 끼워서 든다.
㉯ 장갑을 끼고 손으로 잡는다.
㉰ 단조용 집게나 플라이어로 잡는다.
㉱ 절단 부위에서 가장 먼 곳을 손으로 잡는다.

해설 가스절단작업이 끝나면 단조용 집게나 플라이어로 잡는다.

6. 산소-아세틸렌 가스용접에 사용하는 산소용기의 색은?

㉮ 흰색　㉯ 녹색
㉰ 회색　㉱ 청색

해설 ① 산소용기 : 녹색
② 아세틸렌 용기 : 황색

7. 파이프 래크의 높이를 결정하는 데 가장 중요도가 낮은 것은?

㉮ 도로 횡단의 유무
㉯ 타 장치와의 연결 높이
㉰ 배관 내 원료의 공급 최대 온도
㉱ 파이프 래크 아래에 있는 기기의 배관에 대한 여유

해설 파이프 래크의 높이결정 시 중요도는 ㉮, ㉯, ㉱ 외에도 유닛 내에 있는 기구의 높이와의 관계

8. 보일러의 수면이 낮아지는 경우로 가장 적합한 것은?

㉮ 전열면에 스케일이 많이 생기는 경우
㉯ 버너의 능력이 부족한 경우
㉰ 연료의 발열량이 낮은 경우
㉱ 자동급수장치가 고장인 경우

해설 자동급수장치가 고장이면 보일러 수면이 낮아진다. 저수위사고 발생 우려

9. 안전작업이 필요한 이유가 아닌 것은?

㉮ 산업설비의 손실을 감소시킬 수 있다.
㉯ 인명 피해를 예방할 수 있다.
㉰ 생산재의 손실을 감소할 수 있다.
㉱ 생산성이 감소된다.

해설 생산성과 안전작업과는 관련성이 없다.

정답 5. ㉰ 6. ㉯ 7. ㉰ 8. ㉱ 9. ㉱

10. 다음 그림은 자동제어의 블록선도(Block Diagram)이다. 이 중 조작부는 어느 것인가?

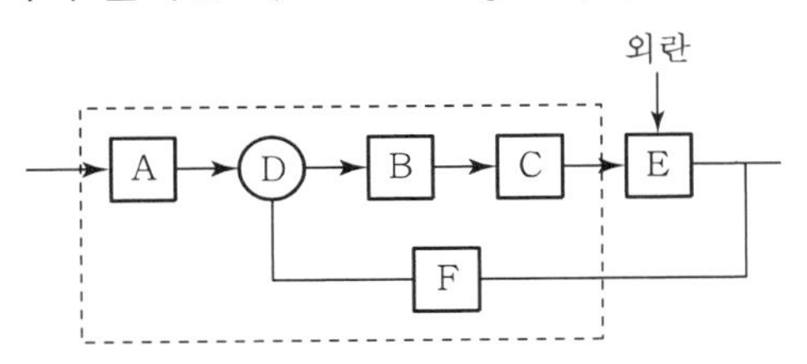

㉮ A부 ㉯ B부 ㉰ C부 ㉱ F부

해설 ① A : 설정부 ② B : 조절부
③ C : 조작부 ④ D : 비교부
⑤ E : 제어대상 ⑥ F : 검출부

11. 장치의 운전을 정지시키지 않고 유체가 흐르는 상태에서 고장을 수리하는 것으로 바이패스를 시키거나 분기하여 유체를 우회 통과시키는 응급조치 방법인 것은?

㉮ 핫태핑(Hot Tapping)법과 플러깅(Plugging)법
㉯ 스토핑박스(Stopping Box)법과 박스(Box-in)설치법
㉰ 코킹(Caulking)법과 밴드보강법
㉱ 인젝션(Injection)법과 밴드보강법

해설 장치의 운전을 정지시키지 않고 유체가 흐르는 상태에서 고장을 수리하는 응급조치 방법은 핫태핑법, 플러깅법이 있다.

12. 화학공업 배관에서 사용되는 열교환기에 관한 설명 중 잘못된 것은?

㉮ 유체에 대한 냉각, 응축, 가열, 증발 및 폐열 회수 등에 사용된다.
㉯ 열교환기는 열부하, 유량, 조작압력, 온도, 허용압력손실 등을 고려하여 가장 적합한 것을 선택한다.
㉰ 다관식 원통형 열교환기에는 고정관판형, 유동두형, 케틀형 등이 있다.
㉱ 단관식 열교환기에는 트롬본형, 스파이럴형, U자관형 등이 있다.

해설 단관식 열교환기 ─ 트롬본형 / 탱크형 / 코일형

13. 목표값과 제어량의 차를 제어편차 또는 단순히 편차라 하는데 이 편차를 감소시키기 위한 조절계의 동작 중 연속동작과 관계가 없는 것은?

㉮ 비례동작 ㉯ 적분동작
㉰ 2위치동작 ㉱ 미분동작

해설 2위치동작 : 온-오프 불연속동작

정답 10. ㉰ 11. ㉮ 12. ㉱ 13. ㉰

14. 가스 배관의 보온공사 시공 시 주의사항으로 틀리는 것은?

㉮ 보냉공사에서는 방습을 고려하지 않아도 된다.
㉯ 보온재는 내식성, 강도, 내약품성을 잘 분석하여 선정한다.
㉰ 진동으로 인한 보온재의 탈락 관계를 고려한다.
㉱ 가장 효과적인 시공방법으로 보온한다.

해설 보냉공사에서는 방습을 중요시 여긴다.

15. 압축공기 배관에 많이 쓰이는 회전식 압축기에 관한 설명 중 잘못된 것은?

㉮ 로타리(Rotary)의 회전에 의하여 공기를 압축한다.
㉯ 용적형으로 기름 윤활 방식이며 소용량이다.
㉰ 왕복식 압축기에 비해 부품수가 적고 흡입 밸브가 없어 구조가 간단하다.
㉱ 실린더 피스톤에 의해 기체를 흡입하며 고압축비를 얻을 수 있다.

해설 실린더 피스톤에 의해 기체를 흡입하며 고압축비를 얻는 방법은 왕복동식 압축기이다.

16. 배관 내의 유속이 2m/s이면 수격작용에 의해 발생하는 수압은 약 몇 kgf/cm^2 정도인가?

㉮ 2.8 ㉯ 28 ㉰ 280 ㉱ 2,800

해설 수격작용 = 유속×14배
∴ $2 \times 14 = 28 kgf/cm^2$

17. 오물 정화조의 주요구조의 기능에 대한 설명 중 잘못된 것은?

㉮ 부패조 : 염기성 박테리아에 의해 오물을 분해시킨다.
㉯ 예비 여과조 : 부패조의 기능이 상실되면 작동한다.
㉰ 산화조 : 오수 중의 유기물을 분해시킨다.
㉱ 소독조 : 정화된 오수의 균을 살균 소독 후 방류한다.

해설 예비여과조 : 불순물이 큰 것을 사전에 걸러낸다.

18. 증기주관 끝의 배관에서 드레인 포켓을 설치하여 응축수를 건식 환수관에 배출하기 위해 주관과 같은 관으로 A부에서 B부의 간격을 각각 몇 mm 이상 연장해 드레인 포켓을 만들어 주는가?

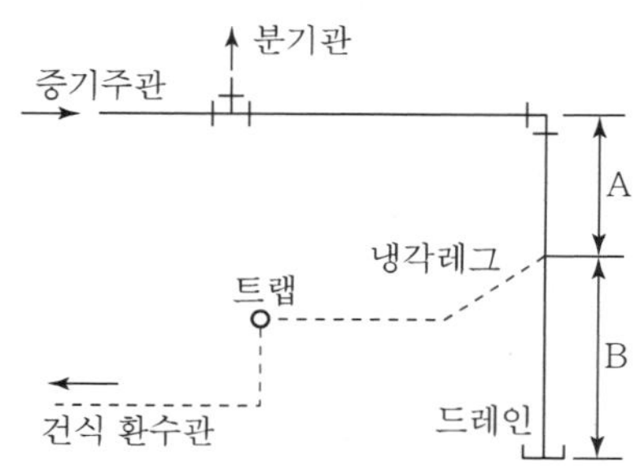

㉮ A : 80, B : 150
㉯ A : 100, B : 100
㉰ A : 100, B : 150
㉱ A : 150, B : 100

해설 A부 : 100mm 이상, B부 : 150mm 이상

 정답 14. ㉮ 15. ㉱ 16. ㉯ 17. ㉯ 18. ㉰

19. 자동제어장치의 유압식 전송기에 대한 설명 중 틀린 것은?

㉮ 압력의 증폭이 쉽다.
㉯ 속도위치 등의 제어가 정확하다.
㉰ 전송지연이 적고 구조가 간단하다.
㉱ 전송거리는 최고 100m이다.

해설 유압식 전송거리는 최고 300m 정도이다. 공기식 전송거리는 약 100m 정도이다.

20. 가스배관에서 고압배관 재료로 적당하지 않은 것은?

㉮ 배관용 탄소강관(KS D 3507)
㉯ 압력배관용 탄소강관(KS D 3562)
㉰ 배관용 스테인리스강관(KS D 3576)
㉱ 이음매 없는 동 및 동합금관(KS D 5301)

해설 배관용 탄소강관(SPP) : 10kg/cm^2 이하에서 사용

21. 다음 중 염화비닐관의 단점인 것은?

㉮ 내산, 내알칼리성이며 전기저항이 적다.
㉯ 열팽창률이 크고, 약 75℃에서 연화한다.
㉰ 중량이 크고, 알칼리에 잘 부식된다.
㉱ 폴리에틸렌관보다 비중이 작고 유연하다.

해설 염화비닐관은 연화온도가 70~80℃이다. 열팽창률이 심하고 충격강도가 작으며 용재에 약하다.

22. 내식성, 특히 내해수성이 좋으며 화학공업용이나 석유공업용의 열교환기, 해수·담수화 장치에 사용되며, 이음매 없는 관과 용접관으로 구분하며, 관의 내·외면에서 열을 전달할 목적으로 사용하는 관은?

㉮ 가교화폴리에틸렌관　　㉯ 열교환기용 티탄관
㉰ 폴리프로필렌관　　㉱ 프리스트레스트관

해설 열교환기용 티탄관
내식성 특히 내수성이 좋으며 화학공업이나 석유공업용 열교환기로 사용. 구분은 이음매 없는관, 용접관으로 구분한다.

23. 온도계의 종류 중 온도를 측정할 물체와 온도계의 검출소자를 직접 접촉시켜 온도를 측정하는 온도계가 아닌 것은?

㉮ 압력식 온도계　　㉯ 바이메탈 온도계
㉰ 저항 온도계　　㉱ 복사(방사) 온도계

해설 방사온도계
비접촉식 온도계(고온용 온도계)

정답 19. ㉱ 20. ㉮ 21. ㉯ 22. ㉯ 23. ㉱

24. 강관 제조방법 표시에서 냉간가공 이음매 없는 강관은?

㉮ -S-C　　㉯ -E-C
㉰ -A-C　　㉱ -S-H

해설 ① -S-C : 냉간완성 이음매 없는 관
② -E-C : 열간가공 및 냉간가공 이외의 전기저항 용접강관
③ -A-C : 냉간완성 아크 용접강관
④ -S-H : 열간가공 이음매 없는 강관

25. 관 재료의 연신율을 구하는 공식으로 적합한 것은?(단, σ : 연신율, L : 처음 표점거리, L_1 : 늘어난 표점거리)

㉮ $\sigma=\frac{L_1-L}{L_1}\times 100(\%)$　　㉯ $\sigma=\frac{L-L_1}{L_1}\times 100(\%)$
㉰ $\sigma=\frac{L_1\times L}{L}\times 100(\%)$　　㉱ $\sigma=\frac{L_1-L}{L}\times 100(\%)$

해설 관 재료의 연신율(σ)

$$\sigma=\frac{\text{늘어난 표점거리}-\text{처음 표점거리}}{\text{처음 표점거리}}\times 100(\%)$$

26. 고온·고압용 패킹으로 양질의 석면섬유와 순수한 흑연을 균일하게 혼합하고, 소량의 내열성 바인더로 굳힌 것을 심으로 하여 사용조건에 따라 스테인리스강선이나 인코넬선을 넣어 석면사로 편조한 패킹은?

㉮ 합성수지 패킹　　㉯ 테프론 편조 패킹
㉰ 일산화연 패킹　　㉱ 플라스틱 코어형 메탈패킹

해설 플라스틱 코어형 메탈패킹
고온·고압용 패킹이며 석면섬유와 순수한 흑연을 균일하게 혼합하고 사용조건에 따라 스테인강선이나 인코넬선을 넣어 석면사로 편조한 패킹

27. 관의 지지장치에서 서포트(Support)의 종류에 해당하지 않는 것은?

㉮ 리지드 서포트(Rigid Support)　　㉯ 롤러 서포트(Roller Support)
㉰ 스프링 서포트(Spring Support)　　㉱ 콘스탄트 서포트(Constant Support)

해설 ① 콘스탄트 행거(Constant Hanger)는 배관시공상 하중을 위에서 걸어당겨 지지한다.
② Support : 배관하중을 아래에서 위로 지지하는 지지쇠이다.

28. 증기트랩의 설치 중 보온피복을 하지 않는 나관상태의 냉각레그(Cooling Leg)의 길이는 얼마 이상인가?

㉮ 1.0m 이상　　㉯ 1.2m 이상
㉰ 1.5m 이상　　㉱ 2.0m 이상

해설 냉각레그 길이 : 1.5m 이상

 정답 24. ㉮ 25. ㉱ 26. ㉱ 27. ㉱ 28. ㉰

29. 벨로스형 신축이음쇠에 대한 설명으로 올바른 것은?

㉮ 벨로스의 형상 중 Ω형의 신축성이 가장 우수하다.
㉯ 일명 팩레스(Packless) 신축 이음쇠라고도 하며 인청동제 또는 스테인리스제가 있다.
㉰ 건축 배관용의 단식의 최대 신축 길이는 70mm이다.
㉱ 축방향의 변위를 받는 포화증기, 220℃ 이하의 공기, 가스, 물 및 기름에 대해 최고 사용압력이 5기압과 10기압의 2종으로 규정되어 있다.

해설 벨로스형 신축이음쇠
팩레스 신축이음쇠로서 인청동제, 스테인리스제가 있다.

30. 합성수지 도료에 관한 설명 중 틀린 것은?

㉮ 프탈산계 : 상온에서 건조하며, 방식도료로 쓰인다.
㉯ 요소 멜라민계 : 열처리 도료로서 내열성, 내수성이 좋다.
㉰ 염화비닐계 : 상온에서 건조하며, 내약품성, 내유성이 우수하여 금속의 방식도료로 적합하다.
㉱ 글라스울계 : 도막이 부드럽고 녹 방지에는 완벽하지 않으나, 값이 싼 장점이 있다.

해설 합성수지 도료
① 프탈산계
② 요소멜라민계
③ 염화비닐계
④ 실리콘수지계

31. 동관 이음쇠 중 한쪽은 이음쇠의 바깥쪽으로 동관이 삽입되어 경납 이음될 수 있고, 반대쪽은 관용나사가 이음쇠의 안쪽에 나 있어, 수나사가 있는 강관이나 관이음 부속이 나사 접합할 수 있는 어댑터의 표기로 올바른 것은?

㉮ Ftg×M
㉯ Ftg×F
㉰ C×M
㉱ C×F

해설 ① Ftg : 연결부속의 외경이 동관의 내경치수에 맞게 만들어진 부속의 끝부분
② F : 나사가 안으로 난 나사이음용 부속의 끝부분

32. 다음 체크밸브에 관한 설명 중 올바른 것은?

㉮ 리프트식은 수직배관에만 쓰인다.
㉯ 스윙식은 리프트식보다 유체에 대한 마찰저항이 크다.
㉰ 해머리스형의 버퍼는 워터 해머 방지 역할을 한다.
㉱ 풋형(Foot Type)은 개방식 배관의 펌프 흡입관 선단에 사용할 수 없다.

해설 ① 리프트식은 수평배관용
② 스윙식은 마찰저항이 작다.
③ 풋형은 개방식 배관의 펌프 흡입관 선단에 사용한다.

정답 29. ㉯ 30. ㉱ 31. ㉯ 32. ㉰

33. 수도용 입형 주철관 중 저압관의 최대 사용 정수두로 가장 적합한 것은?

㉮ 75m 이하 ㉯ 65m 이하
㉰ 55m 이하 ㉱ 45m 이하

해설 수도용 입형(수직형) 주철관
보통압관 75m, 저압관은 45m 최대사용 정수두, 관의 유효길이는 3~4m 표준

34. 엘보는 유체의 흐름방향을 바꿀 때 사용되는 이음쇠로 25mm(1″) 강관에 사용하는 용접 이음용 롱엘보의 곡률반경은 몇 mm인가?

㉮ 25 ㉯ 32 ㉰ 38 ㉱ 45

해설 25mm(1인치용)의 흐름방향을 바꿀 때 사용되는 이음쇠 용접이음용 롱엘보의 곡률반경은 38mm

35. 물에 관한 설명으로 틀린 것은?

㉮ 경도 90ppm 이하를 연수라 한다.
㉯ 물은 4℃일 때 가장 무겁고 4℃보다 높거나 낮으면 가벼워진다.
㉰ 경도는 물속에 녹아있는 규산염과 황산염의 비율로 표시한다.
㉱ 100℃의 물이 100℃의 증기로 되려면 증발잠열을 필요로 한다.

해설 경도는 물속에 녹아있는 칼슘, 마그네슘의 비율로 표시한다.(경도 10° 이상은 경수, 10° 미만은 연수이다.)

36. 벤더로 관을 굽힐 때 관이 파손되는 원인이 아닌 것은?

㉮ 압력조정이 세고 저항이 크다. ㉯ 관이 미끄러진다.
㉰ 받침쇠가 너무 나와 있다. ㉱ 굽힘 반경이 너무 작다.

해설 관이 미끄러지면 벤더 작업 시 관에 주름이 발생한다.

37. 불활성 가스 텅스텐 아크용접(TIG)의 장점에 속하지 않는 것은?

㉮ 용제(Flux)를 사용하지 않는다.
㉯ 질화 및 산화를 방지하여 내부식성이 증가한다.
㉰ 박판용접과 비철금속 용접이 용이하다.
㉱ 용융점이 낮은 금속 또는 합금의 용접에 적합하다.

해설 불활성 가스 아크용접(아르곤, 헬륨가스 이용)
① 티그용접 : 텅스텐 심선 3mm 미만의 박판용 용접으로 융점이 높은 성질 이용
② 미그용접 : 심선은 용접모래와 동일한 금속을 사용하며 3mm 이상 후판용 용접

38. 공기의 기본적 성질에서 건구온도, 습구온도, 노점온도가 모두 동일한 상태일 때는?

㉮ 절대습도 100% ㉯ 절대습도 50%
㉰ 상대습도 100% ㉱ 상대습도 50%

해설 상대습도 100%에서 공기의 건구온도, 습구온도, 노점온도가 동일하다.

 정답 33. ㉱ 34. ㉰ 35. ㉰ 36. ㉯ 37. ㉱ 38. ㉰

39. 동관 이음부품 중 접촉부식을 방지하기 위하여 사용되는 부속재료는?

㉮ CM어댑터　　㉯ CF어댑터
㉰ 절연 유니온　　㉱ 플레어 이음

해설 절연 유니온 : 동관 이음부품 중 접촉부식을 방지한다.

40. 용접작업의 4대 구성요소를 바르게 나열한 것은?

㉮ 용접모재, 열원, 용가재, 용접기구
㉯ 용접사, 열원, 용접자세, 안전보호구
㉰ 용접환경, 용접모재, 열원, 용접사
㉱ 용접자세, 용접모재, 용가재, 열원

해설 용접작업의 4대 구성요소
① 용접모래　　② 열원
③ 용가재　　④ 용접기구

41. 폴리부틸렌관 이음에만 사용되는 관 이음은?

㉮ 몰코 이음　　㉯ 납땜 이음
㉰ 나사 이음　　㉱ 에이콘 이음

해설 ① 폴리부틸렌관 이음의 관이음 : 에이콘 이음
② 폴리에틸렌관 이음 : 융착 슬리브, 테이퍼, 인서트 이음 등이 있다.

42. 동관용 공구 중 동관을 분기할 때 사용하는 주 공구는?

㉮ 익스트랙터(Extractors)　　㉯ 사이징 툴(Sizing Tool)
㉰ 플레어 툴(Flare Tool)　　㉱ 익스팬더(Expander)

해설 익스트랙터 : 동관공구 중 동관을 분기할 때 주사용 공구이다.

43. 주철관 이음에서 종래 사용하여 오던 소켓이음을 개량한 것으로 스테인리스강 커플링과 고무링만으로 쉽게 이음할 수 있는 방법은?

㉮ 플랜지 이음　　㉯ 타이튼 이음
㉰ 스크루 이음　　㉱ 노-허브 이음

해설 노-허브이음
주철관 이음에서 소켓이음을 개량하여 스테인리스강 커플링과 고무링만으로 쉽게 이음하는 이음

44. 0℃의 물 1kg을 100℃의 포화증기로 만드는 데 필요한 열량은 몇 kJ인가?(단, 물의 비열은 4.19kJ/kg · K이고, 물의 증발잠열은 2,256.7kJ/kg이다.)

㉮ 418.5kJ　　㉯ 753.2kJ
㉰ 2,255.5kJ　　㉱ 2,675.7kJ

정답 39. ㉰ 40. ㉮ 41. ㉱ 42. ㉮ 43. ㉱ 44. ㉱

해설 ① 물의 현열 $=1\times4.19\times(100-0)=419$
② 물의 잠열 $=1\times2{,}256.7=2{,}256.7$
$\therefore Q=419+2{,}256.7=2{,}675.7$kJ/kg

45. 비중이 공기보다 커서 바닥으로 가라앉는 가스는?

㉮ 프로판 ㉯ 아세틸렌 ㉰ 수소 ㉱ 메탄

해설 ① 공기와 비교하여 가스의 비중을 구한다.
② 프로판(C_3H_8) 분자량 : 44
③ 아세틸렌(C_2H_2) 분자량 : 26
④ 수소(H_2) 분자량 : 2
⑤ 메탄(CH_4) 분자량 : 16
공기분자량(29)보다 크면 비중이 커서 누설 시 바닥에 가라앉는다.

46. 강관의 열간 구부림 가공에 대한 설명으로 틀린 것은?

㉮ 곡률 반경이 작은 경우에 열간 작업을 한다.
㉯ 강관의 경우 800~900℃ 정도로 가열한다.
㉰ 구부림 작업 전에 모래를 채우고 적당한 온도까지 가열한 다음 구부린다.
㉱ 가열하여 가공할 때 곡률 반지름은 일반적으로 관지름의 2배 이하로 한다.

해설 강관의 열간 구부림 시 곡률 반지름은 일반적으로 관지름의 6~8배 정도로 한다.

47. 다음 그림과 같은 기호로 배관설비도면에 표시되는 밸브는?

㉮ 밸브 일반 ㉯ 슬루스 밸브
㉰ 글로브 밸브 ㉱ 볼 밸브

해설  : 슬루스 밸브(게이트 밸브)

48. 다음 배관도에서 각각의 번호로 표시된 것의 명칭이 모두 올바른 것은?

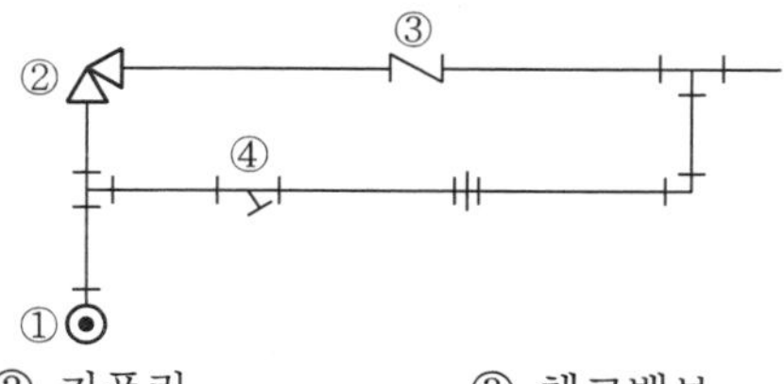

㉮ ① 엘보 ② 커플링 ③ 체크밸브 ④ 앵글밸브
㉯ ① 엘보 ② 앵글밸브 ③ 체크밸브 ④ 스트레이너
㉰ ① 티 ② 앵글밸브 ③ 체크밸브 ④ 스트레이너
㉱ ① 티 ② 커플링 ③ 체크밸브 ④ 스트레이너

해설 ① 엘보, ② 앵글밸브, ③ 체크밸브, ④ 스트레이너

 정답 45. ㉮ 46. ㉱ 47. ㉯ 48. ㉯

49. 관의 결합방식을 나타낸 기호에서 유니언식에 해당하는 것은?

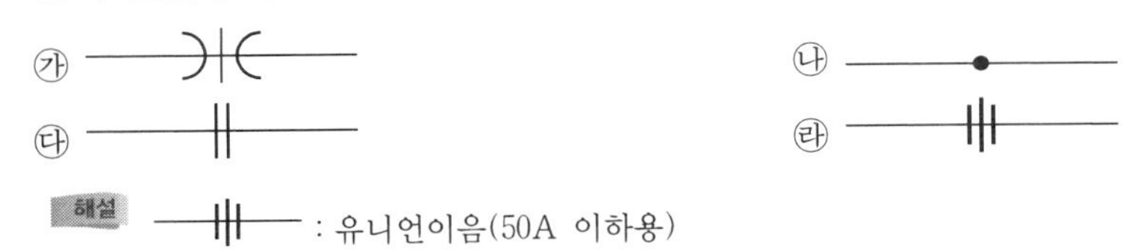

해설 ―|||― : 유니언이음(50A 이하용)

50. 도면에서 어떤 경우에 해칭(Hatching)을 하는가?

㉮ 가상부분을 표시할 경우
㉯ 단면도의 절단된 부분을 표시할 경우
㉰ 회전하는 부분을 표시할 경우
㉱ 그림의 일부분만을 도시할 경우

해설 Hatching(해칭) : 제도에서 평행선의 음영, 선영을 뜻한다.

51. 화면에 직각 이외의 각도로 배관된 경우 다음의 정투영도 설명으로 맞는 것은?

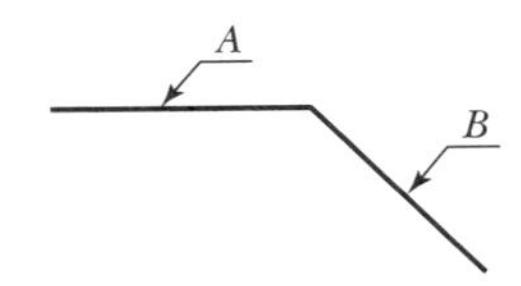

㉮ 관 A가 수평방향에서 앞쪽으로 경사되어 굽어진 경우
㉯ 관 A가 수평방향으로 화면에 경사되어 앞방향 위쪽으로 일어선 경우
㉰ 관 A가 아래쪽으로 경사되어 처진 경우
㉱ 관 A가 위쪽으로 경사되어 처진 경우

해설 투상도 : 투상면, 투영면이 있다.
※ 51번 문제 정투영도에서 관 A가 수평방향에서 앞쪽으로 경사되어 굽어진 경우

52. 그림과 같은 구조물을 필릿 단속 용접하기 위한 도면에 용접기호가 바르게 기입되어 있는 것은?

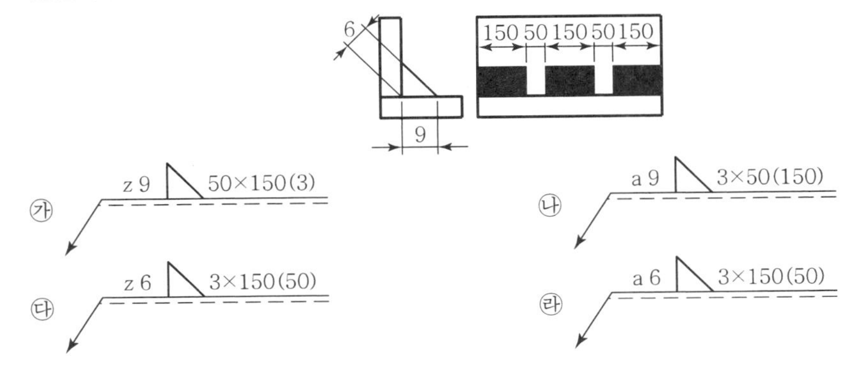

정답 49. ㉱ 50. ㉯ 51. ㉮ 52. ㉱

해설

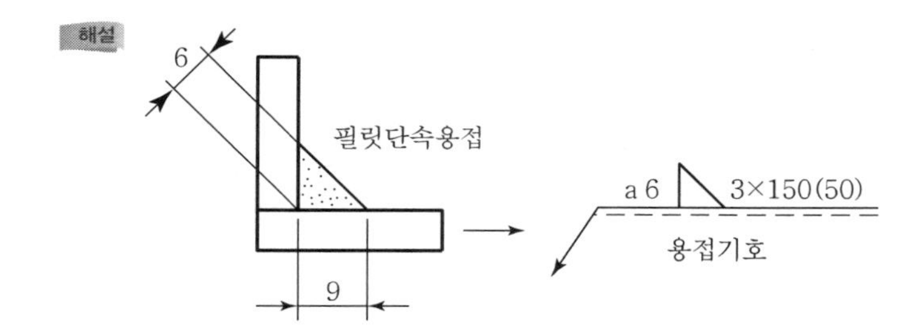

53. 다음 그림과 같이 하나의 그림으로 육면체의 세 면 중의 한 면만을 중점적으로 엄밀, 정확하게 표시할 수 있는 투상법은?

㉮ 정투상법
㉯ 등각투상법
㉰ 사투상법
㉱ 2등각투상법

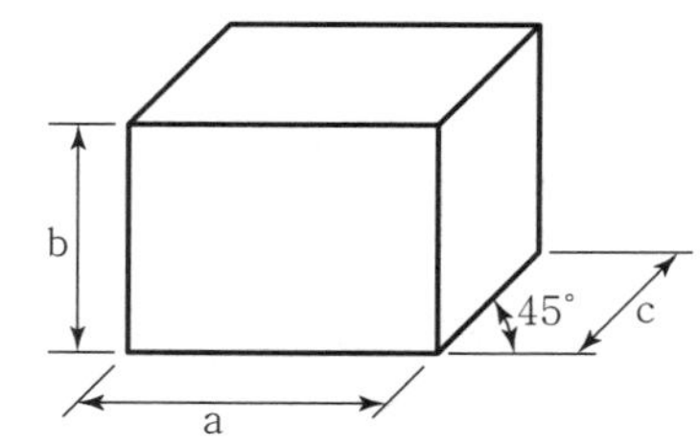

해설 **사투상법** : 정투상도의 결점을 보완하기 위해 경사진 광선에 의한 투상의 자취를 찾는 것으로 한 면만을 중점 표시한다.

54. 치수 보조 기호에서 치수 앞에 붙이는 "ㅁ"의 의미는?

㉮ 지름 치수를 나타낸다.
㉯ 이론적으로 정확한 치수를 나타낸다.
㉰ 대상 부분 단면이 정사각형임을 나타낸다.
㉱ 참고 치수임을 나타낸다.

해설 □ : 대상부분 단면이 정사각형임을 나타낸다.

55. 관리도에서 점이 관리한계 내에 있으나 중심선 한쪽에 연속해서 나타나는 점의 배열현상을 무엇이라 하는가?

㉮ 연　　㉯ 경향
㉰ 산포　　㉱ 주기

해설 연(Run) : 관리도에서 점이 관리한계 내에 있으나 중심선 한쪽에 연속해서 나타나는 점의 배열현상

56. 로트의 크기 30, 부적합품률이 10%인 로트에서 시료의 크기를 5로 하여 랜덤 샘플링할 때, 시료 중 부적합 품수가 1개 이상일 확률은 약 얼마인가?(단, 초기하분포를 이용하여 계산한다.)

㉮ 0.3695　　㉯ 0.4335
㉰ 0.5665　　㉱ 0.6305

 정답 53. ㉰ 54. ㉰ 55. ㉮ 56. ㉯

해설 랜덤샘플링

$5C_1 \times (0.1)^1 \times (1-0.1)^{5-4} = 0.4335$

57. 다음 중 브레인스토밍(Brainstorming)과 가장 관계가 깊은 것은?

㉮ 파레토도
㉯ 히스토그램
㉰ 회귀분석
㉱ 특성요인도

해설 브레인스토밍
회의에서 모두가 차례로 아이디어를 제출하여 그 중에서 최선책으로 결정하는 것

58. 로트의 크기가 시료의 크기에 비해 10배 이상 클 때, 시료의 크기와 합격판정개수를 일정하게 하고 로트의 크기를 증가시키면 검사특성곡선의 모양 변화에 대한 설명으로 가장 적절한 것은?

㉮ 무한대로 커진다.
㉯ 거의 변화하지 않는다.
㉰ 검사특성곡선의 기울기가 완만해진다.
㉱ 검사특성곡선의 기울기 경사가 급해진다.

해설 로트(Lot)
재료부품 또는 제품 등의 단위체 또는 단위량을 어떤 목적을 가지고 모은 것

59. 작업개선을 위한 공정분석에 포함되지 않는 것은?

㉮ 제품 공정분석
㉯ 사무 공정분석
㉰ 직장 공정분석
㉱ 작업자 공정분석

해설

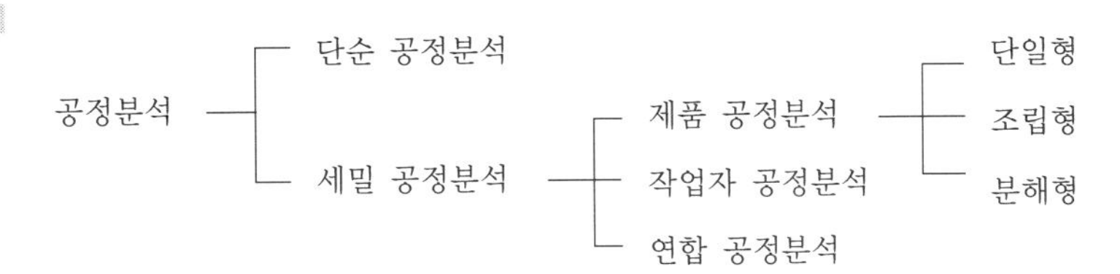

60. 과거의 자료를 수리적으로 분석하여 일정한 경향을 도출한 후 가까운 장래의 매출액, 생산량 등을 예측하는 방법을 무엇이라 하는가?

㉮ 델파이법
㉯ 전문가패널법
㉰ 시장조사법
㉱ 시계열분석법

해설 시계열분석
과거의 자료를 수리적으로 분석하여 일정한 경향을 도출한 후 가까운 장래에 매출액 생산량 등을 예측하는 방법

정답 57. ㉱ 58. ㉯ 59. ㉰ 60. ㉱

2011.04.15. 과년도 기출문제

MASTER CRAFTSMAN PLUMBING

1. 배관설비 시험에 관한 일반적인 설명으로 잘못된 것은?

㉮ 고압가스설비는 상용압력의 1.5배 이상 압력으로 실시하는 내압시험 및 상용압력 이상의 압력으로 기밀시험을 실시한다.
㉯ 통수시험은 방로 피복을 한 후에 실시한다.
㉰ 일반적으로 주관과 지관을 분리하여 시험하고 지관은 지관 모두를 시험한다.
㉱ 공기빼기밸브에서 물이 나오기 시작하여 관내 공기가 완전히 빠진 것을 확인 후 밸브를 닫고 시험한다.

해설 통수시험은 방로 피복 전 실시한다.

2. 사용 중인 기계의 전기 퓨즈가 끊어져 용량 규격에 맞는 퓨즈를 끼웠으나, 퓨즈가 다시 끊어졌을 때 조치사항으로 가장 올바른 것은?

㉮ 끊어지지 않을 때까지 계속하여 동일 규격의 퓨즈를 끼워본다.
㉯ 좀 더 굵은 상위 규격으로 끼운다.
㉰ 기계의(전선의) 합선이나 누전 여부를 검사한다.
㉱ 굵은 동선으로 바꾸어 끼운다.

해설 규격용량이 맞는 퓨즈 사용 시 다시 끊어지면 기계의 합선 또는 누전 여부를 검사한다.

3. 불연성 가스 소화설비에 대한 설명으로 틀린 것은?

㉮ 소화제 사용에 따른 오염 손상도가 없다.
㉯ 불연성 가스를 방출시켜 산소의 함유량을 줄여 질식 소화하는 방식이다.
㉰ 펌프 등의 압송장치가 필요 없고 가스압 자체의 힘으로 방출할 수 있다.
㉱ 이 소화설비는 통신기기실, 창고, 대형 발전기 등의 소화에 사용해서는 안 된다.

해설 통신기기실, 창고, 대형발전기 소화에 불연성 가스 소화설비가 가능하다.

정답 1. ㉯ 2. ㉰ 3. ㉱

4. 연소의 이상 현상 중 선화를 설명하고 있는 것은?

㉮ 가스의 연소속도가 유출속도에 비해 크게 되었을 때 불꽃이 염공에서 연소기 내부로 침입하는 현상
㉯ 가스의 연소 유출속도가 연소속도에 비해 크게 되었을 때 불꽃이 염공에 접하여 연소되지 않고 염공을 떠나 공중에서 연소하는 현상
㉰ 불꽃의 저부에 대한 공기의 움직임이 강해지면 불꽃이 노즐에서 정착하지 않고 떨어져 꺼져버리는 현상
㉱ 연소 생성물 중의 가연성분이 산화반응을 완전히 완료하지 않으므로 일산화탄소, 그을음 등이 생기는 현상

해설 ㉯항 설명은 이상 현상에서 선화(리프팅)현상이다.
㉮항 설명은 역화(백파이어)현상이다.

5. 플랜트 내부의 이물질을 물리적으로 제거할 때 각종 세정기를 사용하여 실시한다. 배관류의 세정에 국한하여 실시되며 관내 밀스케일을 제거하는 데 최적의 기계적 세정방법으로 적합한 것은?

㉮ 물분사기(Water Jet)세정법
㉯ 피그(Pig)세정법
㉰ 샌드 블라스트(Sand Blast)세정법
㉱ 숏 블라스트(Shot Blast)세정법

해설 피그세정법 : 배관류 세정에 국한하는 기계적 세정법

6. 가스배관 이음방법 중 부식에 대하여 강하고 강도가 있으므로 지반의 침하 등에 강한 이음은?

㉮ 나사 이음
㉯ 플랜지 이음
㉰ 플레어 이음
㉱ 기계적 이음

해설 기계적 이음 : 가스배관 이음에서 부식에 강하고 강도가 있으며 지반 침하 등에 강하다.

7. 자동화 시스템에서 공정처리 상태에 대한 정보를 만들고, 수집하며 이 정보를 프로세서에 전달하는 자동화의 5대 요소 중 하나인 것은?

㉮ 센서(Sensor)
㉯ 네트워크(Network)
㉰ 액추에이터(Actuator)
㉱ 하드웨어(Hardware)

해설 센서 : 자동화 5대 요소 중 하나이며 정보를 프로세서에 전달한다.

8. 다음 중 짧은 전향 날개가 많아 다익 송풍기라고도 하며 비교적 소음이 적고 풍압이 낮은 곳에 주로 사용되는 송풍기는?

㉮ 시로코형
㉯ 축류 송풍기
㉰ 리밋 로드형
㉱ 엘리미네이터

해설 다익 송풍기 : 시로코형 원심식 송풍기

정답 4. ㉯ 5. ㉯ 6. ㉱ 7. ㉮ 8. ㉮

9. 외벽면 표면 열전달률 $a_1 = 23W/m^2 \cdot K$, 내벽면 표면전달률 $a_2 = 6W/m^2 \cdot K$, 방열벽 두께가 300mm, 열전도율 $\lambda = 0.05W/mK$인 방열벽이 있다. 이때의 열통과율($W/m^2 \cdot K$)은 약 얼마인가?

㉮ $0.16W/m^2 \cdot K$　　㉯ $0.19W/m^2 \cdot K$
㉰ $0.21W/m^2 \cdot K$　　㉱ $0.24W/m^2 \cdot K$

해설 $k = \dfrac{1}{\dfrac{1}{a_1} + \dfrac{b}{\lambda} + \dfrac{1}{a_2}} = \dfrac{1}{\dfrac{1}{23} + \dfrac{0.3}{0.05} + \dfrac{1}{6}} = 0.16W/m^2 \cdot K$

10. 고압 화학 배관용 금속재료는 고온, 고압에서 특히 부식이 심하며 관 내용물에 따라 부식의 종류도 다르므로 주의를 요한다. 다음에 열거한 것 중 고압가스 화학 배관용 금속재료의 부식의 종류가 아닌 것은?

㉮ 질화수소에 의한 부식　　㉯ 수소에 의한 강의 탈탄
㉰ 암모니아에 의한 강의 질화　　㉱ 일산화탄소에 의한 금속의 카보닐화

해설 질소는 질소와 친화력이 큰 Cr, Mo, Ti, Al 등과 같이 고온에서 반응하여 질화작용을 일으켜 강의 경도를 증가시킨다.

11. 보일러 내 부속장치의 역할에 대하여 올바르게 설명된 것은?

㉮ 과열기 : 과열증기를 사용함에 따라 포화증기가 된 것을 재가열한다.
㉯ 절탄기 : 연도 가스에서의 여열로 급수를 가열한다.
㉰ 공기 예열기 : 연도 가스에서의 여열로 전열 면적을 더욱 뜨겁게 한다.
㉱ 탈기기 : 물에 다량 함유된 염화물을 제거하기 위한 증류수를 만든다.

해설 ① 과열기 : 포화증기 온도를 높여 과열증기를 만든다.
② 공기예열기 : 연도 가스의 여열로 연소용 공기예열
③ 탈기기 : 물에 함유된 용존산소 제거

12. 백 필터(Bag Filter)를 사용하는 집진방식인 것은?

㉮ 원심력식　　㉯ 중력식
㉰ 전기식　　㉱ 여과식

해설 여과식 집진장치 : 백 필터 사용 건식 집진장치

13. 다음 배관시공 시 안전에 대한 설명 중 틀린 것은?

㉮ 시공 중 공구들의 정리정돈을 철저히 한다.
㉯ 작업 중 타인과의 잡담 및 장난을 금지한다.
㉰ 용접 헬멧은 차광 유리의 차광도 번호가 높은 것일수록 좋다.
㉱ 물건을 고정시킬 때 중심이 한쪽으로 쏠리지 않도록 주의한다.

해설 용접 헬멧은 용접종류에 알맞은 차광유리 차광도를 선택한다.

 정답 9. ㉮ 10. ㉮ 11. ㉯ 12. ㉱ 13. ㉰

14. 다음 자동제어장치 중 하나인 서보(Servo)기구에 대한 설명 중 잘못된 것은?

㉮ 작은 압력에 대응해서 대단히 큰 출력을 발생시키는 장치이다.
㉯ 물체의 위치 방향 등의 기계적 변위를 제어량으로 하여 목표값의 임의의 변화에 추치하도록 구성된 제어계이다.
㉰ 선박 및 항공기의 자동조정 장치 및 공작기계의 작동장치 등에 많이 사용된다.
㉱ 정해진 순서 또는 조건에 따라 제어의 각 단계를 순차적으로 행하는 제어장치이다.

해설 ㉱항은 시퀀스 자동제어이다.

15. 통기관의 관경 결정방법 중 틀린 것은?

㉮ 배수 탱크의 통기관경은 50mm 이상으로 한다.
㉯ 각개통기관은 그것에 연결되는 배수관경의 $\frac{1}{2}$ 이상으로 하며, 최소관경은 20mm 이상으로 한다.
㉰ 도피통기관은 배수 수직관 통기수직관 중 관경이 적은 쪽의 관경 이상으로 한다.
㉱ 신정통기관의 관경은 관경을 줄이지 않고 연장해서 대기 중에 개방한다.

해설 각개통기관
① 대변기(50mm) ② 소변기(30mm)
③ 비데(40mm) ④ 오물수체(50mm)

16. PI동작이라고도 하며 스탭 입력에 비례한 출력에 그 출력을 적분한 것을 조합한 모양으로 출력이 나오는 제어방법의 동작인 것은?

㉮ 적분동작 ㉯ 미분동작
㉰ 비례적분동작 ㉱ 비례동작

해설 P : 비례동작, I : 적분동작, D : 미분동작, PI : 비례 · 적분동작

17. 용해 아세틸렌 취급 시 주의사항으로 틀린 것은?

㉮ 저장장소에는 화기를 가까이 하지 말아야 한다.
㉯ 용기는 안전하게 뉘어서 보관한다.
㉰ 저장장소는 통풍이 잘 되어야 한다.
㉱ 저장실의 전기스위치, 전등 등은 방폭구조이어야 한다.

해설 아세틸렌 용기는 세워서 보관한다.

18. 증기드럼 없이 긴 관만으로 이루어져 있으며, 급수가 진행하면서 절탄기－증발기－과열기의 과정을 거치도록 구성되어 있는 보일러는?

㉮ 관류보일러 ㉯ 수관보일러
㉰ 연관보일러 ㉱ 노통연관보일러

해설 관류보일러(수관식) : 증기 드럼이 없다.

정답 14. ㉱ 15. ㉯ 16. ㉰ 17. ㉯ 18. ㉮

19. 다음 제어기기 중 전송 신호를 가장 멀리 보낼 수 있는 것은?

㉮ 공기압식 전송기　　㉯ 전기식 전송기
㉰ 유압식 전송기　　㉱ 공・유압식 전송기

해설 신호전송거리
전기식 > 유압식 > 공기식

20. 도시가스 배관의 시공상 유의할 점을 열거한 것이다. 틀린 것은?

㉮ 공급관은 원칙적으로 최단거리로 설치해야 하며 관계법규를 따른다.
㉯ 내식성이 있는 관 이외의 것은 지중(地中)에 매설하지 않으며 보통 60cm 이상의 깊이에 설치한다.
㉰ 건물 내의 배관은 가능하면 은폐배관을 해주는 것이 좋다.
㉱ 건물의 벽을 관통하는 부분의 배관에는 보호관 및 방식피복을 해준다.

해설 도시가스 배관은 가능하면 건물 내는 노출배관이 우선이다.

21. 냉매용 밸브를 설명한 것 중 틀린 것은?

㉮ 플로트밸브 : 만액식 증발기에 사용하며 증발기 속의 액면을 일정하게 조절
㉯ 증발압력 조절밸브 : 증발기와 압축기 사이에 설치하여 증발기의 부하를 조절
㉰ 팽창밸브 : 냉동부하와 증발온도에 따라 증발기에 들어가는 냉매량을 조절
㉱ 전자밸브 : 온도조절기나 압력조절기 등에 의해 신호전류를 받아 자동적으로 밸브를 개폐

해설 증발압력 조절밸브
증발기와 압축기 사이에 설치하여 증발기 압력이 설정압력 이하가 되면 밸브를 조여 일정압력 이하가 되는 것을 방지한다.

22. 강관의 종류와 KS 규격기호가 맞는 것은?

㉮ SPHT : 고압 배관용 탄소강관　　㉯ SPPH : 고온 배관용 탄소강관
㉰ STHA : 저온 배관용 탄소강관　　㉱ SPPS : 압력 배관용 탄소강관

해설 ㉮ 고온 배관용
㉯ 고압 배관용
㉰ 보일러 열교환기용 합금강 배관

23. 강관의 신축이음쇠 중 압력 $8kgf/cm^2$ 이하의 물, 기름 등의 배관에 사용되며 직선으로 이음하므로 설치공간이 루프형에 비해 적으며, 신축량이 크고 신축으로 인한 응력이 생기지 않는 이음쇠는?

㉮ 슬리브형　　㉯ 벨로스형
㉰ 루프형　　㉱ 스위블형

해설 슬리브형 신축이음쇠
물, 기름 배관용이며 직선이음으로 설치공간이 적고 응력발생이 적다.

 정답 19. ㉯ 20. ㉰ 21. ㉯ 22. ㉱ 23. ㉮

24. 다음 중 체크밸브의 종류로 틀린 것은?

㉮ 스윙 체크밸브
㉯ 나사조임 체크밸브
㉰ 버터플라이 체크밸브
㉱ 앵글 체크밸브

해설 앵글밸브 종류
① 주증기 밸브
② 방열기 밸브
③ 보일러 급수 밸브

25. 일반적인 수도용 주철관 보통압관의 최대 사용 정수두 압력은 몇 kgf/cm^2인가?

㉮ 5 ㉯ 7.5 ㉰ 9.5 ㉱ 12

해설 일반적 수도용 주철관 보통압관
- 최대 사용 정수두(75m 이하 $7.5kg/cm^2$)
- 저압관(45m 이하 $4.5kg/cm^2$)

26. 연단을 아마인유와 혼합한 것으로 녹을 방지하기 위해 페인트 밑칠로 사용하며, 밀착력이 강력하고 풍화에 강한 도료는?

㉮ 산화철 도료
㉯ 광명단 도료
㉰ 알루미늄 도료
㉱ 합성수지 도료

해설 광명단 도료 : 풍화에 강한 도료이다.
연단+아마인유 혼합 녹방지용

27. 내경 400mm 두께 10mm의 압력탱크에 2MPa의 압력이 가해질 때 발생되는 최대 인장력은 몇 MPa인가?

㉮ 10 ㉯ 20 ㉰ 30 ㉱ 40

해설 원주방향의 인장응력(σ_2)
$PDl = 2tl\sigma_2$
$\therefore\ \sigma_2 = \frac{PD}{2t} = \frac{2\times400}{2\times10} = 40\text{MPa}$

28. 열동식 트랩의 설명 중 맞는 것은?

㉮ 구조상 역류를 일으킬 우려가 없다.
㉯ 과열 증기용으로 적당하다.
㉰ 동결의 염려가 없다.
㉱ 다른 형식의 것보다 응축수의 배출능력이 크다.

해설 바이메탈형 온도조절 트랩
① 동결의 우려가 많다.
② 과열증기에는 사용이 부적당하다.

정답 24. ㉱ 25. ㉯ 26. ㉯ 27. ㉱ 28. ㉰

29. 동관 이음쇠의 한 쪽은 안쪽으로 동관이 삽입 접합되고 다른 쪽은 암나사를 내며, 강관에는 수나사를 내어 나사이음하게 되는 경우에 필요한 동합금 이음쇠는?

㉮ $C \times F$ 어댑터　　㉯ $F_{tg} \times F$ 어댑터
㉰ $C \times M$ 어댑터　　㉱ $F_{tg} \times M$ 어댑터

해설 C : 연결부속 내에 동관이 들어가는 형태
(용접용 부속의 끝부분)
F : 나사가 안으로 난 나사이음용 부속 끝부분

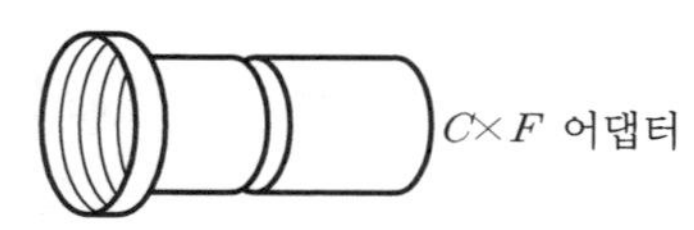

30. 다음 중 경질염화비닐관이 연화하여 변형되기 시작하는 온도는 약 몇 도인가?

㉮ 45°C　　㉯ 75°C
㉰ 180°C　　㉱ 300°C

해설 경질염화비닐관(P.V.C관)
① 일반용
② 수도용
③ 배수용
④ 내식, 내산, 내알칼리성이 크다.
⑤ 연화 변형 시작온도 : 75°C

31. 다음 연관의 종류 중 화학공업용에 가장 적합한 것은?

㉮ 연관 1종　　㉯ 연관 2종
㉰ 연관 3종　　㉱ 연관 4종

해설 연관(납관)
① 1종(PbP_1) 화학공업용
② 2종(PbP_2) 일반용
③ 3종(PbP_3) 가스용

32. 스테인리스 강관의 용도로 적당하지 않은 것은?

㉮ 기계구조용　　㉯ 보일러 및 열교환기용
㉰ 배수관용　　㉱ 위생용

해설 스테인리스 강관 용도
① 기계구조용
② 보일러 및 열교환기용
③ 위생용

 정답 29. ㉮ 30. ㉯ 31. ㉮ 32. ㉰

33. 다음 중 수도용 주철관의 기계식 이음(Mechanical Joint)에 사용되는 재료는?

㉮ 플라스턴 ㉯ 납
㉰ 마 ㉱ 고무링

해설 주철관 기계적 이음(소켓접합+플랜지접합)은 푸시링과 고무링이 필요하다.
수중작업이 가능하며 가요성이 풍부하고 굴곡에도 누수치 않는다.

34. 패킹을 선정하는 데 고려해야 할 사항 중 유체의 물리적 성질과 가장 관계가 깊은 것은?

㉮ 패킹의 경도 ㉯ 플랜지의 형상
㉰ 재료의 내식성 ㉱ 유체의 압력

해설 플랜지 선택조건에서 유체의 압력이 선택조건이다.

35. 주철관의 소켓이음에 대한 설명으로 틀린 것은?

㉮ 납은 얀의 이탈을 방지한다.
㉯ 주로 건축물의 배수배관에 많이 사용하며 연납이음이라고 한다.
㉰ 얀은 납과 물이 직접 접촉하는 것을 방지한다.
㉱ 얀은 수도관일 경우 삽입길이의 $\frac{2}{3}$정도 채워 누수를 막아준다.

해설 ① 급수관 : 깊이의 $\frac{1}{3}$얀, $\frac{2}{3}$는 납
② 배수관 : 깊이의 $\frac{2}{3}$얀, $\frac{1}{3}$은 납
※ 얀(Yarn) : 누수방지용
납 : 얀의 이탈방지용
납이 굳은 후 코킹(다지기)을 한다.

36. 다음 중 석면 시멘트관의 이음방법이 아닌 것은?

㉮ 기볼트 이음 ㉯ 플랜지 이음
㉰ 칼라 이음 ㉱ 심플렉스 이음

해설 석면 시멘트관(에터니트관의 접합)
① 기볼트 이음
② 칼라 이음
③ 심플렉스 이음

37. 열용량에 대한 설명으로 맞는 것은?

㉮ 어떤 물질 1kg의 온도를 10℃ 변화시키기 위하여 필요한 열량
㉯ 어떤 물질의 연소 시 생기는 열량
㉰ 어떤 물질의 온도를 1℃ 변화시키기 위하여 필요한 열량
㉱ 정적비열에 대한 정압비열을 백분율로 표시한 값

정답 33. ㉱ 34. ㉱ 35. ㉱ 36. ㉯ 37. ㉰

해설 ① 열용량 단위 : kcal/°C(질량×비열)
② 열전도율 단위 : kcal/mh°C(kJ/m · k)
③ 비열의 단위 : kcal/kg°C(kJ/kg · k)

38. 다음 중 폴리에틸렌관 이음의 종류가 아닌 것은?

㉮ 인서트 이음 ㉯ 테이퍼 조인트 이음
㉰ 몰코 이음 ㉱ 용착 슬리브 이음

해설 Molco · Joint : 스테인리스 강관 이음재(압착공구에 의해 조인한다.)

39. 다음 중 용접부의 잔류 응력 완화법이 아닌 것은?

㉮ 기계적 응력 완화법 ㉯ 저온 응력 완화법
㉰ 침탄 응력 완화법 ㉱ 노내 풀림 완화법

해설 용접부에 침탄을 하면 오히려 경도가 증가한다.(강의 표면이 경화된다.)

40. 용접법 분류 중에서 압접에 해당하지 않는 것은?

㉮ 스터드 용접 ㉯ 마찰용접
㉰ 초음파 용접 ㉱ 프로젝션 용접

해설

※ 스터드 용접(Stud Welding) : 볼트나 지름 10mm 정도 환봉 등의 선단과 모재 사이에 아크를 발생시켜 가압하여 접합하는 용접

41. 직류아크 용접에서 직류정극성(DCSP)의 특징을 가장 올바르게 설명한 것은?

㉮ 모재의 용입이 깊고, 비드의 폭이 넓다.
㉯ 모재의 용입이 깊고, 용접봉의 녹음이 느리다.
㉰ 모재의 용입이 얕으며 비드의 폭이 좁다.
㉱ 모재의 용입이 얕으며 용접봉의 녹음이 느리다.

해설 직류아크 용접(직류정극성)은 모재의 용입이 깊고 용접봉의 녹음이 느리다.

42. 평균 온도차가 5℃일 때 열관류율이 500W/m^2K인 응축기가 있다. 응축기에서 제거되는 열량이 18kW일 때 전열 면적은 몇 m^2인가?

㉮ 2.3m^2 ㉯ 4.6m^2 ㉰ 7.2m^2 ㉱ 9.6m^2

 정답 38. ㉰ 39. ㉰ 40. ㉮ 41. ㉯ 42. ㉰

해설 $18 = K \times A \times \Delta t$, $0.5 \times A \times 5 = 18$

면적$(A) = \dfrac{18}{0.5 \times 5} = 7.2\text{m}^2$

43. 강관 접합에서 슬리브 용접 접합 시 슬리브의 길이는 파이프 지름의 몇 배 정도가 가장 적합한가?

㉮ 0.5~1배
㉯ 1.2~1.7배
㉰ 2.0~2.5배
㉱ 2.5~3.2배

해설 강관 슬리브 용접 접합 시 슬리브의 길이는 파이프 지름의 1.2~1.7배 정도이다.

44. 급수설비에서 수질오염 방지대책에 관한 설명으로 틀린 것은?

㉮ 빗물이 침입할 수 없는 구조로 하여야 한다.
㉯ 급수탱크 내부에 급수 이외의 배관이 통과해서는 안 된다.
㉰ 지하탱크나 옥상탱크는 건물 골조를 공용으로 이용하여 만들어야 한다.
㉱ 역사이펀 작용을 막기 위해서 급수관이 부압으로 되었을 때, 물이 역류되어 빨려 들어가지 않는 구조로 시공해야 한다.

해설 급수설비에서 지하탱크나 옥상탱크는 건물 골조와는 별개로 시공한다.

45. 동관용 공구 중에서 동관 끝의 확관용 공구로 맞는 것은?

㉮ 익스팬더
㉯ 사이징 툴
㉰ 튜브벤더
㉱ 튜브커터

해설 익스팬더 : 동관 끝의 확관용 공구

46. 강관을 가열 굽힘할 때의 가열온도로 다음 중 가장 적합한 것은?

㉮ 500~600°C
㉯ 1,200°C 정도
㉰ 800~900°C
㉱ 1,350°C 정도

해설 강관 가열 시 굽힘 가열온도는 800~900°C가 가장 적합하다.

47. 2개 이상의 관을 동일한 지지대 위에 나란히 배관할 경우 지면의 높이를 기준면으로 하고 관 밑면까지 높이를 3,000mm라 할 때 치수기입법으로 적합한 것은?

㉮ EL+3,000BOP
㉯ EL+3,000TOP
㉰ GL+3,000BOP
㉱ GL+3,000TOP

해설 GL : 지면의 높이를 기준
BOP : EL에서 관 외경의 밑면까지 높이 표시
EL : 배관의 높이를 표시할 때 기준선

정답 43. ㉯ 44. ㉰ 45. ㉮ 46. ㉰ 47. ㉰

48. 아래 도면의 물량을 맞게 산출한 것은?

㉮ 엘보 2개, 티 1개　　㉯ 엘보 1개, 티 2개
㉰ 엘보 2개, 티 2개　　㉱ 엘보 3개, 티 1개

해설 도면 : 엘보 2개, 티 1개

49. 치수선과 치수보조선의 기입방법으로 틀린 것은?

㉮ 치수선은 원칙적으로 지시하는 길이 또는 각도를 측정하는 방향으로 평행하게 긋는다.
㉯ 치수선 끝에는 화살표, 사선 또는 검정 동그라미를 붙여 그린다.
㉰ 기점기호는 치수선의 기점을 중심으로 검정 동그라미를 붙여 그린다.
㉱ 중심선, 외형선, 기준선 및 이들 연장선을 치수선으로 사용하면 안 된다.

해설 치수선 : 제도에서 물품의 치수 숫자를 기입하기 위해 긋는 선. 선의 양 끝에 화살표를 붙인다. 치수선은 치수보조선을 사용해서 도형 바깥쪽에 넣는다.

50. 제도에서 지시, 치수 등을 기입하기 위한 용도로 사용하는 선으로 맞는 것은?

㉮ 굵은 실선　　㉯ 일점쇄선
㉰ 이점쇄선　　㉱ 가는 실선

해설 가는 실선 용도 : 치수보조선, 치수선, 지수선

51. 아래의 용접기호에서 인접한 용접부 간의 간격을 나타내는 것은?

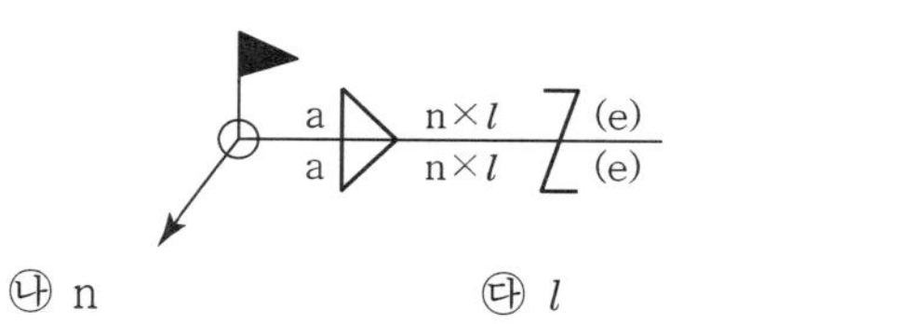

㉮ a　　㉯ n　　㉰ l　　㉱ (e)

해설 (e) : 용접부 간의 간격(인접한 용접부의 간격 표시)

52. 한 도면에서 선들이 두 가지 이상 중복되어 있을 때 그려지는 우선순위로 맞는 것은?

㉮ 외형선 → 숨은선 → 절단선 → 중심선
㉯ 절단선 → 숨은선 → 외형선 → 중심선
㉰ 중심선 → 숨은선 → 절단선 → 외형선
㉱ 숨은선 → 절단선 → 중심선 → 외형선

해설 한 도면에서 선들이 두 가지 이상 중복되어 있을 때 우선순위
외형선 → 숨은선 → 절단선 → 중심선

 정답 48. ㉮ 49. ㉰ 50. ㉱ 51. ㉱ 52. ㉮

53. 그림과 같은 배관의 도시기호는 다음 중 어느 것인가?

㉮ 용접식 캡
㉯ 나사 박음식 플러그
㉰ 막힌 플랜지
㉱ 나사 박음식 캡

해설 : 막힌 플랜지

54. 다음 그림은 관 A로부터 분기된 관 B가 화면에 직각으로 바로 앞쪽으로 올라가 있으며 구부러져 있는 경우이다. 정투상도가 옳게 된 것은?

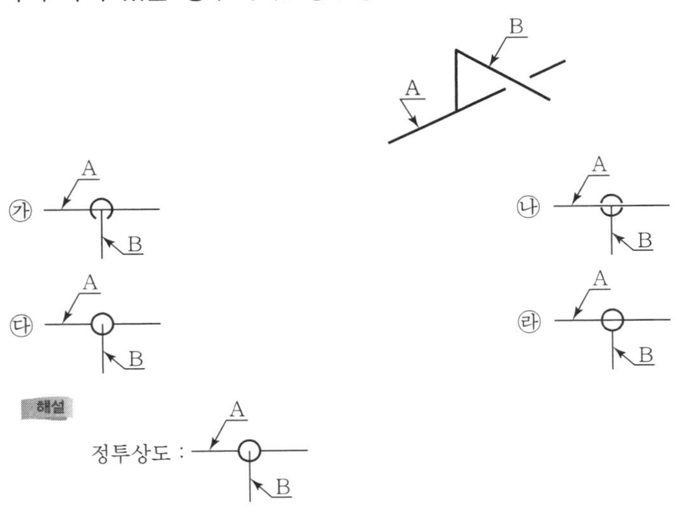

55. 다음 검사의 종류 중 검사공정에 의한 분류에 해당되지 않는 것은?

㉮ 수입검사
㉯ 출하검사
㉰ 출장검사
㉱ 공정검사

해설 검사의 분류
① 수입검사 ② 공정검사 ③ 최종검사 ④ 출하검사
⑤ 입고검사 ⑥ 출고검사 ⑦ 인수인계검사

56. 다음 중 계량값 관리도에 해당되는 것은?

㉮ c 관리도
㉯ np 관리도
㉰ R 관리도
㉱ u 관리도

해설
계량치
- $\bar{x}-R$ 관리도 : 평균치와 범위의 관리도
- x 관리도 : 개개측정치의 관리도
- $\tilde{x}-R$ 관리도 : 메디안과 범위의 관리도

정답 53. ㉰ 54. ㉰ 55. ㉰ 56. ㉰

57. 로트 크기 1,000, 부적합품률이 15%인 로트에서 5개의 랜덤 시료 중 발견된 부적합품 수가 1개일 확률을 이항분포로 계산하면 약 얼마인가?

㉮ 0.1648　　㉯ 0.3915
㉰ 0.6085　　㉱ 0.8352

해설 로트 크기 : 1,000, 부적합품 수(x) : 1개 이상 나올 확률
불량품의 개수(D) = 1,000×0.15% = 150개, 1,000 − 150 = 850
$P(x) = nC_x P_x (1-P)^{n-x}$
$P(1) = 5C_1 \times 0.15^1 \times (1-0.15)^{5-1} = 0.3915\%$

58. Ralph M. Barnes 교수가 제시한 동작경제의 원칙 중 작업장 배치에 관한 원칙(Arrangement of the Workplace)에 해당되지 않는 것은?

㉮ 가급적이면 낙하식 운반방법을 이용한다.
㉯ 모든 공구나 재료는 지정된 위치에 있도록 한다.
㉰ 충분한 조명을 하여 작업자가 잘 볼 수 있도록 한다.
㉱ 가급적 용이하고 자연스런 리듬을 타고 일할 수 있도록 작업을 구성하여야 한다.

해설 ㉮, ㉯, ㉰항은 Ralph M. Barnes 교수의 동작경제의 원칙 중 작업장 배치에 관한 원칙

59. 품질코스트(Quality Cost)를 예방코스트, 실패코스트, 평가코스트로 분류할 때, 다음 중 실패코스트(Failure Cost)에 속하는 것이 아닌 것은?

㉮ 시험 코스트　　㉯ 불량대책 코스트
㉰ 재가공 코스트　　㉱ 설계변경 코스트

해설 실패코스트
폐각코스트, 재가공코스트, 외주불량 코스트, 설계변경 코스트, 현지서비스코스트, 지참서비스코스트, 대품서비스코스트, 불량대책코스트, 재심코스트

60. 그림과 같은 계획공정도(Network)에서 주공정은?(단, 화살표 아래의 숫자는 활동시간을 나타낸 것이다.)

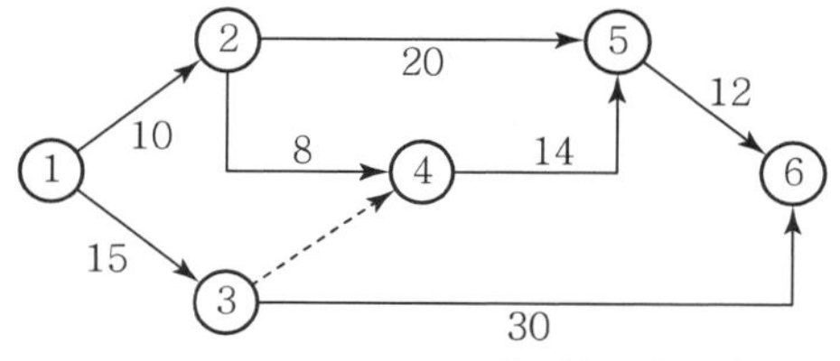

㉮ ①−③−⑥　　㉯ ①−②−⑤−⑥
㉰ ①−②−④−⑤−⑥　　㉱ ①−③−④−⑤−⑥

해설 주공정 : 가장 긴 작업시간이 예상된 공정
㉮ 45주(15+30)　　㉯ 42주(10+20+12)
㉰ 44주(10+8+14+12)　　㉱ 41주(15+14+12)

 정답 57. ㉯ 58. ㉱ 59. ㉮ 60. ㉮

2011.08.01. 과년도 기출문제

MASTER CRAFTSMAN PLUMBING

1. 온수난방의 팽창탱크에 관한 다음 설명 중 틀린 것은?

㉮ 안전밸브 역할을 한다.
㉯ 평창탱크는 최고층 방열기보다 1m 이상 높은 곳에 위치하여야 한다.
㉰ 온도변화에 따른 체적팽창을 도출시킨다.
㉱ 온수의 순환을 촉진시키는 역할이 주목적이다.

해설 온수순환펌프
온수의 순환을 강제로 촉진시킨다. 자연순환은 온수의 온도를 상승시키거나 배관의 구배, 공기빼기, 직관설치 시 양호하다.

2. 1보일러 마력을 설명한 것으로 가장 올바른 것은?

㉮ 50℃의 물 10kg을 1시간에 전부 증기로 변화시키는 증발능력
㉯ 100℃의 물 15.65kg을 1시간 동안 같은 온도의 증기로 변화시키는 증발능력
㉰ 1시간에 1,565kcal의 증발량을 발생시키는 증발능력
㉱ 1시간에 약 6,280kcal의 증발량을 발생시키는 증발능력

해설 보일러 1마력
100℃의 물 15.65kg을 1시간 동안 같은 온도의 증기로 변화시키는 증발능력으로 8,435kcal/h의 용량이다.

3. 산소를 쓰는 경우에는 다음 중 어떤 장소를 선택하는 것이 좋은가?

㉮ 기름이 있는 건조한 곳
㉯ 직사광선을 받는 밀폐된 곳
㉰ 가연성 물질이 없고 통풍이 잘되는 곳
㉱ 습도가 높고 고압가스가 있는 곳

해설 산소는 조연성 가스라서 가연성물질이 없는 장소에서 사용한다.

4. 건축설비공사 표준시방서 등의 시험기준에 의하여 배관시험 기준에 의한 배관시험 압력은 사용압력의 몇 배로 시험하는가?

㉮ 0.5~1
㉯ 1.5~2
㉰ 3~4
㉱ 5~6

해설 표준시방서 배관시험 압력 : 사용압력의 1.5~2배

정답 1. ㉱ 2. ㉯ 3. ㉰ 4. ㉯

5. 항상 일정한 풍량을 공급하는 공조방식으로 부하 변동이 심하지 않은 경우에 적합하며, 부분적으로 부하 변동이 있는 공간에 적용이 곤란한 덕트 방식으로 전공기 방식으로 분류되는 공기조화방식은?

㉮ 정풍량 단일 덕트 방식　　㉯ 유인 유닛 방식
㉰ 덕트 병용 팬 코일 유닛 방식　　㉱ 패키지 덕트 방식

해설 정풍량 단일 덕트 방식
일정한 풍량을 공급하는 공조방식(부하변동이 심하지 않은 경우에 적합)

6. 배관계의 지지장치 설계시 지지점의 설정에 고려해야 할 사항 중 적당하지 않은 것은?

㉮ 과대 응력의 발생이나 드레인 배출에 지장이 없도록 한다.
㉯ 건물, 기기 등의 기존보를 가급적 이용한다.
㉰ 집중하중이 걸리는 곳에 지지점을 정한다.
㉱ 밸브나 수직관 근처는 가급적 피한다.

해설 밸브의 하중을 받거나 긴 수직관이 있는 경우 지지장치 설계 시 고려해야 한다.

7. 건물의 외벽, 창, 지붕 등에 일정한 간격으로 배열하여 인접건물 화재 시 수막을 만드는 소화설비는?

㉮ 방화전　　㉯ 스프링
㉰ 드렌처　　㉱ 사이어미즈 커넥션

해설 드렌처
인접건물 화재시 수막을 만드는 소화설비

8. 장치 주에서 응축된 유체를 재가열 증발시킬 목적으로 사용하는 열교환기는?

㉮ 재비기(Reboiler)　　㉯ 예열기(Preheater)
㉰ 가열기(Heater)　　㉱ 응축기(Condenser)

해설 재비기
응축 유체를 재가열 증발시키는 열 교환기

9. 다음 공업 배관에 많이 사용되는 감압변에 관한 설명 중 잘못 설명된 것은?

㉮ 감압변은 고압관과 저압관 사이에 설치한다.
㉯ 주요 부품은 스프링, 다이어프램, 파일럿 밸브(Pilot Valve) 등이 있다.
㉰ 감압변 설치 시에는 보통 바이패스(By-Pass)를 설치하지 않는다.
㉱ 감압변 근처에는 압력계 및 안전변을 장치해야 한다.

해설 감압변 설치 시에는 반드시 바이패스(우회배관)를 설치한다.

 정답 5. ㉮ 6. ㉱ 7. ㉰ 8. ㉮ 9. ㉰

10. 제어에서 입력신호에 대한 축력신호 응답 중 인디셜(Inditial) 응답이라고도 하며, 입력이 단위량만큼 단계적으로 변화될 때의 응답을 말하는 것은?

㉮ 자기 평형성　　㉯ 과도 응답
㉰ 주파수 응답　　㉱ 스텝 응답

해설 스텝 응답 : Inditial(인디셜 응답)

11. 배관용 공기기구 사용 시 안전수칙 중 틀린 것은?

㉮ 처음에는 천천히 열고 일시에 전부 열지 않는다.
㉯ 기구 등의 반동으로 인한 재해에 항상 대비한다.
㉰ 공기기구를 사용할 때는 보호구를 착용한다.
㉱ 활동부에는 항상 기름 또는 그리스가 없도록 깨끗이 닦아준다.

해설 배관용 공기기구 사용 시 틈새 보호를 위해 활동부에는 기름 또는 그리스를 발라둔다.

12. 다음에서 강도율의 계산법으로 맞는 것은?

㉮ $\frac{\text{근로손실일수}}{\text{연근로시간수}} \times 1,000$
㉯ $\frac{\text{재해건수}}{\text{연근로시간수}} \times 1,000$
㉰ $\frac{\text{재해건수}}{\text{재적근로자수}} \times 1,000$
㉱ $\frac{\text{근로손실일수}}{\text{재적근로자수}} \times 1,000$

해설 $\text{강도율} = \frac{\text{근로손실일수}}{\text{연근로시간수}} \times 1,000$

13. 보일러 자동제어 중 연료 및 공기 유량을 조정하고 굴뚝으로 배출되는 연소가스의 유량을 제어하여 발생되는 열을 조정하는 제어는?

㉮ 증기온도제어　　㉯ 급수제어
㉰ 재열온도제어　　㉱ 연소제어

해설 연소제어(A.C.C) : 연료, 공기량, 배기가스량 조절제어

14. 펌프의 설치 및 주변 배관 시 주의사항이다. 틀린 것은?

㉮ 펌프는 일반적으로 기초 콘크리트 위에 설치한다.
㉯ 흡입관은 되도록 길게 하고 직관으로 배관한다.
㉰ 효율을 좋게 하기 위해서 펌프의 설치 위치를 되도록 낮춰서 흡입 양정을 작게 한다.
㉱ 흡입관의 중량이 펌프에 미치지 않도록 관을 지지하여야 한다.

해설 펌프는 캐비테이션(공동현상) 방지를 위해 흡입관은 직관으로 짧게 연결한다.

정답 10. ㉱ 11. ㉱ 12. ㉮ 13. ㉱ 14. ㉯

15. 배관설비의 유지관리에서 응급조치법의 종류가 아닌 것은?

㉮ 코킹법과 밴드보강법
㉯ 인젝션법
㉰ 박스 설치법
㉱ 파이어 설치법

해설 배관설비 유지관리 응급조치법
① 코킹법과 밴드보강법
② 인젝션법
③ 박스 설치법

16. 냉방설비에서 공기는 어느 곳에서 냉각된 공기를 실내에 송풍하는가?

㉮ 응축기
㉯ 증발기
㉰ 수액기
㉱ 팽창밸브

해설 증발기 : 냉방설비에서 공기는 냉각되고 냉매는 증발시킨다.

17. 자동제어계에서 동작신호에 의하여 이에 대응하는 연산출력, 즉 조작신호를 보내는 부분을 무엇이라고 하는가?

㉮ 비교부
㉯ 검출부
㉰ 조절부
㉱ 조작부

해설 비교부 → 조절부 → 조작부 → 검출부(조절부에서 조작부로 신호전송)

18. 다음은 수요자 전용 가스정압기의 배관설치 도면이다. (가)에 맞는 배관 명칭은?

㉮ 팽창관
㉯ 방출관
㉰ 공기공급관
㉱ 정압기

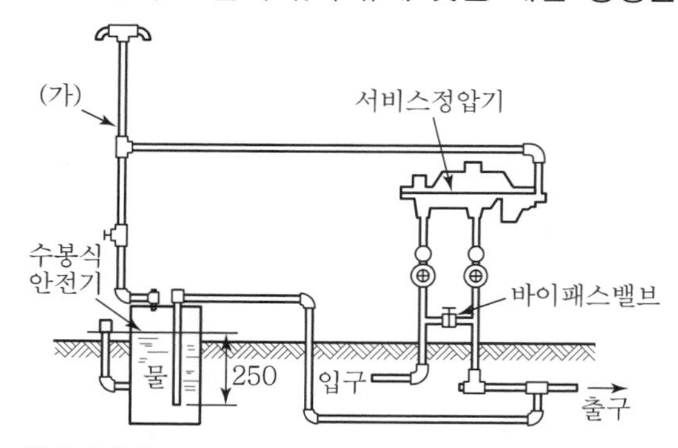

해설 아세틸렌가스 발생기로서 (가)는 방출관이다.

19. 냉매의 조건을 설명한 것 중 잘못된 것은?

㉮ 응고점이 낮을 것
㉯ 임계온도는 상온보다 가급적 높을 것
㉰ 같은 냉동능력에 대하여 소요동력이 클 것
㉱ 증기의 비체적이 적을 것

해설 냉매사용 시는 압축기 가동 시 소요동력이 작아야 성적계수가 커진다.

 정답 15. ㉱ 16. ㉯ 17. ㉰ 18. ㉯ 19. ㉰

20. 통기관의 관경을 결정하는 원칙 중 틀린 것은?

㉮ 신정 통기관의 관경은 관경을 줄이지 않고 연장해서 대기 중에 개방한다.
㉯ 결합 통기관은 배수 수직관과 통기 수직관 중 관경이 작은 쪽의 관경 이상으로 한다.
㉰ 각개 통기관의 관경은 그것에 연결되는 배수 관경의 1/2보다 작으면 안 되고 최소관경은 30mm이다.
㉱ 루프 통기관의 관경은 배수 수평 분기관과 통기 수직관 중 관경이 큰 쪽의 1/2보다 작으면 안 되고 최소 관경은 30mm이다.

해설 루프통기관
여러 개의 기구에서 한 개의 통기관을 빼내어 통기주관에 연결하는 방식이며 배수 수평관은 통기관을 겸하므로 습식통기관이라 한다.

21. 내열성, 내유성, 내수성이 좋고 내열도는 150~200℃ 정도이며 베이킹 도료로 사용되는 합성수지 도료는?

㉮ 프탈산계 도료
㉯ 요소 멜라민계 도료
㉰ 에폭시수지계 도료
㉱ 염화비닐계 도료

해설 요소 멜라민계 도료(베이킹 도료)
내열성, 내유성, 내수성이 좋고 내열도는 150~200℃ 정도이다.

22. 스테인리스 또는 인청동제로 제작된 것으로 일명 팩리스(Packless) 신축이음쇠라고 부르는 것은?

㉮ 루프형 신축이음쇠
㉯ 슬리브형 신축이음쇠
㉰ 스위블형 신축이음쇠
㉱ 벨로스형 신축이이음쇠

해설 벨로스형 신축이음쇠 : 팩리스 신축이음쇠

23. 몰리브덴강 및 크롬-몰리브덴강으로 이음매 없이 제조하여 증기관 및 석유정제용 배관에 적합한 강관은?

㉮ 압력배관용 탄소강관
㉯ 고압배관용 탄소강관
㉰ 배관용 아크용접 탄소강관
㉱ 배관용 합금강 강관

해설 배관용 합금강 강관(SPA) : 몰리브덴(Mo)강 및 크롬-몰리브덴강(Cr-Mo강)

24. 관 이음쇠 중 리듀서(Reducer)를 사용하는 경우를 바르게 설명한 것은?

㉮ 관의 끝을 막을 때
㉯ 동경의 관을 도중에서 분기할 때
㉰ 직선배관에서 90° 혹은 45° 방향으로 전환할 때
㉱ 배관의 관경을 축소하여 연결할 때

해설 리듀서(줄임쇠) : 배관의 관경 축소 시 연결부속이음

정답 20. ㉱ 21. ㉯ 22. ㉱ 23. ㉱ 24. ㉱

25. 배관의 용도에 따른 패킹재료가 적당하지 않은 것은?

㉮ 급수관 – 테프론
㉯ 배수관 – 네오프렌
㉰ 급탕관 – 실리콘
㉱ 증기관 – 천연고무

해설 천연고무 패킹(플랜지 패킹) : 100℃ 이상의 고온용 배관에는 부적당하다.

26. 다음 중 수동으로 직접 조정해야 작동되는 밸브는?

㉮ 플로트 밸브(Float Valve)
㉯ 세정 밸브(Flush Valve)
㉰ 증발 압력조정 밸브
㉱ 감압 밸브

해설 세정 밸브(플러시 밸브) : 수동조작 밸브

27. 일반적인 폴리부틸렌관의 이음방법으로 맞는 것은?

㉮ MR 이음
㉯ 에이콘 이음
㉰ 몰코 이음
㉱ TS식 냉간이음

해설 폴리부틸렌관 이음 : 에이콘 이음

28. 원심력 철근 콘크리트관에 대한 설명으로 맞는 것은?

㉮ 흄관이라고도 하며, 관의 이음재의 형상에 따라 A, B, C형으로 나눈다.
㉯ 호칭경 150~600mm까지는 소켓 이음쇠를 사용한다.
㉰ 에터니트관이라고도 하며 정수두 75m 이하의 1종관과 정수두 45m 이하의 2종관이 있다.
㉱ 일반적으로 PS관이라 한다.

해설 원심력 철근 콘크리트관 : Hume Pipe이며 상하수도, 하수관용(A, B, C형이 있다.)

29. 구상흑연주철관이라고도 하며 내식성, 가요성, 충격에 대한 연성 등이 우수한 주철관은?

㉮ 수도용 원심력 금형 주철관
㉯ 원심력 모르타르 라이닝 주철관
㉰ 수도용 원심력 덕타일 주철관
㉱ 수도용 원심력 사형 주철관

해설 수도용 원심력 덕타일 주철관
구상흑연주철관, 내식성, 가요성, 충격에 대한 연성, 가공성이 우수하다.

30. 호칭 20A(3/4인치) 동관의 실제 외경은 몇 mm인가?

㉮ 19.05
㉯ 22.22
㉰ 23.15
㉱ 25.20

해설 동관은 두께가 22.22mm이다.

정답 25. ㉱ 26. ㉯ 27. ㉯ 28. ㉮ 29. ㉰ 30. ㉯

31. 지진, 진동, 풍압, 수격작용 등에 의해 배관이 움직이는 것을 제한하기 위한 장치는 무엇인가?

㉮ 행거
㉯ 서포트
㉰ 브레이스
㉱ 리스트레인트

해설 브레이스 : 진동방지용(방진기), 충격완화용(완충기)이 있으며 펌프, 압축기에서 배관으로 연결되는 진동, 수격작용, 지진 등의 진동현상을 제한한다.

32. 과열증기에 사용이 가능하고, 수격작용에 잘 견디며 배관이 용이하나 수명이 짧고, 높은 배압에서 작동되지 않으며 소음발생, 증기누설 등의 단점이 있는 트랩은?

㉮ 디스크형 트랩
㉯ 상향식 버킷형 트랩
㉰ 레버 플로트형 트랩
㉱ 하향식 버킷형 트랩

해설 디스크형 트랩 : 열역학적 트랩이며 소음이나 증기누설의 단점이 있으나 과열증기에 사용, 수격작용에 잘 견딘다.

33. 유량계 설치법에 대한 설명으로 잘못된 것은?

㉮ 차압식 유량계의 오리피스는 원칙적으로 수직배관에 설치한다.
㉯ 차압식 유량계의 노즐 취출방향은 액체인 경우는 하향, 기체일 경우는 상향으로 한다.
㉰ 증기배관에는 증기가 유량계에 유입하는 것을 방지하고, 차압에 대해 일정한 액주의 높이를 유지할 수 있도록 콘덴서를 설치한다.
㉱ 체적식 유량계와 면적식 유량계는 조작 및 보수가 쉽도록 설치한다.

해설 유량계는 될 수 있는 대로 수평배관에 설치한다.

34. 스테인리스강관의 특성에 대한 설명으로 틀린 것은?

㉮ 위생적이어서 적수, 백수, 청수의 염려가 없다.
㉯ 강관에 비해 기계적 성질이 우수하다.
㉰ 두께가 얇고 가벼워 운반 및 시공이 쉽다.
㉱ 저온 충격성이 작고 동결에 대한 저항이 작다.

해설 스테인리스강관 : 내식용, 내열용, 저온용, 고온용에 사용한다.(STS×TP)

35. 펌프와 관련된 용어 중 "클수록 저양정(대유량)이 되고, 작을수록 고양정(소유량)이 된다"와 가장 관계가 밀접한 용어는?

㉮ 단수
㉯ 사류
㉰ 비교회전수
㉱ 안내날개

해설 펌프의 비교회전도(비속도 : N_s)

$$N_s = \frac{N \cdot \theta^{\frac{1}{2}}}{H^{\frac{3}{4}}}$$

H : 전양정, N : 회전수(rpm), θ : 배출량

정답 31. ㉰ 32. ㉮ 33. ㉮ 34. ㉱ 35. ㉰

36. 동력나사 절삭기 사용 시 안전수칙으로 틀린 것은?

㉮ 절삭된 나사부는 맨손으로 만지지 않도록 한다.
㉯ 기계의 정비 수리 등은 기계를 정시시킨 후 행한다.
㉰ 나사 절삭 시에는 계속 절삭유를 공급한다.
㉱ 절삭기 사용 후에는 필히 척을 닫아 둔다.

해설 절삭기 사용 후에는 척을 열어 둔다.

37. 아세틸렌 용기의 충전 전 용기 무게는 50kgf, 충전 후 57kgf이 되었다면 용기 속에 충전된 아세틸렌은 몇 리터(L)인가?

㉮ 4,245　　㉯ 4,800
㉰ 6,335　　㉱ 7,600

해설 57－50＝7kg
아세틸렌[C_2H_2] 1kmol＝26kg(22.4m^3)
$22.4 \times \frac{7}{26} = 6.0307m^3 = 6,030.769L$

38. 주철관 접합 시 녹은 납이 비산하여 몸에 화상을 입히는 가장 중요한 원인으로 맞는 것은?

㉮ 이음부에 수분이 있기 때문에
㉯ 녹은 납의 온도가 낮기 때문에
㉰ 녹은 납의 온도가 높기 때문에
㉱ 납의 성분에 주석이 너무 많이 함유되었기 때문에

해설 주철관 접합 시 녹은 납이 비산하는 이유는 이음부에 수분이 있어서 접촉되지 않기 때문이다.

39. 배관설비에 있어서 유량계를 설치하여 유량을 측정한다. 다음과 같이 오리피스로 측정하였을 때 유량은 약 몇 m^3/s인가?(단, 유량계수 C_v＝0.6, 수주차 ΔH＝20cm, 오리피스 축소 단면적 A＝5cm^2이다.)

㉮ $5.14 \times 10^{-4} m^3/s$　　㉯ $5.94 \times 10^{-4} m^3/s$
㉰ $6.34 \times 10^{-4} m^3/s$　　㉱ $6.54 \times 10^{-4} m^3/s$

해설 $Q = A \cdot C \times \sqrt{2gh}$
$= 0.0005 \times 0.6 \times \sqrt{2 \times 9.8 \times 0.2}$
$= 5.94 \times 10^{-4} m^3/s$
※ 20cm＝0.2m
g(중력가속도) : 9.8m/s^2
$5cm^2 = 5 \times 10^{-4} m^2 = 0.0005m^2$

 정답 36. ㉱ 37. ㉰ 38. ㉮ 39. ㉯

40. 부속기기의 보수 및 점검을 위하여 관의 해체, 교환을 필요로 하는 곳의 이음에 적합하지 않은 이음방법은?

㉮ 유니언 이음
㉯ 플랜지 이음
㉰ 플레어 이음
㉱ 플라스턴 이음

해설 플라스턴 이음 : 연관의 접합(납 60%+주석 40%=용융점 232℃)

41. 철근 콘크리트관을 하수관으로 매설할 때 관거의 최소 매설 깊이(흙 두께)로 맞는 것은?(단, 노면하중, 노반두께 및 다른 매설물의 관계, 동결심도 등은 고려치 않은 두께임)

㉮ 80cm ㉯ 100cm ㉰ 150cm ㉱ 200cm

해설 철근 콘크리트관 하수관 매설 시 관거의 최소 매설깊이 : 100cm 정도

42. 일반적인 배관용 강관(구조용 제외)의 절단에 쓰이는 쇠톱의 인치(Inch)당 톱날 산수로 가장 적당한 것은?

㉮ 14산 ㉯ 18산 ㉰ 24산 ㉱ 32산

해설 ① 강관용, 합금강용 : 24산
② 탄소강, 주철, 동합금, 경합금 : 14산
③ 탄소강경강, 고속도강 : 18산

43. 경질염화비닐관의 이음작업에 관한 설명 중 틀린 것은?

㉮ 삽입접합의 경우 삽입깊이는 외경의 1.5배가 적당하다.
㉯ 삽입접합에서의 연화 적정온도는 120~130℃이다.
㉰ 70~80℃로 가열하면 관은 연화하기 시작한다.
㉱ 연화변형을 한 다음 냉각하여 경화한 관은 가열하여도 본래의 모양으로 되지 않는다.

해설 경질염화비닐관은 굴곡, 접합, 용접이 용이하다.

44. 용접부의 파괴시험 검사법 중 기계적 시험방법이 아닌 것은?

㉮ 부식시험
㉯ 피로시험
㉰ 굽힘시험
㉱ 충격시험

해설 용접부의 파괴시험 : 피로시험, 굽힘시험, 충격시험 등이 있다.

45. 관 속에 온수나 냉수가 흐르고 있을 때, 고체와 유체 사이에 온도차가 있을 경우 열 이동이 일어나는 것을 의미하는 용어로 가장 적합한 것은?

㉮ 열복사
㉯ 열방사
㉰ 열전달
㉱ 대류전열

해설 열전달(복사, 대류, 전도) : 고체와 유체 사이에 온도차에 의해 열 이동이 일어나는 것

정답 40. ㉱ 41. ㉯ 42. ㉰ 43. ㉱ 44. ㉮ 45. ㉰

46. 서브머지드 아크 용접에서 아크전압이 증가할 때 생기는 현상이 아닌 것은?

㉮ 아크길이가 길어진다.
㉯ 비드 폭이 넓어진다.
㉰ 평평한 비드가 형성된다.
㉱ 용입이 증가한다.

해설 서브머지드 아크 용접(잠호용접)
금속아크용접의 자동화 용접(용입은 주로 용접 전류에 관계된다. 용접전류가 크게 되면, 용입이 급증하며 비드 높이가 높아지고 오버랩이 생긴다.)

47. 다음 그림의 용접도시기호에서 n의 문자가 의미하는 것은?

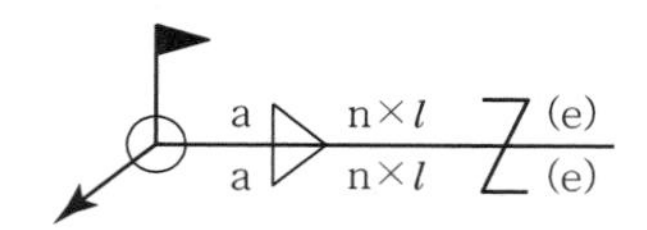

㉮ 용접 목두께
㉯ 용접부 길이(크레이트 제외)
㉰ 용접부의 개수(용접 수)
㉱ 인접한 용접부 간의 간격(피치)

해설 n : 용접부의 개수
l : 용접피치
▷ : 필릿용접(양쪽 단속용접)

48. "아주 굵은 선 : 굵은 선 : 가는 선"의 선 굵기 비율로 맞는 것은?

㉮ 3 : 2 : 1
㉯ $\sqrt{3}$: 2 : 1
㉰ 4 : 2 : 1
㉱ 3 : $\sqrt{2}$: 1

해설 아주 굵은 선, 굵은 선, 가는 선의 선 굵기 비율 : 4 : 2 : 1

49. 입체 배관도로 배관의 일부분만을 작도하는 도면으로 부분 제작을 목적으로 하는 도면의 명칭은?

㉮ 평면 배관도
㉯ 입면 배관도
㉰ 부분 배관도
㉱ 입체 배관도

해설 부분 배관도 : 입체 배관도로 배관의 일부분만을 작도하는 도면

50. 건설 또는 제조에 필요한 모든 정보를 전달하기 위한 도면으로 공정도, 시공도, 상세도로 분리되는 도면은 어느 것인가?

㉮ 계획도
㉯ 제작도
㉰ 주문도
㉱ 견적도

해설 제작도 : 공정도, 시공도, 상세도로 분리되는 도면

 정답 46. ㉱ 47. ㉰ 48. ㉰ 49. ㉰ 50. ㉯

51. 다음 그림을 올바르게 설명한 것은?

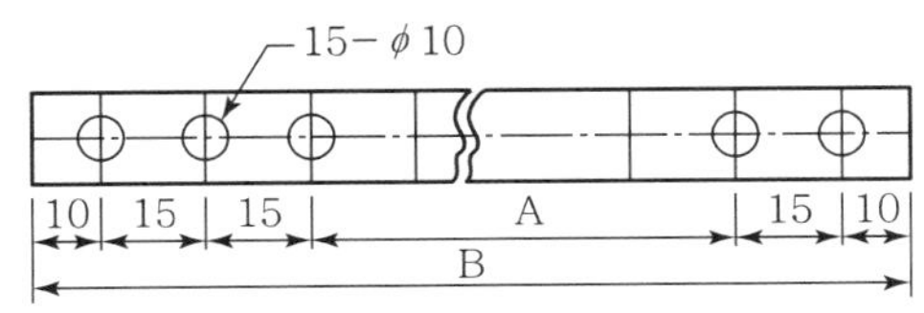

㉮ 구멍의 총수는 15개이며, A의 치수는 150mm이다.
㉯ 드릴의 지름은 10mm이며, B의 치수는 220mm이다.
㉰ 구멍의 총수는 15개이며, B의 치수는 220mm이다.
㉱ A의 치수는 165mm이며, B의 치수는 230mm이다.

해설 230 - 165 = 65
(10 + 15 + 15 + 15 + 10 = 65)

52. KS 배관의 간략도시방법에서 사용하는 선의 종류별 호칭방법에 따른 선의 적용이 서로 틀린 것은?

㉮ 굵은 실선 : 유선 및 결합부품
㉯ 가는 실선 : 해칭, 인출선, 치수선, 치수보조선
㉰ 굵은 파선 : 다른 도면에 명시된 유선
㉱ 가는 1점 쇄선 : 도급 계약의 경계

해설 가는 일점 쇄선(가는 실선) : 도형의 중심 또는 대칭선을 나타내는 선
( )

53. 그림과 같은 부분 조립도에 대한 평면도로 가장 적합한 것은?

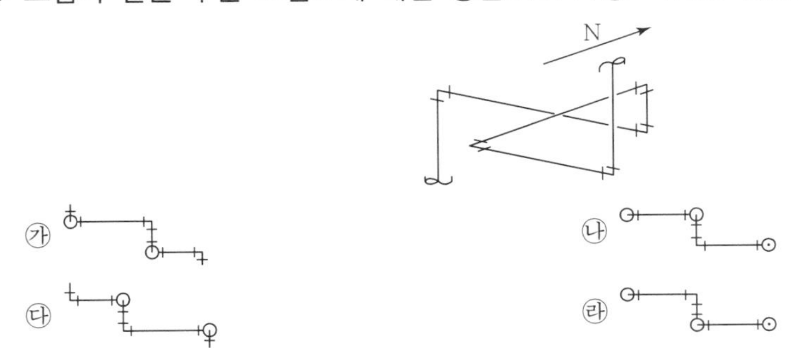

해설 평면도 : 배관장치를 위에서 아래로 내려다보고 그린 그림

54. 배관 내 물질의 종류를 식별하기 위한 색 중 기름을 나타내는 색은?

㉮ 흰색
㉯ 연한 노랑
㉰ 파랑
㉱ 어두운 주황

해설 오일(기름) : 어두운 주황

정답 51. ㉱ 52. ㉱ 53. ㉯ 54. ㉱

55. 어떤 측정법으로 동일 시료를 무한 회 측정하였을 때 데이터 분포의 평균치와 참값과의 차를 무엇이라 하는가?

㉮ 재현성　　㉯ 안정성
㉰ 반복성　　㉱ 정확성

해설 정확성 : 데이터 분포의 평균치와 참값과의 차이

56. 관리도에 측정한 값을 차례로 타점했을 때 점이 순차적으로 상승하거나 하강하는 것을 무엇이라 하는가?

㉮ 연(Run)　　㉯ 주기(Cycle)
㉰ 경향(Trend)　　㉱ 산포(Dispersion)

해설 경향 : 관리도에서 측정한 값을 차례로 타점했을 때 점이 순차적으로 상승하거나 하강하는 현상

57. 도수분포표를 작성하는 목적으로 볼 수 없는 것은?

㉮ 로트의 분포를 알고 싶을 때
㉯ 로트의 평균치와 표준편차를 알고 싶을 때
㉰ 규격과 비교하여 부적합품률을 알고 싶을 때
㉱ 주요 품질항목 중 개선의 우선순위를 알고 싶을 때

해설 도수분포(Frequency Distribution)의 목적은 ㉮, ㉯, ㉰항이다. 생산공장에서 모든 통계분포를 이해하는 기초가 도수분포이다.

58. 정상소요기간이 5일이고, 이때의 비용이 20,000원이며 특급소요기간이 3일이고, 이때의 비용이 30,000원이라면 비용구배는 얼마인가?

㉮ 4,000원/일　　㉯ 5,000원/일
㉰ 7,000원/일　　㉱ 10,000원/일

해설 추가비용 = 30,000 − 20,000 = 10,000원
단축시간 = 5 − 3 = 2일
$\therefore$ 비용구배 $= \dfrac{10,000\text{원}}{2\text{일}} = 5,000$ 원/일

59. "무결점 운동"으로 불리는 것으로 미국의 항공사인 마틴사에서 시작된 품질개선을 위한 동기부여 프로그램은 무엇인가?

㉮ ZD　　㉯ 6시그마
㉰ TPM　　㉱ ISO 9001

해설 ZD : 무결점 운동(품질개선을 위한 동기부여 프로그램)

정답 55. ㉱ 56. ㉰ 57. ㉱ 58. ㉯ 59. ㉮

60. 컨베이어 작업과 같이 단조로운 작업은 작업자에게 무력감과 구속감을 주고 생산량에 대한 책임감을 저하시키는 등 폐단이 있다. 다음 중 이러한 단조로운 작업의 결함을 제거하기 위해 채택되는 직무설계방법으로서 가장 거리가 먼 것은?

㉮ 자율경영팀 활동을 권장한다.
㉯ 하나의 연속작업시간을 길게 한다.
㉰ 작업자 스스로가 직무를 설계하도록 한다.
㉱ 직무확대, 직무충실화 등

해설 하나의 연속작업시간을 길게 하면 작업자에게 무력감과 구속감을 주어 작업의 결함을 증가시키는 요인이 된다.

정답 60. ㉯

2012.04.10. 과년도 기출문제

MASTER CRAFTSMAN PLUMBING

1. 관속에서 흐르는 물을 갑자기 정지시키거나 용기 속에 차있는 물을 갑자기 흐르게 하면 관속 물의 압력이 크게 상승 또는 강하하여 관이 파손될 염려가 있다. 이와 같은 현상을 무엇이라 하는가?

㉮ 수격작용
㉯ 공동현상
㉰ 충격작용
㉱ 프라이밍 작용

해설 수격작용(워터해머) : 유체의 흐름이 급속히 변화하면 충격이 14배 급상승한다.

2. 배수 트랩에서 봉수가 파괴되는 원인으로 거리가 먼 것은?

㉮ 자기 사이펀 작용
㉯ 감압에 의한 흡인 작용
㉰ 모세관 작용
㉱ 수격 작용

해설 배수트랩 봉수 파괴원인
① 자기 사이펀 작용
② 강압에 의한 흡인작용
③ 모세관 작용

3. 액화가스를 가열하여 기화시키는 기화기의 일반적인 형식의 종류가 아닌 것은?

㉮ 다관식
㉯ 코일식
㉰ 캐비닛식
㉱ 부르동관식

해설 액화가스기화기 종류
① 다관식, ② 캐비닛식, ③ 코일식

4. 옥외 소화전 설치는 건축물의 각 부분으로부터 1개의 호스 접속구까지의 수평거리는 몇 m 이하로 하는가?

㉮ 20m 이하
㉯ 30m 이하
㉰ 40m 이하
㉱ 50m 이하

해설 옥외 소화전 설치 시 1개의 호스 접속구까지 수평거리
40m 이하

정답 1. ㉮ 2. ㉱ 3. ㉱ 4. ㉰

5. ON－OFF 동작(2위치 동작)을 설명한 것은?

㉮ 편차가 발생 시 조작부에서 가장 안정되게 처리하는 동작이다.
㉯ 동작 신호의 크기에 따라 조작량을 여러 단계로 두는 동작이다.
㉰ 조작부의 움직이는 속도를 부하 변동에 충분히 응할 수 있게 하는 동작이다.
㉱ 제어량이 목표치에서 벗어나면 조작부를 동작시켜 운전을 기동 또는 정지하는 동작이다.

해설 자동제어 온－오프(2위치) 불연속동작 설명은 ㉱항의 내용

6. 보일러의 수위제어 방식 중 3요소식에서 검출하는 요소가 아닌 것은?

㉮ 온도　　㉯ 수위
㉰ 증기유량　　㉱ 급수유량

해설 ① 수위제어 1요소식 : 수위 검출
② 수위제어 2요소식 : 수위, 증기량 검출
③ 수위제어 3요소식 : 수위, 증기량, 급수량 검출

7. 폭발성 가스나 증기 등이 있는 장소에서의 작업 시 사용하는 공구의 재질로서, 안전상 가장 적합한 것은?

㉮ 고속도강제　　㉯ 주강제
㉰ 비금속제　　㉱ 스테인리스강제

해설 비금속제 공구
폭발성 가스나 증기 등이 있는 장소에서 작업 시 안전한 공구이다.

8. 용접 중 일산화탄소에 의한 중독 위험성이 가장 많은 것은?

㉮ 서브머지드 아크용접　　㉯ 피복 아크용접
㉰ CO_2 용접　　㉱ 불활성 가스 아크용접

해설 CO_2 아크용접 : CO_2 용극식 용접봉
① 연강용접에서 가격이 싼 CO_2를 사용한다.
② $CO_2 \leftrightarrows CO+O$, $Fe+O \leftrightarrows FeO$
$FeO+C \leftrightarrows Fe+CO\uparrow$ (발생, 위험)

9. 공기 조화기로부터 냉풍과 온풍을 구분 처리하여, 각각의 덕트를 통해 공조구역으로 공급하고 공조구역에서는 공조 부하에 적당하도록 혼합 유닛을 이용하여 혼합 급기하는 전공기식 공조방식은 무엇인가?

㉮ 단일 덕트 방식　　㉯ 2중 덕트 방식
㉰ 유인 유닛 방식　　㉱ 팬코일 유닛 방식

해설 2중 덕트 방식
혼합유닛을 이용하여 혼합급기하는 전공기식 공조방식이다.(냉풍, 온풍 구분 처리)

정답 5. ㉱ 6. ㉮ 7. ㉰ 8. ㉰ 9. ㉯

10. 배관설비의 유지관리와 관계가 먼 것은?

㉮ 배관의 점검과 보수
㉯ 배관설계 및 시공
㉰ 밸브류 및 배관부속기기의 점검과 보수
㉱ 부식과 방식

해설 배관설비의 유지관리
㉮, ㉰, ㉱항을 수시로 점검 및 수리한다.

11. 목표 값이 시간의 변화, 외부 조건의 영향을 받지 않고 일정한 값으로 제어되는 방식으로 보일러, 냉난방장치의 압력제어, 급수탱크의 액면제어 등에 사용되는 제어는?

㉮ 추치 제어
㉯ 정치 제어
㉰ 프로세스 제어
㉱ 비율 제어

해설 자동제어 정치제어
목표값이 시간의 변화가 없다.(압력 제어, 액면 제어 등)

12. 압력계 배관시공 시 유체에 맥동이 있는 경우에 설치하여 압력계에 맥동이 전파되지 않게 하는 것은?

㉮ 사이펀(Siphon)관
㉯ 펄세이션(Pulsation) 댐퍼
㉰ 실(Seal)포드
㉱ 벨로스

해설 펄세이션 댐퍼
압력계 배관시공 시 유체에 맥동이 있는 경우에 설치하여 압력계에 맥동이 전파되지 않게 한다.

13. 보일러의 응축수 회수기 설치 및 배관에 관한 설명으로 틀린 것은?

㉮ 회수기 본체는 반드시 수평으로 설치한다.
㉯ 압력계는 사이펀관에 물을 주입한 후 설치한다.
㉰ 집수탱크는 본체 상부보다 낮게 설치한다.
㉱ 집수탱크와 보조탱크의 중간 흡입관과 응축수 송출구에는 체크밸브를 설치한다.

해설 보일러 응축수 회수기 설치(응축수 탱크)는 집수탱크라 하며 본체 하부보다 낮게 설치하여야 한다.

14. 수도본관에서 옥상 탱크까지 수직 높이가 20m이고 관 마찰 손실률이 20%일 때 옥상 탱크로 물을 보내기 위하여 수도본관에서 필요한 최소 수압은 약 몇 MPa 이상인가?

㉮ 0.024
㉯ 0.24
㉰ 0.34
㉱ 2.40

해설 P(최저수압) $= P_1 + P_2 + P_3 = 20 + (20 \times 0.2)$
$= 24mH_2O(2.4kg/cm^2)$
$= 0.24MPa$

 정답 10. ㉯ 11. ㉯ 12. ㉯ 13. ㉰ 14. ㉯

15. 파이프 래크의 높이를 결정하는 데 가장 중요도가 낮은 것은?

㉮ 도로 횡단의 유무
㉯ 타 장치와의 연결 높이
㉰ 배관 내 원료의 공급 최대 온도
㉱ 파이프 래크 아래에 있는 기기의 배관에 대한 여유

해설 파이프 래크의 높이결정 요인
① 도로 횡단의 유무
② 타 장치와의 연결 높이
③ 파이프 래크 아래에 있는 기기의 배관에 대한 여유

16. 석유화학 설비배관에 관한 설명 중 잘못된 것은?

㉮ 배관 내 유체의 누설은 화학장치에 대해 부식을 촉진하고 재해 유발의 원인이 되므로 누설 방지용 개스킷을 잘 끼워 주어야 한다.
㉯ 화학장치용 재료로 사용되는 금속재료는 수소에 의한 탈탄, 황화수소에 의한 부식, 산소 또는 가스에 의한 산화 등을 고려하여 선정한다.
㉰ 고온고압용 재료에는 내식성이 크고 크리프(Creep) 강도가 큰 재료가 사용된다.
㉱ 화학 공업용 배관에 많이 쓰이는 강관의 이음방법에는 플랜지이음, 나사이음이 주로 쓰이나 용접이음은 누설의 염려가 있어 활용되지 않는다.

해설 강관의 용접이음에는 누설의 염려가 없다.

17. 증기난방 배관시공법에 대하여 잘못 설명한 것은?

㉮ 암거 내에 배관할 때 밸브, 트랩 등은 가급적 맨홀 부근에 집합시켜 놓는다.
㉯ 방열기 브랜치 파이프 등에서 부득이 매설 배관할 때에는 배관으로부터의 열손실과 신축에 주의한다.
㉰ 리프트 이음 시 1단의 흡상고는 1.5m 이내로 한다.
㉱ 증기 주관에 브랜치 파이프를 접할 때에는 원칙적으로 30° 이상의 각도로 취출한다.

18. 순환법에 의한 화학세정의 공정을 순서대로 열거한 것 중 가장 적합한 것은?

㉮ 물세척 → 중화 방청 → 탈지세정 → 물세척 → 건조 → 물세척 → 산세정
㉯ 물세척 → 탈지세정 → 산세정 → 물세척 → 중화 방청 → 건조 → 물세척
㉰ 물세척 → 탈지세정 → 물세척 → 산세정 → 중화 방청 → 물세척 → 건조
㉱ 물세척 → 산세정 → 물세척 → 중화 방청 → 탈지세정 → 물세척 → 건조

해설 순환법 화학세정 공정순서
물세척 → 탈지세정 → 물세척 → 산세정 → 중화방청 → 물세척 → 건조

정답 **15.** ㉰ **16.** ㉱ **17.** ㉱ **18.** ㉰

19. 탱크 내의 물, 기름, 화학약품 등의 액면을 검출하고 자동제어하는 방식을 열거한 것이다. 아닌 것은?

㉮ 플로트 방식 ㉯ 전극식
㉰ 정전 용량식 ㉱ 헴펠분석식

해설 헴펠분석식
가스분석기기(CO_2, O_2, CmHn, CO)

20. 보일러의 수면계 기능시험의 시기로 틀린 것은?

㉮ 보일러를 가동하기 전
㉯ 보일러를 가동하여 압력이 상승하기 시작했을 때
㉰ 2개 수면계의 수위에 차이가 없을 때
㉱ 수면계의 유리의 교체, 그 외의 보수를 했을 때

해설 수면계 2개 중 수위에 차이가 없을 때는 정상적 운전이므로 기능시험이 불필요하다.

21. 전성, 연성이 풍부하며 상온가공이 용이하나 수평배관에서는 휘어지기 쉬운 관은?

㉮ 강관 ㉯ 스테인리스강관
㉰ 연관 ㉱ 주철관

해설 Pb(연관) : 전성, 연성이 풍부하여 상온가공이 용이하나 수평배관에서는 휘어지기 쉽다.

22. 게이트 밸브에 관한 설명 중 틀린 것은?

㉮ 글로브 밸브 또는 옥형변이라 한다.
㉯ 유체의 흐름을 단속하는 대표적인 밸브이다.
㉰ 완전히 열었을 때 유체의 흐름에 의한 마찰저항 손실이 작다.
㉱ 밸브를 절반 정도 열고 사용하면 와류가 생겨 유체의 저항이 커지기 때문에 유량조절에는 적당하지 않다.

해설 ① 게이트 밸브(사정밸브, 슬루스 밸브)
② 글로브 밸브(옥형변, 유량조절밸브)

23. 플랜지를 관과 이음하는 방법에 따라 분류할 때 이에 해당하지 않는 것은?

㉮ 소켓 용접형 ㉯ 랩 조인트형
㉰ 나사 이음형 ㉱ 바이패스형

해설 바이패스
유량계, 감압밸브, 스팀트랩, 순환펌프 설치 시 분해, 점검을 용이하게 한다.

 정답 19. ㉱ 20. ㉰ 21. ㉰ 22. ㉮ 23. ㉱

24. 주로 저압 증기 및 온수난방용 배관에 사용하는 방법으로 2개 이상의 엘보를 사용하여 이음부의 나사 회전을 이용해서 배관의 신축을 흡수하는 이음방법은 어느 것인가?

㉮ 루프식 이음
㉯ 플렉시블 이음
㉰ 슬리브 이음
㉱ 스위블 이음

해설 스위블 이음 : 2개 이상의 엘보를 사용하여 이음부의 나사 회전을 이용한 신축흡수장치

25. 계측기기의 구비조건에 해당되지 않는 것은?

㉮ 근거리의 지시 및 기록이 가능하고 구조가 복잡할 것
㉯ 견고성과 신뢰성이 높고 경제적일 것
㉰ 설치장소와 주위조건에 대해 내구성이 있을 것
㉱ 정밀도가 높고 취급 및 보수가 용이할 것

해설 계측기기는 원거리의 지시 및 기록이 가능하고 구조가 간편하여야 한다.

26. 보통 비스페놀 A와 에피클로로히드린을 결합해서 만들어지며 아미노산 등의 경화제를 가하면 기계적 강도나 내약품성이 우수하게 되어 내열성·내수성이 크고, 전기절연도 우수하여 도료 접착제, 방식용으로 가장 적합한 것은?

㉮ 요소 멜라민
㉯ 에폭시수지
㉰ 염화 비닐계
㉱ 광명단

해설 에폭시수지
보통 비스페놀A+에피클로로히드린을 결합해서 만들어진다.(도로접착제, 방식용, 전기절연도 우수)

27. 온도조절밸브의 선정 시 고려할 사항으로 거리가 먼 것은?

㉮ 밸브의 구경 및 배관경
㉯ 사용유체의 비중, 점성, 경도
㉰ 최대 유량 시에 밸브의 허용압력 손실
㉱ 가열 또는 냉각되는 유체의 종류와 압력

해설 온도조절밸브는 사용유체의 비중, 점성, 온도, 사용압력 등을 고려하여야 한다.

28. 순동이음쇠와 동합금 주물 이음쇠를 비교 설명한 것 중 틀린 것은?

㉮ 순동이음쇠가 용접재와의 친화력이 좋다.
㉯ 동합금 주물 이음쇠가 모세관 현상에 의한 용융확산이 잘된다.
㉰ 동합금 주물 이음쇠는 두꺼워 용접재의 융점 이하 부분이 발생할 수 있다.
㉱ 동합금 주물 이음쇠는 열팽창의 불균일에 의하여 부정적 틈새를 만들 수 있다.

해설 순동이음쇠가 모세관 현상에 의한 용융확산이 더 잘 된다.

29. 주철관의 내벽에 모르타르 처리하여 방청작용을 하도록 한 관은?

㉮ 배수용 주철관
㉯ 수도용 주철관
㉰ 원심력 모르타르 라이닝 주철관
㉱ 수도용 이형관

정답 24. ㉱ 25. ㉮ 26. ㉯ 27. ㉯ 28. ㉯ 29. ㉰

해설 원심력 모르타르 라이닝 주철관
주철관 내벽에 부식을 방지할 목적으로 관 내면에 모르타르 라이닝 시 시멘트와 모래의 배합비는 1 : 1.5 또는 1 : 2.0의 중량비다.

30. 강관의 제조에 관한 설명이다, 틀린 것은?

㉮ 가스용접관은 자동가스용접에 의해 제조되며, 호칭지름 25A 이하의 관에 사용된다.
㉯ 전기저항 용접관은 띠강을 압연기에 의해서 연속적으로 둥글게 성형하여 용접한 것으로 일명 전봉관이라고도 한다.
㉰ 전기저항 용접관은 관의 내측에 한 줄의 이음선(Seam)을 발견할 수 있다.
㉱ 지름이 큰 관은 띠강판을 나선형으로 감아, 원통형으로 만든 접합부의 내·외면을 용접해 만든 관을 스파이럴 아크 용접관이라 한다.

해설 강관의 시임관(이음매 있는 관) 중 가스용집관은 산소, 아세틸렌가스로 자동용접에 의하여 제조하며 호칭지름 50A 이하의 관에 적용한다.

31. 배수, 급수, 공기 등의 배관에 쓰이는 패킹재로서 탄성이 우수하고 흡습성이 없으며, 산, 알칼리 등에는 강하나 열과 기름에는 약한 것은?

㉮ 석면 패킹
㉯ 금속 패킹
㉰ 합성수지 패킹
㉱ 고무 패킹

해설 고무 패킹
탄성이 우수하고 흡습성이 없으며 산, 알칼리 등에는 강하나 열과 기름에 약하다.

32. 원심력 철근 콘크리트관에 대한 설명으로 맞는 것은?

㉮ 일반적으로 에터니트(Eternit)관이라고도 한다.
㉯ 보통 흄(Hume)관이라고도 한다.
㉰ 형틀에 철근을 넣고 콘크리트를 주입한 후 진동기 등 다짐용 기계나 수동으로 다져서 공간이 발생되지 않도록 잘 성형한다.
㉱ 보통관, 후관, 특후관의 3종류가 있다.

해설 원심력 철근 콘크리트관(비금속관)
흄관이며 상하수도, 배수로 등에 많이 사용된다.(보통 압관과 압력관이 있다.)

33. 동관에 대한 설명으로 틀린 것은?

㉮ 전기 및 열전도율이 좋다.
㉯ 산성에는 내식성이 강하고 알칼리성에는 심하게 침식된다.
㉰ 두께별로 분류할 때 K type이 M type보다 두껍다.
㉱ 전연성이 풍부하고 마찰저항이 적다.

해설 연관(납관)
산에는 내식성이 강하나 알칼리성에는 약하다.

 정답 30. ㉮ 31. ㉱ 32. ㉯ 33. ㉯

34. 배수트랩의 사용 용도에 대한 내용 중 옳지 않은 것은?

㉮ 그리스 트랩 : 호텔, 레스토랑 등의 조리실
㉯ 가솔린 트랩 : 자동차 차고나 공장 등의 바닥
㉰ P트랩 : 세면기 수직배수관
㉱ S트랩 : 건물의 발코니 등 바닥배수면

해설 배수S트랩 : 위생기구를 바닥에 설치된 배수수평관에 접목할 때 사용된다.

35. 그림과 같이 90° 벤딩을 하고자 할 때 관의 총 길이는 약 몇 mm인가?

㉮ 714
㉯ 739
㉰ 857
㉱ 557

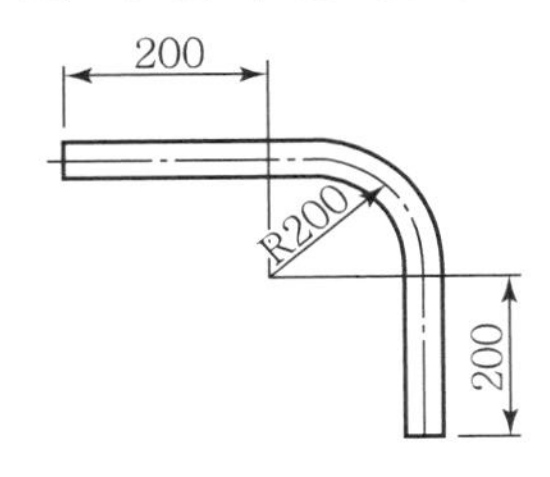

해설 벤딩절단길이$(l) = 2\pi R \times \frac{\theta}{360}$

$\therefore\ L = (2 \times 3.14 \times 200 \times \frac{90°}{360°}) + (200 + 200) = 714\text{mm}$

36. 액체가 습증기 상태를 거치지 않고 건증기로 변할 때의 압력을 무엇이라 하는가?

㉮ 증발압력
㉯ 포화압력
㉰ 기화압력
㉱ 임계압력

해설 임계압력 : 액체가 습증기 상태를 거치지 않고 건증기로 변할 때의 압력

37. 펌프의 배관에 관한 설명으로 틀린 것은?

㉮ 토출 쪽은 압력계를 설치한다.
㉯ 흡입 쪽은 진공계나 연성계를 설치한다.
㉰ 흡입 쪽 수평관은 펌프 쪽으로 올림 구배한다.
㉱ 스트레이너는 펌프 토출 쪽 끝에 설치한다.

해설 펌프배관에서 스트레이너(여과기)는 펌프 입구 측에 부착한다.

38. 관 내경이 200mm인 관 속을 매초 2m의 속도로 유체가 흐를 때 단위 시간당 유량은 약 몇 m^2/h인가?

㉮ 25.6
㉯ 226.1
㉰ 314.2
㉱ 1,130.4

해설 유량(θ) = 단면적 × 유속 × 3,600

단면적$(A) = \frac{\pi}{4}d^2 = \frac{3.14}{4} \times (0.2)^2 = 0.0314\text{m}^2$

$\therefore\ 0.0314 \times 2 \times 3{,}600 = 226.08\text{m}^3/\text{h}$

정답 34. ㉱ 35. ㉮ 36. ㉱ 37. ㉱ 38. ㉯

39. 콘크리트관의 콤포 이음 시 시멘트와 모래의 배합비와 수분의 양으로 가장 적합한 것은?

㉮ 1 : 2이고 수분의 양은 약 17%
㉯ 1 : 1이고 수분의 양은 약 17%
㉰ 1 : 2이고 수분의 양은 약 45%
㉱ 1 : 1이고 수분의 양은 약 45%

해설 콘크리트관 콤포 이음의 시멘트, 모래의 배합비는 1 : 1(수분의 양은 약 17%)

40. 비금속 배관재료에 대한 일반적인 이음방법이 올바르게 짝지어진 것은?

㉮ 경질 염화비닐관－기볼트 이음
㉯ 석면 시멘트 관－고무링 이음
㉰ 폴리에틸렌관－용착 슬리브 이음
㉱ 콘크리트관－심플렉스 이음

해설 ① 기볼트 이음 : 석면 시멘트관 접합
② 고무링 이음 : 석면 시멘트관 컬러접합
③ 심플렉스 접합 : 석면 시멘트관 접합
④ 석면 시멘트관(에터니트 관)

41. 주철관 전용 절단공구로 가장 적합한 것은?

㉮ 링크형 파이프 커터
㉯ 클램프형 파이프 커터
㉰ 천공형 파이프 커터
㉱ 소켓형 파이프 커터

해설 주철관 전용 공구
① 납 용해용 공구 셋
② 클립(Clip)
③ 링크형 파이프 커터
④ 코킹 정

42. 산소 아크 절단의 원리 설명으로 가장 적합한 것은?

㉮ 산소 아크절단은 예열원으로 아크를 쓰는 가스절단이다.
㉯ 산소 아크절단 시 화학반응열은 예열에만 이용하여 절단한다.
㉰ 산소 아크절단은 탄소와 철의 화학반응열을 이용하여 아크로 절단한다.
㉱ 철에 포함되는 많은 탄소는 절단을 방해하지 않는다.

해설 산소－아크절단 원리 : 예열원으로 아크를 쓰는 절단이다.

43. 용접이음의 단점으로 틀린 것은?

㉮ 재질의 변형 및 잔류응력이 발생한다.
㉯ 열 영향에 의한 취성이 생길 우려가 있다.
㉰ 품질검사가 곤란하고 수축이 생긴다.
㉱ 재료의 두께에 많은 제약을 받는다.

해설 용접이음은 재료의 두께가 어느 정도 두꺼워도 용접이 가능하다.

정답 39. ㉯ 40. ㉰ 41. ㉮ 42. ㉮ 43. ㉱

44. 오스터형 수동 나사절삭기에서 107번(117R) 절삭기로 절삭 가능한 관경은?

㉮ 8~32A ㉯ 15~50A
㉰ 40~80A ㉱ 65~100A

해설 오스터형 수동 나사절삭기 사용관경
㉮ 112R ㉯ 114R
㉰ 115R ㉱ 117R

45. 주철관의 이음에서 고무링 하나만으로 이음하며, 소켓 내부의 홈은 고무링을 고정시키고, 돌기부는 고무링이 있는 홈 속에 들어맞게 되어 있으며 삽입구의 끝은 쉽게 끼울 수 있도록 테이퍼로 되어 있어 이음과정이 비교적 간편하고 온도변화에 따른 신축이 자유로운 특징을 가지고 있는 이음방법은?

㉮ 소켓 이음(Socket juoint) ㉯ 빅토릭 이음(Victoric joint)
㉰ 타이튼 이음(Tyton joint) ㉱ 플랜지 이음(Flange joint)

해설 타이튼 주철관 이음
고무링을 이음하는 이음이며 이음과정이 비교적 간편하고 온도변화에 따른 신축이 자유롭다.

46. TIG 용접의 장점이 아닌 것은?

㉮ 용접부 변형이 비교적 적다.
㉯ 모든 용접자세가 가능하며 특히 박판보다 후판용접에서 능률적이다.
㉰ 아크가 안정되어 스패터의 발생이 적고, 열집중성이 좋아 고능률적이다.
㉱ 플럭스가 불필요하며 비철금속 용접이 용이하다.

해설 TIG 용접 : 텅크스텐의 심선을 사용하며 3mm 미만의 박판용 불활성 가스아크용접이다.
(알곤, 헬륨 등의 불활성 가스 사용)

47. 아래 그림과 같은 상관체의 전개도법으로 알맞은 방법은?

㉮ 방사 전개법
㉯ 삼각 전개법
㉰ 평행 전개법
㉱ 타출 전개법

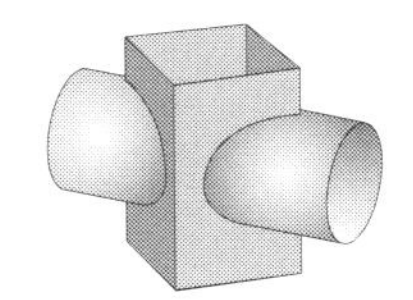

해설 전개도(Development) : 입체의 표면을 평면으로 펼쳐서 그린 것(판금가공에 이용된다.)

48. 도형의 한정된 특정 부분을 다른 부분과 구별하는 데 사용하는 해칭은 어느 선으로 나타내는가?

㉮ 굵은 실선 ㉯ 가는 실선
㉰ 은선 ㉱ 파단선

해설 가는 실선(——) : 도형의 중심 또는 대칭선을 나타내는 선이다.

정답 44. ㉱ 45. ㉰ 46. ㉯ 47. ㉰ 48. ㉯

49. 용접기호 중 시임 용접기호는?

㉮ ㉰

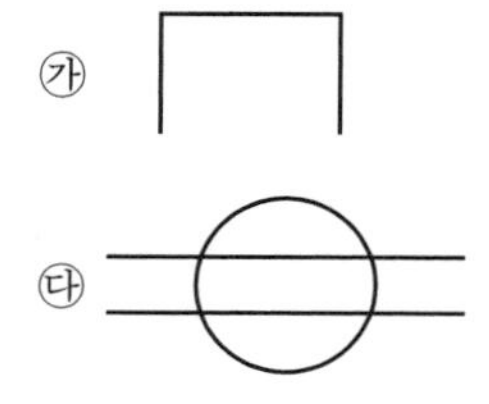

㉯ ㉱

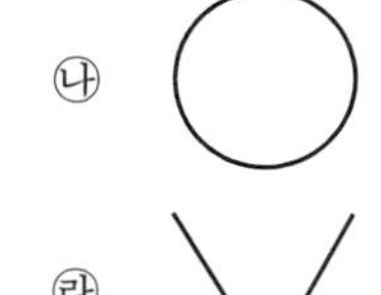

해설 용접부의 모양

① : 플러그, 슬로트 ② : 점, 프로젝셔
③ : 시임 용접 ④ : V형 용접

50. 플랜트 배관도의 종류 중 형식에 따른 분류에 속하지 않는 것은?

㉮ 장치 배관도 ㉯ 평면 배관도
㉰ 입면 배관도 ㉱ 부분 배관도

해설 관 장치도(배관도) : 실제 공장에서 제작, 설치, 시공이 가능하도록 PID를 기본 도면으로 그린 도면이다.

51. 배관설비 라인 인덱스의 장점으로 볼 수 없는 것은?

㉮ 배관시공 시 배관재료를 정확히 선정할 수 있다.
㉯ 배관공사의 관리 및 자재 관리에 편리하다.
㉰ 배관 내의 유체 마찰이 감소된다.
㉱ 배관 기기장치의 운전계획, 운전교육에 편리하다.

해설 라인 인덱스의 기재 순서 기호

5 → 5B → P, 15 → 40, CINS
① ② ③ ④ ⑤ ⑥
① 장치번호, ② 배관호칭, ③ 유체기호, ④ 배관번호, ⑤ 배관재료 종류별 기호, ⑥ 보온, 보냉기호

52. 다음 그림은 계장용 도시기호의 실제 기입기호이다. 무엇을 나타내는가?

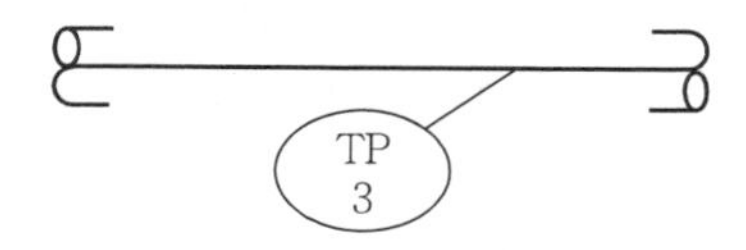

㉮ 면적유량계 ㉯ 기록압력계
㉰ 온도측정계 ㉱ 기록 온도검출기

해설 FI : 지시유량계, FS : 적산유량계, HC : 공기압식 수동조작기
TP : 온도측정계, TI : 지시온도계, DR : 공기압 전송식 기록
PI : 지시압력계, PR : 기록압력계

 정답 49. ㉰ 50. ㉮ 51. ㉰ 52. ㉰

53. 파이프 내에 흐르는 유체의 종류별 표시기호로 틀린 것은?

㉮ 공기 : A
㉯ 연료 가스 : K
㉰ 연료유 : 0
㉱ 증기 : S

해설 연료가스 : G, 물 : W

54. 정면, 평면, 측면을 하나의 투상면 위에 동시에 볼 수 있도록 두 개의 옆면 모서리가 수평선과 30°가 되게 하여 세 축이 120°의 각도가 되도록 입체도로 투상한 것을 무엇이라 하는가?

㉮ 정투상도 ㉯ 등각투상도 ㉰ 사투상도 ㉱ 회전투상도

해설 등각투상도
정면, 평면, 측면을 하나의 투상면 위에 동시에 볼 수 있도록 두 개의 옆면 모서리가 수평선과 30°가 되게 하여 세 축이 120°의 각도가 되도록 입체도를 투상한 것

55. 다음 중 모집단의 중심적 경향을 나타낸 측도에 해당하는 것은?

㉮ 범위(Range)
㉯ 최빈값(Mode)
㉰ 분산(Variance)
㉱ 변동계수(Coefficient of variation)

해설 ① 최빈값 : 모집단의 중심적 경향을 나타낸 측도
② 모집단 : 몇 개의 시료(샘플)를 뽑아 공정이나 로트를 하는 것을 모집단이라 한다.

56. 다음 중 계량값 관리도만으로 짝지어진 것은?

㉮ c관리도, u관리도
㉯ $x-R_S$관리도, P관리도
㉰ $\bar{x}-R$관리도, nP관리도
㉱ Me−R관리도, $\bar{x}-R$관리도

해설 ① 계량치 관리도($\bar{x}-R$, $x-R$, x, $x-R_S$, $\tilde{x}-R$)
② 계수치 관리도(P, Pm, U, C)
※ $\tilde{x}-R$(메디안 관리도, Me−R)

57. 로트에서 랜덤하게 시료를 추출하여 검사한 후 그 결과에 따라 로트의 합격, 불합격을 판정하는 검사방법을 무엇이라 하는가?

㉮ 자주검사
㉯ 간접검사
㉰ 전수검사
㉱ 샘플링검사

해설 샘플링검사 : 로트에서 랜덤하게 시료를 추출하여 검사한 후 그 결과에 따라 로트의 (합격, 불합격)을 판정하는 검사

58. 여유시간이 5분, 정미시간이 40분일 경우 내경법으로 여유율을 구하면 약 몇 %인가?

㉮ 6.33%
㉯ 9.05%
㉰ 11.11%
㉱ 12.50%

정답 53. ㉯ 54. ㉯ 55. ㉯ 56. ㉱ 57. ㉱ 58. ㉰

해설 ① 외경법 $= \frac{\text{여유시간}}{\text{정미시간}} \times 100 = \frac{5}{40} \times 100 = 12.5\%$

② 내경법 $= \frac{\text{여유시간}}{\text{정미시간} + \text{여유시간}} \times 100 = \frac{5}{40+5} \times 100 = 11.11\%$

59. 다음과 같은 [데이터]에서 5개월 이동평균법에 의하여 8월의 수요를 예측한 값은 얼마인가?

월	1	2	3	4	5	6	7
판매실적	100	90	110	100	115	110	100

㉮ 103 ㉯ 105
㉰ 107 ㉱ 109

해설 3~7월까지(5개월간)
(110+100+115+110+100)=535개
8월 예측값 $= \frac{535}{5} = 107$개

60. 관리 사이클의 순서를 가장 적절하게 표시한 것은?(단, A는 조치(Act), C는 체크(Check), D는 실시(Do), P는 계획(Plan)이다.)

㉮ P → D → C → A ㉯ A → D → C → P
㉰ P → A → C → D ㉱ P → C → A → D

해설 관리 사이클 순서
계획 → 실시 → 체크 → 조치 (P → D → C → A)

2012.07.23. 과년도 기출문제

MASTER CRAFTSMAN PLUMBING

1. 급탕 설비 중 저장탱크에 서모스탯을 장치한 가장 주된 이유는?

㉮ 증기압을 측정하기 위해서
㉯ 수량을 조절하기 위해서
㉰ 온도를 조절하기 위해서
㉱ 수질을 조절하기 위해서

해설 급탕탱크 내 서모스탯 설치목적 : 온도조절용

2. 자동제어기기 설치 시공에 대한 설명 중 틀린 것은?

㉮ 실내형 온도 및 습도의 검출부는 실내 온 · 습도의 평균치가 검출될 수 있는 장소에 설치하며, 일반사무실 등의 설치 높이는 바닥에서 1.5m 정도로 한다.
㉯ 실내형 습도조절기 및 검출기는 피 제어체의 습도가 검출될 수 있는 장소에 설치하되, 과도한 풍속에 의해 그 성능에 변화가 없도록 보호한다.
㉰ 온도, 습도조절기는 진동 및 물기와 먼지 등이 없는 곳에 설치한다.
㉱ 플로 스위치(Flow Switch)는 흐름의 방향을 확인하여 수평배관에 수평(평행)으로 설치한다.

해설 플로 스위치는 수평배관에 수직으로 설치한다.

3. 전기용접에서 감전의 방지대책으로 잘못된 것은?

㉮ 용접기에는 반드시 전격 방지기를 설치한다.
㉯ 가능한 개로전압이 높은 용접기를 사용한다.
㉰ 용접기 내부에 함부로 손을 대지 않는다.
㉱ 절연이 완전한 홀더를 사용한다.

해설 전압의 구분
① 교류 : 600 V 이하인 것
② 직류 : 750 V 이하인 것
③ 특고압 : 7 kV를 초과하는 것
④ 전기용접기에서 감전의 방지대책으로 가능한 개로전압이 낮은 용접기 사용

정답 1. ㉰ 2. ㉱ 3. ㉯

4. 다음 중 장갑을 착용하고 작업하면 안 되는 작업은?

㉮ 경납땜 작업 ㉯ 아크용접 작업
㉰ 드릴 작업 ㉱ 가스절단 작업

해설 전동기 드릴 작업 시에는 장갑을 착용하지 않는다.

5. 제어요소 중 입력 변화와 동시에 출력이 시간지연 없이 목표치에 동시에 변화하며, 시간지연이 없다는 의미에서 0차 요소라고도 하는 것은?

㉮ 적분요소 ㉯ 일차지연요소
㉰ 고차지연요소 ㉱ 비례요소

해설 비례요소
0차 요소(출력이 시간지연 없이 목표치에 동시에 변화한다.)

6. 추치제어에 관한 설명으로 잘못된 것은?

㉮ 목표값의 크기나 위치가 시간의 변화에 따라 임의로 변화된다.
㉯ 추치제어는 비율제어와 프로그램제어로 구분할 수 있다.
㉰ 2개 이상의 제어량 값이 일정한 비율관계를 유지하도록 하는 제어는 비율제어이다.
㉱ 보일러와 냉방기 같은 냉·난방장치의 압력제어용으로 많이 이용된다.

해설 보일러, 냉방기 등 압력제어는 설정압력, 최고압력에 변동이 없으므로 정치제어가 되어야 한다.

7. 고압가스 배관시공 시 유의해야 할 사항으로 틀린 것은?

㉮ 배관 등의 접합부분은 가능하면 나사이음을 할 것
㉯ 중 하중에 의해 생기는 응력에 대한 안정성이 있을 것
㉰ 신축이 생길 우려가 있는 곳에는 신축 흡수장치를 할 것
㉱ 관이음 방법은 가스의 최고사용압력, 관의 재질, 용도 등에 따라 적합하게 선택할 것

해설 고압가스 배관의 접합은 가능하면 용접접합으로 하여 누설을 방지한다.

8. 안개모양의 흘러내리는 미세한 물방울로 공기와 직접 접촉시킴으로써 여과기를 통과할 때 제거되지 않는 먼지, 매연 등을 제거하는 장치는?

㉮ 감습기 ㉯ 공기 세정기
㉰ 공기 냉각기 ㉱ 공기 가열기

해설 공기 세정기
① 미세한 물방울 사용(안개모양)
② 먼지, 매연이 방지된다.
③ 가습이 된다.

 정답 4. ㉰ 5. ㉱ 6. ㉱ 7. ㉮ 8. ㉯

9. 위생기구 설치에 대한 일반적인 설명으로 잘못된 것은?

㉮ 세면기 급수전의 위치는 일반적으로 작업자가 전방으로 서 있는 위치에서 냉수는 우측에, 온수는 좌측에 오도록 부착한다.
㉯ 좌변기를 설치하기 위해 볼트로 변기를 바닥에 고정할 때에는 도기의 균열이나 파손에 특히 주의한다.
㉰ 욕조(Bath)는 온수와 많이 접촉되므로 콘크리트 매설을 피한다.
㉱ 일반가정용 좌변기는 로탱크식이 많이 사용되며, 급수관경은 DN25, 세정밸브는 DN32를 연결해 준다.

해설 위생기구
(1) 급수전용
① 양식욕조 : 20A, ② 오물싱크 : 25A, ③ 샤워 : 15A
(2) 배수관용
① 대변기 : 75A, ② 청소싱크 : 65A, ③ 샤워 : 50A

10. 시퀀스제어의 접점 회로의 논리적(AND) 회로의 논리식이 A · B = R일 때 참값표가 틀린 것은?

㉮ 1 · 1 = 1　　　㉯ 1 · 0 = 0
㉰ 0 · 1 = 0　　　㉱ 0 · 0 = 1

해설 논리적(AND) 회로
직렬로 접속된 2개의 입력 접점을 가진 계전기 회로 2개의 입력 접점의 개폐를 나타내는 신호를 각각 A · B, 출력의 접점 개폐를 나타내는 신호가 C다.

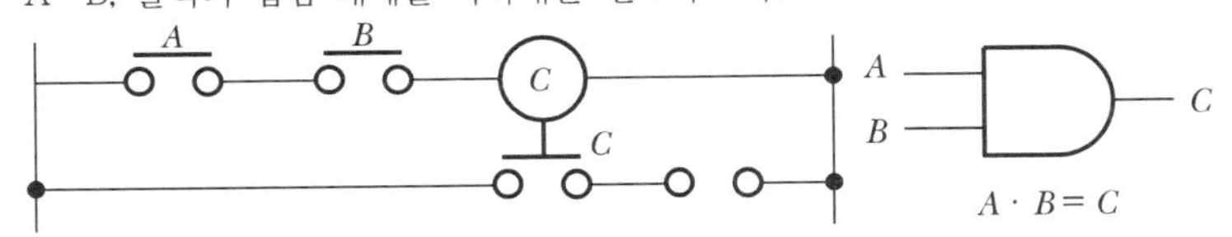

11. 암모니아 가스의 누설위치를 찾기 위해서는 무엇을 쓰는 것이 가장 좋은가?

㉮ 비눗물　　　㉯ 알코올
㉰ 냉각수　　　㉱ 페놀프탈레인

해설 암모니아 가스 누설 : 페놀프탈레인(붉은색 변화)

12. 배관작업 시 안전 수칙에 대한 설명으로 틀린 것은?

㉮ 오일 버너를 사용할 때는 부근에 연료통이나 탱크를 놓지 않는다.
㉯ 나사절삭 작업 시에는 관이나 공작물을 확실히 고정, 지지 후에 행한다.
㉰ 재료는 평탄한 장소에 수평으로 놓고 경사진 장소에서는 미끄럼 방지를 한다.
㉱ 밀폐된 용기 내에서의 도장 작업을 할 때에는 가스 배출을 위해 자연 통풍을 해야 한다.

해설 배관작업 시 밀폐된 용기 내에서의 도장은 가스배출을 위해 강제통풍을 실시한다.

정답 9. ㉱ 10. ㉱ 11. ㉱ 12. ㉱

13. 소화설비에 관련된 설명으로 적당하지 않은 것은?

㉮ 옥내소화전함의 설치 높이는 바닥에서 1.5m 이하가 되도록 한다.
㉯ 옥외소화전은 방수구(개폐장치)의 설치위치에 따라 지상식과 지하식으로 구분한다.
㉰ 드렌처는 인접 건물에서 화재 시 연소방지를 목적으로 창문, 출입구, 처마 밑, 지붕 등에 물을 뿌리는 설비다.
㉱ 스프링클러는 소방관이 보기 쉬운 건물 외벽에 설치하며, 화재 시 실내로 압력수를 공급한다.

해설 스프링클러는 헤드를 천장에 배치하여 화재 시 실온이 65~75 ℃ 올라가면 지전이 자동 탈락하여 다량의 물을 분출하여 소화시킨다.

14. 주철관 코킹 작업 시 안전 수칙으로 틀린 것은?

㉮ 납 용해 작업은 인화 물질이 없는 곳에서 행한다.
㉯ 작업 중에는 수분이 들어가지 않는 장소를 택한다.
㉰ 납 용융액을 취급할 때는 앞치마, 장갑 등을 반드시 착용한다.
㉱ 납은 소켓에 한 번에 주입하며, 주입 전에 먼저 물을 붓고 작업한다.

해설 주철관 코킹 작업 시 납은 소켓에 한 번에 주입하여야 한다. 만일 물이 있으면 납이 비산해 작업자에게 해를 준다.

15. 고온고압에 사용되는 화학배관의 부식 종류에 속하지 않는 것은?

㉮ 수소에 의한 탈탄
㉯ 암모니아에 의한 질화
㉰ 일산화탄소에 의한 금속의 카아보닐화
㉱ 질화수소에 의한 부식

해설 질화수소
질소와 수소의 화합물이며 화학배관의 부식은 발생되지 않는다.

16. 관의 산세정 작업에서 수세(水洗) 시 사용하는 적합한 물은?

㉮ 수돗물 ㉯ 산성수
㉰ 묽은 황산수 ㉱ 알칼리수

해설 관의 염산세관(산세정) 시 수세수는 가능한 수돗물을 사용한다.

17. 다음 용어에 대한 설명으로 잘못된 것은?

㉮ 화상 면적 : 화격자의 면적을 말한다.
㉯ 보일러 마력 : 1보일러 마력을 열량으로 환산하면 8,462.3 kcal/h이다.
㉰ 전열면적 : 난방용 방열기의 방열면적으로 표준방열량은 650 kcal/h이다.
㉱ 증발량 : 단위시간에 발생하는 증기의 양을 말한다.

해설 보일러 전열면적(m^2) : 복사전열면적, 대류전열면적

 정답 13. ㉱ 14. ㉱ 15. ㉱ 16. ㉮ 17. ㉰

18. 25A용 2개, 20A용 3개, 15A용 2개의 급수전을 사용할 때 급수 주관의 호칭규격을 급수관의 균등표를 이용하여 산출한 것으로 맞는 것은?(단, 동시 사용률은 무시한다.)

〈급수관의 균등표〉

관지름 (mm)	6	8	10	15	20	25	32	40	50	65	80
6	1										
8	2.1	1									
10	4.5	2.1	1								
15	8.2	3.8	1.8	1							
20	16	7.7	3.6	2	1						
25	30	14	6.6	3.7	1.8	1					
32	60	28	13	7.2	3.6	2	1				
40	88	41	19	11	5.3	2.9	1.5	1			
50	164	77	36	20	10.0	5.5	2.8	1.9	1		
65	255	120	56	31	15.5	8.5	4.3	2.9	1.6	1	
80	439	206	97	54	27	15	7	5	2.7	1.7	1

㉮ 32A ㉯ 40A ㉰ 50A ㉱ 65

해설 호칭규격(A) $= \dfrac{(25\times2)+(20\times3)+(15\times2)}{3} = 47\text{A}$ (조금 큰 것 사용)

또는 $\dfrac{(15\times3.8)+(20\times1.8)}{2} = 45.75\text{A}$ (조금 큰 것 사용)

19. 기송배관에서 저압송식 또는 진공식일 때, 일반적인 경우 수송물의 수송 가능거리는 몇 m 정도인가?

㉮ 250~300 ㉯ 500~550
㉰ 1,000~1,500 ㉱ 3,000~6,000

해설 기송배관(氣送配管) 수송관
- 저압송식, 진공식의 경우 수송가능거리 : 250~300m
- 그 이상의 속도에서는 고압송식을 사용한다.

20. 화학 세정용 약제에서 알칼리성 약제로 맞는 것은?

㉮ 염산 ㉯ 설파인산
㉰ 4염화탄소 ㉱ 암모니아

해설 알칼리성 약제 : 암모니아, 탄산소다, 가성소다

21. 플랜지 시트 종류 중 전면 시트(Seat) 플랜지를 사용할 때 사용 가능한 호칭 압력으로 가장 적합한 것은?

㉮ 1kgf/cm^2 이하 ㉯ 16kgf/cm^2 이하
㉰ 40kgf/cm^2 이하 ㉱ 63kgf/cm^2 이상

정답 18. ㉰ 19. ㉮ 20. ㉱ 21. ㉯

해설 전면시트 : 호칭압력 16kg/cm^2 이하에 사용

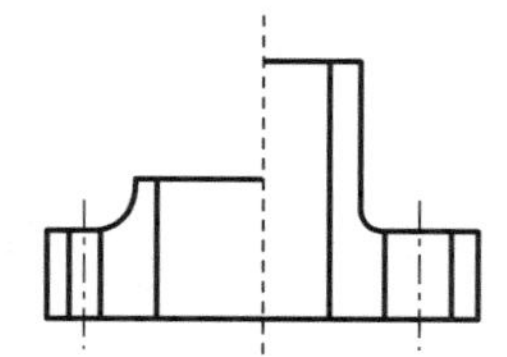

22. 연관(鉛管)을 잘못 사용한 곳은?

㉮ 가스배관
㉯ 농염산, 초산의 공급배관
㉰ 가정용 수도 인입관
㉱ 배수관

해설 연관
초산이나 진한 염산에 침식되며 증류수, 극연수에 다소 침식되는 경향이 있다.

23. 땅속에 매설된 수도 인입관에 설치하여 건물 안의 급수장치 전체 물의 흐름을 조절하거나 개폐할 때 사용되는 수전으로 맞는 것은?

㉮ B형 급수전
㉯ A형 급수전
㉰ B형 지수전
㉱ A형 지수전

해설 B형 지수전
땅속에 매설된 수도 인입관에 설치하여 건물 안의 급수장치 전체 물의 흐름을 조절 또는 개폐 시 사용되는 수전

24. 증기 트랩에서 오픈(Open)트랩이라고도 하며, 공기가 거의 배출되지 않으므로 열동식 트랩을 병용하여 사용하는 트랩은 어느 것인가?

㉮ 상향식 버킷 트랩
㉯ 온도조절 트랩
㉰ 플러시 트랩
㉱ 충격식 트랩

해설 상향식 버킷 트랩
오픈 증기 트랩(공기 배출이 되지 않아서 열동식 트랩을 병용하여 사용한다.)

25. 글랜드 패킹에 속하지 않는 것은?

㉮ 플라스틱 패킹
㉯ 메커니컬실
㉰ 일산화연
㉱ 메탈 패킹

해설 일산화연
나사용 패킹제로 페인트에 소량 타서 사용하며 냉매배관용으로 많이 사용된다.

26. 다음 중 체크밸브에 속하지 않는 것은?

㉮ 리프트형
㉯ 스윙형
㉰ 풋형
㉱ 글로브형

 정답 22. ㉯ 23. ㉰ 24. ㉮ 25. ㉰ 26. ㉱

해설 체크밸브
① 리프트형 ② 스윙형 ③ 풋형 ④ 판형

27. 다음 중 주철관을 사용하기에 부적합한 것은?

㉮ 수도용 급수관
㉯ 가스 공급관
㉰ 오배수관
㉱ 열교환기 전열관

해설 주철관은 열교환기 전열관으로 사용은 부적당하다(고압 사용은 부적당).

28. 350℃ 이하의 압력배관에 쓰이는 압력배관용 탄소강관의 기호로 맞는 것은?

㉮ SPPS
㉯ SPPH
㉰ STLT
㉱ STWW

해설 SPPS : 압력배관용 탄소강 강관
SPPH : 고압배관용 탄소강 강관
STLT : 저온배관용 탄소강 강관

29. 일명 패클리스 신축 이음쇠라고도 하며, 관의 신축에 따라 슬리브와 함께 신축하는 것으로, 미끄럼 면에서 유체가 누설되는 것을 방지하는 것은?

㉮ 루프형 신축이음쇠
㉯ 슬리브형 신축이음쇠
㉰ 벨로스형 신축이음쇠
㉱ 스위블형 신축이음회

해설 벨로스형 신축이음쇠 : 주름관을 이용한 패클리스 이음

30. 배관용 타이타늄(Titanium)관에 관한 설명으로 틀린 것은?

㉮ 내식성, 특히 내해수성이 좋다.
㉯ 제조방법에 따라 이음매 없는 관과 용접관으로 나눈다.
㉰ 화학장치, 석유정제장치, 펄프제지공업장치 등에 사용된다.
㉱ 관은 안지름이 최소 20mm부터 100mm까지 있고, 두께는 20mm 이상이다.

31. 폴리에틸렌관(Polyethylene Pipe)의 장점으로 틀린 것은?

㉮ 염화비닐관보다 가볍다.
㉯ 염화비닐관보다 화학적 · 전기적 성질이 우수하다.
㉰ 내한성이 좋아 한랭지 배관에 알맞다.
㉱ 염화비닐관에 비해 인장강도가 크다.

해설 ① 경질염화비닐관 : 가볍고 강인하다.
② 폴리에틸렌관 : 인장강도가 작다(염화비닐관의 $\frac{1}{5}$ 정도이다.)

정답 27. ㉱ 28. ㉮ 29. ㉰ 30. ㉱ 31. ㉱

32. 배관계의 진동이나 수격 작용에 의한 충격 등을 감쇠 또는 완화시키는 것이 주목적인 지지 장치는?

㉮ 레스트레인트(Restraint) ㉯ 브레이스(Brace)
㉰ 서포트(Support) ㉱ 턴 버클(Turn Buckle)

해설 브레이스(Brace)
배관계의 진동이나 수격작용에 의한 충격 등을 감쇠 완화시킨다.

33. 한쪽은 나사 이음용 니플(Nipple)과 연결하고 다른 한쪽은 이음쇠의 내부에 관을 삽입하여 용접하는 동관 이음쇠의 형식은?

㉮ Ftg×F ㉯ Ftg×M
㉰ C×M ㉱ C×F

해설

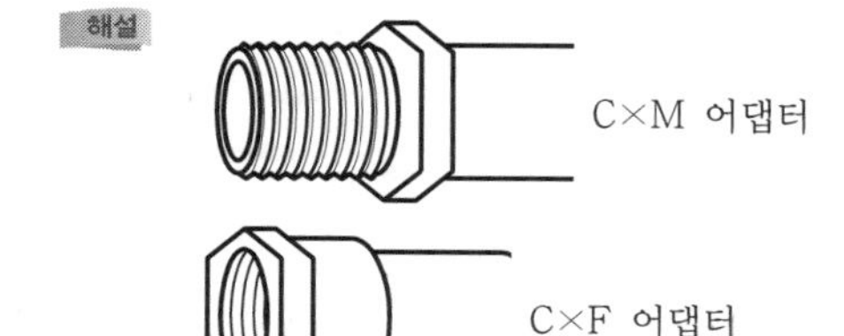

34. 다음 보온 피복재 중 유기질 피복재가 아닌 것은?

㉮ 코르크 ㉯ 암면
㉰ 기포성 수지 ㉱ 펠트

해설 암면보온재 : 원료(안산암+현무암+석회석) 무기질보온재
① 열전도율 : 0.039~0.048kcal/mh℃
② 용도 : 400℃ 이하 관, 덕트, 탱크용 보온재
③ 흡수성이 적고 알칼리에는 강하나 강한 산에는 약하다.

35. 배관접합에 관한 일반적인 설명으로 틀린 것은?

㉮ 나사이음은 주로 저압, 저온에서 그다지 위험성이 없는 물, 공기, 저압 증기 등의 관이음에 많이 쓰인다.
㉯ 나사 절삭가공, 취부 및 누설 등의 이유로 4B 이상의 관에서는 용접 이음이 유리하다.
㉰ 플랜트배관용의 일반 프로세스 배관에서는 나사이음만 한다.
㉱ 가조립이 끝나면 루트 간격이 맞는가, 중심 맞추기가 잘되었는가를 검사하여 수정할 곳이 있으면 수정하여 용접한다.

해설 플랜트배관용의 일반 프로세스 배관
나사이음, 플랜지이음, 용접이음이 가능하다.

 정답 32. ㉯ 33. ㉱ 34. ㉯ 35. ㉰

36. 용접기를 설치하기 부적합한 장소는?

㉮ 먼지가 없는 곳
㉯ 비, 바람이 없는 곳
㉰ 수증기 또는 습도가 높은 곳
㉱ 주위 온도가 5℃인 곳

해설 용접기는 감전을 방지하기 위하여 수증기가 없는 건조한 곳에 설치한다.

37. 칼라 속에 2개의 고무링을 넣고 이음하는 방식으로 일명 고무 가스켓 이음이라고도 하며, 75~500mm의 지름이 작은 석면시멘트관에 사용되는 이음방식인 것은?

㉮ 심플렉스 이음
㉯ 콤포 이음
㉰ 노 허브 신축 이음
㉱ 철근 콘크리트 이음

해설 석면 시멘트관(에터니트관 접합)
① 기이볼트이음(2개의 플랜지와 고무링, 1개의 슬리브)
② 컬러접합(주철제 특수컬러 사용)
③ 심플렉스접합(컬러+2개의 고무링 사용)

38. 경질 염화비닐 관을 열간 삽입이음할 때 삽입길이는 관경(D)의 몇 배 정도가 가장 적당한가?

㉮ 1.1~1.4D
㉯ 1.5~2.0D
㉰ 2.1~2.4D
㉱ 2.5~3.0D

해설

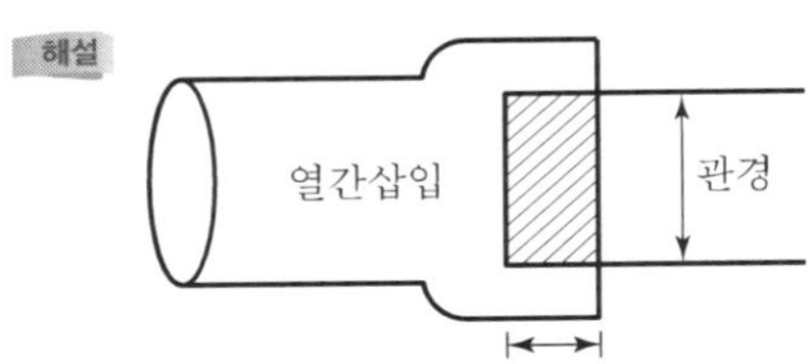

39. 다음 중 융접에 해당되는 용접법은?

㉮ 스터드 용접
㉯ 방전충격 용접
㉰ 심 용접
㉱ 플래시 맞대기 용접

해설 ① 스터드 용접 : 융접 아크 용접(비피복 아크 용접)
② 충격 용접 : 압접 용접
③ 심 용접 : 압접 저항 겹치기 용접
④ 플래시 버트 용접 : 압접가열 저항 맞대기 용접

정답 36. ㉰ 37. ㉮ 38. ㉯ 39. ㉮

40. 아래 그림과 같은 곡관에 물이 채워져 있을 때 밑면 AB에 작용하는 수압(게이지 압)은 몇 kPa인가?(단, 중력가속도는 $9.8m/s^2$이다.)

㉮ 98.0
㉯ 91.1
㉰ 73.5
㉱ 68.6

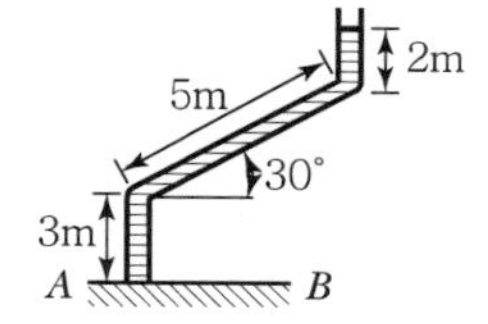

해설 $1kg/cm^2 = 98kPa = 10mAq$
$(\sin 30) \times 5 = 2.5m$
수두압 $= 2.5 + 3 + 2 = 7.5mAq$
$\therefore\ 98 \times \frac{7.5}{10} = 73.5kPa$

41. 링크형 파이프 커터의 용도로 가장 적합한 것은?

㉮ 주철관 절단용
㉯ 강관 절단용
㉰ 비금속관 절단용
㉱ 도관 절단용

해설 링크형 파이프커터 : 200mm 이상 주철관 절단용 커터

42. 주철관 이음 중 기계식 이음의 특징으로 틀린 것은?

㉮ 기밀성이 좋다.
㉯ 수중에서의 접합이 가능하다.
㉰ 전문 숙련공이 필요하다.
㉱ 고압에 대한 저항이 크다.

해설 주철관 기계식 이음(메커니컬 조인트)
① 작업이 간단하며 수중작업도 용이하다.
② 지진, 기타 외압에 대한 가요성이 풍부하여 다소의 굴곡에도 누수치 않는다.

43. 용접작업 시 일반적인 사항을 설명한 것 중 틀린 것은?

㉮ 다층 비드 쌓기에는 덧살올림법, 케스케이드법, 전진 블록법 등이 있다.
㉯ 냉각속도는 같은 열량을 주었을 때 열의 확산 방향이 적을수록 냉각속도가 빠르다.
㉰ 용접입열이 일정할 경우 구리는 연강보다 냉각 속도가 빠르다.
㉱ 주철, 고급 내열합금도 용접균열을 방지하기 위해 용접 전 적당한 온도로 예열시킨다.

해설 용접에서 냉각속도가 같은 열량을 주면 열의 확산 방향이 클수록 냉각속도가 빠르다.

44. 배관설비의 유량 측정에 일반적으로 응용되는 원리(정리)인 것은?

㉮ 상대성 원리
㉯ 베르누이 정리
㉰ 프랭크의 정리
㉱ 아르키메데스 원리

해설 배관설비의 유량 측정에 일반적으로 베르누이 정리를 이용한다.

 정답 40. ㉰ 41. ㉮ 42. ㉰ 43. ㉯ 44. ㉯

45. 건포화 증기의 건도 x는 얼마인가?

㉮ 10 ㉯ 5
㉰ 1 ㉱ 0.5

해설 건포화 증기 건도 : 1
습포화 증기 건도 : x
포화수 건도 : 0
건도 크기 : $1 > x > 0$

46. 굽힙 반경(Bending Radius)은 파이프 지름의 몇 배 이상이 되어야 굴곡에 의한 물의 저항을 무시할 수 있는가?

㉮ 1배 ㉯ 2배
㉰ 3배 ㉱ 6배

해설
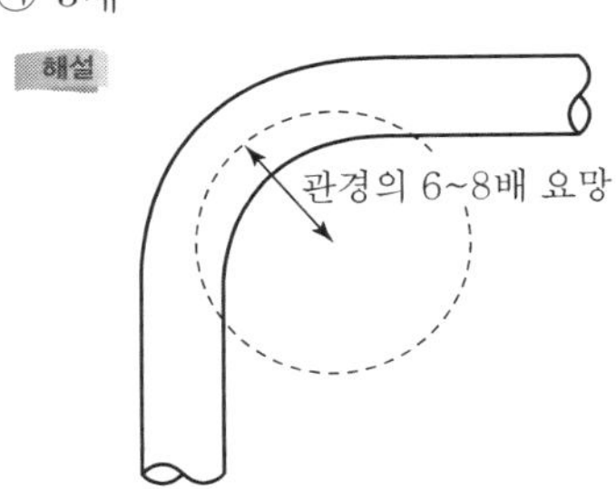

47. 다음 배관 도시기호 중 게이트 밸브를 표시하는 것은?

㉮ ㉯
㉰ ㉱

해설 : 게이트 밸브(슬루스 밸브)

48. CNC 파이프 밴딩 머신으로 그림과 같이 관을 굽히고자 한다. 프로그램을 작성하는데 ①점의 X, Y 좌표가 (0, 0)일 때 ⑤점의 절대좌표는?

㉮ (250, 300)
㉯ (300, −250)
㉰ (400, −250)
㉱ (400, 250)

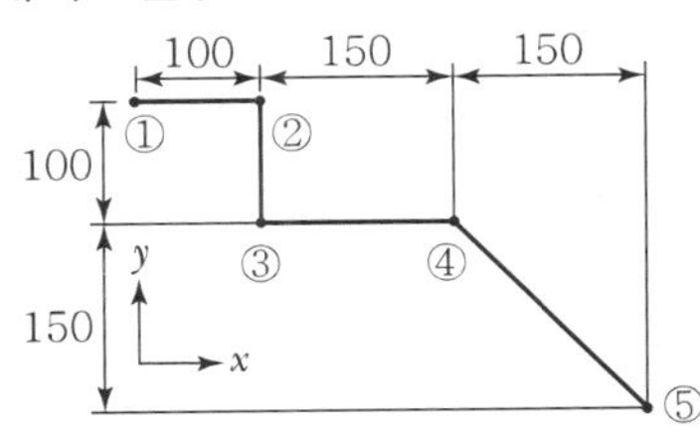

해설 $L = 100 + (150 + 150) = 400$, CNC 자동선반 파이프 밴딩 머신 ⑤점의 절대좌표 : X(400), $Y = 150 - 400 = -250$

정답 45. ㉰ 46. ㉱ 47. ㉮ 48. ㉰

49. 4편 마이터관(4편 엘보)을 만들려고 한다. 절단각을 구하는 식으로 맞는 것은?

㉮ 절단각 = $\frac{중심각}{(편수-1)\times 3}$
㉯ 절단각 = $\frac{중심각}{(편수-1)\times 2}$
㉰ 절단각 = $\frac{편수}{(중심각-1)\times 3}$
㉱ 절단각 = $\frac{편수}{(중심각-1)\times 2}$

해설 4편 마이터관 절단각 = $\frac{중심각}{(편수-1)\times 2}$

50. 그림과 같은 도면의 지시기호 및 내용에 대한 설명으로 옳은 것은?

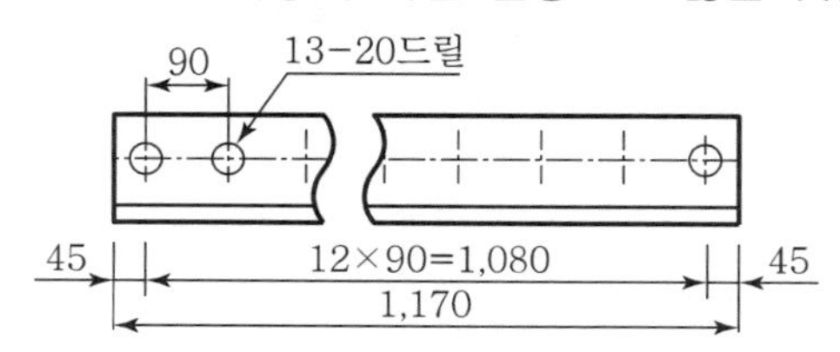

㉮ 드릴 구멍의 지름은 13mm이다.
㉯ 드릴 구멍의 피치는 45mm이다.
㉰ 드릴 구멍은 13개이다.
㉱ 드릴 구멍의 깊이는 20mm이다.

해설 13-20 드릴 내용 : 드릴 구멍 13개
20 : 드릴 직경
90 : 구멍과 구멍 사이 간격

51. 그림과 같은 용접기호를 설명한 것으로 옳은 것은?

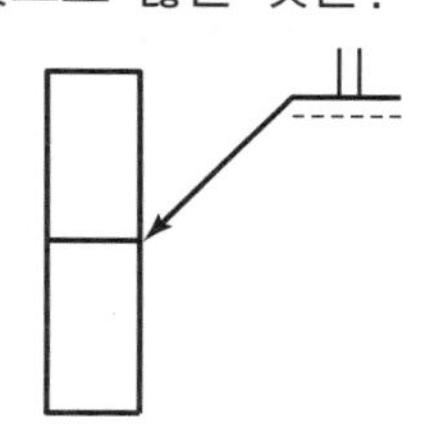

㉮ I형 맞대기 용접 : 화살표 쪽에 용접
㉯ I형 맞대기 용접 : 화살표 반대쪽에 용접
㉰ H형 맞대기 용접 : 화살표 쪽에 용접
㉱ H형 맞대기 용접 : 화살표 반대쪽에 용접

해설 I형 맞대기 용접 기호로서 화살표 쪽에 용접하라는 표시이다.

52. 배관도면을 작성할 때 건물의 바닥면을 기준선으로 하여 배관장치 높이를 표시하는 기호는?

㉮ EL
㉯ GL
㉰ FL
㉱ CL

해설 FL : 배관도면 작성 시 건물의 바닥면을 기준선으로 하는 배관장치 높이 표시

 정답 49. ㉯ 50. ㉰ 51. ㉮ 52. ㉰

53. 보기와 같은 배관 라인 인덱스에서 관에 흐르는 유체의 종류는?

(보기)
2－80A－PA－16－39－HINS

㉮ 작업용 공기
㉯ 재생 냉수
㉰ 저압 증기
㉱ 연료 가스

해설
① 2 : 장치번호
② 80A : 배관호칭지름
③ PA : 배관호칭 유체기호(공기표시 : A)
④ 16 : 배관번호
⑤ 39 : 배관재료 종류별 기호
⑥ HINS : 보온 · 보냉기호(보온)
⑦ CINS : 보냉
⑧ PP : 화상방지

54. 기계제도 분야에서 가장 많이 사용되는 방법으로 보는 방향에서의 형상과 크기만 나타나고, 다른 부분은 알 수가 없기 때문에 물체 전체를 완전히 표현하려면 두 개 이상의 투상도가 필요한 것은?

㉮ 등각투상도
㉯ 사투상도
㉰ 투시도
㉱ 정투상도

해설 정투상도
① 기계제도 분야에서 가장 많이 사용된다.
② 방향에서 형상, 크기만 나타낸다.
③ 물체 전체를 완전히 표현하려면 2개 이상의 투상도가 필요하다.

55. 축의 완성지름, 철사의 인장강도, 아스피린 순도와 같은 데이터를 관리하는 가장 대표적인 관리도는?

㉮ c 관리도
㉯ nP 관리도
㉰ u 관리도
㉱ $\bar{x}$－R 관리도

해설 관리도 설명
① $\bar{x}$－R 관리도 : 평균치와 범위의 관리도
② c 관리도 : 결점수의 관리도
③ u 관리도 : 단위당 결점수 관리도
④ $\tilde{x}$－R 관리도 : 메디안과 범위의 관리도
⑤ 관리항목이 축의 완성된 지름, 철사의 인장강도, 아스피린 순도와 같은 데이터 관리도 : $\bar{x}$－R 관리도

56. 로트의 크기가 시료의 크기에 비해 10배 이상 클 때, 시료의 크기와 합격판정개수를 일정하게 하고 로트의 크기를 증가시킬 경우 검사특성곡선의 모양 변화에 대한 설명으로 가장 적절한 것은?

㉮ 무한대로 커진다.
㉯ 별로 영향을 미치지 않는다.
㉰ 샘플링 검사의 판별 능력이 매우 좋아진다.
㉱ 검사특성곡선의 기울기 경사가 급해진다.

정답 53. ㉮ 54. ㉱ 55. ㉱ 56. ㉯

해설 로트의 크기 = $\frac{\text{예정생산목표량}}{\text{로트 수(lot number)}}$(개)

시료(샘플) : 어떤 목적을 가지고 샘플링한 것

57. 작업시간 측정방법 중 직접측정법은?

㉮ PTS법　㉯ 경험견적법
㉰ 표준자료법　㉱ 스톱워치법

해설 ① 스톱워치에 의한 표준시간 결정단계
측정시간 → 평준화 → 정상시간 → 여유시간 → 표준시간
② 스톱워치(Stop Watch) : 직접 작업시간을 측정한다.
$1DM = \frac{1}{100분}$ 값이다.

58. 준비작업시간 100분, 개당 정미작업시간 15분, 로트 크기가 20일 때 1개당 소요작업시간은 얼마인가?(단, 여유시간은 없다고 가정한다.)

㉮ 15분　㉯ 20분
㉰ 35분　㉱ 45분

해설 로트 크기 20×15=300분
총 시간=300+100=400분
∴ 1개당 소요작업시간 = $\frac{400}{20}$ = 20분/개당

59. 소비자가 요구하는 품질로서 설계와 판매정책에 반영되는 품질을 의미하는 것은?

㉮ 시장품질　㉯ 설계품질
㉰ 제조품질　㉱ 규격품질

해설 시장품질 : 소비자가 요구하는 품질로서 설계와 판매정책에 반영되는 품질이다.

60. 다음 중 샘플링 검사보다 전수검사를 실시하는 것이 유리한 경우는?

㉮ 검사항목이 많은 경우
㉯ 파괴검사를 해야 하는 경우
㉰ 품질특성치가 치명적인 결점을 포함하는 경우
㉱ 다수 다량의 것으로 어느 정도 부적합 품이 섞여도 괜찮을 경우

해설 품질특성치가 치명적인 결점을 포함하는 경우에는 샘플링검사보다 전체를 검사하는 것이 유리하다.

정답 57. ㉱ 58. ㉯ 59. ㉮ 60. ㉰

2013.04.15. 과년도 기출문제

MASTER CRAFTSMAN PLUMBING

1. 일반적인 기송 배관의 형식이 아닌 것은?

㉮ 진공식
㉯ 압송식
㉰ 진공 압송식
㉱ 분리기식

해설 기송배관(기체이송배관) 형식
① 진공식
② 압송식(고압송식, 저압송식)
③ 진공압송식

2. 피드백제어(Feed Back Control)의 종류가 아닌 것은?

㉮ 정치제어
㉯ 추치제어
㉰ 프로세스제어
㉱ 조건제어

해설 피드백제어 종류
① 정치제어
② 추치제어
③ 프로세스제어

3. 자동제어계의 검출기에서 검출된 신호가 아주 작거나 조절기의 신호에 적합하지 않을 경우 검출신호를 증폭하거나 다른 신호로 변환하여 보내는 장치는?

㉮ 지시기
㉯ 전송기
㉰ 조절기
㉱ 조작기

해설 자동제어 전송기 : 검출기에서 검출된 신호가 아주 작거나 조절기의 신호에 적합하지 않을 경우 검출신호를 증폭하거나 다른 신호로 변환하여 보내는 제어장치

4. 자동제어장치에서 기준입력과 검출부 출력을 합하여 제어계가 소요의 작용을 하는 데 필요한 신호를 만들어 보내는 부분으로 맞는 것은?

㉮ 비교부
㉯ 설정부
㉰ 조절부
㉱ 조작부

해설 자동제어 조절부 : 제어장치에서 기준입력과 검출부 출력을 합하여 제어계가 소요의 작용을 하는 데 필요한 신호를 만들어 조작부로 보낸다.

정답 1. ㉱ 2. ㉱ 3. ㉯ 4. ㉰

5. 트랩의 봉수가 모세관 현상에 의하여 없어지는 경우의 조치사항으로 가장 적당한 것은?

㉮ 트랩 가까이에 통기관을 세운다.
㉯ 머리카락 같은 이물질을 제거한다.
㉰ 기름을 흘려보내 봉수가 없어지는 것을 막는다.
㉱ 배수구에 격자를 설치한다.

해설 트랩의 봉수가 모세관 현상에 의해 없어지는 경우에는 머리카락 같은 이물질을 제거해준다.

6. 난방배관에서 리프트 피팅에 대한 설명으로 틀린 것은?

㉮ 진공 환수식일 때 사용한다.
㉯ 1단의 높이를 1.5m 이내로 한다.
㉰ 응축수를 끌어올릴 때 사용한다.
㉱ 입상관은 환수주관 구경보다 1~2사이즈 이상 큰 관을 사용한다.

해설 리프트 피팅=(진공환수식 증기난방)에서 응축수를 끌어올리기 위해 설치하며 리프트 피팅은 환수주관보다 지름이 1~2 정도 작은 치수 사용을 원칙으로 한다.

7. 길이 30cm 되는 65A 강관의 중앙을 가스절단을 한 후 절단부위를 다루는 방법으로 가장 안전한 방법은?

㉮ 관에 손가락을 끼워서 든다.
㉯ 장갑을 끼고 손으로 잡는다.
㉰ 단조용 집게나 플라이어로 잡는다.
㉱ 절단 부위에서 가장 먼 곳을 맨손으로 잡는다.

해설

가스 절단 후 절단부위는 단조용 집게나 플라이어로 잡는다.

8. 보일러 취급자의 부주의로 인하여 발생하는 사고의 원인으로 맞는 것은?

㉮ 재료의 부적당
㉯ 설계상 결함
㉰ 발생증기 압력의 과다
㉱ 구조상의 결함

해설 취급자 부주의 사고
① 압력과다
② 저수위사고
③ 가스폭발
④ 부식

 정답 5. ㉯ 6. ㉱ 7. ㉰ 8. ㉰

9. 배관설비의 진공시험에 관한 설명으로 틀린 것은?

㉮ 기밀시험에서 누설 개소가 발견되지 않을 때 하는 시험이다.
㉯ 주위 온도의 변화에 대한 영향이 없는 시험이다.
㉰ 관 속을 진공으로 만든 후 일정 시간 후의 진공 강하상태를 검사한다.
㉱ 진공펌프나 추기 회수장치를 이용하여 시험한다.

해설 배관설비 진공시험에서는 ㉮, ㉰, ㉱항 외 주위 온도 변화에 대하여 주의하여야 한다.

10. 150A 관의 내경은 155mm이다. 이 관을 이용하여 매초 1.5m의 속도로 물을 수송하고 있다. 2시간 동안 수송된 물의 양은 약 몇 m^3 정도인가?

㉮ 102　㉯ 136　㉰ 155　㉱ 204

해설 물의 유량(Q) = 관의 단면적×물의 유속

관의 단면적(A) $= \frac{\pi}{4}d^2$, 155mm = 0.155m

$\therefore Q = \left\{\frac{3.14}{4} \times (0.155)^2 \times 1.5\right\} \times 2\text{시간} \times 3{,}600\text{초}/\text{시간}$

$= 204m^3/2\text{시간}$

11. 122℉는 섭씨온도와 절대온도로 각각 얼마인가?

㉮ 50℃, 323 K　㉯ 55℃, 337 K
㉰ 60℃, 509 K　㉱ 50℃, 581 K

해설 ① 섭씨 $= \frac{5}{9}(°F - 32) = \frac{5}{9}(122 - 32) = 50℃$

② 절대온도(K) = ℃ + 273 = 50 + 273 = 323K

12. 화학설비 장치 배관재료의 구비 조건으로 틀린 것은?

㉮ 접촉 유체에 대해 내식성이 클 것
㉯ 크리프(Creep) 강도는 적을 것
㉰ 고온 고압에 대하여 기계적 강도가 있을 것
㉱ 저온에서 재질의 열화(劣化)가 없을 것

해설 화학설비 장치 배관재료 구비조건은 크리프 강도가 커야 한다.

13. 냉각탑의 공기 출구에 물방울이 공기와 함께 유출하지 못하도록 설치하는 것은?

㉮ 일리미네이터　㉯ 디스크 시트
㉰ 플래시 가스　㉱ 진동 브레이크

해설 일리미네이터
냉각탑의 공기 출구에 물방울이 공기와 함께 유출하지 못하도록 설치하는 부속품이다.

정답 9. ㉯ 10. ㉱ 11. ㉮ 12. ㉯ 13. ㉮

14. 산 세정에 관한 설명 중 올바른 것은?

㉮ 주로 탈지세정을 목적으로 실시한다.
㉯ 약액 조성은 제3인산소다+소다회+계면활성제이며 세정시간은 6~8시간 정도이다.
㉰ 플랜트 내부의 스케일을 기계적으로 전부 제거할 수 있는 방법이다.
㉱ 수세(水洗)를 한 후에는 하이드라진, 아질산염, 인산염 등에 의해 모재표면에 방청피막을 형성시켜야 한다.

해설 산 세정(스케일 제거) : 염산, 유산, 인산, 설파민산 사용
① 약액 : 염산 및 부식억제제 인히비타 첨가
② 시간 : 4~6시간 실시
③ 수세 후 하이드라진, 아질산염, 인산염 등의 방청피막 형성으로 산에 의한 부식방지

15. 장치의 운전을 정지시키지 않고 유체가 흐르는 상태에서 수리하는 방법으로 흐르고 있는 유체를 막을 수 없을 때 사용하는 응급조치 방법으로 맞는 것은?

㉮ 플러깅(Plugging)법
㉯ 스토핑 박스(Stopping Box)법
㉰ 박스설치(Box－In)법
㉱ 인젝션(Injection)법

해설 플러깅(Plugging)법
장치의 운전을 정지시키지 않고 유체가 흐르는 상태에서 수리하는 방법(흐르는 유체를 막을 수 없을 때 사용하는 응급처치 방법)

16. 상수도 시설기준에서 급수관의 매설심도에 관한 설명으로 잘못된 것은?

㉮ 일반적으로 공 · 사도에서 매설심도는 35cm 이상으로 하는 것이 바람직하다.
㉯ 한랭지에서는 그 지방의 동결심도보다 더 깊게 매설한다.
㉰ 도시의 지하매설물 규정에 매설심도가 정해져 있을 경우에는 그 규정에 따른다.
㉱ 도시의 지하 매설물 규정에 매설심도가 정해져 있지 않을 경우에는 매설장소의 토질, 하중, 충격 등을 충분히 고려하여 심도를 결정한다.

해설 상수도 배관이나 공업용수배관은 최소 지면 1.2m 아래 매설한다.

17. 세정식 집진법을 형식에 따라 분류한 것으로 맞는 것은?

㉮ 유수식, 원통식
㉯ 충돌식, 회전식
㉰ 평판식, 가압수식
㉱ 유수식, 가압수식

해설 세정식 집진장치
① 유수식
② 가압수식
③ 회전식

 정답 14. ㉱ 15. ㉮ 16. ㉮ 17. ㉱

18. 수공구 사용에 대한 안전 유의사항 중 잘못된 것은?

㉮ 사용 전에 모든 부분에 기름을 칠하고 사용할 것
㉯ 결함이 있는 것은 절대로 사용하지 말 것
㉰ 공구의 성능을 충분히 알고 사용할 것
㉱ 사용 후에는 반드시 점검하고 고장부분은 즉시 수리 의뢰할 것

해설 수공구에 기름을 칠하고 사용하는 것은 안전상 금해야 한다.

19. 난방부하가 29kW일 때 필요한 온수난방의 주철방열기의 필요 방열면적은 약 얼마인가? (단, 표준방열량은 증기의 경우 0.756kW/m^2이고, 온수인 경우 0.523kW/m^2이다.)

㉮ $39.8m^2$
㉯ $55.4m^2$
㉰ $72.6m^2$
㉱ $88.8m^2$

해설 필요 방열면적(F) $= \dfrac{\text{난방부하}}{\text{표준방열량}}(m^2)$

$= \dfrac{29}{0.523} = 55.4m^2$

20. 구조가 간단하며 효율이 높고 맥동이 적어 널리 사용되고 있는 터보형 펌프의 종류에 해당되지 않는 것은?

㉮ 원심펌프
㉯ 제트(Jet)펌프
㉰ 축류펌프
㉱ 사류펌프

해설 제트(Jet)펌프(특수펌프)
구조가 간단하고 효율이 높고 맥동이 적어서 터보형(원심형) 펌프로 사용한다.

21. 글랜드 패킹의 종류가 아닌 것은?

㉮ 오일시트 패킹
㉯ 석면 야안 패킹
㉰ 아마존 패킹
㉱ 몰드 패킹

해설 오일시트 패킹
한지 종이를 여러 겹 붙여 내유 가공한 식물성 섬유제품(내열성은 떨어지고 압력이 낮은 보통펌프나 기어박스 등에 사용)

22. 온도조절기나 압력조절기 등에 의해 신호 전류를 받아 전자 코일의 전자력을 이용 자동적으로 개폐시키는 밸브의 명칭은?

㉮ 전동밸브
㉯ 팽창밸브
㉰ 플로트밸브
㉱ 솔레노이드밸브

해설 솔레노이드밸브(전자밸브)
전자 코일의 전자력을 이용하여 자동적으로 유체를 개폐시키는 밸브

정답 18. ㉮ 19. ㉯ 20. ㉯ 21. ㉮ 22. ㉱

23. 앵글, 환봉, 평강 등으로 만들어 파이프의 이동을 방지하기 위한 지지물을 장치하기 위해 천장, 바닥, 벽 등의 콘크리트에 매설하여 두는 지지금속으로 맞는 것은?

㉮ 인서트(Insert)
㉯ 슬리브(Sleeve)
㉰ 행거(Hanger)
㉱ 앵커(Anchor)

해설 인서트(Insert) : 앵글, 환봉, 평강 등으로 만들어 파이프의 이동을 방지하기 위한 지지물을 장치하기 위해 천장, 바닥, 벽 등의 콘크리트에 매설하여 두는 지지금속

24. 폴리부틸렌관에 대한 설명으로 가장 적합한 것은?

㉮ 일명 엑셀 온돌 파이프라고도 한다.
㉯ 곡률 반경을 관경의 2배까지 굽힐 수 있다.
㉰ 일반적인 관보다 작업성이 우수하나 결빙에 의한 파손이 많다.
㉱ 관을 연결구에 삽입하여 그래브 링(Grab Ring)과 O-링에 의한 접합을 할 수 있다.

해설 폴리부틸렌관 사용 용도
관열 연결구에 삽입하여 그래브 링과 O-링에 의한 접합을 하여 사용(Grab : 움켜잡다. 관을 붙잡다.)

25. 엘보는 유체의 흐름방향을 바꿀 때 사용되는 이음쇠로 25mm(1″) 강관에 사용하는 용접이음용 롱엘보의 곡률반경은 약 몇 mm인가?

㉮ 25
㉯ 32
㉰ 38
㉱ 45

해설 엘보의 곡률반경
① 롱(Long)형 : 강관 호칭지름의 1.5배
② 쇼트(Short)형 : 강관 호칭지름의 1.0배
∴ 25×1.5배=37.5mm(38)

26. 다음 보기에 설명한 신축 이음쇠의 특징 중 어느 한 가지의 항목에도 해당되지 않는 신축이음쇠는?

(보기) ① 이음부의 나사회전을 이용한다.
② 관을 굽혀 사용하며 신축에 따라 자체 응력이 생긴다.
③ 배관에 곡선부분이 있으면 신축이음쇠에 비틀림이 생겨 파손원인이 된다.
④ 평면 및 입체적인 변위까지도 흡수한다.

㉮ 볼조인트형 신축이음쇠
㉯ 슬리브형 신축이음쇠
㉰ 벨로스형 신축이음쇠
㉱ 스위블형 신축이음쇠

해설 벨로스(Bellows)형 신축이음쇠 : 패클리스(Packless)형이다.
① 설치공간은 좁다.
② 고압배관에 부적당하다.
③ 자체 응력 및 누설이 없다.
④ 벨로스는 스테인리스, 청동제 사용(부식방지용)

 정답 23. ㉮ 24. ㉱ 25. ㉰ 26. ㉰

27. 증기관 및 환수관의 입력차가 있어야 응축수를 배출하고, 환수관을 트랩보다 위쪽에 배관할 수 있는 트랩은 어느 것인가?

㉮ 버킷 트랩(Bucket Trap)
㉯ 그리스 트랩(Grease Trap)
㉰ 플로트 트랩(Float Trap)
㉱ 벨로스 트랩(Bellows Trap)

해설 버킷 트랩(Bucket Trap)
압력차에 의한 용도의 기계적 트랩(환수관을 트랩보다 위쪽에 배관이 가능)의 응축수 제거용

28. 염화비닐관의 단점을 설명한 것 중 틀린 것은?

㉮ 열팽창률이 크기 때문에 온도변화에 대한 신축이 심하다.
㉯ 50 ℃ 이상의 고온 또는 저온 장소에 배관하는 것은 부적당하다.
㉰ 용제와 방부제(크레오소트액)에 강하나 파이프접착제에는 침식된다.
㉱ 저온에 약하며 한랭지에서는 외부로부터 조금만 충격을 주어도 파괴되기 쉽다.

해설 염화비닐관(합성수지관)
관, 판, 기계부품, 필름, 도료접착제 등으로 공업용재료, 건축재료, 전기부품에 널리 사용(내식성이 크다.)

29. 압력계에 대한 설명 중 틀린 것은?

㉮ 고압라인의 압력계에는 사이폰관을 부착하여 설치한다.
㉯ 유체의 맥동이 있을 경우는 맥동댐퍼를 설치한다.
㉰ 부식성 유체에 대해서는 격막 실(Seal) 또는 실 포트(Seal Port)를 설치하여 압력계에 유체가 들어가지 않도록 한다.
㉱ 현장지시 압력계의 설치 위치는 일반적으로 1.0m의 높이가 적당하다.

해설 현장지시 압력계의 설치 위치는 눈높이보다 약간 높게 설치한다.

30. 외경 10mm인 강관으로 열팽창길이 10mm를 흡수할 수 있는 신축곡관을 만들 때 필요 곡관의 길이는 얼마인가?

㉮ 64cm
㉯ 74cm
㉰ 84cm
㉱ 94cm

해설 관길이(L) $= 0.073\sqrt{d \cdot \Delta\ell}$
$= 0.073\sqrt{10 \times 10} = 0.73\text{m} = 73\text{cm}$

31. 주철관에 대한 설명 중 틀린 것은?

㉮ 강관에 비해 내식 내구성이 크다.
㉯ 주철관 제조법은 수직법과 원심력법 2종류가 있다.
㉰ 구상흑연주철관은 관의 두께에 따라서 1~6종관까지 6종류가 있다.
㉱ 수도, 가스, 광산용 양수관, 건축용 오배수관 등에 널리 사용한다.

정답 27. ㉮ 28. ㉰ 29. ㉱ 30. ㉯ 31. ㉰

해설 구상흑연 주철관
선철을 강에 배합한 것으로 질이 균일하고 강도가 크다(덕타일 주철관). 일명 수도용 원심력 덕타일 주철관이라 한다. 고압관, 보통압관, 저압관으로 구별한다.

32. 스테인리스강관의 특성에 대한 설명으로 틀린 것은?

㉮ 내식성이 우수하여 계속 사용 시 내경의 축소, 저항 증대 현상이 없다.
㉯ 위생적이어서 적수, 백수, 청수의 염려가 없다.
㉰ 강관에 비해 기계적 성질이 우수하고, 두께가 얇고 가벼워 운반 및 시공이 쉽다.
㉱ 저온 충격성이 크고, 한랭지 배관이 불가능하며 동결에 대한 저항이 적다.

해설 스테인리스강관
특징은 ㉮, ㉯, ㉰와 같고, 저온 충격성이 크고 한랭지 배관이 가능하며 동결에 대한 저항은 크다.

33. 밸브에 일어나는 현상 중 포핑(Popping)에 대한 설명으로 맞는 것은?

㉮ 유체가 밸브를 통과할 때 밸브 또는 유체에서 나는 소리
㉯ 밸브 디스크가 반복하여 밸브 시트를 두드리는 불안전한 상태
㉰ 화학적 또는 전기 화학적 작용에 의하여 금속 표면이 변질되어 가는 현상
㉱ 입구 쪽 유체의 압력이 취출압력을 초과하면 내부의 압력 유체를 취출하는 작용

해설 포핑(Popping)
입구 쪽 유체의 압력이 취출압력을 초과하면 내부의 압력 유체를 취출하는 작용

34. 백관에 방청도료의 도장 시공상의 주의사항이 아닌 것은?

㉮ 2액 혼합형의 도료일 때는 그 혼합비율, 혼합 후의 경과시간에 주의한다.
㉯ 도료 건조 시에는 가능한 직사일광에서 건조해야 한다.
㉰ 저온, 다습을 피한다.
㉱ 한 번에 두껍게 바르지 말고 수회에 걸쳐 바른다.

해설 백관에 방청도료 도장 시공 시 도료 건조는 가능한 음지에서 건조시킨다.

35. 안지름 100mm인 관속을 매초 2.5m의 속도로 물이 흐르고 있을 때 유량은 약 몇 m^3/s인가?

㉮ 0.02 ㉯ 0.03 ㉰ 0.04 ㉱ 0.05

해설 유량＝단면적×유속(m^3/s)

단면적$=\frac{\pi}{4}d^2=\frac{3.14}{4}(0.1)^2=0.00785\ m^2$

∴ 유량$=0.00785\times2.5=0.02m^3/s$

정답 32. ㉱ 33. ㉱ 34. ㉯ 35. ㉮

36. 폴리에틸렌관의 이음방법에 해당되지 않는 것은?

㉮ 테이퍼 조인트 이음
㉯ 턴앤드 글로브 이음
㉰ 용착슬리브 이음
㉱ 인서트 이음

해설 폴리에틸렌관(Polyethylene Pipes) 이음
① 테이퍼 조인트 이음(50A 이하용)
② 융착슬리브 이음(토치램프사용)
③ 인서트 이음(50A 이하용)

37. 다음 중 불활성가스 금속 아크용접은?

㉮ TIG 용접
㉯ CO_2 용접
㉰ MIG 용접
㉱ 플라즈마용접

해설 TIG 용접 : 텅스텐 전극을 사용
MIG 용접 : 금속 비피복봉을 쓰는 방법[불활성 가스(아르곤, 헬륨 등) 금속아크 용접]

38. 염화비닐관 이음에서 고무링이음의 특징으로 틀린 것은?

㉮ 시공 작업이 간단하며 특별한 숙련이 없어도 시공할 수 있다.
㉯ 외부의 기후 조건이 나빠도 이음이 가능하다.
㉰ 부분적으로 땅이 내려앉는 곳에도 어느 정도 안전하다.
㉱ 이음 후에 관을 빼거나 다시 끼울 수 없고, 수압에 견디는 강도가 작다.

해설 염화비닐관 이음 : 열간가공법, 냉간가공법(현재 많이 사용)
① 냉간접합 : TS접합, H접합 사용
② 삽입 후 곧 손을 떼면 빠져나오는 경우가 있다.
③ 수압에 견디는 강도는 큰 편이다.

39. 0℃의 물 1kg을 100℃의 포화증기로 만드는 데 필요한 열량은 약 몇 kJ인가?(단, 물의 비열은 4.19kJ/kg · K이고, 물의 증발 잠열은 2256.7kJ/kg이다.)

㉮ 418.5 kJ
㉯ 753.2kJ
㉰ 2255.5kJ
㉱ 2675.7kJ

해설 물의 현열(H_1) = 1kg × 4.19kJ/kg · K × (100 ℃ − 0 ℃) = 419kJ/kg
물의 증발열(h_2) = 1kg × 2256.7kJ/kg = 2256.7kJ
필요열량(Q) = 419 + 2256.7 = 2675.7kJ/kg

40. 용접이음을 나사이음과 비교한 특징에 대한 설명 중 틀린 것은?

㉮ 나사이음처럼 관 두께에 불균일한 부분이 생기지 않고 유체의 압력손실이 적다.
㉯ 용접이음은 나사이음보다 이음의 강도가 크고 누수의 우려가 적다.
㉰ 용접이음은 돌기부가 없으므로 배관상의 공간효율이 좋다.
㉱ 용접이음은 가공이 어려워 시간이 많이 소요되며, 비교적 중량도 무거워진다.

해설 용접이음은 가공이 수월하여 시간이 단축되며 비교적 나사이음에 비해 중량도 가볍다.

정답 36. ㉯ 37. ㉰ 38. ㉱ 39. ㉱ 40. ㉱

41. 주철관의 접합법 중 고무링을 압륜으로 죄어 볼트로 체결한 것으로 굽힘성이 풍부하여 다소의 굴곡에도 누수가 없고, 작업이 간편하여 수중에서도 접합할 수 있는 것은?

㉮ 소켓 접합
㉯ 기계적 접합
㉰ 빅토릭 접합
㉱ 플랜지 접합

해설 **기계적 접합** : 스피것에 주철제 푸시 풀리(Push Pulley)와 고무링을 차례로 삽입하고 소켓에 파이프를 끼워 넣어서 고무링을 삽입한다.(굽힘성이 풍부하고 다소 굽어지기는 하나 물이 새지는 않고 물속에서 작업이 가능하다.)

42. 벤더에 의한 관 굽히기의 도중에 관이 파손되었다면 그 원인으로 가장 적합한 것은?

㉮ 받침쇠가 너무 들어갔다.
㉯ 굽힘형이 주축에서 빗나가 있다.
㉰ 굽힘 반경이 너무 작다.
㉱ 재질이 부드럽고 두께가 얇다.

해설 ㉮ : 주름발생 현상
㉯ : 주름발생 현상
㉰ : 관의 파손 현상
㉱ : 관이 타원형으로 생기는 현상

43. 사용목적에 따라 열교환기를 분류한 것으로 틀린 것은?

㉮ 가열기(Heater)
㉯ 예열기(Preheater)
㉰ 증발기(Vaporizer)
㉱ 압축기(Compressor)

해설 열교환기 사용 목적
① 가열기 역할
② 예열기 역할
③ 증발기 역할

44. 산소와 아세틸렌을 혼합시켜 연소할 때 얻을 수 있는 불꽃의 가장 높은 온도의 범위로 맞는 것은?

㉮ 3,200~3,500℃
㉯ 2,000~2,700℃
㉰ 1,800~2,500℃
㉱ 4,200~5,200℃

해설 ① 산소→아세틸렌 가스용접 불꽃온도 : 3,200~3,500℃
② 산소→수소용접 불꽃온도 : 2,900℃
③ 산소→프로판용접 불꽃온도 : 2,820℃
④ 산소→메탄용접 불꽃온도 : 2,700℃

45. 용접결함 중 내부결함에 속하지 않는 것은?

㉮ 기공
㉯ 언더컷
㉰ 균열
㉱ 슬래그 혼입

정답 41. ㉯ 42. ㉰ 43. ㉱ 44. ㉮ 45. ㉯

해설

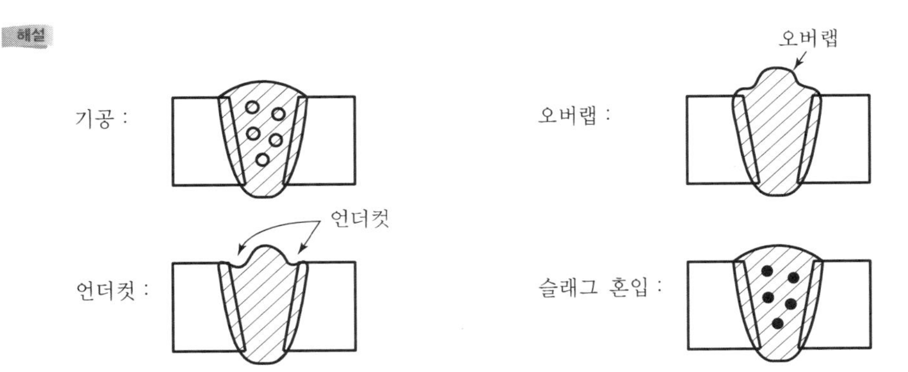

46. 주철관 소켓이음 시 누수의 주요 원인으로 가장 적합한 것은?

㉮ 얀의 양이 너무 많고 납이 적은 경우
㉯ 코킹 정 세트를 순서대로 사용한 경우
㉰ 용해된 납 물을 1회에 부어 넣은 경우
㉱ 코킹이 끝난 후 콜타르를 납 표면에 칠한 경우

해설 소켓이음

① 급수관 : 깊이의 $\frac{1}{3}$은 얀, $\frac{2}{3}$은 납

② 배수관 : 깊이의 $\frac{2}{3}$는 얀, $\frac{1}{3}$은 납

납은 단번에 필요한 양을 부어준다.

47. 밸브기호와 명칭이 올바르게 연결된 것은?

㉮ 밸브(일반) :
㉯ 버터플라이 밸브 :
㉰ 게이트 밸브 :
㉱ 안전밸브 :

해설 : 글로브 밸브
: 버터플라이 밸브
: 체크 밸브

48. 치수 기입 방법에 대한 설명으로 틀린 것은?

㉮ 치수선, 치수 보조선에는 가는 실선을 사용한다.
㉯ 치수 보조선은 각각의 치수선보다 약간 길게 끌어내어 그린다.
㉰ 부품의 중심선이나 외형선은 필요에 따라 치수선으로 사용할 수 있다.
㉱ 일반적으로 불가피한 경우가 아닐 때에는 치수 보조선과 치수선이 다른 선과 교차하지 않게 한다.

해설 ① 중심선 : 가는 일점 쇄선 또는 가는 실선으로 그린다.
② 외형선 : 굵은 실선으로 그린다.

정답 46. ㉮ 47. ㉮ 48. ㉰

49. 관의 끝 부분의 표시 방법에서 아래의 그림기호로 맞는 것은?

㉮ 막힘 플랜지
㉯ 체크 조인트
㉰ 용접식 캡
㉱ 나사박음식 플러그

해설 용접식 캡 :

50. 판 두께를 고려한 원통 굽힙의 판 뜨기 전개 시에 외경이 D_0, 내경이 D_1일 때, 두께가 t인 강판을 굽힐 경우 원통 중심선의 원주길이 L을 옳게 나타낸 것은?

㉮ $L=(D_0-t)\times\pi$
㉯ $L=(D_0+t)\times\pi$
㉰ $L=(D_1-t)\times\pi$
㉱ $L=(D_1\times t)/\pi$

해설 원통 중심선의 원주길이(L) 구하는 식
$L=(D_0-t)\times\pi$

51. 관의 높이 표시방법에 대한 설명 중 올바른 것은?

㉮ OP : 기준면에서 관 중심까지 높이를 나타낼 때 사용
㉯ TOB : 기준면에서 관 외경의 윗면까지 높이를 표시할 때 사용
㉰ BOP : 기준면에서 관 외경의 밑면까지 높이를 표시할 때 사용
㉱ TOP : 기준면에서 관의 지지대 중심까지 높이를 표시할 때 사용

해설 ① TOP : EL에서 관 외경의 윗면까지를 높이로 표시
② BOP : 기준면(EL)에서 관 외경의 밑면까지 높이 표시
③ EL : 기준선
④ GL : 지면의 높이를 기준으로 할 때 사용
⑤ FL : 건물의 바닥면을 기준으로 할 때 사용

52. 등각 투영도에 대한 설명으로 맞는 것은?

㉮ 4개의 좌표축을 90°씩 4등분하여 입체적으로 구성한 것이다.
㉯ 3개의 좌표축을 90°씩 3등분하여 입체적으로 구성한 것이다.
㉰ 3개의 좌표축을 120°씩 3등분하여 입체적으로 구성한 것이다.
㉱ 4개의 좌표축을 120°씩 4등분하여 입체적으로 구성한 것이다.

해설 등각 투영도 : 3개의 좌표축을 120°씩 3등분하여 입체적으로 구성한 것

 정답 49. ㉰ 50. ㉮ 51. ㉰ 52. ㉰

53. 제관작업을 할 때 아래 그림과 같이 강판의 뒷면을 용접하는 V형 맞대기 용접 후 양면을 평면 다듬질하는 경우의 용접기호로 맞는 것은?

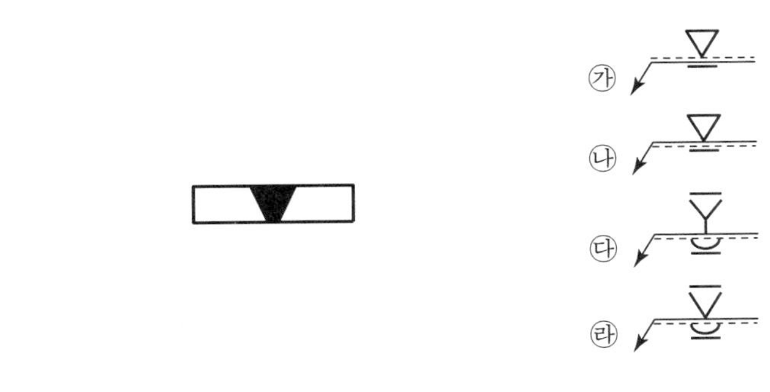

해설

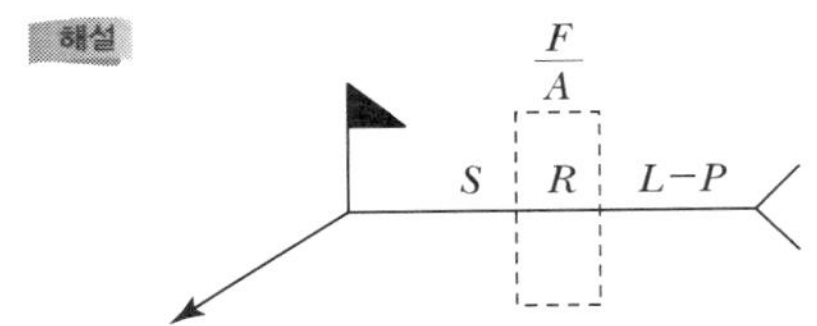

A : 홈각도, F : 다듬질 방법기호

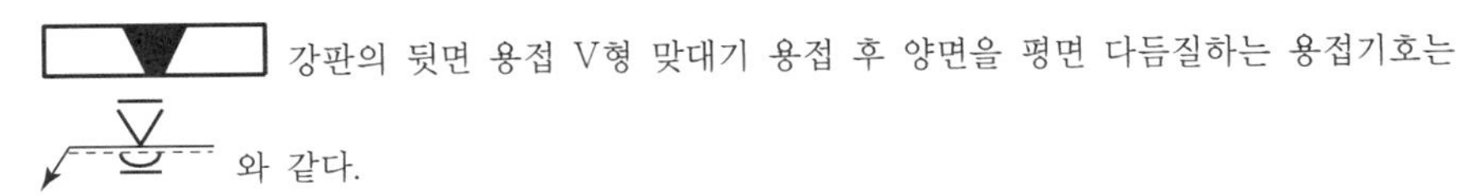

강판의 뒷면 용접 V형 맞대기 용접 후 양면을 평면 다듬질하는 용접기호는 와 같다.

54. 가는 파선을 적용할 수 있는 경우를 나열한 것으로 틀린 것은?

㉮ 바닥　　㉯ 벽
㉰ 도급계약의 경계　　㉱ 뚫린 구멍

해설 (1) 가는 파선의 작용
① 바닥 선, ② 벽 선, ③ 뚫린 구멍 선
(2) 실선 : 연속적으로 그리는 선
(3) 파선 : 짧은 선을 약간의 간격으로 나열한 선
(4) 일점쇄선 : 선과 1개의 짧은 선을 서로 섞어서 나열한 선
(5) 이점쇄선 : 선과 2개의 짧은 선을 서로 섞어서 나열한 선

55. 테일러(F.W. Taylor)에 의해 처음 도입된 방법으로 작업시간을 직접 관측하여 표준시간을 설정하는 표준시간 설정기법은?

㉮ PTS법　　㉯ 실적자료법
㉰ 표준자료법　　㉱ 스톱워치법

해설 스톱워치법(Stop Watch)
테일러에 의해 처음 도입된 방법이다.(작업시간을 직접 관측하여 표준시간을 설정하는 표준시간 설정기법)

정답 53. ㉱ 54. ㉰ 55. ㉱

56. 공정 중에 발생하는 모든 작업, 검사, 운반, 저장, 정체 등이 도식화된 것이며 또한 분석에 필요하다고 생각되는 소요시간, 운반거리 등의 정보가 기재된 것은?

㉮ 작업분석(Operation Analysis)
㉯ 다중활동분석표(Multiple Activity Chart)
㉰ 사무공정분석(Form Process Chart)
㉱ 유통공정도(Flow Process Chart)

해설 유통공정도
공정 중에 발생하는 모든 작업, 검사, 운반, 저장, 정체 등이 도식화된 것이며 또한 분석에 필요하다고 생각되는 소요시간, 운반거리 등의 정보가 기재된 공정도

57. 단계여유(Slack)의 표시로 옳은 것은?(단, TE는 가장 이른 예정일, TL은 가장 늦은 예정일, TF는 총 여유시간, FF는 자유여유시간이다.)

㉮ TE－TL ㉯ TL－TE ㉰ FF－TF ㉱ TE－TF

해설 단계여유＝가장 늦은 예정일－가장 이른 예정일(TL－TE)

58. 검사의 분류 방법 중 검사가 행해지는 공정에 의한 분류에 속하는 것은?

㉮ 관리 샘플링검사
㉯ 로트별 샘플링검사
㉰ 전수검사
㉱ 출하검사

해설 (1) 출하검사 : 제품을 출하하는 경우 검사이다.(검사가 행해지는 공정에 의한 분류)
(2) 검사공정
① 수입(구입)검사
② 공정검사(중간)
③ 최종검사(완성검사)
④ 출하검사(출고검사)

59. C관리도에서 K＝20인 군의 총 부적합수 합계는 58이었다. 이 관리도의 UCL, LCL을 계산하면 약 얼마인가?

㉮ UCL＝2.90, LCL＝고려하지 않음
㉯ UCL＝5.90, LCL＝고려하지 않음
㉰ UCL＝6.92, LCL＝고려하지 않음
㉱ UCL＝8.01, LCL＝고려하지 않음

해설 ① 중심선(CL)$=\overline{C}=\dfrac{\Sigma C}{K}=\dfrac{58}{20}=2.9$
② 관리한계선(UCL, LCL)
$\text{UCL}=\overline{C}+3\sqrt{\overline{C}}=2.9+3\sqrt{2.9}=8.01$
$\text{UCL}=\overline{C}+3\sqrt{\overline{C}}=2.9-3\sqrt{2.9}=-2.21$

60. 다음 중 브레인스토밍(Brainstorming)과 가장 관계가 깊은 것은?

㉮ 파레토도 ㉯ 히스토그램 ㉰ 회귀분석 ㉱ 특성요인도

해설 브레인스토밍(Brainstorming)
회의에서 모두가 차례로 아이디어를 제출하여 그중에서 최선책을 결정하는 방법, 즉 특성요인도와 관계된다.

 정답 56. ㉱ 57. ㉯ 58. ㉱ 59. ㉱ 60. ㉱

2013.07.22. 과년도 기출문제 

MASTER CRAFTSMAN PLUMBING

1. 가스정압기의 부속설비 중 타이머에 의한 소정시간만 승압하는 방법과 차압을 이용하는 방법 및 원격조작방법이 있는 장치는?

㉮ 이상압력상승방지장치
㉯ 자동승압장치
㉰ 가스필터
㉱ 다이어프램장치

해설 자동승압장치
가스정압기의 부속설비로서 타이머에 의한 소정시간만 승압하는 방법, 차압을 이용하는 방법, 원격조작방법이 있다.

2. 화학 배관 설비에 사용되는 재료의 구비조건으로 틀린 것은?

㉮ 접촉 유체에 대한 내식성이 클 것
㉯ 상용 상태에서의 크리프(Creep) 강도가 작을 것
㉰ 고온, 고압에 대한 기계적 강도가 클 것
㉱ 저온 등에서도 재질의 열화(劣化)가 없을 것

해설 화학배관 설치 구비조건은 ㉮, ㉰, ㉱ 외에도 고온이나 상용상태에서 크리프 강도가 커야 한다.

3. 온수난방배관 시공에서 역귀환방식(Reversed Return System)을 사용하는 이유로 적당한 것은?

㉮ 각 구역 간 방열량의 균형을 이루게 할 수 있다.
㉯ 배관길이를 짧게 할 수 있다.
㉰ 마찰저항 손실을 적게 할 수 있다.
㉱ 배관의 신축을 흡수할 수 있다.

정답 1. ㉯ 2. ㉯ 3. ㉮

해설 온수난방 역귀환방식(리버스 리턴 시스템)은 각 구역 간 방열량의 균형을 이루게 할 수 있다.

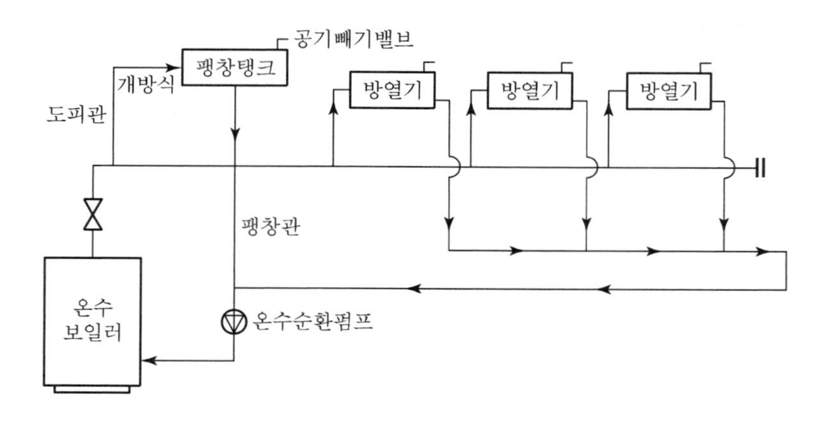

4. 개별식 급탕방법에서 증기를 열원으로 할 때 증기를 물에 직접 분사 · 가열하여 급탕하는 방법은?

㉮ 순간 국소법
㉯ 기수 혼합법
㉰ 간접 가열법
㉱ 직접 가열법

해설 기수 혼합법
개별식 급탕방법에서 증기를 열원으로 할 때 증기를 물에 직접 분사 · 가열하여 급탕한다.

5. 배관용 공구 및 장비 사용 시 안전에 관련된 내용으로 올바르지 못한 것은?

㉮ 동력나사 절삭기로 나사가공 시 계속 절삭유가 공급되어야 한다.
㉯ 파이프 벤딩머신의 경우 굽힘작업 전에 파이프 및 기계작업 반경에 다른 사람 및 장애물이 없어야 한다.
㉰ 고속절단기 사용 시에는 파이프를 손으로만 단단히 잡고 절단하며, 보호 안경도 착용한다.
㉱ 파이프렌치, 스패너 등의 사용 시에는 파이프 등을 자루에 끼워 사용하지 말아야 한다.

해설 고속절단기 사용 시 파이프는 손으로 잡지 말고 보호안경을 착용하며 수동식은 롤러에 의해 잡게 한다.

6. 보일러의 노통 안에 갤로웨이 관(Galloway Tube)을 설치하는 목적으로 맞지 않는 것은?

㉮ 보일러의 고장을 예방한다.
㉯ 전열면적을 증가시킨다.
㉰ 물의 순환을 돕는다.
㉱ 노통을 보강하는 역할을 한다.

해설 갤로웨이관(횡관, 나팔관 모양의 횡관)의 설치 목적
① 전열면적을 증가시킨다.
② 물의 순환을 돕는다.
③ 노통을 보강하는 역할을 한다.

 정답 4. ㉯ 5. ㉰ 6. ㉮

7. 배관용 공기(Air)기구 사용 시 안전수칙으로 틀린 것은?

㉮ 처음에는 천천히 열고, 일시에 전부 열지 않는다.
㉯ 기구 등의 반동으로 인한 재해에 항상 주의한다.
㉰ 공기기구를 사용할 때에는 방진 안경을 사용한다.
㉱ 활동부에는 항상 기름 또는 그리스가 없도록 깨끗이 닦아준다.

해설 공기기구에서 압축기나 스크루에 있는 오일이나 그리스는 채워둔다.

8. 관의 부식현상을 크게 분류할 때 해당되지 않는 것은?

㉮ 금속이온화에 따른 부식
㉯ 2종 금속 간에 일어나는 전류에 의한 부식
㉰ 가성 취화에 의한 부식
㉱ 외부로부터의 전류에 의한 부식

해설 가성취화
물의 알칼리 성분이 지나치게 높을 때 일어나는 부식이며, 보일러 본체 등에서 많이 발생한다.

9. 집진장치에서 양모, 면, 유리섬유 등을 용기에 넣고 이곳에 함진가스를 통과시켜 분진 입자를 분리·포착시키는 집진법은?

㉮ 중력식 집진법
㉯ 원심력식 집진법
㉰ 여과식 집진법
㉱ 전기 집진법

해설 여과식 집진장치
백필터식 집진장치(양모, 면, 유리섬유 등이 필요하다.)

10. 파이프 랙(Rack) 상의 배관 배열방법을 설명한 것으로 틀린 것은?

㉮ 인접하는 파이프 외측과 외측의 간격을 75mm로 한다.
㉯ 파이프 루프(Pipe Loop)는 파이프 랙의 다른 배관보다 500~700mm 정도 높게 배관한다.
㉰ 관 지름이 클수록 온도가 높을수록 파이프 랙상의 중앙에 배열한다.
㉱ 파이프 랙의 폭은 파이프에 보온·보냉하는 경우는 그 두께를 가산하여 결정한다.

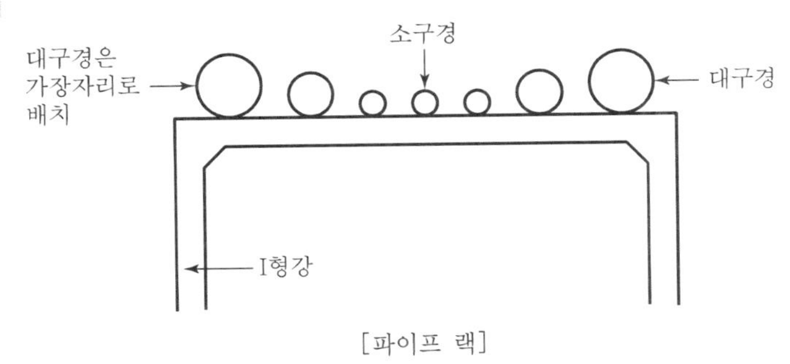

[파이프 랙]

11. 오물 정화조에 대한 설명으로 틀린 것은?

㉮ 정화조 순서는 부패조, 예비여과조, 산화조, 소독조의 구조로 한다.
㉯ 부패조는 침전, 분리에 적합한 구조로 한다.
㉰ 정화조의 바닥, 벽 등은 내수재료로 시공하여 누수가 없도록 한다.
㉱ 산화조에는 배기관과 송기구를 설치하지 않고, 살포여과식으로 한다.

해설 오물정화조에는 오물유입관, 배기관, 살수홈통, 송기구 방류배출관, 침전분리조, 예비여과조, 산화조, 소독조가 필요하고 산화조에는 배기관 살수홈통이 필요하다.

12. 인접건물에 화재가 발생하였을 때 창이나 벽, 처마, 지붕에 물을 뿌려 수막을 형성함으로써 본 건물의 화재 발생을 예방하는 화재 설비는?

㉮ 옥내소화전 ㉯ 스프링클러설비
㉰ 옥외소화전비 ㉱ 드렌처설비

해설 드렌처설비 : 인접건물에 화재 발생 시 창이나 벽, 처마, 지붕에 물을 뿌려 수막을 형성하고 본 건물의 화재 발생을 예방하는 화재설비

13. 유접점 시퀀스 제어 구성에 있어서 푸시버튼 스위치, 콘트롤 스위치 등은 어디에 해당되는가?

㉮ 조작부 ㉯ 검출부
㉰ 제어부 ㉱ 표시부

해설 유접점 시퀀스제어(정성적 제어) 조작부 구성 : 푸시버튼 스위치, 콘트롤 스위치가 구성된다.

14. 시퀀스(Sequence) 제어의 분류에 속하지 않는 것은?

㉮ 시한 제어 ㉯ 조건 제어
㉰ 정치 제어 ㉱ 순서 제어

해설 정치 제어 : 피드백(정량적 밀폐 제어) 제어

15. 기송배관의 부속설비에서 분말이나 알맹이를 수송관 쪽으로 공급하는 장치는?

㉮ 송급기 ㉯ 분리기
㉰ 배출기 ㉱ 압축기

해설 송급기 : 기송배관의 부속설비에서 분말이나 알맹이를 수송관 쪽으로 공급한다.

16. 증기압축식 냉동법에서 압축기의 종류에 따라 분류한 것으로 해당되지 않는 것은?

㉮ 왕복식 ㉯ 원심식
㉰ 회전식 ㉱ 교축식

해설 증기압축식 냉동기
① 왕복식, ② 원심식, ③ 회전식, ④ 스크류식

 정답 11. ㉱ 12. ㉱ 13. ㉮ 14. ㉰ 15. ㉮ 16. ㉱

17. 아크용접 시 헬멧이나 핸드실드를 사용하지 않아 아크 빛이 직접 눈에 들어오게 되어 일어나는 현상 및 치료법으로 잘못된 것은?

㉮ 전광성 안염이라는 눈병이 생긴다.
㉯ 눈병 발생 시 냉수로 얼굴과 눈을 닦고 냉습포를 얹거나, 심하면 병원에 가서 치료를 받는다.
㉰ 전광성 안염은 급성의 경우 일반적으로 아크 빛을 받은 지 10~15시간 후에 발병한다.
㉱ 아크 빛은 눈에 결막염을 일으키게 되며 심하면 실명할 수도 있다.

해설 (1) 아크 유해광선 : 자외선, 적외선
(2) 아크 광선의 재해 : 전광성 안염, 전안염 눈병
① 급성 : 4~8시간 후 발병
② 회복 : 24~48시간 만에 회복

18. 제어기기의 종류 중에서 검출기가 지시하는 신호에 따라 목표값에 신속 정확하게 일치하도록 일정한 신호를 조작부에 보내는 장치는?

㉮ 전송기
㉯ 조절계
㉰ 조작기
㉱ 혼합기

해설 조절계
제어기기의 종류 중 검출기가 지시하는 신호에 따라 목표값에 신속 정확하게 일치하도록 일정한 신호를 조작부에 보낸다.

19. 어느 방의 전 난방부하가 1.16kW일 때 복사 난방을 하려면 DN 15인 코일을 약 몇 m 시설해야 하는가?(단, DN 15인 코일의 m당 표면적은 $0.047m^2$이고, 관 $1m^2$당 방열량은 $0.26kW/m^2$이라고 한다.)

㉮ 85
㉯ 95
㉰ 100
㉱ 110

해설 ① 1.16kW=997.6kcal/h
② 코일 표면적=$0.047m^2$(DN 15)
$\therefore$ 코일길이$=\dfrac{1.16}{0.047\times0.26}=95m$

20. 공동작업에 의한 물건 운반 시의 주의사항 중 틀린 것은?

㉮ 작업 지휘자를 반드시 정하고 한다.
㉯ 운반 중 같은 보조와 속도를 유지하기 위해 체력, 기량이 같은 사람이 작업한다.
㉰ 긴 물건의 운반 시에는 뒤에 있는 사람에게 더 많은 하중이 걸리도록 한다.
㉱ 들어 올리거나, 내릴 때에는 서로 소리를 내어 동작을 일치시킨다.

해설 긴 물건을 운반할 때는 앞에 있는 사람에게 더 많은 하중이 걸리도록 한다.

정답 17. ㉰ 18. ㉯ 19. ㉯ 20. ㉰

21. 유체를 일정한 방향으로만 흐르게 하고 역류를 방지할 때 사용되며, 수평·수직배관에 모두 사용할 수 있는 것은?

㉮ 회전형 체크밸브　　㉯ 리프트형 체크밸브
㉰ 슬루스형 체크밸브　　㉱ 스윙형 체크밸브

해설 스윙형 체크밸브
역류방지용 밸브이며 수평 · 수직배관에 모두 사용이 가능하다.

22. 배관의 열 변형에 대응하기 위하여 사용하는 신축이음쇠 중 설치공간을 많이 차지하나 고장이 적어 고온 · 고압의 옥외배관에 가장 적합한 것은?

㉮ 루프형 신축 이음쇠　　㉯ 슬리브형 신축 이음쇠
㉰ 스위블형 신축 이음쇠　　㉱ 벨로스형 신축 이음쇠

해설 루프형 신축 이음쇠(곡관형)
설치 공간을 많이 차지하나 고장이 적어 고온 · 고압의 옥외 배관에 가장 적합하고 배관의 열 변형에 대응한다.

23. 강관의 종류와 규격기호가 맞는 것은?

㉮ SPHT : 고압 배관용 탄소강관　　㉯ SPPH : 고온 배관용 탄소강관
㉰ STHA : 압력 배관용 탄소강관　　㉱ SPPS : 압력 배관용 탄소강관

해설 ㉮ SPHT : 고온 배관용
㉯ SPPH : 고압 배관용(10MPa 이상 사용)
㉰ STHA : 보일러 열교환기용 배관
㉱ SPPS : 압력배관용(1~10MPa 사용)

24. 염화비닐관보다 화학적·전기적 성질이 우수하며, 유연성이 좋은 폴리에틸렌관의 종류가 아닌 것은?

㉮ 수도용 폴리에틸렌관　　㉯ 내열용 폴리에틸렌관
㉰ 일반용 폴리에틸렌관　　㉱ 폴리에틸렌 전선관

해설 ① 내열용 폴리에틸렌관 : 염화비닐관보다 화학적 · 전기적 성질이 우수하지 못하고 고온에 사용이 가능하다.
② 합성수지관(경질염화비닐관, 폴리에틸렌관)

25. 행거(Hanger)에 대한 설명으로 틀린 것은?

㉮ 콘스턴트 행거는 배관의 상하 이동을 허용하면서 관지지력을 일정하게 한 것이다.
㉯ 콘스턴트 행거는 추를 이용한 중추식과 스프링을 이용한 스프링식이 있다.
㉰ 리지드 행거는 주로 수직방향의 방향의 변위가 많은 곳에 사용한다.
㉱ 스프링 행거는 배관에서 발생하는 진동과 소음을 방지하기 위해 턴버클 대신 스프링을 설치한 행거이다.

정답 21. ㉱ 22. ㉮ 23. ㉱ 24. ㉯ 25. ㉰

해설 ① 리지드 행거(Rigid Hanger) : 주로 수직 방향에 변위가 없는 곳에 사용이 가능하다.
② 행거 : 배관시공상 하중을 위에서 걸어 당겨 지지한다.

26. 강관 이음재료를 설명한 것으로 맞는 것은?

㉮ 나사조임형 강관제 이음재료에는 소켓, 니플, 30° 벤드 등이 있다.
㉯ 고온·고압에 사용되는 강제 용접이음쇠는 삽입 용접식과 맞대기 용접식 관이음쇠가 있다.
㉰ 플랜지 이음 중 플랜지면의 형상에 따라 분류했을 때 가장 호칭압력이 높은 것은 전면 시트이다.
㉱ 유체의 성질은 플랜지 선택조건에 해당되지 않는다.

해설 ① 벤드 : 180°(롱 사이즈, 쇼트 사이즈)
② 대평면 플랜지 시트가 가장 호칭 압력이 높다.
③ 플랜지 선택조건 : 재료, 압력, 온도, 유체성질, 패킹의 종류에 따라 선택된다.

27. 관 재료의 연신율을 구하는 공식으로 맞는 것은?(단, σ : 연산율, L : 처음 거리, L_1 : 늘어난 표점거리)

㉮ $\sigma = \frac{L_1 - L}{L_1} \times 100(\%)$
㉯ $\sigma = \frac{L - L_1}{L_1} \times 100(\%)$
㉰ $\sigma = \frac{L_1 \times L}{L} \times 100(\%)$
㉱ $\sigma = \frac{L_1 - L}{L} \times 100(\%)$

해설 관 재료의 연신율 계산(σ)

$$\sigma = \frac{L_1 - L}{L} \times 100(\%)$$

28. 스트레이너에 대한 설명으로 틀린 것은?

㉮ 밸브나 기기 등의 앞에 설치하여 이물질을 제거하여 기기 성능을 보호한다.
㉯ 여과망을 자주 꺼내어 청소하지 않으면 여과망이 막혀 저항이 커지므로 큰 장해가 발생한다.
㉰ U형은 Y형에 비해 저항은 크나 보수·점검에 편리하며 기름 배관에 많이 사용한다.
㉱ V형은 유체가 직각으로 흐르므로 유체저항이 가장 크고 여과망의 교환, 보수, 점검이 어렵다.

해설 U자형 여과기
구조상 유체가 내부에서 직각으로 흐르게 되어 Y형에 비해 저항이 크나 보수나 점검이 유리하다.

29. 형태에 따라 직관과 이형관으로 나누며, 보통 흄(Hume)관이라고 부르는 관은?

㉮ 원심력 철근콘크리트관
㉯ 철근콘크리트관
㉰ 석면 시멘트관
㉱ PS 콘크리트관

해설 흄관 : 원심력 철근콘크리트관(직관, 이형관)

정답 26. ㉯ 27. ㉱ 28. ㉱ 29. ㉮

30. 강관의 표시 방법 중 틀린 것은?

㉮ －E－G : 열간가공 · 냉간가공 이외의 정기저항 용접 강관
㉯ －S－C : 냉간가공 아크용접 강관
㉰ －A－C : 냉간가공 아크용접 강관
㉱ －A－B : 용접부 가공 레이저용접 강관

해설 ① －E－C : 냉간 완성, 전기저항 용접 강관
② －B－C : 냉간 완성 단접 강관
③ －B : 단접 강관
④ －E : 전기저항 용접 강관
⑤ －A : 아크 용접 강관

31. 260℃까지 사용이 가능하고 기름이나 약품에도 침식되지 않으며 테플론(Teflon)이 대표적인 패킹은?

㉮ 합성수지 패킹
㉯ 금속 패킹
㉰ 아마존 패킹
㉱ 모올드 패킹

해설 합성수지 테플론 패킹 : －260～260℃까지 사용

32. 덕타일 주철관에 대한 특징으로 맞는 것은?

㉮ 강관과 같이 강도와 인성이 없다.
㉯ 보통 주철관보다 내식성이 적다.
㉰ 보통 회주철관보다 관의 수명이 짧다.
㉱ 변형에 대한 높은 가요성이 있다.

해설 구상흑연주철관(덕타일 주철관)
선철을 강에 배합하여 질이 균일하고 강도가 크다.(강관과 같이 강도와 인성을 가지며 내식성이 좋고 가요성, 충격에 대한 연성, 가공성이 우수하고 회주철보다 수명이 길다.)

33. 온수 온돌 난방 코일용으로 많이 사용되며, 엑셀 온돌 파이프라고도 하는 관은?

㉮ 염화 비닐관
㉯ 폴리프로필렌관
㉰ 폴리부틸렌관
㉱ 가교화 폴리에틸렌관

해설 가교화 폴리에틸렌관(PE관)
엑셀 온돌 파이프로서 온수 온돌 난방 코일용으로 사용(고밀도 폴리에틸렌관)

34. 2종 금속 간에 일어나는 전류에 따르는 부식을 뜻하는 것은?

㉮ 전식
㉯ 점식
㉰ 습지 부식
㉱ 접촉부식

해설 접촉부식 : 2종 금속 간에 일어나는 전류에 따르는 부식이다.

 정답 30. ㉱ 31. ㉮ 32. ㉱ 33. ㉱ 34. ㉱

35. 폴리부틸렌관에 대한 설명으로 잘못된 것은?

㉮ 폴리부틸렌관의 이음법은 에이콘 이음법이 있다.
㉯ 일반적인 관보다 작업성이 우수하고 신축성이 양호하여 결빙에 의한 파손이 적다.
㉰ 곡률반경을 관경의 8배까지 굽힐 수 있다.
㉱ 일반적으로 관의 이음은 나사 또는 용접이음을 주로 한다.

해설 폴리부틸렌관 이음 : 관과 이음관은 가열 용융시켜 삽입 접합한다.

36. 콘크리트관 이음에서 철근콘크리트로 만든 칼라와 특수모르타르를 사용하여 이음하는 것으로 맞는 것은?

㉮ 콤포 이음
㉯ 심플렉스 이음
㉰ 칼라 인서트 이음
㉱ 기볼트 이음

해설 콘크리트관 이음
① 콤포이음(칼라이음)
② 모르타르 접합

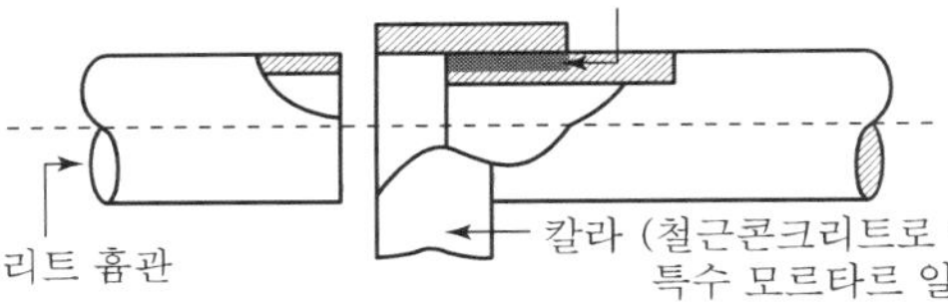

Compo를 틈새에 다져 넣는다.
콘크리트 흄관
칼라 (철근콘크리트로 만든 칼라와 특수 모르타르 일종의 콤포를 사용)

(철근콘크리트로 만든 칼라와 특수모르타르 일종의 콤포를 사용)

37. 2kg의 용해 아세틸렌이 들어있는 아세틸렌 용기로 프랑스식 200번 팁을 사용하여 표준불꽃상태로 가스 용접을 하고 있다면 몇 시간 정도 연속하여 용접할 수 있는가?(단, 용해 아세틸렌 1kg은 905L의 가스 발생)

㉮ 6시간
㉯ 9시간
㉰ 12시간
㉱ 18시간

해설 가스발생량 $= 2 \times 905 = 1{,}810\text{L}$

가스 사용시간 $= \dfrac{1{,}810}{200} = 9$시간

38. 동관의 끝부분을 진원으로 교정할 때 사용하는 공구는?

㉮ 플레어링 툴
㉯ 봄볼
㉰ 사이징 툴
㉱ 익스팬더

해설 사이징 툴
동관의 끝부분을 진원(O)으로 교정할 때 사용하는 공구

정답 35. ㉱ 36. ㉮ 37. ㉯ 38. ㉰

39. 동력나사절삭기 사용 시 안전 수칙으로 부적합한 것은?

㉮ 나사작업 시 관을 척에 확실히 고정시킨다.
㉯ 동력용이므로 관 절단 시 한 번에 절단될 수 있도록 커터의 깊이를 많이 넣는 것이 좋다.
㉰ 파이프가 위험하게 돌출되었을 때에는 위험 표시를 하고서 작업한다.
㉱ 손에 기름이 묻은 경우에는 기름을 닦아내고 작업해야 한다.

해설 동력용 나사절삭기 사용 시 커터의 깊이를 많이 넣으면 절삭 날이 부러지거나 동력용 나사절삭기 가동이 중지된다.

40. 동일 관로에서 관의 지름이 0.5m인 곳에서 유속이 4m/s이면, 지름 0.3m인 곳에서의 관내 유속은 약 얼마인가?

㉮ 15.2m/s　　㉯ 11.1m/s
㉰ 9.8m/s　　㉱ 4.2m/s

해설 $유속 = \frac{유량(m^3/s)}{단면적(m^2)} = (m/s)$

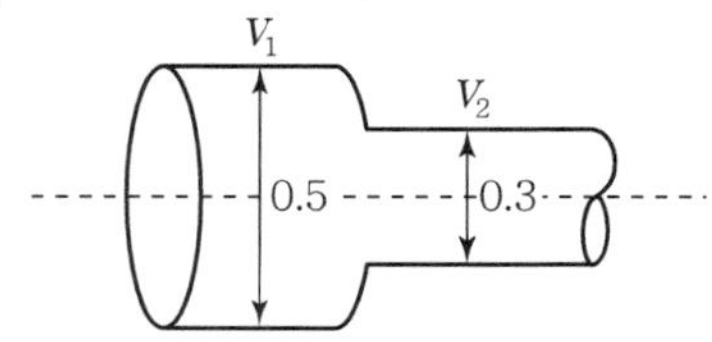

$G=\gamma A_1 V_1 = \gamma A_2 V_2$, $V_1 = \frac{G}{\gamma A_1}$, $V_2 = \frac{G}{\gamma A_2}$,

$$V_2 = V_1 \times \frac{A_1}{A_2} = 4 \times \frac{\frac{3.14}{4}\times(0.5)^2}{\frac{3.14}{4}\times(0.3)^2} = 11.1\text{m/s}$$

41. 증발량이 0.56kg/s인 보일러의 증기엔탈피가 2,636kJ/kg이고, 급수엔탈피는 83.9kJ/kg이다. 이 보일러의 상당 증발량은 약 얼마인가?

㉮ 0.47kg/s　　㉯ 0.63kg/s
㉰ 0.86kg/s　　㉱ 0.98kg/s

해설 $상당증발량(We) = \frac{S_G(h_2-h_1)}{539\times4.2}$

$$= \frac{0.56\times(2,636-83.9)}{539\times4.2} = 0.63\text{kg/h}$$

※ 539kcal/kg×4.2kJ/kcal=2,263.8kJ/kg(물의 증발잠열)

42. 용접 시 적합한 용접지그(JIG)를 사용할 때 얻을 수 있는 효과로 거리가 먼 것은?

㉮ 용접작업을 용이하게 한다.　　㉯ 작업능률이 향상된다.
㉰ 용접 변형을 억제한다.　　㉱ 잔류응력이 제거된다.

해설 잔류응력 제거=가열이나 열처리로 제거한다.

 정답 39. ㉯ 40. ㉯ 41. ㉯ 42. ㉱

43. 급수설비에서 수질오염 방지대책에 관한 설명으로 틀린 것은?

㉮ 빗물이 침입할 수 없는 구조로 하여야 한다.
㉯ 지하탱크나 옥상탱크는 건물 골조를 이용하여 만든다.
㉰ 급수탱크 내부에 급수 이외의 배관이 통과해서는 안 된다.
㉱ 역사이폰 작용을 막기 위해서 급수관이 부압으로 되었을 때, 물이 역류되어 빨려 들어가지 않는 구조로 시공해야 한다.

해설 지하탱크, 옥상탱크 재질
강판 또는 FRP 등이나 스테인리스판 등으로 제조한다.

44. 다음 관용나사에 관한 설명 중 틀린 것은?

㉮ 관용나사는 일반 체결용 나사보다 피치와 나사산을 크게 한 것이다.
㉯ 테이퍼나사는 누수를 방지하고 기밀을 유지하는 데 사용한다.
㉰ 나사산의 형태에는 평행나사와 테이퍼나사가 있다.
㉱ 주로 배관용 탄소강 강관을 이음하는 데 사용되는 나사이다.

해설 ① 관용나사 : 평행나사(PF), 테이퍼나사(PT)
② 평행나사 : 배관 계통의 이음에서 기계적 결합을 주목적
③ 테이퍼나사 : $\frac{1}{16}$의 테이퍼를 가진 원뿔나사로서 누수 방지, 기밀 유지에 사용

45. 다음 용접법의 분류 중 용접이 아닌 것은?

㉮ 초음파 용접
㉯ 테르밋 용접
㉰ 스터드 용접
㉱ 전자빔 용접

해설 특수 아크 용접
① 서브머지드 아크
② 불활성 가스 아크
③ 탄산가스 아크
④ 원자 수소
⑤ 엘렉트로 슬래그
⑥ 엘렉트로 가스 아크
⑦ 스터드
⑧ 테르밋
⑨ 넌 실드 아크
⑩ 전자빔
⑪ 플라스마

46. 주철관이음에서 지진 등 진동이 많은 곳의 배관이음에 적합하고 외압에 잘 견디는 이음방법으로 가장 적당한 것은?

㉮ 소켓 이음
㉯ 플랜지 이음
㉰ 플라스틴 이음
㉱ 기계식 이음

해설 기계식 이음(Mechanical Joint)
150mm 이하의 수도관용으로 소켓접합과 플랜지 접합의 장점을 취한 주철관 이음

정답 43. ㉯ 44. ㉮ 45. ㉮ 46. ㉱

47. 평면, 정면, 측면을 하나의 투상면 위에 동시에 볼 수 있도록 그린 투상도는?

㉮ 사 투상도 ㉯ 투시 투상도
㉰ 정 투상도 ㉱ 등각 투상도

해설 등각 투상도
평면, 정면, 측면을 하나의 투상면 위에 동시에 볼 수 있도록 그린 것

48. 배관 내의 유체를 표시하는 기호 중 냉각수를 표시하는 것은?

㉮ C ㉯ CH
㉰ B ㉱ R

해설 유체표시
① C : 냉각수(쿨링) ② S : 스팀
③ O : 오일 ④ G : 가스
⑤ W : 물

49. 치수기입을 위한 치수선을 그릴 때 유의할 사항으로 맞지 않는 것은?

㉮ 치수선은 원칙적으로 치수보조선을 사용하여 긋는다.
㉯ 치수선은 원칙적으로 지시하는 부품의 길이 또는 각도를 측정하는 방향으로 평행하게 긋는다.
㉰ 치수선에는 가는 일점쇄선을 사용한다.
㉱ 치수선은 지시하는 부위가 좁을 경우에는 연장하여 그을 수 있다. 치수선 또는 그 연장선 끝에는 화살표, 사선 또는 동그라미를 붙여 그린다.

해설 가는일점쇄선
가는 실선이며 도형의 중심 또는 대칭선을 나타내는 선(—·—·—·—·)

50. 배관도시 방법 중 높이 표시법이 올바르게 설명된 것은?

㉮ FL : 가장 아래에 있는 관의 중심을 기준으로 한 배관장치의 높이를 나타낼 때 기입
㉯ TOB : 가장 위에 있는 관의 중심을 기준으로 한 관 중심까지의 높이를 나타낼 때 기입
㉰ EL : 2층의 바닥면을 기준으로 한 높이를 나타낼 때 기입
㉱ GL : 지면을 기준으로 한 높이를 나타낼 때 기입

해설 ① FL : 1층의 바닥면 기준
② TOP : 관 윗면을 기준
③ BOP : 관 외경의 아랫면 기준
④ EL : 배관의 높이를 관의 중심에서 표시

51. 같은 지름의 3편 엘보를 전개할 때 가장 적합한 전개도법은?

㉮ 평행선법 ㉯ 삼각형법
㉰ 방사선법 ㉱ 혼합법

해설 평행선법 : 같은 지름의 3편 엘보를 전개할 때 가장 적합한 전개도법

정답 47. ㉱ 48. ㉮ 49. ㉰ 50. ㉱ 51. ㉮

52. 다음 도면에서 벤딩(Bending)부의 관 길이는 약 mm인가?

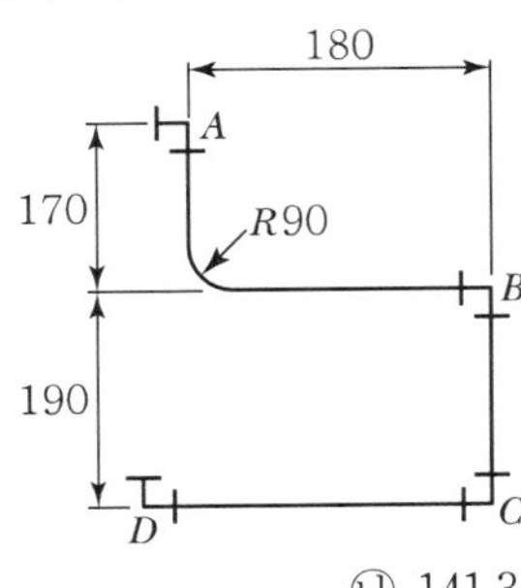

㉮ 70.7 ㉯ 141.3
㉰ 282.6 ㉱ 565.2

해설 벤딩부 길이$(l) = 2\pi R \times \frac{\theta}{360} = 2 \times 3.14 \times 90 \times \frac{90°}{360°}$
$= 141.3\text{mm}$

53. 용접부 비파괴시험의 종류 중 방사선 투과시험을 나타내는 기본기호로 맞는 것은?

㉮ UT ㉯ VT
㉰ PRT ㉱ RT

해설 용접부 비파괴시험(RT, 방사선 투과시험)
x선 혹은 γ(Gamma)선을 물체에 투과시켜 결함의 유무를 조사한다(x선 파장 : 10^{-8} cmÅ) 즉, Angstrom)

54. 대상물의 보이지 않는 부분의 모양을 표시하는 데 쓰이는 선은?

㉮ 굵은 실선 ㉯ 가는 1점 쇄선
㉰ 파선 ㉱ 가는 2점 쇄선

해설 파선(파단선) : 대상물의 일부를 파단시키거나 대상물이 보이지 않는 부분의 모양표시

55. 모집단으로부터 공간적·시간적으로 간격을 일정하게 하여 샘플링하는 방식은?

㉮ 단순랜덤 샘플링(Simple Random Sampling)
㉯ 2단계 샘플링(Two-Stage Sampling)
㉰ 취락 샘플링(Cluster Sampling)
㉱ 계통 샘플링(Systematic Sampling)

해설 (1) 랜덤 샘플링
① 단순랜덤 샘플링 ② 2단계 샘플링
③ 집락 샘플링 ④ 층별 샘플링
⑤ 계통 샘플링
(2) 계통 샘플링 : 모집단으로부터 공간적 시간적으로 일정하게 하여 샘플링하는 방식

정답 52. ㉯ 53. ㉱ 54. ㉰ 55. ㉱

56. 예방보전(Preventive Maintenance)의 효과가 아닌 것은?

㉮ 기계의 수리비용이 감소한다.
㉯ 생산시스템의 신뢰도가 향상된다.
㉰ 고장으로 인한 중단시간이 감소한다.
㉱ 잦은 정비로 인해 제조원 단위가 증가한다.

해설 (1) 설비보전
① 보전예방(MP)
② 예방보전(PM)
③ 계량보전(CM)
④ 사후보전(BM)
(2) 예방보전의 효과는 ㉮, ㉯, ㉰항이다.

57. 제품공정도를 작성할 때 사용되는 요소(명칭)가 아닌 것은?

㉮ 가공　㉯ 검사　㉰ 정체　㉱ 여유

해설 작업관리 공정분석 공정기호
① 가공 : ○
② 운반 : →
③ 정체 : D
④ 저장 : ▽
⑤ 검사 : □
⑥ 흐름선 : |
⑦ 구분 : ꩜꩜꩜
⑧ 생략 : ╪
⑨ 질 중심의 양 검사 : ◇(□ 안)
⑩ 가공하면서 양검사 : ◎(○ 안 □)
⑪ 가공하면서 운반 : ○ 안 →

58. 부적합수 관리도를 작성하기 위해 $\sum c = 559$, $\sum n = 222$를 구하였다. 시료의 크기가 부분군마다 일정하지 않기 때문에 u관리도를 사용하기로 하였다. $n = 10$일 경우 u관리도의 UCL 값은 약 얼마인가?

㉮ 4.023　㉯ 2.518
㉰ 0.502　㉱ 0.252

해설 u관리도

$$\text{UCL} = \bar{u} + 3\sqrt{\frac{\bar{u}}{n}}$$

$$\text{CL(중심선)}\ \bar{u} = \frac{\sum c}{\sum n} = \frac{559}{222} = 2.52$$

$$\therefore \text{UCL} = 2.52 + 3\sqrt{\frac{2.52}{10}} = 4.023$$

 정답 56. ㉱ 57. ㉱ 58. ㉮

59. 작업방법 개선의 기본 4원칙을 표현한 것은?

㉮ 층별 - 랜덤 - 재배열 - 표준화
㉯ 배제 - 결합 - 랜덤 - 표준화
㉰ 층별 - 랜덤 - 표준화 - 단순화
㉱ 배제 - 결합 - 재배열 - 단순화

해설 작업방법 개선 기본 4원칙

① 배제
② 결합
③ 재배열
④ 단순화

60. 이항분포(Binomial Distribution)의 특징에 대한 설명으로 옳은 것은?

㉮ P=0.01일 때는 평균치에 대하여 좌 · 우 대칭이다.
㉯ P≤0.1이고, nP=0.1~10일 때는 푸아송 분포에 근사한다.
㉰ 부적합품의 출현 개수에 대한 표준편차는 D(x)=nP이다.
㉱ P≤0.5이고, nP≤5일 때는 정규분포에 근사한다.

해설 모집단

(1) 정규분포(연속변량)
(2) 이항분포(이산변량)
① 이항분포 B(n.P)로 나타내면 평균값은 m, m=nP,
② n(시행횟수), P(성공확률), 1-P)>5일 때는 정규분포에 가깝다. n은 클수록 정규분포에 근사한다.
③ 푸아송 분포의 특징은 람다(λ)가 커질수록 분포의 모양이 오른쪽으로 이동하며 정규분포 같은 형태가 되며 평균과 분산은 동일하다. 또한 푸아송 분포는 이산확률분포이다.
④ 이항분포에서 시행횟수 n이 매우 크고 성공확률 P가 아주 작은 경우 푸아송 분포로 근사할 수 있다.

정답 59. ㉱ 60. ㉯

2014.04.06. 과년도 기출문제

MASTER CRAFTSMAN PLUMBING

1. 요리장의 배수에 섞여 있는 지방분이 배수관으로 흐르지 않게 하기 위하여 설치하는 것은?

① 가솔린 트랩　　② 스트레이너
③ 그리스 트랩　　④ 메인 트랩

해설 **그리스 트랩(배수트랩)** : 요리장의 배수에 섞여 있는 지방분이 배수관으로 흐르지 않도록 하는 배수트랩이다.

2. 집진장치 중 일반적으로 집진효율이 가장 좋은 것은?

① 전기집진장치　　② 중력식 집진장치
③ 원심력식 집진장치　　④ 관성력식 집진장치

해설 **전기식 집진장치(코드렐식)** : 집진효율이 99.5%로 효율이 매우 높다.

3. 스패너나 렌치 사용 시 안전상 주의사항으로 틀린 것은?

① 해머 대용으로 사용치 말 것
② 너트에 맞는 것을 사용할 것
③ 스패너나 렌치는 뒤로 밀어 돌릴 것
④ 파이프 렌치를 사용할 때는 정지장치를 확실히 할 것

해설 스패너나 렌치는 안전상 앞으로 당겨서 돌릴 것

4. 공동현상의 발생조건이 아닌 것은?

① 흡입관경이 작을 때
② 과속으로 유량 증가 시
③ 관로 내의 온도 저하 시
④ 흡입양정이 지나치게 길 때

해설 펌프운전 시 공동현상(유체액 중 일부가 기화되어 증기로 변하는 현상) 발생조건은 ①, ②, ④항이며 기타 관로 내 유체의 온도가 상승하면 공동현상 발생이 심하다.

 정답 **1.** ③ **2.** ① **3.** ③ **4.** ③

5. 미리 정해진 순서 또는 조건에 따라 제어의 각 단계를 순차적으로 행하는 제어에 속하지 않는 것은?

① 추치제어 ② 시한제어 ③ 순서제어 ④ 조건제어

해설 (1) 추치제어 : ㉠ 추종제어
㉡ 비율제어
㉢ 프로그램제어
(2) 추치제어는 일반적으로 목표치가 변할 때 하는 제어이다.

6. 가스관의 부설 위치에 따른 명칭을 설명한 것으로 잘못된 것은?

① 실내관이란 중간밸브에서 연소기 콕까지의 배관을 말한다.
② 옥외내관이란 소유자의 토지 경계에서 연소기까지의 배관을 말한다.
③ 본관이란 가스 제조공장의 부지 경계에서 정압기까지의 배관을 말한다.
④ 공급관이란 정압기에서 가스 사용자가 점유하고 있는 토지 경계까지 이르는 배관을 말한다.

해설 옥내배관 : 소유자의 가옥 내에서 가스미터기 등에서 연소기까지 거리

7. 토치램프의 취급에 관한 안전사항으로 옳지 않은 것은?

① 작업 전에 소화기, 모래 등을 준비한다.
② 사용하기 전에 주변에 인화물질이 없는지 확인한다.
③ 각 부분에서 가솔린의 누설 여부를 확인한 후 점화한다.
④ 작업 중 가솔린의 주입 시에는 램프의 불만 꺼져 있는지 확인한 후 주입한다.

해설 토치램프에 가솔린 주입 시 램프의 불이 꺼진 상태에서 토치램프가 완전히 열이 식은 후에 이를 확인하고 가솔린을 주입한다.

8. 난방시설에서 전열에 의한 손실열량이 11.63kW이고 환기손실열량이 3.14kW인 곳에 증기난방을 할 경우 소요되는 주철제 방열기는 몇 절이 필요한가?(단, 주철제 방열기 1절의 방열 표면적은 $0.28m^2$이고 방열량은 $0.76kW/m^2$이다.)

① 20절 ② 35절 ③ 50절 ④ 70절

해설 증기방열기 절수 $= \frac{\text{난방부하}}{\text{방열량} \times 1\text{절의 방열표면적}} = \frac{11.63+3.14}{0.76 \times 0.28} \fallingdotseq 70$ 절(개)

9. 열전온도계의 열전대의 구비조건이 아닌 것은?

① 장시간 사용하여도 오차가 없도록 내구성이 있어야 한다.
② 재현성이 낮고 전기저항, 온도계수, 열전도율이 작아야 한다.
③ 고온에서도 기계적 강도가 크고 내열성, 내식성이 있어야 한다.
④ 취급과 관리가 용이하며 가격이 싸고 동일 특성을 얻기 쉬워야 한다.

해설 열전대 온도계는 재현성이 좋고 전기저항, 온도계수, 열전도율이 커야 한다.(접촉식 온도계 중 가장 고온측정에 좋은 제백효과 온도계)

정답 5. ① 6. ② 7. ④ 8. ④ 9. ②

10. 기수혼합급탕방식에서 물의 온도를 자동으로 조정하기 위해 설치하는 것은?

① 자동온수혼합기
② 자동온도조정기
③ 자동온도냉수조정기
④ 자동온도조정 사일런서

해설 기수혼합급탕식(물+증기)에서 물의 온도는 자동온도 조정기에 의하여 조정된다.

11. 건축물의 외벽, 창, 지붕 등에 설치하여 인접 건물에 화재가 발생하였을 때 수막을 형성함으로써 화재의 확산을 방지하는 소화설비는?

① 드렌처(Drencher)
② 히트 펌프(Heat Pump)
③ 스프링클러(Sprinkler)
④ 사이어미즈 커넥션(Siamese Connection)

해설 드렌처 : 건축물의 외벽, 창, 지붕 등에 설치하여 인접건물에 화재발생시 수막을 형성함으로써 화재의 확산을 방지하는 소화설비

12. 화학공업 배관재료 선정 시 고려하여야 할 화학반응 중 물질에 따른 부식이 잘못 연결된 것은?

① H_2 – 탈탄
② H_2S – 용해
③ NH_3 – 질화
④ CO – 카보닐화

해설 황(S)+O_2 → SO_2(아황산가스)
황화수소(H_2S) → H_2SO_4(황산 : 저온부식 발생)

13. 기기 및 배관 라인의 점검에 관한 설명으로 옳지 않은 것은?

① 드레인 배출은 점검하지 않는다.
② 도면과 시방서의 기준에 맞도록 설비되었는지 확인한다.
③ 각 배관의 구배는 완만하고 에어포켓부는 없는지 확인한다.
④ 각종 기기 및 자재와 부속품이 시방서에 명시된 규격품인지 확인한다.

해설 배관 라인의 점검에서 드레인이 있으면 액 햄머 방지를 위하여 반드시 드레인은 배출시킨다.

14. 자동제어에서 미분동작이란?

① 편차의 크기에 비례해서 조작량을 변화시키는 동작이다.
② 제어 편차량에 비례한 속도로 조작량을 변화시키는 동작이다.
③ 편차가 변하는 속도에 비례해서 조작량을 변화시키는 동작이다.
④ 조작량이 동작신호에 응해서 두 개의 정해진 값의 어떤 것을 선택하는 동작이다.

해설 ①항은 비례제어 동작
②항은 적분동작
④항은 온-오프동작

 정답 10. ② 11. ① 12. ② 13. ① 14. ③

15. 자동화시스템에서 크게 회전운동과 선형운동으로 구분되며 사용하는 에너지에 따라 공압식, 유압식, 전기식 등으로 세분하는 자동화의 5대 요소 중 하나인 것은?

① 센서(Sensor)
② 액추에이터(Actuator)
③ 네트워크(Network)
④ 소프트웨어(Software)

해설 액추에이터 : 회전운동, 선형운동으로 구분되며 에너지에 따라 공기압식, 유압식, 전기식 등으로 세분하는 자동화의 5대 요소이다.

16. 자동제어에서 인디셜(Indicial) 응답이라고도 하는 것은?

① 스텝 응답
② 주파수 응답
③ 자기평형성
④ 정현파 응답

해설 인디셜 응답 : 스텝응답이라고 한다. 즉 입력을 단위량만큼 돌변시켜 평형상태를 상실했을 때의 과도 응답이다.

17. 아크용접 중 아크광선에 의해 눈이 충혈되었을 때 취해야 할 조치로 가장 적절한 것은?

① 소금물로 씻어 낸 후 작업한다.
② 구급 안약을 눈에 넣고 작업한다.
③ 냉습포로 찜질을 하면서 안정을 취한다.
④ 온수로 얼굴을 닦은 후 눈을 깜빡이면서 눈동자를 자유스럽게 한다.

해설 아크용접(전기불꽃용접) 중 눈이 아크광선으로 인해 충혈되면 즉시 냉습포로 찜질을 하면서 안정을 취한다.

18. 높이 6m인 곳에 플러시밸브를 설치하고자 한다. 배관길이가 18m이고 플러시밸브에서 최저수압 0.07MPa을 요구할 때 필요한 수압은 얼마인가?(단, 관 마찰손실수두는 200 mmAq/m로 한다.)

① 0.164MPa
② 0.241MPa
③ 0.636MPa
④ 0.706MPa

해설 수압(P) $\geq P_1 + P_2 + P_3$, 1atm = 10.332mAq = 102kPa(0.1MPa)
㉠ 6m × 0.1 = 0.6kg/cm²(0.06MPa)
㉡ 마찰저항손실 $= \dfrac{18 \times 200}{10^4} = 0.36$kg/cm²
∴ 수압(P) = 0.06 + (0.36/10.332) + 0.07 = 0.164MPa

19. 기송배관의 일반적인 3가지 형식이 아닌 것은?

① 진공식 배관
② 압송식 배관
③ 수송식 배관
④ 진공압송식 배관

해설 기송배관(기체이송배관) 형식
㉠ 진공식, ㉡ 압송식, ㉢ 진공압송식

정답 15. ② 16. ① 17. ③ 18. ① 19. ③

20. 배관 배열의 기본사항에 관한 설명으로 옳지 않은 것은?

① 배관은 가급적 그룹화되게 한다.
② 배관은 가급적 최단거리로 하고 굴곡부를 많게 한다.
③ 고온, 고유속의 배관은 티(T) 분기부가 가능한 적도록 배치한다.
④ 배관에 불필요한 에어포켓이나 드레인 포켓이 생기지 않도록 한다.

해설 배관 배열에서 저항 방지를 위해 굴곡부는 최대한 적게 한다.

21. 동관이나 동합금관에 관한 설명으로 옳지 않은 것은?

① 담수에 대한 내식성은 크나, 극연수에는 부식된다.
② 아세톤, 에테르, 프레온 가스, 파라핀 등에는 침식되지 않는다.
③ 타프피치 동관의 순도는 99.99% 이상으로 전기기기의 재료로 많이 사용된다.
④ 두께별 분류에서 K형이 가장 얇고, M형은 보통 두께이고, N형이 가장 두껍다.

해설 동관 살 두께
㉠ K>L>M
㉡ K, L 타입 : 주로 의료용 배관
㉢ L, M 타입 : 주로 급배수, 급탕, 냉난방, 도시가스용

22. 덕타일 주철관의 설명으로 옳지 않은 것은?

① 구상흑연 주철관이라고도 한다.
② 변형에 대한 가요성과 가공성은 없다.
③ 보통 회주철관보다 관의 수명이 길다.
④ 강관과 같이 높은 강도와 인성이 있다.

해설 덕타일 주철관(구상 흑연주철관)
㉠ 수도용 원심력관이다.
㉡ 가요성, 충격에 대한 연성, 가공성이 우수하다.
㉢ 기타 특성은 ①, ③, ④와 같다.

23. 덕트 내의 소음 방지법을 설명한 것으로 옳지 않은 것은?

① 댐퍼 취출구에 흡음재를 부착한다.
② 덕트의 도중에 흡음재를 부착한다.
③ 송풍기 출구 부근에 플리넘 챔버를 장치한다.
④ 덕트의 적당한 곳에 슬라이드 댐퍼를 설치한다.

해설 ㉠ 덕트 내의 소음방지법은 ①, ②, ③항에 따른다.
㉡ ④항은 마찰저항을 줄일 수 있다.

 정답 20. ② 21. ④ 22. ② 23. ④

24. 배관의 하중을 아래에서 위로 떠받치는 배관의 지지장치는?

① 행거 ② 브레이스
③ 서포트 ④ 레스트레인트

해설 ㉠ 서포트 : 배관의 하중을 아래에서 위로 떠받치는 배관의 지지장치이며 그 반대가 행거이다.
• 종류 : 스프링 써포트, 롤러 써포트, 파이프 슈, 리지드 써포트
㉡ 브레이스 : 진동방지용(방진기, 완충기)
㉢ 레스트레인트 : 앵커, 스톱, 가이드

25. 동관 이음쇠의 종류와 기호표시가 잘못된 것은?

① C : 이음쇠 내로 관이 들어가는 접합형태
② Ftg : 이음쇠 외부로 관이 들어가는 형태
③ F : 이음쇠 안쪽에 관용나사가 가공된 형태
④ C×F : 이음쇠 외부에 관용나사가 가공된 형태

해설 C×M 어댑터 : 이음쇠 외부 한 쪽에 관용나사가 가공된 형태

26. 급수배관을 완료하고 수압시험을 하기 위한 조치사항으로 옳지 않은 것은?

① 배관의 개구부는 플러그 등으로 막았다.
② 배관의 중간에 있는 분기밸브는 모두 열어 놓았다.
③ 관내에 물을 채울 때는 공기빼기용 밸브를 막았다.
④ 수직배관의 경우 최상부에 공기빼기 장치를 설치하였다.

해설 급수배관 수압시험 시 관내에 물을 채울 때는 공기빼기용 밸브는 열고 한다.

27. 체크밸브에 관한 설명으로 옳지 않은 것은?

① 체크밸브는 유체의 역류를 방지한다.
② 리프트식은 수직배관에만 사용된다.
③ 스윙식은 수평, 수직배관 어느 곳에나 사용된다.
④ 풋형 체크밸브는 펌프운전 중에 흡입 측 배관 내 물이 없어지는 것을 방지하기 위해 사용된다.

해설 리프트식 체크밸브 : 수평배관용에 사용하는 역류방지 밸브

28. 신축이음쇠 중 평면상의 변위뿐 아니라 입체적인 변위까지도 안전하게 흡수할 수 있는 이음쇠는?

① 루프형 신축이음쇠 ② 스위블형 신축이음쇠
③ 벨로스형 신축이음쇠 ④ 볼조인트형 신축이음쇠

해설 볼조인트형 신축이음쇠 : 평면상의 변위뿐 아니라 입체적인 변위까지도 안전하게 흡수하는 이음쇠

정답 24. ③ 25. ④ 26. ③ 27. ② 28. ④

29. 플라스틱 패킹에 관한 설명으로 가장 거리가 먼 것은?

① 편조 패킹과는 달리 구조는 일정한 조직을 가지고 있지 않다.
② 구조상 단단하므로 고온·고압의 증기배관에 가장 적합하다.
③ 기밀효과가 좋고 저마찰성, 치수의 융통성 등의 장점이 있다.
④ 석면섬유에 바인더와 윤활제를 가해 끈 또는 링 모양으로 성형한 가소성 패킹이다.

해설 플라스틱 패킹은 재질상 고온 고압의 증기배관에는 사용할 수 없다.

30. 한국산업표준(KS)에서 제시하는 강관의 기호와 그 명칭이 바르게 연결된 것은?

① SPPS : 일반 배관용 탄소강관
② SPHT : 저온 배관용 탄소강관
③ SPPH : 고압 배관용 탄소강관
④ SPLT : 저압 배관용 탄소강관

해설 ① SPPS : 압력배관용
② SPHT : 고온배관용
③ SPLT : 저온배관용

31. 플랜지 시트 모양에 따른 분류 중 대평면 시트의 호칭압력은 몇 kgf/cm^2 이하인가?

① 16
② 36
③ 53
④ 63

해설 ㉠ 전면시트 : $16kg/cm^2$ 이하
㉡ 소평면시트 : $16kg/cm^2$ 이상
㉢ 삽입시트 : $16kg/cm^2$ 이상
㉣ 홈시트 : $16kg/cm^2$ 이상

32. 내경 2m, 길이 10m인 원통형 탱크를 수직으로 세워 놓고 물을 채울 때 필요한 물의 양은 몇 m^3인가?

① 7.85
② 15.7
③ 31.4
④ 62.8

해설 유량=단면적×길이

단면적$=\frac{\pi}{4}d^2$

$\therefore$ 물의 양$(V)=\frac{3.14}{4}\times(2)^2\times10=31.4m^3(31{,}400L)$

33. 증기와 응축수의 열역학적 특성에 따라 작동되는 증기트랩이 아닌 것은?

① 플로트형 트랩
② 오리피스형 트랩
③ 디스크형 트랩
④ 바이패스형 트랩

해설 플로트형, 버킷형 스팀트랩 : 기계적 트랩(증기와 응축수의 비중차 스팀트랩)

 정답 29. ② 30. ③ 31. ④ 32. ③ 33. ①

34. 다음 중 폴리에틸렌관의 종류에 속하지 않는 것은?

① 수도용 폴리에틸렌관
② 증기용 폴리에틸렌관
③ 일반용 폴리에틸렌관
④ 가스용 폴리에틸렌관

해설 폴리에틸렌관(비금속 P.V.C) 종류는 ①, ③, ④항의 종류가 있다.
염화비닐관보다 가볍다.(증기나 고온, 그리고 화력에 극히 약하다.)

35. 폴리에틸렌관의 용착슬리브 이음 시 가열 지그를 이용한 용착(가열)온도로 적합한 온도는 약 몇 ℃ 정도인가?

① 100℃ ② 150℃ ③ 200℃ ④ 300℃

해설 폴리에틸렌관의 용착슬리브 이음 시 가열지그 용착가열온도는 200℃ 정도(180~240℃ 정도가 이상적이다.)

36. 용접시간 10분 중 아크발생시간이 8분, 무부하시간이 2분이었다면 이 용접기의 사용률은 얼마인가?

① 50% ② 60% ③ 70% ④ 80%

해설 무부하시간(용접을 하지 않은 시간)
용접시간 = 10분 − 2분 = 8분
∴ 용접기 사용률 = $\frac{8}{10} \times 100 = 80\%$

37. 주철관 이음 시 스테인리스 커플링과 고무링만으로 쉽게 이음할 수 있는 접합법은?

① 노허브 이음
② 빅토릭 이음
③ 타이톤 이음
④ 플랜지 이음

해설 노허브 이음(No−Hub Joint) : 소켓이음을 혁신적으로 개량한 것으로 스테인리스 커플링과 고무링만으로 쉽게 주철관을 이음한다.

38. 다음 중 가스절단이 가장 잘 되는 재료는?

① 연강
② 비철금속
③ 주철
④ 스테인리스

해설 연강 : 가스절단이 용이한 강이다.(강 중 탄소함량이 적다.)

39. 주철관 이음 중 기계식 이음(Mechanical Joint)에 관한 설명으로 옳지 않은 것은?

① 기밀성이 불량하다.
② 굽힘성이 풍부하므로 누수가 없다.
③ 소켓이음과 플랜지이음의 복합형이다.
④ 간단한 공구로 신속하게 이음이 되며, 숙련공이 필요하지 않다.

정답 34. ② 35. ③ 36. ④ 37. ① 38. ① 39. ①

해설 주철관 기계식 이음(메커니컬 조인트)은 기밀성이 좋고 수중작업이 가능하다. 이 방법은 구상 흑연주철관이나 수도용 구상 흑연주철 이형관 등에 사용된다.

40. 석면 시멘트관의 심플렉스 이음에 관한 설명으로 옳지 않은 것은?

① 수밀성과 굽힘성은 우수하지만 내식성은 약하다.
② 호칭지름 75~500mm의 지름이 작은 관에 많이 사용된다.
③ 접합에 끼워 넣는 공구로는 프릭션 풀러(Friction Puller)를 사용한다.
④ 칼라 속에 2개의 고무링을 넣고 이음하며 고무 가스킷 이음이라고도 한다.

해설 심플렉스 이음(Simplex Joint)
- 고무 개스킷 이음이라고도 한다.
- 이 이음은 내식성이 우수하고 수밀성과 굽힘성이 좋다.
- 사용압력은 1.05MPa 이상이다.

41. 용접이음의 효율을 나타내는 공식은?

① $\frac{\text{모재의 인장강도}}{\text{용접봉의 인장강도}} \times 100(\%)$
② $\frac{\text{용접봉의 인장강도}}{\text{모재의 인장강도}} \times 100(\%)$
③ $\frac{\text{모재의 인장강도}}{\text{시험편의 인장강도}} \times 100(\%)$
④ $\frac{\text{시험편의 인장강도}}{\text{모재의 인장강도}} \times 100(\%)$

해설 용접이음 효율(η)

$$\eta = \frac{\text{시험편의 인장강도}}{\text{모재의 인장강도}} \times 100(\%)$$

42. 다음 중 SI 기본단위가 아닌 것은?

① 시간(s)
② 길이(m)
③ 질량(kg)
④ 압력(Pa)

해설 압력 : 유도 단위이다.(기본단위 : 시간, 질량, 길이, 물질의 양, 온도, 광도, 전류)

43. CO_2 아크용접법 중에서 비용극식 용접에 해당하는 것은?

① 순 CO_2법
② 탄소 아크법
③ 혼합 가스법
④ 아코스 아크법

해설 ㉠ CO_2 아크 용접법 : 아르곤 대신에 CO_2 가스 사용(반자동장치로 연강재 용접에 사용)
㉡ 탄소아크법 : 비용극식 용접(현재 이 방법은 별로 사용되지 않는다.)

44. 다음 중 동관용 공구가 아닌 것은?

① 티뽑기
② 사이징 툴
③ 익스팬더
④ 전용 압착공구

 정답 40. ① 41. ④ 42. ④ 43. ② 44. ④

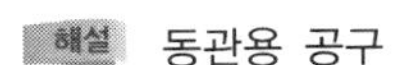

해설 동관용 공구

㉠ ①, ②, ③ 외
㉡ 플레어링 툴 셋
㉢ 벤더
㉣ 확관기
㉤ 파이프 커터
㉥ 리머

45. 배관 내의 가스압력이 196kPa일 때 체적이 0.01m³, 온도가 27℃이었다. 이 가스가 동일 압력에서 체적이 0.015m³으로 변하였다면 이때 온도는 몇 ℃가 되는가?(단, 이 가스는 이상기체라고 가정한다.)

① 27℃ ② 127℃ ③ 177℃ ④ 450℃

해설 $T_2 = T_1 \times \left(\frac{V_2}{V_1}\right) = (273+27) \times \left(\frac{0.015}{0.01}\right)$

$= 450\text{K}(450-273=177℃)$

46. 강관의 대구경관 조립에 사용하는 파이프렌치는?

① 체인 파이프렌치
② 업셋 파이프렌치
③ 링크형 파이프렌치
④ 스트레이트 파이프렌치

해설 체인 파이프렌치 : 강관의 대구경 조립에 사용되는 공구이다.

47. 다음 평면도를 입체도로 그린 것은?

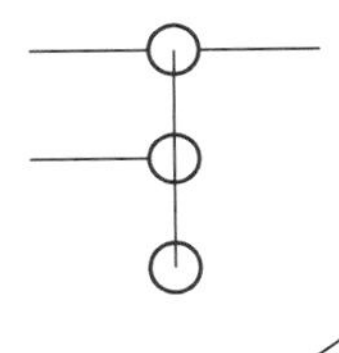

①
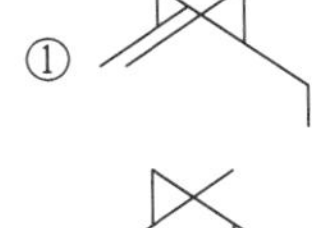

②
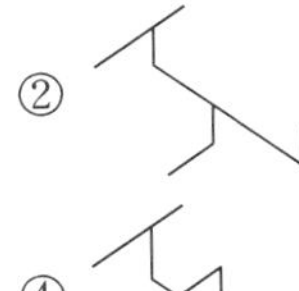

③
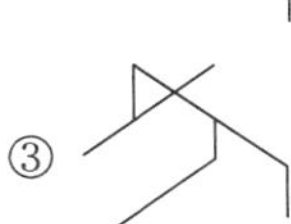

④

해설 입체도

배관 시스템의 흐름, 밸브, 계측기기 등 필요한 기기의 위치를 쉽게 알아볼 수 있도록 판독하는 도면이다.

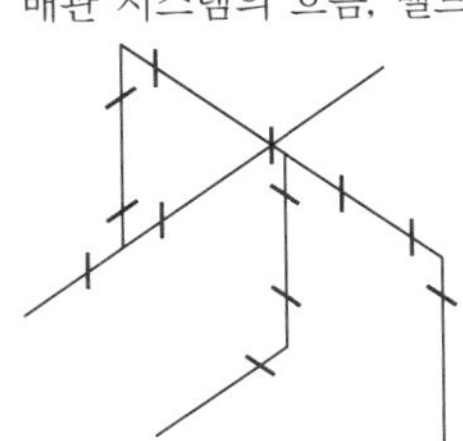

정답 45. ③ 46. ① 47. ③

48. 플랜트 배관설비 도면에서 배관도의 일부를 인출, 발췌하여 그린 도면의 명칭은?

① 평면 배관도 ② 입체 배관도
③ 입면 배관도 ④ 부분 배관도

해설 **부분 배관도** : 플랜트 배관설비 도면에서 배관도의 일부를 인출 발췌하여 그린 도면

49. 다음과 같이 배관라인번호를 나타낼 때 사용하는 기호에 대한 명칭으로 옳지 않은 것은?

3 - 6B - P - 8081 - 39 - CINS

① 6B : 배관 호칭지름 ② P : 유체기호
③ 8081 : 배관번호 ④ CINS : 배관재료

해설 ㉠ 3 : 장치번호 ㉡ 6B : 배관호칭지름
㉢ P : 유체기호 ㉣ 8081 : 배관번호
㉤ 39 : 배관재료 종류별 기호 ㉥ CINS : 보온보냉기호

50. 다음 용접기호를 바르게 표현한 것은?

① 용접길이 30mm, 용접부 개수 3
② 용접길이 30mm, 용접부 개수 5
③ 용접부 길이 150mm, 용접부 개수 3
④ 용접부 길이 150mm, 용접부 개수 5

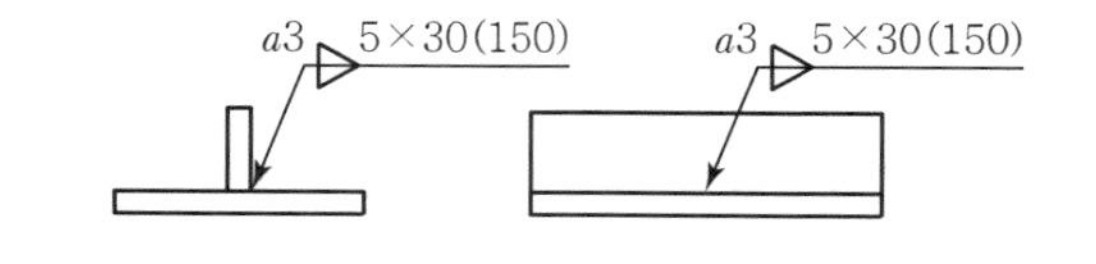

해설 용접기호
5 : 용접부 개소 5
30×용접길이(mm)

51. 원이나 원호 이외의 불규칙한 곡선을 그릴 때 적당한 제도용구는?

① 줄자 ② 운형자
③ 눈금자 ④ 삼각자

해설 **운형자** : 원이나 원호 이외의 불규칙한 곡선을 그릴 때 적당한 제도용구

52. 파이프의 외경이 1,000mm이고 TOP EL30,000이고, 또 다른 파이프 외경은 500mm이고 BOP EL20,000이면 두 파이프의 중심선에서의 높이차는 몇 mm인가?

① 6,000 ② 7,000
③ 8,500 ④ 9,250

해설 EL(CEL) : 배관의 높이를 표시할 때 기준선으로, 기준선에 의해 높이를 표시한다.
㉠ TOP : 관의 윗면이 기준
㉡ BOP : 관의 밑면이 기준
∴ 중심선에서 높이 차 $=(30{,}000-20{,}000)-\left(\frac{1{,}000}{2}+\frac{500}{2}\right)=9{,}250\text{mm}^2$

 정답 48. ④ 49. ④ 50. ② 51. ② 52. ④

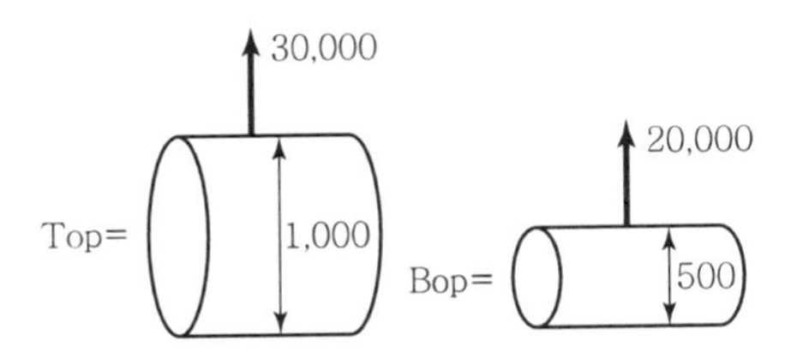

53. 관 결합방식의 표시방법으로 옳은 것은?

① 용접식 : —■—
② 플랜지식 : —||—
③ 소켓식 : —○—
④ 유니언식 : —×—

해설 ㉠ —●— : 용접식
㉡ —C— : 소켓식
㉢ —|||— : 유니언식

54. 그림과 같은 배관 도시 기호의 의미로 옳은 것은?

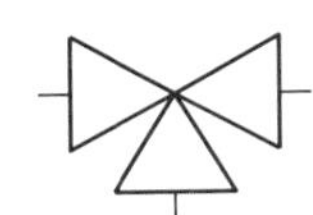

① 콕
② 3방향 밸브
③ 파이프 슈
④ 버터플라이 밸브

해설 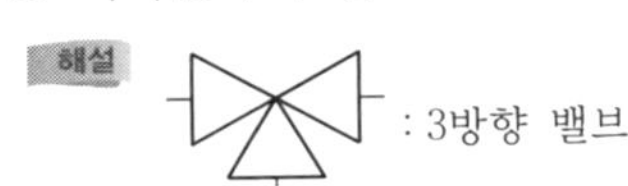 : 3방향 밸브

55. 근래 인간공학이 여러 분야에서 크게 기여하고 있다. 다음 중 어느 단계에서 인간공학적 지식이 고려됨으로써 기업에 가장 큰 이익을 줄 수 있는가?

① 제품의 개발단계
② 제품의 구매단계
③ 제품의 사용단계
④ 작업자의 채용단계

해설 제품의 개발단계 : 인간공학적 지식이 고려됨으로써 기업에 가장 큰 이익을 줄 수 있다.

56. 전수검사와 샘플링검사에 관한 설명으로 가장 올바른 것은?

① 파괴검사의 경우에는 전수검사를 적용한다.
② 전수검사가 일반적으로 샘플링검사보다 품질향상에 자극을 더 준다.
③ 검사항목이 많을 경우 전수검사보다 샘플링검사가 유리하다.
④ 샘플링검사는 부적합품이 섞여 들어가서는 안 되는 경우에 적용한다.

해설 (1) 검사항목이 많으면 전수검사보다 샘플링검사가 유리하다.
(2) 검사 : ㉠ 구입검사 ㉡ 공정검사 및 중간검사
㉢ 최종검사 ㉣ 출하검사
㉤ 입고, 출고, 인수인계검사
(3) 판정대상 : 전수검사, 로트별 샘플링검사, 관리샘플링검사, 무검사, 자주검사

정답 53. ② 54. ② 55. ① 56. ③

57. 다음 [표]를 참조하여 5개월 단순이동평균법으로 7월의 수요를 예측하면 몇 개인가?

(단위 : 개)

월	1	2	3	4	5	6
실적	48	50	53	60	64	68

① 55개 ② 57개 ③ 58개 ④ 59개

해설 실적 = 50 + 53 + 60 + 64 + 68 = 295개
단순이동평균법에 의해 7월의 수요예측
$\frac{295개}{5개월} = 59개$

58. 도수분포표에서 도수가 최대인 계급의 대표값을 정확히 표현한 통계량은?

① 중위수 ② 시료평균
③ 최빈수 ④ 미드 - 레인지(Mid - Range)

해설 최빈수 : 도수분포표에서 도수가 최대인 계급의 대표값을 정확히 표현한 통계량

59. 다음 중 두 관리도가 모두 포아송 분포를 따르는 것은?

① $\bar{x}$ 관리도, R 관리도 ② c 관리도, u 관리도
③ np 관리도, p 관리도 ④ c 관리도, p 관리도

해설 관리도
(1) 계량치 : ㉠ $\bar{x}-R$(평균치와 범위의) 관리도
㉡ x(개개 측정치의) 관리도
㉢ $\tilde{x}-R$(메디안과 범위의) 관리도
(2) 계수치 : ㉠ P_n(불량개수의) 관리도
㉡ P(불량률의) 관리도
㉢ C(결점수의) 관리도
㉣ u(단위당 결점수) 관리도
※ C, u 관리도 : 포아송 분포를 따른다.
(3) 포아송 비 = $\frac{횡스트레인}{종스트레인}$ (한방향의 수직응력을 받는 경우)
(4) 포아송 분포 : 많은 사건 중에서 특정한 사건이 발생할 가능성이 매우 적은 확률변수가 갖는 분포이다.

60. 다음 중 반즈(Ralph M. Barnes)가 제시한 동작경제원칙에 해당되지 않는 것은?

① 표준작업의 원칙 ② 신체의 사용에 관한 원칙
③ 작업장의 배치에 관한 원칙 ④ 공구 및 설비의 디자인에 관한 원칙

해설 표준작업의 원칙
반즈가 제시한 동작경제원칙에 해당되지 않고, ②, ③, ④항이 반즈가 제시한 동작경제원칙에 해당한다.

 정답 57. ④ 58. ③ 59. ② 60. ①

2014.07.20. 과년도 기출문제

MASTER CRAFTSMAN PLUMBING

1. 압축공기 배관의 부품에 들어가지 않는 것은?

① 세퍼레이터(Separator)
② 공기 여과기(Air Filters)
③ 애프터 쿨러(After Cooler)
④ 사이어미즈 커넥션(Siamese Connection)

해설 (1) 압축공기 배관 부품
㉠ 세퍼레이터
㉡ 공기여과기
㉢ 애프터 쿨러
(2) 압축공기 : 압축기로 압축한 공기

2. 압축기로 공기를 밀어 넣고 송급기(Feeder)에서 운반물을 흡입해서 공기와 함께 수송한 다음 수송관 끝에서 공기와 분리하여 외부에 취출하는 기송배관 형식은?

① 진공식
② 진공압송식
③ 압송식
④ 압송진공식

해설 압송식 기송 배관 : 압축공기를 넣고 송급기에서 운반물을 흡입해서 공기와 함께 수송한 다음 수송관 끝에서 공기와 분리하여 외부에 취출하는 기송배관이다.

3. 다음 중 보일러의 제어장치에 포함되지 않는 것은?

① 급수제어
② 연소제어
③ 증기온도제어
④ 푸트밸브제어

해설 푸트밸브 : 급수펌프에서 지하 흡입배관의 역류현상 방지

4. 아크용접작업 시의 주의사항으로 적당하지 않은 것은?

① 눈 및 피부를 노출시키지 말 것
② 홀더가 가열될 시에는 물에 식힐 것
③ 비가 올 때는 옥외작업을 금지할 것
④ 슬랙을 제거할 때에는 보안경을 사용할 것

해설 아크용접에서 홀더가 가열될 경우 물이 아닌 공기 중에서 서서히 냉각시킨다.

정답 1. ④ 2. ③ 3. ④ 4. ②

5. 집진장치 덕트 시공에 대한 설명으로 옳지 않은 것은?

① 냉난방용보다 두꺼운 판을 사용한다.
② 곡선부는 직선부보다 두꺼운 판을 사용한다.
③ 먼지 등이 통과하면서 마찰이 심한 부분에는 강관을 사용한다.
④ 메인 덕트에서 분기할 때는 최저 45° 이상 경사지게 대칭으로 분기한다.

해설 집진장치에서 분기관을 주 덕트에 연결하는 경우 최저 30° 이상으로 한다.

6. 그림과 같은 자동제어의 블록선도(Block Diagram) 중 A, C, D, F의 제어요소를 순서대로 배열한 것은?

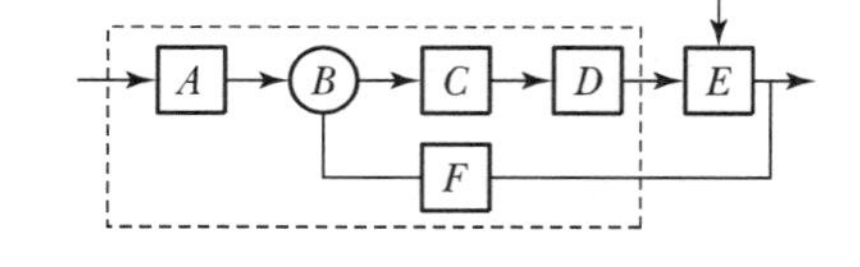

① 설정부, 조절부, 조작부, 검출부
② 설정부, 조작부, 조절부, 검출부
③ 설정부, 조작부, 조절부, 제어대상
④ 설정부, 조작부, 비교부, 제어대상

해설 ㉠ A : 설정부　㉡ B : 비교부　㉢ C : 조절부
㉣ D : 조작부　㉤ E : 제어대상　㉥ F : 검출부

7. 배수관 및 통기관의 배관 완료 후 또는 일부 종료 후 각 기구 접속구 등을 밀폐하고, 배관 최상부에서 배관 내에 물을 가득 채운 상태에서 누수의 유무를 시험하는 것은?

① 만수시험　② 통수시험
③ 연기시험　④ 수압시험

해설 만수시험 : 배수관, 통기관에서 배관 완료 후 관 내 물을 가득 채운 상태에서 누수 유무 시험

8. 펌프의 종류 중 고양정, 대유량용으로 유체를 이송시키는 데 가장 적합한 터보형 펌프는?

① 원심 펌프　② 왕복식 펌프
③ 축류 펌프　④ 로터리 펌프

해설 (1) 원심식 펌프 : ㉠ 터빈펌프(고양정, 대유량용)
㉡ 볼류트 펌프
(2) 터보형 펌프 : 비용적형 펌프(원심식, 축류식, 사류식)
(3) 용적형 펌프 : 왕복식, 회전식

9. 급탕설비에서 간접 가열식 중앙 급탕법에 관한 설명으로 옳지 않은 것은?

① 대규모 급탕설비에 적합하다.
② 급탕 가열용 코일이 필요하다.
③ 기수혼합식 고압 보일러가 필요하다.
④ 저탕조 내부에 스케일이 잘 생기지 않는다.

해설 급탕설비 간접가열식(대규모 건물용)은 가열 코일 내 증기는 건물높이에 관계없이 0.3~1.0kg/cm²의 저압이면 충분하다.

 정답 5. ④ 6. ① 7. ① 8. ① 9. ③

10. 다음 중 방화조치로 적당하지 않은 것은?

① 흡연은 정해진 장소에서만 한다.
② 화기는 정해진 장소에서 취급한다.
③ 유류 취급 장소에는 방화수를 준비한다.
④ 기름걸레 등은 정해진 용기에 보관한다.

해설 유류 취급 장소에서는 방화사, 분말, 포말 소화기 등이 유용하게 사용된다.

11. CAD 시스템을 이용하여 형상을 정의하기 위하여 공간상의 점을 정의하는 방법이 아닌 것은?

① 극좌표계
② 직선좌표계
③ 직교좌표계
④ 원통좌표계

해설 캐드 시스템에서 형상을 정의하기 위한 공간상의 점을 정의하는 방법
㉠ 극좌표계, ㉡ 직교좌표계, ㉢ 원통좌표계

12. 가스배관에서 가스공급시설 중 하나인 정압기에 관한 설명으로 옳은 것은?

① 제조공장과 공급지역이 비교적 가깝고 공급면적이 좁아 저압의 가스를 보낼 때 사용한다.
② 원거리 지역에 대량의 가스를 수송하기 위하여 공압 압축기로 가스를 압축하는 역할을 한다.
③ 사용량이 서로 다른 시간별 또는 특정 시기에 소요 공급압력을 일정하게 유지하는 역할을 한다.
④ 제조공장에서 생산, 정제된 가스를 저장하여 가스의 품질을 균일하게 하고 제조량과 소요량을 조절하는 것이다.

해설 가스 정압기(가버너) : 사용량이 서로 다른 시간별 또는 특정시기에 소요공급압력을 일정하게 유지하는 역할이다.

13. 다음 중 시퀀스 제어의 분류에 속하지 않는 것은?

① 시한제어
② 순서제어
③ 조건제어
④ 프로그램제어

해설 피드백제어방법
㉠ 정치제어, ㉡ 추치제어(추종, 비율, 프로그램), ㉢ 캐스케이드 제어

14. 배관 시공 시 안전수칙으로 옳지 않은 것은?

① 가열된 관에 의한 화상에 주의한다.
② 점화된 토치를 가지고 장난을 금한다.
③ 와이어 로프는 손상된 것을 사용해서는 안 된다.
④ 배관 이송 시 로프는 훅(Hook)에서 잘 빠지도록 한다.

해설 배관 이송 시 로프는 Hook(연결고리, 걸이)에서 빠지지 않도록 한다.

정답 10. ③ 11. ② 12. ③ 13. ④ 14. ④

15. 아세틸렌가스의 폭발하한계와 폭발상한계 값으로 옳은 것은?

① 폭발하한계 : 1.8vol%, 폭발상한계 : 8.4vol%
② 폭발하한계 : 2.1vol%, 폭발상한계 : 9.5vol%
③ 폭발하한계 : 2.5vol%, 폭발상한계 : 81.0vol%
④ 폭발하한계 : 4.0vol%, 폭발상한계 : 74.5vol%

해설 아세틸렌(C_2H_2) 가스
㉠ 연소반응식 : $C_2H_2 + 2.5O_2 \rightarrow 2CO_2 + H_2O$
㉡ 분자량 : 26
㉢ 폭발범위(하한계, 상한계) : 2.5~81(%)

16. 가스배관 시공에 있어서 가스계량기에서 중간 밸브 사이에 이르는 배관은 무엇인가?

① 본관 ② 옥내내관 ③ 공급관 ④ 옥외내관

해설
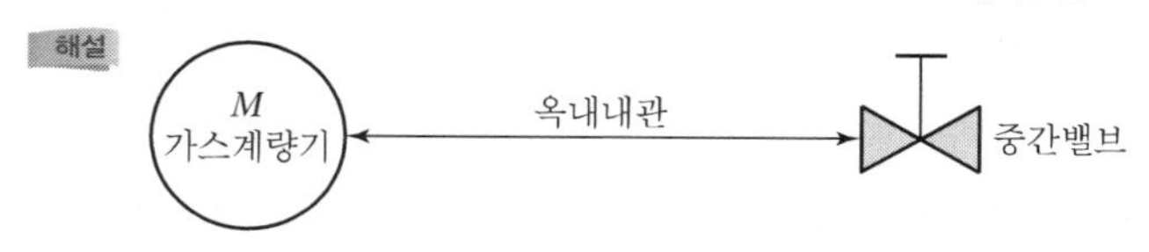

17. 보일러의 수위제어방식 중 3요소식에서 검출하는 요소가 아닌 것은?)

① 온도 ② 수위 ③ 증기유량 ④ 급수유량

해설 수위제어
㉠ 단요소식 제어 : 수위
㉡ 2요소식 제어 : 수위, 급수량
㉢ 3요소식 제어 : 수위, 급수량, 증기량

18. 배관재의 종류에 따른 지지간격이 옳지 않은 것은?

① 동관 : 입상관일 때 1.2m 이내마다 지지
② 강관 : 입상관일 때 각 층마다 1개소 이상 지지
③ 강관 : 횡주관 20A 이하일 때 5m 이내마다 지지
④ 동관 : 횡주관 20A 이하일 때 1m 이내마다 지지

해설 강관 횡주관 13~33A 이하 지지간격 : 2m 이내마다 지지

19. 배수통기배관의 시공상 주의사항으로 옳은 것은?

① 배수 트랩은 반드시 2중으로 한다.
② 냉장고의 배수는 간접배수로 한다.
③ 배수 입관의 최하단에는 트랩을 설치한다.
④ 통기관은 기구의 오버플로우선 이하에서 통기 입관에 연결한다.

 정답 15. ③ 16. ② 17. ① 18. ③ 19. ②

해설 ㉠ 냉장고의 배수량은 적어서 배수 통기배관의 배수는 반드시 간접배수가 가능하다.(일단 루트에 받아 모아 하류 배수관으로 배출시킨다.)
㉡ 배수관에 2중 트랩을 만들어서는 안 된다.

20. 장치의 운전을 정지시키지 않고 유체가 흐르는 상태에서 고장을 수리하는 것으로 바이패스를 시키거나 분기하여 유체를 우회 통과시키는 응급조치방법은?

① 코킹(Caulking)법과 밴드보강법
② 인젝션(Injection)법과 밴드보강법
③ 핫태핑(Hot Tapping)법과 플러깅(Plugging)법
④ 스토핑박스(Stopping Box)법과 박스설치(Box-in)법

해설 **핫태핑, 플러깅법** : 장치의 운전을 정지시키지 않고 유체가 흐르는 상태에서 고장을 수리하는 것으로 바이패스를 시키거나 분기하여 유체를 우회 통과시키는 응급조치방법

21. 타르 및 아스팔트 도료에 관한 설명으로 옳은 것은?

① 50℃에서 담금질하여 사용해야 가장 좋다.
② 첨가제 없이 도료 단독으로 사용하여야 효과가 높다.
③ 노출 시에는 외부적 요인에 따라 균열이 발생하기 쉽다.
④ 관 표면에 도포 시 물과 접촉하면 부식하기 쉬우므로 내식성 도료를 도장해야 한다.

해설 방청용 도료인 타르 및 아스팔트 도료가 노출 시에는 외부적 원인에 따라 균열발생이 용이하다.(온도변화 시)

22. 배관의 상하 이동에 관계없이 추를 사용하여 항상 일정한 하중으로 관을 지지하는 행거는?

① 리지드 행거(Rigid Hanger)
② 브레이스 행거(Brace Hanger)
③ 콘스탄트 행거(Constant Hanger)
④ 베어리어블 행거(Variable Hanger)

해설 **콘스탄트 행거(스프링식, 중추식)**
지정된 이동거리 범위 내에서 배관의 상하 이동에 대하여 항상 일정한 하중으로 관을 지지하는 행거이다.

23. [보기]의 ( ) 안에 들어갈 수치가 옳은 것은?

(보기) 맞대기 용접식 이음쇠인 엘보의 곡률반경은 롱(Long)이 강관 호칭지름의 (ⓐ)배, 쇼트(Short)가 호칭지름의 (ⓑ)배이다.

① ⓐ 1.5 ⓑ 1.0
② ⓐ 2.0 ⓑ 1.5
③ ⓐ 1.7 ⓑ 1.5
④ ⓐ 2.0 ⓑ 1.7

해설 **맞대기 용접 이음쇠 엘보의 곡률반경**
㉠ 롱 엘보의 곡률반경은 강관 호칭지름의 1.5배
㉡ 쇼트엘보의 곡률반경은 강관 호칭지름의 1.0배

정답 20. ③ 21. ③ 22. ③ 23. ①

24. 토목, 건축, 철탑, 발판, 지주, 말뚝 등에 많이 쓰이는 강관은?

① 고압배관용 탄소강관
② 고온배관용 탄소강관
③ 일반구조용 탄소강관
④ 경질염화비닐 라이닝강관

해설 일반구조용 탄소강관(SPS) : 토목, 건축, 철탑, 지주, 말뚝에 사용된다.

25. 동관 이음쇠의 한 쪽은 안쪽으로 동관이 삽입 접합되고 다른 쪽은 암나사를 내며, 강관에는 수나사를 내어 나사 이음하게 되는 경우에 필요한 동합금 이음쇠는?

① C×F 어댑터
② F_{tg}×F 어댑터
③ C×M 어댑터
④ F_{tg}×M 어댑터

해설 C×F 어댑터(동합금 이음쇠)
㉠ 동관 이음쇠의 한쪽은 안쪽으로 동관이 삽입 접합된다.
㉡ 동관 이음쇠의 한 쪽은 암나사를 내며 강관에는 수나사를 내어 나사이음하게 되는 이음쇠
㉢ C×F 어댑터 반대는 C×M 어댑터이다.

26. 다음 중 유체의 흐름에 저항이 적고, 침식성의 유체에 대해서도 유체통로 속만을 내식성 재료로 하여 산 등의 화학약품을 차단하는 경우에 가장 적합한 것은?

① 플랩밸브(Flap Valve)
② 체크밸브(Check Valve)
③ 플러그밸브(Plug Valve)
④ 다이어프램밸브(Diaphragm Valve)

해설 다이어프램밸브 : 유체의 흐름에 저항이 적고 침식성의 유체에 대해서도 유체통로 속만을 내식성 재료로 하여 산 등의 화학약품을 차단한다.

27. 다음 중 사용압력이 0.7N/mm^2 정도의 낮은 곳에 사용되며 직관, TS관, 편수컬러관이 있는 관은?

① 경질 비닐전선관
② 일반용 경질 염화비닐관
③ 내열성 경질 염화비닐관
④ 수도용 경질 염화비닐관

해설 ㉠ 수도용 경질 염화비닐관 : 일반용, 수도용, 배수용이 있다.
㉡ 수도용의 경우 사용 압력 0.7N/mm^2 정도의 낮은 곳에 사용되며 직관, TS관, 편수컬러관이 있다.

28. 스테인리스 강관에 관한 설명으로 옳지 않은 것은?

① 적수, 백수, 청수의 염려가 없다.
② 저온 충격이 크고 한랭지 배관이 가능하다.
③ 스테인리스강은 철에 12~20% 정도의 크롬을 함유하여 만들어진다.
④ 나사식, 몰코식, 노허브 접합, 플랜지식 이음법 등 특수시공법으로 시공이 복잡하다.

해설 스테인리스 강관
나사식, 용접식, 몰코식, 플랜지이음이 있다.(특수시공법으로 시공이 간단하다.)

 정답 24. ③ 25. ① 26. ④ 27. ④ 28. ④

29. 밸브에서 고속도 유체의 충격에 의한 기계적인 파괴작용 또는 이에 화학적 부식작용이 수반되어 고체 표면의 국부에 심한 손상을 발생하는 현상은?

① 이로전　　② 채터링
③ 플러싱　　④ 코로전

해설 이로전 : 밸브에서 고속도 유체의 충격에 의한 기계적인 파괴작용 또는 이에 화학적 부식작용이 수반되어 고체 표면의 국부에 심한 손상을 발생하는 현상

30. 네오프렌 패킹에 관한 설명으로 가장 부적절한 것은?

① 고압 증기배관에 주로 사용된다.
② 내열범위가 −46～121℃인 합성고무이다.
③ 물, 공기, 기름, 냉매배관용에 사용한다.
④ 내유성, 내후성, 내산화성 및 기계적 성질이 우수하다.

해설 네오프렌(Neoprene) 패킹(플랜지 패킹)은 내열범위가 −46℃～121℃인 합성고무제이다.
(물, 공기, 기름, 냉매배관에 사용)

31. 덕타일 주철관의 이음 종류가 아닌 것은?

① TS 이음　　② 타이톤 이음
③ 메커니칼 이음　　④ K−P 메커니칼 이음

해설 덕타일 주철관(구상흑연 주철관) : 선철과 강을 배합한 것으로 질이 균일하고 강도가 크다.
※ 이음의 종류 : 타이톤이음, 메커니칼이음(기계적 이음), K−P 메커니칼이음이 있다.(TS 냉간삽입 접합은 경질 염화비닐관 접합)

32. 외경 25mm인 강관으로 흡수해야 할 신축량이 25mm인 루프형 신축곡관을 만들 때 필요한 관의 길이는?

① 78.5cm　　② 103.5cm
③ 157cm　　④ 185cm

해설 신축곡관의 소요길이$(l) = 0.073\sqrt{d \cdot 4l}$
$= 0.073\sqrt{25 \times 25} = 1.83\text{m} = 183\text{cm}$

33. 증기트랩 장착상의 주의사항으로 옳지 않은 것은?

① 열동트랩은 냉각관이 필요하다.
② 버킷형은 운전 정지 중에 동결할 우려가 없다.
③ 열동트랩은 응축수의 온도를 감지하여 작동한다.
④ 열동트랩은 구조상 역류를 일으킬 위험성이 있다.

해설 버킷형 스팀트랩(기계식 스팀트랩)
㉠ 상향식, 하향식이 있다.
㉡ 동결의 우려가 있다.

정답 29. ① 30. ① 31. ① 32. ④ 33. ②

34. 비중이 작고 열 및 전기전도도는 높고 용접이 가능하며, 고순도의 것일수록 내식성 및 가공성이 좋아지므로 이음매 없는 관과 용접관, 화학공업용 배관, 열교환기 등에 적합한 관은?

① 강관　② 알루미늄관
③ 염화비닐관　④ 석면 시멘트관

해설 알루미늄관
㉠ 비중이 작다.
㉡ 열 및 전기전도도가 높다.
㉢ 용접이 가능하다.
㉣ 고순도는 내식성 가공성이 좋다.
㉤ 열교환기 등에 적합하다.

35. 폴리부틸렌관 이음방법 중 PB 이음이라고도 하는 이음방법은?

① 몰코 이음(Molco Joint)　② 에이콘 이음(Acorn Joint)
③ 압축 이음(Compressed Joint)　④ 플라스턴 이음(Plastan Joint)

해설 PB이음 : 폴리부틸렌관의 에이콘이음이다.(끼워넣기 이음, 도토리 이음)

36. 그림과 같이 45° 벤딩을 하고자 한다. 벤딩하여야 할 부분인 "X"로 표시된 파이프 길이는 약 몇 mm인가?

① 117.8
② 133.0
③ 183.0
④ 266.5

해설 $l = 2\pi R \times \frac{\theta}{360} = 2 \times 3.14 \times 150 \times \frac{45}{360} = 117.75\text{mm}$

37. 10℃의 물 1kg을 100℃의 포화증기로 만드는 데 필요한 열량은 약 몇 kJ인가?(단, 물의 비열은 4.19kJ/kg · K이고, 물의 증발 잠열은 2,256.7kJ/kg이다.)

① 539　② 639
③ 2,633.8　④ 2,937.8

해설 ① 물의 현열$(\theta_1) = G_w \times C_p \times 4t = 1 \times 4.19 \times (100 - 10) = 377.1\text{kJ/kg}$
② 물의 증발잠열=2,256.7kJ/kg
∴ 필요열량$(\theta_2) = 377.1 + 2,256.7 = 2,633.8\text{kJ/kg}$

38. 산소-아세틸렌가스 절단 시 예열용 불꽃의 세기가 강할 경우의 영향으로 옳지 않은 것은?

① 절단면이 거칠어진다.　② 역화를 일으키기 쉽다.
③ 슬랙이 잘 떨어지지 않는다.　④ 위 모서리가 녹아 둥글게 된다.

해설 가스절단 예열온도 : 800~900℃
가스용접에서 산소-아세틸렌 절단 시 예열용 불꽃의 세기가 강하면 역화가 방지된다.

 정답 34. ② 35. ② 36. ① 37. ③ 38. ②

39. 피복 아크용접에서 직류 정극성(DCSP)에 관한 특성으로 옳지 않은 것은?

① 비드 폭이 넓다.
② 모재의 용입이 깊다.
③ 용접봉의 용융이 늦다.
④ 일반적으로 후판에 많이 쓰인다.

해설 피복아크 전기용접, 직류 정극성은 비드 폭이 좁다. 다만 역극성(DCRP)의 경우 용입이 얇고 비드 폭은 넓으며 용접봉의 용해가 빠르다.

40. 주철관의 소켓 이음에 관한 설명으로 옳은 것은?

① 코킹 방법은 예리한 정을 먼저 사용하고 점차 둔한 정을 사용한다.
② 용융 납은 2~3회에 걸쳐 나누어 삽입하면서 매회 코킹하도록 한다.
③ 콜 타르(Coal Tar)는 주철관 표면에 방수피막을 형성시키기 위해 도포한다.
④ 마(야안)의 삽입길이는 수도용의 경우 전체 삽입길이의 $\frac{2}{3}$, 배수용은 $\frac{1}{3}$이 적합하다.

해설 주철관의 소켓이음에서 코킹방법은 예리한 정을 먼저 사용하고 점차 둔한 정을 사용한다.
마(dis)의 양은 급수관(틈새 $\frac{1}{3}$) 배수관(틈새 $\frac{2}{3}$) 정도 넣는다. 일명 소켓이음은 연납이음이라 한다.
납은 충분하게 단 한 번에 부어 넣는다.

41. 에이콘 이음(Acorn Joint)에서 에이콘 파이프의 사용가능 온도로 가장 적합한 것은?

① 0~150℃
② −10~130℃
③ −30~110℃
④ −50~100℃

해설 폴리부틸렌관 Pb이음에서 에이콘이음의 에이콘 파이프 사용가능온도는 −30℃~110℃ 정도가 이상적이다.

42. 증발량이 0.54kg/s인 보일러의 증기엔탈피가 2,636kJ/kg이고, 급수엔탈피는 83.9kJ/kg이다. 이 보일러의 상당 증발량은 약 얼마인가?(단, 물의 증발잠열은 2,256.7kJ/kg이다.)

① 0.61kg/s
② 0.63kg/s
③ 0.86kg/s
④ 0.98kg/s

해설 보일러 상당증발량(We)

$$We = \frac{W_s(h_2 - h_1)}{r} = \frac{0.54 \times (2,636 - 83.9)}{2,256.7} = 0.61\text{kg/s}$$

43. 폴리에틸렌관의 이음방법에 해당되지 않는 것은?

① 인서트 이음
② 용착 슬리브 이음
③ 기볼트 이음
④ 테이퍼 조인트 이음

해설 Gibolt Joint(기볼트이음) : 석면시멘트관이음
(2개의 플랜지, 2개의 고무정, 1개의 슬리브로 이음한다.)

정답 39. ① 40. ① 41. ③ 42. ① 43. ③

44. 비중 1.2인 유체를 0.067m³/s 유량으로 높이 12m를 올리려면 펌프의 동력은 약 몇 kW가 필요한가?(단, 펌프의 효율은 100%로 가정한다.)

① 9.46　　② 10.14
③ 11.2　　④ 15.01

해설 펌프의 축동력

$$\frac{r \cdot Q \cdot H}{102 \times \eta} = \frac{(1{,}000 \times 1.2) \times 0.067 \times 12}{102 \times 1} = 9.46\text{kW}$$

※ 물의 비중량(r) = 1,000kg/m³

45. 점 용접을 할 때 용접기로 조정할 수 있는 3요소에 해당하는 조건은?

① 가압력, 통전시간, 전류의 종류
② 가압력, 통전시간, 전류의 세기
③ 전극의 재질, 전극의 구조, 전극의 종류
④ 전극의 재질, 전극의 구조, 전류의 세기

해설 용접(압점)

㉠ 전기저항용접(점용접, 심용접, 프로젝션용접, 맞대기용접)
㉡ 가스압점

※ 점 용접 시 용접기로 조정이 가능한 3요소
- 가압력
- 통전시간
- 전류의 세기

46. 구리관의 끝 부분을 정확한 지름의 원형으로 만들 때 사용하는 주된 공구는?

① 커터　　② 가열기
③ 익스팬더　　④ 사이징 툴

해설 사이징 툴 : 구리관의 끝부분을 정확한 지름의 원형으로 만들 때 사용하는 주된 공구

47. 표준약어의 설명으로 옳지 않은 것은?

① API : 미국석유협회　　② AWS : 미국용접협회
③ AISI : 미국철강협회　　④ ANSI : 미국재료시험학회

해설 ASTM : 미국재료시험학회

48. 다음 도면의 규격 중 A열 규격인 것은?

① 257mm×364mm　　② 515mm×728mm
③ 594mm×841mm　　④ 1,030mm×1,456mm

해설 제도용지의 크기와 테두리 치수(A1)

a×b = 594mm×841mm

 정답 44. ① 45. ② 46. ④ 47. ④ 48. ③

49. 다음 계장용 표시 신호의 조작부 기호 중 전동식 기호를 나타낸 것은?

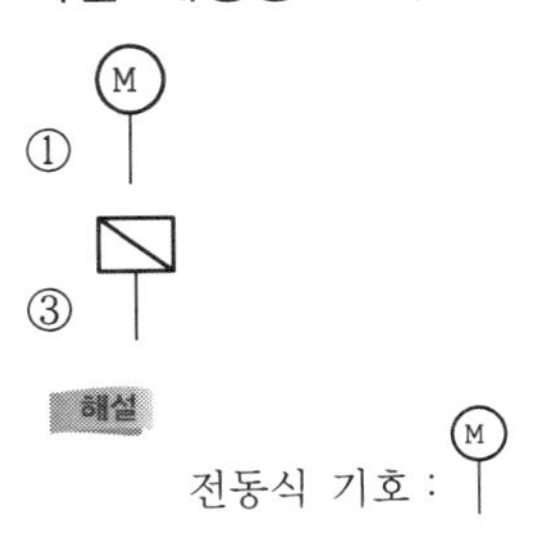

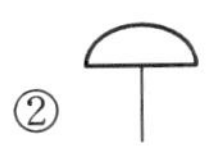

해설
전동식 기호 :
전자밸브 :

50. 원뿔을 방사선 전개법으로 전개하려고 한다. 부채꼴의 중심각(θ)을 바르게 표기한 것은?(단, r은 원뿔의 반지름, l은 원뿔 빗변의 길이이다.)

① $\theta = 180 \times \dfrac{l}{r}$ ② $\theta = 360 \times \dfrac{l}{r}$

③ $\theta = 180 \times \dfrac{r}{l}$ ④ $\theta = 360 \times \dfrac{r}{l}$

해설 부채꼴의 중심각(θ)

$$\theta = 360 \times \frac{\text{원뿔 반지름}}{\text{원뿔 빗변길이}}$$

51. 다음 중 각도 치수선을 표시하는 방법으로 옳은 것은?

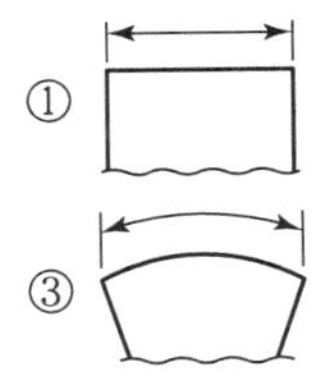

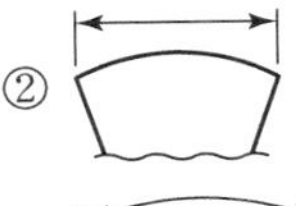

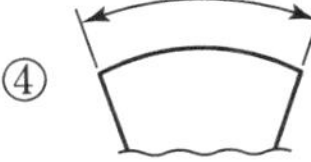

해설 ④가 각도 치수선 표시이다.

52. 다음 평면배관도를 입체배관도로 표현한 것으로 옳은 것은?

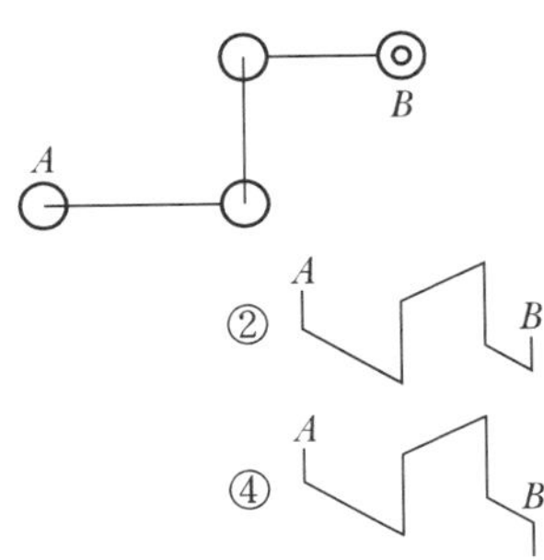

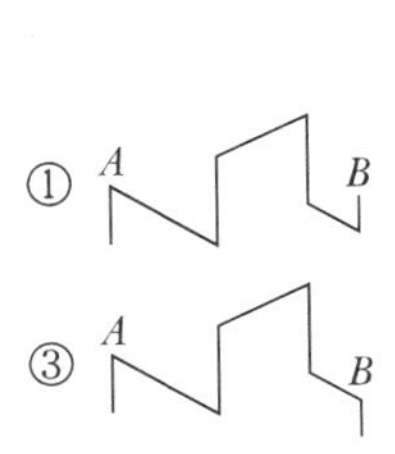

해설 평면배관도 → 입체배관도

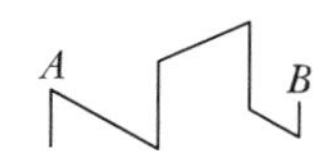

53. KS B ISO 6412-1(제도-배관의 간략 도시방법)에서 규정하는 선의 종류별 호칭방법에 따른 선의 적용에 관한 연결이 옳지 않은 것은?

① 가는 1점 쇄선 : 중심선
② 굵은 파선 : 바닥, 벽, 천장, 구멍
③ 굵은 1점 쇄선 : 특수지정선
④ 가는 실선 : 해칭, 인출선, 치수선, 치수보조선

해설 ㉠ 가는 실선 : ――――――――
㉡ 굵은 실선 : ━━━━━━━━
㉢ 중간 굵기의 파선 : ----------------------
㉣ 가는 일점쇄선 : —·—·—·—·—·—·–

54. 다음 중 플러그 용접 기호는?

①
②
③
④

해설
㉠ ◯ : 점, 프로젝션, 시임 용기
㉡ ┌┐ : 플러그, 슬로트

55. 그림의 OC곡선을 보고 가장 올바른 내용을 나타낸 것은?

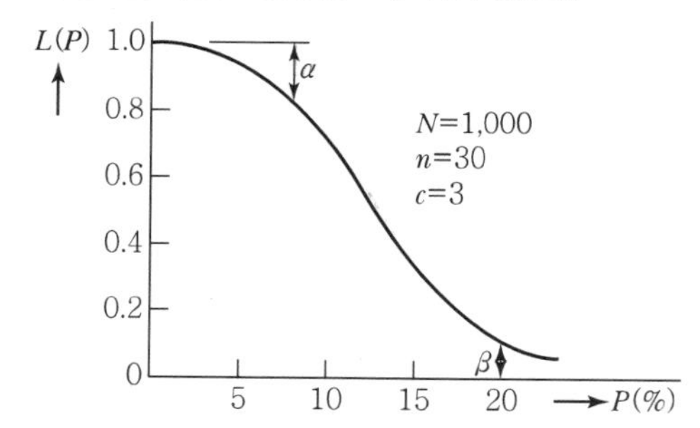

① α : 소비자 위험
② L(P) : 로트가 합격할 확률
③ β : 생산자 위험
④ 부적합품률 : 0.03

해설 샘플링검사에서 불량률 P(%)인 로트가 검사에서 합격되는 확률을 L(P)라고 한다. 여기서 L(P)는 엘 오브피(L of P)라고 읽는다.
㉠ N : 크기 N의 로트
㉡ n : 크기 n의 시료
㉢ 시료 중에 포함된 불량품의 수가(x) 합격판정 개수(C) 이하이면 로트가 합격

 정답 53. ② 54. ③ 55. ②

56. 다음 중 단속생산시스템과 비교한 연속생산시스템의 특징으로 옳은 것은?

① 단위당 생산원가가 낮다.
② 다품종 소량생산에 적합하다.
③ 생산방식은 주문생산방식이다.
④ 생산설비는 범용설비를 사용한다.

해설 연속생산시스템의 특징은 단위당 생산원가가 낮다.

57. MTM(Method Time Measurement)법에서 사용되는 1TMU(Time Measurement Unit)는 몇 시간인가?

① $\frac{1}{100,000}$ 시간
② $\frac{1}{10,000}$ 시간
③ $\frac{6}{10,000}$ 시간
④ $\frac{36}{1,000}$ 시간

해설 MTM법의 1TMU 시간 $= \frac{1}{100,000}$ 시간을 의미한다.

58. np관리도에서 시료군마다 시료 수(n)는 100이고, 시료군의 수(K)는 20, $\sum np = 77$이다. 이때 np관리도의 관리상한선(UCL)을 구하면 약 얼마인가?

① 8.94
② 3.85
③ 5.77
④ 9.62

해설 $\mathrm{UCL} = \overline{C} + 3\sqrt{\overline{C}}$

중심선$(\overline{C}) = \frac{\Sigma_c}{K} = \frac{77}{20} = 3.8$

$\therefore\ \mathrm{UCL} = 3.8 + 3\sqrt{3.8} \fallingdotseq 9.62$

59. 일정 통제를 할 때 1일당 그 작업을 단축하는 데 소요되는 비용의 증가를 의미하는 것은?

① 정상소요시간(Normal Duration Time)
② 비용견적(Cost Estimation)
③ 비용구배(Cost Slope)
④ 총비용(Total Cost)

해설 비용구배
일정 통제를 할 때 1일당 그 작업을 단축하는 데 소요되는 비용의 증가를 의미한다.

60. 미국의 마틴 마리에타사(Martin Marietta Corp.)에서 시작된 품질개선을 위한 동기부여 프로그램으로, 모든 작업자가 무결점을 목표로 설정하고, 처음부터 작업을 올바르게 수행함으로써 품질비용을 줄이기 위한 프로그램은 무엇인가?

① TPM 활동
② 6시그마 운동
③ ZD 운동
④ ISO 9001 인증

해설 ZD운동
품질개선을 위한 동기부여 프로그램, 작업자가 무결점을 목표로 설정한다.(처음부터 작업을 올바르게 수행하여 품질비용을 줄이기 위한 프로그램)

정답 56. ① 57. ① 58. ④ 59. ③ 60. ③

2015.04.04. 과년도 기출문제 

MASTER CRAFTSMAN PLUMBING

1. 안개 모양으로 흘러내리는 미세한 물방울을 공기와 직접 접촉시킴으로써 여과기를 통과할 때 제거되지 않는 먼지, 매연 등을 제거하는 장치는?

① 공기가습기 ② 공기냉각기
③ 공기가열기 ④ 공기세정기

해설 공기세정기
여과기를 통과할 때 제거되지 않는 먼지, 매연을 공기와 미세한 물방울을 접촉시켜 제거시키는 장치이다.

2. 공기수송배관에서 기송방식이 아닌 것은?

① 터보식(Turbo Type)
② 진공식(Vacuum Type)
③ 압송식(Pressure Type)
④ 진공압송식(Vacuum Pressure Type)

해설 공기수송배관 기송방식
㉠ 진공식
㉡ 압송식
㉢ 진공압송식

3. 용해 아세틸렌의 취급 시 주의사항으로 옳지 않은 것은?

① 용기는 안전하게 뉘어서 보관한다.
② 저장장소는 통풍이 잘 되어야 한다.
③ 저장장소에서는 화기를 가까이 하지 않아야 한다.
④ 저장실의 전기스위치, 전등 등은 방폭구조이어야 한다.

해설 용해 아세틸렌(C_2H_2 가스)의 취급 시 용기는 안전하게 세워서 보관하여야 한다.

4. 다음 중 산업용 로봇을 구성하는 주된 기능이 아닌 것은?

① 제어기능 ② 작업기능
③ 계측인식기능 ④ 사고예방기능

해설 산업용 로봇 구성기능
㉠ 제어기능
㉡ 계측인식기능
㉢ 작업기능

정답 1. ④ 2. ① 3. ① 4. ④

5. 화재의 분류가 옳지 않은 것은?

① A급 화재 - 일반화재
② B급 화재 - 유류화재
③ C급 화재 - 종합화재
④ D급 화재 - 금속화재

해설 C급 화재 - 전기화재

6. 다음 중 증기난방법에서 저압증기난방법으로 분류하는 기압의 범위로 가장 적당한 것은?

① 15~34kPa
② 49~98kPa
③ 98~294kPa
④ 294~490kPa

해설 ㉠ 저압증기난방(압력 0.1~0.35kg/cm²) 정도로서 약 15~34kPa 범위이다.
㉡ 고압증기난방은 1kg/cm²(98kPa 이상)

7. 설비의 자동제어장치 중 구비조건이 맞지 않을 때 작동을 정지시키는 것은?

① 인터록(Interlock) 제어장치
② 시퀀스(Sequence) 제어장치
③ 피드백(Feed Back) 제어장치
④ 자동연소(Automatic Combustion) 제어장치

해설 인터록 : 보일러 설비 등 자동제어장치 중 구비조건이 맞지 않을 때 작동을 정지시켜 안전운전을 한다.

8. 수압시험의 방법에서 물을 채우기 전 준비 및 주의사항에 관한 설명으로 옳지 않은 것은?

① 급수밸브, 배기밸브를 필요한 개소에 장치한다.
② 안전밸브, 신축조인트에 수압이 걸리도록 처치한다.
③ 테스트 펌프, 압력계(테스트압의 1.5배 이상)를 점검한다.
④ 물을 채우는 중 테스트 중임을 표시하는 표를 밸브 등에 부착한다.

해설 수압시험에서는 방출밸브 등은 사용이 가능하나 안전밸브, 신축조인트는 불필요하다.

9. 다음 중 일반적으로 방로, 방동피복을 하지 않는 관은?

① 급수관
② 통기관
③ 증기관
④ 배수관

해설 통기관(에어빼기관)에는 일반적으로 방로, 방동피복을 하지 않는다.

정답 5. ③ 6. ① 7. ① 8. ② 9. ②

10. 급수 배관설비에 관한 설명으로 옳은 것은?

① 유일한 하향급수법은 압력탱크식이다.
② 수도직결식은 단독주택 정전 시에도 계속 급수가 가능하며 급수오염 가능성이 가장 작다.
③ 옥상탱크식에서 옥상탱크의 양수관과 오버플로관(Over Flow Pipe)은 같은 굵기로 한다.
④ 급수설비에서 사용되는 1개의 플러시 밸브(Flush Valve)에 필요한 최저 수압은 0.3kgf/cm²이다.

해설 ㉠ 압력탱크식 : 상향공급식이다.(고가탱크방식은 하향식)
㉡ 옥상탱크식 : 양수관경은 오버플로관보다 2배가 작다.
㉢ 플러쉬밸브 최저수압 : 0.7kgf/cm²
㉣ 보통밸브류 최저수압 : 0.3kgf/cm²

11. 자동제어계에서 어떤 요소의 입력에 대한 출력을 응답이라고 하는데 이러한 응답의 종류가 아닌 것은?

① 과도응답 ② 즉시응답
③ 정상응답 ④ 인디셜응답

해설 자동제어응답
㉠ 과도응답, ㉡ 정상응답, ㉢ 인디셜응답

12. 가스배관 시공법에 관한 설명으로 옳지 않은 것은?

① LP 가스 도관은 청색으로 도색하여 식별한다.
② 가스배관 경로는 최단거리로 하되 은폐, 매설을 가급적 피한다.
③ 건물의 벽을 관통하는 부분은 보호관 내에 삽입하거나 방식 피복한다.
④ 가스관은 가능한 한 콘크리트 내 매설을 피하고 천장, 벽 등을 효과적으로 이용하여 배관한다.

해설 ㉠ LP 가스 도관은 적색으로 도색한다.
㉡ 도시가스 배관은 황색으로 도색한다.

13. 통기관은 오버플로선(일수선)보다 몇 mm 이상으로 세운 다음 통기 수직관에 연결하여야 하는가?

① 50 ② 100
③ 150 ④ 200

해설 통기관 시공법 : 각 기구의 각개 통기관은 기구의 오버플로선보다 150mm 이상 높게 세운 다음 수직 통기관에 접속한다.

14. 보일러 버너에 방폭문을 설치하는 이유로 가장 적합한 것은?

① 연료의 절약 ② 화염의 검출
③ 연소의 촉진 ④ 역화로 인한 폭발의 방지

해설 보일러 후부에 방폭문(폭발구)을 설치하는 것은 노내 가스 폭발에 의한 역화현상을 방지하기 위해서다.

 정답 10. ② 11. ② 12. ① 13. ③ 14. ④

15. 급탕설비배관에 관한 설명으로 옳지 않은 것은?

① 배관의 곡부에는 스위블 조인트를 설치한다.
② 편심 이경 이음쇠는 급탕배관에 사용하여서는 안 된다.
③ 상향 급탕배관방식에서는 급탕관은 상향구배, 환탕관은 하향구배로 한다.
④ 중력순환식 배관의 구배는 1/150, 강제순환식 배관의 구배는 1/200 정도이다.

해설

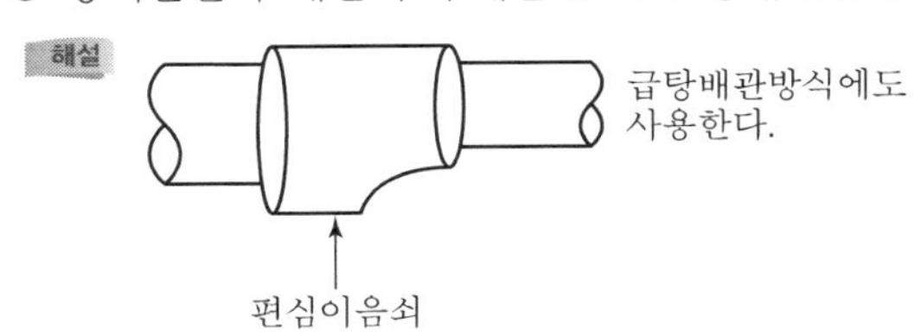

16. 관의 검사방법 중 두께와 길이가 큰 물체의 탐상에 적합하며 펄스(Pulse) 반사법을 사용·측정하는 검사법은?

① 육안검사
② 초음파 검사
③ 누설검사
④ 방사선 투과검사

해설 초음파 검사법 : 관의 검사방법 중 두께와 길이가 큰 물체의 탐상에 적합하며 펄스의 반사법을 사용한다.

17. 다음 중 암모니아 가스의 누설위치를 찾을 때 가장 용이한 것은?

① 비눗물
② 알코올
③ 냉각수
④ 페놀프탈레인

해설 페놀프탈레인 : 암모니아 냉매가스의 누설 시 홍색으로 변화한다.

18. 보일러의 수면계 기능시험의 시기로 옳지 않은 것은?

① 보일러를 가동하기 전
② 2개 수면계의 수위에 차이가 없을 때
③ 보일러를 가동하여 압력이 상승하기 시작하였을 때
④ 수면계의 유리 교체 또는 그 이외의 보수를 하였을 때

해설 수면계 2개의 수위차가 있을 때 수면계 기능시험을 한다.

19. 목표값이 시간의 변화와 관계없고 외부조건에 의한 영향을 받지 않으며 항상 일정한 값으로 제어되는 방식은?

① 추치제어
② 정치제어
③ 자동조정
④ 프로세스제어

해설 정치제어 : 목표값이 시간의 변화와 관계없고 외부조건에 의한 영향을 받지 않으며 항상 일정한 값으로 제어한다.

정답 15. ② 16. ② 17. ④ 18. ② 19. ②

20. 다음 중 왕복펌프에 해당하지 않는 것은?

① 피스톤 펌프 ② 플런저 펌프
③ 워싱톤 펌프 ④ 볼류트 펌프

해설 터빈, 볼류트 펌프 : 원심식 펌프

21. 스트레이너에 관한 설명으로 옳지 않은 것은?

① V형은 유체가 직각으로 흐른다. ② U형이 Y형보다 유체저항이 크다.
③ 모양에 따라 Y형, U형, V형이 있다. ④ 정기적으로 여과망을 청소하여야 한다.

해설 V형 여과기 : 주철제 본체 안에 금속여과망을 V형으로 끼운 것이며 유체가 금속여과망을 통과하면서 불순물을 여과한다.(유체가 직각이 아닌 직선으로 흐르게 되며 유체의 저항이 적어지며 여과망의 교환, 점검, 보수가 필요하다.)

22. 연관 및 주철관과 비교한 강관의 특징으로 옳지 않은 것은?

① 가볍고 인장강도가 크다. ② 내충격성, 굴요성이 크다.
③ 관의 접합작업이 용이하다. ④ 내식성이 강해 지중매설 시 부식성이 적다.

해설 강관 : 내식성이 작아서 지중매설 시 부식성이 크다.

23. 글로브 밸브의 특징이 아닌 것은?

① 주로 유량조절용으로 사용된다.
② 유체의 흐름에 따른 관내 마찰손실이 적다.
③ 유체의 흐름 방향과 평행하게 밸브가 개폐된다.
④ 밸브의 디스크 모양은 평면형, 반구형, 원뿔형 등의 형상이 있다.

해설 글로브 밸브(유량조절밸브)는 유체의 흐름에 따라 관내 마찰손실이 크다.

24. 열 팽창에 의한 배관의 이동을 구속 또는 제한하는 역할을 하는 리스트레인트의 종류 중 배관의 일정방향의 이동과 회전만 구속하는 것으로 신축이음쇠와 고압에 의해서 발생하는 축방향의 힘을 받는 곳에 사용하는 것은?

① 러그 ② 앵커 ③ 스토퍼 ④ 스커트

해설 스토퍼(Stop) : 리스트레인트(Restraint)의 종류이며 관의 회전은 허용하나 직선운동을 방지한다.(축방향의 힘을 받는 곳에 설치한다.)

25. 등관에 관한 설명으로 옳지 않은 것은?

① 전기 및 열전도율이 좋다.
② 전연성이 풍부하고 마찰저항이 적다.
③ 두께별로 분류할 때 K Type이 M Type보다 두껍다.
④ 산성에는 내식성이 강하고 알칼리성에는 심하게 침식된다.

정답 20. ④ 21. ① 22. ④ 23. ② 24. ③ 25. ④

해설 동관(전기 및 열전도율우수관)
㉠ 산화성 산에는 급격히 부식된다.
㉡ 비산화성에는 내식성을 갖는다.
㉢ 암모니아에는 부식된다.

26. 덕타일 주철관의 표기가 다음과 같을 때 각각의 표기에 관한 내용이 옳지 않은 것은?

DC 200 D2 K C 99.8 0000

① DC : 관의 재질
② 200 : 호칭지름
③ D2 : 관 두께(2종관)
④ 0000 : 제조자명(약호)

해설 ㉠ 99.8 : 제조연, 월 표시
㉡ DE : 외경
㉢ DN : 관의 호칭지름
㉣ e : 관의 두께
㉤ M : 관의 무게

27. 다음 중 주철관을 사용하기에 부적합한 것은?

① 오배수관
② 가스 공급관
③ 수도용 급수관
④ 열교환기 전열관

해설 열교환기 전열관 : 동관으로 사용한다.

28. 주로 95℃ 이하의 물을 수송하는 관으로 많이 사용되며 에이콘 파이프(Acorn Pipe)로도 알려져 있는 관은?

① 폴리에틸렌관
② 폴리부틸렌관
③ 폴리프로필렌관
④ 가교폴리에틸렌관

해설 폴리부틸렌관(에이콘 파이프) : 95℃ 이하의 물수송관 사용(염화비닐관보다 전기적 성질이 우수하다.) 질이 부드러워 외부 손상을 받기 쉽고 인장강도가 적다.

29. 열전도율이 극히 낮고 가벼우며 흡수성은 좋지 않으나 굽힘성은 풍부하고, 불에 잘 타지 않으며 보온·보냉성이 좋은 유기질 피복제는?

① 암면
② 펠트(Felt)
③ 석면
④ 기포성 수지

해설 기포성 수지 보온재 : 열전도율이 극히 낮고 가벼우며 흡수성은 좋지 않으나 굽힘성은 풍부하고 불에 잘 타지 않으며 보온, 보냉성이 좋다.(스티로폼)

30. 패킹재를 개스킷, 나사용 패킹, 글랜드 패킹으로 분류할 때 나사용 패킹으로 분류되는 것은?

① 모넬메탈
② 액상 합성수지
③ 메탈 패킹
④ 플라스틱 패킹

해설 액상합성수지 : 약품에 강하고 내유성이 크며 내열범위가 −30℃~130℃이다.(증기나 기름 약품에 사용하는 나사용 패킹제)

정답 26. ③ 27. ④ 28. ② 29. ④ 30. ②

31. 곡률반경을 R, 구부림 각도를 θ라 할 때 구부림 중심곡선길이를 구하는 식으로 옳은 것은?

① $0.01745R\theta$
② $\frac{\pi R\theta}{90}$
③ $0.01745\pi R\theta$
④ $\frac{\pi R\theta}{180}$

해설 구부림 중심곡선길이(L) $= 2\pi R\frac{\theta}{360}$ (mm)

$2\times3.14\times\frac{1}{360} = 0.01745$ $\therefore\ l = 0.01745R\theta$

32. 강관의 신축이음쇠 중 압력 8kgf/cm^2 이하의 물, 기름 등의 배관에 사용하고 직선으로 이음하므로 설치공간이 루프형에 비해 작으며, 신축량이 크고 신축으로 인한 응력이 생기지 않는 것은?

① 루프형
② 슬리브형
③ 벨로즈형
④ 스위블형

해설 **슬리브형 신축이음쇠** : 0.8MPa 이하의 물, 기름 등의 배관용 신축이음쇠로 직선이음이며 설치공간이 루프형에 비해 작으며 응력 발생이 없는 단식, 복식이 있다.

33. 신축곡관(Loop Joint)에 관한 설명으로 옳은 것은?

① 고압에 견디며 고장이 적다.
② 설치 시 장소를 차지하는 면적이 작다.
③ 신축 흡수에 따른 응력이 생기지 않는다.
④ 곡률 반경은 관경의 4~5배 이하가 이상적이다.

해설 **루프형 신축공관 이음쇠** : 고압에 잘 견디며 곡률반경은 관경의 6~8배 정도이며 응력이 발생하는 옥외 고압배관용이다.

34. 한쪽은 나사 이음용 니플(Nipple)과 연결하고 다른 한쪽은 이음쇠의 내부에 관을 삽입하여 용접하는 동관 이음쇠의 형식은?

① C×F
② C×M
③ Ftg×M
④ Ftg×F

해설

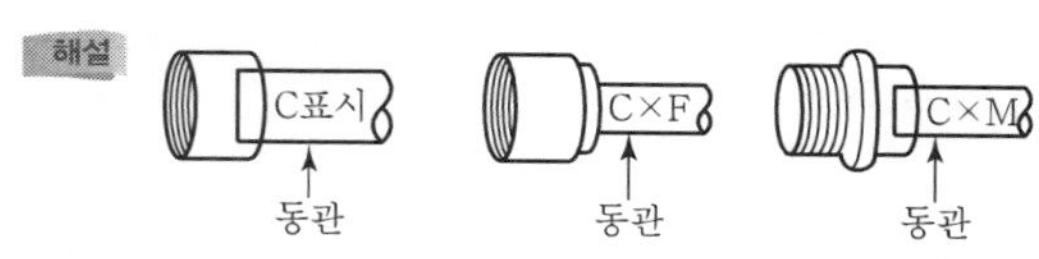

35. 벤더로 관의 굽힘작업을 할 때 결함 중 주름이 생기는 원인이 아닌 것은?

① 굽힘 반경이 너무 크다.
② 외경에 비해 두께가 얇다.
③ 받침쇠가 너무 들어가 있다.
④ 굽힘형의 홈이 관경에 맞지 않다.

 정답 31. ① 32. ② 33. ① 34. ① 35. ①

해설 ㉠ 관의 굽힘 반경이 너무 작으면 관이 파손된다.
㉡ 굽힘형의 홈이 관경보다 크거나 작거나 주측에서 빗나가 있으면 주름이 발생한다.

36. 기계식 이음(Mechanical Joint)과 비교한 빅토릭 이음(Victoric Joint)의 특징에 관한 설명으로 옳은 것은?

① 접합작업이 간단하다.
② 수중에서 용이하게 작업할 수 있다.
③ 가요성이 풍부하여 다소 굴곡하여도 누수하지 않는다.
④ 관내의 압력이 증가하면 고무링이 관벽에 밀착되어 누수가 방지된다.

해설 빅토릭 이음 : 가스배관용이라서 빅토리형 주철관과 고무링 누름판(칼라)을 사용하여 접합하고 그 특징은 ④항과 같다.

37. 용접용 이산화탄소(CO_2) 충전용기의 도색으로 적당한 것은?

① 회색
② 백색
③ 황색
④ 청색

해설 공업용 용접용 CO_2 충전용기 : 청색

38. 아크용접에서 용적이행의 종류에 해당되는 것은?

① 핀치효과형, 스프레이형, 단락형
② 글로블러형, 아크특성형, 정전압특성형
③ 수하특성형, 상승특성형, 정전류특성형
④ 스프레이형, 정류기형, 가포화리액터형

해설 아크용접 용적이행 종류
㉠ 스프레이형
㉡ 정류기형
㉢ 아크특성형
㉣ 정전압특선형
㉤ 가포화리액터형
㉥ 수하특성형
㉦ 글로블러형(핀치효과형)
㉧ 단락형

39. 어느 건물에서 열관류율이 0.35W/m^2 · K인 벽체의 크기가 4m×20m이다. 외기 온도가 −10℃이고 실내온도는 20℃로 하려고 한다면 이 벽체로부터의 손실열량(kW)은 얼마인가?

① 0.84
② 8.4
③ 840
④ 8,400

해설 벽체손실열량 $= A \cdot K \cdot \Delta t$
전체면적$(A) = 4 \times 20 = 80\text{m}^2$
$80 \times 0.35 \times (20-(-10)) = 840\text{W}(0.84\text{kW})$

정답 36. ④ 37. ④ 38. ① 39. ①

40. 그림에서 단면 ①의 지름이 0.7m, 단면 ②의 지름이 0.4m일 때 단면 ①에서의 유속이 5m/s이면 단면 ②에서의 유량은 약 몇 m^3/s인가?

① 0.92
② 1.92
③ 2.92
④ 3.92

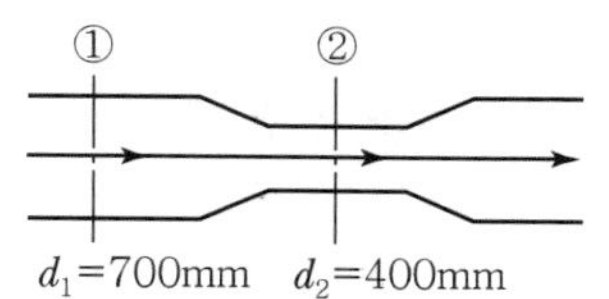

해설 ②의 단면적(A) $= \frac{\pi}{4}d^2 = \frac{3.14}{4} \times (0.4)^2 = 0.1256m^2$

Q(유량) $= A \times V = \frac{3.14}{4} \times (0.7)^2 \times 5 = 1.92m^3/s$

②의 유속 $= \frac{1.92}{0.1256} = 15.29m/s$

41. 용접부의 검사법 중 비파괴시험에 속하는 것은?

① 피로시험
② 부식시험
③ 침투시험
④ 내압시험

해설 용접검사 비파괴시험
㉠ 침투시험
㉡ 방사선시험
㉢ 음향검사
㉣ 자분검사
㉤ 초음파검사
㉥ 설파프린트 검사

42. 동관의 저온용접에 관한 설명으로 옳은 것은?

① 용접되는 재료의 변질이 없다.
② 공정조직으로 하면 결정이 조대화된다.
③ 공정조직으로 하면 취약한 이음이 된다.
④ 용접 시 열에 의한 변형이 적으나 균열 발생은 많다.

해설 동관의 저온용접 : 재료의 변질이 없다.

43. 순수한 물 1kg을 섭씨 20℃에서 100℃로 온도를 올리는 데 필요한 열량은 약 몇 kJ인가?(단, 물의 비열은 4.187kJ/kg · K이다.)

① 134
② 335
③ 1,360
④ 2,590

해설 물의 현열(Q) $= G \times C_p \times \Delta t = 1 \times 4.187 \times (100-20) = 335$kcal/kg

 정답 40. ② 41. ③ 42. ① 43. ②

44. 경질 염화비닐관의 이음작업에 관한 설명으로 옳지 않은 것은?

① 70~80℃로 가열하면 관은 연화하기 시작한다.
② 삽입접합에서의 연화 적정온도는 120~130℃이다.
③ 삽입접합의 경우 삽입 깊이는 외경의 1.5배가 적당하다.
④ 연화변형을 한 다음 냉각하여 경화한 관은 가열하여도 본래의 모양으로 되지 않는다.

해설 경질염화비닐관(PVC) : 연화변형관을 냉각시킨 후 경화한 관은 가열하면 본래의 모양으로 되돌아온다.

45. 배수용 주철관의 소켓이음 작업 시 주의사항으로 옳지 않은 것은?

① 납은 1회에 넣는다.
② 접합부에 소량의 물을 적시면 좋다.
③ 납을 충분히 가열하여 표면의 산화납을 제거한다.
④ 마(Yarn)는 관의 원 주위에 고르게 감아 압입한다.

해설 배수용 주철관 소켓이음 작업 시 만일 물이 있으면 납이 비산해 작업자에게 해를 준다.(관의 소켓부에 납과 Yarn(얀)을 넣는 접합방법이다.)
㉠ 급수관 : 깊이의 약 $\frac{1}{3}$이 얀, $\frac{2}{3}$가 납이다.

46. 다음 중 버니어 캘리퍼스의 종류가 아닌 것은?

① CB형
② CM형
③ NC형
④ M1형

해설 버니어 캘리퍼스 종류(지름이나 거리측정, 외경용, 내경용)
㉠ CB형, ㉡ CM형, ㉢ M1형

47. 배관도에서 굵은 실선을 적용하는 곳은?

① 배관 및 결합부품
② 다른 도면에 명시된 배관
③ 대상물의 일부를 파단한 경계
④ 해칭, 치수기입, 인출선 및 치수선

해설 ㉠ 배관도 굵은 실선 적용 : 배관 및 결합부품
㉡ 굵은 실선 : ━━━━━━
㉢ 가는 실선 : ──────
㉣ 중간 굵기 파선 : ------------
㉤ 가는 일점 쇄선 : —·—·—·—

48. 입체배관도(조립도)에서 발췌하여 상세히 그린 그림으로 각부 치수와 높이를 기입하며, 플랜지 접속 및 배관 부품과 플랜지면 사이의 치수도 기입되어 있는 도면의 명칭으로 가장 적합한 것은?

① 계통도(Flow Diagram)
② 공정도(Block Diagram)
③ 입체배관도(Isometric Diagram)
④ 부분조립도(Isometric Each Line Drawing)

정답 44. ④ 45. ② 46. ③ 47. ① 48. ④

해설 **부분조립도** : 조립도에서 상세하게 그린 그림으로 각부 치수와 높이는 물론 플랜지 접속 및 배관부품과 플랜지면 사이의 치수도 기입된다.

49. 설비배관에서 라인 인덱스(Line Index)의 결정에 관한 설명으로 옳지 않은 것은?

① 장치와 유체를 구분하여 따로 번호를 붙인다.
② 유체의 흐름방향에 따라 차례로 번호를 붙인다.
③ 배관경로 중 지관이 갈라지는 경우에는 번호를 달리하지 않는다.
④ 배관경로 중 압력, 온도가 달라질 때는 배관번호를 다르게 한다.

해설 라인 인덱스에서 배관경로 중 지관이 갈라지는 경우에는 번호를 당연히 달리하여야 한다.

50. 강관의 제조방법을 표기한 기호로 옳은 것은?

① -E-G 열간가공 이음매 없는 관
② -S-H 냉간가공 이음매 없는 관
③ -E-H 열간가공 전기저항용접관
④ -S-C 열간가공, 냉간가공 이외의 전기저항 용접관

해설 ① -E-G 열간가공 및 냉간가공 이외의 전기저항용접강관
② -S-H 열간가공 이음매 없는 강관
④ -S-C 냉간완성 이음매 없는 강관

51. KS 배관의 간략도시방법에서 사용하는 선의 종류별 호칭방법에 따른 선의 적용이 서로 틀린 것은?

① 굵은 실선 : 유선 및 결합부품
② 가는 1점 쇄선 : 도급 계약의 경계
③ 굵은 파선 : 다른 도면에 명시된 유선
④ 가는 실선 : 해칭, 인출선, 치수선, 치수보조선

해설 가는 1점 쇄선(—·—·—·—) : 피치선이며 기어나 스프로킷 등의 부분에 기입하는 피치원이나 피치선 0.2mm 이하

52. 그림과 같은 원통을 만들려고 할 때, 판의 두께를 고려한 원통의 전개길이를 구하는 식은?

① $D_0 + t \times \pi$
② $(D_0 + t) \times \pi$
③ $D_0 - t \times \pi$
④ $(D_0 - t) \times \pi$

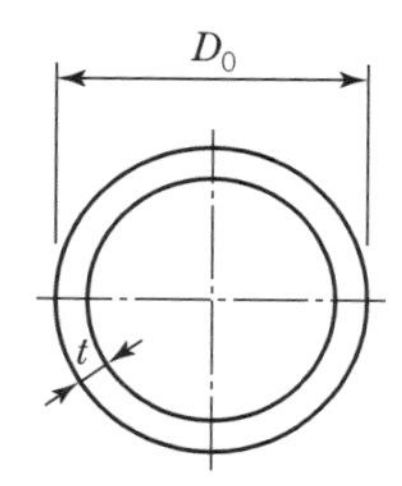

해설 판의 두께를 고려한 원통전개길이 $= (D_0 - t) \times \pi$(mm)

 정답 49. ③ 50. ③ 51. ② 52. ④

53. 화면에 직각 이외의 각도로 배관된 경우 다음의 정투영도에 관한 설명으로 옳은 것은?

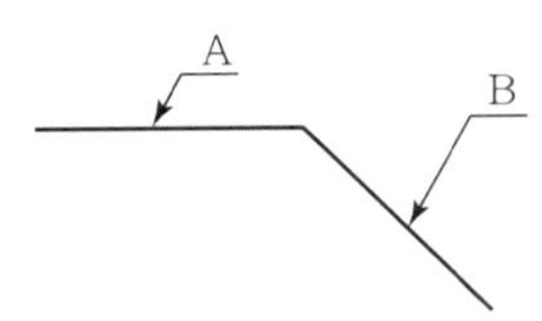

① 관 A가 위쪽으로 경사되어 처진 경우
② 관 A가 아래쪽으로 경사되어 처진 경우
③ 관 A가 수평방향에서 앞쪽으로 경사되어 굽어진 경우
④ 관 A가 수평방향으로 화면에 경사되어 앞방향 위쪽으로 일어선 경우

해설

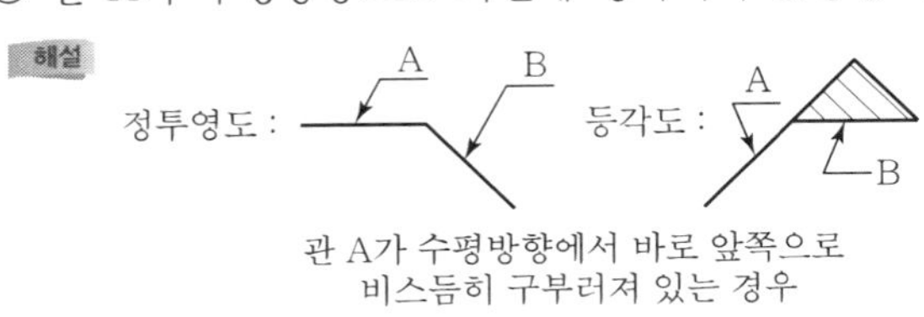

54. 용접부 비파괴시험의 종류 중 방사선 투과시험을 나타내는 기본기호는?

① ET
② RT
③ VT
④ PRT

해설 RT(방사선 투과시험 기본기호)

55. 200개 들이 상자가 15개 있을 때 각 상자로부터 제품을 랜덤하게 10개씩 샘플링할 경우, 이러한 샘플링 방법을 무엇이라 하는가?

① 층별 샘플링
② 계통 샘플링
③ 취락 샘플링
④ 2단계 샘플링

해설 층별 샘플링
각 상자로부터 제품을 랜덤하게 채취하여 샘플링하는 방법(로트를 몇 개의 층으로 나누어 로트 전체를 모아서 단순히 랜덤(무작위)으로 추출하는 것보다 간편하다.)

56. 생산보전(PM ; Productive Maintenance)의 내용에 속하지 않는 것은?

① 보전예방
② 안전보전
③ 예방보전
④ 개량보전

해설 생산보전
㉠ 보전예방(MP)
㉡ 예방보전(PM)
㉢ 개량보전(CM)
㉣ 사후보전(BM)

정답 53. ③ 54. ② 55. ① 56. ②

57. 관리도에서 측정한 값을 차례로 타점했을 때 점이 순차적으로 상승하거나 하강하는 것을 무엇이라 하는가?

① 연(Run)
② 주기(Cycle)
③ 경향(Trend)
④ 산포(Dispersion)

해설 ㉠ 경향 : 관리도에서 측정한 값을 차례로 타점하였을 때 점이 순차적으로 상승 또는 하강하는 것
㉡ 관리도 : ⓐ 계량치 관리도($\tilde{X}$-R, X, X-R, R)
ⓑ 계수치 관리도(nP, P, C, U)

58. 어떤 공장에서 작업을 하는 데 있어서 소요되는 기간과 비용이 다음 표와 같을 때 비용구배는?(단, 활동시간의 단위는 일(日)로 계산한다.)

정상작업		특급작업	
기간	비용	기간	비용
15일	150만 원	10일	200만 원

① 50,000원
② 100,000원
③ 200,000원
④ 500,000원

해설 비용구배 $= \frac{\text{특급비용} - \text{정상비용}}{\text{정상시간} - \text{특급시간}} = \frac{200-150}{15-10} = 10$

∴ 10만 원/일일당(100,000원/일일당)

59. 품질특성을 나타내는 데이터 중 계수치 데이터에 속하는 것은?

① 무게
② 길이
③ 인장강도
④ 부적합품률

해설 계수치관리도
㉠ nP(불량 개수)
㉡ P(불량률)
㉢ C(결점수)
㉣ V(단위당 결점수)

60. 모든 작업을 기본동작으로 분해하고, 각 기본동작에 대하여 성질과 조건에 따라 미리 정해 놓은 시간치를 적용하여 정미시간을 산정하는 방법은?

① PTS법
② Work Sampling법
③ 스톱워치법
④ 실적자료법

해설 작업측정(PTS)법
㉠ MTM : 작업을 몇 개의 기본동작으로 분석하여 기본동작 간의 관계나 그것에 필요로 하는 시간치를 밝히는 것
㉡ WF : 표준시간 설정을 위해 정밀계측시계를 이용하여 극소동작에 대한 상세데이터를 분석한 결과를 기초적인 동작시간 공식을 작성하여 분석하는 것

정답 57. ③ 58. ② 59. ④ 60. ①

2015.07.19. 과년도 기출문제

MASTER CRAFTSMAN PLUMBING

1. 배관 라인 상에 설치되는 계측기기 배관시공법에 관한 설명으로 옳지 않은 것은?

① 압력계의 설치위치는 분기 후 1.5m 이상으로 한다.
② 유량계 설치 시 출구 측에 반드시 여과기를 설치한다.
③ 열전대온도계는 충격을 피하고 습기, 먼지, 일광 등에 주의해야 한다.
④ 액면계는 가시(可視) 방향의 반대 측에서 햇빛이 들어오는 방향으로 부착한다.

해설

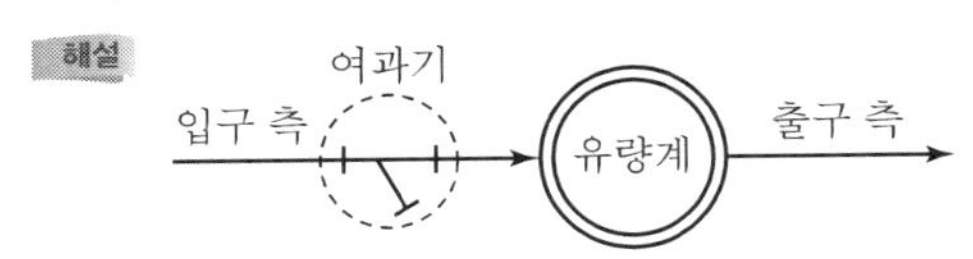

2. 자동세탁기, 교통신호기, 엘리베이터, 자동판매기 등과 같이 유기적인 관계를 유지하면서 정해진 순서에 따라 제어하는 방식은?

① 시퀀스 제어(Sequence Control) 방식
② 피드백 제어(Feedback Control) 방식
③ 인터록 제어(Interlock Control) 방식
④ 프로세스 제어(Process Control) 방식

해설 시퀀스제어(정성적 제어) 활용
자동세탁기, 교통신호기, 엘리베이터, 자동판매기 등 정해진 순서에 따라 제어한다.

3. 배수탱크 및 배수펌프의 용량을 결정할 때 고려하여야 할 사항으로 가장 거리가 먼 것은?

① 배수의 종류
② 오수의 저장시간
③ 펌프의 최대 운전간격
④ 배수 부하의 변동상태

해설 배수탱크, 배수펌프 용량 결정 시 고려사항은 ①, ②, ④항이다.

4. 자동제어계의 동작 순서로 옳은 것은?

① 검출 – 판단 – 비교 – 조작
② 검출 – 비교 – 판단 – 조작
③ 조작 – 비교 – 판단 – 검출
④ 조작 – 판단 – 비교 – 검출

해설 자동제어 동작 순서
검출 → 비교 → 판단 → 조작

정답 1. ② 2. ① 3. ③ 4. ②

5. 온수난방 귀환관의 배관방법을 직접귀환방식과 역귀환방식으로 구분할 때 역귀환방식을 사용하는 이유로 가장 적당한 것은?

① 배관길이를 짧게 할 수 있다.
② 마찰저항 손실을 적게 할 수 있다.
③ 온수의 순환율을 다르게 할 수 있다.
④ 각 구역 간 방열량의 균형을 이루게 할 수 있다.

해설 온수난방 역귀환방식(리버스 리턴 방식)은 각 구역 간 방열량의 균형을 이루게 하는 난방방식이다.

6. 소화설비장치 중 연결송수관의 송수구 설치에 관한 설명으로 옳지 않은 것은?

① 송수구는 구경 65mm의 것을 설치
② 지면으로부터 높이 0.5~1m 이하의 위치에 설치
③ 소방차가 쉽게 접근할 수 있는 노출된 장소에 설치
④ 송수압력범위를 표시한 표지를 송수구로부터 20m 이상의 거리를 두고 설치

해설 송수압력범위 설치 표시는 송수구 입구에 표시한다.

7. 배관의 부식에 관한 설명으로 옳지 않은 것은?

① 부식형태로는 국부부식, 입계부식, 선택부식이 있다.
② 금속재료가 화학적 변화를 일으키는 부식에는 건식, 습식, 전식이 있다.
③ pH가 높고 통기성이 좋으며 전기저항이 높은 토양에 매설된 금속관은 부식속도가 빠르다.
④ 부식속도는 관이 매설되어 있는 토양의 환경, 배관조건, 이종 금속류의 영향 등에 따라 균일하지는 않다.

해설 pH가 높고 통기성이 좋으며 전기저항이 높은 토양에 매설된 금속관은 부식속도가 느리다.

8. 기송배관의 부속설비인 수송관이 저압송식 또는 진공식일 때 일반적인 수송 가능 거리는?

① 100~150m ② 250~300m
③ 1,000~1,500m ④ 3,000~6,000m

해설 기송배관의 저압송식, 진공식 수송관의 일반적인 수송 가능 거리는 250~300m 정도이다.

9. 줄 작업 시 안전수칙으로 옳지 않은 것은?

① 줄은 다른 용도로 사용하지 말 것
② 줄은 작업 전에 반드시 자루 부분을 점검할 것
③ 줄 작업 시 줄의 균열 유무를 확인하고 사용할 것
④ 줄 작업 시 절삭분은 입으로 불어서 깨끗하게 처리할 것

해설 줄 작업 시에 쇳가루를 입으로 불어내지 않는다.(와이어 브러시 등 사용)

정답 5. ④ 6. ④ 7. ③ 8. ② 9. ④

10. 배관설비의 유지관리에서 응급조치법의 종류가 아닌 것은?

① 인젝션법
② 박스 설치법
③ 파이어 설치법
④ 코킹법과 밴드 보강법

해설 배관설비의 유지관리에서 응급조치법
㉠ 인젝션법
㉡ 박스 설치법
㉢ 코킹법
㉣ 밴드 보강법

11. 원유를 상압증류하여 얻어지는 비등점 200℃ 이하의 유분을 무엇이라고 하는가?

① 나프타
② 액화천연가스
③ 오프가스
④ 액화석유가스

해설 나프타
원유를 상압증류하여 얻어지는 유분으로 비등점이 200℃ 이하인 유분이다.

12. 종래에 사용하던 제어반의 릴레이, 타이머, 카운터 등의 기능을 프로그램으로 대체하고자 만들어진 기기로서 제어반을 소형화할 수 있고 내부 제어회로 수정을 쉽게 할 수 있는 제어용 기기는?

① PLC
② 서보 시스템
③ D/A 컨버터
④ 유접점 시퀀스 제어

해설 PLC(Programmable Logic Controller)
종래에 사용하던 제어반의 릴레이, 타이머, 카운터 등의 기능을 프로그램으로 대체하고자 만들어진 기기. PLC는 각종 신호를 처리하는 제어장치

13. 배관설비 시험에 관한 일반적인 설명으로 잘못된 것은?

① 통수시험은 방로 피복을 한 후에 실시한다.
② 일반적으로 주관과 지관을 분리하여 시험하고 지관은 지관 모두를 시험한다.
③ 공기빼기 밸브에서 물이 나오기 시작하여 관 내 공기가 완전히 빠진 것을 확인 후 밸브를 닫고 시험한다.
④ 고압가스설비는 상용압력의 1.5배 이상의 압력으로 실시하는 내압시험 및 상용압력 이상의 압력으로 기밀시험을 실시한다.

해설 배관설비 통수시험은 방로 피복을 하기 전에 실시한다.

14. 드릴 작업 중 안전수칙으로 틀린 것은?

① 장갑을 끼고 작업해서는 안 된다.
② 드릴날 끝이 양호한 것을 사용한다.
③ 이상음이 나면 즉시 스위치를 끈다.
④ 드릴에 의한 칩이 발생하면 회전 중에 제거한다.

해설 드릴 작업 시 칩이 발생하면 회전을 멈추고 제거한다.(안전관리 차원)

정답 10. ③ 11. ① 12. ① 13. ① 14. ④

15. 공정제어에 있어서 마치 인간의 두뇌와 같은 작용을 하는 것으로 오차의 신호를 받아 어떤 동작을 하면 되는가를 판단한 후 처리하는 부분은?

① 검출기 ② 전송기
③ 조절기 ④ 조작부

해설 조절기
공정제어에서 인간의 두뇌와 같은 작용을 하며 오차(편차)의 신호를 받아서 어떤 동작을 하는가를 판단한 후 처리한다.

16. 용접 및 배관작업 시 안전사항으로 옳지 않은 것은?

① 중유(벙커C유)를 담았던 드럼통을 가스용접기로 절단하였다.
② 대형 중력 양두 그라인더 작업 시 용접용 장갑을 끼고 작업하였다.
③ 작업장에 가스화재 발생 시 가스용기를 잠근 후 소방서에 연락하였다.
④ 가솔린 용기를 물로 헹군 다음 용접 부위 아래까지 물을 담은 후 용접하였다.

해설 중유(오일)를 담았던 드럼통은 ④항을 인용하거나 전용 절단기로 절단한다.(화재방지조치 완료 후에 작업 실시)

17. 열교환기의 종류 중 판(Plate)형 열교환기의 형태가 아닌 것은?

① 스파이럴형 열교환기 ② 플레이트식 열교환기
③ 쉘 엔 튜브식 열교환기 ④ 플레이트 핀식 열교환기

해설 쉘 엔 튜브식 열교환기
㉠ 관으로 만든 열교환기로서 판형이 아닌 다관원통형 열교환기이다.
㉡ 종류 : 고정관판형, 유동두형, U자관형, 캐틀형

18. 화학공업배관에서 사용되는 열교환기에 관한 설명으로 옳지 않은 것은?

① 유체에 대한 냉각, 응축, 가열, 증발 및 폐열 회수 등에 사용된다.
② 단관식 열교환기에는 트롬본형, 스파이럴형, U자관형 등이 있다.
③ 다관식 원통형 열교환기에는 고정관판형, 유동두형, 케틀형 등이 있다.
④ 열교환기는 열부하, 유량, 조작압력, 온도, 허용압력 손실 등을 고려하여 가장 적합한 것을 선택한다.

해설 스파이럴형
단관식이 아닌 판형(플레이트형)의 열교환기이다.

19. 공기조화설비의 덕트 주요 요소인 가이드 베인에 관한 설명으로 옳은 것은?

① 대형 덕트의 풍량 조절용이다. ② 소형 덕트의 풍량 조절용이다.
③ 덕트 분기 부분의 풍량 조절을 한다. ④ 굽은(회전) 부분의 기류를 안정시킨다.

해설 덕트의 가이드 베인(Guide Vane)은 회전 부분의 기류를 안정시킨다.

 정답 15. ③ 16. ① 17. ③ 18. ② 19. ④

20. 1보일러 마력을 설명한 것으로 가장 적합한 것은?

① 1시간에 1,565kcal의 증발량을 발생시키는 증발능력
② 1시간에 약 6,280kcal의 증발량을 발생시키는 증발능력
③ 50℃의 물 10kg을 1시간에 전부 증기로 변화시키는 증발능력
④ 100℃의 물 15.65kg을 1시간 동안 같은 온도의 증기로 변화시키는 증발능력

해설 보일러 1마력의 능력은 ④항에 의하며 출력은 (15.65×539kcal/kg=8,435kcal/h)이다.

21. 압력배관용 탄소강관의 스케줄 번호에 따른 수압시험의 압력으로 맞는 것은?

① Sch NO.10－1.0MPa
② Sch NO.20－3.0MPa
③ Sch NO.40－6.0MPa
④ Sch NO.60－8.0MPa

해설 압력배관용 탄소강관(SPPS)
㉠ 350℃ 이하, 1～10MPa까지 보일러 증기관, 수도관, 유압관의 배관용 스케줄 번호 40～80은 60～500mm가 제조된다.
㉡ 수압시험 : ① 2MPa, ② 3.5MPa, ③ 6MPa, ④ 9MPa

22. 플랜지 시트의 종류 중 전면 시트(Seat) 플랜지를 사용할 때 사용 가능한 호칭압력으로 가장 적합한 것은?

① 1kgf/cm^2 이하
② 16kgf/cm^2 이하
③ 40kgf/cm^2 이하
④ 63kgf/cm^2 이상

해설 전면시트는 호칭압력 16kgf/cm^2(1.6MPa) 이하에 사용되는 플랜지이다.

23. 저압, 중압, 고압 어느 곳에도 사용이 가능하고 처리되는 응축수의 양에 비해 소형이며 공기도 함께 배출할 수 있는 트랩은?

① 열동식 트랩
② 하향식 버켓 트랩
③ 플로트 트랩
④ 임펄스 증기 트랩

해설 임펄스 증기 트랩(충격식 Impulse Steam Trap)
높은 온도의 응축수는 압력이 저하하면 증발한다. 이때 증발로 인하여 생기는 부피의 증가로 밸브 개폐에 이용한 원판 모양의 밸브 디스크와 시트로 이루어진다. 응축수의 양에 비해 소형이며 공기 빼기가 가능하고 고압, 중압, 저압에 사용하는 디스크 트랩(Disk Trap)이다.

24. 일명 팩레스(Packless) 신축 이음쇠라고도 하며, 관의 신축에 따라 슬리브와 함께 신축하는 것으로 미끄럼 면에서 유체가 누설되는 것을 방지하는 것은?

① 루프형 신축이음쇠
② 슬리브형 신축이음쇠
③ 벨로스형 신축이음쇠
④ 스위블형 신축이음쇠

해설 벨로스형(Bellows Type) : 팩레스 신축 이음
벨로스 재료는 청동 또는 스테인리스강을 파형으로 주름 잡아서 아코디언과 같이 만든 신축이음이다. (패킹이 없어도 유체가 새는 것을 방지한다. 또한 설치장소가 적고 응력이 생기지 않는다.)

정답 20. ④ 21. ③ 22. ② 23. ④ 24. ③

25. 일반적인 폴리부틸렌관의 이음방법으로 적합한 것은?

① MR 이음
② 에어콘 이음
③ 몰코 이음
④ TS식 냉간이음

해설 ㉠ 폴리부틸렌관의 이음방법 : 에이콘 이음
㉡ 스테인리스 강관의 이음방법 : 몰코 이음(Molco Joint)

26. 건물 내의 배수 수평주관 끝에 설치하여 공공하수관에서 유독가스가 건물 안으로 침입하는 것을 방지하는 트랩은?

① 메인 트랩
② 가솔린 트랩
③ 드럼 트랩
④ 그리스 트랩

해설 메인 트랩
건물 내의 배수 수평주관 끝에 설치하여 하수관에서 유독가스가 건물 안으로 침입하는 것을 방지한다.

27. 화학약품에 강하고 내유성이 크며, −30∼130℃의 내열범위를 가지는 증기, 기름, 약품 배관에 적합한 패킹 재료는?

① 액상 합성수지
② 오일시일 패킹
③ 플라스틱 패킹
④ 석면 조인트시트

해설 액상 합성수지 패킹의 사용온도
−30∼130℃로, 나사용 패킹이다.(약품에 강하고 내유성이 크다.)

28. 브레이스(Brace)에 관한 설명으로 틀린 것은?

① 구조에 따라 스프링식과 유압식이 있다.
② 스프링식은 온도가 높지 않은 배관에 사용한다.
③ 진동을 방지하는 방진기와 충격을 완화하는 완충기가 있다.
④ 유압식은 배관의 이동에 대하여 저항이 크므로 규모가 작은 배관에 많이 사용한다.

해설 브레이스(방진구, 완충구)
㉠ 방진기 : 진동 방지용
㉡ 완충구 : 분출반력 등의 충격 완화용
㉢ 유압식 : 규모가 큰 배관에 사용한다.

29. 유체의 흐름 방향의 변화가 크고 유량의 조절이 정확하여 소형으로 가장 많이 사용하는 스톱밸브는?

① 콕
② 슬루스 밸브
③ 체크 밸브
④ 글로브 밸브

해설 글로브 밸브(옥형 밸브, 스톱밸브)
유량조절용 밸브로서(압력손실은 크다.) 유체 흐름방향의 변화가 크다.

 정답 25. ② 26. ① 27. ① 28. ④ 29. ④

30. 스테인리스 강관에 관한 설명으로 옳지 않은 것은?

① 위생적이어서 적수, 백수, 청수의 염려가 없다.
② 강관에 비해 기계적 성질이 불량하고 인장강도가 강의 절반 수준이다.
③ 내식성이 우수하여 계속 사용 시 내경의 축소, 저항 증대 현상이 없다.
④ 저온 충격성이 크고, 한랭지 배관이 가능하며 동결에 대한 저항이 크다.

해설 배관용 스테인리스 강관(STS×TP)
㉠ 내식용 · 내열용 고온 배관용이다.
㉡ 강관에 비해 기계적 성질이 우수하고 인장강도가 크다.

31. 비금속관에 관한 설명으로 옳지 않은 것은?

① 석면 시멘트관을 일명 에터니트관이라고 한다.
② 원심력 철근콘크리트관을 흄관이라고도 한다.
③ 수도용 경질염화비닐관은 고온에 잘 견디지 못한다.
④ 석면, 시멘트관 중 제1종의 상용수압은 $4.5kg/cm^2$이다.

해설 석면 시멘트관 제1종의 수압 : $7.5kg/cm^2 = 75mAq$
(시험수압 $=28kg/cm^2$, 2종 $=22kg/cm^2$)

32. 주철관에 관한 설명으로 틀린 것은?

① 내식성 · 내압성이 우수하다.
② 제조법으로는 원심력법과 천공법이 있다.
③ 수도용 급수관, 가스공급관, 건축물의 오배수관 등으로 사용된다.
④ 재질에 따라 보통주철관, 고급주철관 및 덕타일주철관 등으로 분류한다.

해설 주철관
㉠ 제조법으로는 수직법, 원심력법 2가지가 있다.
㉡ 접합부의 모양에 따라 소켓관, 플랜지관, 기계식 이음이 있다.
㉢ 내압성, 내마모성, 내식성, 내구성이 우수하다.

33. 서로 다른 2종의 금속선을 양 끝에 접합하여 만든 것으로 이 양 접점을 서로 다른 온도로 유지시켰을 때 발생되는 기전력을 전위차계로 측정함으로써 온도를 측정하는 온도계는?

① 광 온도계
② 저항 온도계
③ 열전 온도계
④ 바이메탈 온도계

해설 열전 온도계
서로 다른 2종의 금속선을 양 끝에 접합하여 만든 것으로 이 양 접점을 서로 다른 온도로 유지 시 발생되는 기전력을 전위차계로 측정

정답 30. ② 31. ④ 32. ② 33. ③

34. 연단을 아마인유와 혼합한 것으로서 녹을 방지하기 위해 페인트 밑칠을 사용하며, 밀착력이 강력하고 풍화에 강한 도료는?

① 광명단 도료　　② 알루미늄 도료
③ 산화철 도료　　④ 합성수지 도료

해설 **광명단 도료** : 연단을 아마인유와 혼합한 것으로서 녹을 방지하기 위한 페인트 밑칠용이다.(밀착력이 강력하고 풍화에 강한 도료이다.)

35. 내경이 10cm인 수평직관 속을 평균 유속 5m/s로 물이 흐를 때 길이 10m에서 나타나는 손실수두는 약 몇 m인가?(단, 관의 마찰손실계수(λ)는 0.017이다.)

① 1.25　　② 2.08　　③ 2.10　　④ 2.17

해설 손실수두$= f\times\dfrac{L}{d}\times\dfrac{V^2}{2\cdot g}=0.017\times\dfrac{10}{0.1}\times\dfrac{5^2}{2\times9.8}=2.17\text{m}$

※ 10cm=0.1m

36. 아크용접 중 언더컷 현상이 잘 발생하는 경우는?

① 아크길이가 짧을 때　　② 용접전류가 높을 때
③ 용접속도가 늦을 때　　④ 적정한 용접봉을 사용할 때

해설 언더컷 발생원인

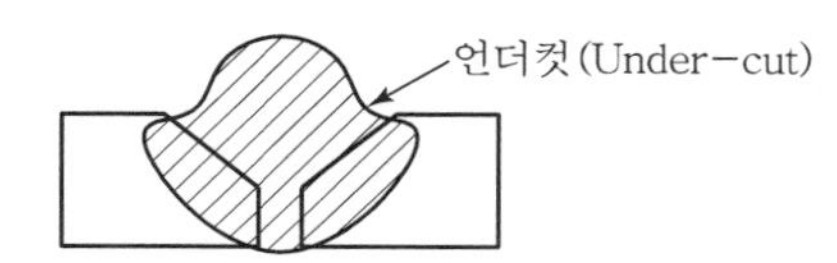

- 용접전류가 높을 때
- 용접속도가 빠를 때
- 아크길이가 너무 길 때
- 부적당한 용접봉 사용
- 용접봉 유지각도 불량

37. 경질 염화비닐관 접합법의 종류가 아닌 것은?

① 나사 접합　　② 용착 슬리브 접합
③ 플랜지 접합　　④ 테이퍼 코어 접합

해설 폴리 에틸렌관의 이음
용착 슬리브 접합이며 관 끝의 바깥쪽과 이음관의 안쪽을 동시에 가열 용융하여 이음하는 방법으로 이음부의 접합강도가 가장 확실하고 안전하다.

38. 평균 온도차가 5℃일 때 열 관류율이 500W/m²·K인 응축기가 있다. 응축기에서 제거되는 열량이 18kW일 때 전열면적은 몇 m²인가?

① 2.3　　② 4.6　　③ 7.2　　④ 9.6

해설 18kW=18,000W
열량 18,000=열관류율×온도차×면적
전열면적$=\dfrac{\text{열량}}{\text{열관류율}\times\text{온도차}}=\dfrac{18{,}000}{500\times5}=7.2\text{m}^2$

 정답 34. ① 35. ④ 36. ② 37. ② 38. ③

39. 금속과 금속을 충분히 접근시켰을 때 발생하는 원자 사이의 인력으로 접합하는 방법은?

① 확관적 접합법
② 기계적 접합법
③ 야금적 접합법
④ 심(Seam) 및 리벳 접합법

해설 **야금적 접합법** : 금속과 금속을 충분히 접근시켰을 때 발생하는 원자 사이의 인력으로 접합하는 방법

40. 관지름 20mm 이하의 동관에 주로 사용되며, 끝을 나팔 모양으로 넓혀 설비의 점검, 보수 등을 위해 분해할 필요가 있는 배관부에 연결하는 이음은?

① 압축 이음
② 납땜 이음
③ 나사 이음
④ 플랜지 이음

해설 **압축 이음** : 동관 20mm 이하의 끝을 나팔 모양으로 넓혀 설비의 점검, 보수 등 분해가 필요한 곳에 연결하는 이음

41. 공구와 그 용도가 바르게 연결된 것은?

① 드레서 : 연관 표면의 도장 공구
② 맬릿 : 터언핀을 때려 박는 데 쓰이는 공구
③ 봄볼 : 주관을 깨끗하게 하는 데 쓰이는 공구
④ 벤드벤 : 연관에 삽입해서 관에 구멍을 뚫는 공구

해설 ① 드레서 : 연관(납관)의 표면 산화물 제거
③ 봄볼 : 연관의 분기관 따내기
④ 벤드벤 : 연관을 굽히거나 펼 때 사용

42. 주철관 접합 시 녹은 납이 비산하여 몸에 화상을 입히는 사고가 발생하였다면 이 사고의 가장 중요한 원인으로 추정되는 것은?

① 이음부에 수분이 있기 때문에
② 녹은 납의 온도가 낮기 때문에
③ 녹은 납의 온도가 높기 때문에
④ 납의 성분에 주석이 너무 많이 함유되었기 때문에

해설 주철관 접합 시 녹은 납이 비산하여 몸에 화상을 입히는 사고가 발생한 이유는 이음부에 수분이 있기 때문이다.

43. 열에 관한 설명으로 옳지 않은 것은?

① 순수한 물의 비열은 4.19kJ/kg · K이다.
② 순수한 물이 100℃에서 끓고 있을 때의 포화압력은 760mmHg이다.
③ 표준 대기압하에서 10kg의 물을 10℃에서 90℃로 올리는 데 필요한 열량은 3,352kJ이다.
④ 표준 대기압하에서 100℃의 물 1kg이 100℃의 수증기가 되기 위한 열량은 2,675.8kJ이다.

해설 ③의 설명 10kg×1kcal/kg℃(4.186kJ/kg)×(90－10)℃≒3,352kJ
100℃의 물의 잠열(2,256kJ/kg＝539kcal/kg)

정답 39. ③ 40. ① 41. ② 42. ① 43. ④

44. 관의 절단, 나사절삭, 거스러미(Burr) 제거 등의 일을 연속적으로 할 수 있고, 관을 물린 척을 저속 회전시키면서 다이헤드를 관에 밀어 넣어 나사를 가공하는 동력나사 절삭기의 종류는?

① 리드형 ② 오스터형
③ 리머형 ④ 다이헤드형

해설 ㉠ 다이헤드형 나사 절삭기 : 관의 절단, 나사절삭, 거스러미 제거가 가능하다.(15A~100A용, 25~150A용이 있다.)
㉡ 동력용 나사 절삭기 : 오스터식, 다이헤드식, 호브형이 있다.

45. 관 이음에 관한 설명으로 옳지 않은 것은?

① 유니온은 호칭지름 50A 이하의 관에 사용된다.
② 관 플랜지의 호칭 압력은 3가지 단계로 나누어진다.
③ 관을 도중에서 네 방향으로 분기할 때는 크로스를 사용한다.
④ 티(T)나 엘보의 크기는 지름이 같을 때는 호칭지름 하나로 표시한다.

해설 ㉠ 플랜지 호칭 압력 : 2, 5, 10, 16, 20, 30, 40, 63kg/cm²(8가지 단계)
㉡ 플랜지 모양 : 원형, 타원형(소구경관용), 사각형

46. 서브머지드 아크용접에서 시작부와 종단부의 용접결함을 막기 위하여 사용하는 것은?

① 백킹 ② 레일
③ 후럭스 ④ 앤드탭

해설 서브머지드 아크용접(Submerged Arc Welding)
특수 용접이며 잠호용접이라고 한다. 시작부와 종단부의 용접결함을 막기 위해 앤드탭을 사용한다.

47. 그림은 관 A로부터 분기된 관 B가 화면에 직각으로 바로 앞쪽으로 올라가 있으며 구부러져 있는 경우이다. 정투상도가 바르게 그려진 것은?

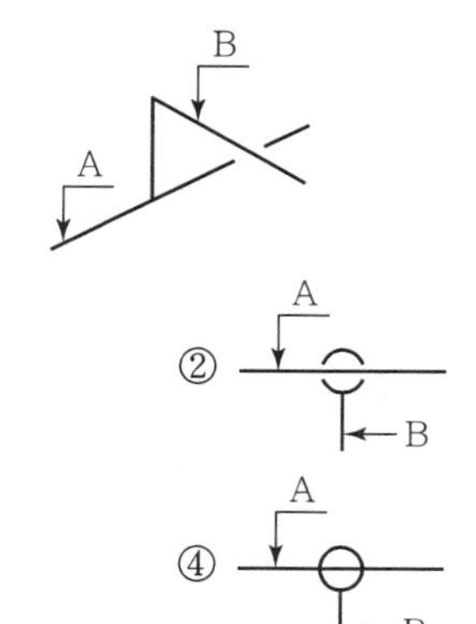

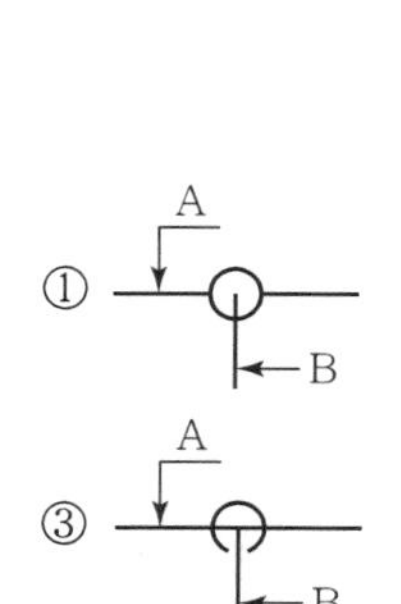

① ② ③ ④

해설

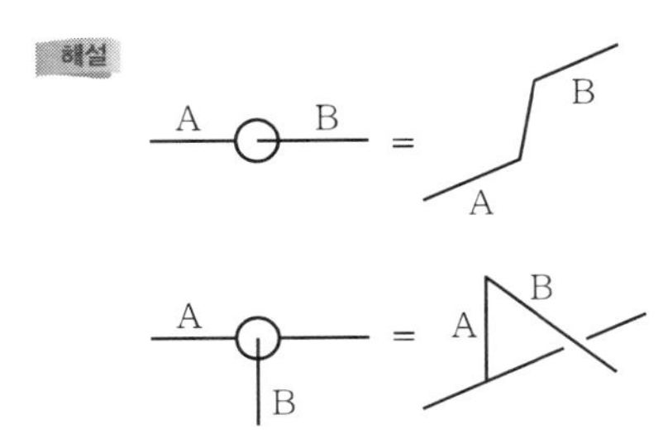

48. 정투상도에서 배면도란?

① 뒤에서 보고 그린 그림
② 밑에서 보고 그린 그림
③ 위에서 내려다보고 그린 그림
④ 정면도를 기준으로 45°로 보고 그린 그림

해설 정투상도에서 배면도란 뒤에서 보고 그린 그림을 의미한다.

49. 그림과 같은 크로스 이음쇠의 호칭방법으로 가장 적합한 것은?

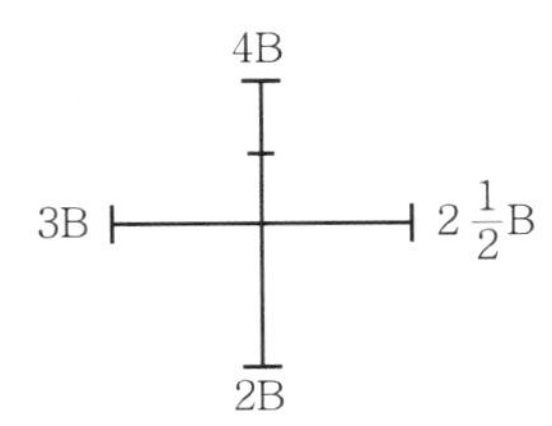

① $2\frac{1}{2}B \times 2B \times 3B \times 4B$
② $3B \times 4B \times 2\frac{1}{2}B \times 2B$
③ $4B \times 2B \times 3B \times 2\frac{1}{2}B$
④ $4B \times 3B \times 2\frac{1}{2}B \times 2B$

해설 크로스(십자) 이음쇠의 호칭방법

$4B \times 2B \times 3B \times 2\frac{1}{2}B$

50. 기계제도 도면에서 길이를 표기하는 방법으로 가장 적절한 것은?

①
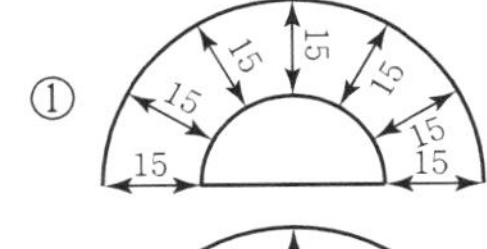

②
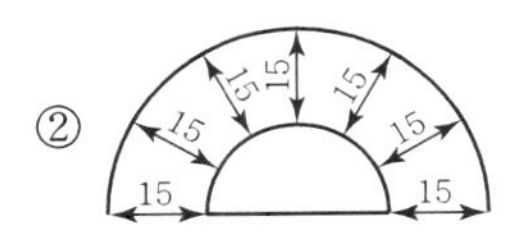

③
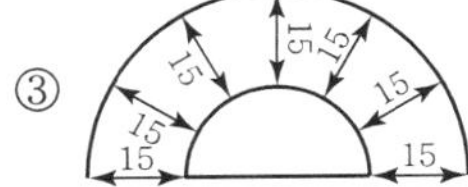

④
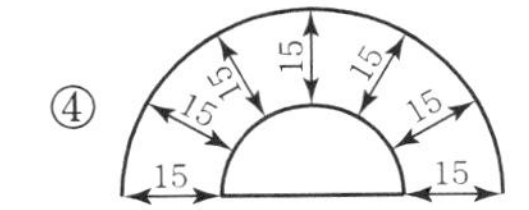

해설 ②항의 기재사항이 기계제도 도면에서 길이를 표기하는 가장 적절한 방법이다.

51. 배관 도면상의 치수표시법에 관한 설명으로 옳지 않은 것은?

① 일반적으로 치수는 mm를 단위로 한다.
② 기준면으로부터 배관 높이를 나타낼 때 관의 중심을 기준으로 하여 GL로 표시한다.
③ 지름이 서로 다른 관의 높이를 표시할 때, 관 외경의 아랫면까지를 BOP로 표시할 수도 있다.
④ 만곡부를 가지는 관은 일반적으로 배관의 중심선부터 중심선까지의 치수를 기입하는 것이 좋다.

해설 GL : 지면의 높이를 기준으로 할 때 사용하고 치수 숫자 앞에 기입한다.

52. 용접부 및 용접부 표면의 형상기호 중 영구적인 덮개판을 사용할 때의 기호는?

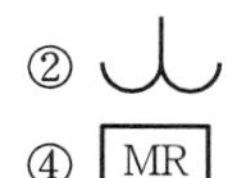

해설 M : 용접부 및 용접부 표면의 형상기호 중 영구적인 덮개 판의 기호

53. 다음 관의 관말부 도면 기호가 나타내는 것은?

① 티
② 용접식 캡
③ 나사식 캡
④ 막힘 플랜지

해설 

② 용접식 캡 :
③ 나사식 캡 :
④ 막힘 플랜지 :

54. 그림과 같은 부분 평면배관도에서 필요한 엘보(Elbow)의 수는 모두 몇 개인가?

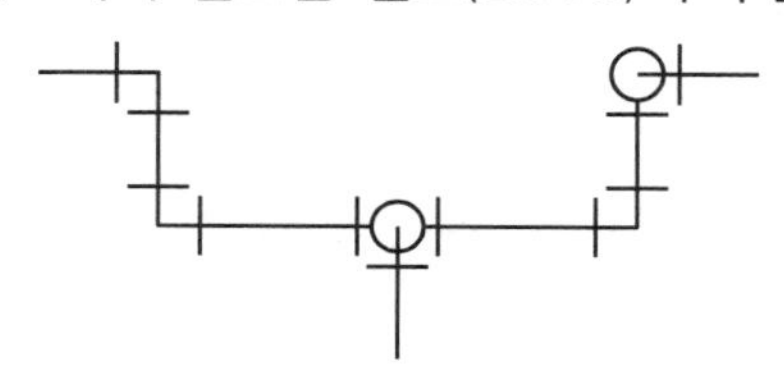

① 4개
② 5개
③ 6개
④ 7개

해설

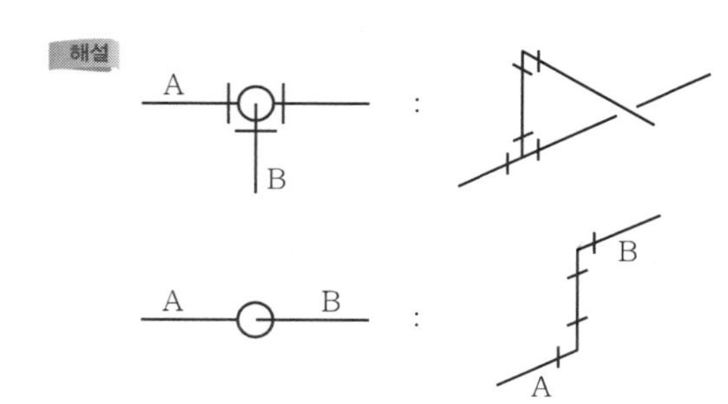

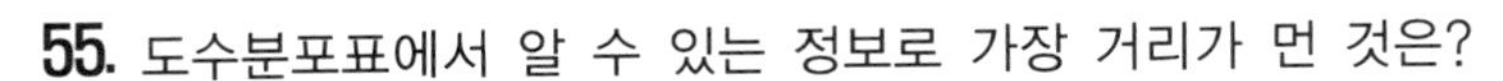

55. 도수분포표에서 알 수 있는 정보로 가장 거리가 먼 것은?

① 로트 분포의 모양
② 100단위당 부적합 수
③ 로트의 평균 및 표준편차
④ 규격과의 비교를 통한 부적합품률의 추정

해설 도수분포표
품질 변동을 분포형상 또는 수량적으로 파악하는 통계적 기법(평균치와 표준편차를 구할 때 사용)으로 그 정보는 ①, ③, ④이다.

56. 로트에서 랜덤하게 시료를 추출하여 검사한 후 그 결과에 따라 로트의 합격, 불합격을 판정하는 검사방법을 무엇이라 하는가?

① 자주검사
② 간접검사
③ 전수검사
④ 샘플링 검사

해설 샘플링 검사
로트에서 랜덤(무작위 시료 추출)하게 시료를 추출하여 검사한 후 그 결과에 따라 로트의 합격, 불합격을 판정하는 검사방법(로트 : 1회의 준비로서 만드는 물품의 집단)

57. 자전거를 셀 방식으로 생산하는 공장에서, 자전거 1대당 소요공 수가 14.5H이며, 1일 8H, 월 25일 작업을 한다면 작업자 1명 당 월 생산 가능 대수는 몇 대인가?(단, 작업자의 생산종합효율은 80%이다.)

① 10대
② 11대
③ 13대
④ 14대

해설 $8H \times 25일 = 200H$

$$월\ 생산\ 가능\ 대수 = \frac{200}{14.5} \times 0.8 = 11대$$

58. ASME(American Society of Mechanical Engineers)에서 정의하고 있는 제품공정 분석표에서 사용되는 기호 중 "저장(Storage)"을 표현한 것은?

① 
② 
③ 
④ 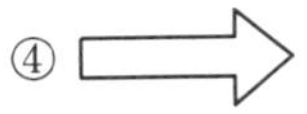

해설 ㉠ ○, ⇨, → : 운반
㉡ □ : 검사
㉢ ▽, △ : 저장
㉣ D : 정체

59. TPM 활동체제 구축을 위한 5가지 기둥과 가장 거리가 먼 것은?

① 설비초기 관리체제 구축 활동
② 설비효율화의 개별 개선 활동
③ 운전과 보전의 스킬 업 훈련 활동
④ 설비 경제성 검토를 위한 설비투자분석 활동

해설 TPM : 전사적 생산보전
㉠ 3정 : 정위치, 정품, 정량
㉡ 5S : 정리, 정돈, 청소, 청결, 습관화
㉢ TPM(Total Productive Maintenance) : 활동체제구축 기둥은 ①, ②, ③항이다.

60. 미리 정해진 일정단위 중에 포함된 부적합 수에 의거하여 공정을 관리할 때 사용되는 관리도는?

① c 관리도
② P 관리도
③ X 관리도
④ nP 관리도

해설 관리도
① 계량치 관리도
㉠ $\bar{x}-R$(평균치범위)
㉡ x(개수측정치)
㉢ $\tilde{x}-R$(메디안 범위)
② 계수치 관리도
㉠ P_n(불량개수)
㉡ P(불량률)
㉢ C(결점 수) 일정단위 중 부적합 수 공정관리
㉣ U(단위당 결점 수)

2016.04.02. 과년도 기출문제 

MASTER CRAFTSMAN PLUMBING

1. 배관 내의 유속이 2m/s일 때, 수격작용에 의해 발생하는 수압은 약 몇 kgf/cm^2 정도 인가?

① 2.8
② 28
③ 280
④ 2,800

해설 수격작용 시에는 유속(m/s)을 표시한 값의 14배 이상 압력과 소음을 동반한다.
$\therefore 2 \times 14 = 28kgf/cm^2$

2. 다음 중 윌리암 하젠(William-hazen) 공식에 의한 급수관의 유량 선도와 가장 거리가 먼 것은?

① 유량(L/min)
② 마찰손실(mmAq/m)
③ 유속(m/s)
④ 평균 급수 유속(m/s)

해설 윌리암 하젠 급수관의 유량선도
㉠ 유량 : L/min
㉡ 마찰손실 : mmAq/m
㉢ 유속 : m/s

3. 다음 중 배관설비 유지관리와 가장 거리가 먼 것은?

① 밸브류 및 배관 부속기기의 점검과 보수
② 배관의 점검과 보수
③ 배관설계 및 시공
④ 부식과 방식

해설 ③ 최초 작업시공에 해당한다.

4. 가스배관 이음방법 중 관을 그대로 이음에 삽입하여 잠김 너트 등을 사용한 접합이음으로서 비교적 강도가 있어 지반의 침하 등에 강한 이음은?

① 나사 이음
② 플랜지 이음
③ 플레어 이음
④ 기계적 이음

해설 기계적 이음 : 소켓접합, 플랜지접합의 장점을 살린 접합이다. 가스배관 이음방법 중 관을 그대로 이음에 삽입하여 잠김너트 등을 사용한 접합이음(비교적 강도가 있어서 지반의 침하 등에 강하다)으로 고무링을 사용하고 압륜으로 조여주는 형식이다. 작업이 간단하고 기밀성이 우수하며, 가요성이 얻어지는 동시에 신축성이 크다.

정답 1. ② 2. ④ 3. ③ 4. ④

5. 고압가스 재해에 대한 설명으로 틀린 것은?

① 가연성의 기체가 공기 속에서 부유하다가 공기의 산소 분자와 접촉하면 폭발할 수 있다.
② 액화석유가스와 같이 공기보다 무거운 가스는 누설되면 확산되어 낮은 곳에는 고이지 않는다.
③ 일산화탄소는 가연성 가스로서 공기와 공존할 때는 폭발할 수 있다.
④ 아세틸렌은 공기나 산소와 같은 지연성 가스와 공존하지 않아도 폭발이 일어날 수 있다.

해설 액화석유가스(프로판, 부탄가스)는 비중이 1.53~2로 공기보다 무거워 누설 시 낮은 곳에 축적되어 가스폭발 우려가 있다.

6. 화학 세제용 약제 중 알칼리성 약제로 맞는 것은?

① 트리클로로에틸렌
② 설파인산
③ 4염화탄소
④ 암모니아

해설 암모니아(NH_3) : 화학 세정용 약제로서 알칼리성 약제이다.

7. 다음 중 유틸리티(Utility) 배관이 아닌 것은?

① 각종 압력의 증기 및 응축수 배관
② 냉각세정용 유체 공급관
③ 연료유 및 연료가스 공급관
④ 유닛 내 열교환기 등의 기기에 접속되는 원료 운반 배관

해설 유틸리티 배관은 프로세스 반응에는 직접 관여하지 않지만 그 운전에 중대한 영향을 미친다. ①, ②, ③항의 냉각공기, 질소, 냉각세정용 유체 등을 칭한다.

8. 배관용 공기(Air)기구를 사용 시 안전수칙으로 틀린 것은?

① 처음에는 천천히 열고, 일시에 전부 열지 않는다.
② 기구 등의 반동으로 인한 재해에 항상 주의한다.
③ 공기기구를 사용할 때는 방진 안경을 사용한다.
④ 활동부에는 항상 기름 또는 그리스가 없도록 깨끗이 닦아준다.

해설 배관용 공기기구에서 무급유식 외에는, 즉 급유식에는 윤활유나 그리스가 반드시 필요하다.

9. 전기식 자동제어시스템에서 온도조절기의 조절부에 사용되는 것으로 가장 거리가 먼 것은?

① 수은 스위치
② 스냅 스위치
③ 다이어프램
④ 밸런싱 릴레이

해설 다이어프램(격막) : 압력계나 정압기, 가스 유량계 등에 사용된다. 또한 정지밸브용인 다이어프램 밸브도 있다.

 정답 5. ② 6. ④ 7. ④ 8. ④ 9. ③

10. 자동제어장치에서 제어 편차를 감소시키기 위한 조절계의 동작에는 연속동작과 불연속동작이 있다. 다음 중 불연속동작에 해당되는 것은?

① 2위치 동작
② 비례 동작
③ 적분 동작
④ 미분 동작

해설 불연속 동작
㉠ 2위치 동작(온-오프동작)
㉡ 다위치 동작
㉢ 간헐동작

11. 공조시스템에서 토출되는 공기온도가 매우 높아지거나 낮아지는 것을 방지하기 위하여 또는 전열기의 과열 방지, 외기의 이상 저하에 의한 코일의 동파 등을 방지하기 위하여 적용되는 제어방식은?

① 위치비례제어
② 플로팅제어
③ 리미트제어
④ 최소개도제어

12. 공기조화 설비방식 중 패키지(Package) 방식의 특징으로 틀린 것은?

① 건물의 일부만을 냉방하는 경우 손쉽게 이용할 수 있다.
② 유닛을 배치할 필요가 없으므로 바닥의 이용도가 높다.
③ 중앙기계실 냉동기 설치방식에 비해 공사비가 적게 들며 공사기간도 짧다.
④ 실온제어의 편차가 크고 온·습도 제어의 정도가 낮다.

해설 **패키지 방식** : 냉동기를 공기조화기에 내장시켜 냉각 코일에 직접냉매를 공급하여 냉방하는 구조로 일명 자납식 공조기라 한다. 대용량의 경우 가열 및 가습기능을 더하여 중앙방식(유닛 사용)에도 적용이 가능하다.

13. LPG 가스 배관 시 주의사항으로 옳은 것은?

① 배관재료로 내압 및 내유성 재료는 사용할 수 없다.
② 옥외 저압부 배관과 조정기를 접속하기 위해 사용 되는 고무관의 길이는 50cm 이상 되어야 한다.
③ 배관 및 고무관류는 가급적 이음부를 없게 하고 누설 시 탐지 및 수리가 쉽도록 배관한다.
④ 나사이음 배관 시 페인트를 사용하여 패킹하여여 한다.

해설 LPG 가스(프로판, 부탄 등)는 공기보다 무거워서 누설 시 바닥에 고이므로 사고 발생이 빈번하다. 따라서 배관이나 고무관류는 가급적 이음부를 없게 하고 누설 시 탐지나 수리가 쉽도록 한다.(LPG는 천연고무를 용해하므로 합성고무를 사용한다)

정답 10. ① 11. ③ 12. ② 13. ③

14. 다음 중 가스 용접작업을 하기 위한 가장 적절한 장소는?

① 기름이 있는 건조한 곳
② 직사광선을 받는 밀폐된 곳
③ 습도가 높고 고압가스가 있는 곳
④ 가연성 물질이 없고 통풍이 잘 되는 곳

해설 가스 용접 시 주위에는 가연성 물질이 없고 통풍이 잘 되는 곳을 사용한다.(산소-아세틸렌 용접, 공기-아세틸렌 용접, 산소-수소 가스용접, 산소-프로판 가스용접 등이 있다)

15. 대형 보일러의 설치 · 시공 시 급수 장치에 관한 설명으로 틀린 것은?

① 급수관에는 보일러에 인접하여 급수밸브와 체크밸브를 설치하여야 한다.
② 급수능력은 최대 증발량의 10% 이상이어야 한다.
③ 급수의 흐름 방향에 맞게 급수밸브를 설치한다.
④ 자동급수 조절기를 설치할 때에는 필요에 따라 즉시 수동으로 변경할 수 있는 구조로 한다.

해설 대형보일러의 급수능력은 최대 증발량의 20% 이상이어야 한다.

16. 화학 배관 설비에 사용되는 재료의 구비조건으로 틀린 것은?

① 접촉 유체에 대한 내식성이 클 것
② 고온, 고압에 대한 기계적 강도가 클 것
③ 상용 상태에서의 크리프(Creep) 강도가 작을 것
④ 저온 등에서도 재질의 열화(劣化)가 없을 것

해설 화학 배관 설비에서 사용되는 재료는 상용 상태에서 크리프(Creep) 강도가 커야 한다.

17. 원심식 송풍기의 날개 직경이 450mm이다. 송풍기 번호(NO)는?

① NO. 2
② NO. 3
③ NO. 4
④ NO. 5

해설 ㉠ 원심식(NO) $= \dfrac{\text{회전날개지름}}{150\text{mm}}$

$\therefore \dfrac{450}{150} = \text{NO. } 3$

㉡ 축류식(NO) $= \dfrac{\text{회전날개지름}}{100\text{mm}}$

 정답 **14.** ④ **15.** ② **16.** ③ **17.** ②

18. 배관작업 시 안전사항으로 옳은 것은?

① 토치램프 또는 가열토치를 사용하여 관 가열 굽힘 작업 시 가능한 한 오래 가열할수록 좋다.
② 주철관의 소켓 접합 시공 시 용해 납은 3회로 나누어 주입한다.
③ 높은 곳에서 배관 작업 시 사다리를 사용할 경우에는 사다리 각도를 지면에서 30° 이내로 하고 미끄어지지 않도록 설치한다.
④ 배관 작업 중 볼트 및 너트를 조일 때에는 몸의 중심을 잘 맞추고 스패너는 볼트가 맞는 것을 사용한다.

해설 ① 관 가열 시 관 재질에 따라 가열시간을 조절한다.
② 주철관 소켓 접합 시공 시 용해 납은 필요한 만큼 한 번에 주입한다.
③ 사다리 각도는 75° 이내로 하고 미끄어지지 않게 한다.

19. 공정제어에서 오차의 신호를 받아 제어 동작을 판단한 후 처리하는 부분은?

① 공정제어용 검출기
② 전송기
③ 조절기
④ 벨로스

20. 온수난방에서 개방식 팽창탱크의 용량은 온수 팽창량의 몇 배가 가장 적당한가?

① 1.5~2.5배
② 3.5~4.5배
③ 5.5~6.5배
④ 7.5~8.5배

21. 양조공장, 화학공장에서의 알코올, 맥주 등의 수송관 재료로 가장 적합한 것은?

① 주석관
② 수도용 주철관
③ 배관용 탄소강관
④ 일반 구조용 강관

해설 주석관 : 상온에서 물, 공기, 묽은 염산에 침식되지 않는다. 비중 7.3, 용융온도 232℃로 화학공장, 양조장 등에서 알코올, 맥주 등의 수송관으로 사용된다.

22. 증기 트랩에서 오픈(Open) 트랩이라고도 하며, 공기가 거의 배출되지 않으므로 열동식 트랩을 병용하여 사용하는 트랩은 어느 것인가?

① 상향식 버킷 트랩
② 온도조절 트랩
③ 플러시 트랩
④ 충격식 트랩

23. 글랜드 패킹에 속하지 않는 것은?

① 플라스틱 패킹
② 메커니컬실
③ 일산화연
④ 메탈 패킹

해설 ① 축봉장치(Shaft Seal) 메커니컬실 : 압축기, 펌프 등에 사용하는 축봉장치이다. 가연성 및 유독성 등의 액체를 이송하는 경우 정밀한 축봉성을 유지하기 위해 스프링, 벨로즈를 이용한다.
② 일산화연 : 냉매 배관용으로 페인트에 소량의 일산화연을 타서 사용하는 나사용 패킹

정답 18. ④ 19. ③ 20. ① 21. ① 22. ① 23. ③

24. 비중이 0.92~0.96 정도로 염화비닐관보다 가볍고 −60℃에서도 취화하지 않아 한랭지 배관에 적절한 관은?

① 동관
② 폴리에틸렌관
③ 연관
④ 경질염화비닐관

해설 **폴리에틸렌관** : PVC 관이며 염화비닐관보다 가볍다(합성수지이다). 에틸렌(C_2H_4)을 원료로 만든다. 비중이 0.92~0.96(염화비닐의 2/3배)로서 90℃에서 연화하지만 저온에 강하고 −60℃에서 취화하지 않는다. 한랭지 배관에 알맞다.

25. 화학약품에 강하고 내유성이 크며 내열범위가 −30~130℃인 증기, 기름 약품 배관에 사용하는 나사용 패킹으로 적합한 것은?

① 페인트 ② 메커니컬실
③ 일산화연 ④ 액상 합성수지

해설 **액상 합성수지 패킹(나사용 패킹제)**
㉠ 화학약품에 강하며 내유성이 크다.
㉡ −30~130℃의 내열범위를 가진다.
㉢ 증기, 기름, 약품수송 배관용이다.

26. 관의 회전을 방지하고 축 방향의 이동을 허용하는 안내 역할을 하며, 축과 직각방향의 이동을 구속하는 데 사용하는 것은?

① 행거 ② 스토퍼
③ 가이드 ④ 서포트

해설 **리스트 레인트**
㉠ 가이드 : 관의 회전 방지, 축 방향의 이동을 허용, 축과 직각 방향의 이동을 구속 파이프랙 위의 배관의 곡관부분과 신축 조인트 부분에 설치한다.
㉡ 스토퍼 : 일정한 방향의 이동과 관의 회전을 구속, 나머지 방향은 이동을 허용하는 구조
㉢ 앵커 : 일종의 리지드 서포트이다. 이동 및 회전을 방지하기 위해 완전히 고정시킨다.

27. 다음 중 체크밸브의 종류로 틀린 것은?

① 스윙 체크밸브
② 나사조임 체크밸브
③ 버터 플라이 체크밸브
④ 앵글 체크밸브

해설 **앵글밸브** : 90° 밸브이며 주증기 배관이나 방열기 유량조절 및 개폐용 밸브로 사용한다.

정답 **24.** ② **25.** ④ **26.** ③ **27.** ④

28. 납관(연관)이음에서 사용되는 용융온도가 232℃인 플라스턴 합금의 주요 성분 비율로 옳은 것은?

① Pb 30%+Sn 70%
② Pb 40%+Sn 60%
③ Pb 50%+Sn 50%
④ Pb 60%+Sn 40%

해설 연관(납관)이음에 사용되는 플라스턴 합금 재료 : 주석(Sn) 40%+납(Pb) 60%이며, 용융점이 232℃ (이음 종류 : 직선이음, 맞대기이음, 수전소켓이음, 맨더린이음)

29. 염화비닐관의 단점을 설명한 것 중 틀린 것은?

① 열팽창률이 크기 때문에 온도 변화에 대한 신축이 심하다.
② 50℃ 이상의 고온 또는 저온 장소에 배관하는 것은 부적당하다.
③ 용제와 방부제(크레오소트액)에 강하나 파이프접착제에는 침식된다.
④ 저온에 약하며 한랭지에서는 외부로부터 조금만 충격을 주어도 파괴되기 쉽다.

해설 염화비닐관(합성수지관이며 대표적으로 경질 염화비닐관이 있다)은 용제에 약한데, 특히 방부제인 크레오소트액과 아세톤에 약하다. 또한 파이프 접착제에도 침식된다.

30. 주철관의 내벽에 모르타르 처리하여 방청작용을 하도록 한 관은?

① 배수용 주철관
② 덕타일 주철관
③ 수도용 이형관
④ 원심력 모르타르 라이닝 주철관

해설 원심력 모르타르 라이닝 주철관은 부식 방지를 위해 삽입구를 제외한 관의 내면에 시멘트 모르타르(Mortar lining)한 관이다.
라이닝 시 시멘트와 모래의 혼합비는 1 : 1.5~1 : 2.0 중량비로 한다.

31. 스트레이너(Strainer)는 밸브, 기기 등의 앞에 설치하여 관내의 불순물을 제거하는 데 사용하는 여과기를 말한다. 스트레이너의 형상에 따른 종류에 해당되지 않는 것은?

① S형
② Y형
③ U형
④ V형

해설 여과기 종류 형상 : Y형, U형, V형

32. 보일러의 수관, 연관, 화학 및 석유공업의 열교환기 등에 사용하는 열전달용 강관의 기호는?

① SPA
② STA
③ STBH
④ SPHT

해설 STBH : 일명 STHA 강관이라 하며, 보일러 수관, 연관, 화학 및 석유공업의 열교환기 등에 사용되는 열전달용 합금강 탄소강 강관이다.

정답 28. ④ 29. ③ 30. ④ 31. ① 32. ③

33. 유량계 설치법에 대한 설명으로 잘못된 것은?

① 차압식 유량계의 오리피스는 원칙적으로 수직배관에 설치한다.
② 차압식 유량계의 노즐 취출방향은 액체인 경우는 하향, 기체일 경우는 상향으로 한다.
③ 증기배관에는 증기가 유량계에 유입하는 것을 방지하고, 차압에 대해 일정한 액주의 높이를 유지할 수 있도록 콘덴서를 설치한다.
④ 체적식 유량계와 면적식 유량계는 조작 및 보수가 쉽도록 설치한다.

해설

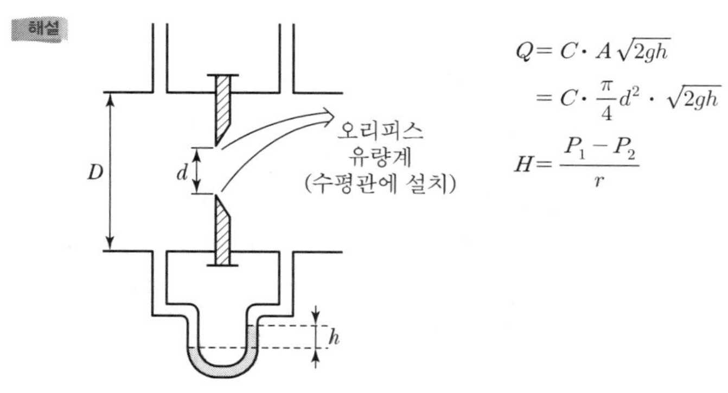

$$Q = C \cdot A\sqrt{2gh}$$
$$= C \cdot \frac{\pi}{4}d^2 \cdot \sqrt{2gh}$$
$$H = \frac{P_1 - P_2}{r}$$

34. 온수 온도 난방 코일용으로 많이 사용되며, 엑셀 온돌 파이프라고도 하는 관은?

① 염화비닐관
② 폴리프로필렌관
③ 폴리부틸렌관
④ 가교화폴리에틸렌관

35. 벤더에 의한 관 굽히기 도중에 관이 파손되었다면 그 원인으로 가장 적합한 것은?

① 받침쇠가 너무 들어갔다.
② 굽힘형이 주축에서 빗나가 있다.
③ 굽힘 반경이 너무 작다.
④ 재질이 부드럽고 두께가 얇다.

해설 ① 주름이 발생하는 원인
② 주름이 발생하는 원인
④ 관이 타원형으로 되는 원인

36. 동관의 끝부분을 진원으로 교정할 때 사용하는 공구는?

① 플레어링 툴
② 봄볼
③ 사이징 툴
④ 익스팬더

해설 사이징 툴 : 동관(구리관)의 끝부분을 원으로 정형한다.

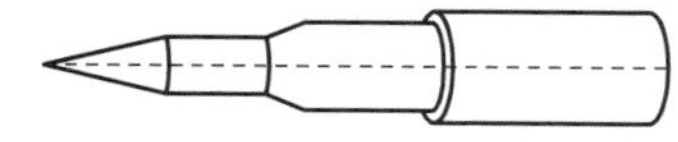

 정답 33. ① 34. ④ 35. ③ 36. ③

37. 용접부의 파괴시험 검사법 중 기계적 시험방법이 아닌 것은?

① 부식시험 ② 피로시험
③ 굽힘시험 ④ 충격시험

해설 기계적 용접부 파괴시험
㉠ 피로시험
㉡ 굽힘시험
㉢ 충격시험

38. 다음 중 비중이 공기보다 커서 바닥으로 가라앉는 가스는?

① 프로판 ② 아세틸렌
③ 수소 ④ 메탄

해설 공기(분자량 29)보다 분자량이 크면 바닥으로 가라앉는다.(비중 : 가스분자량/29)
㉠ 프로판[C_3H_8] : 44
㉡ 아세틸렌[C_2H_2] : 26
㉢ 수소[H_2] : 2
㉣ 메탄[CH_4] : 16

39. 폴리에틸렌관의 이음방법 중 관 끝의 바깥쪽과 이음관의 안쪽을 동시에 가열 용융하여 이음하는 방법인 것은?

① 인서트 이음 ② 용착 슬리브 이음
③ 코어 플랜지 이음 ④ 테이퍼 조인트 이음

해설 폴리에틸렌관(합성수지관)의 용착 슬리브 이음은 관 끝의 외면과 부속의 내면을 전열기 등으로 약 220℃로 동시에 가열하여 연결시킨다.

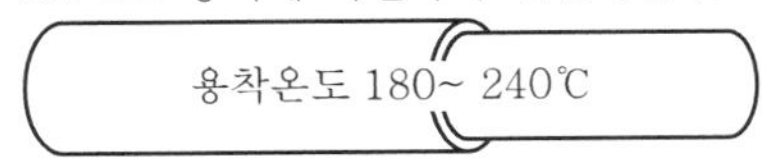

알루미늄(Al)합금으로 된 지그(Jig)로 고정한다.

40. 전기 저항 용접법 중 겹치기 용접을 할 수 없는 용접법은?

① 스폿 용접 ② 심 용접
③ 플래시 용접 ④ 프로젝션 용접

해설 저항 플래시 용접(Flash Welding) : 불꽃용접이다. 용접하고자 하는 모재를 서로 약간 띄어서 고정대, 이동대의 전극에 각각 고정하고 전원을 연결하여 전극 사이에 전압을 가한 뒤 서서히 이동대를 전진시켜 모재에 가까이 댄다.

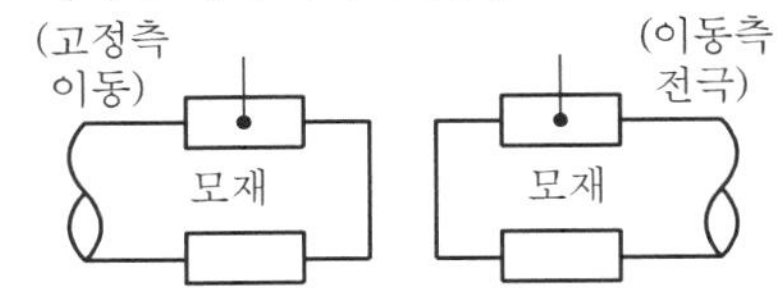

정답 37. ① 38. ① 39. ② 40. ③

41. 0℃의 얼음 1kg을 100℃의 포화증기로 만드는 데 필요한 열량은 약 얼마인가?(단, 얼음의 융해열은 333.6kJ/kg, 물의 비열은 4.19kJ/kg · K, 물의 증발잠열은 2,256.7kJ/kg이다.)

① 2,255kJ
② 2,590kJ
③ 2,674kJ
④ 3,009kJ

해설 ㉠ 얼음의 융해열 : 333.6kJ/kg
㉡ 물의 현열 : 1kg×4.19kJ/kg · K(100－0)＝419kJ/kg
㉢ 물의 증발열 : 2,256.7kJ/kg
∴ Q＝333.6＋419＋2,256.7＝3,009kJ/kg

42. 콘크리트관의 콤포 이음 시 시멘트와 모래의 배합비와 수분의 양으로 가장 적합한 것은?

① 1 : 2이고 수분의 양은 약 17%
② 1 : 1이고 수분의 양은 약 17%
③ 1 : 2이고 수분의 양은 약 45%
④ 1 : 1이고 수분의 양은 약 45%

해설 콘크리트 콤포 이음 : 시멘트＋모래의 배합비＝1 : 1
수분(H_2O)의 양은 17%로 하여 잘 혼합된 것이며 석면시멘트관 접합법이며 일명 칼라조인트라 한다.

43. 그림과 같은 높이 20m인 커다란 저수탱크 밑에 구멍(지름 2cm)이 생겨 탱크 속의 물이 유출되고 있다. 이때 유량(m^3/s)은 약 얼마인가?(단, 유출에 의한 높이의 변화를 무시하며 유량계수 C_v =1이다.)

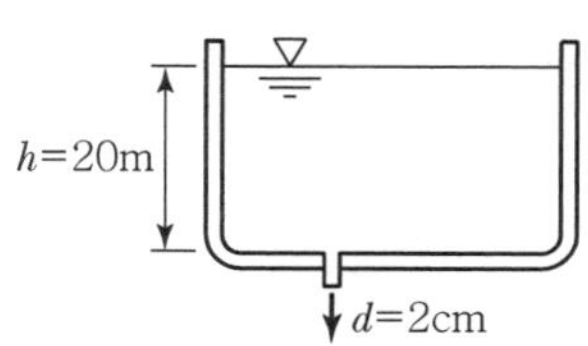

① 6.2×10^{-3}
② 1.98×10^{-3}
③ 6.2×10^{3}
④ 1.98×10^{3}

해설 단면적(A)＝$\frac{\pi}{4}d^2 = \frac{3.14}{4}\times(0.02)^2 = 0.000314\text{m}^2$
유속(V)＝$\sqrt{2gh} = \sqrt{2\times9.8\times20} = 19.7989\text{m/s}$
∴ 유량(Q)＝$0.000314\times19.7989 = 0.0062\text{m}^3/\text{s} = 6.2\times10^{-3}\text{m}^3/\text{s}$

44. 주철관의 기계식 이음(Mechanical Joint)의 특징이 아닌 것은?

① 기밀성이 좋다.
② 고압에 대한 저항이 크다.
③ 온도 변화에 따른 신축이 자유롭다.
④ 플랜지 접합과 소켓 접합의 장점을 취한 것이다.

정답 41. ④ 42. ② 43. ① 44. ③

해설 메커니컬 이음(기계식) : 150mm 이하의 수도용 파이프로서 소켓 접합과 플랜지 접합의 장점을 취한 것이다. 지진이나 기타 외압에 의한 굴곡이 다소 있어도 굽힘성이 풍부하고 누수되지 않으므로 수중작업이 가능하다.

45. 각종 관 작업 시 필요한 공구 및 기계를 연결한 것 중 틀린 것은?

① PVC관 : 열풍용접기, 리머
② 동관 : 턴핀, 익스팬더(Expander)
③ 주철관 : 링크형 파이프커터, 클립
④ 스테인리스강관 : TIG 용접기, 전용 압착공구

해설 턴핀 : 접합하려는 연관(납관)의 끝부분을 소정의 관경으로 넓힌다.

46. 강관을 4조각 내어 중심각이 90° 마이터관을 만들려 할 때 절단각은 몇 도(°)인가?

① 7 ② 11
③ 15 ④ 22

해설 4조각 절단각 $= \frac{\text{중심각}}{2(\text{4편}-1)} = \frac{90}{2(4-1)} = 15°$

3조각 절단각 $= \frac{\text{중심각}}{2(\text{3편}-1)}$

47. 배관설비 라인 인덱스의 장점으로 가장 거리가 먼 것은?

① 배관시공 시 배관재료를 정확히 선정할 수 있다.
② 배관공사의 관리 및 자재 관리에 편리하다.
③ 배관 내의 유체 마찰이 감소된다.
④ 배관 기기장치의 운전계획, 운전교육에 편리하다.

해설 ㉠ 라인 인덱스 기재순서
장치번호 - 배관지름 - 유체기호 - 배관번호 - 배관종류별 기호 - 보온보냉기호
예 3 - 58 - P - 15 - 39 - CINS
㉡ Line Index : 배관에서 각 장치와 유체를 구분하여 번호를 붙이는 것

48. 단면을 표시하는 방법에 대한 설명으로 틀린 것은?

① 단면을 나타내는 해칭(Hatching)은 주된 중심선 또는 단면도의 주된 외형선에 대하여 45° 경사지게 등간격으로 가는 선으로 그린다.
② 해칭의 간격은 단면의 크기와 무관하게 2~3mm 등간격으로 그린다.
③ 해칭 대신에 연필 또는 흑색 색연필을 이용하여 스머징(Smudging)을 하여도 좋다.
④ 인접한 단면의 해칭은 선의 방향을 바꾸든지, 선의 각도 또는 선의 간격을 바꾸어서 기입한다.

해설 해칭(Hatching) : 음영선이며, 0.2mm 이하 굵기의 가는 실선으로 그린다.
해칭선은 주로 절단면 등의 표시에 쓰이며, 다음과 같이 나타낸다. //////////////

정답 45. ② 46. ③ 47. ③ 48. ②

49. 배관 설치 시 배관의 높이 치수 기입방법 중에서 건물의 바닥면을 기준하여 표시하는 기호는?

① EL ② GL
③ FL ④ OL

해설 FL(Floor Level) 높이 표시

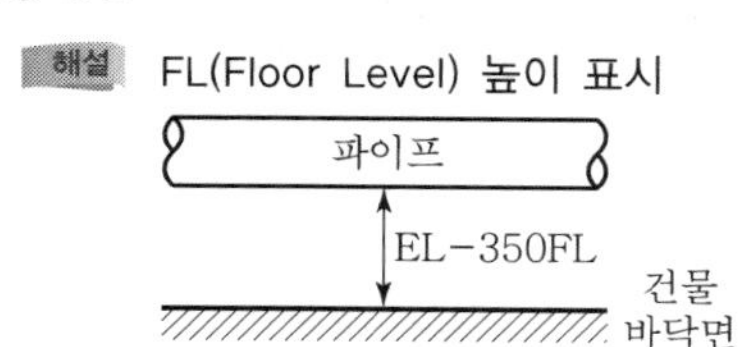

50. 평면, 정면, 측면을 하나의 투상면 위에 동시에 볼 수 있도록 그린 투상도는?

① 사투상도 ② 투시투상도
③ 정투상도 ④ 등각투상도

해설 등각투상도 : 평면, 정면, 측면을 하나의 투상면 위에 동시에 볼 수 있도록 그린다.

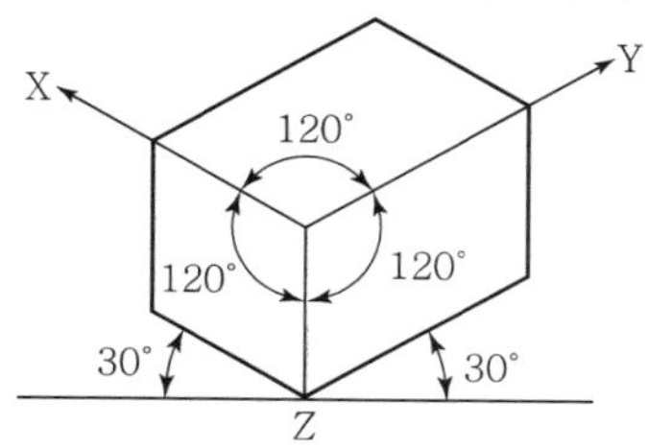

51. 2개 이상의 관을 동일한 지지대 위에 나란히 배관할 경우 지면의 높이를 기준면으로 하고 관 밑면까지 높이를 3,000mm라 할 때, 치수기입법으로 적합한 것은?

① EL＋3,000 BOP ② EL＋3,000 TOP
③ GL＋3,000 BOP ④ GL＋3,000 TOP

해설 ㉠ GL(Ground Level) : 지면의 높이를 기준으로 사용한다.(치수 숫자 앞에 기입)
㉡ BOP : EL에서 관외경의 밑면까지를 높이로 표시할 때 사용한다.

52. 다음 그림의 용접기호에 관한 설명으로 틀린 것은?

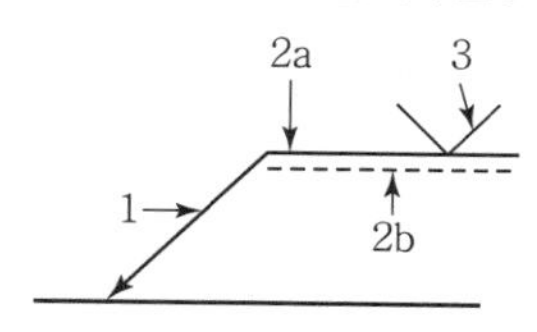

① 1 : 화살표 ② 2a : 기준선(실선)
③ 2b : 동일선(파선) ④ 3 : 용접기호

해설 2b : 식별선(점선)

 정답 49. ③ 50. ④ 51. ③ 52. ③

53. KS 배관의 간략도시방법에서 사용하는 선의 종류별 호칭방법에 따른 선의 적용으로 틀린 것은?

① 가는 1점 쇄선 : 바닥, 벽, 천장
② 굵은 파선 : 다른 도면에 명시된 유선
③ 가는 실선 : 해칭, 인출선, 치수선
④ 굵은 실선 : 유선 및 결합 부품

해설 가는 1점 쇄선 : ─ · ─ · ─ (용도는 가상선에 사용한다)
(건축 및 기기와 파이프 등의 중심선을 그린다) 도형의 중심 또는 대칭선을 그린다.

54. 그림과 같은 구조물을 필릿 단속 용접하기 위한 도면에 표기되는 용접기호로 바르게 기입되어 있는 것은?

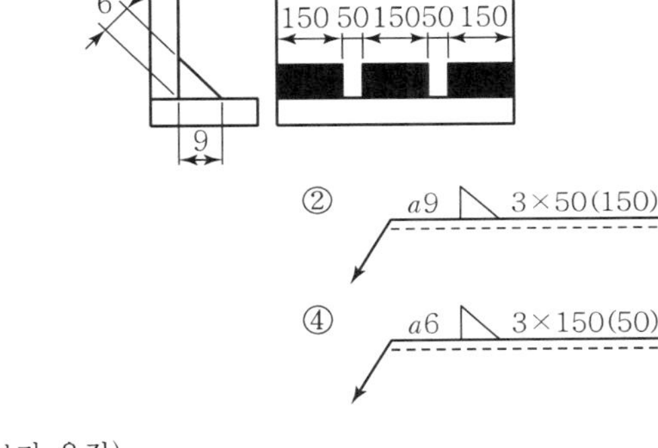

해설 필릿 단속 용접(아래보기 용접)

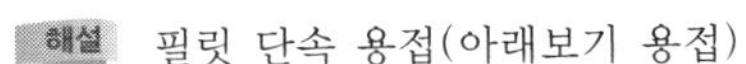

: 연속

L−P : 단속 병렬

- 6mm : 단속 필렛 용접 양쪽 길이
- 150 : 피치, 50 : 용접길이

55. 작업측정의 목적 중 틀린 것은?

① 작업개선
② 표준시간 설정
③ 과업관리
④ 요소작업 분할

해설 작업측정 목적
㉠ 작업개선
㉡ 표준시간 설정
㉢ 과업관리

56. 계수 규준형 샘플링 검사의 OC 곡선에서 좋은 로트를 합격시키는 확률을 뜻하는 것은?(단, α는 제1종 과오, β는 제2종 과오이다.)

① α
② β
③ $1-\alpha$
④ $1-\beta$

정답 53. ① 54. ④ 55. ④ 56. ③

해설

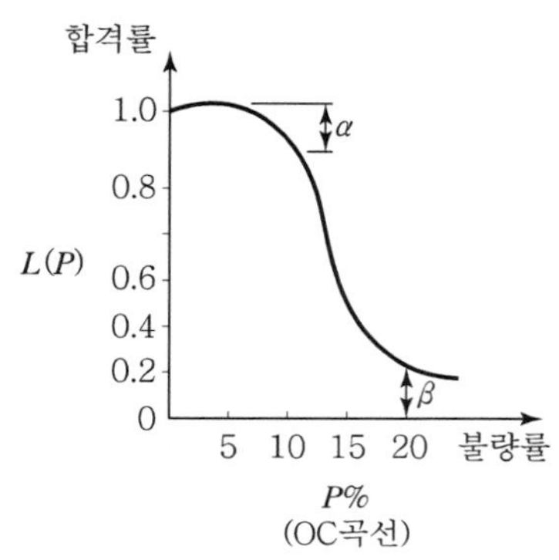

㉠ 불량률 P%인 로트가 검사에서 합격되는 확률 L(P)
㉡ $1-\alpha$: OC 곡선에서 좋은 로트를 합격시키는 확률이다.
㉢ OC 곡선에서 좋은 Lot의 과오에 의한 불합격 확률과 임의의 품질을 가진 로트의 합격 또는 불합격되는 확률을 알 수 있다.
㉣ 제1종 과오(생산자 위험) : 시료가 불량하기 때문에 lot가 불합격되는 확률(실제로는 진실인데 거짓으로 판단되는 과오로서 α로 표시한다.)
㉤ 제2종 과오(소비자 위험) : 당연히 불합격되어야 할 lot가 합격되는 확률(실제로는 거짓인데 진실로 판단되는 과오로서 β로 표시한다.)

57. 어떤 작업을 수행하는 데 작업소요시간이 빠른 경우 5시간, 보통이면 8시간, 늦으면 12시간 걸린다고 예측되었다면 3점 견적법에 의한 기대 시간치와 분산을 계산하면 약 얼마인가?

① $te=8.0,\ \alpha^2=1.17$
② $te=8.2,\ \alpha^2=1.36$
③ $te=8.3,\ \alpha^2=1.17$
④ $te=8.3,\ \alpha^2=1.36$

해설 (1) 3점 견적법(Te) $= \dfrac{T_0+4T_m+T_p}{6}$

$\therefore\ \dfrac{5+4\times8+12}{6}=8.2$

(2) 분산 = (8.2/6) = 1.36

58. 계량값 관리도에 해당되는 것은?

① c 관리도
② u 관리도
③ R 관리도
④ np 관리도

해설 ㉠ 계량값 관리도(길이, 무게, 강도, 전압, 전류 등의 연속변량측정) : $\tilde{X}-R$ 관리도, X 관리도, $X-R$ 관리도, R 관리도
㉡ 계수치 관리도(직물의 얼룩, 흠 등 불량률 측정) : np 관리도, p 관리도, c 관리도, u 관리도

59. 일반적으로 품질코스트 가운데 가장 큰 비율을 차지하는 것은?

① 평가코스트　　② 실패코스트
③ 예방코스트　　④ 검사코스트

60. 정규분포에 관한 설명 중 틀린 것은?

① 일반적으로 평균치가 중앙값보다 크다.
② 평균을 중심으로 좌우대칭의 분포이다.
③ 대체로 표준편차가 클수록 산포가 나쁘다고 본다.
④ 평균치가 0이고 표준편차가 1인 정규분포를 표준정규분포라 한다.

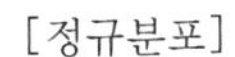

정규분포(Normal Distribution) : 일명 Gauss의 오차분포라고 하며 평균치에 대한 좌우대칭의 종모양을 하고 있는 분포로서 계량치는 원칙적으로 이 분포에 따른다.

[정규분포]

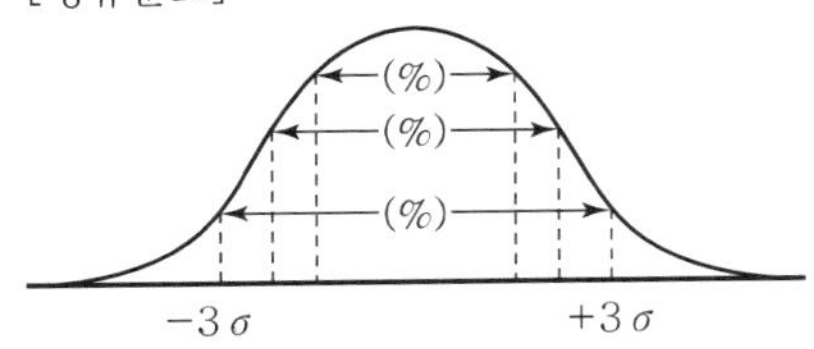

이 분포의 성질은 분포의 평균과 표준오차로 결정된다.

2016.07.10. 과년도 기출문제

MASTER CRAFTSMAN PLUMBING

1. 파이프 랙(pipe rack)에 관한 설명으로 가장 적합한 것은?

① 배관의 이동, 구속 및 제한 등을 하고자 할 때 사용하는 것이다.
② 배관의 수평부와 곡관부를 지지하는 데 사용하는 서포트를 의미한다.
③ 관의 수직이동에 대하여 지지하중의 변화하는 하중을 조정하는 것이다.
④ 복수의 배관을 병렬로 배열할 때 공통지지 가대(架抬)를 제작, 그 위에 배관하는 데 사용하는 공통지지 구조물을 말한다.

해설 rack : 시렁, 선반(랙의 지지 간격은 관 구경의 대소, 유체의 종류, 배관 내 유체의 온도, 보온 및 보랭의 유무 등에 의해 결정된다. 파이프를 랙 위에 올려놓을 때 복수의 배관을 병렬로 배열할 때 공통지지 가대를 제작, 그 위에 배관 설치 시 사용하는 공통지지 구조물을 말한다.)

2. 배관설비의 진공시험에 관한 설명으로 틀린 것은?

① 기밀시험에서 누설 개소가 발견되지 않을 때 하는 시험이다.
② 주위 온도의 변화에 대한 영향이 없는 시험이다.
③ 관 속을 진공으로 만든 후 일정 시간 후의 진공 강하 상태를 검사한다.
④ 진공펌프나 추기회수장치를 이용하여 시험한다.

해설 배관설비는 주위 온도의 변화에 영향을 받는다.

3. 냉각탑의 공기 출구에 물방울이 공기와 함께 유출하지 못하도록 설치하는 것은?

① 엘리미네이터
② 디스크 시트
③ 플래시 가스
④ 진동 브레이크

해설 엘리미네이터 : 냉동기 냉각탑 공기 출구에 물방울이 함께 공기와 유출하지 못하도록 하는 부품

4. 자동제어계를 구성하고 있는 제어요소에서 동작신호(actuating signal)에 관한 내용으로 옳은 것은?

① 어떤 장치에서 제어량에 대한 희망값 또는 외부로부터 이 제어계에 부여된 값
② 목표값과 제어량의 차로서 기준입력과 주 피드백량을 비교하여 얻은 편차량의 신호
③ 제어량을 목표값과 비교하기 위하여 목표값과 같은 종류의 물리량으로 변환하여 검출하는 부분신호
④ 목표값과 주 피드백 신호를 비교하기 위하여 주 피드백 신호와 같은 종류의 신호로 목표값을 변화시켜 제어계의 폐루프에 부여하는 신호

정답 1. ④ 2. ② 3. ① 4. ②

해설 자동제어 동작신호 : 목표값과 제어량의 차로서 기준입력과 주 피드백량을 비교하여 얻은 편차량의 신호이다.

5. 자동제어요소의 동작특성에서 연속동작이 아닌 것은?

① 비례동작 ② 적분동작
③ 미분동작 ④ 2위치동작

해설 자동제어 불연속 동작
㉠ 2위치(온-오프) 동작
㉡ 간헐동작
㉢ 다위치 동작

6. 위생기구 등의 설치 완료 후에 시행되는 배관시험방법 중 배수관의 최종시험으로 이용되는 배관시험방법은?

① 수압시험 ② 만수시험
③ 기밀시험 ④ 통수시험

해설 기밀시험 : 위생기구 등의 설치 완료 후에 시행되는 배관시험방법 중 배수관의 최종배관시험 방법(연기시험, 박하시험(박하유 냄새에 의한 누설시험) 2가지가 있다.)

7. 화학설비장치에 사용되는 열교환기 중 유체에 미리 열을 주어 다음 공정의 효율을 증대하기 위하여 사용하는 장치는?

① 가열기 ② 예열기
③ 과열기 ④ 증발기

해설 예열기 : 화학설비장치에 사용되는 열교환기 중 유체에 미리 열을 주어 다음 공정의 효율을 증대하기 위하여 사용하는 장치

8. 급탕 설비 중 저장 탱크에 서머스탯을 장치한 가장 주된 이유는?

① 증기압을 측정하기 위해서
② 수량을 조절하기 위해서
③ 온도를 조절하기 위해서
④ 수질을 조절하기 위해서

해설 급탕설비 서머스탯 : 급탕설비 내 온도를 조절하는 부품이다(저탕조에 부착된 자동온도 조절밸브에 장착시켜 급탕온도에 따라 증기를 조절할 때 쓰이는 것이고 간접가열식 급탕설비에 사용된다.)

정답 5. ④ 6. ③ 7. ② 8. ③

9. 보일러 취급자의 부주의로 인하여 발생하는 사고의 원인으로 맞는 것은?

① 재료의 부적당
② 설계상 결함
③ 발생증기 압력의 과다
④ 구조상의 결함

해설 ㉠ ①, ②, ④항 : 제조과정의 사고 원인
㉡ ③항 : 취급운전자의 부주의로 인한 사고원인

10. 중앙식 급탕법의 특징에 관한 설명으로 옳지 않은 것은?

① 탕비장치가 대규모로 설치되므로 열효율이 낮다.
② 열원으로 석탄, 중유 등이 사용되므로 연료비가 저렴하다.
③ 일반적으로 다른 설비 기계류와 동일한 장소에 설치되어 관리상 유리하다.
④ 처음 건설비는 비싸지만, 경상비가 적으므로 대규모 급탕에서는 중앙식이 경제적이다.

해설 중앙식 급탕법은 대규모 급탕용에 적당하며 석탄, 중유, 증기 등을 열원으로 사용한다.(급탕설비가 대규모이므로 열효율이 좋다.)

11. 공기신호, 기계적 변위, 유압 등의 변화량을 전류로 변환시켜 전송하는 장치로 전송거리를 0.3~10km로 길게 하여도 전송지연이 거의 없는 전송기는?

① 유압식 전송기
② 전기식 전송기
③ 공기압식 전송기
④ 유압공기식 전송기

해설 **전기식 신호전송기** : 공기신호, 기계적 변위, 유압 등의 변화량을 전류로 변환시켜 전송하는 장치로 전송거리를 0.3~10km로 길게 하여도 전송지연이 거의 없는 전송기

12. 제어에서 입력신호에 대한 출력신호 응답 중 인디셜 응답이라고도 하며, 입력이 단위량만큼 단계적으로 변화될 때의 응답을 말하는 것은?

① 자기 광형성
② 과도 응답
③ 주파수 응답
④ 스텝 응답

해설 **스텝 응답** : 과도응답에는 임펄스응답, 스텝 응답(step response)이 있으며 동특성이다(스텝 응답은 입력신호가 어느 일정한 값에서 다른 일정한 값으로 돌연 변화할 때의 자동제어 동특성이다.)

13. 석유화학 설비배관에 관한 설명으로 틀린 것은?

① 배관 내 유체의 누설은 화학장치에 대해 부식을 촉진하고 재해 유발의 원인이 되므로 누설 방지용 개스킷을 잘 끼워 주어야 한다.
② 화학장치용 재료로 사용되는 금속재료는 수소에 의한 탈탄, 황화수소에 의한 부식, 산소 또는 가스에 의한 산화 등을 고려하여 선정한다.
③ 고온고압용 재료에는 내식성이 크고 크리프(Creep) 강도가 큰 재료가 사용된다.
④ 화학공업용 배관에 많이 쓰이는 강관의 이음방법에는 플랜지이음, 나사이음이 주로 쓰이나 용접이음은 누설의 염려가 있어 활용되지 않는다.

정답 9. ③ 10. ① 11. ② 12. ④ 13. ④

해설 화학공업용 관의 접합방법 : 나사접합, 용접접합, 플랜지접합 등이고 밸브는 글로브밸브, 게이트밸브, 체크밸브, 안전밸브, 자동조절밸브가 사용된다.(용접이음은 누설의 염려가 없다.)

14. 짧은 전향날개가 많아 다익송풍기라고도 하며, 비교적 소음이 적고 풍압이 낮은 곳에 주로 사용하는 송풍기는?

① 시로코형
② 축류 송풍기
③ 리밋 로드형
④ 엘리미네이터

해설 시로코형 송풍기(다익형 송풍기) : 짧은 전향날개가 많다. 비교적 소음이 적고 풍압이 낮은 곳에 주로 사용된다.

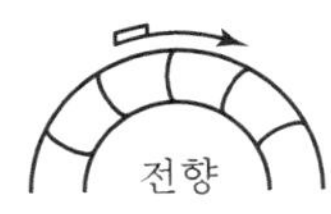

15. 보일러의 내부 부식 중 점식을 방지하는 방법이 아닌 것은?

① 아연판 매달기
② 용존 산소 제거
③ 강한 전류 통전
④ 방청도장, 보호피막

해설 점식부식(Pitting) : 보일러 내부에서 용존산소에 의해 부식이 발생한다(피팅부식). 그 방지법은 ①, ②, ④항 내지 약한 전류를 통전시킨다.

16. 배관공사 안전사항 중 수공구 운반 시 주의사항으로 틀린 것은?

① 불안전한 장소에는 수공구를 놓지 않도록 할 것
② 수공구를 손에 잡고 사다리를 오르내리지 말 것
③ 끌이나 정 등의 예리한 날부분은 칼집에 보관할 것
④ 드라이버 등과 같이 뾰족한 공구는 주머니에 넣고 다닐 것

해설 드라이버 등과 같이 뾰족한 공구는 주머니에 넣고 다니지 말고 공구함에 넣을 것

17. 건구온도(t_1) 26℃, 상대습도(ϕ_1) 50%인 공기 70kg과 건구온도(t_2) 32℃, 상대습도(ϕ_2) 70%인 공기 30kg을 단열혼합하면 온도는 몇 ℃인가?

① 27.8℃
② 28.3℃
③ 28.8℃
④ 29.3℃

해설 70kg + 30kg = 100kg

$$\frac{(70\times26)+(30\times32)}{100}=27.8℃$$

18. 가스설비 중 액화가스를 가열하여 기화시키는 기화기의 종류가 아닌 것은?

① 다관식
② 코일식
③ 직동식
④ 캐비닛식

정답 14. ① 15. ③ 16. ④ 17. ① 18. ③

해설 액화가스 가열 기화기 종류
㉠ 다관식
㉡ 코일식
㉢ 캐비닛식
※ 직동식, 다이어프램식 : 정압기

19. 캔 음료수 자판기에 동전을 넣으면 캔이 나온다. 이것은 어떤 제어를 적용한 것인가?

① 서보 기구
② 피드백 제어
③ 폐루프 제어
④ 시퀀스 제어

해설 자판기의 자동제어, 세탁기, 승강기 등 : 시퀀스 제어(정성적 제어)

20. 통기관의 관경을 결정하는 원칙에 관한 내용으로 옳지 않은 것은?

① 신정 통기관의 관경은 줄이지 않고 연장해서 대기 중에 개방한다.
② 결합 통기관은 배수 수직관과 통기 수직관 중 관경이 작은 쪽의 관경 이상으로 한다.
③ 각개 통기관의 관경은 그것에 연결되는 배수 관경의 1/2보다 작으면 안 되고 최소관경은 30mm이다.
④ 루프 통기관의 관경은 배수 수평 분기관과 통기 수직관 중 관경이 큰 쪽의 1/2보다 작으면 안 되고 최소 관경은 30mm이다.

해설 통기관 설비
㉠ 1관식 배관법 : 신정통기관, 배수통기관
㉡ 2관식 배관법 : 각개통기식, 회로통기식, 환상통기식
※ 루프통기관의 관경은 배수관의 $\frac{1}{2}$ 이상이어야 하며 최소한 32mm 이하가 되어서는 안 된다.(루프통기관, 각개통기관은 주로 배수트랩의 봉수를 보호한다.)

21. 보온재의 종류 중 무기질 보온재가 아닌 것은?

① 기포성 수지
② 석면
③ 암면
④ 규조토

해설 기포성 수지 : 유기질 보온재이며 합성수지 또는 고무질 재료를 사용하여 다공질 제품으로 만든 것이다. 열전도율이 낮고 가벼우며 부드럽고, 불연성이며 보온, 보랭재로서 효과가 크다.

22. 다음 중 가장 높은 온도에서 사용할 수 있는 개스킷은?

① 인조고무
② 식물섬유
③ 테프론
④ 압축석면

해설 압축석면판 최고사용온도
㉠ 일반용 : 300℃(증기 0.5MPa, 물, 열수 1MPa)
㉡ 만능용 : 500℃(증기 3MPa, 물, 유, 가스 : 1MPa)
㉢ 배관내유용 : 500℃(증기 4MPa)

 정답 19. ④ 20. ④ 21. ① 22. ④

23. 프리스트레스트(prestressed) 콘크리트관에 관한 설명으로 옳은 것은?

① 일반적으로 에터니트관이라고 부르며 고압으로 가압하여 성형한 것이다.
② 보통 흄관이라 하며 철근을 형틀에 넣고 원심력으로 성형한 것이다.
③ PS강선으로 압축응력을 부과하여 인장응력과 상쇄할 수 있게 한 것이다.
④ 내측은 흄관, 외측은 에터니트관으로 이중으로 만든 특수관이다.

해설 프리스트레스드 콘크리트관 : PS강선으로 압축응력을 부과하여 인장응력과 상쇄할 수 있게 한 콘크리트관이다.(PS흄관, 프리스트레스트 콘크리트 실린더관)

24. 배관계획에 있어 관 종류 선택 시 고려해야 할 조건으로 가장 거리가 먼 것은?

① 관내 유체의 화학적 성질
② 관내 유체의 온도
③ 관내 유체의 압력
④ 관내 유체의 경도

해설 관내 유체의 경도는 관 종류 선택 고려사항이 아니고 부식이나 스케일 발생과 관련성이 있다.
- 경도 성분 : Ca, Mg 등이다.

25. 그루브 조인트(groove joint) 이음쇠의 종류로 가장 거리가 먼 것은?

① 고정식 그루브 조인트
② 유동식 그루브 조인트
③ 고정식 티 조인트
④ 유동식 용접 그루브 조인트

해설 그루브 조인트 : 용접이 필요없는 배관조인트(홈조인트)
㉠ 고정식 ㉡ 유동식 ㉢ 고정식 티
- groove : 금속 표면의 자국, 홈에 맞추어 끼워 넣는 것

26. 사용압력이 50kg/cm^2, 관의 인장강도가 30kg/mm^{2}인 탄소강관의 안전율이 4일 때, 가장 적합한 사용 관의 스케줄 번호는?

① Sch No. 40
② Sch No. 60
③ Sch No. 80
④ Sch No. 120

해설 스케줄 번호(SCH) $=10\times\frac{P}{S}$, $P=50\text{kg/cm}^2$

S : 허용응력(인장강도/안전율)

$\therefore$ Schedule No $=10\times\frac{50}{\left(\frac{30}{4}\right)}=67$(67 이상에서 가장 큰 수치는 80)

27. 용융상태인 유리에 압축공기 또는 증기를 분사시켜 짧은 섬유 모양으로 만든 것으로 단열, 내열, 내구성이 좋은 보온재는?

① 규산칼슘
② 폴리우레탄 폼
③ 유리섬유
④ 탄산 마그네슘

해설 유리섬유(글라스울) : 용융상태인 유리에 압축공기 또는 증기를 분사시켜 짧은 섬유모양으로 만든 무기질 보온재이다(단열성, 내구성, 내열성이 좋다).

정답 23. ③ 24. ④ 25. ④ 26. ③ 27. ③

28. 동관 및 동합금관의 사용처로 적절하지 않은 것은?

① 아세톤의 공급관으로 사용했다.
② 휘발유의 공급관으로 사용했다.
③ 담수 및 경수의 공급관으로 사용했다.
④ 암모니아수의 공급관으로 사용했다.

해설 동관 : 연수에는 부식되나 담수에는 내식성이 크다.(암모니아수, 습한 암모니아가스, 초산, 진한 황산에는 심하게 침식된다.)

29. 스트레이너의 종류와 특징에 대한 설명으로 틀린 것은?

① 모양에 따라 Y형, U형, V형이 있다.
② 정기적으로 여과망을 청소해야 한다.
③ V형은 유체가 직각으로 흐른다.
④ U형이 Y형보다 유체저항이 크다.

해설 V형 여과기 : 주철제 본체 안에 금속여과망을 끼운 것이며 유체가 이송 시 직선으로 흐르게 되므로 유체의 저항이 적어지며 여과망의 교환, 점검, 보수가 편리하다.(U형 : 직각 흐름)

30. 내식성, 특히 내해수성이 좋으며 화학공업용이나 석유공업용의 열교환기, 해수 · 담수화 장치에 사용되며, 이음매 없는 관과 용접관으로 구분하며, 관의 내 · 외면에서 열을 전달할 목적으로 사용하는 관은?

① 가교화 폴리에틸렌관
② 열교환기용 티타늄관
③ 폴리프로필렌관
④ 염화비닐관

해설 Titan pipe(열교환기용 티타늄관) : 내식성, 특히 내수성이 좋으며 화학공업이나 석유공업용의 열교환기, 해수, 담수화장치에 사용되며, 이음매 없는 관과 용접관으로 구분한다.(관의 내 · 외면에서 열을 전달한다.)

31. 원심력 모르타르 라이닝 주철관에 대한 일반적인 특징으로 옳은 것은?

① 라이닝을 실시한 관은 모르타르를 통하여 물이 관속으로 침투하기 쉽다.
② 라이닝을 실시한 관은 마찰저항이 적으며 수질의 변화가 적다.
③ 삽입구를 포함하여 관의 내면 모두 라이닝한다.
④ 원심력 덕타일 주철관은 라이닝할 수 없다.

해설 원심력 모르타르 라이닝(lining) 주철관(Cast iron pipe) : 관은 마찰저항이 적고 수질의 변화가 적다.(덕타일 주철관 부식방지로 모르타르 라이닝 처리 : 시멘트+모래 사용)

32. 배관계의 진동이나 수격작용에 의한 충격 등을 감쇠 또는 완화시키는 것이 주목적인지지 장치는?

① 레스트레인트(restraint)
② 브레이스(brace)
③ 서포트(support)
④ 턴 버클(turn buckle)

정답 28. ④ 29. ③ 30. ② 31. ② 32. ②

해설 (1) 브레이스 : 배관계의 진동이나 수격작용에 의한 충격 등을 감쇠 또는 완화시키는 배관지지쇠이다
(방진기 : 방진용, 완충기 : 충격완화용 두 가지가 있다.)
(2) restraint : 앵커, 스톱, 가이드(관의 신축으로 인한 배관의 상하 이동을 구속 또는 제한한다.)

33. 배수, 급수, 공기 등의 배관에 쓰이는 패킹재로서 탄성이 우수하고 흡습성이 없으며, 산, 알칼리 등에는 강하나 열과 기름에는 약한 것은?

① 석면 패킹 ② 금속 패킹
③ 합성수지 패킹 ④ 고무 패킹

해설 고무패킹 : 배수, 급수, 공기배관용 패킹재이다(탄성이 우수하고 흡습성이 없으며, 산, 알칼리 등에는 강하나 열과 기름에 약한 플랜지패킹이다.(천연고무, 네오프렌등))

34. 주철관의 접합법 중 압력이 증가할 때마다 고무링이 관벽에 밀착되어 누수를 방지하는 접합법은?

① 기계적 접합(mechanical joint)
② 빅토릭 접합(victoric joint)
③ 타이튼 접합(tyton joint)
④ 플랜지 접합(flanged joint)

해설 빅토릭 접합 : 주철관 접합이며 내부 압력이 증가하면 고무링이 관벽에 밀착되어 누수가 방지된다. 가스배관용이며 영국에서 개발되었다.

35. 순수한 물의 물리적 성질에 관한 설명으로 옳은 것은?

① 밀도는 약 $1kg/cm^3$이다.
② 물의 비중은 0℃일 때 1이다.
③ 점성계수는 온도가 높을수록 작아진다.
④ 동일 조건에서 해수(바닷물)보다 비중이 약 1.2배 크다.

해설
- 순수한 물은 온도가 높아지면 팽창하고 밀도가(kg/m^3) 가벼워지고 점성계수가 작아진다.
- 물의 밀도($1,000kg/m^3$), 물의 비중은 4℃에서 1이다. 해수의 비중 : 1.02~1.07

36. 연관이음에 쓰이는 플라스턴 접합에 대한 설명으로 틀린 것은?

① 플라스턴 합금에 의한 이음 방법으로서 취급 시 특수한 기술이 필요하다.
② 플라스턴 이음의 종류에는 직선 이음, 맞대기 이음, 맨더린 이음 등이 있다.
③ 플라스턴의 용융온도는 약 232℃이다.
④ 플라스턴은 주석과 납의 합금이다.

해설 플라스턴 연관이음 : 납 60%+주석 40% 용융점 232℃에 의한 접합이다. 특수한 기술이나 숙련이 없어도 간단하게 시공이 가능하다.

정답 33. ④ 34. ② 35. ③ 36. ①

37. 다음 관용나사에 관한 설명으로 틀린 것은?

① 관용나사는 일반 체결용 나사보다 피치와 나사산을 크게 한 것이다.
② 테이퍼 나사는 누수를 방지하고 기밀을 유지하는 데 사용한다.
③ 나사산의 형태에는 평행나사와 테이퍼나사가 있다.
④ 주로 배관용 탄소강 강관을 이음하는 데 사용되는 나사이다.

해설 ㉠ 관용나사는 일반 체결용 나사와 피치나 나사산을 같게 하였다.(종류 : 삼각나사, 테이퍼나사, 평행나사)
㉡ 피치를 작게 하고 나사산을 낮게 하고 있다. 나사산의 각도는 55° 표준치수는 1인치에서 나사산 수가 기준이다.

38. 가로 5m, 세로 1m, 자유 수면의 높이가 1m인 사각 수조의 하부에 지름 5cm의 구멍을 뚫었을 경우 유출되는 최초의 유량은?(단, 유량계수 C_v=0.4이다.)

① 0.35m³/s ② 0.035m³/s
③ 0.0035m³/s ④ 0.00035m³/s

해설 유량(Q)=단면적(A)×유속(V), $V=\sqrt{2gh}$
단면적$(A)=\frac{\pi}{4}d^2=\frac{3.14}{4}\times(0.05)^2=0.0019625\text{m}^2$
탱크용량$(q)=5\times1\times1=5\text{m}^3$
$Q=C\cdot A\cdot V=0.4\times0.0019625\times\sqrt{2\times9.8\times1}=0.0035\text{m}^3/\text{s}$

39. 배관설비의 유량 측정에 일반적으로 용융되는 원리(정리)인 것은?

① 상대성 원리 ② 베르누이 정리
③ 프랭크의 정리 ④ 아르키메데스 원리

해설 베르누이 정리 : $\frac{p_1}{\gamma}+\frac{V_1^{\,2}}{2g}+Z_1=\frac{p_2}{\gamma}+\frac{V_2^{\,2}}{2g}+Z_2+h_L$
여기서, $\frac{p}{\gamma}$(압력수두), $\frac{V^2}{2g}$(속도수두), Z(위치수두), H(전수두), h_L(손실수두)

40. 주철관의 이음에서 고무링 하나만으로 이음하며, 소켓 내부의 홈은 고무링을 고정시키고, 돌기부는 고무링이 있는 홈 속에 들어맞게 되어 있으며 삽입구의 끝은 쉽게 끼울 수 있도록 테이퍼로 되어 있어 이음과정이 비교적 간편하고 온도 변화에 따른 신축이 자유로운 특징을 가지고 있는 이음방법은?

① 소켓 이음(socket joint) ② 빅토릭 이음(victoric joint)
③ 타이튼 이음(tyton joint) ④ 플랜지 이음(flange joint)

해설 타이튼이음 : 고무링 하나, 소켓 내부 홈, 돌기부, 삽입구가 필요한 주철관 이음이나 이음과정이 비교적 간편하고 온도변화에 따른 신축이 자유롭다.(소켓 안쪽의 홈은 고무링을 고정시키도록 되어 있고 삽입구의 끝은 고무링을 쉽게 끼울 수 있도록 테이퍼로 되어 있다.)

 정답 37. ① 38. ③ 39. ② 40. ③

41. 건포화 증기의 건도 x는 얼마인가?

① 0
② 0.2
③ 0.5
④ 1

해설 • 습포화 증기건도 : 1 이하
• 건포화 증기건도 : 1
• 포화액 건도 : 0

42. 펌프와 관련된 용어 중 "클수록 저양정(대유량)이 되고, 작을수록 고양정(소유량)이 된다"와 가장 밀접한 관계의 용어는?

① 단수
② 사류
③ 비교회전수
④ 안내날개

해설 펌프의 비교회전수 : 비교회전수가 클수록 저양정이 되고 작을수록 고양정이 된다.

43. 용접부 응력 제거방법 중 용접부 양측 약 150mm를 일정 속도로 이동하는 가스 불꽃을 이용하여 150~200℃로 가열한 후 수랭하는 방법은?

① 국부 풀림법
② 피닝법
③ 기계적 응력완화법
④ 저온응력완화법

해설 저온응력완화법 : 용접부 응력 제거방법으로 용접부 양측 약 150mm를 일정 속도로 이동하는 가스불꽃을 이용하여 150~200℃를 가열한 후 수랭하는 응력완화법

44. 사용목적에 따라 열교환기를 분류한 것으로 틀린 것은?

① 가열기(heater)
② 예열기(preheater)
③ 증발기(vaporizer)
④ 압축기(compressor)

해설 열교환기 사용목적 : ㉠ 가열기 ㉡ 예열기 ㉢ 증발기

45. 폴리부틸렌관 이음이라고도 하며, 재질의 굽힘성은 관경의 8배까지 가능한 이음은?

① 몰코 이음
② 납땜 이음
③ 나사 이음
④ 에이콘 이음

해설 (1) 에이콘이음 : 폴리부틸렌관이음(재질의 굽힘성은 관경의 8배 가능)
(2) 폴리에틸렌관이음 : ㉠ 용착슬리브 이음 ㉡ 테이퍼 조인트 이음 ㉢ 인서트 이음
• 에이콘이음 : 관을 연결구에 삽입하여 그라프링과 O링에 의한 접합을 할 수 있다.
• 폴리부틸렌관은 PB 파이프이며 상품명이 에이콘 파이프이다(사용온도는 −20℃~100℃, 인장강도 15.7N/mm^3(160kg/cm^2)) 주로 95℃ 이하 물 수송용 관이다.

정답 41. ④ 42. ③ 43. ④ 44. ④ 45. ④

46. 동일 관로에서 관의 지름이 0.5m인 곳에서 유속이 4m/s이면, 지름 0.2m인 곳에서의 관내 유속은?

① 9m/s ② 10m/s ③ 12m/s ④ 25m/s

해설 유속$(V') = \frac{A'}{A} \times V = \frac{\frac{3.14}{4}(0.5)^2}{\frac{3.14}{4}(0.2)^2} \times 4 = 25\text{m/s}$

47. 정면, 평면, 측면을 하나의 투상면 위에 동시에 볼 수 있도록 두 개의 옆면 모서리가 수평선과 30°가 되게 하여 세 축이 120°의 각도가 되도록 입체도로 투상한 것을 무엇이라 하는가?

① 정투상도 ② 등각투상도
③ 사투상도 ④ 회전투상도

해설 등각투상도 : 정면, 평면, 측면을 하나의 투상면 위에 동시에 볼 수 있도록 두 개의 옆면 모서리가 수평선과 30°가 되게 하여 세 축이 120°의 각도가 되도록 입체도로 투상한 것

48. 투상도의 표시방법 중 물체의 위에서 내려다 본 모양을 도면에 표현한 그림은?

① 정면도 ② 배면도
③ 측면도 ④ 평면도

해설 평면도 : 투상도의 표시방법 중 물체의 위에서 내려다 본 모양을 도면에 표현한 그림이다.

49. 그림과 같은 용접기호에서 목두께를 나타내는 것은?

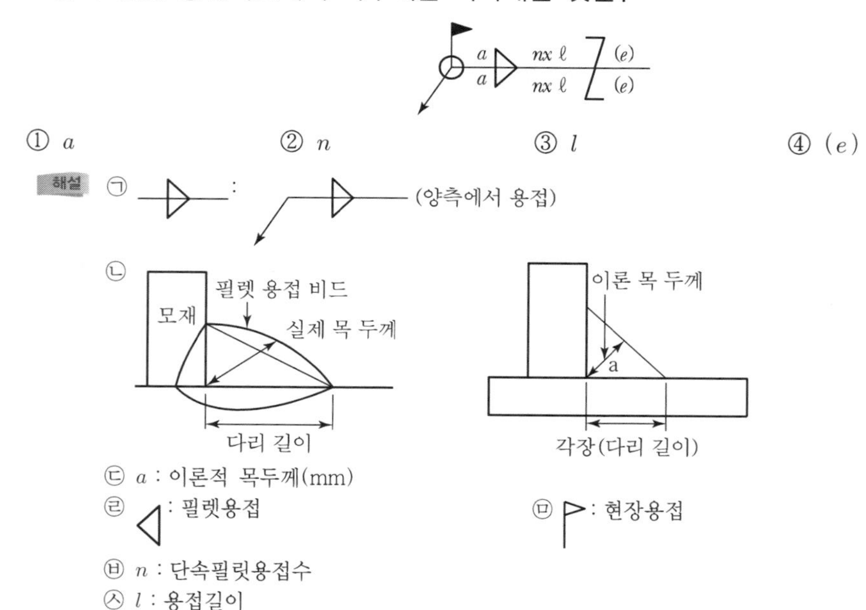

① a ② n ③ l ④ (e)

해설
㉠ (기호) : (양측에서 용접)
㉡ (그림)
㉢ a : 이론적 목두께(mm)
㉣ (기호) : 필렛용접
㉤ (기호) : 현장용접
㉥ n : 단속필릿용접수
㉦ l : 용접길이

50. 도형의 한정된 특정 부분을 다른 부분과 구별하는 데 사용하는 해칭은 어느 선으로 나타내는가?

① 굵은 실선
② 가는 실선
③ 은선
④ 파단선

해설 ㉠ 해칭(가는 실선) : ////////// 표시
㉡ 외형선(굵은 실선) : ———— 표시
㉢ 은선(중간 굵기의 파선) : ················ 표시
㉣ 파단선(불규칙한 가는 실선) : 〰〰〰 표시

51. (보기)와 같은 배관 라인 인덱스에서 관에 흐르는 유체의 종류는?

(보기)	2 - 80A - PA - 16 - 39 - HINS

① 작업용 공기
② 재생 냉수
③ 저압증기
④ 연료가스

해설 라인인덱스(2 - 80A - PA - 16 - 39 - HINS)
① ② ③ ④ ⑤ ⑥

① 장치번호
② 배관호칭지름
③ 유체기호
④ 배관번호
⑤ 배관 종류별 기호
⑥ 보온, 보랭기호(HINS=CINS=INS)
- 보온(INS)
- 보랭(CINS)
- 보온(HINS)
- PA(작업용 공기)

52. 그림과 같이 경사진 투영면에 투영한 그림을 무엇이라고 하는가?

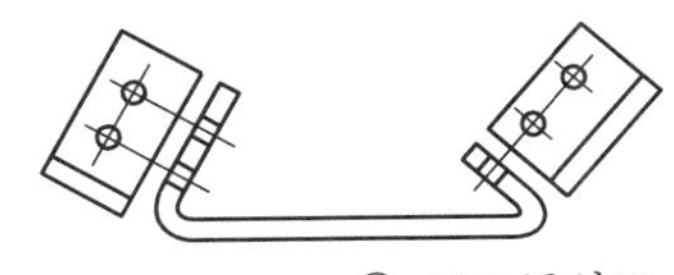

① 국부투상도
② 보조투상도
③ 회전투상도
④ 경사투상도

해설 보조투상도 : 경사진 투영면에 투영한 그림이다.

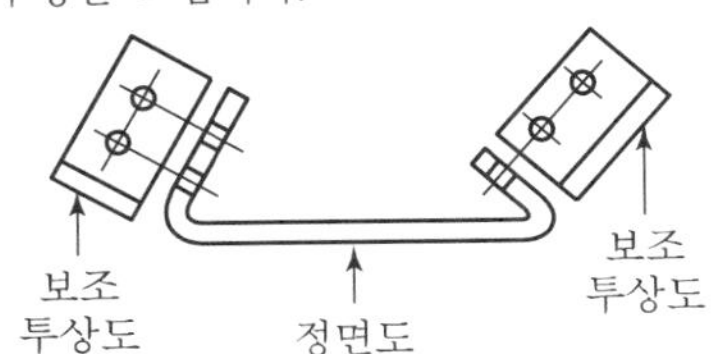

정답 50. ② 51. ① 52. ②

53. 다음 도면에서 벤딩(bending)부의 관 길이는 약 mm인가?

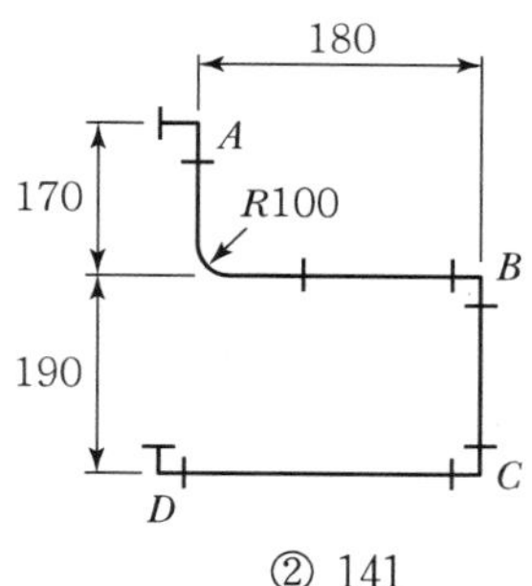

① 100 ② 141
③ 157 ④ 175

해설 벤딩$(l)=2\pi R\times\frac{\theta}{360}=2\times3.14\times100\times\frac{90}{360}=157$mm

- 각도=90°, 반지름$(R)=100$

54. 배관 도시법에 있어 치수 기입법 중 높이 표시가 아닌 것은?

① EL ② BL ③ GL ④ EL

해설 ㉠ EL : 배관높이 표시 기준선
㉡ GL : 지면의 높이기준(치수 숫자 앞에 기입)
㉢ FL : 건물의 바닥면 기준 높이 표시

55. 샘플링에 관한 설명으로 틀린 것은?

① 취락 샘플링에서는 취락 간의 차는 작게, 취락 내의 차는 크게 한다.
② 제조공정의 품질특성에 주기적인 변동이 있는 경우 계통 샘플링을 적용하는 것이 좋다.
③ 시간적 또는 공간적으로 일정 간격을 두고 샘플링하는 방법을 계통 샘플링이라고 한다.
④ 모집단을 몇 개의 층으로 나누어 각 층마다 랜덤하게 시료를 추출하는 것을 층별 샘플링이라고 한다.

해설 **지그재그샘플링(Zigzag Sampling)** : 제조공정에서 주기적인 변동이 있는 경우에 시료를 샘플링한다. (계통 샘플링에서 주기성에 의한 치우침의 발생위험을 방지하기 위한 방법으로 하나씩 걸러서 일정한 간경으로 시료를 뽑는다.)

56. 이항분포(binomial distribution)에서 매회 A가 일어나는 확률이 일정한 값 P일 때, n회의 독립시행 중 사상 A가 x회 일어날 확률 $P(x)$를 구하는 식은? (단, N은 로트의 크기, n은 시료의 크기, P는 로트의 모부적합품률이다.

① $P(x)=\frac{n!}{x!(n-x)!}$ ② $P(x)=e^{-x}\cdot\frac{(nP)^x}{x!}$

③ $P(x)=\frac{\binom{NP}{x}\binom{N-NP}{n-x}}{\binom{N}{n}}$ ④ $P(x)=\binom{n}{x}P^x(1-P)^{n-x}$

 정답 53. ③ 54. ② 55. ② 56. ④

해설 ㉠ 이항분포 확률 $P_{(x)} = \binom{n}{x} P^x (1-P)^{n-x}$

㉡ 통계학에서 정규분포와 마찬가지로 모집단이 가지는 이상적인 분포형으로 정규분포가 연소변량인 데 대하여 이항분포는 이산변량이다. A가 일어날 확률식은 ④항이다.
일명 계수치분포이다(계수치분포 : 이항분포, 포아송 분포, 초기화분포 등)

57. 다음 내용은 설비보전조직에 대한 설명이다. 어떤 조직의 형태에 대한 설명인가?

> 보전작업자는 조직상 각 제조부문의 감독자 밑에 둔다.
> • 단점 : 생산 우선에 의한 보전작업 경시, 보전기술 향상의 곤란성
> • 장점 : 운전자와 일체감 및 현장감독의 용이성

① 집중보전 ② 지역보전 ③ 부문보전 ④ 절충보전

해설 설비보전 부문보전 : 보전작업자는 조직상 각 제조부문의 감독자 밑에 두며 그 단점은 생산 우선에 의한 보전작업 경시, 보전기술 향상의 곤란성이 있으나 그 장점은 운전자와 일체감 및 현장감독의 용이성이 있다.

58. 다음은 관리도의 사용절차를 나타낸 것이다. 관리도의 사용절차를 순서대로 나열한 것은?

> ㉠ 관리하여야 할 항목의 선정
> ㉡ 관리도의 선정
> ㉢ 관리하려는 제품이나 종류 선정
> ㉣ 시료를 채취하고 측정하여 관리도를 작성

① ㉠→㉡→㉢→㉣ ② ㉠→㉢→㉣→㉡
③ ㉢→㉠→㉡→㉣ ④ ㉢→㉣→㉠→㉡

해설 품질관리 관리도의 사용절차 : ㉢ ㉠ ㉡ ㉣ 순

59. 다음 표는 어느 자동차 영업소의 월별 판매실적을 나타낸 것이다. 5개월 단순이동 평균법으로 6월의 수요를 예측하면 몇 대인가?

월	1월	2월	3월	4월	5월
판매량	100대	110대	120대	130대	140대

① 120대 ② 130대 ③ 140대 ④ 150대

해설 판매월별 : 5개월, 총판매수량 : 600대

6월의 수요예측 : $\frac{600}{5}$ =120대

60. 표준시간 설정 시 미리 정해진 표를 활용하여 작업자의 동작에 대해 시간을 산정하는 시간연구법에 해당되는 것은?

① PTS법 ② 스톱위치법 ③ 워크샘플링법 ④ 실적자료법

해설 PTS법 : 표준시간 설정 시 미리 정해진 표를 활용하여 작업자의 동작에 대해 시간을 산정하는 시간연구법

정답 57. ③ 58. ③ 59. ① 60. ①

2017.03.05. 과년도 기출문제

MASTER CRAFTSMAN PLUMBING

1. 증기 압축식 냉동법에서 압축기의 종류에 따라 분류한 것으로 해당되지 않는 것은?

① 왕복식　　② 원심식
③ 회전식　　④ 교축식

해설 증기압축식 냉동기 압축기
- 왕복식
- 원심식(터보형)
- 회전식
- 스크류식
- 스크롤식

2. 자동제어의 유압장치에 사용되는 펌프가 아닌 것은?

① 기어펌프　　② 플런저펌프
③ 베인펌프　　④ 볼류트펌프

해설 볼류트, 터빈 등의 펌프는 급수펌프나 가벼운 유체이송용 펌프이다.(유압 : 오일압력)

3. 산업재해의 경중 정도를 알기 위해 사용되는 강도율의 계산식으로 옳은 것은?

① $\frac{\text{근로손실일수}}{\text{연근로시간수}} \times 1,000$　　② $\frac{\text{재해건수}}{\text{연근로시간수}} \times 1,000$
③ $\frac{\text{재해건수}}{\text{재적근로자수}} \times 1,000$　　④ $\frac{\text{근로손실일수}}{\text{재적근로자수}} \times 1,000$

해설 산업재해 강도율 $= \frac{\text{근로손실일수}}{\text{연근로시간수}} \times 1,000$

4. 오물 정화조의 구비 조건에 대한 설명으로 틀린 것은?

① 정화조 순서는 부패조, 예비 여과조, 산화조, 소독조의 구조로 한다.
② 부패조는 침전, 분리에 적합한 구조로 한다.
③ 정화조의 바닥, 벽 등은 내수 재료로 시공하여 누수가 없도록 한다.
④ 산화조에는 배기관과 송기구를 설치하지 않고, 살포 여과식으로 한다.

해설
- 오물 산화조에는 배기관, 송기구를 설치하여야 한다.(부패조는 공기 혼입 방지)
- 산화를 촉진하기 위하여 산화조의 크기는 부패조 용량의 1/2로 한다.
- 배기관의 높이 : 지상 3m 이상 (정화조 오물처리순서 : 수세변소 → 제1, 2 부패조 → 예비여과조 → 산화조 → 소독조 → 공공하수관)

 정답 1. ④ 2. ④ 3. ① 4. ④

5. 자동제어에서 인디셜(Indicial) 응답이라고도 하는 것은?

① 스텝 응답
② 주파수 응답
③ 자기평형성
④ 정현파 응답

해설 스텝 응답은 입력을 단위량만큼 돌변시켜 평형상태를 상실했을 때의 과도응답으로서 인디셜 응답이라고도 한다.

6. 자동제어 장치에서 기준입력과 검출부 출력을 합하여 제어계가 소요의 작용을 하는 데 필요한 신호를 만들어 보내는 부분으로 맞는 것은?

① 비교부
② 설정부
③ 조절부
④ 조작부

해설 피드백 기본 회로

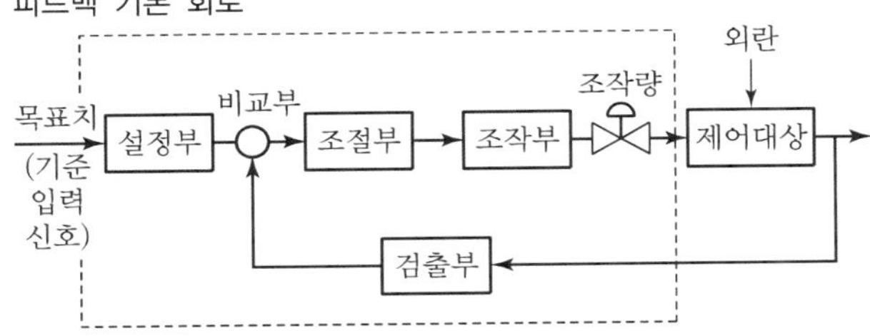

7. 배관 검사의 종류로 가장 거리가 먼 것은?

① 외관 검사
② 초음파 검사
③ 굽힘 검사
④ 방사선투과 검사

해설 배관 검사의 종류

- 외관 검사
- 초음파 검사
- 방사선투과 검사
- 기밀 검사

8. 동력 나사 절삭기 사용 시 안전수칙에 관한 설명으로 틀린 것은?

① 관을 척에 확실히 고정시킨다.
② 절삭된 나사부는 나사산이 잘 성형되었는지 맨손으로 만지면서 확인해 본다.
③ 나사 절삭 시에는 주유구에 계속 절삭유가 공급되도록 한다.
④ 나사 절삭기의 정비, 수리 등은 절삭기를 정지시킨 다음 행한다.

해설 절삭된 나사부는 거스러미(버르)가 발생하기 때문에 맨손 사용은 금해야 한다.

정답 5. ① 6. ③ 7. ③ 8. ②

9. 배관 시공 시 안전에 대한 설명으로 틀린 것은?

① 시공 공구들의 정리정돈을 철저히 한다.
② 작업 중 타인과의 잡담 및 장난을 금지한다.
③ 용접 헬멧은 차광 유리의 차광도 번호가 높은 것일수록 좋다.
④ 물건을 고정시킬 때 중심이 한쪽으로 쏠리지 않도록 주의한다.

해설 용접차광유리규격(아크, 가스, 절단용)
- 6~7(30A 미만 아크)
- 8~9(30A 이상 100A 미만)
- 10~12(100A 이상 300A 미만)
- 13~14(300A 이상)

10. 플랜트 설비에서 사용하는 연속식 혼합기가 아닌 것은?

① 정지 혼합기
② 퍼그 밀(Pug mill)
③ 코 니더(Ko-Kneader)
④ 니더 믹서(Kneader mixer)

해설 니더 믹서 : 반죽하는 믹서(가루, 흙 반죽)

11. 기송배관의 일반적인 3가지 형식이 아닌 것은?

① 진공식 배관
② 압송식 배관
③ 수송식 배관
④ 진공압송식 배관

해설 기송배관(공기수송기배관) 형식
㉠ 진공식
㉡ 압송식
㉢ 진공압송식

12. 장치의 운전을 정지시키지 않고 유체가 흐르는 상태에서 수리하는 방법으로, 흐르고 있는 유체를 막을 수 없을 때 사용하는 응급조치 방법으로 적절한 것은?

① 플러깅(Plugging)법
② 스토핑박스(Stopping Box)법
③ 박스설치(Box-in)법
④ 인젝션(Injection)법

해설 플러깅법 : 질량의 이행에 의해서 원자로의 고온부에서 유체 속에 용출된 구조재의 일부가 저온부에서의 용해도 차이에 의해서 분출하여 도관을 막아버리는 현상

13. 다음 중 장갑을 착용하고 작업하면 안 되는 작업은?

① 경납땜 작업
② 아크용접 작업
③ 드릴 작업
④ 가스절단 작업

해설 드릴 작업 : 회전을 하는 기기는 장갑을 착용하지 않고 작업한다.

 정답 9. ③ 10. ④ 11. ③ 12. ① 13. ③

14. 관의 부식현상에 대한 방식 방법으로 틀린 것은?

① 금속 피복법
② 비금속 피복법
③ 가성 취화에 의한 방식법
④ 저접지물과의 절연법

해설 가성 취화 : 알칼리부식(가성 취화 억제제 : 질산나트륨, 인산나트륨, 탄닌, 리그린 등)

15. 관로의 마찰손실수두에 대해 관속의 유속 및 관의 직경과의 관계로 옳은 것은?

① 손실수두는 속도와 무관하다.
② 손실수두는 관의 직경에 비례한다.
③ 손실수두는 속도의 제곱에 비례한다.
④ 손실수두는 속도와 미끄럼계수에 상관관계가 있다.

해설 마찰손실수두(H)

$$H : \frac{P_1}{r} + \frac{V_1^2}{2g} + Z_1 = \frac{P_2}{r} + \frac{V_2^2}{2g} + Z_2$$

여기서, $\frac{P}{r}$: 압력수두

$\frac{V^2}{2g}$: 속도수두

Z : 위치수두

H : 전수두

16. 배관의 지지는 자중이나 진동 또는 열팽창으로 인한 신축 등을 고려하여 적절한 방법으로 지지하도록 되어 있는데 관경에 따른 최대 지지간격으로 틀린 것은?

① 15~20A : 1.8m
② 25~32A : 2.0m
③ 40~80A : 4.0m
④ 175A 이상 : 5.0m

해설 지지간격
- 40~80A : 3.0m 간격
- 90~150A : 4.0m 간격
- 200A 이상 : 5.0m 간격

17. 중앙식 급탕설비 중 간접 가열식과 비교한 직접 가열식 급탕설비의 특징이 아닌 것은?

① 열효율 측면에서 경제적이다.
② 건물 높이에 해당하는 수압이 보일러에 생긴다.
③ 보일러 내부에 물때가 생기지 않아 수명이 길다.
④ 고층 건물보다는 주로 소규모 건물에 적합하다.

해설 중앙식 급탕설비 중 직접 가열식(중력순환식, 강제순환식)의 경우 보일러 내에 물때(Scale)가 부착하여 전열효율을 저하시킨다.

정답 14. ③ 15. ③ 16. ③ 17. ③

18. 고온고압에 사용되는 화학배관의 부식 종류에 속하지 않는 것은?

① 수소에 의한 탈탄
② 암모니아에 의한 질화
③ 일산화탄소에 의한 금속의 카보닐화
④ 질소에 의한 부식

해설 화학배관에서 질소에 의한 부식은 발생하지 않는다.

19. 집진장치 덕트 시공에 대한 설명으로 틀린 것은?

① 냉난방용보다 더 두꺼운 판을 사용한다.
② 곡선부는 직전부보다 두꺼운 판을 사용한다.
③ 먼지 등이 통과하면서 마찰이 심한 부분에는 강관을 대체 사용한다.
④ 지관을 주 덕트에 연결할 때에는 지그재그형으로 삽입하지 않는다.

해설 **집진장치 덕트배관** : 분기관을 주 덕트에 연결할 때는 Zig Zag(지그재그)형으로 접속한다.(대칭으로 설치하지 않는다.)

20. 배관 설치작업 시의 주의사항으로 틀린 것은?

① 플랜지의 볼트 구멍은 도면에 따로 지정하는 것 이외에는 중심선 배분으로 한다.
② 밸브 부착은 흐름방향, 핸들 위치를 배관도에 확인한 다음 부착한다.
③ 볼트는 고온부에 사용할 경우에 반드시 소손 방지제를 도포한다.
④ 고온배관에 사용하는 볼트 길이는 완전 죔 작업을 한 후 나사산이 밖으로 나와서는 안 된다.

해설 배관작업이 끝나면 반드시 나사산이 한두 산 밖으로 나와야 한다.

21. 강관제 루프형 신축이음에서 관의 외경이 34mm일 때 팽창을 흡수할 곡관의 길이는? (단, 흡수해야 할 판의 늘어난 길이는 65mm이다.)

① 348cm ② 416cm
③ 513cm ④ 552cm

해설 루프형 신축이음 흡수곡관길이(L)

$L = 0.073\sqrt{d \times (\Delta\ell)}$

$= 0.073\sqrt{34 \times 65} = 3.43\text{m}\,(343\text{cm})$

22. 엘보는 유체의 흐름방향을 바꿀 때 사용되는 이음쇠인데, 25mm(1″) 강관에 사용하는 용접 이음용 쇼트엘보의 곡률 반경은 몇 mm인가?

① 25 ② 32
③ 38 ④ 45

해설
- 곡률반경 쇼트엘보 : 강관 호칭지름의 0.5~1배
- 롱엘보 : 강관 호칭지름의 1.5배

 정답 18. ④ 19. ④ 20. ④ 21. ① 22. ①

23. 관 속에 흐르는 유체의 화학적 성질에 따른 관 재료 선택 시의 고려사항으로 가장 거리가 먼 것은?

① 수송유체에 대한 관의 내식성
② 지중 매설 배관일 때 외압으로 인한 강도
③ 유체의 온도 변화에 따른 관과의 화학반응
④ 유체의 농도 변화에 따른 관과의 화학반응

해설 지중 매설 배관의 경우 외압에 의한 강도는 화학적 성질이 아닌 기계적 성질이다.

24. 폴리에틸렌관의 종류가 아닌 것은?

① 수도용 폴리에틸렌관
② 내열용 폴리에틸렌관
③ 일반용 폴리에틸렌관
④ 폴리에틸렌 전선관

해설 폴리에틸렌관(PE관)
- 수도용
- 일반용
- 폴리에틸렌 전선관

25. 배관의 용도에 따른 패킹재료의 연결로 틀린 것은?

① 급수관 – 테프론
② 배수관 – 네오플렌
③ 급탕관 – 실리콘
④ 증기관 – 천연고무

해설 천연고무 패킹재
- 급수관용
- 배수관용
- 공기관용

※ 100℃ 이상의 고온 배관용은 사용 불가(열과 기름에 약하다.)

26. 배관의 열 변형에 대응하기 위하여 사용하는 신축이음쇠 중 고압에 잘 견디며 설치공간을 많이 차지하여 옥외배관에 많이 쓰이는 것은?

① 벨로즈형 신축이음쇠
② 슬리브형 신축이음쇠
③ 스위블형 신축이음쇠
④ 루프형 신축이음쇠

해설 루프형(곡관형 신축이음) : 고압에 잘 견디며 설치공간을 많이 차지하므로 옥외배관에 많이 사용하나 응력이 생기는 결점이 있다.

27. 작동방법에 따른 감압밸브(Pressure Reducing Valve)의 종류가 아닌 것은?

① 파일럿식 ② 피스톤식 ③ 다이어프램식 ④ 벨로즈식

해설 ㉠ 파일럿식 : 정압기에 많이 사용
㉡ 감압밸브 구조상
- 스프링식
- 추식

정답 23. ② 24. ② 25. ④ 26. ④ 27. ①

28. 체적식 유량계의 종류에 속하지 않는 것은?

① 로터리식 ② 오리피스식
③ 피스톤식 ④ 오벌식

해설 차압식 유량계의 종류 : 오리피스식, 플로노즐식, 벤투리식

29. 덕타일 주철관에 관한 설명으로 틀린 것은?

① 구상흑연 주철관이라고도 한다.
② 변형에 대한 가요성과 가공성은 없다.
③ 보통 회주철관보다 관의 수명이 길다.
④ 강관과 같이 높은 강도와 인성이 있다.

해설 덕타일 주철관(주철+마그네슘+칼슘)
- 구상흑연 주철관이며 이음에 신축 휨성이 있고 관이 지반의 변동에 유연하여 시공성이 좋다. (단, 중량이 비교적 무겁다.)
- 강인하고 연신성이 있다.

30. 배관 지지물인 레스트레인트(Restraint)의 종류가 아닌 것은?

① 앵커 ② 스톱
③ 가이드 ④ 브레이스

해설
- 레스트레인트 : 앵커, 스톱, 가이드
- 브레이스 : 방진구(진동방지), 완충기(충격완화)

31. 스테인리스 강관의 이음쇠 중 동합금재 링을 너트로 고정시켜 결합하는 이음쇠는?

① MR 조인트 이음쇠
② 몰코 조인트 이음쇠
③ 랩 조인트 이음쇠
④ 팩레스 조인트 이음쇠

해설 MR 조인트 : 스테인리스 강관의 이음쇠 중 동합금재 링을 너트로 고정시켜 결합하는 이음쇠이다.(관을 나사가공이나 프레스압착 가공, 용접을 하지 않고 동합금제 링을 캡너트로 죄어서 고정시켜 접속한다.)

32. 압력계에 대한 설명으로 가장 거리가 먼 것은?

① 고압라인의 압력계에는 사이폰관을 부착하여 설치한다.
② 유체의 맥동이 있을 경우에는 맥동댐퍼를 설치한다.
③ 부식성 유체에 대해서는 격막 실(Seal) 또는 실 포트(Seal Port)를 설치하여 압력계에 유체가 들어가지 않도록 한다.
④ 현장지시 압력계의 설치 위치는 일반적으로 0.5m의 높이가 적당하다.

해설 현장지시 압력계 설치 위치 : 눈높이에 의존하며 1.2m 지상높이가 이상적이다.

정답 28. ② 29. ② 30. ④ 31. ① 32. ④

33. 나사용 패킹으로 가장 거리가 먼 것은?

① 페인트 ② 일산화연 ③ 액상 합성 수지 ④ 네오프렌

해설 ㉠ 네오프렌(Neoprene) : 고무패킹(플랜지패킹)
㉡ 고무패킹 : 천연고무, 네오프렌(내열범위 : −46~121℃)

34. 폴리에틸렌관(Polyethylene Pipe)의 장점으로 틀린 것은?

① 염화비닐관보다 가볍다.
② 염화비닐관보다 화학적, 전기적 성질이 우수하다.
③ 내한성이 좋아 한랭지 배관에 알맞다.
④ 염화비닐관에 비해 인장강도가 크다.

해설 PVC 비금속관
㉠ 경질염화비닐관(충격강도가 적다.)
㉡ 폴리에틸렌관(인장강도가 적다.)

35. 동관의 플레어 접합(Flare Joint)에 대한 설명으로 틀린 것은?

① 관 지름 23mm 이하의 동관을 이음할 때 주로 사용한다.
② 동관을 필요한 길이로 절단할 때 관축에 대하여 약간 경사지게 한다.
③ 진동 등으로 인한 풀림을 방지하기 위하여 더블너트로 체결한다.
④ 플레어 이음용 공구에는 플레어링 툴 세트가 있다.

해설 ② 동관을 필요한 길이로 절단할 때 관축에 대하여 직각으로 절단한다.

36. 액체가 습증기 상태를 거치지 않고 건증기로 변할 때의 압력을 무엇이라 하는가?

① 증발압력 ② 포화압력 ③ 기화압력 ④ 임계압력

해설 증기의 T−S 선도
㉠ 포화증기를 교축팽창시키면 과열증기가 된다.
㉡ 임계점 : 어떤 압력하에서도 증발이 시작되는 점과 끝나는 점이 일치하는 점(액체가 증기로 바뀌는 순간점)
㉢ 증발잠열은 0kcal/kg이다.

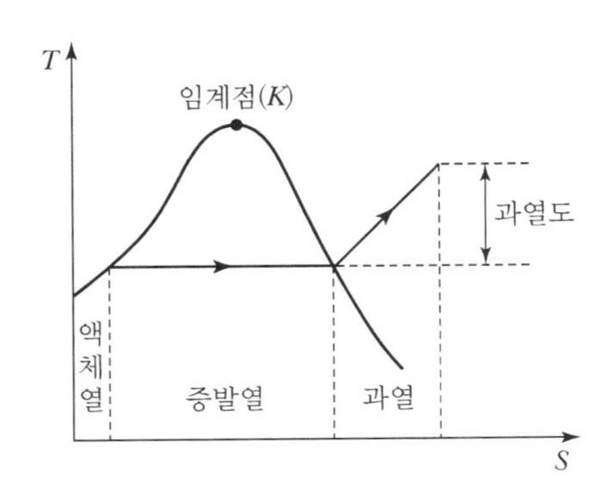

정답 33. ④ 34. ④ 35. ② 36. ④

37. 배관 내의 가스압력이 196kPa일 때 체적이 0.01m³, 온도가 27℃이었다. 이 가스가 동일 압력에서 체적이 0.015m³로 변하였다면 이때 온도는 몇 ℃가 되는가?(단, 이 가스는 이상기체라고 가정한다.)

① 27℃
② 127℃
③ 177℃
④ 450℃

해설 $V_2 = V_1 \times \frac{T_2}{T_1}$

$\therefore T_2 = T_1 \times \frac{V_2}{V_1} = (27+273) \times \frac{0.015}{0.01} = 450\text{K}(450-273=177℃)$

38. 다음 중 용접작업 전에 이루어지는 변형방지법은?

① 노내 풀림법
② 직선 수축법
③ 점가열 수축법
④ 역변형법

해설 역변형법 : 용접작업 전에 이루어지는 변형방지법이다. 즉, 가접에 의한 구속이 불가능하거나 합리적이지 못할 때 사용

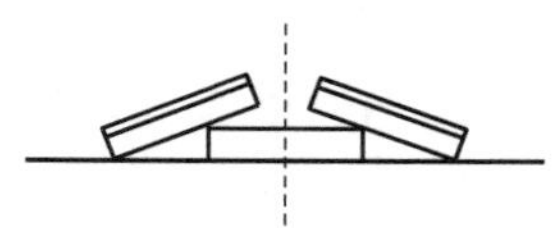

39. 펌프의 배관에 관한 설명으로 틀린 것은?

① 토출 쪽은 압력계를 설치한다.
② 흡입 쪽은 진공계나 연성계를 설치한다.
③ 흡입 쪽 수평관은 펌프 쪽으로 올림 구배한다.
④ 스트레이너는 펌프 토출 쪽 끝에 수평으로 설치한다.

해설 스트레이너는 펌프 입구 측에 수평으로 설치한다.

40. 그림과 같이 20A 강관이 설치된 증기관에서의 2,000mm 방향(X방향)의 신축량은?(단, 설치 시 온도는 10℃이고, 증기가 흐를 때의 온도는 130℃이며, 강관의 선팽창계수는 1.2×10^{-5}m/m · ℃이다.)

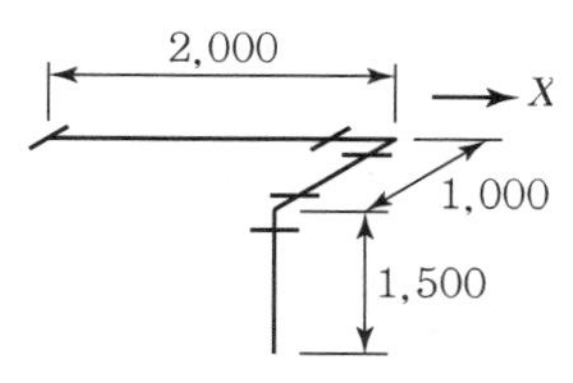

① 2.64mm
② 2.88mm
③ 5.28mm
④ 5.76mm

해설 신축량(ℓ) = L×선팽창계수×온도차 = $2{,}000 \times (1.2 \times 10^{-5}) \times (130-10) = 2.88$mm

 정답 37. ③ 38. ④ 39. ④ 40. ②

41. 주철관 이음 시 스테인리스 커플링과 고무링만으로 쉽게 이음할 수 있는 접합방법은?

① 노허브 이음 ② 빅토릭 이음
③ 타이톤 이음 ④ 플랜지 이음

해설 노허브 이음(No-hub joint) : 커플링 나사의 결합만으로 시공이 완료된다.(이음 시 누수가 발생하면 죔 밴드를 죄어주거나 고무 패킹만 교환하여 주면 쉽게 보수가 가능하다.)

42. CO_2 아크용접법 중에서 비용극식 용접에 해당하는 것은?

① 순 CO_2법 ② 탄소 아크법
③ 혼합 가스법 ④ 아코스 아크법

해설 비소모성 아크용접
㉠ 비피복아크(탄소 아크용접)
㉡ 피복실드 아크용접(TIG용접, 원자수소용접)

43. 다음 중 공조 설비와 관련된 습공기 이론에서 건구온도, 습구온도, 노점온도가 동일한 경우는?

① 절대습도 100% ② 상대습도 100%
③ 절대습도 50% ④ 상대습도 50%

해설 상대습도 100% 현상 : 건구온도, 습구온도, 노점온도가 동일하다.(습공기 이론에서)

44. 표준대기압을 나타내는 값으로 틀린 것은?

① 760mmHg ② 10.33mAq
③ 101.325kPa ④ 14.7bar

해설 표준대기압(atm)
760mmHg = 10.33mAq = 101.325kPa = 14.7psi = 1.013bar = 101,325N/m^2 = 101,325Pa

45. 다음 중 불활성 가스 금속 아크 용접은?

① TIG용접 ② CO_2용접
③ MIG용접 ④ 플라즈마용접

해설 불활성 가스(Ar, He)를 유출하면서 심선과 모재 사이에 아크를 발생시켜 이 아크열에 의해 용접한다.
㉠ 불활성 가스 아크 용접
- TIG용접(비소모성 텅스텐 사용)
- MIG용접(용가제의 전극선 이용)

㉡ MIG : 비피복의 가는 금속 와이어인 용가전극을 일정한 속도로 토치에 자동공급하여 모재와 와이어 사이에서 아크를 발생시켜서 그 주위에 아르곤, 헬륨으로 아크와 용융풀을 보호하면서 용접한다.

정답 41. ① 42. ② 43. ② 44. ④ 45. ③

46. 스테인리스 강관 MR 조인트에 관한 설명으로 옳은 것은?

① 프레스 가공 등이 필요하고, 관의 강도를 100% 활용할 수 있다.
② 스패너 이외의 특수한 접속 공구가 필요하다.
③ 청동제 이음쇠를 사용하여도 다른 강관과는 자연 전위차가 있어 부식의 문제가 있다.
④ 화기를 사용하지 않기 때문에 기존 건물 등의 배관 공사에 적합하다.

해설 MR 조인트 : 화기를 사용하지 않기 때문에 기존 건물 등의 배관 공사에 적합하다.

47. 다음 용접기호를 바르게 표현한 것은?

① 용접길이 30mm, 용접부 개수 3
② 용접길이 30mm, 용접부 개수 5
③ 용접부 길이 150mm, 용접부 개수 3
④ 용접부 길이 150mm, 용접부 개수 5

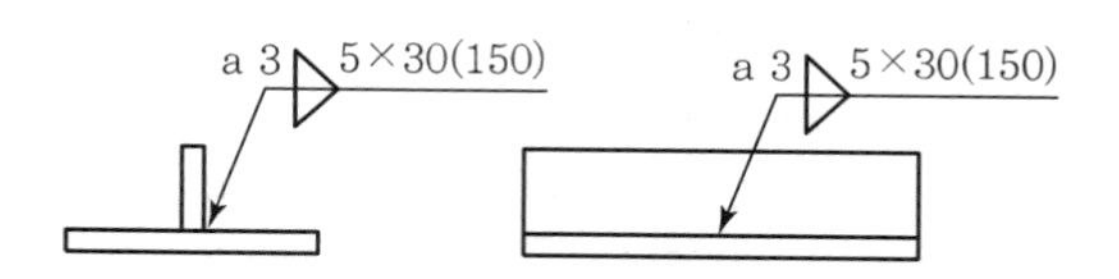

해설 용접기호

- a3 : 용접 시 목두께가 3mm
- 5 : 용접부의 개수
- 150 : 피차, 용접부 간의 중심거리
- 직각삼각형 : 필릿용접
- 30 : 용접선의 길이

48. 가는 파선을 적용할 수 있는 경우로 틀린 것은?

① 바닥 ② 벽 ③ 뚫린 구멍 ④ 도급계약의 경계

해설 파선

- 짧은 선이 일정한 간격으로 반복되는 선이다.
- 실선의 약 1/2 치수다.(실선 : 연속된 선)

※ 가는 파선은 대상물이 보이지 않는 부분의 모양을 하는 선

49. 아래와 같은 입체도의 평면도로 가장 적합한 것은?

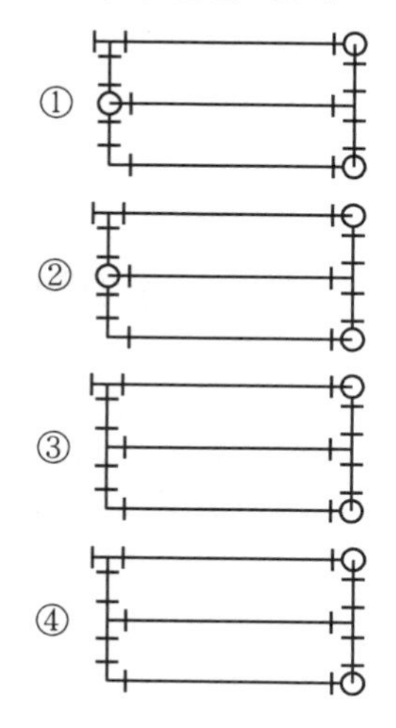

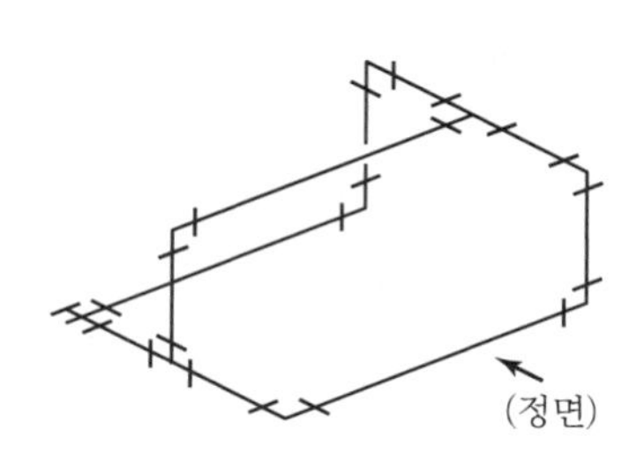

 정답 46. ④ 47. ② 48. ④ 49. ①

해설
- 가는 티 : —+O+—
- 오는 티 : —+⊙+—
- 가는 엘보 : O+—
- 정티 : ┿┿
- 엘보 : ┿ ┿
- 오는 엘보 : ⊙+—

50. 호칭지름 13mm인 일반 배관용 스테인리스강관(재질 304) 프레스식 관이음쇠로 90° 엘보를 의미하는 것은?

① KS B 1547 13－90E－304
② KS B 1547 DN13－90E－304
③ KS B 1547 304－90E 13
④ KS B 1547 90E 13－304

해설
- KS B 1547 : 일반배관용 스테인리스 강관 프레스식관 이음쇠
- 304 : 재질
- 13 : 호칭지름
- 90E : 90° 엘보

51. 입체 배관도로 배관의 일부분만을 작도하는 도면으로 부분 제작을 목적으로 하는 도면의 명칭은?

① 평면 배관도
② 입면 배관도
③ 부분 배관도
④ 입체 배관도

해설 부분 배관도 : 입체 배관도로 배관의 일부분만을 작도하는 도면으로 부분 제작을 목적으로 하는 도면의 명칭이다.

52. 설비 배관도에서 아래와 같은 라인 인덱스 표기 중 PP가 나타내는 것은?

3－3B－P15－39－PP

① 보온
② 보랭
③ 보온 · 보랭
④ 화상방지

해설
- 3 : 장치번호
- P15 : 유체기호
- PP : 화상방지
- INA : 보온
- 3B : 배관의 호칭지름
- 39 : 배관재료 종류별 기호
- CINS : 보냉

53. 치수기입을 위한 치수선을 그릴 때 유의사항으로 틀린 것은?

① 치수선은 원칙적으로 치수보조선을 사용하여 긋는다.
② 치수선은 원칙적으로 지시하는 부품의 길이 또는 각도를 측정하는 방향으로 평행하게 긋는다.
③ 치수선에는 가는 일점 쇄선을 사용한다.
④ 중심선, 외형선, 기준선 및 이들의 연장선은 치수선으로 사용해서는 안 된다.

해설
- 가는 일점 쇄선 : 중심선, 기준선 피치선(치수선에는 가는 실선을 사용)
- 외형선 : 굵은 실선을 사용

정답 50. ④ 51. ③ 52. ④ 53. ③

54. 그림과 같이 90°, 60°, 30°로 이루어진 직각 삼각형 모양의 앵글 브래킷의 C부의 길이는?

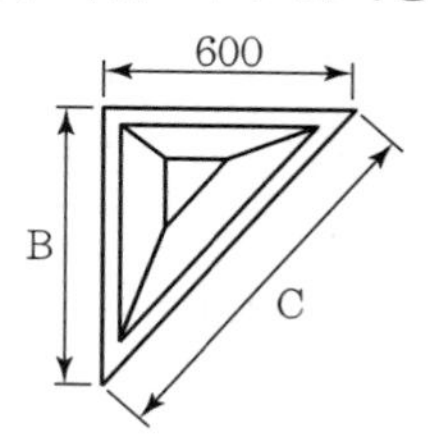

① 1,000mm ② 1,040mm
③ 1,200mm ④ 1,800mm

해설 C부 길이는 A의 2배 : 600×2=1,200mm
• 앵글 브래킷(Angle Bracket) : 까지발, 선반 앵글형

55. 설비배치 및 개선의 목적을 설명한 내용으로 가장 관계가 먼 것은?

① 재공품의 증가 ② 설비투자 최소화
③ 이동거리의 감소 ④ 작업자 부하 평준화

해설 설비배치 및 개선의 목적은 ②, ③, ④항 외에 재공품의 감소이다.

56. 워크 샘플링에 관한 설명 중 틀린 것은?

① 워크 샘플링은 일명 스냅리딩(Snap Reading)이라 불린다.
② 워크 샘플링은 스톱워치를 사용하여 관측대상을 순간적으로 관측하는 것이다.
③ 워크 샘플링은 영국의 통계학자 L.H.C. Tippet가 가동률 조사를 위해 창안한 것이다.
④ 워크 샘플링은 사람의 상태나 기계의 가동상태 및 작업의 종류 등을 순간적으로 관측하는 것이다.

해설 ①, ③, ④항 외에도 관측대상의 작업을 모집단으로 하고 임의의 시점에서 작업내용을 샘플링하는 특징이 있다.

57. 검사의 종류 중 검사공정에 의한 분류에 해당되지 않는 것은?

① 수입검사 ② 출하검사
③ 출장검사 ④ 공정검사

해설 검사공정에 의한 분류
• 수입검사
• 출하검사
• 최종검사
• 공정검사

 정답 54. ③ 55. ① 56. ② 57. ③

58. 3σ법의 $\overline{X}$관리도에서 공정이 관리상태에 있는데도 불구하고 관리상태가 아니라고 판정하는 제1종 과오는 약 몇 %인가?

① 0.27
② 0.54
③ 1.0
④ 1.2

해설 3σ법의 $\overline{X}$관리도
- 제1종 과오 : 공정의 변화가 없음에도 불구하고 점이 한계선을 벗어나는 비율(0.27%)
- 제2종 과오 : 공정의 변화가 있음에도 불구하고 점이 관리한계선 내에 있으므로 공정의 변화를 검출하지 못하는 비율(10~13%)

59. 부적합품률이 20%인 공정에서 생산되는 제품을 매시간 10개씩 샘플링 검사하여 공정을 관리하려고 한다. 이때 측정되는 시료의 부적합품 수에 대한 기댓값과 분산은 약 얼마인가?

① 기댓값 : 1.6, 분산 : 1.3
② 기댓값 : 1.6, 분산 : 1.6
③ 기댓값 : 2.0, 분산 : 1.3
④ 기댓값 : 2.0, 분산 : 1.6

해설 ㉠ 기댓값 $= 10 \times 0.2 = 2.0$
㉡ 분산 $= \sum x^2 \times P(x) - (\text{기댓값})^2$
$\therefore (10-2) = 8,\ 8 \times 0.2 = 1.6$
- 기댓값 : 확률의 결과가 수 값으로 나타날 경우 1회의 시행결과로 기대되는 수 값의 크기(예 : 20개 제품 중 3개의 불량 등 기대)
- 분산 : 모집단에 대한 분산을 모분산이라 하고 구해진 값은 불편분산이라고 한다.

60. 설비보전조직 중 지역보전(Area Maintenance)의 장단점에 해당하지 않는 것은?

① 현장 왕복시간이 증가한다.
② 조업요원과 지역보전요원과의 관계가 밀접해진다.
③ 보전요원이 현장에 있으므로 생산 본위가 되며 생산의욕을 가진다.
④ 같은 사람이 같은 설비를 담당하므로 설비를 잘 알며 충분한 서비스를 할 수 있다.

해설
- 지역보전 : 현장 왕복시간이 단축된다.
- 설비보전조직기본 : 집중보전, 지역보전, 절충보전
- 지역보전은 보전요원이 제조부의 작업자에게 접근이 가능하다.

정답 58. ① 59. ④ 60. ①

2017.07.08. 과년도 기출문제

MASTER CRAFTSMAN PLUMBING

1. 그림과 같은 자동제어의 블록선도(Block Diagram) 중 A, C, D, F의 제어요소를 순서대로 배열한 것은?

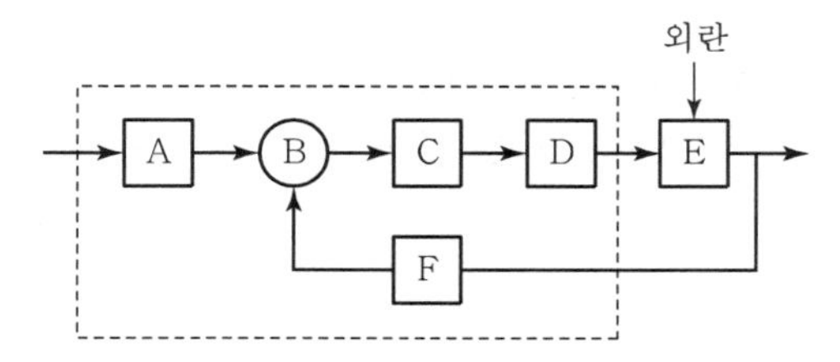

① 설정부, 조절부, 조작부, 검출부
② 설정부, 조작부, 조절부, 검출부
③ 설정부, 조작부, 조절부, 제어대상
④ 설정부, 조작부, 비교부, 제어대상

해설 A : 설정부, B : 비교부, C : 조절부, D : 조작부, E : 제어대상, F : 검출부

2. LP가스 공급방식에서 강제기화방식 중 기화에 의해서 강제 기화시키는 방식은?

① 자연기화방식
② 공기 혼합가스 공급방식
③ 변성가스 공급방식
④ 생가스 공급방식

해설 LP가스 공급방식(강제기화방식)
㉠ 생가스 공급방식(기화이용 강제기화)
㉡ 공기 혼합가스 공급방식
㉢ 변성가스 공급방식

3. 펌프의 설치 및 주변 배관 시 주의사항으로 틀린 것은?

① 펌프는 일반적으로 기초 콘크리트 위에 설치한다.
② 흡입관은 되도록 길게 하고 직관으로 배관한다.
③ 효율을 좋게 하기 위해서 펌프의 설치 위치를 되도록 낮춰서 흡입양정을 작게 한다.
④ 흡입관의 중량이 펌프에 미치지 않도록 관을 지지하여야 한다.

해설 펌프설비에서 흡입관은 직관으로 하되 캐비테이션(공동현상) 방지를 위해 흡입관의 관로는 디ㅗ도록이면 짧게 한다.

 정답 1. ① 2. ④ 3. ②

4. 루프 통기 방식(Loop Vent System)에 관한 설명으로 틀린 것은?

① 회로 통기 또는 환상 통기 방식이라고도 한다.
② 루프 통기로 처리할 수 있는 기구의 수는 8개 이내이다.
③ 통기 입관에서 최상류 기구까지의 거리는 7.5m 이내로 한다.
④ 배수 주관이 통기관을 겸하므로 건식 통기라고도 한다.

해설 루프 통기 방식에서 (회로 통기식) 배수 수평관은 통기관의 역할을 겸하므로 습식 통기관이라고도 한다. 도피 통기관 관경은 배수관의 $\frac{1}{2}$ 이상이 되어야 하므로 최소 32mm 이상이 되어야 한다.

5. 난방시설에서 전열에 의한 손실열량이 11.63kW이고 환기손실열량이 3.14kW인 곳에 증기난방을 할 경우 소요되는 주철제 방열기는 몇 절이 필요한가?(단, 주철제 방열기 1절의 방열 표면적은 0.28m²이고, 방열량은 0.76kW/m²이다.)

① 20절
② 35절
③ 50절
④ 70절

해설 전체 난방손실 = 11.63 + 3.14 = 14.77kW
주철제 방열기 절수(E_a)

$$E_a = \frac{\text{총 전체 손실}}{\text{방열량} \times \text{방열기 표면적}} = \frac{14.77}{0.76 \times 0.28} = 70\text{절}$$

6. 피드백 제어에 대한 설명으로 옳은 것은?

① 사람의 손에 의하여 조작하는 제어
② 정해진 순서에 의한 제어
③ 제어량의 값을 목표값과 비교하는 제어
④ 정해진 수치에 의하여 행하는 제어

해설 피드백 제어(정량적 수정 제어) : 제어량의 값을 목표값과 비교하여 오차를 수정 동작하여 설정치와 일치시킨다.

7. 온수난방 배관법이 역귀환방식인 것은?

① 리프트 피팅(Lift Fitting) 방식
② 리버스 리턴(Reverse Return) 방식
③ 하트포드 배관(Hartford Connection) 방식
④ 냉각 레그(Cooling Leg) 방식

해설 온수난방에서 온수의 순환을 고르게 하기 위해 역귀환방식(리버스 리턴 방식)을 채택하여 관의 길이를 일정하게 유지시킨다.

정답 4. ④ 5. ④ 6. ③ 7. ②

8. 다음은 수요자 전용 가스정압기의 배관 설치 도면이다. (가)배관의 명칭은?

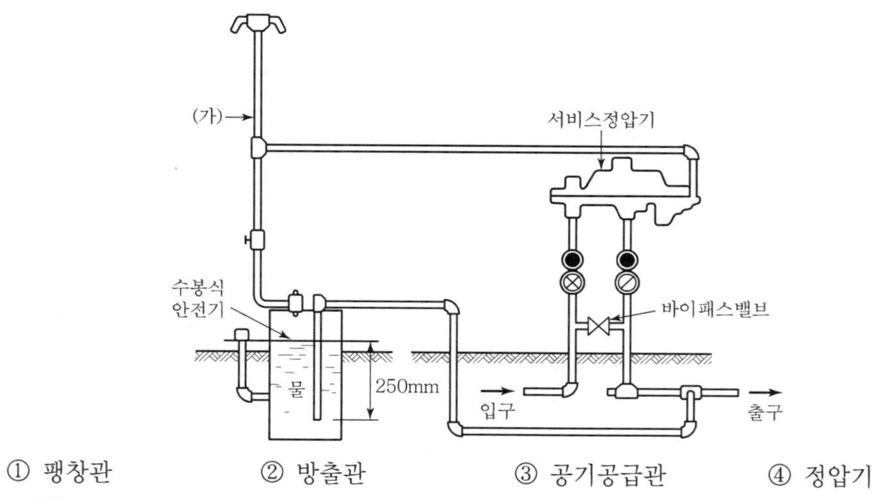

① 팽창관　　② 방출관　　③ 공기공급관　　④ 정압기

해설 가스전용정압기(거버너)에서 (가)의 배관 : 가스 방출관

9. 시퀀스 제어의 접점의 논리적(AND) 회로의 논리식이 A · B = R일 때 참값표가 틀린 것은?

① 1 · 1=1　　② 1 · 0=0　　③ 0 · 1=0　　④ 0 · 0=1

해설 AND(논리곱 회로) 게이트

논리기호 :

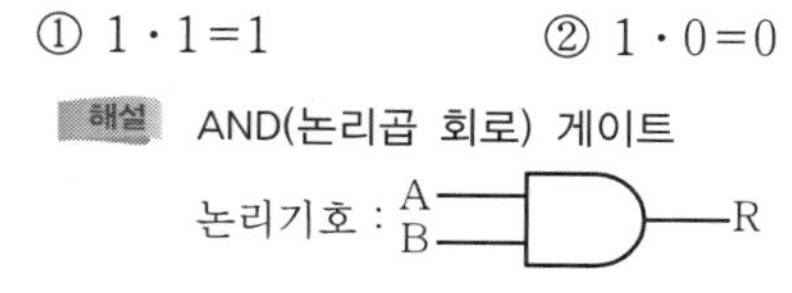

진리표

입력		출력
A	B	R
0	0	0
0	1	0
1	0	0
1	1	1

∴ 0 · 0=0이어야 한다.

10. 배관시설에 세정방법에 관한 설명으로 틀린 것은?

① 기계적 세정방법은 플랜트 본체나 부분을 분해하거나 해체할 필요가 없다.
② 화학세정법은 보통 설비를 운전하고 있는 상태에서 세정하는 방법이다.
③ 산 세정법에서는 부식억제제의 선택이 매우 중요하다.
④ 알칼리 세정은 유지류 및 규산계 스케일 등의 제거에 활용된다.

해설 ㉠ 기계적 세정 시 때에 따라서 플랜트 본체나 부분을 분해하거나 해체할 필요가 있다.
㉡ 화학적 세관은 내부에서 진행된다.

 정답 8. ② 9. ④ 10. ①

11. 자동화시스템에서 크게 회전운동과 선형운동으로 구분되며, 사용하는 에너지에 따라 공압식, 유압식, 전기식 등으로 구분되는 자동화의 요소로 옳은 것은?

① 센서(Sensor)
② 액추에이터(Actuator)
③ 네트워크(Network)
④ 소프트웨어(Software)

해설 액추에이터(전동밸브) : 전기적 에너지를 기계적 에너지로 전환하여 회전운동과 선형운동으로 구분한다.(공기압식, 유압식, 전기식 등)

12. 아크용접 작업 시 주의사항으로 틀린 것은?

① 눈 및 피부를 노출시키지 말 것
② 홀더가 가열될 시에는 물에 식힐 것
③ 비가 올 때는 옥외작업을 금지할 것
④ 슬랙을 제거할 때에는 보안경을 사용할 것

해설 아크용접은 전기용접으로 홀더가 가열되면 공기 중에 서서히 냉각시킨다.(물에 식히면 전기감전의 위험이 따른다.)

13. 다음 중 유류배관설비의 기밀시험을 할 때 사용할 수 없는 것은?

① 질소
② 산소
③ 탄산가스
④ 알곤가스

해설 유류는 가연성 물질이므로 기밀시험 시 조연성 가스인 산소는 피하고 검사한다.

14. 추치제어에 관한 설명으로 틀린 것은?

① 목표값의 크기나 위치가 시간의 변화에 따라 임의로 변화되고, 이것을 제어량이 정확히 따라가고 외부 영향이 없도록 하는 제어이다.
② 추치제어는 비율제어와 프로그램제어로 구분할 수 있다.
③ 2개 이상의 제어량 값이 일정한 비율관계를 유지하도록 하는 제어는 비율제어이다.
④ 보일러와 냉방기 같은 냉·난방장치의 압력제어용으로 많이 이용된다.

해설 보일러나 냉방기는 압력이 일정한 가운데 운전되므로 정치제어를 사용한다.(목표치 일정)

추치제어
㉠ 추종제어
㉡ 비율제어
㉢ 프로그램제어

정답 11. ② 12. ② 13. ② 14. ④

15. 급수배관 시공법에 대한 설명으로 틀린 것은?

① 배관 기울기는 모두 선단 앞 올림 기울기로 한다.
② 부식하기 쉬운 것에는 방식 피복을 한다.
③ 수평관의 굽힘 부분이나 분기 부분에는 반드시 받침쇠를 단다.
④ 급수관과 배수관이 평행 매설될 때는 양 배관의 수평간격을 500mm 이상으로 한다.

해설 급수 배관은 끝내림 구배로 $\frac{1}{250}$이 표준이다.(단, 옥상탱크식에서는 수평주관 : 내림구배, 각층의 수평지관은 : 올림구배로 한다.)

16. 압력계 배관 시공 시 유체에 맥동이 있는 경우에 설치하여 압력계에 맥동이 전파되지 않게 하는 것은?

① 사이폰(Siphon)관
② 펄세이션(Pulsation) 댐퍼
③ 실(Seal)포드
④ 벨로즈(Bellows)

해설 펄세이션 댐퍼 : 압력계 시공 시 유체에 맥동(서징현상) 현상이 있는 경우 압력계에 맥동이 전파되지 않게 한다.

17. 도시가스 제조공장의 부지 경계에서 정압기까지의 배관을 무엇이라고 하는가?

① 옥내내관 ② 본관
③ 공급관 ④ 옥외내관

해설
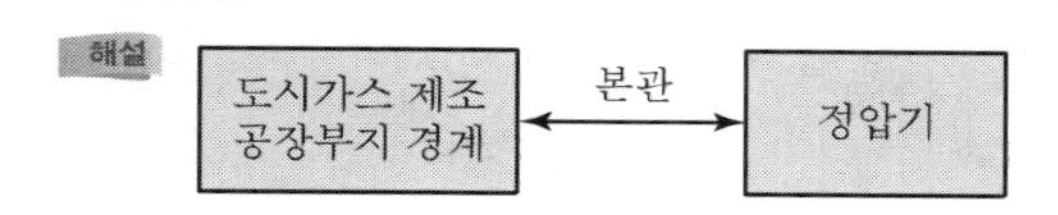

18. 간접가열식 중앙급탕법에 대한 설명으로 틀린 것은?

① 가열용 코일이 필요하다.
② 고압 보일러가 필요하다.
③ 대규모 급탕 설비에 적당하다.
④ 저탕조 내부에 스케일이 잘 생기지 않는다.

해설 간접가열식 급탕(대규모 급탕 설비) : 증기압력이 0.3~1.0kg/cm^2 저압이면 되므로 고압보일러가 불필요하다.(증기는 저압에서 잠열 이용이 크다.)

 정답 15. ① 16. ② 17. ② 18. ②

19. 그림과 같은 파이프 랙(Pipe Rack)이 있다. 다음 중 연료유 라인, 연료가스 라인, 보일러 급수라인 등의 유틸리티(Utility) 배관은 어디에 배열하는 것이 가장 적합한가?

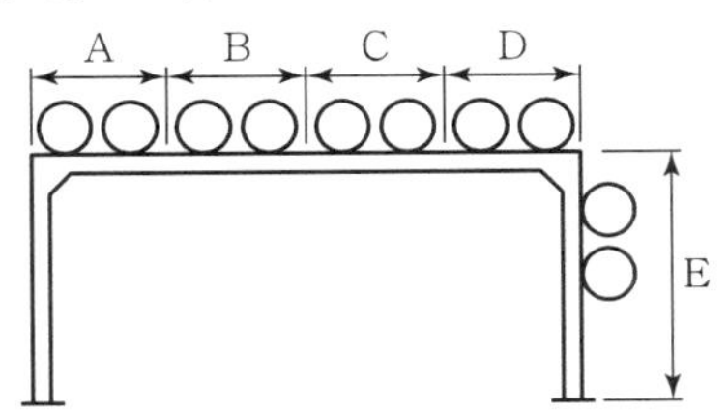

① A부분 및 D부분 ② B부분 및 C부분
③ C부분 및 D부분 ④ D부분 및 E부분

해설 A, D : 대구 경관의 위치
B, C : 유틸리티 배관 위치

20. 사용압력에 따른 도시가스 공급방식이 아닌 것은?

① 저압공급방식 ② 중압공급방식
③ 고압공급방식 ④ 특고압 공급방식

해설 도시가스 공급압력
㉠ 저압 0.1MPa 이하(50~250mmAq)
㉡ 중압 0.1~1.0MPa 이하(0.1~2.5kg/cm^2)
㉢ 고압 1MPa 초과

21. 단식과 복식이 있으며, 이음방법은 나사 이음식과 플랜지 이음식이 있고, 일명 팩리스(Packless) 신축 조인트라고도 하는 것은?

① 슬리브형 ② 벨로즈형
③ 루프형 ④ 스위블형

해설 슬리브형 : ┼▭┼(팩리스 신축 이음)
㉠ 단식
㉡ 복식

일명 미끄럼형 신축 이음(50A 이하 : 나사 결합식, 65A 이상 : 플랜지 결합식)

22. 유체의 흐름에 저항이 적고, 침식성의 유체에 대해 유체통로 속만을 내식성 재료로 하여 산 등의 화학약품을 차단하는 특징을 가진 밸브는?

① 플랩밸브(Flap Valve) ② 체크밸브(Check Valve)
③ 플러그밸브(Plug Valve) ④ 다이어프램밸브(Diaphragm Valve)

해설 다이어프램밸브의 특징(격막밸브)
㉠ 유체의 흐름에 저항이 적다.
㉡ 침식성의 유체에 대해 유체통로 내부만 내식성 재료를 사용한다.
㉢ 산 등의 화학약품을 차단한다.

정답 19. ② 20. ④ 21. ② 22. ④

23. 네오프렌 패킹에 관한 설명으로 틀린 것은?

① 고압 증기배관에 주로 사용된다.
② 내열 범위가 −46~121℃인 합성고무이다.
③ 고무류 패킹에 해당된다.
④ 내유성, 내후성, 내산화성 및 기계적 성질이 우수하다.

해설 네오프렌(플랜지 고무 패킹)
㉠ 내열범위 : −46~121℃ 합성고무
㉡ 물, 공기, 기름, 냉매 배관용(증기배관은 제외)

24. 계측기기의 구비조건으로 틀린 것은?

① 근거리의 지시 및 기록이 가능하고 구조가 복잡할 것
② 견고성과 신뢰성이 높고 경제적일 것
③ 설치장소와 주위 조건에 대해 내구성이 있을 것
④ 정밀도가 높고 취급 및 보수가 용이할 것

해설 계측기기는 원거리 지시 및 기록이 가능하고 구조가 간단할 것

25. 경질염화 비닐관에 대한 설명으로 틀린 것은?

① 열전도율이 강관, 주철관보다 10배 이상 크다.
② 전기 절연성이 좋으므로 전기부식작용이 없다.
③ 해수, 콘크리트 내부의 배관에는 양호한 내구성을 가진다.
④ 극저온, 고온배관에는 부적당하다.

해설 경질염화 비닐관(비금속 P.V.C관)
㉠ 열의 불량도체이다.
㉡ 열전도도는 철의 $\frac{1}{350}$ 이다.
㉢ 가볍고 강인하다.
㉣ 배관 이음 시 굴곡, 접합, 용접이 용이하다.

26. 합성수지 도료에 관한 설명으로 틀린 것은?

① 프탈산계 : 상온에서 도막을 건조시키는 도료이며 내후성, 내유성이 우수하다.
② 요소 멜라민계 : 내열성, 내유성, 내수성이 좋다.
③ 염화비닐계 : 내약품성, 내유성, 내산성이 우수하여, 금속의 방식도료로 우수하다.
④ 실리콘 수지계 : 은분이라고도 하고, 내후성 도료로 사용되며, 5℃ 이하의 온도에서 건조가 잘 안 된다.

해설 ㉠ 알루미늄 도료(은분)
㉡ 실리콘 수지계 : 내열도료 및 베이킹 도료로 사용되며 내열도가 200~350℃ 정도로 우수하다.
㉢ 프탈산계 도료 : 상온에서 도막을 건조시키는 도료이다. 특히 5℃ 이하에서 건조가 잘 안 된다.

정답 23. ① 24. ① 25. ① 26. ④

27. 배관재료 및 용도에 대한 설명으로 틀린 것은?

① 엘보 : 배관의 방향을 바꿀 때 사용한다.
② 레듀서 : 지름이 서로 다른 관을 연결할 때 사용한다.
③ 벨브 : 유체의 흐름을 차단하거나 흐름의 방향을 바꿀 때 사용한다.
④ 플랜지 : 배관을 필요에 따라 도중에 분기할 때 사용한다.

해설 플랜지나 유니언 이음은 배관의 분해가 필요할 때 사용한다.

28. 증기와 응축수의 열역학적 특성에 따라 작동되는 증기트랩은?

① 디스크형 트랩
② 버킷형 트랩
③ 플로트형 트랩
④ 바이메탈형 트랩

해설 열역학적 트랩
㉠ 오리피스 트랩
㉡ 임펄스 트랩(디스크 트랩)

29. 덕타일 주철관의 이음 종류가 아닌 것은?

① TS 이음
② 타이튼 이음
③ 메커니컬 이음
④ K－P 메커니컬 이음

해설 PVC관의 접합
㉠ 냉간접합 : 나사 접합, TS 접합
㉡ 열간접합 : 일단법, 이단법
㉢ 플랜지 접합
㉣ 테이피코어 접합
㉤ 용접법

30. 동관의 외경 산출공식에 의해 150A의 외경을 산출한 것으로 옳은 것은?

① 150.42mm
② 155.58mm
③ 160.25mm
④ 165.6mm

해설 동관 관경 계산＝호칭경 인치＋$\frac{1}{8}$인치(150A＝6인치)

$\therefore (6\times22.4)+22.4\times\frac{1}{8}=155.58\text{mm}$

31. 보온 피복재 중 유기질 피복재가 아닌 것은?

① 코르크
② 암면
③ 기포성 수지
④ 펠트

해설 암면 : 무기질 보온재(흡수성이 적고 알칼리에는 강하나 강산에는 약하다. 풍화의 염려가 없다.)로서 용도는 400℃ 이하의 관이나 덕트, 탱크 보온재로 적합하다.

정답 27. ④ 28. ① 29. ① 30. ② 31. ②

32. 다음 중 토목, 건축, 철탑, 발판, 지주, 말뚝 등에 많이 쓰이는 강관의 종류는?

① 고압배관용 탄소강관
② 고온배관용 탄소강관
③ 일반구조용 탄소강관
④ 경질염화비닐 라이닝강관

해설 구조용 강관
㉠ 일반 구조용 탄소강 강관(SPS)
㉡ 기계 구조용 탄소강 강관(STM)
㉢ 구조용 합금강 강관(STA)

일반 구조용 탄소강 강관 : 토목, 건축, 철탑, 지주와 기타의 구조물용

33. 밸브의 종류별 특징에 관한 설명으로 옳은 것은?

① 감압밸브는 자동적으로 유량을 조정하여 고압 측의 압력을 일정하게 유지한다.
② 스윙형 체크밸브는 수평·수직 어느 배관에도 사용할 수 있다.
③ 안전밸브에는 벨로즈형, 다이어프램형 등이 있다.
④ 버터플라이 밸브는 글로브밸브의 일종으로 유량조절에 사용한다.

해설 ㉠ 감압밸브 : 저압측(출구압력)의 압력을 일정하게 한다.
㉡ 안전밸브 : 스프링식, 추식, 지렛대식
㉢ 버터플라이 밸브 : 운동상태에 따라 분류한 밸브이다.
㉣ 글로브 밸브 : 사용목적에 따른 밸브이며 유량조절에 사용된다.

34. 스테인리스강 또는 인청동의 가늘고 긴 벨로즈의 바깥을 탄력성이 풍부한 구리망, 철망 등으로 피복하여 보강한 신축 이음쇠로 방진용으로도 사용이 가능한 것은?

① 플랙시블 튜브
② 신축곡관
③ 슬리브형 신축 이음쇠
④ 팩리스 신축 이음쇠

해설 플랙시블 튜브 : 스테인리스강 또는 인청동의 가늘고 긴 벨로즈의 바깥을 탄력성이 풍부한 구리망, 철망 등으로 피복하여 보강한 신축이음쇠로서 방진용이다.

35. 주철관의 타이튼 이음(Tyton Joint)에 관한 설명으로 틀린 것은?

① 이음에 필요한 부품은 고무링 하나뿐이다.
② 매설할 경우 특수공구를 이용해 작업할 공간이 필요하므로 이음부를 넓게 팔 필요가 있다.
③ 온도변화에 따른 신축이 자유롭다.
④ 이음 과정이 간단하며 관 부설을 신속히 할 수 있다.

해설 타이튼 이음 : 이음 과정이 간편하여 관 부설을 신속하게 할 수 있다.

 정답 32. ③ 33. ② 34. ① 35. ②

36. 어떤 기름의 동점성계수 υ가 $1.5\times10^{-4}m^2/s$이고 비중량이 $8.33\times10^3N/m^3$일 때 점성계수 μ의 값은?

① $1.28\times10^{-5}N\cdot s/m^2$
② $0.108N\cdot s/cm^2$
③ $1.28\times10^{-3}N\cdot s/m^2$
④ $0.128N\cdot s/m^2$

해설 점성계수(FLT) : $N\cdot s/m^2$
$8.33\times10^3=8,330N/m^2$
$$점성계수=\frac{(1.5\times10^{-4})\times(8.33\times10^3)}{9.8}=0.128N\cdot s/m^2$$

37. 다음 중 폴리에틸렌관 이음의 종류가 아닌 것은?

① 인서트 이음
② 테이퍼 조인트 이음
③ 용착 슬리브 이음
④ 몰코 이음

해설 ㉠ 몰코 이음 : 스테인리스 강관 이음이다.
㉡ 폴리에틸렌관 이음 : ① ② ③항 외에 플랜지 이음, 나사이음, 테이퍼 코어 플랜지 이음이 있다.

38. 주철관 이음 중 종래 사용해오던 소켓이음을 개량한 것으로 스테인리스강 커플링과 고무링만으로 쉽게 이음할 수 있는 방법은?

① 플랜지 이음
② 타이튼 이음
③ 스크루 이음
④ 노-허브 이음

해설 노-허브 이음 : 주철관 이음 중 종래 사용해오던 소켓 이음을 개량한 것으로 스테인리스강 커플링과 고무링만으로 쉽게 이음이 가능하다.

39. 동력나사 절삭기에 관한 설명으로 옳은 것은?

① 다이헤드식은 관의 절단, 나사절삭은 가능하나 거스러미 제거작업은 불가능하다.
② 오스터식은지지 로드를 이용하여 절삭기를 수동으로 이송하며 구조가 복잡하고, 관경이 큰 것에 주로 사용된다.
③ 오스터식, 호브식, 램식, 다이헤드식의 4가지 종류가 있다.
④ 호브식은 나사절삭용 전용 기계이지만 호브와 파이프 커터를 함께 장치하면 관의 나사절삭과 절단을 동시에 할 수 있다.

해설 ㉠ 다이헤드식 : 관의 절단, 나사절삭, 거스러미 제거 가능
㉡ 오스터식 : 관경이 작은 것에 주로 사용된다.
㉢ 댐식은 관의 벤딩기이다.(현장용으로 50A~100A 이하의 관을 상온에서 파이프 밴딩머신으로 사용)

정답 36. ④ 37. ④ 38. ④ 39. ④

40. 용접작업 시 적합한 용접지그(JIG)를 사용할 때 얻을 수 있는 효과로 가장 거리가 먼 것은?

① 용접작업을 용이하게 한다.
② 작업능률이 향상된다.
③ 용접변형을 억제한다.
④ 잔류응력이 제거된다.

해설 잔류응력은 열처리에 의해서만 제거된다.

41. 석면 시멘트관의 심플렉스 이음에 관한 설명으로 틀린 것은?

① 수밀성과 굽힘성은 우수하지만 내식성은 약하다.
② 호칭지름 75~500mm의 지름이 작은 관에 많이 사용된다.
③ 접합에 끼워 넣는 공구로는 프릭션 풀러(Friction Puller)를 사용한다.
④ 칼라 속에 2개의 고무링을 넣고 이음하며 고무 개스킷 이음이라고도 한다.

해설 심플렉스 접합법은 석면시멘트관의 접합이고 사용압력은 10.5kg/cm^2 이상이며 굽힘성과 내식성이 우수하다.

42. 주철관의 소켓 이음에 관한 설명으로 옳은 것은?

① 코킹 방법은 예리한 정을 먼저 사용하고 점차 둔한 정을 사용한다.
② 용융 납은 2~3회에 걸쳐 나누어 삽입하면서 매회 코킹하도록 한다.
③ 콜타르(Coal Tar)는 주철관 표면에 방수피막을 형성시키기 위해 도포한다.
④ 마(얀, Yarn)의 삽입길이는 수도용의 경우 전체 삽입길이의 2/3, 배수용은 1/3이 적합하다.

해설 주철관의 소켓이음은 관의 소켓부에 납과 얀(Yarn)을 넣는 접합방식이다.
납은 접합부에 1개소에 필요한 양을 단번에 부어진다. 납이 굳은 후 코킹(다지기)을 한다.
㉠ 수도관(급수관) : 깊이의 $\frac{1}{3}$얀, $\frac{2}{3}$는 납
㉡ 배수관 : 깊이의 $\frac{2}{3}$얀, $\frac{1}{3}$은 납

43. 용기 내에 유체가 t초 동안 흘러들어가게 했을 때 유체의 질량을 W(kg), 체적을 V(m^3)라고 하면 유량 Q(m^3/s) 식은?

① $t \times V$
② $\frac{V}{t}$
③ $t \times W$
④ $\frac{W}{t}$

해설 유량(Q) = 유속×단면적(m^3/s)
$\therefore Q = \frac{V}{t}$(m^3/s)

 정답 40. ④ 41. ① 42. ① 43. ②

44. 테르밋 용접(Thermit Welding)에 대한 설명으로 옳은 것은?

① 전기용접법 중 한 가지 방법이다.
② 산화철과 알루미늄의 반응열을 이용한 방법이다.
③ 액체 산소를 사용한 가스용접법의 일종이다.
④ 원자수소의 발열을 이용한 방법이다.

해설 테르밋 용접 : 산화철 분말(Fe_2O_2)과 산화알루미늄(Al_2O_3) 분말을 약 3 : 1~4 : 1의 중량비로 혼합하여 테르밋의 화학적 반응에 의해 약 2,800℃ 이상의 고온을 얻어 그 열로 용접하는 특수용접이다.

45. 10℃의 물 1kg을 100℃의 포화증기로 만드는 데 필요한 열량은?(단, 물의 비열은 4.19kJ/kg · K이고, 물의 증발잠열은 2,256.7kJ/kg이다.)

① 539kJ
② 639kJ
③ 2,633.8kJ
④ 2,937.8kJ

해설 물의 현열 = 1kg×4.19kJ/kg · K×(100 − 10) = 377.1kJ
물의 잠열 = 1kg×2,256.7kJ/kg = 2256.7kJ
∴ 열량 = 377.1 + 2,256.7 = 2,633.8kJ/kg

46. 다음 중 증기를 교축할 때 변화가 없는 것은 어느 것인가?

① 온도
② 엔트로피
③ 건도
④ 엔탈피

해설 증기교축(등엔탈피 변화) 시는 엔트로피가 증가한다.

47. 아래 기호는 보일러실의 배관용 기기를 표시한 것이다. 이 기호가 의미하는 것은 무엇인가?

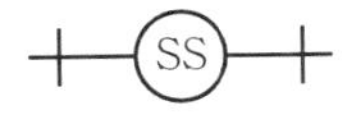

① 리프트 피팅
② 증기트랩
③ 기수분리기
④ 유분리기

해설 보일러 건조증기 취출기
㉠ 기수분리기
㉡ 비수방지관

정답 44. ② 45. ③ 46. ④ 47. ③

48. 다음 중 압력계를 나타내는 도시기호는?

해설
- P : 압력계
- T : 온도계
- F : 연료
- O : 기름
- W : 물
- S : 스팀
- G : 가스
- A : 공기

49. 다음 그림을 바르게 설명한 것은?

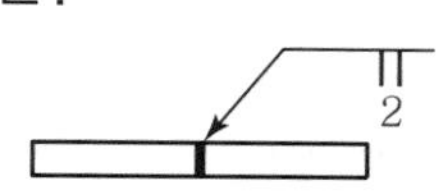

① I형 홈용접으로 2회 실시하시오.
② I형 홈용접으로 단속용접하시오.
③ I형 홈용접으로 루트간격은 2mm로 하시오.
④ I형 홈용접 루트간격 2mm로 양면 실시하시오.

해설

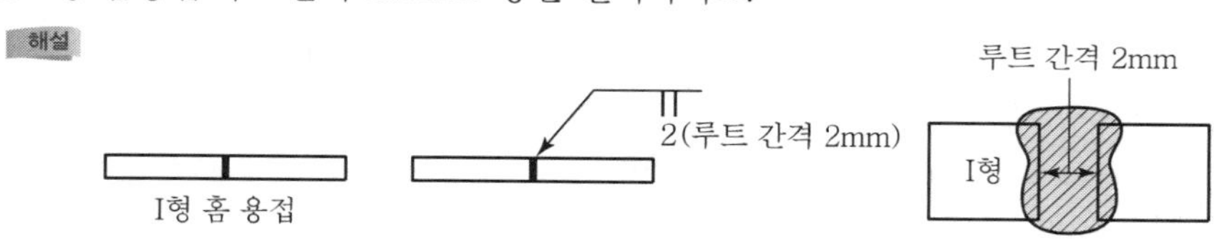

50. 파이프의 외경이 1,000mm, TOP EL30000이고, 또 다른 파이프 외경이 500mm, BOP EL20000이면 두 파이프의 중심선에서의 높이차는 몇 mm인가?

① 6,000
② 7,000
③ 8,500
④ 9,250

해설 높이 표시

㉠ BOP= (500) ← 밑면 기준

㉡ TOP= (1,000) ← 윗면 기준

$\therefore$ 30,000 − 20,000 = 10,000

$10{,}000 - \left(\dfrac{500+1{,}000}{2}\right) = 9{,}250\text{mm}$

 정답 48. ① 49. ③ 50. ④

51. 다음의 계장계통 도면에서 FRC가 의미하는 것은?

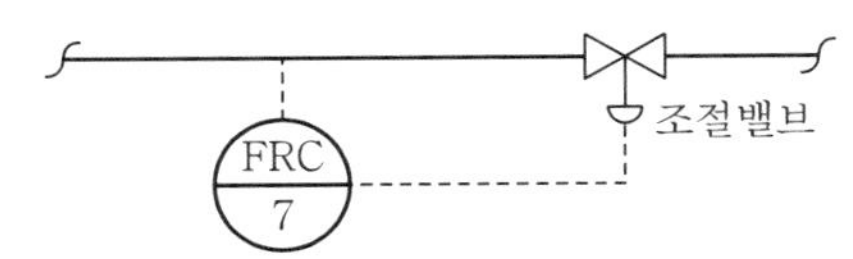

① 수위기록 조절계
② 유량기록 조절계
③ 압력기록 조절계
④ 온도기록 조절계

해설 ㉠ FRC : 유량기록 조절기
㉡ TRC : 온도기록 조절기
㉢ PSV : 압력안전밸브
㉣ PIC : 압력 지시 조절기
㉤ HCV : 수동조절밸브

52. 다음과 같이 배관 라인번호를 나타낼 때, 각 사용 기호에 대한 설명으로 틀린 것은?

3 - 6B - P - 8081 - 39 - CINS

① 6B : 배관 호칭지름
② P : 유체기호
③ 8081 : 배관번호
④ CINS : 배관재료

해설 CINS : 보온・보냉 기호
㉠ 보온 : INS(HINS)
㉡ 보냉 : CINS
㉢ 화상방지 : PP

53. 배관 내의 유체를 표시하는 기호 중 냉각수를 표시하는 것은?

① C
② CH
③ B
④ R

해설 냉각수 : C(쿨링) Cooling

54. 저탕탱크 내의 가열코일을 도면에 나타내기 위하여, 탱크 정면도 상에서 불규칙한 곡선으로 일부를 떼어낸 경계를 표시하는 데 사용하는 선의 명칭과 종류 및 굵기로 옳은 것은?

① 회전단면선, 가는 파선
② 가상선, 가는 2점쇄선
③ 파단선, 가는 실선
④ 절단선, 가는 1점쇄선

해설 파단선, 가는 실선 : 저탕탱크 내의 가열코일을 도면에 나타내기 위하여 탱크 정면도 상에서 불규칙한 곡선으로 일부를 떼어낸 경계 표시선의 명칭과 그 선의 굵기를 표시할 때 사용한다.

정답 51. ② 52. ④ 53. ① 54. ③

55. 품질특성에서 X관리도로 관리하기에 가장 거리가 먼 것은?

① 볼펜의 길이
② 알코올 농도
③ 1일 전력소비량
④ 나사길이의 부적합품 수

해설 X관리도(개개 측정치의 관리도) : 계량치에 관한 관리도
※ 길이, 무게, 강도, 전압, 전류 등 연속변량 측정

56. 다음 데이터로부터 통계량을 계산한 것 중 틀린 것은?

[다음]
21.5, 23.7, 24.3, 27.2, 29.1

① 범위(R) = 7.6
② 제곱합(S) = 7.59
③ 중앙값(Me) = 24.3
④ 시료분산(s^2) = 8.988

해설 ㉠ 범위(Range) : 데이터가 얼마나 많은 숫자 값을 포함하고 있는지 알려준다.
㉡ 제곱합(Sum of Sequence) : 각 데이터로부터 데이터의 평균값을 뺀 값의 제곱합
㉢ 중앙값(Median) = 24.3
㉣ 범위 = 29.1 − 21.5 = 7.6

제곱합 $= (21.5-25.16)^2+(23.7-25.16)^2+(24.3-25.16)^2+(27.2-25.16)^2+(29.1-25.16)^2=35.952$

평균값 $= \dfrac{(21.5+23.7+24.3+27.2+29.1)}{5}=25.16$

시료분산 $= \dfrac{35.952}{4}=8.988$

57. 검사특성곡선(OC Curve)에 관한 설명으로 틀린 것은?(단, N : 로트의 크기, n : 시료의 크기, c : 합격판정개수이다.)

① N, n이 일정할 때 c가 커지면 나쁜 로트의 합격률은 높아진다.
② N, c가 일정할 때 n이 커지면 좋은 로트의 합격률은 낮아진다.
③ $N/n/c$의 비율이 일정하게 증가하거나 감소하는 퍼센트 샘플링 검사 시 좋은 로트의 합격률은 영향이 없다.
④ 일반적으로 로트의 크기 N이 시료 n에 비해 10배 이상 크다면, 로트의 크기를 증가시켜도 나쁜 로트의 합격률은 크게 변하지 않는다.

해설
- lot(로트) : 1회의 준비로서 만들 수 있는 생산단위
- α(생산자 위험확률)
- β(소비자 위험확률)
- c(합격판정개수)
- $L(P)$: 로트의 합격확률
- $(N,\ n,\ c)$: 샘플링 검사의 특성곡선
- N : 크기 N 모집단 로트(Lot)의 크기
- P_0 : 합격시키고 싶은 Lot의 부적합률$(1-\alpha)$
- P_1 : 불합격시키고 싶은 Lot의 합격확률$(1-\beta)$

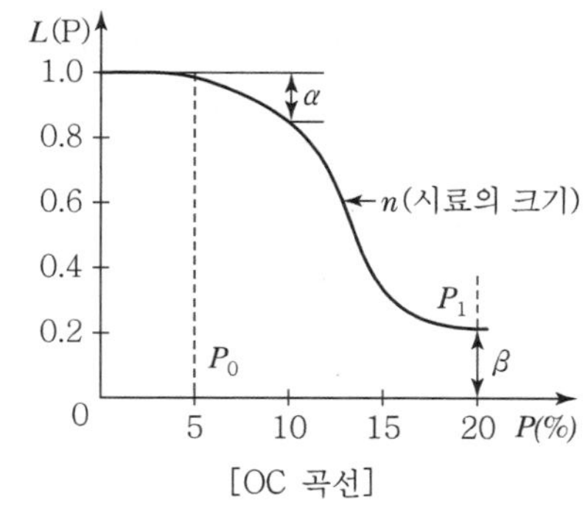

[OC 곡선]

정답 55. ④ 56. ② 57. ③

58. 다음 그림의 AOA(Activity－On－Arc) 네트워크에서 E작업을 시작하려면 어떤 작업들이 완료되어야 하는가?

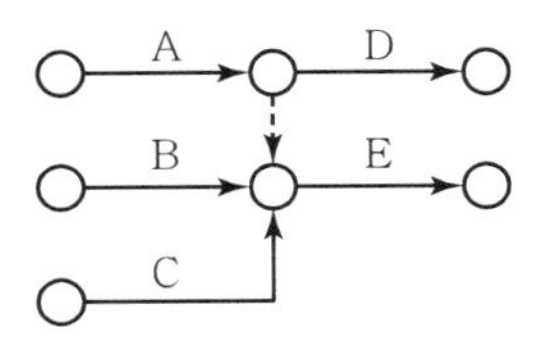

① B
② A, B
③ B, C
④ A, B, C

해설 E작업은 A, B, C 작업이 완료된 이후에 시작한다.

59. 브레인스토밍(Brainstorming)과 가장 관계가 깊은 것은?

① 특성요인도
② 파레토도
③ 히스토그램
④ 회귀분석

해설 ㉠ 브레인스토밍 : 일정한 테마에 관하여 구성원의 자유발언을 통해 아이디어 제시를 요구하여 발상을 찾아내려는 방법(브레인스토밍을 통해 지식과 문제의 원인 의견을 수집하려면 특성요인도가 필요함)
㉡ 특성요인도 : 특성에 대하여 어떤 요인이 어떤 관계로 영향을 미치고 있는지 밝혀 원인 규명을 쉽게 할 수 있도록 하는 기법이다.

60. 표준시간을 내경법으로 구하는 수식으로 맞는 것은?

① 표준시간＝정미시간＋여유시간
② 표준시간＝정미시간×(1＋여유율)
③ 표준시간＝정미시간×$\left(\frac{1}{1-\text{여유율}}\right)$
④ 표준시간＝정미시간×$\left(\frac{1}{1+\text{여유율}}\right)$

해설 표준시간
㉠ 내경법＝정미시간×$\left(\frac{1}{1-\text{여유율}}\right)$
㉡ 외경법＝정미시간×(1＋여유율)

2018.03.31. 과년도 기출문제

MASTER CRAFTSMAN PLUMBING

1. 파이프 랙(pipe rack)의 간격 결정 조건으로 틀린 것은?

① 배관 구경의 대소
② 배관 내 유체의 종류
③ 배관 내 마찰저항
④ 배관 내 유체의 온도

해설 파이프 랙 설치

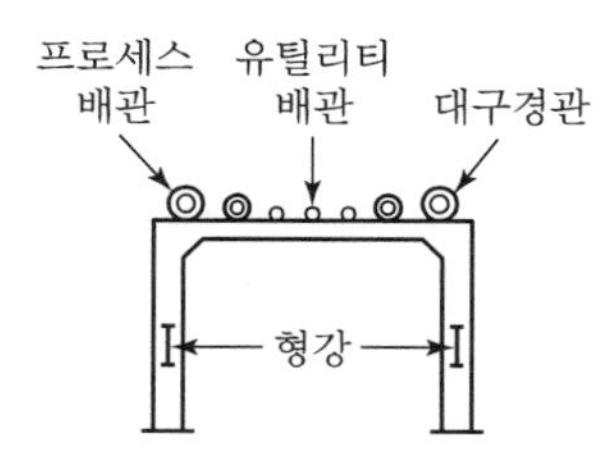

2. 수-공기 방식으로서 여러 개의 방을 가진 건물에서 각 실마다 개별 조절이 가능한 공기조화 방식은?

① 룸쿨러방식
② 2중덕트방식
③ 유인유닛방식
④ 패키지방식

해설 유인유닛방식(인덕션방식) 공기조화 : 수-공기 방식이며 여러 개의 방을 가진 건물에서 각 실마다 개별 조절이 가능한 공기조화방식이다.

3. 증기난방 배관시공법에 대한 설명으로 틀린 것은?

① 암거 내에 배관할 때 밸브, 트랩 등은 가급적 맨홀 부근에 집합시켜 놓는다.
② 방열기 브랜치 파이프 등에서 부득이 매설 배관할 때에는 배관으로부터의 열손실과 신축에 주의한다.
③ 리프트 이음 시 1단의 흡상고는 1.5m 이내로 한다.
④ 증기 주관에 브랜치 파이프를 접할 때에는 원칙적으로 30° 이하의 각도로 설치한다.

해설 브랜치 파이프(branch pipe) : 분기용 파이프
분기관 취출 : 증기주관에 대해 45° 이상으로 지관을 상향 취출하고 열팽창을 고려해 스위블이음을 해준다(끝올림구배는 수평관 사용, 하향공급관은 끝내림구배 사용)

정답 1. ③ 2. ③ 3. ④

4. 화학배관 설비 중 열교환기에 대한 설명으로 틀린 것은?

① 가열기 : 유체를 증기 또는 장치 중의 폐열 유체로 가열하여 필요한 온도까지 상승시키기 위한 열교환기
② 증발기 : 유체를 가열 증발시켜 발생한 증기를 사용하는 열교환기
③ 재비기 : 장치 중에서 응축된 유체를 재가열 증발시킬 목적으로 사용하는 열교환기
④ 응축기 : 증발성 기체를 사용하여 현열을 제거해 액화시키는 열교환기

해설 응축기 : 공기나 냉각수를 이용하여 유체의 응축잠열을 제거하여 액화시키는 열교환기

5. 플랜트 배관에서 내압이 높고 고온인 유체가 누설될 경우 벤트밸브를 설치하여 누설을 방지하는 응급조치 방법은?

① 코킹법 ② 밴드 보강법 ③ 인젝션법 ④ 박스 설치법

해설 박스 설치법에 대한 설명이다.

6. 자동제어에서 미리 정해 놓은 시간적 순서에 따라서 작업을 순차적으로 진행하는 제어 방법은?

① 시퀀스 제어(sequence control) ② 피드백 제어(feedback control)
③ 폐루프 제어(closed loop control) ④ 최적 제어(optimal control)

해설 시퀀스 제어(정성적 제어) : 미리 정해 놓은 시간적 순서에 따라 작업을 순차적으로 진행하는 제어방법 (엘리베이터, 커피자판기 등)

7. 공정제어의 요소 중 마치 인간의 두뇌와 같은 작용을 하는 것으로 오차의 신호를 받아 어떤 동작을 하면 되는가를 판단한 후 처리하는 부분은?

① 검출기 ② 전송기 ③ 조절기 ④ 조작부

해설

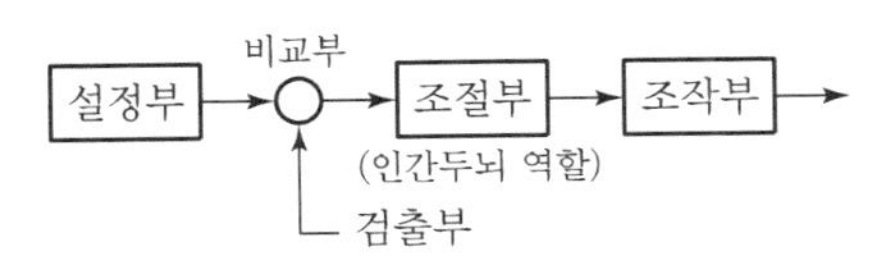

8. 같은 펌프를 유량이 2,000LPM일 때 회전수를 1,000rpm에서 1,200rpm으로 변경시킬 때 유량(LPM)은 얼마가 되는가?

① 2,400 ② 2,200 ③ 2,000 ④ 600

해설 펌프유량은 회전수 변화에 비례한다.

$$Q^2 = Q_1 \times \left(\frac{N_2}{N_1}\right)$$

$$\therefore \ 2,000 \times \left(\frac{1,200}{1,000}\right) = 2,400\text{m}^3/\text{min}$$

정답 4. ④ 5. ④ 6. ① 7. ③ 8. ①

9. 급수배관 시공에 대한 설명으로 틀린 것은?

① 급수배관의 최소 관경은 원칙적으로 20mm로 한다.
② 음료용 배관을 배수관, 잡용수관 등 다른 배관과 직접 연결시켜서는 안 된다.
③ 급수관은 수리 시 관 속의 물을 완전히 뺄 수 있도록 기울기를 주어야 하며, 기울기는 1/250을 표준으로 한다.
④ 급수관과 배수관을 근접하여 매설하는 경우에는 원칙적으로 양 배관의 수평간격을 100mm 이상으로 하고, 급수관은 배수관의 아래쪽에 매설한다.

해설

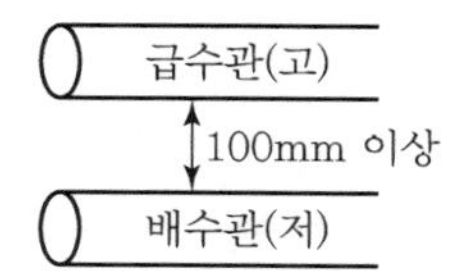

10. 제어요소 중 입력 변화와 동시에 출력이 시간 지연 없이 목표치에 동시에 변화하며, 시간 지연이 없다는 의미에서 0차 요소라고도 하는 것은?

① 적분요소
② 일차지연요소
③ 고차지연요소
④ 비례요소

해설 ㉠ 비례요소(0차 요소)
㉡ 제어요소 : 조절부와 조작부의 합으로 동작신호를 조작량으로 변환한다.

11. 다음 중 유류배관 설비의 기밀시험을 할 때 안전상 가장 부적절한 가스는?

① 질소 ② 산소 ③ 탄산가스 ④ 아르곤

해설 산소는 조연성 가스(지연성 가스)이므로 가연성인 유류배관에 사용하는 것은(기밀시험용) 금물이다.

12. 피드백 제어방식에서 연속동작에 해당되는 것은?

① ON-OFF 동작
② 다위치동작
③ 불연속속도동작
④ 적분동작

해설 연속동작
㉠ 비례동작(P), ㉡ 적분동작(I), ㉢ 미분동작(D)

13. 배관용 공기기구 사용 시 안전수칙으로 틀린 것은?

① 처음에는 천천히 열고 일시에 전부 열지 않는다.
② 기구 등의 반동으로 인한 재해에 항상 대비한다.
③ 공기 기구를 사용할 때는 보호구를 착용한다.
④ 활동부에는 항상 기름 또는 그리스가 없도록 깨끗이 닦아 준다.

해설 배관용 공기기구 사용의 경우 미활동부에서만 항상 기름이나 그리스가 없도록 깨끗이 닦아준다.

 정답 9. ④ 10. ④ 11. ② 12. ④ 13. ④

14. 펌프배관 시공에 대한 설명으로 틀린 것은?

① 흡입 측 수평관에는 펌프 쪽으로 올림 구배를 한다.
② 토출 측 수직관 상부에는 수격 방지 시설을 한다.
③ 흡입 측에는 압력계를, 토출 측에는 진공계를 설치한다.
④ 흡입관의 중량이나 토출관의 중량이 펌프에 영향을 주지 않는 구조로 한다.

해설

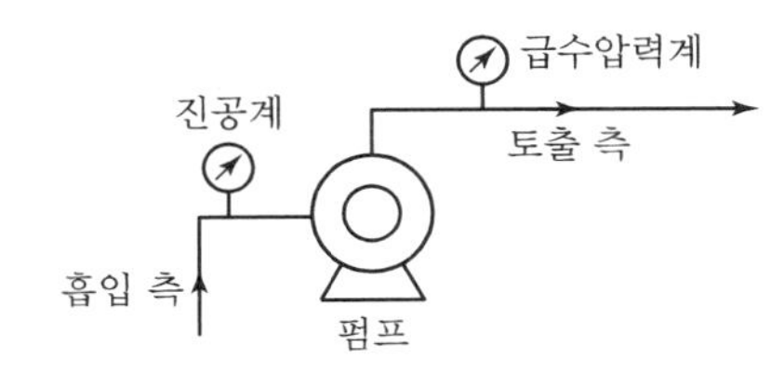

15. 가스배관의 보냉 및 보온 단열공사 시공법에 대한 설명으로 틀린 것은?

① 배관을 보냉 단열할 때는 2~3개의 관을 함께 보냉재로 싼다.
② 배관 지지부의 보냉은 보냉재를 충분히 밀착시키고 방습 시공을 완전하게 한다.
③ 배관의 말단인 플랜지부 등에 저온용 매스틱을 발라 주고 아스팔트 루핑으로 보온해서 방습해 준다.
④ 시공 후 진동 등으로 인해 보온재가 탈락되지 않도록 견고하게 고정한다.

해설 배관의 보냉단열 시 1개의 관을 대상으로 보냉재로 시공한다. 2~3개의 관을 함께 보냉재로 시공하지 않는다.

16. 압축기의 분류에서 용적식(체적식) 압축기에 해당하지 않는 것은?

① 왕복식 ② 회전식
③ 원심식 ④ 스크류식

해설 비용적식 압축기 : 원심식(터보형) 압축기

17. 노통보일러에서 노통에 직각으로 설치하여 전열면적을 증가시키며 노통을 보강하는 관은?

① 아담슨조인트 ② 갤로웨이관
③ 기수증발관 ④ 공기예열관

해설

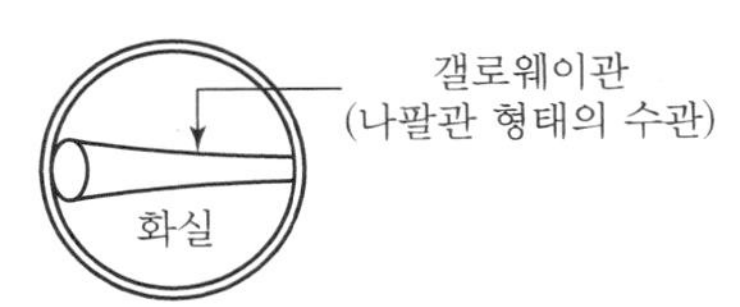

18. 시퀀스 제어의 접점 회로의 회로명칭과 논리식으로 옳은 것은?

① 논리적(AND) 회로는 $A \cdot B = 0$
② 논리합(OR) 회로는 $A + B = R$
③ 논리부정(NOT) 회로는 $A + \overline{B} = 0$
④ 기억(NOR) 회로는 $A(A + B) = 0$

해설 ㉠ 논리곱(AND gate) : $X = A \cdot B$
㉡ 논리합(OR gate) : $X = A + B$
㉢ 논리부정(NOT gate) : $X = \overline{A}$
㉣ 기억회로(NOR gate) : $X = \overline{A + B}$

19. 1시간에 100℃의 물 31.3kg이 전부 증기로 되는 증발능력을 지닌 증기보일러의 능력은 몇 보일러 마력인가?

① 1보일러 마력
② 2보일러 마력
③ 3보일러 마력
④ 4보일러 마력

해설 보일러 1마력 능력 : 상당증발량 15.65kg/h의 발생능력

$\therefore$ 마력 $= \frac{31.3}{15.65} = 2$(마력)

20. 다음 중 아크용접기로 배관의 용접작업 시 감전을 방지하기 위한 가장 적합한 조치는?

① 리밋 스위치 부착
② 2차 권선장치 부착
③ 자동 전격 방지장치 부착
④ 중성 점접지 연결

해설 자동전격 방지장치는 아크용접기로 배관 용접 시 감전을 방지하기 위해 설치한다.

21. 강관의 제조방법에서 아크용접관은 350A 이상의 큰 지름의 관을 만들 때 쓰는 방법으로 띠강판의 측면을 용접에 적합하도록 베벨 가공하여 용접하기에 가장 적합한 것은?

① TIG 용접
② 전기아크용접
③ 자동 서브머지드아크용접
④ CO_2 아크용접

해설 자동 서브머지드아크 용접 : 아크용접관에서 350A 이상의 큰 지름의 관을 만들 때 쓰는 방법이다. 띠강판의 측면을 용접에 적합하도록 베벨 가공하여 용접하는 강관의 제조방법이다.

22. 합성수지류 패킹 중 가장 많이 사용되며 어떠한 약품이나 기름에도 침해되지 않는 것은?

① 네오프렌
② 주석
③ 테프론
④ 구리

해설 테프론은 합성수지 패킹 중 (플랜지)패킹이며 가장 많이 사용하고 어떠한 약품이나 기름에도 침해되지 않는다.(사용온도 : −260~260℃)

정답 18. ② 19. ② 20. ③ 21. ③ 22. ③

23. 관지름이 50A, 인장강도가 42kg/mm²인 SPPS관을 사용할 때, 스케줄 번호로 적당한 것은? (단, 최고 사용압력은 7.84MPa이고, 안전율은 4이다.)

① Sch NO. 40
② Sch NO. 60
③ Sch NO. 80
④ Sch NO. 100

해설 스케줄 번호(SCH) $= 10 \times \frac{P}{S}$

여기서, S(허용응력) = 인장강도 $\times \frac{1}{4}$

$$\therefore\ 10 \times \frac{7.84 \times 10}{42 \times \frac{1}{4}} = 75(\fallingdotseq 80)$$

24. 동관에 대한 설명으로 틀린 것은?

① 타프피치동은 산소 함량이 0.02~0.05% 정도, 순도 99.9% 이상이 되도록 전기동을 정제한 것이다.
② 인탈산동은 전기동 중의 산소를 인을 써서 제거한 것으로 산소는 0.01% 이하로 제거되나 대신 인이 잔류한다.
③ 무산소동은 산소도 최대한 제거시키고 잔류되는 탈산제도 없는 동으로 순도는 99.96% 이상이다.
④ 인탈산동은 고온의 환원성 분위기에서 수소취화 현상을 일으키므로 고온용접 시 주의해야 한다.

해설 ㉠ 동관 : 타프피치동, 인탈산동, 무산소동, 동합금
㉡ 인탈산동은 고온의 환원성 분위기에서도 수소취성이 없으므로 고온용접 시 주의해야 한다.

25. 100A 강관을 inch계(B자)의 호칭으로 지름을 표시하면 얼마인가?

① 1B
② 2B
③ 3B
④ 4B

해설 1인치(1B)는 2.54cm이다.(25.4mm)

100A = 100mm $\therefore$ 호칭지름 $= \frac{100}{25.4} = 4\text{B}$

26. 배관재료에 대한 설명으로 틀린 것은?

① 동관은 관 두께에 따라 K형, L형, M형으로 구분한다.
② 연관은 화학공업용으로 사용되는 1종관과 일반용으로 쓰이는 2종관, 가스용으로 사용되는 3종관이 있다.
③ 주철관은 용도에 따라 수도용, 배수용, 가스용, 광산용으로 구분한다.
④ 배관용 탄소강 강관은 1MPa 이상, 10MPa 이하 증기관에 적합하다.

해설 ㉠ 배관용 탄소강 강관(SPP) : 1MPa 이하에서 사용(증기, 물, 기름용)
㉡ 압력배관용 탄소강 강관(SPPS) : 1MPa 이상~10MPa 이하에서 사용한다.(350℃ 이하용, 증기관, 유압관, 수압관용)

정답 23. ③ 24. ④ 25. ④ 26. ④

27. 강관의 종류와 기호의 연결로 옳은 것은?

① SPHT : 고압 배관용 탄소강관
② STWW : 상수도용 도복장 강관
③ STHA : 저온 배관용 탄소강관
④ STBH : 일반 구조용 탄소강관

해설 ㉠ SPHT : 고온배관용 탄소강관
㉡ STHA : 보일러 열교환기용 합금강 강관
㉢ STBH : 보일러 열교환기용 탄소강 강관

28. 주철관의 접합방법 중 소켓 접합에서 얀(yarn)과 납의 채움길이에 대한 설명으로 옳은 것은?

① 배수관일 때 삽입길이의 약 1/3을 얀으로 하고, 약 2/3를 납으로 한다.
② 급수관일 때 삽입길이의 약 1/4을 얀으로 하고, 약 3/4을 납으로 한다.
③ 배수관일 때 삽입 길이의 약 2/3을 얀으로 하고, 약 1/3을 납으로 한다.
④ 급수관일 때 삽입길이의 약 3/4을 얀으로 하고, 약 1/4을 납으로 한다.

해설

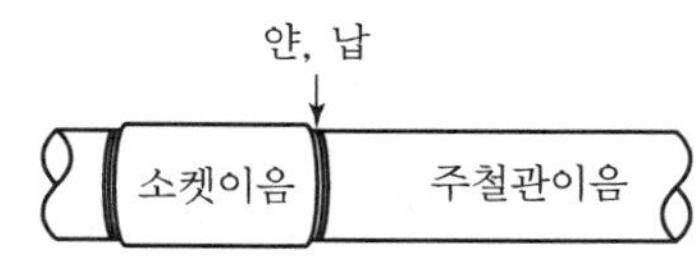

㉠ 배수관 : 삽입길이의 약 $\frac{2}{3}$: 얀, 삽입길이의 약 $\frac{1}{3}$: 납

㉡ 급수관 : 삽입길이의 약 $\frac{1}{3}$: 얀, 삽입길이의 약 $\frac{2}{3}$: 납

29. 양질의 선철에 강을 배합하여 용해하고, 회전하는 주형에 주입하여 원심력을 이용하여 주조한 후 730℃ 이상에서 일정시간 풀림하여 제조한 관은?

① 수도용 입형 주철직관
② 수도용 원심력 사형 주철관
③ 수도용 원심력 금형 주철관
④ 덕타일 주철관

해설 덕타일 주철관 : 양질의 선철에 강을 배합하여 용해하고 회전하는 주형에 주입하여 원심력을 이용하여 주조한 후 730℃ 이상에서 일정시간 풀림하여 제조한 관이다.

30. 배관의 이동 구속 제한을 하고자 할 때 사용되는 레스트레인트(restraint)의 종류가 아닌 것은?

① 앵커(anchor)
② 스토퍼(stopper)
③ 가이드(guide)
④ 클램프(clamp)

해설 클램프 : 재료나 부품을 고정하거나 접착할 때 사용하는 공구이다.
㉠ C클램프(가장 많이 사용한다.)
㉡ G클램프
㉢ F클램프

 정답 27. ② 28. ③ 29. ④ 30. ④

31. 일반적인 파일럿식 감압밸브에 대한 설명으로 틀린 것은?

① 최대 감압비는 3 : 1 정도이다.
② 1차측 적용압력은 $10kgf/cm^2$ 이하이다.
③ 2차측 조정압력은 $0.35 \sim 8kgf/cm^2$ 정도이다.
④ 1차측 압력의 변동과 2차측 소비 유량 변화에 관계없이 2차측 압력은 일정하게 유지된다.

해설 파일럿식 감압밸브

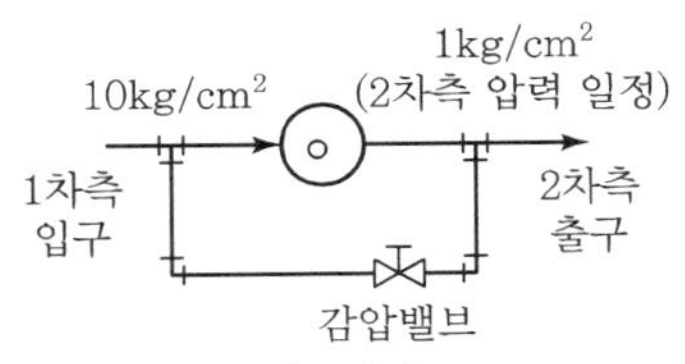

① 최대 감압비(입구－출구)는 약 10 : 1 정도이다.

32. 강관과 비교하여 경질 염화비닐관의 특징으로 옳은 것은?

① 열팽창률이 작다.
② 충격강도가 크다.
③ 관내 마찰손실이 작다.
④ 저온 및 고온에서의 강도가 크다.

해설 염화비닐관(PVC)은 그 장점이 ③항 외에도 내식성, 내산성, 내알칼리성이 크고 전기의 절연성이 크고 가격이 저렴하고 시공비도 적게 든다.

33. 배관에 설치되는 밸브, 트랩, 기기 등의 앞에 설치하여 관속의 유체에 섞여 있는 이물질을 제거하여 기기의 성능을 보호하는 데 사용되는 것은?

① 버킷트랩
② 드럼트랩
③ 체크밸브
④ 스트레이너

해설 증기트랩

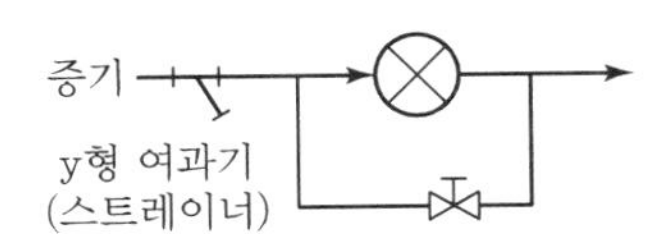

34. 앵글, 환봉, 평강 등으로 만들어 파이프의 이동을 방지하는 목적으로 지지물을 장치하기 위해 천장, 바닥, 벽 등의 콘크리트에 매설해 두는 지지금속을 무엇이라고 하는가?

① 인서트(insert)
② 슬리브(sleeve)
③ 행거(hanger)
④ 러그(lugs)

해설 인서트
㉠ 앵글, 환봉, 평강 등으로 제작한다.
㉡ 파이프 이동을 구속한다.
㉢ 지지물을 장치하기 위해 천장, 바닥, 벽 등의 콘크리트에 매설하는 지지금속이다.

정답 31. ① 32. ③ 33. ④ 34. ①

35. 다음 중 석면시멘트관의 접합방법이 아닌 것은?

① 기볼트 이음 ② 칼라 이음
③ 심플렉스 이음 ④ 플랜지 이음

해설 플랜지 접합 : 강관, 주철관 등의 접합에 사용한다.

36. 램식과 로터리식 파이프 벤딩 머신에 대한 비교 설명으로 틀린 것은?

① 램식은 이동식이므로 배관공사 현장에서 지름이 비교적 작은 관에 적당하다.
② 로터리식은 관에 모래를 채우는 대신 심봉을 넣고 구부린다.
③ 로터리식은 두께에 관계없이 강관 및 스테인리스관, 동관까지도 벤딩이 가능하다.
④ 동일 모양의 굽힘을 다량 생산하는 데 적합한 것은 램식이다.

해설 로터리식 파이프 벤딩 머신은 동일 모양의 굽힘을 다량 생산한다.

37. AW−300인 교류아크용접기의 정격 2차전류는 얼마인가?

① 150[A] ② 220[A]
③ 300[A] ④ 600[A]

해설 ㉠ AW : 200(정격 2차전류 200A)
㉡ AW : 300(정격 2차전류 300A)

38. 100A 강관으로 반지름(R) 800mm의 6편 마이터(miter) 배관을 제작하고자 한다. 절단각은 얼마인가?(단, 중심각은 90°이다.)

① 7° ② 9° ③ 15° ④ 1°

해설 마이터 절단각$=\dfrac{\text{중심각}}{2(\text{편수}-1)}=\dfrac{90}{2(6-1)}=9°$

39. 관용나사의 테이퍼 값으로 가장 적합한 것은?

① 1/6 ② 1/10 ③ 1/16 ④ 1/30

해설

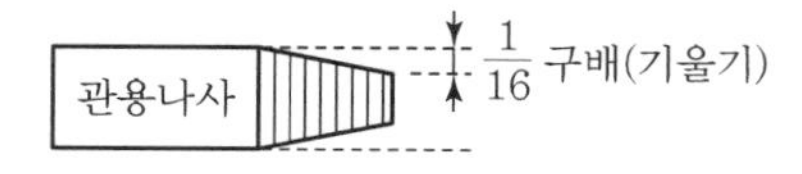

40. 외경 50mm인 증기관으로 오메가형 루프이음을 설치할 경우 흡수해야 할 배관 길이를 10mm로 한다면 벤드의 전 길이는 얼마인가?

① 1.65m ② 500mm ③ 22.36cm ④ 223cm

해설 신축관길이$(l)=0.073\sqrt{d\cdot \Delta l}=0.073\sqrt{50\times 10}\fallingdotseq 1.65\text{m}$

 정답 35. ④ 36. ④ 37. ③ 38. ② 39. ③ 40. ①

41. 다음 아크용접부의 결함에 대한 방지대책의 연결로 옳은 것은?

① 언더컷－높은 전류를 사용한다.　② 오버 랩－용집 전류를 낮춘다.
③ 기공－용접 속도를 높인다.　④ 선상조직－급랭을 피한다.

해설

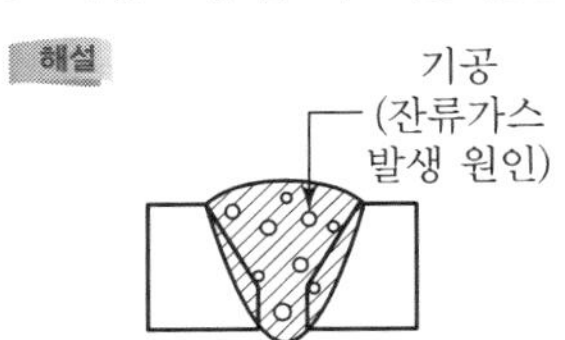

※ 선상조직(banded structure)은 강에 인(P)을 많이 함유하면 편석이 일어나는 조직으로 파단면에 나타나는 아주 미세한 주상 결정이 서리모양으로 나란히 발생한다.

42. 다음 중 SI 기본단위가 아닌 것은?

① 시간(s)　② 길이(m)
③ 질량(kg)　④ 압력(Pa)

해설 SI 기본단위는 ① ② ③ 외 물질의 양(몰), 온도(K), 전류(A), 광도(cd) 등 7개이다.

43. 표준 대기압에서 0℃의 물 20kg를 100℃의 포화증기로 변화시키는 데 필요한 열량(kJ)은?(단, 물의 비열은 4.19kJ/kg·K이고, 물의 증발 잠열은 2,256.7kJ/kg이다.)

① 26,740　② 45,110　③ 53,514　④ 86,960

해설 현열＝20kg×1kcal/kg · K×(100－0)℃＝2,000(kcal)
잠열＝539kcal/kg×20kg＝{20×4.19×(100－0)}＋{2,256.7×20}＝53,514(kJ)

44. 열용량에 대한 설명으로 옳은 것은?

① 어떤 물질 1kg의 온도를 10℃ 변화시키기 위하여 필요한 열량
② 어떤 물질의 연소 시 생기는 열량
③ 어떤 물질의 온도를 1℃ 변화시키기 위하여 필요한 열량
④ 정적비열에 대한 정압비열을 백분율로 표시한 값

해설 열용량＝질량×비열
(어떤 물질의 온도를 1℃ 변화시키는 데 필요한 열량)

45. 불활성 가스 텅스텐 아크용접(TIG)의 장점으로 틀린 것은?

① 용제(flux)를 사용하지 않는다.
② 질화 및 산화를 방지하여 내부식성이 증가한다.
③ 박판용접과 비철금속용접이 용이하다.
④ 용융점이 낮은 금속 또는 합금의 용접에 적합하다.

해설 합금의 용접에는 사용이 원활하지 못하다.

정답 41. ④ 42. ④ 43. ③ 44. ③ 45. ④

46. 강관의 슬리브 용접 시 슬리브의 길이는 관경의 몇 배로 하는 것이 가장 적당한가?

① 1.2~1.7배　　② 4~4.5배
③ 2.0~2.5배　　④ 7배 이상

해설

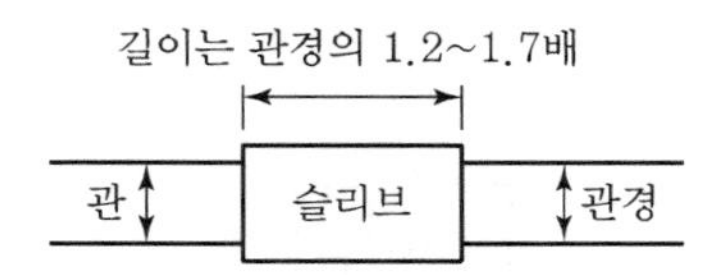

47. 밸브의 조작부 표시방법 중 동력 조작을 나타내는 것은?

①　　②
③　　④

해설

48. 아래의 배관제도에서 +3200의 치수가 의미하는 것은?

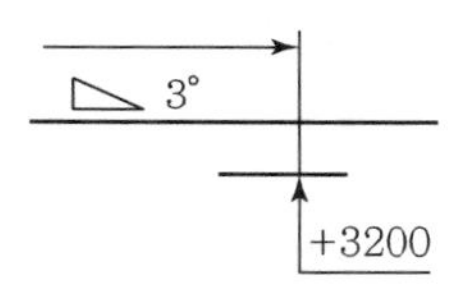

① 관의 윗면까지 높이 3,200mm　　② 관의 중심까지 높이 3,200mm
③ 관의 아랫면까지 높이 3,200mm　　④ 관의 3° 기울어진 길이 3,200mm

해설

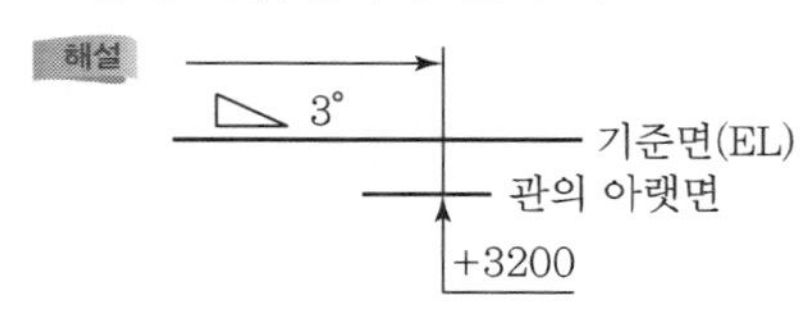

49. 건설 또는 제조에 필요한 모든 정보를 전달하기 위한 도면으로 공정도, 시공도, 상세도로 구분되는 도면은 어느 것인가?

① 계획도　　② 제작도
③ 주문도　　④ 견적도

해설 제작도는 건설 또는 제조에 필요한 모든 정보를 전달하기 위한 도면으로 공정도, 시공도, 상세도로 구분된다.

 정답 46. ① 47. ② 48. ③ 49. ②

50. 절단 단면부분을 표시할 필요가 있을 경우 단면도의 단면 자리에 해칭하는 방법에 대한 설명으로 틀린 것은?

① 해칭은 주된 중심선 또는 단면도의 주된 외형선에 대하여 45°로 가는 실선을 등간격으로 그린다.
② 해칭의 간격은 해칭을 하는 단면의 크기와 관계없이 일정하게 그린다.
③ 인접한 단면의 해칭은 선의 방향 또는 각도를 바꾸든지 간격을 바꾸어서 그린다.
④ 같은 절단면 위에 나타나는 같은 부품의 단면에도 동일한 해칭을 한다.

해설 ㉠ 절단선(가는 일점 쇄선으로 그린다.)

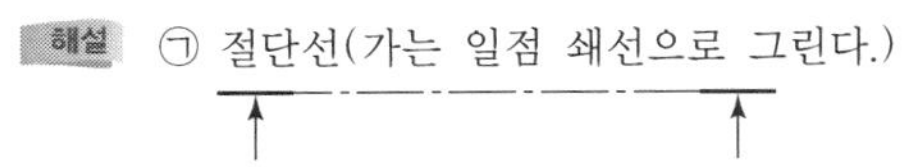

㉡ 그 양단이나 굴곡부 등의 요소는 굵은선으로 그린다.
해칭선의 간격은 해칭을 하는 단면의 크기에 따라 다르게 그린다.

51. 동관배관에서 다음과 같이 재료가 산출되었다. 동관 용접 개소는 각각 몇 개소인가?

• 동관(DN25) 길이 : 2.5m	• 동관(DN20) 길이 : 2.0m
• 동관(DN15) 길이 : 1.5m	• 동티(C×C×C) DN25/DN15 : 1개
• 동레듀서(C×C) DN25/DN20 : 1개	• 청동게이트밸브 DN20 : 1개
• 어댑터(C×M) DN20 : 1개	• 동유니언(C×M) DN20 : 1개
• 동엘보(C×C) DN20 : 1개	

① • DN25 3개소 • DN20 5개소 • DN15 1개소
② • DN25 2개소 • DN20 4개소 • DN15 2개소
③ • DN25 5개소 • DN20 3개소 • DN15 1개소
④ • DN25 3개소 • DN20 7개소 • DN15 2개소

해설

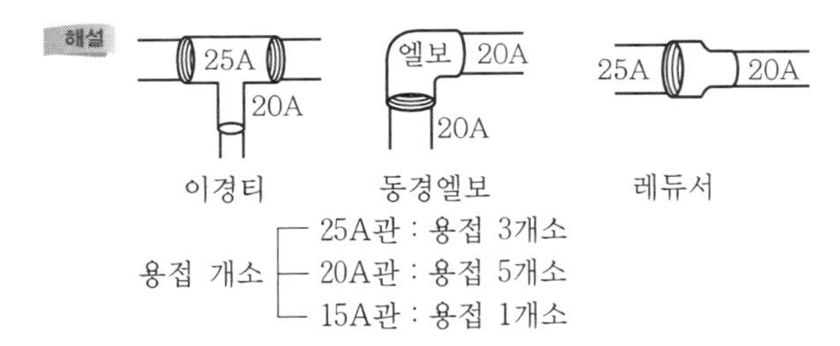

용접 개소
- 25A관 : 용접 3개소
- 20A관 : 용접 5개소
- 15A관 : 용접 1개소

52. 입체 배관도로 작도하는 도면으로서, 배간의 일부분만 작도한 도면이며 부분제작을 목적으로 하는 도면은?

① 입면 배관도
② 입체 배관도
③ 부분 배관도
④ 평면 배관도

해설 부분배관도에 대한 설명이다.

53. 이음쇠 끝부분의 집합부 형상을 나타내는 기호 중 수나사가 있는 접합부를 의미하는 기호는?

① M ② F ③ C ④ P

해설 ㉠ M : 나사가 밖으로 난 나사이음 부속 끝부분
㉡ F : 나사가 안으로 난 나사이음 부속 끝부분
㉢ C : 연결부속 내의 동관이 들어가는 형태
㉣ FTG : 연결부속 외경이 동관의 내경 치수에 맞게 만들어진 부속의 끝부분

54. 다음 평면배관도를 입체배관도로 표현한 것으로 옳은 것은?

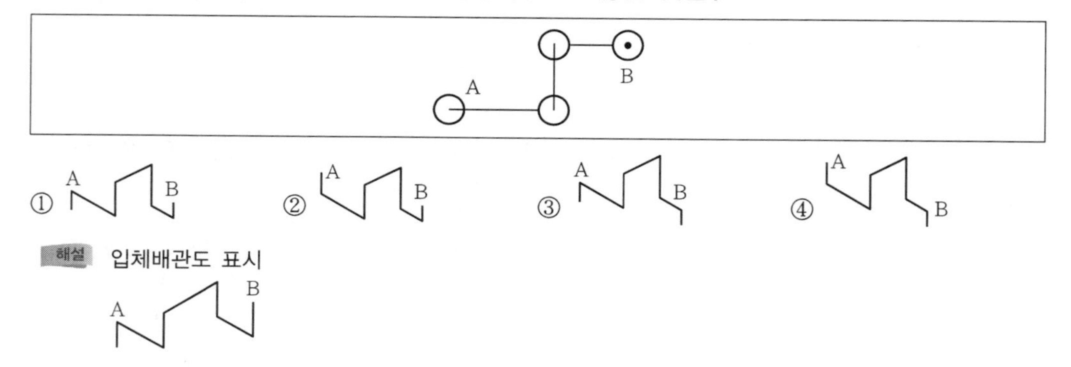

55. 직물, 금속, 유리 등의 일정 단위 중 나타나는 흠의 수, 핀홀 수 등 부적합수에 관한 관리도를 작성할 때 가장 적합한 관리도는?

① c 관리도 ② np 관리도
③ p 관리도 ④ $\overline{X}-R$ 관리도

해설 ㉠ c 관리도(부적합 등 결점수의 관리도)
㉡ P_n 관리도(불량개수의 관리도)
㉢ p 관리도(불량률의 관리도)
㉣ $\overline{X}-R$ 관리도(평균치와 범위의 관리도)
㉤ $\tilde{X}-R$ 관리도(메디안과 범위의 관리도)

56. Ralph M. Barnes 교수가 제시한 동작경제의 원칙 중 작업장 배치에 관한 원칙(Arrangement of the workplace)에 해당되지 않는 것은?

① 가급적이면 낙하식 운반방법을 이용한다.
② 모든 공구나 재료는 지정된 위치에 있도록 한다.
③ 적절한 조명을 하여 작업자가 잘 보면서 작업할 수 있도록 한다.
④ 가급적 용이하고 자연스런 리듬을 타고 일할 수 있도록 작업을 구성하여야 한다.

해설 ④항 내용은 인체 사용에 관한 동작경제의 원칙에 해당한다.

57. 다음 데이터의 제곱합(sum of squares)은 약 얼마인가?

[데이터]				
18.8	19.1	18.8	18.2	18.4
18.3	19.0	18.6	19.2	

① 0.129 ② 0.338 ③ 0.359 ④ 1.029

해설 제곱합 : 각 데이터로부터 데이터의 평균값을 뺀 것의 제곱합

$$(\text{평균값}) = \frac{18.8+19.1+18.8+18.2+18.4+18.3+19.0+18.6+19.2}{9} = 18.71$$

$$\therefore\ (18.8-18.71)^2+(19.1-18.71)^2+(18.8-18.71)^2+(18.2-18.71)^2+(18.4-18.71)^2+(18.3-18.71)^2+(19-18.71)^2+(18.6-18.71)^2+(19.2-18.71)^2=1.029$$

58. 국제표준화의 의의를 지적한 설명 중 직접적인 효과로 보기 어려운 것은?

① 국제 간 규격통일로 상호 이익 도모
② KS 표시품 수출 시 상대국에서 품질인증
③ 개발도상국에 대한 기술개발의 촉진을 유도
④ 국가 간의 규격 상이로 인한 무역장벽의 제거

해설 KS 표시는 국제표준화가 아닌 우리나라의 품질인증이다.

59. 어떤 회사의 매출액이 80,000원, 고정비가 15,000원, 변동비가 40,000원일 때 손익분기점 매출액은 얼마인가?

① 25,000원 ② 30,000원
③ 40,000원 ④ 55,000원

해설 손익분기점 계산(매출액)

$$\frac{\text{고정비}}{\text{한계이익률}} = \frac{\text{고정비}}{1-\left(\dfrac{\text{변동비}}{\text{매상고}}\right)} = \frac{15,000}{1-\left(\dfrac{40,000}{80,000}\right)} = 30,000\text{원}$$

60. 전수검사와 샘플링검사에 관한 설명으로 맞는 것은?

① 파괴검사의 경우에는 전수검사를 적용한다.
② 검사항목이 많을 경우 전수검사보다 샘플링검사가 유리하다.
③ 샘플링검사는 부적합품이 섞여 들어가서는 안 되는 경우에 적용한다.
④ 생산자에게 품질향상의 자극을 주고 싶을 경우 전수검사가 샘플링검사보다 더 효과적이다.

해설 전수검사와 샘플링검사
㉠ 검사 항목이 너무 많으면 전수검사보다 샘플링검사가 유리하다.
㉡ 더 정확한 것은 전수검사이다.
㉢ 불량품이 1개라도 혼입되면 안 될 때, 전체검사를 쉽게 행할 수 있을 때 이외에는 소량의 표본만 검사하는 Sampling 검사를 주로 한다.

정답 57. ④ 58. ② 59. ② 60. ②

• 알림사항 •

- 제64회 기능장(2018년 7월 14일, 7월 15일) 시험부터는 컴퓨터 CBT 필기시험으로 시행되므로 시험문제지가 공개되지 않습니다.(단, 여러 종목의 필기시험 응시는 가능합니다.)
- 필기시험 당일 합격, 불합격이 판정됩니다.
- 배관기능장 실기시험 준비 시 저자의 네이버 카페 '가냉보열(https://cafe.naver.com/kos6370)'을 이용하면 많은 자료를 참고하실 수 있습니다.

PART 07

부록 [배관도면 작업하기, 배관적산]

* 이 문제는 수험생의 기억에 의해 편집한 것으로 원 시험문제 내용과 다를 수 있으며, 독자 여러분의 시험 준비에 도움을 주고자 수험생의 도움으로 어렵게 구성한 것입니다.

* 필기책에 관계없이 부록은 무료제공입니다.

배관 치수 및 도면

배관 적산작업 유효나사길이 산출법

Ⅰ. 유효나사길이 산출법

1. Size별 나사부의 길이

관경	15A	20A	25A	32A	40A
부속삽입길이	11mm	13mm	15mm	17mm	19mm
나사가공길이	15mm	17mm	19mm	21mm	25mm

2. 동일 Size 부속의 공간길이

관경	15A	20A	25A	32A	40A
	A－a	A－a	A－a	A－a	A－a
90° 엘보	27－11＝16	32－13＝19	38－15＝23	46－17＝29	48－19＝29
45° 엘보	21－11＝10	25－13＝12	29－15＝14	34－17＝17	37－19＝18
유니온	21－11＝10	25－13＝12	27－15＝12	30－17＝13	34－19＝15
정티	27－11＝16	32－13＝19	38－15＝23	46－17＝29	48－19＝29
소켓	18－11＝ 7	20－13＝ 7	22－15＝ 7	25－17＝ 8	28－19＝ 9
엔드 캡	20－11＝ 9	24－13＝11	28－15＝13	30－17＝13	32－19＝13
부싱	배관부속 부싱이 들어가는 경우의 공간치수 A＋11－a′				

3. 용접용 배관 부속 끝단에서 중심축까지의 거리(A)

관경	15A		20A		25A		32A		40A	
	38		38		38		48		57	
90° 엘보	20A×15A		25A×20A		25A×15A		32A×25A		32A×20A	
	20A	19	25A	26	25A	26	32A	26	32A	26
	15A	19	20A	26	15A	26	25A	26	20A	26
레듀서	40A×32A		40A×25A		40A×20A		40A×15A		32A×15A	
	40A	32	40A	32	40A	32	40A	32	32A	26
	32A	32	25A	32	20A	32	15A	32	15A	26

4. 이경부속의 공간길이 산출법

구분	20A×15A		25A×20A		25A×15A		32A×25A		32A×20A	
이경엘보	20A	29－13＝16	25A	34－15＝19	25A	32－15＝17	32A	41－17＝24	32A	38－27＝21
이경엘보	15A	30－11＝19	20A	35－13＝22	15A	33－11＝22	25A	45－15＝30	20A	40－13＝27
이경엘보	40A×32A		40A×25A		40A×20A		40A×15A		32A×15A	
이경엘보	40A	45－19＝26	40A	41－19＝22	40A	38－19＝19	40A	35－19＝16	32A	34－17＝17
이경엘보	32A	48－17＝31	25A	45－15＝30	20A	43－13＝30	15A	42－11＝31	15A	38－11＝27
이경티	20A×15A		25A×20A		25A×15A		32A×25A		32A×20A	
이경티	20A	29－13＝16	25A	34－15＝19	25A	32－15＝17	32A	40－17＝23	32A	38－17＝21
이경티	15A	30－11＝19	20A	35－13＝22	15A	33－11＝22	25A	42－15＝27	20A	40－13＝27
이경티	40A×32A		40A×25A		40A×20A		40A×15A		32A×15A	
이경티	40A	45－19＝26	40A	41－19＝22	40A	38－19＝19	40A	35－19＝16	32A	34－17＝17
이경티	32A	48－17＝31	25A	45－15＝30	20A	43－13＝30	15A	42－11＝31	15A	38－11＝27
레듀셔	20A×15A		25A×20A		25A×15A		32A×25A		32A×20A	
레듀셔	20A	19－13＝6	25A	22－15＝7	25A	21－15＝6	32A	25－17＝8	32A	26－17＝9
레듀셔	15A	19－11＝8	20A	20－13＝7	15A	20－11＝9	25A	23－15＝8	20A	22－13＝9
레듀셔	40A×32A		40A×25A		40A×20A		40A×15A		32A×15A	
레듀셔	40A	26－19＝7	40A	29－19＝10	40A	26－19＝7	40A	26－19＝7	32A	24－17＝7
레듀셔	32A	26－17＝9	25A	23－15＝8	20A	26－13＝13	15A	26－11＝15	15A	24－11＝13

자격 종목 및 등급	작업형 기출문제	작품명	도면 1-1	척도	N.S

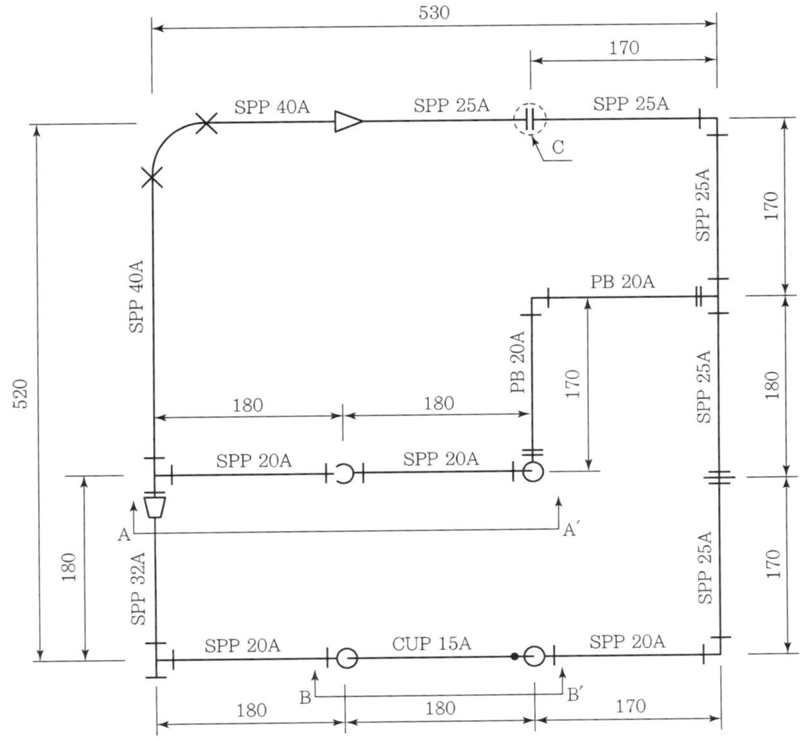

530
170
SPP 40A
SPP 25A
SPP 25A
C
SPP 25A
170
PB 20A
SPP 40A
PB 20A
170
SPP 25A
180
520
180
180
SPP 20A
SPP 20A
A
A′
180
SPP 32A
SPP 25A
170
SPP 20A
CUP 15A
SPP 20A
B
B′
180
180
170

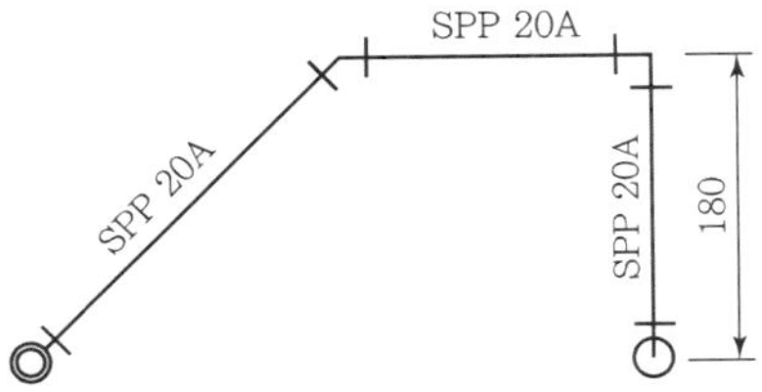

SPP 20A
SPP 20A
SPP 20A
180

[A-A′ 단면도]

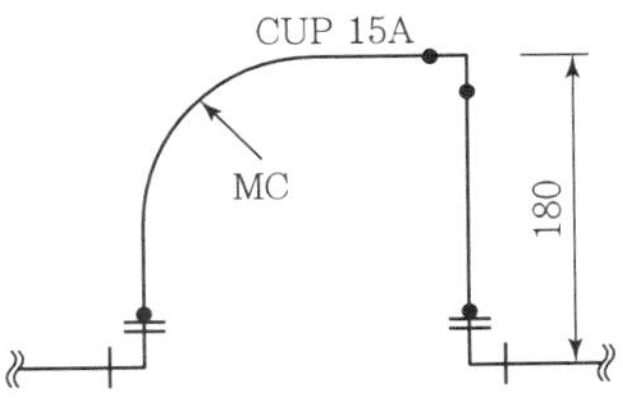

CUP 15A
MC
180

[B-B′부 상세도]

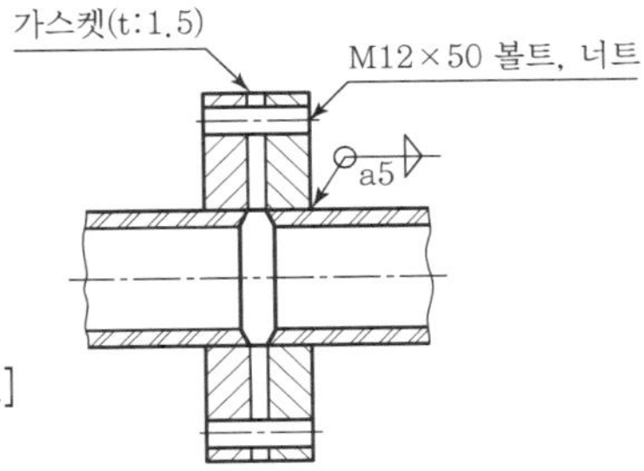

가스켓(t:1.5)
M12×50 볼트, 너트
a5

[C부 상세도]

자격 종목 및 등급	작업형 기출문제	작품명	도면 1-2	척도	N.S

[A-A′ 단면도]

[B-B′부 상세도]

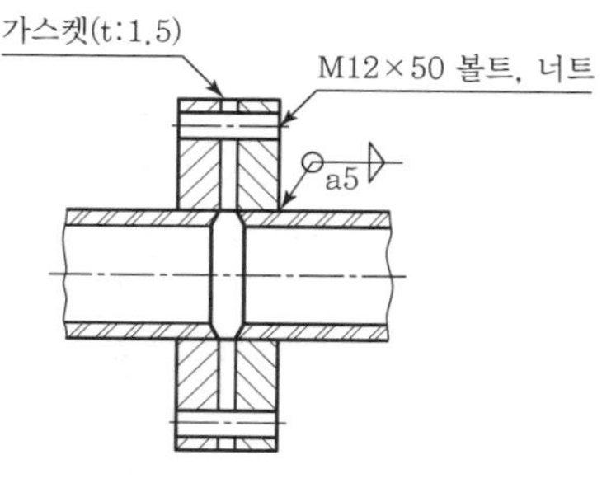

[C부 상세도]

자격 종목 및 등급	작업형 기출문제	작품명	도면 1-3	척도	N.S

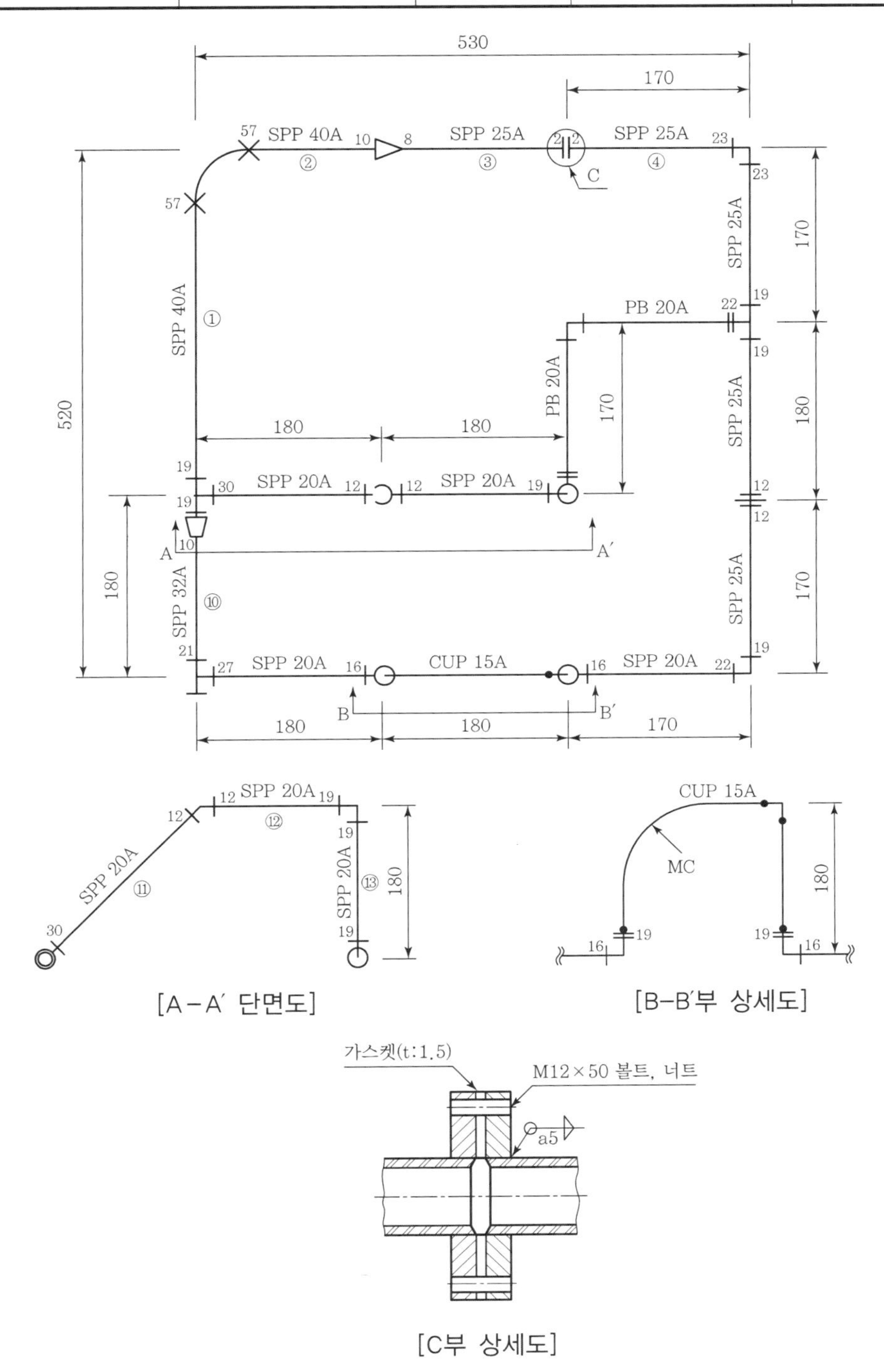

[A-A′ 단면도]

[B-B′부 상세도]

[C부 상세도]

자격 종목 및 등급	작업형 기출문제	작품명	도면 1-3	척도	N.S

치수 계산표

NO.	계산 풀이	산출값(mm)	강관크기
①	340-(57+19)	264	40A
②	180-(57+10)	113	40A
③	180-(8+2)	170	25A
④	170-(2+23)	145	25A
⑤	170-(23+19)	128	25A
⑥	180-(19+12)	149	25A
⑦	170-(12+19)	139	25A
⑧	170-(22+16)	132	20A
⑨	180-(16+27)	137	20A
⑩	180-(21+10+19)	130	32A
⑪	$(180\times\sqrt{2})-(30+12)$	213	20A
⑫	180-(12+19)	149	20A
⑬	180-(19+19)	142	20A

※ 동관, PB관은 실측으로 계산

자격 종목 및 등급	작업형 기출문제	작품명	도면 1-4	척도	N.S

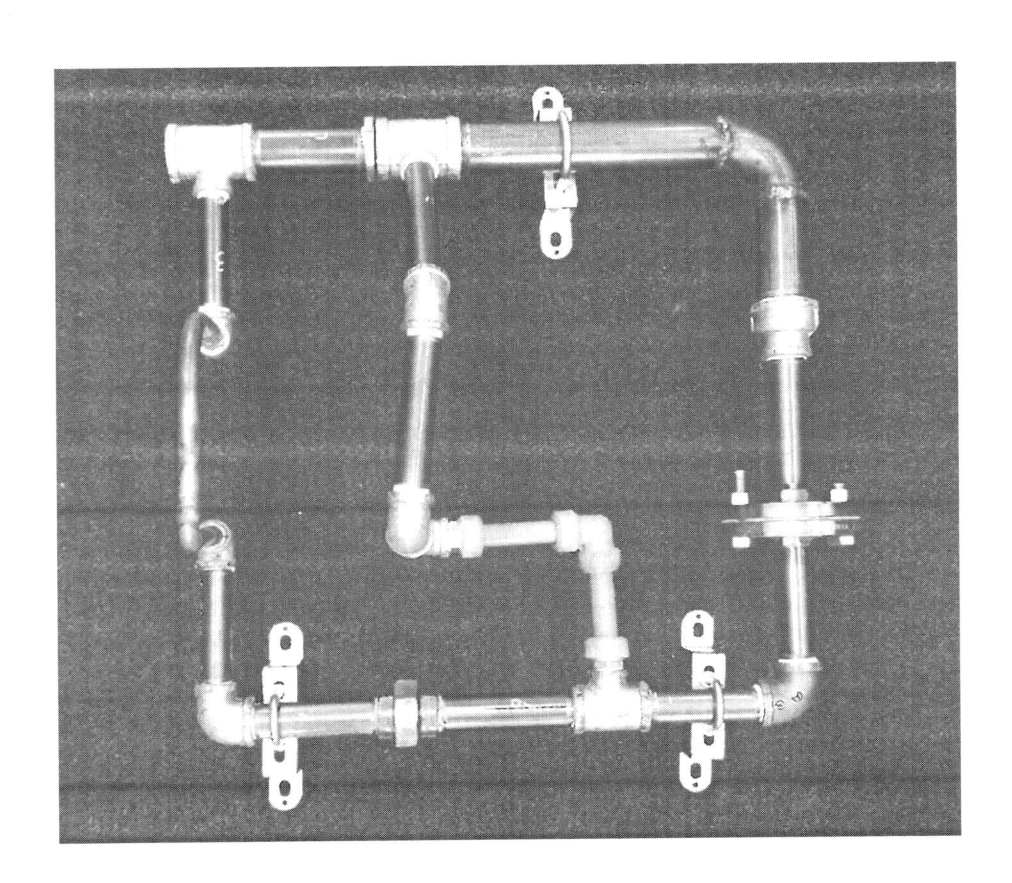

자격 종목 및 등급	작업형 기출문제	작품명	도면 2-1	척도	N.S

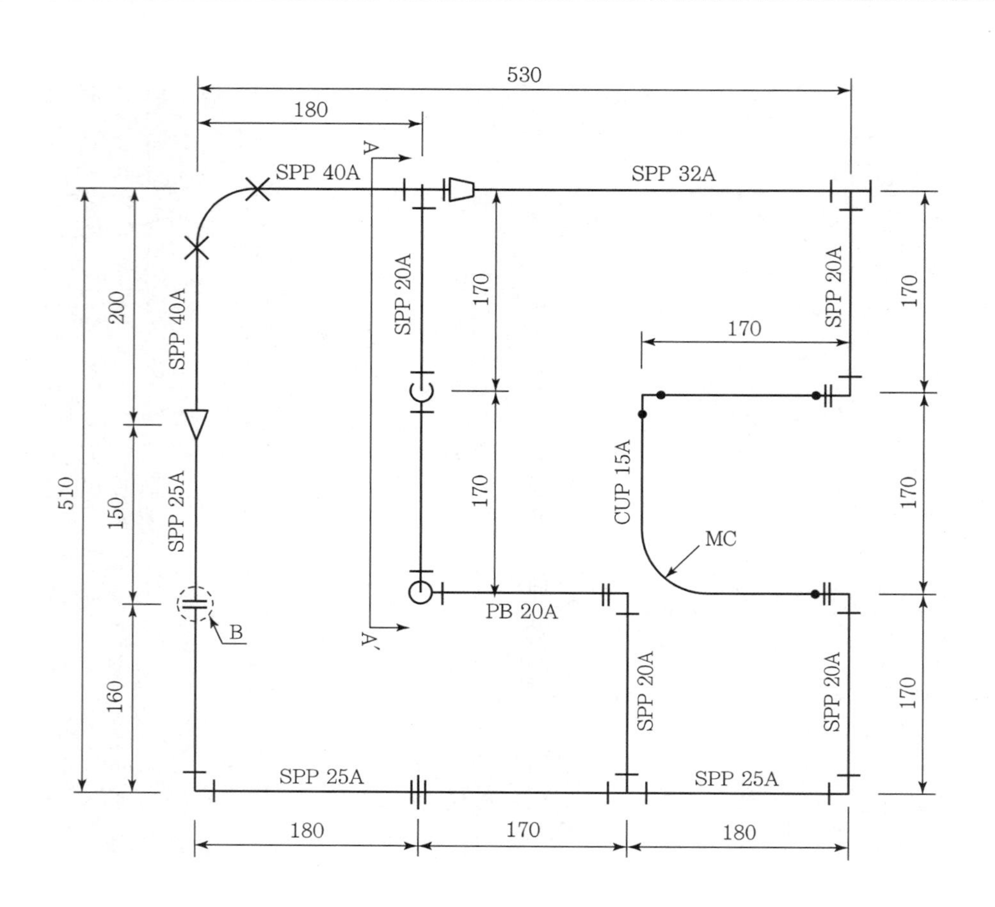

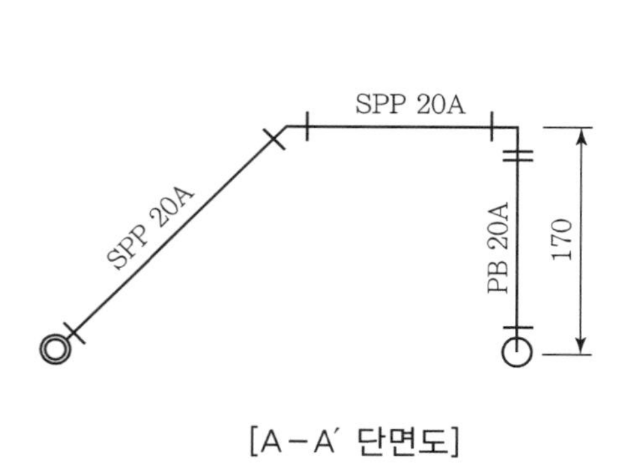

[A-A′ 단면도]

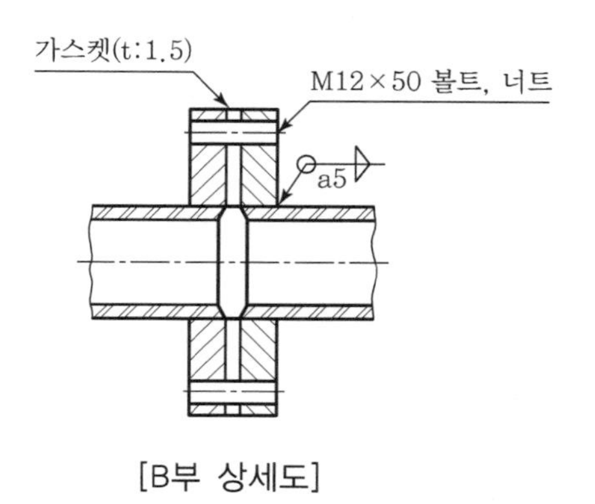

[B부 상세도]

자격 종목 및 등급	작업형 기출문제	작품명	도면 2-2	척도	N.S

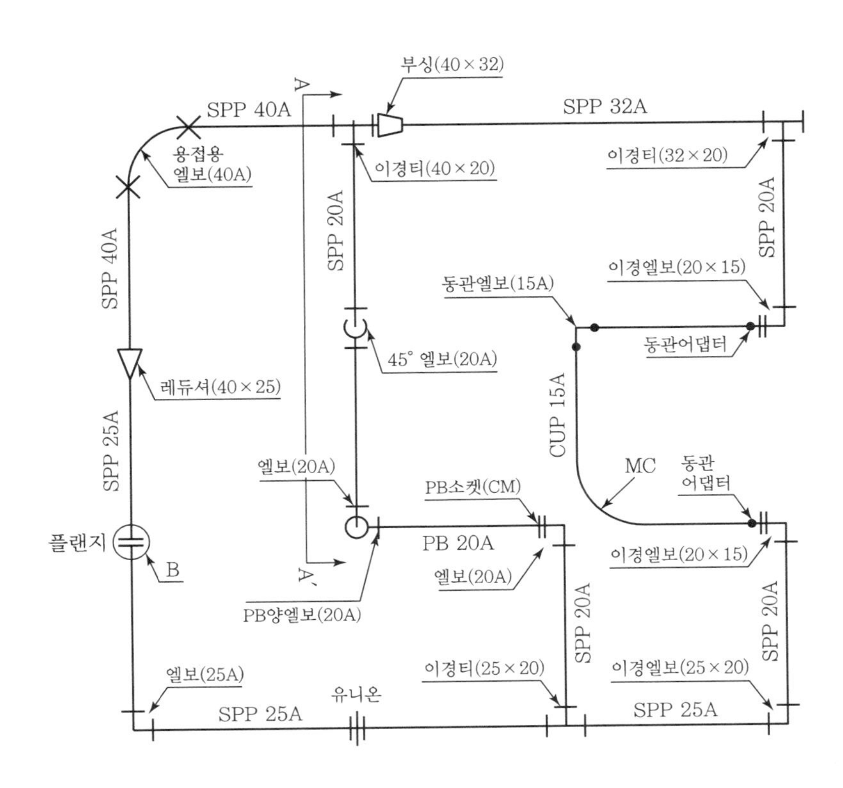

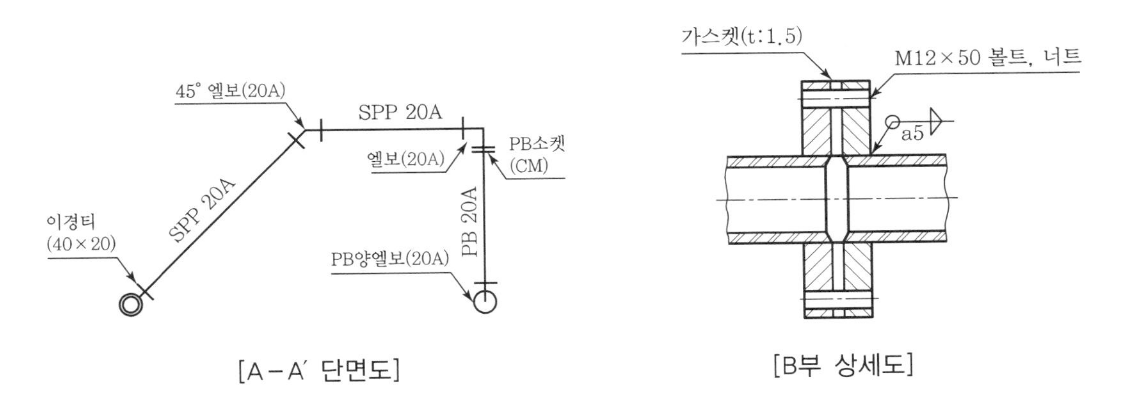

[A-A′ 단면도]

[B부 상세도]

자격 종목 및 등급	작업형 기출문제	작품명	도면 2-3	척도	N.S

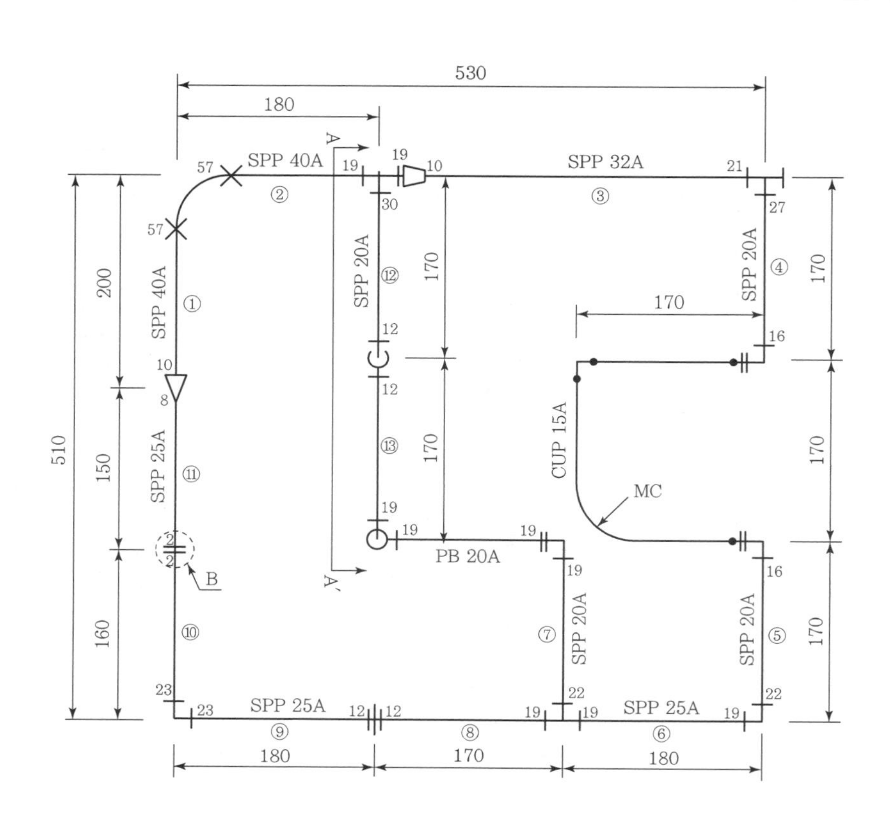

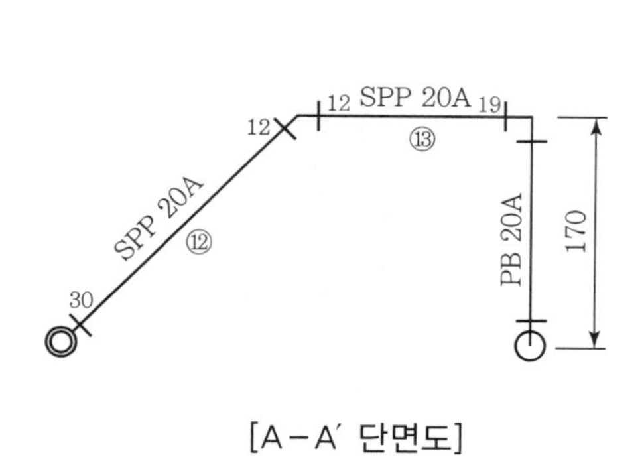

[A-A′ 단면도]

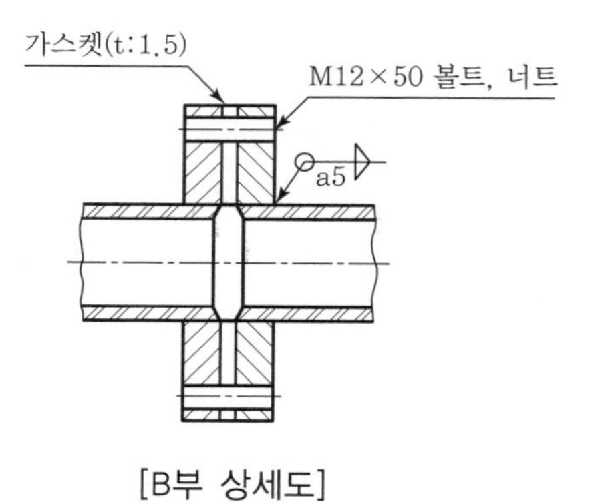

[B부 상세도]

자격 종목 및 등급	작업형 기출문제	작품명	도면 2-3	척도	N.S

치수 계산표

NO.	계산 풀이	산출값(mm)	강관크기
①	200-(57+10)	133	40A
②	180-(57+19)	104	40A
③	350-(19+10+21)	300	32A
④	170-(27+16)	127	20A
⑤	170-(16+22)	132	20A
⑥	180-(19+19)	142	25A
⑦	170-(19+22)	129	20A
⑧	170-(12+19)	139	25A
⑨	180-(23+12)	145	25A
⑩	160-(2+23)	135	25A
⑪	150-(8+2)	140	25A
⑫	$(170\times\sqrt{2})-(30+12)$	198	20A
⑬	170-(12+19)	139	20A

※ 동관, PB관은 실측으로 계산

자격 종목 및 등급	작업형 기출문제	작품명	도면 2-4	척도	N.S

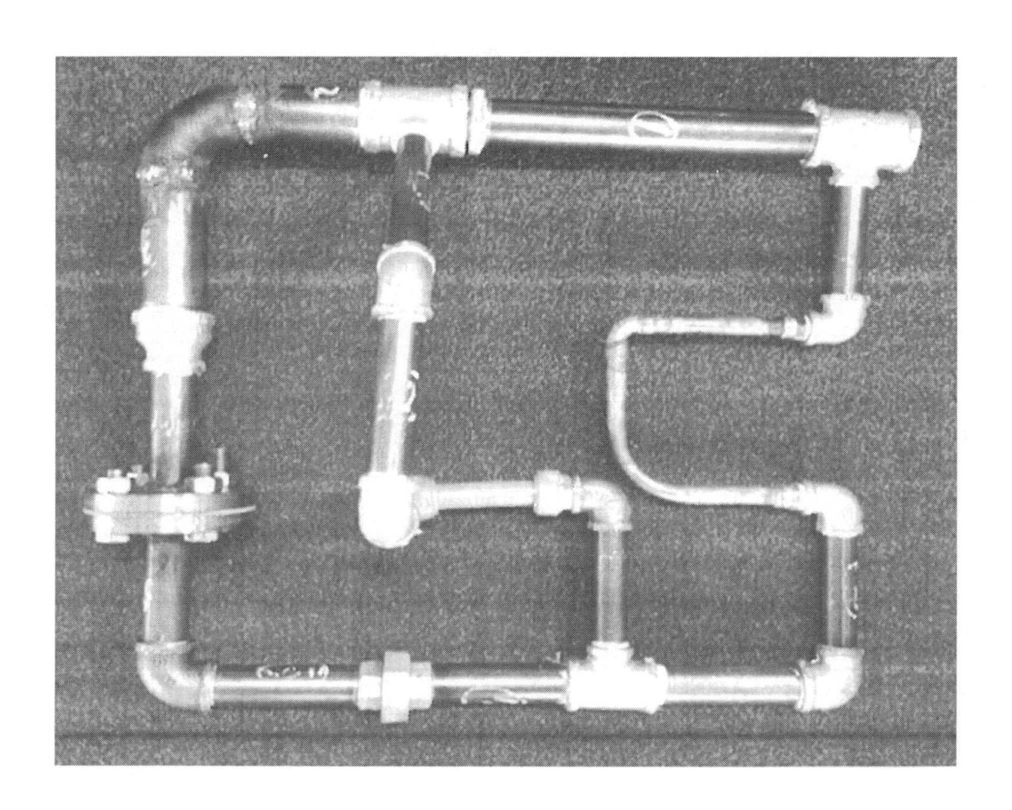

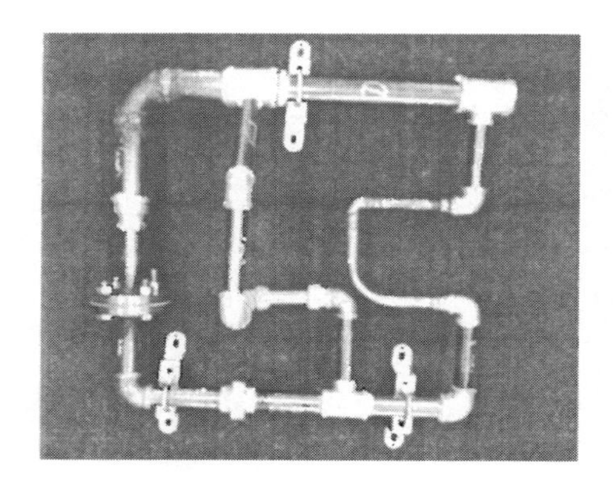

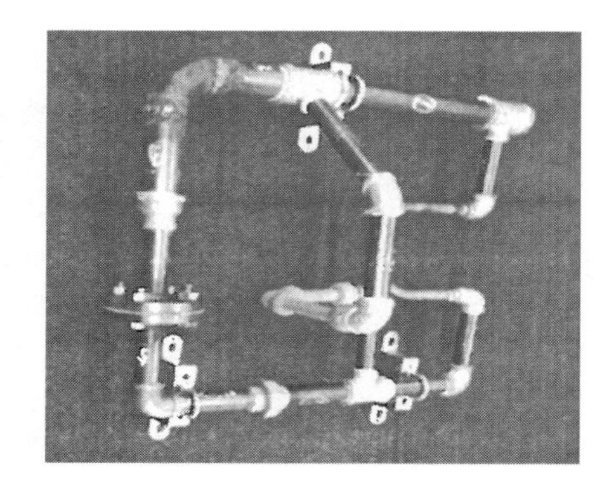

자격 종목 및 등급	작업형 기출문제	작품명	도면 3-1	척도	N.S

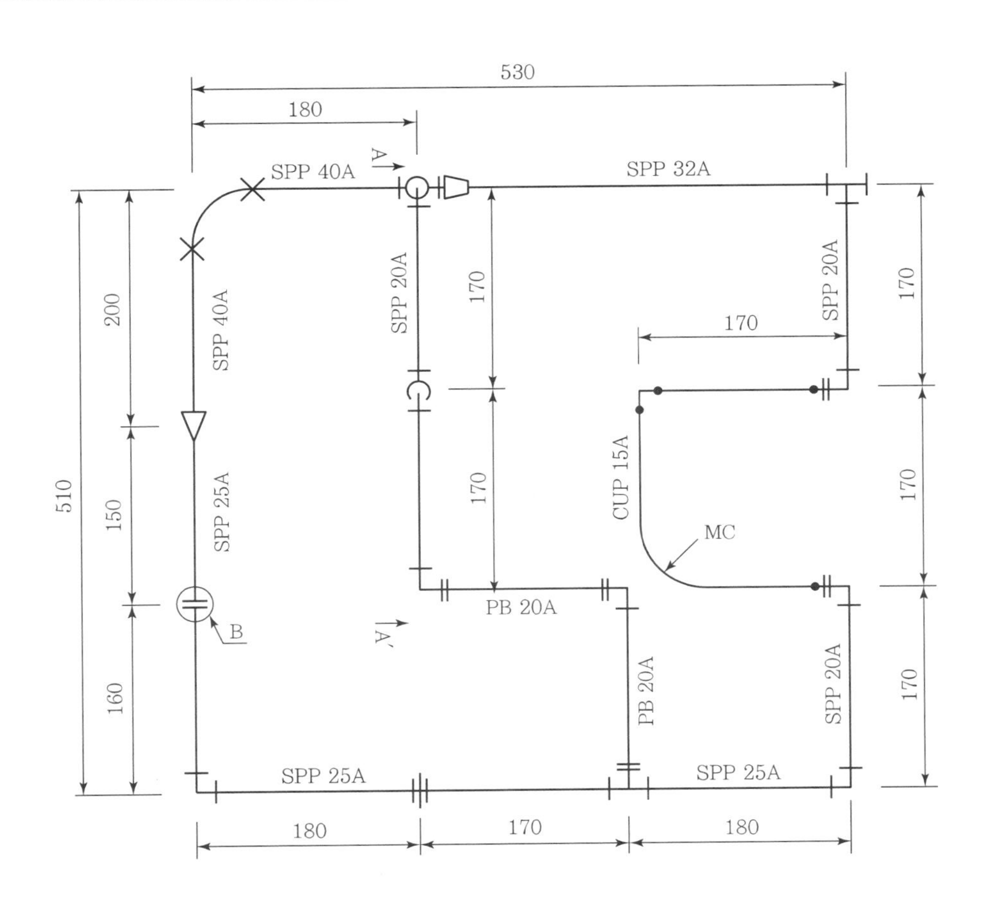

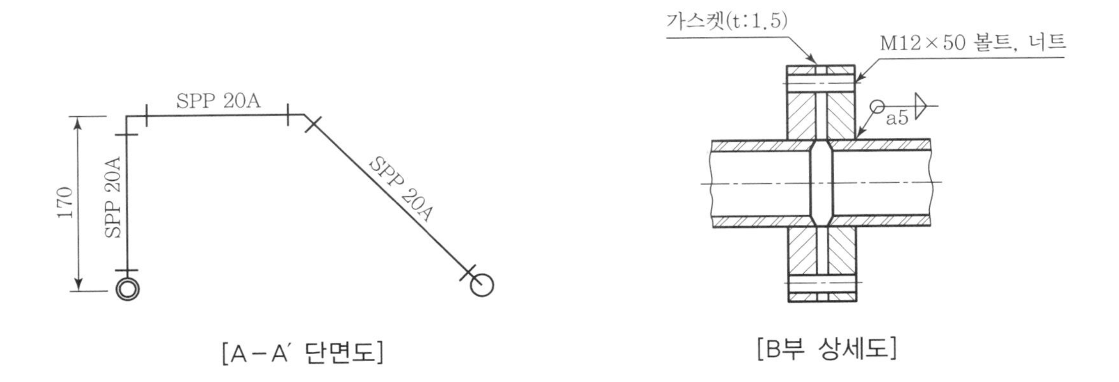

[A-A′ 단면도]

[B부 상세도]

자격 종목 및 등급	작업형 기출문제	작품명	도면 3-2	척도	N.S

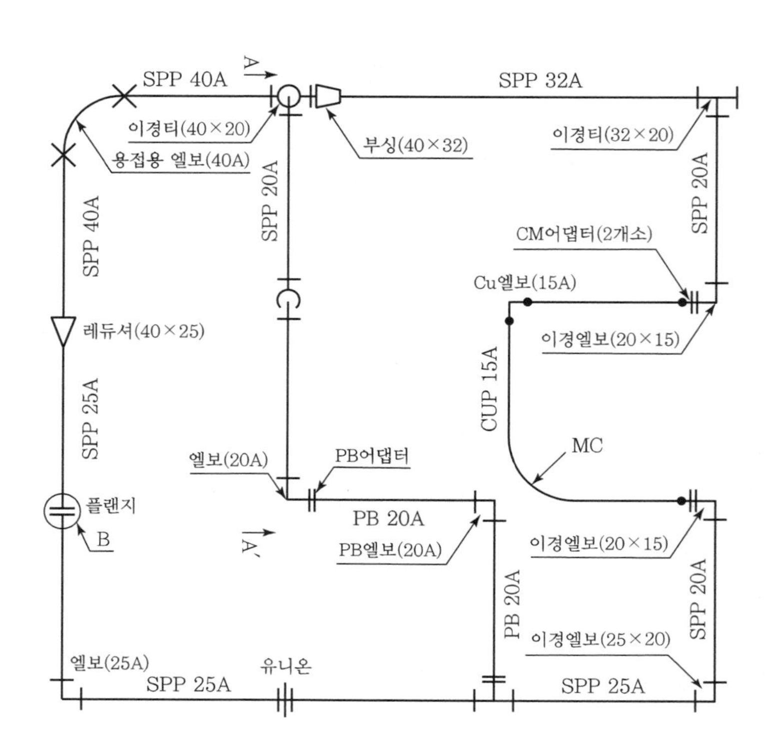

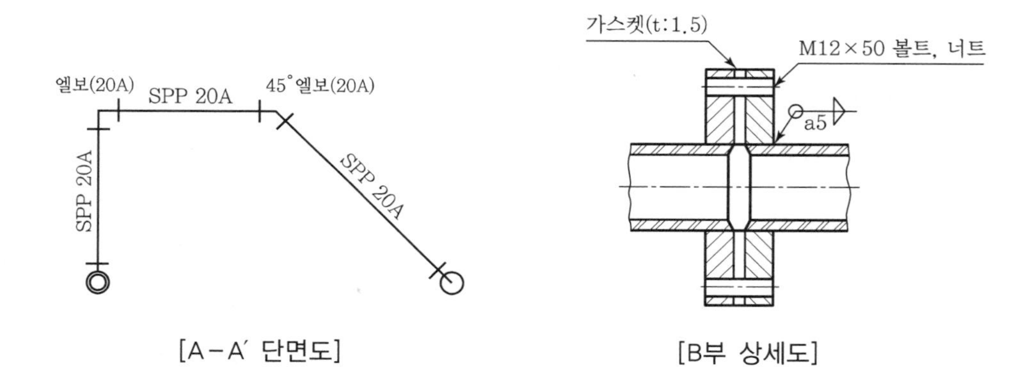

[A-A′ 단면도] [B부 상세도]

자격 종목 및 등급	작업형 기출문제	작품명	도면 3-3	척도	N.S

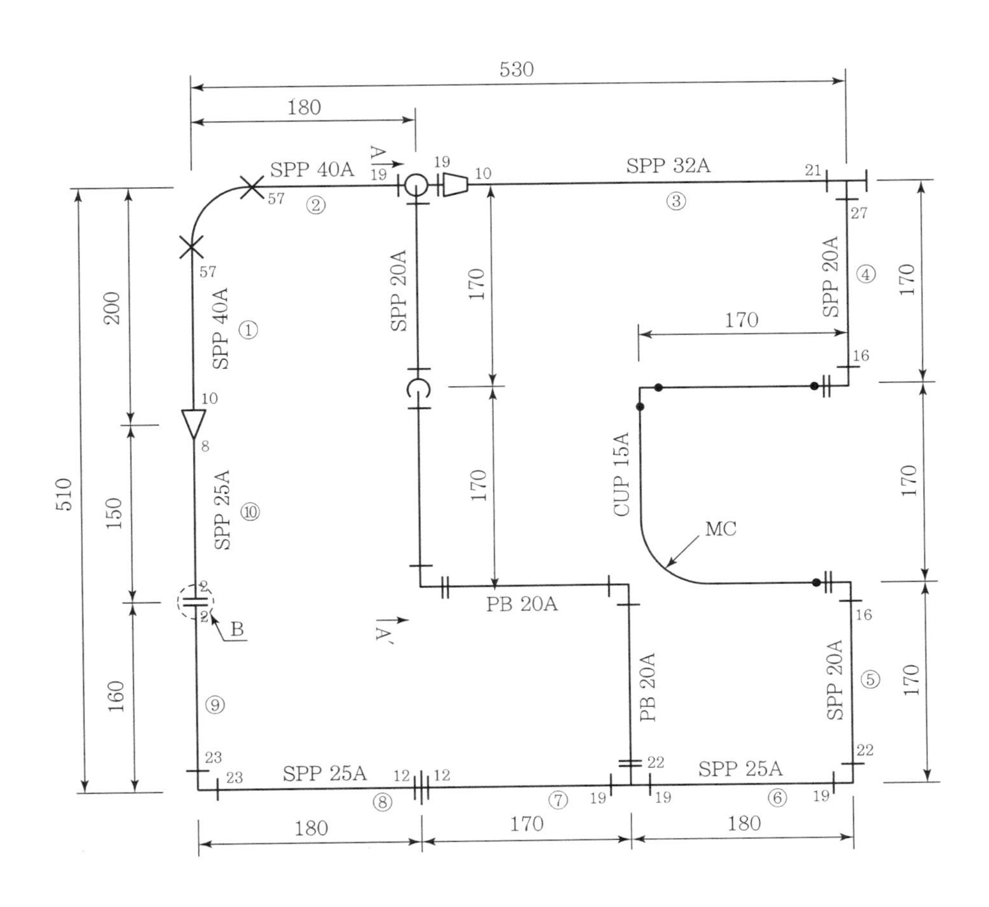

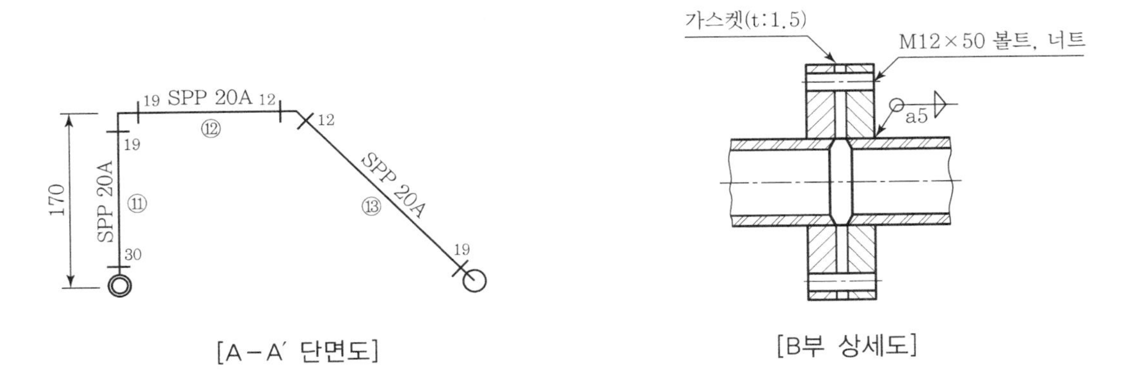

[A－A′ 단면도]

[B부 상세도]

자격 종목 및 등급	작업형 기출문제	작품명	도면 3-3	척도	N.S

치수 계산표

NO.	계산 풀이	산출값(mm)	강관크기
①	200-(57+10)	133	40A
②	180-(57+19)	104	40A
③	350-(19+10+21)	300	32A
④	170-(27+16)	127	20A
⑤	170-(16+22)	132	20A
⑥	180-(19+19)	142	25A
⑦	170-(12+19)	139	25A
⑧	180-(23+12)	145	25A
⑨	160-(2+23)	135	25A
⑩	150-(8+2)	140	25A
⑪	170-(19+30)	121	20A
⑫	170-(19+12)	139	20A
⑬	$(170\times\sqrt{2})$-(12+19)	209	20A

※ 동관, PB관은 실측으로 계산

자격 종목 및 등급	작업형 기출문제	작품명	도면 3-4	척도	N.S

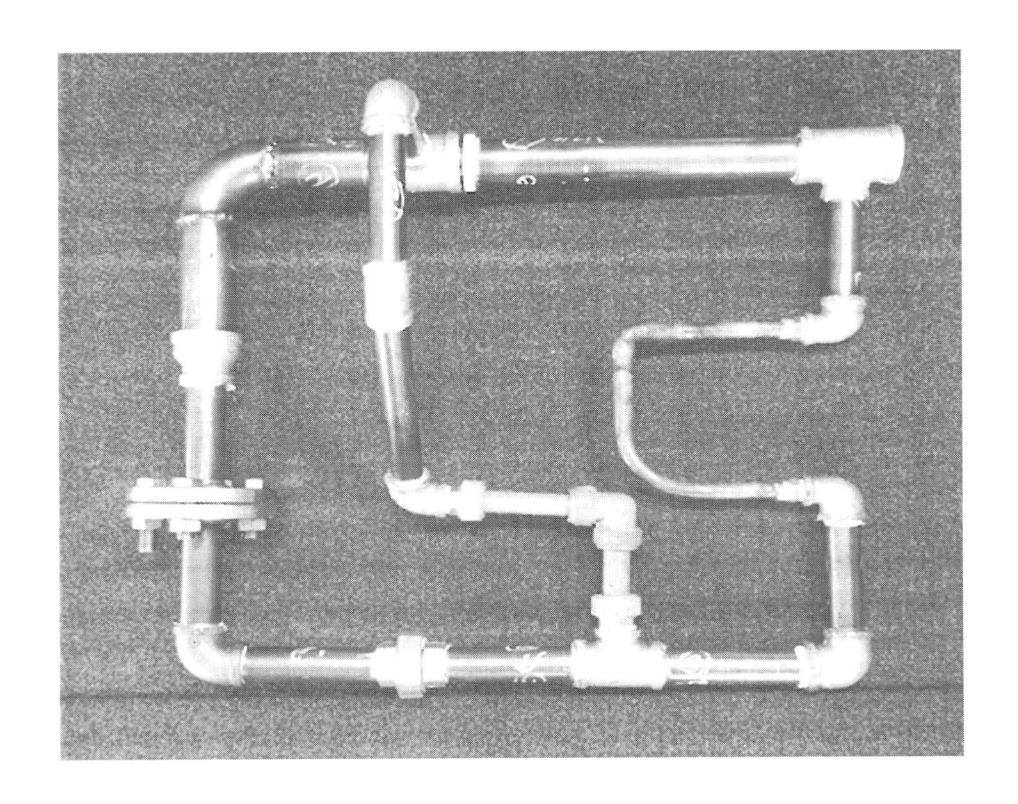

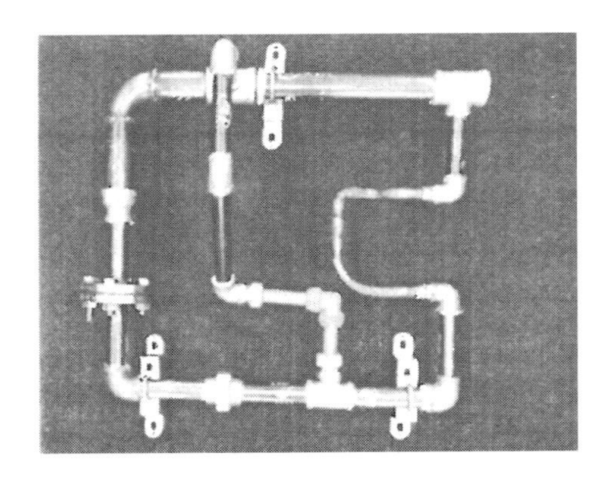

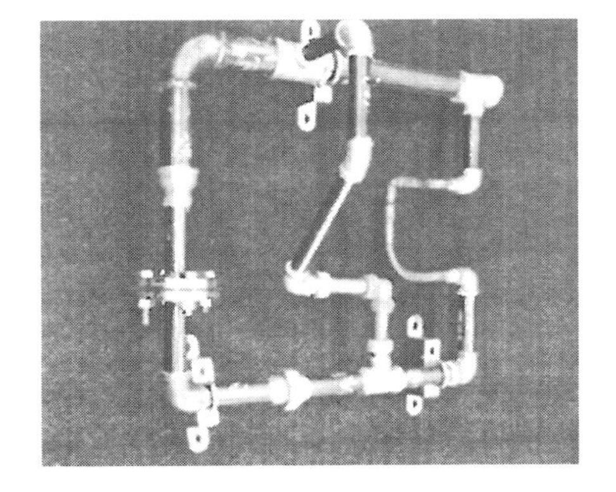

자격 종목 및 등급	작업형 기출문제	작품명	도면 4-1	척도	N.S

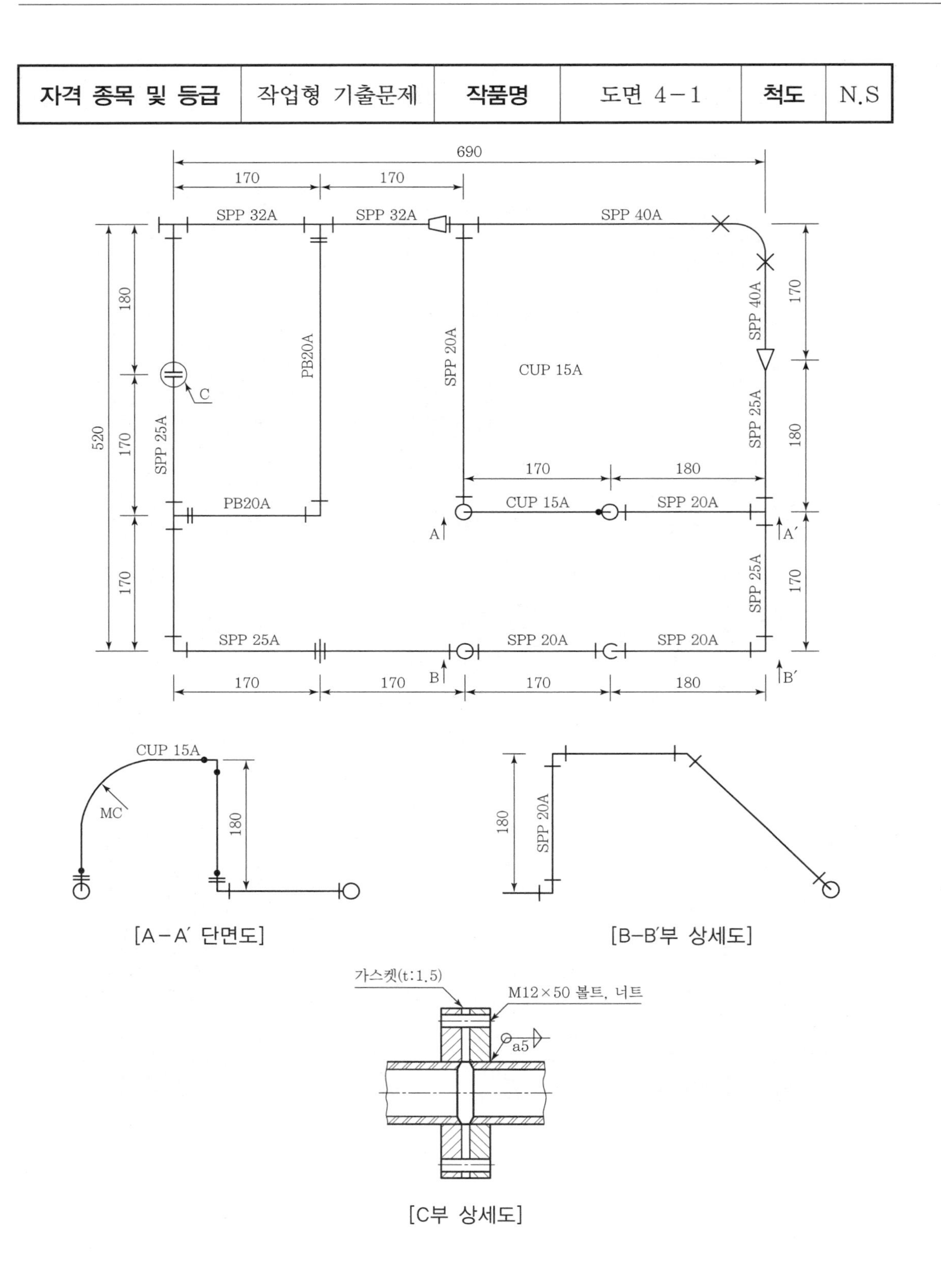

자격 종목 및 등급	작업형 기출문제	작품명	도면 4-2	척도	N.S

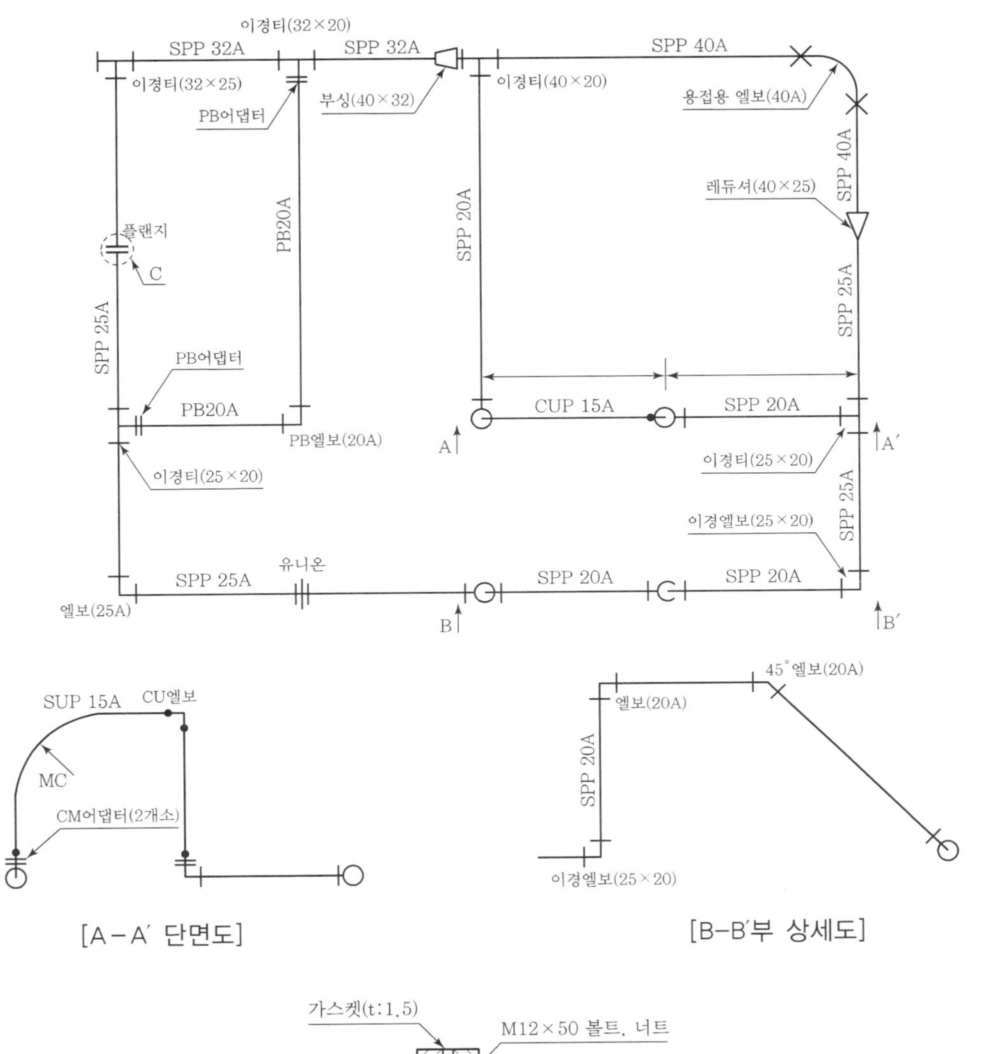

[A−A′ 단면도]

[B−B′부 상세도]

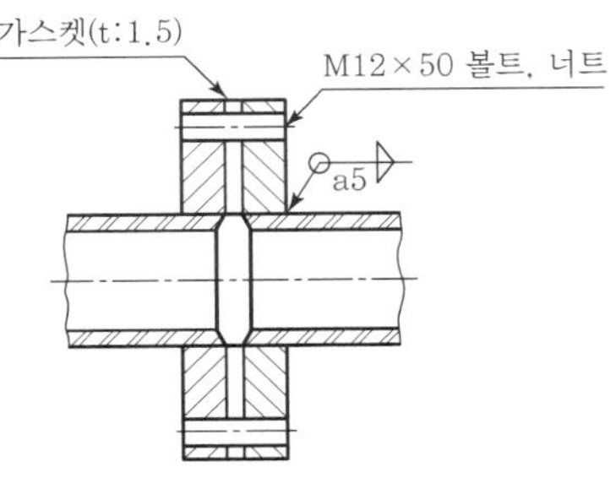

[C부 상세도]

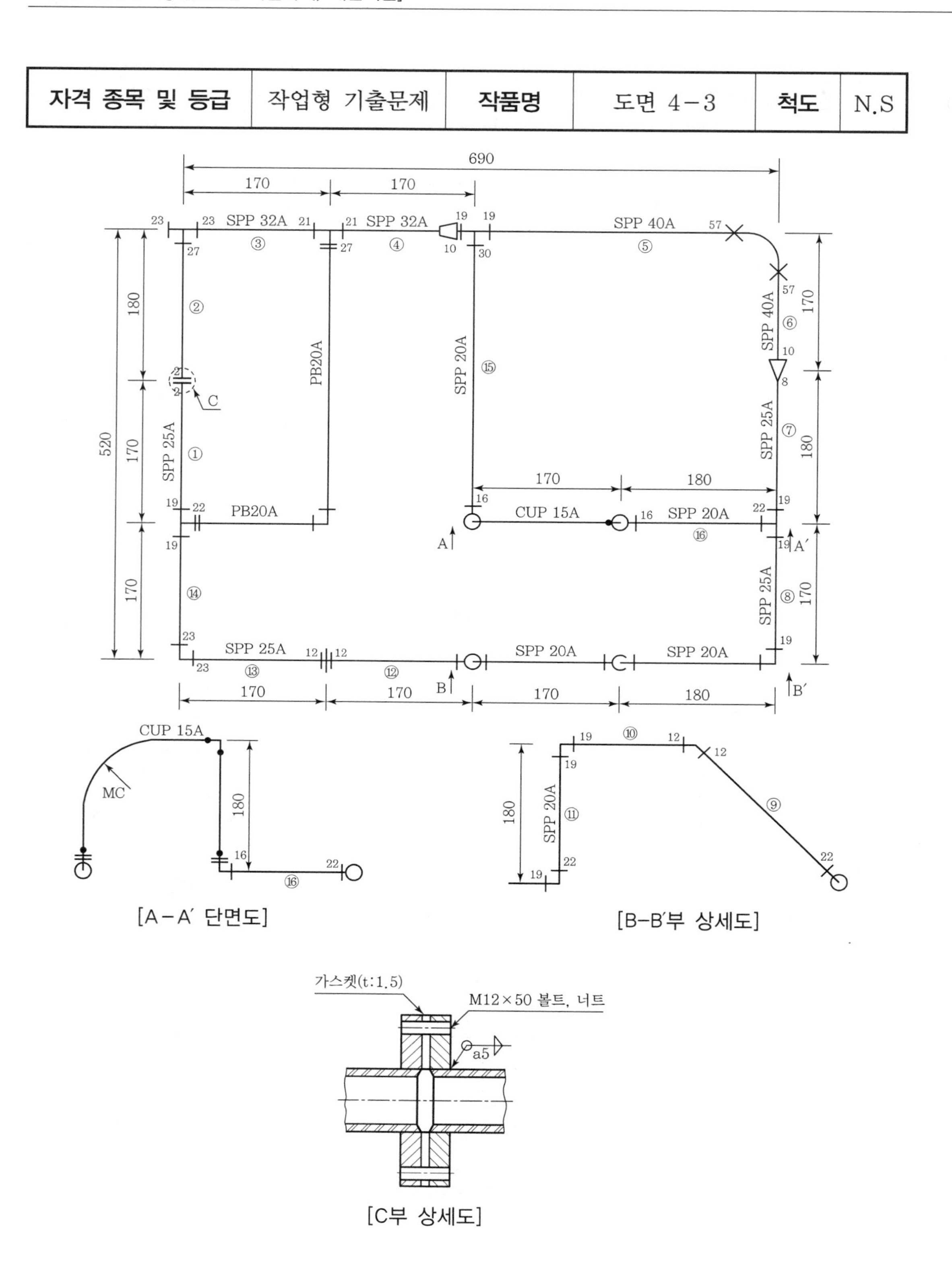
자격 종목 및 등급
작업형 기출문제
작품명
도면 4-3
척도
N.S
690
170
SPP 32A
SPP 40A
SPP 20A
SPP 25A
PB20A
CUP 15A
MC
C
A
A′
B
B′
520
180
[A-A′ 단면도]
[B-B′부 상세도]
가스켓(t:1.5)
M12×50 볼트, 너트
a5
[C부 상세도]

자격 종목 및 등급	작업형 기출문제	작품명	도면 4-3	척도	N.S

치수 계산표

NO.	계산 풀이	산출값(mm)	강관크기
①	170-(2+19)	149	25A
②	180-(27+2)	151	25A
③	170-(23+21)	126	32A
④	170-(21+10+19)	120	32A
⑤	350-(19+57)	274	40A
⑥	170-(57+10)	103	40A
⑦	180-(8+19)	153	25A
⑧	170-(19+19)	132	25A
⑨	$(180\times\sqrt{2})$-(12+22)	221	20A
⑩	170-(19+12)	139	20A
⑪	180-(19+22)	139	20A
⑫	170-(12+19)	139	25A
⑬	170-(23+12)	135	25A
⑭	170-(19+23)	128	25A
⑮	350-(30+16)	304	20A
⑯	180-(16+22)	142	20A

※ 동관, PB관은 실측으로 계산

자격 종목 및 등급	작업형 기출문제	작품명	도면 4-4	척도	N.S

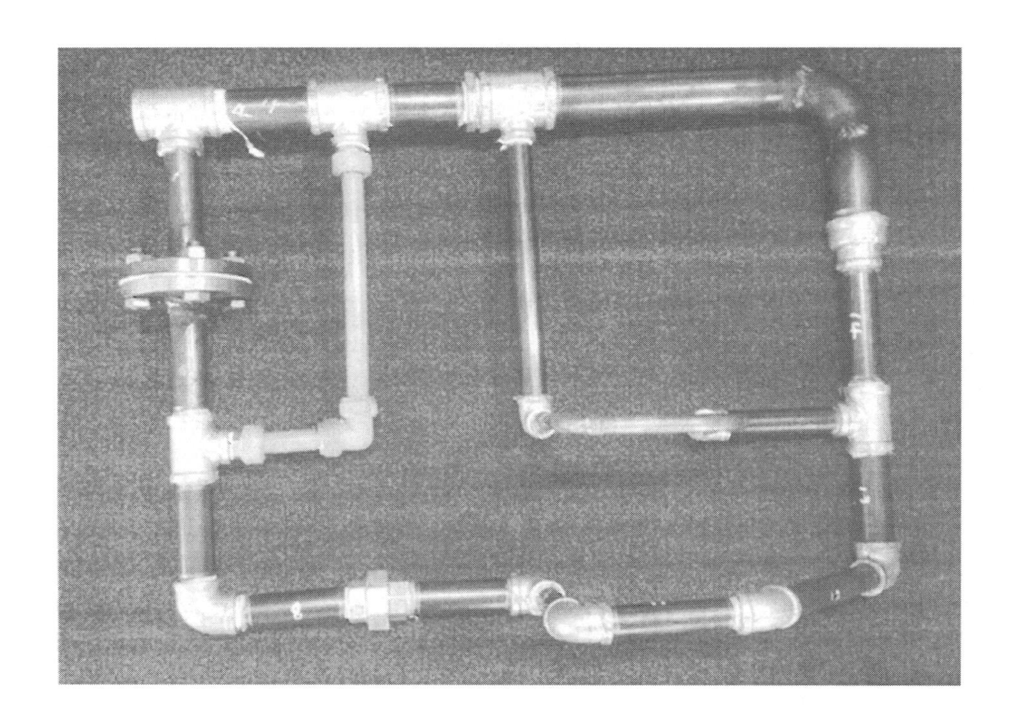

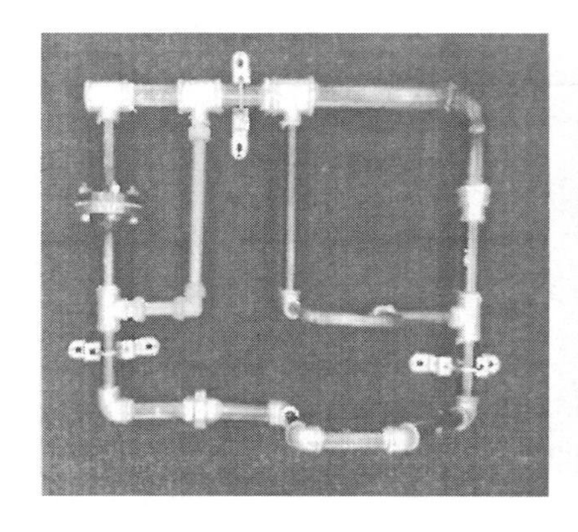

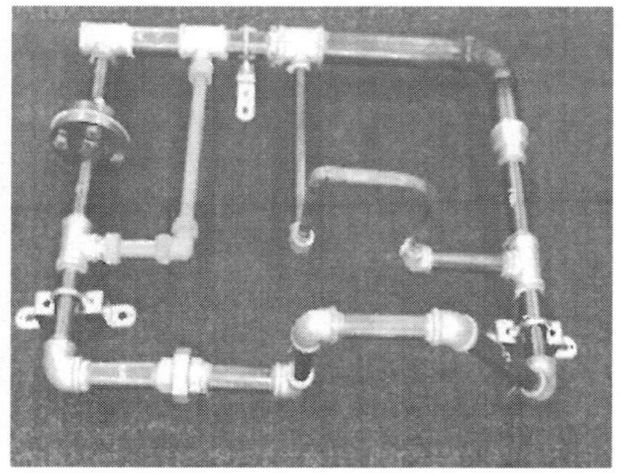

자격 종목 및 등급	작업형 기출문제	작품명	도면 5-1	척도	N.S

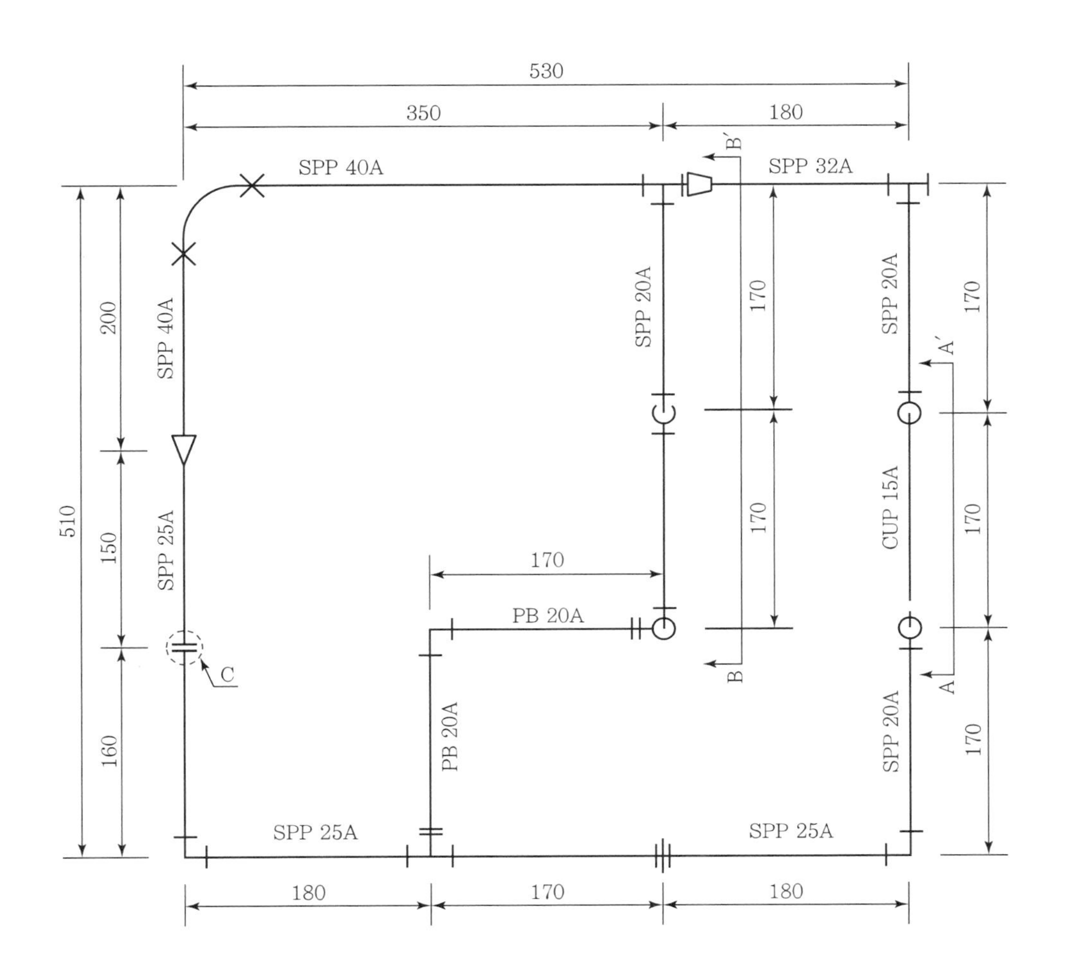

자격 종목 및 등급	작업형 기출문제	작품명	도면 5-1	척도	N.S

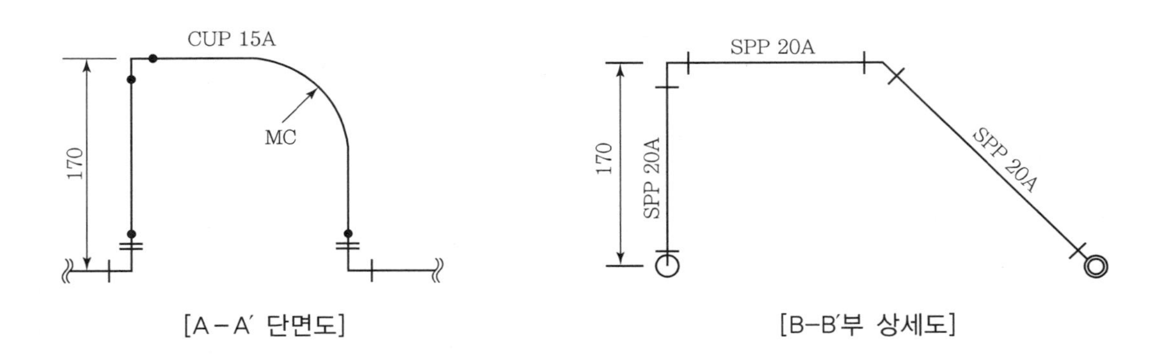

[A-A′ 단면도] [B-B′부 상세도]

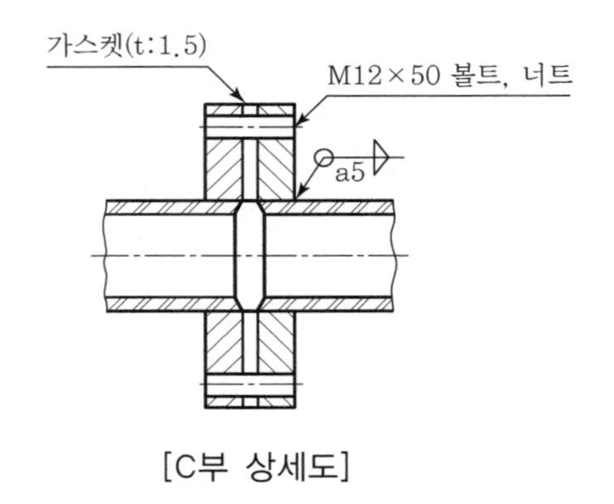

[C부 상세도]

자격 종목 및 등급	작업형 기출문제	작품명	도면 5-2	척도	N.S

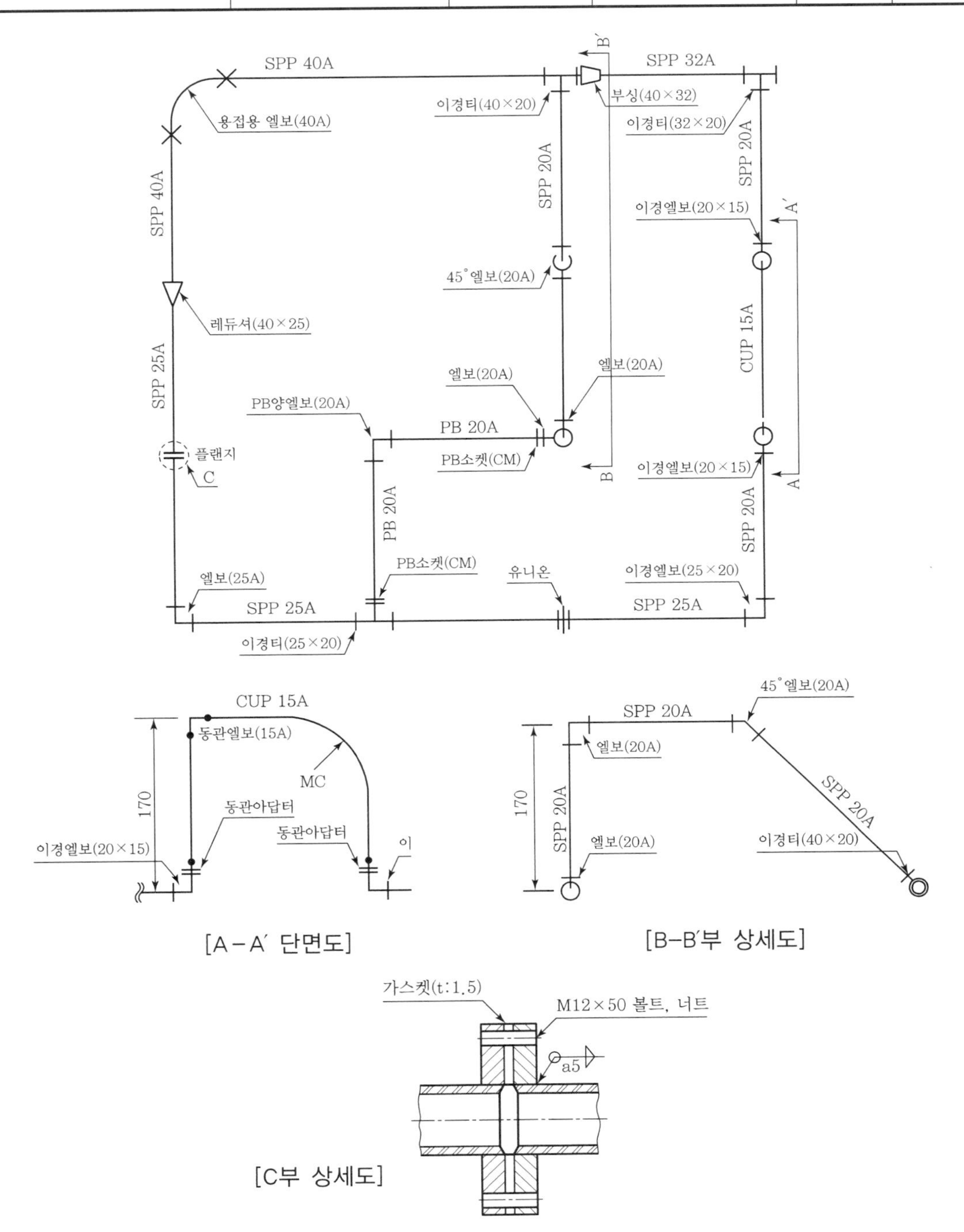

[A－A´ 단면도]

[B－B´부 상세도]

[C부 상세도]

자격 종목 및 등급	작업형 기출문제	작품명	도면 5－3	척도	N.S

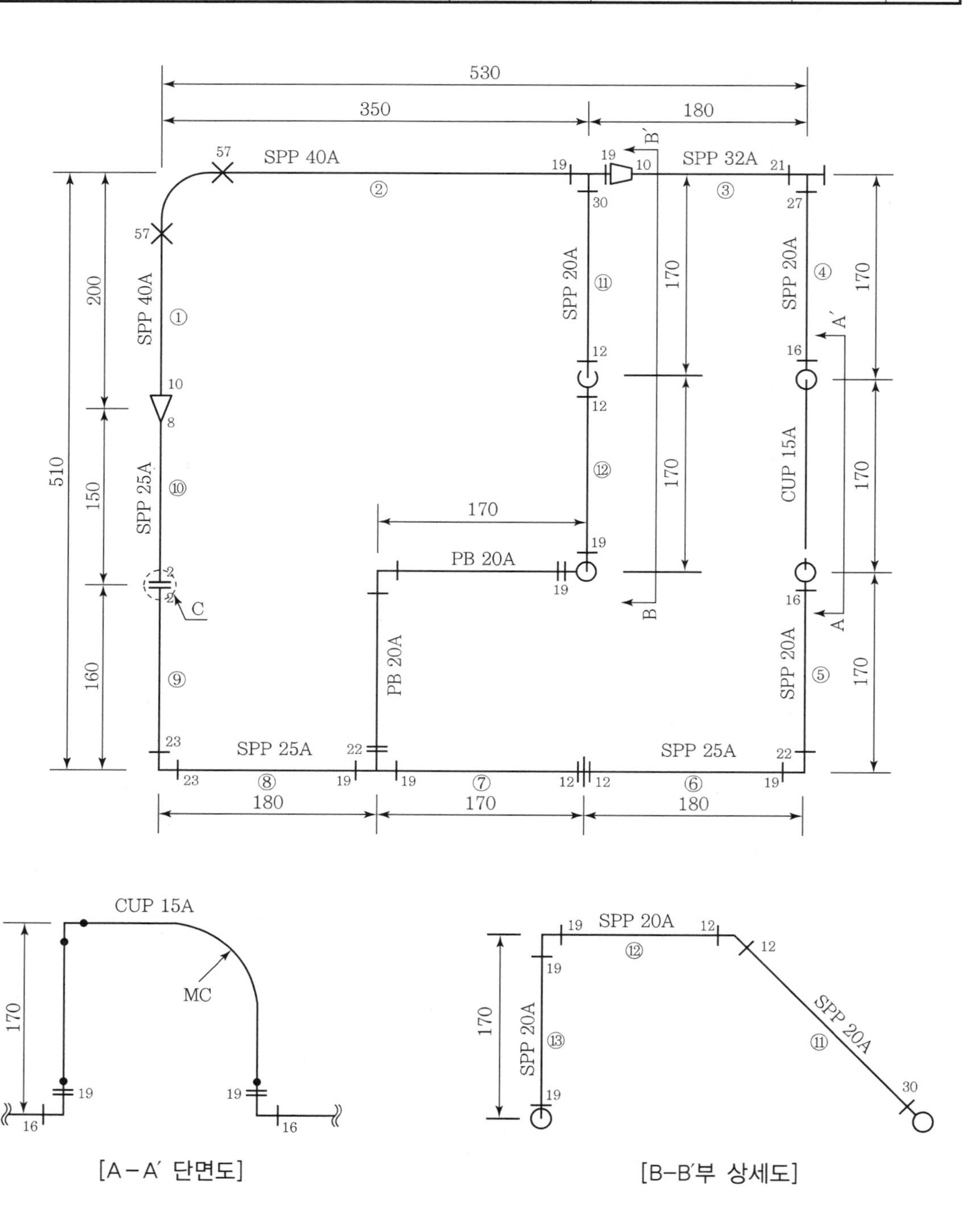

자격 종목 및 등급	작업형 기출문제	작품명	도면 5-3	척도	N.S

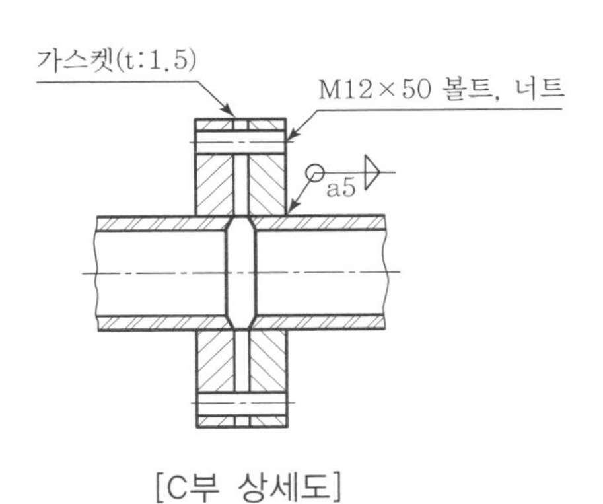

[C부 상세도]

치수 계산표

NO.	계산 풀이	산출값(mm)	강관크기
①	200-(57+10)	133	40A
②	350-(57+19)	274	40A
③	180-(19+10+21)	130	32A
④	170-(27+16)	127	20A
⑤	170-(16+22)	132	20A
⑥	180-(12+19)	149	25A
⑦	170-(19+12)	139	25A
⑧	180-(23+19)	138	25A
⑨	160-(2+23)	135	25A
⑩	150-(8+2)	140	25A
⑪	$(170\times\sqrt{2})$-(12+30)	198	20A
⑫	170-(19+12)	139	20A
⑬	170-(19+19)	132	20A

※ 동관, PB관은 실측으로 계산

자격 종목 및 등급	작업형 기출문제 완성작품 1, 2

자격 종목 및 등급	작업형 기출문제 완성작품 3, 4

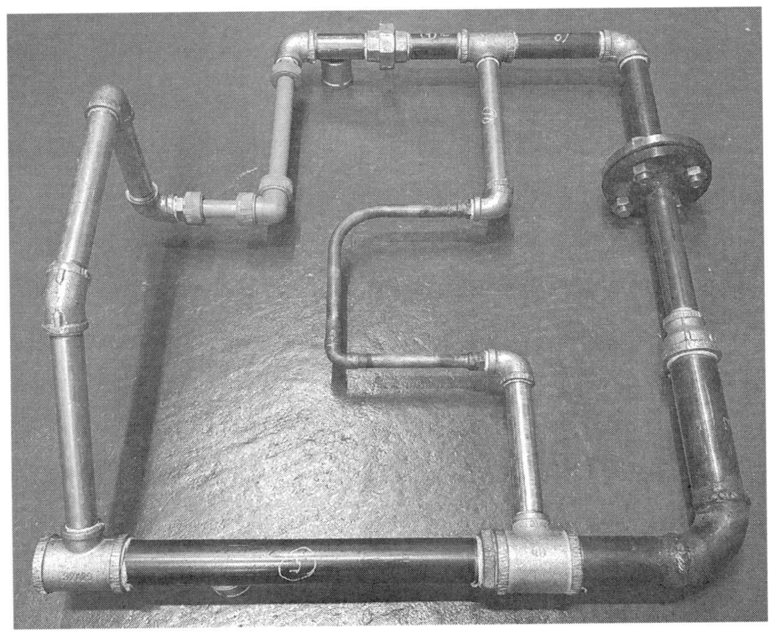

자격 종목 및 등급	작업형 기출문제 완성작품 5, 6

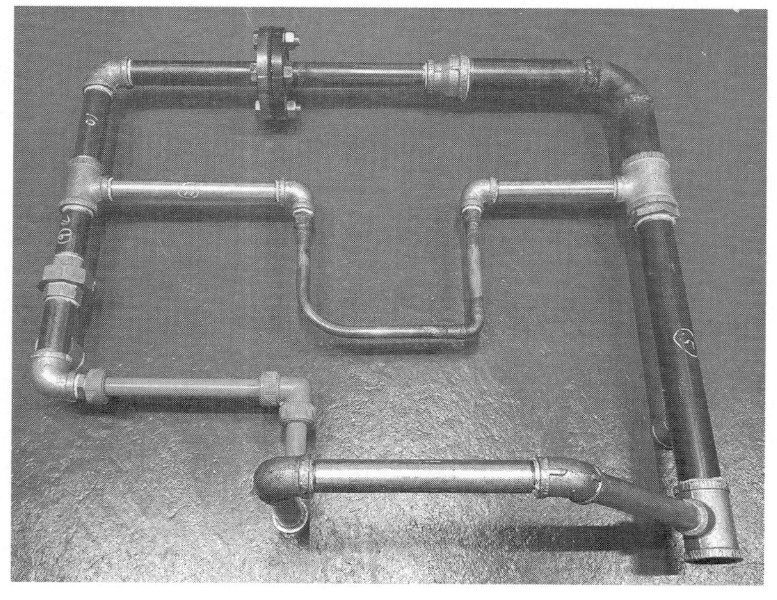

자격 종목 및 등급	작업형 기출문제 완성작품 7

각종 도면 및 사진에 대한 자료는 네이버
Cafe"가냉보열"자료실을 참고하시기 바랍니다.

2019 적산 실전문제 1

MASTER CRAFTSMAN PLUMBING

배관 설비적산 평가

시험시간 : 표준시간 3시간, 연장시간 없음

Ⅰ. 요구사항

제시된 위생 배관도와 참고자료를 활용하여 적산작업 답안지 양식의 Ⅰ.산출근거, Ⅱ.집계표, Ⅲ.노무인력, Ⅳ.내역서에서 공란에 적합한 명칭이나 규격, 또는 수량을 기입하고 집계표와 내역서를 완성하여 제출하시오.

1. 산출근거

1) 빈칸에 알맞은 명칭이나 규격 또는 수량을 기입하시오.
2) 위생기구 분기 주관과 슬래브 아래의 높이는 1m로 하시오.(A－B＝C)

2. 집계표를 완성

1) 소수점 처리기준을 계산과정별로 답안지 하단에 주기하였으니 유의하시오.

3. 노무인력

1) 소수점 처리기준을 계산과정별로 답안지 하단에 주기하였으니 유의하시오.
2) 노무인력 계는 계산은 소수 3위에서 반올림하고 계는 소수 1자리에서 사사오입하여 ≒(약)으로 표시한 후 정수로 나타내시오.
3) 배관 할증은 20%로 한다.

4. 내역서를 완성

1) 잡품 및 소모품비는 강관금액의 3[%]를 적용하고 소수 이하는 버립니다.
2) 공구손료는 직접노무비의 3[%]를 적용하고 소수 이하는 버립니다.

Ⅱ. 수험자 유의사항

1) 문제지에는 비번호를 기재하여 답안지와 함께 반드시 제출하시오.
2) 급수, 급탕, 환탕, 정수, 통기배관은 백관을 사용하고 배수 및 오수관은 허브(hab)형 주철관(KS 1종) 사용합니다.
3) 본 문제에 제시된 참고자료는 다음과 같습니다.
   ① 기계설비표준품셈(발췌)
   ② 건설자재 및 노임 단가
4) 시험장 내에서 안전수칙을 준수하고 시험위원의 지시를 반드시 지켜야 합니다.
5) 답안 작성 시 반드시 흑·청색 볼펜이나 사인펜 중 동일한 색의 필기구만을 계속 사용하여야 하며 기타의 필기구를 사용한 답안은 0점 처리합니다.

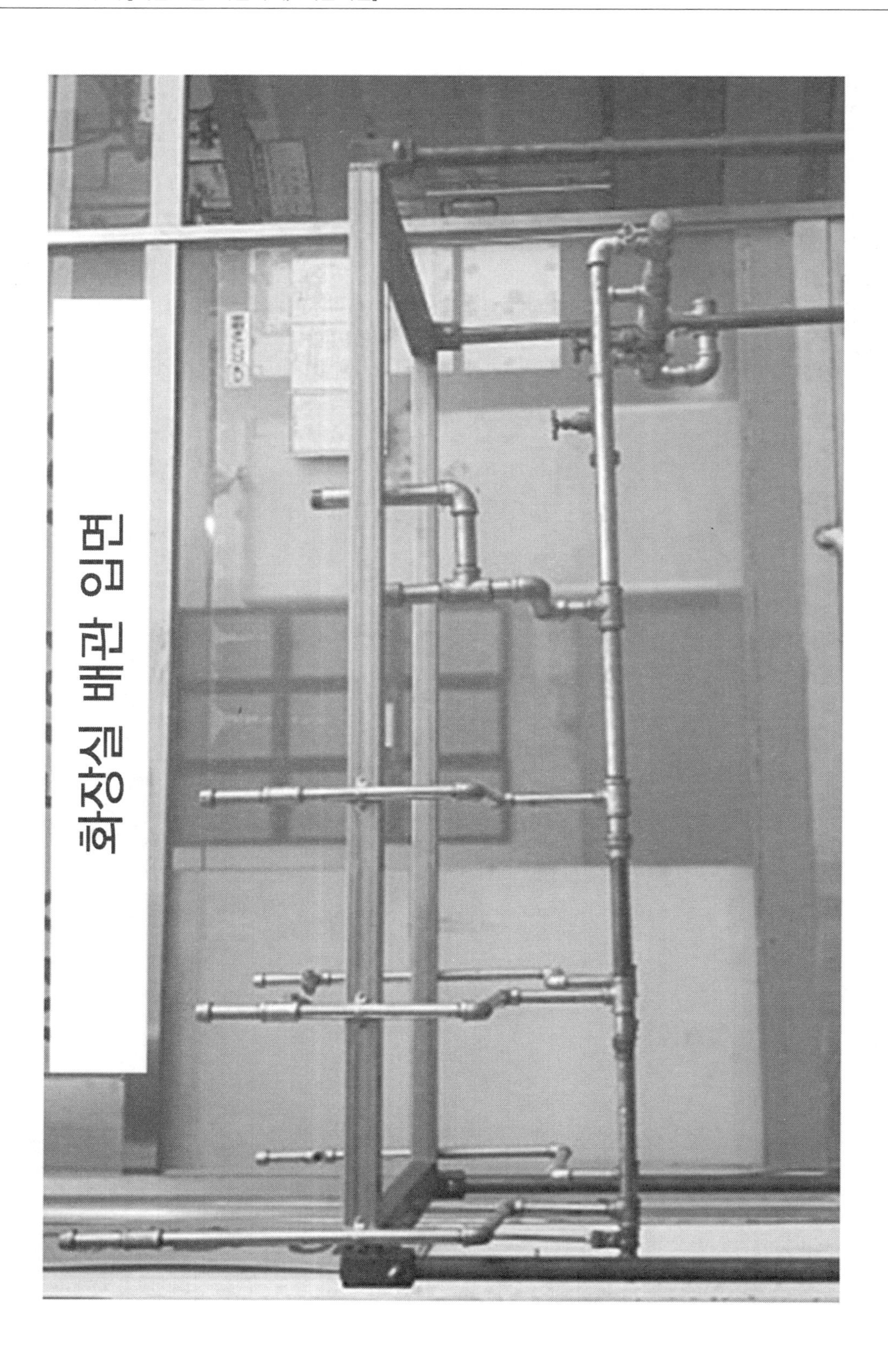
화장실 배관 입면

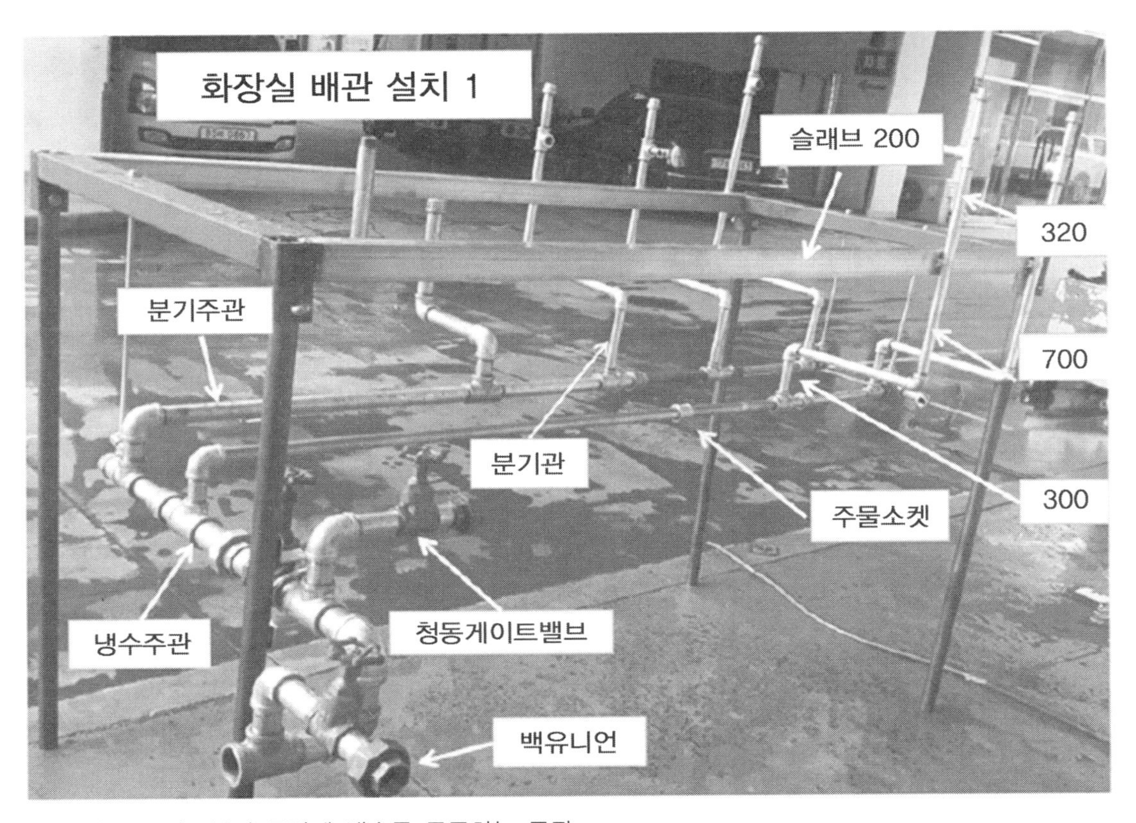

- 냉수 주관 : 분기 주관에 냉수를 공급하는 주관
- 분기 주관 : 분기관에 급수, 정수, 온수를 공급 또는 환수하는 주관
  - 위생 분기 주관
  - 샤워기 분기 주관
  - 소변기 분기 주관
- 분기관 : 분기 주관에서 에어챔버(백캡)까지의 관

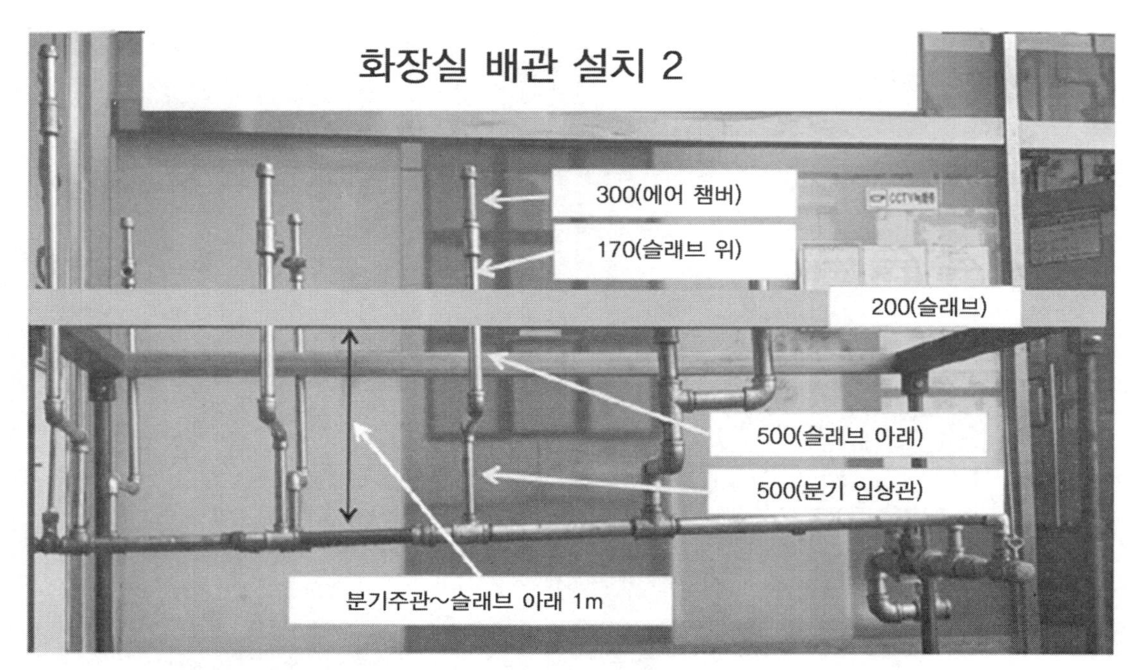

- 요구사항 조건 : 분기 주관에서 슬래브 저부의 길이는 1m이다.
- 산출근거 예 1) 분기 입상관이 0.5m이므로 슬래브 저부(아래) 길이는 1m－0.5m＝0.5m이다.
  2) 분기 입상관이 0.3m이면 슬래브 저부(아래) 길이는 1m－0.3m＝0.7m이다.

배관설비 적산작업용 도면

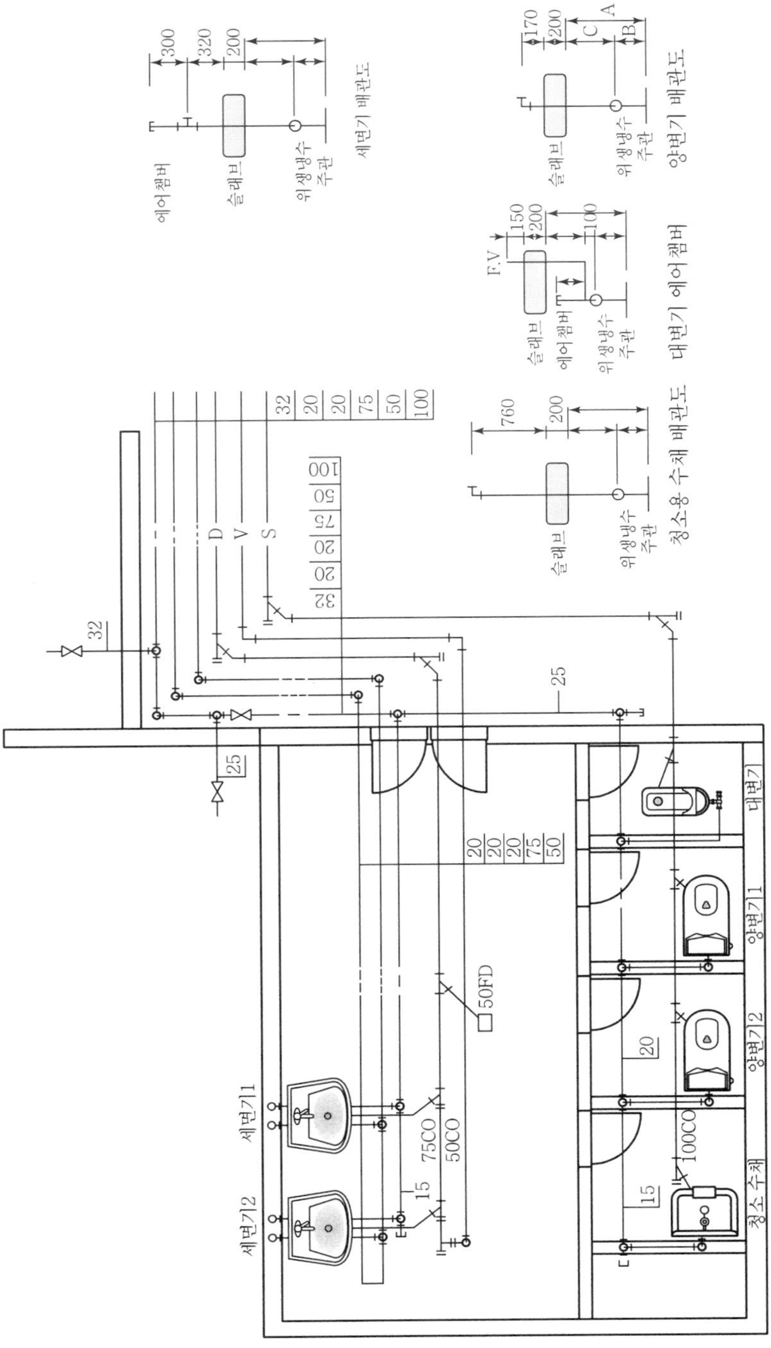

세면기 배관도

양변기 배관도

대변기 에어챔버

청소용 수채 배관도

배관설비 적산작업 참고자료

Ⅰ. 기계설비공사

1. 배관공사

기계설비 표준품셈(강관배관)

(m당)

규격[mm]	배관공(인)	보통인부(인)	규격[mm]	배관공(인)	보통인부(인)
DN15	0.106	0.026	DN50	0.248	0.063
DN20	0.116	0.028	DN65	0.328	0.082
DN25	0.147	0.037	DN80	0.372	0.092
DN32	0.183	0.045	DN100	0.485	0.121
DN40	0.200	0.056			

[비고]

① 상기 공량은 옥내 일반배관 기준이며 냉온수관, 통기관, 소화관, 공기관, 기름관, 프로판 가스관, 급탕관, 배수관, 증기관, 급수관, 냉각수관에 적용합니다.

② 먹줄치기, 상자넣기, 인서트, 지지철물 설치, 절단, 나사 또는 용접접합, 수압 또는 통기시험, 소운반 공량을 포함합니다.

③ 변소(화장실) 배관은 상기 공량에 20[%], 기계실 배관은 상기 공량에 30[%] 할증합니다.

④ 옥외배관(암거 내)은 상기 공량에 10[%]를 감합니다.

⑤ 옥내 배관(바닥난방 배관분 제외)에서 벽을 깎고 이의 보수작업이 필요한 경우에는 공량에 10[%] 범위 내에서 할증할 수 있습니다.

⑥ 밸브류 설치품은(밸브 콕류 설치)를 참조하고 배관 부속품(엘보, 플랜지, 기타) 등의 품은 본공량에 포함되었습니다.

위생기구 일람표

기호	명칭	규격	수량	접속관경				비고
				급수	급탕	배수	오수	
LAV	세면기	L-1704F	2	15	15	75		표준형
WC1	대변기	C-8(F)(F.V용)	1	25			100	플래시밸브용
WC	양변기	CF-480	2	15			100	로탱크용
DW	청소용 수채	S-124(MN)	1	15			75	표준형

2. 일반밸브 및 콕류

규격(mm)	배관공(인)	보통인부(인)	규격(mm)	배관공(인)	보통인부(인)
15~25	0.050	–	125	0.278	0.121
32~50	0.074	–	150	0.343	0.147
65	0.108	0.073	200	0.471	0.188
80	0.141	0.083	250	0.616	0.230
100	0.241	0.105	300	0.788	0.261

–철거는 신설의 50%(재사용 미고려 시), 60%(재사용 고려 시)로 계상한다.
[주] 본 품은 설치 위치의 선정, 소운반, 설치, 작동시험 및 마무리작업이 포함되어 있다.

3. 위생기구 설치

3-1. 세면기 · 세면대 분리형

(개당)

구분	단위	수량
위생공	인	0.285
보통인부	인	0.112

3-2. 청소용 수채

(개당)

구분	단위	수량
위생공	인	0.250
보통인부	인	0.096

3-3. 대변기 설치

(개당)

구분	단위	수량		
		동양식 대변기	양식 대변기	
		F.V용	로탱크용	F.V용
위생공	인	0.605	0.694	0.669
보통인부	인	0.174	0.200	0.193

3-4. 욕실 금구류 설치

규격		단위	위생공
화장경	0.5m² 미만	인	0.189
	0.5~1.0m² 미만	인	0.229
	1.0~1.5m² 미만	인	0.292
수건걸이	Bar형	인	0.099
	환형	인	0.071
화장대		인	0.160
휴지걸이		인	0.071
비누대 · 컵대		인	0.071
옷걸이		인	0.071

4. 자재 단가 및 노무비(물가정보 발췌)

4-1. 일반배관용 탄소강관 단가표

(KS D 3507)

품명	호칭	외경 (mm)	두께 (mm)	단중 (kg/m)	단위 (m)	서울		대전
						①	②	②
백관 (완제품)	15A	21.70	2.65	1.25	m	1,772	1,927	1,951
	20A	27.20	2.65	1.60	m	2,284	2,483	2,515
	25A	34.00	3.25	2.46	m	3,342	3,634	3,680
	32A	42.70	3.25	3.16	m	4,293	4,667	4,724

4-2. 가단주철제 관이음쇠(Malleable Iron Pipe Fittings) 단가표

(KS B 1531)

품명	규격	단위	엘보	티	유니언	소켓	니플	캡
백관 이음쇠	15A	개	520	770	2,570	570	690	450
	20A	개	760	1,120	2,800	800	800	690
	25A	개	1,220	1,690	3,930	1,090	1,120	810
	32A	개	1,830	2,280	4,970	1,400	1,440	1,280

4-3. 청동제 밸브(Bronze Valve) 단가표

(KS B 2301)

품명	규격	단위	서울		부산	대전	광주	제주
			①	②	②	②	②	②
게이트 밸브 $10kg/cm^2$	15A	개	10,320	11,220	11,550	11,720	11,780	12,110
	20A	개	14,140	15,370	15,830	16,060	16,130	16,590
	25A	개	20,270	22,040	22,700	23,030	23,140	23,800
	32A	개	28,840	32,350	32,290	32,760	32,910	33,850
	40A	개	38,370	41,710	42,960	43,580	43,790	45,040

4-4. 도기류 및 금구류 단가표

(단위 : 원)

품명		단위	단가	비고
세면기	L－1704F	조	62,600	
대변기	C－8(F)	조	165,000	
양변기	CF－480	조	174,200	
청소용 수채	S－124(MN)	조	250,000	
화장거울	800×900×5T	장	17,000	$0.72m^2$
화장대		개	18,000	
수건걸이	Bar형	개	6,000	
휴지걸이		개	4,000	

4-5. 공사부문 개별직종 노임단가

(단위 : 원)

일련번호	직종명	단가	해설
1039	배관공	170,000	설계압력 $5kg/cm^2$ 미만의 배관 시공
1012	용접공	180,000	일반철재, 기기, 배관 용접작업
1042	위생공	160,000	위생도기 설치 및 부대작업
1003	특별인부	150,000	특수한 작업조건하에서 작업(보통인부보다 기능이 다소 높음)
1002	보통인부	120,000	기능을 요하지 않는 경작업(단순육체노동)

배관기능장 적산작업

Ⅰ. 산출근거

※ 정수주관 및 변기 냉수주관과 세면기 냉수주관에 연결된 분기관의 순서로 소요 자재를 산출한 결과는 아래와 같다. [ ]로 표시된 빈칸에 적합한 품명과 규격을 쓰시오.

1. 정수주관

품명	규격	단위	수량	비고
백관	DN32	M	1.8	
백티	DN32	개	1	
백관	DN32	M	0.3	냉수 DN32 분기관
백엘보	DN32	개	1	
백관	DN32	M	0.8	
①	DN32(10kg/cm²)	개	1	
백니플	DN32	개	1	
②	DN32	개	1	
백관	DN32	M	0.7	
백엘보	DN32	개	1	
백니플	DN32	개	1	
백엘보	DN32	개	1	
백관	DN32	M	0.6	
백티	③	개	1	
백관	DN25	M	0.2	냉수 DN25 분기관
백엘보	DN25	개	1	
백관	DN25	M	0.7	
황동게이트밸브	DN25(10kg/cm²)	개	1	
백니플	DN25	개	1	
④	DN25	개	1	
백니플	DN32	개	1	
황동게이트밸브	DN32	개	1	
백니플	DN32	개	1	
백유니언	DN32	개	1	
백관	DN32	M	1.3	
백티	DN32/20	개	1	

품명	규격	단위	수량	비고
백니플	DN32	개	1	
백리듀서	⑤	개	1	
백관	DN25	M	1.1	
백티	DN25	개	1	
백니플	DN25	개	1	
백캡	DN25	개	1	

1-1. 변기 냉수주관

품명	규격	단위	수량	비고
백관	DN25	M	0.2	
백엘보	DN25	개	1	
백관	DN25	M	2.4	
백티	DN25	개	1	대변기 분기관
백관	DN25	M	2.4	
백티	⑥	개	1	변기 1 분기관
백관	DN25	M	1.2	
백리듀서	DN25/20	개	1	
백관	DN20	M	1.2	
백티	DN20/15	개	1	변기 2 분기관
백관	DN20	M	1.2	
⑦	DN20/15	개	1	
백관	DN15	M	1.2	
백티	DN15	개	1	청소 수채 분기관
백니플	DN15	개	1	
⑧	DN15	개	1	

1-2. 세면기 냉수주관

품명	규격	단위	수량	비고
백관	DN20	M	0.2	
백엘보	DN20	개	1	
백관	DN20	M	2.7	
백티	DN20/15	개	1	
백관	DN20	M	0.6	
백리듀서	DN20/15	개	1	
백관	DN15	M	1.8	
백티	DN15	개	1	
백니플	DN15	개	1	
백캡	DN15	개	1	

2. 위생기구 분기관

2-1. 동양식 대변기 분기관

품명	규격	단위	수량	비고
백관	DN25	M	0.5	
백엘보	DN25	개	1	
백관	DN25	M	1.3	
백엘보	DN25	개	1	
백니플	DN25	개	1	(100mm)
백티	DN25	개	1	
백관	DN25	M	0.4	
백엘보	DN25	개	1	
백관	DN25	M	⑨	슬래브 아래
백관	DN25	M	0.2	슬래브 두께
백관	DN25	M	⑩	F.V 연결
백관	DN25	M	0.3	에어챔버
백캡	DN25	개	1	

2-2. 양변기 1, 2 분기관

품명	규격	단위	수량	비고
백관	DN15	M	0.5×2	
백엘보	DN15	개	2	
백관	DN15	M	1.2×2	
백엘보	DN15	개	2	
백관	DN15	M	⑪	슬래브 아래 길이
백관	DN15	M	0.2×2	슬래브 두께
백관	DN15	M	⑫	수전 높이
백엘보	DN15	개	2	수전 연결

2-3. 청소수채 분기관

품명	규격	단위	수량	비고
백관	DN15	M	0.5	
백엘보	DN15	개	1	
백관	DN15	M	1.0	
백엘보	DN15	개	1	
백관	DN15	M	0.5	슬래브 아래 길이
백관	DN15	M	⑬	슬래브 두께
백관	DN15	M	⑭	수전 높이
백엘보	DN15	개	1	

2-4. 세면기 1, 2 냉수 분기관

품명	규격	단위	수량	비고
백관	DN15	M	0.3×2	
백엘보	DN15	개	2	
백관	DN15	M	1.2×2	
백엘보	DN15	개	2	
백관	DN15	M	0.7×2	슬래브 아래 길이
백관	DN15	M	0.2×2	슬래브 두께
백관	DN15	M	⑮	수전 높이
백티	DN15	개	2	수전 연결
백관	DN15	M	0.3×2	에어챔버
백캡	DN15	개	2	

3. 위생기구

품명	규격	수량	비고
원형 세면기	L－1704F	2조	표준부속 일체 포함
양식 대변기	C－8(F)	1조	표준부속 일체 포함
동양식 대변기	CF－480	2조	표준부속 일체 포함
청소용 수채	S－124(MN)	1조	표준부속 일체 포함
화장거울	800×900×5T	2개	
화장대		2개	
수건걸이	Bar형	2개	
휴지걸이		3개	

Ⅱ. 집계표

1. 백관

규격	산출내역	계(A)	할증률(a)	할증계(1+a)×A
DN32			10%	
DN25			10%	
DN20			10%	
DN15			10%	

※ 할증계는 소수 1위에서 사사오입하여 정수로 한다.

2. 백관부속품(1)

규격	청동게이트밸브	백엘보	백유니언	백니플	백캡
DN15					
DN20					
DN25					
DN32					

※ 부속품이 없는 것은 "0"을 표시할 것

3. 백관부속품(2)

백티 / 백리듀서	DN15	DN20	DN25	DN32
DN15				
DN20				
DN25				
DN32				

※ 부속품이 없는 것은 "0"을 표시할 것

Ⅲ. 노무인력

명칭	규격	① 수량	할증률(%)	② 배관공	③ 위생공	④ 보통인부	비고
백관	DN32		20	0.183	0	0.045	
백관	DN25		20	0.147	0	0.037	
백관	DN20		20	0.116	0	0.028	
백관	DN15		20	0.106	0	0.026	
황동게이트밸브	DN25(10kg/cm^2)			0.050	0	0	
황동게이트밸브	DN32(10kg/cm^2)			0.074	0	0	
원형 세면기	L-1704F			0	0.285	0.112	
동양식 대변기	C-8(F)			0	0.605	0.174	
양변기	CF-480			0	0.694	0.2	
청소용 수채	L-1704F			0	0.25	0.096	
화장거울	0.72m^2	2		0	0.229	0	
화장대		2		0	0.16	0	
수건걸이	Bar형	2		0	0.099	0	
휴지걸이		3		0	0.071	0	
⑤ 계							

※ 배관공, 위생공, 보통인부의 계산은 소수 3위에서 사사오입하여 소수 2위까지 나타낸다.

※ 배관공, 위생공, 보통인부의 계는 소수 1위에서 사사오입하여 정수만 나타낸다.

Ⅳ. 내역서

품명	규격	단위	① 수량	재료비		노무비		비고
				단가	② 금액	③ 단가	④ 금액	
백관	DN32	m		4,667				
백관	DN25	m		3,634				
백관	DN20	m		2,483				
백관	DN15	m		1,927				
청동게이트밸브	DN32(10kg/cm^2)	개		32,350				
청동게이트밸브	DN25(10kg/cm^2)	개		22,040				
백유니언	DN32	개		4,970				
백유니언	DN25	개		3,930				
백엘보	DN32	개		1,830				
백엘보	DN25	개		1,220				
백엘보	DN20	개		760				
백엘보	DN15	개		520				
백캡	DN25	개		810				
백캡	DN15	개		450				
백니플	DN32	개		1,440				
백니플	DN25	개		1,120				
백니플	DN20	개		800				
백니플	DN15	개		690				
백티	DN32	개		2,280				
백티	DN25	개		1,690				
백티	DN20	개		1,120				
백티	DN15	개		770				
백레듀서	DN32/25	개		1,400				
백레듀서	DN25/20	개		1,090				
백레듀서	DN20/15	개		800				
세면기	L－1704F(분리형)	조		62,600				
동양식 대변기	C－8(F) (F.V용)	조		165,000				
양변기	CF－480	조		174,200				
청소용 수채	S－124(MN)	조		250,000				
화장거울	0.72m^2	조	2	17,000				
화장대		개	2	18,000				
수건걸이	Bar형	개	2	6,000				
휴지걸이		개	3	4,000				
잡품 및 소모품비	강관금액의 3%	식	1					
배관공		인						
위생공		인						
보통인부		인						
공구손료	직접노무비의 3%	식	1					
⑤ 계								

※ 잡품 및 소모품비와 공구손료의 금액은 소수 이하는 버린다.

배관 적산작업 답안

Ⅰ. 산출근거

※ 정수주관 및 변기 냉수주관과 세면기 냉수주관에 연결된 분기관의 순서로 소요 자재를 산출한 결과는 아래와 같다. [ ]로 표시된 빈칸에 적합한 품명과 규격을 쓰시오.

1. 정수주관

품명	규격	단위	수량	비고
백관	DN32	M	1.8	
백티	DN32	개	1	
백관	DN32	M	0.3	냉수 DN32 분기관
백엘보	DN32	개	1	
백관	DN32	M	0.8	
① 청동게이트밸브	DN32(10kg/cm²)	개	1	
백니플	DN32	개	1	
② 백유니언	DN32	개	1	
백관	DN32	M	0.7	
백엘보	DN32	개	1	
백니플	DN32	개	1	
백엘보	DN32	개	1	
백관	DN32	M	0.6	
백티	③ DN32/25	개	1	
백관	DN25	M	0.2	냉수 DN25 분기관
백엘보	DN25	개	1	
백관	DN25	M	0.7	
황동게이트밸브	DN25(10kg/cm²)	개	1	
백니플	DN25	개	1	
④ 백유니언	DN25	개	1	
백니플	DN32	개	1	
황동게이트밸브	DN32	개	1	
백니플	DN32	개	1	
백유니언	DN32	개	1	
백관	DN32	M	1.3	

품명	규격	단위	수량	비고
백티	DN32/20	개	1	
백니플	DN32	개	1	
백리듀서	⑤ DN32/25	개	1	
백관	DN25	M	1.1	
백티	DN25	개	1	
백니플	DN25	개	1	
백캡	DN25	개	1	

1-1. 변기 냉수주관

품명	규격	단위	수량	비고
백관	DN25	M	0.2	
백엘보	DN25	개	1	
백관	DN25	M	2.4	
백티	DN25	개	1	대변기 분기관
백관	DN25	M	2.4	
백티	⑥ DN25/15	개	1	변기 1 분기관
백관	DN25	M	1.2	
백리듀서	DN25/20	개	1	
백관	DN20	M	1.2	
백티	DN20/15	개	1	변기 2 분기관
백관	DN20	M	1.2	
⑦ 백리듀서	DN20/15	개	1	
백관	DN15	M	1.2	
백티	DN15	개	1	청소용 수채 분기관
백니플	DN15	개	1	
⑧ 백캡	DN15	개	1	

1-2. 세면기 냉수주관

품명	규격	단위	수량	비고
백관	DN20	M	0.2	
백엘보	DN20	개	1	
백관	DN20	M	2.7	
백티	DN20/15	개	1	
백관	DN20	M	0.6	
백리듀서	DN20/15	개	1	
백관	DN15	M	1.8	
백티	DN15	개	1	
백니플	DN15	개	1	
백캡	DN15	개	1	

2. 위생기구 분기관

2-1. 동양식 대변기 분기관

품명	규격	단위	수량	비고
백관	DN25	M	0.5	
백엘보	DN25	개	1	
백관	DN25	M	1.3	
백엘보	DN25	개	1	
백니플	DN25	개	1	(100mm)
백티	DN25	개	1	
백관	DN25	M	0.4	
백엘보	DN25	개	1	
백관	DN25	M	⑨ 0.4	슬래브 아래
백관	DN25	M	0.2	슬래브 두께
백관	DN25	M	⑩ 0.15	F.V 연결
백관	DN25	M	0.3	에어챔버
백캡	DN25	개	1	

2-2. 양변기 1, 2 분기관

품명	규격	단위	수량	비고
백관	DN15	M	0.5×2	
백엘보	DN15	개	2	
백관	DN15	M	1.2×2	
백엘보	DN15	개	2	
백관	DN15	M	⑪ 0.5×2	슬래브 아래 길이
백관	DN15	M	0.2×2	슬래브 두께
백관	DN15	M	⑫ 0.17×2	수전 높이
백엘보	DN15	개	2	수전 연결

2-3. 청소용 수채 분기관

품명	규격	단위	수량	비고
백관	DN15	M	0.5	
백엘보	DN15	개	1	
백관	DN15	M	1.0	
백엘보	DN15	개	1	
백관	DN15	M	0.5	슬래브 아래 길이
백관	DN15	M	⑬ 0.2	슬래브 두께
백관	DN15	M	⑭ 0.76	수전 높이
백엘보	DN15	개	1	

2-4. 세면기 1, 2 냉수 분기관

품명	규격	단위	수량	비고
백관	DN15	M	0.3×2	
백엘보	DN15	개	2	
백관	DN15	M	1.2×2	
백엘보	DN15	개	2	
백관	DN15	M	0.7×2	슬래브 아래 길이
백관	DN15	M	0.2×2	슬래브 두께
백관	DN15	M	⑮ 0.32×2	수전 높이
백티	DN15	개	2	수전 연결
백관	DN15	M	0.3×2	에어챔버
백캡	DN15	개	2	

3. 위생기구

품명	규격	수량	비고
원형 세면기	L－1704F	2조	표준부속 일체 포함
양식 대변기	C－8(F)	1조	표준부속 일체 포함
동양식 대변기	CF－480	2조	표준부속 일체 포함
청소용 수채	S－124F	1조	표준부속 일체 포함
화장거울	800×900×5T	2개	
화장대		2개	
수건걸이	Bar형	2개	
휴지걸이		3개	

Ⅱ. 집계표

1. 백관

규격	산출내역	계(A)	할증률(a)	할증계(1+a)×A
DN32	1.8+0.3+0.8+0.7+0.6+1.3	5.5	10%	6
DN25	0.2+0.7+1.1+0.2+2.4+2.4+1.2+0.5+1.3+0.4+0.4+0.2+0.15+0.3	11.45	10%	13
DN20	1.2+1.2+0.2+2.7+0.6	5.9	10%	6
DN15	1.2+1.8+(0.5×2)+(1.2×2)+(0.5×2)+(0.2×2)+(0.17×2)+0.5+1+0.5+0.2+0.76+(0.3×2)+(1.2×2)+(0.7×2)+(0.2×2)+(0.32×2)+(0.3×2)	17.14	10%	19

※ 할증계는 소수 1위에서 사사오입하여 정수로 한다.

2. 백관부속품(1)

규격	청동게이트밸브	백엘보	백유니언	백니플	백캡
DN15	0	13	0	2	4
DN20	0	1	0	0	0
DN25	1	5	1	3	2
DN32	2	3	2	5	0

※ 부속품이 없는 것은 "0"을 표시할 것

3. 백관부속품(2)

백리듀서 \ 백티	DN15	DN20	DN25	DN32
DN15	4	2	1	0
DN20	2	0	0	1
DN25	0	1	3	1
DN32	0	0	1	1

※ 부속품이 없는 것은 "0"을 표시할 것

Ⅲ. 노무인력

명칭	규격	① 수량	할증률 (%)	② 배관공	③ 위생공	④ 보통인부	비고
백관	DN32	5.5	20	0.183 / 1.21	0 / 0	0.045 / 0.3	
백관	DN25	11.5	20	0.147 / 2.03	0 / 0	0.037 / 0.51	
백관	DN20	5.9	20	0.116 / 0.82	0 / 0	0.028 / 0.2	
백관	DN15	17.1	20	0.106 / 2.18	0 / 0	0.026 / 0.53	
황동게이트밸브	DN25(10kg/cm^2)	1		0.05 / 0.05	0 / 0	0 / 0	
황동게이트밸브	DN32(10kg/cm^2)	2		0.074 / 0.15	0 / 0	0 / 0	
원형 세면기	L-1704F	2		0 / 0	0.285 / 0.57	0.112 / 0.22	
대변기	C-8(F)	1		0 / 0	0.605 / 0.61	0.174 / 0.17	
양변기	CF-480	2		0 / 0	0.694 / 1.39	0.2 / 0.4	
청소용 수채	S-124F	1		0 / 0	0.25 / 0.25	0.096 / 0.1	
화장거울	0.72m^2	2		0 / 0	0.229 / 0.46	0 / 0	
화장대		2		0 / 0	0.16 / 0.32	0 / 0	
수건걸이	Bar형	2		0 / 0	0.099 / 0.2	0 / 0	
휴지걸이		3		0 / 0	0.071 / 0.21	0 / 0	
⑤ 계				6	4	2	

※ 배관공, 위생공, 보통인부의 계산은 소수 3위에서 사사오입하여 소수 2위까지 나타낸다.

※ 배관공, 위생공, 보통인부의 계는 소수 1위에서 사사오입하여 정수만 나타낸다.

Ⅳ. 내역서

품명	규격	단위	① 수량	재료비		노무비		비고
				단가	② 금액	③ 단가	④ 금액	
백관	DN32	m	6	4,667	28,002			
백관	DN25	m	13	3,634	47,242			
백관	DN20	m	6	2,483	14,898			
백관	DN15	m	19	1,927	36,613			
청동게이트밸브	DN32(10kg/cm^2)	개	2	32,350	64,700			
청동게이트밸브	DN25(10kg/cm^2)	개	1	22,040	22,040			
백유니언	DN32	개	2	4,970	9,940			
백유니언	DN25	개	1	3,930	3,930			
백엘보	DN32	개	3	1,830	5,490			
백엘보	DN25	개	5	1,220	6,100			
백엘보	DN20	개	1	760	760			
백엘보	DN15	개	13	520	6,760			
백캡	DN25	개	2	810	1,620			
백캡	DN15	개	4	450	1,800			
백니플	DN32	개	5	1,440	7,200			
백니플	DN25	개	3	1,120	3,360			
백니플	DN20	개	0	800	0			
백니플	DN15	개	2	690	1,380			
백티	DN32	개	3	2,280	6,840			
백티	DN25	개	4	1,690	6,760			
백티	DN20	개	2	1,120	2,240			
백티	DN15	개	4	770	3,080			
백레듀서	DN32/25	개	1	1,400	1,400			
백레듀서	DN25/20	개	1	1,090	1,090			
백레듀서	DN20/15	개	2	800	1,600			
세면기	L-1704F(분리형)	조	2	62,600	125,200			
대변기	C-8(F) (F.V용)	조	1	165,000	165,000			
양변기	CF-480	조	2	174,200	348,400			
청소용 수채	S-124(MN)	조	1	250,000	250,000			
화장거울	0.72m^2	조	2	17,000	34,000			
화장대		개	2	18,000	36,000			
수건걸이	Bar형	개	2	6,000	12,000			
휴지걸이		개	3	4,000	12,000			
잡품 및 소모품비	강관금액의 3%	식	1		3,803			
배관공		인	6			170,000	1,020,000	
위생공		인	4			160,000	640,000	
보통인부		인	2			120,000	240,000	
공구손료	직접노무비의 3%	식	1		57,000			
⑤ 계					1,328,248		1,900,000	

※ 잡품 및 소모품비와 공구손료의 금액은 사사오입하여 정수화한다.

2019 적산 실전문제 2

MASTER CRAFTSMAN PLUMBING

배관 설비적산 평가

시험시간 : 표준시간 3시간, 연장시간 없음

Ⅰ. 요구사항

제시된 위생 배관도와 참고자료를 활용하여 적산작업 답안지 양식의 Ⅰ.산출근거, Ⅱ.집계표, Ⅲ.노무인력, Ⅳ.내역서에서 공란에 적합한 명칭이나 규격, 또는 수량을 기입하고 집계표와 내역서를 완성하여 제출하시오.

1. 산출근거

1) 빈칸에 알맞은 명칭이나 규격 또는 수량을 기입하시오.

2. 집계표를 완성

1) 소수점 처리기준을 계산과정별로 답안지 하단에 주기하였으니 유의하시오.

3. 노무인력

1) 소수점 처리기준을 계산과정별로 답안지 하단에 주기하였으니 유의하시오.
2) 노무인력 계는 계산은 소수 3위에서 반올림하고 계는 소수 1자리에서 사사오입하여 ≒(약)으로 표시한 후 정수로 나타내시오.

4. 내역서를 완성

1) 잡품 및 소모품비는 강관금액의 3[%]를 적용하고 소수 이하는 버립니다.
2) 공구손료는 직접노무비의 3[%]를 적용하고 소수 이하는 버립니다.

Ⅱ. 수험자 유의사항

1) 문제지에는 비번호를 기재하여 답안지와 함께 반드시 제출하시오.
2) 급수, 급탕, 환탕, 정수, 통기배관은 백관을 사용하고 배수 및 오수관은 허브(hab)형 주철관(KS 1종) 사용합니다.
3) 본 문제에 제시된 참고자료는 다음과 같습니다.
   ① 기계설비표준품셈(발췌)
   ② 건설자재 및 노임 단가
4) 시험장 내에서 안전수칙을 준수하고 시험위원의 지시를 반드시 지켜야 합니다.
5) 답안 작성 시 반드시 흑 · 청색 볼펜이나 사인펜 중 동일한 색의 필기구만을 계속 사용하여야 하며 기타의 필기구를 사용한 답안은 0점 처리합니다.

위생기구 일람표

기호	명칭	규격	수량	접속관경				비고
				급수	급탕	배수	오수	
PW	샤워기	R－351A	5	15	15	50		표준 부속품 일체
LAV	원형 세면기	L－1040	2	15	15	50		절수형 수전 표준 부속품 일체
	싱크대		1	15	15	50		표준 부속품 일체

배관설비 적산작업용 도면

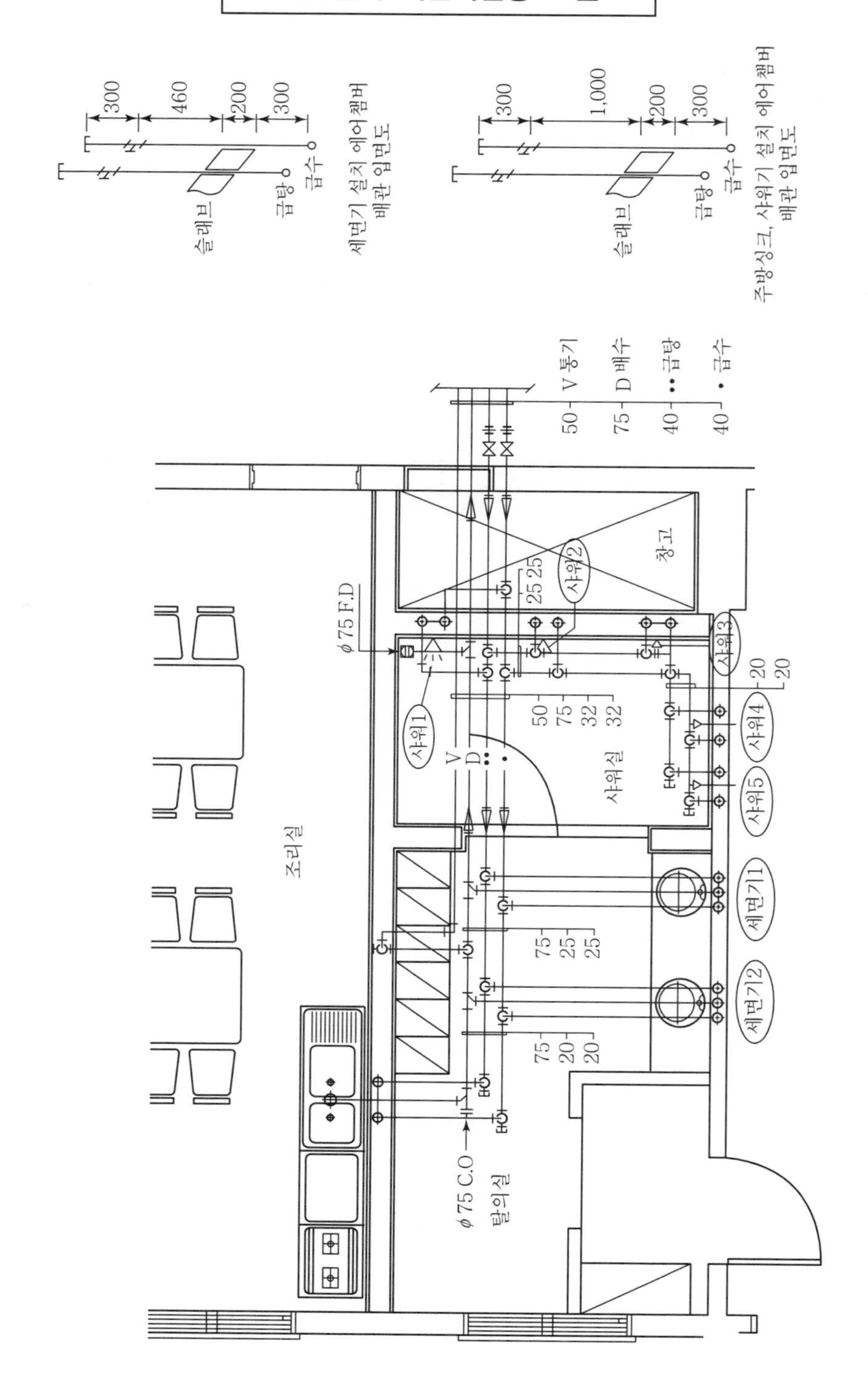

배관설비 적산작업 참고자료

Ⅰ. 기계설비공사

1. 배관공사

기계설비 표준품셈(강관배관)

(m당)

규격[mm]	배관공(인)	보통인부(인)	규격[mm]	배관공(인)	보통인부(인)
DN15	0.106	0.026	DN100	0.485	0.121
DN20	0.116	0.028	DN125	0.568	0.142
DN25	0.147	0.037	DN150	0.700	0.175
DN32	0.183	0.045	DN200	0.977	0.244
DN40	0.200	0.056	DN250	1.275	0.320
DN50	0.248	0.063	DN300	1.525	0.382
DN65	0.328	0.082	DN350	1.793	0.500
DN80	0.372	0.092			

[비고]

① 상기 공량은 옥내 일반배관 기준이며 냉온수관, 통기관, 소화관, 공기관, 기름관, 프로판 가스관, 급탕관, 배수관, 증기관, 급수관, 냉각수관에 적용합니다.
② 먹줄치기, 상자넣기, 인서트, 지지철물 설치, 절단, 나사 또는 용접접합, 수압 또는 통기시험, 소운반 공량을 포함합니다.
③ 변소(화장실) 배관은 상기 공량에 20[%], 기계실 배관은 상기 공량에 30[%] 할증합니다.
④ 옥외배관(암거 내)은 상기 공량에 10[%]를 감합니다.
⑤ 옥내 배관(바닥난방 배관분 제외)에서 벽을 깎고 이의 보수작업이 필요한 경우에는 공량에 10[%] 범위 내에서 할증할 수 있습니다.
⑥ 밸브류 설치품은(밸브 콕류 설치)를 참조하고 배관 부속품(엘보, 플랜지, 기타) 등의 품은 본공량에 포함되었습니다.

2. 위생기구 설치

(개당)

종별	위생공	보통 인부	종별	위생공	보통 인부
원형 세면기	0.66	0.14	소변기(중형 스톨)	2.00	0.50
수음기(스탠드형)	2.43	0.47	살수전	0.20	
수음기(벽붙이형)	1.81	0.36	급수전	0.20	
수세기(일반)	0.29	0.05	샤워장치(매립형)	1.00	0.20
수세기(수술용)	1.69	0.39	혼합샤워(호스용)	0.60	0.12
세발기(수건걸이 포함)	1.81	0.37	욕조(샤워 제외)	1.36	1.28
동양식 대변기 (하이탱크용)	1.46	0.30	화장거울 (450×600mm 기준)	0.16	
동양식 대변기(F.V용)	1.10	0.22	화장대	0.24	
양식 대변기 (로탱크용)	1.76	0.37	수건걸이	0.15	
양식 대변기(F.V용)	0.17	0.29	휴지걸이	0.14	
소변기(스톨)	0.70	0.10			

[비고]

① 지지철물 설치품을 포함합니다.

② 본 공량에는 벽체에 구멍을 뚫고 목심을 박는 공량이 포함되어 있습니다.

③ 샤워장치(매립형)의 공량은 매립 배관품이 포함되었습니다.

④ 소운반은 별도 가산합니다.

3. 일반밸브 및 콕류

규격(mm)	배관공(인)	보통인부(인)	규격(mm)	배관공(인)	보통인부(인)
15~25	0.050	–	125	0.278	0.121
32~50	0.074	–	150	0.343	0.147
65	0.108	0.073	200	0.471	0.188
80	0.141	0.083	250	0.616	0.230
100	0.241	0.105	300	0.788	0.261

-철거는 신설의 50%(재사용 미고려 시), 60%(재사용 고려 시)로 계상한다.

[주] 본 품은 설치 위치의 선정, 소운반, 설치, 작동시험 및 마무리작업이 포함되어 있다.

4. 건설자재 단가

4-1. 위생기구

품명	규격	단위	수량	가격	비고
샤워기	R-351A	조	5	90,000	싱글레버샤워기
원형 세면기	L-1040	조	2	135,000	
대변기	C-8(F)	조	0	120,000	
양변기	C-1210	조	0	130,000	
청소용 수채	S-124(MN)	조	0	150,000	
화장거울	800×900×5T	장	7	12,000	0.72m^2
화장대		개	2	10,000	
수건걸이	Bar형	개	2	4,000	
휴지걸이		개	0	4,000	

4-2. 일반배관용 탄소강관 단가표

(KS D 3507)

품명	호칭	가격		호칭	가격	
		흑관	백관		흑관	백관
백관	15A	980	1,320	32A	2,470	3,180
(완제품)	20A	1,260	1,700	40A	2,840	3,650
	25A	1,950	2,500	50A	4,000	5,140

4-3. 가단주철제 관이음쇠(Malleable Iron Pipe Fittings) 단가표

(KS B 1531)

품명	규격	단위	엘보	티	유니언	소켓	니플	캡
백관 이음쇠	15A	개	300	460	1,340	290	350	230
	20A	개	450	670	1,460	350	410	250
	25A	개	720	1,000	2,050	570	590	420
	32A	개	1,110	1,380	2,600	730	750	670
	40A	개	1,320	1,850	3,370	870	1,070	880

※ 이경 티와 리듀서(이경소켓)는 큰 관경의 티와 소켓 단가를 적용한다.

4-4. 청동제 밸브

품명	규격	가격	품명	규격	가격
게이트밸브 (10kgf/cm^2)	DN15	4,680	글로브밸브 (10kgf/cm^2)	DN15	4,170
	DN20	6,710		DN20	6,590
	DN25	10,250		DN25	9,570
	DN32	14,580		DN32	14,230
	DN40	19,540		DN40	17,600
	DN50	30,120		DN50	26,650
	DN65	59,040		DN65	51,520
	DN80	84,000		DN80	82,150

4-5. 공사부문 개별직종 노임단가

(단위 : 원)

일련번호	직종명	단가(원)	해설
1039	배관공	75,000	설계압력 5kg/cm^2 미만의 배관 시공
1012	용접공	88,000	일반철재, 기기, 배관 용접작업
1042	위생공	74,000	위생도기 설치 및 부재작업
1003	특별인부	66,000	특수한 작업조건하에서 작업(보통인부보다 기능이 다소 높음)
1002	보통인부	53,000	기능을 요하지 않는 경작업(단순육체노동)

배관기능장 적산작업

I. 산출근거

※ 샤워 1, 2, 3, 4로 가는 급수배관, 세면기와 주방싱크로 가는 급수배관을 산출한 결과는 아래와 같다. [   ]로 표시된 ①~⑩에 적합한 품명과 규격을 쓰시오.

1. 배관 및 부속품

1-1. 급수주관

품명	규격	단위	수량	비고	구분
백관	DN40	M	0.5		
①	DN40	개	1		
백니플	DN40	개	1		
청동게이트밸브	DN40	개	1		
백관	DN40	M	0.5		
백티	DN40×DN15	개	1		샤워 1
백니플	DN40	개	1		
백리듀서	②	개	1		
백관	DN32	M	1.0		
백티	③	개	1		샤워분기
백니플	DN32	개	1		
백리듀서	DN32×DN25	개	1		
백관	DN25	M	2.0		
백티	DN25×DN15	개	1		세면기 1
백관	DN25	M	1.5		
백티	④	개	1		세면기 2
백니플	DN25	개	1		
⑤	DN25×DN20	개	1		
백관	DN20	M	1.4		
백티	DN20×DN15	개	1		싱크대 1
백니플	DN20	개	1		
백캡	DN20	개	1		

1-2. 샤워기 분기 주관

품명	규격	단위	수량	비고	구분
백니플	DN25	개	1		
백엘보	DN25	개	1		
백관	DN25	M	0.7		
백티	⑥	개	1		샤워 2
백관	DN25	M	1.5		
백티	DN25×DN15	개	1		샤워 3
백니플	DN25	개	1		
백엘보	DN25	개	1		
백니플	DN25	개	1		
백리듀서	DN25×DN20	개	1		
백관	DN20	M	1		
백티	⑦	개	1		샤워 4
백관	DN20	M	1.5		
백티	DN20×DN15	개	1		샤워 5
백니플	DN20	개	1		
백캡	DN20	개	1		

2-1. 샤워기 1 분기관

품명	규격	단위	수량	비고
백니플	DN15	개	1	
백엘보	DN15	개	1	
백관	DN15	M	0.6	
백엘보	DN15	개	1	
백관	DN15	M	0.4	
백엘보	DN15	개	1	
백관	DN15	M	0.3	슬래브 아래 작업 여유공간
	DN15	M	0.2	슬래브 두께
	DN15	⑧		바닥에서 샤워 급수 연결높이
백티	DN15	개	1	
백관	DN15	⑨		에어챔버용
백캡	DN15	개	1	

2-2. 샤워 2~3 분기관

품명	규격	단위	수량	비고
백니플	DN15	개	2	
백엘보	DN15	개	2	
백관	DN15	M	0.3×2	
백엘보	DN15	개	2	
백관	DN15	M	0.3×2	슬래브 아래 작업 여유공간
	DN15	M	0.2×2	슬래브 두께
	DN15	M	1.0×2	바닥에서 샤워 급수 연결높이
백티	DN15	개	2	
백관	DN15	M	0.3×2	에어챔버용
백캡	DN15	개	2	

2-3. 샤워 4~5 분기관

품명	규격	단위	수량	비고
백니플	DN15	개	2	
백엘보	DN15	개	2	
백관	DN15	M	0.4×2	
백엘보	DN15	개	2	
백관	DN15	M	0.3×2	슬래브 아래 작업 여유공간
	DN15	M	0.2×2	슬래브 두께
	DN15	M	1.0×2	바닥에서 샤워 급수 연결높이
백티	DN15	개	2	
백관	DN15	M	0.3×2	에어챔버용
백캡	DN15	개	2	

2-4. 세면기 1~2 분기관

품명	규격	단위	수량	비고
백니플	DN15	개	2	
백엘보	DN15	개	2	
백관	DN15	M	2.8×2	
백엘보	DN15	개	2	
백관	DN15	M	0.3×2	슬래브 아래 작업 여유공간
	DN15	M	0.2×2	슬래브 두께
	DN15	M	0.46×2	바닥에서 세면기 급수 연결높이
백티	DN15	개	2	
백관	DN15	M	0.3×2	에어챔버용
⑩	DN15	개	2	

2-5. 싱크대 분기관

품명	규격	단위	수량	비고
백니플	DN15	개	1	
백엘보	DN15	개	1	
백관	DN15	M	1.5	
백엘보	DN15	개	1	
백관	DN15	M	0.3	슬래브 아래 작업 여유공간
	DN15	M	0.2	슬래브 두께
	DN15	M	1.0	바닥에서 싱크 급수 연결높이
백티	DN15	개	1	
백관	DN15	M	0.3	에어챔버용
백캡	DN15	개	1	

Ⅱ. 집계표

1. 백관

규격	산출내역	계(A)	할증률(a)	할증계(1+a)×A
DN40			10%	
DN32			10%	
DN25			10%	
DN20			10%	
DN15			10%	

※ 할증계는 소수 1위에서 사사오입하여 정수로 한다.

2. 백관부속품(1)

품명 / 규격	백엘보	백캡	백니플	백유니언	청동게이트밸브
DN40					
DN32					
DN25					
DN20					
DN15					

※ 부속품이 없는 것은 "0"을 표시할 것

3. 백관부속품(2)

백티 / 백리듀서	DN15	DN20	DN25	DN32	DN40
DN15					
DN20					
DN25					
DN32					
DN40					

※ 부속품이 없는 것은 "0"을 표시할 것

Ⅲ. 노무인력

명칭	규격	수량	배관공	위생공	보통인부	비고
백관	DN40		0.2	0 / 0	0.056	
백관	DN32		0.183	0 / 0	0.045	
백관	DN25		0.147	0 / 0	0.037	
백관	DN20		0.116	0 / 0	0.028	
백관	DN15		0.106	0 / 0	0.026	
청동게이트밸브	DN32	1	0.074 / 0.07	0 / 0	0 / 0	
샤워기			0 / 0	1	0.2	
세면기			0 / 0	0.66	0.14	
화장거울		7	0 / 0	0.229 / 1.6	0 / 0	
화장대		2	0 / 0	0.16 / 0.32	0 / 0	
수건걸이		2	0 / 0	0.15 / 0.3	0 / 0	
계						

※ 배관공, 위생공, 보통인부의 계산은 소수 3위에서 사사오입하여 소수 2위까지 나타낸다.

※ 배관공, 위생공, 보통인부의 계는 소수 1위에서 사사오입하여 정수만 나타낸다.

Ⅳ. 내역서

품명	규격	단위	수량	재료비		노무비		비고
				단가	금액	단가	금액	
백관	DN40	m						
백관	DN32	m						
백관	DN25	m						
백관	DN20	m						
백관	DN15	m						
백엘보	DN25	개	2	720				
백엘보	DN15	개	17	300				
백캡	DN20	개	2	250				
백캡	DN15	개	8	230				
백니플	DN40	개	2	1,070				
백니플	DN32	개	1	750				
백니플	DN25	개	4	590				
백니플	DN20	개	2	410				
백니플	DN15	개	8	350				
백유니언	DN40	개	1	3,370				
백티	DN40×DN15	개						
백티	DN32×DN25	개						
백티	DN25×DN15	개						
백티	DN20×DN15	개						
백티	DN15	개						
백리듀서	DN40×DN32	개						
백리듀서	DN32×DN25	개						
백리듀서	DN25×DN20	개						
청동게이트밸브	DN40	개	1	19,540				
원형 세면기	L－1040	조	2	135,000				
샤워기	R－351A	조	5	90,000				
화장거울		개	7	12,000				
화장대		개	2	10,000				
수건걸이		개	2	4,000				
비품 및 소모품비		식						
배관공		인						
위생공		인						
보통인부		인						
공구손료		식						
계								

※ 잡품 및 소모품비와 공구손료의 금액은 소수 이하는 버린다.

배관 적산작업 답안

Ⅰ. 산출근거

※ 샤워 1, 2, 3, 4로 가는 급수배관, 세면기와 주방싱크로 가는 급수배관을 산출한 결과는 아래와 같다. [ ]로 표시된 ①~⑩에 적합한 품명과 규격을 쓰시오.

1. 배관 및 부속품

1-1. 급수주관

품명	규격	단위	수량	비고	구분
백관	DN40	M	0.5		
① 백유니언	DN40	개	1		
백니플	DN40	개	1		
청동게이트밸브	DN40	개	1		
백관	DN40	M	0.5		
백티	DN40×DN15	개	1		샤워 1
백니플	DN40	개	1		
백리듀서	② DN40×DN32	개	1		
백관	DN32	M	1.0		
백티	③ DN32×DN25	개	1		샤워분기
백니플	DN32	개	1		
백리듀서	DN32×DN25	개	1		
백관	DN25	M	2.0		
백티	DN25×DN15	개	1		세면기 1
백관	DN25	M	1.5		
백티	④ DN25×DN15	개	1		세면기 2
백니플	DN25	개	1		
⑤ 백리듀서	DN25×DN20	개	1		
백관	DN20	M	1.4		
백티	DN20×DN15	개	1		싱크대 1
백니플	DN20	개	1		
백캡	DN20	개	1		

1-2. 샤워기 분기 주관

품명	규격	단위	수량	비고	구분
백니플	DN25	개	1		
백엘보	DN25	개	1		
백관	DN25	M	0.7		
백티	⑥ DN25×DN15	개	1		샤워 2
백관	DN25	M	1.5		
백티	DN25×DN15	개	1		샤워 3
백니플	DN25	개	1		
백엘보	DN25	개	1		
백니플	DN25	개	1		
백리듀서	DN25×DN20	개	1		
백관	DN20	M	1		
백티	⑦ DN20×DN15	개	1		샤워 4
백관	DN20	M	1.5		
백티	DN20×DN15	개	1		샤워 5
백니플	DN20	개	1		
백캡	DN20	개	1		

2-1. 샤워기 1 분기관

품명	규격	단위	수량	비고
백니플	DN15	개	1	
백엘보	DN15	개	1	
백관	DN15	M	0.6	
백엘보	DN15	개	1	
백관	DN15	M	0.4	
백엘보	DN15	개	1	
백관	DN15	M	0.3	슬래브 아래 작업 여유공간
	DN15	M	0.2	슬래브 두께
	DN15	⑧ M	1.0	바닥에서 샤워 급수 연결높이
백티	DN15	개	1	
백관	DN15	⑨ M	0.3	에어챔버용
백캡	DN15	개	1	

2-2. 샤워 2~3 분기관

품명	규격	단위	수량	비고
백니플	DN15	개	2	
백엘보	DN15	개	2	
백관	DN15	M	0.3×2	
백엘보	DN15	개	2	
백관	DN15	M	0.3×2	슬래브 아래 작업 여유공간
	DN15	M	0.2×2	슬래브 두께
	DN15	M	1.0×2	바닥에서 샤워 급수 연결높이
백티	DN15	개	2	
백관	DN15	M	0.3×2	에어챔버용
백캡	DN15	개	2	

2-3. 샤워 4~5 분기관

품명	규격	단위	수량	비고
백니플	DN15	개	2	
백엘보	DN15	개	2	
백관	DN15	M	0.4×2	
백엘보	DN15	개	2	
백관	DN15	M	0.3×2	슬래브 아래 작업 여유공간
	DN15	M	0.2×2	슬래브 두께
	DN15	M	1.0×2	바닥에서 샤워 급수 연결높이
백티	DN15	개	2	
백관	DN15	M	0.3×2	에어챔버용
백캡	DN15	개	2	

2-4. 세면기 1~2 분기관

품명	규격	단위	수량	비고
백니플	DN15	개	2	
백엘보	DN15	개	2	
백관	DN15	M	2.8×2	
백엘보	DN15	개	2	
백관	DN15	M	0.3×2	슬래브 아래 작업 여유공간
	DN15	M	0.2×2	슬래브 두께
	DN15	M	0.46×2	바닥에서 세면기 급수 연결높이
백티	DN15	개	2	
백관	DN15	M	0.3×2	에어챔버용
⑩ 백캡	DN15	개	2	

2-5. 싱크대 분기관

품명	규격	단위	수량	비고
백니플	DN15	개	1	
백엘보	DN15	개	1	
백관	DN15	M	1.5	
백엘보	DN15	개	1	
백관	DN15	M	0.3	슬래브 아래 작업 여유공간
	DN15	M	0.2	슬래브 두께
	DN15	M	1.0	바닥에서 싱크 급수 연결높이
백티	DN15	개	1	
백관	DN15	M	0.3	에어챔버용
백캡	DN15	개	1	

Ⅱ. 집계표

1. 백관

규격	산출내역	계(A)	할증률(a)	할증계(1+a)×A
DN40	0.5+0.5	1	10%	≒1
DN32	1	1	10%	≒1
DN25	2.0+1.5+0.7+1.5	5.7	10%	≒6
DN20	1.4+1.0+1.5	3.9	10%	≒4
DN15	(0.6+0.4+0.3+0.2+1.0+0.3)+((0.3+0.3+0.2+1.0+0.3)×2)+((0.4+0.3+0.2+1.0+0.3)×2)+((2.8+0.3+0.2+0.46+0.3)×2)+(1.5+0.3+0.2+1.0+0.3)	22.82	10%	≒25

※ 할증계는 소수 1위에서 사사오입하여 정수로 한다.

2. 백관부속품(1)

품명 / 규격	백엘보	백캡	백니플	백유니언	청동게이트밸브
DN40	0	0	2	1	1
DN32	0	0	1	0	0
DN25	2	0	4	0	0
DN20	0	2	2	0	0
DN15	17	8	8	0	0

※ 부속품이 없는 것은 "0"을 표시할 것

3. 백관부속품(2)

백티 / 백리듀서	DN15	DN20	DN25	DN32	DN40
DN15	8	3	4	0	1
DN20	0	0	0	0	0
DN25	0	2	0	1	0
DN32	0	0	1	0	0
DN40	0	0	0	1	0

※ 부속품이 없는 것은 "0"을 표시할 것

Ⅲ. 노무인력

명칭	규격	수량	배관공	위생공	보통인부	비고
백관	DN40	1	0.2 / 0.2	0 / 0	0.056 / 0.056	
백관	DN32	1	0.183 / 0.18	0 / 0	0.045 / 0.05	
백관	DN25	5.7	0.147 / 0.84	0 / 0	0.037 / 0.21	
백관	DN20	3.9	0.116 / 0.45	0 / 0	0.028 / 0.11	
백관	DN15	22.82	0.106 / 2.42	0 / 0	0.026 / 0.59	
청동게이트밸브	DN32	1	0.074 / 0.07	0 / 0	0 / 0	
샤워기		5	0 / 0	1 / 5	0.2 / 1	
세면기		2	0 / 0	0.66 / 1.32	0.14 / 0.28	
화장거울		7	0 / 0	0.229 / 1.6	0	
화장대		2	0 / 0	0.16 / 0.32	0 / 0	
수건걸이		2	0 / 0	0.15 / 0.3	0 / 0	
계			4	9	2	

※ 배관공, 위생공, 보통인부의 계산은 소수 3위에서 사사오입하여 소수 2위까지 나타낸다.

※ 배관공, 위생공, 보통인부의 계는 소수 1위에서 사사오입하여 정수만 나타낸다.

Ⅳ. 내역서

품명	규격	단위	수량	재료비		노무비		비고
				단가	금액	단가	금액	
백관	DN40	m	1	3,650	3,650		61,630	
백관	DN32	m	1	3,180	3,180			
백관	DN25	m	6	2,500	15,000			
백관	DN20	m	4	1,700	6,800			
백관	DN15	m	25	1,320	33,000			
백엘보	DN25	개	2	720	1,440			
백엘보	DN15	개	17	300	5,100			
백캡	DN20	개	2	250	500			
백캡	DN15	개	8	230	1,840			
백니플	DN40	개	2	1,070	2,140			
백니플	DN32	개	1	750	750			
백니플	DN25	개	4	590	2,360			
백니플	DN20	개	2	410	820			
백니플	DN15	개	8	350	2,800			
백유니언	DN40	개	1	3,370	3,370			
백티	DN40×DN15	개	1	1,850	1,850			
백티	DN32×DN25	개	1	1,380	1,380			
백티	DN25×DN15	개	4	1,000	4,000			
백티	DN20×DN15	개	3	670	2,010			
백티	DN15	개	8	460	3,680			
백리듀서	DN40×DN32	개	1	870	870			
백리듀서	DN32×DN25	개	1	730	730			
백리듀서	DN25×DN20	개	2	570	1,140			
청동게이트밸브	DN40	개	1	19,540	19,540			
원형 세면기	L-1040	조	2	135,000	270,000			
샤워기	R-351A	조	5	90,000	450,000			
화장거울		개	7	12,000	84,000			
화장대		개	2	10,000	20,000			
수건걸이		개	2	4,000	8,000			
비품 및 소모품비		식			1,848			
배관공		인	4			75,000	300,000	
위생공		인	9			74,000	666,000	
보통인부		인	2			53,000	106,000	
공구손료		식			32,160			
계					983,958		1,072,000	

※ 잡품 및 소모품비와 공구손료의 금액은 소수 이하는 버린다.

적산 실전문제 1

배관 설비적산 평가

시험시간 : 표준시간 3시간, 연장시간 없음

Ⅰ. 요구사항

제시된 위생 배관도와 참고자료를 활용하여 적산작업 답안지 양식의 Ⅰ.산출근거, Ⅱ.집계표, Ⅲ.내역서에서 공란에 적합한 명칭이나 규격 또는 수량을 기입하고, 집계표와 내역서를 완성하여 제출하시오.

1. 산출근거

빈칸에 알맞은 명칭이나 규격 또는 수량을 기입하시오.

2. 집계표를 완성

1) 소수점 처리기준을 계산과정별로 답안지 하단에 주기하였으니 유의하시오.
2) 배관 및 위생기기 설치에 따른 노무인력의 계산과정에서 답안지 하단에 소수점 처리기준을 주기하였으니 유의하여 계산하시오. 단, 노무인력계는 계산 후, 소수 1자리에서 사사오입하여 ≒(약)으로 표시한 후 정수로 나타내시오.
3) 노무인력비의 할증은 배관의 상기공량에 20%를 할증하시오.

3. 내역서를 완성

1) 잡품 및 소모품비는 강관금액의 3%를 적용하고 소수 이하는 버립니다.
2) 공구손료는 직접노무비의 3%를 적용하고 소수 이하는 버립니다.
   ① 급수 · 급탕, 환탕, 정수, 통기배관은 백관을 사용하고 배수 및 오수관은 허브(hub)형 주철관(KS 1종)을 사용합니다.
   ② 본 문제에 제시된 참고자료는 다음과 같습니다.
   －기계설비표준품셈(발췌), －건설자재 및 노임단가

Ⅱ. 수험자 유의사항

1) 문제지에는 비번호(등번호)와 성명을 기재하여 답안지와 함께 반드시 제출하시오.
2) 시험장 내에서 안전수칙을 준수하고 시험위원의 지시를 반드시 지켜야 한다.

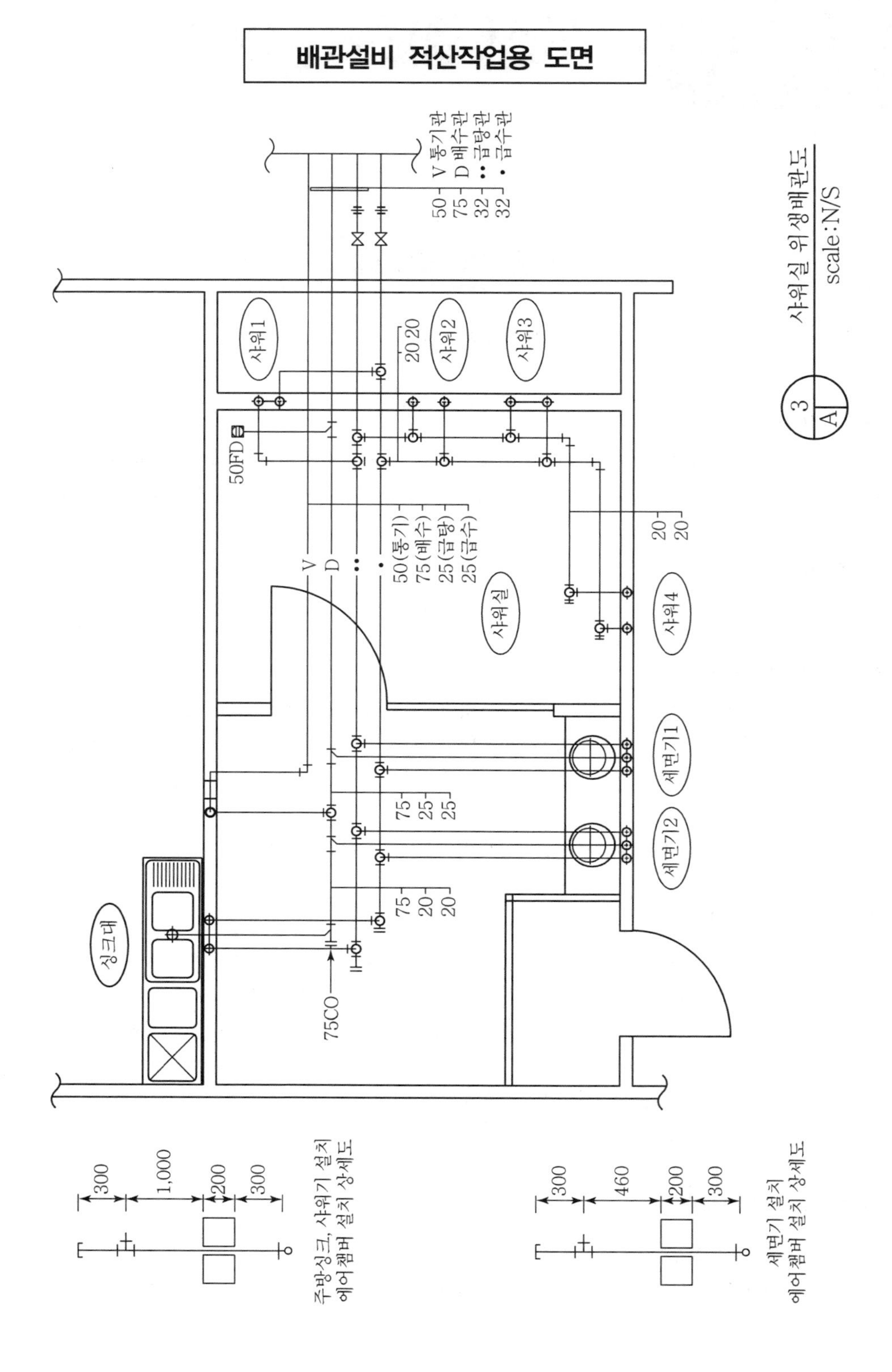
배관설비 적산작업용 도면
V 통기관
D 배수관
•• 급탕관
• 급수관
50
75
32
32
샤워1
샤워2
샤워3
샤워4
샤워실
20 20
50FD
V
D
50(통기)
75(배수)
25(급탕)
25(급수)
20
20
세면기1
세면기2
75
25
25
75
20
20
싱크대
75CO
3
A
사워실 위생배관도
scale:N/S
300
1,000
200
300
주방싱크, 샤워기 설치
에어챔버 설치 상세도
300
460
200
300
세면기 설치
에어챔버 설치 상세도

배관설비 적산작업 참고자료

Ⅰ. 기계설비공사

1. 배관공사

기계설비 표준품셈(강관배관)

(m당)

규격[mm]	배관공(인)	보통인부(인)	규격[mm]	배관공(인)	보통인부(인)
DN15	0.106	0.026	DN100	0.485	0.121
DN20	0.116	0.028	DN125	0.568	0.142
DN25	0.147	0.037	DN150	0.700	0.175
DN32	0.183	0.045	DN200	0.977	0.244
DN40	0.200	0.056	DN250	1.275	0.320
DN50	0.248	0.063	DN300	1.525	0.382
DN65	0.328	0.082	DN350	1.793	0.500
DN80	0.372	0.092			

[비고]

① 상기 공량은 옥내 일반배관 기준이며 냉온수관, 통기관, 소화관, 공기관, 기름관, 프로판 가스관, 급탕관, 배수관, 증기관, 급수관, 냉각수관에 적용합니다.

② 먹줄치기, 상자넣기, 인서트, 지지철물 설치, 절단, 나사 또는 용접접합, 수압 또는 통기시험, 소운반 공량을 포함합니다.

③ 변소(화장실) 배관은 상기 공량에 20[%], 기계실 배관은 상기 공량에 30[%] 할증합니다.

④ 옥외배관(암거 내)은 상기 공량에 10[%]를 감합니다.

⑤ 옥내 배관(바닥난방 배관분 제외)에서 벽을 깎고 이의 보수작업이 필요한 경우에는 공량에 10[%] 범위 내에서 할증할 수 있습니다.

⑥ 밸브류 설치품은(밸브 콕류 설치)를 참조하고 배관 부속품(엘보, 플랜지, 기타) 등의 품은 본공량에 포함되었습니다.

2. 위생기구 설치

(개당)

종별	위생공	보통 인부	종별	위생공	보통 인부
세면기	0.66	0.14	소변기(중형 스톨)	2.0	0.5
수음기(스탠드형)	2.43	0.47	살수전	0.2	
수음기(벽붙이형)	1.81	0.36	급수전	0.2	
수세기(일반)	0.29	0.05	샤워장치(매립형)	1.0	0.2
수세기(수술용)	1.69	0.39	혼합샤워(호스용)	0.6	0.12
세발기(수건걸이 포함)	1.81	0.37	욕조(샤워 제외)	1.36	1.28
동양식 대변기 (하이탱크용)	1.46	0.3	화장거울 (450×650mm 기준)	0.16	
동양식 대변기(F.V용)	1.1	0.22	화장대	0.24	
양식 대변기 (로탱크용)	1.76	0.37	수건걸이	0.15	
양식 대변기(F.V용)	0.17	0.29	휴지걸이	0.14	
소변기(스툴)	0.7	0.1			

[비고]

① 지지철물 설치품을 포함합니다.

② 본 공량에는 벽체에 구멍을 뚫고 목심을 박는 공량이 포함되어 있습니다.

③ 샤워장치(매립형)의 공량은 매립 배관품이 포함되었습니다.

④ 소운반은 별도 가산합니다.

위생기구 일람표

기호	명칭	규격	수량	접속관경				비고
				급수	급탕	배수	오수	
PW	샤워기	R-351A	4	15	15	50		표준부속품 일체
LAV	원형 세면기	L-1040	2	15	15	50		절수형 수전 표준부속품 일체
	싱크대		1	15	15	50		표준부속품 일체

3. 건설자재 단가

3-1. 위생기구

품명		규격(KS 규격번호)	가격(조당)
대변기	서양식 사이펀 제트 변기	C-1110	110,000
	서양식 탱크형 사이펀 변기	C-1210	130,000
	서양식 탱크형 사이펀 제트 변기	C-1410	110,000
세면기	대형 평면붙임 테두리 없는 세면기	VL-510	180,000
	원형 세면기	L-1040	135,000
샤워기	싱글레버식 샤워기	R-351A	90,000

3-2. 욕실용 기타 자재

품명	규격	가격
화장거울	600×450×5t	7,200
화장대		10,000
수건걸이		4,000
휴지걸이		4,000

3-3. 일반배관용 탄소강관

호칭	가격		호칭	가격	
	흑관	백관		흑관	백관
DN15	980	1,320	DN32	2,470	3,180
DN20	1,260	1,700	DN40	2,840	3,650
DN25	1,950	2,500	DN50	40,000	5,140

3-4. 가단주철제 관이음쇠

규격		가격							
		엘보	티	유니언	소켓	니플	부싱	캡	플러그
아연도금관 이음쇠	DN15	300	460	1,340	290	350		230	210
	DN20	450	670	1,460	350	410	320	350	300
	DN25	720	1,000	2,050	570	590	410	420	390
	DN32	1,110	1,380	2,600	730	750	620	670	580
	DN40	1,320	1,850	3,370	870	1,070	840	880	790
	DN50	2,070	2,700	4,330	1,390	1,280	1,360	1,320	1,180

※ 이경 티와 리듀서(이경소켓)는 큰 관경의 티와 소켓 단가를 적용한다.

3-5. 청동제 밸브

품명	규격	가격	품명	규격	가격
게이트밸브 (10kgf/cm²)	DN15	4,680	글로브밸브 (10kgf/cm²)	DN15	4,170
	DN20	6,710		DN20	6,590
	DN25	10,250		DN25	9,570
	DN32	14,580		DN32	14,230
	DN40	19,540		DN40	17,600
	DN50	30,120		DN50	26,650
	DN65	59,040		DN65	51,520
	DN80	84,000		DN80	82,150

4. 건설공사 노임 단가

직종명	단가(원)	직종명	단가(원)
배관공	75,000	특별인부	66,000
위생공	74,000	보통인부	53,000
보온공	77,000	용접공	88,000

배관기능장 적산작업

Ⅰ. 산출근거

※ 제시된 위생 배관도를 보고 급수주관, 환탕배관 등 위생기구 산출근거표 빈칸의 배관 및 부속명칭, 규격, 수량을 기입하시오.

1. (급수주관) 산출근거 작성

품명	규격	단위	수량	비고
백관	DN32	m	0.3	
백유니언	DN32	개	1	
①	DN32	개	1	
청동게이트밸브	DN32	개	1	
백관	DN32	m	2	
백티	DN32/DN15	개	1	샤워 1
백관	DN32	m	1	
②	③	개	1	샤워 주관
백니플	DN32	개	1	
백리듀서	DN32/DN25	개	1	
백관	DN25	m	2.5	
④	DN25/DN15	개	1	세면기 1
백관	DN25	m	1.2	
백티	DN25/DN15	개	1	세면기 2
백니플	DN25	개	1	
백리듀서	DN25/DN20	개	1	
백관	DN20	m	1.5	
백티	DN20/DN15	개	1	싱크대
백니플	DN20	개	1	
⑤	DN20	개	1	

2. (샤워기) 분기 주관 산출근거 작성

품명	규격	단위	수량	비고
백니플	DN20	개	1	
백엘보	DN20	개	1	
백관	DN20	m	0.5	
백티	DN20/DN15	개	1	샤워 2
백관	DN20	m	1.2	
백티	DN20/DN15	개	1	샤워 3
백니플	DN20	개	1	
백엘보	⑥	개	1	
백관	DN20	m	1.5	
백티	DN20/DN15	개	1	샤워 4
백니플	DN20	개	1	
⑦	DN20	개	1	

3. (샤워기 1) 분기관 산출근거 작성

품명	규격	단위	수량	비고
백니플	DN15	개	1	
⑧	DN15	개	1	
백관	DN15	m	0.6	
백엘보	DN15	개	1	
백관	DN15	m	0.3	
백엘보	DN15	개	1	
백관	DN15	m	0.3	슬래브 아래 여유공간
백관	DN15	m	0.2	슬래브 두께 부분
백관	DN15	m	1	슬래브 위의 높이
백티	DN15	개	1	
백관	DN15	m	⑨	에어챔버용
백캡	DN15	개	1	

4. (샤워기 2) 분기관 산출근거 작성

품명	규격	단위	수량	비고
백니플	DN15	개	1	
백엘보	DN15	개	1	
백관	DN15	m	0.4	
백엘보	DN15	개	1	
백관	DN15	m	0.3	슬래브 아래 여유공간
백관	DN15	m	0.2	슬래브 두께 부분
백관	DN15	m	1	슬래브 위의 높이
⑩	DN15	개	1	
백관	DN15	m	0.3	에어챔버용
⑪	DN15	개	1	

5. (샤워기 3) 분기관 산출근거 작성

품명	규격	단위	수량	비고
백니플	DN15	개	1	
백엘보	DN15	개	1	
백관	DN15	m	0.4	
백엘보	DN15	개	1	
백관	DN15	m	0.3	슬래브 아래 여유공간
백관	DN15	m	0.2	슬래브 두께 부분
백관	DN15	m	1	슬래브 위의 높이
백티	DN15	개	1	
백관	DN15	m	0.3	에어챔버용
백캡	DN15	개	1	

6. (샤워기 4) 분기관 산출근거 작성

품명	규격	단위	수량	비고
백니플	DN15	개	1	
백엘보	DN15	개	1	
백관	DN15	m	0.4	
백엘보	DN15	개	1	
백관	DN15	m	0.3	슬래브 아래 여유공간
백관	DN15	m	0.2	슬래브 두께 부분
백관	DN15	m	1	슬래브 위의 높이
백티	DN15	개	1	
백관	DN15	m	0.3	에어챔버용
백캡	DN15	개	1	

7. (세면기 1～2) 분기관 산출근거 작성

품명	규격	단위	수량	비고
백니플	DN15	개	2	(2개소)
백엘보	DN15	개	2	(2개소)
백관	DN15	m	2.0×2	(2개소)
백엘보	DN15	개	2	(2개소)
백관	DN15	m	0.3×2	슬래브 아래 공간(2개소)
백관	DN15	m	0.2×2	슬래브 두께 부분(2개소)
백관	DN15	m	0.46×2	슬래브 위의 높이
백티	DN15	개	2	(2개소)
백관	DN15	m	0.3×2	(2개소)
⑫	DN15	개	2	(2개소)

8. (싱크대) 분기관 산출근거 작성

품명	규격	단위	수량	비고
백니플	DN15	개	1	
백엘보	DN15	개	1	
백관	DN15	m	1.1	
백엘보	DN15	개	1	
백관	DN15	m	0.3	슬래브 아래 공간
백관	DN15	m	0.2	슬래브 두께 부분
백관	DN15	m	1	슬래브 위의 높이
백티	DN15	개	1	
백관	DN15	m	0.3	
⑬	DN15	개	1	

Ⅱ. 집계표

1. 백관

규격	산출내역	계(A)	할증률(a)	할증계(1+a)×A
DN32			10%	
DN25			10%	
DN20			10%	
DN15			10%	

※ 할증계는 소수 1위에서 사사오입하여 정수로 한다.

2. 백관부속품 집계표 작성

규격	백엘보	백캡	백니플	백유니언	청동게이트밸브
DN32					
DN25					
DN20					
DN15					

※ 부속품이 없는 것은 "0"을 표시할 것

3. 백티, 백리듀서 집계표 작성

백티 / 백리듀서	DN15	DN20	DN25	DN32
DN15				
DN20				
DN25				
DN32				

※ 부속품이 없는 것은 "0"을 표시할 것

※ 이경 티와 리듀서 이경소켓은 큰 관경의 티와 소켓 단가를 적용한다.

4. 위생기구 및 부속품 집계표 작성

품명	규격	수량	단위	비고
원형 세면기	L－1040	2	조	P트랩, 표준품 일체 포함
샤워기	R－351A	4	조	싱글레버 혼합수전 등 표준품
화장대	450×650×5t	2	개	
화장거울		2	개	
수건걸이		2	개	

Ⅲ. 노무인력 계산 및 작성

1) 노무인력은 배관 호칭별 1m에 대한 배관공, 보통인부에 공량을 적용한다.
2) 위생기구 종류별로 위생공과 보통인부를 표준품셈표를 이용하여 계산하시오.

명칭 및 규격	수량 (A)	배관공(B)		위생공(C)		보통인부(D)		비고
		공량	공수	공량	공수	공량	공수	
백관 DN32		0.183				0.045		
백관 DN25		0.147				0.037		
백관 DN20		0.116				0.028		
백관 DN15		0.106				0.026		
청동게이트밸브 DN32		0.07	0.07					
샤워기		0		1		0.2		
세면기		0		0.66		0.14		
화장대		0		0.24		0		
화장거울		0		0.16		0		
수건걸이		0		0.14		0		
계								

1. 배관공, 위생공, 보통인부의 계산은 소수 3위에서 사사오입하여 소수 2위까지 나타낸다.
2. 배관공, 위생공, 보통인부의 계는 소수 1위에서 사사오입하여 정수만 나타낸다.
3. 해당 없는 공란에 "0"을 표시할 것

Ⅳ. 내역서

품명	규격	단위	수량	재료비		노무비		비고
				단가	금액	단가	금액	
백관	DN32	m		3,180				
백관	DN25	m		2,500				
백관	DN20	m		1,700				
백관	DN15	m		1,320				
백엘보	DN20	개		450				
백엘보	DN15	개		300				
백캡	DN20	개		350				
백캡	DN15	개		230				
백니플	DN32	개		750				
백니플	DN25	개		590				
백니플	DN20	개		410				
백니플	DN15	개		350				
백유니언	DN32	개		2,600				
백티	DN32×DN15	개		1,380				
백티	DN32×DN20	개		1,380				
백티	DN25×DN15	개		1,000				
백티	DN20×DN15	개		670				
백티	DN15	개		460				
백리듀서	DN32/25	개		730				
백리듀서	DN25/20	개		570				
청동게이트밸브 32A	10kg/cm^2	개		14,580				
원형 세면기	L－1040	조		135,000				
샤워기	R－351A	조		90,000				
화장거울	450×600×5T	개		7,200				
화장대		개		10,000				
수건걸이		개		4,000				
잡품 및 소모품비	강관금액의 3%	식	1					
배관공		인						
위생공		인						
보통인부		인						
공구손료	직접노무비의 3%	식	1					
계								

※ 잡품 및 소모품비와 공구손료의 금액은 소수 이하는 버린다.

배관 적산작업 답안

Ⅰ. 산출근거

※ 제시된 위생 배관도를 보고 급수주관, 환탕배관 등 위생기구 산출근거표 빈칸의 배관 및 부속명칭, 규격, 수량을 기입하시오.

1. (급수주관) 산출근거 작성

품명	규격	단위	수량	비고
백관	DN32	m	0.3	
백유니언	DN32	개	1	
① 백니플	DN32	개	1	
청동게이트밸브	DN32	개	1	
백관	DN32	m	2	
백티	DN32/DN15	개	1	샤워 1
백관	DN32	m	1	
② 백티	③ DN32/DN20	개	1	샤워 주관
백니플	DN32	개	1	
백리듀서	DN32/DN25	개	1	
백관	DN25	m	2.5	
④ 백티	DN25/DN15	개	1	세면기 1
백관	DN25	m	1.2	
백티	DN25/DN15	개	1	세면기 2
백니플	DN25	개	1	
백리듀서	DN25/DN20	개	1	
백관	DN20	m	1.5	
백티	DN20/DN15	개	1	싱크대
백니플	DN20	개	1	
⑤ 백캡	DN20	개	1	

2. (샤워기) 분기 주관 산출근거 작성

품명	규격	단위	수량	비고
백니플	DN20	개	1	
백엘보	DN20	개	1	
백관	DN20	m	0.5	
백티	DN20/DN15	개	1	샤워 2
백관	DN20	m	1.2	
백티	DN20/DN15	개	1	샤워 3
백니플	DN20	개	1	
백엘보	⑥ DN20	개	1	
백관	DN20	m	1.5	
백티	DN20/DN15	개	1	샤워 4
백니플	DN20	개	1	
⑦ 백캡	DN20	개	1	

3. (샤워기 1) 분기 주관 산출근거 작성

품명	규격	단위	수량	비고
백니플	DN15	개	1	
⑧ 백엘보	DN15	개	1	
백관	DN15	m	0.6	
백엘보	DN15	개	1	
백관	DN15	m	0.3	
백엘보	DN15	개	1	
백관	DN15	m	0.3	슬래브 아래 여유공간
백관	DN15	m	0.2	슬래브 두께 부분
백관	DN15	m	1	슬래브 위의 높이
백티	DN15	개	1	
백관	DN15	m	⑨ 0.3	에어챔버용
백캡	DN15	개	1	

4. (샤워기 2) 분기관 산출근거 작성

품명	규격	단위	수량	비고
백니플	DN15	개	1	
백엘보	DN15	개	1	
백관	DN15	m	0.4	
백엘보	DN15	개	1	
백관	DN15	m	0.3	슬래브 아래 여유공간
백관	DN15	m	0.2	슬래브 두께 부분
백관	DN15	m	1	슬래브 위의 높이
⑩ 백티	DN15	개	1	
백관	DN15	m	0.3	에어챔버용
⑪ 백캡	DN15	개	1	

5. (샤워기 3) 분기관 산출근거 작성

품명	규격	단위	수량	비고
백니플	DN15	개	1	
백엘보	DN15	개	1	
백관	DN15	m	0.4	
백엘보	DN15	개	1	
백관	DN15	m	0.3	슬래브 아래 여유공간
백관	DN15	m	0.2	슬래브 두께 부분
백관	DN15	m	1	슬래브 위의 높이
백티	DN15	개	1	
백관	DN15	m	0.3	에어챔버용
백캡	DN15	개	1	

6. (샤워기 4) 분기관 산출근거 작성

품명	규격	단위	수량	비고
백니플	DN15	개	1	
백엘보	DN15	개	1	
백관	DN15	m	0.4	
백엘보	DN15	개	1	
백관	DN15	m	0.3	슬래브 아래 여유공간
백관	DN15	m	0.2	슬래브 두께 부분
백관	DN15	m	1	슬래브 위의 높이
백티	DN15	개	1	
백관	DN15	m	0.3	에어챔버용
백캡	DN15	개	1	

7. (세면기 1~2) 분기관 산출근거 작성

품명	규격	단위	수량	비고
백니플	DN15	개	2	(2개소)
백엘보	DN15	개	2	(2개소)
백관	DN15	m	2.0×2	(2개소)
백엘보	DN15	개	2	(2개소)
백관	DN15	m	0.3×2	슬래브 아래 공간(2개소)
백관	DN15	m	0.2×2	슬래브 두께 부분(2개소)
백관	DN15	m	0.46×2	슬래브 위의 높이
백티	DN15	개	2	(2개소)
백관	DN15	m	0.3×2	(2개소)
⑫ 백캡	DN15	개	2	(2개소)

8. (싱크대) 분기관 산출근거 작성

품명	규격	단위	수량	비고
백니플	DN15	개	1	
백엘보	DN15	개	1	
백관	DN15	m	1.1	
백엘보	DN15	개	1	
백관	DN15	m	0.3	슬래브 아래 공간
백관	DN15	m	0.2	슬래브 두께 부분
백관	DN15	m	1	슬래브 위의 높이
백티	DN15	개	1	
백관	DN15	m	0.3	
⑬ 백캡	DN15	개	1	

Ⅱ. 집계표

1. 백관

규격	산출내역	계(A)	할증률(a)	할증계(1+a)×A
DN32	0.3+2.0+1.0	3.3	10%	4
DN25	2.5+1.2	3.7	10%	4
DN20	1.5+0.5+1.2+1.5	4.7	10%	5
DN15	(0.6+0.3+0.3+0.2+1.0+0.3)+(0.4+0.3+0.2+1.0+0.3)+(0.4+0.3+0.2+1.0+0.3)+(0.4+0.3+0.2+1.0+0.3)+(2.0×2)+(0.3×2)+(0.2×2)+(0.46×2)+(0.3×2)+(1.1+0.3+0.2+1.0+0.3)	18.72	10%	21

※ 할증계는 소수 1위에서 사사오입하여 정수로 한다.

2. 백관부속품 집계표 작성

규격	백엘보	백캡	백니플	백유니언	청동게이트밸브
DN32	0	0	2	1	1
DN25	0	0	1	0	0
DN20	2	2	4	0	0
DN15	15	7	7	0	0

※ 부속품이 없는 것은 "0"을 표시할 것

3. 백티, 백리듀서 집계표 작성

백리듀서 \ 백티	DN15	DN20	DN25	DN32
DN15	7	4	2	1
DN20	0	0	0	1
DN25	0	1	0	0
DN32	0	0	1	0

※ 부속품이 없는 것은 "0"을 표시할 것

※ 이경 티와 리듀서 이경소켓은 큰 관경의 티와 소켓 단가를 적용한다.

4. 위생기구 및 부속품 집계표 작성

품명	규격	수량	단위	비고
원형 세면기	L－1040	2	조	P트랩, 표준품 일체 포함
샤워기	R－351A	4	조	싱글레버 혼합수전 등 표준품
화장대	450×650×5t	2	개	
화장거울		2	개	
수건걸이		2	개	

Ⅲ. 노무인력 계산 및 작성

1) 노무인력은 배관 호칭별 1m에 대한 배관공, 보통인부에 공량을 적용한다.
2) 위생기구 종류별로 위생공과 보통인부를 표준품셈표를 이용하여 계산하시오.

명칭 및 규격	수량 (A)	배관공(B)		위생공(C)		보통인부(D)		비고
		공량	공수	공량	공수	공량	공수	
백관 DN32	3.3	0.183	0.72			0.045	0.18	
백관 DN25	3.7	0.147	0.65			0.037	0.16	
백관 DN20	4.7	0.116	0.65			0.028	0.16	
백관 DN15	18.72	0.106	2.38			0.026	0.58	
청동게이트밸브 DN32	1	0.07	0.07			0	0	
샤워기	4	0	0	1	4	0.2	0.8	
세면기	2	0	0	0.66	1.32	0.14	0.28	
화장대	2	0	0	0.24	0.48	0	0	
화장거울	2	0	0	0.16	0.32	0	0	
수건걸이	2	0	0	0.14	0.28	0	0	
계		4		6		2		

1. 배관공, 위생공, 보통인부의 계산은 소수 3위에서 사사오입하여 소수 2위까지 나타낸다.
2. 배관공, 위생공, 보통인부의 계는 소수 1위에서 사사오입하여 정수만 나타낸다.
3. 해당 없는 공란에 "0"을 표시할 것

Ⅳ. 내역서

품명	규격	단위	수량	재료비		노무비		비고
				단가	금액	단가	금액	
백관	DN32	m	4	3,180	12,720			
백관	DN25	m	4	2,500	10,000			
백관	DN20	m	5	1,700	8,500			
백관	DN15	m	21	1,320	27,720			
백엘보	DN20	개	2	450	900			
백엘보	DN15	개	15	300	4,500			
백캡	DN20	개	2	350	700			
백캡	DN15	개	7	230	1,610			
백니플	DN32	개	2	750	1,500			
백니플	DN25	개	1	590	590			
백니플	DN20	개	4	410	1,640			
백니플	DN15	개	7	350	2,450			
백유니언	DN32	개	1	2,600	2,600			
백티	DN32×DN15	개	1	1,380	1,380			
백티	DN32×DN20	개	1	1,380	1,380			
백티	DN25×DN15	개	2	1,000	2,000			
백티	DN20×DN15	개	4	670	2,680			
백티	DN15	개	7	460	3,220			
백리듀서	DN32/25	개	1	730	730			
백리듀서	DN25/20	개	1	570	570			
청동게이트밸브 32A	10kg/cm^2	개	1	14,580	14,580			
원형 세면기	L－1040	조	2	135,000	270,000			
샤워기	R－351A	조	4	90,000	360,000			
화장거울	450×600×5T	개	2	7,200	14,400			
화장대		개	2	10,000	20,000			
수건걸이		개	2	4,000	8,000			
잡품 및 소모품비	강관금액의 3%	식	1		1,768			
배관공		인	4			75,000	300,000	
위생공		인	6			74,000	444,000	
보통인부		인	2			53,000	106,000	
공구손료	직접노무비의 3%	식	1		25,500			
계					801,638		850,000	

※ 잡품 및 소모품비와 공구손료의 금액은 소수 이하는 버린다.

2020 적산 실전문제 2

MASTER CRAFTSMAN PLUMBING

배관 설비적산 평가

시험시간 : 표준시간 3시간, 연장시간 없음

Ⅰ. 요구사항

제시된 위생 배관도와 참고자료를 활용하여 적산작업 답안지 양식의 Ⅰ.산출근거, Ⅱ.집계표, Ⅲ.내역서에서 공란에 적합한 명칭이나 규격, 또는 수량을 기입하고 집계표와 내역서를 완성하여 제출하시오.

1. 산출근거

빈칸에 알맞은 명칭이나 규격 또는 수량을 기입하시오.

2. 집계표를 완성

1) 소수점 처리기준을 계산과정별로 답안지 하단에 주기하였으니 유의하시오.
2) 배관 및 위생기기 설치에 따른 노무인력의 계산과정에서 답안지 하단에 소수점 처리기준을 주기하였으니 유의하여 계산하시오. 단, 노무인력계는 계산 후, 소수 1자리에서 사사오입하여 ≒(약)으로 표시한 후 정수로 나타내시오.
3) 노무인력비의 할증은 배관의 상기공량에 20%를 할증하시오.

3. 내역서를 완성

1) 잡품 및 소모품비는 강관금액의 3%를 적용하고 소수 이하는 버립니다.
2) 공구손료는 직접노무비의 3%를 적용하고 소수 이하는 버립니다.
   - 급수 · 급탕, 환탕, 정수, 통기배관은 백관을 사용하고 배수 및 오수관은 허브(hub)형 주철관(KS 1종)을 사용합니다.
   - 본 문제에 제시된 참고자료는 다음과 같습니다.
     －기계설비표준품셈(발췌), －건설자재 및 노임단가

Ⅱ. 수험자 유의사항

1) 문제지에는 비번호(등번호)와 성명을 기재하여 답안지와 함께 반드시 제출하시오.
2) 시험장 내에서 안전수칙을 준수하고 시험위원의 지시를 반드시 지켜야 한다.

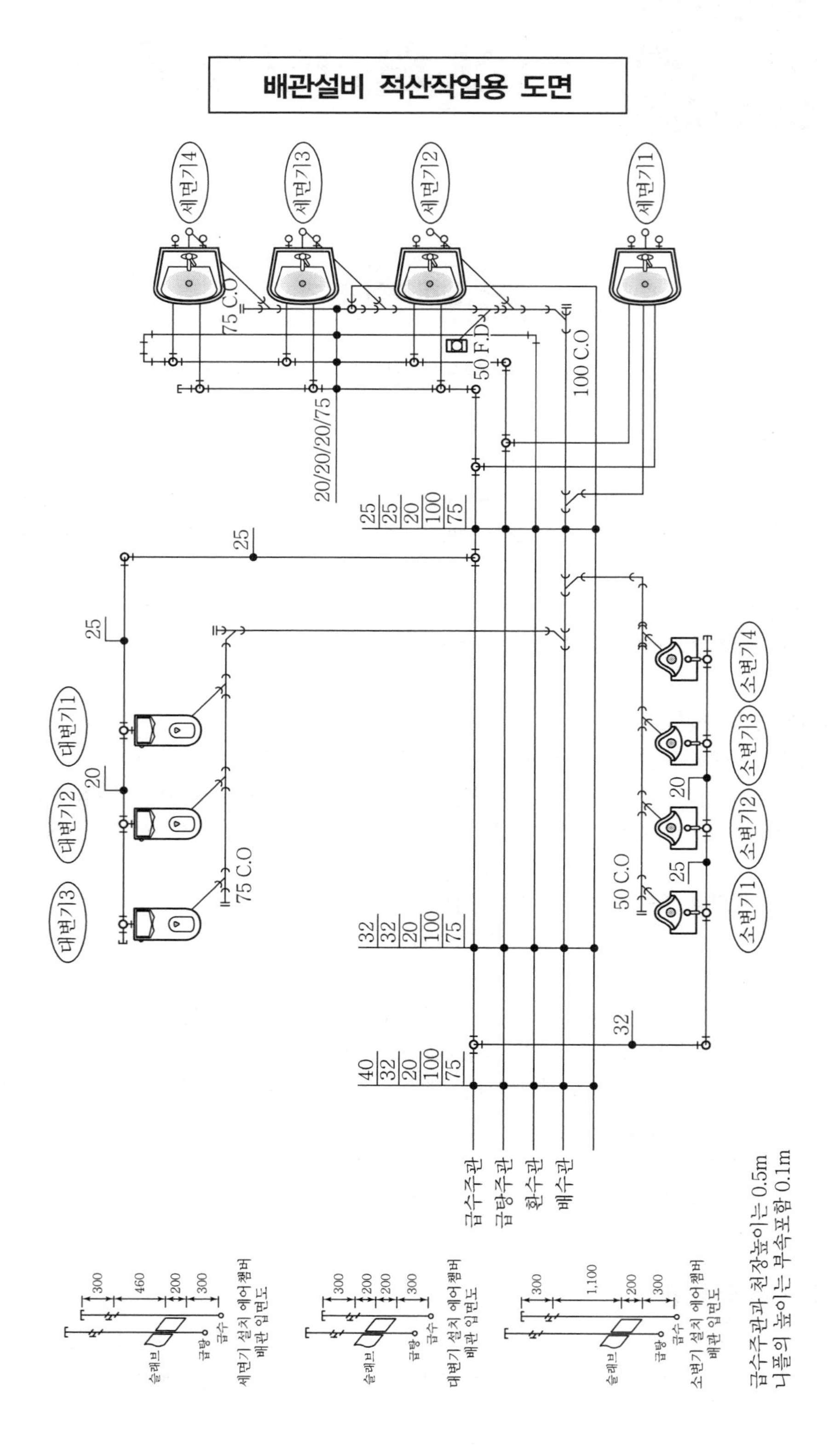
배관설비 적산작업용 도면
세면기4
세면기3
세면기2
세면기1
75 C.O
50 F.D
100 C.O
20/20/20/75
25
25
20
100
75
25
25
20
대변기1
대변기2
대변기3
75 C.O
소변기4
소변기3
소변기2
소변기1
20
25
50 C.O
32
32
20
100
75
32
40
32
20
100
75
급수주관
급탕주관
환수관
배수관
300
460
200
300
슬래브
급탕
급수
세면기 설치 에어챔버
배관 입면도
300
200
200
300
대변기 설치 에어챔버
배관 입면도
300
1,100
200
300
소변기 설치 에어챔버
배관 입면도
급수주관과 천장높이는 0.5m
니플의 높이는 부속포함 0.1m

배관설비 적산작업용 도면

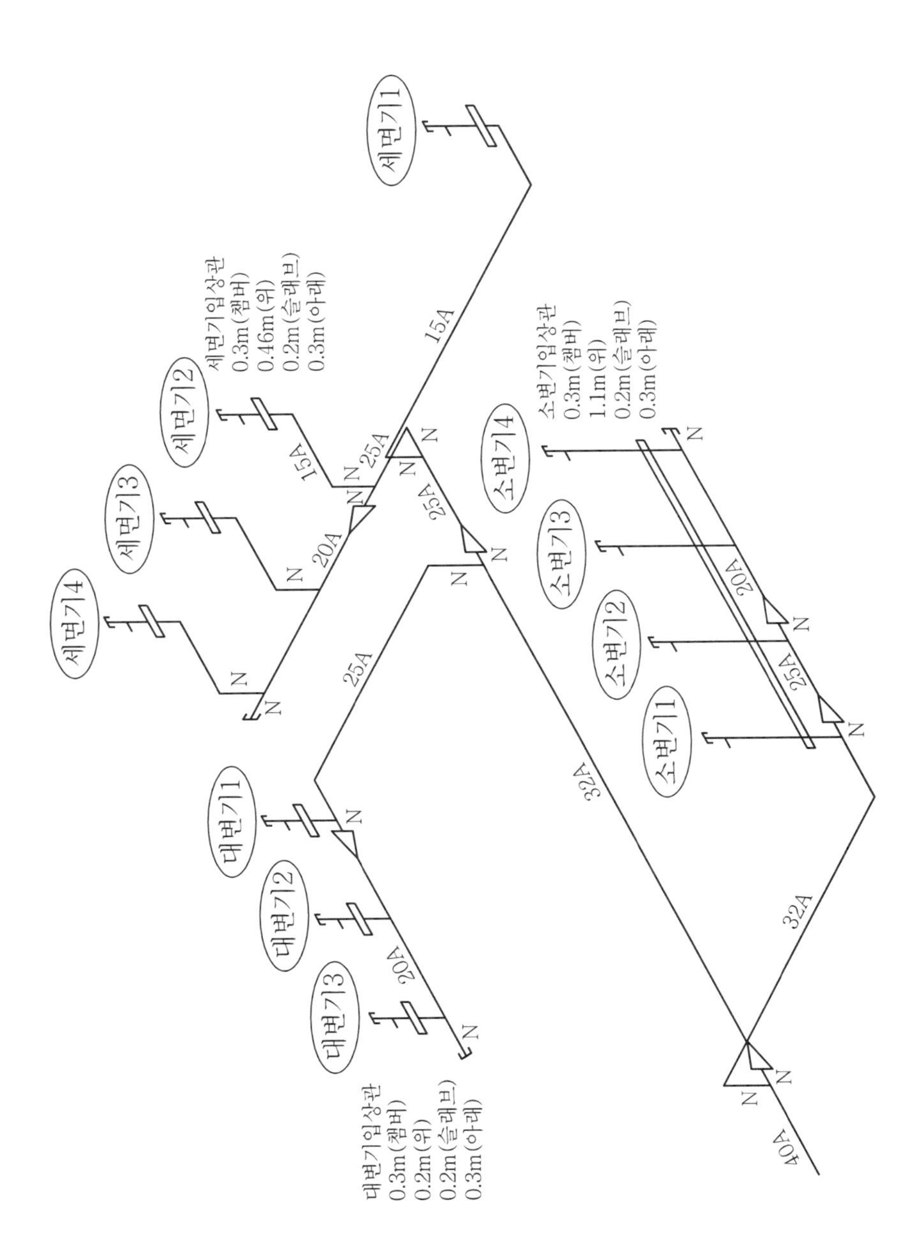

배관기능장 적산작업

Ⅰ. 산출근거

※ 아래 품명, 규격, 수량 등에서 [ ]을 채우시오.

1. 급수 주관 산출근거 작성

품명	규격	수량	단위	비고
백관	DN40	1.5	m	
				소변기 주관
백관	DN32	5.9	m	
				대변기 주관
백관	DN25	0.6	m	
				세면기 1 분기관
백관	DN25	0.5	m	
				세면기 2 분기관
백관	DN20	1.5	m	
백티	DN20/DN15	1	개	세면기 3 분기관
백관	DN20	1.5	m	
				세면기 4 분기관

2. 소변기 분기 주관 산출근거 작성

품명	규격	수량	단위	비고
백니플	DN32	1	개	
백엘보	DN32	1	개	
백관	DN32	1.8	m	
백엘보	DN32	1	개	
백관	DN32	0.3	m	
백티	DN32/DN15	1	개	소변기 1 분기관
백니플	DN32	1	개	
백리듀서	DN32/DN25	1	개	
백관	DN25	1.1	m	
백티	DN25/DN15	1	개	소변기 2 분기관
백니플	DN25	1	개	
백리듀서	DN25/DN20	1	개	
백관	DN20	1.1	m	
백티	DN20/DN15	1	개	소변기 3 분기관
백관	DN20	1.1	m	
백티	DN20/DN15	1	개	소변기 4 분기관
백니플	DN20	1	개	
백캡	DN20	1	개	

3. 대변기 분기 주관 산출근거 작성

품명	규격	수량	단위	비고
백니플	DN25	1	개	
백엘보	DN25	1	개	
백관	DN25	3.6	m	
백엘보	DN25	1	개	
백관	DN25	0.2	m	
백티	DN25/DN15	1	개	대변기 1 분기관
백니플	DN25	1	개	
백리듀서	DN25/DN20	1	개	
백관	DN20	1.4	m	
		1	개	대변기 2 분기관
백관	DN20	1.4	m	
		1	개	대변기 3 분기관
백니플	DN20	1	개	
백캡	DN20	1	개	

4. 소변기(1~4) 분기관 산출근거 작성

품명	규격	수량	단위	비고
백관	DN15	0.3×4	m	슬래브 밑 길이×4
백관	DN15	0.2×4	m	슬래브 두께×4
백관	DN15	1.1×4	m	슬래브 위×4
백티	DN15	4	개	1개×4분기
백관	DN15	0.3×4	m	에어챔버용
백캡	DN15	4	개	1개×4분기

5. 대변기(1~3) 분기관 산출근거 작성

품명	규격	수량	단위	비고
백관	DN15	0.3×3	m	슬래브 밑 길이×3
백관	DN15	0.2×3	m	슬래브 두께×3
백관	DN15	0.2×3	m	슬래브 위×3
백티	DN15	3	개	1개×3분기
백관	DN15	0.3×3	m	에어챔버용
백캡	DN15	3	개	1개×3분기

6. 세면기(1) 분기관 산출근거 작성

품명	규격	수량	단위	비고
백니플	DN15	1	개	
백엘보	DN15	1	개	
백관	DN15	1.8	m	
백엘보	DN15	1	개	
백관	DN15	1.5	m	
백엘보	DN15	1	개	
백관	DN15	0.3	m	슬래브 밑 길이
백관	DN15	0.2	m	슬래브 두께
백관	DN15	0.46	m	슬래브 위
백티	DN15	1	개	
백관	DN15	0.3	m	에어챔버용
백캡	DN15	1	개	

7. 세면기(2~4) 분기관 산출근거 작성

품명	규격	수량	단위	비고
백니플	DN15	1×3	개	
백엘보	DN15	1×3	개	
백관	DN15	1.3×3	m	
백엘보	DN15	1×3	개	
백관	DN15	0.3×3	m	슬래브 밑 길이×3
백관	DN15	0.2×3	m	슬래브 두께×3
백관	DN15	0.46×3	m	슬래브 위×3
백티	DN15	3	개	1개×3분기
백관	DN15	0.3×3	m	에어챔버용
백캡	DN15	3	개	1개×3분기

8. 위생기구

품명	규격	수량	단위	비고
소변기	중형 스툴	4	조	표준부속일체
대변기		3	조	표준부속일체
세면기		4	조	표준부속일체
화장거울	450×600×5T	4	개	
화장대		4	개	
휴지걸이		3	개	
수건걸이		1	개	

Ⅱ. 집계표

1. 백관

규격	산출내역	계(A)	할증률(a)	할증계(1+a)×A
DN40			10%	
DN32			10%	
DN25			10%	
DN20			10%	
DN15			10%	

※ 할증계는 소수 1위에서 사사오입하여 정수로 한다.

2. 백관부속품

품명 / 규격	백엘보	백캡	백니플
DN40			
DN32			
DN25			
DN20			
DN15			

3. 백티, 백리듀서 집계표 작성

백티 / 백리듀서	DN15	DN20	DN25	DN32	DN40
DN15					
DN20					
DN25					
DN32					
DN40					

※ 부속품이 없는 것은 "0"을 표시할 것

※ 이경 티와 리듀서 이경소켓은 큰 관경의 티와 소캣 단가를 적용한다.

4. 위생기구 관련 부속품

품명	규격	산출내역	비고
소변기	U－320	4×280,000	4조(표준부속일체)
대변기	로탱크형	3×130,000	3조(표준부속일체)
세면기	VL－1040	4×135,000	4조(표준부속일체)
화장거울		4×12,000	4개
화장대		4×18,000	4개
휴지걸이		3×10,000	3개
수건걸이		1×5,000	1개

Ⅲ. 노무인력비

1) 노무인력은 배관 호칭별 1m에 대한 배관공, 보통인부에 공량을 적용한다.
2) 위생기구 종류별로 위생공과 보통인부를 표준품셈표를 이용하여 계산하시오.
3) 노무인력 배관의 경우 백관 할증률은 20%를 적용한다.(주의사항에 기제)

명칭 및 규격	수량 (A)	할증 (%)	배관공(B)		위생공(C)		보통인부(D)		비고
			공량	공수	공량	공수	공량	공수	
백관 DN40		20%	0.2		0	0	0.056		
백관 DN32		20%	0.183		0	0	0.045		
백관 DN25		20%	0.147		0	0	0.037		
백관 DN20		20%	0.116		0	0	0.028		
백관 DN15		20%	0.106		0	0	0.026		
소변기	4		0		2.00		0.50		
대변기	3		0		1.76		0.37		
세면기	4		0		0.66		0.14		
화장대	4		0		0.24		0		
화장거울 450×600×5T	4		0		0.16		0		
휴지걸이	3		0		0.14		0		
수건걸이	1		0		0.15		0		
계									

1. 배관공, 위생공, 보통인부의 계산은 소수 3위에서 사사오입하여 소수 2위까지 나타낸다.
2. 배관공, 위생공, 보통인부의 계는 소수 1위에서 사사오입하여 정수만 나타낸다.
3. 해당 없는 공란에 "0"을 표시할 것

Ⅳ. 내역서

품명	규격	단위	수량	재료비		노무비		비고
				단가	금액	단가	금액	
백관	DN40	m		4,200				
백관	DN32	m		3,800				
백관	DN25	m		2,700				
백관	DN20	m		2,200				
백관	DN15	m		1,900				
백엘보	DN32	개	2	700				
백엘보	DN25	개	3	650				
백엘보	DN15	개	8	550				
백캡	DN20	개	2	330				
백캡	DN15	개	12	230				
백니플	DN40	개	1	550				
백니플	DN32	개	3	500				
백니플	DN25	개	5	450				
백니플	DN20	개	4	350				
백니플	DN15	개	4	300				
백티	DN40/DN32	개	1	850				
백티	DN32/DN25	개	1	750				
백티	DN32/DN15	개	1	750				
백티	DN25/DN20	개						
백티	DN25/DN15	개	4	650				
백티	DN20/DN15	개		550				
백티	DN15	개		450				
백리듀서	DN40×DN32	개	1	800				
백리듀서	DN32×DN25	개	2	750				
백리듀서	DN25×DN20	개	3	600				
소변기	U-320	조						
대변기	로탱크	조						
세면기	VL-1040	조						
화장거울	450×600×5T	개		12,000				
화장대		개		18,000				
휴지걸이		개		10,000				
수건걸이		개		5,000				
잡품 및 소모품비	강관금액의 3%	식	1					
배관공		인	7			75,000		
위생공		인	18			74,000		
보통인부		인	5			53,000		
공구손료	직접노무비의 3%	식	1					
계								

※ 잡품 및 소모품비와 공구손료의 금액은 소수 이하는 버린다.

배관 적산작업 답안

Ⅰ. 산출근거

※ 아래 품명, 규격, 수량 등에서 [ ]을 채우시오.

1. 급수 주관 산출근거 작성

품명	규격	수량	단위	비고
백관	DN40	1.5	m	
백티	DN40×DN32	1	개	소변기 주관
백니플	DN40	1	개	
백리듀서	DN40/DN32	1	개	
백관	DN32	5.9	m	
백티	DN32/DN25	1	개	대변기 주관
백니플	DN32	1	개	
백리듀서	DN32/DN25	1	개	
백관	DN25	0.6	m	
백티	DN25/DN15	1	개	세면기 1 분기관
백니플	DN25	1	개	
백엘보	DN25	1	개	
백관	DN25	0.5	m	
백티	DN25/DN15	1	개	세면기 2 분기관
백니플	DN25	1	개	
백리듀서	DN25/DN20	1	개	
백관	DN20	1.5	m	
백티	DN20/DN15	1	개	세면기 3 분기관
백관	DN20	1.5	m	
백티	DN20/DN15	1	개	세면기 4 분기관
백니플	DN20	1	개	
백캡	DN20	1	개	

2. 소변기 분기 주관 산출근거 작성

품명	규격	수량	단위	비고
백니플	DN32	1	개	
백엘보	DN32	1	개	
백관	DN32	1.8	m	
백엘보	DN32	1	개	
백관	DN32	0.3	m	
백티	DN32/DN15	1	개	소변기 1 분기관
백니플	DN32	1	개	
백리듀서	DN32/DN25	1	개	
백관	DN25	1.1	m	
백티	DN25/DN15	1	개	소변기 2 분기관
백니플	DN25	1	개	
백리듀서	DN25/DN20	1	개	
백관	DN20	1.1	m	
백티	DN20/DN15	1	개	소변기 3 분기관
백관	DN20	1.1	m	
백티	DN20/DN15	1	개	소변기 4 분기관
백니플	DN20	1	개	
백캡	DN20	1	개	

3. 대변기 분기 주관 산출근거 작성

품명	규격	수량	단위	비고
백니플	DN25	1	개	
백엘보	DN25	1	개	
백관	DN25	3.6	m	
백엘보	DN25	1	개	
백관	DN25	0.2	m	
백티	DN25/DN15	1	개	대변기 1 분기관
백니플	DN25	1	개	
백리듀서	DN25/DN20	1	개	
백관	DN20	1.4	m	
백티	DN20/DN15	1	개	대변기 2 분기관
백관	DN20	1.4	m	
백티	DN20/DN15	1	개	대변기 3 분기관
백니플	DN20	1	개	
백캡	DN20	1	개	

4. 소변기(1~4) 분기관 산출근거 작성

품명	규격	수량	단위	비고
백관	DN15	0.3×4	m	슬래브 밑 길이×4
백관	DN15	0.2×4	m	슬래브 두께×4
백관	DN15	1.1×4	m	슬래브 위×4
백티	DN15	4	개	1개×4분기
백관	DN15	0.3×4	m	에어챔버용
백캡	DN15	4	개	1개×4분기

5. 대변기(1~3) 분기관 산출근거 작성

품명	규격	수량	단위	비고
백관	DN15	0.3×3	m	슬래브 밑 길이×3
백관	DN15	0.2×3	m	슬래브 두께×3
백관	DN15	0.2×3	m	슬래브 위×3
백티	DN15	3	개	1개×3분기
백관	DN15	0.3×3	m	에어챔버용
백캡	DN15	3	개	1개×3분기

6. 세면기(1) 분기관 산출근거 작성

품명	규격	수량	단위	비고
백니플	DN15	1	개	
백엘보	DN15	1	개	
백관	DN15	1.8	m	
백엘보	DN15	1	개	
백관	DN15	1.5	m	
백엘보	DN15	1	개	
백관	DN15	0.3	m	슬래브 밑 길이
백관	DN15	0.2	m	슬래브 두께
백관	DN15	0.46	m	슬래브 위
백티	DN15	1	개	
백관	DN15	0.3	m	에어챔버용
백캡	DN15	1	개	

7. 세면기(2~4) 분기관 산출근거 작성

품명	규격	수량	단위	비고
백니플	DN15	1×3	개	
백엘보	DN15	1×3	개	
백관	DN15	1.3×3	m	
백엘보	DN15	1×3	개	
백관	DN15	0.3×3	m	슬래브 밑 길이×3
백관	DN15	0.2×3	m	슬래브 두께×3
백관	DN15	0.46×3	m	슬래브 위×3
백티	DN15	3	개	1개×3분기
백관	DN15	0.3×3	m	에어챔버용
백캡	DN15	3	개	1개×3분기

8. 위생기구

품명	규격	수량	단위	비고
소변기	중형 스툴	4	조	표준부속일체
대변기		3	조	표준부속일체
세면기		4	조	표준부속일체
화장거울	450×600×5T	4	개	
화장대		4	개	
휴지걸이		3	개	
수건걸이		1	개	

Ⅱ. 집계표

1. 백관

규격	산출내역	계(A)	할증률(a)	할증계(1+a)×A
DN40	1.5	1.5	10%	2
DN32	5.9+1.8+0.3	8	10%	9
DN25	0.6+0.5+1.1+3.6+0.2	6	10%	7
DN20	1.5+1.5+1.1+1.1+1.4+1.4	8	10%	9
DN15	(0.3×4)+(0.2×4)+(1.1×4)+(0.3×4)+ (0.3×3)+(0.2×3)+(0.2×3)+(0.3×3)+ 1.8+1.5+0.3+0.2+0.46+0.3+(1.3×3)+ (0.3×3)+(0.2×3)+(0.46×3)+(0.3×3)	22.84	10%	25

※ 할증계는 소수 1위에서 사사오입하여 정수로 한다.

2. 백관부속품

품명 / 규격	백엘보	백캡	백니플
DN40	0	0	1
DN32	2	0	3
DN25	3	0	5
DN20	0	2	4
DN15	8	12	4

3. 백티, 백리듀서 집계표 작성

백티 / 백리듀서	DN15	DN20	DN25	DN32	DN40
DN15	11	6	4	1	0
DN20	0	0	0	0	0
DN25	0	3	0	1	0
DN32	0	0	2	0	1
DN40	0	0	0	1	0

※ 부속품이 없는 것은 “0”을 표시할 것

※ 이경 티와 리듀서 이경소켓은 큰 관경의 티와 소켓 단가를 적용한다.

4. 위생기구 관련 부속품

품명	규격	산출내역	비고
소변기	U-320	4×280,000	4조(표준부속일체)
대변기	로탱크형	3×130,000	3조(표준부속일체)
세면기	VL-1040	4×135,000	4조(표준부속일체)
화장거울		4×12,000	4개
화장대		4×18,000	4개
휴지걸이		3×10,000	3개
수건걸이		1×5,000	1개

Ⅲ. 노무인력비

1) 노무인력은 배관 호칭별 1m에 대한 배관공, 보통인부에 공량을 적용한다.
2) 위생기구 종류별로 위생공과 보통인부를 표준품셈표를 이용하여 계산하시오.
3) 노무인력 배관의 경우 백관 할증률은 20%를 적용한다.(주의사항에 기재)

명칭 및 규격	수량 (A)	할증 (%)	배관공(B)		위생공(C)		보통인부(D)		비고
			공량	공수	공량	공수	공량	공수	
백관 DN40	1.5	20%	0.2	0.36	0	0	0.056	0.10	
백관 DN32	8.0	20%	0.183	1.76	0	0	0.045	0.43	
백관 DN25	6.0	20%	0.147	1.06	0	0	0.037	0.27	
백관 DN20	8.0	20%	0.116	1.11	0	0	0.028	0.27	
백관 DN15	22.84	20%	0.106	2.91	0	0	0.026	0.71	
소변기	4		0	0	2.00	8.00	0.50	2.00	
대변기	3		0	0	1.76	5.28	0.37	1.11	
세면기	4		0	0	0.66	2.64	0.14	0.56	
화장대	4		0	0	0.24	0.96	0	0	
화장거울 450×600×5T	4		0	0	0.16	0.64	0	0	
휴지걸이	3		0	0	0.14	0.42	0	0	
수건걸이	1		0	0	0.15	0.15	0	0	
계			7		18		5		

1. 배관공, 위생공, 보통인부의 계산은 소수 3위에서 사사오입하여 소수 2위까지 나타낸다.
2. 배관공, 위생공, 보통인부의 계는 소수 1위에서 사사오입하여 정수만 나타낸다.
3. 해당 없는 공란에 "0"을 표시할 것

Ⅳ. 내역서

품명	규격	단위	수량	재료비		노무비		비고
				단가	금액	단가	금액	
백관	DN40	m	2	4,200	8,400			
백관	DN32	m	9	3,800	34,200			
백관	DN25	m	7	2,700	18,900			
백관	DN20	m	9	2,200	19,800			
백관	DN15	m	25	1,900	47,500			
백엘보	DN32	개	2	700	1,400			
백엘보	DN25	개	3	650	1,950			
백엘보	DN15	개	8	550	4,400			
백캡	DN20	개	2	330	660			
백캡	DN15	개	12	230	2,760			
백니플	DN40	개	1	550	550			
백니플	DN32	개	3	500	1,500			
백니플	DN25	개	5	450	2,250			
백니플	DN20	개	4	350	1,400			
백니플	DN15	개	4	300	1,200			
백티	DN40/DN32	개	1	850	850			
백티	DN32/DN25	개	1	750	750			
백티	DN32/DN15	개	1	750	750			
백티	DN25/DN20	개	0	650	0			
백티	DN25/DN15	개	4	650	2,600			
백티	DN20×DN15	개	6	550	3,300			
백티	DN15	개	11	450	4,950			
백리듀서	DN40×DN32	개	1	800	800			
백리듀서	DN32×DN25	개	2	750	1,500			
백리듀서	DN25×DN20	개	3	600	1,800			
소변기	U-320	조	4	280,000	1,120,000			
대변기	로탱크	조	3	130,000	390,000			
세면기	VL-1040	조	4	135,000	540,000			
화장거울	450×600×5T	개	4	12,000	48,000			
화장대		개	4	18,000	72,000			
휴지걸이		개	3	10,000	30,000			
수건걸이		개	1	5,000	5,000			
잡품 및 소모품비	강관금액의 3%	식	1		3,864			
배관공		인	7			75,000	525,000	
위생공		인	18			74,000	1,332,000	
보통인부		인	5			53,000	265,000	
공구손료	직접노무비의 3%	식	1		63,660			
계					2,436,694		2,122,000	

※ 잡품 및 소모품비와 공구손료의 금액은 소수 이하는 버린다.

2021 적산 기출복원

MASTER CRAFTSMAN PLUMBING

배관 설비적산 평가

시험시간 : 표준시간 2시간, 연장시간 없음

(70회부터 시간과 출제유형이 변경됨)

Ⅰ. 요구사항

제시된 위생 배관도와 참고자료를 활용하여 적산작업 답안지 양식의 Ⅰ.산출근거, Ⅱ.집계표, Ⅲ. 일위대가표작성, Ⅳ.내역서, Ⅴ.원가계산서 작성에서 공란에 적합한 명칭이나 규격, 수량을 기입하고 산출근거와 집계표 일위대가표를 작성하고 구성비에 따라 원가계산서를 완성하여 제출하시오.

1. 산출근거

빈칸에 알맞은 명칭이나 규격 또는 수량을 기입하시오.

1) 급수관의 산출근거 작성

2) 분기관의 산출근거 작성 : 급수주관과 스래브 아래의 길이는 1m이다.

2. 집계표를 완성

1) 정 부속의 집계표 작성 : 동용접개소의 규격별 용접개소를 구하시오.

2) 도기류 및 욕실 금구류 노무비 작성 : 노무비의 할증 없습니다.

3) 주기사항

① 소수점 처리기준을 계산과정별로 답안지 하단에 주기하였으니 유의하시오.

② 배관 및 위생기기 설치에 따른 노무인력의 계산과정에서 답안지 하단에 소수점 처리기준을 주기하였으니 유의하여 계산하시오.

③ 노무인력 계는 계산 후, 소수 1위에서 사사오입하여 ≒(약)으로 표시한 후 정수로 나타내시오.

④ 노무인력의 할증은 관의 상기 공량에 20%를 할증하시오.

3. 일위대가표 작성

1) 동용접개소의 일위대가표 작성 : 제시된 표준품셈, 건설자재, 노임단가를 적용하여 일위대가표의 재료비, 노무비, 경비를 계산하여 공란에 기입하시오.

2) 80A 용접개소의 일위대가표를 완성하시오.(단 경비는 노무비의 10%이다.)

4. 내역서를 완성

1) 동접개소의 작성은 일위대가표를 참고하여 작성합니다
2) 잡품 및 소모품비는 강관금액의 3%를 적용하고 소수 이하는 버립니다.
3) 공구손료는 직접노무비의 3%를 적용하고 소수 이하는 버립니다.

5. 원가계산서의 작성

1) 직접재료비, 직접노무비를 근거하여 구성비에 따라 계산하고 공란에 기입하여 원가계산서를 완성하시오.
2) 부가가치세는 공사원가 금액의 10%입니다.

Ⅱ. 수험자 유의사항

1) 문제지에는 비번호를 기재하여 답안지와 함께 반드시 제출하시오.
2) 급수, 급탕, 환탕, 정수, 통기 배관은 백관, 동관, 스텐관, PB관, PVC관을 사용하고 배수 및 오수 관은 허브(hub)형 주철관(KS 1종)을 사용합니다.
3) 본 문제에 제시된 참고 자료는 다음과 같습니다.
   ① 기계설비 표준 품셈(발췌)
   ② 건설자재 및 노임 단가
4) 시험장 내에서 안전 수칙을 준수하고 시험위원의 지시를 반드시 지켜야 합니다.
5) 시험의 전 과정을(적산, 작업형)을 응시하지 않을 경우 채점 대상에서 제외합니다.
6) 수험자 인적 사항 및 답안 작성 시 반드시 검은색 필기구만 사용해야 하며, 연필류, 빨간색, 파란색 등의 필기구 사용하여 작성 시 0점 처리됩니다.
7) 답안 정정 시에는 정정하고자 하는 단어에 두 줄(=)을 긋고 다시 작성하시기 바랍니다.

1층 화장실 배관도

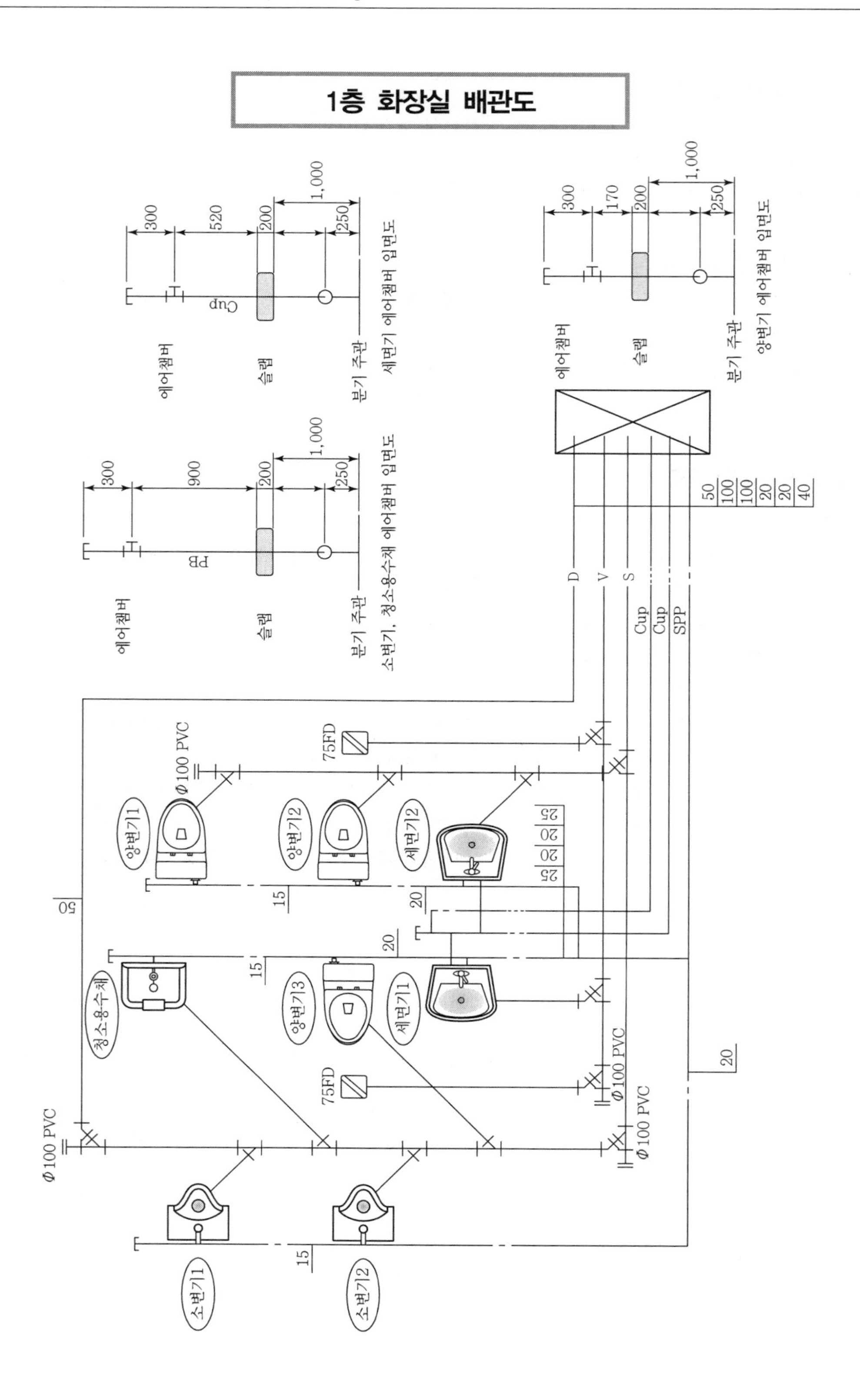
에어챔버
슬랩
분기 주관
세면기 에어챔버 입면도
Cup
소변기, 청소용수채 에어챔버 입면도
PB
양변기 에어챔버 입면도
D
V
S
SPP
75FD
Φ100 PVC
양변기1
양변기2
양변기3
세면기1
세면기2
청소용수채
소변기1
소변기2

문제 1 정수배관의 산출근거의 품명, 규격, 수량의 빈칸을 작성하시오.(배점 10점)

(소변기 정수배관) 산출근거 작성

품명	규격	수량	단위	비고
백관	DN40	7	m	
①	DN40/DN25	1	개	
백니플	②	1	개	
백리듀서	③	1	개	
백관	DN20	3	④	
⑤	DN20	1	개	
백관	DN20	4.5	⑥	
백티	⑦	1	개	
백니플	DN20	1	개	
⑧	DN20/DN15	1	개	
백관	DN15	3.5	m	
백티	⑨	1	개	
백관	DN15	0.6	m	
⑩	DN15	1	개	

답안지

품명	규격	수량	단위	비고
백관	DN40	7	m	
① 백티	DN40/DN25	1	개	
백니플	② DN40	1	개	
백리듀서	③ DN40/DN20	1	개	
백관	DN20	3	④ m	
⑤ 백엘보	DN20	1	개	
백관	DN20	4.5	⑥ m	
백티	⑦ DN20/DN15	1	개	
백니플	DN20	1	개	
⑧ 백리듀서	DN20/DN15	1	개	
백관	DN15	3.5	m	
백티	⑨ DN15	1	개	
백관	DN15	0.6	m	
⑩ 백캡	DN15	1	개	

2층 화장실 배관도

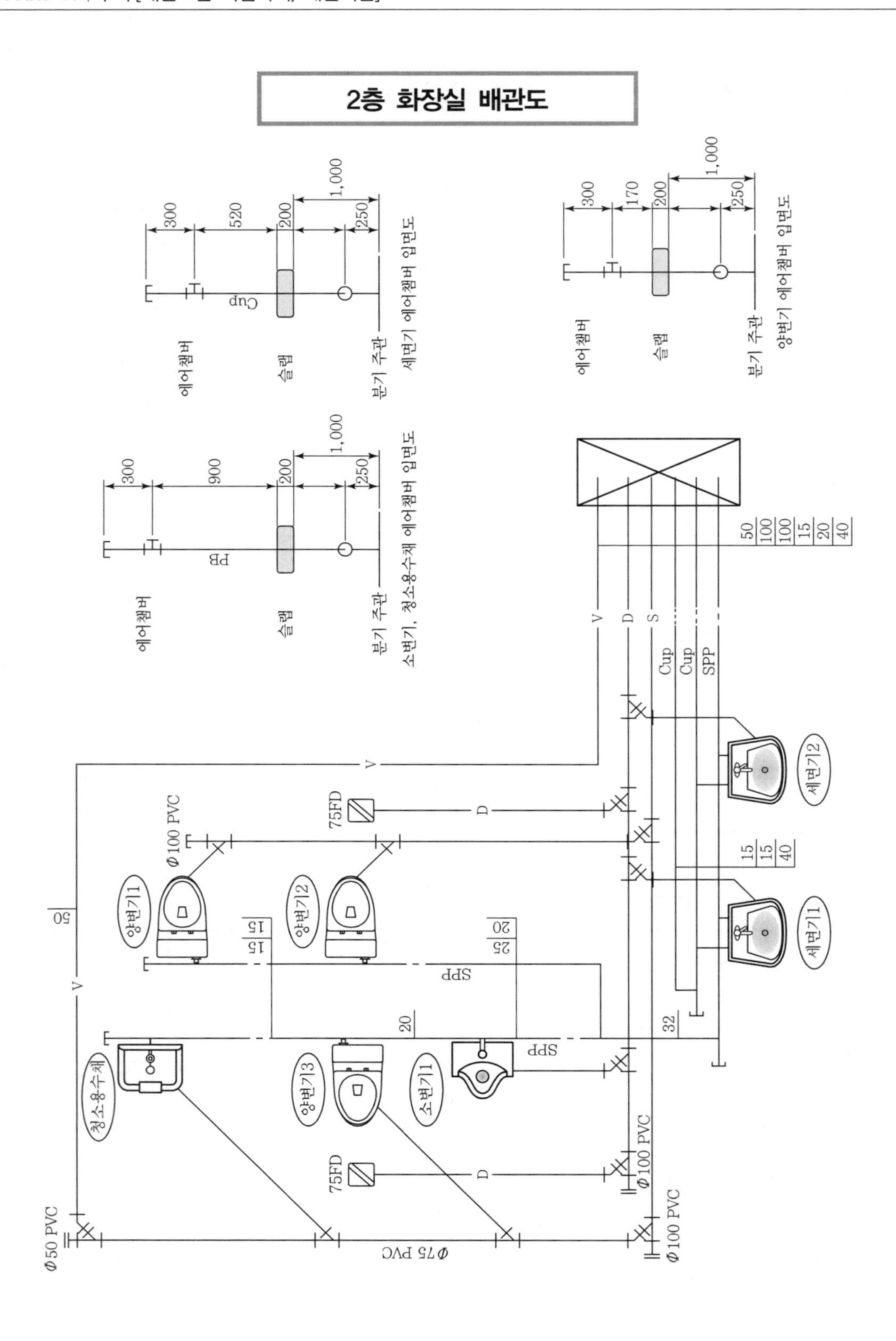

세면기 에어챔버 입면도
에어챔버
슬랩
분기 주관
Cup
300
520
200
250
1,000
소변기, 청소용수채 에어챔버 입면도
PB
900
양변기 에어챔버 입면도
170
양변기1
양변기2
양변기3
소변기1
세면기1
세면기2
청소용수채
75FD
Φ100 PVC
Φ50 PVC
Φ75 PVC
SPP
V
D
S
50
100
15
20
40
25
32

문제 2 세면기 분기관의 산출근거와 배관의 집계표의 빈칸을 작성하시오.(배점 10점)

1. (세면기 분기관) 산출근거 작성(5점)

품명	규격	수량	단위	비고
①	DN15	2	개	
PB관	DN15	0.25×2	m	
②	DN15	2	개	
PB관	DN15	0.7×2	m	
PB양엘보	DN15	③	개	
PB관	DN15	0.75×2	m	
PB관	DN15	0.2×2	m	
PB관	DN15	④	m	
⑤	DN15	2	개	
PB관	DN15	0.3×2	m	
PB캡	DN15	2	개	

2. 분기관 PB관의 집계(2점+2점+1점)

규격	산출내역(M)	계산(M)	할증(%)	할증계(M)
세면기 2개 DN15	⑥	⑦	20%	⑧

[주] 할증계는 사사오입하여 정수화하시오.

답안지

1. (세면기 분기관) 산출근거 작성(5점)

품명	규격	수량	단위	비고
① PB CM 아답타	DN15	2	개	
PB관	DN15	0.25×2	m	
② PB양엘보	DN15	2	개	
PB관	DN15	0.7×2	m	
PB양엘보	DN15	③ 2	개	
PB관	DN15	0.75×2	m	
PB관	DN15	0.2×2	m	
PB관	DN15	④ 0.52×2	m	
⑤ PB수전티	DN15	2	개	
PB관	DN15	0.3×2	m	
PB캡	DN15	2	개	

2. 분기관 PB관의 집계(2점+2점+1점)

규격	산출내역(M)	계산(M)	할증(%)	할증계(M)
세면기 2개 DN15	⑥ 0.25×2+0.7×2+ 0.75×2+0.2×2+ 0.52×2+0.3×2	⑦ 5.44	20%	⑧ ≒7

[주] 할증계는 사사오입하여 정수화하시오.

문제 3 동관 1개소에 소요되는 재료비, 노무비, 경비(노무비의 10%)에 대하여 아래 일위 대가표를 작성하시오. (배점 6점)

〈동용접접합〉

(개소당)

규격(mm)	용접공	규격(mm)	용접공
ϕ6	0.014	ϕ32	0.045
ϕ10	0.018	ϕ40	0.053
ϕ15	0.022	ϕ50	0.067
ϕ20	0.030	ϕ65	0.089
ϕ25	0.038	ϕ80	0.105

1. 용접접합

(용접개소당)

규격(mm)	용접공	규격(mm)	용접공	규격(mm)	용접공
ϕ6	0.014	ϕ32	0.045	ϕ100	0.137
ϕ10	0.018	ϕ40	0.053	ϕ125	0.169
ϕ15	0.022	ϕ50	0.067	ϕ150	0.201
ϕ20	0.030	ϕ65	0.089	ϕ200	0.265
ϕ25	0.038	ϕ80	0.105	ϕ250	0.329

1) 가스 가격

품명	규격	단위	가격(원)
산소		l	3
아세틸렌		kg	13,000
LPG		kg	1,200

2) 소모재료비

품명	규격	단위	가격(원)
은납용접봉	CUP-3(5%) ϕ2.4×500	kg	62,000
플럭스		kg	4,000

3) 노무비 단가표

직종명	단가(원)
용접공	224,367

(단, "배관설비 적산 참고자료"를 참고하여 작성한다.)〈동관접합(경납땜) DN80〉
경비=노무비의 5%이다.

DN80

품명	규격	단위	수량	재료비		노무비		경비	
				단가	금액	단가	금액	단가	금액
Brazing 용접봉 (은 5%)	ϕ80	g							
플럭스	ϕ80	g							
산소	ϕ80	l							
아세틸렌	ϕ80	g							
용접공	일반공사	인							
경비	품의	%	5%						
[합계]									

[주] 계산과 합계는 사사오입하여 정수화하시오.

답안지

(단, "배관설비 적산 참고자료"를 참고하여 작성한다. 경비=노무비의 5%이다.)
〈동관접합(경납땜) DN80〉

DN80

품명	규격	단위	수량	재료비		노무비		경비	
				단가	금액	단가	금액	단가	금액
Brazing 용접봉 (은5%)	ϕ80	g	21.0	62	1,302				
플럭스	ϕ80	g	2.62	4	10				
산소	ϕ80	l	80.8	3	242				
아세틸렌	ϕ80	g	85.4	13	1,110				
용접공	일반공사	인	0.105			224,367	23,559		
경비	품의	%	5%					23,559	1,178
[합계]					2,664		23,559		1,178

[주] 계산과 합계는 사사오입하여 정수화하시오.

문제 4 위생도기 및 금구류의 노무인력을 구하시오. (배점 6점)

적용대상	규격	수량	할증	배관공	위생공	보통인부
위생기구	욕조	2		0 / 0		
	청소용수채	2		0 / 0		
	바닥배수구(ϕ75)	4			0 / 0	
욕실금구류	화장거울(0.9m²)	3		0 / 0		
	수건걸이(환형)	6		0 / 0		
	휴지걸이	6		0 / 0		
	옷걸이	6		0 / 0		
계산				0		
계				0		

※ 계산은 소수 4위에서 사사오입하고 계는 소수 1위에서 반올림하여 약(≒)을 표시 후 정수로 기재한다.

답안지

적용대상	규격	수량	할증	배관공	위생공	보통인부
위생기구	욕조	2		0 / 0	0.634 / 1.268	0.203 / 0.406
	청소용수채	2		0 / 0	0.25 / 0.5	0.096 / 0.192
	바닥배수구(ϕ75)	4		0.151 / 0.604	0 / 0	0.051 / 0.204
욕실금구류	화장거울(0.9m²)	3		0 / 0	0.229 / 0.687	0 / 0
	수건걸이(환형)	6		0 / 0	0.071 / 0.426	0 / 0
	휴지걸이	6		0 / 0	0.071 / 0.426	0 / 0
	옷걸이	6		0 / 0	0.071 / 0.426	0 / 0
계산				0.604	3.733	0.802
계				≒ 1	≒ 4	≒ 1

문제 5 제시된 직접재료비와 직접노무비를 근거로 원가계산서의 빈칸을 계산하여 기입하시오. (배점 8점)

공 사 원 가 계 산 서

비목			견적금액	구성비(%)	비고
순공사원가	재료비	직접재료비	216,400,000		
		간접재료비		5.00%	직접재료비×비율
		작업부산물(△)	1,920,000		고철가격(－)
		[소계]			
	노무비	직접노무비	242,700,000		
		간접노무비		9.00%	직접노무비×비율
		[소계]			
	일반경비	경비	48,688		
		기계경비	1,800,000		
		산재보험료	10,052,634	3.80%	노무비×비율
		고용보험료		0.90%	노무비×비율
		건강보험료	4,854,000	2.00%	직노비×2%
		국민연금료	6,067,500	2.50%	직노비×3%
		안전관리비	3,276,000	0.70%	(재료비＋직노)×비율
		환경보전비	700,000		
		기타경비		0.71%	(재료비＋노무비＋기계경비)×비율
		[소계]	32,670,374		
계			522,513,374		
일반관리비			26,125,669	5.00%	계×비율
이윤				10.00%	(노무비＋일반경비＋일반관리비)×비율
총공사원가					

답안지

공 사 원 가 계 산 서

비목			견적금액	구성비(%)	비고
순공사원가	재료비	직접재료비	216,400,000		
		간접재료비	10,820,000	5.00%	직접재료비×비율
		작업부산물(△)	1,920,000		고철가격(－)
		[소계]	225,300,000		
	노무비	직접노무비	242,700,000		
		간접노무비	21,843,000	9.00%	직접노무비×비율
		[소계]	264,543,000		
	일반경비	경비	48,688		
		기계경비	1,800,000		
		산재보험료	10,052,634	3.80%	노무비×비율
		고용보험료	2,380,887	0.90%	노무비×비율
		건강보험료	4,854,000	2.00%	직노비×2%
		국민연금료	6,067,500	2.50%	직노비×3%
		안전관리비	3,276,000	0.70%	(재료비＋직노)×비율
		환경보전비	700,000		
		기타경비	3,490,665	0.71%	(재료비＋노무비＋기계경비)×비율
		[소계]	32,670,374		
계			522,513,374		
일반관리비			26,125,669	5.00%	계×비율
이윤			32,333,904	10.00%	(노무비＋일반경비＋일반관리비)×비율
총공사원가			580,972,947		

예제 제시된 직접재료비와 직접노무비를 근거로 원가계산서의 빈칸을 계산하여 기입하시오.

공 사 원 가 계 산 서

비목			금액	구성비
순공사원가	재료비	직접재료비	149,000,000	
		간접재료비	①	직접재료비×10%
		작업부산물(△)	2,340,000	고철가격(−)
		소계	②	
	노무비	직접노무비	132,700,000	
		간접노무비	③	직접노무비×9%
		소계	144,643,000	
	경비	기계경비	1,200,000	
		산재보험	5,424,113	노무비×3.75%
		고용보험료	1,301,787	노무비×0.9%
		국민건강보험	④	직접노무비×3.23%
		사용자배상책임보험	813,617	산재보험료×15%
		국민연금보험	5,971,500	직접노무비×4.5%
		퇴직공제부금	3,052,100	직접노무비×2.3
		산업안전보건관리	⑤	(재료비+직접노무비)×2.93%
		하도급지급보증수수료	236,368	(재료비+직접노무비+기계경비)×0.08%
		건설기계지급보증수수료	325,006	(재료비+직접노무비+기계경비)×0.11%
		기타 경비	⑥	(재료비+노무비)×0.9%
		소계	33,988,346	
계			⑦	
일반 관리비			17,727,600	(재료비+직접노무비+기계경비)×6%
이윤			⑧	(노무비+경비+일반관리비)×15%
공시원가금액			⑨	(순공사원가+일반관리비+이윤)
부가가치세			38,737,279	(순공사원가+일반관리비+이윤)×10%
합계			⑩	

답안지

공 사 원 가 계 산 서

비목			금액	구성비
순공사원가	재료비	직접재료비	149,000,000	
		간접재료비	14,900,000	직접재료비×10%
		작업부산물(△)	2,340,000	고철가격(−)
		소계	161,560,000	
	노무비	직접노무비	132,700,000	
		간접노무비	11,943,000	직접노무비×9%
		소계	144,643,000	
	경비	기계경비	1,200,000	
		산재보험	5,424,113	노무비×3.75%
		고용보험료	1,301,787	노무비×0.9%
		국민건강보험	4,286,210	직접노무비×3.23%
		사용자배상책임보험	813,617	산재보험료×15%
		국민연금보험	5,971,500	직접노무비×4.5%
		퇴직공제부금	3,052,100	직접노무비×2.3
		산업안전보건관리	8,621,818	(재료비+직접노무비)×2.93%
		하도급지급보증 수수료	236,368	(재료비+직접노무비+기계경비)×0.08%
		건설기계지급보증 수수료	325,006	(재료비+직접노무비+기계경비)×0.11%
		기타 경비	2,755,827	(재료비+노무비)×0.9%
		소계	33,988,346	
계			340,191,346	
일반 관리비			17,727,600	(재료비+직접노무비+기계경비)×6%
이윤			29,453,842	(노무비+경비+일반관리비)×15%
공시원가금액			387,372,788	(순공사원가+일반관리비+이윤)
부가가치세			38,737,279	(순공사원가+일반관리비+이윤)×10%
합계			426,110,067	

2022 출제예상문제

MASTER CRAFTSMAN PLUMBING

※ 참고만 하시기 바랍니다.

2022년 배관적산 출제 유형

시험시간 : 표준시간 2시간

Ⅰ. 변경사항

1) 기 공지('21. 1. 12) 내용 관련
2) 2021년도 배관기능장, 산업기사 실기시험 변경 세부사항(작업형 → 필답형 적산과제)
※변경되는 기능장, 산업기사 필답형 시험의 문제유형은 유사(다만, 난이도의 차이는 있음)

구분	변경 전	변경 후
시험시간	3시간	2시간
시험방식	도면과 적산자료를 참고하여 ①재료산출, ②집계표, ③노무인력, ④내역서 작성(도면 1개 기준으로 ① → ④까지 연계성으로 출제)	약 4~6문제로 구성되어 각 문제별 독립 형태로 출제 ※문항별 연계되지 않으며, 문제별 활용되는 도면도 각각 다름
적산배관재질	동일 배관 및 부속품 재질 -대부분 강관(백관)	다양한 배관 및 부속품의 재질 -강관, 동관, STS관, PVC관, PB관 등 ※ 용접에 대한 적산자료 추가 제공
기타 1		적산 관련 단답형 유형(이론 부분)의 문제도 일부 출제될 수 있음
기타 2		배점은 문제별 다를 수 있음(난이도 등 고려)

[예시 1]과 [예시 2]는 기존 적산시험과 다른 형태의 문제 중 대표 예시문제 일부입니다.
따라서, 다음 2가지 예시문제와 다른 형태의 문제도 출제됩니다.

예시 1 **아래 내용 중 표기된 값은 실제 시험과 무관하므로 유형만 참고하시기 바랍니다.**

• 아래는 동관을 사용한 급수배관 물량을 산출하여 집계한 결과이다.

〈부품 집계 1〉

규격	동엘보	…	동관접합 개소
DN40	1		
DN32	2		
DN25	4		
DN20	5		

〈동관 부품 집계 2〉

티 / 리듀서	DN15	…	동관접합 개소
DN15	5		
DN20	2		
DN25	5		
DN32	3		

가. 동관접합(경납땜)은 규격별 각각 몇 개소인지 아래 표를 완성하시오.

〈동관접합 개소 합계〉

DN15	DN20	…

나. 동관접합(DN15) 1개소에 소요되는 재료비와 노무비, 경비에 대하여 아래 일위대가 표를 완성하시오.

(단, "배관설비 적산 참고자료" 참고하여 작성한다.)〈동관접합(경납땜) DN15〉 (개소당)

품명	규격	단위	수량	재료비		노무비		경비		합계	
				단가	금액	단가	금액	단가	금액	단가	금액
은납용접봉											
…											

예시 2 아래 내용 중 표기된 값은 실제 시험과 무관하므로 유형만 참고하시기 바랍니다.

• 화장실 도면으로부터 급수, 급탕 및 환탕배관 물량을 산출하여 집계한 결과이다. 배관은 동관 및 PB(폴리부틸렌)관을 사용하였다.

〈동관 집계〉

규격	산출내역(m)	계(m)	할증(%)	할증계(m)
DN25	10×2.6m	26	5	
…				

〈PB관 집계〉

규격	산출내역(m)	계(m)	할증(%)	할증계(m)
DN16	5×3.0m	15	5	
…				

〈PB관 부품 집계〉

규격	PB M밸브소켓	PB 수전소켓	…	PB 슬리브
DN20	100	50		

가. 배관 작업에 소요되는 노무인력을 산출하시오.

〈노무인력 산출〉

적용대상	수량(m 또는 개)	할증율(%)	배관공	보통인부
…				
…				

배관설비 적산 참고자료

Ⅰ. 배관 적산자료

1. 강관

1) 용접접합

(용접개소당)

규격[mm]	용접공(인)	규격[mm]	용접공(인)	규격[mm]	용접공(인)
ϕ15	0.036	65	0.105	250	0.345
20	0.043	80	0.121	300	0.409
25	0.052	100	0.152	350	0.456
32	0.062	125	0.184	400	0.519
40	0.070	150	0.216		
50	0.085	200	0.281		
비고	자체 추진 고소작업대(시저형) 시공의 경우 20%를 감한다.				

[주]
① 본 품은 아크용접으로 강관을 접합하는 기준이다.
② 공구손료 및 경장비(절단기, 자체 추진 고소작업대(시저형) 등) 기계경비는 인력품의 3%(인력시공), 13%(자체 추진 고소작업대(시저형) 시공)를 계상한다.
③ 용접접합에 필요한 부자재는 별도 계상한다.
④ 자체 추진 고소작업대(시저형)의 이동을 위한 크레인, 지게차 등의 비용은 별도 계상한다.

2) 용접배관

(m당)

규격[mm]	배관공(인)	보통인부(인)	규격[mm]	배관공(인)	보통인부(인)
ϕ15	0.029	0.022	100	0.155	0.065
20	0.033	0.023	125	0.2	0.081
25	0.043	0.026	150	0.236	0.093
32	0.051	0.029	200	0.365	0.138
40	0.057	0.031	250	0.489	0.181
50	0.074	0.037	300	0.634	0.232
65	0.088	0.042	350	0.765	0.277
80	0.113	0.051	400	0.907	0.327
비고	• 화장실 배관은 본 품의 20%, 기계실 배관은 본 품의 30%를 가산한다. • 옥외배관(암거내)은 본 품의 10%를 감한다. • 자체 추진 고소작업대(시저형) 시공의 경우 20%를 감한다.				

[주]

① 본 품은 배관용 탄소 강관의 옥내일반배관 기준이다.
② 인서트(거푸집용), 지지철물설치, 절단, 배관(가용접), 배관시험을 포함한다.
③ 밸브류 설치품은 "일반밸브 및 콕류 설치"를 적용하고, 관이음 부속류의 설치품은 본 품에 포함되어 있으며, 용접접합품은 별도 계상한다.
④ 단열 지지대 및 관 지지대 설치 시에는 별도 계상한다.
⑤ 공구손료 및 경장비(절단기, 자체 추진 고소작업대(시저형) 등) 기계경비는 인력품의 2%(인력시공, 10%(자체 추진 고소작업대(시저형) 시공)를 계상한다.
⑥ 자체 추진 고소작업대(시저형)의 이동을 위한 크레인, 지게차 등의 비용은 별도 계상한다.

3) 나사식 접합 및 배관

(m당)

규격[mm]	배관공(인)	보통인부(인)	규격[mm]	배관공(인)	보통인부(인)
ϕ15	0.033	0.029	32	0.062	0.037
20	0.038	0.03	40	0.069	0.039
25	0.051	0.034	50	0.092	0.046
비고	• 화장실 배관은 본 품의 20%, 기계실 배관은 본 품의 30%를 가산한다. • 옥외배관(암거내)은 본 품의 10%를 감한다. • 자체 추진 고소작업대(시저형) 시공의 경우 20%를 감한다.				

[주]

① 본 품은 배관용 탄소 강관의 옥내일반배관 기준이다.
② 인서트(거푸집용), 지지철물설치, 절단, 나사홈가공, 배관 및 나사접합, 배관시험을 포함한다.
③ 밸브류 설치품은 "일반밸브 및 콕류 설치"를 적용하고, 관이음 부속류의 설치품은 본 품에 포함되어 있다.
④ 단열 지지대 및 관 지지대 설치 시에는 별도 계상한다.
⑤ 공구손료 및 경장비(절단기, 자체 추진 고소작업대(시저형) 등) 기계경비는 인력품의 2%(인력시공, 10%(자체 추진 고소작업대(시저형) 시공)를 계상한다.
⑥ 자체 추진 고소작업대(시저형)의 이동을 위한 크레인, 지게차 등의 비용은 별도 계상한다.

4) 그루브조인트식 접합 및 배관(Groove Joint)

(m당)

규격[mm]	배관공(인)	보통인부(인)	규격[mm]	배관공(인)	보통인부(인)
φ25	0.049	0.026	200	0.444	0.116
32	0.061	0.030	250	0.582	0.139
40	0.069	0.032	300	0.742	0.154
50	0.093	0.040	350	0.893	0.178
65	0.112	0.045	400	1.056	0.204
80	0.145	0.054	450	1.187	0.225
100	0.219	0.067	500	1.318	0.246
125	0.260	0.079	550	1.444	0.266
150	0.322	0.088	600	1.576	0.287
비고	• 화장실 배관은 본 품의 20%, 기계실 배관은 본 품의 30%를 가산한다. • 옥외배관(암거내)은 본 품의 10%를 감한다. • 자체 추진 고소작업대(시저형) 시공의 경우 20%를 감한다.				

[주]
① 본 품은 배관용 탄소 강관 및 배관용 스테인리스 강관의 옥내일반배관 기준이다.
② 인서트(거푸집용), 지지철물설치, 절단, 그루브 홈가공, 배관 및 그루브 접합, 배관시험을 포함한다.
③ 밸브류 설치품은 "일반밸브 및 콕류 설치"를 적용하고, 관이음 부속류의 설치품은 본 품에 포함되어 있다.
④ 단열 지지대 및 관 지지대 설치시에는 별도 계상한다.
⑤ 공구손료 및 경장비(절단기, 자체 추진 고소작업대(시저형) 등) 기계경비는 인력품의 2%(인력시공, 10%(자체 추진 고소작업대(시저형) 시공)를 계상한다.
⑥ 자체 추진 고소작업대(시저형)의 이동을 위한 크레인, 지게차 등의 비용은 별도 계상한다.

2. 동관

1) 용접접합

(용접개소당)

규격[mm]	용접공(인)	규격[mm]	용접공(인)	규격[mm]	용접공(인)
φ8	0.014	32	0.045	100	0.137
10	0.018	40	0.053	125	0.169
15	0.022	50	0.067	150	0.201
20	0.03	65	0.089	200	0.265
25	0.038	80	0.105	250	0.329
비고	자체 추진 고소작업대(시저형) 시공의 경우 20%를 감한다.				

[주]
① 본 품은 브레이징(Brazing)용접으로 동관을 접합하는 기준이다.
② 공구손료 및 경장비(절단기, 자체 추진 고소작업대(시저형) 등) 기계경비는 인력품의 3%(인력시공), 13%(자체 추진 고소작업대(시저형) 시공)를 계상한다.
③ 용접접합에 필요한 부자재는 별도 계상한다.
④ 자체 추진 고소작업대(시저형)의 이동을 위한 크레인, 지게차 등의 비용은 별도 계상한다

〈참고자료〉 Brazing 용접 소모재료

(용접개소당)

규격[mm]	용접봉(g)	플럭스(g)	산소[l]	아세틸렌(g)
ϕ6	0.3	0.05	2.5	3.8
8	0.5	0.08	4.0	4.5
10	0.8	0.11	5.4	5.9
15	1.2	0.15	7.5	8.0
16	1.8	0.22	10.8	11.4
20	2.5	0.32	15.8	16.5
25	4.0	0.49	19.0	20.2
32	5.2	0.65	27.2	28.6
40	6.9	0.86	35.0	37.0
50	11.2	1.40	45.8	48.6
65	15.4	1.92	57.9	61.3
80	21.0	2.62	80.8	85.4
100	36.6	4.58	127.8	135.0
125	56.3	7.02	158.8	167.7
150	78.9	9.89	254.0	268.3
200	173.5	13.25	615.7	650.5

※ 산소량은 대기압 상태의 기준량이며, 압축산소는 35℃에서 150기압으로 압축용기에 넣어 사용하는 것을 기준한다.

2) 용접배관

(m당)

규격[mm]	배관공(인)	보통인부(인)	규격[mm]	배관공(인)	보통인부(인)
φ8	0.021	0.01	65	0.083	0.047
10	0.023	0.013	80	0.104	0.059
15	0.026	0.016	100	0.143	0.077
20	0.03	0.02	125	0.18	0.093
25	0.036	0.025	150	0.218	0.109
32	0.044	0.029	200	0.33	0.154
40	0.052	0.033	250	0.442	0.195
50	0.069	0.042			
비고	• 화장실 배관은 본 품의 20%, 기계실 배관은 본 품의 30%를 가산한다. • 옥외배관(암거내)은 본 품의 10%를 감한다. • 자체 추진 고소작업대(시저형) 시공의 경우 20%를 감한다.				

[주]
① 본 품은 이음매 없는 구리합금관의 옥내일반배관 기준이다.
② 인서트(거푸집용), 지지철물설치, 절단, 배관(가용접), 배관시험을 포함한다.
③ 밸브류 설치품은 "일반밸브 및 콕류 설치"를 적용하고, 관이음 부속류의 설치품은 본 품에 포함되어 있다.
④ 단열 지지대 및 관 지지대 설치 시에는 별도 계상한다.
⑤ 공구손료 및 경장비(절단기, 자체 추진 고소작업대(시저형) 등) 기계경비는 인력품의 2%(인력시공, 10%(자체 추진 고소작업대(시저형) 시공)를 계상한다.
⑥ 자체 추진 고소작업대(시저형)의 이동을 위한 크레인, 지게차 등의 비용은 별도 계상한다.

3. 스테인리스 강관

1) 용접접합

(용접개소당)

규격[mm]	용접공(인)	규격[mm]	용접공(인)	규격[mm]	용접공(인)
φ6	0.036	32	0.077	100	0.167
8	0.04	40	0.084	125	0.199
10	0.045	50	0.099	150	0.231
15	0.05	65	0.119	200	0.295
20	0.057	80	0.135	250	0.359
25	0.066	90	0.151	300	0.423
비고	자체 추진 고소작업대(시저형) 시공의 경우 20%를 감한다.				

[주]
① 본 품은 TIG용접으로 스테인리스 강관을 접합하는 기준이다.
② 공구손료 및 경장비(절단기, 자체 추진 고소작업대(시저형) 등) 기계경비는 인력품의 4%(인력시공), 13%(자체 추진 고소작업대(시저형) 시공)를 계상한다.
③ 용접접합에 필요한 부자재는 별도 계상한다.
④ 자체 추진 고소작업대(시저형)의 이동을 위한 크레인, 지게차 등의 비용은 별도 계상한다.

〈참고자료〉 TIG 용접 소모재료 (용접개소당)

규격[mm]	용접봉(Kg)	Argon(l)	규격[mm]	용접봉(Kg)	Argon(l)
ϕ15	0.007	64	90	0.257	565
20	0.013	95	100	0.313	699
25	0.02	129	125	0.443	1.098
40	0.04	191	150	0.601	1.285
50	0.055	265	200	1.007	2.170
65	0.168	343	250	1.455	3.060
80	0.213	430	300	2.07	3.945

2) 용접배관

(m당)

규격[mm]	배관공(인)	보통인부(인)	규격[mm]	배관공(인)	보통인부(인)
ϕ6	0.02	0.013	65	0.097	0.04
8	0.021	0.013	80	0.11	0.045
10	0.026	0.014	90	0.144	0.06
15	0.028	0.015	100	0.158	0.066
20	0.033	0.017	125	0.211	0.088
25	0.048	0.022	150	0.24	0.101
32	0.059	0.025	200	0.341	0.135
40	0.065	0.027	250	0.458	0.187
50	0.079	0.032	300	0.618	0.231
비고	• 화장실 배관은 본 품의 20%, 기계실 배관은 본 품의 30%를 가산한다. • 옥외배관(암거내)은 본 품의 10%를 감한다. • 자체 추진 고소작업대(시저형) 시공의 경우 20%를 감한다.				

[주]

① 본 품은 일반배관용 스테인리스 강관의 옥내 일반배관 기준이다.
② 인서트(거푸집용), 지지철물설치, 절단, 배관(가용접), 배관시험을 포함한다.
③ 밸브류 설치품은 "일반 밸브 및 콕류 설치"를 적용하고, 관이음 부속류의 설치품은 본 품에 포함되어 있다.
④ 현장 여건에 따라 콘크리트용 인서트를 사용할 경우 건축부문 '인서트 설치'를 따른다.
⑤ 단열 지지대 및 관 지지대 설치 시에는 별도 계상한다.
⑥ Bending가공이 필요한 경우에는 별도 계상한다.
⑦ 공구손료 및 경장비(절단기, 자체 추진 고소작업대(시저형) 등) 기계경비는 인력품의 2%(인력시공), 10%(자체 추진 고소작업대(시저형) 시공)를 계상한다.
⑧ 자체 추진 고소작업대(시저형)의 이동을 위한 크레인, 지게차 등의 비용은 별도 계상한다.

3) 프레스식 접합 및 배관

(m당)

규격[mm]	배관공(인)	보통인부(인)	규격[mm]	배관공(인)	보통인부(인)
13SU	0.034	0.017	50	0.084	0.043
20	0.045	0.023	60	0.109	0.057
25	0.053	0.027	75	0.126	0.066
30	0.067	0.034	80	0.165	0.087
40	0.078	0.04	100	0.192	0.102
비고	• 화장실 배관은 본 품의 20%, 기계실 배관은 본 품의 30%를 가산한다. • 옥외배관(암거내)은 본 품의 10%를 감한다. • 자체 추진 고소작업대(시저형) 시공의 경우 20%를 감한다.				

[주]

① 본 품은 일반배관용 스테인리스 강관의 옥내일반배관 기준이다.
② 인서트(거푸집용), 지지철물설치, 절단, 배관(가용접), 배관시험을 포함한다.
③ 밸브류 설치품은 "일반 밸브 및 콕류 설치"를 적용하고, 관이음 부속류의 설치품은 본 품에 포함되어 있다.
④ 현장 여건에 따라 콘크리트용 인서트를 사용할 경우 건축부문 '인서트 설치'를 따른다.
⑤ 단열 지지대 및 관 지지대 설치 시에는 별도 계상한다.
⑥ Bending가공이 필요한 경우에는 별도 계상한다.
⑦ 공구손료 및 경장비(절단기, 자체 추진 고소작업대(시저형) 등) 기계경비는 인력품의 2%(인력시공), 10%(자체 추진 고소작업대(시저형) 시공)를 계상한다.
⑧ 자체 추진 고소작업대(시저형)의 이동을 위한 크레인, 지게차 등의 비용은 별도 계상한다.

4) 주름관 접합 및 배관

(m당)

규격[mm]	배관공(인)	보통인부(인)
ϕ15	0.034	0.027
20	0.039	0.031
비고	자체 추진 고소작업대(시저형) 시공의 경우 20%를 감한다.	

[주]

① 본 품은 스테인리스 주름관의 옥내일반배관 기준이다.
② 인서트(거푸집용), 지지철물설치, 절단, 배관(가용접), 배관시험을 포함한다.
③ 현장 여건에 따라 콘크리트용 인서트를 사용할 경우 건축부문 "인서트 설치"를 따른다.
④ 단열 지지대 및 관 지지대 설치 시에는 별도 계상한다.
⑤ 공구손료 및 경장비(절단기, 자체 추진 고소작업대(시저형) 등) 기계경비는 인력품의 2%(인력시공), 10%(자체 추진 고소작업대(시저형) 시공)를 계상한다.
⑥ 자체 추진 고소작업대(시저형)의 이동을 위한 크레인, 지게차 등의 비용은 별도 계상한다.

4. 경질관

1) 접착제 접합(T.S) 및 배관

(m당)

규격[mm]	배관공(인)	보통인부[인]	규격[mm]	배관공(인)	보통인부[인]
φ25	0.047	0.037	75	0.117	0.063
30	0.054	0.04	100	0.147	0.074
35	0.06	0.041	125	0.178	0.085
40	0.067	0.043	150	0.207	0.093
50	0.086	0.047	200	0.266	0.112
65	0.104	0.059			
비고	자체 추진 고소작업대(시저형) 시공의 경우 20%를 감한다.				

[주]

① 본 품은 일반용 경질 폴리염화 비닐관의 옥내일반배관 기준이다.
② 인서트(거푸집용), 지지철물설치, 절단, 배관(가용접), 배관시험을 포함한다.
③ 현장 여건에 따라 콘크리트용 인서트를 사용할 경우 건축부문 "인서트 설치"를 따른다.
④ 단열 지지대 및 관 지지대 설치 시에는 별도 계상한다.
⑤ 공구손료 및 경장비(절단기, 자체 추진 고소작업대(시저형) 등) 기계경비는 인력품의 2%(인력시공), 10%(자체 추진 고소작업대(시저형) 시공)를 계상한다.
⑥ 자체 추진 고소작업대(시저형)의 이동을 위한 크레인, 지게차 등의 비용은 별도 계상한다.

2) 소켓 접합 및 배관

(m당)

규격[mm]	배관공(인)	보통인부[인]	규격[mm]	배관공(인)	보통인부[인]
φ10	0.021	0.011	50	0.034	0.018
13	0.021	0.012	65	0.038	0.021
16	0.022	0.012	75	0.049	0.026
20	0.023	0.013	100	0.064	0.034
25	0.025	0.014	125	0.075	0.041
30	0.026	0.014	150	0.094	0.051
35	0.027	0.015	200	0.118	0.064
40	0.029	0.016			
비고	자체 추진 고소작업대(시저형) 시공의 경우 20%를 감한다.				

[주]

① 본 품은 일반용 경질 폴리염화 비닐관의 옥내일반배관 기준이다.
② 인서트(거푸집용), 지지철물설치, 절단, 배관(가용접), 배관시험을 포함한다.
③ 현장 여건에 따라 콘크리트용 인서트를 사용할 경우 건축부문 "인서트 설치"를 따른다.
④ 단열 지지대 및 관 지지대 설치 시에는 별도 계상한다.
⑤ 공구손료 및 경장비(절단기, 자체 추진 고소작업대(시저형) 등) 기계경비는 인력품의 2%(인력시공), 10%(자체 추진 고소작업대(시저형) 시공)를 계상한다.
⑥ 자체 추진 고소작업대(시저형)의 이동을 위한 크레인, 지게차 등의 비용은 별도 계상한다.

5. 연질관

1) 폴리부틸렌(PB) 일반접합 및 배관

(m당)

구분	단위	수량(규격)	
		ϕ16mm	ϕ20mm
배관공	인	0.038	0.042
보통인부	인	0.015	0.017

[주]
① 본 품은 폴리부틸렌(PB)관의 급수, 급탕용 배관 기준이다.
② 절단, 배관 및 고정철물 설치, 접합, 배관시험을 포함한다.
③ 공구손료 및 경장비의 기계경비는 인력품의 1%로 계상한다.

Ⅱ. 밸브 설비공사 적산자료

1. 밸브

1) 일반밸브 및 콕류 설치

(개당)

규격[mm]	수량		규격[mm]	수량	
	배관공(인)	보통인부(인)		배관공(인)	보통인부(인)
ϕ15 - 25	0.05	-	125	0.278	0.121
32 - 50	0.074	-	150	0.343	0.147
65	0.108	0.073	200	0.471	0.188
80	0.141	0.083	250	0.616	0.23
100	0.214	0.105	300	0.788	0.261
비고	철거는 신설의 50%(재사용 미고려 시), 60%(재사용 고려 시)로 계상한다				

[주]
① 본 품은 설치위치 선정, 설치, 작동시험 및 마무리 작업을 포함한다.
② 공구손료 및 경장비(전기드릴 등)의 기계경비는 인력품의 2%로 계상한다.

Ⅲ. 위생기구 설비공사 적산자료

1. 위생기구류

1) 소변기 설치

(개당)

구분	단위	수량			
		소변기		소변기 세정용 전자감응기	
		스톨 소변기	벽걸이 스톨 소변기	소변기 일체형	노출형
위생공	인	0.747	0.784	0.049	0.16
보통인부	인	0.241	0.253	–	–

[주]

① 본 품은 소운반, 앙카 및 지지철물 설치, 플랜지 설치, 앵글밸브, 연결관 설치, 교정작업, 시멘트 충전 및 코킹작업, 통수시험 및 조정을 포함한다.

② 전자감응기 설치에는 결선작업이 포함되어 있다.

2) 양변기 설치

(개당)

구분	단위	수량		
		동양식 대변기	양식 대변기	
		F.V용	로탱크용	F.V용
위생공	인	0.605	0.694	0.669
보통인부	인	0.174	0.2	0.193

[주]

① 본 품은 소운반, 플랜지 설치, 앵글밸브, 연결관 및 탱크 설치, 교정작업, 시멘트 충전, 통수시험 및 조정을 포함한다.

3) 도기 세면기 설치

(개당)

구분	단위	수량
위생공	인	0.275
보통인부	인	0.065

[주]

① 본 품은 소운반, 앙카설치, 배수구 연결, 세면기 설치, 폽업, 배관커버 설치, 교정 및 코킹작업, 통수시험을 포함한다.

4) 카운터형 세면기 설치(세면기 · 세면대 일체형)

(개당)

구분	단위	수량
위생공	인	0.24
보통인부	인	0.094

[주]
① 본 품은 소운반, 앙카설치, 배수구 연결, 세면기 설치, 폽업, 교정 및 코킹작업, 통수시험을 포함한다.
② 세면기 하부에 배관커버가 필요한 경우 별도 계상한다.

5) 카운터형 세면기 설치(세면기 · 세면대 분리형)

(개당)

구분	단위	수량
위생공	인	0.285
보통인부	인	0.112

[주]
① 본 품은 소운반, 앙카설치, 브라켓 설치, 세면대, 세면기 설치, 배수구 연결, 폽업, 교정 및 코킹작업, 통수시험을 포함한다.
② 세면기 하부에 배관커버가 필요한 경우 별도 계상한다.

6) 욕조 설치

(개당)

구분	단위	수량
위생공	인	0.634
보통인부	인	0.203

[주]
① 본 품은 욕조(월풀 욕조 제외)를 설치하는 품이다.
② 본 품은 소운반, 지지대, 배수구 연결, 몰탈 충전, 욕조 설치, 에이프런 설치, 코킹 작업, 욕조 보양재 제거, 검사 및 조정 품을 포함한다.

7) 청소용 수채 설치

(개당)

구분	단위	수량
위생공	인	0.25
보통인부	인	0.096

[주]
① 본 품은 소운반, 앙카 설치, 배수구 연결, 교정 및 코킹 작업, 통수시험을 포함한다.

8) 바닥 배수구 설치

(개당)

구분	단위	수량(규격)		
		ϕ50mm	ϕ75mm	ϕ100mm
배관공	인	0.115	0.151	0.164
보통인부	인	0.039	0.051	0.055

[주]
① 본 품은 옥내 일반 바닥배수구 설치기준으로 트랩이 포함된 것이다.
② 본 품은 하부 성형슬리브, 소운반, 바닥배수구 설치 및 통수시험 등이 포함된 것이다.

9) 욕실 금구류 설치

(개당)

규격		단위	위생공
화장거울	0.5m^2 미만	인	0.189
	0.5~1.0m^2 미만	인	0.229
	1.0~1.5m^2 미만	인	0.292
수건걸이	BAR형	인	0.099
	환형	인	0.071
휴지걸이		인	0.071
비누대, 컵대		인	0.071
옷걸이		인	0.071

[주]
① 본 품은 소운반, 천공 및 브래킷 설치, 칼블럭 설치, 금구류 설치를 포함한다.
② 화장경 설치는 거울 주위 코킹을 포함한다.

Ⅳ. 수전 적산자료

1. 욕조수전설치

(개당)

구분	단위	수량			
		욕조 혼합수전		샤워헤드걸이	
		매립형	노출형	고정식	높이조절식
위생공	인	1	0.087	0.071	0.099
보통인부	인	0.2	0.017	-	-

[주]
① 본 품은 소운반, 연결 플러그 제거, 니플 조정, 씰테이프 감기, 활자금 설치, 천공 및 목심 설치, 호스 및 헤드 연결, 작동시험을 포함한다.
② 욕조혼합수전(매립형)의 품은 매립 배관품이 포함되어 있다.

2. 세면기수전설치

(개당)

구분	단위	수량
위생공	인	0.139
보통인부	인	0.028
비고	냉수 또는 온수만 전용으로 하는 수전은 30% 감하여 적용한다.	

[주]
① 본 품은 세면기 혼합수전 설치 품이다.
② 본 품은 소운반, 연결 플러그 제거, 씰테이프 감기, 니플 및 앵글밸브 설치, 연결관 설치, 활자금 설치, 작동시험을 포함한다.
③ 살수전 설치품은 동일하게 적용한다.

3. 싱크수전설치

(개당)

구분	단위	수량
위생공	인	0.164
보통인부	인	0.033

[주]
① 본 품은 씽크 혼합수전(대붙이형) 설치 품이다.
② 본 품은 소운반, 연결 플러그 제거, 니플 및 앵글밸브 설치, 씰테이프 감기, 연결관 설치, 싱크대 하부 보강판 및 패킹 설치, 작동시험을 포함한다.

4. 손빨래수전설치

(개당)

구분	단위	수량
위생공	인	0.087
보통인부	인	0.017
비고	냉수 또는 온수만 전용으로 하는 수전은 30% 감하여 적용한다.	

[주]

① 본 품은 발코니 벽체에 벽붙이형 손빨래 혼합수전 설치 품이다.

② 본 품은 소운반, 연결구 플러그 제거, 씰테이프 감기, 니플 설치, 활자금 설치, 작동시험을 포함한다.

※ 참고만 하시기 바랍니다.

단가표 참고자료

Ⅰ. 노무비 단가 및 자재 단가표

1. 직종별 노임단가

직종명	단가(원)	직종명	단가(원)	직종명	단가(원)
배관공	189,198	보온공	160,788	용접공	224,367
배관공(수도)	173,600	도정공	184,508	플랜트용접공	211,791
덕트공	177,520	특별인부	167,926	플랜트특별인부	162,616
위생공	188,808	보통인부	138,989		

Ⅱ. 배관 자재별 단가

1. 배관 자재별 단가(강관, 동관)

호칭	배관 자재별 단가(m당, 원)		
	일반배관용탄소강관		동관(L형)
	흑관	백관	
DN50	3,996	5,139	13,550
DN40	2,839	3,650	8,820
DN32	2,470	3,176	6,850
DN25	1,926	2,475	5,050
DN20	1,254	1,697	3,500
DN15	973	1,317	2,210

2. 배관 자재별 단가(일반배관용 스테인리스강관)

호칭(SU)	외경(mm)	두께(mm)	중량(kg/m)	단위	단가
100	114.3	2	5.595	m	27,080
80	89.1	2	4.339	m	21,000
75	76.3	1.5	2.795	m	13,890
60	60.5	1.5	2.205	m	10,620
50	48.6	1.2	1.417	m	6,830
40	42.7	1.2	1.241	m	5,960
30	34	1.2	0.98	m	4,880
25	28.58	1	0.687	m	3,500
20	22.22	1	0.529	m	2,760
13	15.88	0.8	0.301	m	1,650

3. 동가단 주철제관 이음쇠

규격		가격(개당)							
		엘보	티	유니언	소켓(리듀서)	니플	부싱	캡	플러그
아연도금관 이음쇠	DN50	2,070	2,700	4,330	1,390	1,280	1,360	1,320	1,180
	DN40	1,320	1,850	3,370	870	1,070	840	880	790
	DN32	1,110	1,380	2,600	730	750	620	670	580
	DN25	720	1,000	2,050	570	590	410	420	390
	DN20	450	670	1,460	350	410	320	350	300
	DN15	300	460	1,340	290	350	–	230	210

※ 이경 티와 리듀서(이경 소켓)는 큰 관경의 기준으로 단가를 적용

4. 동관 이음쇠

규격	가격(개당)								
	동부속					황동부속			
	엘보	티	리듀서	소켓	캡	CM 어댑터	CF 어댑터	CM 유니언	CF 유니언
DN50	3,838	4,766	2,228	1,394	1,428	4,016	6,424	11,448	16,104
DN40	3,218	2,991	1,019	819	826	2,752	3,904	8,280	11,040
DN32	1,133	1,992	751	575	582	2,208	3,016	6,752	8,774
DN25	737	1,379	421	352	421	1,248	1,808	3,816	3,960
DN20	426	781	267	207	249	688	808	2,792	2,896
DN15	209	455	164	137	189	328	464	1,368	1,664

※ 이경 티와 리듀서(이경 소켓)는 큰 관경의 기준으로 단가를 적용

5. 동 절연플랜지(10K) 주요 규격 및 가격

호칭규격 (mm)	플랜지 치수		볼트 구멍		사용 볼트의 규격	가격
	외경(mm)	두께(mm)	수(개)	지름(mm)		
15	95	12	4	15	M12	5,290
20	100	14	4	15	M12	5,920
25	125	14	4	19	M16	6,980
32	135	16	4	19	M16	10,470
40	140	16	4	19	M16	12,140
50	155	16	4	19	M16	15,630
65	175	18	4	19	M16	22,030
80	185	18	8	19	M16	25,050
100	210	18	8	19	M16	36,700
125	250	20	8	23	M20	45,850
150	280	22	8	23	M20	64,210
200	330	22	12	23	M20	97,200
250	400	24	12	25	M22	215,430
300	445	24	16	25	M22	–
350	490	26	16	25	M22	–
400	560	28	16	27	M24	–

6. 스테인리스강관 이음쇠 1(압축이음)

규격	엘보	소켓	캡	규격	수전소켓	수전티	수전엘보
13 SU	1,550	1,430	2,110	13×15	2,950	4,450	3,350
20	2,250	1,800	2,580	20×15	3,950	5,950	4,150
25	2,950	2,450	3,360	20×20	3,950	5,950	4,150
30	6,250	4,550	5,980				
40	7,750	5,900	8,380	25×15	5,750	8,750	6,070
50	10,300	8,800	9,290	25×20	5,750	8,750	6,070
60	13,530	10,100	11,750	25×25	5,750	8,750	5,600

7. 스테인리스강관 이음쇠 2(압축이음)

명칭 및 규격	단가	명칭 및 규격	단가	명칭 및 규격	단가
리듀서 20×13	2,500	티 13×13	3,990	M. F어댑터소켓 13×15	3,050
리듀서 25×13	4,200	티 20×13	5,850	M. F어댑터소켓 20×20	4,200
리듀서 25×20	4,350	티 20×20	5,850	M. F어댑터소켓 25×25	5,700
리듀서 30×13	5,900	티 25×20	8,500	M. F어댑터소켓 30×32	7,300
리듀서 30×20	7,500	티 25×25	8,500	M. F어댑터소켓 40×40	9,200
리듀서 30×25	7,850	티 30×25	12,300	M. F어댑터소켓 50×50	13,750
리듀서 40×13	8,650	티 30×30	12,300	M. F어댑터소켓 60×65	19,900
리듀서 40×20	9,000	티 40×40	15,900		
리듀서 40×25	9,150	티 50×50	21,000	M. F어댑터엘보 13×15	3,350
리듀서 40×30	10,100	티 60×60	26,400	M. F어댑터엘보 20×20	4,250
리듀서 50×13	10,550			M. F어댑터엘보 25×25	6,030
리듀서 50×20	11,200			M. F어댑터엘보 30×32	8,500
리듀서 50×25	11,700			M. F어댑터엘보 40×40	13,860
리듀서 50×40	12,300			M. F어댑터엘보 50×50	17,350
리듀서 60×50	14,750			M. F어댑터엘보 60×65	21,780

8. 청동제 밸브

(개당)

품명	규격(mm)	가격(원)	품명	규격(mm)	가격(원)
게이트밸브 10kg/cm^2	80	84,000	글로브밸브 10kg/cm^2	80	82,150
	65	59,040		65	51,520
	50	30,120		50	26,650
	40	19,540		40	17,600
	32	14,580		32	14,230
	25	10,250		25	9,570
	20	6,710		20	6,590
	15	4,680		15	4,170

9. 방열기 밸브 및 트랩, 유니언엘보

(개당)

규격(mm)	방열기밸브	방열기트랩	유니언엘보
15	11,550	184,000	5,360
20	13,970	222,000	7,700
25	23,090		13,200

10. 보통 6각 볼트

(개당)

지름(mm) / 길이(mm)	가격(원)							
	M10	M12	M14	M16	M18	M20	M22	M24
50	81.4	117.3	190	213.8	381.3	378.8	523.8	636.3
55	87.6	125	195	223.8	397.5	392.5	532.5	636.3
60	92.3	131.3	210	235	411.3	408.8	551.3	636.3
65	97.9	141.3	220	243.8	430	427.5	573.8	660
70	102	147.5	227.5	258.8	438.8	453.8	591.3	682.5
75	109	156.3	242.5	280	456.3	471.3	617.5	745
80	114.4	162.5	251.3	291.3	468.8	497.5	643.8	768.8
90	125	178.8	276.3	310	502.5	538.8	703.8	853.8
100	136.3	195	300	322.5	532.5	577.5	760	921.3
110	145	210	336.3	343.8	562.5	626.3	813.8	986.3
120	156.3	225	356.3	377.5	592.5	570	872.5	1,050
130	170	240	382.5	405	621.3	711.3	928.8	1,098.8
140	182.5	258.8	403.8	441.3	651.3	757.5	981.3	1,142.5
150	190	272.5	423.8	471.3	685	793.8	1,035	1,221.3

11. 너트(도금)

(개당)

규격	단가(원)	규격	단가(원)	규격	단가(원)
M4	2.3	M10	21.3	M18	91.8
M5	3.1	M12	31.6	M20	115.8
M6	4.7	M14	46	M22	148.2
M8	9.8	M16	61.2	M24	205.4

12. 용접봉

품명	규격(mm)	단위	가격(원)
연강봉	KSE－4301 ϕ4.0	kg	2,980
스테인리스강용	E309－16 ϕ4.0	kg	13,200
은납용접봉	BCUP－3(5%) ϕ2.4×500	kg	62,000
	플럭스	kg	4,000

13. 가스

품명	규격	단위	가격(원)	비고
산소	－	L	3.0	
아세틸렌	－	kg	13,000	
LPG	－	kg	1,200	

Ⅲ. 위생기구별(자재) 단가

1. 위생기구

품명	규격(또는 타입)	가격(원)
		조당
※ 대변기(양변기)		
A타입 대변기	A타입	167,000
B타입 대변기	B타입	217,000
C타입 대변기	C타입	111,000
※ 세면기		
A타입 세면기	A타입	195,000
B타입 세면기	B타입	154,000
C타입 세면기	C타입	95,000
※ 소변기		
A타입 소변기	A타입	105,000
B타입 소변기	B타입	280,000
C타입 소변기	C타입	146,000
※ 기타 부속기구		
전자감응기(노출형)		67,000
수전엘보	25A	5,592
	20A	4,160
	15A	3,370
청소용수채	A타입	155,000

2. 욕실용 기타 자재

품명	규격(mm)	가격(원)
화장거울	1,000×2,000×5	25,000
	600×450×5	15,000
화장대		15,000
수건걸이		4,000
휴지걸이		4,000

배관 도면 예시

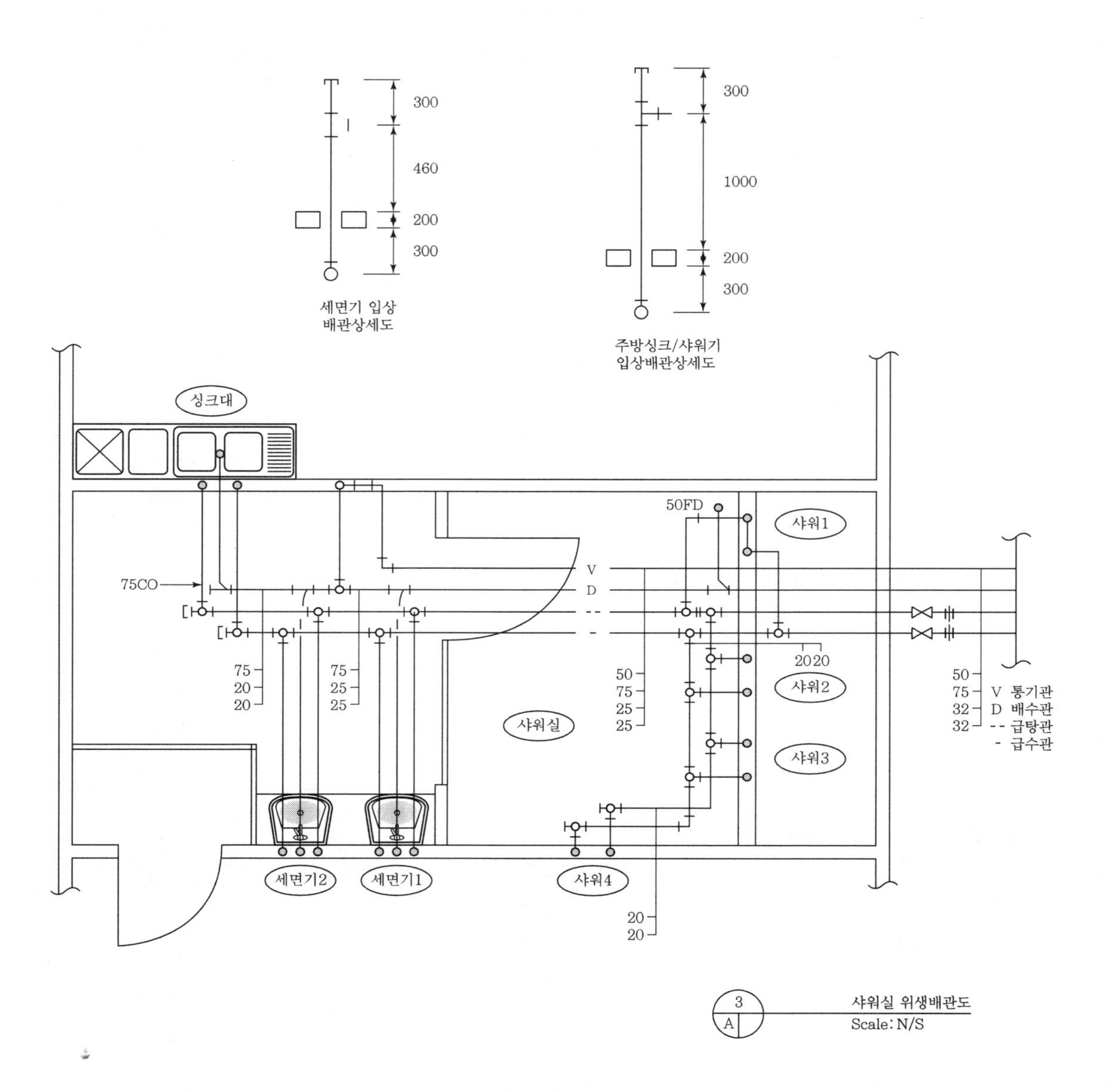
300
460
200
300
세면기 입상
배관상세도
300
1000
200
300
주방싱크/샤워기
입상배관상세도
싱크대
50FD
샤워1
75CO
V
D
75
20
20
75
25
25
샤워실
50
75
25
25
2020
샤워2
샤워3
50
75
32
32
V 통기관
D 배수관
-- 급탕관
- 급수관
세면기2
세면기1
샤워4
20
20
3
A
샤워실 위생배관도
Scale: N/S

Ⅰ. 산출근거 작성

1. 급수주관의 산출근거

품명	규격	단위	수량	비고
백관	DN32	m	0.3	
백유니온	DN32	개	1	
백니플	DN32	개	1	
청동게이트밸브	DN32	개	1	
백관	DN32	m	2	
백티	DN32/DN15	개	1	샤워 1
백관	DN32	m	1	
백티	DN32/DN20	개	1	샤워 주관
백니플	DN32	개	1	
백리듀서	DN32/DN25	개	1	
배관	DN25	m	2.5	
백티	DN25/DN15	개	1	세면기 1
백관	DN25	m	1.2	
백티	DN25/DN15	개	1	세면기 2
백니플	DN25	개	1	
백리듀서	DN25/DN20	개	1	
백관	DN20	m	1.5	
백티	DN20/DN15	개	1	싱크대
백니플	DN20	개	1	
백캡	DN20	개	1	

2. 분기관의 산출근거 작성(싱크대)

품명	규격	단위	수량	비고
백니플	DN15	개	1	
백엘보	DN15	개	1	
백관	DN15	m	1.1	
백엘보	DN15	개	1	
백관	DN15	m	0.3	슬래브 아래 공간
백관	DN15	m	0.2	슬래브 두께 부분
백관	DN15	m	1	슬래브 위의 높이
백티	DN15	개	1	
백관	DN15	m	0.3	
백캡	DN15	개	1	

Ⅱ. 산출 집계표

1. 백관 집계표 관의 할증

규격	산출내역(M)	계산(M)	할증(%)	할증계(M)
DN20	2.0+0.6+0.6+0.6+0.6+2.0+0.6+2.0 +0.6+1.6+2.0+2.0+0.6+(0.7×6)	20	10%	22
DN25	2.0+0.6+2.0+0.6	5.2	10%	6
DN32	0.7+2.6+0.6+0.7+2.6+0.6	7.8	10%	9
DN40	2.6+1.2+3.3+1.0	8.1	10%	9

※ 할증계는 소수 1위에서 사사오입하여 정수화한다.

2. 정부속의 집계표

계산방법(엘보×2) + CM 아답타(1) + CF 엘보(1) + (CF 수전티×2) + 동 캡(1)

규격	동용접 엘보	동용접 CM 아답타	동용접 CF 엘보	동용접 CF 수전	동용접 캡	용접개소
DN20	5	0	2	0	1	13
DN25	0	5	0	2	0	9
DN32	1	0	5	0	4	11
DN40	0	5	0	5	1	16

3. 티/리듀서의 집계표

용접개소 = (가로열은 모두 더하고) + 세로열의 티(×2) + 리듀서(×1)

동용접 리듀서 \ 동용접 티	DN20	DN25	DN32	DN40	용접개소
DN20	5	1	1	3	21
DN25	1	4	0	0	16
DN32	0	1	5	1	22
DN40	0	0	3	4	23

Ⅲ. 용접개소 노무인력

1. 용접개소

공수 = 용접공 공량 × 용접개소 × 할증(%)

적용대상	규격	개소	용접공	
백관	DN20	20	0.043	0.860
	DN32	30	0.062	1.860
동관	DN25	15	0.038	0.570
	DN40	20	0.053	1.060
계			4.350	

※ 할증 없음

Ⅳ. 노무인력의 할증 예시

적용대상	규격	수량	할증	배관공	위생공	보통인부
백관 나사이음	DN20	12.5	20%	0.038 / 0.57 (0.038×12.5×(1+0.2))	0.000 /	0.030 / 0.450
	DN32	10.35	20%	0.062 / 0.770	0.000 / 0.000	0.037 / 0.460
PB관	DN20	20	20%	0.042 / 1.008	0.000 / 0.000	0.017 / 0.408
양변기	FV용	8		0.000 / 0.000	0.669 / 5.352 (0.669×8)	0.193 / 1.544
욕실용 기타	화장거울 (1.2m²)	4		0.000 / 0.000	0.292 / 1.168	0.000 / 0.000
	수건걸이 (Bar)	4		0.000 / 0.000	0.099 / 0.396	0.000 / 0.000
	휴지걸이	8		0.000 / 0.000	0.071 / 0.568	0.000 / 0.000
	옷걸이	6		0.000 / 0.000	0.071 / 0.426	0.000 / 0.000
계산				2.348	7.910	2.862
계				2	8	3

※ 노무인력 계는 소수 1위에서 사사오입하여 정수화한다.

V. 노무인력 할감

적용대상	규격	수량	할감	배관공	위생공	보통인부
백관	DN20	12.5	10%	0.038 / 0.4275 (0.038×12.5×(1-0.1))	0	0.03 / 0.3375
	DN32	10.35	10%	0.062 / 0.57753	0 / 0	0.037 / 0.34465
PB관	DN20	20		0.042 / 0.84	0 / 0	0.017 / 0.34
양변기	FV용	8		0 / 0	0.669 / 5.352 (0.669×8)	0.193 / 1.544
욕실용 기타	화장거울 (1.2m²)	4		0 / 0	0.292 / 1.168	0 / 0
	수건걸이 (Bar)	4		0 / 0	0.099 / 0.396	0 / 0
	휴지걸이	8		0 / 0	0.071 / 0.568	0 / 0
	옷걸이	6		0 / 0	0.071 / 0.426	0 / 0
계산				1.85	7.91	2.57
계				2	8	3

[주] 노무인력 계는 소수 1위에서 사사오입하여 정수화한다.

적산작업 1

※ 참고 자료이며 문제는 참고자료를 대입한 풀이입니다.

1. 강관 용접접합 개소 일위대가표

1) 용접접합 개소 공량

규격(mm)	용접공
ϕ15	0.036
ϕ20	0.043
ϕ25	0.052
ϕ32	0.062
ϕ40	0.07
ϕ50	0.085

2) 노무비 단가표

직종명	단가(원)	직종명	단가(원)
배관공	189,198	용접공	224,367

문제 1 강관 1개소에 소요되는 용접 노무비와 경비(품의 10%)에 대하여 아래 일위대가표를 작성하시오.

(단, "배관설비 적산 참고자료"를 참고하여 작성한다.)〈백관접합(아크용접)〉

품명	규격	단위	재료비	노무비	경비
				금액	금액
백관 접합	ϕ15	개소	아크 용접봉은 내역서에 별도 계상	8,077	807
	ϕ25	개소		11,667	1,166
	ϕ40	개소		15,705	1,570
	ϕ65	개소		23,558	2,355

※ 소수이하는 절삭하여 정수화하시오.

2. 강관 용접접합 배관

1) 강관 용접 배관 공량

규격(mm)	배관공(인)	보통인부(인)
ϕ15	0.029	0.022
ϕ20	0.033	0.023
ϕ25	0.043	0.026
ϕ32	0.051	0.029
ϕ40	0.057	0.031
ϕ50	0.074	0.037

2) 노무비 단가표

직종명	단가(원)	직종명	단가(원)
배관공	189,198	보통인부	138,989

문제 2 강관 용접 배관 m당 작업에 소요되는 노무비와, 경비(품의 10%)에 대하여 아래 일위대가표를 작성하시오.

(단, "배관설비 적산 참고자료"를 참고하여 작성한다.)〈강관 용접 배관 m당 〉

품명	규격	단위	노무비			경비
			배관공	보통인부	금액	금액
용접배관	ϕ15	m	5,487	3,058	8,545	855
	ϕ20	m	6,244	3,197	9,441	944
	ϕ25	m	8,136	3,614	11,750	1,175
	ϕ32	m	9,649	4,031	13,680	1,368
	ϕ40	m	10,784	4,309	15,093	1,509
	ϕ50	m	14,001	5,143	19,144	1,914

※ 소수이하는 반올림하여 정수화하시오.

3. 그루브조인트 접합 및 배관

(m당)

규격(mm)	배관공(인)	보통인부(인)	규격(mm)	배관공(인)	보통인부(인)
ϕ25	0.049	0.026	ϕ32	0.061	0.030
ϕ40	0.069	0.032	ϕ50	0.093	0.040
ϕ65	0.112	0.045	ϕ80	0.145	0.054

문제 3 강관 그루브조인트 배관작업에 소요되는 노무인력을 산출하시오.

〈노무인력 산출〉

적용대상	규격	수량(m)	할증율(%)	배관공 공량	보통인부 공량	할증 20%	
						배관공	보통인부
탄소강관 및 스테인리스관	DN25	1	0%	0.049	0.026	0.059	0.031
	DN32	1	0%	0.061	0.030	0.073	0.036
	DN40	1	0%	0.069	0.032	0.083	0.038
	DN50	1	0%	0.093	0.040	0.112	0.048
계				0	0	0	0

※ 노무인력 계산은 소수 4위에서 사사오입하여 정수화한다.

※ 노무인력 계는 소수 1위에서 사사오입하여 정수화한다.

4. 동용접접합

(개소당)

규격(mm)	용접공	규격(mm)	용접공
ϕ6	0.014	ϕ32	0.045
ϕ10	0.018	ϕ40	0.053
ϕ15	0.022	ϕ50	0.067
ϕ20	0.030	ϕ65	0.089
ϕ25	0.038	ϕ80	0.105

1) Brazing 용접 소모재료

(용접개소당)

규격(mm)	용접봉(g)	플럭스(g)	산소(L)	아세틸렌(L)
ϕ15	1.2	0.15	7.5	8.0
ϕ20	2.5	0.32	15.8	16.5
ϕ25	4.0	0.49	19.0	20.2
ϕ32	5.2	0.65	27.2	28.6
ϕ40	6.9	0.86	35.0	37.0
ϕ50	11.2	1.40	45.8	48.6

2) 가스 가격

품명	규격	단위	가격(원)
산소		l	3
아세틸렌		kg	13,000
LPG		kg	1,200

3) 소모재료비

품명	규격	단위	가격(원)
은납용접봉	CUP-3(5%) ϕ2.4×500	kg	62,000
플럭스		kg	4,000

4) 노무비 단가표

직종명	단가(원)	직종명	단가(원)
배관공	189,198	용접공	224,367

문제 4 **동관 1개소에 소요되는 재료비와 노무비, 경비(품의 10%)에 대하여 아래 일위대가표를 작성하시오.**

(단, "배관설비 적산 참고자료"를 참고.) 〈동관접합(경납땜) DN25〉

<table>
<tr><th rowspan="2">품명</th><th rowspan="2">규격</th><th rowspan="2">단위</th><th rowspan="2">수량</th><th colspan="2">재료비</th><th colspan="2">노무비</th><th colspan="2">경비</th></tr>
<tr><th>단가</th><th>금액</th><th>단가</th><th>금액</th><th>단가</th><th>금액</th></tr>
<tr><td>Brazing 용접봉 (은5%)</td><td>ϕ25</td><td>g</td><td>4.0</td><td>62.0</td><td>248</td><td rowspan="4">224,367</td><td rowspan="4">8,526</td><td rowspan="4">8,526</td><td rowspan="4">853</td></tr>
<tr><td>플럭스</td><td>ϕ25</td><td>g</td><td>0.49</td><td>4.0</td><td>2</td></tr>
<tr><td>산소</td><td>ϕ25</td><td>l</td><td>19.0</td><td>3.0</td><td>57</td></tr>
<tr><td>아세틸렌</td><td>ϕ25</td><td>g</td><td>20.2</td><td>13.0</td><td>263</td></tr>
<tr><td>계</td><td></td><td></td><td></td><td colspan="2">570</td><td colspan="2">8,526</td><td colspan="2">853</td></tr>
</table>

※ 소수이하는 반올림하여 정수화하시오.

5. 스테인리스 강관 용접접합

(용접개소당)

규격(mm)	용접공	규격(mm)	용접공
ϕ6	0.036	ϕ32	0.077
ϕ8	0.040	ϕ40	0.084
ϕ10	0.045	ϕ50	0.099
ϕ15	0.050	ϕ65	0.119
ϕ20	0.057	ϕ80	0.135
ϕ25	0.066	ϕ90	0.151

1-1) TIG 용접 소모재료

규격(mm)	용접봉(kg)	Argon(l)
ϕ15	0.007	64
ϕ20	0.013	95
ϕ25	0.02	129
ϕ32	0.03	175
ϕ40	0.04	265
ϕ50	0.055	265

1-2)

품명	규격(mm)	단위	가격(원)
용접봉	E309-16 ϕ4.0	kg	13,200
알곤간스		l	7

2) 노무비 단가표

직종명	단가(원)
용접공	224,367

※ 노무비 : 용접공 공임×개소당 공량

문제 5 스테인리스 접합 1개소에 소요되는 재료비와 노무비, 경비(품의 10%)에 대하여 아래 일위대가표를 작성하시오.

(단, "배관설비 적산 참고자료"를 참고하여 작성한다.)〈스테인리스관 접합(TIG) DN15〉

품명	규격	단위	수량	재료비		노무비		경비	
				단가	금액	단가	금액	단가	금액
용접봉	ϕ15	kg	0.007	13,200	92	224,367	11,218	11,218	1,122
Argon	ϕ15	l	64	7	448				
계				540		11,218		1,122	

※ 소수 1위에서 사사오입하여 정수화하시오.

1) 배관 자재별 단가(일반배관용 스테인리스강관)

호칭(SU)	외경(mm)	두께(mm)	중량(kg/m)	단위	단가
100	114.3	2	5.595	m	27,080
80	89.1	2	4.339	m	21,000
75	76.3	1.5	2.795	m	13,890
60	60.5	1.5	2.205	m	10,620
50	48.6	1.2	1.417	m	6,830
40	42.7	1.2	1.241	m	5,960
30	34	1.2	0.98	m	4,880
25	28.58	1	0.687	m	3,500
20	22.22	1	0.529	m	2,760
13	15.88	0.8	0.301	m	1,650

2) 노무비 단가표

직종명	단가(원)	직종명	단가(원)
배관공	189,198	보통인부	138,989

6. 프레스식 접합 및 배관

(m당)

규격(mm)	배관공(인)	보통인부(인)	규격(mm)	배관공(인)	보통인부(인)
13SU	0.034	0.017	ϕ40	0.078	0.040
ϕ20	0.045	0.023	ϕ50	0.084	0.043
ϕ25	0.053	0.027	ϕ60	0.109	0.057
ϕ32	0.067	0.034	ϕ75	0.126	0.066

문제 6 스테인리스 프레스접합 1m에 소요되는 재료비와 노무비, 경비(품의 10%)에 대하여 아래 일위대가표를 작성하시오.

(단, "배관설비 적산 참고자료"를 참고하여 작성한다.)〈스테인리스 프레스접합〉

품명	규격 (SU)	단위	재료비	노무비	경비
			금액	금액	금액
스테인리스 강관	13	m	1,650	8,796	880
	20	m	2,760	11,711	1,171
	25	m	3,500	13,780	1,378
	30	m	4,880	17,402	1,740
	40	m	5,960	20,317	2,032

※ 소수이하는 반올림하여 정수화하시오.

7. 주름관 접합 및 배관

(m당)

규격(mm)	배관공(인)	보통인부(인)
ϕ15	0.034	0.027
ϕ20	0.039	0.031

1) 노무비 단가표

직종명	단가(원)	직종명	단가(원)	직종명	단가(원)
배관공	189,198	용접공	224,367	보통인부	138,989

문제 7 **스테인리스 주름관 접합 및 배관 1m에 소요되는 재료비와 노무비, 경비(품의 10%)에 대하여 아래 일위대가표를 작성하시오.**

(단, "배관설비 적산 참고자료"를 참고하여 작성한다.)〈스테인리스 주름관접합 및 배관〉 (m당)

품명	규격	단위	재료비	노무비	경비	합계
			금액	금액	금액	
스테인리스 강관	ϕ15	m		10,185	1,019	11,204
	ϕ20	m		11,687	1,169	12,856

※ 소수이하는 반올림하여 정수화하시오.

8. 폴리부틸렌(PB) 일반접합 및 배관

(m당)

구분	단위	수량(규격)	
		ϕ16mm	ϕ20mm
배관공	인	0.038	0.042
보통인부	인	0.015	0.017

1) 노무비 단가표

직종명	단가(원)	직종명	단가(원)	직종명	단가(원)
배관공	189,198	용접공	224,367	보통인부	138,989

문제 8 **폴리부틸렌(PB) 일반접합 및 배관 1m에 소요되는 재료비와 노무비, 경비(품의 10%)에 대하여 아래 일위대가표를 작성하시오.**

(단, "배관설비 적산 참고자료"를 참고하여 작성한다.)〈PB 접합 및 배관〉 (m당)

품명	규격	단위	재료비	노무비	경비	합계
			금액	금액	금액	
폴리부틸렌	ϕ16	m		9,274	927	10,201
	ϕ20	m		10,309	1,031	11,340

※ 소수이하는 반올림하여 정수화하시오.

9. 접착제 접합(T.S) 및 배관

(m당)

규격(mm)	배관공(인)	보통인부(인)	규격(mm)	배관공(인)	보통인부(인)
ϕ25	0.047	0.037	ϕ75	0.117	0.063
ϕ30	0.054	0.040	ϕ100	0.147	0.074
ϕ35	0.060	0.041	ϕ125	0.178	0.085

1) 노무비 단가표

직종명	단가(원)	직종명	단가(원)	직종명	단가(원)
배관공	189,198	용접공	224,367	보통인부	138,989

문제 9 **경질(PVC)관의 접착제 접합 및 배관 1m에 소요되는 재료비와 노무비, 경비(노무비의 10%)에 대하여 아래 일위대가표를 작성하시오.**

(단, "배관설비 적산 참고자료"를 참고하여 작성한다.)〈PVC관 접착제 접합 및 배관〉 (m당)

품명	규격	단위	재료비	노무비	경비	합계
			금액	금액	금액	
PVC	ϕ25	m		14,035	1,404	15,438
	ϕ30	m		15,776	1,578	17,354
	ϕ35	m		17,050	1,705	18,755

※ 소수이하는 반올림하여 정수화하시오.

10. 소켓 접합 및 배관

(m당)

규격(mm)	배관공(인)	보통인부(인)	규격(mm)	배관공(인)	보통인부(인)
ϕ16	0.022	0.012	ϕ75	0.049	0.026
ϕ20	0.023	0.013	ϕ100	0.064	0.034
ϕ25	0.025	0.014	ϕ125	0.075	0.041
ϕ30	0.026	0.014	ϕ150	0.094	0.051
ϕ35	0.027	0.015	ϕ200	0.118	0.064

1) 노무비 단가표

직종명	단가(원)	직종명	단가(원)	직종명	단가(원)
배관공	189,198	용접공	224,367	보통인부	138,989

문제 10 **경질(PVC)관의 소켓 접합 및 배관 1m에 소요되는 재료비와 노무비, 경비(노무비의 10%)에 대하여 아래 일위대가표를 작성하시오.**

(단, "배관설비 적산 참고자료"를 참고하여 작성한다.)〈PVC관 소켓 접합 및 배관〉 (m당)

품명	규격	단위	재료비	노무비	경비	합계
			금액	금액	금액	
PVC	ϕ16	m		5,830	583	6,413
	ϕ20	m		6,158	616	6,774
	ϕ25	m		6,676	668	7,344
	ϕ30	m		6,865	687	7,552
	ϕ35	m		7,193	719	7,912

※ 소수이하는 반올림하여 정수화하시오.

적산작업 2

※ 참고 자료이며 문제는 참고자료를 대입한 풀이입니다.

1. 관의 산출근거

구분	규격	산출내역(M)	계(M)	할증(%)	할증계(M)
백관	DN40	5.5+4.5+0.7	10.7	10%	12
동관 L(Type)	DN32	0.7+8+2.1+0.6+8+2.1+0.6	22.1	10%	24
동관 L(Type)	DN25	0.7+2.6+0.6+1.2+1.2+1.2+1.2+2.0	10.7	10%	12
동관 L(Type)	DN20	6+2.1+0.6+0.6+2.1+0.6+2.1+2.5	16.6	10%	18
동관 L(Type)	DN15	(0.7+0.8+1+0.2+0.7+0.3)×6	22.2	10%	24

※ 할증계는 소수 1위에서 사사오입하여 정수화한다.

2. 내역서 작성

품명	규격	단위	수량	재료비		노무비		경비		계
				단가	금액	단가	금액	단가	금액	
백관	DN40	m	12	3,650	43,800					
동관 L(Type)	DN32	m	24	6,850	164,400					
동관 L(Type)	DN25	m	12	5,050	60,600					
동관 L(Type)	DN20	m	18	3,500	63,000					
동관 L(Type)	DN15	m	24	2,210	53,040					

1) 부속 단가표

호칭	배관 자재별 단가(m당, 원)		
	일반배관용 탄소강관		동관(L형)
	흑관	백관	
DN50	3,996	5,139	13,550
DN40	2,839	3,650	8,820
DN32	2,470	3,176	6,850
DN25	1,926	2,475	5,050
DN20	1,254	1,697	3,500
DN15	973	1,317	2,210

3. 부속의 내역서

1) 내역서 작성

품명	규격	단위	수량	재료비		노무비		경비		계
				단가	금액	단가	금액	단가	금액	
동용접 티	DN20	개	1	781	781					
동용접 티	DN20/ DN15	개	1	781	781					
동용접 리듀서	DN32/ DN25	개	1	751	751					
동용접 리듀서	DN25/ DN15	개	1	421	421					

※ 이경 티의 가격=정 티의 가격

※ 백 리듀서 가격=큰 관경의 주물소켓 가격

※ 동리듀서의 가격=큰 관경의 리듀서

2) 동부속 자재 단가표

규격	가격(개당, 원)								
	동부속					황동부속			
	엘보	티	리듀서	소켓	캡	CM 어댑터	CF 어댑터	CM 유니언	CF 유니언
DN50	3,838	4,766	2,228	1,394	1,428	4,016	6,424	11,448	16,104
DN40	3,218	2,991	1,019	819	826	2,752	3,904	8,280	11,040
DN32	1,133	1,992	751	575	582	2,208	3,016	6,752	8,774
DN25	737	1,379	421	352	421	1,248	1,808	3,816	3,960
DN20	426	781	267	207	249	688	808	2,792	2,896
DN15	209	455	164	137	189	328	464	1,368	1,664

4. 접합개소의 내역서(일위대가표 적용)

재료비, 노무비, 경비의 단가 = 일위대가표 각각의 금액 적용

1-1) 내역서 작성(단, 경비는 품의 10%이다.)

품명	규격	단위	수량	재료비		노무비		경비		계
				단가	금액	단가	금액	단가	금액	
동용접개소	DN32	개소	10	779	7,790	10,097	100,970	1,010	10,100	118,860
동용접개소	DN25	개소	15	570	8,550	8,526	127,890	853	12,795	149,235
동용접개소	DN20	개소	20	418	8,360	6,731	134,620	673	13,460	156,440
동용접개소	DN15	개소	25	202	5,050	4,936	123,400	494	12,350	140,800

1-2) 소수점 처리기준 : 소수 1위에서 사사오입하여 정수화하시오.

품명	규격	단위	수량	재료비		노무비		경비		합계
				단가	금액	단가	금액	단가	금액	
Brazing 용접봉 (은5%)	ø15	g	1.2	62	74	224,367	4,936	4,936	494	
플럭스	ø15	g	0.15	4	1					
산소	ø15	l	7.5	3	23					
아세틸렌	ø15	g	8.0	13	104					
계				202		4,936		494		5,632
〈동관접합(경납땜) DN20〉								노무비의		10%
계				418		6,731		673		7,822
〈동관접합(경납땜) DN25〉								노무비의		10%
계				570		8,526		853		9,949
〈동관접합(경납땜) DN32〉								노무비의		10%
계				779		10,097		1,010		11,886

5. 내역서 작성(잡자재비)

품명	규격	단위	수량	재료비		노무비		경비		계
				단가	금액	단가	금액	단가	금액	
백관	DN40	m	12	3,650	43,800					
동관 L(Type)	DN32	m	24	6,850	164,400					
동관 L(Type)	DN25	m	12	5,050	60,600					
동관 L(Type)	DN20	m	18	3,500	63,000					
동관 L(Type)	DN15	m	24	2,210	53,040					
잡자재비	관의 3%	식	1		11,545					

※ 잡자재비＝(43,800+164,400+60,600+63,000+53,040)×0.03＝11,545
※ 3%＝3/100＝0.03
※ 관의 3%＝관의 재료비 금액을 모두 더한 뒤 3%하여 재료비 금액에 기재함

6. 노무비의 내역서

품명	규격	단위	수량	재료비		노무비		경비		계
				단가	금액	단가	금액	단가	금액	
배관노무비	배관공	인	6			189,196	1,135,176			
위생기구	위생공	인	4			188,808	755,232			
배관노무비	보통인부	인	2			138,989	277,978			
공구손료	직노비의 3%	식	1		65,052					

※ 공구손료＝(1,135,176+755,232+277,978)×0.03＝65,052
※ 직접노무비의 3%＝노무비 금액을 모두 더한 뒤 3%하고 재료비 금액에 기재함

문제 1 직접재료비와 직접노무비의 산출 결과값을 토대로 ☐ 칸을 채우시오. (배점 8점)

공 사 원 가 계 산 서

비목			견적금액	구성비(%)	비고
순공사원가	재료비	직접재료비	216,400,000		
		간접재료비	①	5.00%	직접재료비×비율
		작업부산물(△)	1,920,000		고철가격(−)
		[소계]	②		
	노무비	직접노무비	242,700,000		
		간접노무비	③	9.00%	직접노무비×비율
		[소계]	264,543,000		
	일반경비	경비	48,688		
		기계경비	1,800,000		
		산재보험료	10,052,634	3.80%	노무비×비율
		고용보험료	④	0.90%	노무비×비율
		건강보험료	4,854,000	2.00%	직노비×2%
		국민연금료	6,067,500	2.50%	직노비×3%
		안전관리비	3,276,000	0.70%	(재료비+직노)×비율
		환경보전비	700,000		
		기타 경비	⑤	0.71%	(재료비+노무비+기계경비)×비율
		[소계]	32,670,374		
계			522,513,374		
일반관리비			26,125,669	5.00%	계×비율
이윤			⑥	10.00%	(노무비+일반경비+일반관리비)×비율
총공사원가			⑦		
공급가액			580,972,947		
부가가치세			58,097,295	10.00%	
총계			⑧		VAT 포함

답안지

공 사 원 가 계 산 서

비목			견적금액	구성비(%)	비고
순공사원가	재료비	직접재료비	216,400,000		
		간접재료비	10,820,000	5.00%	직접재료비×비율
		작업부산물(△)	1,920,000		고철가격(−)
		[소계]	225,300,000		
	노무비	직접노무비	242,700,000		
		간접노무비	21,843,000	9.00%	직접노무비×비율
		[소계]	264,543,000		
	일반경비	경비	48,688		
		기계경비	1,800,000		
		산재보험료	10,052,634	3.80%	노무비×비율
		고용보험료	2,380,887	0.90%	노무비×비율
		건강보험료	4,854,000	2.00%	직노비×2%
		국민연금료	6,067,500	2.50%	직노비×3%
		안전관리비	3,276,000	0.70%	(재료비+직노)×비율
		환경보전비	700,000		
		기타 경비	3,490,665	0.71%	(재료비+노무비+기계경비)×비율
		[소계]	32,670,374		
계			522,513,374		
일반관리비			26,125,669	5.00%	계×비율
이윤			32,333,904	10.00%	(노무비+일반경비+일반관리비)×비율
총공사원가			580,972,947		
공급가액			580,972,947		
부가가치세			58,097,295	10.00%	
총계			639,070,242		VAT 포함

2022 기출복원문제(후반기)

MASTER CRAFTSMAN PLUMBING

※ 참고만 하시기 바랍니다.

문제 1 수도미터기 설치 및 위생배관의 산출근거를 작성하시오.

(단, ①의 입상 높이는 0.45m이고 ②의 입상 높이(단, 밸브, 부속품 제외)는 1.5m이며 ③의 입상 높이는 0.3m이다.)

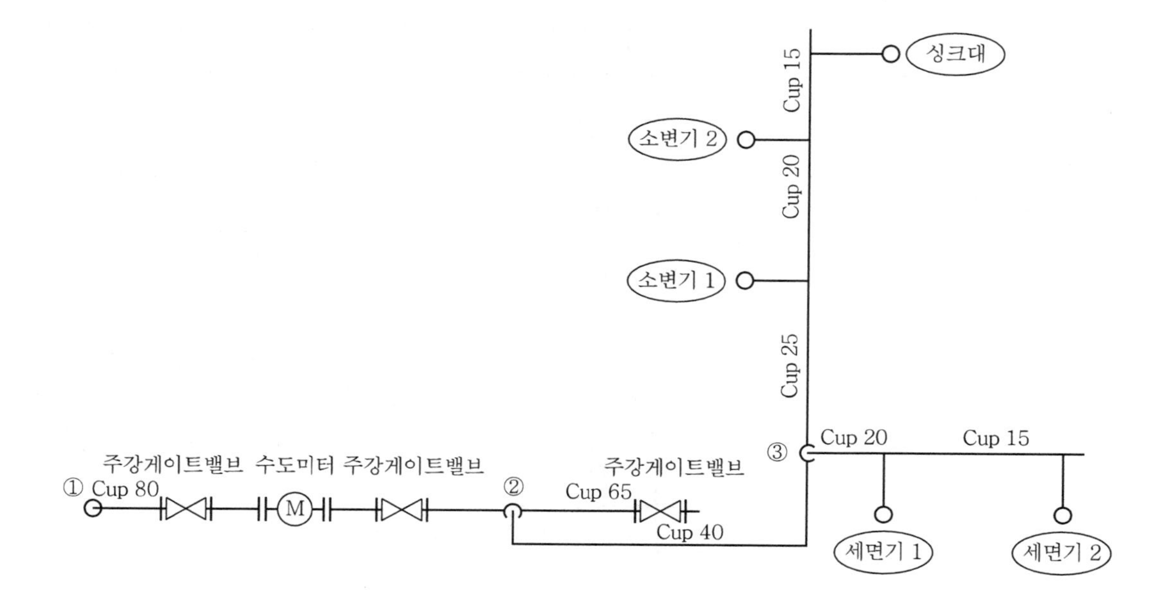

도면 해설(투상도)

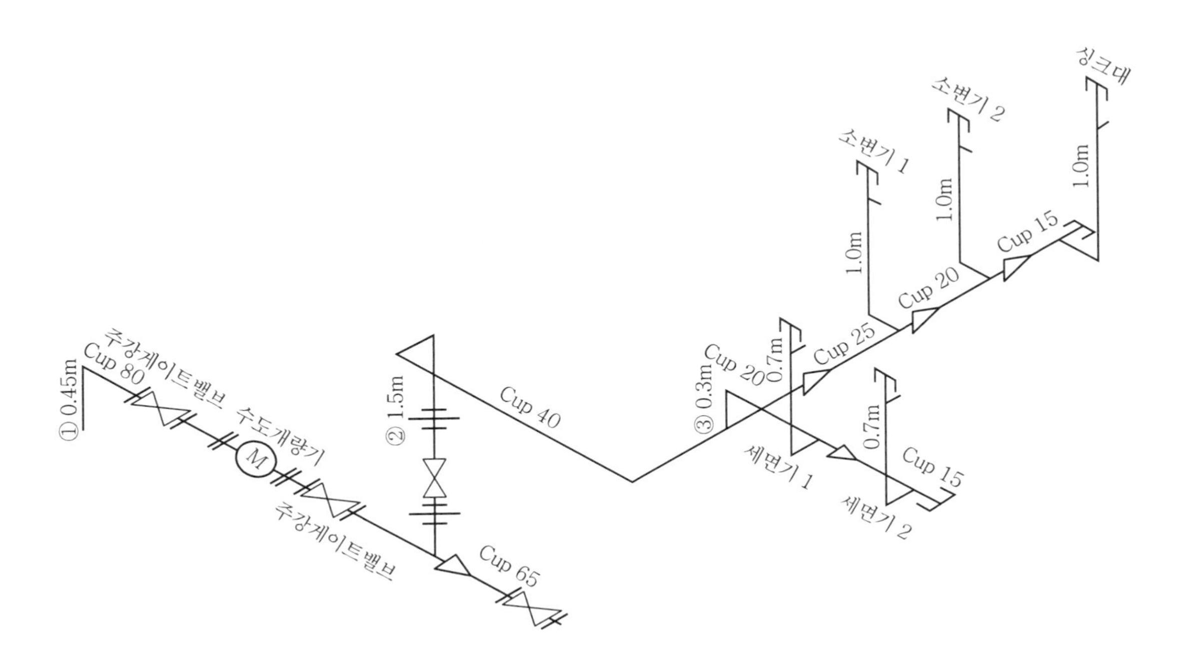
싱크대
소변기 2
소변기 1
1.0m
1.0m
1.0m
Cup 15
Cup 20
Cup 25
0.7m
Cup 20
0.3m
③
0.7m
Cup 15
세면기 1
세면기 2
Cup 40
② 1.5m
Cup 65
주강게이트밸브
수도개량기
주강게이트밸브
Cup 80
① 0.45m

품명	규격	수량	단위	비고
동관(L TYPE)	DN80	①	m	
동 용접 엘보	DN80	1	개	
동관(L TYPE)	DN80	0.45	m	
동 절연 플랜지	DN80	1	개	
주강게이트밸브 (10kg/cm²)	DN80	1	개	
동 절연 플랜지	DN80	1	개	
동관(L TYPE)	DN80	0.2	m	
동 절연 플랜지	DN80	1	개	
수도미터	DN80	1	개	
②	DN80	1	개	
동관(L TYPE)	DN80	0.2	m	
동 절연 플랜지	DN80	1	개	
주강게이트밸브 (10kg/cm²)	DN80	1	개	
동 절연 플랜지	DN80	1	개	
동관(L TYPE)	DN80	0.6	m	
절연볼트/너트	M16×80	③	개	
동 용접 티	④	1	개	급수 주관 분기
동관(L TYPE)	DN80	0.6	m	
동 용접 리듀서	⑤	1	개	
동관(L TYPE)	DN65	0.7	m	
동 절연 플랜지	DN65	1	개	
주강게이트밸브 (10kg/cm²)	DN65	1	개	
동 절연 플랜지	DN65	1	개	
동관(L TYPE)	DN65	0.3	m	
절연볼트/너트	M16×65	⑥	개	

품명	규격	수량	단위	비고
동관(L TYPE)	DN40	0.7	m	급수 주관 입상관
동 CM 유니온	DN40	1	개	
청동게이트밸브 10kg/cm²	DN40	1	개	
동관 CM 유니온	DN40	1	개	
동관(L TYPE)	DN40	⑦	m	
동 용접 엘보	DN40	1	개	
동관(L TYPE)	DN40	0.5	m	
동 용접 엘보	DN40	1	개	
동관(L TYPE)	DN40	3.5	m	
동 용접 엘보	DN40	1	개	
동관(L TYPE)	DN40	1.5	m	
동 용접 티	⑧	1	개	세면기 분기 주관
동관(L TYPE)	DN40	0.5	m	
동 용접 리듀서	DN40/DN25	1	개	
동관(L TYPE)	DN25	1.5	m	
동 용접 티	DN25/DN15	1	개	소변기 1 분기
동관(L TYPE)	DN25	0.5	m	
동 용접 리듀서	DN25/DN20	1	개	
동관(L TYPE)	DN20	1.5	m	
동 용접 티	DN20/DN15	1	개	소변기 2 분기
동관(L TYPE)	DN20	0.5	m	
동 용접 리듀서	DN20/DN15	1	개	
동관(L TYPE)	DN15	1.5	m	
동 용접 티	DN15	1	개	싱크대 분기
동관(L TYPE)	DN15	0.4	m	
동 용접 캡	DN15	1	개	

품명	규격	수량	단위	비고
동관(L TYPE)	DN20	⑨	m	③의 높이
동 용접 엘보	DN20	1	개	
동관(L TYPE)	DN20	1.2	m	
동 용접 티	DN20/DN15	1	개	세면기 2 분기
동관(L TYPE)	DN20	0.5	m	
동 용접 리듀서	DN20/DN15	1	개	
동관(L TYPE)	DN15	1.5	m	
동 용접 티	DN20/DN15	1	개	
동관(L TYPE)	DN15	0.4	m	
동 용접 캡	DN15	1	개	

답안지

품명	규격	수량	단위	비고
동관(L TYPE)	DN80	① 0.45	m	
동 용접 엘보	DN80	1	개	
동관(L TYPE)	DN80	0.45	m	
동 절연 플랜지	DN80	1	개	
주강게이트밸브 (10kg/cm^2)	DN80	1	개	
동 절연 플랜지	DN80	1	개	
동관(L TYPE)	DN80	0.2	m	
동 절연 플랜지	DN80	1	개	
수도미터	DN80	1	개	
② 동 절연 플랜지	DN80	1	개	
동관(L TYPE)	DN80	0.2	m	
동 절연 플랜지	DN80	1	개	
주강게이트밸브 (10kg/cm^2)	DN80	1	개	
동 절연 플랜지	DN80	1	개	
동관(L TYPE)	DN80	0.6	m	
절연볼트/너트	M16×80	③ 48	개	
동 용접 티	④ DN80/DN40	1	개	급수 주관 분기
동관(L TYPE)	DN80	0.6	m	
동 용접 리듀서	⑤ DN80/DN65	1	개	
동관(L TYPE)	DN65	0.7	m	
동 절연 플랜지	DN65	1	개	
주강게이트밸브 (10kg/cm^2)	DN65	1	개	
동절연 플랜지	DN65	1	개	
동관(L TYPE)	DN65	0.3	m	
절연볼트/너트	M16×65	⑥ 8	개	

품명	규격	수량	단위	비고
동관(L TYPE)	DN40	0.7	m	급수 주관 입상관
동 CM 유니온	DN40	1	개	
청동게이트밸브 (10kg/cm²)	DN40	1	개	
동 CM 유니온	DN40	1	개	
동관(L TYPE)	DN40	⑦ 0.8	m	
동 용접 엘보	DN40	1	개	
동관(L TYPE)	DN40	0.5	m	
동 용접 엘보	DN40	1	개	
동관(L TYPE)	DN40	3.5	m	
동 용접 엘보	DN40	1	개	
동관(L TYPE)	DN40	1.5	m	
동 용접 티	⑧ DN40/DN20	1	개	세면기 분기 주관
동관(L TYPE)	DN40	0.5	m	
동 용접 리듀서	DN40/DN25	1	개	
동관(L TYPE)	DN25	1.5	m	
동 용접 티	DN25/DN15	1	개	소변기 1 분기
동관(L TYPE)	DN25	0.5	m	
동 용접 리듀서	DN25/DN20	1	개	
동관(L TYPE)	DN20	1.5	m	
동 용접 티	DN20/DN15	1	개	소변기 2 분기
동관(L TYPE)	DN20	0.5	m	
동 용접 리듀서	DN20/DN15	1	개	
동관(L TYPE)	DN15	1.5	m	
동 용접 티	DN15	1	개	싱크대 분기
동관(L TYPE)	DN15	0.4	m	
동 용접 캡	DN15	1	개	

품명	규격	수량	단위	비고
동관(L TYPE)	DN20	⑨ 0.3	m	③의 높이
동 용접 엘보	DN20	1	개	
동관(L TYPE)	DN20	1.2	m	
동 용접 티	DN20/DN15	1	개	세면기 1 분기
동관(L TYPE)	DN20	0.5	m	
동 용접 리듀서	DN20/DN15	1	개	
동관(L TYPE)	DN15	1.5	m	
동 용접 티	DN15	1	개	세면기 2 분기
동관(L TYPE)	DN15	0.4	m	
동 용접 캡	DN15	1	개	

문제 2 다음 보기의 집계표를 참고하여 수량과 노무인력을 구하시오.

(단, 용접 접합의 부속을 포함하고 동용접 배관에 대하여 노무인력은 20% 할증한다.)

[보기] 배관 및 부속의 집계표

품명 / 규격	동관 L TYPE(m)	동 용접 엘보 (개)	동 CM어댑터 (개)	동 CM유니온 (개)	청동 게이트 밸브(개)
DN40	200	10	24	2	16
DN32	140	4	8	0	0
DN25	100	16	4	0	0
DN20	40	10	20	4	10

[답지] 노무인력의 계산

품명	규격	수량	할증률 (%)	배관공	보통인부	위생공
동관 L TYPE(m)	DN40		20%			
동관 L TYPE(m)	DN32		20%			
동관 L TYPE(m)	DN25		20%			
동관 L TYPE(m)	DN20		20%			
청동게이트밸브(개)	DN40		20%			
청동게이트밸브(개)	DN20		20%			
계						

[주] 노무인력의 계는 소수 이하는 버리시오.

답안지

[답지] 노무인력의 계산

품명	규격	수량	할증률(%)	배관공	보통인부	위생공
동관 L TYPE(m)	DN40	200	20%	0.052 / 12.480	0.033 / 7.920	
동관 L TYPE(m)	DN32	140	20%	0.044 / 7.392	0.029 / 4.872	
동관 L TYPE(m)	DN25	100	20%	0.036 / 4.320	0.025 / 3.000	
동관 L TYPE(m)	DN20	40	20%	0.03 / 1.440	0.02 / 0.960	
청동게이트밸브(개)	DN40	16	20%	0.074 / 1.421	0 / 0	
청동게이트밸브(개)	DN20	10	20%	0.05 / 0.600	0 / 0	
계				27	16	

[주] 노무인력의 계는 소수 이하는 버리시오.

문제 3 다음 위생배관 평면도의 투상도를 그리시오.

(단, 주관과 분기관, 리듀서, 수전티의 방향을 표시할 것)

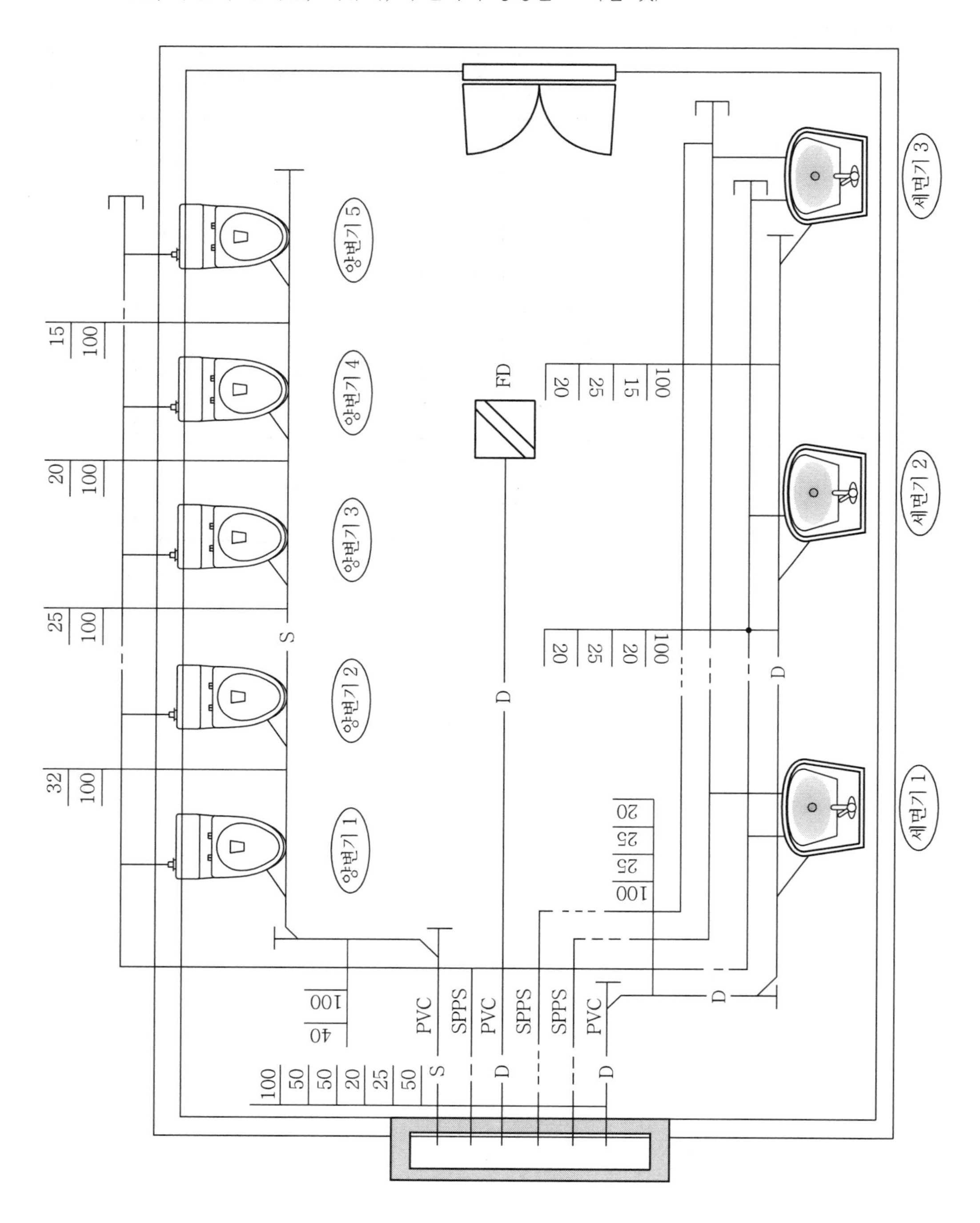

답안지

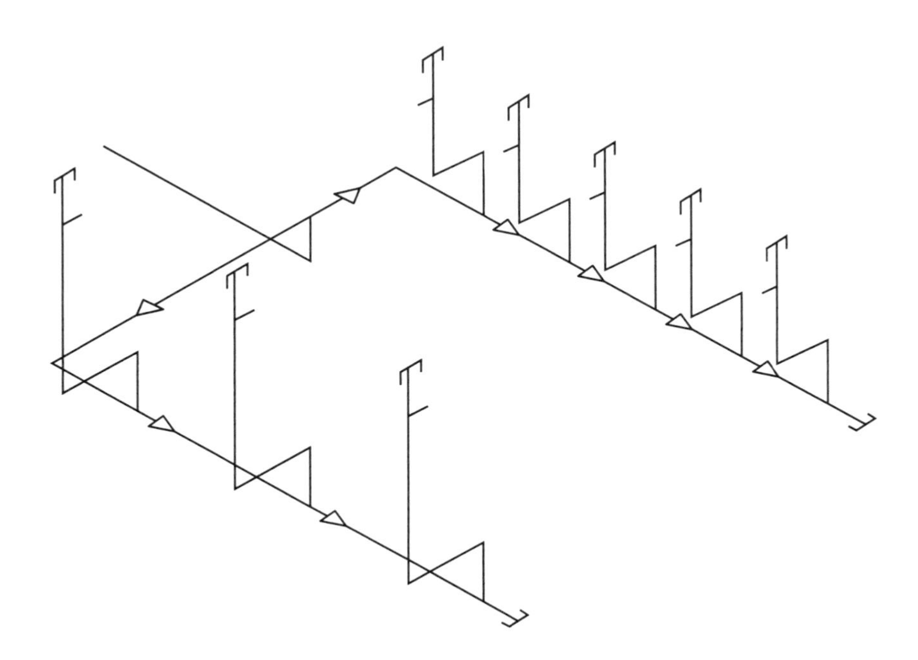

배관도 순환펌프 설치 도면

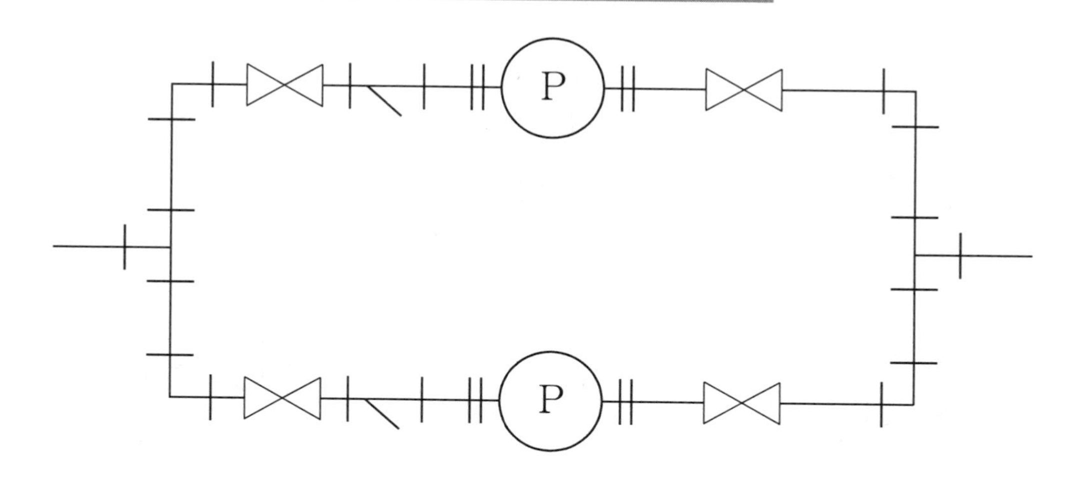

문제 4 순환펌프 설치에 대하여 아래의 일위대가표 중 재료비, 노무비, 경비를 계산하시오.

4-1) 일위대가표 작성

품명	규격	수량	재료비		노무비		경비	
			단가	금액	단가	금액	단가	금액
순환펌프	32A	2	28,000					
스트레이너	32A	2	4,500					
청동게이트밸브	32A	4	8,500					
백티	32A	2	4,500					
백엘보	32A	4	3,500					
백니플	32A	14	1,500					
테프론 테이프	롤	30	1,000					
잡품 및 소모품비	인력 품의	3%						
기계경비	인력 품의	3%						
계								

[주] 계산은 소수 2 위에서 반올림하여 소수 1 위로 표시하고 계는 소수점 이하는 버린다.

4-2) 노무인력 및 노무비

품명	규격	수량	재료비		노무비		경비	
			단가	금액	단가	금액	단가	금액
배관공	인							
기계설치공	인							
위생공	인							
보통인부	인							
계								

직종별 노무단가		일반펌프 설치품			밸브 설치품		
		모터용량	기계설비공	보통인부	규격	배관공	보통인부
배관공	189,198	0.75kW 이하	0.766	0.254	15~25	0.05	0
기계설비공	184,000	1.5kW 이하	0.848	0.288	32~50	0.074	0
위생공	188,808	2.2kW 이하	0.977	0.324	65	0.108	0.073
보통인부	138,989	3.7kW 이하	1.122	0.372	80	0.141	0.083

답안지

4-1) 일위대가표 작성

품명	규격	수량	재료비		노무비		경비	
			단가	금액	단가	금액	단가	금액
순환펌프 (0.75kW)	32A	2	28,000	56,000	176,247.2	352,494.4		
스트레이너	32A	2	4,500	9,000	35,303.2	70,606.4		
청동게이트밸브	32A	4	8,500	34,000	14,000.7	56,002.8		
백티	32A	2	4,500	9,000				
백엘보	32A	4	3,500	14,000				
백니플	32A	14	1,500	21,000				
테프론 테이프	롤	30	1,000	30,000				
잡품 및 소모품비	인력 품의	3%		14,373				
기계경비	인력 품의	3%						14,373
계			187,373		479,103		14,373	

[주] 계산은 소수 2 위에서 반올림하여 소수 1 위로 표시하고 계는 소수점 이하는 버린다.

4-2) 노무인력 및 노무비

품명	규격	수량	재료비		노무비		경비	
			단가	금액	단가	금액	단가	금액
배관공	인	0.296			189,198	56,002.6		
기계설치공	인	1.532			184,000	281,888.0		
위생공	인	0.000			188,808	0.0		
보통인부	인	1.016			138,989	141,212.8		
계						479,103		

노무인력 및 노무비

- 배관공 수량 : 배관공 공량 × 청동게이트밸브 개수
- 기계설치공 수량 : 기계설치공 공량 × 펌프
- 보통인부 수량 : 보통인부공량 × [펌프 수(2) + 스트레이너 수(2)]

위생배관도

남자화장실과 여자화장실 위생 배관도

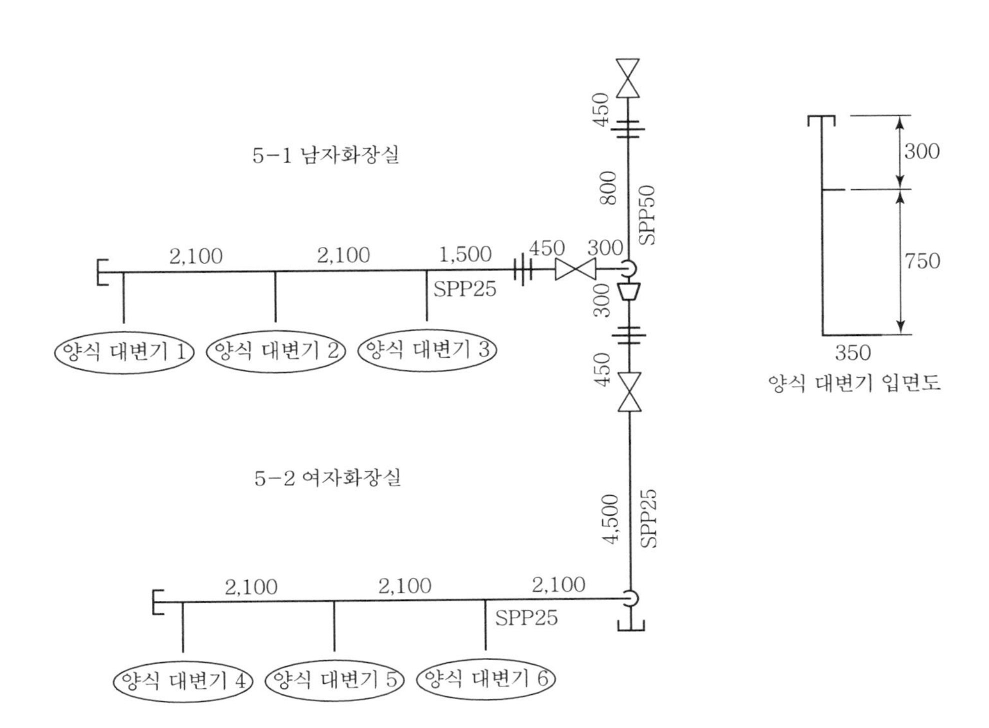

배관 해설 투상도

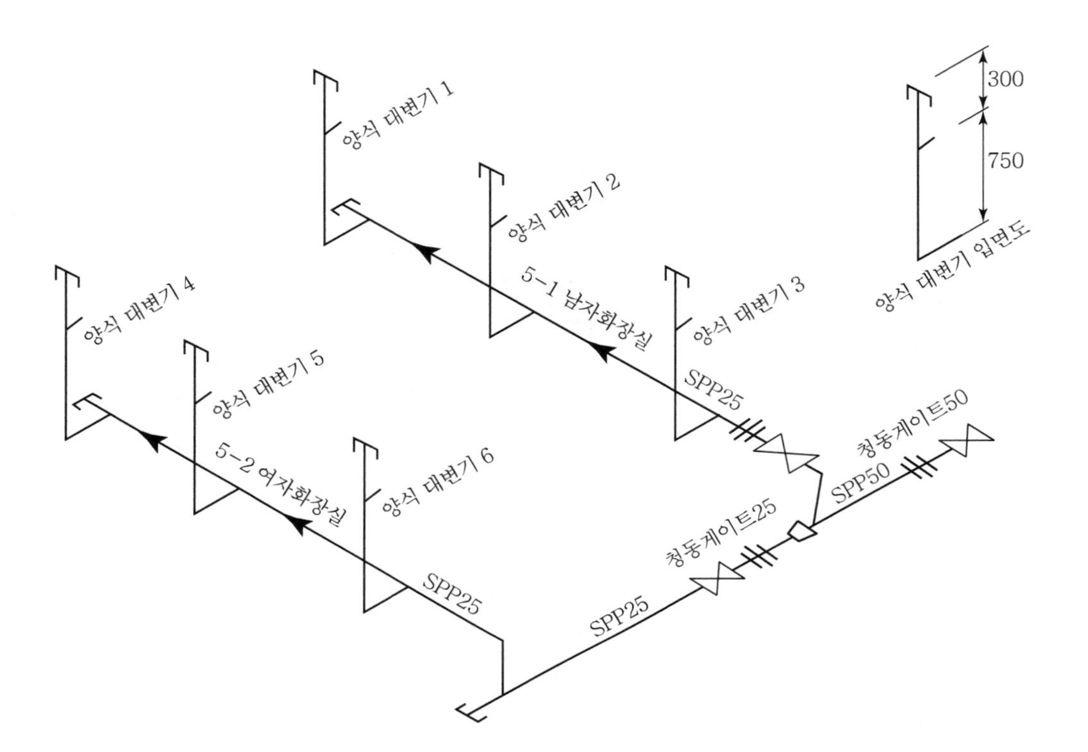
양식 대변기 1
양식 대변기 2
양식 대변기 3
양식 대변기 4
양식 대변기 5
양식 대변기 6
5-1 남자화장실
5-2 여자화장실
SPP25
SPP25
SPP25
SPP50
청동게이트25
청동게이트50
300
750
양식 대변기 입면도

문제 5 다음의 남자화장실과 여자화장실 위생 배관 중 정수 주관의 산출근거를 작성하시오.

품명	규격	수량	단위	비고
청동게이트밸브 (10kg/cm^2)	DN50	1	개	
백관	DN50	0.45	m	
백유니온	DN50	1	개	
백관	DN50	0.8	m	
백티	①	1	개	양식 대변기 1 분기
백부싱	②	1	개	
백관	DN25	0.3	m	
백유니온	DN25	1	개	
백관	DN25	0.45	m	
청동게이트밸브 (10kg/cm^2)	DN25	1	개	
백관	DN25	4.5	m	
백티	DN25	1	개	
③	DN25	1	개	양식 대변기 4 분기
백캡	DN25	1	개	
백관	DN25	0.3	m	양식 대변기 1 분기관
백엘보	DN25	1	개	
백관	DN25	0.3	m	
청동게이트밸브 (10kg/cm^2)	④	1	개	
백관	DN25	0.45	m	
백유니온	DN50	1	개	
백관	DN25	1.5	m	
백티	⑤	1	개	대변기 3
백관	DN25	0.5	m	
백리듀서	DN25/DN20	1	개	
백관	DN20	1.6	m	
백티	⑥	1	개	대변기 2

품명	규격	수량	단위	비고
백관	DN20	0.5	m	
백리듀서	DN20/DN15	1	개	
백관	DN15	1.6	m	
백티	DN15	1	개	대변기 1
백관	DN15	0.3	m	
⑦	DN15	1	개	
백관	DN25	0.3	m	
⑧	DN25	1	개	
백관	DN25	2.1	m	
백티	DN25/DN15	1	개	양변 변기 6
백관	DN25	0.5	m	
백리듀서	⑨	1	개	
백관	DN20	1.6	m	
백티	DN20/DN15	1	개	양변 변기 5
백관	DN20	0.5	m	
백리듀서	DN20/DN15	1	개	
백관	DN15	1.6	m	
백티	DN15	1	개	양변 변기 5
⑩	DN15	1	개	
백캡	DN15	1	개	

답안지

품명	규격	수량	단위	비고
청동게이트밸브 ($10kg/cm^2$)	DN50	1	개	
백관	DN50	0.45	m	
백유니온	DN50	1	개	
백관	DN50	0.8	m	
백티	① DN50/DN25	1	개	양식 대변기 1 분기
백부싱	② DN50/DN25	1	개	
백관	DN25	0.3	m	
백유니온	DN25	1	개	
백관	DN25	0.45	m	
청동게이트밸브 ($10kg/cm^2$)	DN25	1	개	
백관	DN25	0.45	m	
백티	DN25	1	개	
③ 백닛플	DN25	1	개	양식 대변기 4 분기
백캡	DN25	1	개	
백관	DN25	0.3	m	양식 대변기 1 분기관
백엘보	DN25	1	개	
백관	DN25	0.3	m	
청동게이트밸브 ($10kg/cm^2$)	④ DN25	1	개	
백관	DN25	0.45	m	
백유니온	DN50	1	개	
백관	DN25	1.5	m	
백티	⑤ DN25/DN15	1	개	대변기 3
백관	DN25	0.5	m	
백리듀서	DN25/DN20	1	개	
백관	DN20	1.6	m	
백티	⑥ DN20/DN15	1	개	대변기 2

품명	규격	수량	단위	비고
백관	DN20	0.5	m	
백리듀서	DN20/DN15	1	개	
백관	DN15	1.6	m	
백티	DN15	1	개	대변기 1
백관	DN15	0.3	m	
⑦ 백캡	DN15	1	개	
백관	DN25	0.3	m	
⑧ 백엘보	DN25	1	개	
백관	DN25	2.1	m	
백티	DN25/DN15	1	개	양변 변기 6
백관	DN25	0.5	m	
백리듀서	⑨ DN25/DN20	1	개	
백관	DN20	1.6	m	
백티	DN20/DN15	1	개	양변 변기 5
백관	DN20	0.5	m	
백리듀서	DN20/DN15	1	개	
백관	DN15	1.6	m	
백티	DN15	1	개	양변 변기 5
⑩ 백니플	DN15	1	개	
백캡	DN15	1	개	

2023 기출복원문제(전반기)

MASTER CRAFTSMAN PLUMBING

※ 참고만 하시기 바랍니다.

문제 1 9층 건물의 위생도기 및 위생용품의 계를 구하고 노무인력의 표를 작성하시오.

[보기] 위생도기 및 위생용품

품명	계	1층	2층	3층	4층	5층	6층	7층	8층	9층	비고
양변기(A타입)	120	16	12	14	12	14	12	14	12	14	F.V용
양변기(B타입)	70	10	7	8	7	8	7	8	7	8	로우탱크용
소변기	100	12	10	12	10	12	10	12	10	12	스톨소변기
세면기	50	4	6	6	4	6	6	6	6	6	카운터형 세면기(일체형)
화장거울	20	4	2	2	2	2	2	2	2	2	600mm×2,000mm
수건걸이	50	4	6	6	4	6	6	6	6	6	Bar형
비누대	120	16	12	14	12	14	12	14	12	14	
휴지걸이	100	12	10	12	10	12	10	12	10	12	
배수구(ϕ50)	50	6	5	6	5	6	5	6	5	6	
배수구(ϕ100)	32	4	3	4	3	4	3	4	3	4	
청소구(ϕ75)	23	3	2	3	2	3	2	3	2	3	
청소구(ϕ100)	14	2	1	2	1	2	1	2	1	2	

[문제지] 노무인력의 산출 집계표

명칭 및 규격	수량	배관공	위생공	보통인부
양식 대변기(F.V용)	120			
양식 대변기(로우탱크용)	70			
소변기(스톨형)	100			
카운터형 세면기(일체형)	50			
화장거울(1.2m²)	20			
수건걸이(Bar형)	50			
비누대	120			
휴지걸이	100			
배수구(φ50)	50			
배수구(φ100)	32			
청소구(φ75)	23			
청소구(φ100)	14			
계				

[주] 노무인력의 수 : 소수 이하는 버리고 ≒을 표시하여 정수화하시오.

노무인력	인원 수
배관공	
위생공	
보통인부	

답안지

[답지] 노무인력의 산출 집계표

명칭 및 규격	수량	배관공	위생공	보통인부
양식 대변기(F.V용)	120		0.669 / 80.28	0.193 / 23.16
양식 대변기(로우탱크용)	70		0.694 / 48.58	0.2 / 14
소변기(스톨형)	100		0.747 / 74.7	0.241 / 24.1
카운터형 세면기(일체형)	50		0.24 / 12	0.094 / 4.7
화장거울(1.2m²)	20		0.292 / 5.84	
수건걸이(Bar형)	50		0.099 / 4.95	
비누대	120		0.071 / 8.52	
휴지걸이	100		0.071 / 7.1	
배수구(ϕ50)	50	0.115 / 5.75		0.039 / 1.95
배수구(ϕ100)	32	0.164 / 5.248		0.055 / 1.76
청소구(ϕ75)	23	0.151 / 3.473		0.051 / 1.173
청소구(ϕ100)	14	0.164 / 2.296		0.055 / 0.77
계		16.767	241.97	71.613

[주] 노무인력의 수 : 소수 이하는 버리고 ≒을 표시하여 정수화하시오.

노무인력	인원 수
배관공	≒ 16명
위생공	≒ 241명
보통인부	≒ 71명

문제 2 평면도를 참고하여 투상도를 그리고 용접개소를 구하시오.(배점 8점)

[보기 1]

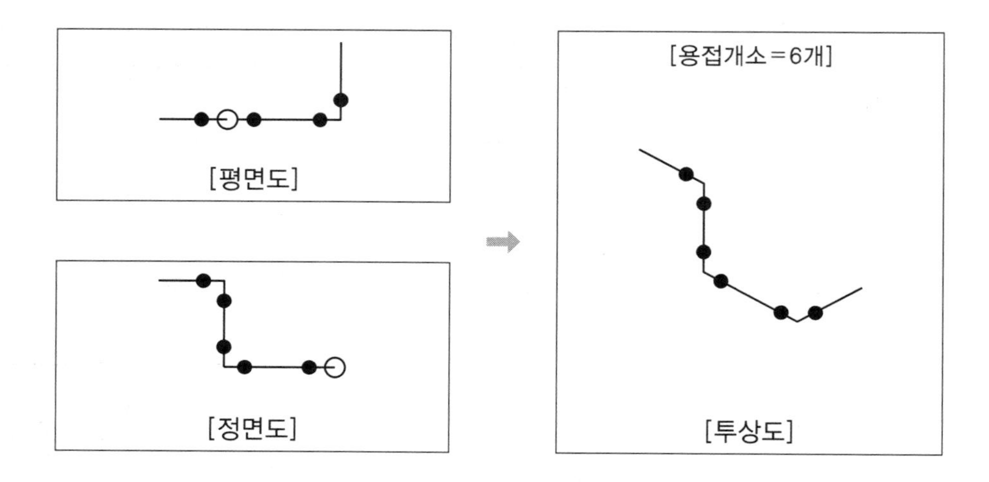

[보기 2] 위생 배관에서 백관의 용접접합의 일위대가표

(용접개소당)

비목	규격	단위	수량	재료비		노무비		비고
				단가	금액	단가	금액	
용접봉 4301 ϕ4	ϕ65	kg	0.15	2,980	447			
공구손료	인력품의 3%	식	1	23,558	706			
[재료비]					1,153			
용접공	ϕ65	인	0.105			224,367	23,558	
[노무비]							23,558	
계				24,711				

[주] 소수점 처리기준 : 소수점 이하는 절사 후 정수화하시오.

[문제지] 다음 도면을 보고 백관의 아크 용접접합 개소와 용접접합에 대하여 재료비, 노무비, 합계총액을 계산하시오.

1) 접합 개소	
2) 총 용접 재료비	계산식
3) 총 용접 노무비	계산식
4) 합계 총액	계산식

답안지

[답지] 다음 도면을 보고 백관의 아크 용접접합 개소와 용접접합에 대하여 재료비, 노무비, 합계총액을 계산하시오.

1) 접합 개소	6개소
2) 총 용접 재료비	계산식 (447원+706원) × 6개소 = 6,918원
3) 총 용접 노무비	계산식 23,558원 × 6개소 = 141,348원
4) 합계 총액	계산식 24,711원 × 6개소 = 148,266원

문제 3 위생 배관도 및 요구사항[도면 및 요구사항] (배점 8점)

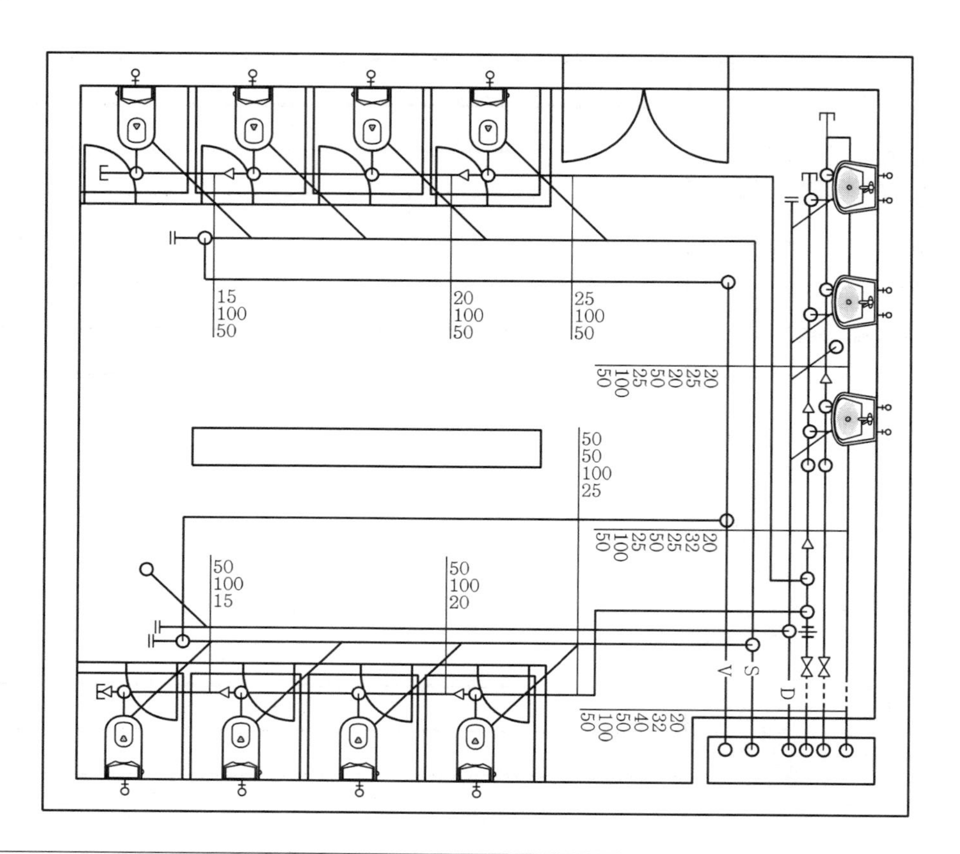

요구사항

- 수평 배관으로부터 슬래브(200mm) 아래까지는 1.0m이고, 1차 입상관 ①은 0.5m, 2차 입상관 ②는 0.3m이다.
- 수량에 표시가 없는 부속과 부속 사이의 관 ③은 0.3m이다.

요구사항의 해석

- 슬래브 두께=200mm
- 1차 입상관 : 주관과 수평관의 높이차=0.5m
- 2차 입상관 : 수평관과 분기의 횡관 높이=0.3m
- 수평 배관(분기주관)~슬래브 아래=1m이므로 분기관의 슬래브 아래 길이=1－0.3=0.7m
- 수량에 표시가 없는 부속과 부속 사이의 관=0.3m

1. 밸브~유니언
2. 유니언고~주관의 분기 티
3. 분기 티~리듀서 전단
4. 관의 끝 티~캡
5. 환수관의 시작의 관
6. 급탕관과 환수관의 거리

[문제지] 여자 화장실[급수~세면기] 급수주관 산출근거

품명	규격	수량	단위	비고
백관	DN40	0.5	m	
①	DN40	1	개	
백관	DN40	0.3	m	
백유니온	DN40	1	개	
백관	DN40	②	m	
백티	DN40/DN25	1	개	아래 대변기
백관	DN40	0.3	m	
백티	③	1	개	위 대변기
백관	DN40	0.3	m	
백리듀서	④	1	개	
백관	DN25	0.6	m	
백엘보	DN25	1	개	
백관	DN25	⑤	m	1차 입상관
백엘보	DN25	1	개	
백관	DN25	0.3	m	
⑥	DN25/DN15	1	개	세면기 1
백관	DN25	⑦	m	
⑧	DN25/DN20	1	개	
백관	DN20	1.1	m	
백티	DN20/DN15	1	개	세면기 2
백관	DN20	1.4	m	
백티	⑨	1	개	세면기 3
백관	DN20	⑩	m	
백캡	DN20	1	개	

답안지

[답지] 여자 화장실[급수~세면기] 급수주관 산출근거

품명	규격	수량	단위	비고
백관	DN40	0.5	m	
① 청동게이트밸브	DN40	1	개	
백관	DN40	0.3	m	
백유니온	DN40	1	개	
백관	DN40	② 0.3	m	
백티	DN40/DN25	1	개	아래 대변기
백관	DN40	0.3	m	
백티	③ DN40/DN25	1	개	위 대변기
백관	DN40	0.3	m	
백리듀서	④ DN40/DN25	1	개	
백관	DN25	0.6	m	
백엘보	DN25	1	개	
백관	DN25	⑤ 0.5	m	1차 입상관
백엘보	DN25	1	개	
백관	DN25	0.3	m	수평관
⑥ 백티	DN25/DN15	1	개	세면기 1
백관	DN25	⑦ 0.3	m	
⑧ 백리듀서	DN25/DN20	1	개	
백관	DN20	1.1	m	
백티	DN20/DN15	1	개	세면기 2
백관	DN20	1.4	m	
백티	⑨ DN20/DN15	1	개	세면기 3
백관	DN20	⑩ 0.3	m	
백캡	DN20	1	개	

문제 4 위생도기류의 노무인력의 집계표를 작성하시오.

[보기] 1개 층의 위생도기류 노무인력 집계표 작성

[1개 층]

품명	규격	수량(M)	위생공	배관공	보통인부	비고
소변기	A타입	4	0.907 / 3.628	0 / 0	0.241 / 0.964	스톨형, 전자감응기 노출형
양식 대변기	F.V용	6	0.669 / 4.014	0 / 0	0.193 / 1.158	플러시 밸브형
카운터형 세면기	세면대 일체형	4	0.285 / 1.14	0 / 0	0.112 / 0.448	카운터형 세면기, 세면대 일체형
화장거울	700mm× 1,000mm	2	0.229 / 0.458	0 / 0	0 / 0	
휴지걸이		6	0.071 / 0.426	0 / 0	0 / 0	
수건걸이	Bar	4	0.099 / 0.396	0 / 0	0 / 0	
비누대		4	0.071 / 0.284	0 / 0	0 / 0	
바닥 배수구	ϕ75	2	0 / 0	0.151 / 0.302	0.051 / 0.102	
	ϕ100	3	0 / 0	0.164 / 0.492	0.055 / 0.165	
소계(1)			10.346	0.794	2.837	
계(2)			≒10	≒1	≒3	주) 계는 소수 첫째 자리에서 사사오입하여 ≒을 쓰고 정수화하시오.

[문제] 건물 9개 층 위생도기류 설치의 노무인력

위생도기 설치	직종	계산식	합계	직종노무단가	노무비	비고
노무인력	위생공					
	배관공					
	보통인부					
계		–	–	–		–

[주] 합계는 소수 첫째 자리에서 사사오입하여 ≒을 쓰고 정수화하시오.

답안지

[답지] 건물 9개 층 위생도기류 설치의 노무인력

위생도기 설치	직종	계산식	합계 (인)	직종노무단가	노무비	비고
노무인력	위생공	10.346 × 9	≒ 93	188,808	17,559,144	93.114
	배관공	0.794 × 9	≒ 7	189,198	1,324,386	7.146
	보통인부	2.837 × 9	≒ 26	138,989	3,613,714	25.533
계	–	–	–	–	22,497,244	–

문제 5 위생 배관도 및 요구사항 (배점 8점)

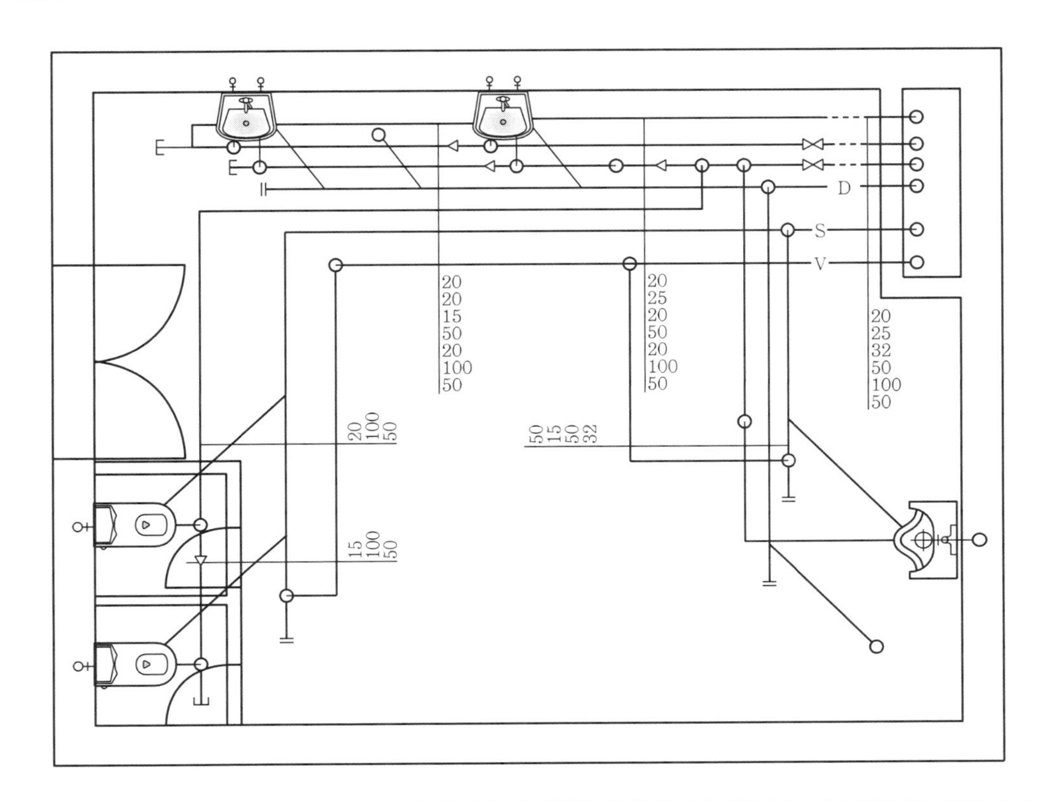

요구사항
- 수평 배관으로부터 슬래브(200mm) 아래까지는 1.0m이다.
- 1차 입상관 ①은 0.5m이고 2차 입상관 ②는 0.3m이다.
- 수량에 표시가 없는 부속과 부속 사이의 관 ③은 0.3m이다.

위생도기 시공도

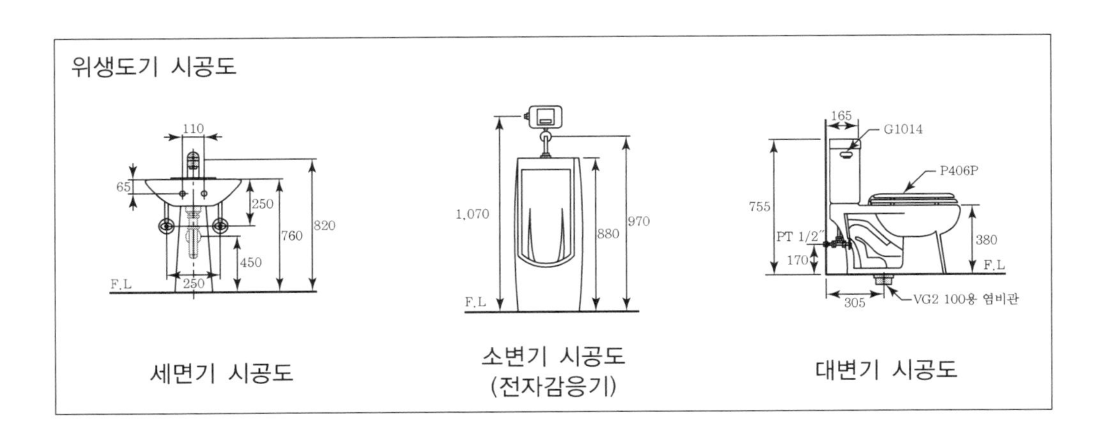

세면기 시공도

소변기 시공도 (전자감응기)

대변기 시공도

[문제지]

1) 남자 화장실 세면기 급수분기관 산출근거

품명	규격	수량	단위	비고
①	DN15	②	m	2차 입상관
백엘보	DN15	2	개	
백관	DN15	0.9 × 2	m	
백엘보	DN15	2	개	
백관	DN15	③	m	
④	DN15	⑤	개	수전티
백관	DN15	⑥	m	에어 챔버
⑦	DN15	2	개	

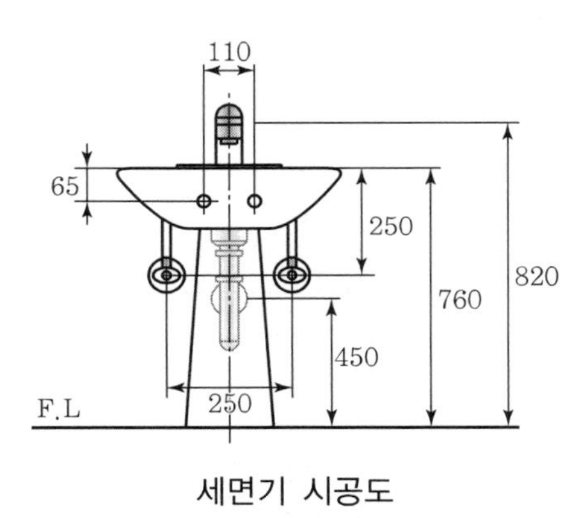

세면기 시공도

2) 남자 화장실 소변기 분기관 산출근거

품명	규격	수량	단위	비고
백관	DN15	0.3	m	2차 입상관
백엘보	DN15	①	개	
백관	DN15	0.8	m	
②	DN15	1	개	
백관	DN15	1.7	m	
③	DN15	1	개	
백관	DN15	④	m	
⑤	DN15	1	개	
백관	DN15	⑥	m	
⑦	DN15	1	개	

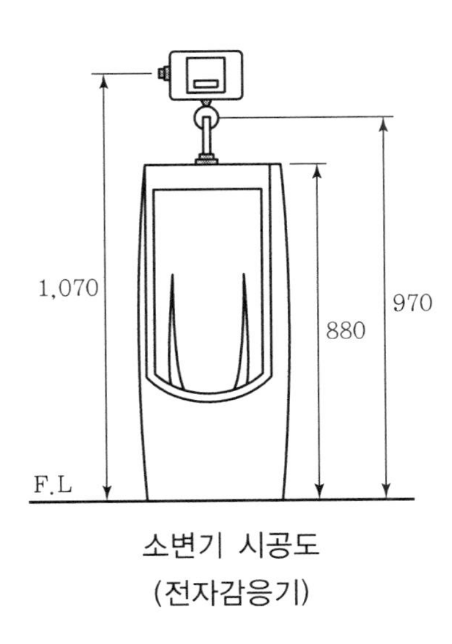

소변기 시공도
(전자감응기)

3) 남자 화장실 대변기 분기관 산출근거

품명	규격	수량	단위	비고
백관	DN15	①	m	2차 입상관
백엘보	DN15	2	개	
백관	DN15	0.9 × 2	m	
백엘보	DN15	2	개	
백관	DN15	②	m	
③	DN15	2	개	수전티
백관	DN15	④	m	에어 챔버
⑤	DN15	⑥	개	

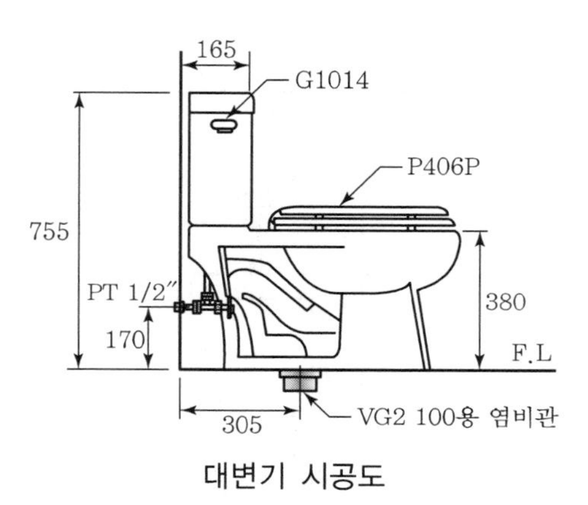

대변기 시공도

답안지

[답지]

1) 남자 화장실 세면기 급수분기관 산출근거

품명	규격	수량	단위	비고
① 백관	DN15	② 0.3 × 2	m	2차 입상관
백엘보	DN15	2	개	
백관	DN15	0.9 × 2	m	
백엘보	DN15	2	개	
백관	DN15	③ 1.41 × 2	m	0.7+0.2+0.51
④ 백티	DN15	⑤ 2	개	수전티
백관	DN15	⑥ 0.3 × 2	m	에어 챔버
⑦ 백캡	DN15	2	개	

2) 남자 화장실 소변기 분기관 산출근거

품명	규격	수량	단위	비고
백관	DN15	0.3	m	2차 입상관
백엘보	DN15	① 1	개	
백관	DN15	0.8	m	
② 백엘보	DN15	1	개	
백관	DN15	1.7	m	
③ 백엘보	DN15	1	개	
백관	DN15	④ 1.97	m	0.7+0.2+1.07
⑤ 백티	DN15	1	개	수전티
백관	DN15	⑥ 0.3	m	에어 챔버
⑦ 백캡	DN15	1	개	

3) 남자 화장실 대변기 분기관 산출근거

품명	규격	수량	단위	비고
백관	DN15	① 0.3 × 2	m	2차 입상관
백엘보	DN15	2	개	
백관	DN15	0.9 × 2	m	
백엘보	DN15	2	개	
백관	DN15	② 1.07 × 2	m	0.7+0.2+0.17
③ 백티	DN15	2	개	수전티
백관	DN15	④ 0.3 × 2	m	에어 챔버
⑤ 백캡	DN15	⑥ 2	개	

2023 기출복원문제(후반기) 

MASTER CRAFTSMAN PLUMBING

※ 참고만 하시기 바랍니다.

문제 1 9층 건물의 위생도기 및 위생용품의 계를 구하고 노무인력의 표를 작성하시오. (배점 8점)

[문제지]

1) 위생도기 및 위생용품

품명	계	1층	2층	3층	4층	5층	6층	7층	8층	9층	비고
양변기(A타입)		16	12	14	12	14	12	14	12	14	F.V용
양변기(B타입)		10	7	8	7	8	7	8	7	8	로우탱크용
소변기		12	10	12	10	12	10	12	10	12	스톨소변기
세면기		4	6	6	4	6	6	6	6	6	카운터형 세면기(일체형)
화장거울		4	2	2	2	2	2	2	2	2	600mm×2,000mm
수건걸이		4	6	6	4	6	6	6	6	6	Bar형
비누대		16	12	14	12	14	12	14	12	14	
휴지걸이		12	10	12	10	12	10	12	10	12	
배수구(ϕ50)		6	5	6	5	6	5	6	5	6	
배수구(ϕ100)		4	3	4	3	4	3	4	3	4	
청소구(ϕ75)		3	2	3	2	3	2	3	2	3	
청소구(ϕ100)		2	1	2	1	2	1	2	1	2	

2) 노무인력의 산출 집계표

명칭 및 규격	수량	배관공	위생공	보통인부
양식 대변기(F.V용)			0.669	0.193
양식 대변기(로우탱크용)				
소변기(스톨형)				
카운터형 세면기(일체형)				
화장거울(1.2m²)				
수건걸이(Bar형)				
비누대				
휴지걸이				
배수구(ϕ50)				
배수구(ϕ100)				
청소구(ϕ75)				
청소구(ϕ100)				
계				

3) 9층 건물의 노무인력의 표를 작성하시오.

노무인력	인원 수
배관공	
위생공	
보통인부	

[주] 노무인력의 수 : 소수 이하는 버리고 ≒을 표시하여 정수화하시오.

답안지

[답지]

1) 위생도기 및 위생용품

품명	계	1층	2층	3층	4층	5층	6층	7층	8층	9층	비고
양변기(A타입)	120	16	12	14	12	14	12	14	12	14	F.V용
양변기(B타입)	70	10	7	8	7	8	7	8	7	8	로우탱크용
소변기	100	12	10	12	10	12	10	12	10	12	스톨소변기
세면기	50	4	6	6	4	6	6	6	6	6	카운터형 세면기(일체형)
화장거울	20	4	2	2	2	2	2	2	2	2	600mm×2,000mm
수건걸이	50	4	6	6	4	6	6	6	6	6	Bar형
비누대	120	16	12	14	12	14	12	14	12	14	
휴지걸이	100	12	10	12	10	12	10	12	10	12	
배수구(ϕ50)	50	6	5	6	5	6	5	6	5	6	
배수구(ϕ100)	32	4	3	4	3	4	3	4	3	4	
청소구(ϕ75)	23	3	2	3	2	3	2	3	2	3	
청소구(ϕ100)	14	2	1	2	1	2	1	2	1	2	

2) 노무인력의 산출 집계표

명칭 및 규격	수량	배관공	위생공	보통인부
양식 대변기(F.V용)	120		0.669 / 80.28	0.193 / 23.16
양식 대변기(로우탱크용)	70		0.694 / 48.58	0.2 / 14
소변기(스톨형)	100		0.747 / 74.7	0.241 / 24.1
카운터형 세면기(일체형)	50		0.24 / 12	0.094 / 4.7
화장거울(1.2m²)	20		0.292 / 5.84	
수건걸이(Bar형)	50		0.099 / 4.95	
비누대	120		0.071 / 8.52	
휴지걸이	100		0.071 / 7.1	
배수구(φ50)	50	0.115 / 5.75		0.039 / 1.95
배수구(φ100)	32	0.164 / 5.248		0.055 / 1.76
청소구(φ75)	23	0.151 / 3.473		0.051 / 1.173
청소구(φ100)	14	0.164 / 2.296		0.055 / 0.77
계		16.767	241.97	71.613

3) 9층 건물의 노무인력의 표를 작성하시오.

노무인력	인원 수
배관공	≒ 16명
위생공	≒ 241명
보통인부	≒ 71명

[주] 노무인력의 수 : 소수 이하는 버리고 ≒을 표시하여 정수화하시오.

문제 2 산출근거 작성 위생 배관도 (배점 8점)

[보기]

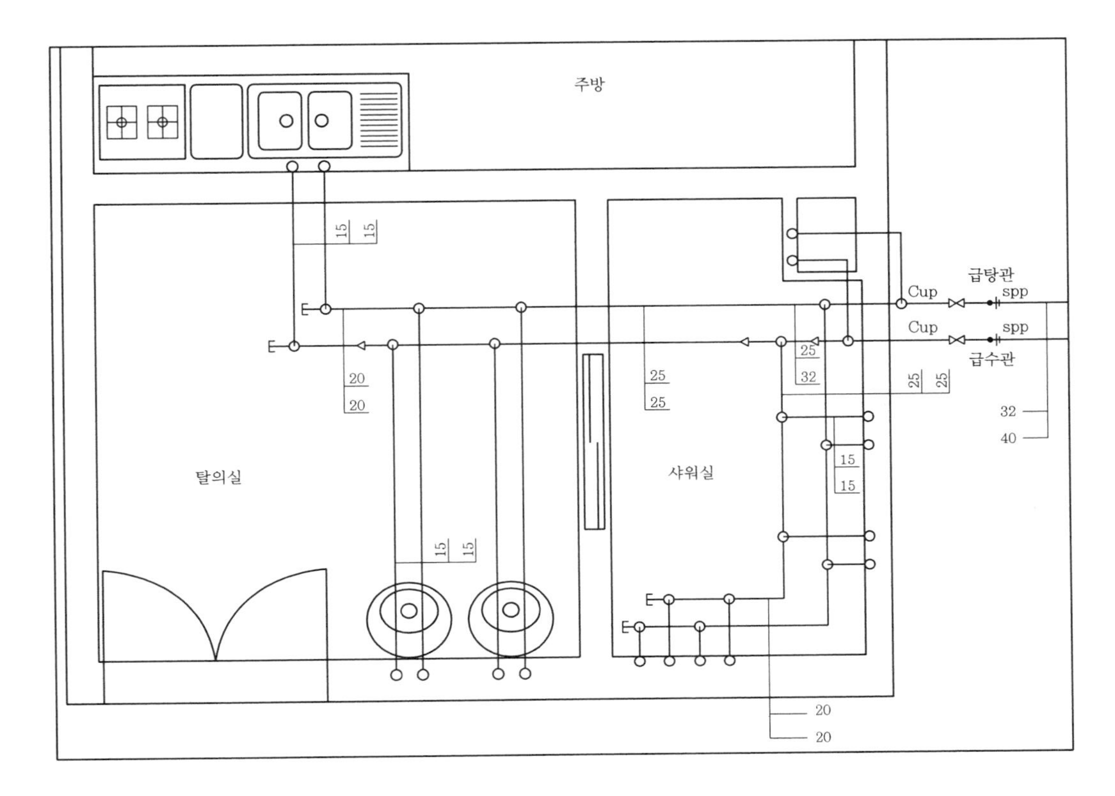

[문제지] 산출근거 작성

급수 주관의 산출근거

품명	규격	수량	비고
백관	DN40	0.5m	
①		1개	
동관	DN40	0.3m	
②		1개	
청동게이트밸브	DN40	1개	
③		1개	
동관	DN40	0.8m	
동용접 티	DN40/DN15	1개	
동관	DN40	0.2m	
④		1개	
동관	DN32	0.3m	
⑤		1개	
동관	DN32	0.4m	
⑤		1개	
동관	DN25	4m	
⑥		1개	
동관	DN25	1.8m	
⑦		1개	
동관	DN25	0.4m	
⑧		1개	
동관	DN20	1.8m	
동용접 티	DN20/DN15	1개	
동관	DN20	1.8m	
동용접 캡	DN20	1개	

답안지

[답지] 산출근거 작성

품명	규격	수량	비고
백관	DN40	0.5m	
① 동절연유니온	DN40	1개	
동관	DN40	0.3m	
② 동 CM 어댑터	DN40	1개	
청동게이트밸브	DN40	1개	
③ 동 CM 어댑터	DN40	1개	
동관	DN40	0.8m	
동용접 티	DN40/DN15	1개	
동관	DN40	0.2m	
④ 동용접 리듀서	DN40/DN32	1개	
동관	DN32	0.3m	
⑤ 동용접 티	DN32/DN25	1개	
동관	DN32	0.4m	
⑤ 동용접 리듀서	DN32/DN25	1개	
동관	DN25	4m	
⑥ 동용접 티	DN25/DN15	1개	
동관	DN25	1.8m	
⑦ 동용접 티	DN25/DN15	1개	
동관	DN25	0.4m	
⑧ 동용접 리듀서	DN25/DN20	1개	
동관	DN20	1.8m	
동용접 티	DN20/DN15	1개	
동관	DN20	1.8m	
동용접 캡	DN20	1개	

문제 3 감압밸브 주위 배관 부속의 명칭, 규격, 수량을 작성하시오. (배점 8점)

[보기]

감압밸브 주위 배관도

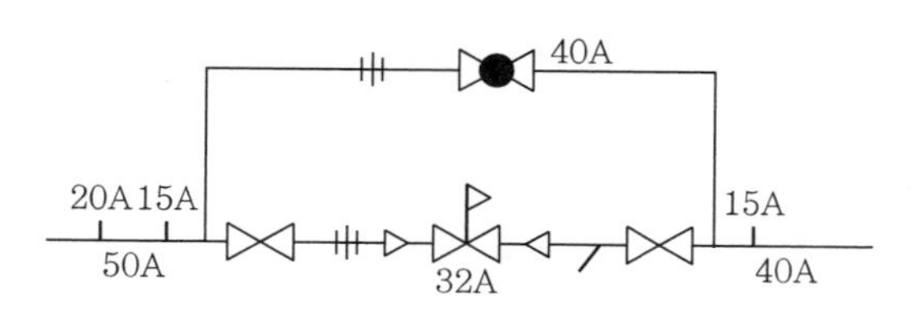

[문제지]

부속명	규격	수량	부속명	규격	수량
①	DN32	1	백티	DN40	1
게이트밸브	DN40	1	백티	⑤	1
②	DN50	1	백티	DN40/DN15	1
③	DN40	1	백티	DN50/DN15	1
백유니온	DN40	1	백티	DN50/DN20	1
백유니온	DN50	1	백엘보	DN40	2
백리듀서	④	1	⑥	DN20	2
백리듀서	DN50/DN32	1	압력계	DN15	2
스트레이너	DN40	1			

답안지

[답지]

부속명	규격	수량	부속명	규격	수량
① 감압밸브	DN32	1	백티	DN40	1
게이트밸브	DN40	1	백티	⑤ DN50/DN40	1
② 게이트밸브	DN50	1	백티	DN40/DN15	1
③ 글로우밸브	DN40	1	백티	DN50/DN15	1
백유니온	DN40	1	백티	DN50/DN20	1
백유니온	DN50	1	백엘보	DN40	2
백리듀서	④ DN40/DN32	1	⑥ 안전밸브	DN20	1
백리듀서	DN50/DN32	1	압력계	DN15	2
스트레이너	DN40	1			

문제 4 다음 산출근거의 빈칸을 작성하시오. **(배점 10점)**

[보기]

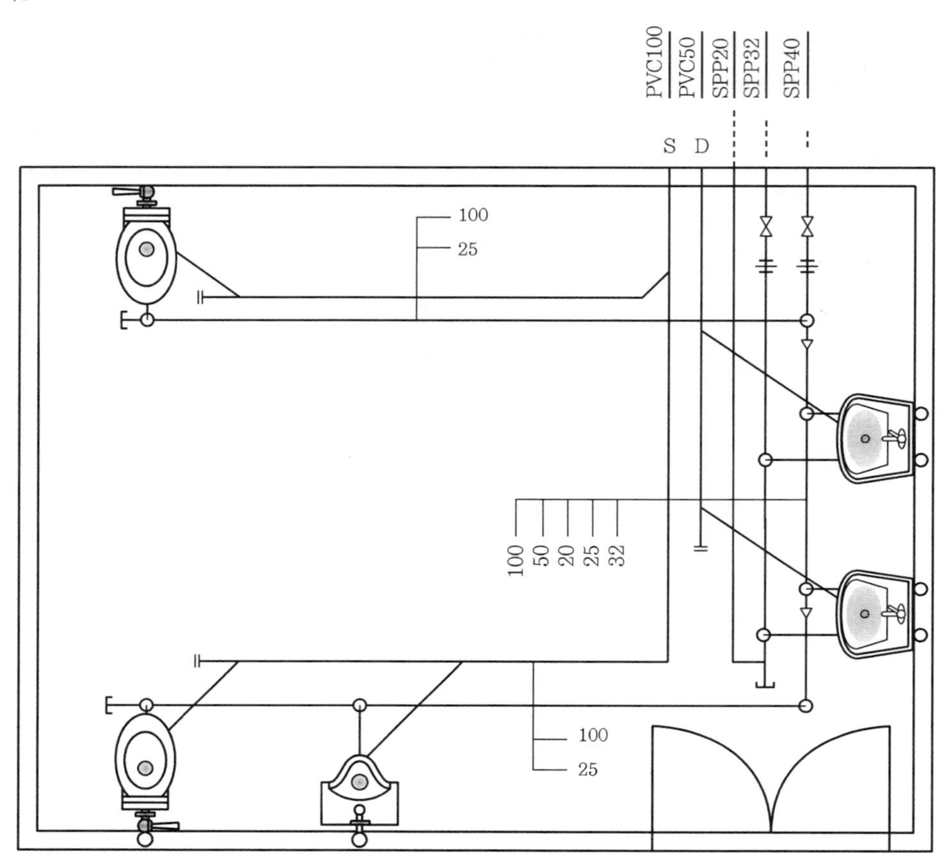

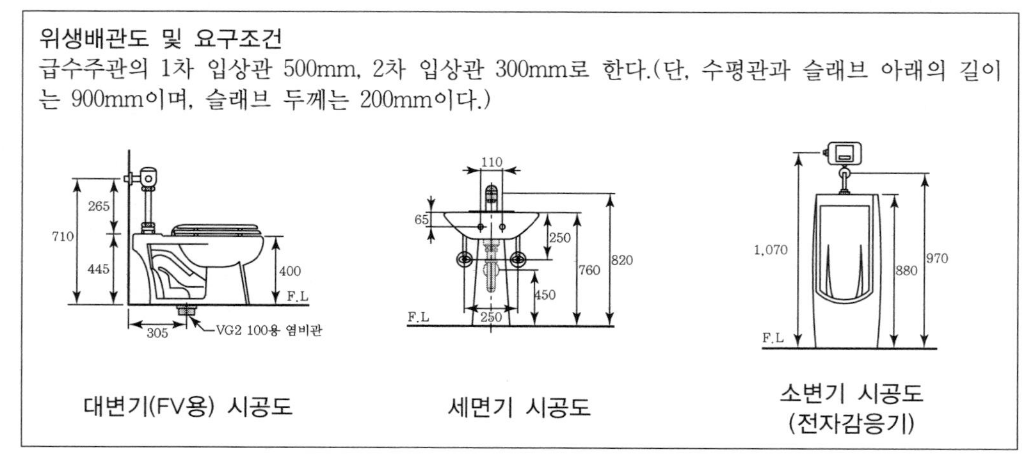

[문제지]

1) 급수주관 산출근거 작성

품명	규격	단위	수량	비고
백관	DN40	m	0.5	
청동게이트밸브	DN40	개	1	
백니플	DN40	개	1	
①				
백관	DN40	m	0.3	
②				양변기-1
백니플	DN40	개	1	
백리듀서	DN40/DN32	개	1	
백관	DN32	m	1.6	
백티	DN32/DN15	개	1	세면기-1
백관	DN32	m	1.8	
백티	DN32/DN15	개	1	세면기-2
백니플	DN32	개	1	
백리듀서	DN32/DN25	개	1	
백관	DN25	m	1.8	
백엘보	DN25	개	1	
③				
백엘보	DN25	개	1	
백관	DN25	m	3.5	
④				소변기
백관	DN25	m	3.5	
백티	DN25	개	1	양변기-2
백니플	DN25	개	1	
백캡	DN25	개	1	

2) 대변기 2식 분기관 산출근거 작성

품명	규격	단위	수량	비고
백관	DN15	m	⑤	
백엘보	DN15	개	2	
백관	DN15	m	0.9 × 2	
백엘보	DN15	개	2	
백관	DN15	m	⑥	
백티	DN15	개	2	
백관	DN15	m	0.3 × 2	
백캡	DN15	개	2	

3) 소변기 1식 분기관 산출근거 작성

품명	규격	단위	수량	비고
백관	DN15	m	⑦	
백엘보	DN15	개	2	
백관	DN15	m	0.9 × 2	
백엘보	DN15	개	2	
백관	DN15	m	⑧	
백티	DN15	개	2	
백관	DN15	m	0.3 × 2	
백캡	DN15	개	2	

4) 세면기 2식 분기관 산출근거 작성

품명	규격	단위	수량	비고
백관	DN15	m	⑨	
백엘보	DN15	개	2	
백관	DN15	m	0.5 × 2	
백엘보	DN15	개	2	
백관	DN15	m	⑩	
백티	DN15	개	2	
백관	DN15	m	0.3 × 2	
백캡	DN15	개	2	

답안지

[답지]

1) 급수주관 산출근거 작성

품명	규격	단위	수량	비고
백관	DN40	m	0.5	
청동게이트밸브	DN40	개	1	
백니플	DN40	개	1	
① 백유니온	DN40	개	1	
백관	DN40	m	0.3	
② 백티	DN40/DN25	개	1	양변기－1
백니플	DN40	개	1	
백리듀서	DN40/DN32	개	1	
백관	DN32	m	1.6	
백티	DN32/DN15	개	1	세면기－1
백관	DN32	m	1.8	
백티	DN32/DN15	개	1	세면기－2
백니플	DN32	개	1	
백리듀서	DN32/DN25	개	1	
백관	DN25	m	1.8	
백엘보	DN25	개	1	
③ 백관	DN25	m	0.5	
백엘보	DN25	개	1	
백관	DN25	m	3.5	
④ 백티	DN25/DN15	개	1	소변기
백관	DN25	m	3.5	
백티	DN25	개	1	양변기－2
백니플	DN25	개	1	
백캡	DN25	개	1	

2) 대변기 2식 분기관 산출근거 작성

품명	규격	단위	수량	비고
백관	DN15	m	⑤ 0.3 × 2	2차 입상관
백엘보	DN15	개	2	
백관	DN15	m	0.9 × 2	
백엘보	DN15	개	2	
백관	DN15	m	⑥ 1.51 × 2	710mm
백티	DN15	개	2	
백관	DN15	m	0.3 × 2	
백캡	DN15	개	2	

3) 소변기 1식 분기관 산출근거 작성

품명	규격	단위	수량	비고
백관	DN15	m	⑦ 0.3 × 2	2차 입상관
백엘보	DN15	개	2	
백관	DN15	m	0.9 × 2	
백엘보	DN15	개	2	
백관	DN15	m	⑧ 1.87 × 2	1,070mm
백티	DN15	개	2	
백관	DN15	m	0.3 × 2	
백캡	DN15	개	2	

4) 세면기 2식 분기관 산출근거 작성

품명	규격	단위	수량	비고
백관	DN15	m	⑨ 0.5 × 2	1차 입상관
백엘보	DN15	개	2	
백관	DN15	m	0.5 × 2	
백엘보	DN15	개	2	
백관	DN15	m	⑩ 1.11 × 2	510mm
백티	DN15	개	2	
백관	DN15	m	0.3 × 2	
백캡	DN15	개	2	

문제 5 다음의 원가계산서의 빈칸을 작성하시오. (배점 6점)

[문제지] 원가계산서

비목			금액	구성비(%)	비고
순공사원가	재료비	[소계]	6,796,011		
	노무비	직접노무비	6,580,922		
		간접노무비		5.50%	직접노무비 × 비율
		[소계]			
	일반경비	경비	1,336,257		
		기계경비	570,712		
		산재 보험료		2.50%	노무비 × 비율
		고용 보험료		1.50%	노무비 × 비율
		안전 관리비		3.00%	(재료비+직접노무비) × 비율
		기타 경비		4.00%	(재료비+노무비+기계경비) × 비율
		[소계]			
순공사 원가 계					
일반관리비				5.00%	계 × 비율
이윤				10.00%	(노무비+일반경비+일반관리비) × 비율
총공사 원가					

[주] 금액은 소수 첫째 자리에서 사사오입 후 정수화하시오.

답안지

[답지] 원가계산서

비목			금액	구성비(%)	비고
순공사원가	재료비	[소계]	6,796,011		
	노무비	직접노무비	6,580,922		
		간접노무비	361,951	5.50%	직접노무비 × 비율
		[소계]	6,942,873		
	일반경비	경비	1,336,257		
		기계경비	570,712		
		산재 보험료	173,572	2.50%	노무비 × 비율
		고용 보험료	208,286	1.50%	노무비 × 비율
		안전 관리비	401,308	3.00%	(재료비+직접노무비) × 비율
		기타 경비	572,384	4.00%	(재료비+노무비+기계경비) × 비율
		[소계]	3,262,519		
순공사 원가 계			17,001,403		
일반관리비			850,070	5.00%	계 × 비율
이윤			1,430,960	10.00%	(노무비+일반경비+일반관리비) × 비율
총공사 원가			19,282,432		

[주] 금액은 소수 첫째 자리에서 사사오입 후 정수화하시오.

문제 5 다음의 원가계산서의 빈칸을 작성하시오. (배점 6점)

[문제지]

비목			금액	구성비(%)	비고
순공사원가	재료비	[소계]	6,796,011		
	노무비	직접노무비	6,580,922		
		간접노무비		5.50%	직접 노무비 × 비율
		[소계]			
	일반경비	경비	1,336,257		
		기계경비	570,712		
		산재 보험료		2.50%	노무비 × 비율
		고용 보험료		1.50%	노무비 × 비율
		안전 관리비		3.00%	(재료비+직노) × 비율
		기타 경비		4.00%	(재료비+노무비+기계경비) × 비율
		[소계]			
순공사 원가 계					
일반관리비				5.00%	계 × 비율
이윤				10.00%	(노무비+일반경비+일반관리비) × 비율
총공사 원가					

답안지

[답지]

<table>
<tr><th colspan="3">비목</th><th>금액</th><th>구성비(%)</th><th>비고</th></tr>
<tr><td rowspan="11">순공사원가</td><td>재료비</td><td>[소계]</td><td>6,796,011</td><td></td><td></td></tr>
<tr><td rowspan="3">노무비</td><td>직접노무비</td><td>6,580,922</td><td></td><td></td></tr>
<tr><td>간접노무비</td><td>361,951</td><td>5.50%</td><td>직접 노무비 × 비율</td></tr>
<tr><td>[소계]</td><td>6,942,873</td><td></td><td></td></tr>
<tr><td rowspan="7">일반경비</td><td>경비</td><td>1,336,257</td><td></td><td></td></tr>
<tr><td>기계경비</td><td>570,712</td><td></td><td></td></tr>
<tr><td>산재 보험료</td><td>173,572</td><td>2.50%</td><td>노무비 × 비율</td></tr>
<tr><td>고용 보험료</td><td>208,286</td><td>1.50%</td><td>노무비 × 비율</td></tr>
<tr><td>안전 관리비</td><td>401,308</td><td>3.00%</td><td>(재료비+직노) × 비율</td></tr>
<tr><td>기타 경비</td><td>572,384</td><td>4.00%</td><td>(재료비+노무비+기계경비) × 비율</td></tr>
<tr><td>[소계]</td><td>3,262,519</td><td></td><td></td></tr>
<tr><td colspan="3">순공사 원가 계</td><td>17,001,403</td><td></td><td></td></tr>
<tr><td colspan="3">일반관리비</td><td>850,070</td><td>5.00%</td><td>계 × 비율</td></tr>
<tr><td colspan="3">이윤</td><td>1,430,960</td><td>10.00%</td><td>(노무비+일반경비+일반관리비) × 비율</td></tr>
<tr><td colspan="3">총공사 원가</td><td>19,282,432</td><td></td><td></td></tr>
</table>

저자 약력

권오수

- 한국에너지관리자격증 연합회 회장
- (사)한국가스기술인협회 회장
- 한국보일러사랑재단 이사장
- 직업훈련교사

문덕인

- 대한민국산업현장 교수
- 한국에너지관리기능장협회 회장
- 충청북도 보일러 명장
- 직업훈련교사

가종철

- 대한민국산업현장 교수
- 직업훈련교사
- 한국에너지기술상 수상자
- 배관기능장 적산 전문가

배관기능장

필기 · 실기 기출문제

발행일 | 2007. 2. 25 초판 발행
2008. 3. 20 개정 1판1쇄
2009. 5. 10 개정 2판1쇄
2010. 3. 30 개정 3판1쇄
2012. 1. 10 개정 4판1쇄
2012. 7. 10 개정 5판1쇄
2013. 5. 30 개정 6판1쇄
2014. 4. 10 개정 7판1쇄
2015. 1. 20 개정 8판1쇄
2015. 6. 10 개정 9판1쇄
2016. 1. 20 개정 10판1쇄
2016. 4. 25 개정 11판1쇄
2017. 1. 20 개정 12판1쇄
2017. 7. 5 개정 13판1쇄
2019. 1. 15 개정 14판1쇄
2019. 3. 10 개정 15판1쇄
2021. 5. 30 개정 16판1쇄
2022. 4. 10 개정 17판1쇄
2022. 8. 10 개정 17판2쇄
2023. 4. 10 개정 18판1쇄
2024. 3. 20 개정 19판1쇄

저 자 | 권오수 · 문덕인 · 가종철
발행인 | 정용수
발행처 | 예문사

주 소 | 경기도 파주시 직지길 460(출판도시) 도서출판 예문사
TEL | 031) 955 – 0550
FAX | 031) 955 – 0660
등록번호 | 11 – 76호

정가 : 35,000원

ISBN 978-89-274-5390-1 13540